2024 | 全国勘察设计注册工程师
执业资格考试用书

Zhuce Dianqi Gongchengshi (Gongpeidian) Zhiye Zige Kaoshi
Jichu Kaoshi Linian Zhenti Xiangjie

注册电气工程师（供配电）执业资格考试
基础考试试卷

公共基础

蒋　徵　王　东　曹纬浚 / 主编

微信扫一扫
里面有数字资源的获取和使用方法哟

人民交通出版社股份有限公司
北京

内 容 提 要

本书共 4 册，分别收录有 2011～2023 年（2015 年停考）公共基础考试试卷（即基础考试上午卷）、专业基础考试试卷（即基础考试下午卷）及其解析与参考答案。

本书配电子题库（有效期一年），考生可微信扫描试卷（公共基础）封面的红色"二维码"，登录"注考大师"在线学习，部分试题有视频解析。

本书可供参加注册电气工程师（供配电）执业资格考试基础考试的考生复习使用，也可供发输变电专业的考生参考练习。

图书在版编目（CIP）数据

2024 注册电气工程师（供配电）执业资格考试基础考试试卷/蒋徵，王东，曹纬浚主编.—北京：人民交通出版社股份有限公司，2024.2

ISBN 978-7-114-19214-2

Ⅰ.①2…　Ⅱ.①蒋…　②王…　③曹…　Ⅲ.①供电系统—资格考试—习题集②配电系统—资格考试—习题集
Ⅳ.①TM72-44

中国国家版本馆 CIP 数据核字（2024）第 017121 号

书　　　名：**2024 注册电气工程师（供配电）执业资格考试基础考试试卷**
著 作 者：蒋　徵　王　东　曹纬浚
责任编辑：刘彩云
责任印制：刘高彤
出版发行：人民交通出版社股份有限公司
地　　　址：（100011）北京市朝阳区安定门外外馆斜街 3 号
网　　　址：http://www.ccpcl.com.cn
销售电话：（010）59757973
总 经 销：人民交通出版社股份有限公司发行部
经　　销：各地新华书店
印　　刷：北京印匠彩色印刷有限公司
开　　本：889×1194　1/16
印　　张：61.5
字　　数：1128 千
版　　次：2024 年 2 月　第 1 版
印　　次：2024 年 2 月　第 1 次印刷
书　　号：ISBN 978-7-114-19214-2
定　　价：178.00 元（含 4 册）
（有印刷、装订质量问题的图书，由本公司负责调换）

版权声明

目 录

（试卷·公共基础）

2011 年度全国勘察设计注册工程师执业资格考试试卷

基础考试
（上）

二〇一一年九月

应考人员注意事项

1. 本试卷科目代码为"1",考生务必将此代码填涂在答题卡"科目代码"相应的栏目内,否则,无法评分。

2. 书写用笔:**黑色或蓝色钢笔、签字笔或圆珠笔;**

   填涂答题卡用笔:**黑色 2B 铅笔。**

3. 必须用书写用笔将工作单位、姓名、准考证号填写在答题卡和试卷相应的栏目内。

4. 本试卷由 120 题组成,每题 1 分,满分 120 分,本试卷全部为单项选择题,每小题的四个备选项中只有一个正确答案,错选、多选、不选均不得分。

5. 考生作答时,必须按**题号在答题卡上**将相应试题所选选项对应的**字母用 2B 铅笔涂黑。**

6. 在答题卡上书写与题意无关的语言,或在答题卡上作标记的,均按违纪试卷处理。

7. 考试结束时,由监考人员当面将试卷、答题卡一并收回。

8. 草稿纸由各地统一配发,考后收回。

单项选择题（共 120 题，每题 1 分。每题的备选项中只有一个最符合题意。）

1. 设直线方程为 $x = y - 1 = z$，平面方程为 $x - 2y + z = 0$，则直线与平面：

   A. 重合

   B. 平行不重合

   C. 垂直相交

   D. 相交不垂直

2. 在三维空间中，方程 $y^2 - z^2 = 1$ 所代表的图形是：

   A. 母线平行 x 轴的双曲柱面

   B. 母线平行 y 轴的双曲柱面

   C. 母线平行 z 轴的双曲柱面

   D. 双曲线

3. 当 $x \to 0$ 时，$3^x - 1$ 是 x 的：

   A. 高阶无穷小

   B. 低阶无穷小

   C. 等价无穷小

   D. 同阶但非等价无穷小

4. 函数 $f(x) = \dfrac{x - x^2}{\sin \pi x}$ 的可去间断点的个数为：

   A. 1 个

   B. 2 个

   C. 3 个

   D. 无穷多个

5. 如果 $f(x)$ 在 x_0 点可导，$g(x)$ 在 x_0 点不可导，则 $f(x)g(x)$ 在 x_0 点：

   A. 可能可导也可能不可导

   B. 不可导

   C. 可导

   D. 连续

6. 当 $x > 0$ 时，下列不等式中正确的是：

   A. $e^x < 1 + x$

   B. $\ln(1 + x) > x$

   C. $e^x < ex$

   D. $x > \sin x$

7. 若函数 $f(x,y)$ 在闭区域 D 上连续，下列关于极值点的陈述中正确的是：

A. $f(x,y)$ 的极值点一定是 $f(x,y)$ 的驻点

B. 如果 P_0 是 $f(x,y)$ 的极值点，则 P_0 点处 $B^2 - AC < 0$ $\left(\text{其中，} A = \frac{\partial^2 f}{\partial x^2}, \ B = \frac{\partial^2 f}{\partial x \partial y}, \ C = \frac{\partial^2 f}{\partial y^2}\right)$

C. 如果 P_0 是可微函数 $f(x,y)$ 的极值点，则在 P_0 点处 $\mathrm{d}f = 0$

D. $f(x,y)$ 的最大值点一定是 $f(x,y)$ 的极大值点

8. $\int \frac{\mathrm{d}x}{\sqrt{x}(1+x)} =$

A. $\arctan \sqrt{x} + C$

B. $2\arctan \sqrt{x} + C$

C. $\tan(1+x)$

D. $\frac{1}{2}\arctan x + C$

9. 设 $f(x)$ 是连续函数，且 $f(x) = x^2 + 2\int_0^2 f(t)\mathrm{d}t$，则 $f(x) =$

A. x^2

B. $x^2 2$

C. $2x$

D. $x^2 - \frac{16}{9}$

10. $\int_{-2}^{2} \sqrt{4 - x^2}\,\mathrm{d}x =$

A. π

B. 2π

C. 3π

D. $\frac{\pi}{2}$

11. 设 L 为连接 $(0,2)$ 和 $(1,0)$ 的直线段，则对弧长的曲线积分 $\int_L (x^2 + y^2)\mathrm{d}S =$

A. $\frac{\sqrt{5}}{2}$

B. 2

C. $\frac{3\sqrt{5}}{2}$

D. $\frac{5\sqrt{5}}{3}$

12. 曲线 $y = e^{-x}(x \geq 0)$ 与直线 $x = 0$，$y = 0$ 所围图形，绕 ox 轴旋转所得旋转体的体积为：

A. $\frac{\pi}{2}$

B. π

C. $\frac{\pi}{3}$

D. $\frac{\pi}{4}$

13. 若级数 $\sum\limits_{n=1}^{\infty} u_n$ 收敛，则下列级数中不收敛的是：

  A. $\sum\limits_{n=1}^{\infty} k u_n (k \neq 0)$ B. $\sum\limits_{n=1}^{\infty} u_{n+100}$

  C. $\sum\limits_{n=1}^{\infty} \left(u_{2n} + \dfrac{1}{2^n} \right)$ D. $\sum\limits_{n=1}^{\infty} \dfrac{50}{u_n}$

14. 设 $\sum\limits_{n=0}^{\infty} a_n x^n$ 的收敛半径为 2，则幂级数 $\sum\limits_{n=1}^{\infty} n a_n (x-2)^{n+1}$ 的收敛区间是：

  A. $(-2, 2)$ B. $(-2, 4)$

  C. $(0, 4)$ D. $(-4, 0)$

15. 微分方程 $xy\,\mathrm{d}x = \sqrt{2-x^2}\,\mathrm{d}y$ 的通解是：

  A. $y = e^{-C\sqrt{2-x^2}}$ B. $y = e^{-\sqrt{2-x^2}} + C$

  C. $y = C e^{-\sqrt{2-x^2}}$ D. $y = C - \sqrt{2-x^2}$

16. 微分方程 $\dfrac{\mathrm{d}y}{\mathrm{d}x} - \dfrac{y}{x} = \tan\dfrac{y}{x}$ 的通解是：

  A. $\sin\dfrac{y}{x} = Cx$ B. $\cos\dfrac{y}{x} = Cx$

  C. $\sin\dfrac{y}{x} = x + C$ D. $Cx\sin\dfrac{y}{x} = 1$

17. 设 $A = \begin{bmatrix} 1 & 0 & 1 \\ 0 & 1 & 2 \\ -2 & 0 & -3 \end{bmatrix}$，则 $A^{-1} =$

  A. $\begin{bmatrix} 3 & 0 & 1 \\ 4 & 1 & 2 \\ 2 & 0 & 1 \end{bmatrix}$ B. $\begin{bmatrix} 3 & 0 & 1 \\ 4 & 1 & 2 \\ -2 & 0 & -1 \end{bmatrix}$

  C. $\begin{bmatrix} -3 & 0 & -1 \\ 4 & 1 & 2 \\ -2 & 0 & -1 \end{bmatrix}$ D. $\begin{bmatrix} 3 & 0 & 1 \\ -4 & -1 & -2 \\ 2 & 0 & 1 \end{bmatrix}$

18. 设 3 阶矩阵 $A = \begin{bmatrix} 1 & 1 & a \\ 1 & a & 1 \\ a & 1 & 1 \end{bmatrix}$，已知 A 的伴随矩阵的秩为 1，则 $a =$

  A. -2 B. -1

  C. 1 D. 2

19. 设 A 是 3 阶矩阵，$P = (\alpha_1, \alpha_2, \alpha_3)$ 是 3 阶可逆矩阵，且 $P^{-1}AP = \begin{bmatrix} 1 & 0 & 0 \\ 0 & 2 & 0 \\ 0 & 0 & 0 \end{bmatrix}$。若矩阵 $Q = (\alpha_2, \alpha_1, \alpha_3)$，

则 $Q^{-1}AQ =$

A. $\begin{bmatrix} 1 & 0 & 0 \\ 0 & 2 & 0 \\ 0 & 0 & 0 \end{bmatrix}$ B. $\begin{bmatrix} 2 & 0 & 0 \\ 0 & 1 & 0 \\ 0 & 0 & 0 \end{bmatrix}$

C. $\begin{bmatrix} 0 & 1 & 0 \\ 2 & 0 & 0 \\ 0 & 0 & 0 \end{bmatrix}$ D. $\begin{bmatrix} 0 & 2 & 0 \\ 1 & 0 & 0 \\ 0 & 0 & 0 \end{bmatrix}$

20. 齐次线性方程组 $\begin{cases} x_1 - x_2 + x_4 = 0 \\ x_1 - x_3 + x_4 = 0 \end{cases}$ 的基础解系为：

A. $\alpha_1 = (1,1,1,0)^T$，$\alpha_2 = (-1,-1,1,0)^T$

B. $\alpha_1 = (2,1,0,1)^T$，$\alpha_2 = (-1,-1,1,0)^T$

C. $\alpha_1 = (1,1,1,0)^T$，$\alpha_2 = (-1,0,0,1)^T$

D. $\alpha_1 = (2,1,0,1)^T$，$\alpha_2 = (-2,-1,0,1)^T$

21. 设 A，B 是两个事件，$P(A) = 0.3$，$P(B) = 0.8$，则当 $P(A \cup B)$ 为最小值时，$P(AB) =$

A. 0.1   B. 0.2

C. 0.3   D. 0.4

22. 三个人独立地破译一份密码，每人能独立译出这份密码的概率分别为 $\frac{1}{5}$、$\frac{1}{3}$、$\frac{1}{4}$，则这份密码被译出的概率为：

A. $\frac{1}{3}$ B. $\frac{1}{2}$

C. $\frac{2}{5}$ D. $\frac{3}{5}$

23. 设随机变量 X 的概率密度为 $f(x) = \begin{cases} 2x, & 0 < x < 1 \\ 0, & \text{其他} \end{cases}$，$Y$ 表示对 X 的 3 次独立重复观察中事件 $\left\{ X \leqslant \frac{1}{2} \right\}$ 出现的次数，则 $P\{Y = 2\}$ 等于：

A. $\frac{3}{64}$ B. $\frac{9}{64}$

C. $\frac{3}{16}$ D. $\frac{9}{16}$

24. 设随机变量X和Y都服从$N(0,1)$分布，则下列叙述中正确的是：

A. $X+Y \sim$ 正态分布
B. $X^2 + Y^2 \sim \chi^2$分布
C. X^2和Y^2都 $\sim \chi^2$分布
D. $\frac{X^2}{Y^2} \sim F$分布

25. 一瓶氦气和一瓶氮气，它们每个分子的平均平动动能相同，而且都处于平衡态，则它们：

A. 温度相同，氦分子和氮分子的平均动能相同

B. 温度相同，氦分子和氮分子的平均动能不同

C. 温度不同，氦分子和氮分子的平均动能相同

D. 温度不同，氦分子和氮分子的平均动能不同

26. 最概然速率v_p的物理意义是：

A. v_p是速率分布中的最大速率

B. v_p是大多数分子的速率

C. 在一定的温度下，速率与v_p相近的气体分子所占的百分率最大

D. v_p是所有分子速率的平均值

27. 1mol 理想气体从平衡态 $2p_1$、V_1沿直线变化到另一平衡态p_1、$2V_1$，则此过程中系统的功和内能的变化是：

A. $W>0$, $\Delta E>0$
B. $W<0$, $\Delta E<0$
C. $W>0$, $\Delta E=0$
D. $W<0$, $\Delta E>0$

28. 在保持高温热源温度T_1和低温热源温度T_2不变的情况下，使卡诺热机的循环曲线所包围的面积增大，则会：

A. 净功增大，效率提高
B. 净功增大，效率降低
C. 净功和功率都不变
D. 净功增大，效率不变

29. 一平面简谐波的波动方程为$y = 0.01\cos 10\pi(25t - x)$ (SI)，则在$t = 0.1$s时刻，$x = 2$m处质元的振动位移是：

A. 0.01cm   B. 0.01m

C. −0.01m   D. 0.01mm

30. 对于机械横波而言，下面说法正确的是：

A. 质元处于平衡位置时，其动能最大，势能为零

B. 质元处于平衡位置时，其动能为零，势能最大

C. 质元处于波谷处时，动能为零，势能最大

D. 质元处于波峰处时，动能与势能均为零

31. 在波的传播方向上，有相距为3m的两质元，两者的相位差为$\frac{\pi}{6}$，若波的周期为4s，则此波的波长和波速分别为：

A. 36m 和6m/s   B. 36m 和9m/s

C. 12m 和6m/s   D. 12m 和9m/s

32. 在双缝干涉实验中，入射光的波长为λ，用透明玻璃纸遮住双缝中的一条缝（靠近屏一侧），若玻璃纸中光程比相同厚度的空气的光程大2.5λ，则屏上原来的明纹处：

A. 仍为明条纹   B. 变为暗条纹

C. 既非明纹也非暗纹   D. 无法确定是明纹还是暗纹

33. 在真空中，可见光的波长范围为：

A. $400 \sim 760$nm   B. $400 \sim 760$mm

C. $400 \sim 760$cm   D. $400 \sim 760$m

34. 有一玻璃劈尖，置于空气中，劈尖角为θ，用波长为λ的单色光垂直照射时，测得相邻明纹间距为l，若玻璃的折射率为n，则θ、λ、l与n之间的关系为：

A. $\theta = \frac{\lambda n}{2l}$ B. $\theta = \frac{l}{2n\lambda}$

C. $\theta = \frac{l\lambda}{2n}$ D. $\theta = \frac{\lambda}{2nl}$

35. 一束自然光垂直穿过两个偏振片，两个偏振片的偏振化方向成45°角。已知通过此两偏振片后的光强为I，则入射至第二个偏振片的线偏振光强度为：

A. I B. $2I$ C. $3I$ D. $\frac{I}{2}$

36. 一单缝宽度 $a = 1 \times 10^{-4}$ m，透镜焦距 $f = 0.5$ m，若用 $\lambda = 400$ nm 的单色平行光垂直入射，中央明纹的宽度为：

   A. 2×10^{-3} m

   B. 2×10^{-4} m

   C. 4×10^{-4} m

   D. 4×10^{-3} m

37. 29 号元素的核外电子分布式为：

   A. $1s^2 2s^2 2p^6 3s^2 3p^6 3d^9 4s^2$

   B. $1s^2 2s^2 2p^6 3s^2 3p^6 3d^{10} 4s^1$

   C. $1s^2 2s^2 2p^6 3s^2 3p^6 4s^1 3d^{10}$

   D. $1s^2 2s^2 2p^6 3s^2 3p^6 4s^2 3d^9$

38. 下列各组元素的原子半径从小到大排序错误的是：

   A. Li < Na < K
   B. Al < Mg < Na
   C. C < Si < Al
   D. P < As < Se

39. 下列溶液混合，属于缓冲溶液的是：

   A. 50mL 0.2mol · L^{-1} CH$_3$COOH 与 50mL 0.1mol · L^{-1} NaOH

   B. 50mL 0.1mol · L^{-1} CH$_3$COOH 与 50mL 0.1mol · L^{-1} NaOH

   C. 50mL 0.1mol · L^{-1} CH$_3$COOH 与 50mL 0.2mol · L^{-1} NaOH

   D. 50mL 0.2mol · L^{-1} HCl 与 50mL 0.1mol · L^{-1} NH$_3$ · H$_2$O

40. 在一容器中，反应 $2NO_2(g) \rightleftharpoons 2NO(g) + O_2(g)$，恒温条件下达到平衡后，加一定量 Ar 气保持总压力不变，平衡将会：

   A. 向正方向移动

   B. 向逆方向移动

   C. 没有变化

   D. 不能判断

41. 某第 4 周期的元素，当该元素原子失去一个电子成为正 1 价离子时，该离子的价层电子排布式为 $3d^{10}$，则该元素的原子序数是：

   A. 19
   B. 24
   C. 29
   D. 36

42. 对于一个化学反应，下列各组中关系正确的是：

   A. $\Delta_r G_m^\ominus > 0$，$K^\ominus < 1$

   B. $\Delta_r G_m^\ominus > 0$，$K^\ominus > 1$

   C. $\Delta_r G_m^\ominus < 0$，$K^\ominus = 1$

   D. $\Delta_r G_m^\ominus < 0$，$K^\ominus < 1$

43. 价层电子构型为 $4d^{10} 5s^1$ 的元素在周期表中属于：

   A. 第四周期 VIIB 族

   B. 第五周期 IB 族

   C. 第六周期 VIIB 族

   D. 镧系元素

44. 下列物质中，属于酚类的是：

A. C_3H_7OH

B. $C_6H_5CH_2OH$

C. C_6H_5OH

D.

45. 有机化合物 $H_3C-\underset{\underset{CH_3}{|}}{CH}-\underset{\underset{CH_3}{|}}{CH}-CH_2-CH_3$ 的名称是：

A. 2-甲基-3-乙基丁烷

B. 3,4-二甲基戊烷

C. 2-乙基-3-甲基丁烷

D. 2,3-二甲基戊烷

46. 下列物质中，两个氢原子的化学性质不同的是：

A. 乙炔　　　　B. 甲酸　　　　C. 甲醛　　　　D. 乙二酸

47. 两直角刚杆 AC、CB 支承如图所示，在铰 C 处受力 F 作用，则 A、B 两处约束力的作用线与 x 轴正向所成的夹角分别为：

A. 0°；90°

B. 90°；0°

C. 45°；60°

D. 45°；135°

48. 在图示四个力三角形中，表示 $F_R = F_1 + F_2$ 的图是：

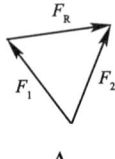　　　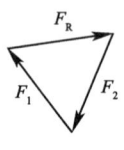　　　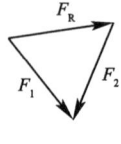

A.　　　　　　B.　　　　　　C.　　　　　　D.

49. 均质杆 AB 长为 l，重为 W，受到如图所示的约束，绳索 ED 处于铅垂位置，A、B 两处为光滑接触，杆的倾角为 α，又 $CD = l/4$，则 A、B 两处对杆作用的约束力大小关系为：

A. $F_{NA} = F_{NB} = 0$

B. $F_{NA} = F_{NB} \neq 0$

C. $F_{NA} \leqslant F_{NB}$

D. $F_{NA} \geqslant F_{NB}$

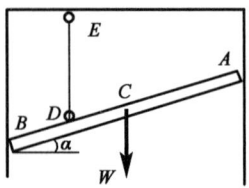

50. 一重力大小为 $W = 60kN$ 的物块，自由放置在倾角为 $\alpha = 30°$ 的斜面上，如图所示，若物块与斜面间的静摩擦系数为 $f = 0.4$，则该物块的状态为：

A. 静止状态

B. 临界平衡状态

C. 滑动状态

D. 条件不足，不能确定

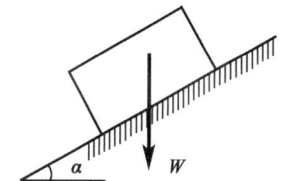

51. 当点运动时，若位置矢大小保持不变，方向可变，则其运动轨迹为：

A. 直线　　　　　　　　　　B. 圆周

C. 任意曲线　　　　　　　　D. 不能确定

52. 刚体做平动时，某瞬时体内各点的速度和加速度为：

A. 体内各点速度不相同，加速度相同

B. 体内各点速度相同，加速度不相同

C. 体内各点速度相同，加速度也相同

D. 体内各点速度不相同，加速度也不相同

53. 在图示机构中，杆 $O_1A = O_2B$，$O_1A /\!/ O_2B$，杆 $O_2C =$ 杆 O_3D，$O_2C /\!/ O_3D$，且 $O_1A = 20cm$，$O_2C = 40cm$，若杆 O_1A 以角速度 $\omega = 3rad/s$ 匀速转动，则杆 CD 上任意点 M 速度及加速度的大小分别为：

A. $60cm/s$；$180cm/s^2$

B. $120cm/s$；$360cm/s^2$

C. $90cm/s$；$270cm/s^2$

D. $120cm/s$；$150cm/s^2$

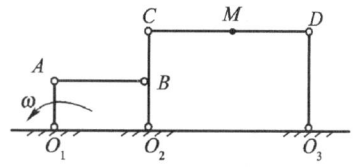

54. 图示均质圆轮，质量为 m，半径为 r，在铅垂图面内绕通过圆轮中心 O 的水平轴以匀角速度 ω 转动。则系统动量、对中心 O 的动量矩、动能的大小分别为：

A. 0；$\frac{1}{2}mr^2\omega$；$\frac{1}{4}mr^2\omega^2$

B. $mr\omega$；$\frac{1}{2}mr^2\omega$；$\frac{1}{4}mr^2\omega^2$

C. 0；$\frac{1}{2}mr^2\omega$；$\frac{1}{2}mr^2\omega^2$

D. 0；$\frac{1}{4}mr^2\omega$；$\frac{1}{4}mr^2\omega^2$

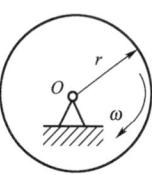

55. 如图所示，两重物M_1和M_2的质量分别为m_1和m_2，两重物系在不计质量的软绳上，绳绕过均质定滑轮，滑轮半径r，质量为m，则此滑轮系统的动量为：

A. $\left(m_1 - m_2 + \frac{1}{2}m\right)v \downarrow$

B. $(m_1 - m_2)v \downarrow$

C. $\left(m_1 + m_2 + \frac{1}{2}m\right)v \uparrow$

D. $(m_1 - m_2)v \uparrow$

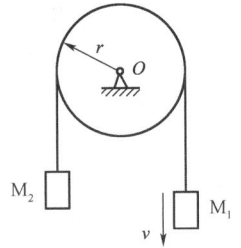

56. 均质细杆AB重力为P、长$2L$，A端铰支，B端用绳系住，处于水平位置，如图所示，当B端绳突然剪断瞬时，AB杆的角加速度大小为：

A. 0

B. $\frac{3g}{4L}$

C. $\frac{3g}{2L}$

D. $\frac{6g}{L}$

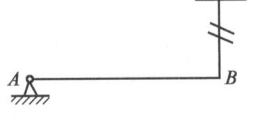

57. 质量为m，半径为R的均质圆盘，绕垂直于图面的水平轴O转动，其角速度为ω。在图示瞬间，角加速度为0，盘心C在其最低位置，此时将圆盘的惯性力系向O点简化，其惯性力主矢和惯性力主矩的大小分别为：

A. $m\frac{R}{2}\omega^2$；0

B. $mR\omega^2$；0

C. 0；0

D. 0；$\frac{1}{2}m\frac{R}{2}\omega^2$

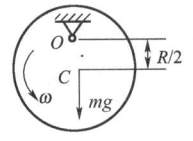

58. 图示装置中，已知质量$m = 200$kg，弹簧刚度$k = 100$N/cm，则图中各装置的振动周期为：

A. 图a）装置振动周期最大

B. 图b）装置振动周期最大

C. 图c）装置振动周期最大

D. 三种装置振动周期相等

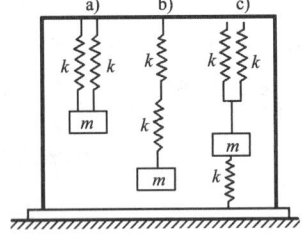

59. 圆截面杆ABC轴向受力如图，已知BC杆的直径d = 100mm，AB杆的直径为 2d。杆的最大的拉应力为：

A. 40MPa

B. 30MPa

C. 80MPa

D. 120MPa

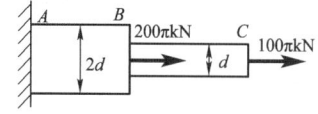

60. 已知铆钉的许可切应力为[τ]，许可挤压应力为[σ$_{bs}$]，钢板的厚度为t，则图示铆钉直径d与钢板厚度t的关系是：

A. $d = \frac{8t[\sigma_{bs}]}{\pi[\tau]}$

B. $d = \frac{4t[\sigma_{bs}]}{\pi[\tau]}$

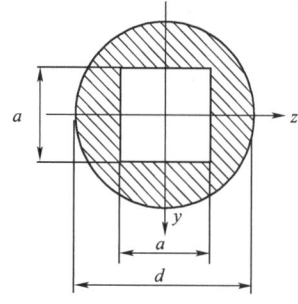

C. $d = \frac{\pi[\tau]}{8t[\sigma_{bs}]}$

D. $d = \frac{\pi[\tau]}{4t[\sigma_{bs}]}$

61. 图示受扭空心圆轴横截面上的切应力分布图中，正确的是：

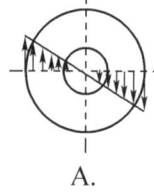 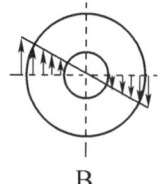 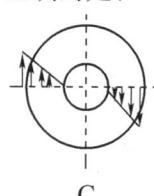 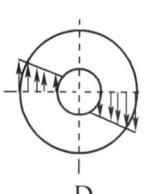

A. B. C. D.

62. 图示截面的抗弯截面模量W$_z$为：

A. $W_z = \frac{\pi d^3}{32} - \frac{a^3}{6}$

B. $W_z = \frac{\pi d^3}{32} - \frac{a^4}{6d}$

C. $W_z = \frac{\pi d^3}{32} - \frac{a^3}{6d}$

D. $W_z = \frac{\pi d^4}{64} - \frac{a^4}{12}$

63. 梁的弯矩图如图所示，最大值在*B*截面。在梁的*A*、*B*、*C*、*D*四个截面中，剪力为0的截面是：

A. *A*截面

B. *B*截面

C. *C*截面

D. *D*截面

64. 图示悬臂梁*AB*，由三根相同的矩形截面直杆胶合而成，材料的许可应力为$[\sigma]$。若胶合面开裂，假设开裂后三根杆的挠曲线相同，接触面之间无摩擦力，则开裂后的梁承载能力是原来的：

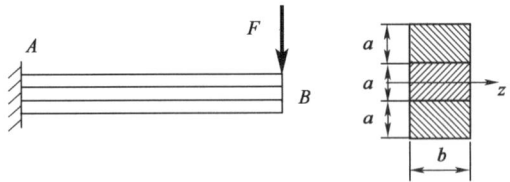

A. 1/9

B. 1/3

C. 两者相同

D. 3 倍

65. 梁的横截面是由狭长矩形构成的工字形截面，如图所示，*z*轴为中性轴，截面上的剪力竖直向下，该截面上的最大切应力在：

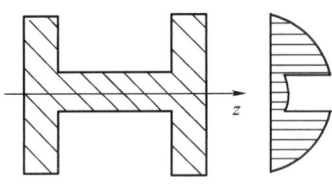

A. 腹板中性轴处

B. 腹板上下缘延长线与两侧翼缘相交处

C. 截面上下缘

D. 腹板上下缘

66. 矩形截面简支梁中点承受集中力F。若$h = 2b$，分别采用图 a)、图 b)两种方式放置，图 a)梁的最大挠度是图 b)梁的：

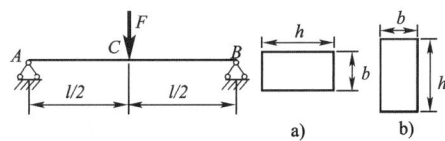

A. 1/2

B. 2 倍

C. 4 倍

D. 8 倍

67. 在图示xy坐标系下，单元体的最大主应力σ_1大致指向：

A. 第一象限，靠近x轴

B. 第一象限，靠近y轴

C. 第二象限，靠近x轴

D. 第二象限，靠近y轴

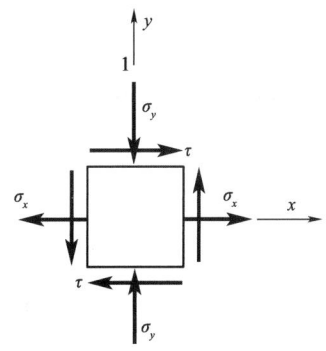

68. 图示变截面短杆，AB段压应力σ_{AB}与BC段压应力σ_{BC}的关系是：

A. σ_{AB}比σ_{BC}大1/4

B. σ_{AB}比σ_{BC}小1/4

C. σ_{AB}是σ_{BC}的2倍

D. σ_{AB}是σ_{BC}的1/2

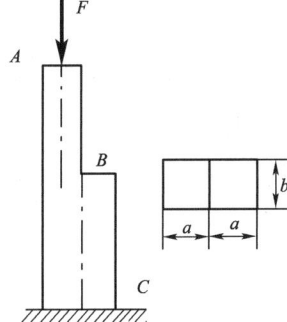

69. 图示圆轴，固定端外圆上 $y = 0$ 点（图中 A 点）的单元体的应力状态是：

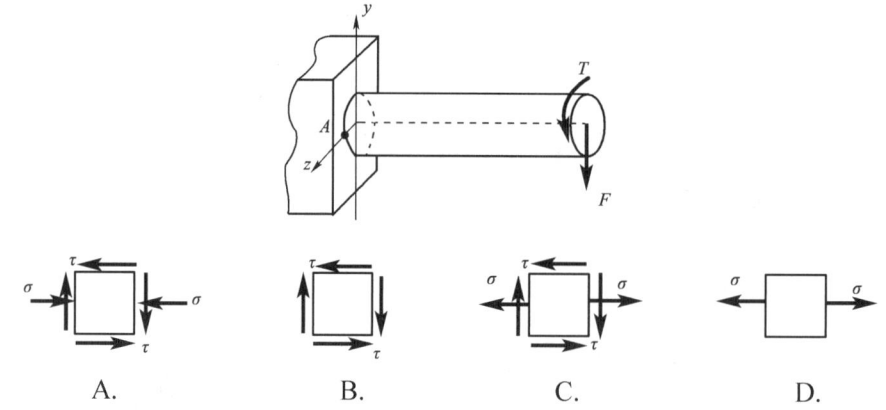

A.　　　　B.　　　　C.　　　　D.

70. 一端固定一端自由的细长（大柔度）压杆，长为 L（图 a），当杆的长度减小一半时（图 b），其临界荷载 F_{cr} 比原来增加：

A. 4 倍

B. 3 倍

C. 2 倍

D. 1 倍

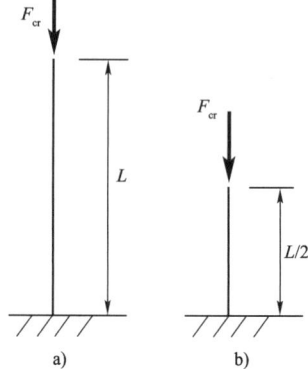

71. 空气的黏滞系数与水的黏滞系数 μ 分别随温度的降低而：

A. 降低，升高

B. 降低，降低

C. 升高，降低

D. 升高，升高

72. 重力和黏滞力分别属于：

A. 表面力、质量力

B. 表面力、表面力

C. 质量力、表面力

D. 质量力、质量力

73. 对某一非恒定流，以下对于流线和迹线的正确说法是：

A. 流线和迹线重合

B. 流线越密集，流速越小

C. 流线曲线上任意一点的速度矢量都与曲线相切

D. 流线可能存在折弯

74. 对某一流段，设其上、下游两断面 1-1、2-2 的断面面积分别为 A_1、A_2，断面流速分别为 v_1、v_2，两断面上任一点相对于选定基准面的高程分别为 Z_1、Z_2，相应断面同一选定点的压强分别为 p_1、p_2，两断面处的流体密度分别为 ρ_1、ρ_2，流体为不可压缩流体，两断面间的水头损失为 $h_{l1\text{-}2}$。下列方程表述一定错误的是：

A. 连续性方程：$v_1 A_1 = v_2 A_2$

B. 连续性方程：$\rho_1 v_1 A_1 = \rho_2 v_2 A_2$

C. 恒定总流能量方程：$\dfrac{p_1}{\rho_1 g} + Z_1 + \dfrac{v_1^2}{2g} = \dfrac{p_2}{\rho_2 g} + Z_2 + \dfrac{v_2^2}{2g}$

D. 恒定总流能量方程：$\dfrac{p_1}{\rho_1 g} + Z_1 + \dfrac{v_1^2}{2g} = \dfrac{p_2}{\rho_2 g} + Z_2 + \dfrac{v_2^2}{2g} + h_{l1\text{-}2}$

75. 水流经过变直径圆管，管中流量不变，已知前段直径 $d_1 = 30\text{mm}$，雷诺数为 5000，后段直径变为 $d_2 = 60\text{mm}$，则后段圆管中的雷诺数为：

A. 5000   B. 4000   C. 2500   D. 1250

76. 两孔口形状、尺寸相同，一个是自由出流，出流流量为 Q_1；另一个是淹没出流，出流流量为 Q_2。若自由出流和淹没出流的作用水头相等，则 Q_1 与 Q_2 的关系是：

A. $Q_1 > Q_2$ B. $Q_1 = Q_2$

C. $Q_1 < Q_2$ D. 不确定

77. 水力最优断面是指当渠道的过流断面面积 A、粗糙系数 n 和渠道底坡 i 一定时，其：

A. 水力半径最小的断面形状   B. 过流能力最大的断面形状

C. 湿周最大的断面形状   D. 造价最低的断面形状

78. 图示溢水堰模型试验，实际流量为 $Q_n = 537\text{m}^3/\text{s}$，若在模型上测得流量 $Q_n = 300\text{L/s}$，则该模型长度比尺为：

A. 4.5   B. 6

C. 10   D. 20

79. 点电荷 $+q$ 和点电荷 $-q$ 相距 30cm，那么，在由它们构成的静电场中：

A. 电场强度处处相等

B. 在两个点电荷连线的中点位置，电场力为 0

C. 电场方向总是从 $+q$ 指向 $-q$

D. 位于两个点电荷连线的中点位置上，带负电的可移动体将向 $-q$ 处移动

80. 设流经图示电感元件的电流 $i = 2\sin 1000t\,\text{A}$，若 $L = 1\text{mH}$，则电感电压：

A. $u_L = 2\sin 1000t\,\text{V}$

B. $u_L = -2\cos 1000t\,\text{V}$

C. u_L 的有效值 $U_L = 2\text{V}$

D. u_L 的有效值 $U_L = 1.414\text{V}$

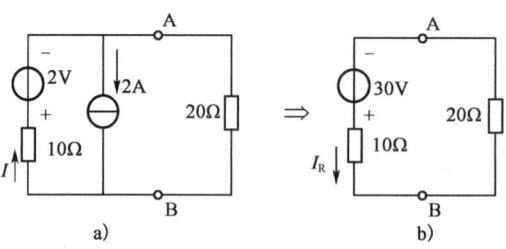

81. 图示两电路相互等效，由图 b）可知，流经 10Ω 电阻的电流 $I_R = 1\text{A}$，由此可求得流经图 a）电路中 10Ω 电阻的电流 I 等于：

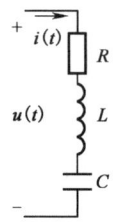

a)   b)

A. 1A   B. −1A   C. −3A   D. 3A

82. RLC串联电路如图所示，在工频电压 $u(t)$ 的激励下，电路的阻抗等于：

A. $R + 314L + 314C$

B. $R + 314L + 1/314C$

C. $\sqrt{R^2 + (314L - 1/314C)^2}$

D. $\sqrt{R^2 + (314L + 1/314C)^2}$

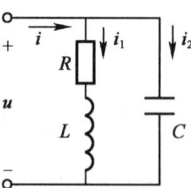

83. 图示电路中，$u = 10\sin(1000t + 30°)\,\text{V}$，如果使用相量法求解图示电路中的电流 i，那么，如下步骤中存在错误的是：

步骤1：$\dot{I}_1 = \dfrac{10}{R + j1000L}$；步骤2：$\dot{I}_2 = 10 \cdot j1000C$；

步骤3：$\dot{I} = \dot{I}_1 + \dot{I}_2 = I\angle\Psi_i$；步骤4：$i = I\sqrt{2}\sin\Psi_i$

A. 仅步骤1和步骤2错

B. 仅步骤2错

C. 步骤1、步骤2和步骤4错

D. 仅步骤4错

84. 图示电路中，开关k在$t=0$时刻打开，此后，电流i的初始值和稳态值分别为：

A. $\dfrac{U_\mathrm{s}}{R_2}$和 0

B. $\dfrac{U_\mathrm{s}}{R_1+R_2}$和 0

C. $\dfrac{U_\mathrm{s}}{R_1}$和$\dfrac{U_\mathrm{s}}{R_1+R_2}$

D. $\dfrac{U_\mathrm{s}}{R_1+R_2}$和$\dfrac{U_\mathrm{s}}{R_1+R_2}$

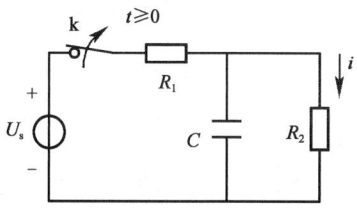

85. 在信号源$(u_\mathrm{s}, R_\mathrm{s})$和电阻$R_\mathrm{L}$之间接入一个理想变压器，如图所示。若$u_\mathrm{s} = 80\sin\omega t$ V，$R_\mathrm{L} = 10\Omega$，且此时信号源输出功率最大，那么，变压器的输出电压u_2等于：

A. $40\sin\omega t$ V

B. $20\sin\omega t$ V

C. $80\sin\omega t$ V

D. 20V

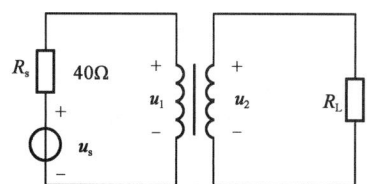

86. 接触器的控制线圈如图a）所示，动合触点如图b）所示，动断触点如图c）所示，当有额定电压接入线圈后：

$$KM \qquad KM1 \qquad KM2$$
a) \qquad b) \qquad c)

A. 触点 KM1 和 KM2 因未接入电路均处于断开状态

B. KM1 闭合，KM2 不变

C. KM1 闭合，KM2 断开

D. KM1 不变，KM2 断开

87. 某空调器的温度设置为 25℃，当室温超过 25℃后，它便开始制冷，此时红色指示灯亮，并在显示屏上显示"正在制冷"字样，那么：

A. "红色指示灯亮"和"正在制冷"均是信息

B. "红色指示灯亮"和"正在制冷"均是信号

C. "红色指示灯亮"是信号，"正在制冷"是信息

D. "红色指示灯亮"是信息，"正在制冷"是信号

88. 如果一个16进制数和一个8进制数的数字信号相同,那么:

    A. 这个16进制数和8进制数实际反映的数量相等

    B. 这个16进制数2倍于8进制数

    C. 这个16进制数比8进制数少8

    D. 这个16进制数与8进制数的大小关系不定

89. 在以下关于信号的说法中,正确的是:

    A. 代码信号是一串电压信号,故代码信号是一种模拟信号

    B. 采样信号是时间上离散、数值上连续的信号

    C. 采样保持信号是时间上连续、数值上离散的信号

    D. 数字信号是直接反映数值大小的信号

90. 设周期信号 $u(t) = \sqrt{2}\,U_1\sin(\omega t + \psi_1) + \sqrt{2}\,U_3\sin(3\omega t + \psi_3) + \cdots$

$$u_1(t) = \sqrt{2}\,U_1\sin(\omega t + \psi_1) + \sqrt{2}\,U_3\sin(3\omega t + \psi_3)$$

$$u_2(t) = \sqrt{2}\,U_1\sin(\omega t + \psi_1) + \sqrt{2}\,U_5\sin(5\omega t + \psi_5)$$

则:

    A. $u_1(t)$较$u_2(t)$更接近$u(t)$

    B. $u_2(t)$较$u_1(t)$更接近$u(t)$

    C. $u_1(t)$与$u_2(t)$接近$u(t)$的程度相同

    D. 无法做出三个电压之间的比较

91. 某模拟信号放大器输入与输出之间的关系如图所示,那么,能够经该放大器得到5倍放大的输入信号$u_i(t)$最大值一定:

    A. 小于2V

    B. 小于10V 或大于−10V

    C. 等于2V 或等于−2V

    D. 小于等于2V 且大于等于−2V

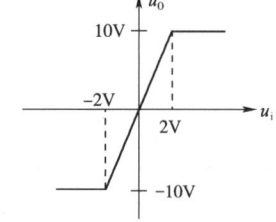

92. 逻辑函数 $F = \overline{\overline{AB} + \overline{BC}}$ 的化简结果是:

    A. $F = AB + BC$ B. $F = \overline{A} + \overline{B} + \overline{C}$

    C. $F = A + B + C$ D. $F = ABC$

93. 图示电路中，$u_i = 10\sin\omega t$，二极管 D_2 因损坏而断开，这时输出电压的波形和输出电压的平均值为：

 A. $U_o = 0.45V$

 B. $U_o = -0.45V$

C. $U_o = -3.18V$

D. $U_o = 3.18V$

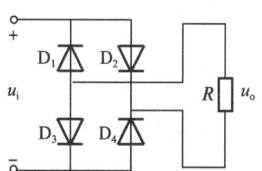

94. 图 a）所示运算放大器的输出与输入之间的关系如图 b）所示，若 $u_i = 2\sin\omega t\, mV$，则 u_o 为：

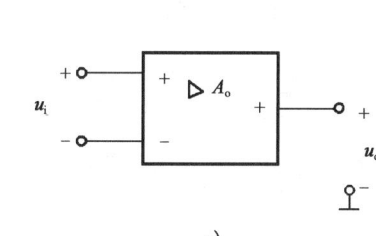

a)   b)

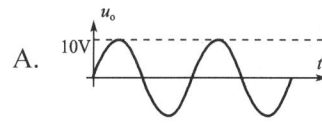 A.

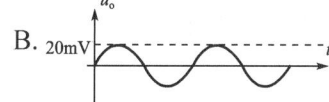 B.

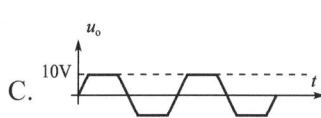 C.

D. (10V)

95. 基本门如图 a）所示，其中，数字信号 A 由图 b）给出，那么，输出 F 为：

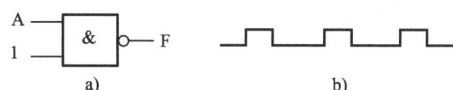

a)   b)

A. 1

B. 0

C. ⎍⎍⎍

D. ⎍⎍⎍

96. JK 触发器及其输入信号波形如图所示，那么，在 $t = t_0$ 和 $t = t_1$ 时刻，输出 Q 分别为：

A. $Q(t_0) = 1$，$Q(t_1) = 0$

B. $Q(t_0) = 0$，$Q(t_1) = 1$

C. $Q(t_0) = 0$，$Q(t_1) = 0$

D. $Q(t_0) = 1$，$Q(t_1) = 1$

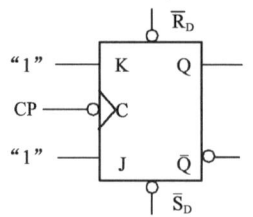
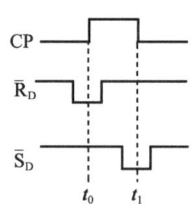

97. 计算机存储器中的每一个存储单元都配置一个唯一的编号，这个编号就是：

A. 一种寄存标志

B. 寄存器地址

C. 存储器的地址

D. 输入/输出地址

98. 操作系统作为一种系统软件，存在着与其他软件明显不同的三个特征是：

A. 可操作性、可视性、公用性

B. 并发性、共享性、随机性

C. 随机性、公用性、不可预测性

D. 并发性、可操作性、脆弱性

99. 将二进制数 11001 转换成相应的十进制数，其正确结果是：

A. 25

B. 32

C. 24

D. 22

100. 图像中的像素实际上就是图像中的一个个光点，这光点：

A. 只能是彩色的，不能是黑白的

B. 只能是黑白的，不能是彩色的

C. 既不能是彩色的，也不能是黑白的

D. 可以是黑白的，也可以是彩色的

101. 计算机病毒以多种手段入侵和攻击计算机信息系统，下面有一种不被使用的手段是：

A. 分布式攻击、恶意代码攻击

B. 恶意代码攻击、消息收集攻击

C. 删除操作系统文件、关闭计算机系统

D. 代码漏洞攻击、欺骗和会话劫持攻击

102. 计算机系统中，存储器系统包括：

A. 寄存器组、外存储器和主存储器

B. 寄存器组、高速缓冲存储器（Cache）和外存储器

C. 主存储器、高速缓冲存储器（Cache）和外存储器

D. 主存储器、寄存器组和光盘存储器

103. 在计算机系统中，设备管理是指对：

A. 除 CPU 和内存储器以外的所有输入/输出设备的管理

B. 包括 CPU 和内存储器及所有输入/输出设备的管理

C. 除 CPU 外，包括内存储器及所有输入/输出设备的管理

D. 除内存储器外，包括 CPU 及所有输入/输出设备的管理

104. Windows 提供了两种十分有效的文件管理工具，它们是：

A. 集合和记录

B. 批处理文件和目标文件

C. 我的电脑和资源管理器

D. 我的文档、文件夹

105. 一个典型的计算机网络主要由两大部分组成，即：

A. 网络硬件系统和网络软件系统

B. 资源子网和网络硬件系统

C. 网络协议和网络软件系统

D. 网络硬件系统和通信子网

106. 局域网是指将各种计算机网络设备互联在一起的通信网络，但其覆盖的地理范围有限，通常在：

A. 几十米之内

B. 几百公里之内

C. 几公里之内

D. 几十公里之内

107. 某企业年初投资 5000 万元，拟 10 年内等额回收本利，若基准收益率为 8%，则每年年末应回收的资金是：

A. 540.00 万元

B. 1079.46 万元

C. 745.15 万元

D. 345.15 万元

108. 建设项目评价中的总投资包括：

    A. 建设投资和流动资金

    B. 建设投资和建设期利息

    C. 建设投资、建设期利息和流动资金

    D. 固定资产投资和流动资产投资

109. 新设法人融资方式，建设项目所需资金来源于：

    A. 资本金和权益资金   B. 资本金和注册资本

    C. 资本金和债务资金   D. 建设资金和债务资金

110. 财务生存能力分析中，财务生存的必要条件是：

    A. 拥有足够的经营净现金流量

    B. 各年累计盈余资金不出现负值

    C. 适度的资产负债率

    D. 项目资本金净利润率高于同行业的净利润率参考值

111. 交通运输部门拟修建一条公路，预计建设期为一年，建设期初投资为 100 万元，建成后即投入使用，预计使用寿命为 10 年，每年将产生的效益为 20 万元，每年需投入保养费 8000 元。若社会折现率为 10%，则该项目的效益费用比为：

    A. 1.07   B. 1.17

    C. 1.85   D. 1.92

112. 建设项目经济评价有一整套指标体系，敏感性分析可选定其中一个或几个主要指标进行分析，最基本的分析指标是：

    A. 财务净现值   B. 内部收益率

    C. 投资回收期   D. 偿债备付率

113. 在项目无资金约束、寿命不同、产出不同的条件下，方案经济比选只能采用：

    A. 净现值比较法

    B. 差额投资内部收益率法

    C. 净年值法

    D. 费用年值法

114. 在对象选择中，通过对每个部件与其他各部件的功能重要程度进行逐一对比打分，相对重要的得 1 分，不重要的得 0 分，此方法称为：

A. 经验分析法   B. 百分比法

C. ABC 分析法   D. 强制确定法

115. 按照《中华人民共和国建筑法》的规定，下列叙述中正确的是：

A. 设计文件选用的建筑材料、建筑构配件和设备，不得注明其规格、型号

B. 设计文件选用的建筑材料、建筑构配件和设备，不得指定生产厂、供应商

C. 设计单位应按照建设单位提出的质量要求进行设计

D. 设计单位对施工过程中发现的质量问题应当按照监理单位的要求进行改正

116. 根据《中华人民共和国招标投标法》的规定，招标人对已发出的招标文件进行必要的澄清或修改的，应该以书面形式通知所有招标文件收受人，通知的时间应当在招标文件要求提交投标文件截止时间至少：

A. 20 日前   B. 15 日前

C. 7 日前   D. 5 日前

117. 按照《中华人民共和国合同法》的规定，下列情形中，要约不失效的是：

A. 拒绝要约的通知到达要约人

B. 要约人依法撤销要约

C. 承诺期限届满，受要约人未作出承诺

D. 受要约人对要约的内容作出非实质性变更

118. 根据《中华人民共和国节约能源法》的规定，国家实施的能源发展战略是：

A. 限制发展高耗能、高污染行业，发展节能环保型产业

B. 节约与开发并举，把节约放在首位

C. 合理调整产业结构、企业结构、产品结构和能源消费结构

D. 开发和利用新能源、可再生能源

119. 根据《中华人民共和国环境保护法》的规定，下列关于企业事业单位排放污染物的规定中，正确的是：

（注：《中华人民共和国环境保护法》2014 年进行了修订，此题已过时）

A. 排放污染物的企业事业单位，必须申报登记

B. 排放污染物超过标准的企业事业单位，或者缴纳超标准排污费，或者负责治理

C. 征收的超标准排污费必须用于该单位污染的治理，不得挪作他用

D. 对造成环境严重污染的企业事业单位，限期关闭

120. 根据《建设工程勘察设计管理条例》的规定，建设工程勘察、设计方案的评标一般不考虑：

A. 投标人资质　　　　　　　　　　B. 勘察、设计方案的优劣

C. 设计人员的能力　　　　　　　　D. 投标人的业绩

2012 年度全国勘察设计注册工程师

执业资格考试试卷

基础考试

（上）

二〇一二年九月

应考人员注意事项

1. 本试卷科目代码为"1"，考生务必将此代码填涂在答题卡"科目代码"相应的栏目内，否则，无法评分。

2. 书写用笔：**黑色或蓝色钢笔、签字笔或圆珠笔**；

   填涂答题卡用笔：**黑色 2B 铅笔**。

3. 必须用书写用笔将工作单位、姓名、准考证号填写在答题卡和试卷相应的栏目内。

4. 本试卷由 120 题组成，每题 1 分，满分 120 分，本试卷全部为单项选择题，每小题的四个备选项中只有一个正确答案，错选、多选、不选均不得分。

5. 考生作答时，必须按**题号在答题卡上**将相应试题所选选项对应的**字母用 2B 铅笔涂黑**。

6. 在答题卡上书写与题意无关的语言，或在答题卡上作标记的，均按违纪试卷处理。

7. 考试结束时，由监考人员当面将试卷、答题卡一并收回。

8. 草稿纸由各地统一配发，考后收回。

单项选择题（共120题，每题1分。每题的备选项中只有一个最符合题意。）

1. 设 $f(x) = \begin{cases} \cos x + x\sin\frac{1}{x} & x < 0 \\ x^2 + 1 & x \geq 0 \end{cases}$，则 $x = 0$ 是 $f(x)$ 的下面哪一种情况：

   A. 跳跃间断点　　　　　　　　B. 可去间断点

   C. 第二类间断点　　　　　　　D. 连续点

2. 设 $\alpha(x) = 1 - \cos x$，$\beta(x) = 2x^2$，则当 $x \to 0$ 时，下列结论中正确的是：

   A. $\alpha(x)$ 与 $\beta(x)$ 是等价无穷小

   B. $\alpha(x)$ 是 $\beta(x)$ 的高阶无穷小

   C. $\alpha(x)$ 是 $\beta(x)$ 的低阶无穷小

   D. $\alpha(x)$ 与 $\beta(x)$ 是同阶无穷小但不是等价无穷小

3. 设 $y = \ln(\cos x)$，则微分 $\mathrm{d}y$ 等于：

   A. $\frac{1}{\cos x}\mathrm{d}x$

   B. $\cot x \mathrm{d}x$

   C. $-\tan x \mathrm{d}x$

   D. $-\frac{1}{\cos x \sin x}\mathrm{d}x$

4. $f(x)$ 的一个原函数为 e^{-x^2}，则 $f'(x) =$

   A. $2(-1 + 2x^2)e^{-x^2}$

   B. $-2xe^{-x^2}$

   C. $2(1 + 2x^2)e^{-x^2}$

   D. $(1 - 2x)e^{-x^2}$

5. $f'(x)$ 连续，则 $\int f'(2x + 1)\mathrm{d}x$ 等于：

   A. $f(2x + 1) + C$

   B. $\frac{1}{2}f(2x + 1) + C$

   C. $2f(2x + 1) + C$

   D. $f(x) + C$

   （C 为任意常数）

6. 定积分 $\int_0^{\frac{1}{2}} \frac{1+x}{\sqrt{1-x^2}} dx =$

A. $\frac{\pi}{3} + \frac{\sqrt{3}}{2}$

B. $\frac{\pi}{6} - \frac{\sqrt{3}}{2}$

C. $\frac{\pi}{6} - \frac{\sqrt{3}}{2} + 1$

D. $\frac{\pi}{6} + \frac{\sqrt{3}}{2} + 1$

7. 若D是由$y = x$，$x = 1$，$y = 0$所围成的三角形区域，则二重积分$\iint\limits_D f(x,y) dxdy$在极坐标系下的二次积分是：

A. $\int_0^{\frac{\pi}{4}} d\theta \int_0^{\cos\theta} f(r\cos\theta, r\sin\theta) r dr$

B. $\int_0^{\frac{\pi}{4}} d\theta \int_0^{\frac{1}{\cos\theta}} f(r\cos\theta, r\sin\theta) r dr$

C. $\int_0^{\frac{\pi}{4}} d\theta \int_0^{\frac{1}{\cos\theta}} r dr$

D. $\int_0^{\frac{\pi}{4}} d\theta \int_0^{\frac{1}{\cos\theta}} f(x,y) dr$

8. 当$a < x < b$时，有$f'(x) > 0$，$f''(x) < 0$，则在区间(a,b)内，函数$y = f(x)$图形沿x轴正向是：

A. 单调减且凸的

B. 单调减且凹的

C. 单调增且凸的

D. 单调增且凹的

9. 函数在给定区间上不满足拉格朗日定理条件的是：

A. $f(x) = \frac{x}{1+x^2}$，$[-1,2]$

B. $f(x) = x^{\frac{2}{3}}$，$[-1,1]$

C. $f(x) = e^{\frac{1}{x}}$，$[1,2]$

D. $f(x) = \frac{x+1}{x}$，$[1,2]$

10. 下列级数中，条件收敛的是：

A. $\sum_{n=1}^{\infty} \frac{(-1)^n}{n}$

B. $\sum_{n=1}^{\infty} \frac{(-1)^n}{n^3}$

C. $\sum_{n=1}^{\infty} \frac{(-1)^n}{n(n+1)}$

D. $\sum_{n=1}^{\infty} (-1)^n \frac{n+1}{n+2}$

11. 当 $|x| < \frac{1}{2}$ 时，函数 $f(x) = \frac{1}{1+2x}$ 的麦克劳林展开式正确的是：

A. $\sum_{n=0}^{\infty} (-1)^{n+1} (2x)^n$

B. $\sum_{n=0}^{\infty} (-2)^n x^n$

C. $\sum_{n=1}^{\infty} (-1)^n 2^n x^n$

D. $\sum_{n=1}^{\infty} 2^n x^n$

12. 已知微分方程 $y' + p(x)y = q(x)[q(x) \neq 0]$ 有两个不同的特解 $y_1(x)$，$y_2(x)$，C 为任意常数，则该微分方程的通解是：

A. $y = C(y_1 - y_2)$

B. $y = C(y_1 + y_2)$

C. $y = y_1 + C(y_1 + y_2)$

D. $y = y_1 + C(y_1 - y_2)$

13. 以 $y_1 = e^x$，$y_2 = e^{-3x}$ 为特解的二阶线性常系数齐次微分方程是：

A. $y'' - 2y' - 3y = 0$

B. $y'' + 2y' - 3y = 0$

C. $y'' - 3y' + 2y = 0$

D. $y'' + 3y' + 2y = 0$

14. 微分方程 $\frac{dy}{dx} + \frac{x}{y} = 0$ 的通解是：

    A. $x^2 + y^2 = C (C \in R)$

    B. $x^2 - y^2 = C (C \in R)$

    C. $x^2 + y^2 = C^2 (C \in R)$

    D. $x^2 - y^2 = C^2 (C \in R)$

15. 曲线 $y = (\sin x)^{\frac{3}{2}} (0 \leq x \leq \pi)$ 与 x 轴围成的平面图形绕 x 轴旋转一周而成的旋转体体积等于：

    A. $\frac{4}{3}$ B. $\frac{4}{3}\pi$

    C. $\frac{2}{3}\pi$ D. $\frac{2}{3}\pi^2$

16. 曲线 $x^2 + 4y^2 + z^2 = 4$ 与平面 $x + z = a$ 的交线在 yOz 平面上的投影方程是：

    A. $\begin{cases} (a-z)^2 + 4y^2 + z^2 = 4 \\ x = 0 \end{cases}$

    B. $\begin{cases} x^2 + 4y^2 + (a-x)^2 = 4 \\ z = 0 \end{cases}$

    C. $\begin{cases} x^2 + 4y^2 + (a-x)^2 = 4 \\ x = 0 \end{cases}$

    D. $(a-z)^2 + 4y^2 + z^2 = 4$

17. 方程 $x^2 - \frac{y^2}{4} + z^2 = 1$，表示：

    A. 旋转双曲面

    B. 双叶双曲面

    C. 双曲柱面

    D. 锥面

18. 设直线 L 为 $\begin{cases} x + 3y + 2z + 1 = 0 \\ 2x - y - 10z + 3 = 0 \end{cases}$，平面 π 为 $4x - 2y + z - 2 = 0$，则直线和平面的关系是：

    A. L 平行于 π

    B. L 在 π 上

    C. L 垂直于 π

    D. L 与 π 斜交

19. 已知n阶可逆矩阵A的特征值为λ_0，则矩阵$(2A)^{-1}$的特征值是：

A. $\dfrac{2}{\lambda_0}$

B. $\dfrac{\lambda_0}{2}$

C. $\dfrac{1}{2\lambda_0}$

D. $2\lambda_0$

20. 设$\vec{\alpha_1}$，$\vec{\alpha_2}$，$\vec{\alpha_3}$，$\vec{\beta}$为n维向量组，已知$\vec{\alpha_1}$，$\vec{\alpha_2}$，$\vec{\beta}$线性相关，$\vec{\alpha_2}$，$\vec{\alpha_3}$，$\vec{\beta}$线性无关，则下列结论中正确的是：

A. $\vec{\beta}$必可用$\vec{\alpha_1}$，$\vec{\alpha_2}$线性表示

B. $\vec{\alpha_1}$必可用$\vec{\alpha_2}$，$\vec{\alpha_3}$，$\vec{\beta}$线性表示

C. $\vec{\alpha_1}$，$\vec{\alpha_2}$，$\vec{\alpha_3}$必线性无关

D. $\vec{\alpha_1}$，$\vec{\alpha_2}$，$\vec{\alpha_3}$必线性相关

21. 要使得二次型$f(x_1,x_2,x_3)=x_1^2+2tx_1x_2+x_2^2-2x_1x_3+2x_2x_3+2x_3^2$为正定的，则$t$的取值条件是：

A. $-1<t<1$

B. $-1<t<0$

C. $t>0$

D. $t<-1$

22. 若事件A、B互不相容，且$P(A)=p$，$P(B)=q$，则$P(\overline{A}\,\overline{B})$等于：

A. $1-p$

B. $1-q$

C. $1-(p+q)$

D. $1+p+q$

23. 若随机变量X与Y相互独立，且X在区间$[0,2]$上服从均匀分布，Y服从参数为3的指数分布，则数学期望$E(XY) =$

A. $\frac{4}{3}$

B. 1

C. $\frac{2}{3}$

D. $\frac{1}{3}$

24. 设$X_1, X_2, \cdots, X_n$是来自总体$N(\mu, \sigma^2)$的样本，μ、σ^2未知，$\overline{X} = \frac{1}{n}\sum\limits_{i=1}^{n} X_i$，$Q^2 = \sum\limits_{i=1}^{n}\left(X_i - \overline{X}\right)^2$，$Q > 0$。

则检验假设H_0：$\mu = 0$时应选取的统计量是：

A. $\sqrt{n(n-1)}\dfrac{\overline{X}}{Q}$

B. $\sqrt{n}\dfrac{\overline{X}}{Q}$

C. $\sqrt{n-1}\dfrac{\overline{X}}{Q}$

D. $\sqrt{n}\dfrac{\overline{X}}{Q^2}$

25. 两种摩尔质量不同的理想气体，它们压强相同、温度相同、体积不同。则它们的：

A. 单位体积内的分子数不同

B. 单位体积内气体的质量相同

C. 单位体积内气体分子的总平均平动动能相同

D. 单位体积内气体的内能相同

26. 某种理想气体的总分子数为N，分子速率分布函数为$f(v)$，则速率在$v_1 \rightarrow v_2$区间内的分子数是：

A. $\int_{v_1}^{v_2} f(v)\mathrm{d}v$

B. $N\int_{v_1}^{v_2} f(v)\mathrm{d}v$

C. $\int_{0}^{\infty} f(v)\mathrm{d}v$

D. $N\int_{0}^{\infty} f(v)\mathrm{d}v$

27. 一定量的理想气体由a状态经过一过程到达b状态，吸热为335J，系统对外做功126J；若系统经过另一过程由a状态到达b状态，系统对外做功42J，则过程中传入系统的热量为：

A. 530J   B. 167J

C. 251J   D. 335J

28. 一定量的理想气体，经过等体过程，温度增量ΔT，内能变化ΔE_1，吸收热量Q_1；若经过等压过程，温度增量也为ΔT，内能变化ΔE_2，吸收热量Q_2，则一定是：

A. $\Delta E_2 = \Delta E_1$，$Q_2 > Q_1$

B. $\Delta E_2 = \Delta E_1$，$Q_2 < Q_1$

C. $\Delta E_2 > \Delta E_1$，$Q_2 > Q_1$

D. $\Delta E_2 < \Delta E_1$，$Q_2 < Q_1$

29. 一平面简谐波的波动方程为$y = 2 \times 10^{-2} \cos 2\pi \left(10t - \dfrac{x}{5}\right)$(SI)。$t = 0.25$s时，处于平衡位置，且与坐标原点$x = 0$最近的质元的位置是：

A. ± 5m   B. 5m

C. ± 1.25m   D. 1.25m

30. 一平面简谐波沿x轴正方向传播，振幅$A = 0.02$m，周期$T = 0.5$s，波长$\lambda = 100$m，原点处质元的初相位$\phi = 0$，则波动方程的表达式为：

A. $y = 0.02 \cos 2\pi \left(\dfrac{t}{2} - 0.01x\right)$(SI)

B. $y = 0.02 \cos 2\pi (2t - 0.01x)$(SI)

C. $y = 0.02 \cos 2\pi \left(\dfrac{t}{2} - 100x\right)$(SI)

D. $y = 0.02 \cos 2\pi (2t - 100x)$(SI)

31. 两人轻声谈话的声强级为40dB，热闹市场上噪声的声强级为80dB。市场上噪声的声强与轻声谈话的声强之比为：

A. 2   B. 20

C. 10^2 D. 10^4

32. P_1和P_2为偏振化方向相互垂直的两个平行放置的偏振片，光强为I_0的自然光垂直入射在第一个偏振片P_1上，则透过P_1和P_2的光强分别为：

A. $\frac{I_0}{2}$和0

B. 0和$\frac{I_0}{2}$

C. I_0和I_0

D. $\frac{I_0}{2}$和$\frac{I_0}{2}$

33. 一束自然光自空气射向一块平板玻璃，设入射角等于布儒斯特角，则反射光为：

A. 自然光   B. 部分偏振光

C. 完全偏振光   D. 圆偏振光

34. 波长$\lambda = 550\text{nm}(1\text{nm} = 10^{-9}\text{m})$的单色光垂直入射于光栅常数为$2 \times 10^{-4}\text{cm}$的平面衍射光栅上，可能观察到光谱线的最大级次为：

A. 2   B. 3

C. 4   D. 5

35. 在单缝夫琅禾费衍射实验中，波长为λ的单色光垂直入射到单缝上，对应于衍射角为$30°$的方向上，若单缝处波阵面可分成3个半波带。则缝宽a为：

A. λ B. 1.5λ

C. 2λ D. 3λ

36. 以双缝干涉实验中，波长为λ的单色平行光垂直入射到缝间距为a的双缝上，屏到双缝的距离为D，则某一条明纹与其相邻的一条暗纹的间距为：

A. $\frac{D\lambda}{a}$

B. $\frac{D\lambda}{2a}$

C. $\frac{2D\lambda}{a}$

D. $\frac{D\lambda}{4a}$

37. 钴的价层电子构型是$3d^74s^2$，钴原子外层轨道中未成对电子数为：

   A. 1   B. 2

   C. 3   D. 4

38. 在 HF、HCl、HBr、HI 中，按熔、沸点由高到低顺序排列正确的是：

   A. HF、HCl、HBr、HI

   B. HI、HBr、HCl、HF

   C. HCl、HBr、HI、HF

   D. HF、HI、HBr、HCl

39. 对于 HCl 气体溶解于水的过程，下列说法正确的是：

   A. 这仅是一个物理变化过程

   B. 这仅是一个化学变化过程

   C. 此过程既有物理变化又有化学变化

   D. 此过程中溶质的性质发生了变化，而溶剂的性质未变

40. 体系与环境之间只有能量交换而没有物质交换，这种体系在热力学上称为：

   A. 绝热体系   B. 循环体系

   C. 孤立体系   D. 封闭体系

41. 反应$PCl_3(g) + Cl_2(g) \rightleftharpoons PCl_5(g)$，298K 时$K^\ominus = 0.767$，此温度下平衡时，如$p(PCl_5) = p(PCl_3)$，则$p(Cl_2) =$

   A. 130.38kPa

   B. 0.767kPa

   C. 7607kPa

   D. 7.67×10⁻³kPa

   D. 7.67×10^{-3}kPa

42. 在铜锌原电池中，将铜电极的$C(H^+)$由1mol/L增加到2mol/L，则铜电极的电极电势：

   A. 变大   B. 变小

   C. 无变化   D. 无法确定

43. 元素的标准电极电势图如下：

$$Cu^{2+} \xrightarrow{0.159} Cu^+ \xrightarrow{0.52} Cu$$

$$Au^{3+} \xrightarrow{1.36} Au^+ \xrightarrow{1.83} Au$$

$$Fe^{3+} \xrightarrow{0.771} Fe^{2+} \xrightarrow{-0.44} Fe$$

$$MnO_4^- \xrightarrow{1.51} Mn^{2+} \xrightarrow{-1.18} Mn$$

在空气存在的条件下，下列离子在水溶液中最稳定的是：

A. Cu^{2+} B. Au^+

C. Fe^{2+} D. Mn^{2+}

44. 按系统命名法，下列有机化合物命名正确的是：

A. 2-乙基丁烷   B. 2，2-二甲基丁烷

C. 3，3-二甲基丁烷   D. 2，3，3-三甲基丁烷

45. 下列物质使溴水褪色的是：

A. 乙醇   B. 硬脂酸甘油酯

C. 溴乙烷   D. 乙烯

46. 昆虫能分泌信息素。下列是一种信息素的结构简式：

$$CH_3(CH_2)_5CH = CH(CH_2)_9CHO$$

下列说法正确的是：

A. 这种信息素不可以与溴发生加成反应

B. 它可以发生银镜反应

C. 它只能与 $1mol\ H_2$ 发生加成反应

D. 它是乙烯的同系物

47. 图示刚架中，若将作用于 B 处的水平力 P 沿其作用线移至 C 处，则 A、D 处的约束力：

A. 都不变

B. 都改变

C. 只有 A 处改变

D. 只有 D 处改变

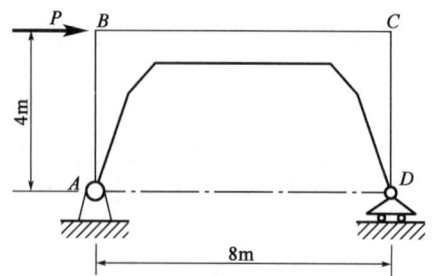

48. 图示绞盘有三个等长为l的柄，三个柄均在水平面内，其间夹角都是120°。如在水平面内，每个柄端分别作用一垂直于柄的力F_1、F_2、F_3，且有$F_1 = F_2 = F_3 = F$，该力系向O点简化后的主矢及主矩应为：

A. $F_R = 0$，$M_O = 3Fl(\curvearrowleft)$

B. $F_R = 0$，$M_O = 3Fl(\curvearrowright)$

C. $F_R = 2F$(水平向右)，$M_O = 3Fl(\curvearrowleft)$

D. $F_R = 2F$(水平向左)，$M_O = 3Fl(\curvearrowright)$

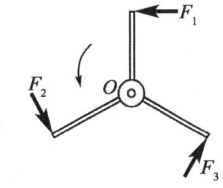

49. 图示起重机的平面构架，自重不计，且不计滑轮质量，已知：$F = 100$kN，$L = 70$cm，B、D、E为铰链连接。则支座A的约束力为：

A. $F_{Ax} = 100$kN($\leftarrow$)，$F_{Ay} = 150$kN($\downarrow$)

B. $F_{Ax} = 100$kN($\rightarrow$)，$F_{Ay} = 50$kN($\uparrow$)

C. $F_{Ax} = 100$kN($\leftarrow$)，$F_{Ay} = 50$kN($\downarrow$)

D. $F_{Ax} = 100$kN($\leftarrow$)，$F_{Ay} = 100$kN($\downarrow$)

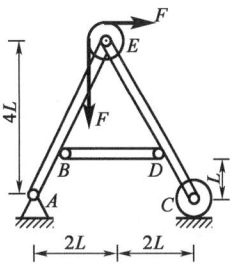

50. 平面结构如图所示，自重不计。已知：$F = 100$kN。判断图示BCH桁架结构中，内力为零的杆数是：

A. 3根杆

B. 4根杆

C. 5根杆

D. 6根杆

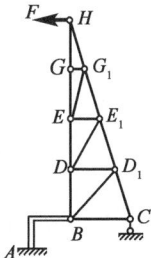

51. 动点以常加速度2m/s²做直线运动。当速度由5m/s增加到8m/s时，则点运动的路程为：

A. 7.5m

B. 12m

C. 2.25m

D. 9.75m

52. 物体作定轴转动的运动方程为$\varphi = 4t - 3t^2$（φ以 rad 计，t以 s 计）。此物体内，转动半径$r = 0.5$m的一点，在$t_0 = 0$时的速度和法向加速度的大小分别为：

A. 2m/s，8m/s²

B. 3m/s，3m/s²

C. 2m/s，8.54m/s²

D. 0，8m/s²

53. 一木板放在两个半径$r = 0.25$m的传输鼓轮上面。在图示瞬时，木板具有不变的加速度$a = 0.5$m/s²，方向向右；同时，鼓轮边缘上的点具有一大小为3m/s²的全加速度。如果木板在鼓轮上无滑动，则此木板的速度为：

A. 0.86m/s

B. 3m/s

C. 0.5m/s

D. 1.67m/s

54. 重为W的人乘电梯铅垂上升，当电梯加速上升、匀速上升及减速上升时，人对地板的压力分别为P_1、P_2、P_3，它们之间的关系为：

A. $P_1 = P_2 = P_3$

B. $P_1 > P_2 > P_3$

C. $P_1 < P_2 < P_3$

D. $P_1 < P_2 > P_3$

55. 均质细杆AB重力为W，A端置于光滑水平面上，B端用绳悬挂，如图所示。当绳断后，杆在倒地的过程中，质心C的运动轨迹为：

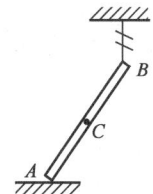

A. 圆弧线

B. 曲线

C. 铅垂直线

D. 抛物线

56. 杆OA与均质圆轮的质心用光滑铰链A连接，如图所示，初始时它们静止于铅垂面内，现将其释放，则圆轮A所作的运动为：

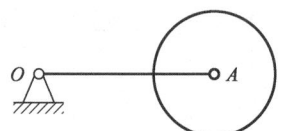

A. 平面运动

B. 绕轴O的定轴转动

C. 平行移动

D. 无法判断

57. 图示质量为m、长为l的均质杆OA绕O轴在铅垂平面内作定轴转动。已知某瞬时杆的角速度为ω，角加速度为α，则杆惯性力系合力的大小为：

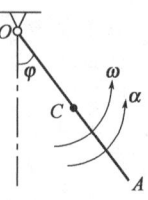

A. $\frac{l}{2}m\sqrt{\alpha^2 + \omega^2}$

B. $\frac{l}{2}m\sqrt{\alpha^2 + \omega^4}$

C. $\frac{l}{2}m\alpha$

D. $\frac{l}{2}m\omega^2$

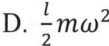

58. 已知单自由度系统的振动固有频率$\omega_n = 2\text{rad/s}$,若在其上分别作用幅值相同而频率为$\omega_1 = 1\text{rad/s}$,$\omega_2 = 2\text{rad/s}$，$\omega_3 = 3\text{rad/s}$的简谐干扰力，则此系统强迫振动的振幅为：

A. $\omega_1 = 1\text{rad/s}$时振幅最大

B. $\omega_2 = 2\text{rad/s}$时振幅最大

C. $\omega_3 = 3\text{rad/s}$时振幅最大

D. 不能确定

59. 截面面积为A的等截面直杆，受轴向拉力作用。杆件的原始材料为低碳钢，若将材料改为木材，其他条件不变，下列结论中正确的是：

A. 正应力增大，轴向变形增大

B. 正应力减小，轴向变形减小

C. 正应力不变，轴向变形增大

D. 正应力减小，轴向变形不变

60. 图示等截面直杆，材料的拉压刚度为EA，杆中距离A端1.5L处横截面的轴向位移是：

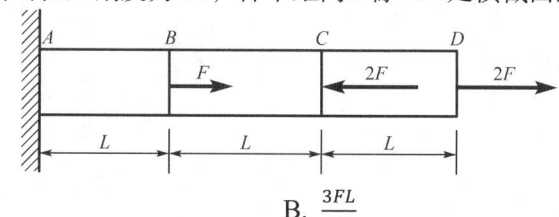

A. $\dfrac{4FL}{EA}$

B. $\dfrac{3FL}{EA}$

C. $\dfrac{2FL}{EA}$

D. $\dfrac{FL}{EA}$

61. 图示冲床的冲压力$F = 300\pi\text{kN}$，钢板的厚度$t = 10\text{mm}$，钢板的剪切强度极限$\tau_b = 300\text{MPa}$。冲床在钢板上可冲圆孔的最大直径d是：

A. $d = 200\text{mm}$

B. $d = 100\text{mm}$

C. $d = 4000\text{mm}$

D. $d = 1000\text{mm}$

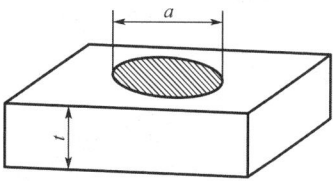

62. 图示两根木杆连接结构，已知木材的许用切应力为$[\tau]$，许用挤压应力为$[\sigma_{bs}]$，则a与h的合理比值是：

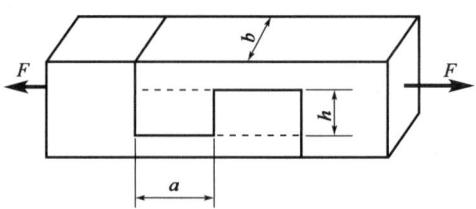

　A. $\dfrac{h}{a}=\dfrac{[\tau]}{[\sigma_{bs}]}$ 　　　　　　　　　　　B. $\dfrac{h}{a}=\dfrac{[\sigma_{bs}]}{[\tau]}$

　C. $\dfrac{h}{a}=\dfrac{[\tau]a}{[\sigma_{bs}]}$ 　　　　　　　　　　　D. $\dfrac{h}{a}=\dfrac{[\sigma_{bs}]a}{[\tau]}$

63. 圆轴受力如图所示，下面 4 个扭矩图中正确的是：

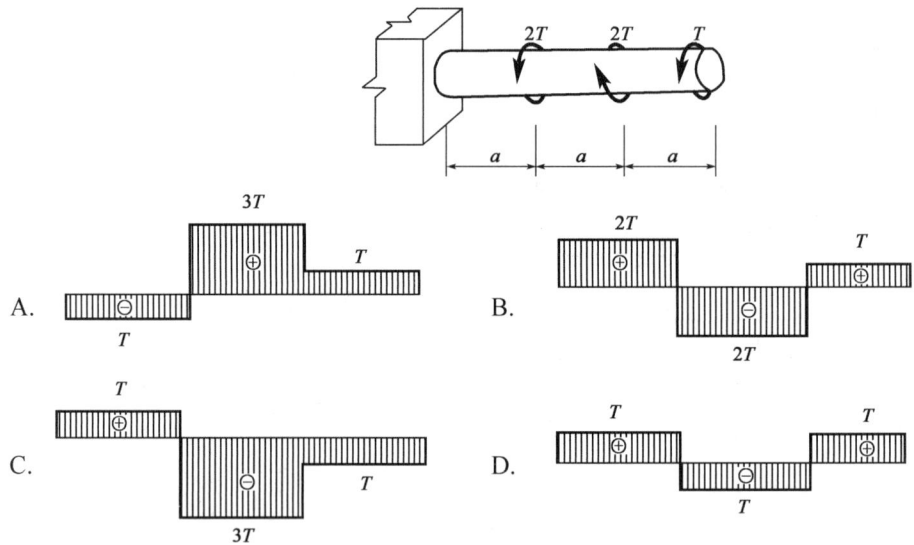

64. 直径为d的实心圆轴受扭，若使扭转角减小一半，圆轴的直径需变为：

　A. $\sqrt[4]{2}d$ 　　　　　　　　　　　B. $\sqrt[3]{2}d$

　C. $0.5d$ 　　　　　　　　　　　D. $\dfrac{8}{3}d$

65. 梁 ABC 的弯矩如图所示，根据梁的弯矩图，可以断定该梁 B 点处：

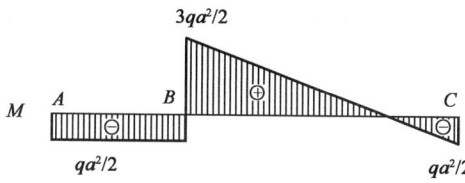

A. 无外荷载

B. 只有集中力偶

C. 只有集中力

D. 有集中力和集中力偶

66. 图示空心截面对 z 轴的惯性矩 I_z 为：

A. $I_z = \dfrac{\pi d^4}{32} - \dfrac{a^4}{12}$

B. $I_z = \dfrac{\pi d^4}{64} - \dfrac{a^4}{12}$

C. $I_z = \dfrac{\pi d^4}{32} + \dfrac{a^4}{12}$

D. $I_z = \dfrac{\pi d^4}{64} + \dfrac{a^4}{12}$

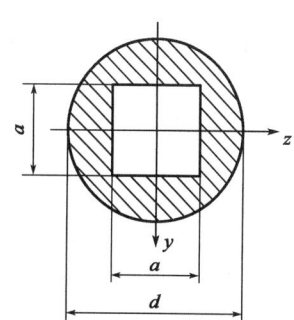

67. 两根矩形截面悬臂梁，弹性模量均为 E，横截面尺寸如图所示，两梁的载荷均为作用在自由端的集中力偶。已知两梁的最大挠度相同，则集中力偶 M_{e2} 是 M_{e1} 的：$\left(\text{悬臂梁受自由端集中力偶 } M \text{ 作用，自由端挠度为 } \dfrac{ML^2}{2EI}\right)$

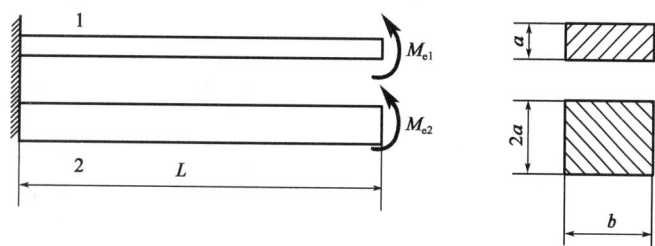

A. 8 倍

B. 4 倍

C. 2 倍

D. 1 倍

68. 图示等边角钢制成的悬臂梁AB，c点为截面形心，x'为该梁轴线，y'、z'为形心主轴。集中力F竖直向下，作用线过角钢两个狭长矩形边中线的交点，梁将发生以下变形：

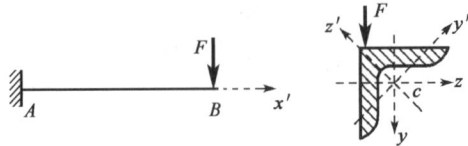

A. $x'z'$平面内的平面弯曲

B. 扭转和$x'z'$平面内的平面弯曲

C. $x'y'$平面和$x'z'$平面内的双向弯曲

D. 扭转和$x'y'$平面、$x'z'$平面内的双向弯曲

69. 图示单元体，法线与x轴夹角$\alpha =45°$的斜截面上切应力τ_α是：

A. $\tau_\alpha = 10\sqrt{2}$MPa

B. $\tau_\alpha = 50$MPa

C. $\tau_\alpha = 60$MPa

D. $\tau_\alpha = 0$

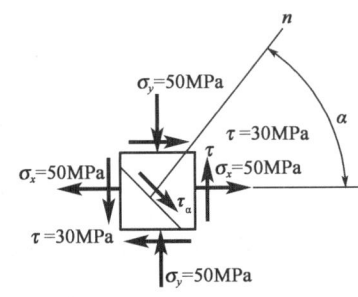

70. 图示矩形截面细长（大柔度）压杆，弹性模量为E。该压杆的临界荷载F_{cr}为：

A. $F_{cr} = \dfrac{\pi^2 E}{L^2}\left(\dfrac{bh^3}{12}\right)$

B. $F_{cr} = \dfrac{\pi^2 E}{L^2}\left(\dfrac{hb^3}{12}\right)$

C. $F_{cr} = \dfrac{\pi^2 E}{(2L)^2}\left(\dfrac{bh^3}{12}\right)$

D. $F_{cr} = \dfrac{\pi^2 E}{(2L)^2}\left(\dfrac{hb^3}{12}\right)$

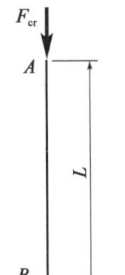
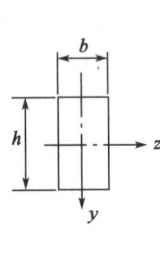

71. 按连续介质概念，流体质点是：

    A. 几何的点

    B. 流体的分子

    C. 流体内的固体颗粒

    D. 几何尺寸在宏观上同流动特征尺度相比是微小量，又含有大量分子的微元体

72. 设 A、B 两处液体的密度分别为 ρ_A 与 ρ_B，由 U 形管连接，如图所示，已知水银密度为 ρ_m，1、2 面的高度差为 Δh，它们与 A、B 中心点的高度差分别是 h_1 与 h_2，则 AB 两中心点的压强差 $P_A - P_B$ 为：

    A. $(-h_1\rho_A + h_2\rho_B + \Delta h\rho_m)g$

    B. $(h_1\rho_A - h_2\rho_B - \Delta h\rho_m)g$

    C. $[-h_1\rho_A + h_2\rho_B + \Delta h(\rho_m - \rho_A)]g$

    D. $[h_1\rho_A - h_2\rho_B - \Delta h(\rho_m - \rho_A)]g$

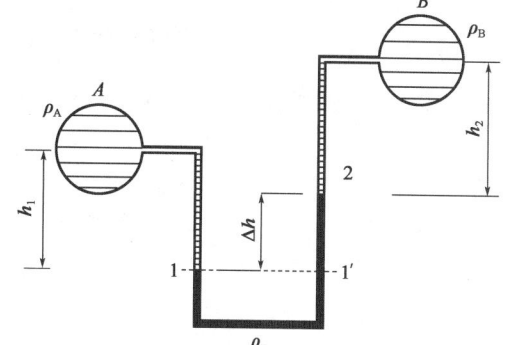

73. 汇流水管如图所示，已知三部分水管的横截面积分别为 $A_1 = 0.01\mathrm{m}^2$，$A_2 = 0.005\mathrm{m}^2$，$A_3 = 0.01\mathrm{m}^2$ 入流速度 $v_1 = 4\mathrm{m/s}$，$v_2 = 6\mathrm{m/s}$，求出流的流速 v_3 为：

    A. 8m/s

    B. 6m/s

    C. 7m/s

    D. 5m/s

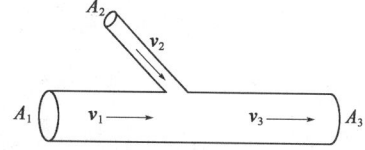

74. 尼古拉斯实验的曲线图中，在以下哪个区域里，不同相对粗糙度的试验点，分别落在一些与横轴平行的直线上，阻力系数 λ 与雷诺数无关：

    A. 层流区

    B. 临界过渡区

    C. 紊流光滑区

    D. 紊流粗糙区

75. 正常工作条件下，若薄壁小孔口直径为d_1，圆柱形管嘴的直径为d_2，作用水头H相等，要使得孔口与管嘴的流量相等，则直径d_1与d_2的关系是：

 A. $d_1 > d_2$
 B. $d_1 < d_2$
 C. $d_1 = d_2$
 D. 条件不足无法确定

76. 下面对明渠均匀流的描述哪项是正确的：

 A. 明渠均匀流必须是非恒定流
 B. 明渠均匀流的粗糙系数可以沿程变化
 C. 明渠均匀流可以有支流汇入或流出
 D. 明渠均匀流必须是顺坡

77. 有一完全井，半径$r_0 = 0.3$m，含水层厚度$H = 15$m，土壤渗透系数$k = 0.0005$m/s，抽水稳定后，井水深$h = 10$m，影响半径$R = 375$m，则由达西定律得出的井的抽水量Q为：（其中计算系数为1.366）

 A. $0.0276\text{m}^3/\text{s}$
 B. $0.0138\text{m}^3/\text{s}$
 C. $0.0414\text{m}^3/\text{s}$
 D. $0.0207\text{m}^3/\text{s}$

78. 量纲和谐原理是指：

 A. 量纲相同的量才可以乘除
 B. 基本量纲不能与导出量纲相运算
 C. 物理方程式中各项的量纲必须相同
 D. 量纲不同的量才可以加减

79. 关于电场和磁场，下述说法中正确的是：

 A. 静止的电荷周围有电场，运动的电荷周围有磁场
 B. 静止的电荷周围有磁场，运动的电荷周围有电场
 C. 静止的电荷和运动的电荷周围都只有电场
 D. 静止的电荷和运动的电荷周围都只有磁场

80. 如图所示，两长直导线的电流$I_1 = I_2$，L是包围I_1、I_2的闭合曲线，以下说法中正确的是：

 A. L上各点的磁场强度H的量值相等，不等于0
 B. L上各点的H等于0
 C. L上任一点的H等于I_1、I_2在该点的磁场强度的叠加
 D. L上各点的H无法确定

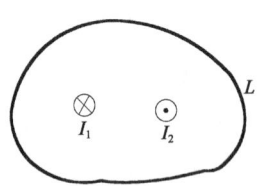

81. 电路如图所示，U_s为独立电压源，若外电路不变，仅电阻R变化时，将会引起下述哪种变化？

A. 端电压U的变化

B. 输出电流I的变化

C. 电阻R支路电流的变化

D. 上述三者同时变化

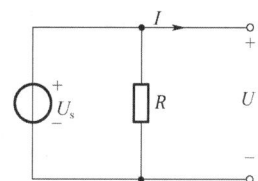

82. 在图 a）电路中有电流I时，可将图 a）等效为图 b），其中等效电压源电压U_s和等效电源内阻R_0分别为：

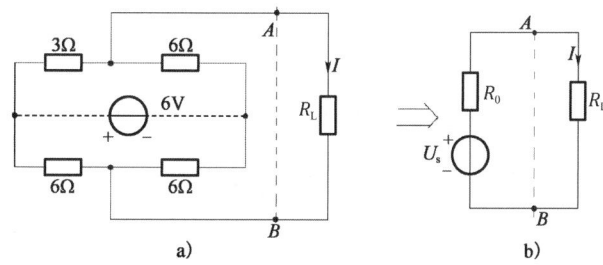

A. $-1V$, 5.143Ω B. $1V$, 5Ω C. $-1V$, 5Ω D. $1V$, 5.143Ω

83. 某三相电路中，三个线电流分别为：

$$i_A = 18\sin(314t + 23°)\,(A)$$
$$i_B = 18\sin(314t - 97°)\,(A)$$
$$i_C = 18\sin(314t + 143°)\,(A)$$

当$t = 10s$时，三个电流之和为：

A. $18A$ B. $0A$ C. $18\sqrt{2}A$ D. $18\sqrt{3}A$

84. 电路如图所示，电容初始电压为零，开关在$t = 0$时闭合，则$t \geq 0$时，$u(t)$为：

A. $(1 - e^{-0.5t})V$

B. $(1 + e^{-0.5t})V$

C. $(1 - e^{-2t})V$

D. $(1 + e^{-2t})V$

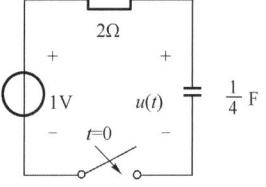

85. 有一容量为$10kV \cdot A$的单相变压器，电压为3300/220V，变压器在额定状态下运行。在理想的情况下副边可接40W、220V、功率因数$\cos\phi = 0.44$的日光灯多少盏？

A. 110   B. 200   C. 250   D. 125

86. 整流滤波电路如图所示，已知 $U_1 = 30V$，$U_o = 12V$，$R = 2k\Omega$，$R_L = 4k\Omega$（稳压管的稳定电流 $I_{Zmin} = 5mA$ 与 $I_{Zmax} = 18mA$）。通过稳压管的电流和通过二极管的平均电流分别是：

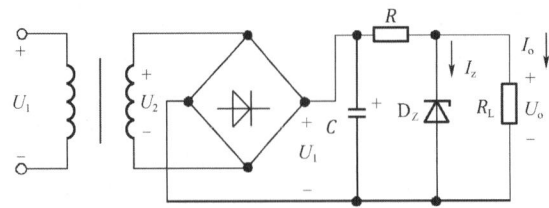

A. 5mA，2.5mA

B. 8mA，8mA

C. 6mA，2.5mA

D. 6mA，4.5mA

87. 晶体管非门电路如图所示，已知 $U_{CC} = 15V$，$U_B = -9V$，$R_C = 3k\Omega$，$R_B = 20k\Omega$，$\beta = 40$，当输入电压 $U_1 = 5V$ 时，要使晶体管饱和导通，R_X 的值不得大于：（设 $U_{BE} = 0.7V$，集电极和发射极之间的饱和电压 $U_{CES} = 0.3V$）

A. 7.1kΩ

B. 35kΩ

C. 3.55kΩ

D. 17.5kΩ

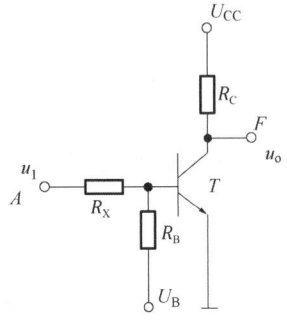

88. 图示为共发射极单管电压放大电路，估算静态点 I_B、I_C、V_{CE} 分别为：

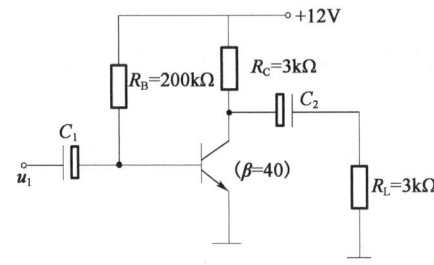

A. 57μA，2.28mA，5.16V

B. 57μA，2.28mA，8V

C. 57μA，4mA，0V

D. 30μA，2.8mA，3.5V

89. 图为三个二极管和电阻 R 组成的一个基本逻辑门电路,输入二极管的高电平和低电平分别是 3V 和 0V，电路的逻辑关系式是：

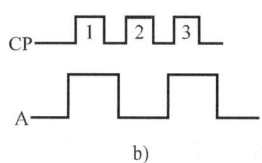

A. Y=ABC

B. Y=A+B+C

C. Y=AB+C

D. Y=(A+B)C

90. 由两个主从型 JK 触发器组成的逻辑电路如图 a) 所示，设 Q_1、Q_2 的初始态是 0、0，已知输入信号 A 和脉冲信号 CP 的波形，如图 b) 所示，当第二个 CP 脉冲作用后，Q_1、Q_2 将变为：

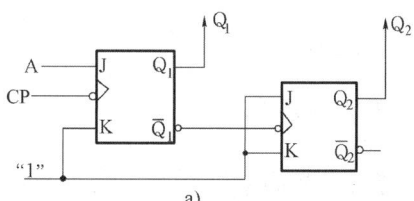 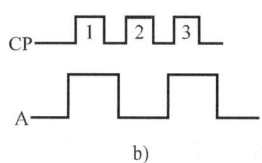

A. 1、1

B. 1、0

C. 0、1

D. 保持 0、0 不变

91. 图示为电报信号、温度信号、触发脉冲信号和高频脉冲信号的波形，其中是连续信号的是：

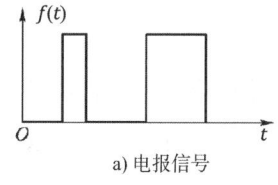 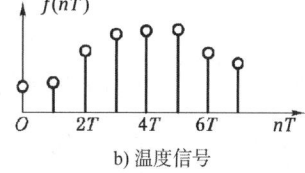

a) 电报信号

b) 温度信号

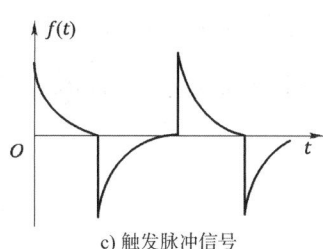 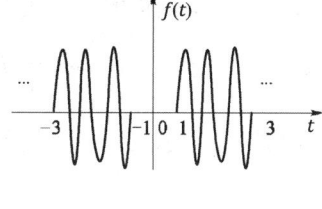

c) 触发脉冲信号

d) 高频脉冲信号

A. a)、c)、d)

B. b)、c)、d)

C. a)、b)、c)

D. a)、b)、d)

92. 连续时间信号与通常所说的模拟信号的关系是：

A. 完全不同

B. 是同一个概念

C. 不完全相同

D. 无法回答

93. 单位冲激信号$\delta(t)$是：

A. 奇函数

B. 偶函数

C. 非奇非偶函数

D. 奇异函数，无奇偶性

94. 单位阶跃信号$\varepsilon(t)$是物理量单位跃变现象，而单位冲激信号$\delta(t)$是物理量产生单位跃变什么的现象：

A. 速度

B. 幅度

C. 加速度

D. 高度

95. 如图所示的周期为T的三角波信号，在用傅氏级数分析周期信号时，系数a_0、a_n和b_n判断正确的是：

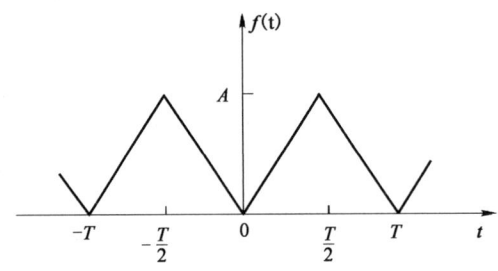

A. 该信号是奇函数且在一个周期的平均值为零，所以傅立叶系数a_0和b_n是零

B. 该信号是偶函数且在一个周期的平均值不为零，所以傅立叶系数a_0和a_n不是零

C. 该信号是奇函数且在一个周期的平均值不为零，所以傅立叶系数a_0和b_n不是零

D. 该信号是偶函数且在一个周期的平均值为零，所以傅立叶系数a_0和b_n是零

96. 将$(11010010.01010100)_B$表示成十六进制数是：

A. $(D2.54)_H$

B. D2.54

C. $(D2.A8)_H$

D. $(D2.54)_B$

97. 计算机系统内的系统总线是：

A. 计算机硬件系统的一个组成部分

B. 计算机软件系统的一个组成部分

C. 计算机应用软件系统的一个组成部分

D. 计算机系统软件的一个组成部分

98. 目前，人们常用的文字处理软件有：

A. Microsoft Word 和国产字处理软件 WPS

B. Microsoft Excel 和 Auto CAD

C. Microsoft Access 和 Visual Foxpro

D. Visual BASIC 和 Visual C++

99. 下面所列各种软件中，最靠近硬件一层的是：

A. 高级语言程序

B. 操作系统

C. 用户低级语言程序

D. 服务性程序

100. 操作系统中采用虚拟存储技术，实际上是为实现：

A. 在一个较小内存储空间上，运行一个较小的程序

B. 在一个较小内存储空间上，运行一个较大的程序

C. 在一个较大内存储空间上，运行一个较小的程序

D. 在一个较大内存储空间上，运行一个较大的程序

101. 用二进制数表示的计算机语言称为：

A. 高级语言   B. 汇编语言

C. 机器语言   D. 程序语言

102. 下面四个二进制数中，与十六进制数 AE 等值的一个是：

A. 10100111   B. 10101110

C. 10010111   D. 11101010

103. 常用的信息加密技术有多种，下面所述四条不正确的一条是：

A. 传统加密技术、数字签名技术

B. 对称加密技术

C. 密钥加密技术

D. 专用 ASCII 码加密技术

104. 广域网，又称为远程网，它所覆盖的地理范围一般：

A. 从几十米到几百米

B. 从几百米到几公里

C. 从几公里到几百公里

D. 从几十公里到几千公里

105. 我国专家把计算机网络定义为：

A. 通过计算机将一个用户的信息传送给另一个用户的系统

B. 由多台计算机、数据传输设备以及若干终端连接起来的多计算机系统

C. 将经过计算机储存、再生，加工处理的信息传输和发送的系统

D. 利用各种通信手段，把地理上分散的计算机连在一起，达到相互通信、共享软/硬件和数据等资源的系统

106. 在计算机网络中，常将实现通信功能的设备和软件称为：

A. 资源子网   B. 通信子网

C. 广域网   D. 局域网

107. 某项目拟发行 1 年期债券。在年名义利率相同的情况下，使年实际利率较高的复利计息期是：

A. 1 年   B. 半年

C. 1 季度   D. 1 个月

108. 某建设工程建设期为 2 年。其中第一年向银行贷款总额为 1000 万元，第二年无贷款，贷款年利率为 6%，则该项目建设期利息为：

A. 30 万元   B. 60 万元

C. 61.8 万元   D. 91.8 万元

109. 某公司向银行借款 5000 万元，期限为 5 年，年利率为 10%，每年年末付息一次，到期一次还本，企业所得税率为 25%。若不考虑筹资费用，该项借款的资金成本率是：

A. 7.5%   B. 10%

C. 12.5%   D. 37.5%

110. 对于某常规项目（IRR唯一），当设定折现率为12%时，求得的净现值为130万元；当设定折现率为14%时，求得的净现值为−50万元，则该项目的内部收益率应是：

A. 11.56%

B. 12.77%

C. 13%

D. 13.44%

111. 下列财务评价指标中，反映项目偿债能力的指标是：

A. 投资回收期

B. 利息备付率

C. 财务净现值

D. 总投资收益率

112. 某企业生产一种产品，年固定成本为1000万元，单位产品的可变成本为300元、售价为500元，则其盈亏平衡点的销售收入为：

A. 5万元

B. 600万元

C. 1500万元

D. 2500万元

113. 下列项目方案类型中，适于采用净现值法直接进行方案选优的是：

A. 寿命期相同的独立方案

B. 寿命期不同的独立方案

C. 寿命期相同的互斥方案

D. 寿命期不同的互斥方案

114. 某项目由A、B、C、D四个部分组成，当采用强制确定法进行价值工程对象选择时，它们的价值指数分别如下所示。其中不应作为价值工程分析对象的是：

A. 0.7559

B. 1.0000

C. 1.2245

D. 1.5071

115. 建筑工程开工前，建设单位应当按照国家有关规定申请领取施工许可证，颁发施工许可证的单位应该是：

A. 县级以上人民政府建设行政主管部门

B. 工程所在地县级以上人民政府建设工程监督部门

C. 工程所在地省级以上人民政府建设行政主管部门

D. 工程所在地县级以上人民政府建设行政主管部门

116. 根据《中华人民共和国安全生产法》的规定,生产经营单位主要负责人对本单位的安全生产负总责,某生产经营单位的主要负责人对本单位安全生产工作的职责是:

A. 建立、健全本单位安全生产责任制

B. 保证本单位安全生产投入的有效使用

C. 及时报告生产安全事故

D. 组织落实本单位安全生产规章制度和操作规程

117. 根据《中华人民共和国招标投标法》的规定,某建设工程依法必须进行招标,招标人委托了招标代理机构办理招标事宜,招标代理机构的行为合法的是:

A. 编制投标文件和组织评标

B. 在招标人委托的范围内办理招标事宜

C. 遵守《中华人民共和国招标投标法》关于投标人的规定

D. 可以作为评标委员会成员参与评标

118.《中华人民共和国合同法》规定的合同形式中不包括:

A. 书面形式   B. 口头形式

C. 特定形式   D. 其他形式

119. 根据《中华人民共和国行政许可法》规定,下列可以设定行政许可的事项是:

A. 企业或者其他组织的设立等,需要确定主体资格的事项

B. 市场竞争机制能够有效调节的事项

C. 行业组织或者中介机构能够自律管理的事项

D. 公民、法人或者其他组织能够自主决定的事项

120. 根据《建设工程质量管理条例》的规定,施工图必须经过审查批准,否则不得使用,某建设单位投资的大型工程项目施工图设计已经完成,该施工图应该报审的管理部门是:

A. 县级以上人民政府建设行政主管部门

B. 县级以上人民政府工程设计主管部门

C. 县级以上政府规划部门

D. 工程监理单位

2013 年度全国勘察设计注册工程师

执业资格考试试卷

基础考试
（上）

二〇一三年九月

应考人员注意事项

1. 本试卷科目代码为"1"，考生务必将此代码填涂在答题卡"科目代码"相应的栏目内，否则，无法评分。

2. 书写用笔：**黑色或蓝色钢笔、签字笔或圆珠笔**；

   填涂答题卡用笔：**黑色 2B 铅笔**。

3. 必须用书写用笔将工作单位、姓名、准考证号填写在答题卡和试卷相应的栏目内。

4. 本试卷由 120 题组成，每题 1 分，满分 120 分，本试卷全部为单项选择题，每小题的四个备选项中只有一个正确答案，错选、多选、不选均不得分。

5. 考生作答时，必须按**题号在答题卡上**将相应试题所选选项对应的**字母用 2B 铅笔涂黑**。

6. 在答题卡上书写与题意无关的语言，或在答题卡上作标记的，均按违纪试卷处理。

7. 考试结束时，由监考人员当面将试卷、答题卡一并收回。

8. 草稿纸由各地统一配发，考后收回。

单项选择题（共 120 题，每题 1 分。每题的备选项中只有一个最符合题意。）

1. 已知向量 $\boldsymbol{\alpha} = (-3, -2, 1)$，$\boldsymbol{\beta} = (1, -4, -5)$，则 $|\boldsymbol{\alpha} \times \boldsymbol{\beta}|$ 等于：

   A. 0

   B. 6

   C. $14\sqrt{3}$

   D. $14\boldsymbol{i} + 16\boldsymbol{j} - 10\boldsymbol{k}$

2. 若 $\lim\limits_{x \to 1} \dfrac{2x^2 + ax + b}{x^2 + x - 2} = 1$，则必有：

   A. $a = -1$，$b = 2$

   B. $a = -1$，$b = -2$

   C. $a = -1$，$b = -1$

   D. $a = 1$，$b = 1$

3. 若 $\begin{cases} x = \sin t \\ y = \cos t \end{cases}$，则 $\dfrac{dy}{dx}$ 等于：

   A. $-\tan t$

   B. $\tan t$

   C. $-\sin t$

   D. $\cot t$

4. 设 $f(x)$ 有连续导数，则下列关系式中正确的是：

   A. $\int f(x)\mathrm{d}x = f(x)$

   B. $\left[\int f(x)\mathrm{d}x\right]' = f(x)$

   C. $\int f'(x)\mathrm{d}x = f(x)\mathrm{d}x$

   D. $\left[\int f(x)\mathrm{d}x\right]' = f(x) + C$

5. 已知 $f(x)$ 为连续的偶函数，则 $f(x)$ 的原函数中：

   A. 有奇函数

   B. 都是奇函数

   C. 都是偶函数

   D. 没有奇函数也没有偶函数

6. 设 $f(x) = \begin{cases} 3x^2, & x \leqslant 1 \\ 4x - 1, & x > 1 \end{cases}$，则 $f(x)$ 在点 $x = 1$ 处：

   A. 不连续

   B. 连续但左、右导数不存在

   C. 连续但不可导

   D. 可导

7. 函数 $y = (5 - x)x^{\frac{2}{3}}$ 的极值可疑点的个数是：

   A. 0

   B. 1

   C. 2

   D. 3

8. 下列广义积分中发散的是：

A. $\int_0^{+\infty} e^{-x} \mathrm{d}x$

B. $\int_0^{+\infty} \frac{1}{1+x^2} \mathrm{d}x$

C. $\int_0^{+\infty} \frac{\ln x}{x} \mathrm{d}x$

D. $\int_0^1 \frac{1}{\sqrt{1-x^2}} \mathrm{d}x$

9. 二次积分 $\int_0^1 \mathrm{d}x \int_{x^2}^x f(x,y)\mathrm{d}y$ 交换积分次序后的二次积分是：

A. $\int_{x^2}^x \mathrm{d}y \int_0^1 f(x,y)\mathrm{d}x$

B. $\int_0^1 \mathrm{d}y \int_{y^2}^y f(x,y)\mathrm{d}x$

C. $\int_y^{\sqrt{y}} \mathrm{d}y \int_0^1 f(x,y)\mathrm{d}x$

D. $\int_0^1 \mathrm{d}y \int_y^{\sqrt{y}} f(x,y)\mathrm{d}x$

10. 微分方程 $xy' - y\ln y = 0$ 满足 $y(1) = e$ 的特解是：

A. $y = ex$

B. $y = e^x$

C. $y = e^{2x}$

D. $y = \ln x$

11. 设 $z = z(x,y)$ 是由方程 $xz - xy + \ln(xyz) = 0$ 所确定的可微函数，则 $\frac{\partial z}{\partial y} =$

A. $\frac{-xz}{xz+1}$

B. $-x + \frac{1}{2}$

C. $\frac{z(-xz+y)}{x(xz+1)}$

D. $\frac{z(xy-1)}{y(xz+1)}$

12. 正项级数 $\sum\limits_{n=1}^{\infty} a_n$ 的部分和数列 $\{S_n\}\left(S_n = \sum\limits_{i=1}^{n} a_i\right)$ 有上界是该级数收敛的：

A. 充分必要条件

B. 充分条件而非必要条件

C. 必要条件而非充分条件

D. 既非充分又非必要条件

13. 若 $f(-x) = -f(x)(-\infty < x < +\infty)$，且在 $(-\infty, 0)$ 内 $f'(x) > 0$，$f''(x) < 0$，则 $f(x)$ 在 $(0, +\infty)$ 内是：

A. $f'(x) > 0$，$f''(x) < 0$

B. $f'(x) < 0$，$f''(x) > 0$

C. $f'(x) > 0$，$f''(x) > 0$

D. $f'(x) < 0$，$f''(x) < 0$

14. 微分方程 $y'' - 3y' + 2y = xe^x$ 的待定特解的形式是：

A. $y = (Ax^2 + Bx)e^x$

B. $y = (Ax + B)e^x$

C. $y = Ax^2 e^x$

D. $y = Axe^x$

15. 已知直线 L: $\dfrac{x}{3} = \dfrac{y+1}{-1} = \dfrac{z-3}{2}$，平面 π: $-2x + 2y + z - 1 = 0$，则：

    A. L 与 π 垂直相交   B. L 平行于 π，但 L 不在 π 上

    C. L 与 π 非垂直相交   D. L 在 π 上

16. 设 L 是连接点 $A(1,0)$ 及点 $B(0,-1)$ 的直线段，则对弧长的曲线积分 $\int_{L}(y-x)\mathrm{d}s =$

    A. -1 B. 1

    C. $\sqrt{2}$ D. $-\sqrt{2}$

17. 下列幂级数中，收敛半径 $R = 3$ 的幂级数是：

    A. $\displaystyle\sum_{n=0}^{\infty} 3x^n$ B. $\displaystyle\sum_{n=0}^{\infty} 3^n x^n$

    C. $\displaystyle\sum_{n=0}^{\infty} \dfrac{1}{3^{\frac{n}{2}}} x^n$ D. $\displaystyle\sum_{n=0}^{\infty} \dfrac{1}{3^{n+1}} x^n$

18. 若 $z = f(x,y)$ 和 $y = \varphi(x)$ 均可微，则 $\dfrac{\mathrm{d}z}{\mathrm{d}x}$ 等于：

    A. $\dfrac{\partial f}{\partial x} + \dfrac{\partial f}{\partial y}$ B. $\dfrac{\partial f}{\partial x} + \dfrac{\partial f}{\partial y}\dfrac{\mathrm{d}\varphi}{\mathrm{d}x}$

    C. $\dfrac{\partial f}{\partial y}\dfrac{\mathrm{d}\varphi}{\mathrm{d}x}$ D. $\dfrac{\partial f}{\partial x} - \dfrac{\partial f}{\partial y}\dfrac{\mathrm{d}\varphi}{\mathrm{d}x}$

19. 已知向量组 $\boldsymbol{\alpha}_1 = (3,2,-5)^{\mathrm{T}}$，$\boldsymbol{\alpha}_2 = (3,-1,3)^{\mathrm{T}}$，$\boldsymbol{\alpha}_3 = \left(1,-\dfrac{1}{3},1\right)^{\mathrm{T}}$，$\boldsymbol{\alpha}_4 = (6,-2,6)^{\mathrm{T}}$，则该向量组的一个极大线性无关组是：

    A. $\boldsymbol{\alpha}_2$，$\boldsymbol{\alpha}_4$ B. $\boldsymbol{\alpha}_3$，$\boldsymbol{\alpha}_4$

    C. $\boldsymbol{\alpha}_1$，$\boldsymbol{\alpha}_2$ D. $\boldsymbol{\alpha}_2$，$\boldsymbol{\alpha}_3$

20. 若非齐次线性方程组 $Ax = b$ 中，方程的个数少于未知量的个数，则下列结论中正确的是：

    A. $Ax = 0$ 仅有零解   B. $Ax = 0$ 必有非零解

    C. $Ax = 0$ 一定无解   D. $Ax = b$ 必有无穷多解

21. 已知矩阵 $A = \begin{bmatrix} 1 & -1 & 1 \\ 2 & 4 & -2 \\ -3 & -3 & 5 \end{bmatrix}$ 与 $B = \begin{bmatrix} \lambda & 0 & 0 \\ 0 & 2 & 0 \\ 0 & 0 & 2 \end{bmatrix}$ 相似，则 λ 等于：

    A. 6 B. 5

    C. 4 D. 14

22. 设 A 和 B 为两个相互独立的事件，且 $P(A) = 0.4$，$P(B) = 0.5$，则 $P(A \cup B)$ 等于：

A. 0.9

B. 0.8

C. 0.7

D. 0.6

23. 下列函数中，可以作为连续型随机变量的分布函数的是：

A. $\Phi(x) = \begin{cases} 0 & x < 0 \\ 1 - e^x & x \geq 0 \end{cases}$

B. $F(x) = \begin{cases} e^x & x < 0 \\ 1 & x \geq 0 \end{cases}$

C. $G(x) = \begin{cases} e^{-x} & x < 0 \\ 1 & x \geq 0 \end{cases}$

D. $H(x) = \begin{cases} 0 & x < 0 \\ 1 + e^{-x} & x \geq 0 \end{cases}$

24. 设总体 $X \sim N(0, \sigma^2)$，$X_1, X_2, \cdots, X_n$ 是来自总体的样本，则 σ^2 的矩估计是：

A. $\dfrac{1}{n} \sum\limits_{i=1}^{n} X_i$

B. $n \sum\limits_{i=1}^{n} X_i$

C. $\dfrac{1}{n^2} \sum\limits_{i=1}^{n} X_i^2$

D. $\dfrac{1}{n} \sum\limits_{i=1}^{n} X_i^2$

25. 一瓶氦气和一瓶氮气，它们每个分子的平均平动动能相同，而且都处于平衡态。则它们：

A. 温度相同，氦分子和氮分子的平均动能相同

B. 温度相同，氦分子和氮分子的平均动能不同

C. 温度不同，氦分子和氮分子的平均动能相同

D. 温度不同，氦分子和氮分子的平均动能不同

26. 最概然速率 v_p 的物理意义是：

A. v_p 是速率分布中的最大速率

B. v_p 是大多数分子的速率

C. 在一定的温度下，速率与 v_p 相近的气体分子所占的百分率最大

D. v_p 是所有分子速率的平均值

27. 气体做等压膨胀，则：

A. 温度升高，气体对外做正功

B. 温度升高，气体对外做负功

C. 温度降低，气体对外做正功

D. 温度降低，气体对外做负功

28. 一定量理想气体由初态(p_1, V_1, T_1)经等温膨胀到达终态(p_2, V_2, T_1)，则气体吸收的热量Q为：

A. $Q = p_1 V_1 \ln \frac{V_2}{V_1}$ B. $Q = p_1 V_2 \ln \frac{V_2}{V_1}$

C. $Q = p_1 V_1 \ln \frac{V_1}{V_2}$ D. $Q = p_2 V_1 \ln \frac{p_2}{p_1}$

29. 一横波沿一根弦线传播，其方程为$y = -0.02 \cos \pi (4x - 50t)$ (SI)，该波的振幅与波长分别为：

A. 0.02cm，0.5cm   B. -0.02m，-0.5m

C. -0.02m，0.5m   D. 0.02m，0.5m

30. 一列机械横波在t时刻的波形曲线如图所示，则该时刻能量处于最大值的媒质质元的位置是：

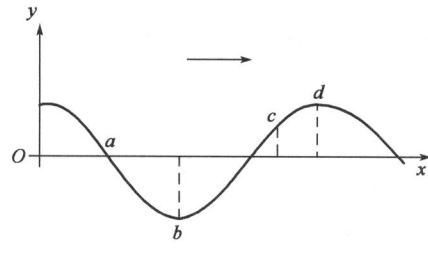

A. a B. b

C. c D. d

31. 在波长为λ的驻波中，两个相邻波腹之间的距离为：

A. $\lambda/2$ B. $\lambda/4$

C. $3\lambda/4$ D. λ

32. 两偏振片叠放在一起，欲使一束垂直入射的线偏振光经过两个偏振片后振动方向转过$90°$，且使出射光强尽可能大，则入射光的振动方向与前后两偏振片的偏振化方向夹角分别为：

A. $45°$和$90°$ B. $0°$和$90°$

C. $30°$和$90°$ D. $60°$和$90°$

33. 光的干涉和衍射现象反映了光的：

A. 偏振性质   B. 波动性质

C. 横波性质   D. 纵波性质

34. 若在迈克耳逊干涉仪的可动反射镜M移动了0.620mm的过程中,观察到干涉条纹移动了2300条,则所用光波的波长为:

A. 269nm

B. 539nm

C. 2690nm

D. 5390nm

35. 在单缝夫琅禾费衍射实验中,屏上第三级暗纹对应的单缝处波面可分成的半波带的数目为:

A. 3

B. 4

C. 5

D. 6

36. 波长为λ的单色光垂直照射在折射率为n的劈尖薄膜上,在由反射光形成的干涉条纹中,第五级明条纹与第三级明条纹所对应的薄膜厚度差为:

A. $\frac{\lambda}{2n}$

B. $\frac{\lambda}{n}$

C. $\frac{\lambda}{5n}$

D. $\frac{\lambda}{3n}$

37. 量子数$n=4$,$l=2$,$m=0$的原子轨道数目是:

A. 1

B. 2

C. 3

D. 4

38. PCl_3分子空间几何构型及中心原子杂化类型分别为:

A. 正四面体,sp^3杂化

B. 三角锥形,不等性sp^3杂化

C. 正方形,dsp^2杂化

D. 正三角形,sp^2杂化

39. 已知$Fe^{3+}\underline{0.771}Fe^{2+}\underline{-0.44}Fe$,则$E^{\ominus}(Fe^{3+}/Fe)$等于:

A. 0.331V

B. 1.211V

C. -0.036V

D. 0.110V

40. 在$BaSO_4$饱和溶液中,加入$BaCl_2$,利用同离子效应使$BaSO_4$的溶解度降低,体系中$c(SO_4^{2-})$的变化是:

A. 增大

B. 减小

C. 不变

D. 不能确定

41. 催化剂可加快反应速率的原因。下列叙述正确的是:

A. 降低了反应的$\Delta_r H_m^{\ominus}$

B. 降低了反应的$\Delta_r G_m^{\ominus}$

C. 降低了反应的活化能

D. 使反应的平衡常数$K^{\ominus}$减小

42. 已知反应$C_2H_2(g) + 2H_2(g) \rightleftharpoons C_2H_6(g)$的$\Delta_r H_m < 0$，当反应达平衡后，欲使反应向右进行，可采取的方法是：

A. 升温，升压
B. 升温，减压
C. 降温，升压
D. 降温，减压

43. 向原电池$(-)Ag，AgCl \mid Cl^- \parallel Ag^+ \mid Ag(+)$的负极中加入$NaCl$，则原电池电动势的变化是：

A. 变大
B. 变小
C. 不变
D. 不能确定

44. 下列各组物质在一定条件下反应，可以制得比较纯净的1,2-二氯乙烷的是：

A. 乙烯通入浓盐酸中
B. 乙烷与氯气混合
C. 乙烯与氯气混合
D. 乙烯与卤化氢气体混合

45. 下列物质中，不属于醇类的是：

A. C_4H_9OH
B. 甘油
C. $C_6H_5CH_2OH$
D. C_6H_5OH

46. 人造象牙的主要成分是 $+CH_2-O+_n$，它是经加聚反应制得的。合成此高聚物的单体是：

A. $(CH_3)_2O$
B. CH_3CHO
C. $HCHO$
D. $HCOOH$

47. 图示构架由AC、BD、CE三杆组成，A、B、C、D处为铰接，E处光滑接触。已知：$F_p = 2kN$，$\theta = 45°$，杆及轮重均不计，则E处约束力的方向与x轴正向所成的夹角为：

A. 0°
B. 45°
C. 90°
D. 225°

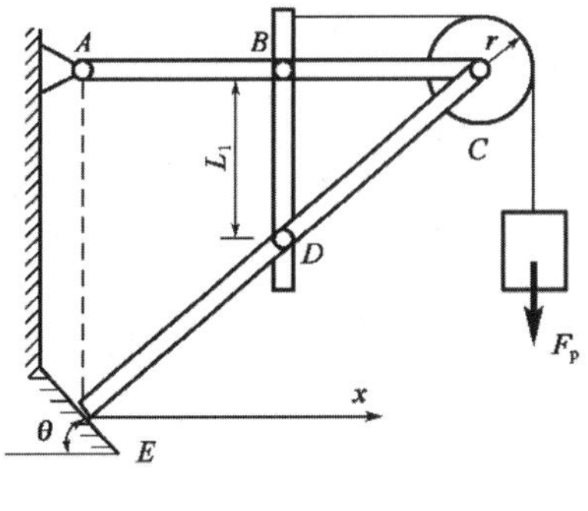

48. 图示结构直杆BC，受荷载F，q作用，$BC = L$，$F = qL$，其中q为荷载集度，单位为N/m，集中力以N计，长度以m计。则该主动力系数对O点的合力矩为：

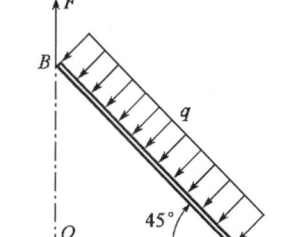

A. $M_O = 0$

B. $M_O = \frac{qL^2}{2}$N·m$(\curvearrowleft)$

C. $M_O = \frac{3qL^2}{2}$N·m$(\curvearrowleft)$

D. $M_O = qL^2$kN·m$(\curvearrowright)$

49. 图示平面构架，不计各杆自重。已知：物块 M 重力为F_p，悬挂如图示，不计小滑轮D的尺寸与质量，A、E、C均为光滑铰链，$L_1 = 1.5$m，$L_2 = 2$m。则支座B的约束力为：

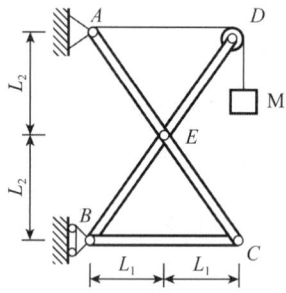

A. $F_B = 3F_p/4(\rightarrow)$

B. $F_B = 3F_p/4(\leftarrow)$

C. $F_B = F_p(\leftarrow)$

D. $F_B = 0$

50. 物体的重力为W，置于倾角为α的斜面上，如图所示。已知摩擦角$\varphi_m > \alpha$，则物块处于的状态为：

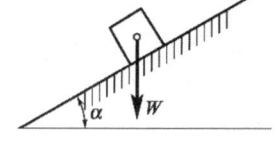

A. 静止状态

B. 临界平衡状态

C. 滑动状态

D. 条件不足，不能确定

51. 已知动点的运动方程为$x = t$，$y = 2t^2$。则其轨迹方程为：

A. $x = t^2 - t$

B. $y = 2t$

C. $y - 2x^2 = 0$

D. $y + 2x^2 = 0$

52. 一炮弹以初速度v_0和仰角α射出。对于图所示直角坐标的运动方程为$x = v_0 \cos \alpha t$，$y = v_0 \sin \alpha t - \frac{1}{2}gt^2$，则当$t = 0$时，炮弹的速度和加速度的大小分别为：

A. $v = v_0 \cos \alpha$，$a = g$

B. $v = v_0$，$a = g$

C. $v = v_0 \sin \alpha$，$a = -g$

D. $v = v_0$，$a = -g$

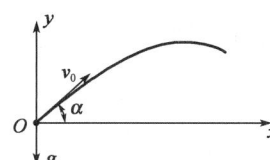

53. 两摩擦轮如图所示。则两轮的角速度与半径关系的表达式为：

A. $\dfrac{\omega_1}{\omega_2} = \dfrac{R_1}{R_2}$

B. $\dfrac{\omega_1}{\omega_2} = \dfrac{R_2}{R_1^2}$

C. $\dfrac{\omega_1}{\omega_2} = \dfrac{R_1}{R_2^2}$

D. $\dfrac{\omega_1}{\omega_2} = \dfrac{R_2}{R_1}$

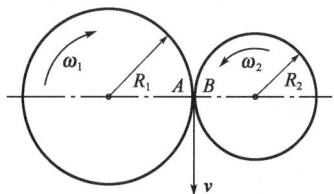

54. 质量为m的物块A，置于与水平面成θ角的斜面B上，如图所示。A与B间的摩擦系数为f，为保持A与B一起以加速度a水平向右运动，则所需加速度a的大小至少是：

A. $a = \dfrac{g(f\cos\theta + \sin\theta)}{\cos\theta + f\sin\theta}$

B. $a = \dfrac{gf\cos\theta}{\cos\theta + f\sin\theta}$

C. $a = \dfrac{g(f\cos\theta - \sin\theta)}{\cos\theta + f\sin\theta}$

D. $a = \dfrac{gf\sin\theta}{\cos\theta + f\sin\theta}$

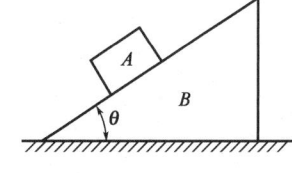

55. A块与B块叠放如图所示，各接触面处均考虑摩擦。当B块受力F作用沿水平面运动时，A块仍静止于B块上，于是：

A. 各接触面处的摩擦力都做负功

B. 各接触面处的摩擦力都做正功

C. A块上的摩擦力做正功

D. B块上的摩擦力做正功

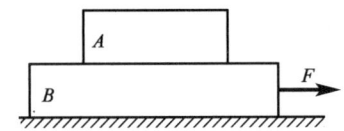

56. 质量为m，长为2l的均质杆初始位于水平位置，如图所示。A端脱落后，杆绕轴B转动，当杆转到铅垂位置时，AB杆B处的约束力大小为：

A. $F_{Bx} = 0$，$F_{By} = 0$

B. $F_{Bx} = 0$，$F_{By} = \dfrac{mg}{4}$

C. $F_{Bx} = l$，$F_{By} = mg$

D. $F_{Bx} = 0$，$F_{By} = \dfrac{5mg}{2}$

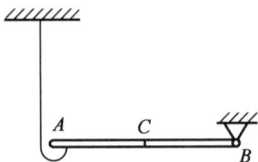

57. 质量为m，半径为R的均质圆轮，绕垂直于图面的水平轴O转动，其角速度为ω。在图示瞬时，角加速度为0，轮心C在其最低位置，此时将圆轮的惯性力系向O点简化，其惯性力主矢和惯性力主矩的大小分别为：

A. $m\dfrac{R}{2}\omega^2$，0

B. $mR\omega^2$，0

C. 0，0

D. 0，$\dfrac{1}{2}mR^2\omega^2$

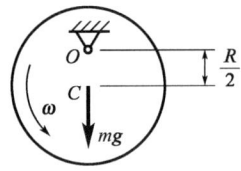

58. 质量为110kg的机器固定在刚度为2×10^6N/m的弹性基础上，当系统发生共振时，机器的工作频率为：

A. 66.7rad/s

B. 95.3rad/s

C. 42.6rad/s

D. 134.8rad/s

59. 图示结构的两杆面积和材料相同，在铅直力 F 作用下，拉伸正应力最先达到许用应力的杆是：

A. 杆 1

B. 杆 2

C. 同时达到

D. 不能确定

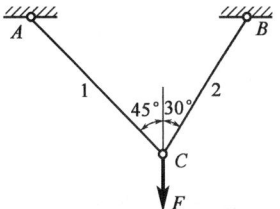

60. 图示结构的两杆许用应力均为 $[\sigma]$，杆 1 的面积为 A，杆 2 的面积为 $2A$，则该结构的许用荷载是：

A. $[F] = A[\sigma]$

B. $[F] = 2A[\sigma]$

C. $[F] = 3A[\sigma]$

D. $[F] = 4A[\sigma]$

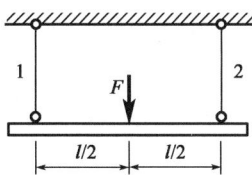

61. 钢板用两个铆钉固定在支座上，铆钉直径为 d，在图示荷载作用下，铆钉的最大切应力是：

A. $\tau_{\max} = \dfrac{4F}{\pi d^2}$

B. $\tau_{\max} = \dfrac{8F}{\pi d^2}$

C. $\tau_{\max} = \dfrac{12F}{\pi d^2}$

D. $\tau_{\max} = \dfrac{2F}{\pi d^2}$

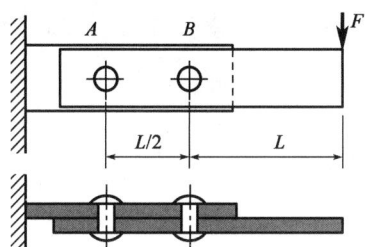

62. 螺钉承受轴向拉力 F，螺钉头与钢板之间的挤压应力是：

A. $\sigma_{bs} = \dfrac{4F}{\pi(D^2-d^2)}$

B. $\sigma_{bs} = \dfrac{F}{\pi dt}$

C. $\sigma_{bs} = \dfrac{4F}{\pi d^2}$

D. $\sigma_{bs} = \dfrac{4F}{\pi D^2}$

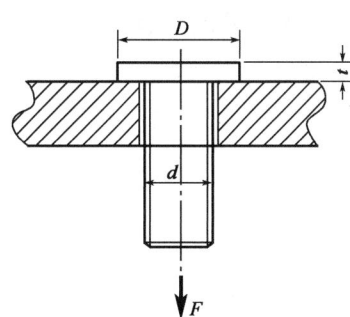

63. 圆轴直径为d，切变模量为G，在外力作用下发生扭转变形，现测得单位长度扭转角为θ，圆轴的最大切应力是：

A. $\tau_{max} = \dfrac{16\theta G}{\pi d^3}$

B. $\tau_{max} = \theta G \dfrac{\pi d^3}{16}$

C. $\tau_{max} = \theta G d$

D. $\tau_{max} = \dfrac{\theta G d}{2}$

64. 图示两根圆轴，横截面面积相同，但分别为实心圆和空心圆。在相同的扭矩T作用下，两轴最大切应力的关系是：

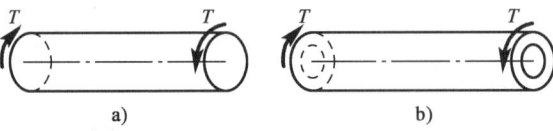

a)   b)

A. $\tau_a < \tau_b$

B. $\tau_a = \tau_b$

C. $\tau_a > \tau_b$

D. 不能确定

65. 简支梁AC的A、C截面为铰支端。已知的弯矩图如图所示，其中AB段为斜直线，BC段为抛物线。以下关于梁上荷载的正确判断是：

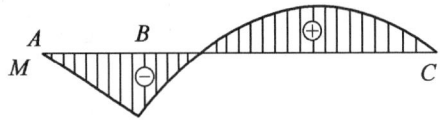

A. AB段$q = 0$，BC段$q \neq 0$，B截面处有集中力

B. AB段$q \neq 0$，BC段$q = 0$，B截面处有集中力

C. AB段$q = 0$，BC段$q \neq 0$，B截面处有集中力偶

D. AB段$q \neq 0$，BC段$q = 0$，B截面处有集中力偶

（q为分布荷载集度）

66. 悬臂梁的弯矩如图所示，根据梁的弯矩图，梁上的荷载 F、m 的值应是：

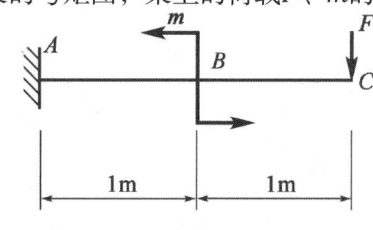

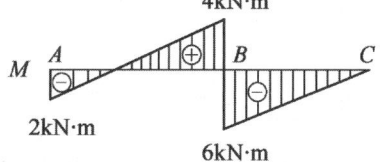

A. $F = 6\text{kN}$，$m = 10\text{kN} \cdot \text{m}$

B. $F = 6\text{kN}$，$m = 6\text{kN} \cdot \text{m}$

C. $F = 4\text{kN}$，$m = 4\text{kN} \cdot \text{m}$

D. $F = 4\text{kN}$，$m = 6\text{kN} \cdot \text{m}$

67. 承受均布荷载的简支梁如图 a）所示，现将两端的支座同时向梁中间移动 $l/8$，如图 b）所示，两根梁的中点 $\left(\frac{l}{2}$ 处$\right)$ 弯矩之比 $\frac{M_a}{M_b}$ 为：

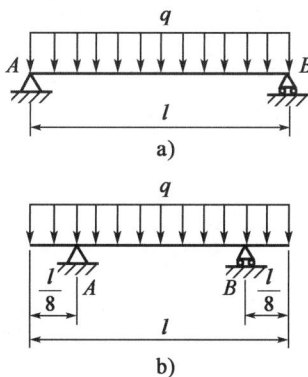

A. 16

B. 4

C. 2

D. 1

68. 按照第三强度理论，图示两种应力状态的危险程度是：

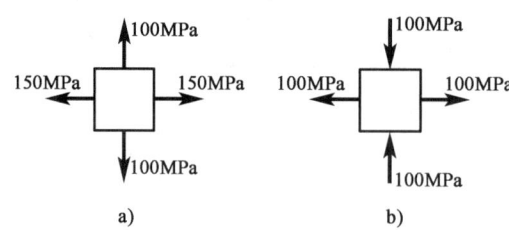

a)　　　　　　　　　b)

A. a）更危险
B. b）更危险
C. 两者相同
D. 无法判断

69. 两根杆粘合在一起，截面尺寸如图所示。杆1的弹性模量为E_1，杆2的弹性模量为E_2，且$E_1 = 2E_2$。若轴向力F作用在截面形心，则杆件发生的变形是：

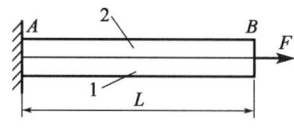 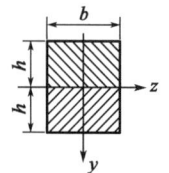

A. 拉伸和向上弯曲变形
B. 拉伸和向下弯曲变形
C. 弯曲变形
D. 拉伸变形

70. 图示细长压杆AB的A端自由，B端固定在简支梁上。该压杆的长度系数μ是：

A. $\mu > 2$

B. $2 > \mu > 1$

C. $1 > \mu > 0.7$

D. $0.7 > \mu > 0.5$

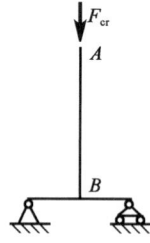

71. 半径为R的圆管中，横截面上流速分布为$u = 2\left(1 - \dfrac{r^2}{R^2}\right)$，其中r表示到圆管轴线的距离，则在$r_1 = 0.2R$处的黏性切应力与$r_2 = R$处的黏性切应力大小之比为：

A. 5
B. 25
C. 1/5
D. 1/25

72. 图示一水平放置的恒定变直径圆管流，不计水头损失，取两个截面标记为 1 和 2，当$d_1 > d_2$时，则两截面形心压强关系是：

A. $p_1 < p_2$

B. $p_1 > p_2$

C. $p_1 = p_2$

D. 不能确定

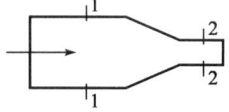

73. 水由喷嘴水平喷出，冲击在光滑平板上，如图所示，已知出口流速为50m/s，喷射流量为0.2m³/s，不计阻力，则平板受到的冲击力为：

A. 5kN

B. 10kN

C. 20kN

D. 40kN

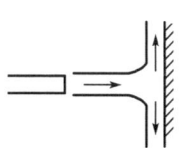

74. 沿程水头损失h_f：

A. 与流程长度成正比，与壁面切应力和水力半径成反比

B. 与流程长度和壁面切应力成正比，与水力半径成反比

C. 与水力半径成正比，与流程长度和壁面切应力成反比

D. 与壁面切应力成正比，与流程长度和水力半径成反比

75. 并联压力管的流动特征是：

A. 各分管流量相等

B. 总流量等于各分管的流量和，且各分管水头损失相等

C. 总流量等于各分管的流量和，且各分管水头损失不等

D. 各分管测压管水头差不等于各分管的总能头差

76. 矩形水力最优断面的底宽是水深的：

A. $\frac{1}{2}$

B. 1 倍

C. 1.5 倍

D. 2 倍

77. 渗流流速u与水力坡度J的关系是：

A. u正比于J

B. u反比于J

C. u正比于J的平方

D. u反比于J的平方

78. 烟气在加热炉回热装置中流动，拟用空气介质进行实验。已知空气黏度$\nu_{空气} = 15 \times 10^{-6} \mathrm{m^2/s}$，烟气运动黏度$\nu_{烟气} = 60 \times 10^{-6} \mathrm{m^2/s}$，烟气流速$\nu_{烟气} = 3\mathrm{m/s}$，如若实际长度与模型长度的比尺 $=$ 5，则模型空气的流速应为：

A. 3.75m/s   B. 0.15m/s

C. 2.4m/s   D. 60m/s

79. 在一个孤立静止的点电荷周围：

A. 存在磁场，它围绕电荷呈球面状分布

B. 存在磁场，它分布在从电荷所在处到无穷远处的整个空间中

C. 存在电场，它围绕电荷呈球面状分布

D. 存在电场，它分布在从电荷所在处到无穷远处的整个空间中

80. 图示电路消耗电功率2W，则下列表达式中正确的是：

A. $(8 + R)I^2 = 2$, $(8 + R)I = 10$

B. $(8 + R)I^2 = 2$, $-(8 + R)I = 10$

C. $-(8 + R)I^2 = 2$, $-(8 + R)I = 10$

D. $-(8 + R)I = 10$, $(8 + R)I = 10$

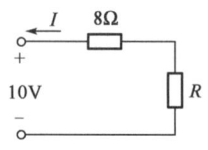

81. 图示电路中，a-b端的开路电压U_{abk}为：

A. 0

B. $\frac{R_1}{R_1 + R_2} U_s$

C. $\frac{R_2}{R_1 + R_2} U_s$

D. $\frac{R_2 /\!/ R_L}{R_1 + R_2 /\!/ R_L} U_s$

（注：$R_2 /\!/ R_L = \frac{R_2 \cdot R_L}{R_2 + R_L}$）

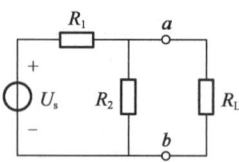

82. 在直流稳态电路中，电阻、电感、电容元件上的电压与电流大小的比值分别为：

A. R，0，0
B. 0，0，∞

C. R，∞，0
D. R，0，∞

83. 图示电路中，若 $u(t) = \sqrt{2}\, U \sin(\omega t + \psi_u)$ 时，电阻元件上的电压为 0，则：

A. 电感元件断开了

B. 一定有 $I_L = I_C$

C. 一定有 $i_L = i_C$

D. 电感元件被短路了

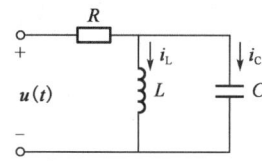

84. 已知图示三相电路中三相电源对称，$Z_1 = z_1 \angle \varphi_1$，$Z_2 = z_2 \angle \varphi_2$，$Z_3 = z_3 \angle \varphi_3$，若 $U_{NN'} = 0$，则 $z_1 = z_2 = z_3$，且：

A. $\varphi_1 = \varphi_2 = \varphi_3$

B. $\varphi_1 - \varphi_2 = \varphi_2 - \varphi_3 = \varphi_3 - \varphi_1 = 120°$

C. $\varphi_1 - \varphi_2 = \varphi_2 - \varphi_3 = \varphi_3 - \varphi_1 = -120°$

D. N′ 必须被接地

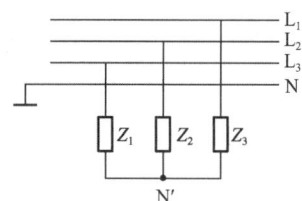

85. 图示电路中，设变压器为理想器件，若 $u = 10\sqrt{2} \sin \omega t\, V$，则：

A. $U_1 = \frac{1}{2}U$，$U_2 = \frac{1}{4}U$

B. $I_1 = 0.01U$，$I_1 = 0$

C. $I_1 = 0.002U$，$I_2 = 0.004U$

D. $U_1 = 0$，$U_2 = 0$

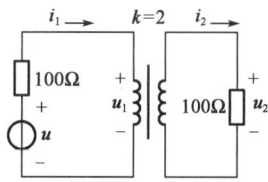

86. 对于三相异步电动机而言，在满载起动情况下的最佳启动方案是：

A. Y-△启动方案，起动后，电动机以 Y 接方式运行

B. Y-△启动方案，起动后，电动机以△接方式运行

C. 自耦调压器降压启动

D. 绕线式电动机串转子电阻启动

87. 关于信号与信息，以下几种说法中正确的是：

A. 电路处理并传输电信号

B. 信号和信息是同一概念的两种表述形式

C. 用"1"和"0"组成的信息代码"101"只能表示数量"5"

D. 信息是看得到的，信号是看不到的

88. 图示非周期信号$u(t)$的时域描述形式是：〔注：$u(t)$是单位阶跃函数〕

A. $u(t) = \begin{cases} 1V, & t \leq 2 \\ -1V, & t > 2 \end{cases}$

B. $u(t) = -1(t-1) + 2 \cdot 1(t-2) - 1(t-3)V$

C. $u(t) = 1(t-1) - 1(t-2)V$

D. $u(t) = -1(t+1) + 1(t+2) - 1(t+3)V$

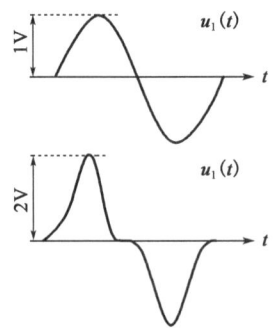

89. 某放大器的输入信号$u_1(t)$和输出信号$u_2(t)$如图所示，则：

A. 该放大器是线性放大器

B. 该放大器放大倍数为2

C. 该放大器出现了非线性失真

D. 该放大器出现了频率失真

90. 对逻辑表达式$ABC + A\overline{BC} + B$的化简结果是：

A. AB

B. A+B

C. ABC

D. $A\overline{BC}$

91. 已知数字信号X和数字信号Y的波形如图所示，

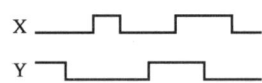

则数字信号$F = \overline{XY}$的波形为：

A.

B.

C.

D.

92. 十进制数字 32 的 BCD 码为：

A. 00110010

B. 00100000

C. 100000

D. 00100011

93. 二级管应用电路如图所示，设二极管 D 为理想器件，$u_i = 10 \sin \omega t V$，则输出电压 u_o 的波形为：

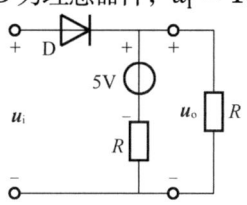

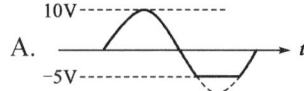

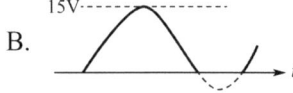

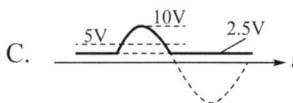

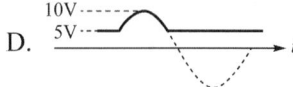

94. 晶体三极管放大电路如图所示，在进入电容 C_E 之后：

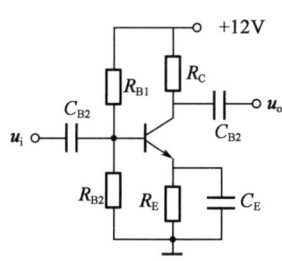

A. 放大倍数变小

B. 输入电阻变大

C. 输入电阻变小，放大倍数变大

D. 输入电阻变大，输出电阻变小，放大倍数变大

95. 图 a) 所示电路中，复位信号 $\overline{R}_D$，信号 A 及时钟脉冲信号 CP 如图 b) 所示，经分析可知，在第一个和第二个时钟脉冲的下降沿时刻，输出 Q 分别等于：

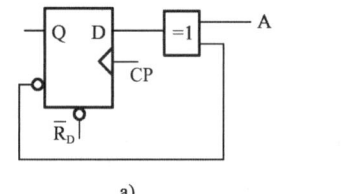 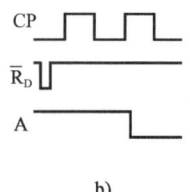

a)　　　　　　　b)

A. 0　0

B. 0　1

C. 1　0

D. 1　1

附：触发器的逻辑状态表为

D	Q_{n+1}
0	0
1	1

96. 图 a) 所示电路中，复位信号、数据输入及时钟脉冲信号如图 b) 所示，经分析可知，在第一个和第二个时钟脉冲的下降沿过后，输出 Q 分别等于：

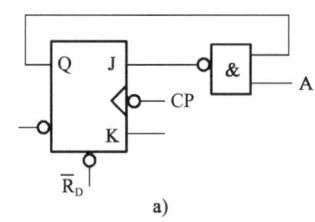 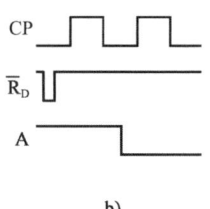

a)　　　　　　　b)

A. 0　0

B. 0　1

C. 1　0

D. 1　1

附：触发器的逻辑状态表为

J	K	Q_{n+1}
0	0	Q_D
0	1	0
1	0	1
1	1	$\overline{Q}_D$

97. 现在全国都在开发三网合一的系统工程，即：

    A. 将电信网、计算机网、通信网合为一体

    B. 将电信网、计算机网、无线电视网合为一体

    C. 将电信网、计算机网、有线电视网合为一体

    D. 将电信网、计算机网、电话网合为一体

98. 在计算机的运算器上可以：

    A. 直接解微分方程   B. 直接进行微分运算

    C. 直接进行积分运算   D. 进行算数运算和逻辑运算

99. 总线中的控制总线传输的是：

    A. 程序和数据   B. 主存储器的地址码

    C. 控制信息   D. 用户输入的数据

100. 目前常用的计算机辅助设计软件是：

    A. Microsoft Word   B. AutoCAD

    C. Visual BASIC   D. Microsoft Access

101. 计算机中度量数据的最小单位是：

    A. 数 0   B. 位

    C. 字节   D. 字

102. 在下面列出的四种码中，不能用于表示机器数的一种是：

    A. 原码   B. ASCII 码

    C. 反码   D. 补码

103. 一幅图像的分辨率为 640×480 像素，这表示该图像中：

    A. 至少由 480 个像素组成   B. 总共由 480 个像素组成

    C. 每行由 640×480 个像素组成   D. 每列由 480 个像素组成

104. 在下面四条有关进程特征的叙述中，其中正确的一条是：

    A. 静态性、并发性、共享性、同步性

    B. 动态性、并发性、共享性、异步性

    C. 静态性、并发性、独立性、同步性

    D. 动态性、并发性、独立性、异步性

105. 操作系统的设备管理功能是对系统中的外围设备：

　　A. 提供相应的设备驱动程序，初始化程序和设备控制程序等

　　B. 直接进行操作

　　C. 通过人和计算机的操作系统对外围设备直接进行操作

　　D. 既可以由用户干预，也可以直接执行操作

106. 联网中的每台计算机：

　　A. 在联网之前有自己独立的操作系统，联网以后是网络中的某一个结点联网以后是网络中的某一个结点

　　B. 在联网之前有自己独立的操作系统，联网以后它自己的操作系统屏蔽

　　C. 在联网之前没有自己独立的操作系统，联网以后使用网络操作系统

　　D. 联网中的每台计算机有可以同时使用的多套操作系统

107. 某企业向银行借款，按季度计息，年名义利率为8%，则年实际利率为：

　　A. 8%　　　　　　　　　　　　　B. 8.16%

　　C. 8.24%　　　　　　　　　　　 D. 8.3%

108. 在下列选项中，应列入项目投资现金流量分析中的经营成本的是：

　　A. 外购原材料、燃料和动力费　　　　B. 设备折旧

　　C. 流动资金投资　　　　　　　　　　D. 利息支出

109. 某项目第6年累计净现金流量开始出现正值，第五年末累计净现金流量为-60万元，第6年当年净现金流量为240万元，则该项目的静态投资回收期为：

　　A. 4.25 年　　　　　　　　　　　B. 4.75 年

　　C. 5.25 年　　　　　　　　　　　D. 6.25 年

110. 某项目初期（第 0 年年初）投资额为5000万元，此后从第二年年末开始每年有相同的净收益，收益期为 10 年。寿命期结束时的净残值为零，若基准收益率为15%，则要使该投资方案的净现值为零，其年净收益应为：

　　[已知：$(P/A, 15\%, 10) = 5.0188$，$(P/F, 15\%, 1) = 0.8696$]

　　A. 574.98 万元　　　　　　　　　B. 866.31 万元

　　C. 996.25 万元　　　　　　　　　D. 1145.65 万元

111. 以下关于项目经济费用效益分析的说法中正确的是：

A. 经济费用效益分析应考虑沉没成本

B. 经济费用和效益的识别不适用"有无对比"原则

C. 识别经济费用效益时应剔出项目的转移支付

D. 为了反映投入物和产出物真实经济价值，经济费用效益分析不能使用市场价格

112. 已知甲、乙为两个寿命期相同的互斥项目，其中乙项目投资大于甲项目。通过测算得出甲、乙两项目的内部收益率分别为 17% 和 14%，增量内部收益 $\Delta IRR_{(乙-甲)}$ =13%，基准收益率为 14%，以下说法中正确的是：

A. 应选择甲项目　　　　　　　　　　B. 应选择乙项目

C. 应同时选择甲、乙两个项目　　　　D. 甲、乙两项目均不应选择

113. 以下关于改扩建项目财务分析的说法中正确的是：

A. 应以财务生存能力分析为主

B. 应以项目清偿能力分析为主

C. 应以企业层次为主进行财务分析

D. 应遵循"有无对比"原则

114. 下面关于价值工程的论述中正确的是：

A. 价值工程中的价值是指成本与功能的比值

B. 价值工程中的价值是指产品消耗的必要劳动时间

C. 价值工程中的成本是指寿命周期成本，包括产品在寿命期内发生的全部费用

D. 价值工程中的成本就是产品的生产成本，它随着产品功能的增加而提高

115. 根据《中华人民共和国建筑法》规定，某建设单位领取了施工许可证，下列情节中，可能不导致施工许可证废止的是：

A. 领取施工许可证之日起三个月内因故不能按期开工，也未申请延期

B. 领取施工许可证之日起按期开工后又中止施工

C. 向发证机关申请延期开工一次，延期之日起三个月内，因故仍不能按期开工，也未申请延期

D. 向发证机关申请延期开工两次，超过 6 个月因故不能按期开工，继续申请延期

116. 某施工单位一个有职工 185 人的三级施工资质的企业，根据《中华人民共和国安全生产法》规定，该企业下列行为中合法的是：

A. 只配备兼职的安全生产管理人员

B. 委托具有国家规定相关专业技术资格的工程技术人员提供安全生产管理服务，由其负责承担保证安全生产的责任

C. 安全生产管理人员经企业考核后即任职

D. 设置安全生产管理机构

117. 下列属于《中华人民共和国招标投标法》规定的招标方式是：

A. 公开招标和直接招标

B. 公开招标和邀请招标

C. 公开招标和协议招标

D. 公开招标和非公开招标

118. 根据《中华人民共和国合同法》规定，下列行为不属于要约邀请的是：

A. 某建设单位发布招标公告

B. 某招标单位发出中标通知书

C. 某上市公司发出招股说明书

D. 某商场寄送的价目表

119. 根据《中华人民共和国行政许可法》的规定，除可以当场作出行政许可决定的外，行政机关应当自受理行政可之日起作出行政许可决定的时限是：

A. 5 日之内

B. 7 日之内

C. 15 日之内

D. 20 日之内

120. 某建设项目甲建设单位与乙施工单位签订施工总承包合同后，乙施工单位经甲建设单位认可，将打桩工程分包给丙专业承包单位，丙专业承包单位又将劳务作业分包给丁劳务单位，由于丙专业承包单位从业人员责任心不强，导致该打桩工程部分出现了质量缺陷，对于该质量缺陷的责任承担，以下说明正确的是：

A. 乙单位和丙单位承担连带责任

B. 丙单位和丁单位承担连带责任

C. 丙单位向甲单位承担全部责任

D. 乙、丙、丁三单位共同承担责任

2014 年度全国勘察设计注册工程师

执业资格考试试卷

基础考试
（上）

二〇一四年九月

应考人员注意事项

1. 本试卷科目代码为"1"，考生务必将此代码填涂在答题卡"科目代码"相应的栏目内，否则，无法评分。

2. 书写用笔：**黑色或蓝色钢笔、签字笔或圆珠笔；**

   填涂答题卡用笔：**黑色 2B 铅笔。**

3. 必须用书写用笔将工作单位、姓名、准考证号填写在答题卡和试卷相应的栏目内。

4. 本试卷由 120 题组成，每题 1 分，满分 120 分，本试卷全部为单项选择题，每小题的四个备选项中只有一个正确答案，错选、多选、不选均不得分。

5. 考生作答时，必须按**题号在答题卡上**将相应试题所选选项对应的**字母用 2B 铅笔涂黑。**

6. 在答题卡上书写与题意无关的语言，或在答题卡上作标记的，均按违纪试卷处理。

7. 考试结束时，由监考人员当面将试卷、答题卡一并收回。

8. 草稿纸由各地统一配发，考后收回。

单项选择题（共 120 题，每题 1 分。每题的备选项中只有一个最符合题意。）

1. 若 $\lim\limits_{x \to 0}(1-x)^{\frac{k}{x}} = 2$，则常数 k 等于：

    A. $-\ln 2$

    B. $\ln 2$

    C. 1

    D. 2

2. 在空间直角坐标系中，方程 $x^2 + y^2 - z = 0$ 所表示的图形是：

    A. 圆锥面

    B. 圆柱面

    C. 球面

    D. 旋转抛物面

3. 点 $x = 0$ 是 $y = \arctan\frac{1}{x}$ 的：

    A. 可去间断点

    B. 跳跃间断点

    C. 连续点

    D. 第二类间断点

4. $\frac{\mathrm{d}}{\mathrm{d}x}\int_{2x}^{0} e^{-t^2}\,\mathrm{d}t$ 等于：

    A. e^{-4x^2}

    B. $2e^{-4x^2}$

    C. $-2e^{-4x^2}$

    D. e^{-x^2}

5. $\frac{\mathrm{d}(\ln x)}{\mathrm{d}\sqrt{x}}$ 等于：

    A. $\frac{1}{2x^{3/2}}$

    B. $\frac{2}{\sqrt{x}}$

    C. $\frac{1}{\sqrt{x}}$

    D. $\frac{2}{x}$

6. 不定积分 $\int \frac{x^2}{\sqrt[3]{1+x^3}}\,\mathrm{d}x$ 等于：

    A. $\frac{1}{4}(1+x^3)^{\frac{4}{3}} + C$

    B. $(1+x^3)^{\frac{1}{3}} + C$

    C. $\frac{3}{2}(1+x^3)^{\frac{2}{3}} + C$

    D. $\frac{1}{2}(1+x^3)^{\frac{2}{3}} + C$

7. 设 $a_n = \left(1 + \frac{1}{n}\right)^n$，则数列 $\{a_n\}$ 是：

    A. 单调增而无上界

    B. 单调增而有上界

    C. 单调减而无下界

    D. 单调减而有上界

8. 下列说法中正确的是：

A. 若$f'(x_0) = 0$，则$f(x_0)$必是$f(x)$的极值

B. 若$f(x_0)$是$f(x)$的极值，则$f(x)$在x_0处可导，且$f'(x_0) = 0$

C. 若$f(x)$在x_0处可导，则$f'(x_0) = 0$是$f(x)$在x_0取得极值的必要条件

D. 若$f(x)$在x_0处可导，则$f'(x_0) = 0$是$f(x)$在x_0取得极值的充分条件

9. 设有直线L_1：$\frac{x-1}{1} = \frac{y-3}{-2} = \frac{z+5}{1}$与$L_2$：$\begin{cases} x = 3 - t \\ y = 1 - t \\ z = 1 + 2t \end{cases}$，则$L_1$与$L_2$的夹角$\theta$等于：

A. $\frac{\pi}{2}$　　　　　　　　　　　　　　B. $\frac{\pi}{3}$

C. $\frac{\pi}{4}$　　　　　　　　　　　　　　D. $\frac{\pi}{6}$

10. 微分方程$xy' - y = x^2 e^{2x}$通解y等于：

A. $x\left(\frac{1}{2}e^{2x} + C\right)$　　　　　　　　　B. $x(e^{2x} + C)$

C. $x\left(\frac{1}{2}x^2 e^{2x} + C\right)$　　　　　　　D. $x^2 e^{2x} + C$

11. 抛物线$y^2 = 4x$与直线$x = 3$所围成的平面图形绕x轴旋转一周形成的旋转体体积是：

A. $\int_0^3 4x\,dx$　　　　　　　　　　　B. $\pi \int_0^3 (4x)^2\,dx$

C. $\pi \int_0^3 4x\,dx$　　　　　　　　　D. $\pi \int_0^3 \sqrt{4x}\,dx$

12. 级数$\sum\limits_{n=1}^{\infty} (-1)^n \frac{1}{n^{p-1}}$：

A. 当$1 < p \leqslant 2$时条件收敛　　　　　B. 当$p > 2$时条件收敛

C. 当$p < 1$时条件收敛　　　　　　　　D. 当$p > 1$时条件收敛

13. 函数$y = C_1 e^{-x+C_2}$（C_1, C_2为任意常数）是微分方程$y'' - y' - 2y = 0$的：

A. 通解

B. 特解

C. 不是解

D. 解，既不是通解又不是特解

14. 设L为从点$A(0,-2)$到点$B(2,0)$的有向直线段，则对坐标的曲线积分$\int_L \frac{1}{x-y}\mathrm{d}x + y\mathrm{d}y$等于：

A. 1

B. -1

C. 3

D. -3

15. 设方程$x^2 + y^2 + z^2 = 4z$确定可微函数$z = z(x,y)$，则全微分$\mathrm{d}z$等于：

A. $\frac{1}{2-z}(y\mathrm{d}x + x\mathrm{d}y)$

B. $\frac{1}{2-z}(x\mathrm{d}x + y\mathrm{d}y)$

C. $\frac{1}{2+z}(\mathrm{d}x + \mathrm{d}y)$

D. $\frac{1}{2-z}(\mathrm{d}x - \mathrm{d}y)$

16. 设D是由$y=x$，$y=0$及$y=\sqrt{(a^2-x^2)}$ $(x\geq0)$所围成的第一象限区域，则二重积分$\iint\limits_{D}\mathrm{d}x\mathrm{d}y$等于：

A. $\frac{1}{8}\pi a^2$

B. $\frac{1}{4}\pi a^2$

C. $\frac{3}{8}\pi a^2$

D. $\frac{1}{2}\pi a^2$

17. 级数$\sum\limits_{n=1}^{\infty}\frac{(2x+1)^n}{n}$的收敛域是：

A. $(-1,1)$

B. $[-1,1]$

C. $[-1,0)$

D. $(-1,0)$

18. 设$z = e^{xe^y}$，则$\frac{\partial^2 z}{\partial x^2}$等于：

A. e^{xe^y+2y}

B. $e^{xe^y+y}(xe^y+1)$

C. e^{xe^y}

D. e^{xe^y+y}

19. 设A，B为三阶方阵，且行列式$|A| = -\frac{1}{2}$，$|B| = 2$，A^*是A的伴随矩阵，则行列式$|2A^*B^{-1}|$等于：

A. 1

B. -1

C. 2

D. -2

20. 下列结论中正确的是：

A. 如果矩阵 A 中所有顺序主子式都小于零，则 A 一定为负定矩阵

B. 设 $A = (a_{ij})_{n \times n}$，若 $a_{ij} = a_{ji}$，且 $a_{ij} > 0 (i, j = 1, 2, \cdots, n)$，则 A 一定为正定矩阵

C. 如果二次型 $f(x_1, x_2, \cdots, x_n)$ 中缺少平方项，则它一定不是正定二次型

D. 二次型 $f(x_1, x_2, x_3) = x_1^2 + x_2^2 + x_3^2 + x_1 x_2 + x_1 x_3 + x_2 x_3$ 所对应的矩阵是 $\begin{bmatrix} 1 & 1 & 1 \\ 1 & 1 & 1 \\ 1 & 1 & 1 \end{bmatrix}$

21. 已知 n 元非齐次线性方程组 $Ax = b$，秩 $r(A) = n - 2$，$\vec{\alpha_1}$，$\vec{\alpha_2}$，$\vec{\alpha_3}$ 为其线性无关的解向量，k_1，k_2 为任意常数，则 $Ax = b$ 通解为：

A. $\vec{x} = k_1(\vec{\alpha_1} - \vec{\alpha_2}) + k_2(\vec{\alpha_1} + \vec{\alpha_3}) + \vec{\alpha_1}$

B. $\vec{x} = k_1(\vec{\alpha_1} - \vec{\alpha_3}) + k_2(\vec{\alpha_2} + \vec{\alpha_3}) + \vec{\alpha_1}$

C. $\vec{x} = k_1(\vec{\alpha_2} - \vec{\alpha_1}) + k_2(\vec{\alpha_2} - \vec{\alpha_3}) + \vec{\alpha_1}$

D. $\vec{x} = k_1(\vec{\alpha_2} - \vec{\alpha_3}) + k_2(\vec{\alpha_1} + \vec{\alpha_2}) + \vec{\alpha_1}$

22. 设 A 与 B 是互不相容的事件，$p(A) > 0$，$p(B) > 0$，则下列式子一定成立的是：

A. $P(A) = 1 - P(B)$

B. $P(A|B) = 0$

C. $P(A|\overline{B}) = 1$

D. $P(\overline{AB}) = 0$

23. 设 (X, Y) 的联合概率密度为 $f(x, y) = \begin{cases} k, & 0 < x < 1, 0 < y < x \\ 0, & \text{其他} \end{cases}$，则数学期望 $E(XY)$ 等于：

A. $\dfrac{1}{4}$ B. $\dfrac{1}{3}$

C. $\dfrac{1}{6}$ D. $\dfrac{1}{2}$

24. 设 $X_1, X_2, \cdots, X_n$ 与 $Y_1, Y_2, \cdots, Y_n$ 是来自正态总体 $X \sim N(\mu, \sigma^2)$ 的样本，并且相互独立，$\overline{X}$ 与 $\overline{Y}$ 分别是其样本均值，则 $\dfrac{\sum\limits_{i=1}^{n}(X_i - \overline{X})^2}{\sum\limits_{i=1}^{n}(Y_i - \overline{Y})^2}$ 服从的分布是：

    A. $t(n-1)$ B. $F(n-1, n-1)$

    C. $\chi^2(n-1)$ D. $N(\mu, \sigma^2)$

25. 在标准状态下，当氢气和氦气的压强与体积都相等时，氢气和氦气的内能之比为：

    A. $\dfrac{5}{3}$ B. $\dfrac{3}{5}$

    C. $\dfrac{1}{2}$ D. $\dfrac{3}{2}$

26. 速率分布函数 $f(v)$ 的物理意义是：

    A. 具有速率 v 的分子数占总分子数的百分比

    B. 速率分布在 v 附近的单位速率间隔中百分数占总分子数的百分比

    C. 具有速率 v 的分子数

    D. 速率分布在 v 附近的单位速率间隔中的分子数

27. 有 1mol 刚性双原子分子理想气体，在等压过程中对外做功 W，则其温度变化 ΔT 为：

    A. $\dfrac{R}{W}$ B. $\dfrac{W}{R}$

    C. $\dfrac{2R}{W}$ D. $\dfrac{2W}{R}$

28. 理想气体在等温膨胀过程中：

    A. 气体做负功，向外界放出热量   B. 气体做负功，从外界吸收热量

    C. 气体做正功，向外界放出热量   D. 气体做正功，从外界吸收热量

29. 一横波的波动方程是 $y = 2 \times 10^{-2} \cos 2\pi\left(10t - \dfrac{x}{5}\right)$ (SI)，$t = 0.25\text{s}$ 时，距离原点 $(x = 0)$ 处最近的波峰位置为：

    A. ±2.5m   B. 7.5m

    C. ±4.5m   D. ±5m

30. 一平面简谐波在弹性媒质中传播，在某一瞬时，某质元正处于其平衡位置，此时它的：

    A. 动能为零，势能最大　　　　　　　　B. 动能为零，势能为零

    C. 动能最大，势能最大　　　　　　　　D. 动能最大，势能为零

31. 通常人耳可听到的声波的频率范围是：

    A. 20～200Hz　　　　　　　　　　　　B. 20～2000Hz

    C. 20～20000Hz　　　　　　　　　　　D. 20～200000Hz

32. 在空气中用波长为λ的单色光进行双缝干涉验时，观测到相邻明条纹的间距为 1.33mm，当把实验装置放入水中（水的折射率为$n = 1.33$）时，则相邻明条纹的间距变为：

    A. 1.33mm　　　　B. 2.66mm　　　　C. 1mm　　　　D. 2mm

33. 在真空中可见的波长范围是：

    A. 400～760nm　　　　　　　　　　　B. 400～760mm

    C. 400～760cm　　　　　　　　　　　D. 400～760m

34. 一束自然光垂直穿过两个偏振片，两个偏振片的偏振化方向成 45°。已知通过此两偏振片后光强为 I，则入射至第二个偏振片的线偏振光强度为：

    A. I　　　　　　B. 2I　　　　　　C. 3I　　　　　　D. I/2

35. 在单缝夫琅禾费衍射实验中，单缝宽度$a = 1 \times 10^{-4}$m，透镜焦距$f = 0.5$m。若用$\lambda = 400$nm的单色平行光垂直入射，中央明纹的宽度为：

    A. 2×10^{-3}m　　　　　　　　　B. 2×10^{-4}m

    C. 4×10^{-4}m　　　　　　　　　D. 4×10^{-3}m

36. 一单色平行光垂直入射到光栅上，衍射光谱中出现了五条明纹，若已知此光栅的缝宽a与不透光部分b相等，那么在中央明纹一侧的两条明纹级次分别是：

    A. 1 和 3　　　　　　　　　　　　　　B. 1 和 2

    C. 2 和 3　　　　　　　　　　　　　　D. 2 和 4

37. 下列元素，电负性最大的是：

    A. F　　　　　　B. Cl　　　　　　C. Br　　　　　　D. I

38. 在 NaCl，$MgCl_2$，$AlCl_3$，$SiCl_4$ 四种物质中，离子极化作用最强的是：

    A. NaCl   B. $MgCl_2$

    C. $AlCl_3$ D. $SiCl_4$

39. 现有 100mL 浓硫酸，测得其质量分数为 98%，密度为 1.84g/mL，其物质的量浓度为：

    A. $18.4 mol \cdot L^{-1}$ B. $18.8 mol \cdot L^{-1}$

    C. $18.0 mol \cdot L^{-1}$ D. $1.84 mol \cdot L^{-1}$

40. 已知反应（1）$H_2(g) + S(s) \rightleftharpoons H_2S(g)$，其平衡常数为 $K_1^\ominus$，

    （2）$S(s) + O_2(g) \rightleftharpoons SO_2(g)$，其平衡常数为 $K_2^\ominus$，则反应

    （3）$H_2(g) + SO_2(s) \rightleftharpoons O_2(g) + H_2S(g)$ 的平衡常数为 $K_3^\ominus$ 是：

    A. $K_1^\ominus + K_2^\ominus$ B. $K_1^\ominus \cdot K_2^\ominus$

    C. $K_1^\ominus - K_2^\ominus$ D. $K_1^\ominus / K_2^\ominus$

41. 有原电池 $(-)Zn \mid ZnSO_4(C_1) \parallel CuSO_4(C_2) \mid Cu(+)$，如向铜半电池中通入硫化氢，则原电池电动势变化趋势是：

    A. 变大   B. 变小

    C. 不变   D. 无法判断

42. 电解 NaCl 水溶液时，阴极上放电的离子是：

    A. H^+ B. OH^- C. Na^+ D. Cl^-

43. 已知反应 $N_2(g) + 3H_2(g) \longrightarrow 2NH_3(g)$ 的 $\Delta_r H_m < 0$，$\Delta_r S_m < 0$，则该反应为：

    A. 低温易自发，高温不易自发   B. 高温易自发，低温不易自发

    C. 任何温度都易自发   D. 任何温度都不易自发

44. 下列有机物中，对于可能处在同一平面上的最多原子数目的判断，正确的是：

    A. 丙烷最多有 6 个原子处于同一平面上

    B. 丙烯最多有 9 个原子处于同一平面上

    C. 苯乙烯（ ⬡—$CH=CH_2$ ）最多有 16 个原子处于同一平面上

    D. $CH_3CH=CH-C\equiv C-CH_3$ 最多有 12 个原子处于同一平面上

45. 下列有机物中，既能发生加成反应和酯化反应，又能发生氧化反应的化合物是：

A. $CH_3CH = CHCOOH$

B. $CH_3CH = CHCOOC_2H_5$

C. $CH_3CH_2CH_2CH_2OH$

D. $HOCH_2CH_2CH_2CH_2OH$

46. 人造羊毛的结构简式为： ，它属于：

①共价化合物；②无机化合物；③有机化合物；④高分子化合物；⑤离子化合物。

A. ②④⑤

B. ①④⑤

C. ①③④

D. ③④⑤

47. 将大小为100N的力 F 沿 x、y 方向分解，若 F 在 x 轴上的投影为50N，而沿 x 方向的分力的大小为200N，则 F 在 y 轴上的投影为：

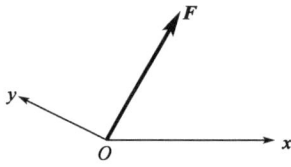

A. 0

B. 50N

C. 200N

D. 100N

48. 图示边长为 a 的正方形物块 $OABC$，已知：各力大小 $F_1 = F_2 = F_3 = F_4 = F$，力偶矩 $M_1 = M_2 = Fa$。该力系向 O 点简化后的主矢及主矩应为：

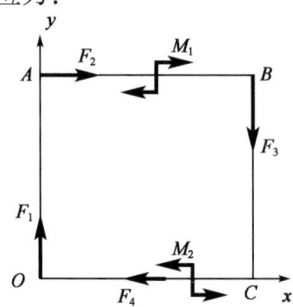

A. $F_R = 0N$，$M_O = 4Fa$（↺）

B. $F_R = 0N$，$M_O = 3Fa$（↻）

C. $F_R = 0N$，$M_O = 2Fa$（↻）

D. $F_R = 0N$，$M_O = 2Fa$（↺）

49. 在图示机构中，已知F_p，$L = 2m$，$r = 0.5m$，$\theta = 30°$，$BE = EG$，$CE = EH$，则支座A的约束力为：

A. $F_{Ax} = F_p(\leftarrow)$， $F_{Ay} = 1.75F_p(\downarrow)$

B. $F_{Ax} = 0$， $F_{Ay} = 0.75F_p(\downarrow)$

C. $F_{Ax} = 0$， $F_{Ay} = 0.75F_p(\uparrow)$

D. $F_{Ax} = F_p(\rightarrow)$， $F_{Ay} = 1.75F_p(\uparrow)$

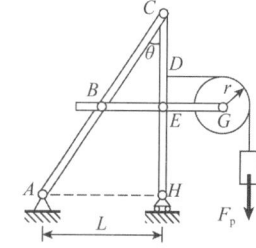

50. 图示不计自重的水平梁与桁架在B点铰接。已知：荷载F_1、F均与BH垂直，$F_1 = 8kN$，$F = 4kN$，$M = 6kN \cdot m$，$q = 1kN/m$，$L = 2m$。则杆件1的内力为：

A. $F_1 = 0$

B. $F_1 = 8kN$

C. $F_1 = -8kN$

D. $F_1 = -4kN$

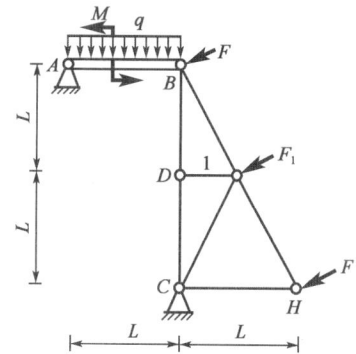

51. 动点A和B在同一坐标系中的运动方程分别为$\begin{cases} x_A = t \\ y_A = 2t^2 \end{cases}$，$\begin{cases} x_B = t^2 \\ y_B = 2t^4 \end{cases}$，其中$x$、$y$以$cm$计，$t$以$s$计，则两点相遇的时刻为：

A. $t = 1s$ B. $t = 0.5s$

C. $t = 2s$ D. $t = 1.5s$

52. 刚体作平动时，某瞬时体内各点的速度与加速度为：

A. 体内各点速度不相同，加速度相同

B. 体内各点速度相同，加速度不相同

C. 体内各点速度相同，加速度也相同

D. 体内各点速度不相同，加速度也不相同

53. 杆OA绕固定轴O转动，长为l，某瞬时杆端A点的加速度a如图所示。则该瞬时OA的角速度及角加速度为：

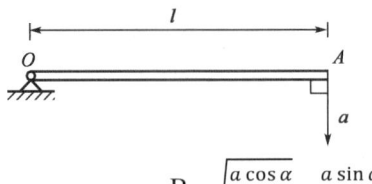

A. 0, $\dfrac{a}{l}$

B. $\sqrt{\dfrac{a\cos\alpha}{l}}$, $\dfrac{a\sin\alpha}{l}$

C. $\sqrt{\dfrac{a}{l}}$, 0

D. 0, $\sqrt{\dfrac{a}{l}}$

54. 在图示圆锥摆中，球M的质量为m，绳长l，若α角保持不变，则小球的法向加速度为：

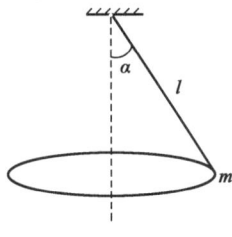

A. $g\sin\alpha$

B. $g\cos\alpha$

C. $g\tan\alpha$

D. $g\cot\alpha$

55. 图示均质链条传动机构的大齿轮以角速度ω转动，已知大齿轮半径为R，质量为m_1，小齿轮半径为r，质量为m_2，链条质量不计，则此系统的动量为：

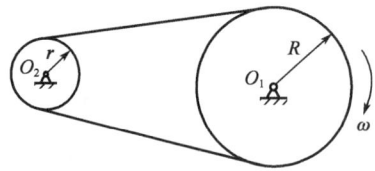

A. $(m_1 + 2m_2)v$ →

B. $(m_1 + m_2)v$ →

C. $(2m_1 - m_2)v$ →

D. 0

56. 均质圆柱体半径为R，质量为m，绕关于对纸面垂直的固定水平轴自由转动，初瞬时静止（G在O轴的铅垂线上），如图所示，则圆柱体在位置$\theta = 90°$时的角速度是：

A. $\sqrt{\dfrac{g}{3R}}$

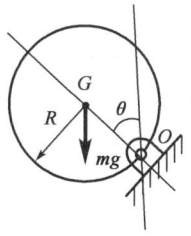

B. $\sqrt{\dfrac{2g}{3R}}$

C. $\sqrt{\dfrac{4g}{3R}}$

D. $\sqrt{\dfrac{g}{2R}}$

57. 质量不计的水平细杆AB长为L，在铅垂图面内绕A轴转动，其另一端固连质量为m的质点B，在图示水平位置静止释放。则此瞬时质点B的惯性力为：

A. $F_g = mg$

B. $F_g = \sqrt{2}mg$

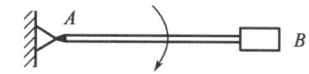

C. 0

D. $F_g = \dfrac{\sqrt{2}}{2}mg$

58. 如图所示系统中，当物块振动的频率比为 1.27 时，k的值是：

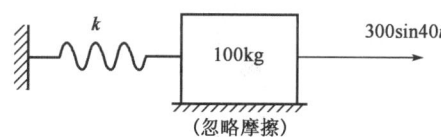

A. 1×10^5N/m

B. 2×10^5N/m

C. 1×10^4N/m

D. 1.5×10^5N/m

59. 图示结构的两杆面积和材料相同，在铅直向下的力F作用下，下面正确的结论是：

A. C点位平放向下偏左，1 杆轴力不为零

B. C点位平放向下偏左，1 杆轴力为零

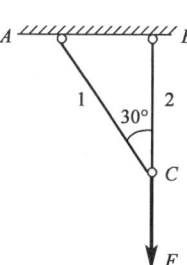

C. C点位平放铅直向下，1 杆轴力为零

D. C点位平放向下偏右，1 杆轴力不为零

60. 图截面杆ABC轴向受力如图所示，已知BC杆的直径$d = 100$mm，AB杆的直径为$2d$，杆的最大拉应力是：

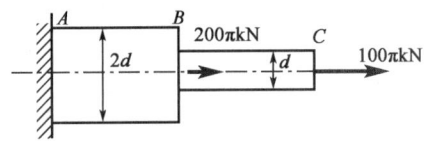

A. 40MPa

B. 30MPa

C. 80MPa

D. 120MPa

61. 桁架由 2 根细长直杆组成，杆的截面尺寸相同，材料分别是结构钢和普通铸铁，在下列桁架中，布局比较合理的是：

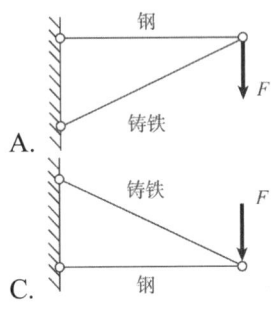 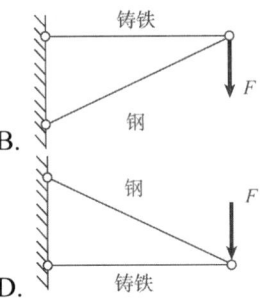

62. 冲床在钢板上冲一圆孔，圆孔直径$d = 100$mm，钢板的厚度$t = 10$mm钢板的剪切强度极限$\tau_b = 300$MPa，需要的冲压力F是：

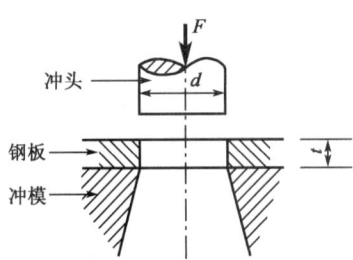

A. $F = 300\pi$kN

B. $F = 3000\pi$kN

C. $F = 2500\pi$kN

D. $F = 7500\pi$kN

63. 螺钉受力如图。已知螺钉和钢板的材料相同，拉伸许用应力$[\sigma]$是剪切许用应力$[\tau]$的2倍，即$[\sigma] = 2[\tau]$，钢板厚度t是螺钉头高度h的1.5倍，则螺钉直径d的合理值是：

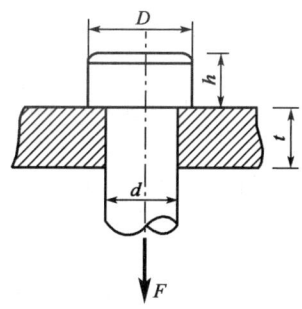

A. $d = 2h$

B. $d = 0.5h$

C. $d^2 = 2Dt$

D. $d^2 = 0.5Dt$

64. 图示受扭空心圆轴横截面上的切应力分布图，其中正确的是：

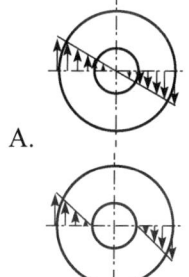

A.

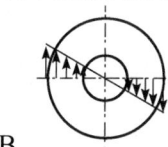

B.

C.

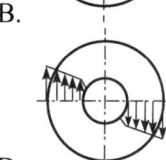

D.

65. 在一套传动系统中，有多根圆轴，假设所有圆轴传递的功率相同，但转速不同，各轴所承受的扭矩与其转速的关系是：

A. 转速快的轴扭矩大

B. 转速慢的轴扭矩大

C. 各轴的扭矩相同

D. 无法确定

66. 梁的弯矩图如图所示，最大值在B截面。在梁的A、B、C、D四个截面中，剪力为零的截面是：

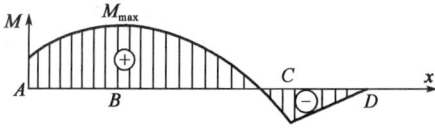

A. A截面

B. B截面

C. C截面

D. D截面

67. 图示矩形截面受压杆，杆的中间段右侧有一槽，如图 a) 所示，若在杆的左侧，即槽的对称位置也挖出同样的槽（见图 b），则图 b) 杆的最大压应力是图 a) 最大压应力的：

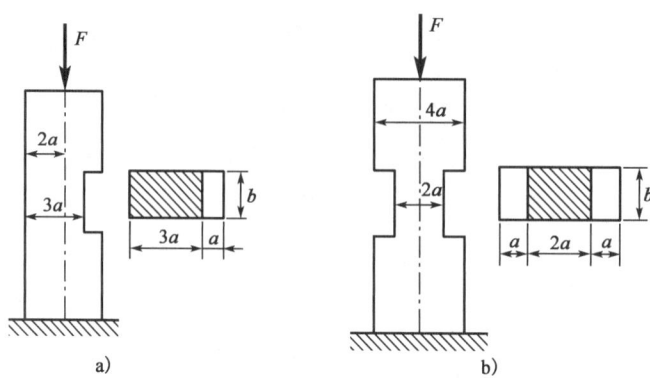

A. 3/4

B. 4/3

C. 3/2

D. 2/3

68. 梁的横截面可选用图示空心矩形、矩形、正方形和圆形四种之一，假设四种截面的面积均相等，荷载作用方向沿垂向下，承载能力最大的截面是：

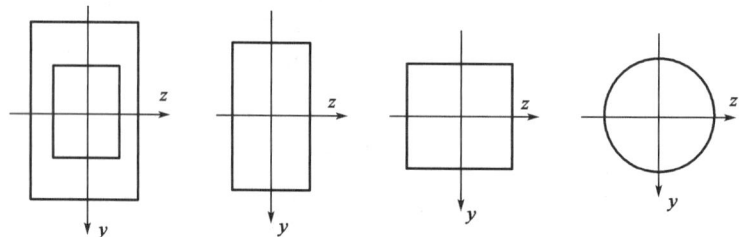

A. 空心矩形

B. 实心矩形

C. 正方形

D. 圆形

69. 按照第三强度理论，图示两种应力状态的危险程度是：

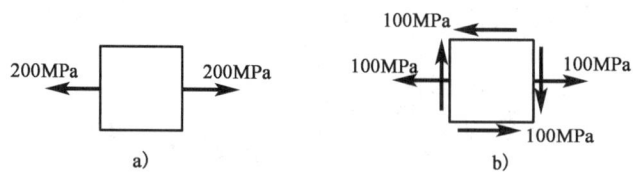

A. 无法判断

B. 两者相同

C. a) 更危险

D. b) 更危险

70. 正方形截面杆AB，力F作用在xoy平面内，与x轴夹角α，杆距离B端为a的横截面上最大正应力在α = 45°时的值是α = 0时值的：

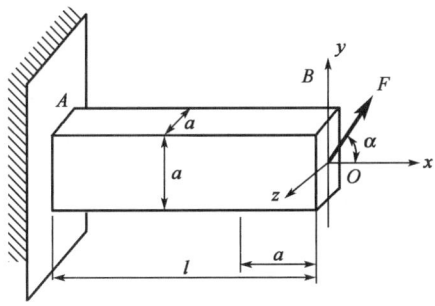

    A. $\frac{7\sqrt{2}}{2}$倍

    B. $3\sqrt{2}$倍

    C. $\frac{5\sqrt{2}}{2}$倍

    D. $\sqrt{2}$倍

71. 如图所示水下有一半径为$R = 0.1$m的半球形侧盖，球心至水面距离$H = 5$m，作用于半球盖上水平方向的静水压力是：

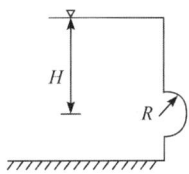

    A. 0.98kN   B. 1.96kN

    C. 0.77kN   D. 1.54kN

72. 密闭水箱如图所示，已知水深$h = 2$m，自由面上的压强$p_0 = 88$kN/m²，当地大气压强$p_a = 101$kN/m²，则水箱底部A点的绝对压强与相对压强分别为：

    A. 107.6kN/m²和-6.6kN/m²

    B. 107.6kN/m²和6.6kN/m²

    C. 120.6kN/m²和-6.6kN/m²

    D. 120.6kN/m²和6.6kN/m²

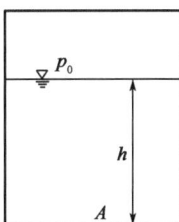

73. 下列不可压缩二维流动中，满足连续性方程的是：

A. $u_x = 2x$，$u_y = 2y$

B. $u_x = 0$，$u_y = 2xy$

C. $u_x = 5x$，$u_y = -5y$

D. $u_x = 2xy$，$u_y = -2xy$

74. 圆管层流中，下述错误的是：

A. 水头损失与雷诺数有关

B. 水头损失与管长度有关

C. 水头损失与流速有关

D. 水头损失与粗糙度有关

75. 主干管在 A、B 间是由两条支管组成的一个并联管路，两支管的长度和管径分别为 $l_1 = 1800m$，$d_1 = 150mm$，$l_2 = 3000m$，$d_2 = 200mm$，两支管的沿程阻力系数 λ 均为 0.01，若主干管流量 $Q = 39L/s$，则两支管流量分别为：

A. $Q_1 = 12L/s$，$Q_2 = 27L/s$

B. $Q_1 = 15L/s$，$Q_2 = 24L/s$

C. $Q_1 = 24L/s$，$Q_2 = 15L/s$

D. $Q_1 = 27L/s$，$Q_2 = 12L/s$

76. 一梯形断面明渠，水力半径 $R = 0.8m$，底坡 $i = 0.0006$，粗糙系数 $n = 0.05$，则输水流速为：

A. 0.42m/s

B. 0.48m/s

C. 0.6m/s

D. 0.75m/s

77. 地下水的浸润线是指：

A. 地下水的流线

B. 地下水运动的迹线

C. 无压地下水的自由水面线

D. 土壤中干土与湿土的界限

78. 用同种流体,同一温度进行管道模型实验,按黏性力相似准则,已知模型管径 0.1m,模型流速4m/s,若原型管径为 2m,则原型流速为:

A. 0.2m/s
B. 2m/s
C. 80m/s
D. 8m/s

79. 真空中有三个带电质点,其电荷分别为q_1、q_2和q_3,其中,电荷为q_1和q_3的质点位置固定,电荷为q_2的质点可以自由移动,当三个质点的空间分布如图所示时,电荷为q_2的质点静止不动,此时如下关系成立的是:

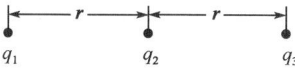

A. $q_1 = q_2 = 2q_3$
B. $q_1 = q_3 = |q_2|$
C. $q_1 = q_2 = -q_3$
D. $q_2 = q_3 = -q_1$

80. 在图示电路中,$I_1 = -4A$, $I_2 = -3A$, 则$I_3 =$

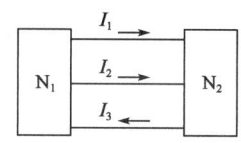

A. −1A
B. 7A
C. −7A
D. 1A

81. 已知电路如图所示,其中,响应电流I在电压源单独作用时的分量为:

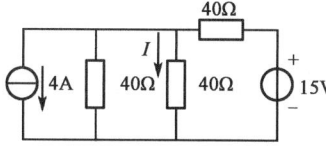

A. 0.375A
B. 0.25A
C. 0.125A
D. 0.1875A

82. 已知电流 $i(t) = 0.1\sin(\omega t + 10°)\,\mathrm{A}$，电压 $u(t) = 10\sin(\omega t - 10°)\,\mathrm{V}$，则如下表述中正确的是：

A. 电流 $i(t)$ 与电压 $u(t)$ 呈反相关系

B. $\dot{I} = 0.1\angle 10°\,\mathrm{A}$，$\dot{U} = 10\angle -10°\,\mathrm{V}$

C. $\dot{I} = 70.7\angle 10°\,\mathrm{mA}$，$\dot{U} = -7.07\angle 10°\,\mathrm{V}$

D. $\dot{I} = 70.7\angle 10°\,\mathrm{mA}$，$\dot{U} = 7.07\angle -10°\,\mathrm{V}$

83. 一交流电路由 R、L、C 串联而成，其中，$R = 10\Omega$，$X_{\mathrm{L}} = 8\Omega$，$X_{\mathrm{C}} = 6\Omega$。通过该电路的电流为 10A，则该电路的有功功率、无功功率和视在功率分别为：

A. 1kW，1.6kvar，2.6kV·A

B. 1kW，200var，1.2kV·A

C. 100W，200var，223.6V·A

D. 1kW，200var，1.02kV·A

84. 已知电路如图所示，设开关在 $t = 0$ 时刻断开，那么如下表述中正确的是：

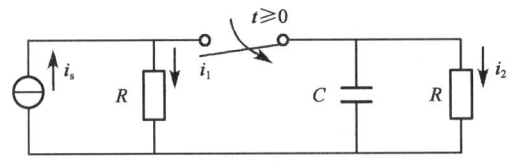

A. 电路的左右两侧均进入暂态过程

B. 电路 i_1 立即等于 i_s，电流 i_2 立即等于 0

C. 电路 i_2 由 $\frac{1}{2}i_s$ 逐步衰减到 0

D. 在 $t = 0$ 时刻，电流 i_2 发生了突变

85. 图示变压器空载运行电路中，设变压器为理想器件，若 $u = \sqrt{2}U\sin\omega t$，则此时：

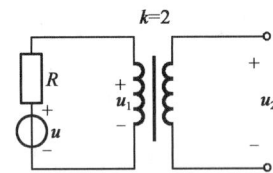

A. $U_l = \dfrac{\omega L \cdot U}{\sqrt{R^2 + (\omega L)^2}}$，$U_2 = 0$ 　　　　B. $u_1 = u$，$U_2 = \frac{1}{2}U_1$

C. $u_1 \neq u$，$U_2 = \frac{1}{2}U_1$ 　　　　　　　　　D. $u_1 = u$，$U_2 = 2U_1$

36. 设某△接异步电动机全压启动时的启动电流 $I_{st} = 30A$，启动转矩 $T_u = 45N \cdot m$，若对此台电动机采用 Y-△降压启动方案，则启动电流和启动转矩分别为：

A. 17.32A，$25.98N \cdot m$

B. 10A，$15N \cdot m$

C. 10A，$25.98N \cdot m$

D. 17.32A，$15N \cdot m$

37. 图示电路的任意一个输出端，在任意时刻都只出现 0V 或 5V 这两个电压值（例如，在 $t = t_0$ 时刻获得的输出电压从上到下依次为 5V、0V、5V、0V），那么该电路的输出电压：

A. 是取值离散的连续时间信号

B. 是取值连续的离散时间信号

C. 是取值连续的连续时间信号

D. 是取值离散的离散时间信号

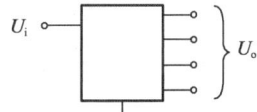

38. 图示非周期信号 $u(t)$ 如图所示，若利用单位阶跃函数 $\varepsilon(t)$ 将其写成时间函数表达式，则 $u(t)$ 等于：

A. $5 - 1 = 4V$

B. $5\varepsilon(t) + \varepsilon(t - t_0)V$

C. $5\varepsilon(t) - 4\varepsilon(t - t_0)V$

D. $5\varepsilon(t) - 4\varepsilon(t + t_0)V$

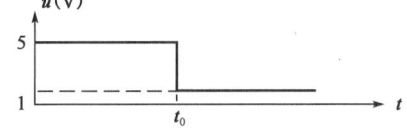

39. 模拟信号经线性放大器放大后，信号中被改变的量是：

A. 信号的频率

B. 信号的幅值频谱

C. 信号的相位频谱

D. 信号的幅值

90. 逻辑表达式 $(A + B)(A + C)$ 的化简结果是：

A. A

B. $A^2 + AB + AC + BC$

C. $A + BC$

D. $(A + B)(A + C)$

91. 已知数字信号 A 和数字信号 B 的波形如图所示，则数字信号 $F = \overline{AB}$ 的波形为：

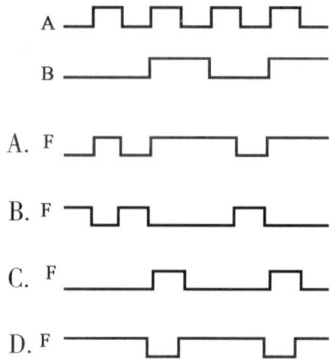

92. 逻辑函数 $F = f(A、B、C)$ 的真值表如图所示，由此可知：

A	B	C	F
0	0	0	1
0	0	1	0
0	1	0	0
0	1	1	1
1	0	0	1
1	0	1	0
1	1	0	0
1	1	1	1

A. $F = \overline{A}(\overline{B}C + B\overline{C}) + A(\overline{B}\,\overline{C} + BC)$　　　B. $F = \overline{B}C + B\overline{C}$

C. $F = \overline{B}\,\overline{C} + BC$　　　D. $F = \overline{A} + \overline{B} + \overline{BC}$

93. 二极管应用电路如图 a）所示，电路的激励 u_i 如图 b）所示，设二极管为理想器件，则电路的输出电压 u_o 的平均值 $U_o =$

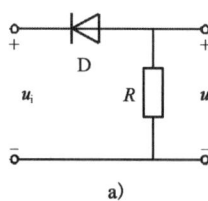
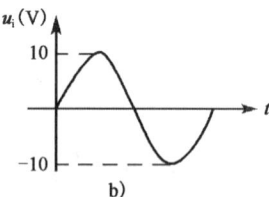

a)　　　　　　b)

A. $\dfrac{10}{\sqrt{2}} \times 0.45 = 3.18V$　　　B. $10 \times 0.45 = 4.5V$

C. $-\dfrac{10}{\sqrt{2}} \times 0.45 = -3.18V$　　　D. $-10 \times 0.45 = -4.5V$

94. 运算放大器应用电路如图所示, 设运算放大器输出电压的极限值为±11V, 如果将 2V 电压接入电路的 "A" 端, 电路的 "B" 端接地后, 测得输出电压为-8V, 那么, 如果将 2V 电压接入电路的 "B" 端, 而电路的 "A" 端接地, 则该电路的输出电压 u_o 等于:

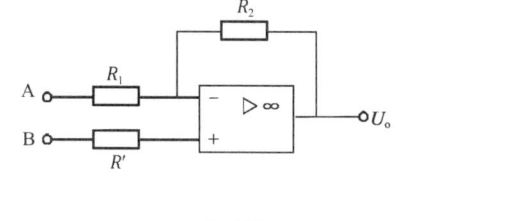

A. 8V   B. -8V   C. 10V   D. -10V

95. 图 a) 所示电路中, 复位信号 $\overline{R}_D$、信号 A 及时钟脉冲信号 CP 如图 b) 所示, 经分析可知, 在第一个和第二个时钟脉冲的下降沿时刻, 输出 Q 先后等于:

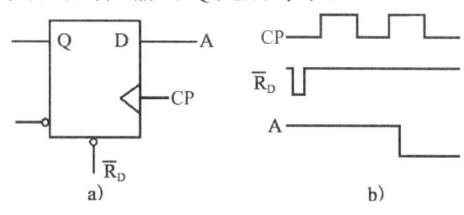

A. 0, 0   B. 0, 1

C. 1, 0   D. 1, 1

附: 触发器的逻辑状态表为

D	Q_{n+1}
0	0
1	1

96. 图 a) 所示电路中, 复位信号、数据输入及时钟脉冲信号如图 b) 所示, 经分析可知, 在第一个和第二个时钟脉冲的下降沿过后, 输出 Q 先后等于:

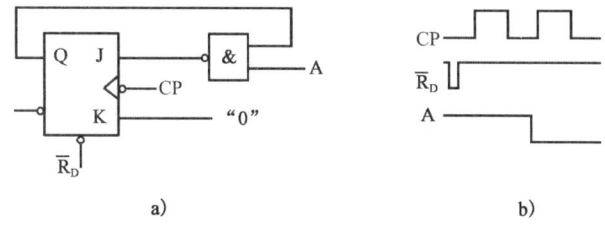

A. 0, 0   B. 0, 1   C. 1, 0   D. 1, 1

附：触发器的逻辑状态表为

J	K	Q_{n+1}
0	0	Q_D
0	1	0
1	0	1
1	1	$\overline{Q_D}$

97. 总线中的地址总线传输的是：

A. 程序和数据

B. 主储存器的地址码或外围设备码

C. 控制信息

D. 计算机的系统命令

98. 软件系统中，能够管理和控制计算机系统全部资源的软件是：

A. 应用软件

B. 用户程序

C. 支撑软件

D. 操作系统

99. 用高级语言编写的源程序，将其转换成能在计算机上运行的程序过程是：

A. 翻译、连接、执行

B. 编辑、编译、连接

C. 连接、翻译、执行

D. 编程、编辑、执行

100. 十进制的数 256.625 用十六进制表示则是：

A. 110.B

B. 200.C

C. 100.A

D. 96.D

101. 在下面有关信息加密技术的论述中，不正确的是：

A. 信息加密技术是为提高信息系统及数据的安全性和保密性的技术

B. 信息加密技术是为防止数据信息被别人破译而采用的技术

C. 信息加密技术是网络安全的重要技术之一

D. 信息加密技术是为清楚计算机病毒而采用的技术

102. 可以这样来认识进程，进程是：

A. 一段执行中的程序

B. 一个名义上的软件系统

C. 与程序等效的一个概念

D. 一个存放在 ROM 中的程序

103. 操作系统中的文件管理是：

    A. 对计算机的系统软件资源进行管理   B. 对计算机的硬件资源进行管理

    C. 对计算机用户进行管理   D. 对计算机网络进行管理

104. 在计算机网络中，常将负责全网络信息处理的设备和软件称为：

    A. 资源子网   B. 通信子网

    C. 局域网   D. 广域网

105. 若按采用的传输介质的不同，可将网络分为：

    A. 双绞线网、同轴电缆网、光纤网、无线网

    B. 基带网和宽带网

    C. 电路交换类、报文交换类、分组交换类

    D. 广播式网络、点到点式网络

106. 一个典型的计算机网络系统主要是由：

    A. 网络硬件系统和网络软件系统组成   B. 主机和网络软件系统组成

    C. 网络操作系统和若干计算机组成   D. 网络协议和网络操作系统组成

107. 如现在投资 100 万元，预计年利率为 10%，分 5 年等额回收，每年可回收：

[已知：$(A/P, 10\%, 5) = 0.2638$，$(A/F, 10\%, 5) = 0.1638$]

    A. 16.38 万元   B. 26.38 万元

    C. 62.09 万元   D. 75.82 万元

108. 某项目投资中有部分资金源于银行贷款，该贷款在整个项目期间将等额偿还本息。项目预计年经营成本为 5000 万元，年折旧费和摊销为 2000 万元，则该项目的年总成本费用应：

    A. 等于 5000 万元   B. 等于 7000 万元

    C. 大于 7000 万元   D. 在 5000 万元与 7000 万元之间

109. 下列财务评价指标中，反映项目盈利能力的指标是：

    A. 流动比率   B. 利息备付率

    C. 投资回收期   D. 资产负债率

110. 某项目第一年年初投资 5000 万元，此后从第一年年末开始每年年末有相同的净收益，收益期为 10 年。寿命期结束时的净残值为 100 万元，若基准收益率为 12%，则要使该投资方案的净现值为零，其年净收益应为：

[已知：$(P/A, 12\%, 10) = 5.6500$；$(P/F, 12\%, 10) = 0.3220$]

A. 879.26 万元

B. 884.96 万元

C. 890.65 万元

D. 1610 万元

111. 某企业设计生产能力为年产某产品 40000t，在满负荷生产状态下，总成本为 30000 万元，其中固定成本为 10000 万元，若产品价格为1 万元/t，则以生产能力利用率表示的盈亏平衡点为：

A. 25%   B. 35%   C. 40%   D. 50%

112. 已知甲、乙为两个寿命期相同的互斥项目，通过测算得出：甲、乙两项目的内部收益率分别为 18% 和 14%，甲、乙两项目的净现值分别为 240 万元和 320 万元。假如基准收益率为 12%，则以下说法中正确的是：

A. 应选择甲项目

B. 应选择乙项目

C. 应同时选择甲、乙两个项目

D. 甲、乙项目均不应选择

113. 下列项目方案类型中，适于采用最小公倍数法进行方案比选的是：

A. 寿命期相同的互斥方案

B. 寿命期不同的互斥方案

C. 寿命期相同的独立方案

D. 寿命期不同的独立方案

114. 某项目整体功能的目标成本为 10 万元，在进行功能评价时，得出某一功能 F^* 的功能评价系数为 0.3，若其成本改进期望值为-5000 元（即降低 5000 元），则 F^* 的现实成本为：

A. 2.5 万元

B. 3 万元

C. 3.5 万元

D. 4 万元

115. 根据《中华人民共和国建筑法》规定，对从事建筑业的单位实行资质管理制度，将从事建活动的工程监理单位，划分为不同的资质等级。监理单位资质等级的划分条件可以不考虑：

A. 注册资本

B. 法定代表人

C. 已完成的建筑工程业绩

D. 专业技术人员

116. 某生产经营单位使用危险性较大的特种设备，根据《中华人民共和国安全生产法》规定，该设备投入使用的条件不包括：

A. 该设备应由专业生产单位生产

B. 该设备应进行安全条件论证和安全评价

C. 该设备须经取得专业资质的检测、检验机构检测、检验合格

D. 该设备须取得安全使用证或者安全标志

117. 根据《中华人民共和国招标投标法》规定，某工程项目委托监理服务的招投标活动，应当遵循的原则是：

A. 公开、公平、公正、诚实信用

B. 公开、平等、自愿、公平、诚实信用

C. 公正、科学、独立、诚实信用

D. 全面、有效、合理、诚实信用

118. 根据《中华人民共和国合同法》规定，要约可以撤回和撤销。下列要约，不得撤销的是：

A. 要约到达受要约人   B. 要约人确定了承诺期限

C. 受要约人未发出承诺通知   D. 受要约人即将发出承诺通知

119. 下列情形中，作出行政许可决定的行政机关或者其上级行政机关，应当依法办理有关行政许可的注销手续的是：

A. 取得市场准入许可的被许可人擅自停业、歇业

B. 行政机关工作人员对直接关系生命财产安全的设施监督检查时，发现存在安全隐患的

C. 行政许可证件依法被吊销的

D. 被许可人未依法履行开发利用自然资源义务的

120. 某建设工程项目完成施工后，施工单位提出工程竣工验收申请，根据《建设工程质量管理条例》规定，该建设工程竣工验收应当具备的条件不包括：

A. 有施工单位提交的工程质量保证保证金

B. 有工程使用的主要建筑材料、建筑构配件和设备的进场试验报告

C. 有勘察、设计、施工、工程监理等单位分别签署的质量合格文件

D. 有完整的技术档案和施工管理资料

2016 年度全国勘察设计注册工程师

执业资格考试试卷

基础考试

（上）

二〇一六年九月

应考人员注意事项

1. 本试卷科目代码为"1"，考生务必将此代码填涂在答题卡"科目代码"相应的栏目内，否则，无法评分。

2. 书写用笔：**黑色或蓝色钢笔、签字笔或圆珠笔；**

   填涂答题卡用笔：**黑色 2B 铅笔。**

3. 必须用书写用笔将工作单位、姓名、准考证号填写在答题卡和试卷相应的栏目内。

4. 本试卷由 120 题组成，每题 1 分，满分 120 分，本试卷全部为单项选择题，每小题的四个备选项中只有一个正确答案，错选、多选、不选均不得分。

5. 考生作答时，必须按**题号在答题卡上**将相应试题所选选项对应的**字母用 2B 铅笔涂黑。**

6. 在答题卡上书写与题意无关的语言，或在答题卡上作标记的，均按违纪试卷处理。

7. 考试结束时，由监考人员当面将试卷、答题卡一并收回。

8. 草稿纸由各地统一配发，考后收回。

单项选择题（共 120 题，每题 1 分。每题的备选项中只有一个最符合题意。）

1. 下列极限式中，能够使用洛必达法则求极限的是：

   A. $\lim\limits_{x\to 0}\dfrac{1+\cos x}{e^x-1}$

   B. $\lim\limits_{x\to 0}\dfrac{x-\sin x}{\sin x}$

   C. $\lim\limits_{x\to 0}\dfrac{x^2\sin\frac{1}{x}}{\sin x}$

   D. $\lim\limits_{x\to\infty}\dfrac{x+\sin x}{x-\sin x}$

2. 设 $\begin{cases}x = t - \arctan t \\ y = \ln(1+t^2)\end{cases}$，则 $\dfrac{\mathrm{d}y}{\mathrm{d}x}\Big|_{t=1}$ 等于：

   A. 1

   B. -1

   C. 2

   D. $\dfrac{1}{2}$

3. 微分方程 $\dfrac{\mathrm{d}y}{\mathrm{d}x} = \dfrac{1}{xy+y^3}$ 是：

   A. 齐次微分方程

   B. 可分离变量的微分方程

   C. 一阶线性微分方程

   D. 二阶微分方程

4. 若向量 $\boldsymbol{\alpha},\boldsymbol{\beta}$ 满足 $|\boldsymbol{\alpha}| = 2$，$|\boldsymbol{\beta}| = \sqrt{2}$，且 $\boldsymbol{\alpha}\cdot\boldsymbol{\beta} = 2$，则 $|\boldsymbol{\alpha}\times\boldsymbol{\beta}|$ 等于：

   A. 2

   B. $2\sqrt{2}$

   C. $2+\sqrt{2}$

   D. 不能确定

5. $f(x)$ 在点 x_0 处的左、右极限存在且相等是 $f(x)$ 在点 x_0 处连续的：

   A. 必要非充分的条件

   B. 充分非必要的条件

   C. 充分且必要的条件

   D. 既非充分又非必要的条件

6. 设 $\int_0^x f(t)\mathrm{d}t = \dfrac{\cos x}{x}$，则 $f\left(\dfrac{\pi}{2}\right)$ 等于：

   A. $\dfrac{\pi}{2}$

   B. $-\dfrac{2}{\pi}$

   C. $\dfrac{2}{\pi}$

   D. 0

7. 若 $\sec^2 x$ 是 $f(x)$ 的一个原函数，则 $\int xf(x)\,\mathrm{d}x$ 等于：

   A. $\tan x + C$

   B. $x\tan x - \ln|\cos x| + C$

   C. $x\sec^2 x + \tan x + C$

   D. $x\sec^2 x - \tan x + C$

8. yOz坐标面上的曲线 $\begin{cases} y^2 + z = 1 \\ x = 0 \end{cases}$ 绕Oz轴旋转一周所生成的旋转曲面方程是:

A. $x^2 + y^2 + z = 1$ B. $x + y^2 + z = 1$

C. $y^2 + \sqrt{x^2 + z^2} = 1$ D. $y^2 - \sqrt{x^2 + z^2} = 1$

9. 若函数$z = f(x, y)$在点$P_0(x_0, y_0)$处可微, 则下面结论中错误的是:

A. $z = f(x, y)$在P_0处连续   B. $\lim\limits_{\substack{x \to x_0 \\ y \to y_0}} f(x, y)$存在

C. $f'_x(x_0, y_0)$, $f'_y(x_0, y_0)$均存在   D. $f'_x(x, y)$, $f'_y(x, y)$在P_0处连续

10. 若$\int_{-\infty}^{+\infty} \frac{A}{1+x^2} dx = 1$, 则常数$A$等于:

A. $\frac{1}{\pi}$ B. $\frac{2}{\pi}$

C. $\frac{\pi}{2}$ D. π

11. 设$f(x) = x(x-1)(x-2)$, 则方程$f'(x) = 0$的实根个数是:

A. 3   B. 2

C. 1   D. 0

12. 微分方程$y'' - 2y' + y = 0$的两个线性无关的特解是:

A. $y_1 = x$, $y_2 = e^x$ B. $y_1 = e^{-x}$, $y_2 = e^x$

C. $y_1 = e^{-x}$, $y_2 = xe^{-x}$ D. $y_1 = e^x$, $y_2 = xe^x$

13. 设函数$f(x)$在(a, b)内可微, 且$f'(x) \neq 0$, 则$f(x)$在(a, b)内:

A. 必有极大值   B. 必有极小值

C. 必无极值   D. 不能确定有还是没有极值

14. 下列级数中, 绝对收敛的级数是:

A. $\sum\limits_{n=1}^{\infty} (-1)^{n-1} \frac{1}{n}$ B. $\sum\limits_{n=1}^{\infty} (-1)^{n-1} \frac{1}{\sqrt{n}}$

C. $\sum\limits_{n=1}^{\infty} \frac{n^2}{1+n^2}$ D. $\sum\limits_{n=1}^{\infty} \frac{\sin^{\frac{3}{2}} n}{n^2}$

15. 若 D 是由 $x=0$，$y=0$，$x^2+y^2=1$ 所围成在第一象限的区域，则二重积分 $\iint\limits_{D} x^2 y\,\mathrm{d}x\mathrm{d}y$ 等于：

A. $-\dfrac{1}{15}$ B. $\dfrac{1}{15}$

C. $-\dfrac{1}{12}$ D. $\dfrac{1}{12}$

16. 设 L 是抛物线 $y=x^2$ 上从点 $A(1,1)$ 到点 $O(0,0)$ 的有向弧线，则对坐标的曲线积分 $\int_{L} x\mathrm{d}x+y\mathrm{d}y$ 等于：

A. 0 B. 1

C. -1 D. 2

17. 幂级数 $\sum\limits_{n=0}^{\infty}\dfrac{(-1)^n}{2^n}x^n$ 在 $|x|<2$ 的和函数是：

A. $\dfrac{2}{2+x}$ B. $\dfrac{2}{2-x}$

C. $\dfrac{1}{1-2x}$ D. $\dfrac{1}{1+2x}$

18. 设 $z=\dfrac{3^{xy}}{x}+xF(u)$，其中 $F(u)$ 可微，且 $u=\dfrac{y}{x}$，则 $\dfrac{\partial z}{\partial y}$ 等于：

A. $3^{xy}-\dfrac{y}{x}F'(u)$ B. $\dfrac{1}{x}3^{xy}\ln 3+F'(u)$

C. $3^{xy}+F'(u)$ D. $3^{xy}\ln 3+F'(u)$

19. 若使向量组 $\boldsymbol{\alpha}_1=(6,t,7)^{\mathrm{T}}$，$\boldsymbol{\alpha}_2=(4,2,2)^{\mathrm{T}}$，$\boldsymbol{\alpha}_3=(4,1,0)^{\mathrm{T}}$ 线性相关，则 t 等于：

A. -5 B. 5

C. -2 D. 2

20. 下列结论中正确的是：

A. 矩阵 $\boldsymbol{A}$ 的行秩与列秩可以不等

B. 秩为 r 的矩阵中，所有 r 阶子式均不为零

C. 若 n 阶方阵 $\boldsymbol{A}$ 的秩小于 n，则该矩阵 $\boldsymbol{A}$ 的行列式必等于零

D. 秩为 r 的矩阵中，不存在等于零的 $r-1$ 阶子式

21. 已知矩阵 $A = \begin{bmatrix} 5 & -3 & 2 \\ 6 & -4 & 4 \\ 4 & -4 & a \end{bmatrix}$ 的两个特征值为 $\lambda_1 = 1$，$\lambda_2 = 3$，则常数 a 和另一特征值 λ_3 为：

    A. $a = 1$，$\lambda_3 = -2$ B. $a = 5$，$\lambda_3 = 2$

    C. $a = -1$，$\lambda_3 = 0$ D. $a = -5$，$\lambda_3 = -8$

22. 设有事件 A 和 B，已知 $P(A) = 0.8$，$P(B) = 0.7$，且 $P(A|B) = 0.8$，则下列结论中正确的是：

    A. A 与 B 独立   B. A 与 B 互斥

    C. $B \supset A$ D. $P(A \cup B) = P(A) + P(B)$

23. 某店有 7 台电视机，其中 2 台次品。现从中随机地取 3 台，设 X 为其中的次品数，则数学期望 $E(X)$ 等于：

    A. $\dfrac{3}{7}$ B. $\dfrac{4}{7}$

    C. $\dfrac{5}{7}$ D. $\dfrac{6}{7}$

24. 设总体 $X \sim N(0, \sigma^2)$，$X_1, X_2, \cdots, X_n$ 是来自总体的样本，$\hat{\sigma}^2 = \dfrac{1}{n} \sum\limits_{i=1}^{n} X_i^2$，则下面结论中正确的是：

    A. $\hat{\sigma}^2$ 不是 σ^2 的无偏估计量   B. $\hat{\sigma}^2$ 是 σ^2 的无偏估计量

    C. $\hat{\sigma}^2$ 不一定是 σ^2 的无偏估计量   D. $\hat{\sigma}^2$ 不是 σ^2 的估计量

25. 假定氧气的热力学温度提高一倍，氧分子全部离解为氧原子，则氧原子的平均速率是氧分子平均速率的：

    A. 4 倍   B. 2 倍

    C. $\sqrt{2}$ 倍   D. $\dfrac{1}{\sqrt{2}}$

26. 容积恒定的容器内盛有一定量的某种理想气体，分子的平均自由程为 $\overline{\lambda}_0$，平均碰撞频率为 $\overline{Z}_0$，若气体的温度降低为原来的 $\dfrac{1}{4}$，则此时分子的平均自由程 $\overline{\lambda}$ 和平均碰撞频率 $\overline{Z}$ 为：

    A. $\overline{\lambda} = \overline{\lambda}_0$，$\overline{Z} = \overline{Z}_0$ B. $\overline{\lambda} = \overline{\lambda}_0$，$\overline{Z} = \dfrac{1}{2}\overline{Z}_0$

    C. $\overline{\lambda} = 2\overline{\lambda}_0$，$\overline{Z} = 2\overline{Z}_0$ D. $\overline{\lambda} = \sqrt{2}\,\overline{\lambda}_0$，$\overline{Z} = 4\overline{Z}_0$

27. 一定量的某种理想气体由初始态经等温膨胀变化到末态时，压强为p_1；若由相同的初始态经绝热膨胀到另一末态时，压强为p_2，若两过程末态体积相同，则：

A. $p_1 = p_2$ B. $p_1 > p_2$

C. $p_1 < p_2$ D. $p_1 = 2p_2$

28. 在卡诺循环过程中，理想气体在一个绝热过程中所做的功为W_1，内能变化为ΔE_1，则在另一绝热过程中所做的功为W_2，内能变化为ΔE_2，则W_1、W_2及ΔE_1、ΔE_2之间的关系为：

A. $W_2 = W_1$，$\Delta E_2 = \Delta E_1$ B. $W_2 = -W_1$，$\Delta E_2 = \Delta E_1$

C. $W_2 = -W_1$，$\Delta E_2 = -\Delta E_1$ D. $W_2 = W_1$，$\Delta E_2 = -\Delta E_1$

29. 波的能量密度的单位是：

A. $J \cdot m^{-1}$ B. $J \cdot m^{-2}$

C. $J \cdot m^{-3}$ D. J

30. 两相干波源，频率为100Hz，相位差为π，两者相距20m，若两波源发出的简谐波的振幅均为A，则在两波源连线的中垂线上各点合振动的振幅为：

A. $-A$ B. 0   C. A D. $2A$

31. 一平面简谐波的波动方程为$y = 2 \times 10^{-2} \cos 2\pi \left(10t - \frac{x}{5}\right)$ (SI)，对$x = 2.5$m处的质元，在$t = 0.25$s时，它的：

A. 动能最大，势能最大   B. 动能最大，势能最小

C. 动能最小，势能最大   D. 动能最小，势能最小

32. 一束自然光自空气射向一块玻璃，设入射角等于布儒斯特角i_0，则光的折射角为：

A. $\pi + i_0$ B. $\pi - i_0$

C. $\frac{\pi}{2} + i_0$ D. $\frac{\pi}{2} - i_0$

33. 两块偏振片平行放置，光强为I_0的自然光垂直入射在第一块偏振片上，若两偏振片的偏振化方向夹角为45°，则从第二块偏振片透出的光强为：

A. $\frac{I_0}{2}$ B. $\frac{I_0}{4}$

C. $\frac{I_0}{8}$ D. $\frac{\sqrt{2}}{4}I_0$

34. 在单缝夫琅禾费衍射实验中，单缝宽度为a，所用单色光波长为λ，透镜焦距为f，则中央明条纹的半宽度为：

A. $\dfrac{f\lambda}{a}$

B. $\dfrac{2f\lambda}{a}$

C. $\dfrac{a}{f\lambda}$

D. $\dfrac{2a}{f\lambda}$

35. 通常亮度下，人眼睛瞳孔的直径约为 3mm，视觉感受到最灵敏的光波波长为550nm($1nm = 1 \times 10^{-9}m$)，则人眼睛的最小分辨角约为：

A. $2.24 \times 10^{-3}rad$

B. $1.12 \times 10^{-4}rad$

C. $2.24 \times 10^{-4}rad$

D. $1.12 \times 10^{-3}rad$

36. 在光栅光谱中，假如所有偶数级次的主极大都恰好在透射光栅衍射的暗纹方向上，因而出现缺级现象，那么此光栅每个透光缝宽度a和相邻两缝间不透光部分宽度b的关系为：

A. $a = 2b$

B. $b = 3a$

C. $a = b$

D. $b = 2a$

37. 多电子原子中同一电子层原子轨道能级（量）最高的亚层是：

A. s 亚层

B. p 亚层

C. d 亚层

D. f 亚层

38. 在CO和N_2分子之间存在的分子间力有：

A. 取向力、诱导力、色散力

B. 氢键

C. 色散力

D. 色散力、诱导力

39. 已知$K_b^\ominus(NH_3 \cdot H_2O) = 1.8 \times 10^{-5}$，$0.1mol \cdot L^{-1}$的$NH_3 \cdot H_2O$溶液的pH为：

A. 2.87

B. 11.13

C. 2.37

D. 11.63

40. 通常情况下，$K_a^\ominus$、$K_b^\ominus$、$K^\ominus$、$K_{sp}^\ominus$，它们的共同特性是：

A. 与有关气体分压有关

B. 与温度有关

C. 与催化剂的种类有关

D. 与反应物浓度有关

41. 下列各电对的电极电势与H^+浓度有关的是：

A. Zn^{2+}/Zn

B. Br_2/Br

C. AgI/Ag

D. MnO_4^-/Mn^{2+}

42. 电解Na_2SO_4水溶液时，阳极上放电的离子是：

    A. H^+ B. OH^- C. Na^+ D. SO_4^{2-}

43. 某化学反应在任何温度下都可以自发进行，此反应需满足的条件是：

    A. $\Delta_r H_m < 0$，$\Delta_r S_m > 0$ B. $\Delta_r H_m > 0$，$\Delta_r S_m < 0$

    C. $\Delta_r H_m < 0$，$\Delta_r S_m < 0$ D. $\Delta_r H_m > 0$，$\Delta_r S_m > 0$

44. 按系统命名法，下列有机化合物命名正确的是：

    A. 3-甲基丁烷   B. 2-乙基丁烷

    C. 2,2-二甲基戊烷   D. 1,1,3-三甲基戊烷

45. 苯氨酸和山梨酸（$CH_3CH=CHCH=CHCOOH$）都是常见的食品防腐剂。下列物质中只能与其中一种酸发生化学反应的是：

    A. 甲醇   B. 溴水

    C. 氢氧化钠   D. 金属钾

46. 受热到一定程度就能软化的高聚物是：

    A. 分子结构复杂的高聚物   B. 相对摩尔质量较大的高聚物

    C. 线性结构的高聚物   D. 体型结构的高聚物

47. 图示结构由直杆AC，DE和直角弯杆BCD所组成，自重不计，受荷载F与$M = F \cdot a$作用。则A处约束力的作用线与x轴正向所成的夹角为：

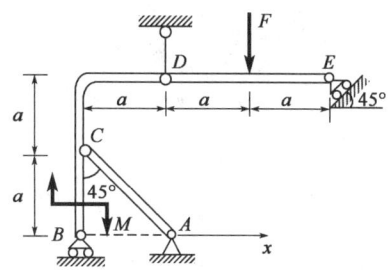

    A. 135°   B. 90°

    C. 0°   D. 45°

48. 图示平面力系中，已知 $q = 10\text{kN/m}$，$M = 20\text{kN} \cdot \text{m}$，$a = 2\text{m}$。则该主动力系对 B 点的合力矩为：

A. $M_{\text{B}} = 0$

B. $M_{\text{B}} = 20\text{kN} \cdot \text{m}(\curvearrowleft)$

C. $M_{\text{B}} = 40\text{kN} \cdot \text{m}(\curvearrowleft)$

D. $M_{\text{B}} = 40\text{kN} \cdot \text{m}(\curvearrowright)$

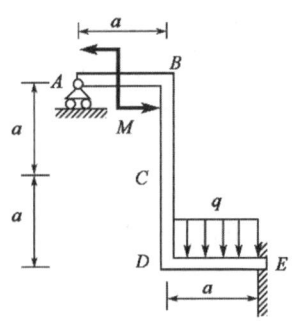

49. 简支梁受分布荷载作用如图所示。支座 A、B 的约束力为：

A. $F_{\text{A}} = 0$，$F_{\text{B}} = 0$

B. $F_{\text{A}} = \frac{1}{2}qa\uparrow$，$F_{\text{B}} = \frac{1}{2}qa\uparrow$

C. $F_{\text{A}} = \frac{1}{2}qa\uparrow$，$F_{\text{B}} = \frac{1}{2}qa\downarrow$

D. $F_{\text{A}} = \frac{1}{2}qa\downarrow$，$F_{\text{B}} = \frac{1}{2}qa\uparrow$

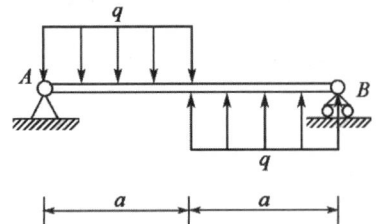

50. 重力为 $\boldsymbol{W}$ 的物块自由地放在倾角为 α 的斜面上如图示。且 $\sin\alpha = \frac{3}{5}$，$\cos\alpha = \frac{4}{5}$。物块上作用一水平力 F，且 $F = W$。若物块与斜面间的静摩擦系数 $f = 0.2$，则该物块的状态为：

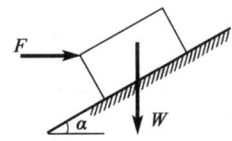

A. 静止状态   B. 临界平衡状态

C. 滑动状态   D. 条件不足，不能确定

51. 一动点沿直线轨道按照 $x = 3t^3 + t + 2$ 的规律运动（x 以 m 计，t 以 s 计），则当 $t = 4$s 时，动点的位移、速度和加速度分别为：

A. $x = 54$m，$v = 145$m/s，$a = 18$m/s^2

B. $x = 198$m，$v = 145$m/s，$a = 72$m/s^2

C. $x = 198$m，$v = 49$m/s，$a = 72$m/s^2

D. $x = 192$m，$v = 145$m/s，$a = 12$m/s^2

52. 点在直径为 6m 的圆形轨迹上运动，走过的距离是 $s = 3t^2$，则点在 2s 末的切向加速度为：

A. 48m/s^2 B. 4m/s^2 C. 96m/s^2 D. 6m/s^2

53. 杆 $OA = l$，绕固定轴 O 转动，某瞬时杆端 A 点的加速度 a 如图所示，则该瞬时杆 OA 的角速度及角加速度为：

A. 0，$\dfrac{a}{l}$

B. $\sqrt{\dfrac{a\cos\alpha}{l}}$，$\dfrac{a\sin\alpha}{l}$

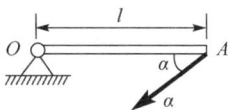

C. $\sqrt{\dfrac{a}{l}}$，0

D. 0，$\sqrt{\dfrac{a}{l}}$

54. 质量为 m 的物体 M 在地面附近自由降落，它所受的空气阻力的大小为 $F_R = Kv^2$，其中 K 为阻力系数，v 为物体速度，该物体所能达到的最大速度为：

A. $v = \sqrt{\dfrac{mg}{K}}$ B. $v = \sqrt{mgK}$

C. $v = \sqrt{\dfrac{g}{K}}$ D. $v = \sqrt{gK}$

55. 质点受弹簧力作用而运动，l_0 为弹簧自然长度，k 为弹簧刚度系数，质点由位置 1 到位置 2 和由位置 3 到位置 2 弹簧力所做的功为：

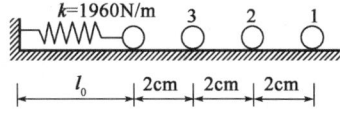

A. $W_{12} = -1.96$J，$W_{32} = 1.176$J   B. $W_{12} = 1.96$J，$W_{32} = 1.176$J

C. $W_{12} = 1.96$J，$W_{32} = -1.176$J   D. $W_{12} = -1.96$J，$W_{32} = -1.176$J

56. 如图所示圆环以角速度ω绕铅直轴AC自由转动，圆环的半径为R，对转轴z的转动惯量为I。在圆环中的A点放一质量为m的小球，设由于微小的干扰，小球离开A点。忽略一切摩擦，则当小球达到B点时，圆环的角速度为：

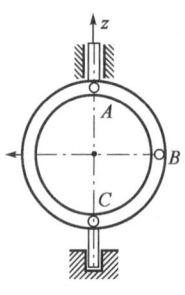

    A. $\dfrac{mR^2\omega}{I+mR^2}$ B. $\dfrac{I\omega}{I+mR^2}$

    C. ω D. $\dfrac{2I\omega}{I+mR^2}$

57. 图示均质圆轮，质量为m，半径为r，在铅垂图面内绕通过圆盘中心O的水平轴转动，角速度为ω，角加速度为ε，此时将圆轮的惯性力系向O点简化，其惯性力主矢和惯性力主矩的大小分别为：

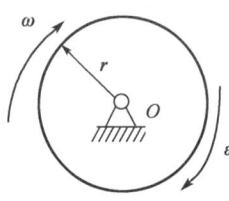

    A. 0, 0   B. $mr\varepsilon$, $\dfrac{1}{2}mr^2\varepsilon$

    C. 0, $\dfrac{1}{2}mr^2\varepsilon$ D. 0, $\dfrac{1}{4}mr^2\omega^2$

58. 5kg 质量块振动，其自由振动规律是 $x = X\sin\omega_n t$，如果振动的圆频率为30rad/s，则此系统的刚度系数为：

    A. 2500N/m   B. 4500N/m

    C. 180N/m   D. 150N/m

59. 横截面直杆，轴向受力如图，杆的最大拉伸轴力是：

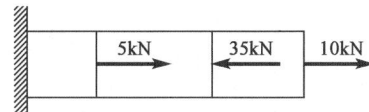

A. 10kN

B. 25kN

C. 35kN

D. 20kN

60. 已知铆钉的许用切应力为$[\tau]$，许用挤压应力为$[\sigma_{bs}]$，钢板的厚度为t，则图示铆钉直径d与钢板厚度t的合理关系是：

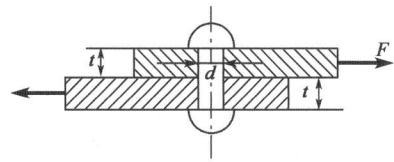

A. $d = \dfrac{8t[\sigma_{bs}]}{\pi[\tau]}$

B. $d = \dfrac{4t[\sigma_{bs}]}{\pi[\tau]}$

C. $d = \dfrac{\pi[\tau]}{8t[\sigma_{bs}]}$

D. $d = \dfrac{\pi[\tau]}{4t[\sigma_{bs}]}$

61. 直径为d的实心圆轴受扭，在扭矩不变的情况下，为使扭转最大切应力减小一半，圆轴的直径应改为：

A. $2d$

B. $0.5d$

C. $\sqrt{2}d$

D. $\sqrt[3]{2}d$

62. 在一套传动系统中，假设所有圆轴传递的功率相同，转速不同。该系统的圆轴转速与其扭矩的关系是：

A. 转速快的轴扭矩大

B. 转速慢的轴扭矩大

C. 全部轴的扭矩相同

D. 无法确定

63. 面积相同的三个图形如图示，对各自水平形心轴z的惯性矩之间的关系为：

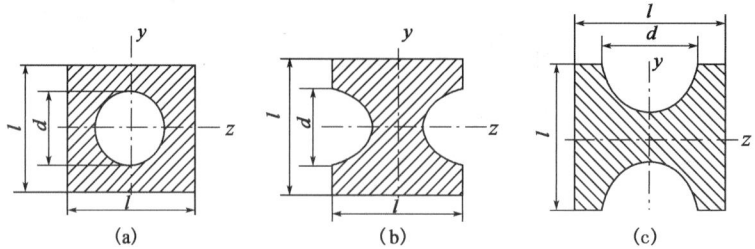

A. $I_{(a)} > I_{(b)} > I_{(c)}$ 　　　　　　　　B. $I_{(a)} < I_{(b)} < I_{(c)}$

C. $I_{(a)} < I_{(c)} = I_{(b)}$ 　　　　　　　　D. $I_{(a)} = I_{(b)} > I_{(c)}$

64. 简支梁的弯矩如图示，根据弯矩图推得梁上的荷载应为：

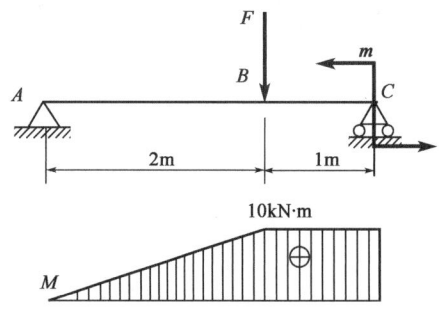

A. $F = 10kN$，$m = 10kN \cdot m$ 　　　　B. $F = 5kN$，$m = 10kN \cdot m$

C. $F = 10kN$，$m = 5kN \cdot m$ 　　　　D. $F = 5kN$，$m = 5kN \cdot m$

65. 在图示xy坐标系下，单元体的最大主应力σ_1大致指向：

A. 第一象限，靠近x轴

B. 第一象限，靠近y轴

C. 第二象限，靠近x轴

D. 第二象限，靠近y轴

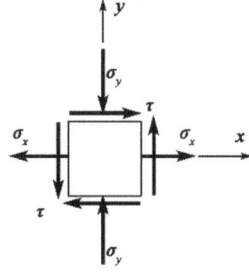

66. 图示变截面短杆，AB段压应力σ_{AB}与BC段压应力σ_{BC}的关系是：

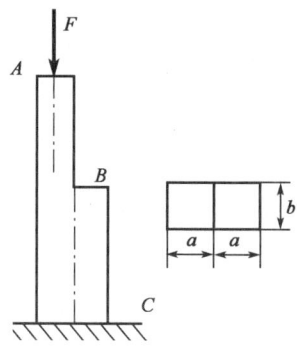

A. $\sigma_{AB} = 1.25\sigma_{BC}$

B. $\sigma_{AB} = 0.8\sigma_{BC}$

C. $\sigma_{AB} = 2\sigma_{BC}$

D. $\sigma_{AB} = 0.5\sigma_{BC}$

67. 简支梁AB的剪力图和弯矩图如图示。该梁正确的受力图是：

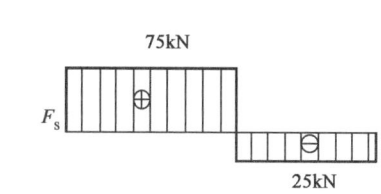

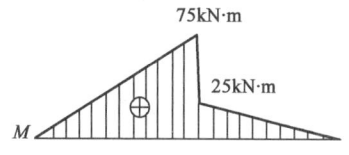

A.

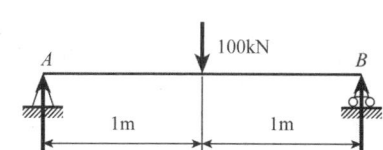

B.

C.

D.

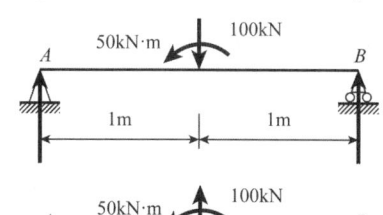

68. 矩形截面简支梁中点承受集中力$F=100$kN。若$h=200$mm，$b=100$mm，梁的最大弯曲正应力是：

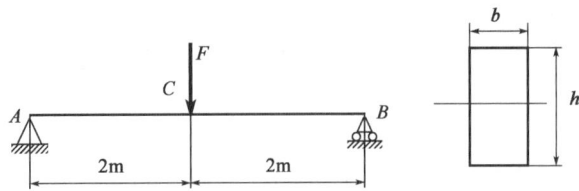

    A. 75MPa   B. 150MPa

    C. 300MPa   D. 50MPa

69. 图示槽形截面杆，一端固定，另一端自由，作用在自由端角点的外力F与杆轴线平行。该杆将发生的变形是：

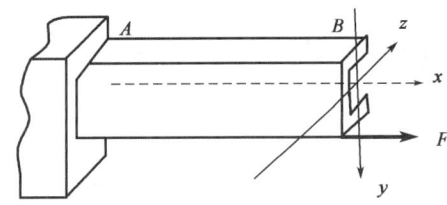

    A. xy平面xz平面内的双向弯曲

    B. 轴向拉伸及xy平面和xz平面内的双向弯曲

    C. 轴向拉伸和xy平面内的平面弯曲

    D. 轴向拉伸和xz平面内的平面弯曲

70. 两端铰支细长（大柔度）压杆，在下端铰链处增加一个扭簧弹性约束，如图所示。该压杆的长度系数μ的取值范围是：

    A. $0.7 < \mu < 1$

    B. $2 > \mu > 1$

    C. $0.5 < \mu < 0.7$

    D. $\mu < 0.5$

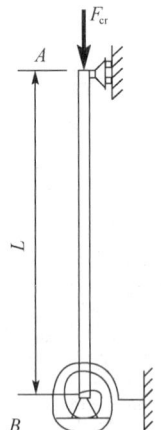

71. 标准大气压时的自由液面下 1m 处的绝对压强为：

A. 0.11MPa

B. 0.12MPa

C. 0.15MPa

D. 2.0MPa

72. 一直径 $d_1 = 0.2$m 的圆管，突然扩大到直径为 $d_2 = 0.3$m，若 $v_1 = 9.55$m/s，则 v_2 与 Q 分别为：

A. 4.24m/s，0.3m³/s

B. 2.39m/s，0.3m³/s

C. 4.24m/s，0.5m³/s

D. 2.39m/s，0.5m³/s

73. 直径为 20mm 的管流，平均流速为 9m/s，已知水的运动黏性系数 $\nu = 0.0114$cm²/s，则管中水流的流态和水流流态转变的层流流速分别是：

A. 层流，19cm/s

B. 层流，11.4cm/s

C. 紊流，19cm/s

D. 紊流，11.4cm/s

74. 边界层分离现象的后果是：

A. 减小了液流与边壁的摩擦力

B. 增大了液流与边壁的摩擦力

C. 增加了潜体运动的压差阻力

D. 减小了潜体运动的压差阻力

75. 如图由大体积水箱供水，且水位恒定，水箱顶部压力表读数 19600Pa，水深 $H = 2$m，水平管道长 $l = 100$m，直径 $d = 200$mm，沿程损失系数 0.02，忽略局部损失，则管道通过流量是：

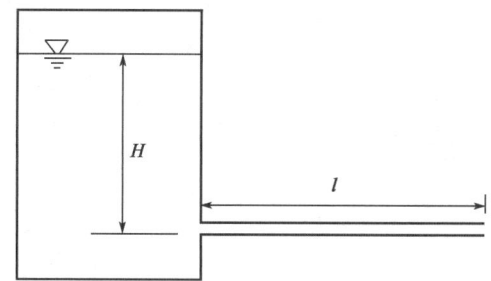

A. 83.8L/s

B. 196.5L/s

C. 59.3L/s

D. 47.4L/s

76. 两条明渠过水断面面积相等，断面形状分别为（1）方形，边长为 a；（2）矩形，底边宽为 $2a$，水深为 $0.5a$，它们的底坡与粗糙系数相同，则两者的均匀流流量关系式为：

A. $Q_1 > Q_2$

B. $Q_1 = Q_2$

C. $Q_1 < Q_2$

D. 不能确定

77. 如图，均匀砂质土壤装在容器中，设渗透系数为0.012cm/s，渗流流量为0.3m³/s，则渗流流速为：

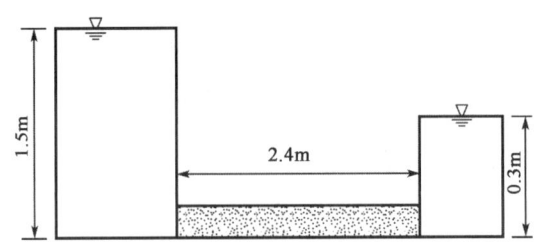

    A. 0.003cm/s   B. 0.006cm/s

    C. 0.009cm/s   D. 0.012cm/s

78. 雷诺数的物理意义是：

    A. 压力与黏性力之比

    B. 惯性力与黏性力之比

    C. 重力与惯性力之比

    D. 重力与黏性力之比

79. 真空中，点电荷q_1和q_2的空间位置如图所示，q_1为正电荷，且$q_2 = -q_1$，则A点的电场强度的方向是：

    A. 从A点指向q_1

    B. 从A点指向q_2

    C. 垂直于$q_1 q_2$连线，方向向上

    D. 垂直于$q_1 q_2$连线，方向向下

80. 设电阻元件 R、电感元件 L、电容元件 C 上的电压电流取关联方向，则如下关系成立的是：

    A. $i_R = R \cdot u_R$ B. $u_C = C \dfrac{di_C}{dt}$

    C. $i_C = C \dfrac{du_C}{dt}$ D. $u_L = \dfrac{1}{L} \int i_C \, dt$

81. 用于求解图示电路的 4 个方程中，有一个错误方程，这个错误方程是：

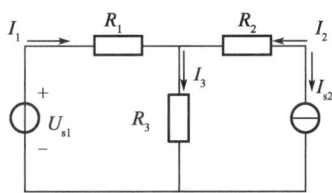

A. $I_1R_1 + I_3R_3 - U_{s1} = 0$

B. $I_2R_2 + I_3R_3 = 0$

C. $I_1 + I_2 - I_3 = 0$

D. $I_2 = -I_{s2}$

82. 已知有效值为 10V 的正弦交流电压的相量图如图所示，则它的时间函数形式是：

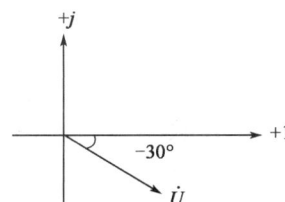

A. $u(t) = 10\sqrt{2}\sin(\omega t - 30°)$ V

B. $u(t) = 10\sin(\omega t - 30°)$ V

C. $u(t) = 10\sqrt{2}\sin(-30°)$ V

D. $u(t) = 10\cos(-30°) + 10\sin(-30°)$ V

83. 图示电路中，当端电压 $\dot{U} = 100\angle 0°$V时，$\dot{I}$ 等于：

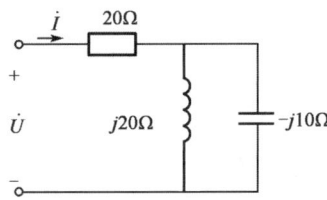

A. $3.5\angle -45°$A

B. $3.5\angle 45°$A

C. $4.5\angle 26.6°$A

D. $4.5\angle -26.6°$A

84. 在图示电路中，开关 S 闭合后：

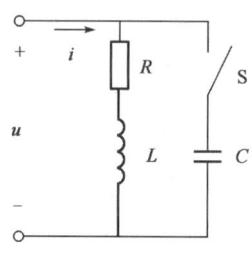

A. 电路的功率因数一定变大

B. 总电流减小时，电路的功率因数变大

C. 总电流减小时，感性负载的功率因数变大

D. 总电流减小时，一定出现过补偿现象

85. 图示变压器空载运行电路中，设变压器为理想器件，若 $u = \sqrt{2}U \sin \omega t$，则此时：

A. $\dfrac{U_2}{U_1} = 2$

B. $\dfrac{U}{U_2} = 2$

C. $u_2 = 0, u_1 = 0$

D. $\dfrac{U}{U_1} = 2$

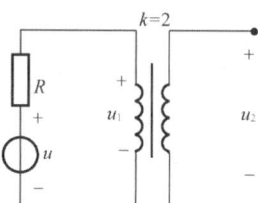

86. 设某△接三相异步电动机的全压启动转矩为66N·m，当对其使用Y-△降压启动方案时，当分别带 10N·m、20N·m、30N·m、40N·m的负载启动时：

A. 均能正常启动

B. 均无法正常启动

C. 前两者能正常启动，后两者无法正常启动

D. 前三者能正常启动，后者无法正常启动

87. 图示电压信号 u_o 是：

A. 二进制代码信号

B. 二值逻辑信号

C. 离散时间信号

D. 连续时间信号

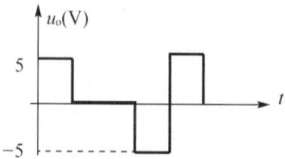

88. 信号$u(t) = 10 \cdot 1(t) - 10 \cdot 1(t-1)$V，其中，$1(t)$表示单位阶跃函数，则$u(t)$应为：

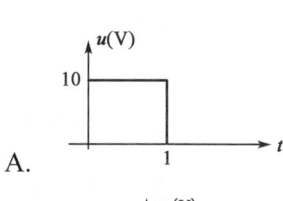

A.

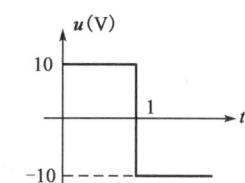

B.

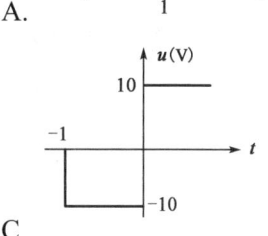

C.

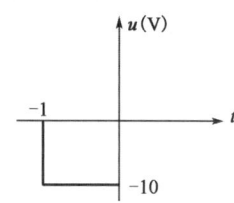

D.

89. 一个低频模拟信号$u_1(t)$被一个高频的噪声信号污染后，能将这个噪声滤除的装置是：

A. 高通滤波器

B. 低通滤波器

C. 带通滤波器

D. 带阻滤波器

90. 对逻辑表达式$\overline{AB} + \overline{BC}$的化简结果是：

A. $\overline{A} + \overline{B} + \overline{C}$

B. $\overline{A} + 2\overline{B} + \overline{C}$

C. $\overline{A+C} + B$

D. $\overline{A} + \overline{C}$

91. 已知数字信号 A 和数字信号 B 的波形如图所示，则数字信号$F = A\overline{B} + \overline{A}B$的波形为：

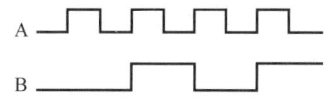

A. F

B. F

C. F

D. F

92. 十进制数字 10 的 BCD 码为：

A. 00010000

B. 00001010

C. 1010

D. 0010

93. 二极管应用电路如图所示，设二极管为理想器件，当$u_1 = 10\sin\omega t$V时，输出电压u_o的平均值U_o等于：

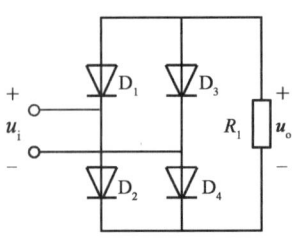

A. 10V

B. $0.9 \times 10 = 9$V

C. $0.9 \times \dfrac{10}{\sqrt{2}} = 6.36$V

D. $-0.9 \times \dfrac{10}{\sqrt{2}} = -6.36$V

94. 运算放大器应用电路如图所示，设运算放大器输出电压的极限值为± 11V。如果将-2.5V电压接入"A"端，而"B"端接地后，测得输出电压为 10V，如果将-2.5V电压接入"B"端，而"A"端接地，则该电路的输出电压u_o等于：

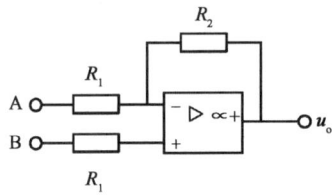

A. 10V

B. -10V

C. -11V

D. -12.5V

95. 图示逻辑门的输出F_1和F_2分别为：

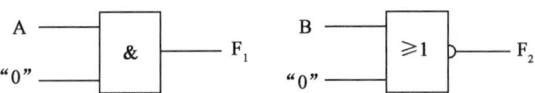

A. 0 和 $\overline{B}$

B. 0 和 1

C. A 和 $\overline{B}$

D. A 和 1

96. 图 a）所示电路中，时钟脉冲、复位信号及数模输入信号如图 b）所示。经分析可知，在第一个和第二个时钟脉冲的下降沿过后，输出 Q 先后等于：

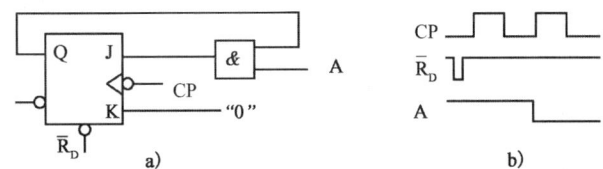

A. 0 0

B. 0 1

C. 1 0

D. 1 1

附：触发器的逻辑状态表为

J	K	Q_{n+1}
0	0	Q_n
0	1	0
1	0	1
1	1	$\overline{Q_n}$

97. 计算机发展的人性化的一个重要方面是：

A. 计算机的价格便宜

B. 计算机使用上的"傻瓜化"

C. 计算机使用不需要电能

D. 计算机不需要软件和硬件，自己会思维

98. 计算机存储器是按字节进行编址的，一个存储单元是：

A. 8 个字节

B. 1 个字节

C. 16 个二进制数位

D. 32 个二进制数位

99. 下面有关操作系统的描述中，其中错误的是：

A. 操作系统就是充当软、硬件资源的管理者和仲裁者的角色

B. 操作系统具体负责在各个程序之间，进行调度和实施对资源的分配

C. 操作系统保证系统中的各种软、硬件资源得以有效地、充分地利用

D. 操作系统仅能实现管理和使用好各种软件资源

100. 计算机的支撑软件是：

    A. 计算机软件系统内的一个组成部分   B. 计算机硬件系统内的一个组成部分

    C. 计算机应用软件内的一个组成部分   D. 计算机专用软件内的一个组成部分

101. 操作系统中的进程与处理器管理的主要功能是：

    A. 实现程序的安装、卸载

    B. 提高主存储器的利用率

    C. 使计算机系统中的软硬件资源得以充分利用

    D. 优化外部设备的运行环境

102. 影响计算机图像质量的主要参数有：

    A. 存储器的容量、图像文件的尺寸、文件保存格式

    B. 处理器的速度、图像文件的尺寸、文件保存格式

    C. 显卡的品质、图像文件的尺寸、文件保存格式

    D. 分辨率、颜色深度、图像文件的尺寸、文件保存格式

103. 计算机操作系统中的设备管理主要是：

    A. 微处理器 CPU 的管理   B. 内存储器的管理

    C. 计算机系统中的所有外部设备的管理   D. 计算机系统中的所有硬件设备的管理

104. 下面四个选项中，不属于数字签名技术的是：

    A. 权限管理   B. 接收者能够核实发送者对报文的签名

    C. 发送者事后不能对报文的签名进行抵赖   D. 接收者不能伪造对报文的签名

105. 实现计算机网络化后的最大好处是：

    A. 存储容量被增大   B. 计算机运行速度加快

    C. 节省大量人力资源   D. 实现了资源共享

106. 校园网是提高学校教学、科研水平不可缺少的设施，它是属于：

    A. 局域网   B. 城域网

    C. 广域网   D. 网际网

107. 某企业拟购买 3 年期一次到期债券，打算三年后到期本利和为 300 万元，按季复利计息，年名义利率为 8%，则现在应购买债券：

A. 119.13 万元 　　　　　　　　B. 236.55 万元

C. 238.15 万元 　　　　　　　　D. 282.70 万元

108. 在下列费用中，应列入项目建设投资的是：

A. 项目经营成本 　　　　　　　B. 流动资金

C. 预备费 　　　　　　　　　　D. 建设期利息

109. 某公司向银行借款 2400 万元，期限为 6 年，年利率为 8%，每年年末付息一次，每年等额还本，到第 6 年末还完本息。请问该公司第 4 年年末应还的本息和是：

A. 432 万元 　　　　　　　　　B. 464 万元

C. 496 万元 　　　　　　　　　D. 592 万元

110. 某项目动态投资回收期刚好等于项目计算期，则以下说法中正确的是：

A. 该项目动态回收期小于基准回收期 　　B. 该项目净现值大于零

C. 该项目净现值小于零 　　　　　　　　D. 该项目内部收益率等于基准收益率

111. 某项目要从国外进口一种原材料，原始材料的 CIF（到岸价格）为 150 美元/吨，美元的影子汇率为 6.5，进口费用为 240 元/吨，请问这种原材料的影子价格是：

A. 735 元人民币 　　　　　　　B. 975 元人民币

C. 1215 元人民币 　　　　　　D. 1710 元人民币

112. 已知甲、乙为两个寿命期相同的互斥项目，其中乙项目投资大于甲项目。通过测算得出甲、乙两项目的内部收益率分别为 18% 和 14%，增量内部收益率 $\Delta IRR_{(乙-甲)}=13\%$，基准收益率为 11%，以下说法中正确的是：

A. 应选择甲项目 　　　　　　　B. 应选择乙项目

C. 应同时选择甲、乙两个项目 　D. 甲、乙两个项目均不应选择

113. 以下关于改扩建项目财务分析的说法中正确的是：

A. 应以财务生存能力分析为主 　　B. 应以项目清偿能力分析为主

C. 应以企业层次为主进行财务分析 　D. 应遵循"有无对比"原则

114. 某工程设计有四个方案，在进行方案选择时计算得出：甲方案功能评价系数 0.85，成本系数 0.92；乙方案功能评价系数 0.6，成本系数 0.7；丙方案功能评价系数 0.94，成本系数 0.88；丁方案功能评价系数 0.67，成本系数 0.82。则最优方案的价值系数为：

A. 0.924
B. 0.857
C. 1.068
D. 0.817

115. 根据《中华人民共和国建筑法》的规定，有关工程发包的规定，下列理解错误的是：

A. 关于对建筑工程进行肢解发包的规定，属于禁止性规定

B. 可以将建筑工程的勘察、设计、施工、设备采购一并发包给一个工程总承包单位

C. 建筑工程实行直接发包的，发包单位可以将建筑工程发包给具有资质证书的承包单位

D. 提倡对建筑工程实行总承包

116. 根据《建设工程安全生产管理条例》的规定，施工单位实施爆破、起重吊装等施工时，应当安排现场的监督人员是：

A. 项目管理技术人员
B 应急救援人员
C. 专职安全生产管理人员
D. 专职质量管理人员

117. 某工程项目实行公开招标，招标人根据招标项目的特点和需要编制招标文件，其招标文件的内容不包括：

A. 招标项目的技术要求
B. 对投标人资格审查的标准
C. 拟签订合同的时间
D. 投标报价要求和评标标准

118. 某水泥厂以电子邮件的方式于 2008 年 3 月 5 日发出销售水泥的要约，要求 2008 年 3 月 6 日 18:00 前回复承诺。甲施工单位于 2008 年 3 月 6 日 16:00 对该要约发出承诺，由于网络原因，导致该电子邮件于 2008 年 3 月 6 日 20:00 到达水泥厂，此时水泥厂的水泥已经售完。下列关于该承诺如何处理的说法，正确的是：

A. 张厂长说邮件未能按时到达，可以不予理会

B. 李厂长说邮件是在期限内发出的，应该作为有效承诺，我们必须想办法给对方供应水泥

C. 王厂长说虽然邮件是在期限内发出的，但是到达晚了，可以认为是无效承诺

D. 赵厂长说我们及时通知对方，因承诺到达已晚，不接受就是了

119. 根据《中华人民共和国环境保护法》的规定，下列关于建设项目中防治污染的设施的说法中，不正确的是：

A. 防治污染的设施，必须与主体工程同时设计、同时施工、同时投入使用

B. 防治污染的设施不得擅自拆除

C. 防治污染的设施不得擅自闲置

D. 防治污染的设施经建设行政主管部门验收合格后方可投入生产或者使用

120. 根据《建设工程质量管理条例》的规定，监理单位代表建设单位对施工质量实施监理，并对施工质量承担监理责任，其监理的依据不包括：

A. 有关技术标准

B. 设计文件

C. 工程承包合同

D. 建设单位指令

2017 年度全国勘察设计注册工程师

执业资格考试试卷

二〇一七年九月

基础考试

（上）

二〇一七年九月

应考人员注意事项

1. 本试卷科目代码为"1"，考生务必将此代码填涂在答题卡"科目代码"相应的栏目内，否则，无法评分。

2. 书写用笔：**黑色或蓝色钢笔、签字笔或圆珠笔；**

   填涂答题卡用笔：**黑色 2B 铅笔。**

3. 必须用书写用笔将工作单位、姓名、准考证号填写在答题卡和试卷相应的栏目内。

4. 本试卷由 120 题组成，每题 1 分，满分 120 分，本试卷全部为单项选择题，每小题的四个备选项中只有一个正确答案，错选、多选、不选均不得分。

5. 考生作答时，必须按**题号在答题卡上**将相应试题所选选项对应的**字母用 2B 铅笔涂黑。**

6. 在答题卡上书写与题意无关的语言，或在答题卡上作标记的，均按违纪试卷处理。

7. 考试结束时，由监考人员当面将试卷、答题卡一并收回。

8. 草稿纸由各地统一配发，考后收回。

单项选择题（共 120 题，每题 1 分。每题的备选项中只有一个最符合题意。）

1. 要使得函数 $f(x) = \begin{cases} \dfrac{x \ln x}{1-x} & x > 0 \\ a & x = 1 \end{cases}$ 在 $(0, +\infty)$ 上连续，则常数 a 等于：

    A. 0   B. 1

    C. -1 D. 2

2. 函数 $y = \sin \dfrac{1}{x}$ 是定义域内的：

    A. 有界函数   B. 无界函数

    C. 单调函数   D. 周期函数

3. 设 $\boldsymbol{\alpha}$、$\boldsymbol{\beta}$ 均为非零向量，则下面结论正确的是：

    A. $\boldsymbol{\alpha} \times \boldsymbol{\beta} = \boldsymbol{0}$ 是 $\boldsymbol{\alpha}$ 与 $\boldsymbol{\beta}$ 垂直的充要条件   B. $\boldsymbol{\alpha} \cdot \boldsymbol{\beta} = \boldsymbol{0}$ 是 $\boldsymbol{\alpha}$ 与 $\boldsymbol{\beta}$ 平行的充要条件

    C. $\boldsymbol{\alpha} \times \boldsymbol{\beta} = \boldsymbol{0}$ 是 $\boldsymbol{\alpha}$ 与 $\boldsymbol{\beta}$ 平行的充要条件   D. 若 $\boldsymbol{\alpha} = \lambda \boldsymbol{\beta}$（$\lambda$ 是常数），则 $\boldsymbol{\alpha} \cdot \boldsymbol{\beta} = \boldsymbol{0}$

4. 微分方程 $y' - y = 0$ 满足 $y(0) = 2$ 的特解是：

    A. $y = 2e^{-x}$ B. $y = 2e^{x}$

    C. $y = e^{x} + 1$ D. $y = e^{-x} + 1$

5. 设函数 $f(x) = \int_{x}^{2} \sqrt{5 + t^2}\,\mathrm{d}t$，$f'(1)$ 等于：

    A. $2 - \sqrt{6}$ B. $2 + \sqrt{6}$

    C. $\sqrt{6}$ D. $-\sqrt{6}$

6. 若 $y = g(x)$ 由方程 $e^{y} + xy = e$ 确定，则 $y'(0)$ 等于：

    A. $-\dfrac{y}{e^{y}}$ B. $-\dfrac{y}{x + e^{y}}$

    C. 0   D. $-\dfrac{1}{e}$

7. $\int f(x)\mathrm{d}x = \ln x + C$，则 $\int \cos x\, f(\cos x)\mathrm{d}x$ 等于：

    A. $\cos x + C$ B. $x + C$

    C. $\sin x + C$ D. $\ln \cos x + C$

8. 函数$f(x,y)$在点$P_0(x_0,y_0)$处有一阶偏导数是函数在该点连续的：

   A. 必要条件

   B. 充分条件

   C. 充分必要条件

   D. 既非充分又非必要

9. 过点$(-1,-2,3)$且平行于z轴的直线的对称方程是：

   A. $\begin{cases} x = 1 \\ y = -2 \\ z = -3t \end{cases}$

   B. $\dfrac{x-1}{0} = \dfrac{y+2}{0} = \dfrac{z-3}{1}$

   C. $z = 3$

   D. $\dfrac{x+1}{0} = \dfrac{y+2}{0} = \dfrac{z-3}{1}$

10. 定积分$\int_1^2 \dfrac{1-\frac{1}{x}}{x^2}\mathrm{d}x$等于：

    A. 0

    B. $-\dfrac{1}{8}$

    C. $\dfrac{1}{8}$

    D. 2

11. 函数$f(x) = \sin\left(x + \dfrac{\pi}{2} + \pi\right)$在区间$[-\pi, \pi]$上的最小值点$x_0$等于：

    A. $-\pi$

    B. 0

    C. $\dfrac{\pi}{2}$

    D. π

12. 设L是椭圆$\begin{cases} x = a\cos\theta \\ y = b\sin\theta \end{cases}$ $(a > 0,\ b > 0)$的上半椭圆周，沿顺时针方向，则曲线积分$\int_L y^2\mathrm{d}x$等于：

    A. $\dfrac{5}{3}ab^2$

    B. $\dfrac{4}{3}ab^2$

    C. $\dfrac{2}{3}ab^2$

    D. $\dfrac{1}{3}ab^2$

13. 级数$\sum\limits_{n=1}^{\infty} \dfrac{(-1)^n}{a_n}$ $(a_n > 0)$满足下列什么条件时收敛：

    A. $\lim\limits_{n\to\infty} a_n = \infty$

    B. $\lim\limits_{n\to\infty} \dfrac{1}{a_n} = 0$

    C. $\sum\limits_{n=1}^{\infty} a_n$发散

    D. a_n单调递增且$\lim\limits_{n\to\infty} a_n = +\infty$

14. 曲线$f(x) = xe^{-x}$的拐点是：

   A. $(2, 2e^{-2})$　　　　　　　　　　　B. $(-2, -2e^2)$

   C. $(-1, e)$　　　　　　　　　　　　D. $(1, e^{-1})$

15. 微分方程$y'' + y' + y = e^x$的特解是：

   A. $y = e^x$　　　　　　　　　　　　B. $y = \frac{1}{2}e^x$

   C. $y = \frac{1}{3}e^x$　　　　　　　　　　D. $y = \frac{1}{4}e^x$

16. 若圆域D：$x^2 + y^2 \leqslant 1$，则二重积分$\iint\limits_{D} \frac{\mathrm{d}x\mathrm{d}y}{1+x^2+y^2}$等于：

   A. $\frac{\pi}{2}$　　　　　　　　　　　　B. π

   C. $2\pi \ln 2$　　　　　　　　　　　D. $\pi \ln 2$

17. 幂级数$\sum\limits_{n=1}^{\infty} \frac{x^n}{n!}$的和函数$S(x)$等于：

   A. e^x　　　　　　　　　　　　　B. $e^x + 1$

   C. $e^x - 1$　　　　　　　　　　　D. $\cos x$

18. 设$z = y\varphi\left(\frac{x}{y}\right)$，其中$\varphi(u)$具有二阶连续导数，则$\frac{\partial^2 z}{\partial x \partial y}$等于：

   A. $\frac{1}{y}\varphi''\left(\frac{x}{y}\right)$　　　　　　　　B. $-\frac{x}{y^2}\varphi''\left(\frac{x}{y}\right)$

   C. 1　　　　　　　　　　　　　D. $\varphi''\left(\frac{x}{y}\right) - \frac{x}{y}\varphi'\left(\frac{x}{y}\right)$

19. 矩阵$A = \begin{bmatrix} 0 & 0 & -2 \\ 0 & 3 & 0 \\ 1 & 0 & 0 \end{bmatrix}$的逆矩阵是$A^{-1}$是：

   A. $\begin{bmatrix} -\frac{1}{2} & 0 & 0 \\ 0 & \frac{1}{3} & 0 \\ 0 & 0 & 1 \end{bmatrix}$　　　　　　　B. $\begin{bmatrix} 0 & 0 & -\frac{1}{2} \\ 0 & \frac{1}{3} & 0 \\ 1 & 0 & 0 \end{bmatrix}$

   C. $\begin{bmatrix} 0 & 0 & 1 \\ 0 & \frac{1}{3} & 0 \\ -\frac{1}{2} & 0 & 0 \end{bmatrix}$　　　　　　　D. $\begin{bmatrix} 0 & 0 & 6 \\ 0 & 2 & 0 \\ 3 & 0 & 0 \end{bmatrix}$

20. 设 A 为 $m \times n$ 矩阵，则齐次线性方程组 $Ax = 0$ 有非零解的充分必要条件是：

A. 矩阵 A 的任意两个列向量线性相关

B. 矩阵 A 的任意两个列向量线性无关

C. 矩阵 A 的任一列向量是其余列向量的线性组合

D. 矩阵 A 必有一个列向量是其余列向量的线性组合

21. 设 $\lambda_1 = 6$，$\lambda_2 = \lambda_3 = 3$ 为三阶实对称矩阵 A 的特征值，属于 $\lambda_2 = \lambda_3 = 3$ 的特征向量为 $\xi_2 = (-1,0,1)^{\mathrm{T}}$，$\xi_3 = (1,2,1)^{\mathrm{T}}$，则属于 $\lambda_1 = 6$ 的特征向量是：

A. $(1,-1,1)^{\mathrm{T}}$ B. $(1,1,1)^{\mathrm{T}}$

C. $(0,2,2)^{\mathrm{T}}$ D. $(2,2,0)^{\mathrm{T}}$

22. 有 A、B、C 三个事件，下列选项中与事件 A 互斥的事件是：

A. $\overline{B \cup C}$ B. $\overline{A \cup B \cup C}$

C. $\overline{AB} + A\overline{C}$ D. $A(B + C)$

23. 设二维随机变量 (X,Y) 的概率密度为 $f(x,y) = \begin{cases} e^{-2ax+by}, & x > 0,\ y > 0 \\ 0, & \text{其他} \end{cases}$，则常数 a，b 应满足的条件是：

A. $ab = -\frac{1}{2}$，且 $a > 0$，$b < 0$ B. $ab = \frac{1}{2}$，且 $a > 0$，$b > 0$

C. $ab = -\frac{1}{2}$，$a < 0$，$b > 0$ D. $ab = \frac{1}{2}$，且 $a < 0$，$b < 0$

24. 设 $\hat{\theta}$ 是参数 θ 的一个无偏估计量，又方差 $D(\hat{\theta}) > 0$，下列结论中正确的是：

A. $\hat{\theta}^2$ 是 θ^2 的无偏估计量

B. $\hat{\theta}^2$ 不是 θ^2 的无偏估计量

C. 不能确定 $\hat{\theta}^2$ 是不是 θ^2 的无偏估计量

D. $\hat{\theta}^2$ 不是 θ^2 的估计量

25. 有两种理想气体，第一种的压强为p_1，体积为V_1，温度为T_1，总质量为M_1，摩尔质量为μ_1；第二种的压强为p_2，体积为V_2，温度为T_2，总质量为M_2，摩尔质量为μ_2。当$V_1 = V_2$，$T_1 = T_2$，$M_1 = M_2$时，则$\frac{\mu_1}{\mu_2}$：

    A. $\frac{\mu_1}{\mu_2} = \sqrt{\frac{p_1}{p_2}}$ B. $\frac{\mu_1}{\mu_2} = \frac{p_1}{p_2}$

    C. $\frac{\mu_1}{\mu_2} = \sqrt{\frac{p_2}{p_1}}$ D. $\frac{\mu_1}{\mu_2} = \frac{p_2}{p_1}$

26. 在恒定不变的压强下，气体分子的平均碰撞频率$\overline{Z}$与温度T的关系是：

    A. $\overline{Z}$与T无关   B. $\overline{Z}$与$\sqrt{T}$无关

    C. $\overline{Z}$与$\sqrt{T}$成反比   D. $\overline{Z}$与$\sqrt{T}$成正比

27. 一定量的理想气体对外做了500J的功，如果过程是绝热的，则气体内能的增量为：

    A. 0J   B. 500J

    C. −500J   D. 250J

28. 热力学第二定律的开尔文表述和克劳修斯表述中，下述正确的是：

    A. 开尔文表述指出了功热转换的过程是不可逆的

    B. 开尔文表述指出了热量由高温物体传到低温物体的过程是不可逆的

    C. 克劳修斯表述指出通过摩擦而做功变成热的过程是不可逆的

    D. 克劳修斯表述指出气体的自由膨胀过程是不可逆的

29. 已知平面简谐波的方程为$y = A\cos(Bt - Cx)$，式中A、B、C为正常数，此波的波长和波速分别为：

    A. $\frac{B}{C}$，$\frac{2\pi}{C}$ B. $\frac{2\pi}{C}$，$\frac{B}{C}$

    C. $\frac{\pi}{C}$，$\frac{2B}{C}$ D. $\frac{2\pi}{C}$，$\frac{C}{B}$

30. 对平面简谐波而言，波长λ反映：

    A. 波在时间上的周期性   B. 波在空间上的周期性

    C. 波中质元振动位移的周期性   D. 波中质元振动速度的周期性

31. 在波的传播方向上，有相距为3m的两质元，两者的相位差为$\frac{\pi}{6}$，若波的周期为4s，则此波的波长和波速分别为：

    A. 36m 和6m/s   B. 36m 和9m/s

    C. 12m 和6m/s   D. 12m 和9m/s

32. 在双缝干涉实验中，入射光的波长为λ，用透明玻璃纸遮住双缝中的一条缝（靠近屏的一侧），若玻璃纸中光程比相同厚度的空气的光程大2.5λ，则屏上原来的明纹处：

    A. 仍为明条纹   B. 变为暗条纹

    C. 既非明条纹也非暗条纹   D. 无法确定是明纹还是暗纹

33. 一束自然光通过两块叠放在一起的偏振片，若两偏振片的偏振化方向间夹角由α_1转到α_2，则前后透射光强度之比为：

    A. $\frac{\cos^2 \alpha_2}{\cos^2 \alpha_1}$ B. $\frac{\cos \alpha_2}{\cos \alpha_1}$

    C. $\frac{\cos^2 \alpha_1}{\cos^2 \alpha_2}$ D. $\frac{\cos \alpha_1}{\cos \alpha_2}$

34. 若用衍射光栅准确测定一单色可见光的波长，在下列各种光栅常数的光栅中，选用哪一种最好：

    A. 1.0×10^{-1}mm   B. 5.0×10^{-1}mm

    C. 1.0×10^{-2}mm   D. 1.0×10^{-3}mm

35. 在双缝干涉实验中，光的波长 600nm，双缝间距 2mm，双缝与屏的间距为 300cm，则屏上形成的干涉图样的相邻明条纹间距为：

    A. 0.45mm   B. 0.9mm

    C. 9mm   D. 4.5mm

36. 一束自然光从空气投射到玻璃板表面上，当折射角为30°时，反射光为完全偏振光，则此玻璃的折射率为：

    A. 2   B. 3   C. $\sqrt{2}$ D. $\sqrt{3}$

37. 某原子序数为15的元素，其基态原子的核外电子分布中，未成对电子数是：

A. 0   B. 1   C. 2   D. 3

38. 下列晶体中熔点最高的是：

A. NaCl   B. 冰

C. SiC   D. Cu

39. 将 $0.1 mol \cdot L^{-1}$ 的HOAc溶液冲稀一倍，下列叙述正确的是：

A. HOAc的电离度增大   B. 溶液中有关离子浓度增大

C. HOAc的电离常数增大   D. 溶液的 pH 值降低

40. 已知 $K_b(NH_3 \cdot H_2O) = 1.8 \times 10^{-5}$，将 $0.2 mol \cdot L^{-1}$ 的 $NH_3 \cdot H_2O$ 溶液和 $0.2 mol \cdot L^{-1}$ 的 HCl 溶液等体积混合，其混合溶液的pH值为：

A. 5.12   B. 8.87   C. 1.63   D. 9.73

41. 反应 $A(S) + B(g) \rightleftharpoons C(g)$ 的 $\Delta H < 0$，欲增大其平衡常数，可采取的措施是：

A. 增大 B 的分压   B. 降低反应温度

C. 使用催化剂   D. 减小 C 的分压

42. 两个电极组成原电池，下列叙述正确的是：

A. 作正极的电极的 $E_{(+)}$ 值必须大于零

B. 作负极的电极的 $E_{(-)}$ 值必须小于零

C. 必须是 $E_{(+)}^{\Theta} > E_{(-)}^{\Theta}$

D. 电极电势 E 值大的是正极，E 值小的是负极

43. 金属钠在氯气中燃烧生成氯化钠晶体，其反应的熵变是：

A. 增大   B. 减少

C. 不变   D. 无法判断

44. 某液体烃与溴水发生加成反应生成2，3-二溴-2-甲基丁烷，该液体烃是：

A. 2-丁烯   B. 2-甲基-1-丁烷

C. 3-甲基-1-丁烷   D. 2-甲基-2-丁烯

45. 下列物质中与乙醇互为同系物的是：

A. $CH_2 = CHCH_2OH$

B. 甘油

C. 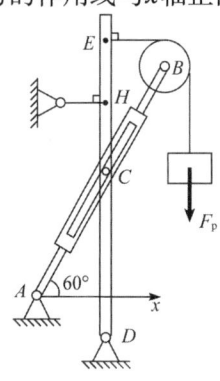—CH_2OH

D. $CH_3CH_2CH_2CH_2OH$

46. 下列有机物不属于烃的衍生物的是：

A. $CH_2 = CHCl$ B. $CH_2 = CH_2$

C. $CH_3CH_2NO_2$ D. CCl_4

47. 结构如图所示，杆 *DE* 的点 *H* 由水平闸拉住，其上的销钉 *C* 置于杆 *AB* 的光滑直槽中，各杆自重均不计，已知 $F_P = 10kN$。销钉 *C* 处约束力的作用线与 *x* 轴正向所成的夹角为：

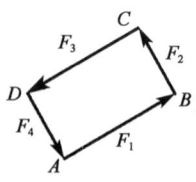

A. 0°   B. 90°

C. 60°   D. 150°

48. 力 F_1、F_2、F_3、F_4 分别作用在刚体上同一平面内的 *A*、*B*、*C*、*D* 四点，各力矢首尾相连形成一矩形如图所示。该力系的简化结果为：

A. 平衡

B. 一合力

C. 一合力偶

D. 一力和一力偶

49. 均质圆柱体重力为**P**，直径为**D**，置于两光滑的斜面上。设有图示方向力**F**作用，当圆柱不移动时，接触面 2 处的约束力F_{N2}的大小为：

A. $F_{N2} = \frac{\sqrt{2}}{2}(P - F)$

B. $F_{N2} = \frac{\sqrt{2}}{2}F$

C. $F_{N2} = \frac{\sqrt{2}}{2}P$

D. $F_{N2} = \frac{\sqrt{2}}{2}(P + F)$

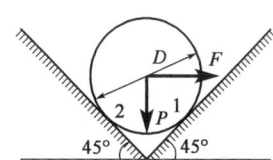

50. 如图所示，杆AB的A端置于光滑水平面上，AB与水平面夹角为30°，杆的重力大小为P，B处有摩擦，则杆AB平衡时，B处的摩擦力与x方向的夹角为：

A. 90°

B. 30°

C. 60°

D. 45°

51. 点沿直线运动，其速度$v = 20t + 5$，已知：当$t = 0$时，$x = 5$m，则点的运动方程为：

A. $x = 10t^2 + 5t + 5$　　　　　　B. $x = 20t + 5$

C. $x = 10t^2 + 5t$　　　　　　　　D. $x = 20t^2 + 5t + 5$

52. 杆$OA = l$，绕固定轴O转动，某瞬时杆端A点的加速度$\boldsymbol{a}$如图所示，则该瞬时杆OA的角速度及角加速度为：

A. 0, $\frac{a}{l}$

B. $\sqrt{\frac{a}{l}}$, $\frac{a}{l}$

C. $\sqrt{\frac{a}{l}}$, 0

D. 0, $\sqrt{\frac{a}{l}}$

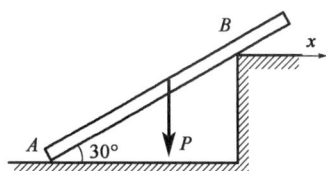

53. 如图所示，一绳缠绕在半径为 r 的鼓轮上，绳端系一重物 M，重物 M 以速度 v 和加速度 a 向下运动，则绳上两点 A、D 和轮缘上两点 B、C 的加速度是：

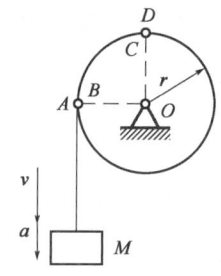

A. A、B 两点的加速度相同，C、D 两点的加速度相同

B. A、B 两点的加速度不相同，C、D 两点的加速度不相同

C. A、B 两点的加速度相同，C、D 两点的加速度不相同

D. A、B 两点的加速度不相同，C、D 两点的加速度相同

54. 汽车重力大小为 $W = 2800\text{N}$，并以匀速 $v = 10\text{m/s}$ 的行驶速度驶入刚性洼地底部，洼地底部的曲率半径 $\rho = 5\text{m}$，取重力加速度 $g = 10\text{m/s}^2$，则在此处地面给汽车约束力的大小为：

A. 5600N

B. 2800N

C. 3360N

D. 8400N

55. 图示均质圆轮，质量 m，半径 R，由挂在绳上的重力大小为 W 的物块使其绕 O 运动。设物块速度为 v，不计绳重，则系统动量、动能的大小为：

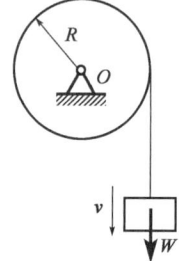

A. $\dfrac{W}{g} \cdot v$；$\dfrac{1}{2} \cdot \dfrac{v^2}{g}\left(\dfrac{1}{2}mg + W\right)$

B. mv；$\dfrac{1}{2} \cdot \dfrac{v^2}{g}\left(\dfrac{1}{2}mg + W\right)$

C. $\dfrac{W}{g} \cdot v + mv$；$\dfrac{1}{2} \cdot \dfrac{v^2}{g}\left(\dfrac{1}{2}mg - W\right)$

D. $\dfrac{W}{g} \cdot v - mv$；$\dfrac{W}{g} \cdot v + mv$

56. 边长为 L 的均质正方形平板，位于铅垂平面内并置于光滑水平面上，在微小扰动下，平板从图示位置开始倾倒，在倾倒过程中，其质心 C 的运动轨迹为：

A. 半径为 $L/\sqrt{2}$ 的圆弧

B. 抛物线

C. 铅垂直线

D. 椭圆曲线

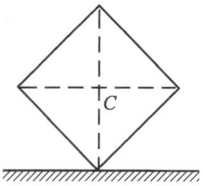

57. 如图所示，均质直杆OA的质量为m，长为l，以匀角速度ω绕O轴转动。此时将OA杆的惯性力系向O点简化，其惯性力主矢和惯性力主矩的大小分别为：

A. 0；0

B. $\frac{1}{2}ml\omega^2$；$\frac{1}{3}ml^2\omega^2$

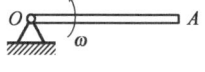

C. $ml\omega^2$；$\frac{1}{2}ml^2\omega^2$

D. $\frac{1}{2}ml\omega^2$；0

58. 如图所示，重力大小为W的质点，由长为l的绳子连接，则单摆运动的固有频率为：

A. $\sqrt{\dfrac{g}{2l}}$

B. $\sqrt{\dfrac{W}{l}}$

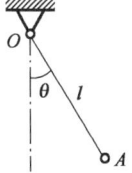

C. $\sqrt{\dfrac{g}{l}}$

D. $\sqrt{\dfrac{2g}{l}}$

59. 已知拉杆横截面积$A = 100\text{mm}^2$，弹性模量$E = 200\text{GPa}$，横向变形系数$\mu = 0.3$，轴向拉力$F = 20\text{kN}$，则拉杆的横向应变ε'是：

A. $\varepsilon' = 0.3 \times 10^{-3}$

B. $\varepsilon' = -0.3 \times 10^{-3}$

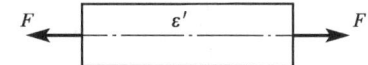

C. $\varepsilon' = 10^{-3}$

D. $\varepsilon' = -10^{-3}$

60. 图示两根相同的脆性材料等截面直杆，其中一根有沿横截面的微小裂纹。在承受图示拉伸荷载时，有微小裂纹的杆件的承载能力比没有裂纹杆件的承载能力明显降低，其主要原因是：

A. 横截面积小

B. 偏心拉伸

C. 应力集中

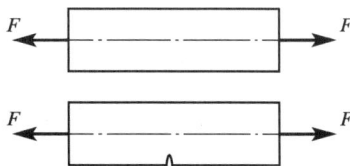

D. 稳定性差

61. 已知图示杆件的许用拉应力$[\sigma]=120\text{MPa}$，许用剪应力$[\tau]=90\text{MPa}$，许用挤压应力$[\sigma_{bs}]=240\text{MPa}$，则杆件的许用拉力$[P]$等于：

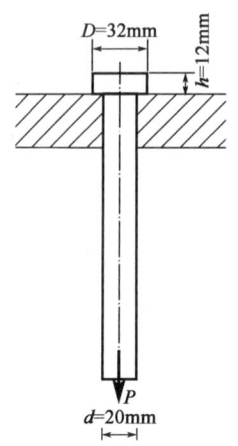

A. 18.8kN

B. 67.86kN

C. 117.6kN

D. 37.7kN

62. 如图所示，等截面传动轴，轴上安装a、b、c三个齿轮，其上的外力偶矩的大小和转向一定，但齿轮的位置可以调换。从受力的观点来看，齿轮a的位置应放置在下列选项中的何处？

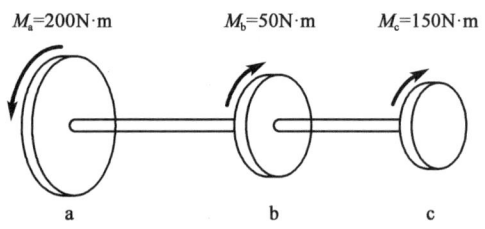

A. 任意处

B. 轴的最左端

C. 轴的最右端

D. 齿轮b与c之间

63. 梁AB的弯矩图如图所示，则梁上荷载F、m的值为：

A. $F = 8\text{kN}$，$m = 14\text{kN} \cdot \text{m}$

B. $F = 8\text{kN}$，$m = 6\text{kN} \cdot \text{m}$

C. $F = 6\text{kN}$，$m = 8\text{kN} \cdot \text{m}$

D. $F = 6\text{kN}$，$m = 14\text{kN} \cdot \text{m}$

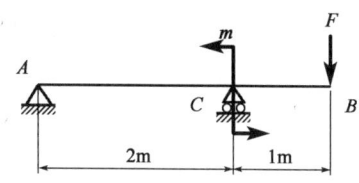

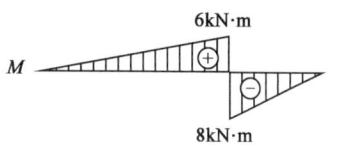

64. 悬臂梁AB由三根相同的矩形截面直杆胶合而成，材料的许用应力为$[\sigma]$，在力F的作用下，若胶合面完全开裂，接触面之间无摩擦力，假设开裂后三根杆的挠曲线相同，则开裂后的梁强度条件的承载能力是原来的：

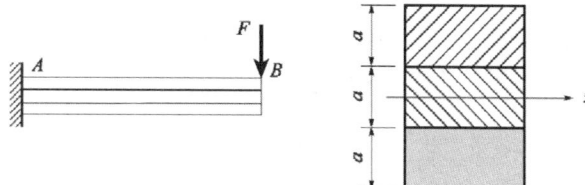

A. 1/9

B. 1/3

C. 两者相同

D. 3 倍

65. 梁的横截面为图示薄壁工字型，z轴为截面中性轴，设截面上的剪力竖直向下，则该截面上的最大弯曲切应力在：

A. 翼缘的中性轴处 4 点

B. 腹板上缘延长线与翼缘相交处的 2 点

C. 左侧翼缘的上端 1 点

D. 腹板上边缘的 3 点

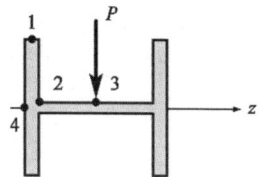

66. 图示悬臂梁自由端承受集中力偶m_g。若梁的长度减少一半，梁的最大挠度是原来的：

A. 1/2

B. 1/4

C. 1/8

D. 1/16

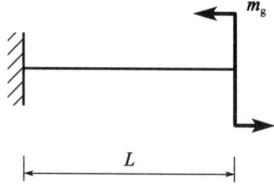

67. 矩形截面简支梁梁中点承受集中力 F，若 $h = 2b$，若分别采用图 a）、b）两种方式放置，图 a）梁的最大挠度是图 b）的：

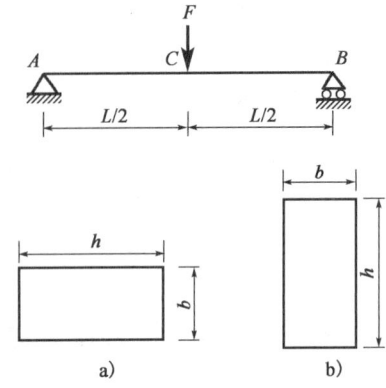

A. 1/2

B. 2 倍

C. 4 倍

D. 6 倍

68. 已知图示单元体上的 $\sigma > \tau$，则按第三强度理论，其强度条件为：

A. $\sigma - \tau \leqslant [\sigma]$

B. $\sigma + \tau \leqslant [\sigma]$

C. $\sqrt{\sigma^2 + 4\tau^2} \leqslant [\sigma]$

D. $\sqrt{\left(\dfrac{\sigma}{2}\right)^2 + \tau^2} \leqslant [\sigma]$

69. 图示矩形截面拉杆中间开一深为 $\dfrac{h}{2}$ 的缺口，与不开缺口时的拉杆相比（不计应力集中影响），杆内最大正应力是不开口时正应力的多少倍？

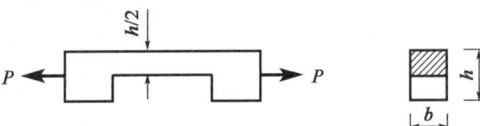

A. 2

B. 4

C. 8

D. 16

70. 一端固定另一端自由的细长（大柔度）压杆，长度为 L（图 a），当杆的长度减少一半时（图 b），其临界载荷是原来的：

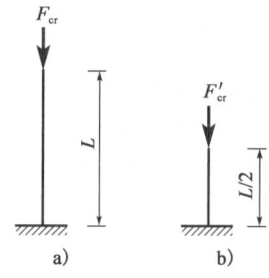

A. 4 倍　　　　　　　　　　　　　B. 3 倍

C. 2 倍　　　　　　　　　　　　　D. 1 倍

71. 水的运动黏性系数随温度的升高而：

A. 增大　　　　　　　　　　　　　B. 减小

C. 不变　　　　　　　　　　　　　D. 先减小然后增大

72. 密闭水箱如图所示，已知水深 $h = 1m$，自由面上的压强 $p_0 = 90kN/m^2$，当地大气压 $p_a = 101kN/m^2$，则水箱底部 A 点的真空度为：

A. $-1.2kN/m^2$

B. $9.8kN/m^2$

C. $1.2kN/m^2$

D. $-9.8kN/m^2$

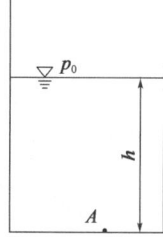

73. 关于流线，错误的说法是：

A. 流线不能相交

B. 流线可以是一条直线，也可以是光滑的曲线，但不可能是折线

C. 在恒定流中，流线与迹线重合

D. 流线表示不同时刻的流动趋势

74. 如图所示，两个水箱用两段不同直径的管道连接，1~3管段长 $l_1 = 10m$，直径 $d_1 = 200mm$，$\lambda_1 = 0.019$；3~6 管段长 $l_2 = 10m$，直径 $d_2 = 100mm$，$\lambda_2 = 0.018$，管道中的局部管件：1 为入口 ($\xi_1 = 0.5$)；2 和 5 为90°弯头($\xi_2 = \xi_5 = 0.5$)；3 为渐缩管($\xi_3 = 0.024$)；4 为闸阀($\xi_4 = 0.5$)；6 为管道出口($\xi_6 = 1$)。若输送流量为40L/s，则两水箱水面高度差为：

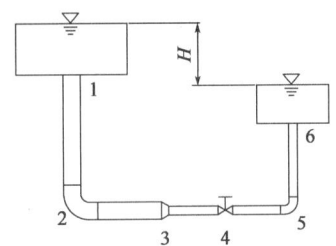

   A. 3.501m

   B. 4.312m

   C. 5.204m

   D. 6.123m

75. 在长管水力计算中：

   A. 只有速度水头可忽略不计

   B. 只有局部水头损失可忽略不计

   C. 速度水头和局部水头损失均可忽略不计

   D. 两断面的测压管水头差并不等于两断面间的沿程水头损失

76. 矩形排水沟，底宽 5m，水深 3m，则水力半径为：

   A. 5m   B. 3m

   C. 1.36m   D. 0.94m

77. 潜水完全井抽水量大小与相关物理量的关系是：

   A. 与井半径成正比   B. 与井的影响半径成正比

   C. 与含水层厚度成正比   D. 与土体渗透系数成正比

78. 合力 F、密度 ρ、长度 L、速度 v 组合的无量纲数是：

   A. $\dfrac{F}{\rho v L}$ B. $\dfrac{F}{\rho v^2 L}$

   C. $\dfrac{F}{\rho v^2 L^2}$ D. $\dfrac{F}{\rho v L^2}$

79. 由图示长直导线上的电流产生的磁场：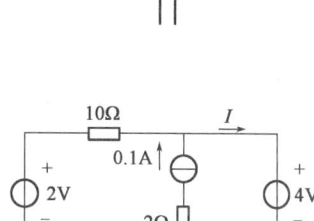

    A. 方向与电流方向相同

    B. 方向与电流方向相反

    C. 顺时针方向环绕长直导线（自上向下俯视）

    D. 逆时针方向环绕长直导线（自上向下俯视）

80. 已知电路如图所示，其中电流I等于：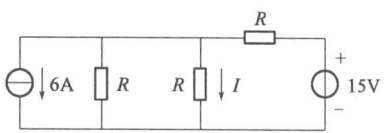

    A. 0.1A

    B. 0.2A

    C. −0.1A

    D. −0.2A

81. 已知电路如图所示，其中响应电流I在电流源单独作用时的分量为：

    A. 因电阻R未知，故无法求出

    B. 3A

    C. 2A

    D. −2A

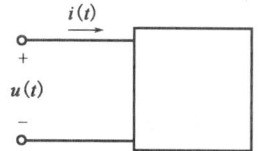

82. 用电压表测量图示电路$u(t)$和$i(t)$的结果是 10V 和 0.2A，设电流$i(t)$的初相位为10°，电压与电流呈反相关系，则如下关系成立的是：

    A. $\dot{U} = 10\angle -10°\text{V}$

    B. $\dot{U} = -10\angle -10°\text{V}$

    C. $\dot{U} = 10\sqrt{2}\angle -170°\text{V}$

    D. $\dot{U} = 10\angle -170°\text{V}$

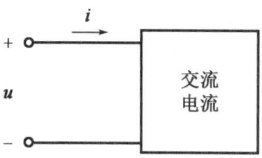

83. 测得某交流电路的端电压u和电流i分别为 110V 和 1A，两者的相位差为30°，则该电路的有功功率、无功功率和视在功率分别为：

    A. 95.3W，55var，110V·A

    B. 55W，95.3var，110V·A

    C. 110W，110var，110V·A

    D. 95.3W，55var，150.3V·A

84. 已知电路如图所示，设开关在 $t = 0$ 时刻断开，那么：

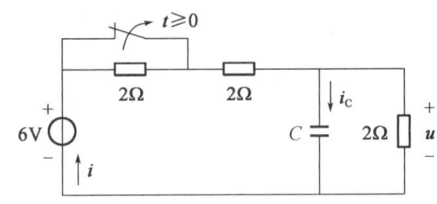

A. 电流 i_C 从 0 逐渐增长，再逐渐衰减为 0

B. 电压从 3V 逐渐衰减到 2V

C. 电压从 2V 逐渐增长到 3V

D. 时间常数 $\tau = 4C$

85. 图示变压器为理想变压器，且 $N_1 = 100$ 匝，若希望 $I_1 = 1A$ 时，$P_{R2} = 40W$，则 N_2 应为：

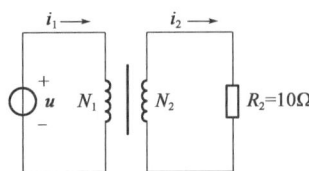

A. 50 匝

B. 200 匝

C. 25 匝

D. 400 匝

86. 为实现对电动机的过载保护，除了将热继电器的热元件串接在电动机的供电电路中外，还应将其：

A. 常开触点串接在控制电路中

B. 常闭触点串接在控制电路中

C. 常开触点串接在主电路中

D. 常闭触点串接在主电路中

87. 通过两种测量手段测得某管道中液体的压力和流量信号如图中曲线 1 和曲线 2 所示，由此可以说明：

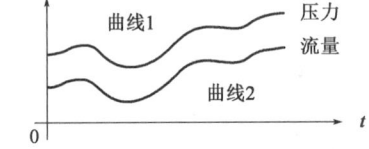

A. 曲线 1 是压力的模拟信号

B. 曲线 2 是流量的模拟信号

C. 曲线 1 和曲线 2 均为模拟信号

D. 曲线 1 和曲线 2 均为连续信号

88. 设周期信号 $u(t)$ 的幅值频谱如图所示，则该信号：

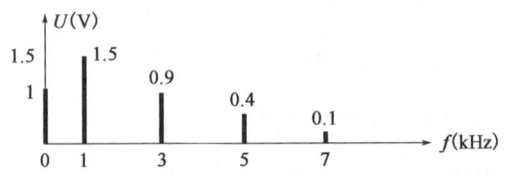

A. 是一个离散时间信号

B. 是一个连续时间信号

C. 在任意瞬间均取正值

D. 最大瞬时值为 1.5V

89. 设放大器的输入信号为$u_1(t)$，放大器的幅频特性如图所示，令$u_1(t) = \sqrt{2}u_1 \sin 2\pi f t$，且$f > f_H$，则：

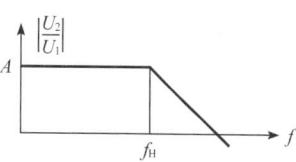

A. $u_2(t)$的出现频率失真

B. $u_2(t)$的有效值$U_2 = AU_1$

C. $u_2(t)$的有效值$U_2 < AU_1$

D. $u_2(t)$的有效值$U_2 > AU_1$

90. 对逻辑表达式$AC + DC + \overline{AD} \cdot C$的化简结果是：

A. C

B. A + D + C

C. AC + DC

D. $\overline{A} + \overline{C}$

91. 已知数字信号 A 和数字信号 B 的波形如图所示，则数字信号 F= $\overline{A+B}$的波形为：

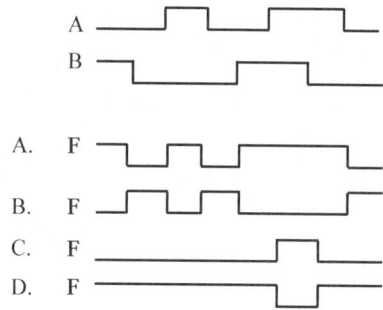

92. 十进制数字 88 的 BCD 码为：

A. 00010001

B. 10001000

C. 01100110

D. 01000100

93. 二极管应用电路如图 a）所示，电路的激励u_f如图 b）所示，设二极管为理想器件，则电路输出电压u_o的波形为：

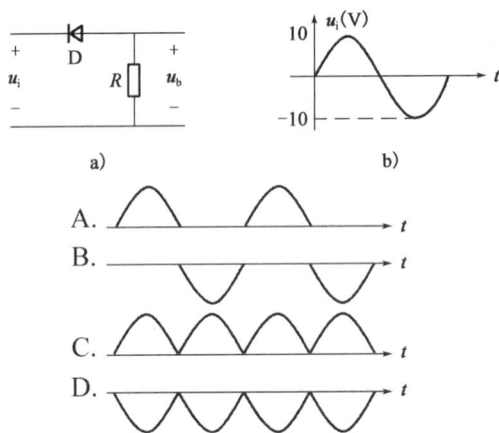

A.

B.

C.

D.

94. 图 a）所示的电路中，运算放大器输出电压的极限值为$\pm U_{oM}$，当输入电压$u_{i1} = 1V$，$u_{i2} = 2\sin at$时，输出电压波形如图 b）所示。如果将u_{i1}从 1V 调至 1.5V，将会使输出电压的：

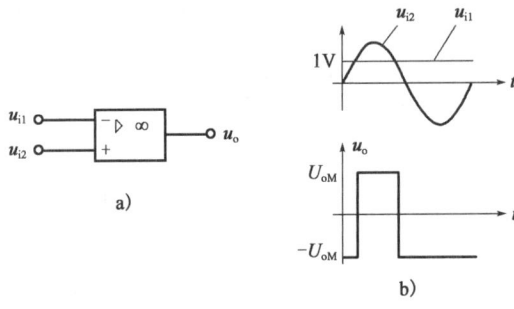

A. 频率发生改变

B. 幅度发生改变

C. 平均值升高

D. 平均值降低

95. 图 a）所示的电路中，复位信号 $\overline{R}_D$、信号 A 及时钟脉冲信号 CP 如图 b）所示，经分析可知，在第一个和第二个时钟脉冲的下降沿时刻，输出 Q 先后等于：

A. 0　0　　　　　　　　　　　　　　　　B. 0　1

C. 1　0　　　　　　　　　　　　　　　　D. 1　1

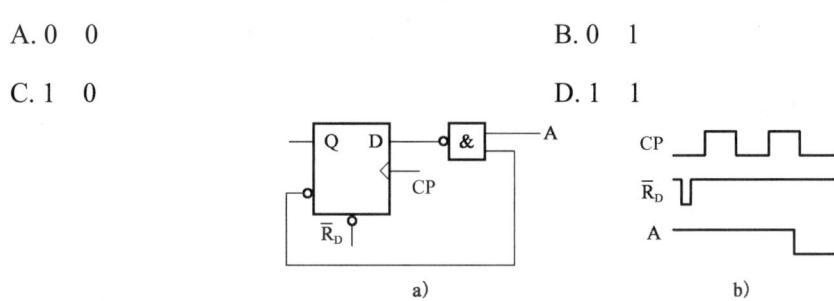

a)　　　　　　　　　　　　　　b)

附：触发器的逻辑状态表为

D	Q_{n+1}
0	0
1	1

96. 图示时序逻辑电路是一个：

A. 左移寄存器

B. 右移寄存器

C. 异步三位二进制加法计数器

D. 同步六进制计数器

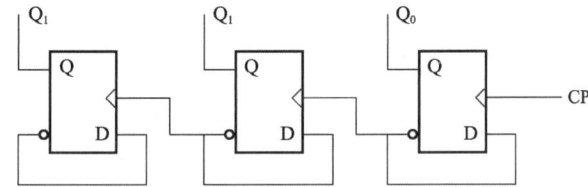

附：触发器的逻辑状态表为

D	Q_{n+1}
0	0
1	1

97. 计算机系统的内存存储器是：

    A. 计算机软件系统的一个组成部分   B. 计算机硬件系统的一个组成部分

    C. 隶属于外围设备的一个组成部分   D. 隶属于控制部件的一个组成部分

98. 根据冯·诺依曼结构原理，计算机的硬件由：

    A. 运算器、存储器、打印机组成

    B. 寄存器、存储器、硬盘存储器组成

    C. 运算器、控制器、存储器、I/O设备组成

    D. CPU、显示器、键盘组成

99. 微处理器与存储器以及外围设备之间的数据传送操作通过：

    A. 显示器和键盘进行   B. 总线进行

    C. 输入/输出设备进行   D. 控制命令进行

100. 操作系统的随机性指的是：

    A. 操作系统的运行操作是多层次的

    B. 操作系统与单个用户程序共享系统资源

    C. 操作系统的运行是在一个随机的环境中进行的

    D. 在计算机系统中同时存在多个操作系统，且同时进行操作

101. Windows 2000 以及以后更新的操作系统版本是：

    A. 一种单用户单任务的操作系统

    B. 一种多任务的操作系统

    C. 一种不支持虚拟存储器管理的操作系统

    D. 一种不适用于商业用户的营组系统

102. 十进制的数 256.625，用八进制表示则是：

    A. 412.5   B. 326.5

    C. 418.8   D. 400.5

103. 计算机的信息数量的单位常用 KB、MB、GB、TB 表示，它们中表示信息数量最大的一个是：

    A. KB   B. MB   C. GB   D. TB

104. 下列选项中，不是计算机病毒特点的是：

A. 非授权执行性、复制传播性

B. 感染性、寄生性

C. 潜伏性、破坏性、依附性

D. 人机共患性、细菌传播性

105. 按计算机网络作用范围的大小，可将网络划分为：

A. X.25 网、ATM 网

B. 广域网、有线网、无线网

C. 局域网、城域网、广域网

D. 环形网、星形网、树形网、混合网

106. 下列选项中不属于局域网拓扑结构的是：

A. 星形   B. 互联形

C. 环形   D. 总线型

107. 某项目借款 2000 万元，借款期限 3 年，年利率为 6%，若每半年计复利一次，则实际年利率会高出名义利率多少：

A. 0.16%   B. 0.25%

C. 0.09%   D. 0.06%

108. 某建设项目的建设期为 2 年，第一年贷款额为 400 万元，第二年贷款额为 800 万元，贷款在年内均衡发生，贷款年利率为 6%，建设期内不支付利息，则建设期贷款利息为：

A. 12 万元   B. 48.72 万

C. 60 万元   D. 60.72 万元

109. 某公司发行普通股筹资 8000 万元，筹资费率为 3%，第一年股利率为 10%，以后每年增长 5%，所得税率为 25%，则普通股资金成本为：

A. 7.73%   B. 10.31%

C. 11.48%   D. 15.31%

110. 某投资项目原始投资额为 200 万元，使用寿命为 10 年，预计净残值为零，已知该项目第 10 年的经营净现金流量为 25 万元，回收营运资金 20 万元，则该项目第 10 年的净现金流量为：

A. 20 万元

B. 25 万元

C. 45 万元

D. 65 万元

111. 以下关于社会折现率的说法中，不正确的是：

A. 社会折现率可用作经济内部收益率的判别基准

B. 社会折现率可用作衡量资金时间经济价值

C. 社会折现率可用作不同年份之间资金价值转化的折现率

D. 社会折现率不能反映资金占用的机会成本

112. 某项目在进行敏感性分析时，得到以下结论：产品价格下降 10%，可使 NPV = 0；经营成本上升 15%，NPV = 0；寿命期缩短 20%，NPV = 0；投资增加 25%，NPV = 0。则下列因素中，最敏感的是：

A. 产品价格

B. 经营成本

C. 寿命期

D. 投资

113. 现有两个寿命期相同的互斥投资方案 A 和 B，B 方案的投资额和净现值都大于 A 方案，A 方案的内部收益率为 14%，B 方案的内部收益率为 15%，差额的内部收益率为 13%，则使 A、B 两方案优劣相等时的基准收益率应为：

A. 13%

B. 14%

C. 15%

D. 13% 至 15% 之间

114. 某产品共有五项功能 F_1、F_2、F_3、F_4、F_5，用强制确定法确定零件功能评价体系时，其功能得分别为 3、5、4、1、2，则 F_3 的功能评价系数为：

A. 0.20

B. 0.13

C. 0.27

D. 0.33

115. 根据《中华人民共和国建筑法》规定，施工企业可以将部分工程分包给其他具有相应资质的分包单位施工，下列情形中不违反有关承包的禁止性规定的是：

A. 建筑施工企业超越本企业资质等级许可的业务范围或者以任何形式用其他建筑施工企业的名义承揽工程

B. 承包单位将其承包的全部建筑工程转包给他人

C. 承包单位将其承包的全部建筑工程肢解以后以分包的名义分别转包给他人

D. 两个不同资质等级的承包单位联合共同承包

116. 根据《中华人民共和国安全生产法》规定，从业人员享有权利并承担义务，下列情形中属于从业人员履行义务的是：

A. 张某发现直接危及人身安全的紧急情况时禁止作业撤离现场

B. 李某发现事故隐患或者其他不安全因素，立即向现场安全生产管理人员或者本单位负责人报告

C. 王某对本单位安全生产工作中存在的问题提出批评、检举、控告

D. 赵某对本单位的安全生产工作提出建议

117. 某工程实行公开招标，招标文件规定，投标人提交投标文件截止时间为 3 月 22 日下午 5 点整。投标人 D 由于交通拥堵于 3 月 22 日下午 5 点 10 分送达投标文件，其后果是：

A. 投标保证金被没收

B. 招标人拒收该投标文件

C. 投标人提交的投标文件有效

D. 由评标委员会确定为废标

118. 在订立合同是显失公平的合同时，当事人可以请求人民法院撤销该合同，其行使撤销权的有效期限是：

A. 自知道或者应当知道撤销事由之日起五年内

B. 自撤销事由发生之日一年内

C. 自知道或者应当知道撤销事由之日起一年内

D. 自撤销事由发生之日五年内

119. 根据《建设工程质量管理条例》规定，下列有关建设工程质量保修的说法中，正确的是：

A. 建设工程的保修期，自工程移交之日起计算

B. 供冷系统在正常使用条件下，最低保修期限为 2 年

C. 供热系统在正常使用条件下，最低保修期限为 2 年采暖期

D. 建设工程承包单位向建设单位提交竣工结算资料时，应当出具质量保修书

120. 根据《建设工程安全生产管理条例》规定，建设单位确定建设工程安全作业环境及安全施工措施所需费用的时间是：

A. 编制工程概算时

B. 编制设计预算时

C. 编制施工预算时

D. 编制投资估算时

2018 年度全国勘察设计注册工程师
执业资格考试试卷

基础考试
（上）

二〇一八年十月

应考人员注意事项

1. 本试卷科目代码为"1"，考生务必将此代码填涂在答题卡"科目代码"相应的栏目内，否则，无法评分。

2. 书写用笔：**黑色或蓝色钢笔、签字笔或圆珠笔；**

   填涂答题卡用笔：**黑色 2B 铅笔**。

3. 必须用书写用笔将工作单位、姓名、准考证号填写在答题卡和试卷相应的栏目内。

4. 本试卷由 120 题组成，每题 1 分，满分 120 分，本试卷全部为单项选择题，每小题的四个备选项中只有一个正确答案，错选、多选、不选均不得分。

5. 考生作答时，必须**按题号在答题卡上**将相应试题所选选项对应的**字母用 2B 铅笔涂黑**。

6. 在答题卡上书写与题意无关的语言，或在答题卡上作标记的，均按违纪试卷处理。

7. 考试结束时，由监考人员当面将试卷、答题卡一并收回。

8. 草稿纸由各地统一配发，考后收回。

单项选择题（共 120 题，每题 1 分。每题的备选项中只有一个最符合题意。）

1. 下列等式中不成立的是：

   A. $\lim\limits_{x\to0}\dfrac{\sin x^2}{x^2}=1$

   B. $\lim\limits_{x\to\infty}\dfrac{\sin x}{x}=1$

   C. $\lim\limits_{x\to0}\dfrac{\sin x}{x}=1$

   D. $\lim\limits_{x\to\infty}x\sin\dfrac{1}{x}=1$

2. 设 $f(x)$ 为偶函数，$g(x)$ 为奇函数，则下列函数中为奇函数的是：

   A. $f[g(x)]$

   B. $f[f(x)]$

   C. $g[f(x)]$

   D. $g[g(x)]$

3. 若 $f'(x_0)$ 存在，则 $\lim\limits_{x\to x_0}\dfrac{xf(x_0)-x_0f(x)}{x-x_0}=$：

   A. $f'(x_0)$

   B. $-x_0f'(x_0)$

   C. $f(x_0)-x_0f'(x_0)$

   D. $x_0f'(x_0)$

4. 已知 $\varphi(x)$ 可导，则 $\dfrac{\mathrm{d}}{\mathrm{d}x}\displaystyle\int_{\varphi(x^2)}^{\varphi(x)}e^{t^2}\,\mathrm{d}t$ 等于：

   A. $\varphi'(x)e^{[\varphi(x)]^2}-2x\varphi'(x^2)e^{[\varphi(x^2)]^2}$

   B. $e^{[\varphi(x)]^2}-e^{[\varphi(x^2)]^2}$

   C. $\varphi'(x)e^{[\varphi(x)]^2}-\varphi'(x^2)e^{[\varphi(x^2)]^2}$

   D. $\varphi'(x)e^{\varphi(x)}-2x\varphi'(x^2)e^{\varphi(x^2)}$

5. 若 $\int f(x)\,\mathrm{d}x=F(x)+C$，则 $\int xf(1-x^2)\,\mathrm{d}x$ 等于：

   A. $F(1-x^2)+C$

   B. $-\dfrac{1}{2}F(1-x^2)+C$

   C. $\dfrac{1}{2}F(1-x^2)+C$

   D. $-\dfrac{1}{2}F(x)+C$

6. 若 $x=1$ 是函数 $y=2x^2+ax+1$ 的驻点，则常数 a 等于：

   A. 2

   B. -2

   C. 4

   D. -4

7. 设向量 $\boldsymbol{\alpha}$ 与向量 $\boldsymbol{\beta}$ 的夹角 $\theta=\dfrac{\pi}{3}$，$|\boldsymbol{\alpha}|=1$，$|\boldsymbol{\beta}|=2$，则 $|\boldsymbol{\alpha}+\boldsymbol{\beta}|$ 等于：

   A. $\sqrt{8}$

   B. $\sqrt{7}$

   C. $\sqrt{6}$

   D. $\sqrt{5}$

8. 微分方程 $y'' = \sin x$ 的通解 y 等于：

A. $-\sin x + C_1 + C_2$

B. $-\sin x + C_1 x + C_2$

C. $-\cos x + C_1 x + C_2$

D. $\sin x + C_1 x + C_2$

9. 设函数 $f(x)$，$g(x)$ 在 $[a,b]$ 上均可导 $(a < b)$，且恒正，若 $f'(x)g(x) + f(x)g'(x) > 0$，则当 $x \in (a,b)$ 时，下列不等式中成立的是：

A. $\dfrac{f(x)}{g(x)} > \dfrac{f(a)}{g(b)}$

B. $\dfrac{f(x)}{g(x)} > \dfrac{f(b)}{g(b)}$

C. $f(x)g(x) > f(a)g(a)$

D. $f(x)g(x) > f(b)g(b)$

10. 由曲线 $y = \ln x$，y 轴与直线 $y = \ln a$，$y = \ln b (b > a > 0)$ 所围成的平面图形的面积等于：

A. $\ln b - \ln a$

B. $b - a$

C. $e^b - e^a$

D. $e^b + e^a$

11. 下列平面中，平行于且非重合于 yOz 坐标面的平面方程是：

A. $y + z + 1 = 0$

B. $z + 1 = 0$

C. $y + 1 = 0$

D. $x + 1 = 0$

12. 函数 $f(x,y)$ 在点 $P_0(x_0, y_0)$ 处的一阶偏导数存在是该函数在此点可微分的：

A. 必要条件

B. 充分条件

C. 充分必要条件

D. 既非充分条件也非必要条件

13. 下列级数中，发散的是：

A. $\sum\limits_{n=1}^{\infty} \dfrac{1}{n(n+1)}$

B. $\sum\limits_{n=1}^{\infty} \dfrac{1}{n^{3/2}}$

C. $\sum\limits_{n=1}^{\infty} \left(\dfrac{n}{2n+1}\right)^2$

D. $\sum\limits_{n=1}^{\infty} (-1)^n \dfrac{1}{\sqrt{n}}$

14. 在下列微分方程中，以函数 $y = C_1 e^{-x} + C_2 e^{4x}$（$C_1$，$C_2$ 为任意常数）为通解的微分方程是：

A. $y'' + 3y' - 4y = 0$

B. $y'' - 3y' - 4y = 0$

C. $y'' + 3y' + 4y = 0$

D. $y'' + y' - 4y = 0$

15. 设L是从点$A(0,1)$到点$B(1,0)$的直线段，则对弧长的曲线积分$\int_L \cos(x+y)\mathrm{d}s$等于：

A. $\cos 1$

B. $2\cos 1$

C. $\sqrt{2}\cos 1$

D. $\sqrt{2}\sin 1$

16. 若正方形区域D：$|x|\leqslant 1$，$|y|\leqslant 1$，则二重积分$\iint\limits_{D}(x^2+y^2)\mathrm{d}x\mathrm{d}y$等于：

A. 4

B. $\frac{8}{3}$

C. 2

D. $\frac{2}{3}$

17. 函数$f(x)=a^x(a>0，a\neq 1)$的麦克劳林展开式中的前三项是：

A. $1+x\ln a+\frac{x^2}{2}$

B. $1+x\ln a+\frac{\ln a}{2}x^2$

C. $1+x\ln a+\frac{(\ln a)^2}{2}x^2$

D. $1+\frac{x}{\ln a}+\frac{x^2}{2\ln a}$

18. 设函数$z=f(x^2y)$，其中$f(u)$具有二阶导数，则$\frac{\partial^2 z}{\partial x\partial y}$等于：

A. $f''(x^2y)$

B. $f'(x^2y)+x^2f''(x^2y)$

C. $2x[f'(x^2y)+xf''(x^2y)]$

D. $2x[f'(x^2y)+x^2yf''(x^2y)]$

19. 设$\boldsymbol{A}$、$\boldsymbol{B}$均为三阶矩阵，且行列式$|\boldsymbol{A}|=1$，$|\boldsymbol{B}|=-2$，$\boldsymbol{A}^{\mathrm{T}}$为$\boldsymbol{A}$的转置矩阵，则行列式$|-2\boldsymbol{A}^{\mathrm{T}}\boldsymbol{B}^{-1}|$等于：

A. -1

B. 1

C. -4

D. 4

20. 要使齐次线性方程组$\begin{cases}ax_1+x_2+x_3=0\\x_1+ax_2+x_3=0\\x_1+x_2+ax_3=0\end{cases}$，有非零解，则$a$应满足：

A. $-2<a<1$

B. $a=1$或$a=-2$

C. $a\neq -1$且$a\neq -2$

D. $a>1$

21. 矩阵 $A = \begin{bmatrix} 1 & -1 & 0 \\ -1 & 3 & 0 \\ 0 & 0 & 0 \end{bmatrix}$ 所对应的二次型的标准型是：

A. $f = y_1^2 - 3y_2^2$　　　　　　　　　　B. $f = y_1^2 - 2y_2^2$

C. $f = y_1^2 + 2y_2^2$　　　　　　　　　　D. $f = y_1^2 - y_2^2$

22. 已知事件 A 与 B 相互独立，且 $P(\overline{A}) = 0.4$，$P(\overline{B}) = 0.5$，则 $P(A \cup B)$ 等于：

A. 0.6　　　　　　　　　　　　　　　　B. 0.7

C. 0.8　　　　　　　　　　　　　　　　D. 0.9

23. 设随机变量 X 的分布函数为 $F(x) = \begin{cases} 0 & x \leq 0 \\ x^3 & 0 < x \leq 1，\text{则数学期望} E(X) \text{等于：} \\ 1 & x > 1 \end{cases}$

A. $\int_0^1 3x^2 \, dx$　　　　　　　　　　B. $\int_0^1 3x^3 \, dx$

C. $\int_0^1 \frac{x^4}{4} \, dx + \int_1^{+\infty} x \, dx$　　　　D. $\int_0^{+\infty} 3x^3 \, dx$

24. 若二维随机变量 (X, Y) 的联合分布律为：

X\Y	1	2	3
1	$\frac{1}{6}$	$\frac{1}{9}$	$\frac{1}{18}$
2	$\frac{1}{3}$	β	α

且 X 与 Y 相互独立，则 α、β 取值为：

A. $\alpha = \frac{1}{6}$，$\beta = \frac{1}{6}$　　　　　　B. $\alpha = 0$，$\beta = \frac{1}{3}$

C. $\alpha = \frac{2}{9}$，$\beta = \frac{1}{9}$　　　　　　D. $\alpha = \frac{1}{9}$，$\beta = \frac{2}{9}$

25. 1mol 理想气体（刚性双原子分子），当温度为 T 时，每个分子的平均平动动能为：

A. $\frac{3}{2}RT$　　　　　　　　　　　　B. $\frac{5}{2}RT$

C. $\frac{3}{2}kT$　　　　　　　　　　　　D. $\frac{5}{2}kT$

26. 一密闭容器中盛有 1mol 氦气（视为理想气体），容器中分子无规则运动的平均自由程仅取决于：

A. 压强 p　　　　　　　　　　　　　B. 体积 V

C. 温度 T　　　　　　　　　　　　　D. 平均碰撞频率 $\overline{Z}$

27. "理想气体和单一恒温热源接触做等温膨胀时，吸收的热量全部用来对外界做功。"对此说法，有以下几种讨论，其中正确的是：

A. 不违反热力学第一定律，但违反热力学第二定律

B. 不违反热力学第二定律，但违反热力学第一定律

C. 不违反热力学第一定律，也不违反热力学第二定律

D. 违反热力学第一定律，也违反热力学第二定律

28. 一定量的理想气体，由一平衡态(p_1, V_1, T_1)变化到另一平衡态(p_2, V_2, T_2)，若$V_2 > V_1$，但$T_2 = T_1$，无论气体经历怎样的过程：

A. 气体对外做的功一定为正值　　　　　B. 气体对外做的功一定为负值

C. 气体的内能一定增加　　　　　　　　D. 气体的内能保持不变

29. 一平面简谐波的波动方程为$y = 0.01\cos 10\pi(25t - x)$(SI)，则在$t = 0.1$s时刻，$x = 2$m处质元的振动位移是：

A. 0.01cm　　　　　　　　　　　　　B. 0.01m

C. −0.01m　　　　　　　　　　　　　D. 0.01mm

30. 一平面简谐波的波动方程为$y = 0.02\cos\pi(50t + 4x)$(SI)，此波的振幅和周期分别为：

A. 0.02m，0.04s　　　　　　　　　　B. 0.02m，0.02s

C. −0.02m，0.02s　　　　　　　　　　D. 0.02m，25s

31. 当机械波在媒质中传播，一媒质质元的最大形变量发生在：

A. 媒质质元离开其平衡位置的最大位移处

B. 媒质质元离开其平衡位置的$\frac{\sqrt{2}}{2}A$处（A为振幅）

C. 媒质质元离开其平衡位置的$\frac{A}{2}$处

D. 媒质质元在其平衡位置处

32. 双缝干涉实验中，若在两缝后（靠近屏一侧）各覆盖一块厚度均为d，但折射率分别为n_1和n_2（$n_2 > n_1$）的透明薄片，则从两缝发出的光在原来中央明纹初相遇时，光程差为：

A. $d(n_2 - n_1)$　　　　　　　　　　B. $2d(n_2 - n_1)$

C. $d(n_2 - 1)$　　　　　　　　　　　D. $d(n_1 - 1)$

33. 在空气中做牛顿环实验，当平凸透镜垂直向上缓慢平移而远离平面镜时，可以观察到这些环状干涉条纹：

A. 向右平移

B. 静止不动

C. 向外扩张

D. 向中心收缩

34. 真空中波长为 λ 的单色光，在折射率为 n 的均匀透明媒质中，从 A 点沿某一路径传播到 B 点，路径的长度为 l，A、B 两点光振动的相位差为 $\Delta\varphi$，则：

A. $l = \dfrac{3\lambda}{2}$，$\Delta\varphi = 3\pi$

B. $l = \dfrac{3\lambda}{2n}$，$\Delta\varphi = 3n\pi$

C. $l = \dfrac{3\lambda}{2n}$，$\Delta\varphi = 3\pi$

D. $l = \dfrac{3n\lambda}{2}$，$\Delta\varphi = 3n\pi$

35. 空气中用白光垂直照射一块折射率为1.50、厚度为 $0.4 \times 10^{-6}\text{m}$ 的薄玻璃片，在可见光范围内，光在反射中被加强的光波波长是（$1\text{m} = 1 \times 10^{9}\text{nm}$）：

A. 480nm

B. 600nm

C. 2400nm

D. 800nm

36. 有一玻璃劈尖，置于空气中，劈尖角 $\theta = 8 \times 10^{-5}\text{rad}$（弧度），用波长 $\lambda = 589\text{nm}$ 的单色光垂直照射此劈尖，测得相邻干涉条纹间距 $l = 2.4\text{mm}$，则此玻璃的折射率为：

A. 2.86

B. 1.53

C. 15.3

D. 28.6

37. 某元素正二价离子（M^{2+}）的外层电子构型是 $3s^2 3p^6$，该元素在元素周期表中的位置是：

A. 第三周期，第 VIII 族

B. 第三周期，第 VIA 族

C. 第四周期，第 IIA 族

D. 第四周期，第 VIII 族

38. 在 Li^+、Na^+、K^+、Rb^+ 中，极化力最大的是：

A. Li^+

B. Na^+

C. K^+

D. Rb^+

39. 浓度均为 $0.1\text{mol}\cdot\text{L}^{-1}$ 的 NH_4Cl、$NaCl$、$NaOAc$、Na_3PO_4 溶液，其 pH 值从小到大顺序正确的是：

A. NH_4Cl，$NaCl$，$NaOAc$，Na_3PO_4

B. Na_3PO_4，$NaOAc$，$NaCl$，NH_4Cl

C. NH_4Cl，$NaCl$，Na_3PO_4，$NaOAc$

D. $NaOAc$，Na_3PO_4，$NaCl$，NH_4Cl

40. 某温度下，在密闭容器中进行如下反应 $2A(g) + B(g) \rightleftharpoons 2C(g)$，开始时，$p(A) = p(B) = 300\text{kPa}$，$p(C) = 0\text{kPa}$，平衡时，$p(C) = 100\text{kPa}$，在此温度下反应的标准平衡常数 K^{Θ} 是：

A. 0.1

B. 0.4

C. 0.001

D. 0.002

41. 在酸性介质中，反应$MnO_4^- + SO_3^{2-} + H^+ \longrightarrow Mn^{2+} + SO_4^{2-} + H_2O$，配平后，$H^+$的系数为：

A. 8   B. 6   C. 0   D. 5

42. 已知：酸性介质中，$E^{\ominus}(ClO_4^-/Cl^-) = 1.39V$，$E^{\ominus}(ClO_3^-/Cl^-) = 1.45V$，$E^{\ominus}(HClO/Cl^-) = 1.49V$，$E^{\ominus}(Cl_2/Cl^-) = 1.36V$，以上各电对中氧化型物质氧化能力最强的是：

A. ClO_4^- B. ClO_3^- C. $HClO$ D. Cl_2

43. 下列反应的热效应等于$CO_2(g)$的$\Delta_f H_m^{\ominus}$的是：

A. $C(金刚石) + O_2(g) \longrightarrow CO_2(g)$ B. $CO(g) + \frac{1}{2}O_2(g) \longrightarrow CO_2(g)$

C. $C(石墨) + O_2(g) \longrightarrow CO_2(g)$ D. $2C(石墨) + 2O_2(g) \longrightarrow 2CO_2(g)$

44. 下列物质在一定条件下不能发生银镜反应的是：

A. 甲醛   B. 丁醛

C. 甲酸甲酯   D. 乙酸乙酯

45. 下列物质一定不是天然高分子的是：

A. 蔗糖   B. 蛋白质

C. 橡胶   D. 纤维素

46. 某不饱和烃催化加氢反应后，得到$(CH_3)_2CHCH_2CH_3$，该不饱和烃是：

A. 1-戊炔   B. 3-甲基-1-丁炔

C. 2-戊炔   D. 1,2-戊二烯

47. 设力F在x轴上的投影为F，则该力在与x轴共面的任一轴上的投影：

A. 一定不等于零   B. 不一定等于零

C. 一定等于零   D. 等于F

48. 在图示边长为a的正方形物块$OABC$上作用一平面力系，已知：$F_1 = F_2 = F_3 = 10N$，$a = 1m$，力偶的转向如图所示，力偶矩的大小为$M_1 = M_2 = 10N \cdot m$，则力系向O点简化的主矢、主矩为：

A. $F_R = 30N$（方向铅垂向上），$M_O = 10N \cdot m$（↺）

B. $F_R = 30N$（方向铅垂向上），$M_O = 10N \cdot m$（↻）

C. $F_R = 50N$（方向铅垂向上），$M_O = 30N \cdot m$（↺）

D. $F_R = 10N$（方向铅垂向上），$M_O = 10N \cdot m$（↻）

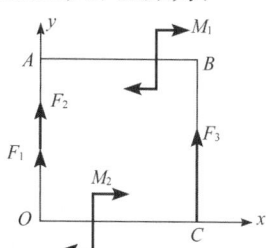

49. 在图示结构中，已知$AB = AC = 2r$，物重F_p，其余质量不计，则支座A的约束力为：

A. $F_A = 0$

B. $F_A = \frac{1}{2}F_p(\leftarrow)$

C. $F_A = \frac{1}{2} \cdot 3F_p(\rightarrow)$

D. $F_A = \frac{1}{2} \cdot 3F_p(\leftarrow)$

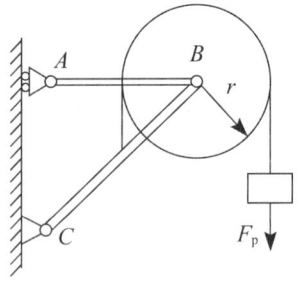

50. 图示平面结构，各杆自重不计，已知$q = 10\text{kN/m}$，$F_p = 20\text{kN}$，$F = 30\text{kN}$，$L_1 = 2\text{m}$，$L_2 = 5\text{m}$，B、C处为铰链连接，则BC杆的内力为：

A. $F_{BC} = -30\text{kN}$

B. $F_{BC} = 30\text{kN}$

C. $F_{BC} = 10\text{kN}$

D. $F_{BC} = 0$

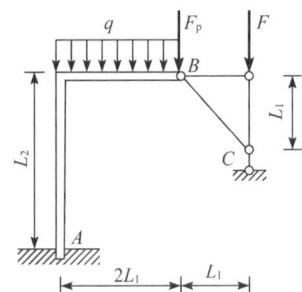

51. 点的运动由关系式$S = t^4 - 3t^3 + 2t^2 - 8$决定（$S$以m计，$t$以s计），则$t = 2\text{s}$时的速度和加速度为：

A. -4m/s，16m/s^2 B. 4m/s，12m/s^2

C. 4m/s，16m/s^2 D. 4m/s，-16m/s^2

52. 质点以匀速度15m/s绕直径为10m的圆周运动，则其法向加速度为：

A. 22.5m/s^2 B. 45m/s^2

C. 0 D. 75m/s^2

53. 四连杆机构如图所示，已知曲柄O_1A长为r，且$O_1A = O_2B$，$O_1O_2 = AB = 2b$，角速度为ω，角加速度为α，则杆AB的中点M的速度、法向和切向加速度的大小分别为：

A. $v_M = b\omega$，$a_M^n = b\omega^2$，$a_M^t = b\alpha$

B. $v_M = b\omega$，$a_M^n = r\omega^2$，$a_M^t = r\alpha$

C. $v_M = r\omega$，$a_M^n = r\omega^2$，$a_M^t = r\alpha$

D. $v_M = r\omega$，$a_M^n = b\omega^2$，$a_M^t = b\alpha$

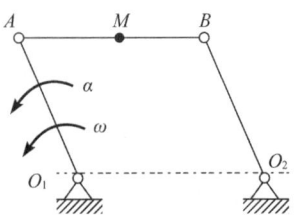

54. 质量为m的小物块在匀速转动的圆桌上，与转轴的距离为r，如图所示。设物块与圆桌之间的摩擦系数为μ，为使物块与桌面之间不产生相对滑动，则物块的最大速度为：

A. $\sqrt{\mu g}$

B. $2\sqrt{\mu g r}$

C. $\sqrt{\mu g r}$

D. $\sqrt{\mu r}$

55. 重 10N 的物块沿水平面滑行 4m，如果摩擦系数是 0.3，则重力及摩擦力各做的功是：

A. $40\mathrm{N\cdot m}$，$40\mathrm{N\cdot m}$　　　　　B. 0，$40\mathrm{N\cdot m}$

C. 0，$12\mathrm{N\cdot m}$　　　　　D. $40\mathrm{N\cdot m}$，$12\mathrm{N\cdot m}$

56. 质量m_1与半径r均相同的三个均质滑轮，在绳端作用有力或挂有重物，如图所示。已知均质滑轮的质量为$m_1 = 2\mathrm{kN\cdot s^2/m}$，重物的质量分别为$m_2 = 0.2\mathrm{kN\cdot s^2/m}$，$m_3 = 0.1\mathrm{kN\cdot s^2/m}$，重力加速度按$g = 10\mathrm{m/s^2}$计算，则各轮转动的角加速度$\alpha$间的关系是：

A. $\alpha_1 = \alpha_3 > \alpha_2$　　　　　B. $\alpha_1 < \alpha_2 < \alpha_3$

C. $\alpha_1 > \alpha_3 > \alpha_2$　　　　　D. $\alpha_1 \neq \alpha_2 = \alpha_3$

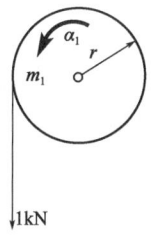 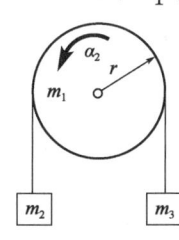 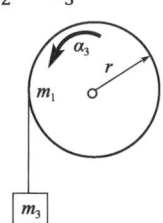

57. 均质细杆OA，质量为m，长l。在如图所示水平位置静止释放，释放瞬时轴承O施加于杆OA的附加动反力为：

A. $3mg\uparrow$

B. $3mg\downarrow$

C. $\frac{3}{4}mg\uparrow$

D. $\frac{3}{4}mg\downarrow$

58. 图示两系统均做自由振动，其固有圆频率分别为：

A. $\sqrt{\dfrac{2k}{m}}$, $\sqrt{\dfrac{k}{2m}}$

B. $\sqrt{\dfrac{k}{m}}$, $\sqrt{\dfrac{m}{2k}}$

C. $\sqrt{\dfrac{k}{2m}}$, $\sqrt{\dfrac{k}{m}}$

D. $\sqrt{\dfrac{k}{m}}$, $\sqrt{\dfrac{k}{2m}}$

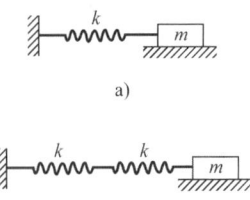

59. 等截面杆，轴向受力如图所示，则杆的最大轴力是：

A. 8kN

B. 5kN

C. 3kN

D. 13kN

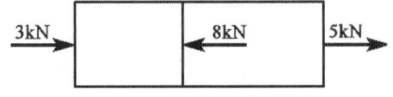

60. 变截面杆AC受力如图所示。已知材料弹性模量为E，杆BC段的截面积为A，杆AB段的截面积为$2A$，则杆C截面的轴向位移是：

A. $\dfrac{FL}{2EA}$

B. $\dfrac{FL}{EA}$

C. $\dfrac{2FL}{EA}$

D. $\dfrac{3FL}{EA}$

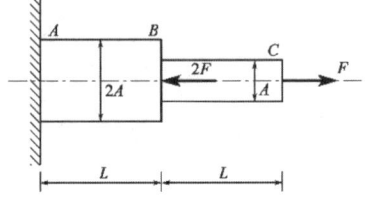

61. 直径$d=0.5$m 的圆截面立柱，固定在直径$D=1$m的圆形混凝土基座上，圆柱的轴向压力$F=1000$kN，混凝土的许用应力$[\tau]=1.5$MPa。假设地基对混凝土板的支反力均匀分布，为使混凝土基座不被立柱压穿，混凝土基座所需的最小厚度t应是：

A. 159mm

B. 212mm

C. 318mm

D. 424mm

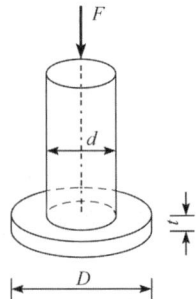

62. 实心圆轴受扭，若将轴的直径减小一半，则扭转角是原来的：

    A. 2 倍   B. 4 倍

    C. 8 倍   D. 16 倍

63. 图示截面对 z 轴的惯性矩 I_z 为：

    A. $I_z = \dfrac{\pi d^4}{64} - \dfrac{bh^3}{3}$

    B. $I_z = \dfrac{\pi d^4}{64} - \dfrac{bh^3}{12}$

    C. $I_z = \dfrac{\pi d^4}{32} - \dfrac{bh^3}{6}$

    D. $I_z = \dfrac{\pi d^4}{64} - \dfrac{13bh^3}{12}$

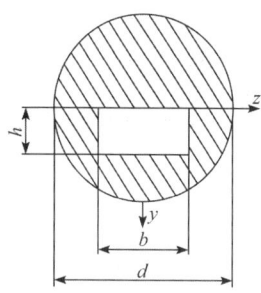

64. 图示圆轴的抗扭截面系数为 W_T，切变模量为 G。扭转变形后，圆轴表面 A 点处截取的单元体互相垂直的相邻边线改变了 γ 角，如图所示。圆轴承受的扭矩 T 是：

    A. $T = G\gamma W_T$

    B. $T = \dfrac{G\gamma}{W_T}$

    C. $T = \dfrac{\gamma}{G}W_T$

    D. $T = \dfrac{W_T}{G\gamma}$

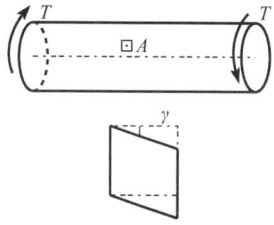

65. 材料相同的两根矩形截面梁叠合在一起，接触面之间可以相对滑动且无摩擦力。设两根梁的自由端共同承担集中力偶 m，弯曲后两根梁的挠曲线相同，则上面梁承担的力偶矩是：

    A. $m/9$

    B. $m/5$

    C. $m/3$

    D. $m/2$

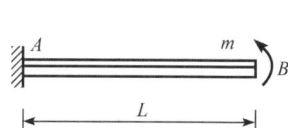

66. 图示等边角钢制成的悬臂梁 AB，C 点为截面形心，x 为该梁轴线，y'、z' 为形心主轴。集中力 F 竖直向下，作用线过形心，则梁将发生以下哪种变化：

A. xy 平面内的平面弯曲

B. 扭转和 xy 平面内的平面弯曲

C. xy' 和 xz' 平面内的双向弯曲

D. 扭转及 xy' 和 xz' 平面内的双向弯曲

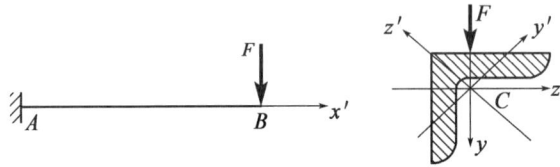

67. 图示直径为 d 的圆轴，承受轴向拉力 F 和扭矩 T。按第三强度理论，截面危险的相当应力 σ_{eq3} 为：

A. $\sigma_{eq3} = \dfrac{32}{\pi d^3}\sqrt{F^2 + T^2}$

B. $\sigma_{eq3} = \dfrac{16}{\pi d^3}\sqrt{F^2 + T^2}$

C. $\sigma_{eq3} = \sqrt{\left(\dfrac{4F}{\pi d^2}\right)^2 + 4\left(\dfrac{16T}{\pi d^3}\right)^2}$

D. $\sigma_{eq3} = \sqrt{\left(\dfrac{4F}{\pi d^2}\right)^2 + 4\left(\dfrac{32T}{\pi d^3}\right)^2}$

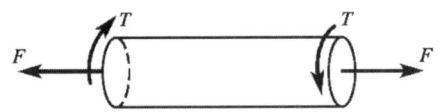

68. 在图示 4 种应力状态中，最大切应力 τ_{max} 大的应力状态是：

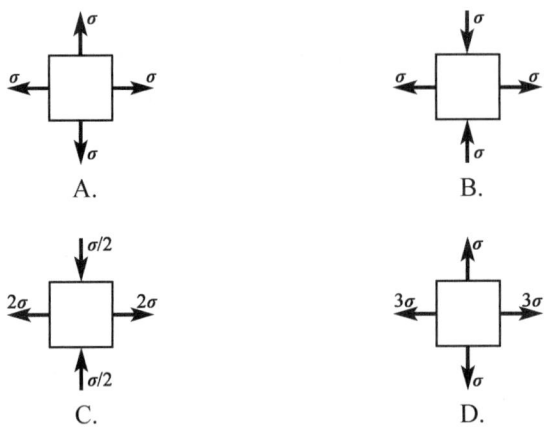

69. 图示圆轴固定端最上缘 A 点单元体的应力状态是：

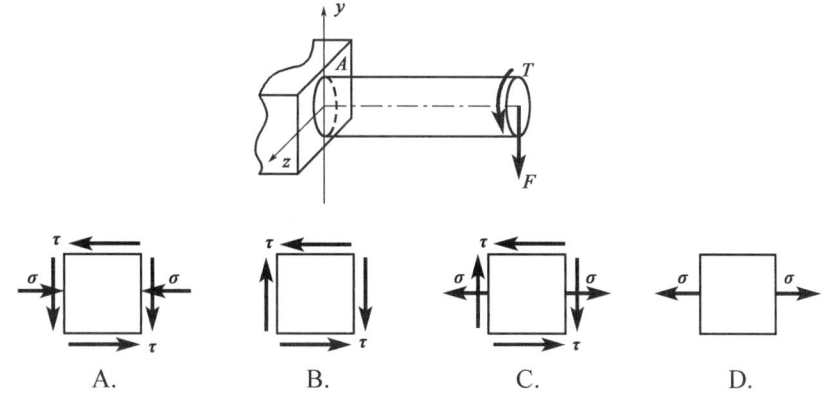

A.   B.   C.   D.

70. 图示三根压杆均为细长（大柔度）压杆，且弯曲刚度为 EI。三根压杆的临界荷载 F_{cr} 的关系为：

A. $F_{cra} > F_{crb} > F_{crc}$ B. $F_{crb} > F_{cra} > F_{crc}$

C. $F_{crc} > F_{cra} > F_{crb}$ D. $F_{crb} > F_{crc} > F_{cra}$

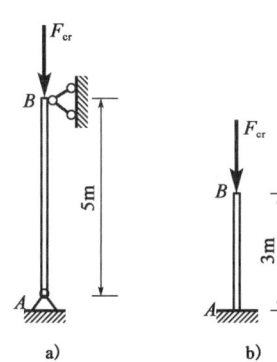
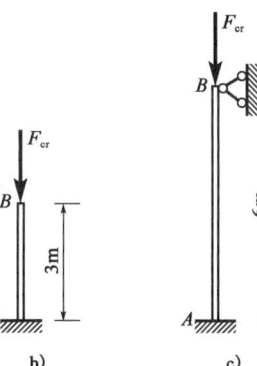

a)   b)   c)

71. 压力表测出的压强是：

    A. 绝对压强   B. 真空压强

    C. 相对压强   D. 实际压强

72. 有一变截面压力管道，测得流量为 15L/s，其中一截面的直径为 100mm，另一截面处的流速为 20m/s，则此截面的直径为：

    A. 29mm   B. 31mm

    C. 35mm   D. 26mm

73. 一直径为 50mm 的圆管，运动黏滞系数$\nu = 0.18\text{cm}^2/\text{s}$、密度$\rho = 0.85\text{g}/\text{cm}^3$的油在管内以$v = 10\text{cm/s}$的速度做层流运动，则沿程损失系数是：

    A. 0.18   B. 0.23   C. 0.20   D. 0.26

74. 圆柱形管嘴，直径为 0.04m，作用水头为 7.5m，则出水流量为：

    A. $0.008\text{m}^3/\text{s}$ B. $0.023\text{m}^3/\text{s}$

    C. $0.020\text{m}^3/\text{s}$ D. $0.013\text{m}^3/\text{s}$

75. 同一系统的孔口出流，有效作用水头H相同，则自由出流与淹没出流的关系为：

    A. 流量系数不等，流量不等   B. 流量系数不等，流量相等

    C. 流量系数相等，流量不等   D. 流量系数相等，流量相等

76. 一梯形断面明渠，水力半径$R = 1\text{m}$，底坡$i = 0.0008$，粗糙系数$n = 0.02$，则输水流速度为：

    A. 1m/s   B. 1.4m/s

    C. 2.2m/s   D. 0.84m/s

77. 渗流达西定律适用于：

    A. 地下水渗流   B. 砂质土壤渗流

    C. 均匀土壤层流渗流   D. 地下水层流渗流

78. 几何相似、运动相似和动力相似的关系是：

    A. 运动相似和动力相似是几何相似的前提

    B. 运动相似是几何相似和动力相似的表象

    C. 只有运动相似，才能几何相似

    D. 只有动力相似，才能几何相似

79. 图示为环线半径为r的铁芯环路，绕有匝数为N的线圈，线圈中通有直流电流I，磁路上的磁场强度H处处均匀，则H值为：

    A. $\dfrac{NI}{r}$，顺时针方向

    B. $\dfrac{NI}{2\pi r}$，顺时针方向

    C. $\dfrac{NI}{r}$，逆时针方向

    D. $\dfrac{NI}{2\pi r}$，逆时针方向

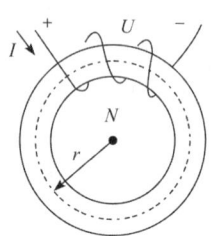

80. 图示电路中，电压 $U =$

A. 0V

B. 4V

C. 6V

D. −6V

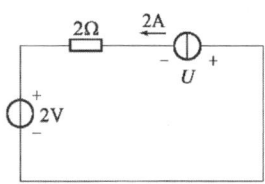

81. 对于图示电路，可以列写 a、b、c、d 4 个结点的 KCL 方程和①、②、③、④、⑤ 5 个回路的 KVL 方程。为求出 6 个未知电流 $I_1 \sim I_6$，正确的求解模型应该是：

A. 任选 3 个 KCL 方程和 3 个 KVL 方程

B. 任选 3 个 KCL 方程和①、②、③ 3 个回路的 KVL 方程

C. 任选 3 个 KCL 方程和①、②、④ 3 个回路的 KVL 方程

D. 写出 4 个 KCL 方程和任意 2 个 KVL 方程

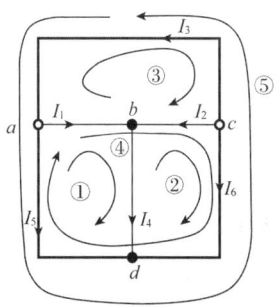

82. 已知交流电流 $i(t)$ 的周期 $T = 1\text{ms}$，有效值 $I = 0.5\text{A}$，当 $t = 0$ 时，$i = 0.5\sqrt{2}\text{A}$，则它的时间函数描述形式是：

A. $i(t) = 0.5\sqrt{2}\sin 1000t\,\text{A}$

B. $i(t) = 0.5\sin 2000\pi t\,\text{A}$

C. $i(t) = 0.5\sqrt{2}\sin(2000\pi t + 90°)\,\text{A}$

D. $i(t) = 0.5\sqrt{2}\sin(1000\pi t + 90°)\,\text{A}$

83. 图 a) 滤波器的幅频特性如图 b) 所示，当 $u_i = u_{i1} = 10\sqrt{2}\sin 100t\,\text{V}$ 时，输出 $u_o = u_{o1}$，当 $u_i = u_{i2} = 10\sqrt{2}\sin 10^4 t\,\text{V}$ 时，输出 $u_o = u_{o2}$，则可以算出：

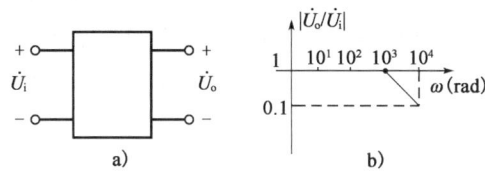

A. $U_{o1} = U_{o2} = 10\text{V}$

B. $U_{o1} = 10\text{V}$，U_{o2} 不能确定，但小于 10V

C. $U_{o1} < 10\text{V}$，$U_{o2} = 0$

D. $U_{o1} = 10\text{V}$，$U_{o2} = 1\text{V}$

84. 如图 a）所示功率因数补偿电路中，当$C = C_1$时得到相量图如图 b）所示，当$C = C_2$时得到相量图如图 c）所示，则：

　　A. C_1一定大于C_2

　　B. 当$C = C_1$时，功率因数$\lambda|_{C_1} = -0.866$；当$C = C_2$时，功率因数$\lambda|_{C_2} = 0.866$

　　C. 因为功率因数$\lambda|_{C_1} = \lambda|_{C_2}$，所以采用两种方案均可

　　D. 当$C = C_2$时，电路出现过补偿，不可取

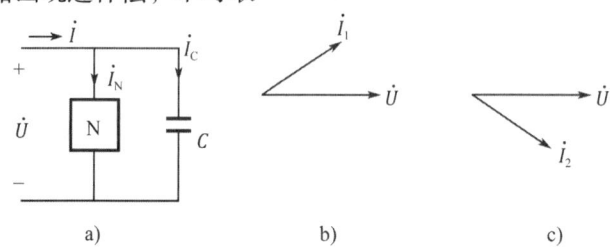

85. 某单相理想变压器，其一次线圈为550匝，有两个二次线圈。若希望一次电压为100V 时，获得的二次电压分别为10V 和20V，则$N_{2|10V}$和$N_{2|20V}$应分别为：

　　A. 50 匝和100 匝　　　　　　　　　　B. 100 匝和50 匝

　　C. 55 匝和110 匝　　　　　　　　　　D. 110 匝和55 匝

86. 为实现对电动机的过载保护，除了将热继电器的常闭触点串接在电动机的控制电路中外，还应将其热元件：

　　A. 也串接在控制电路中　　　　　　　　B. 再并接在控制电路中

　　C. 串接在主电路中　　　　　　　　　　D. 并接在主电路中

87. 某温度信号如图 a）所示，经温度传感器测量后得到图 b）波形，经采样后得到图 c）波形，再经保持器得到图 d）波形，则：

　　A. 图 b）是图 a）的模拟信号

　　B. 图 a）是图 b）的模拟信号

　　C. 图 c）是图 b）的数字信号

　　D. 图 d）是图 a）的模拟信号

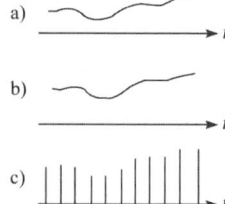
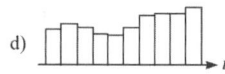

88. 若某周期信号的一次谐波分量为 $5\sin 10^3 t\,\mathrm{V}$，则它的三次谐波分量可表示为：

A. $U\sin 3\times 10^3 t$，$U>5\mathrm{V}$
B. $U\sin 3\times 10^3 t$，$U<5\mathrm{V}$

C. $U\sin 10^6 t$，$U>5\mathrm{V}$
D. $U\sin 10^6 t$，$U<5\mathrm{V}$

89. 设放大器的输入信号为 $u_1(t)$，放大器的幅频特性如图所示，令 $u_1(t)=\sqrt{2}U_1\sin 2\pi ft$，$u_2(t)=\sqrt{2}U_2\sin 2\pi ft$，且 $f>f_\mathrm{H}$，则：

A. $u_2(t)$ 的出现频率失真
B. $u_2(t)$ 的有效值 $U_2=AU_1$
C. $u_2(t)$ 的有效值 $U_2<AU_1$
D. $u_2(t)$ 的有效值 $U_2>AU_1$

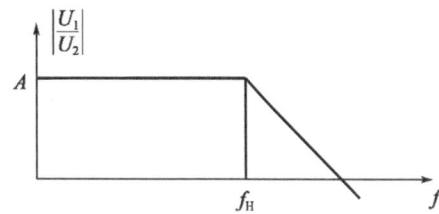

90. 对逻辑表达式 $\overline{AD}+\overline{A}D$ 的化简结果是：

A. 0
B. 1

C. $\overline{A}D+A\overline{D}$
D. $\overline{A}D+AD$

91. 已知数字信号A和数字信号B的波形如图所示，则数字信号 $F=\overline{A+B}$ 的波形为：

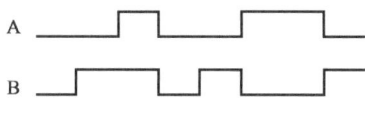

92. 十进制数字16的 BCD 码为：

A. 00010000
B. 00010110

C. 00010100
D. 00011110

93. 二极管应用电路如图所示，$U_A = 1V$，$U_B = 5V$，设二极管为理想器件，则输出电压U_F：

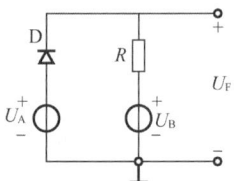

A. 等于 1V

B. 等于 5V

C. 等于 0V

D. 因R未知，无法确定

94. 运算放大器应用电路如图所示，其中$C = 1\mu F$，$R = 1M\Omega$，$U_{oM} = \pm 10V$，若$u_1 = 1V$，则u_o：

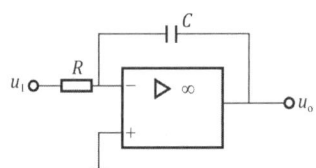

A. 等于 0V

B. 等于 1V

C. 等于 10V

D. $t < 10s$时，为$-t$；$t \geq 10s$后，为$-10V$

95. 图 a）所示电路中，复位信号$\overline{R}_D$、信号A及时钟脉冲信号CP如图 b）所示，经分析可知，在第一个和第二个时钟脉冲的下降沿时刻，输出Q先后等于：

A. 0   0   B. 0   1

C. 1   0   D. 1   1

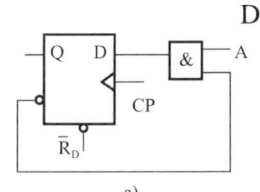

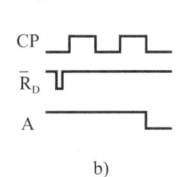

a)   b)

附：触发器的逻辑状态表

D	Q_{n+1}
0	0
1	1

96. 图示电路的功能和寄存数据是：

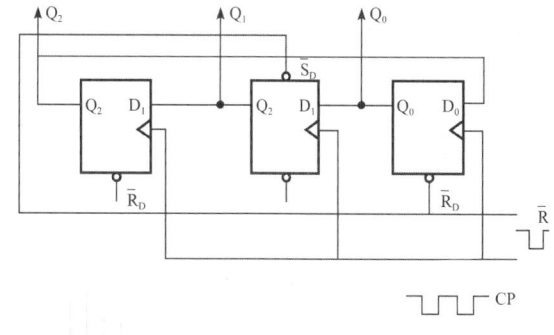

    A. 左移的三位移位寄存器，寄存数据是 010

    B. 右移的三位移位寄存器，寄存数据是 010

    C. 左移的三位移位寄存器，寄存数据是 000

    D. 右移的三位移位寄存器，寄存数据是 000

97. 计算机按用途可分为：

    A. 专业计算机和通用计算机   B. 专业计算机和数字计算机

    C. 通用计算机和模拟计算机   D. 数字计算机和现代计算机

98. 当前微机所配备的内存储器大多是：

    A. 半导体存储器   B. 磁介质存储器

    C. 光线（纤）存储器   D. 光电子存储器

99. 批处理操作系统的功能是将用户的一批作业有序地排列起来：

    A. 在用户指令的指挥下、顺序地执行作业流

    B. 计算机系统会自动地、顺序地执行作业流

    C. 由专门的计算机程序员控制作业流的执行

    D. 由微软提供的应用软件来控制作业流的执行

100. 杀毒软件应具有的功能是：

    A. 消除病毒   B. 预防病毒

    C. 检查病毒   D. 检查并消除病毒

101. 目前，微机系统中普遍使用的字符信息编码是：

    A. BCD 编码   B. ASCII 编码

    C. EBCDIC 编码   D. 汉字字型码

102. 下列选项中，不属于 Windows 特点的是：

A. 友好的图形用户界面 　　　　　　　　B. 使用方便

C. 多用户单任务 　　　　　　　　　　　D. 系统稳定可靠

103. 操作系统中采用虚拟存储技术，是为了对：

A. 外为存储空间的分配 　　　　　　　　B. 外存储器进行变换

C. 内存储器的保护 　　　　　　　　　　D. 内存储器容量的扩充

104. 通过网络传送邮件、发布新闻消息和进行数据交换是计算机网络的：

A. 共享软件资源功能 　　　　　　　　　B. 共享硬件资源功能

C. 增强系统处理功能 　　　　　　　　　D. 数据通信功能

105. 下列有关因特网提供服务的叙述中，错误的一条是：

A. 文件传输服务、远程登录服务 　　　　B. 信息搜索服务、WWW 服务

C. 信息搜索服务、电子邮件服务 　　　　D. 网络自动连接、网络自动管理

106. 若按网络传输技术的不同，可将网络分为：

A. 广播式网络、点到点式网络

B. 双绞线网、同轴电缆网、光纤网、无线网

C. 基带网和宽带网

D. 电路交换类、报文交换类、分组交换类

107. 某企业准备 5 年后进行设备更新，到时所需资金估计为 600 万元，若存款利率为 5%，从现在开始每年年末均等额存款，则每年应存款：

[已知：$(A/F, 5\%, 5) = 0.18097$]

A. 78.65 万元 　　　　　　　　　　　　B. 108.58 万元

C. 120 万元 　　　　　　　　　　　　　D. 165.77 万元

108. 某项目投资于邮电通信业，运营后的营业收入全部来源于对客户提供的电信服务，则在估计该项目现金流时不包括：

A. 企业所得税 　　　　　　　　　　　　B. 增值税

C. 城市维护建设税 　　　　　　　　　　D. 教育税附加

109. 某公司向银行借款 150 万元，期限为 5 年，年利率为 8%，每年年末等额还本付息一次（即等额本息法），到第五年末还完本息。则该公司第 2 年年末偿还的利息为：

[已知：$(A/P, 8\%, 5) = 0.2505$]

A. 9.954 万元

B. 12 万元

C. 25.575 万元

D. 37.575 万元

110. 以下关于项目内部收益率指标的说法正确的是：

A. 内部收益率属于静态评价指标

B. 项目内部收益率就是项目的基准收益率

C. 常规项目可能存在多个内部收益率

D. 计算内部收益率不必事先知道准确的基准收益率 i_c

111. 影子价格是商品或生产要素的任何边际变化对国家的基本社会经济目标所做贡献的价值，因而影子价格是：

A. 目标价格

B. 反映市场供求状况和资源稀缺程度的价格

C. 计划价格

D. 理论价格

112. 在对项目进行盈亏平衡分析时，各方案的盈亏平衡点生产能力利用率有如下四种数据，则抗风险能力较强的是：

A. 30%

B. 60%

C. 80%

D. 90%

113. 甲、乙为两个互斥的投资方案。甲方案现时点的投资为 25 万元，此后从第一年年末开始，年运行成本为 4 万元，寿命期为 20 年，净残值为 8 万元；乙方案现时点的投资额为 12 万元，此后从第一年年末开始，年运行成本为 6 万元，寿命期也为 20 年，净残值 6 万元。若基准收益率为 20%，则甲、乙方案费用现值分别为：

[已知：$(P/A, 20\%, 20) = 4.8696$，$(P/F, 20\%, 20) = 0.02608$]

A. 50.80 万元，-41.06 万元

B. 54.32 万元，41.06 万元

C. 44.27 万元，41.06 万元

D. 50.80 万元，44.27 万元

114. 某产品的实际成本为 10000 元，它由多个零部件组成，其中一个零部件的实际成本为 880 元，功能评价系数为 0.140，则该零部件的价值指数为：

A. 0.628

B. 0.880

C. 1.400

D. 1.591

115. 某工程项目甲建设单位委托乙监理单位对丙施工总承包单位进行监理，有关监理单位的行为符合规定的是：

A. 在监理合同规定的范围内承揽监理业务

B. 按建设单位委托，客观公正地执行监理任务

C. 与施工单位建立隶属关系或者其他利害关系

D. 将工程监理业务转让给具有相应资质的其他监理单位

116. 某施工企业取得了安全生产许可证后，在从事建筑施工活动中，被发现已经不具备安全生产条件，则正确的处理方法是：

A. 由颁发安全生产许可证的机关暂扣或吊销安全生产许可证

B. 由国务院建设行政主管部门责令整改

C. 由国务院安全管理部门责令停业整顿

D. 吊销安全生产许可证，5 年内不得从事施工活动

117. 某工程项目进行公开招标，甲乙两个施工单位组成联合体投标该项目，下列做法中，不合法的是：

A. 双方商定以一个投标人的身份共同投标

B. 要求双方至少一方应当具备承担招标项目的相应能力

C. 按照资质等级较低的单位确定资质等级

D. 联合体各方协商签订共同投标协议

118. 某建设工程总承包合同约定，材料价格按照市场价履约，但具体价款没有明确约定，结算时应当依据的价格是：

A. 订立合同时履行地的市场价格

B. 结算时买方所在地的市场价格

C. 订立合同时签约地的市场价格

D. 结算工程所在地的市场价格

119. 某城市计划对本地城市建设进行全面规划，根据《中华人民共和国环境保护法》的规定，下列城乡建设行为不符合《中华人民共和国环境保护法》规定的是：

    A. 加强在自然景观中修建人文景观

    B. 有效保护植被、水域

    C. 加强城市园林、绿地园林

    D. 加强风景名胜区的建设

120. 根据《建设工程安全生产管理条例》规定，施工单位主要负责人应当承担的责任是：

    A. 落实安全生产责任制度、安全生产规章制度和操作规程

    B. 保证本单位安全生产条件所需资金的投入

    C. 确保安全生产费用的有效使用

    D. 根据工程的特点组织特定安全施工措施

2019 年度全国勘察设计注册工程师

执业资格考试试卷

基础考试

（上）

二〇一九年十月

应考人员注意事项

1. 本试卷科目代码为"1"，考生务必将此代码填涂在答题卡"科目代码"相应的栏目内，否则，无法评分。

2. 书写用笔：**黑色或蓝色钢笔、签字笔或圆珠笔；**

   填涂答题卡用笔：**黑色 2B 铅笔。**

3. 必须用书写用笔将工作单位、姓名、准考证号填写在答题卡和试卷相应的栏目内。

4. 本试卷由 120 题组成，每题 1 分，满分 120 分，本试卷全部为单项选择题，每小题的四个备选项中只有一个正确答案，错选、多选、不选均不得分。

5. 考生作答时，必须按**题号在答题卡上**将相应试题所选选项对应的**字母用 2B 铅笔涂黑**。

6. 在答题卡上书写与题意无关的语言，或在答题卡上作标记的，均按违纪试卷处理。

7. 考试结束时，由监考人员当面将试卷、答题卡一并收回。

8. 草稿纸由各地统一配发，考后收回。

单项选择题（共 120 题，每题 1 分。每题的备选项中只有一个最符合题意。）

1. 极限 $\lim\limits_{x \to 0} \dfrac{3+e^{\frac{1}{x}}}{1-e^{\frac{2}{x}}}$ 等于：

   A. 3   B. -1

   C. 0   D. 不存在

2. 函数 $f(x)$ 在点 $x = x_0$ 处连续是 $f(x)$ 在点 $x = x_0$ 处可微的：

   A. 充分条件   B. 充要条件

   C. 必要条件   D. 无关条件

3. x 趋于 0 时，$\sqrt{1-x^2} - \sqrt{1+x^2}$ 与 x^k 是同阶无穷小，则常数 k 等于：

   A. 3   B. 2

   C. 1   D. 1/2

4. 设 $y = \ln(\sin x)$，则二阶导数 y'' 等于：

   A. $\dfrac{\cos x}{\sin^2 x}$ B. $\dfrac{1}{\cos^2 x}$ C. $\dfrac{1}{\sin^2 x}$ D. $-\dfrac{1}{\sin^2 x}$

5. 若函数 $f(x)$ 在 $[a,b]$ 上连续，在 (a,b) 内可导，且 $f(a) = f(b)$，则在 (a,b) 内满足 $f'(x_0) = 0$ 的点 x_0：

   A. 必存在且只有一个   B. 至少存在一个

   C. 不一定存在   D. 不存在

6. 设 $f(x)$ 在 $(-\infty, +\infty)$ 内连续，其导数 $f'(x)$ 的图形如图所示，则 $f(x)$ 有：

   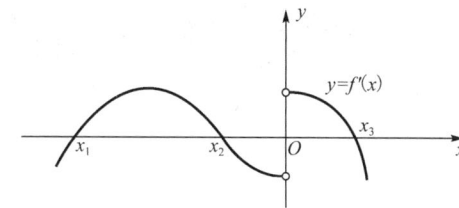

   A. 一个极小值点和两个极大值点

   B. 两个极小值点和两个极大值点

   C. 两个极小值点和一个极大值点

   D. 一个极小值点和三个极大值点

7. 不定积分 $\int \frac{x}{\sin^2(x^2+1)}\mathrm{d}x$ 等于：

A. $-\frac{1}{2}\cot(x^2+1)+C$
B. $\frac{1}{\sin(x^2+1)}+C$

C. $-\frac{1}{2}\tan(x^2+1)+C$
D. $-\frac{1}{2}\cot x+C$

8. 广义积分 $\int_{-2}^{2}\frac{1}{(1+x)^2}\mathrm{d}x$ 的值为：

A. $\frac{4}{3}$
B. $-\frac{4}{3}$

C. $\frac{2}{3}$
D. 发散

9. 已知向量 $\boldsymbol{\alpha}=(2,1,-1)$，若向量 $\boldsymbol{\beta}$ 与 $\boldsymbol{\alpha}$ 平行，且 $\boldsymbol{\alpha}\cdot\boldsymbol{\beta}=3$，则 $\boldsymbol{\beta}$ 为：

A. $(2,1,-1)$
B. $\left(\frac{3}{2},\frac{3}{4},-\frac{3}{4}\right)$

C. $\left(1,\frac{1}{2},-\frac{1}{2}\right)$
D. $\left(1,-\frac{1}{2},\frac{1}{2}\right)$

10. 过点 $(2,0,-1)$ 且垂直于 xOy 坐标面的直线方程是：

A. $\frac{x-2}{1}=\frac{y}{0}=\frac{z+1}{0}$
B. $\frac{x-2}{0}=\frac{y}{1}=\frac{z+1}{0}$

C. $\frac{x-2}{0}=\frac{y}{0}=\frac{z+1}{1}$
D. $\begin{cases} x=2 \\ z=-1 \end{cases}$

11. 微分方程 $y\ln x\,\mathrm{d}x - x\ln y\,\mathrm{d}y = 0$ 满足条件 $y(1)=1$ 的特解是：

A. $\ln^2 x + \ln^2 y = 1$
B. $\ln^2 x - \ln^2 y = 1$

C. $\ln^2 x + \ln^2 y = 0$
D. $\ln^2 x - \ln^2 y = 0$

12. 若 D 是由 x 轴、y 轴及直线 $2x+y-2=0$ 所围成的闭区域，则二重积分 $\iint\limits_{D}\mathrm{d}x\mathrm{d}y$ 的值等于：

A. 1
B. 2

C. $\frac{1}{2}$
D. -1

13. 函数 $y=C_1C_2e^{-x}$（C_1、C_2 是任意常数）是微分方程 $y''-2y'-3y=0$ 的：

A. 通解
B. 特解

C. 不是解
D. 既不是通解又不是特解，而是解

14. 设圆周曲线 L：$x^2 + y^2 = 1$ 取逆时针方向，则对坐标的曲线积分 $\int_L \frac{y\mathrm{d}x - x\mathrm{d}y}{x^2 + y^2}$ 等于：

   A. 2π B. -2π

   C. π D. 0

15. 对于函数 $f(x,y) = xy$，原点 $(0,0)$：

   A. 不是驻点   B. 是驻点但非极值点

   C. 是驻点且为极小值点   D. 是驻点且为极大值点

16. 关于级数 $\sum\limits_{n=1}^{\infty} (-1)^{n-1} \frac{1}{n^p}$ 收敛性的正确结论是：

   A. $0 < p \leqslant 1$ 时发散

   B. $p > 1$ 时条件收敛

   C. $0 < p \leqslant 1$ 时绝对收敛

   D. $0 < p \leqslant 1$ 时条件收敛

17. 设函数 $z = \left(\frac{y}{x}\right)^x$，则全微分 $\mathrm{d}z\Big|_{\substack{x=1\\y=2}} =$

   A. $\ln 2\, \mathrm{d}x + \frac{1}{2}\mathrm{d}y$

   B. $(\ln 2 + 1)\mathrm{d}x + \frac{1}{2}\mathrm{d}y$

   C. $2\left[(\ln 2 - 1)\mathrm{d}x + \frac{1}{2}\mathrm{d}y\right]$

   D. $\frac{1}{2}\ln 2\, \mathrm{d}x + 2\mathrm{d}y$

18. 幂级数 $\sum\limits_{n=1}^{\infty} (-1)^{n-1} \frac{x^{2n-1}}{2n-1}$ 的收敛域是：

   A. $[-1,1]$ B. $(-1,1]$

   C. $[-1,1)$ D. $(-1,1)$

19. 若 n 阶方阵 A 满足 $|A| = b (b \neq 0,\ n \geqslant 2)$，而 A^* 是 A 的伴随矩阵，则行列式 $|A^*|$ 等于：

   A. b^n B. b^{n-1}

   C. b^{n-2} D. b^{n-3}

20. 已知二阶实对称矩阵 A 的一个特征值为 1，而 A 的对应特征值 1 的特征向量为 $\begin{bmatrix} 1 \\ -1 \end{bmatrix}$，若 $|A| = -1$，则 A 的另一个特征值及其对应的特征向量是：

A. $\begin{cases} \lambda = 1 \\ x = (1,1)^{\mathrm{T}} \end{cases}$

B. $\begin{cases} \lambda = -1 \\ x = (1,1)^{\mathrm{T}} \end{cases}$

C. $\begin{cases} \lambda = -1 \\ x = (-1,1)^{\mathrm{T}} \end{cases}$

D. $\begin{cases} \lambda = -1 \\ x = (1,-1)^{\mathrm{T}} \end{cases}$

21. 设二次型 $f(x_1,x_2,x_3) = x_1^2 + tx_2^2 + 3x_3^2 + 2x_1x_2$，要使其秩为 2，则参数 t 的值等于：

A. 3

B. 2

C. 1

D. 0

22. 设 A、B 为两个事件，且 $P(A) = \frac{1}{3}$，$P(B) = \frac{1}{4}$，$P(B|A) = \frac{1}{6}$，则 $P(A|B)$ 等于：

A. $\frac{1}{9}$

B. $\frac{2}{9}$

C. $\frac{1}{3}$

D. $\frac{4}{9}$

23. 设随机向量 (X,Y) 的联合分布律为

X \ Y	−1	0
1	1/4	1/4
2	1/6	a

则 a 的值等于：

A. $\frac{1}{3}$

B. $\frac{2}{3}$

C. $\frac{1}{4}$

D. $\frac{3}{4}$

24. 设总体 X 服从均匀分布 $U(1,\theta)$，$\overline{X} = \frac{1}{n}\sum\limits_{i=1}^{n} X_i$，则 θ 的矩估计为：

A. $\overline{X}$

B. $2\overline{X}$

C. $2\overline{X} - 1$

D. $2\overline{X} + 1$

25. 关于温度的意义，有下列几种说法：

（1）气体的温度是分子平均平动动能的量度；

（2）气体的温度是大量气体分子热运动的集体表现，具有统计意义；

（3）温度的高低反映物质内部分子运动剧烈程度的不同；

（4）从微观上看，气体的温度表示每个气体分子的冷热程度。

这些说法中正确的是：

A.（1）、（2）、（4）

B.（1）、（2）、（3）

C.（2）、（3）、（4）

D.（1）、（3）、（4）

26. 设 $\bar{v}$ 代表气体分子运动的平均速率，v_p 代表气体分子运动的最概然速率，$(\bar{v}^2)^{\frac{1}{2}}$ 代表气体分子运动的方均根速率，处于平衡状态下的理想气体，三种速率关系正确的是：

A. $(\bar{v}^2)^{\frac{1}{2}} = \bar{v} = v_p$

B. $\bar{v} = v_p < (\bar{v}^2)^{\frac{1}{2}}$

C. $v_p < \bar{v} < (\bar{v}^2)^{\frac{1}{2}}$

D. $v_p > \bar{v} < (\bar{v}^2)^{\frac{1}{2}}$

27. 理想气体向真空做绝热膨胀：

A. 膨胀后，温度不变，压强减小

B. 膨胀后，温度降低，压强减小

C. 膨胀后，温度升高，加强减小

D. 膨胀后，温度不变，压强不变

28. 两个卡诺热机的循环曲线如图所示，一个工作在温度为T_1与T_3的两个热源之间，另一个工作在温度为T_1与T_3的两个热源之间，已知这两个循环曲线所包围的面积相等，由此可知：

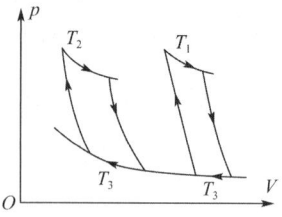

A. 两个热机的效率一定相等

B. 两个热机从高温热源所吸收的热量一定相等

C. 两个热机向低温热源所放出的热量一定相等

D. 两个热机吸收的热量与放出的热量（绝对值）的差值一定相等

29. 刚性双原子分子理想气体的定压摩尔热容量C_p与其定体摩尔热容量C_V之比，C_p/C_V等于：

A. $\dfrac{5}{3}$

B. $\dfrac{3}{5}$

C. $\dfrac{7}{5}$

D. $\dfrac{5}{7}$

30. 一横波沿绳子传播时，波的表达式为$y = 0.05\cos(4\pi x - 10\pi t)$（SI），则：

A. 波长为0.5m

B. 波速为5m/s

C. 波速为25m/s

D. 频率为2Hz

31. 火车疾驰而来时，人们听到的汽笛音调，与火车远离而去时人们听到的汽笛音调相比较，音调：

A. 由高变低

B. 由低变高

C. 不变

D. 是变高还是变低不能确定

32. 在波的传播过程中，若保持其他条件不变，仅使振幅增加一倍，则波的强度增加到：

A. 1 倍　　　　　　　　　　　　　B. 2 倍

C. 3 倍　　　　　　　　　　　　　D. 4 倍

33. 两列相干波，其表达式为 $y_1 = A\cos 2\pi\left(vt - \dfrac{x}{\lambda}\right)$ 和 $y_2 = A\cos 2\pi\left(vt + \dfrac{x}{\lambda}\right)$，在叠加后形成的驻波中，波腹处质元振幅为：

A. A　　　　　　　　　　　　　B. $-A$

C. $2A$　　　　　　　　　　　　　D. $-2A$

34. 在玻璃（折射率 $n_1 = 1.60$）表面镀一层 MgF_2（折射率 $n_2 = 1.38$）薄膜作为增透膜，为了使波长为 500nm（$1nm = 10^{-9}m$）的光从空气（$n_1 = 1.00$）正入射时尽可能少反射，MgF_2 薄膜的最小厚度应为：

A. 78.1nm　　　　　　　　　　　B. 90.6nm

C. 125nm　　　　　　　　　　　　D. 181nm

35. 在单缝衍射实验中，若单缝处波面恰好被分成奇数个半波带，在相邻半波带上，任何两个对应点所发出的光在明条纹处的光程差为：

A. λ　　　　　　　　　　　　B. 2λ

C. $\lambda/2$　　　　　　　　　　　D. $\lambda/4$

36. 在双缝干涉实验中，用单色自然光，在屏上形成干涉条纹。若在两缝后放一个偏振片，则：

A. 干涉条纹的间距不变，但明纹的亮度加强

B. 干涉条纹的间距不变，但明纹的亮度减弱

C. 干涉条纹的间距变窄，但明纹的亮度减弱

D. 无干涉条纹

37. 下列元素中第一电离能最小的是：

A. H

B. Li

C. Na

D. K

38. $H_2C=HC-CH=CH_2$ 分子中所含化学键共有：

A. 4 个 σ 键，2 个 π 键

B. 9 个 σ 键，2 个 π 键

C. 7 个 σ 键，4 个 π 键

D. 5 个 σ 键，4 个 π 键

39. 在 NaCl，$MgCl_2$，$AlCl_3$，$SiCl_4$ 四种物质的晶体中，离子极化作用最强的是：

A. NaCl

B. $MgCl_2$

C. $AlCl_3$

D. $SiCl_4$

40. pH = 2 溶液中的 $c(OH^-)$ 是 pH = 4 溶液中 $c(OH^-)$ 的：

A. 2 倍

B. 1/2

C. 1/100

D. 100 倍

41. 某反应在 298K 及标准状态下不能自发进行，当温度升高到一定值时，反应能自发进行，下列符合此条件的是：

A. $\Delta_r H_m^\ominus > 0$，$\Delta_r S_m^\ominus > 0$

B. $\Delta_r H_m^\ominus < 0$，$\Delta_r S_m^\ominus < 0$

C. $\Delta_r H_m^\ominus < 0$，$\Delta_r S_m^\ominus > 0$

D. $\Delta_r H_m^\ominus > 0$，$\Delta_r S_m^\ominus < 0$

42. 下列物质水溶液 pH > 7 的是：

A. NaCl

B. Na_2CO_3

C. $Al_2(SO_4)_3$

D. $(NH_4)_2SO_4$

43. 已知 $E^\ominus(Fe^{3+}/Fe^{2+}) = 0.77V$，$E^\ominus(MnO_4^-/Mn^{2+}) = 1.51V$，当同时提高两电对酸度时，两电对电极电势数值的变化下列正确的是：

A. $E^\ominus(Fe^{3+}/Fe^{2+})$ 变小，$E^\ominus(MnO_4^-/Mn^{2+})$ 变大

B. $E^\ominus(Fe^{3+}/Fe^{2+})$ 变大，$E^\ominus(MnO_4^-/Mn^{2+})$ 变大

C. $E^\ominus(Fe^{3+}/Fe^{2+})$ 不变，$E^\ominus(MnO_4^-/Mn^{2+})$ 变大

D. $E^\ominus(Fe^{3+}/Fe^{2+})$ 不变，$E^\ominus(MnO_4^-/Mn^{2+})$ 不变

44. 分子式为 C_5H_{12} 的各种异构体中，所含甲基数和它的一氯代物的数目与下列情况相符的是：

    A. 2 个甲基，能生成 4 种一氯代物
        B. 3 个甲基，能生成 5 种一氯代物

    C. 3 个甲基，能生成 4 种一氯代物
        D. 4 个甲基，能生成 4 种一氯代物

45. 在下列有机物中，经催化加氢反应后不能生成 2-甲基戊烷的是：

    A. $CH_2{=}CCH_2CH_2CH_3$
           B. $(CH_3)_2CHCH_2CH{=}CH_2$
            |
            CH_3

    C. $CH_3C{=}CHCH_2CH_3$
            D. $CH_3CH_2CHCH{=}CH_2$
         |
         CH_3
                                   CH_3

46. 以下是分子式为 $C_5H_{12}O$ 的有机物，其中能被氧化为含相同碳原子数的醛的化合物是：

    ① $CH_2CH_2CH_2CH_2CH_3$
                                 ② $CH_3CHCH_2CH_2CH_3$
      |
      OH
                                        |
                                        OH

    ③ $CH_3CH_2CHCH_2CH_3$
                               ④ $CH_3CHCH_2CH_3$
           |
           OH
                                       |
                                     CH_2OH

    A. ①②
                       B. ③④

    C. ①④
                       D. 只有①

47. 图示三角刚架中，若将作用于构件 **BC** 上的力 **F** 沿其作用线移至构件 **AC** 上，则 **A**、**B**、**C** 处约束力的大小：

    A. 都不变

    B. 都改变

    C. 只有 C 处改变

    D. 只有 C 处不改变

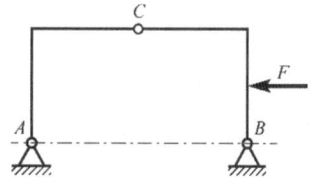

48. 平面力系如图所示，已知：$F_1 = 160N$，$M = 4N \cdot m$，则力系向 **A** 点简化后的主矩大小应为：

    A. $M_A = 4N \cdot m$

    B. $M_A = 1.2N \cdot m$

    C. $M_A = 1.6N \cdot m$

    D. $M_A = 0.8N \cdot m$

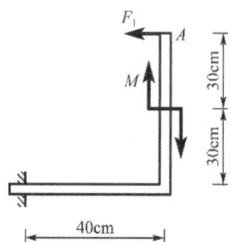

49. 图示承重装置，B、C、D、E处均为光滑铰链连接，各杆和滑轮的重量略去不计，已知：a，r，F_p。

则固定端A的约束力偶为：

A. $M_A = F_p \times \left(\dfrac{a}{2} + r\right)$（顺时针）

B. $M_A = F_p \times \left(\dfrac{a}{2} + r\right)$（逆时针）

C. $M_A = F_p r$（逆时针）

D. $M_A = \dfrac{a}{2} F_p$（顺时针）

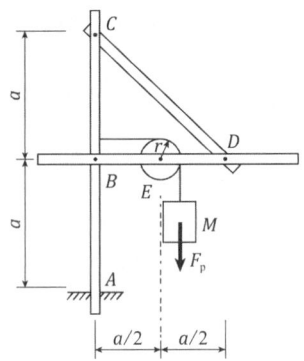

50. 判断图示桁架结构中，内力为零的杆数是：

A. 3

B. 4

C. 5

D. 6

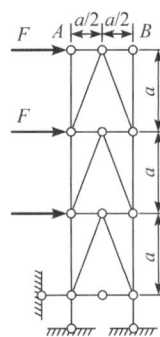

51. 汽车匀加速运动，在 10s 内，速度由 0 增加到5m/s。则汽车在此时间内行驶的距离为：

A. 25m   B. 50m

C. 75m   D. 100m

52. 物体作定轴转动的运动方程为$\varphi = 4t - 3t^2$（φ以rad计，t以s计），则此物体内转动半径$r = 0.5$m的一点在$t = 1$s时的速度和切向加速度的大小分别为：

A. -2m/s，-20m/s^2

B. -1m/s，-3m/s^2

C. -2m/s，-8.54m/s^2

D. 0，-20.2m/s^2

53. 如图所示机构中，曲柄$OA = r$，以常角速度ω转动。则滑动构件BC的速度、加速度的表达式分别为：

A. $r\omega\sin\omega t$，$r\omega\cos\omega t$

B. $r\omega\cos\omega t$，$r\omega^2\sin\omega t$

C. $r\sin\omega t$，$r\omega\cos\omega t$

D. $r\omega\sin\omega t$，$r\omega^2\cos\omega t$

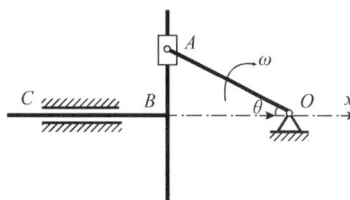

54. 重力为W的货物由电梯载运下降，当电梯加速下降、匀速下降及减速下降时，货物对地板的压力分别为F_1、F_2、F_3，则它们之间的关系正确的是：

A. $F_1 = F_2 = F_3$

B. $F_1 > F_2 > F_3$

C. $F_1 < F_2 < F_3$

D. $F_1 < F_2 > F_3$

55. 均质圆盘的质量为m，半径为R，在铅垂平面内绕O轴转动，图示瞬时角速度为ω，则其对O轴的动量矩大小为：

A. $mR\omega$

B. $\dfrac{1}{2}mR\omega$

C. $\dfrac{1}{2}mR^2\omega$

D. $\dfrac{3}{2}mR^2\omega$

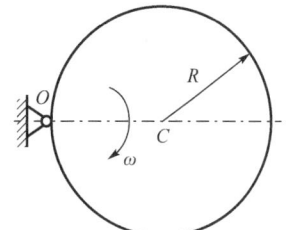

56. 均质圆柱体半径为R，质量为m，绕关于对纸面垂直的固定水平轴自由转动，初瞬时静止$\theta = 0°$，如图所示，则圆柱体在任意位置θ时的角速度为：

A. $\sqrt{\dfrac{4g(1-\sin\theta)}{3R}}$

B. $\sqrt{\dfrac{4g(1-\cos\theta)}{3R}}$

C. $\sqrt{\dfrac{2g(1-\cos\theta)}{3R}}$

D. $\sqrt{\dfrac{g(1-\cos\theta)}{2R}}$

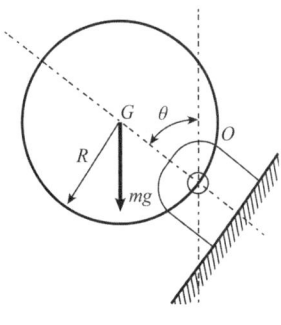

57. 质量为m的物体 A，置于水平成θ角的倾面 B 上，如图所示，A 与 B 间的摩擦系数为f，当保持 A 与 B 一起以加速度a水平向右运动时，则物块 A 的惯性力是：

A. $ma(\leftarrow)$

B. $ma(\rightarrow)$

C. $ma(\nearrow)$

D. $ma(\swarrow)$

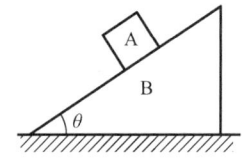

58. 一无阻尼弹簧—质量系统受简谐激振力作用，当激振频率$\omega_1 = 6\text{rad/s}$时，系统发生共振，给质量块增加 1kg 的质量后重新试验，测得共振频率$\omega_2 = 5.86\text{rad/s}$。则原系统的质量及弹簧刚度系数是：

A. 19.69kg，623.55N/m

B. 20.69kg，623.55N/m

C. 21.69kg，744.84N/m

D. 20.69kg，744.84N/m

59. 图示四种材料的应力-应变曲线中，强度最大的材料是：

A. A

B. B

C. C

D. D

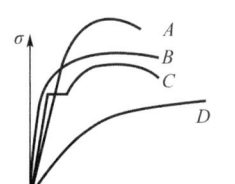

60. 图示等截面直杆，杆的横截面面积为A，材料的弹性模量为E，在图示轴向荷载作用下杆的总伸长度为：

A. $\Delta L = 0$

B. $\Delta L = \dfrac{FL}{4EA}$

C. $\Delta L = \dfrac{FL}{2EA}$

D. $\Delta L = \dfrac{FL}{EA}$

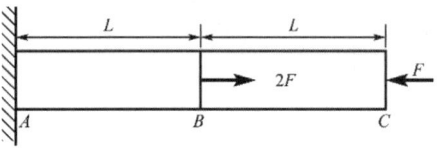

61. 两根木杆用图示结构连接，尺寸如图所示，在轴向外力F作用下，可能引起连接结构发生剪切破坏的名义切应力是：

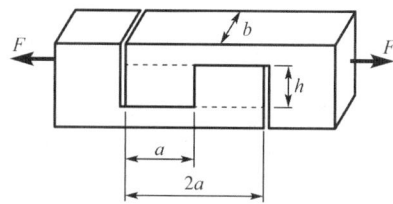

A. $\tau = \dfrac{F}{ab}$

B. $\tau = \dfrac{F}{ah}$

C. $\tau = \dfrac{F}{bh}$

D. $\tau = \dfrac{F}{2ab}$

62. 扭转切应力公式$\tau_\rho = \rho \dfrac{T}{I_p}$适用的杆件是：

A. 矩形截面杆

B. 任意实心截面杆

C. 弹塑性变形的圆截面杆

D. 线弹性变形的圆截面杆

63. 已知实心圆轴按强度条件可承担的最大扭矩为T，若改变该轴的直径，使其横截面积增加1倍，则可承担的最大扭矩为：

A. $\sqrt{2}T$

B. $2T$

C. $2\sqrt{2}T$

D. $4T$

64. 在下列关于平面图形几何性质的说法中，错误的是：

A. 对称轴必定通过图形形心

B. 两个对称轴的交点必为图形形心

C. 图形关于对称轴的静矩为零

D. 使静矩为零的轴必为对称轴

65. 悬臂梁的载荷情况如图所示，若有集中力偶m在梁上移动，则梁的内力变化情况是：

A. 剪力图、弯矩图均不变

B. 剪力图、弯矩图均改变

C. 剪力图不变，弯矩图改变

D. 剪力图改变，弯矩图不变

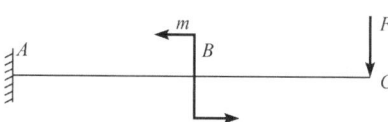

66. 图示悬臂梁，若梁的长度增加 1 倍，则梁的最大正应力和最大切应力与原来相比：

A. 均不变

B. 均为原来的 2 倍

C. 正应力为原来的 2 倍，剪应力不变

D. 正应力不变，剪应力为原来的 2 倍

67. 简支梁受力如图所示，梁的正确挠曲线是图示四条曲线中的：

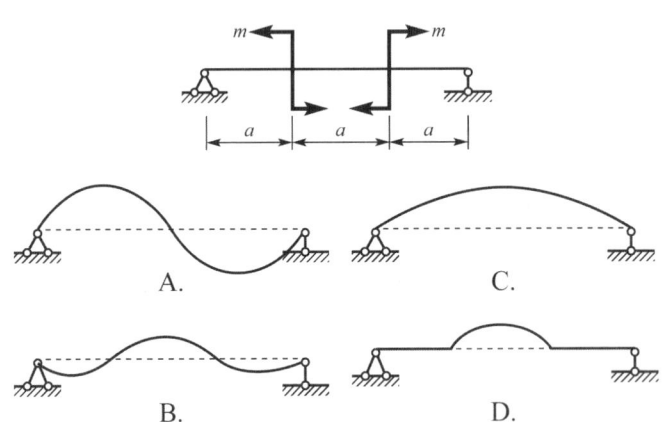

68. 两单元体分别如图 a）、b）所示。关于其主应力和主方向，下列论述正确的是：

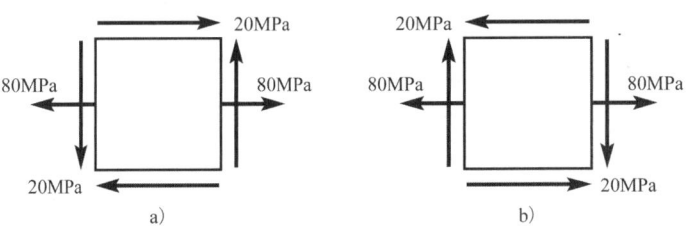

A. 主应力大小和方向均相同

B. 主应力大小相同，但方向不同

C. 主应力大小和方向均不同

D. 主应力大小不同，但方向均相同

69. 图示圆轴截面面积为A，抗弯截面系数为W，若同时受到扭矩T、弯矩M和轴向内力F_N的作用，按第三强度理论，下面的强度条件表达式中正确的是：

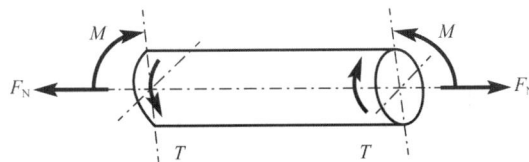

A. $\dfrac{F_N}{A} + \dfrac{1}{W}\sqrt{M^2 + T^2} \leqslant [\sigma]$

B. $\sqrt{\left(\dfrac{F_N}{A}\right)^2 + \left(\dfrac{M}{W}\right)^2 + \left(\dfrac{T}{2W}\right)^2} \leqslant [\sigma]$

C. $\sqrt{\left(\dfrac{F_N}{A} + \dfrac{M}{W}\right)^2 + \left(\dfrac{T}{W}\right)^2} \leqslant [\sigma]$

D. $\sqrt{\left(\dfrac{F_N}{A} + \dfrac{M}{W}\right)^2 + 4\left(\dfrac{T}{W}\right)^2} \leqslant [\sigma]$

70. 图示四根细长（大柔度）压杆，弯曲刚度为EI。其中具有最大临界荷载F_{cr}的压杆是：

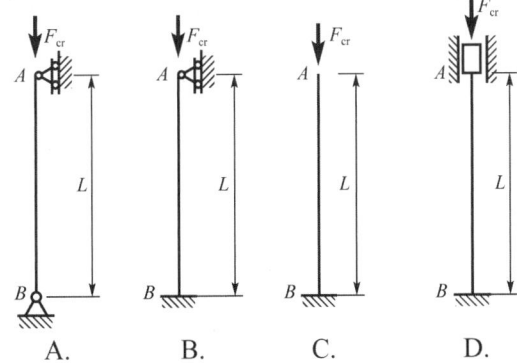

A.　　　　B.　　　　C.　　　　D.

71. 连续介质假设意味着是：

A. 流体分子相互紧连

B. 流体的物理量是连续函数

C. 流体分子间有间隙

D. 流体不可压缩

72. 盛水容器形状如图所示，已知$h_1 = 0.9\text{m}$，$h_2 = 0.4\text{m}$，$h_3 = 1.1\text{m}$，$h_4 = 0.75\text{m}$，$h_5 = 1.33\text{m}$，则下列各点的相对压强正确的是：

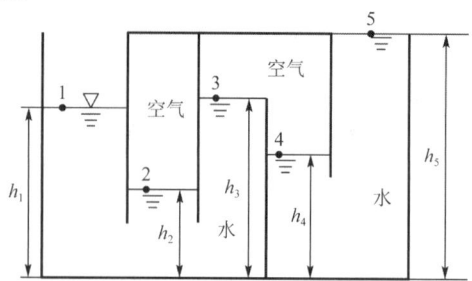

A. $p_1 = 0$，$p_2 = 4.90\text{kPa}$，$p_3 = -1.96\text{kPa}$，$p_4 = -1.96\text{kPa}$，$p_5 = -7.64\text{kPa}$

B. $p_1 = -4.90\text{kPa}$，$p_2 = 0$，$p_3 = -6.86\text{kPa}$，$p_4 = -6.86\text{kPa}$，$p_5 = -19.4\text{kPa}$

C. $p_1 = 1.96\text{kPa}$，$p_2 = 6.86\text{kPa}$，$p_3 = 0$，$p_4 = 0$，$p_5 = -5.68\text{kPa}$

D. $p_1 = 7.64\text{kPa}$，$p_2 = 12.54\text{kPa}$，$p_3 = 5.68\text{kPa}$，$p_4 = 5.68\text{kPa}$，$p_5 = 0$

73. 流体的连续性方程$v_1 A_1 = v_2 A_2$适用于：

A. 可压缩流体   B. 不可压缩流体

C. 理想流体   D. 任何流体

74. 尼古拉兹实验曲线中，当某管路流动在紊流光滑区时，随着雷诺数 Re 的增大，其沿程损失系数λ将：

A. 增大   B. 减小

C. 不变   D. 增大或减小

75. 正常工作条件下的薄壁小孔口d_1与圆柱形外管嘴d_2相等，作用水头H相等，则孔口与管嘴的流量关系正确的是：

A. $Q_1 > Q_2$ B. $Q_1 < Q_2$

C. $Q_1 = Q_2$ D. 条件不足无法确定

76. 半圆形明渠，半径$r_0 = 4\text{m}$，水力半径为：

A. 4m   B. 3m

C. 2m   D. 1m

77. 有一完全井，半径$r_0 = 0.3$m，含水层厚度$H = 15$m，抽水稳定后，井水深度$h = 10$m，影响半径$R = 375$m，已知井的抽水量是0.0276m³/s，则土壤的渗透系数k为：

   A. 0.0005m/s　　　　　　　　　　B. 0.0015m/s

   C. 0.0010m/s　　　　　　　　　　D. 0.00025m/s

78. L为长度量纲，T为时间量纲，则沿程损失系数λ的量纲为：

   A. L　　　　　　　　　　　　　　B. L/T

   C. L^2/T　　　　　　　　　　　D. 无量纲

79. 图示铁芯线圈通以直流电流I，并在铁芯中产生磁通Φ，线圈的电阻为R，那么线圈两端的电压为：

   A. $U = IR$

   B. $U = N\dfrac{\mathrm{d}\Phi}{\mathrm{d}t}$

   C. $U = -N\dfrac{\mathrm{d}\Phi}{\mathrm{d}t}$

   D. $U = 0$

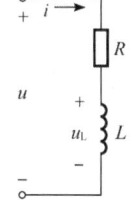

80. 图示电路，如下关系成立的是：

   A. $R = \dfrac{u}{i}$

   B. $u = i(R + L)$

   C. $i = L\dfrac{\mathrm{d}u}{\mathrm{d}t}$

   D. $u_L = L\dfrac{\mathrm{d}i}{\mathrm{d}t}$

81. 图示电路，电流I_s为：

   A. -0.8A

   B. 0.8A

   C. 0.6A

   D. -0.6A

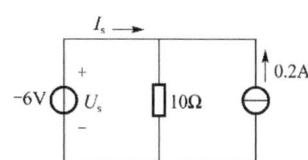

82. 图示电流$i(t)$和电压$u(t)$的相量分别为：

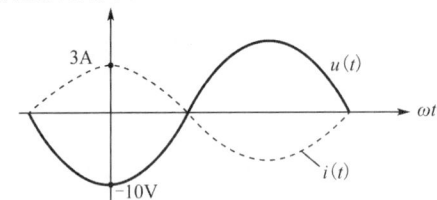

    A. $\dot{I} = j2.12\text{A}$，$\dot{U} = -j7.07\text{V}$

    B. $\dot{I} = 2.12\angle 90°\text{A}$，$\dot{U} = -7.07\angle -90°\text{V}$

    C. $\dot{I} = j3\text{A}$，$\dot{U} = -j10\text{V}$

    D. $\dot{I} = 3\text{A}$，$\dot{U}_\text{m} = -10\text{V}$

83. 额定容量为20kV·A、额定电压为220V的某交流电源，有功功率为8kW、功率因数为0.6的感性负载供电后，负载电流的有效值为：

    A. $\dfrac{20\times10^3}{220} = 90.9\text{A}$

    B. $\dfrac{8\times10^3}{0.6\times220} = 60.6\text{A}$

    C. $\dfrac{8\times10^3}{220} = 36.36\text{A}$

    D. $\dfrac{20\times10^3}{0.6\times220} = 151.5\text{A}$

84. 图示电路中，电感及电容元件上没有初始储能，开关 S 在$t = 0$时刻闭合，那么，在开关闭合瞬间$(t = 0)$，电路中取值为 10V 的电压是：

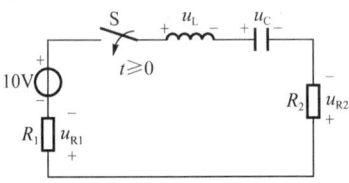

    A. u_L B. u_C

    C. $u_\text{R1}+U_\text{R2}$ D. u_R2

85. 设图示变压器为理想器件，且 $u_s = 90\sqrt{2}\sin\omega t\,\text{V}$，开关 S 闭合时，信号源的内阻 R_1 与信号源右侧电路的等效电阻相等，那么，开关 S 断开后，电压 u_1：

A. 因变压器的匝数比 k、电阻 R_L 和 R_1 未知而无法确定

B. $u_1 = 45\sqrt{2}\sin\omega t\,\text{V}$

C. $u_1 = 60\sqrt{2}\sin\omega t\,\text{V}$

D. $u_1 = 30\sqrt{2}\sin\omega t\,\text{V}$

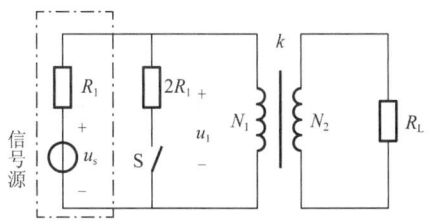

86. 三相异步电动机在满载启动时，为了不引起电网电压的过大波动，则应该采用的异步电动机类型和启动方案是：

A. 鼠笼式电动机和 Y-△ 降压启动

B. 鼠笼式电动机和自耦调压器降压启动

C. 绕线式电动机和转子绕组串电阻启动

D. 绕线式电动机和 Y-△ 降压启动

87. 在模拟信号、采样信号和采样保持信号这几种信号中，属于连续时间信号的是：

A. 模拟信号与采样保持信号　　　　B. 模拟信号和采样信号

C. 采样信号与采样保持信号　　　　D. 采样信号

88. 模拟信号 $u_1(t)$ 和 $u_2(t)$ 的幅值频谱分别如图 a）和图 b）所示，则在时域中：

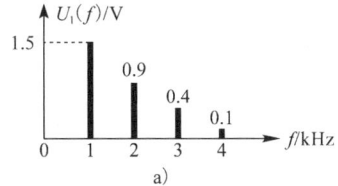
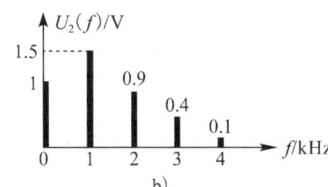

A. $u_1(t)$ 和 $u_2(t)$ 是同一个函数

B. $u_1(t)$ 和 $u_2(t)$ 都是离散时间函数

C. $u_1(t)$ 和 $u_2(t)$ 都是周期性连续时间函数

D. $u_1(t)$ 是非周期性时间函数，$u_2(t)$ 是周期性时间函数

89. 放大器在信号处理系统中的作用是：

A. 从信号中提取有用信息 　　　　B. 消除信号中的干扰信号

C. 分解信号中的谐波成分 　　　　D. 增强信号的幅值以便后续处理

90. 对逻辑表达式$ABC + A\overline{B} + AB\overline{C}$的化简结果是：

A. A 　　　　　　　　　　　　B. $A\overline{B}$

C. AB 　　　　　　　　　　　　D. $AB\overline{C}$

91. 已知数字信号A和数字信号B的波形如图所示，则数字信号$F = \overline{A + B}$的波形为：

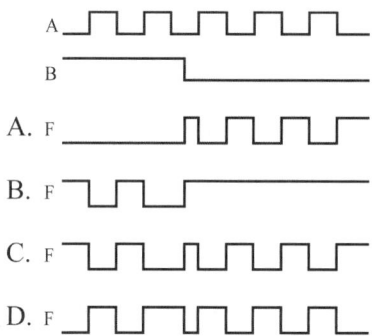

92. 逻辑函数$F = f(A, B, C)$的真值表如下所示，由此可知：

A	B	C	F
0	0	0	0
0	0	1	1
0	1	0	1
0	1	1	0
1	0	0	0
1	0	1	0
1	1	0	0
1	1	1	0

A. $F = \overline{A}\,\overline{B}C + B\overline{C}$

B. $F = \overline{A}\,\overline{B}C + \overline{A}B\overline{C}$

C. $F = \overline{A}\,\overline{B}\,\overline{C} + \overline{A}BC$

D. $F = A\overline{B}\,\overline{C} + ABC$

93. 二极管应用电路如图所示，图中，$u_A = 1V$，$u_B = 5V$，$R = 1k\Omega$，设二极管均为理想器件，则电流

$i_R =$

A. 5mA

B. 1mA

C. 6mA

D. 0mA

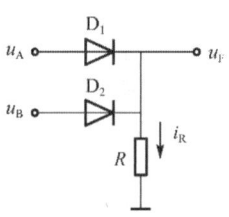

94. 图示电路中，能够完成加法运算的电路：

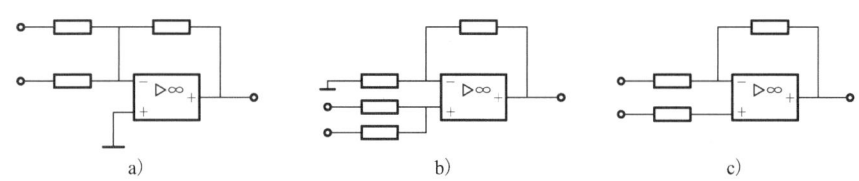

A. 是图 a）和图 b）　　　　　　B. 仅是图 a）

C. 仅是图 b）　　　　　　　　　D. 是图 c）

95. 图 a）示电路中，复位信号及时钟脉冲信号如图 b）所示，经分析可知，在 t_1 时刻，输出 Q_{JK} 和 Q_D 分别等于：

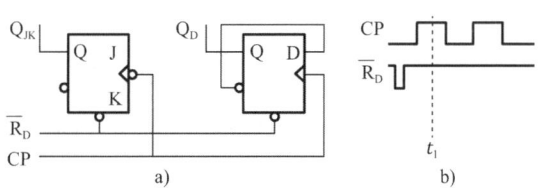

A. 0　0　　　　　　　　　　　B. 0　1

C. 1　0　　　　　　　　　　　D. 1　1

附：D 触发器的逻辑状态表为

D	Q_{n+1}
0	0
1	1

JK 触发器的逻辑状态表为

J	K	Q_{n+1}
0	0	Q_n
0	1	0
1	0	1
1	1	$\overline{Q}_n$

96. 图 a）示时序逻辑电路的工作波形如图 b）所示，由此可知，图 a）电路是一个：

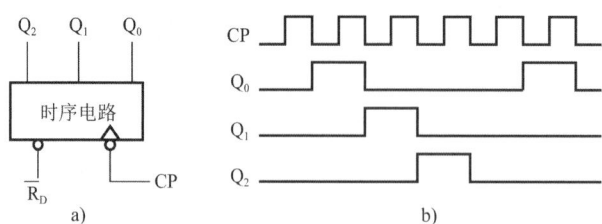

A. 右移寄存器   B. 三进制计数器

C. 四进制计数器   D. 五进制计数器

97. 根据冯·诺依曼结构原理，计算机的 CPU 是由：

A. 运算器、控制器组成   B. 运算器、寄存器组成

C. 控制器、寄存器组成   D. 运算器、存储器组成

98. 在计算机内，为有条不紊地进行信息传输操作，要用总线将硬件系统中的各个部件：

A. 连接起来   B. 串接起来

C. 集合起来   D. 耦合起来

99. 若干台计算机相互协作完成同一任务的操作系统属于：

A. 分时操作系统   B. 嵌入式操作系统

C. 分布式操作系统   D. 批处理操作系统

100. 计算机可以直接执行的程序是用：

A. 自然语言编制的程序   B. 汇编语言编制的程序

C. 机器语言编制的程序   D. 高级语言编制的程序

101. 汉字的国标码是用两个字节码表示的，为与 ASCII 码区别，是将两个字节的最高位：

A. 都置成 0   B. 都置成 1

C. 分别置成 1 和 0   D. 分别置成 0 和 1

102. 下列所列的四条存储容量单位之间换算表达式中，正确的一条是：

A. 1GB = 1024B   B. 1GB = 1024KB

C. 1GB = 1024MB   D. 1GB = 1024TB

103. 下列四条关于防范计算机病毒的方法中，并非有效的一条是：

A. 不使用来历不明的软件   B. 安装防病毒软件

C. 定期对系统进行病毒检测   D. 计算机使用完后锁起来

104. 下面四条描述操作系统与其他软件明显不同的特征中，正确的一条是：

A. 并发性、共享性、随机性   B. 共享性、随机性、动态性

C. 静态性、共享性、同步性   D. 动态性、并发性、异步性

105. 构成信息化社会的主要技术支柱有三个，它们是：

A. 计算机技术、通信技术和网络技术

B. 数据库技术、计算机技术和数字技术

C. 可视技术、大规模集成技术、网络技术

D. 动画技术、网络技术、通信技术

106. 为有效防范网络中的冒充、非法访问等威胁，应采用的网络安全技术是：

A. 数据加密技术   B. 防火墙技术

C. 身份验证与鉴别技术   D. 访问控制与目录管理技术

107. 某项目向银行借款，按半年复利计息，年实际利率为8.6%，则年名义利率为：

A. 8%   B. 8.16%

C. 8.24%   D. 8.42%

108. 对于国家鼓励发展的缴纳增值税的经营性项目，可以获得增值税的优惠。在财务评价中，先征后返的增值税应记作项目的：

A. 补贴收入   B. 营业收入

C. 经营成本   D. 营业外收入

109. 下列筹资方式中，属于项目资本金的筹集方式的是：

A. 银行贷款   B. 政府投资

C. 融资租赁   D. 发行债券

110. 某建设项目预计第三年息税前利润为200万元，折旧与摊销为30万元，所得税为20万元，项目生产期第三年应还本付息金额为100万元。则该年偿债备付率为：

A. 1.5万元   B. 1.9万元

C. 2.1万元   D. 2.5万元

111. 在进行融资前项目投资现金流量分析时，现金流量应包括：

A. 资产处置收益分配   B. 流动资金

C. 借款本金偿还   D. 借款利息偿还

112. 某拟建生产企业设计年产 6 万t化工原料，年固定成本为 1000 万元，单位可变成本、销售税金和单位产品增值税之和为800 元/t，单位产品售价为1000 元/t。销售收入和成本费用均采用含税价格表示。以生产能力利用率表示的盈亏平衡点为：

A. 9.25%   B. 21%   C. 66.7%   D. 83.3%

113. 某项目有甲、乙两个建设方案，投资分别为 500 万元和 1000 万元，项目期均为 10 年，甲项目年收益为 140 万元，乙项目年收益为 250 万元。假设基准收益率为10%，则两项目的差额净现值为：

[已知：$(P/A, 10\%, 10) = 6.1446$]

A. 175.9 万元   B. 360.24 万元

C. 536.14 万元   D. 896.38 万元

114. 某项目打算采用甲工艺进行施工，但经广泛的市场调研和技术论证后，决定用乙工艺代替甲工艺，并达到了同样的施工质量，且成本下降15%。根据价值工程原理，该项目提高价值的途径是：

A. 功能不变，成本降低

B. 功能提高，成本降低

C. 功能和成本均下降，但成本降低幅度更大

D. 功能提高，成本不变

115. 某投资亿元的建设工程，建设工期 3 年，建设单位申请领取施工许可证，经审查该申请不符合法定条件的是：

A. 已取得该建设工程规划许可证

B. 已依法确定施工单位

C. 到位资金达到投资额的30%

D. 该建设工程设计已经发包由某设计单位完成

116. 根据《中华人民共和国安全生产法》，组织制定并实施本单位的生产安全事故应急救援预案的责任人是：

A. 项目负责人   B. 安全生产管理人员

C. 单位主要负责人   D. 主管安全的负责人

117. 根据《中华人民共和国招标投标法》，下列工程建设项目，项目的勘察、设计、施工、监理以及与工程建设有关的重要设备、材料等的采购，按照国家有关规定可不进行招标的是：

A. 大型基础设施、公用事业等关系社会公共利益、公众安全的项目

B. 全部或者部分使用国有资金投资或者国家融资的项目

C. 使用国际组织或者外国政府贷款、援助基金的项目

D. 利用扶贫资金实行以工代赈、需要使用农民工的项目

118. 订立合同需要经过要约和承诺两个阶段，下列关于要约的说法，错误的是：

A. 要约是希望和他人订立合同的意思表示

B. 要约内容应当具体明确

C. 要约是吸引他人向自己提出订立合同的意思表示

D. 经受要约人承诺，要约人即受该意思表示约束

119. 根据《中华人民共和国行政许可法》，行政机关对申请人提出的行政许可申请，应当根据不同情况分别作出处理。下列行政机关的处理，符合规定的是：

A. 申请事项依法不需要取得行政许可的，应当即时告知申请人向有关行政机关申请

B. 申请事项依法不属于本行政机关职权范围内的，应当即时告知申请人不需申请

C. 申请材料存在可以当场更正的错误的，应当告知申请人3日内补正

D. 申请材料不齐全，应当当场或者在5日内一次告知申请人需要补正的全部内容

120. 根据《建设工程质量管理条例》，下列有关建设单位的质量责任和义务的说法，正确的是：

A. 建设工程发包单位不得暗示承包方以低价竞标

B. 建设单位在办理工程质量监督手续前，应当领取施工许可证

C. 建设单位可以明示或者暗示设计单位违反工程建设强制性标准

D. 建设单位提供的与建设工程有关的原始资料必须真实、准确、齐全

2020 年度全国勘察设计注册工程师

执业资格考试试卷

基础考试
（上）

二〇二〇年十月

应考人员注意事项

1. 本试卷科目代码为"1"，考生务必将此代码填涂在答题卡"科目代码"相应的栏目内，否则，无法评分。

2. 书写用笔：**黑色或蓝色钢笔、签字笔或圆珠笔**；

   填涂答题卡用笔：**黑色 2B 铅笔**。

3. 必须用书写用笔将工作单位、姓名、准考证号填写在答题卡和试卷相应的栏目内。

4. 本试卷由 120 题组成，每题 1 分，满分 120 分，本试卷全部为单项选择题，每小题的四个备选项中只有一个正确答案，错选、多选、不选均不得分。

5. 考生作答时，必须按**题号在答题卡上**将相应试题所选选项对应的**字母用 2B 铅笔涂黑**。

6. 在答题卡上书写与题意无关的语言，或在答题卡上作标记的，均按违纪试卷处理。

7. 考试结束时，由监考人员当面将试卷、答题卡一并收回。

8. 草稿纸由各地统一配发，考后收回。

单项选择题（共120题，每题1分。每题的备选项中只有一个最符合题意。）

1. 当$x \to +\infty$时，下列函数为无穷大量的是：

   A. $\frac{1}{2+x}$

   B. $x \cos x$

   C. $e^{3x} - 1$

   D. $1 - \arctan x$

2. 设函数$y = f(x)$满足$\lim\limits_{x \to x_0} f'(x) = \infty$，且曲线$y = f(x)$在$x = x_0$处有切线，则此切线：

   A. 与ox轴平行

   B. 与oy轴平行

   C. 与直线$y = -x$平行

   D. 与直线$y = x$平行

3. 设可微函数$y = y(x)$由方程$\sin y + e^x - xy^2 = 0$所确定，则微分$\mathrm{d}y$等于：

   A. $\frac{-y^2+e^x}{\cos y - 2xy}\mathrm{d}x$

   B. $\frac{y^2+e^x}{\cos y - 2xy}\mathrm{d}x$

   C. $\frac{y^2+e^x}{\cos y + 2xy}\mathrm{d}x$

   D. $\frac{y^2-e^x}{\cos y - 2xy}\mathrm{d}x$

4. 设$f(x)$的二阶导数存在，$y = f(e^x)$，则$\frac{\mathrm{d}^2 y}{\mathrm{d}x^2}$等于：

   A. $f''(e^x)e^x$

   B. $[f''(e^x) + f'(e^x)]e^x$

   C. $f''(e^x)e^{2x} + f'(e^x)e^x$

   D. $f''(e^x)e^x + f'(e^x)e^{2x}$

5. 下列函数在区间$[-1,1]$上满足罗尔定理条件的是：

   A. $f(x) = \sqrt[3]{x^2}$

   B. $f(x) = \sin x^2$

   C. $f(x) = |x|$

   D. $f(x) = \frac{1}{x}$

6. 曲线$f(x) = x^4 + 4x^3 + x + 1$在区间$(-\infty, +\infty)$上的拐点个数是：

   A. 0

   B. 1

   C. 2

   D. 3

7. 已知函数$f(x)$的一个原函数是$1 + \sin x$，则不定积分$\int xf'(x)\mathrm{d}x$等于：

   A. $(1 + \sin x)(x - 1) + C$

   B. $x \cos x - (1 + \sin x) + C$

   C. $-x \cos x + (1 + \sin x) + C$

   D. $1 + \sin x + C$

8. 由曲线$y = x^3$，直线$x = 1$和ox轴所围成的平面图形绕ox轴旋转一周所形成的旋转的体积是：

A. $\frac{\pi}{7}$

B. 7π

C. $\frac{\pi}{6}$

D. 6π

9. 设向量$\boldsymbol{\alpha} = (5,1,8)$，$\boldsymbol{\beta} = (3,2,7)$，若$\lambda\boldsymbol{\alpha} + \boldsymbol{\beta}$与$oz$轴垂直，则常数$\lambda$等于：

A. $\frac{7}{8}$

B. $-\frac{7}{8}$

C. $\frac{8}{7}$

D. $-\frac{8}{7}$

10. 过点$M_1(0,-1,2)$和$M_2(1,0,1)$且平行于z轴的平面方程是：

A. $x - y = 0$

B. $\frac{x}{1} = \frac{y+1}{-1} = \frac{z-2}{0}$

C. $x + y - 1 = 0$

D. $x - y - 1 = 0$

11. 过点$(1,2)$且切线斜率为$2x$的曲线$y = f(x)$应满足的关系式是：

A. $y' = 2x$

B. $y'' = 2x$

C. $y' = 2x$，$y(1) = 2$

D. $y'' = 2x$，$y(1) = 2$

12. 设D是由直线$y = x$和圆$x^2 + (y-1)^2 = 1$所围成且在直线$y = x$下方的平面区域，则二重积分$\iint\limits_{D} x \, dx \, dy$等于：

A. $\int_0^{\frac{\pi}{2}} \cos\theta \, d\theta \int_0^{2\cos\theta} \rho^2 \, d\rho$

B. $\int_0^{\frac{\pi}{2}} \sin\theta \, d\theta \int_0^{2\sin\theta} \rho^2 \, d\rho$

C. $\int_0^{\frac{\pi}{4}} \sin\theta \, d\theta \int_0^{2\sin\theta} \rho^2 \, d\rho$

D. $\int_0^{\frac{\pi}{4}} \cos\theta \, d\theta \int_0^{2\sin\theta} \rho^2 \, d\rho$

13. 已知y_0是微分方程$y'' + py' + qy = 0$的解，y_1是微分方程$y'' + py' + qy = f(x)[f(x) \neq 0]$的解，则下列函数中的微分方程$y'' + py' + qy = f(x)$的解是：

A. $y = y_0 + C_1 y_1$（C_1是任意常数）

B. $y = C_1 y_1 + C_2 y_0$（C_1、C_2是任意常数）

C. $y = y_0 + y_1$

D. $y = 2y_1 + 3y_0$

14. 设 $z = \dfrac{1}{x}e^{xy}$，则全微分 $\mathrm{d}z\big|_{(1,-1)}$ 等于：

A. $e^{-1}(\mathrm{d}x + \mathrm{d}y)$

B. $e^{-1}(-2\mathrm{d}x + \mathrm{d}y)$

C. $e^{-1}(\mathrm{d}x - \mathrm{d}y)$

D. $e^{-1}(\mathrm{d}x + 2\mathrm{d}y)$

15. 设 L 为从原点 $O(0,0)$ 到点 $A(1,2)$ 的有向直线段，则对坐标的曲线积分 $\int_L -y\mathrm{d}x + x\mathrm{d}y$ 等于：

A. 0

B. 1

C. 2

D. 3

16. 下列级数发散的是：

A. $\sum\limits_{n=1}^{\infty} \dfrac{n^2}{3n^4+1}$

B. $\sum\limits_{n=1}^{\infty} \dfrac{1}{\sqrt[3]{n(n-1)}}$

C. $\sum\limits_{n=1}^{\infty} \dfrac{(-1)^n}{\sqrt{n}}$

D. $\sum\limits_{n=1}^{\infty} \dfrac{5}{3^n}$

17. 设函数 $z = f^2(xy)$，其中 $f(u)$ 具有二阶导数，则 $\dfrac{\partial^2 z}{\partial x^2}$ 等于：

A. $2y^3 f'(xy)f''(xy)$

B. $2y^2[f'(xy) + f''(xy)]$

C. $2y\{[f'(xy)]^2 + f''(xy)\}$

D. $2y^2\{[f'(xy)]^2 + f(xy)f''(xy)\}$

18. 若幂级数 $\sum\limits_{n=1}^{\infty} a_n(x+2)^n$ 在 $x = 0$ 处收敛，在 $x = -4$ 处发散，则幂级数 $\sum\limits_{n=1}^{\infty} a_n(x-1)^n$ 的收敛域是：

A. $(-1, 3)$

B. $[-1, 3)$

C. $(-1, 3]$

D. $[-1, 3]$

19. 设 A 为 n 阶方阵，B 是只对调 A 的一、二列所得的矩阵，若 $|A| \neq |B|$，则下面结论中一定成立的是：

A. $|A|$ 可能为 0

B. $|A| \neq 0$

C. $|A + B| \neq 0$

D. $|A - B| \neq 0$

20. 设 $\boldsymbol{A} = \begin{bmatrix} 1 & x & 1 \\ x & 1 & y \\ 1 & y & 1 \end{bmatrix}$，$\boldsymbol{B} = \begin{bmatrix} 0 & 0 & 0 \\ 0 & 1 & 0 \\ 0 & 0 & 2 \end{bmatrix}$，且 $\boldsymbol{A}$ 与 $\boldsymbol{B}$ 相似，则下列结论中成立的是：

A. $x = y = 0$　　　　　　　　　　B. $x = 0$，$y = 1$

C. $x = 1$，$y = 0$　　　　　　　　D. $x = y = 1$

21. 若向量组 $\boldsymbol{\alpha}_1 = (a, 1, 1)^{\mathrm{T}}$，$\boldsymbol{\alpha}_2 = (1, a, -1)^{\mathrm{T}}$，$\boldsymbol{\alpha}_3 = (1, -1, a)^{\mathrm{T}}$ 线性相关，则 a 的取值为：

A. $a = 1$ 或 $a = -2$　　　　　　　B. $a = -1$ 或 $a = 2$

C. $a > 2$　　　　　　　　　　　　D. $a > -1$

22. 设 A、B 是两事件，$P(A) = \frac{1}{4}$，$P(B|A) = \frac{1}{3}$，$P(A|B) = \frac{1}{2}$，则 $P(A \cup B)$ 等于：

A. $\frac{3}{4}$　　　　　　　　　　　B. $\frac{3}{5}$

C. $\frac{1}{2}$　　　　　　　　　　　D. $\frac{1}{3}$

23. 设随机变量 X 与 Y 相互独立，方差 $D(X) = 1$，$D(Y) = 3$，则方差 $D(2X - Y)$ 等于：

A. 7　　　　　　　　　　　　　　B. -1

C. 1　　　　　　　　　　　　　　D. 4

24. 设随机变量 X 与 Y 相互独立，且 $X \sim N(\mu_1, \sigma_1^2)$，$Y \sim N(\mu_2, \sigma_2^2)$，则 $Z = X + Y$ 服从的分布是：

A. $N(\mu_1, \sigma_1^2 + \sigma_2^2)$　　　　　　B. $N(\mu_1 + \mu_2, \sigma_1 \sigma_2)$

C. $N(\mu_1 + \mu_2, \sigma_1^2 \sigma_2^2)$　　　　D. $N(\mu_1 + \mu_2, \sigma_1^2 + \sigma_2^2)$

25. 某理想气体分子在温度 T_1 时的方均根速率等于温度 T_2 时的最概然速率，则两温度之比 $\frac{T_2}{T_1}$ 等于：

A. $\frac{3}{2}$　　　　　　　　　　　B. $\frac{2}{3}$

C. $\sqrt{\frac{3}{2}}$　　　　　　　　　　D. $\sqrt{\frac{2}{3}}$

26. 一定量的理想气体经等压膨胀后，气体的：

A. 温度下降，做正功　　　　　　　B. 温度下降，做负功

C. 温度升高，做正功　　　　　　　D. 温度升高，做负功

27. 一定量的理想气体从初态经一热力学过程达到末态，如初、末态均处于同一温度线上，则此过程中的内能变化 ΔE 和气体做功 W 为：

A. $\Delta E = 0$，W 可正可负

B. $\Delta E = 0$，W 一定为正

C. $\Delta E = 0$，W 一定为负

D. $\Delta E > 0$，W 一定为正

28. 具有相同温度的氧气和氢气的分子平均速率之比 $\dfrac{\bar{v}_{O_2}}{\bar{v}_{H_2}}$ 为：

A. 1

B. $\dfrac{1}{2}$

C. $\dfrac{1}{3}$

D. $\dfrac{1}{4}$

29. 一卡诺热机，低温热源的温度为 27℃，热机效率为 40%，其高温热源温度为：

A. 500K

B. 45℃

C. 400K

D. 500℃

30. 一平面简谐波，波动方程为 $y = 0.02 \sin(\pi t + x)$ (SI)，波动方程的余弦形式为：

A. $y = 0.02 \cos\left(\pi t + x + \dfrac{\pi}{2}\right)$ (SI)

B. $y = 0.02 \cos\left(\pi t + x - \dfrac{\pi}{2}\right)$ (SI)

C. $y = 0.02 \cos(\pi t + x + \pi)$ (SI)

D. $y = 0.02 \cos\left(\pi t + x + \dfrac{\pi}{4}\right)$ (SI)

31. 一简谐波的频率 $\nu = 2000$Hz，波长 $\lambda = 0.20$m，则该波的周期和波速为：

A. $\dfrac{1}{2000}$s，400m/s

B. $\dfrac{1}{2000}$s，40m/s

C. 2000s，400m/s

D. $\dfrac{1}{2000}$s，20m/s

32. 两列相干波，其表达式分别为 $y_1 = 2A \cos 2\pi\left(\nu t - \dfrac{x}{2}\right)$ 和 $y_2 = A \cos 2\pi\left(\nu t + \dfrac{x}{2}\right)$，在叠加后形成的合成波中，波中质元的振幅范围是：

A. $A \sim 0$

B. $3A \sim 0$

C. $3A \sim -A$

D. $3A \sim A$

33. 图示为一平面简谐机械波在t时刻的波形曲线，若此时A点处媒质质元的弹性势能在减小，则：

A. A点处质元的振动动能在减小

B. A点处质元的振动动能在增加

C. B点处质元的振动动能在增加

D. B点处质元在正向平衡位置处运动

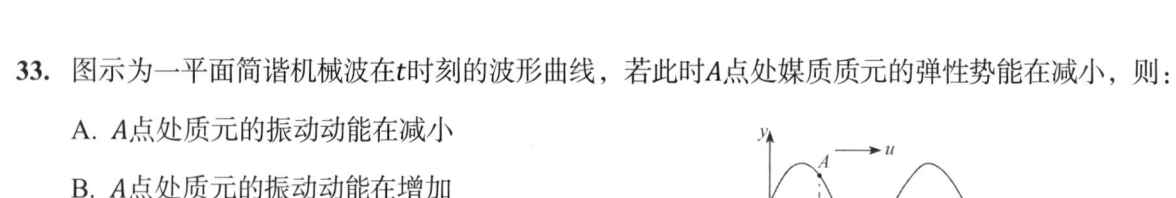

34. 在双缝干涉实验中，设缝是水平的，若双缝所在的平板稍微向上平移，其他条件不变，则屏上的干涉条纹：

A. 向下平移，且间距不变

B. 向上平移，且间距不变

C. 不移动，但间距改变

D. 向上平移，且间距改变

35. 在空气中有一肥皂膜，厚度为0.32μm（$1μm = 10^{-6}m$），折射率$n = 1.33$，若用白光垂直照射，通过反射，此膜呈现的颜色大体是：

A. 紫光（430nm）

B. 蓝光（470nm）

C. 绿光（566nm）

D. 红光（730nm）

36. 三个偏振片 P_1、P_2 与 P_3 堆叠在一起，P_1 和 P_3 的偏振化方向相互垂直，P_2 和 P_1 的偏振化方向间的夹角为 30°，强度为 I_0 的自然光垂直入射于偏振片 P_1，并依次通过偏振片 P_1、P_2 与 P_3，则通过三个偏振片后的光强为：

A. $I = I_0/4$

B. $I = I_0/8$

C. $I = 3I_0/32$

D. $I = 3I_0/8$

37. 主量子数$n = 3$的原子轨道最多可容纳的电子总数是：

A. 10   B. 8   C. 18   D. 32

38. 下列物质中，同种分子间不存在氢键的是：

A. HI

B. HF

C. NH_3

D. C_2H_5OH

39. 已知铁的相对原子质量是 56，测得 100mL 某溶液中含有 112mg 铁，则溶液中铁的浓度为：

A. $2mol \cdot L^{-1}$

B. $0.2mol \cdot L^{-1}$

C. $0.02mol \cdot L^{-1}$

D. $0.002mol \cdot L^{-1}$

40. 已知 $K^{\ominus}$(HOAc)= 1.8×10^{-5}，$0.1\,\text{mol} \cdot \text{L}^{-1}$ NaOAc 溶液的 pH 值为：

A. 2.87

B. 11.13

C. 5.13

D. 8.88

41. 在 298K，100kPa 下，反应 $2H_2(g) + O_2(g) = 2H_2O(l)$ 的 $\Delta_r H_m^{\ominus} = -572\,\text{kJ} \cdot \text{mol}^{-1}$，则 $H_2O(l)$ 的 $\Delta_f H_m^{\ominus}$ 是：

A. $572\,\text{kJ} \cdot \text{mol}^{-1}$

B. $-572\,\text{kJ} \cdot \text{mol}^{-1}$

C. $286\,\text{kJ} \cdot \text{mol}^{-1}$

D. $-286\,\text{kJ} \cdot \text{mol}^{-1}$

42. 已知 298K 时，反应 $N_2O_4(g) \rightleftharpoons 2NO_2(g)$ 的 $K^{\ominus} = 0.1132$，在 298K 时，如 $p(N_2O_4) = p(NO_2) = 100\text{kPa}$，则上述反应进行的方向是：

A. 反应向正向进行

B. 反应向逆向进行

C. 反应达平衡状态

D. 无法判断

43. 有原电池 $(-)Zn \mid ZnSO_4(C_1) \parallel CuSO_4(C_2) \mid Cu(+)$，如提高 $ZnSO_4$ 浓度 C_1 的数值，则原电池电动势：

A. 变大

B. 变小

C. 不变

D. 无法判断

44. 结构简式为 $(CH_3)_2CHCH(CH_3)CH_2CH_3$ 的有机物的正确命名是：

A. 2-甲基-3-乙基戊烷

B. 2，3-二甲基戊烷

C. 3，4-二甲基戊烷

D. 1，2-二甲基戊烷

45. 化合物对羟基苯甲酸乙酯，其结构式为 $HO-\bigcirc-COOC_2H_5$，它是一种常用的化妆品防霉剂。

下列叙述正确的是：

A. 它属于醇类化合物

B. 它既属于醇类化合物，又属于酯类化合物

C. 它属于醚类化合物

D. 它属于酚类化合物，同时还属于酯类化合物

46. 某高聚物分子的一部分为： $-CH_2-CH-CH_2-CH-CH_2-CH-$　在下列叙述中，正确的是：

COOCH$_3$　　COOCH$_3$　　COOCH$_3$

A. 它是缩聚反应的产物

B. 它的链节为 $-\underset{\underset{H}{|}}{\overset{\overset{CH_3}{|}}{C}}-\underset{\underset{COOCH_3}{|}}{\overset{\overset{H}{|}}{C}}-$

C. 它的单体为 $CH_2=CHCOOCH_3$ 和 $CH_2=CH_2$

D. 它的单体为 $CH_2=CHCOOCH_3$

47. 结构如图所示，杆 DE 的点 H 由水平绳拉住，其上的销钉 C 置于杆 AB 的光滑直槽中，各杆自重均不计。则销钉 C 处约束力的作用线与 x 轴正向所成的夹角为：

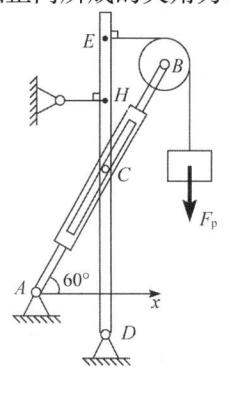

A. 0°　　　　　　　B. 90°　　　　　　　C. 60°　　　　　　　D. 150°

48. 直角构件受力 $F=150N$，力偶 $M=\dfrac{1}{2}Fa$ 作用，如图所示，$a=50cm$，$\theta=30°$，则该力系对 B 点的合力矩为：

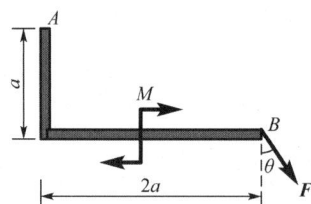

A. $M_B=3750N\cdot cm$（顺时针）　　　　　　B. $M_B=3750N\cdot cm$（逆时针）

C. $M_B=12990N\cdot cm$（逆时针）　　　　　　D. $M_B=12990N\cdot cm$（顺时针）

49. 图示多跨梁由 AC 和 CD 铰接而成，自重不计。已知 $q = 10\text{kN/m}$，$M = 40\text{kN} \cdot \text{m}$，$F = 2\text{kN}$ 作用在 AB 中点，且 $\theta = 45°$，$L = 2\text{m}$。则支座 D 的约束力为：

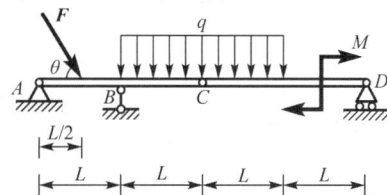

A. $F_D = 10\text{kN}$（铅垂向上）

B. $F_D = 15\text{kN}$（铅垂向上）

C. $F_D = 40.7\text{kN}$（铅垂向上）

D. $F_D = 14.3\text{kN}$（铅垂向下）

50. 图示物块重力 $F_p = 100\text{N}$ 处于静止状态，接触面处的摩擦角 $\varphi_m = 45°$，在水平力 $F = 100\text{N}$ 的作用下，物块将：

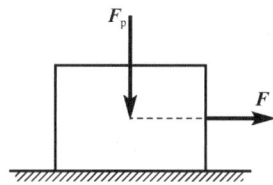

A. 向右加速滑动

B. 向右减速滑动

C. 向左加速滑动

D. 处于临界平衡状态

51. 已知动点的运动方程为 $x = t^2$，$y = 2t^4$，则其轨迹方程为：

A. $x = t^2 - t$

B. $y = 2t$

C. $y - 2x^2 = 0$

D. $y + 2x^2 = 0$

52. 一炮弹以初速度 v_0 和仰角 α 射出。对于图示直角坐标的运动方程为 $x = v_0 \cos \alpha t$，$y = v_0 \sin \alpha t - \frac{1}{2}gt^2$，则当 $t = 0$ 时，炮弹的速度大小为：

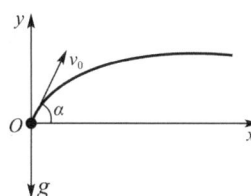

A. $v_0 \cos \alpha$

B. $v_0 \sin \alpha$

C. v_0

D. 0

53. 滑轮半径 $r = 50\text{mm}$，安装在发动机上旋转，其皮带的运动速度为20m/s，加速度为6m/s²。扇叶半径 $R = 75\text{mm}$，如图所示。则扇叶最高点 B 的速度和切向加速度分别为：

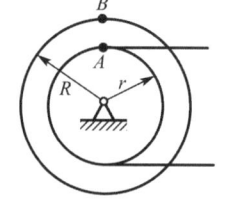

A. 30m/s，9m/s²

B. 60m/s，9m/s²

C. 30m/s，6m/s²

D. 60m/s，18m/s²

54. 质量为 m 的小球，放在倾角为 α 的光滑面上，并用平行于斜面的软绳将小球固定在图示位置，如斜面与小球均以加速度 a 向左运动，则小球受到斜面的约束力 N 应为：

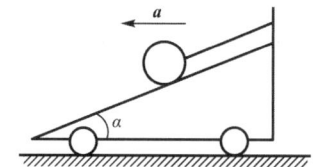

A. $N = mg\cos\alpha - ma\sin\alpha$

B. $N = mg\cos\alpha + ma\sin\alpha$

C. $N = mg\cos\alpha$

D. $N = ma\sin\alpha$

55. 图示质量 $m = 5\text{kg}$ 的物体受力拉动，沿与水平面30°夹角的光滑斜平面上移动 6m，其拉动物体的力为 70N，且与斜面平行，则所有力做功之和是：

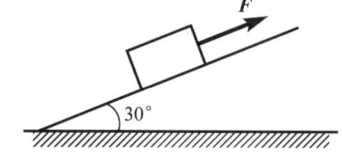

A. 420N·m

B. −147N·m

C. 273N·m

D. 567N·m

56. 在两个半径及质量均相同的均质滑轮 A 及 B 上，各绕以不计质量的绳，如图所示。轮 B 绳末端挂一重力为 P 的重物，轮 A 绳末端作用一铅垂向下的力为 P，则此两轮绕以不计质量的绳中拉力大小的关系为：

A. $F_A < F_B$

B. $F_A > F_B$

C. $F_A = F_B$

D. 无法判断

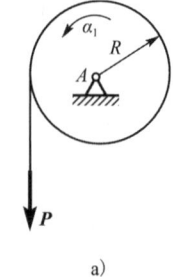
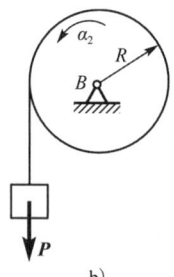

a)   b)

57. 物块A的质量为 8kg，静止放在无摩擦的水平面上。另一质量为 4kg 的物块B被绳系住，如图所示，滑轮无摩擦。若物块A的加速度$a = 3.3\text{m/s}^2$，则物块B的惯性力是：

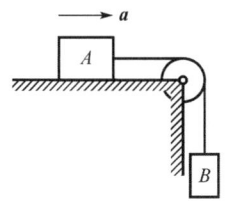

A. 13.2N（铅垂向上）

B. 13.2N（铅垂向下）

C. 26.4N（铅垂向上）

D. 26.4N（铅垂向下）

58. 如图所示系统中，$k_1 = 2 \times 10^5 \text{N/m}$，$k_2 = 1 \times 10^5 \text{N/m}$。激振力$F = 200 \sin 50t$，当系统发生共振时，质量$m$是：

A. 80kg

B. 40kg

C. 120kg

D. 100kg

59. 在低碳钢拉伸试验中，冷作硬化现象发生在：

A. 弹性阶段

B. 屈服阶段

C. 强化阶段

D. 局部变形阶段

60. 图示等截面直杆，拉压刚度为EA，杆的总伸长量为：

A. $\dfrac{2Fa}{EA}$

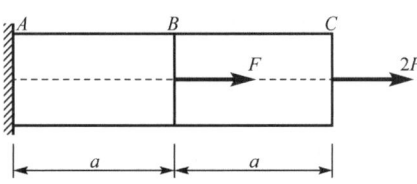

B. $\dfrac{3Fa}{EA}$

C. $\dfrac{4Fa}{EA}$

D. $\dfrac{5Fa}{EA}$

61. 如图所示，钢板用钢轴连接在铰支座上，下端受轴向拉力F，已知钢板和钢轴的许用挤压应力均为$[\sigma_{bs}]$，则钢轴的合理直径d是：

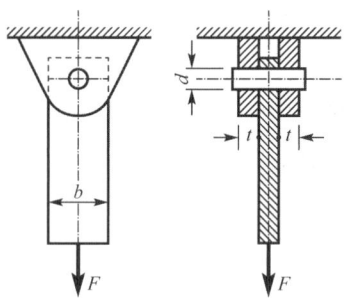

A. $d \geqslant \dfrac{F}{t[\sigma_{bs}]}$

B. $d \geqslant \dfrac{F}{b[\sigma_{bs}]}$

C. $d \geqslant \dfrac{F}{2t[\sigma_{bs}]}$

D. $d \geqslant \dfrac{F}{2b[\sigma_{bs}]}$

62. 如图所示，空心圆轴的外径为D，内径为d，其极惯性矩I_p是：

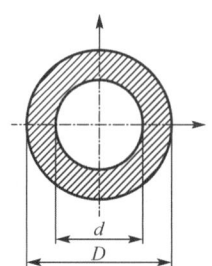

A. $I_p = \dfrac{\pi}{16}(D^3 - d^3)$

B. $I_p = \dfrac{\pi}{32}(D^3 - d^3)$

C. $I_p = \dfrac{\pi}{16}(D^4 - d^4)$

D. $I_p = \dfrac{\pi}{32}(D^4 - d^4)$

63. 在平面图形的几何性质中，数值可正、可负、也可为零的是：

A. 静矩和惯性矩

B. 静矩和惯性积

C. 极惯性矩和惯性矩

D. 惯性矩和惯性积

64. 若梁ABC的弯矩图如图所示，则该梁上的荷载为：

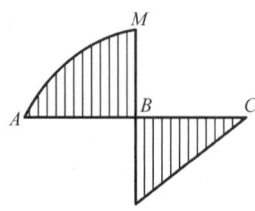

A. AB段有分布荷载，B截面无集中力偶

B. AB段有分布荷载，B截面有集中力偶

C. AB段无分布荷载，B截面无集中力偶

D. AB段无分布荷载，B截面有集中力偶

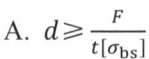

65. 承受竖直向下荷载的等截面悬臂梁，结构分别采用整块材料、两块材料并列、三块材料并列和两块材料叠合（未黏结）四种方案，对应横截面如图所示。在这四种横截面中，发生最大弯曲正应力的截面是：

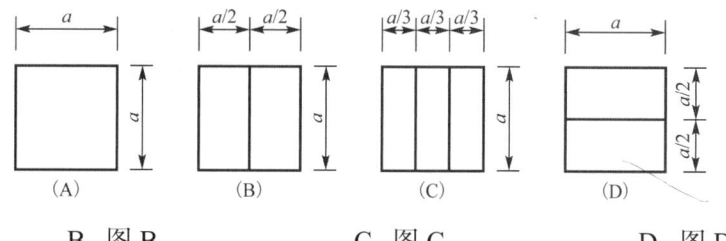

A. 图 A   B. 图 B   C. 图 C   D. 图 D

66. 图示ACB用积分法求变形时，确定积分常数的条件是：（式中V为梁的挠度，θ为梁横截面的转角，ΔL为杆DB的伸长变形）

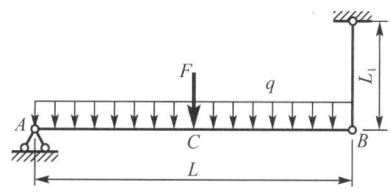

A. $V_A = 0$，$V_B = 0$，$V_{C左} = V_{C右}$，$\theta_C = 0$

B. $V_A = 0$，$V_B = \Delta L$，$V_{C左} = V_{C右}$，$\theta_C = 0$

C. $V_A = 0$，$V_B = \Delta L$，$V_{C左} = V_{C右}$，$\theta_{C左} = \theta_{C右}$

D. $V_A = 0$，$V_B = \Delta L$，$V_C = 0$，$\theta_{C左} = \theta_{C右}$

67. 分析受力物体内一点处的应力状态，如可以找到一个平面，在该平面上有最大切应力，则该平面上的正应力：

A. 是主应力   B. 一定为零

C. 一定不为零   D. 不属于前三种情况

68. 在下面四个表达式中，第一强度理论的强度表达式是：

A. $\sigma_1 \leqslant [\sigma]$

B. $\sigma_1 - \nu(\sigma_2 + \sigma_3) \leqslant [\sigma]$

C. $\sigma_1 - \sigma_3 \leqslant [\sigma]$

D. $\sqrt{\dfrac{1}{2}[(\sigma_1 - \sigma_2)^2 + (\sigma_2 - \sigma_3)^2 + (\sigma_3 - \sigma_1)^2]} \leqslant [\sigma]$

69. 如图所示，正方形截面悬臂梁AB，在自由端B截面形心作用有轴向力F，若将轴向力F平移到B截面下缘中点，则梁的最大正应力是原来的：

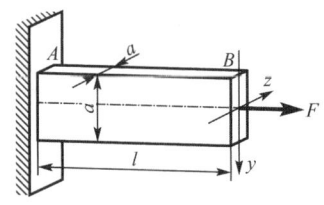

A. 1倍

B. 2倍

C. 3倍

D. 4倍

70. 图示矩形截面细长压杆，$h = 2b$（图a），如果将宽度b改为h后（图b，仍为细长压杆），临界力F_{cr}是原来的：

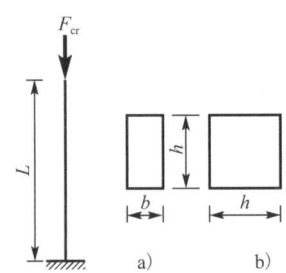

A. 16倍

B. 8倍

C. 4倍

D. 2倍

71. 静止流体能否承受切应力？

A. 不能承受

B. 可以承受

C. 能承受很小的

D. 具有黏性可以承受

72. 水从铅直圆管向下流出，如图所示，已知$d_1 = 10$cm，管口处水流速度$v_1 = 1.8$m/s，试求管口下方$h = 2$m处的水流速度v_2和直径d_2：

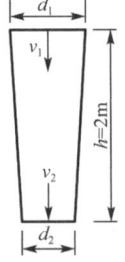

A. $v_2 = 6.5$m/s，$d_2 = 5.2$cm

B. $v_2 = 3.25$m/s，$d_2 = 5.2$cm

C. $v_2 = 6.5$m/s，$d_2 = 2.6$cm

D. $v_2 = 3.25$m/s，$d_2 = 2.6$cm

73. 利用动量定理计算流体对固体壁面的作用力时，进、出口截面上的压强应为：

A. 绝对压强

B. 相对压强

C. 大气压

D. 真空度

74. 一直径为 50mm 的圆管，运动黏性系数 $\nu = 0.18\text{cm}^2/\text{s}$、密度 $\rho = 0.85\text{g/cm}^3$ 的油在管内以 $v = 5\text{cm/s}$ 的速度作层流运动，则沿程损失系数是：

    A. 0.09   B. 0.461

    C. 0.1   D. 0.13

75. 并联长管 1、2，两管的直径相同，沿程阻力系数相同，长度 $L_2 = 3L_1$，通过的流量为：

    A. $Q_1 = Q_2$ B. $Q_1 = 1.5Q_2$

    C. $Q_1 = 1.73Q_2$ D. $Q_1 = 3Q_2$

76. 明渠均匀流只能发生在：

    A. 平坡棱柱形渠道   B. 顺坡棱柱形渠道

    C. 逆坡棱柱形渠道   D. 不能确定

77. 均匀砂质土填装在容器中，已知水力坡度 $J = 0.5$，渗透系数 $k = 0.005\text{cm/s}$，则渗流速度为：

    A. 0.0025cm/s   B. 0.0001cm/s

    C. 0.001cm/s   D. 0.015cm/s

78. 进行水力模型试验，要实现有压管流的相似，应选用的相似准则是：

    A. 雷诺准则   B. 弗劳德准则

    C. 欧拉准则   D. 马赫数

79. 在图示变压器中，左侧线圈中通以直流电流 I，铁芯中产生磁通 Φ。此时，右侧线圈端口上的电压 u_2 是：

    A. 0

    B. $\dfrac{N_2}{N_1}\dfrac{\mathrm{d}\Phi}{\mathrm{d}t}$

    C. $N_1\dfrac{\mathrm{d}\Phi}{\mathrm{d}t}$

    D. $\dfrac{N_1}{N_2}\dfrac{\mathrm{d}\Phi}{\mathrm{d}t}$

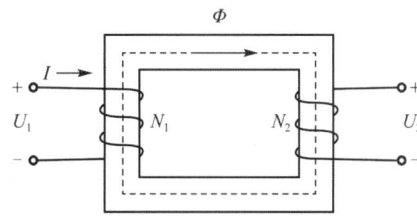

80. 将一个直流电源通过电阻R接在电感线圈两端，如图所示。如果$U = 10V$，$I = 1A$，那么，将直流电源换成交流电源后，该电路的等效模型为：

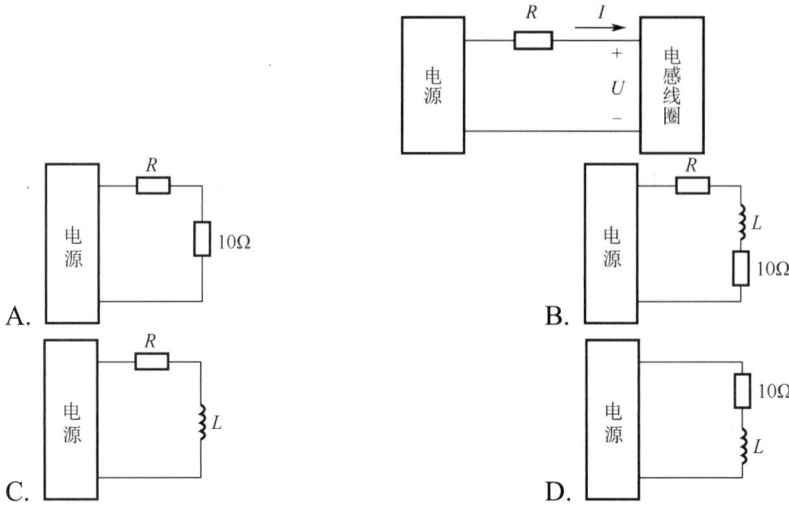

A.

B.

C.

D.

81. 图示电路中，a-b端左侧网络的等效电阻为：

A. $R_1 + R_2$

B. $R_1 /\!/ R_2$

C. $R_1 + R_2 /\!/ R_L$

D. R_2

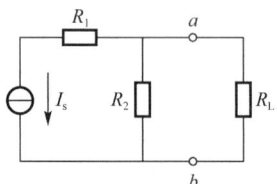

82. 在阻抗$Z = 10\angle 45°\Omega$两端加入交流电压$u(t) = 220\sqrt{2}\sin(314t + 30°)V$后，电流$i(t)$为：

A. $22\sin(314t + 75°)A$

B. $22\sqrt{2}\sin(314t + 15°)A$

C. $22\sin(314t + 15°)A$

D. $22\sqrt{2}\sin(314t - 15°)A$

83. 图示电路中，$Z_1 = (6 + j8)\Omega$，$Z_2 = -jX_C\Omega$，为使I取得最大值，X_C的数值为：

A. 6

B. 8

C. −8

D. 0

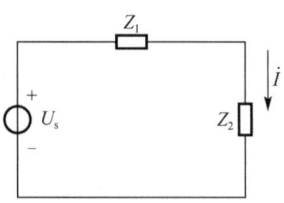

84. 三相电路如图所示，设电灯 D 的额定电压为三相电源的相电压，用电设备 M 的外壳线*a*及电灯 D

另一端线*b*应分别接到：

A. PE 线和 PE 线

B. N 线和 N 线

C. PE 线和 N 线

D. N 线和 PE 线

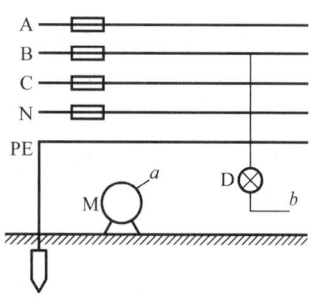

85. 设三相交流异步电动机的空载功率因数为λ_1，20%额定负载时的功率因数为λ_2，满载时功率因数为

λ_3，那么以下关系成立的是：

A. $\lambda_1 > \lambda_2 > \lambda_3$ B. $\lambda_3 > \lambda_2 > \lambda_1$

C. $\lambda_2 > \lambda_1 > \lambda_3$ D. $\lambda_3 > \lambda_1 > \lambda_2$

86. 能够实现用电设备连续工作的控制电路为：

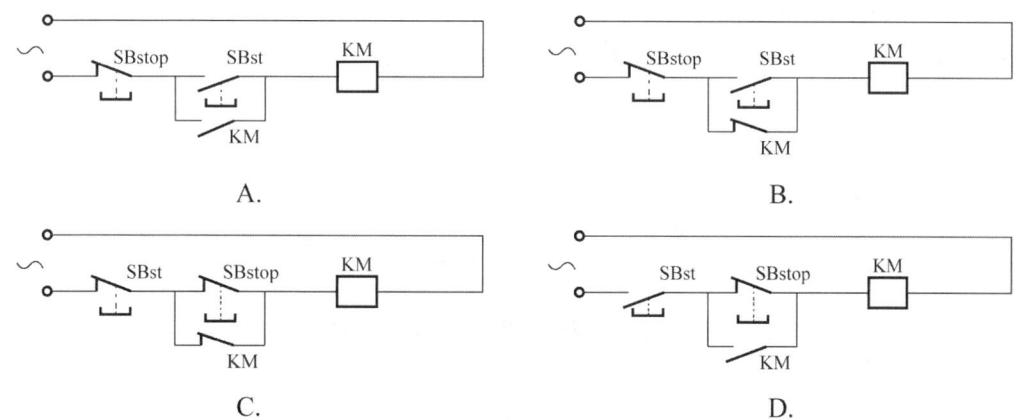

87. 下述四个信号中，不能用来表示信息代码"10101"的图是：

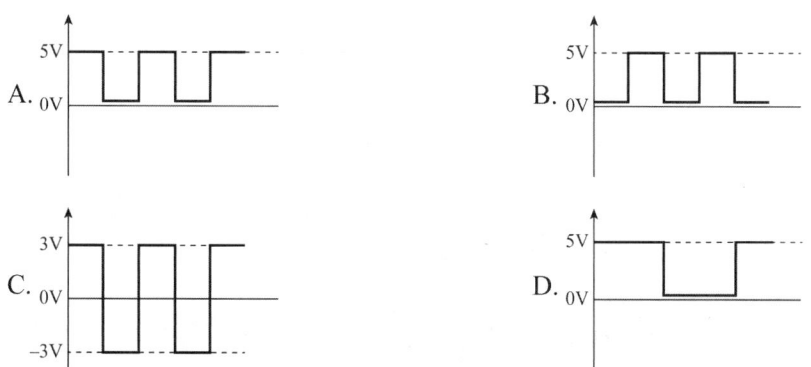

88. 模拟信号$u_1(t)$和$u_2(t)$的幅值频谱分别如图 a) 和图 b) 所示，则：

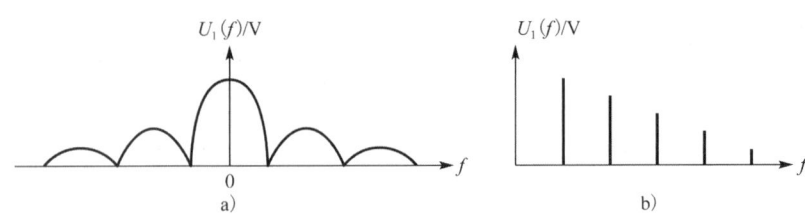

A. $u_1(t)$是连续时间信号，$u_2(t)$是离散时间信号

B. $u_1(t)$是非周期性时间信号，$u_2(t)$是周期性时间信号

C. $u_1(t)$和$u_2(t)$都是非周期时间信号

D. $u_1(t)$和$u_2(t)$都是周期时间信号

89. 以下几种说法中正确的是：

A. 滤波器会改变正弦波信号的频率

B. 滤波器会改变正弦波信号的波形形状

C. 滤波器会改变非正弦周期信号的频率

D. 滤波器会改变非正弦周期信号的波形形状

90. 对逻辑表达式$ABCD + \bar{A} + \bar{B} + \bar{C} + \bar{D}$的简化结果是：

A. 0

B. 1

C. ABCD

D. $\overline{\bar{A}\bar{B}\bar{C}\bar{D}}$

91. 已知数字电路输入信号 A 和信号 B 的波形如图所示，则数字输出信号$F = \overline{AB}$的波形为：

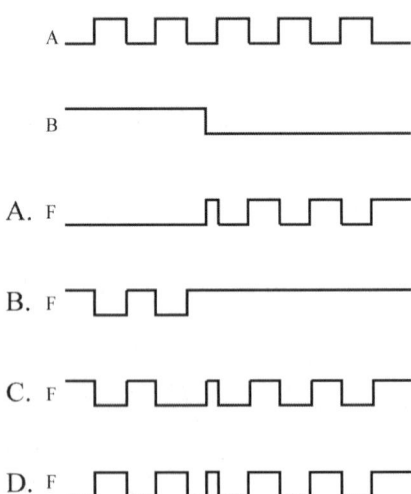

92. 逻辑函数$F = f(A,B,C)$的真值表如下，由此可知：

A	B	C	F
0	0	0	0
0	0	1	0
0	1	0	0
0	1	1	1
1	0	0	0
1	0	1	0
1	1	0	1
1	1	1	1

A. $F = BC + AB + \overline{A}BC + B\overline{C}$　　　　　B. $F = \overline{A}B\overline{C} + AB\overline{C} + AC + ABC$

C. $F = AB + BC + AC$　　　　　D. $F = \overline{A}BC + AB\overline{C} + ABC$

93. 晶体三极管放大电路如图所示，在并入电容C_E后，下列不变的量是：

A. 输入电阻和输出电阻

B. 静态工作点和电压放大倍数

C. 静态工作点和输出电阻

D. 输入电阻和电压放大倍数

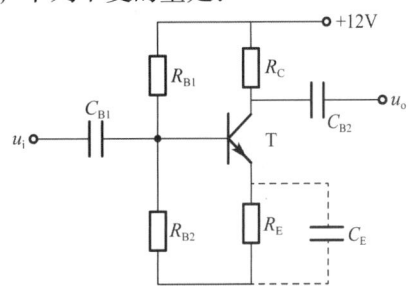

94. 图示电路中，运算放大器输出电压的极限值$\pm U_{oM}$，输入电压$u_i = U_m \sin \omega t$，现将信号电压u_i从电路的"A"端送入，电路的"B"端接地，得到输出电压u_{o1}。而将信号电压u_i从电路的"B"端输入，电路的"A"接地，得到输出电压u_{o2}。则以下正确的是：

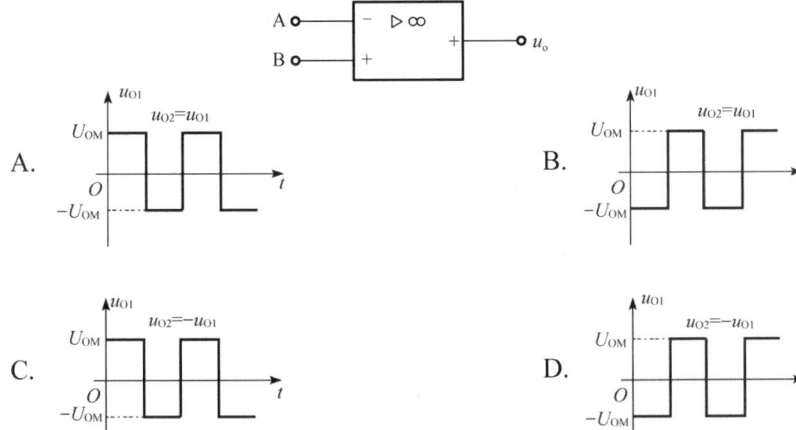

95. 图示逻辑门电路的输出F_1和F_2分别为：

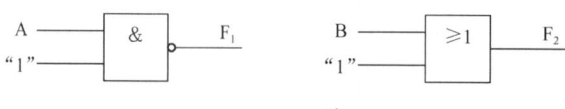

A. A 和 1

C. A 和 B

B. 0 和 B

D. $\overline{A}$ 和 1

96. 图 a）示电路，加入复位信号及时钟脉冲信号如图 b）所示，经分析可知，在t_1时刻，输出 Q_{JK} 和 Q_D 分别等于：

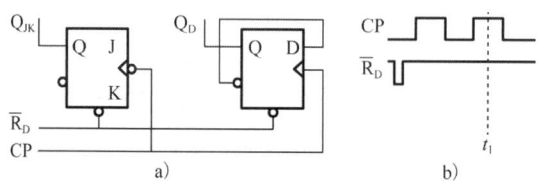

附：D 触发器的逻辑状态表为

D	Q_{n+1}
0	0
1	1

JK 触发器的逻辑状态表为

J	K	Q_{n+1}
0	0	Q_n
0	1	0
1	0	1
1	1	$\overline{Q_n}$

A. 0　0

C. 1　0

B. 0　1

D. 1　1

97. 下面四条有关数字计算机处理信息的描述中，其中不正确的一条是：

A. 计算机处理的是数字信息

B. 计算机处理的是模拟信息

C. 计算机处理的是不连续的离散（0 或 1）信息

D. 计算机处理的是断续的数字信息

98. 程序计数器（PC）的功能是：

    A. 对指令进行译码   B. 统计每秒钟执行指令的数目

    C. 存放下一条指令的地址   D. 存放正在执行的指令地址

99. 计算机的软件系统是由：

    A. 高级语言程序、低级语言程序构成

    B. 系统软件、支撑软件、应用软件构成

    C. 操作系统、专用软件构成

    D. 应用软件和数据库管理系统构成

100. 允许多个用户以交互方式使用计算机的操作系统是：

    A. 批处理单道系统   B. 分时操作系统

    C. 实时操作系统   D. 批处理多道系统

101. 在计算机内，ASSCII 码是为：

    A. 数字而设置的一种编码方案

    B. 汉字而设置的一种编码方案

    C. 英文字母而设置的一种编码方案

    D. 常用字符而设置的一种编码方案

102. 在微机系统内，为存储器中的每一个：

    A. 字节分配一个地址   B. 字分配每一个地址

    C. 双字分配一个地址   D. 四字分配一个地址

103. 保护信息机密性的手段有两种，一是信息隐藏，二是数据加密。下面四条表述中，有错误的一条是：

    A. 数据加密的基本方法是编码，通过编码将明文变换为密文

    B. 信息隐藏是使非法者难以找到秘密信息而采用"隐藏"的手段

    C. 信息隐藏与数据加密所采用的技术手段不同

    D. 信息隐藏与数字加密所采用的技术手段是一样的

104. 下面四条有关线程的表述中，其中错误的一条是：

A. 线程有时也称为轻量级进程

B. 有些进程只包含一个线程

C. 线程是所有操作系统分配 CPU 时间的基本单位

D. 把进程再仔细分成线程的目的是为更好地实现并发处理和共享资源

105. 计算机与信息化社会的关系是：

A. 没有信息化社会就不会有计算机

B. 没有计算机在数值上的快速计算，就没有信息化社会

C. 没有计算机及其与通信、网络等的综合利用，就没有信息化社会

D. 没有网络电话就没有信息化社会

106. 域名服务器的作用是：

A. 为连入 Internet 网的主机分配域名

B. 为连入 Internet 网的主机分配 IP 地址

C. 为连入 Internet 网的一个主机域名寻找所对应的 IP 地址

D. 将主机的 IP 地址转换为域名

107. 某人预计 5 年后需要一笔 50 万元的资金，现市场上正发售期限为 5 年的电力债券，年利率为 5.06%，按年复利计息，5 年末一次还本付息，若想 5 年后拿到 50 万元的本利和，他现在应该购买电力债券：

A. 30.52 万元   B. 38.18 万元

C. 39.06 万元   D. 44.19 万元

108. 以下关于项目总投资中流动资金的说法正确的是：

A. 是指工程建设其他费用和预备费之和

B. 是指投产后形成的流动资产和流动负债之和

C. 是指投产后形成的流动资产和流动负债的差额

D. 是指投产后形成的流动资产占用的资金

109. 下列筹资方式中，属于项目债务资金的筹集方式是：

A. 优先股

B. 政府投资

C. 融资租赁

D. 可转换债券

110. 某建设项目预计生产期第三年息税前利润为 200 万元，折旧与摊销为 50 万元，所得税为 25 万元，计入总成本费用的应付利息为 100 万元，则该年的利息备付率为：

A. 1.25

B. 2

C. 2.25

D. 2.5

111. 某项目方案各年的净现金流量见表（单位：万元），其静态投资回收期为：

年份	0	1	2	3	4	5
净现金流量	−100	−50	40	60	60	60

A. 2.17 年

B. 3.17 年

C. 3.83 年

D. 4 年

112. 某项目的产出物为可外贸货物，其离岸价格为 100 美元，影子汇率为 6 元人民币/美元，出口费用为每件 100 元人民币，则该货物的影子价格为：

A. 500 元人民币

B. 600 元人民币

C. 700 元人民币

D. 800 元人民币

113. 某项目有甲、乙两个建设方案，投资分别为 500 万元和 1000 万元，项目期均为 10 年，甲项目年收益为 140 万元，乙项目年收益为 250 万元。假设基准收益率为 8%。已知 $(P/A, 8\%, 10) = 6.7101$，则下列关于该项目方案选择的说法中正确的是：

A. 甲方案的净现值大于乙方案，故应选择甲方案

B. 乙方案的净现值大于甲方案，故应选择乙方案

C. 甲方案的内部收益率大于乙方案，故应选择甲方案

D. 乙方案的内部收益率大于甲方案，故应选择乙方案

114. 用强制确定法（FD法）选择价值工程的对象时，得出某部件的价值系数为1.02，则下列说法正确的是：

A. 该部件的功能重要性与成本比重相当，因此应将该部件作为价值工程对象

B. 该部件的功能重要性与成本比重相当，因此不应将该部件作为价值工程对象

C. 该部件功能重要性较小，而所占成本较高，因此应将该部件作为价值工程对象

D. 该部件功能过高或成本过低，因此应将该部件作为价值工程对象

115. 某在建的建筑工程因故中止施工，建设单位的下列做法符合《中华人民共和国建筑法》的是：

A. 自中止施工之日起一个月内向发证机关报告

B. 自中止施工之日起半年内报发证机关核验施工许可证

C. 自中止施工之日起三个月内向发证机关申请延长施工许可证的有效期

D. 自中止施工之日起满一年，向发证机关重新申请施工许可证

116. 依据《中华人民共和国安全生产法》，企业应当对职工进行安全生产教育和培训，某施工总承包单位对职工进行安全生产培训，其培训的内容不包括：

A. 安全生产知识   B. 安全生产规章制度

C. 安全生产管理能力   D. 本岗位安全操作技能

117. 下列说法符合《中华人民共和国招标投标法》规定的是：

A. 招标人自行招标，应当具有编制招标文件和组织评标的能力

B. 招标人必须自行办理招标事宜

C. 招标人委托招标代理机构办理招标事宜，应当向有关行政监督部门备案

D. 有关行政监督部门有权强制招标人委托招标代理机构办理招标事宜

118. 甲乙双方于4月1日约定采用数据电文的方式订立合同，但双方没有指定特定系统，乙方于4月8日下午收到甲方以电子邮件方式发出的要约，于4月9日上午又收到甲方发出同样内容的传真，甲方于4月9日下午给乙方打电话通知对方，邀约已经发出，请对方尽快做出承诺，则该要约生效的时间是：

A. 4月8日下午   B. 4月9日上午

C. 4月9日下午   D. 4月1日

119. 根据《中华人民共和国行政许可法》规定，行政许可采取统一办理或者联合办理的，办理的时间不得超过：

A. 10 日

B. 15 日

C. 30 日

D. 45 日

120. 依据《建设工程质量管理条例》，建设单位收到施工单位提交的建设工程竣工验收报告申请后，应当组织有关单位进行竣工验收，参加验收的单位可以不包括：

A. 施工单位

B. 工程监理单位

C. 材料供应单位

D. 设计单位

2021 年度全国勘察设计注册工程师

执业资格考试试卷

基础考试
（上）

二〇二一年十月

应考人员注意事项

1. 本试卷科目代码为"1"，考生务必将此代码填涂在答题卡"科目代码"相应的栏目内，否则，无法评分。

2. 书写用笔：**黑色或蓝色钢笔、签字笔或圆珠笔**；

   填涂答题卡用笔：**黑色 2B 铅笔**。

3. 必须用书写用笔将工作单位、姓名、准考证号填写在答题卡和试卷相应的栏目内。

4. 本试卷由 120 题组成，每题 1 分，满分 120 分，本试卷全部为单项选择题，每小题的四个备选项中只有一个正确答案，错选、多选、不选均不得分。

5. 考生作答时，必须按**题号在答题卡上**将相应试题所选选项对应的**字母用 2B 铅笔涂黑**。

6. 在答题卡上书写与题意无关的语言，或在答题卡上作标记的，均按违纪试卷处理。

7. 考试结束时，由监考人员当面将试卷、答题卡一并收回。

8. 草稿纸由各地统一配发，考后收回。

单项选择题（共 120 题，每题 1 分。每题的备选项中只有一个最符合题意。）

1. 下列结论正确的是：

   A. $\lim\limits_{x \to 0} e^{\frac{1}{x}}$ 存在

   B. $\lim\limits_{x \to 0^-} e^{\frac{1}{x}}$ 存在

   C. $\lim\limits_{x \to 0^+} e^{\frac{1}{x}}$ 存在

   D. $\lim\limits_{x \to 0^+} e^{\frac{1}{x}}$ 存在，$\lim\limits_{x \to 0^-} e^{\frac{1}{x}}$ 不存在，从而 $\lim\limits_{x \to 0} e^{\frac{1}{x}}$ 不存在

2. 当 $x \to 0$ 时，与 x^2 为同阶无穷小的是：

   A. $1 - \cos 2x$ B. $x^2 \sin x$

   C. $\sqrt{1+x} - 1$ D. $1 - \cos x^2$

3. 设 $f(x)$ 在 $x = 0$ 的某个邻域有定义，$f(0) = 0$，且 $\lim\limits_{x \to 0} \dfrac{f(x)}{x} = 1$，则在 $x = 0$ 处：

   A. 不连续   B. 连续但不可导

   C. 可导且导数为 1   D. 可导且导数为 0

4. 若 $f\left(\dfrac{1}{x}\right) = \dfrac{x}{1+x}$，则 $f'(x)$ 等于：

   A. $\dfrac{1}{x+1}$ B. $-\dfrac{1}{x+1}$

   C. $-\dfrac{1}{(x+1)^2}$ D. $\dfrac{1}{(x+1)^2}$

5. 方程 $x^3 + x - 1 = 0$：

   A. 无实根   B. 只有一个实根

   C. 有两个实根   D. 有三个实根

6. 若函数 $f(x)$ 在 $x = x_0$ 处取得极值，则下列结论成立的是：

   A. $f'(x_0) = 0$ B. $f'(x_0)$ 不存在

   C. $f'(x_0) = 0$ 或 $f'(x_0)$ 不存在   D. $f''(x_0) = 0$

7. 若 $\int f(x)\,\mathrm{d}x = \int \mathrm{d}g(x)$，则下列各式中正确的是：

   A. $f(x) = g(x)$ B. $f(x) = g'(x)$

   C. $f'(x) = g(x)$ D. $f'(x) = g'(x)$

8. 定积分 $\int_{-1}^{1}(x^3 + |x|)e^{x^2}dx$ 的值等于：

A. 0

B. e

C. $e - 1$

D. 不存在

9. 曲面 $x^2 + y^2 + z^2 = a^2$ 与 $x^2 + y^2 = 2az$ $(a > 0)$ 的交线是：

A. 双曲线

B. 抛物线

C. 圆

D. 不存在

10. 设有直线 $L:\begin{cases} x + 3y + 2z + 1 = 0 \\ 2x - y - 10z + 3 = 0 \end{cases}$ 及平面 $\pi: 4x - 2y + z - 2 = 0$，则直线 L：

A. 平行 π

B. 垂直于 π

C. 在 π 上

D. 与 π 斜交

11. 已知函数 $f(x)$ 在 $(-\infty, +\infty)$ 内连续，并满足 $f(x) = \int_0^x f(t)dt$，则 $f(x)$ 为：

A. e^x

B. $-e^x$

C. 0

D. e^{-x}

12. 在下列函数中，为微分方程 $y'' - y' - 2y = 6e^x$ 的特解的是：

A. $y = 3e^{-x}$

B. $y = -3e^{-x}$

C. $y = 3e^x$

D. $y = -3e^x$

13. 设函数 $f(x, y) = \begin{cases} \dfrac{1}{xy}\sin(x^2 y) & xy \neq 0 \\ 0 & xy = 0 \end{cases}$，则 $f_x'(0,1)$ 等于：

A. 0

B. 1

C. 2

D. -1

14. 设函数 $f(u)$ 连续，而区域 $D: x^2 + y^2 \leq 1$，且 $x \geq 0$，则二重积分 $\iint\limits_{D} f(\sqrt{x^2 + y^2})dxdy$ 等于：

A. $\pi \int_0^1 f(r)\,dr$

B. $\pi \int_0^1 rf(r)\,dr$

C. $\dfrac{\pi}{2}\int_0^1 f(r)\,dr$

D. $\dfrac{\pi}{2}\int_0^1 rf(r)\,dr$

15. 设 L 是圆 $x^2 + y^2 = -2x$，取逆时针方向，则对坐标的曲线积分 $\int_L (x-y)\mathrm{d}x + (x+y)\mathrm{d}y$ 等于：

A. -4π

B. -2π

C. 0

D. 2π

16. 设函数 $z = x^y$，则 $\frac{\partial^2 z}{\partial x \partial y}$ 等于：

A. $x^y(1 + \ln x)$

B. $x^y(1 + y\ln x)$

C. $x^{y-1}(1 + y\ln x)$

D. $x^y(1 - x\ln x)$

17. 下列级数中，收敛的级数是：

A. $\sum_{n=1}^{\infty} \frac{8^n}{7^n}$

B. $\sum_{n=1}^{\infty} n\sin\frac{1}{n}$

C. $\sum_{n=1}^{\infty} \frac{1}{\sqrt{n}}$

D. $\sum_{n=1}^{\infty} (-1)^{n-1}\frac{1}{\sqrt{n}}$

18. 级数 $\sum_{n=1}^{\infty} n\left(\frac{1}{2}\right)^{n-1}$ 的和是：

A. 1

B. 2

C. 3

D. 4

19. 若矩阵 $A = \begin{bmatrix} 1 & 0 & 0 \\ 0 & -1 & -1 \\ 0 & 0 & 1 \end{bmatrix}$，$I = \begin{bmatrix} 1 & 0 & 0 \\ 0 & 1 & 0 \\ 0 & 0 & 1 \end{bmatrix}$，则矩阵 $(A - 2I)^{-1}(A^2 - 4I)$ 为：

A. $\begin{bmatrix} 3 & 0 & 0 \\ 0 & 1 & -1 \\ 0 & 0 & 3 \end{bmatrix}$

B. $\begin{bmatrix} 3 & 0 & 0 \\ 0 & 1 & 0 \\ 0 & 0 & 3 \end{bmatrix}$

C. $\begin{bmatrix} 3 & 0 & 0 \\ 0 & 1 & 1 \\ 0 & 0 & 3 \end{bmatrix}$

D. $\begin{bmatrix} 2 & 0 & 0 \\ 0 & -2 & -2 \\ 0 & 0 & 2 \end{bmatrix}$

20. 已知矩阵 $A = \begin{bmatrix} 0 & 0 & 1 \\ x & 1 & y \\ 1 & 0 & 0 \end{bmatrix}$ 有三个线性无关的特征向量，则下列关系式正确的是：

A. $x + y = 0$

B. $x + y \neq 0$

C. $x + y = 1$

D. $x = y = 1$

21. 设 n 维向量组 α_1，α_2，α_3 是线性方程组 $Ax = 0$ 的一个基础解系，则下列向量组也是 $Ax = 0$ 的基础解系的是：

A. α_1，$\alpha_2 - \alpha_3$

B. $\alpha_1 + \alpha_2$，$\alpha_2 + \alpha_3$，$\alpha_3 + \alpha_1$

C. $\alpha_1 + \alpha_2$，$\alpha_2 + \alpha_3$，$\alpha_1 - \alpha_3$

D. α_1，$\alpha_1 + \alpha_2$，$\alpha_2 + \alpha_3$，$\alpha_1 + \alpha_2 + \alpha_3$

22. 袋子里有 5 个白球，3 个黄球，4 个黑球，从中随机抽取 1 只，已知它不是黑球，则它是黄球的概率是：

A. $\dfrac{1}{8}$

B. $\dfrac{3}{8}$

C. $\dfrac{5}{8}$

D. $\dfrac{7}{8}$

23. 设 X 服从泊松分布 $P(3)$，则 X 的方差与数学期望之比 $\dfrac{D(X)}{E(X)}$ 等于：

A. 3

B. $\dfrac{1}{3}$

C. 1

D. 9

24. 设 $X_1, X_2, \cdots, X_n$ 是来自总体 $X \sim N(\mu, \sigma^2)$ 的样本，$\overline{X}$ 是 $X_1, X_2, \cdots, X_n$ 的样本均值，则 $\displaystyle\sum_{i=1}^{n} \dfrac{(X_i - \overline{X})^2}{\sigma^2}$ 服从的分布是：

A. $F(n)$

B. $t(n)$

C. $\chi^2(n)$

D. $\chi^2(n-1)$

25. 在标准状态下，即压强 $p_0 = 1\text{atm}$，温度 $T = 273.15\text{K}$，一摩尔任何理想气体的体积均为：

A. 22.4L

B. 2.24L

C. 224L

D. 0.224L

26. 理想气体经过等温膨胀过程，其平均自由程 $\overline{\lambda}$ 和平均碰撞次数 $\overline{Z}$ 的变化是：

A. $\overline{\lambda}$ 变大，$\overline{Z}$ 变大

B. $\overline{\lambda}$ 变大，$\overline{Z}$ 变小

C. $\overline{\lambda}$ 变小，$\overline{Z}$ 变大

D. $\overline{\lambda}$ 变小，$\overline{Z}$ 变小

27. 在一热力学过程中，系统内能的减少量全部成为传给外界的热量，此过程一定是：

A. 等体升温过程

B. 等体降温过程

C. 等压膨胀过程

D. 等压压缩过程

28. 理想气体卡诺循环过程的两条绝热线下的面积大小（图中阴影部分）分别为S_1和S_2，则二者的大小关系是：

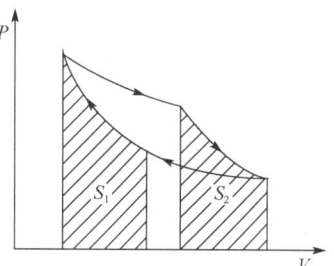

A. $S_1 > S_2$

B. $S_1 = S_2$

C. $S_1 < S_2$

D. 无法确定

29. 一热机在一次循环中吸热1.68×10^2J，向冷源放热1.26×10^2J，该热机效率为：

A. 25%　　　　　　　　　　　B. 40%

C. 60%　　　　　　　　　　　D. 75%

30. 若一平面简谐波的波动方程为$y = A\cos(Bt - Cx)$，式中A、B、C为正值恒量，则：

A. 波速为C　　　　　　　　　B. 周期为$\frac{1}{B}$

C. 波长为$\frac{2\pi}{C}$　　　　　　　　D. 角频率为$\frac{2\pi}{B}$

31. 图示为一平面简谐机械波在t时刻的波形曲线，若此时A点处媒质质元的振动动能在增大，则：

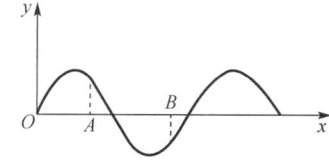

A. A点处质元的弹性势能在减小

B. 波沿x轴负方向传播

C. B点处质元振动动能在减小

D. 各点的波的能量密度都不随时间变化

32. 两个相同的喇叭接在同一播音器上，它们是相干波源，二者到P点的距离之差为$\lambda/2$（λ是声波波长），则P点处为：

A. 波的相干加强点　　　　　　　B. 波的相干减弱点

C. 合振幅随时间变化的点　　　　D. 合振幅无法确定的点

33. 一声波波源相对媒质不动，发出的声波频率是v_0。设以观察者的运动速度为波速的1/2，当观察者远离波源运动时，他接收到的声波频率是：

A. v_0

B. $2v_0$

C. $v_0/2$

D. $3v_0/2$

34. 当一束单色光通过折射率不同的两种媒质时，光的：

A. 频率不变，波长不变

B. 频率不变，波长改变

C. 频率改变，波长不变

D. 频率改变，波长改变

35. 在单缝衍射中，若单缝处的波面恰好被分成偶数个半波带，在相邻半波带上任何两个对应点所发出的光，在暗条纹处的相位差为：

A. π

B. 2π

C. $\dfrac{\pi}{2}$

D. $\dfrac{3\pi}{2}$

36. 一束平行单色光垂直入射在光栅上，当光栅常数$(a+b)$为下列哪种情况时（a代表每条缝的宽度），$k=3$、6、9等级次的主极大均不出现？

A. $a+b=2a$

B. $a+b=3a$

C. $a+b=4a$

D. $a+b=6a$

37. 既能衡量元素金属性又能衡量元素非金属性强弱的物理量是：

A. 电负性

B. 电离能

C. 电子亲和能

D. 极化力

38. 下列各组物质中，两种分子之间存在的分子间力只含有色散力的是：

A. 氢气和氦气

B. 二氧化碳和二氧化硫气体

C. 氢气和溴化氢气体

D. 一氧化碳和氧气

39. 在$BaSO_4$饱和溶液中，加入Na_2SO_4，溶液中$c(Ba^{2+})$的变化是：

A. 增大

B. 减小

C. 不变

D. 不能确定

40. 已知$K^{\ominus}(NH_3 \cdot H_2O) = 1.8 \times 10^{-5}$，浓度均为$0.1mol \cdot L^{-1}$的$NH_3 \cdot H_2O$和$NH_4Cl$混合溶液的 pH 值为：

    A. 4.74   B. 9.26

    C. 5.74   D. 8.26

41. 已知$HCl(g)$的$\Delta_f H_m^{\ominus} = -92kJ \cdot mol^{-1}$，则反应$H_2(g) + Cl_2(g) = 2HCl(g)$的$\Delta_r H_m^{\ominus}$是：

    A. $92kJ \cdot mol^{-1}$ B. $-92kJ \cdot mol^{-1}$

    C. $-184kJ \cdot mol^{-1}$ D. $46kJ \cdot mol^-$

42. 反应$A(s) + B(g) \rightleftharpoons 2C(g)$在体系中达到平衡，如果保持温度不变，升高体系的总压（减小体积），平衡向左移动，则$K^{\ominus}$的变化是：

    A. 增大   B. 减小

    C. 不变   D. 无法判断

43. 已知 $E^{\ominus}(Fe^{3+}/Fe^{2+}) = 0.771V$，$E^{\ominus}(Fe^{2+}/Fe) = -0.44V$，$K_{sp}^{\ominus}(Fe(OH)_3) = 2.79 \times 10^{-39}$，$K_{sp}^{\ominus}(Fe(OH)_2) = 4.87 \times 10^{-17}$，有如下原电池$(-)Fe \mid Fe^{2+}(1.0mol \cdot L^{-1}) \| Fe^{3+}(1.0mol \cdot L^{-1})$，$Fe^{2+}(1.0mol \cdot L^{-1}) \mid Pt(+)$，如向两个半电池中均加入 NaOH，最终均使$c(OH^-) = 1.0mol \cdot L^{-1}$，则原电池电动势变化是：

    A. 变大   B. 变小

    C. 不变   D. 无法判断

44. 下列各组化合物中能用溴水区别的是：

    A. 1-己烯和己烷   B. 1-己烯和 1-己炔

    C. 2-己烯和 1-己烯   D. 己烷和苯

45. 尼泊金丁酯是国家允许使用的食品防腐剂，它是对羟基苯甲酸与醇形成的酯类化合物。尼泊金丁酯的结构简式为：

A. 苯环上邻位 $C(=O)CH_2CH_2CH_2CH_3$，邻位 OH

B. $CH_3CH_2CH_2CH_2O$—苯环—$C(=O)$—OH

C. HO—苯环—$C(=O)$—$COCH_2CH_2CH_2CH_3$

D. $H_3CH_2CH_2C$—$C(=O)$—O—苯环—OH

46. 某高分子化合物的结构为：

$$\cdots-CH_2-CH-CH_2-CH-CH_2-CH-\cdots$$
$$\quad\quad\quad\ \ |\quad\quad\quad\ \ |\quad\quad\quad\ \ |$$
$$\quad\quad\quad\ Cl\quad\quad\quad Cl\quad\quad\quad Cl$$

在下列叙述中，不正确的是：

A. 它为线型高分子化合物

B. 合成该高分子化合物的反应为缩聚反应

C. 链节为
$$\begin{array}{cc} H & H \\ | & | \\ -C-C- \\ | & | \\ H & Cl \end{array}$$

D. 它的单体为 $CH_2=CHCl$

47. 三角形板 ABC 受平面力系作用如图所示。欲求未知力 F_{NA}、F_{NB} 和 F_{NC}，独立的平衡方程组是：

A. $\sum M_C(F)=0$，$\sum M_D(F)=0$，$\sum M_B(F)=0$

B. $\sum F_y=0$，$\sum M_A(F)=0$，$\sum M_B(F)=0$

C. $\sum F_x=0$，$\sum M_A(F)=0$，$\sum M_B(F)=0$

D. $\sum F_x=0$，$\sum M_A(F)=0$，$\sum M_C(F)=0$

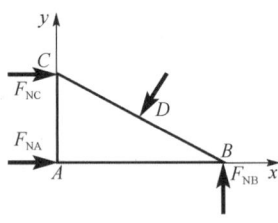

48. 图示等边三角板ABC，边长为a，沿其边缘作用大小均为F的力F_1、F_2、F_3，方向如图所示，则此力系可简化为：

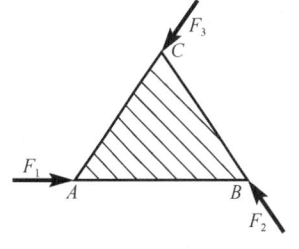

A. 平衡

B. 一力和一力偶

C. 一合力偶

D. 一合力

49. 三杆AB、AC及DEH用铰链连接如图所示。已知：$AD=BD=0.5\text{m}$，E端受一力偶作用，其矩$M=1\text{kN}\cdot\text{m}$。则支座$C$的约束力为：

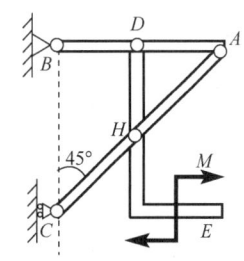

A. $F_C=0$

B. $F_C=2\text{kN}$（水平向右）

C. $F_C=2\text{kN}$（水平向左）

D. $F_C=1\text{kN}$（水平向右）

50. 图示桁架结构中，DH杆的内力大小为：

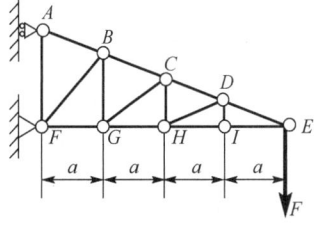

A. F

B. −F

C. 0.5F

D. 0

51. 某点按$x=t^3-12t+2$的规律沿直线轨迹运动（其中t以 s 计，x以 m 计），则$t=3$s时点经过的路程为：

A. 23m   B. 21m

C. −7m   D. −14m

52. 四连杆机构如图所示。已知曲柄O_1A长为r，AM长为l，角速度为ω、角加速度为ε。则固连在AB杆上的物块M的速度和法向加速度的大小为：

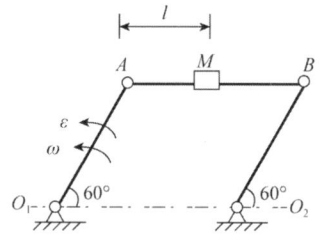

A. $v_M = l\omega$，$a_M^n = l\omega^2$

B. $v_M = l\omega$，$a_M^n = r\omega^2$

C. $v_M = r\omega$，$a_M^n = r\omega^2$

D. $v_M = r\omega$，$a_M^n = l\omega^2$

53. 直角刚杆OAB在图示瞬时角速度$\omega = 2\text{rad/s}$，角加速度$\varepsilon = 5\text{rad/s}^2$，若$OA = 40\text{cm}$，$AB = 30\text{cm}$，则$B$点的速度大小和切向加速度的大小为：

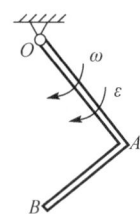

A. 100cm/s；250cm/s^2

B. 80cm/s；200cm/s^2

C. 60cm/s；150cm/s^2

D. 100cm/s；200cm/s^2

54. 设物块A为质点，其重力大小$W = 10\text{N}$，静止在一个可绕y轴转动的平面上，如图所示。绳长$l = 2\text{m}$，取重力加速度$g = 10\text{m/s}^2$。当平面与物块以常角速度2rad/s转动时，则绳中的张力是：

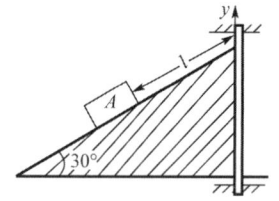

A. 11N

B. 8.66N

C. 5.00N

D. 9.51N

55. 图示均质细杆OA的质量为m，长为l，绕定轴Oz以匀角速度ω转动。设杆与Oz轴的夹角为α，则当杆运动到Oyz平面内的瞬时，细杆OA的动量大小为：

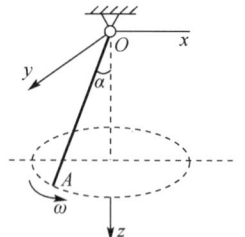

A. $\frac{1}{2}ml\omega$

B. $\frac{1}{2}ml\omega\sin\alpha$

C. $ml\omega\sin\alpha$

D. $\frac{1}{2}ml\omega\cos\alpha$

56. 均质细杆OA，质量为m，长为l。在如图所示水平位置静止释放，当运动到铅直位置时，OA杆的角速度大小为：

A. 0

B. $\sqrt{\dfrac{3g}{l}}$

C. $\sqrt{\dfrac{3g}{2l}}$

D. $\sqrt{\dfrac{g}{3l}}$

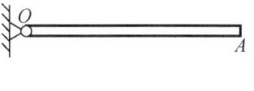

57. 质量为m，半径为R的均质圆轮，绕垂直于图面的水平轴O转动，在力偶M的作用下，其常角速度为ω，在图示瞬时，轮心C在最低位置，此时轴承O施加于轮的附加动反力为：

A. $mR\omega/2$(铅垂向上)

B. $mR\omega/2$(铅垂向下)

C. $mR\omega^2/2$(铅垂向上)

D. $mR\omega^2$(铅垂向上)

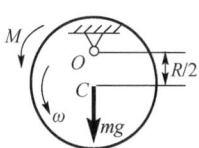

58. 如图所示系统中，四个弹簧均未受力，已知$m = 50\text{kg}$，$k_1 = 9800\text{N/m}$，$k_2 = k_3 = 4900\text{N/m}$，$k_4 = 19600\text{N/m}$。则此系统的固有圆频率为：

A. 19.8rad/s

B. 22.1rad/s

C. 14.1rad/s

D. 9.9rad/s

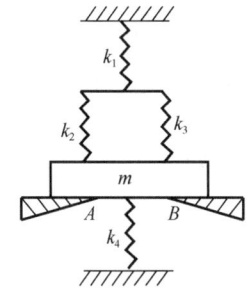

59. 关于铸铁力学性能有以下两个结论：①抗剪能力比抗拉能力差；②压缩强度比拉伸强度高。关于以上结论下列说法正确的是：

A. ①正确，②不正确

B. ②正确，①不正确

C. ①、②都正确

D. ①、②都不正确

60. 等截面直杆DCB，拉压刚度为EA，在B端轴向集中力F作用下，杆中间C截面的轴向位移为：

A. $\dfrac{2Fl}{EA}$

B. $\dfrac{Fl}{EA}$

C. $\dfrac{Fl}{2EA}$

D. $\dfrac{Fl}{4EA}$

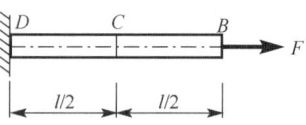

61. 图示矩形截面连杆，端部与基础通过铰链轴连接，连杆受拉力F作用，已知铰链轴的许用挤压应力为$[\sigma_{bs}]$，则轴的合理直径d是：

A. $d \geqslant \dfrac{F}{b[\sigma_{bs}]}$

B. $d \geqslant \dfrac{F}{h[\sigma_{bs}]}$

C. $d \geqslant \dfrac{F}{2b[\sigma_{bs}]}$

D. $d \geqslant \dfrac{F}{2h[\sigma_{bs}]}$

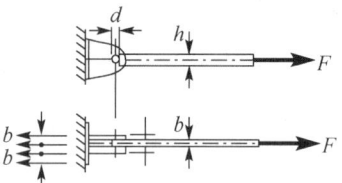

62. 图示圆轴在扭转力矩作用下发生扭转变形，该轴A、B、C三个截面相对于D截面的扭转角间满足：

A. $\varphi_{DA} = \varphi_{DB} = \varphi_{DC}$

B. $\varphi_{DA} = 0$，$\varphi_{DB} = \varphi_{DC}$

C. $\varphi_{DA} = \varphi_{DB} = 2\varphi_{DC}$

D. $\varphi_{DA} = 2\varphi_{DC}$，$\varphi_{DB} = 0$

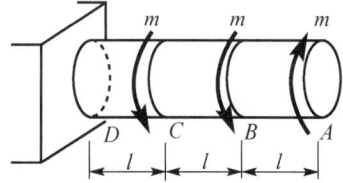

63. 边长为a的正方形，中心挖去一个直径为d的圆后，截面对z轴的抗弯截面系数是：

A. $W_z = \dfrac{a^4}{12} - \dfrac{\pi d^4}{64}$

B. $W_z = \dfrac{a^3}{6} - \dfrac{\pi d^3}{32}$

C. $W_z = \dfrac{a^3}{6} - \dfrac{\pi d^4}{32a}$

D. $W_z = \dfrac{a^3}{6} - \dfrac{\pi d^4}{16a}$

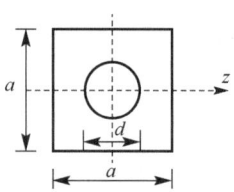

64. 如图所示，对称结构梁在反对称荷载作用下，梁中间C截面的弯曲内力是：

A. 剪力、弯矩均不为零

B. 剪力为零，弯矩不为零

C. 剪力不为零，弯矩为零

D. 剪力、弯矩均为零

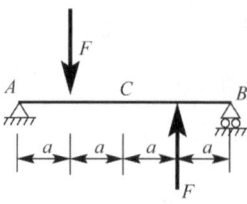

65. 悬臂梁ABC的荷载如图所示，若集中力偶m在梁上移动，则梁的内力变化情况是：

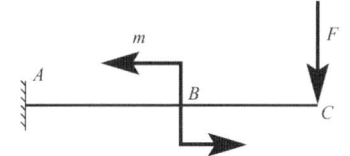

A. 剪力图、弯矩图均不变

B. 剪力图、弯矩图均改变

C. 剪力图不变，弯矩图改变

D. 剪力图改变，弯矩图不变

66. 图示梁的正确挠曲线大致形状是：

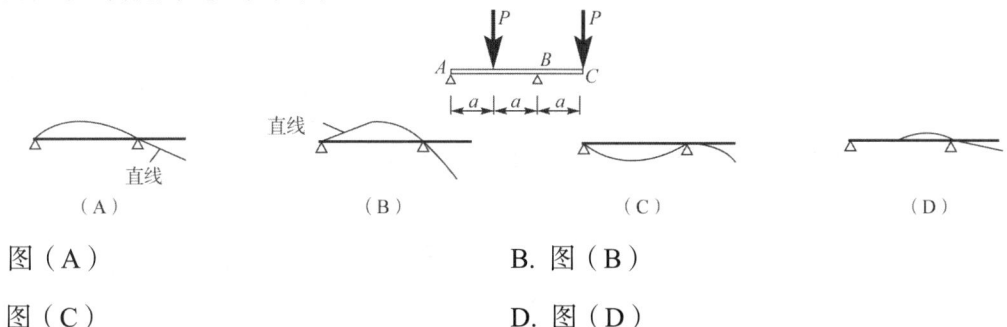

A. 图（A）   B. 图（B）

C. 图（C）   D. 图（D）

67. 等截面轴向拉伸杆件上1、2、3三点的单元体如图所示，以上三点应力状态的关系是：

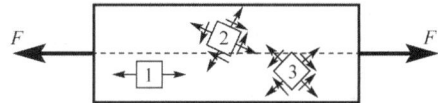

A. 仅1、2点相同

B. 仅2、3点相同

C. 各点均相同

D. 各点均不相同

68. 下面四个强度条件表达式中，对应最大拉应力强度理论的表达式是：

A. $\sigma_1 \leqslant [\sigma]$

B. $\sigma_1 - v(\sigma_2 + \sigma_3) \leqslant [\sigma]$

C. $\sigma_1 - \sigma_3 \leqslant [\sigma]$

D. $\sqrt{\frac{1}{2}[(\sigma_1-\sigma_2)^2 + (\sigma_2-\sigma_3)^2 + (\sigma_3-\sigma_1)^2]} \leqslant [\sigma]$

69. 图示正方形截面杆，上端一个角点作用偏心轴向压力 F，该杆的最大压应力是：

A. 100MPa

B. 150MPa

C. 175MPa

D. 25MPa

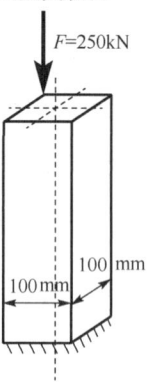

70. 图示四根细长压杆的抗弯刚度 EI 相同，临界荷载最大的是：

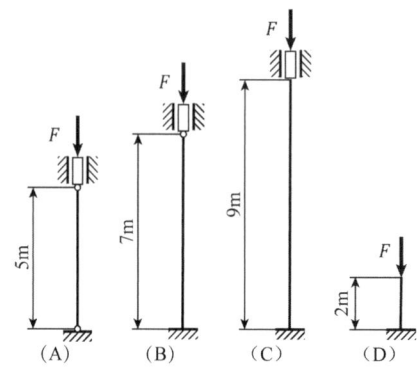

A. 图（A）   B. 图（B）

C. 图（C）   D. 图（D）

71. 用一块平板挡水，其挡水面积为 A，形心斜向淹深为 h，平板的水平倾角为 θ，该平板受到的静水压力为：

A. $\rho g h A \sin \theta$ B. $\rho g h A \cos \theta$

C. $\rho g h A \tan \theta$ D. $\rho g h A$

72. 流体的黏性与下列哪个因素无关？

A. 分子之间的内聚力   B. 分子之间的动量交换

C. 温度   D. 速度梯度

73. 二维不可压缩流场的速度(单位m/s)为：$v_x = 5x^3$，$v_y = -15x^2y$，试求点$x = 1\text{m}$，$y = 2\text{m}$上的速度：

A. $v = 30.41\text{m/s}$，夹角$\tan\theta = 6$

B. $v = 25\text{m/s}$，夹角$\tan\theta = 2$

C. $v = 30.41\text{m/s}$，夹角$\tan\theta = -6$

D. $v = -25\text{m/s}$，夹角$\tan\theta = -2$

74. 圆管有压流动中，判断层流与湍流状态的临界雷诺数为：

A. $2000 \sim 2320$ B. $300 \sim 400$

C. $1200 \sim 1300$ D. $50000 \sim 51000$

75. A、B为并联管路1、2、3的两连接节点，则 A、B 两点之间的水头损失为：

A. $h_{fAB} = h_{f1} + h_{f2} + h_{f3}$

B. $h_{fAB} = h_{f1} + h_{f2}$

C. $h_{fAB} = h_{f2} + h_{f3}$

D. $h_{fAB} = h_{f1} = h_{f2} = h_{f3}$

76. 可能产生明渠均匀流的渠道是：

A. 平坡棱柱形渠道

B. 正坡棱柱形渠道

C. 正坡非棱柱形渠道

D. 逆坡棱柱形渠道

77. 工程上常见的地下水运动属于：

A. 有压渐变渗流   B. 无压渐变渗流

C. 有压急变渗流   D. 无压急变渗流

78. 新设计汽车的迎风面积为 1.5m^2，最大行驶速度为 108km/h，拟在风洞中进行模型试验。已知风洞试验段的最大风速为 45m/s，则模型的迎风面积为：

A. 0.67m^2 B. 2.25m^2

C. 3.6m^2 D. 1m^2

79. 运动的电荷在穿越磁场时会受到力的作用，这种力称为：

A. 库仑力　　　　　　　　　　B. 洛伦兹力

C. 电场力　　　　　　　　　　D. 安培力

80. 图示电路中，电压U_{ab}为：

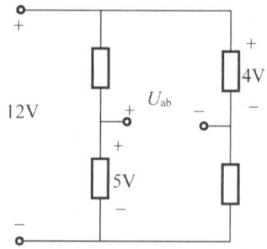

A. 5V

B. -4V

C. 3V

D. -3V

81. 图示电路中，电压源单独作用时，电压$U=U'=20$V；则电流源单独作用时，电压$U=U''$为：

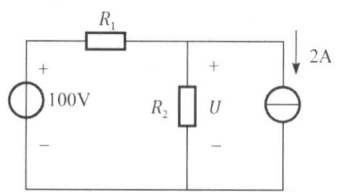

A. $2R_1$

B. $-2R_1$

C. $0.4R_1$

D. $-0.4R_1$

82. 图示电路中，若$\omega L=\dfrac{1}{\omega C}=R$，则：

A. $Z_1=3R$，$Z_2=\dfrac{1}{3}R$

B. $Z_1=R$，$Z_2=3R$

C. $Z_1=3R$，$Z_2=R$

D. $Z_1=Z_2=R$

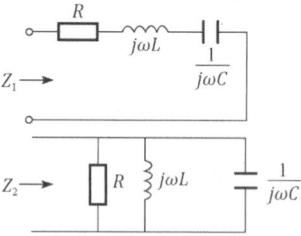

83. 某RL串联电路在$u=U_{\mathrm{m}}\sin\omega t$的激励下，等效复阻抗$Z=100+j100\,\Omega$，那么，如果$u=U_{\mathrm{m}}\sin 2\omega t$，电路的功率因数$\lambda$为：

A. 0.707　　　　　　　　　　B. -0.707

C. 0.894　　　　　　　　　　D. 0.447

84. 图示电路中，电感及电容元件上没有初始储能，开关 S 在 $t = 0$ 时刻闭合，那么，在开关闭合后瞬间，电路中的电流 i_R、i_L、i_C 分别为：

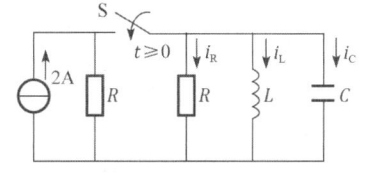

A. 1A，1A，0A

B. 0A，2A，0A

C. 0A，0A，2A

D. 2A，0A，0A

85. 设图示变压器为理想器件，且 u 为正弦电压，$R_{L1} = R_{L2}$，u_1 和 u_2 的有效值为 U_1 和 U_2，开关 S 闭合后，电路中的：

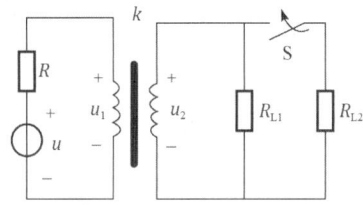

A. U_1 不变，U_2 也不变

B. U_1 变小，U_2 也变小

C. U_1 变小，U_2 不变

D. U_1 不变，U_2 变小

86. 改变三相异步电动机旋转方向的方法是：

A. 改变三相电源的大小

B. 改变三相异步电动机的定子绕组上电流的相序

C. 对三相异步电动机的定子绕组接法进行 Y-△ 转换

D. 改变三相异步电动机转子绕组上电流的方向

87. 就数字信号而言，下列说法正确的是：

A. 数字信号是一种离散时间信号

B. 数字信号只能以用来表示数字

C. 数字信号是一种代码信号

D. 数字信号直接表示对象的原始信息

88. 模拟信号$u_1(t)$和$u_2(t)$的幅值频谱分别如图（a）和图（b）所示，则：

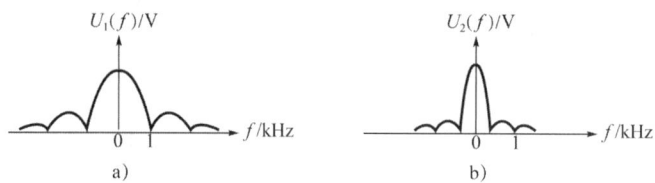

A. $u_1(t)$和$u_2(t)$都是非周期性时间信号

B. $u_1(t)$和$u_2(t)$都是周期性时间信号

C. $u_1(t)$是周期性时间信号，$u_2(t)$是非周期性时间信号

D. $u_1(t)$是非周期性时间信号，$u_2(t)$是周期性时间信号

89. 某周期信号$u(t)$的幅频特性如图（a）所示，某低通滤波器的幅频特性如图（b）所示，当将信号$u(t)$通过该低通滤波器处理以后，则：

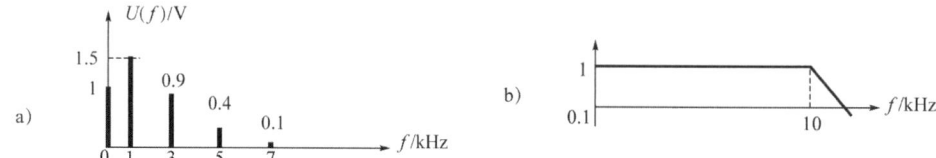

A. 信号的谐波结构改变，波形改变

B. 信号的谐波结构改变，波形不变

C. 信号的谐波结构不变，波形不变

D. 信号的谐波结构不变，波形改变

90. 对逻辑表达式$ABC + \overline{A}D + \overline{B}D + \overline{C}D$的化简结果是：

A. D

B. $\overline{D}$

C. ABCD

D. ABC + D

91. 已知数字信号 A 和数字信号 B 的波形如图所示，则数字信号$F = \overline{A}B + A\overline{B}$的波形为：

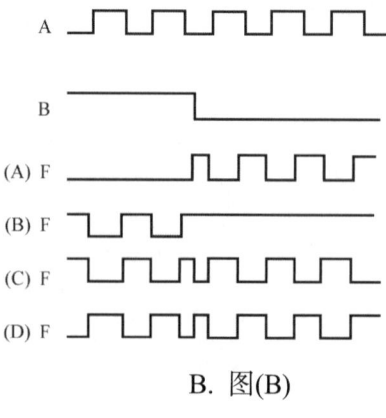

A. 图(A)

B. 图(B)

C. 图(C)

D. 图(D)

92. 逻辑函数F = f(A,B,C)的真值表如下所示，由此可知：

A	B	C	F
0	0	0	0
0	0	1	0
0	1	0	0
0	1	1	0
1	0	0	1
1	0	1	0
1	1	0	0
1	1	1	1

A. $F = A\overline{B}\overline{C} + ABC$

B. $F = \overline{A}BC + \overline{A}B\overline{C}$

C. $F = \overline{A}B\overline{C} + \overline{A}BC$

D. $F = A\overline{B}\overline{C} + ABC$

93. 二极管应用电路如图 a ）所示，电路的激励u_i如图 b ）所示，设二极管为理想器件，则电路的输出电压u_o的平均值U_o为：

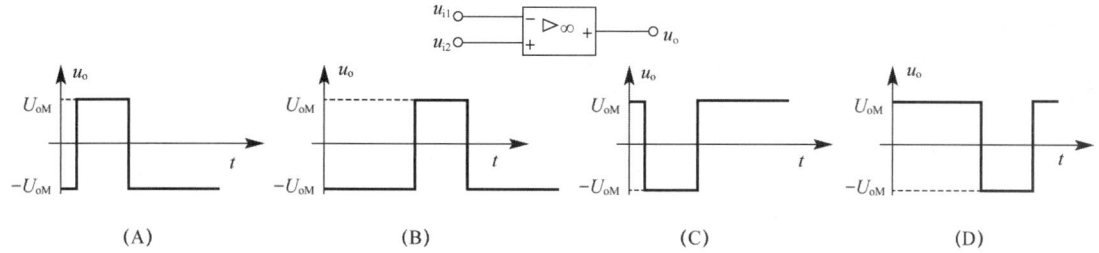

A. 0V

B. 7.07V

C. 3.18V

D. 4.5V

94. 图示电路中，运算放大器输出电压的极限值为$\pm U_{oM}$，当输入电压$u_{i1} = 1V$，$u_{i2} = 2\sin\omega t$时，输出电压u_o的波形为：

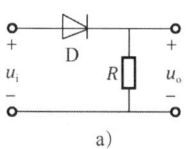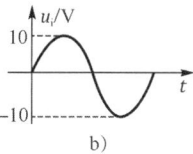

A. 图(A)

B. 图(B)

C. 图(C)

D. 图(D)

95. 图示逻辑门的输出F_1和F_2分别为：

A. A和1

B. 1 和$\overline{B}$

C. A和0

D. 1 和B

96. 图示时序逻辑电路是一个：

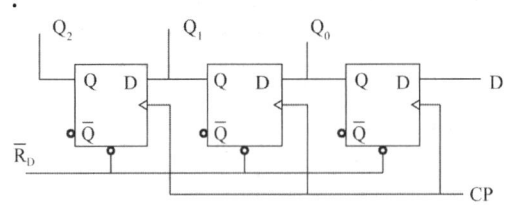

A. 三位二进制同步计数器   B. 三位循环移位寄存器

C. 三位左移寄存器   D. 三位右移寄存器

97. 按照目前的计算机的分类方法，现在使用的 PC 机是属于：

A. 专用、中小型计算机   B. 大型计算机

C. 微型、通用计算机   D. 单片机计算机

98. 目前，微机系统内主要的、常用的外存储器是：

A. 硬盘存储器   B. 软盘存储器

C. 输入用的键盘   D. 输出用的显示器

99. 根据软件的功能和特点，计算机软件一般可分为两大类，它们应该是：

A. 系统软件和非系统软件

B. 应用软件和非应用软件

C. 系统软件和应用软件

D. 系统软件和管理软件

100. 支撑软件是指支撑其他软件的软件，它包括：

A. 服务程序和诊断程序

B. 接口软件、工具软件、数据库

C. 服务程序和编辑程序

D. 诊断程序和编辑程序

101. 下面所列的四条中，不属于信息主要特征的一条是：

　　A. 信息的战略地位性、信息的不可表示性

　　B. 信息的可识别性、信息的可变性

　　C. 信息的可流动性、信息的可处理性

　　D. 信息的可再生性、信息的有效性和无效性

102. 从多媒体的角度上来看，图像分辨率：

　　A. 是指显示器屏幕上的最大显示区域

　　B. 是计算机多媒体系统的参数

　　C. 是指显示卡支持的最大分辨率

　　D. 是图像水平和垂直方向像素点的乘积

103. 以下关于计算机病毒的四条描述中，不正确的一条是：

　　A. 计算机病毒是人为编制的程序

　　B. 计算机病毒只有通过磁盘传播

　　C. 计算机病毒通过修改程序嵌入自身代码进行传播

　　D. 计算机病毒只要满足某种条件就能起破坏作用

104. 操作系统的存储管理功能不包括：

　　A. 分段存储管理　　　　　　　　　B. 分页存储管理

　　C. 虚拟存储管理　　　　　　　　　D. 分时存储管理

105. 网络协议主要组成的三要素是：

　　A. 资源共享、数据通信和增强系统处理功能

　　B. 硬件共享、软件共享和提高可靠性

　　C. 语法、语义和同步（定时）

　　D. 电路交换、报文交换和分组交换

106. 若按照数据交换方法的不同，可将网络分为：

　　A. 广播式网络、点到点式网络

　　B. 双绞线网、同轴电缆网、光纤网、无线网

　　C. 基带网和宽带网

　　D. 电路交换、报文交换、分组交换

107. 某企业向银行贷款 1000 万元，年复利率为 8%，期限为 5 年，每年末等额偿还贷款本金和利息。则每年应偿还：

[已知（P/A,8%,5）=3.9927]

    A. 220.63 万元   B. 250.46 万元

    C. 289.64 万元   D. 296.87 万元

108. 在项目评价中，建设期利息应列入总投资，并形成：

    A. 固定资产原值   B. 流动资产

    C. 无形资产   D. 长期待摊费用

109. 作为一种融资方式，优先股具有某些优先权利，包括：

    A. 先于普通股行使表决权

    B. 企业清算时，享有先于债权人的剩余财产的优先分配权

    C. 享受先于债权人的分红权利

    D. 先于普通股分配股利

110. 某建设项目各年的利息备付率均小于 1，其含义为：

    A. 该项目利息偿付的保障程度高

    B. 当年资金来源不足以偿付当期债务，需要通过短期借款偿付已到期债务

    C. 可用于还本付息的资金保障程度较高

    D. 表示付息能力保障程度不足

111. 某建设项目第一年年初投资 1000 万元，此后从第一年年末开始，每年年末将有 200 万元的净收益，方案的运营期为 10 年。寿命期结束时的净残值为零，基准收益率为 12%，则该项目的净年值约为：

[已知（P/A,12%,10）=5.6502]

    A. 12.34 万元   B. 23.02 万元

    C. 36.04 万元   D. 64.60 万元

112. 进行线性盈亏平衡分析有若干假设条件，其中包括：

    A. 只生产单一产品

    B. 单位可变成本随生产量的增加而成比例降低

    C. 单价随销售量的增加而成比例降低

    D. 销售收入是销售量的线性函数

113. 有甲、乙两个独立的投资项目，有关数据见表（项目结束时均无残值）。基准折现率为 10%。以下关于项目可行性的说法中正确的是：

[已知（P/A,10%,10）=6.1446]

项目	投资（万元）	每年净收益（万元）	寿命期（年）
甲	300	52	10
乙	200	30	10

A. 应只选择甲项目   B. 应只选择乙项目

C. 甲项目与乙项目均可行   D. 甲、乙项目均不可行

114. 在价值工程的一般工作程序中，分析阶段要做的工作包括：

A. 制订工作计划   B. 功能评价

C. 方案创新   D. 方案评价

115. 依据《中华人民共和国建筑法》，依法取得相应执业资格证书的专业技术人员，其从事建筑活动的合法范围是：

A. 执业资格证书许可的范围内

B. 企业营业执照许可的范围内

C. 建筑工程合同的范围内

D. 企业资质证书许可的范围内

116. 根据《中华人民共和国安全生产法》的规定，下列有关重大危险源管理的说法正确的是：

A. 生产经营单位对重大危险源应当登记建档，并制定应急预案

B. 生产经营单位对重大危险源应当经常性检测评估处置

C. 安全生产监督管理部门应当针对该企业的具体情况制定应急预案

D. 生产经营单位应当提醒从业人员和相关人员注意安全

117. 根据《中华人民共和国招标投标法》的规定，依法必须进行招标的项目，招标公告应当载明的事项不包括：

A. 招标人的名称和地址   B. 招标项目的性质

C. 招标项目的实施地点和时间 D. 投标报价要求

118. 某水泥有限责任公司，向若干建筑施工单位发出邀约，以每吨 400 元的价格销售水泥，一周内承诺有效，其后收到若干建筑施工单位的回复，下列回复中属于承诺有效的是：

　　A. 甲施工单位同意 400 元/吨购买 200 吨

　　B. 乙施工单位回复不购买该公司的水泥

　　C. 丙施工单位要求按照 380 元/吨购买 200 吨

　　D. 丁施工单位一周后同意 400 元/吨购买 100 吨

119. 根据《中华人民共和国节约能源法》的规定，节约能源所采取的措施正确的是：

　　A. 可以采取技术上可行、经济上合理以及环境和社会可以承受的措施

　　B. 采取技术上先进、经济上保证以及环境和安全可以承受的措施

　　C. 采取技术上可行、经济上合理以及人身和健康可以承受的措施

　　D. 采取技术上先进、经济上合理以及功能和环境可以保证的措施

120. 工程施工单位完成了楼板钢筋绑扎工作，在浇筑混凝土前，需要进行隐蔽质量验收。根据《建筑工程质量管理条例》规定，施工单位在进行工程隐蔽前应当通知的单位是：

　　A. 建设单位和监理单位

　　B. 建设单位和建设工程质量监督机构

　　C. 监理单位和设计单位

　　D. 设计单位和建设工程质量监督机构

2022 年度全国勘察设计注册工程师

执业资格考试试卷

基础考试

（上）

二〇二二年十一月

应考人员注意事项

1. 本试卷科目代码为"1"，考生务必将此代码填涂在答题卡"科目代码"相应的栏目内，否则，无法评分。

2. 书写用笔：**黑色或蓝色钢笔、签字笔或圆珠笔**；

   填涂答题卡用笔：**黑色 2B 铅笔**。

3. 必须用书写用笔将工作单位、姓名、准考证号填写在答题卡和试卷相应的栏目内。

4. 本试卷由 120 题组成，每题 1 分，满分 120 分，本试卷全部为单项选择题，每小题的四个备选项中只有一个正确答案，错选、多选、不选均不得分。

5. 考生作答时，必须按**题号在答题卡上**将相应试题所选选项对应的**字母用 2B 铅笔涂黑**。

6. 在答题卡上书写与题意无关的语言，或在答题卡上作标记的，均按违纪试卷处理。

7. 考试结束时，由监考人员当面将试卷、答题卡一并收回。

8. 草稿纸由各地统一配发，考后收回。

单项选择题（共 120 题，每题 1 分。每题的备选项中，只有一个最符合题意。）

1. 下列极限中，正确的是：

   A. $\lim\limits_{x \to 0} 2^{\frac{1}{x}} = \infty$

   B. $\lim\limits_{x \to 0} 2^{\frac{1}{x}} = 0$

   C. $\lim\limits_{x \to 0} \sin \dfrac{1}{x} = 0$

   D. $\lim\limits_{x \to \infty} \dfrac{\sin x}{x} = 0$

2. 若当 $x \to \infty$ 时，$\dfrac{x^2+1}{x+1} - ax - b$ 为无穷大量，则常数 a、b 应为：

   A. $a = 1$，$b = 1$ B. $a = 1$，$b = 0$

   C. $a = 0$，$b = 1$ D. $a \neq 1$，b 为任意常数

3. 抛物线 $y = x^2$ 上点 $\left(-\dfrac{1}{2}, \dfrac{1}{4}\right)$ 处的切线是：

   A. 垂直于 ox 轴   B. 平行于 ox 轴

   C. 与 ox 轴正向夹角为 $\dfrac{3\pi}{4}$ D. 与 ox 轴正向夹角为 $\dfrac{\pi}{4}$

4. 设 $y = \ln(1+x^2)$，则二阶导数 y'' 等于：

   A. $\dfrac{1}{(1+x^2)^2}$ B. $\dfrac{2(1-x^2)}{(1+x^2)^2}$

   C. $\dfrac{x}{1+x^2}$ D. $\dfrac{1-x}{1+x^2}$

5. 在区间 $[1,2]$ 上满足拉格朗日定理条件的函数是：

   A. $y = \ln x$ B. $y = \dfrac{1}{\ln x}$

   C. $y = \ln(\ln x)$ D. $y = \ln(2 - x)$

6. 设函数 $f(x) = \dfrac{x^2 - 2x - 2}{x+1}$，则 $f(0) = -2$ 是 $f(x)$ 的：

   A. 极大值，但不是最大值   B. 最大值

   C. 极小值，但不是最小值   D. 最小值

7. 设 $f(x)$、$g(x)$ 可微，并且满足 $f'(x) = g'(x)$，则下列各式中正确的是：

   A. $f(x) = g(x)$ B. $\int f(x)\mathrm{d}x = \int g(x)\mathrm{d}x$

   C. $\left(\int f(x)\mathrm{d}x\right)' = \left(\int g(x)\mathrm{d}x\right)'$ D. $\int f'(x)\mathrm{d}x = \int g'(x)\mathrm{d}x$

8. 定积分 $\int_0^1 \frac{x^3}{\sqrt{1+x^2}}dx$ 的值等于：

    A. $\frac{1}{3}(\sqrt{2}-2)$ B. $\frac{1}{3}(2-\sqrt{2})$

    C. $\frac{1}{3}(1-2\sqrt{2})$ D. $\frac{1}{\sqrt{2}}-1$

9. 设向量的模 $|\boldsymbol{\alpha}|=\sqrt{2}$，$|\boldsymbol{\beta}|=2\sqrt{2}$，$|\boldsymbol{\alpha}\times\boldsymbol{\beta}|=2\sqrt{3}$，则 $\boldsymbol{\alpha}\cdot\boldsymbol{\beta}$ 等于：

    A. 8 或 −8   B. 6 或 −6

    C. 4 或 −4   D. 2 或 −2

10. 设平面方程为 $Ax+Cz+D=0$，其中 A、C、D 是均不为零的常数，则该平面：

    A. 经过 ox 轴   B. 不经过 ox 轴，但平行于 ox 轴

    C. 经过 oy 轴   D. 不经过 oy 轴，但平行于 oy 轴

11. 函数 $z=f(x,y)$ 在点 (x_0,y_0) 处连续是它在该点偏导数存在的：

    A. 必要而非充分条件   B. 充分而非必要条件

    C. 充分必要条件   D. 既非充分又非必要条件

12. 设 D 为圆域：$x^2+y^2\leqslant 1$，则二重积分 $\iint\limits_D x\,\mathrm{d}x\mathrm{d}y$ 等于：

    A. $2\int_0^\pi \mathrm{d}\theta \int_0^1 r^2\sin\theta\mathrm{d}r$ B. $\int_0^{2\pi}\mathrm{d}\theta\int_0^1 r^2\cos\theta\mathrm{d}r$

    C. $4\int_0^{\frac{\pi}{2}}\mathrm{d}\theta\int_0^1 r\cos\theta\mathrm{d}r$ D. $4\int_0^{\frac{\pi}{4}}\mathrm{d}\theta\int_0^1 r^3\cos\theta\mathrm{d}r$

13. 微分方程 $y'=2x$ 的一条积分曲线与直线 $y=2x-1$ 相切，则微分方程的解是：

    A. $y=x^2+2$ B. $y=x^2-1$

    C. $y=x^2$ D. $y=x^2+1$

14. 下列级数中，条件收敛的级数是：

    A. $\sum\limits_{n=2}^{\infty}(-1)^n\frac{1}{\ln n}$ B. $\sum\limits_{n=1}^{\infty}(-1)^n\frac{1}{n^{\frac{3}{2}}}$

    C. $\sum\limits_{n=1}^{\infty}(-1)^n\frac{n}{n+2}$ D. $\sum\limits_{n=1}^{\infty}\frac{\sin\left(\frac{4n\pi}{3}\right)}{n^3}$

15. 在下列函数中，为微分方程$y'' - 2y' + 2y = 0$的特解的是：

A. $y = e^{-x}\cos x$ B. $y = e^{-x}\sin x$

C. $y = e^x \sin x$ D. $y = e^x \cos(2x)$

16. 设L是从点$A(a,0)$到点$B(0,a)$的有向直线段$(a > 0)$，则曲线积分$\int_L x\,\mathrm{d}y$等于：

A. a^2 B. $-a^2$

C. $\dfrac{a^2}{2}$ D. $-\dfrac{a^2}{2}$

17. 若幂级数$\sum\limits_{n=1}^{\infty} a_n x^n$的收敛半径为3，则幂级数$\sum\limits_{n=1}^{\infty} n a_n (x-1)^{n+1}$的收敛区间是：

A. $(-3,3)$ B. $(-2,4)$

C. $(-1,5)$ D. $(0,6)$

18. 设$z = \dfrac{1}{x} f(xy)$，其中$f(u)$具有连续的二阶导数，则$\dfrac{\partial^2 z}{\partial x \partial y}$等于：

A. $xf'(xy) + yf''(xy)$ B. $\dfrac{1}{x}f'(xy) + f''(xy)$

C. $xf''(xy)$ D. $yf''(xy)$

19. 设$\boldsymbol{A}$，$\boldsymbol{B}$，$\boldsymbol{C}$为同阶可逆矩阵，则矩阵方程$\boldsymbol{ABXC} = \boldsymbol{D}$的解$\boldsymbol{X}$为：

A. $\boldsymbol{A}^{-1}\boldsymbol{B}^{-1}\boldsymbol{D}\boldsymbol{C}^{-1}$ B. $\boldsymbol{B}^{-1}\boldsymbol{A}^{-1}\boldsymbol{D}\boldsymbol{C}^{-1}$

C. $\boldsymbol{C}^{-1}\boldsymbol{D}\boldsymbol{A}^{-1}\boldsymbol{B}^{-1}$ D. $\boldsymbol{C}^{-1}\boldsymbol{D}\boldsymbol{B}^{-1}\boldsymbol{A}^{-1}$

20. 设$r(\boldsymbol{A})$表示矩阵$\boldsymbol{A}$的秩，n元齐次线性方程组$\boldsymbol{AX} = \boldsymbol{0}$有非零解时，它的每一个基础解系中所含解向量的个数都等于：

A. $r(\boldsymbol{A})$ B. $r(\boldsymbol{A}) - n$

C. $n - r(\boldsymbol{A})$ D. $r(\boldsymbol{A}) + n$

21. 若对称矩阵$\boldsymbol{A}$与矩阵$\boldsymbol{B} = \begin{bmatrix} 1 & 0 & 0 \\ 0 & 0 & 2 \\ 0 & 2 & 0 \end{bmatrix}$合同，则二次型$f(x_1, x_2, x_3) = \boldsymbol{x}^{\mathrm{T}}\boldsymbol{Ax}$的标准型是：

A. $f = y_1^2 + 2y_2^2 - 2y_3^2$

B. $f = 2y_1^2 - 2y_2^2 - y_3^2$

C. $f = y_1^2 - y_2^2 - 2y_3^2$

D. $f = -y_1^2 + y_2^2 - 2y_3^2$

22. 设A、B为两个事件，且$P(A)=\frac{1}{2}$，$P(B\mid A)=\frac{1}{10}$，$P(B\mid\overline{A})=\frac{1}{20}$，则概率$P(B)$等于：

A. $\frac{1}{40}$ B. $\frac{3}{40}$

C. $\frac{7}{40}$ D. $\frac{9}{40}$

23. 设随机变量X与Y相互独立，且$E(X)=E(Y)=0$，$D(X)=D(Y)=1$，则数学期望$E(X+Y)^2$的值等于：

A. 4   B. 3

C. 2   D. 1

24. 设G是由抛物线$y=x^2$与直线$y=x$所围的平面区域，而随机变量(X,Y)服从G上的均匀分布，则(X,Y)的联合密度$f(x,y)$是：

A. $f(x,y)=\begin{cases}6 & (x,y)\in G \\ 0 & \text{其他}\end{cases}$ B. $f(x,y)=\begin{cases}\frac{1}{6} & (x,y)\in G \\ 0 & \text{其他}\end{cases}$

C. $f(x,y)=\begin{cases}4 & (x,y)\in G \\ 0 & \text{其他}\end{cases}$ D. $f(x,y)=\begin{cases}\frac{1}{4} & (x,y)\in G \\ 0 & \text{其他}\end{cases}$

25. 在热学中经常用 L 作为体积的单位，而：

A. $1L=10^{-1}m^3$ B. $1L=10^{-2}m^3$

C. $1L=10^{-3}m^3$ D. $1L=10^{-4}m^3$

26. 两容器内分别盛有氢气和氦气，若它们的温度和质量分别相等，则：

A. 两种气体分子的平均平动动能相等

B. 两种气体分子的平均动能相等

C. 两种气体分子的平均速率相等

D. 两种气体的内能相等

27. 对于室温下的双原子分子理想气体，在等压膨胀的情况下，系统对外做功W与吸收热量Q之比W/Q等于：

A. 2/3   B. 1/2

C. 2/5   D. 2/7

28. 设高温热源的热力学温度是低温热源热力学温度的n倍，则理想气体在一次卡诺循环中，传给低温热源的热量是从高温热源吸收热量的多少倍？

A. n B. $n-1$

C. $1/n$ D. $(n+1)/n$

29. 相同质量的氢气与氧气分别装在两个容积相同的封闭容器内，环境温度相同，则氢气与氧气的压强之比为：

A. $1/16$ B. $16/1$

C. $1/8$ D. $8/1$

30. 一平面简谐波的表达式为$y = -0.05\sin\pi(t-2x)$(SI)，则该波的频率ν(Hz)、波速u(m/s)及波线上各点振动的振幅A(m)依次为：

A. $1/2$，$1/2$，-0.05

B. $1/2$，1，-0.05

C. $1/2$，$1/2$，0.05

D. 2，2，0.05

31. 横波以波速u沿x轴负方向传播。t时刻波形曲线如图所示，则该时刻：

A. A点振动速度大于0

B. B点静止

C. C点向下运动

D. D点振动速度小于0

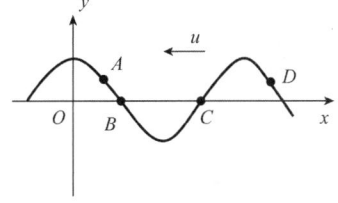

32. 常温下空气中的声速为：

A. 340m/s   B. 680m/s

C. 1020m/s   D. 1360m/s

33. 简谐波在传播过程中，一质元通过平衡位置时，若动能为ΔE_k，其总机械能等于：

A. ΔE_k B. $2\Delta E_k$

C. $3\Delta E_k$ D. $4\Delta E_k$

34. 两块平板玻璃构成空气劈尖，左边为棱边，用单色平行光垂直入射。若上面的平板玻璃慢慢地向上平移，则干涉条纹：

A. 向棱边方向平移，条纹间隔变小

B. 向远离棱边方向平移，条纹间隔变大

C. 向棱边方向平移，条纹间隔不变

D. 向远离棱边方向平移，条纹间隔变小

35. 在单缝衍射中，对于第二级暗条纹，每个半波带的面积为S_2，对于第三级暗条纹，每个半波带的面积S_3等于：

A. $\frac{2}{3}S_2$
B. $\frac{3}{2}S_2$

C. S_2
D. $\frac{1}{2}S_2$

36. 使一光强为I_0的平面偏振光先后通过两个偏振片P_1和P_2，P_1和P_2的偏振化方向与原入射光光矢量振动方向的夹角分别是α和$90°$，则通过这两个偏振片后的光强是：

A. $\frac{1}{2}I_0(\cos\alpha)^2$
B. 0

C. $\frac{1}{4}I_0(\sin 2\alpha)^2$
D. $\frac{1}{4}I_0(\sin\alpha)^2$

37. 多电子原子在无外场作用下，描述原子轨道能量高低的量子数是：

A. n
B. n，l

C. n，l，m
D. n，l，m，m_s

38. 下列化学键中，主要以原子轨道重叠成键的是：

A. 共价键
B. 离子键

C. 金属键
D. 氢键

39. 向$NH_3 \cdot H_2O$溶液中加入下列少许固体，使$NH_3 \cdot H_2O$解离度减小的是：

A. $NaNO_3$
B. $NaCl$

C. $NaOH$
D. Na_2SO_4

40. 化学反应：$Zn(s) + O_2(g) \longrightarrow ZnO(s)$，其熵变$\Delta_r S_m^{\ominus}$为：

A. 大于零
B. 小于零

C. 等于零
D. 无法确定

41. 反应$A(g) + B(g) \rightleftharpoons 2C(g)$达平衡后，如果升高总压，则平衡移动的方向是：

A. 向右
B. 向左

C. 不移动
D. 无法判断

42. 已知$K^{\ominus}(HOAc) = 1.8 \times 10^{-5}$，$K^{\ominus}(HCN) = 6.2 \times 10^{-10}$，下列电对中，标准电极电势最小的是：

A. $E_{H^+/H_2}^{\ominus}$
B. $E_{H_2O/H_2}^{\ominus}$

C. $E_{HOAc/H_2}^{\ominus}$
D. $E_{HCN/H_2}^{\ominus}$

43. $KMnO_4$中 Mn 的氧化数是：

A. +4
B. +5

C. +6
D. +7

44. 下列有机物中只有 2 种一氯代物的是：

A. 丙烷
B. 异戊烷

C. 新戊烷
D. 2，3-二甲基戊烷

45. 下列各反应中属于加成反应的是：

A. $CH_2 = CH_2 + 3O_2 \xrightarrow{\text{加热}} 2CO_2 + 2H_2O$

B. $C_6H_6 + Br_2 \longrightarrow C_6H_5Br + HBr$

C. $CH_2 = CH_2 + Br_2 \longrightarrow BrCH_2 - CH_2Br$

D. $CH_3 - CH_3 + 2Cl_2 \xrightarrow{\text{催化剂}} ClCH_2 + CH_2Cl + 2HCl$

46. 某卤代烷烃$C_5H_{11}Cl$发生消除反应时，可以得到 2 种烯烃，该卤代烷的结构简式可能为：

A. $\underset{\quad\quad CH_2Cl}{CH_3 - CH - CH_2CH_3}$
B. $\underset{\quad\quad\quad Cl}{CH_3CH_2CH_2CHCH_3}$

C. $\underset{\quad\quad Cl}{CH_3CH_2CHCH_2CH_3}$
D. $CH_3CH_2CH_2CH_2CH_2Cl$

47. 图示构架中，G、B、C、D处为光滑铰链，杆及滑轮自重不计。已知悬挂物体重F_p，且$AB = AC$。则B处约束力的作用线与x轴正向所成的夹角为：

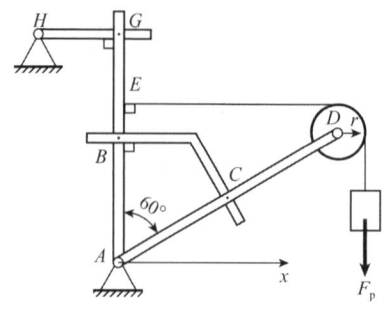

A. 0°

B. 90°

C. 60°

D. 150°

48. 图示平面力系中，已知$F = 100N$，$q = 5N/m$，$R = 5cm$，$OA = AB = 10cm$，$BC = 5cm$（$BI \perp IC$ 且 $BI = IC$）。则该力系对I点的合力矩为：

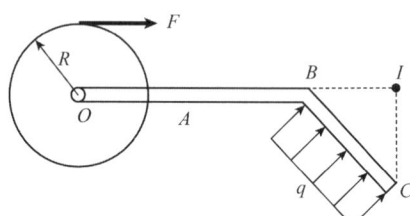

A. $M_I = 1000N \cdot cm$（顺时针）

B. $M_I = 1000N \cdot cm$（逆时针）

C. $M_I = 500N \cdot cm$（逆时针）

D. $M_I = 500N \cdot cm$（顺时针）

49. 三铰拱上作用有大小相等、转向相反的二力偶，其力偶矩大小为M，如图所示。略去自重，则支座A的约束力大小为：

A. $F_{Ax} = 0$；$F_{Ay} = \dfrac{M}{2a}$

B. $F_{Ax} = \dfrac{M}{2a}$；$F_{Ay} = 0$

C. $F_{Ax} = \dfrac{M}{a}$；$F_{Ay} = 0$

D. $F_{Ax} = \dfrac{M}{2a}$；$F_{Ay} = M$

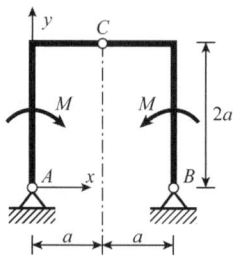

50. 如图所示，重$W = 60\text{kN}$的物块自由地放在倾角为$\alpha = 30°$的斜面上。已知摩擦角$\varphi_\text{m} < \alpha$，则物块受到摩擦力的大小是：

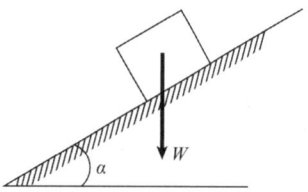

A. $60 \tan \varphi_\text{m} \cos \alpha$

B. $60 \sin \alpha$

C. $60 \cos \alpha$

D. $60 \tan \varphi_\text{m} \sin \alpha$

51. 点沿直线运动，其速度$v = t^2 - 20$。则$t = 2\text{s}$时，点的速度和加速度分别为：

A. -16m/s, 4m/s^2 B. -20m/s, 4m/s^2

C. 4m/s, -4m/s^2 D. -16m/s, 2m/s^2

52. 点沿圆周轨迹以 80m/s 的常速度运动，其法向加速度是 120m/s^2，则此圆周轨迹的半径为：

A. 0.67m B. 53.3m

C. 1.50m D. 0.02m

53. 直角刚杆OAB可绕固定轴O在图示平面内转动，已知$OA = 40\text{cm}$，$AB = 30\text{cm}$，$\omega = 2\text{rad/s}$，$\varepsilon = 1\text{rad/s}^2$。则在图示瞬时，$B$点的加速度在$x$方向的投影及在$y$方向的投影分别为：

A. -50cm/s^2；200cm/s^2

B. 50cm/s^2；200cm/s^2

C. 40cm/s^2；-200cm/s^2

D. 50cm/s^2；-200cm/s^2

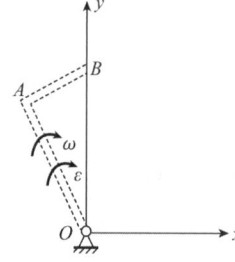

54. 在均匀的静止液体中，质量为m的物体M从液面处无初速下沉，假设液体阻力$F_\text{R} = -\mu v$，其中μ为阻尼系数，v为物体的速度，该物体所能达到的最大速度为：

A. $v_{极限} = mg\mu$ B. $v_{极限} = \dfrac{mg}{\mu}$

C. $v_{极限} = \dfrac{g}{\mu}$ D. $v_{极限} = g\mu$

55. 弹簧原长 $l_0 = 10\text{cm}$。弹簧常量 $k = 4.9\text{kN/m}$，一端固定在 O 点，此点在半径为 $R = 10\text{cm}$ 的圆周上，已知 $AC \perp BC$，OA 为直径，如图所示。当弹簧的另一端由 B 点沿圆弧运动至 A 点时，弹性力做功是：

A. $24.5\text{N} \cdot \text{m}$

B. $-24.5\text{N} \cdot \text{m}$

C. $-20.3\text{N} \cdot \text{m}$

D. $20.3\text{N} \cdot \text{m}$

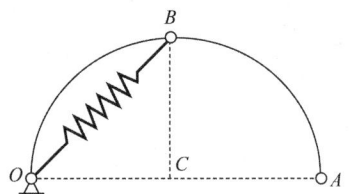

56. 如图所示，圆环的半径为 R，对转轴的转动惯量为 I，在圆环中的 A 点放一质量为 m 的小球，此时圆环以角速度 ω 绕铅直轴 AC 自由转动，设由于微小的干扰，小球离开 A 点，忽略一切摩擦，则当小球达到 C 点时，圆环的角速度是：

A. $\dfrac{mR^2\omega}{I+mR^2}$

B. $\dfrac{I\omega}{I+mR^2}$

C. ω

D. $\dfrac{2I\omega}{I+mR^2}$

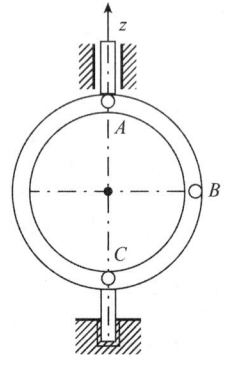

57. 均质细杆 OA，质量为 m，长 l。在如图所示的水平位置静止释放，当运动到铅直位置时，其角速度为 $\omega = \sqrt{\dfrac{3g}{l}}$，角加速度 $\varepsilon = 0$，则轴承 O 施加于杆 OA 的附加动反力为：

A. $\dfrac{3}{2}mg(\uparrow)$

B. $6mg(\downarrow)$

C. $6mg(\uparrow)$

D. $\dfrac{3}{2}mg(\downarrow)$

58. 将一刚度系数为 k、长为 L 的弹簧截成等长（均为 $\dfrac{L}{2}$）的两段，则截断后每根弹簧的刚度系数均为：

A. k　　　　　　　　　　　　B. $2k$

C. $\dfrac{k}{2}$　　　　　　　　　　　D. $\dfrac{1}{2k}$

59. 关于铸铁试件在拉伸和压缩试验中的破坏现象，下面说法正确的是：

A. 拉伸和压缩断口均垂直于轴线

B. 拉伸断口垂直于轴线，压缩断口与轴线大约成 45°角

C. 拉伸和压缩断口均与轴线大约成 45°角

D. 拉伸断口与轴线大约成 45°角，压缩断口垂直于轴线

60. 图示等截面直杆，在杆的B截面作用有轴向力F。已知杆的拉伸刚度为EA，则直杆自由端C的轴向位移为：

A. 0

B. $\dfrac{2FL}{EA}$

C. $\dfrac{FL}{EA}$

D. $\dfrac{FL}{2EA}$

61. 如图所示，钢板用销轴连接在铰支座上，下端受轴向拉力F，已知钢板和销轴的许用挤应力均为$[\sigma_{bs}]$，则销轴的合理直径d是：

A. $d \geqslant \dfrac{F}{t[\sigma_{bs}]}$

B. $d \geqslant \dfrac{F}{2t[\sigma_{bs}]}$

C. $d \geqslant \dfrac{F}{b[\sigma_{bs}]}$

D. $d \geqslant \dfrac{F}{2b[\sigma_{bs}]}$

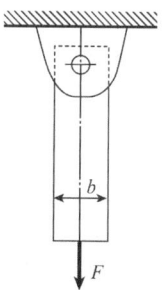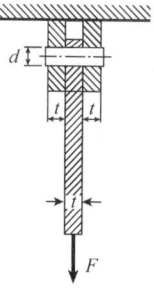

62. 如图所示，等截面圆轴上装有 4 个皮带轮，每个轮传递力偶矩，为提高承载力，方案最合理的是：

A. 1 与 3 对调

B. 2 与 3 对调

C. 2 与 4 对调

D. 3 与 4 对调

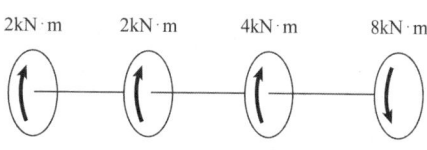

63. 受扭圆轴横截面上扭矩为T，在下面圆轴横截面切应力分布中，正确的是：

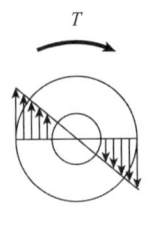 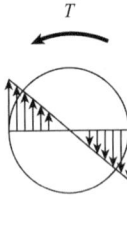 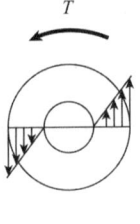 

A.   B.   C.   D.

64. 槽型截面，z轴通过截面形心C，将截面划分为2部分，分别用1和2表示，静矩分别为S_{z1}和S_{z2}，两者关系正确的是：

A. $S_{z1} > S_{z2}$

B. $S_{z1} = -S_{z2}$

C. $S_{z1} < S_{z2}$

D. $S_{z1} = S_{z2}$

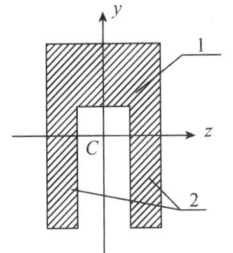

65. 梁的弯矩图如图所示，则梁的最大剪力是：

A. $0.5F$

B. F

C. $1.5F$

D. $2F$

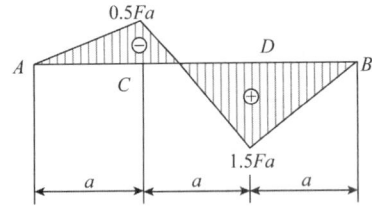

66. 悬臂梁AB由两根相同材料和尺寸的矩形截面杆胶合而成，则胶合面的切应力应为：

A. $\dfrac{F}{2ab}$

B. $\dfrac{F}{3ab}$

C. $\dfrac{3F}{4ab}$

D. $\dfrac{3F}{2ab}$

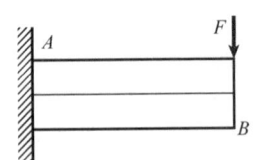 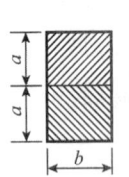

67. 圆截面简支梁直径为 d，梁中点承受集中力 F，则梁的最大弯曲正应力是：

A. $\sigma_{max} = \dfrac{8FL}{\pi d^3}$

B. $\sigma_{max} = \dfrac{16FL}{\pi d^3}$

C. $\sigma_{max} = \dfrac{32FL}{\pi d^3}$

D. $\sigma_{max} = \dfrac{64FL}{\pi d^3}$

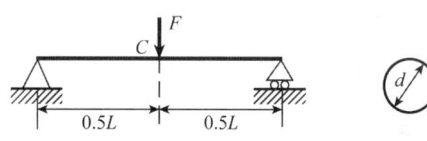

68. 材料相同的两矩形截面梁如图所示，其中，图（b）中的梁由两根高 0.5h、宽 b 的矩形截面梁叠合而成，叠合面间无摩擦，则下列结论正确的是：

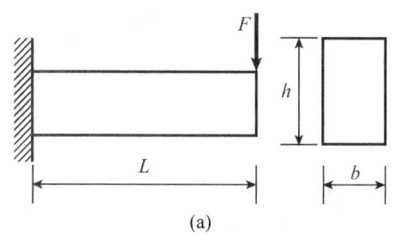 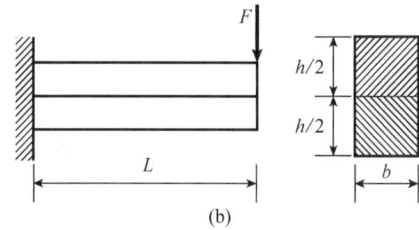

A. 两梁的强度和刚度均不相同

B. 两梁的强度和刚度均相同

C. 两梁的强度相同，刚度不同

D. 两梁的强度不同，刚度相同

69. 下图单元体处于平面应力状态，则图示应力平面内应力圆半径最小的是：

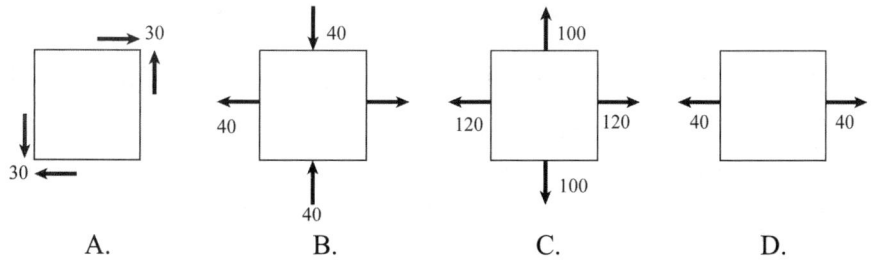

A.　　　　　　　B.　　　　　　　C.　　　　　　　D.

70. 一端固定、一端自由的细长压杆如图（a）所示，为提高其稳定性，在自由端增加一个活动铰链如图（b）所示，则图（b）压杆临界力是图（a）压杆临界力的：

A. 2 倍

B. $\dfrac{2}{0.7}$ 倍

C. $\left(\dfrac{2}{0.7}\right)^2$ 倍

D. $\left(\dfrac{0.7}{2}\right)^2$ 倍

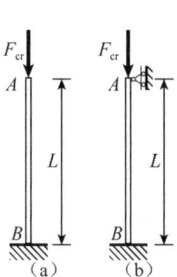

71. 如图所示，一密闭容器内盛有油和水，油层厚$h_1 = 40cm$，油的密度$\rho_a = 850kg/m^3$，盛有水银的 U形测压管的左侧液面距水面的深度$h_2 = 60cm$，水银柱右侧高度低于油面$h = 50cm$，水银的密度 $\rho_{Hg} = 13600kg/m^3$，试求油面上的压强p_e为：

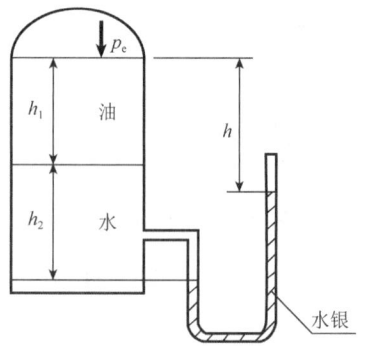

   A. 13600Pa

   B. 63308Pa

   C. 66640Pa

   D. 57428Pa

72. 动量方程中，$\sum \vec{F}$表示作用在控制体内流体上的力是：

   A. 总质力   B. 总表面力

   C. 合外力   D. 总压力

73. 在圆管中，黏性流体的流动是层流状态还是紊流状态，判定依据是：

   A. 流体黏性大小   B. 流速大小

   C. 流量大小   D. 流动雷诺数的大小

74. 给水管某处的水压是294.3kPa，从该处引出一根水平输水管，直径$d = 250mm$，当量粗糙高度$k_s = 0.4mm$，水的运动黏性系数为$0.0131cm^2/s$，要保证流量为50L/s，则输水管输水距离为：

   A. 6150m   B. 6250m

   C. 6350m   D. 6450m

75. 如图所示大体积水箱供水，且水位恒定，水箱顶部压力表读数为19600Pa，水深$H = 2m$，水平管道长$l = 50m$，直径$d = 100mm$，沿程损失系数0.02，忽略局部损失，则管道通过的流量是：

   A. 83.8L/s

   B. 20.95L/s

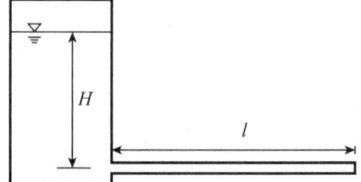

   C. 10.48L/s

   D. 41.9L/s

76. 两条明渠过水断面面积相等，断面形状分别为：（1）方形，边长为 a；（2）矩形，底边宽为 $0.5a$，水深为 $2a$。两者的底坡与粗糙系数相同，则两者的均匀流流量关系是：

A. $Q_1 > Q_2$ B. $Q_1 = Q_2$

C. $Q_1 < Q_2$ D. 不能确定

77. 均匀砂质土填装在容器中，设渗透系数为 0.01cm/s，则渗流流速为：

A. 0.003cm/s

B. 0.004cm/s

C. 0.005cm/s

D. 0.01cm/s

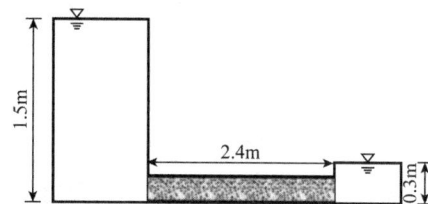

78. 弗劳德数的物理意义是：

A. 压力与黏性力之比   B. 惯性力与黏性力之比

C. 重力与惯性力之比   D. 重力与黏性力之比

79. 图示变压器，在左侧线圈中通以交流电流，并在铁芯中产生磁通 Φ，此时右侧线圈端口上的电压 u_2 为：

A. 0

B. $N_2 \dfrac{\mathrm{d}\Phi}{\mathrm{d}t}$

C. $N_1 \dfrac{\mathrm{d}\Phi}{\mathrm{d}t}$

D. $(N_1 + N_2)\dfrac{\mathrm{d}\Phi}{\mathrm{d}t}$

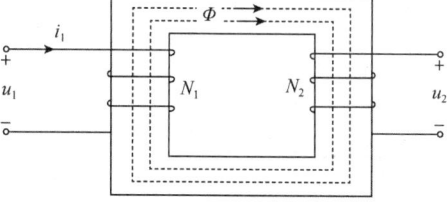

80. 图示电流源 $I_s = 0.2\text{A}$，则电流源发出的功率为：

A. 0.4W

B. 4W

C. 1.2W

D. -1.2W

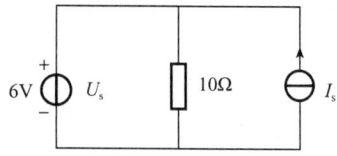

81. 图示电路的等效电路为：

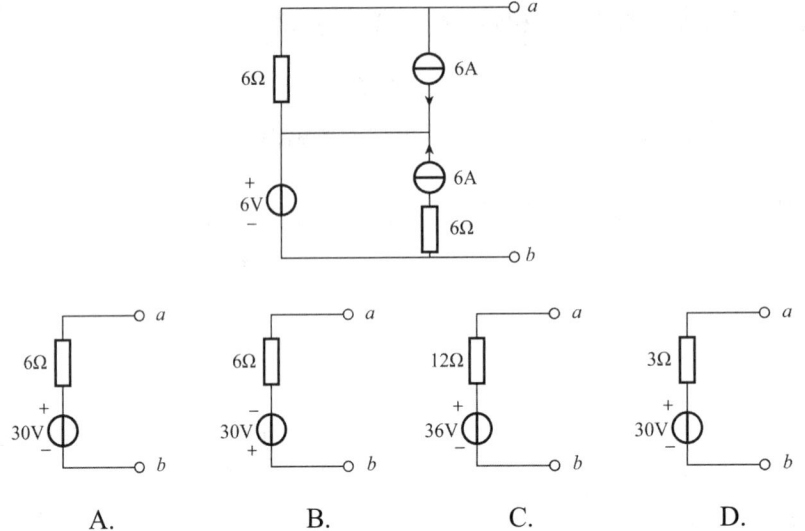

A.　　　　　B.　　　　　C.　　　　　D.

82. RLC 串联电路中，$u = 100\sin(314t + 10°)\,\text{V}$，$R = 100Ω$，$L = 1\text{H}$，$C = 10\text{μF}$，则总阻抗模为：

A. 111Ω

B. 732Ω

C. 96Ω

D. 100.1Ω

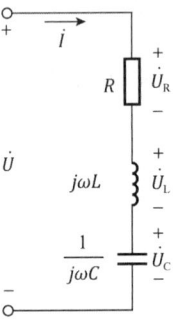

83. 某正弦交流电中，三条支路的电流为$\dot{i}_1 = 100\angle -30°\,\text{mA}$，$i_2(t) = 100\sin(\omega t - 30°)\,\text{mA}$，$i_3(t) = -100\sin(\omega t + 30°)\,\text{mA}$，则：

A. i_1与i_2完全相同

B. i_3与i_1反相

C. $\dot{I}_2 = \dfrac{100}{\sqrt{2}}\angle \omega t - 30°\,\text{mA}$，$\dot{I}_3 = 100\angle 180°\,\text{mA}$

D. $i_1(t) = 100\sqrt{2}\sin(\omega t - 30°)\text{mA}$，$\dot{I}_2 = \dfrac{100}{\sqrt{2}}\angle -30°\,\text{mA}$，$\dot{I}_3 = \dfrac{100}{\sqrt{2}}\angle -150°\,\text{mA}$

84. 图示电路中，$u = 220\sqrt{2}\sin(314t + 30°)\,\text{V}$，$u_R = 180\sqrt{2}\sin(314t - 20°)\,\text{V}$，则该电路的功率因数 λ 为：

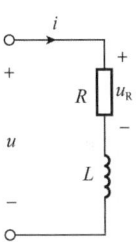

A. $\cos 10°$

B. $\cos 30°$

C. $\cos 50°$

D. $\cos(-10°)$

85. 在下列三相两极异步电机的调速方式中，哪种方式可能使转速高于额定转速？

A. 调转差率   B. 调压调速

C. 改变磁极对数   D. 调频调速

86. 设计电路，要求KM_1控制电机 1 启动，KM_2控制电机 2 启动，电机 2 必须在电机 1 启动后才能启动，且需要独立断开电机 2。下列电路图正确的是：

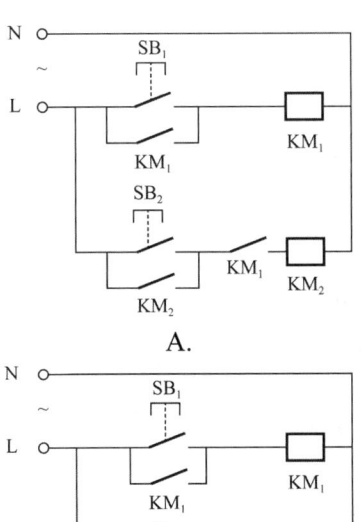

A.

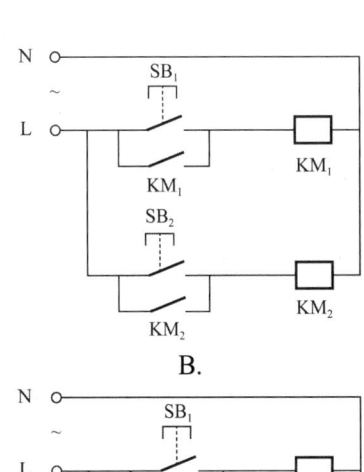

B.

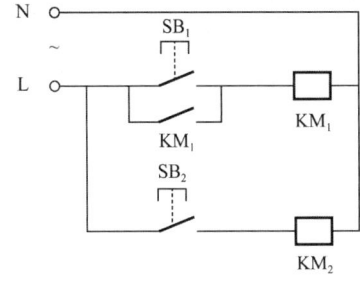

C.

D.

87. 关于模拟信号，下列描述错误的是：

A. 模拟信号是真实信号的电信号表示

B. 模拟信号是一种人工生成的代码信号

C. 模拟信号蕴含对象的原始信号

D. 模拟信号通常是连续的时间信号

88. 模拟信号可用时域、频域描述为：

A. 时域形式在实数域描述，频域形式在复数域描述

B. 时域形式在复数域描述，频域形式在实数域描述

C. 时域形式在实数域描述，频域形式在实数域描述

D. 时域形式在复数域描述，频域形式在复数域描述

89. 信号处理器幅频特性如图所示，其为：

A. 带通滤波器

B. 信号放大器

C. 高通滤波器

D. 低通滤波器

90. 逻辑表达式 $AB + \overline{A}C + BCDE$，可化简为：

A. $A + DE$ B. $AB + BCDE$

C. $AB + \overline{A}C + BC$ D. $AB + \overline{A}C$

91. 已知数字信号 A 和数字信号 B 的波形如图所示，则数字信号 $F = \overline{A}B + A\overline{B}$ 的波形为：

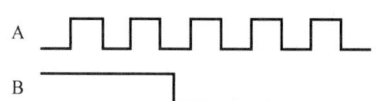

A. F

B. F

C. F

D. F

92. 逻辑函数F = f(A,B,C)的真值见表，由此可知：

A	B	C	F
0	0	0	0
0	0	1	0
0	1	0	0
0	1	1	0
1	0	0	1
1	0	1	0
1	1	0	0
1	1	1	1

A. $F = A\overline{B}C + AB\overline{C}$

B. $F = \overline{A}BC + \overline{A}B\overline{C}$

C. $F = \overline{A}\overline{B}C + \overline{A}BC$

D. $F = A\overline{B}\,\overline{C} + ABC$

93. 二极管应用电路如图所示，设二极管为理想器件，输入正半轴时对应导通的二极管为：

A. D1 和 D3

B. D2 和 D4

C. D1 和 D4

D. D2 和 D3

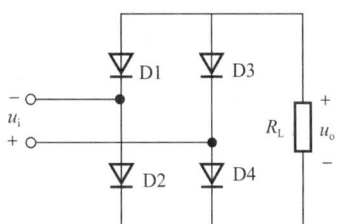

94. 图示电路中，运算放大器输出电压的极限值为±U_{oM}，当输入电压$u_{i1} = 1V$，$u_{i2} = 2\sin\omega t$时，输出电压波形为：

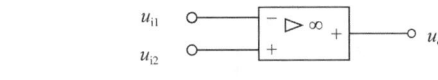

A.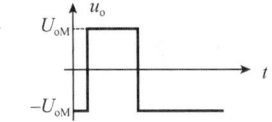

B.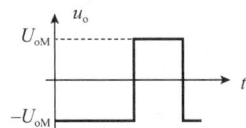

C.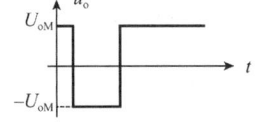

D.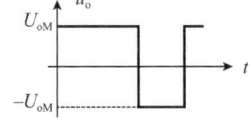

95. 图示 F_1、F_2 输出：

A. 00

B. $1\overline{B}$

C. AB

D. 10

96. 如图 a）所示，复位信号 $\overline{R}_D$，置位信号 $\overline{S}_D$ 及时钟脉冲信号 CP 如图 b）所示，经分析，t_1、t_2 时刻输出 Q 先后等于：

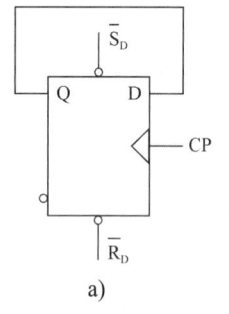 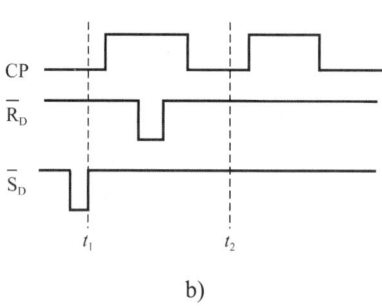

a)   b)

A. 00

B. 01

C. 10

D. 11

97. 计算机的新体系结构思想，是在一个芯片上集成：

A. 多个控制器

B. 多个微处理器

C. 高速缓冲存储器

D. 多个存储器

98. 存储器的主要功能为：

A. 存放程序和数据

B. 给计算机供电

C. 存放电压、电流等模拟信号

D. 存放指令和电压

99. 计算机系统中，为人机交互提供硬件环境的是：

A. 键盘、显示屏

B. 输入/输出系统

C. 键盘、鼠标、显示屏

D. 微处理器

100. 下列有关操作系统的描述，错误的是：

A. 具有文件处理的功能

B. 使计算机系统用起来更方便

C. 具有对计算机资源管理的功能

D. 具有处理硬件故障的功能

101. 在计算机内，汉字也是用二进制数字编码表示，一个汉字的国标码是用：

A. 两个七位二进制数码表示的

B. 两个八位二进制数码表示的

C. 三个八位二进制数码表示的

D. 四个八位二进制数码表示的

102. 表示计算机信息数量比较大的单位要用 PB、EB、ZB、YB 等表示。其中，数量级最小单位是：

A. YB

B. ZB

C. PB

D. EB

103. 在下列存储介质中，存放的程序不会再次感染上病毒的是：

A. 软盘中的程序

B. 硬盘中的程序

C. U 盘中的程序

D. 只读光盘中的程序

104. 操作系统中的文件管理，是对计算机系统中的：

A. 永久程序文件的管理

B. 记录数据文件的管理

C. 用户临时文件的管理

D. 系统软件资源的管理

105. 计算机网络环境下的硬件资源共享可以：

A. 使信息的传送操作更具有方向性

B. 通过网络访问公用网络软件

C. 使用户节省投资，便于集中管理和均衡负担负荷，提高资源的利用率

D. 独立地、平等地访问计算机的操作系统

106. 广域网与局域网有着完全不同的运行环境，在广域网中：

A. 用户自己掌握所有设备和网络的宽带，可以任意使用、维护、升级

B. 可跨越短距离，多个局域网和主机连接在一起的网络

C. 用户无法拥有广域连接所需要的技术设备和通信设施，只能由第三方提供

D. 100MBit/s 的速度是很平常的

107. 某项目从银行贷款 2000 万元，期限为 3 年，按年复利计息，到期需还本付息 2700 万元，已知 $(F/P, 9\%, 3) = 1.295$，$(F/P, 10\%, 3) = 1.331$，$(F/P, 11\%, 3) = 1.368$，则银行贷款利率应：

A. 小于 9%　　　　　　　　　　　　B. 9% ~ 10%之间

C. 10% ~ 11%之间　　　　　　　　　D. 大于 11%

108. 某建设项目的建设期为两年，第一年贷款额为 1000 万元，第二年贷款额为 2000 万元，贷款的实际利率为 4%，则建设期利息应为：

A. 100.8 万元　　　　　　　　　　　B. 120 万元

C. 161.6 万元　　　　　　　　　　　D. 210 万元

109. 相对于债务融资方式，普通股融资方式的特点为：

A. 融资风险较高

B. 资金成本较低

C. 增发普通股会增加新股东，使原有股东的控制权降低

D. 普通股的股息和红利有抵税的作用

110. 某建设项目各年的偿债备付率小于 1，其含义是：

A. 该项目利息偿还的保障程度高

B. 该资金来源不足以偿付当期债务，需要通过短期借款偿付已到期债务

C. 用于还本付息的保障程度较高

D. 表示付息能力保障程度不足

111. 一公司年初投资 1000 万元，此后从第一年年末开始，每年都有相等的净收益，方案的运营期为 10 年，寿命期结束时的净残值为 50 万元。若基准收益率为 12%，问每年的净收益至少为：

[已知：$(P/A, 12\%, 10) = 5.650$，$(P/F, 12\%, 10) = 0.322$]

A. 168.14 万元　　　　　　　　　　B. 174.14 万元

C. 176.99 万元　　　　　　　　　　D. 185.84 万元

112. 一外贸商品，到岸价格为 100 美元，影子汇率为 6 元人民币/美元，进口费用为 100 美元，求影子价格为：

A. 500 元人民币

B. 600 元人民币

C. 700 元人民币

D. 1200 元人民币

113. 某企业对四个分工厂进行技术改造，每个分厂都提出了三个备选的技改方案，各分厂之间是独立的，而各分厂内部的技术方案是互斥的，则该企业面临的技改方案比选类型是：

A. 互斥型

B. 独立型

C. 层混型

D. 矩阵型

114. 在价值工程的一般工作程序中，创新阶段要做的工作包括：

A. 制定工作计划

B. 功能评价

C. 功能系统分析

D. 方案评价

115. 《中华人民共和国建筑法》中，建筑单位正确的做法是：

A. 将设计和施工分别外包给相应部门

B. 将桩基工程和施工工程分别外包给相应部门

C. 将建筑的基础、主体、装饰分别外包给相应部门

D. 将建筑除主体外的部分外包给相应部门

116. 某施工单位承接了某项工程的施工任务，下列施工单位的现场安全管理行为中，错误的是：

A. 向从业人员告知作业场所和工作岗位存在的危险因素、防范措施以及事故应急措施

B. 安排质量检验员兼任安全管理员

C. 安排用于配备安全防护用品、进行安全生产培训的经费

D. 依法参加工伤社会保险，为从业人员缴纳保险费

117. 某必须进行招标的建设工程项目，若招标人于 2018 年 3 月 6 日发售招标文件，则招标文件要求投标人提交投标文件的截止日期最早的是：

A. 3 月 13 日

B. 3 月 21 日

C. 3 月 26 日

D. 3 月 31 日

118. 某供货单位要求施工单位以数据电文形式购买水泥的承诺，施工单位根据要求按时发出承诺后，双方当事人签订确认书，则该合同成立的时间是：

A. 双方签订确认书时间

B. 施工单位的承诺邮件进入供货单位系统的时间

C. 施工单位发电子邮件的时间

D. 供货单位查收电子邮件色时间

119. 根据《中华人民共和国节约能源法》的规定，下列行为中不违反禁止性规定的是：

A. 使用国家明令淘汰的用能设备

B. 冒用能源效率标识

C. 企业制定严于国家标准的企业节能标准

D. 销售应当标注而未标注能源效率标识的产品

120. 在建设工程施工过程中，属于专业监理工程师签认的是：

A. 样板工程专项施工方案   B. 建筑材料、构配件和设备进场验收

C. 拨付工程款   D. 竣工验收

2022 年度全国勘察设计注册工程师

执业资格考试试卷

基础补考
（上）

二〇二三年六月

应考人员注意事项

1. 本试卷科目代码为"1"，考生务必将此代码填涂在答题卡"科目代码"相应的栏目内，否则，无法评分。

2. 书写用笔：**黑色或蓝色钢笔、签字笔或圆珠笔**；

   填涂答题卡用笔：**黑色 2B 铅笔**。

3. 必须用书写用笔将工作单位、姓名、准考证号填写在答题卡和试卷相应的栏目内。

4. 本试卷由 120 题组成，每题 1 分，满分 120 分，本试卷全部为单项选择题，每小题的四个备选项中只有一个正确答案，错选、多选、不选均不得分。

5. 考生作答时，必须按**题号在答题卡上**将相应试题所选选项对应的**字母用 2B 铅笔涂黑**。

6. 在答题卡上书写与题意无关的语言，或在答题卡上作标记的，均按违纪试卷处理。

7. 考试结束时，由监考人员当面将试卷、答题卡一并收回。

8. 草稿纸由各地统一配发，考后收回。

单项选择题（共 120 题，每题 1 分。每题的备选项中，只有一个最符合题意。）

1. 若 $\lim_{x \to 0}(1 - kx)^{\frac{2}{x}} = 2$，则非零常数 k 等于：

   A. $-\ln 2$

   B. $\ln 2$

   C. $-\frac{1}{2}\ln 2$

   D. $\frac{1}{2}\ln 2$

2. 当 $x \to 0$ 时，$a\sin^2 x$ 与 $\tan\frac{x^2}{3}$ 为等价无穷小量，则常数 a 等于：

   A. 3

   B. $\frac{1}{3}$

   C. $\frac{1}{\sqrt{3}}$

   D. $\sqrt{3}$

3. 若可微函数满足 $\frac{d}{dx}f\left(\frac{1}{x^2}\right) = \frac{1}{x}$，且 $f(1) = 1$，则函数 $f(x)$ 的表达式是：

   A. $f(x) = 2\ln|x| + 1$

   B. $f(x) = -2\ln|x| + 1$

   C. $f(x) = \frac{1}{2}\ln|x| + 1$

   D. $f(x) = -\frac{1}{2}\ln|x| + 1$

4. 设 $f(x) = e^x$，$g(x) = \sin x$，且 $y = f[g'(x)]$，则 $\frac{d^2 y}{dx^2}$ 等于：

   A. $e^{\cos x}(\sin x + \cos x)$

   B. $e^{\cos x}(\sin x - \cos x)$

   C. $e^{\cos x}(\sin^2 x - \cos x)$

   D. $e^{\cos x}(\sin^2 x + \cos x)$

5. 曲线 $y = e^{-\frac{1}{x^2}}$ 的渐近线方程是：

   A. $y = 0$

   B. $y = 1$

   C. $x = 0$

   D. $x = 1$

6. 已知 $(x_0, f(x_0))$ 是曲线 $y = f(x)$ 的拐点，则下列结论中正确的是：

   A. 一定有 $f''(x_0) = 0$

   B. $x = x_0$ 一定是 $f(x)$ 的二阶不可微点

   C. $x = x_0$ 一定是 $f(x)$ 的驻点

   D. $x = x_0$ 一定是 $f(x)$ 的连续点

7. 定积分 $\int_{-\pi}^{\pi}|\sin x|\,dx$ 的值等于：

   A. -4

   B. 4

   C. 2

   D. 0

8. 已知 $F(x)$ 是 e^{-x} 的一个原函数，则不定积分 $\int \mathrm{d}F(2x)$ 等于：

   A. $e^{-x} + C$ B. $-e^{-x} + C$

   C. $e^{-2x} + C$ D. $-e^{-2x} + C$

9. 设 $\boldsymbol{i}$、$\boldsymbol{j}$、$\boldsymbol{k}$ 分别表示空间直角坐标系中沿 ox 轴、oy 轴、oz 轴正向上的基本单位向量，则 $\boldsymbol{i} \times \boldsymbol{j} \times \boldsymbol{k}$ 等于：

   A. 0 B. 1

   C. -1 D. $\boldsymbol{k}$

10. 在下列的方程中，过 y 轴上的点 $(0,1,0)$ 且平行 xoz 坐标面的平面方程是：

    A. $x = 0$ B. $y = 1$

    C. $z = 0$ D. $x + z = 1$

11. 函数 $y = y(x)$ 连续，且满足 $y = e^x + \int_0^x y(t)\,\mathrm{d}t$，则函数 $y = y(x)$ 的表达式是：

    A. $y = e^x$ B. $y = e^x(x+1)$

    C. $y = e^x(1-x)$ D. $y = xe^x + 1$

12. 函数 $z = f(x,y)$ 在点 $M(x_0, y_0)$ 处两个偏导数的存在性和可微性的关系是：

    A. 两个偏导数存在一定可微 B. 可微则两个偏导数一定存在

    C. 可微不一定两个偏导数存在 D. 两个偏导数存在一定可微

13. 下列函数中，微分方程 $y'' - y' - 2y = 3e^x$ 的一个特解的是：

    A. $y = e^{2x} + 2e^x$ B. $y = 2e^{-x} + e^x$

    C. $y = e^{2x} - 2e^{-x} - \dfrac{3}{2}e^x$ D. $y = e^{2x} + e^{-x} - e^x$

14. 设区域 $D: x^2 + y^2 \leqslant 1$，则二重积分 $\iint\limits_{D} (x^2 + y^2)^2\,\mathrm{d}x\,\mathrm{d}y$ 的值等于：

    A. $\dfrac{2\pi}{5}$ B. $\dfrac{\pi}{3}$

    C. $\dfrac{\pi}{2}$ D. π

15. 设 L 为圆周 $x = a\cos t, y = a\sin t\,(a>0, 0 \leqslant t \leqslant 2\pi)$，则对弧长的曲线积分 $\int_L (x^2 + y^2)\,\mathrm{d}s$ 的值等于：

    A. $2\pi a^3$ B. $2\pi a^2$

    C. $2\pi a$ D. πa

16. 已知级数 $\sum\limits_{n=1}^{\infty} a_n$ 收敛，$\{S_n\}$ 是它的前 n 项部分和数列，则 $\{S_n\}$ 必是：

A. 有界的   B. 有上界而无下界的

C. 上无界而下有界的   D. 无界的

17. 设 $z = f(x, xy)$，其中 $f(u, v)$ 具有二阶连续偏导数，则 $\dfrac{\partial^2 z}{\partial x \partial y}$ 等于：

A. $\dfrac{\partial f}{\partial v} + xy \dfrac{\partial^2 f}{\partial v^2}$ B. $\dfrac{\partial f}{\partial v} + x\left(\dfrac{\partial^2 f}{\partial x^2} + y\dfrac{\partial^2 f}{\partial v^2}\right)$

C. $\dfrac{\partial f}{\partial v} + \dfrac{\partial^2 f}{\partial v \partial u} + \dfrac{\partial^2 f}{\partial v^2}$ D. $\dfrac{\partial f}{\partial v} + x\left(\dfrac{\partial^2 f}{\partial v \partial u} + y\dfrac{\partial^2 f}{\partial v^2}\right)$

18. 设 $f(x)$ 是以 2π 为周期的周期函数，它在 $(-\pi, \pi]$ 的表达式为 $f(x) = \begin{cases} x+1 & -\pi < x \leqslant 0 \\ 2 & 0 < x \leqslant \pi \end{cases}$，$S(x)$ 表示 $f(x)$ 的以 2π 为周期的傅里叶级数的和函数，则 $S(6\pi)$ 的值等于：

A. 3   B. 2

C. $\dfrac{3}{2}$ D. 1

19. 向量组 $\boldsymbol{\alpha}_1 = (1, -1, 2, 4)^{\mathrm{T}}$、$\boldsymbol{\alpha}_2 = (0, 3, 1, 2)^{\mathrm{T}}$、$\boldsymbol{\alpha}_3 = (3, 0, 7, 14)^{\mathrm{T}}$、$\boldsymbol{\alpha}_4 = (1, -1, 2, 0)^{\mathrm{T}}$ 的极大线性无关组是：

A. $\boldsymbol{\alpha}_1, \boldsymbol{\alpha}_2, \boldsymbol{\alpha}_3$ B. $\boldsymbol{\alpha}_1, \boldsymbol{\alpha}_2, \boldsymbol{\alpha}_4$

C. $\boldsymbol{\alpha}_2, \boldsymbol{\alpha}_3$ D. $\boldsymbol{\alpha}_1, \boldsymbol{\alpha}_2, \boldsymbol{\alpha}_3, \boldsymbol{\alpha}_4$

20. 设二次型 $f(x_1, x_2, x_3, x_4) = -x_1^2 + x_2^2 + x_3^2 - x_4^2$，则其秩 r 等于：

A. 1   B. 2

C. 3   D. 4

21. 若 3 阶矩阵 $\boldsymbol{A}$ 相似于矩阵 $\boldsymbol{B}$，矩阵 $\boldsymbol{A}$ 的特征值为 1、2、3，则行列式 $|2\boldsymbol{B} - \boldsymbol{I}| =$

A. 15   B. 12

C. 9   D. 6

22. 设事件 A 和 B，$B \subset A$，$P(A) = 0.8$，$P(B|A) = 0.6$，则 $P(B)$ 等于：

A. 0.8   B. 0.6

C. 0.48   D. 0.2

23. 若二维随机变量 (X, Y) 的联合概率密度为 $f(x, y) = \begin{cases} ce^{-(x+y)} & x > 0, \ y > 0 \\ 0 & \text{其他} \end{cases}$，则常数 c 的值为：

A. 2   B. 1

C. -1 D. -2

24. 设 X，Y 是两个随机变量，且 $E(X) = 1$，$E(Y) = 2$，$D(X) = 1$，$D(Y) = 4$，相关系数 $\rho_{XY} = 0.6$，则数学期望 $E[(2X - Y + 1)^2]$ 等于：

    A. 5.2   B. 4.2

    C. 3.2   D. 2.2

25. 在封闭容器内，若分子的平均速率 $\bar{v}$ 提高为原来的 2 倍，则：

    A. 温度和压强均提高为原来的 2 倍

    B. 温度提高为原来的 2 倍，压强提高为原来的 4 倍

    C. 温度提高为原来的 4 倍，压强提高为原来的 2 倍

    D. 温度和压强均提高为原来的 4 倍

26. 两瓶不同种类的理想气体，分子的平均平动相同，分子数密度不同，则两者：

    A. 温度相同，压强相同   B. 温度相同，压强不同

    C. 温度不同，压强相同   D. 温度不同，压强不同

27. 在热学中，气体的内能 E，吸收的热量 Q 以及所做的功 W 三者中，其中与过程的状态直接相关的物理量是：

    A. W 和 Q B. Q

    C. W D. E

28. 一定量的理想气体经历了 $acbda$ 的循环过程，气体经一次循环对外所做的净功为：

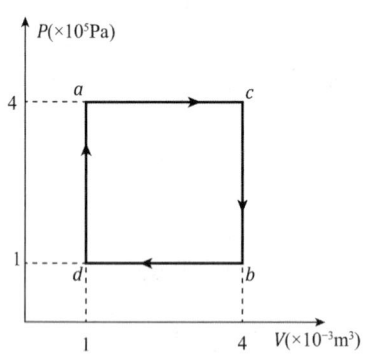

    A. 1200J   B. −1200J

    C. 1600J   D. 900J

29. 容积为V的容器内装满被测的气体，测得其压强为P_1，温度为T，并称出容器连同气体的质量为m_1；然后放出一部分气体，使压强降到P_2，温度不变，再称出连同气体的质量m_2，由此求得气体的摩尔质量为：

A. $\dfrac{RT}{V} \dfrac{m_1 - m_2}{P_1 - P_2}$　　　　　　　B. $\dfrac{RT}{V} \dfrac{P_1 - P_2}{m_1 - m_2}$

C. $\dfrac{RT}{V} \dfrac{m_1 - m_2}{P_1 + P_2}$　　　　　　　D. $\dfrac{RT}{V} \dfrac{m_1 + m_2}{P_1 - P_2}$

30. 在简谐波传播的过程中，沿传播方向相距为λ（λ为波长）的两点的振动速度必定：

A. 大小相同，而方向相反　　　　　B. 大小和方向均相同

C. 大小不同，方向相同　　　　　　D. 大小不同，而方向相反

31. 一平面简谐波的波动方程为$y = 0.01 \cos 3\pi(0.2t - 0.5x)$(SI)，则任意质元的位移：

A. $-0.01 \sim 0.01\text{m}$　　　　　　B. $-0.01\text{m} \sim 0$

C. $-0.01 \sim 0.01\text{cm}$　　　　　　D. $-0.01\text{cm} \sim 0$

32. 在波动中，当质元经过平衡位置时：

A. 弹性形变最大，振动速度最大

B. 弹性形变最大，振动速度最小

C. 弹性形变最小，振动速度最大

D. 弹性形变最小，振动速度最小

33. 在弦线上有一简谐波，$y_1 = 2.0 \times 10^{-2} \cos\left[100\pi\left(t + \dfrac{x}{20}\right) - \dfrac{\pi}{3}\right]$(SI)，为了在此弦线上形成驻波，且在$x = 0$处为一波腹，此弦线上还应有一简谐波，其表达式为：

A. $y_2 = 2.0 \times 10^{-2} \cos\left[100\pi\left(t - \dfrac{x}{20}\right) + \dfrac{\pi}{3}\right]$(SI)

B. $y_2 = 2.0 \times 10^{-2} \cos\left[100\pi\left(t - \dfrac{x}{20}\right) + \dfrac{4\pi}{3}\right]$(SI)

C. $y_2 = 2.0 \times 10^{-2} \cos\left[100\pi\left(t - \dfrac{x}{20}\right) - \dfrac{\pi}{3}\right]$(SI)

D. $y_2 = 2.0 \times 10^{-2} \cos\left[100\pi\left(t - \dfrac{x}{20}\right) - \dfrac{4\pi}{3}\right]$(SI)

34. 当一束单色光通过折射率不同的两种媒质时，光的：

A. 速度大小相同，波长相同　　　　B. 速度大小相同，波长不同

C. 速度大小不同，波长相同　　　　D. 速度大小不同，波长不同

35. 照相机镜头表面都镀有一层增透膜，以减少光的反射损失，其增透膜原理是根据：

A. 光的反射　　　　　　　　　　　B. 光的折射

C. 光的干涉　　　　　　　　　　　D. 光的衍射

36. 在如图所示的单缝夫琅禾费衍射实验中，将单缝 k 沿垂直于光的入射方向（沿图中 x 方向）微平移，则：

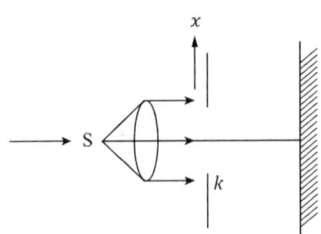

A. 衍射条纹移动，条纹宽度不变

B. 衍射条纹移动，条纹宽度变动

C. 衍射条纹中心不动，条纹变宽

D. 衍射条纹不动，条纹宽度不变

37. 用来描述原子轨道空间伸展方向的量子数是：

A. n　　　　　　　　　　　　B. l

C. m　　　　　　　　　　　　D. m_s

38. Ca^{2+} 的电子构型是：

A. 18　　　　　　　　　　　　B. 8

C. $18 + 2$　　　　　　　　　　D. $9 - 17$

39. 下列物质的水溶液凝固点最低的是：

A. 0.1mol/L KCl　　　　　　　B. 0.1mol/L KNO_3

C. 0.1mol/L NaCl　　　　　　　D. 0.1mol/L K_2SO_4

40. 0.1mol/L 的某一元弱酸溶液，室温时 $pH = 3.0$，此弱酸的 K_a 等于：

A. 1.1×10^{-3}　　　　　　　　B. 1.0×10^{-5}

C. 1.0×10^{-4}　　　　　　　　D. 1.0×10^{-6}

41. 某企业生产一产品，反应的平衡转化率为 65%，为提高生产效率，研制出一种新的催化剂，同样温度下，使用催化剂后，其平衡转化率为：

A. 大于 65%　　　　　　　　　B. 小于 65%

C. 等于 65%　　　　　　　　　D. 达到 100%

42. 在密闭容器中进行如下反应：$A(s) + B(g) \rightleftharpoons C(g)$，体系达到平衡后，保持温度不变，将容器体积缩小到原来的 1/2，则 C(g) 的浓度将为原来的：

A. 1 倍（未变）　　　　　　　　　B. 1/2

C. 2/3 倍　　　　　　　　　　　　D. 2 倍

43. 已知 $E^{\Theta}(Cu^{2+}/Cu) = 0.34V$，现测得 $E(Cu^{2+}/Cu) = 0.30V$，说明该电极中 $C(Cu^{2+})$ 为：

A. $C(Cu^{2+}) > 1mol/L$　　　　　　B. $C(Cu^{2+}) < 1mol/L$

C. $C(Cu^{2+}) = 1mol/L$　　　　　　D. 无法确定

44. 将苯与甲苯进行比较，下列叙述中不正确的是：

A. 都能在空气中燃烧　　　　　　　B. 都能发生取代反应

C. 都属于芳烃　　　　　　　　　　D. 都能使 $KMnO_4$ 酸性溶液褪色

45. 下列化合物在一定条件下，既能发生消除反应，又能发生水解反应的是：

A. $CH_3 - \overset{\displaystyle Cl}{\underset{\displaystyle |}{CH}} - CH_3$　　　　B. CH_3Cl

C. $C_6H_5CH_2Cl$　　　　　　D. $CH_3 - \overset{\displaystyle CH_3}{\underset{\displaystyle |}{\underset{\displaystyle |}{\underset{\displaystyle CH_2Cl}{C}}}} - CH_3$

46. 丙烯在一定条件下发生加聚反应的产物是：

A. $+CH_2 = CH - CH_3\,\!\frac{}{}_n$　　　　　　　B. $+CH_2 - CH - CH_2\,\!\frac{}{}_n$

C. $+CH_2 - \overset{\displaystyle CH_3}{\underset{\displaystyle |}{CH}}\,\!\frac{}{}_n$　　　　　　D. $+CH = \overset{\displaystyle CH_3}{\underset{\displaystyle |}{C}}\,\!\frac{}{}_n$

47. 构件 $ABDE$ 受平面力系作用，如图所示。欲求未知力 F_{NA}、F_{Ey} 和 F_{Ex}，独立的平衡方程组是：

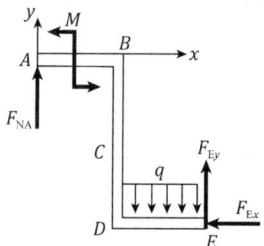

A. $\sum M_C(F)=0$，$\sum M_D(F)=0$，$\sum M_B(F)=0$

B. $\sum F_y=0$，$\sum M_A(F)=0$，$\sum M_B(F)=0$

C. $\sum F_x=0$，$\sum M_A(F)=0$，$\sum M_B(F)=0$

D. $\sum F_x=0$，$\sum M_B(F)=0$，$\sum M_C(F)=0$

48. 设一平面力系，各力在 x 轴上的投影 $\sum F_x=0$，各力对 A 和 B 点的矩之和分别为 $\sum M_A(F)=0$，$\sum M_B(F)=400\text{kN}\cdot\text{m}$（以逆时针为正）。若 $L=20\text{m}$，则该力系简化的最后结果为：

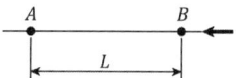

A. 平衡

B. 一力和一力偶

C. 一合力偶

D. 一合力

49. 图示多跨梁由 AC 和 CD 铰接而成，自重不计。已知：$F=1\text{kN}$，$M=2\text{kN}\cdot\text{m}$，$L=1\text{m}$，$\theta=45°$，则支座 D 的约束力为：

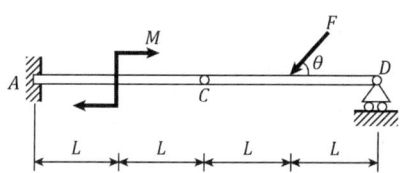

A. $F_D=0.71\text{kN}$（↓）

B. $F_D=0.71\text{kN}$（↑）

C. $F_D=0.35\text{kN}$（↓）

D. $F_D=0.35\text{kN}$（↑）

50. 图示平面组合构架，自重不计。已知：$F = 40\text{kN}$，$M = 10\text{kN} \cdot \text{m}$，$L_1 = 4\text{m}$，$L_2 = 6\text{m}$，则 1 杆的内力为：

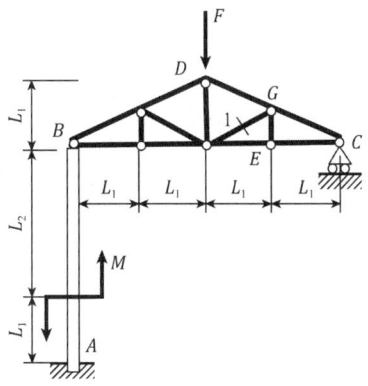

A. F

B. $-F$

C. $0.5F$

D. 0

51. 点沿直线运动，其速度 $v = t^2 - 20$（速度单位为 m/s）。已知当 $t = 0$ 时，$y = -15\text{m}$，则 $t = 3\text{s}$ 时，点的位置坐标为：

A. 6m

B. -66m

C. -57m

D. -48m

52. 点沿直线运动，其速度 $v = 20t - 5$（速度单位为 m/s）。当 $t = 2\text{s}$ 时，点的加速度为：

A. 40m/s^2

B. 20m/s^2

C. 45m/s^2

D. 5m/s^2

53. 直角刚杆 OAB 在图示瞬时角速度 $\omega = 2\text{rad/s}$，角加速度 $\alpha = 5\text{rad/s}^2$，若 $OA = 40\text{cm}$，$AB = 30\text{cm}$，则 B 点的速度大小和法向加速度的大小为：

A. 100cm/s；200cm/s^2

B. 80cm/s；160cm/s^2

C. 60cm/s；200cm/s^2

D. 100cm/s；120cm/s^2

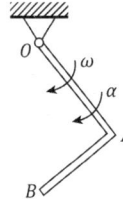

54. 质量为40kg的物块A沿桌子表面由一无质量绳拖拽，该绳另一端跨过桌角的无摩擦、无质量的滑轮后，又系住另一质量为12kg的物块B，如图所示。则此时连接物块A的绳索张力与连接物块B的绳索张力的关系是：

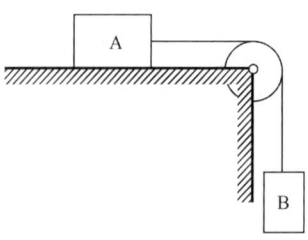

A. $F_A < F_B$

B. $F_A > F_B$

C. $F_A = F_B$

D. 无法确定

55. 两重物B和A，其质量分别为m_1和m_2，各系在不同的绳子上，绳子又分别围绕在半径r_1和r_2的鼓轮上，如图所示。设重物B的速度为v，鼓轮和绳子的质量及轴的摩擦均略去不计。则鼓轮系统的动能为：

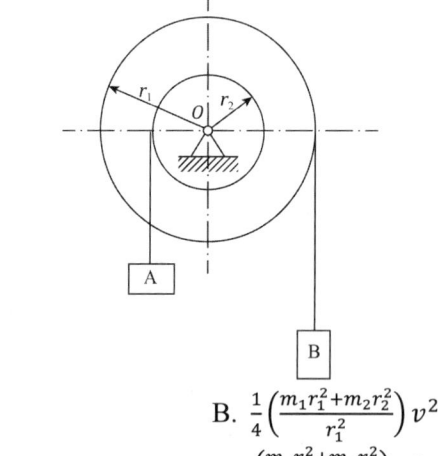

A. $\frac{1}{2}\left(\frac{m_1 r_1^2 + m_2 r_2^2}{r_1^2}\right)v^2$

B. $\frac{1}{4}\left(\frac{m_1 r_1^2 + m_2 r_2^2}{r_1^2}\right)v^2$

C. $\frac{1}{2}\left(\frac{m_1 r_1 + m_2 r_2}{r_1}\right)v^2$

D. $\left(\frac{m_1 r_1^2 + m_2 r_2^2}{r_1^2}\right)v^2$

56. 均质细杆OA长为2m，质量4kg，可在铅垂平面内绕固定水平轴O转动，当杆在图示静止铅垂位置转过90°时，则所需施加在杆上的最小常力矩M是：

A. 12.49N·m

B. 49.94N·m

C. 24.97N·m

D. 39.20N·m

57. 如图所示，物体重力为Q，用无质量的细绳BA、CA悬挂，$\varphi = 60°$，若将BA绳剪断，剪断瞬时此物体的惯性力大小为：

A. $\frac{\sqrt{3}}{2}Q$

B. $\sqrt{3}Q$

C. $\frac{1}{2}Q$

D. $\frac{1}{3}Q$

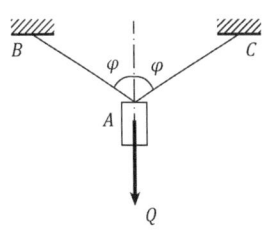

58. 图示装置中，外框架是刚性的，已知质量$m = 200\text{kg}$，弹簧刚度$k = 100\text{N/cm}$，则图中各振动系统的频率为：

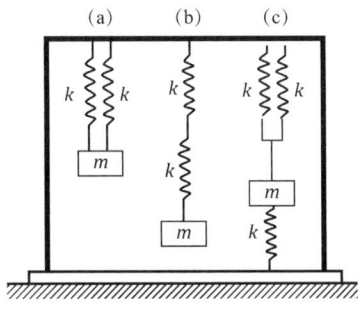

A. 图（a）装置振动频率最小　　　　　　B. 图（b）装置振动频率最小

C. 图（c）装置振动频率最小　　　　　　D. 三种装置振动频率相等

59. 图示四种材料的拉伸破坏应力-应变曲线，其中塑性最好的材料是：

A. 材料 A

B. 材料 B

C. 材料 C

D. 材料 D

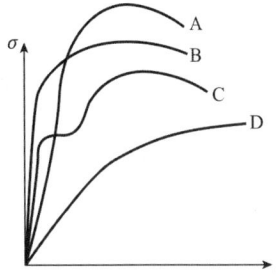

60. 等截面直杆，受力如图所示，拉压刚度为EA，则杆的总伸长为：

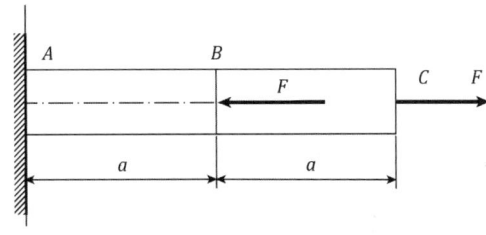

A. $\frac{2Fa}{EA}$　　　　　　　　　　B. $\frac{Fa}{EA}$

C. $\frac{Fa}{2EA}$　　　　　　　　　　D. 0

61. 钢板用铆钉固定在铰支座上，下端受轴向拉力F，已知铰链轴的许用切应力为$[\tau]$，则铰链轴的合理直径d是：

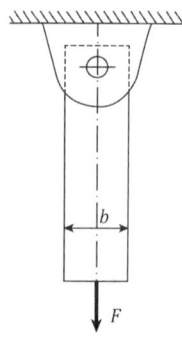 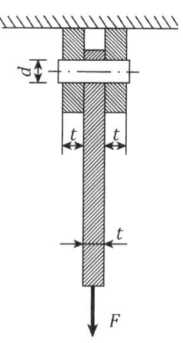

A. $d^2 \geqslant \dfrac{4F}{\pi[\tau]}$

B. $d^2 \geqslant \dfrac{2F}{\pi[\tau]}$

C. $d^2 \geqslant \dfrac{F}{\pi[\tau]}$

D. $d^2 \geqslant \dfrac{F}{2\pi[\tau]}$

62. 实心圆轴受扭，若扭矩不变，将轴的直径增大一倍，则圆轴的最大切应力是原来的：

A. $\dfrac{1}{2}$

B. $\dfrac{1}{4}$

C. $\dfrac{1}{8}$

D. $\dfrac{1}{16}$

63. 圆轴长为L，扭转刚度为GI_{p}。圆轴在扭矩T作用下发生的弹性扭转角为φ，则扭矩T值为：

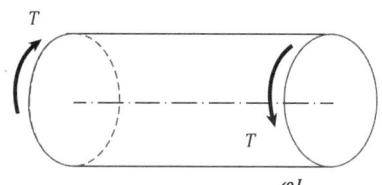

A. $T = \dfrac{GI_{\mathrm{p}}\varphi}{L}$

B. $T = \dfrac{\varphi L}{GI_{\mathrm{p}}}$

C. $T = \dfrac{GI_{\mathrm{p}}}{\varphi L}$

D. $T = \dfrac{GI_{\mathrm{p}}L}{\varphi}$

64. 正方形截面边长为a，x、y是截面的形心主轴。该截面关于角点的极惯性矩I_{p}是：

A. $I_{\mathrm{p}} = \dfrac{2a^4}{3}$

B. $I_{\mathrm{p}} = \dfrac{a^4}{3}$

C. $I_{\mathrm{p}} = \dfrac{a^4}{6}$

D. $I_{\mathrm{p}} = \dfrac{a^4}{12}$

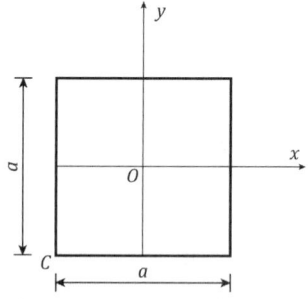

65. 在集中力偶作用截面处，梁的弯曲内力图的变化规律为：

A. 剪力Q_{s}图有突变，弯矩M图无变化

B. 剪力Q_{s}图有突变，弯矩M图有转折

C. 剪力Q_{s}图无变化，弯矩M图有突变

D. 剪力Q_{s}图有转折，弯矩M图有突变

66. 梁的材料为铸铁，在图示四种面积相等的截面中，按强度考虑，承载能力最大的是：

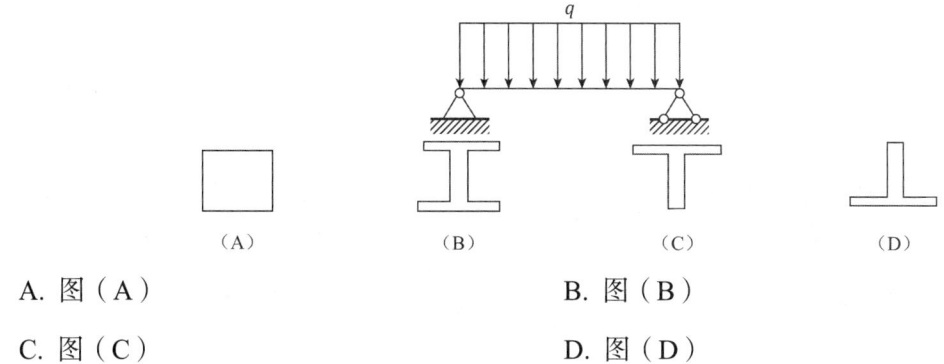

A. 图（A）
B. 图（B）
C. 图（C）
D. 图（D）

67. 图示两根长度相同的简支梁，梁（a）的材料为钢梁，梁（b）的材料为铝梁。已知它们的弯曲刚度 EI 相同，在相同外力作用下，二者的不同之处可能是：

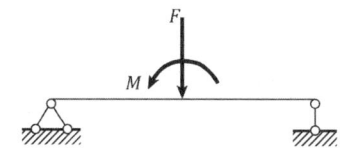

A. 弯曲最大正应力
B. 剪力图
C. 最大挠度
D. 最大转角

68. 图示 4 种平面应力状中，具有最大切应力的是：

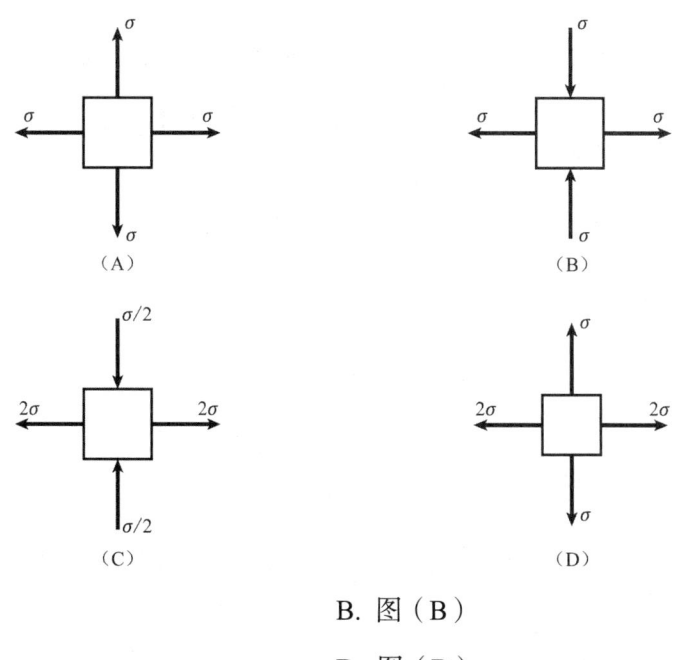

A. 图（A）
B. 图（B）
C. 图（C）
D. 图（D）

69. 下面四个强度条件表达式中，第二强度理论的强度条件表达式是：

A. $\sigma_1 \leqslant [\sigma]$

B. $\sigma_1 - \nu(\sigma_2 + \sigma_3) \leqslant [\sigma]$

C. $\sigma_1 - \sigma_3 \leqslant [\sigma]$

D. $\sqrt{\frac{1}{2}[(\sigma_1 - \sigma_2)^2 + (\sigma_2 - \sigma_2)^2(\sigma_3 - \sigma_1)^2]} \leqslant [\sigma]$

70. 如图所示细长压杆弯曲刚度相同，则图 b）压杆临界力是图 a）压杆临界力的：

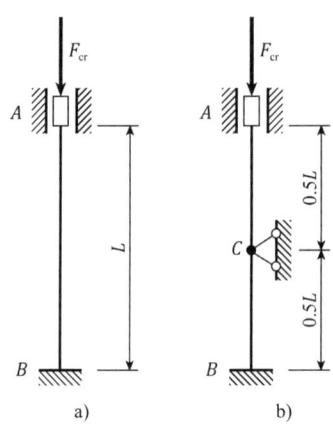

a) b)

A. $\dfrac{1}{2}$ B. $\dfrac{1}{2^2}$

C. $\dfrac{1}{0.7^2}$ D. $\dfrac{1}{0.35^2}$

71. 设大气压为 101kPa，某点压力表读数为 20kPa，则相对压强和绝对压强分别是：

A. 20kPa，121kPa B. 121kPa，20kPa

C. 20kPa，20kPa D. 121kPa，121kPa

72. 下列说法正确的是：

A. 不可压缩流场的流线与迹线重合

B. 不可压缩流场中任一封闭曲线的速度环量都等于零

C. 不可压缩流体适用伯努利方程

D. 不可压缩流体中任一点的速度散度为零

73. 动量方程是矢量方程，要考虑力和速度的方向，与所选坐标方向一致则为正，反之则为负。如果力的计算结果为负值，则：

A. 说明方程列错了 B. 说明力的实际方向与假设方向相反

C. 说明力的实际方向与假设方向相同 D. 说明计算结果一定是错误的

74. 两圆管内水的层流流动，雷诺数比为 $Re_1 : Re_2 = 1 : 2$，流量之比为 $Q_1 : Q_2 = 3 : 4$，则两管直径之比 $D_1 : D_2$ 是：

A. $8 : 3$
B. $3 : 2$
C. $3 : 8$
D. $2 : 3$

75. 已知两并联管路下料相同，管径 $d_1 = 100mm$，$d_2 = 200mm$，已知管内的流量比为 $Q_1 : Q_2 = 1 : 2$，则两管的长度比是：

A. $2 : 1$
B. $1 : 4$
C. $1 : 8$
D. 不确定

76. 下面说法正确的是：

A. 平坡棱柱形渠道可以形成明渠均匀流

B. 正坡棱柱形渠道可以形成明渠均匀流

C. 正坡非棱柱形渠道可以形成明渠均匀流

D. 平坡非棱柱形渠道可以形成明渠均匀流

77. 两完全潜水井，水位降深比为 $1 : 2$，渗透系数比值为 $1 : 4$，则影响半径比值是：

A. $1 : 4$
B. $1 : 2$
C. $2 : 1$
D. $4 : 1$

78. 下列不属于流动的相似原理的是：

A. 几何相似
B. 动力相似
C. 运动相似
D. 质量相似

79. 将一导体置于变化的磁场中，该导体中会有电动势产生，则该电动势与磁场的关系由下列哪条定律来确定？

A. 安培环路定律
B. 电磁感应定律
C. 高斯定律
D. 库仑定律

80. 在图示电路中，当$u_1 = U_1 = 5V$时，$i = I = 0.2A$，那么：

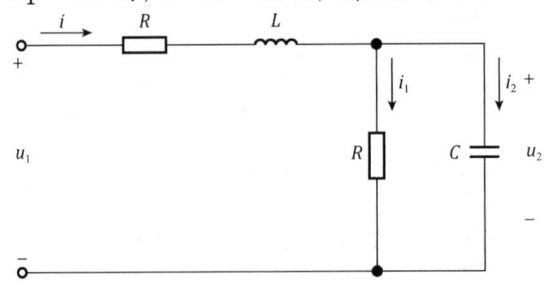

A. 电压u_2和电流i_1分别为2.5V、0.2A

B. 电压u_2小于2.5V，电流i_1为0.2A

C. 电压u_2为2.5V，电流i_1小于0.2A

D. 因L、C未知，不能确定电压u_2和电流i_1

81. 图示电路的等效电流源模型为：

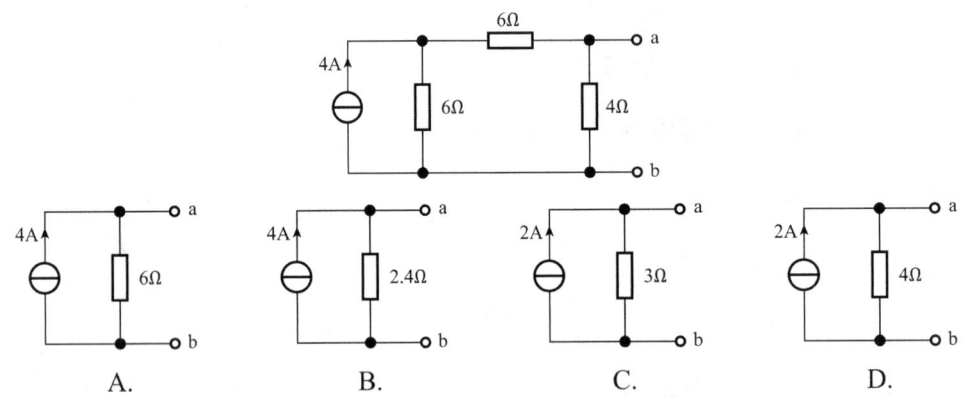

82. 已知正弦交流电流$i(t) = 0.1\sin(1000t + 30°)A$，则该电流的有效值和周期分别为：

A. 70.7mA，0.1s

B. 70.7mA，6.28ms

C. 0.1A，6.28ms

D. 0.1A，0.1s

83. 图示电路中，$R = X_L = X_C$，此时，4块电流表读数的关系为：

A. $A = A_1 + A_2 + A_3$

B. $A = A_1 + (A_2 - A_3)$

C. $A = A_1$，$A_2 = A_3$

D. $A = 3A_1$，$A_2 = A_3 > A_1$

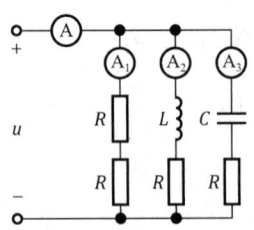

84. 图示电路中，电感及电容元件上没有初始储能，开关 S 在 $t = 0$ 时刻闭合，那么在开关闭合后瞬间，电路中取值为 10V 的电压是：

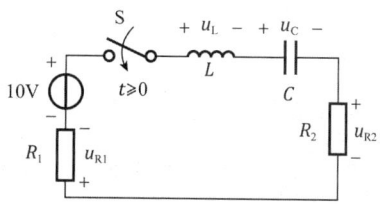

    A. U_L

                                    B. U_C

    C. $U_{R1} + U_{R2}$

                               D. U_{R2}

85. 设图示变压器为理想器件，且 $R_L = 4\Omega$，$R_1 = 100\Omega$，$N_1 = 200$ 匝，若希望在 R_L 上获得最大功率，则使 N_2 为：

    A. 8 匝

    B. 2 匝

    C. 40 匝

    D. 1000 匝

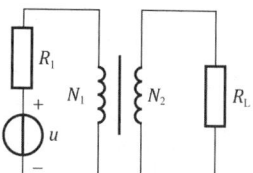

86. 某三相异步电动机的额定负载 $T_{CN} = 40\text{kN} \cdot \text{m}$，当其带动 30kN·m 的负载工作，收获 70% 的工作效率。那么，为使该电动机的工作效率高于 70%，则所带动的负载应：

    A. 低于 30kN·m

                                  B. 高于 40kN·m

    C. 位于 30~40kN·m

                               D. 位于 25~35kN·m

87. 下列关于信号与信息的说法，正确的是：

    A. 信息是一种电压信号

                                  B. 信号隐藏在信息之中

    C. 信号与信息是相同的两个概念

                        D. 信号与信息是不同的两个概念

88. 数字信号如图所示，将它作为二进制代码用来表示数，那么该数字信号表示的数是：

    A. 1 个 0 和 5 个 1

    B. 一万一千一百十一

    C. 5

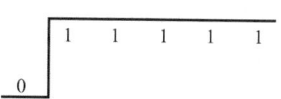

    D. 31

89. 用传感器对某管道中流动的液体流量$x(t)$进行测量，测量结果为$u(t)$，用采样器对$u(t)$采样后得到的信号$u^*(t)$，在上述信号中，模拟信号为：

    A. $x(t)$

    B. $x(t)$和$u(t)$

    C. $u(t)$

    D. $x(t)$、$u(t)$和$u^*(t)$

90. 模拟信号$u(t)$的波形如图所示，设$1(t)$为单位阶跃函数，则$u(t)$的时间域描述形式为：

    A. $u(t) = -t + 2V$

    B. $u(t) = (-t + 2) - 1(t)V$

    C. $u(t) = (-t + 2)(t - 2)V$

    D. $u(t) = (-t + 2)1(t) - (-t + 2)1(t - 2)V$

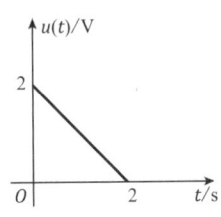

91. 模拟信号放大器可以完成：

    A. 信号频率的放大

    B. 信号幅度的放大

    C. 信号中任意谐波成分的放大

    D. 信号中幅度和频率的放大

92. 以下逻辑式演算，正确的是：

    A. $1 + 1 = 1$

    B. $1 + 1 = 2$

    C. $1 + B = 2$

    D. $1 \cdot B = 1$

93. 晶体三极管应用电路如图所示，若希望输出电压$U_o \leqslant 0.3V$，则电阻R_B应：

    A. 等于$20k\Omega$

    B. 等于$40k\Omega$

    C. 小于$20k\Omega$

    D. 大于$40k\Omega$

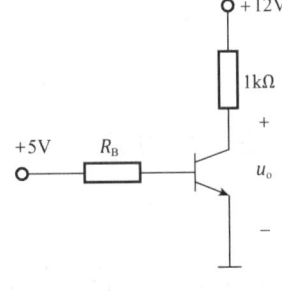

94. 图 a）所示运算放大器的传输特性如图 b）所示，如果希望$U_o = 10^5 U_i$，则输入信号U_i应为：

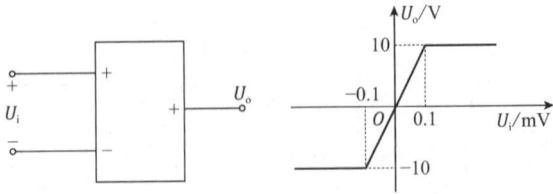

    A. 大于$0.1mV$

    B. 小于$-0.1mV$

    C. 等于$10mV$

    D. 小于$0.1mV$ 且大于$-0.1mV$

95. 图示逻辑门的输出F_1和F_2分别为：

A. $A + B$，AB

B. $\overline{AB}$，$A\overline{B}$

C. $\overline{A}+\overline{B}$，$\overline{AB}$

D. AB，$\overline{AB}$

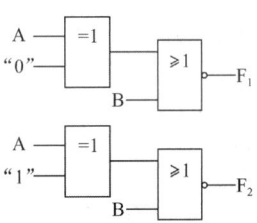

96. 电路如图所示，则t时刻Q_{JK}和Q_D的值为：

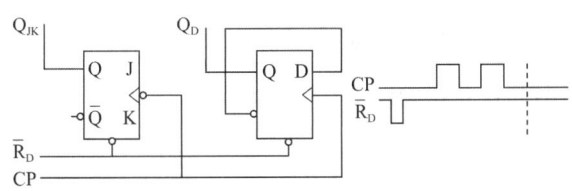

A. 00

B. 01

C. 10

D. 11

附：D 触发器的逻辑状态表为：

D	Q_{n+1}
0	0
1	1

JK 触发器的逻辑状态表为：

J	K	Q_{n+1}
0	0	Q_n
0	1	0
1	0	1
1	1	$\overline{Q}^n$

97. 计算机系统软件主要包括：

A. 办公自动化软件、编译程序

B. 操作系统、编译程序

C. 操作系统、图形设计软件

D. 操作系统、游戏软件

98. 总线中的数据总线用于传输：

A. 程序和数据

B. 存储器的地址码

C. 控制信息

D. 用户的传输命令

99. 分时操作系统的"同时性"是指：

A. 系统允许多个用户同时使用一台计算机运行

B. 系统中的每个用户随时与计算机系统进行对话

C. 系统中的每个用户各自在独立地使用计算机，互不干扰

D. 能够及时响应通信发出的外部事件，并对事件做出快速处理

100. 根据计算机语言的发展过程，它们出现的顺序是：

A. 机器语言、汇编语言、高级语言

B. 汇编语言、机器语言、高级语言

C. 高级语言、汇编语言、机器语言

D. 机器语言、高级语言、汇编语言

101. 浮点数是用一个整数和纯小数表示的，其中：

A. 整数表示是浮点数的阶码，纯小数表示浮点数的尾数

B. 纯小数部分是用定点表示

C. 纯小数表示这个浮点数的大小

D. 整数部分表示的是浮点数的精度

102. 在 16 色的图像中要用 16 种颜色表示，这 16 种颜色则要用：

A. 4 位二进制数表示

B. 6 位二进制数表示

C. 8 位二进制数表示

D. 16 位二进制数表示

103. 计算机病毒不会通过下列哪种方式传播？

    A. 网络

    B. 生物

    C. 硬盘

    D. U 盘和光盘

104. 下面四条对操作系统的描述中，错误的一条是：

    A. 操作系统是硬件与所有其他软件之间的接口

    B. 在操作系统的指挥控制下，才可能对各种软、硬件资源进行分配、使用

    C. 在操作系统的支撑下，其他软件才得以运行

    D. 计算机没有操作系统，任何软件都可以自由运行

105. 从物理结构角度，人们给计算机网络的定义是：

    A. 由多台计算机、数据传输设备以及若干终端连接的计算机系统

    B. 在网络协议控制下，由多台计算机、数据传输设备、通信设备组成的计算机复合系统

    C. 通过计算机将一个用户的信息传送给另一个用户

    D. 通过计算机存储、再生、加工处理的信息传输和发送的系统

106. 局域网常用的传输介质中，速度最快的是：

    A. 同轴电缆   B. 双绞线

    C. 光纤   D. 电话线

107. 某人以 9% 的单利借出 1000 元，借期为 2 年。待归还后，以 8% 的复利将上述借出金额的本利和再借出，借期为 3 年。则此人在第 5 年末可以获得的本利和为：

    A. 1463.2 元   B. 1486.46 元

    C. 1496.66 元   D. 1503.32 元

108. 按照概算法分类，建设投资由工程费用、工程建设其他费用及以下哪项费用共三部分构成？

    A. 预备费   B. 建设期利息

    C. 流动资金   D. 土地使用费

109. 以下关于融资租赁的说法，正确的是：

A. 融资租赁是通过租赁设备融通到所需资金，从而形成债务资金

B. 融资租赁是通过出租设备融通到所需资金，从而形成项目资本金

C. 融资租赁具有资本金和债务资金双重性质，属于准股本资金

D. 融资租赁不能作为成本费用在税前支付，因而不具有抵税作用

110. 在项目资本金现金流量表中，项目正常生产期内，每年现金流出的计算公式为：

A. 借款本息偿还 + 经营成本 + 税金及附加 + 进项税额 + 应纳增值税 + 所得税

B. 总成本 + 税金及附加 + 所得税

C. 经营成本 + 税金及附加 + 所得税

D. 借款本息偿还 + 总成本 + 税金及附加 + 应纳增值税

111. 某企业计划投资 100 万元建一生产线，寿命期为 10 年，按直线法计提折旧，预计净残值率为 5%。项目预计投资后每年可获得净利润 15 万元，则静态投资回收期为：

A. 3.92 年   B. 5.08 年

C. 4.08 年   D. 5.92 年

112. 在投资项目经济评价中进行敏感性分析时，如果主要分析方案状态和参数变化对方案投资回收快慢的影响，可选用的分析指标是：

A. 静态投资回收期   B. 净现值

C. 内部收益率   D. 借款偿还期

113. 现有甲、乙、丙、丁四个互斥的投资项目，其有关数据见表。基准收益率为 10%，则应选择：

$\left[已知(P/A, 10\%, 5) = 3.7908，(P/A, 10\%, 10) = 6.1446 \right]$

方案	甲	乙	丙	丁
净现值（万元）	239	246	312	350
寿命期（年）	5	5	10	10

A. 方案甲   B. 方案乙

C. 方案丁   D. 方案丙

114. 在价值工程的一般工作程序中，准备阶段要做的工作包括：

A. 对象选择

B. 功能评价

C. 功能系统分析

D. 收集整理信息资料

115. 根据《中华人民共和国建筑法》的规定，下列关于建设工程分包的描述，正确的是：

A. 工程分包单位的选择，必须经建设单位指定

B. 总承包单位可以将工程分包给其他的分包单位

C. 总承包单位和分包单位就分包工程对建设单位承担连带责任

D. 其他分包单位可以将其承包的工程再分包

116. 根据《中华人民共和国安全生产法》的规定，下列有关从业人员的权利和义务的说法，错误的是：

A. 从业人员有权对本单位的安全生产工作提出建议

B. 从业人员有权对本单位安全生产工作中存在的问题提出批评

C. 从业人员有权拒绝违章指挥和强令冒险作业

D. 从业人员有权停止作业或者撤离作业现场

117. 某建设工程实行公开招标，投标人编制投标文件的依据是：

A. 招标文件的要求

B. 招标方工作人员的要求

C. 资格预审文件的要求

D. 评标委员会的要求

118. 根据《中华人民共和国民法典》的规定，当事人订立合同可以采取要约和承诺方式，下列关于要约的概念，理解错误的是：

A. 要约是希望与他人订立合同的意思表示

B. 要约内容要求具体确定

C. 要约是吸引他人向自己提出订立合同的意思表示

D. 经受要约人承诺，要约人即受该意思表示约束

119. 根据《中华人民共和国节约能源法》的规定，发布节能技术政策大纲的国家主管部门是：

A. 国务院管理节能工作部门会同国务院发展计划部门

B. 国务院管理节能工作部门会同国务院能源主管部门

C. 国务院管理节能工作部门会同国务院建设主管部门

D. 国务院管理节能工作部门会同国务院科技主管部门

120. 根据《建设工程质量管理条例》规定，国家实行建设工程质量监督管理制度，对全国的工程质量实施统一监督管理的部门是：

A. 国务院质量监督主管部门

B. 国务院建设行政主管部门

C. 国务院铁路、交通、水利等主管部门

D. 国务院发展规划部门

2023 年度全国勘察设计注册工程师

执业资格考试试卷

基础考试

（上）

二〇二三年十一月

应考人员注意事项

1. 本试卷科目代码为"1"，考生务必将此代码填涂在答题卡"科目代码"相应的栏目内，否则，无法评分。

2. 书写用笔：**黑色或蓝色钢笔、签字笔或圆珠笔**；

   填涂答题卡用笔：**黑色 2B 铅笔**。

3. 必须用书写用笔将工作单位、姓名、准考证号填写在答题卡和试卷相应的栏目内。

4. 本试卷由 120 题组成，每题 1 分，满分 120 分，本试卷全部为单项选择题，每小题的四个备选项中只有一个正确答案，错选、多选、不选均不得分。

5. 考生作答时，必须按**题号在答题卡上**将相应试题所选选项对应的**字母用 2B 铅笔涂黑**。

6. 在答题卡上书写与题意无关的语言，或在答题卡上作标记的，均按违纪试卷处理。

7. 考试结束时，由监考人员当面将试卷、答题卡一并收回。

8. 草稿纸由各地统一配发，考后收回。

单项选择题（共 120 题，每题 1 分。每题的备选项中，只有一个最符合题意。）

1. 若 $x \to 0$ 时，$f(x)$ 为无穷小，且为 x^2 的高阶无穷小，则 $\lim\limits_{x \to 0} \dfrac{f(x)}{\sin^2 x}$ 等于：

   A. 1
   B. 0
   C. $\dfrac{1}{2}$
   D. ∞

2. 设函数 $f(x) = \dfrac{\sin(x-1)}{x^2-1}$，则：

   A. $x = 1$ 和 $x = -1$ 均为第二类间断点

   B. $x = 1$ 和 $x = -1$ 均为可去间断点

   C. $x = 1$ 为第二类间断点，$x = -1$ 为可去间断点

   D. $x = 1$ 为可去间断点，$x = -1$ 为第二类间断点

3. 若函数 $y = f(x)$ 在点 x_0 处有不等于零的导数，并且其反函数 $x = g(y)$ 在点 y_0 $\left[\, y_0 = f(x_0) \,\right]$ 处连续，则导数 $g'(y_0)$ 等于：

   A. $\dfrac{1}{f(x_0)}$
   B. $\dfrac{1}{f(y_0)}$
   C. $\dfrac{1}{f'(x_0)}$
   D. $\dfrac{1}{f'(y_0)}$

4. 设 $y = f(\ln x)e^{f(x)}$，其中 $f(x)$ 为可微函数，则微分 $\mathrm{d}y$ 等于：

   A. $e^{f(x)}[f'(\ln x) + f'(x)]\,\mathrm{d}x$
   B. $e^{f(x)}\left[\dfrac{1}{x}f'(\ln x) + f'(x)f(\ln x)\right]\mathrm{d}x$
   C. $e^{f(x)}f'(\ln x)f'(x)\,\mathrm{d}x$
   D. $\dfrac{1}{x}e^{f(x)}f'(\ln x)\,\mathrm{d}x$

5. 设偶函数 $f(x)$ 具有二阶连续导数，且 $f''(0) \neq 0$，则 $x = 0$：

   A. 一定不是 $f'(x)$ 取得零值的点
   B. 一定不是 $f(x)$ 的极值点
   C. 一定是 $f(x)$ 的极值点
   D. 不能确定是否为极值点

6. 函数 $y = \dfrac{x^3}{3} - x$ 在区间 $[0, \sqrt{3}]$ 上满足罗尔定理的 ξ 等于：

   A. -1
   B. 0
   C. 1
   D. $\sqrt{3}$

7. 若 $y = \tan 2x$ 的一个原函数为 $k\ln(\cos 2x)$，则常数 k 等于：

   A. $-\dfrac{1}{2}$
   B. $\dfrac{1}{2}$
   C. $-\dfrac{4}{3}$
   D. $\dfrac{3}{4}$

8. 设$I = \int_0^{\frac{\pi}{2}} \frac{1}{3+2\cos^2 x} \, dx$，则下列关系式中正确的是：

    A. $\frac{\pi}{10} \leqslant I \leqslant \frac{\pi}{6}$ B. $\frac{1}{5} \leqslant I \leqslant \frac{1}{3}$

    C. $I = \frac{\pi}{6}$ D. $I = \frac{\pi}{10}$

9. 设$\boldsymbol{\alpha}$、$\boldsymbol{\beta}$为两个非零向量，则$|\boldsymbol{\alpha} \times \boldsymbol{\beta}|$等于：

    A. $|\boldsymbol{\alpha}||\boldsymbol{\beta}|$ B. $|\boldsymbol{\alpha}||\boldsymbol{\beta}| \cos(\widehat{\boldsymbol{\alpha}, \boldsymbol{\beta}})$

    C. $|\boldsymbol{\alpha}| + |\boldsymbol{\beta}|$ D. $|\boldsymbol{\alpha}||\boldsymbol{\beta}| \sin(\widehat{\boldsymbol{\alpha}, \boldsymbol{\beta}})$

10. 设有直线$\frac{x}{1} = \frac{y}{0} = \frac{z}{-3}$，则该直线必定：

    A. 过原点且平行于oy轴   B. 过原点且垂直于oy轴

    C. 不过原点，但垂直于oy轴   D. 不过原点，但不平行于oy轴

11. 设$z = \arctan\frac{x}{y}$，则$\frac{\partial^2 z}{\partial x^2}$等于：

    A. $\frac{2x}{(x^2+y^2)^2}$ B. $\frac{x^2-y^2}{(x^2+y^2)^2}$

    C. $\frac{-2xy}{(x^2+y^2)^2}$ D. $\frac{y^2}{(x^2+y^2)^2}$

12. 设区域D：$x^2 + y^2 \leqslant 1$，则二重积分$\iint\limits_D e^{-(x^2+y^2)} \, dx \, dy$的值等于：

    A. πe^{-1} B. $-\pi e^{-1}$

    C. $\pi(e^{-1} - 1)$ D. $\pi(1 - e^{-1})$

13. 微分方程$dy - 2x \, dx = 0$的一个特解为：

    A. $y = -2x$ B. $y = 2x$

    C. $y = -x^2$ D. $y = x^2$

14. 设L为曲线$y = \sqrt{x}$上从点$M(1,1)$到点$O(0,0)$的有向弧段，则曲线积分$\int_L \frac{1}{y} dx + dy$等于：

    A. 1   B. -1

    C. -3 D. 3

15. 设级数$\sum\limits_{n=1}^{\infty} \frac{1}{1+a^n}$ $(a > 0)$，在下面结论中，错误的是：

    A. $a > 1$时级数收敛   B. $a \leqslant 1$时级数收敛

    C. $a < 1$时级数发散   D. $a = 1$时级数发散

16. 下列微分方程中，以$y = e^{-2x}(C_1 + C_2 x)$（C_1，C_2为任意常数）为通解的微分方程是：

A. $y'' + 3y' + 2y = 0$ 　　　　B. $y'' - 4y' + 4y = 0$

C. $y'' + 4y' + 4y = 0$ 　　　　D. $y'' + 2y = 0$

17. 设函数$z = xyf\left(\frac{y}{x}\right)$，其中$f(u)$可导，则$x\frac{\partial z}{\partial x} + y\frac{\partial z}{\partial y}$等于：

A. $2xyf(x)$ 　　　　B. $2xyf(y)$

C. $2xyf\left(\frac{y}{x}\right)$ 　　　　D. $xyf\left(\frac{y}{x}\right)$

18. 幂级数$\sum\limits_{n=1}^{\infty}(2n-1)x^{n-1}$在$|x| < 1$内的和函数是：

A. $\frac{1}{(1-x)^2}$ 　　　　B. $\frac{1+x}{(1-x)^2}$

C. $\frac{x}{(1-x)^2}$ 　　　　D. $\frac{1-x}{(1-x)^2}$

19. 设矩阵$\boldsymbol{A} = \begin{bmatrix} a_1 & c_1 & d_1 \\ a_2 & c_2 & d_2 \\ a_3 & c_3 & d_3 \end{bmatrix}$，$\boldsymbol{B} = \begin{bmatrix} b_1 & c_1 & d_1 \\ b_2 & c_2 & d_2 \\ b_3 & c_3 & d_3 \end{bmatrix}$，且$|\boldsymbol{A}| = 1$，$|\boldsymbol{B}| = -1$，则行列式$|\boldsymbol{A} - 2\boldsymbol{B}|$等于：

A. 1 　　　　B. 2

C. 3 　　　　D. 4

20. 设矩阵$\boldsymbol{A}_{4\times3}$，且其秩$r(\boldsymbol{A}) = 2$，而$\boldsymbol{B} = \begin{bmatrix} 1 & 0 & 2 \\ 0 & 2 & 1 \\ -1 & 0 & 3 \end{bmatrix}$，则秩$r(\boldsymbol{AB})$等于：

A. 1 　　　　B. 2

C. 3 　　　　D. 4

21. 设$\boldsymbol{\alpha}_1, \boldsymbol{\alpha}_2, \boldsymbol{\alpha}_3, \boldsymbol{\alpha}_4$为$n$维向量的向量组，已知$\boldsymbol{\alpha}_1, \boldsymbol{\alpha}_2, \boldsymbol{\alpha}_3$线性无关，$\boldsymbol{\alpha}_1, \boldsymbol{\alpha}_2, \boldsymbol{\alpha}_4$线性相关，则下列结论中不正确的是：

A. $\boldsymbol{\alpha}_4$可以由$\boldsymbol{\alpha}_1, \boldsymbol{\alpha}_2, \boldsymbol{\alpha}_3$线性表示

B. $\boldsymbol{\alpha}_3$可以由$\boldsymbol{\alpha}_1, \boldsymbol{\alpha}_2$线性表示

C. $\boldsymbol{\alpha}_4$可以由$\boldsymbol{\alpha}_1, \boldsymbol{\alpha}_2$线性表示

D. $\boldsymbol{\alpha}_3$不可以由$\boldsymbol{\alpha}_1, \boldsymbol{\alpha}_2, \boldsymbol{\alpha}_4$线性表示

22. 口袋中有 4 个红球、2 个黄球，从中随机取出 3 个球，则取得红球 2 个、黄球 1 个的概率是：

A. $\dfrac{1}{5}$ B. $\dfrac{2}{5}$

C. $\dfrac{3}{5}$ D. $\dfrac{4}{5}$

23. 设离散型随机变量 X 的分布律为 $\begin{array}{c|cccc} X & -1 & 0 & 1 & 2 \\ \hline P & 0.4 & 0.3 & 0.2 & 0.1 \end{array}$，则数学期望 $E(X^2)$ 等于：

A. 0   B. 1

C. 2   D. 3

24. 若二维随机变量 (X,Y) 的联合概率密度为 $f(x,y) = \begin{cases} axe^{-(x^2+y)} & x \geqslant 0, \ y \geqslant 0 \\ 0 & \text{其他} \end{cases}$，则常数 a 的值为：

A. -1 B. 1

C. 2   D. 3

25. 在标准状态下，理想气体的压强和温度分别为：

A. $1.013 \times 10^4 \text{Pa}$，273.15K   B. $1.013 \times 10^4 \text{Pa}$，263.15K

C. $1.013 \times 10^5 \text{Pa}$，273.15K   D. $1.013 \times 10^5 \text{Pa}$，263.15K

26. 设分子的有效直径为 d，单位体积内分子数为 n，则气体分子的平均自由程 $\bar\lambda$：

A. $\dfrac{1}{\sqrt{2}\pi d^2 n}$ B. $\sqrt{2}\pi d^2 n$

C. $\dfrac{n}{\sqrt{2}\pi d^2}$ D. $\dfrac{\sqrt{2}\pi d^2}{n}$

27. 设在一热力学过程中，气体的温度保持不变，而单位体积内分子数 n 减少，此过程为：

A. 等温压缩过程   B. 等温膨胀过程

C. 等压膨胀过程   D. 等压压缩过程

28. 一定量的单原子分子理想气体，分别经历等压膨胀过程和等体升温过程，若两过程中的温度变化 ΔT 相同，则两过程中气体吸收能量之比 $\dfrac{Q_P}{Q_V}$ 为：

A. 1/2   B. 2/1

C. 3/5   D. 5/3

29. 一瓶氦气和一瓶氮气，单位体积内分子数相同，分子的平均平动动能相同，则它们：

   A. 温度和质量密度均相同

   B. 温度和质量密度均不同

   C. 温度相同，但氦气的质量密度大

   D. 温度相同，但氮气的质量密度大

30. 一平面简谐波的表达式为 $y = 0.1\cos(3\pi t - \pi x + \pi)$ (SI)，则：

   A. 原点O处质元振幅为-0.1m   B. 波长为 3m

   C. 相距1/4波长的两点相位差为π/2   D. 波速为9m/s

31. 一余弦横波以速度u沿x轴正向传播，t时刻波形曲线如图所示，此刻，振动速度向上的质元为：

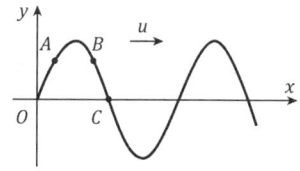

   A. B、C B. A、B

   C. A、C D. A、B、C

32. 一机械波在均匀弹性媒质中传播时，波中一质元：

   A. 能量最大时，速度值最大，弹性形变最大

   B. 能量最大时，速度值最小，弹性形变最大

   C. 能量最小时，速度值最大，弹性形变最大

   D. 能量最小时，速度值最小，弹性形变最大

33. 波的平均能量密度与：

   A. 振幅的平方成正比，与频率的平方成反比

   B. 振幅的平方成正比，与频率的平方成正比

   C. 振幅的平方成反比，与频率的平方成反比

   D. 振幅的平方成反比，与频率的平方成正比

34. 在双缝干涉实验中，波长$\lambda = 550$nm的单色平行光垂直入射到缝间距$a = 2 \times 10^{-4}$m的双缝上，屏到双缝的距离$D = 2$m，则中央明条纹两侧第10级明纹中心的间距为：

A. 11m

B. 1.1m

C. 0.11m

D. 0.011m

35. P_1、P_2为偏振化方向相互平行的两个偏振片，光强为I_0的自然光依次垂直入射到P_1、P_2上，则通过P_2的光强为：

A. I_0

B. $2I_0$

C. $I_0/2$

D. $I_0/4$

36. 一束波长为λ的平行单色光垂直入射到一单缝AB上，装置如图所示，在屏幕 D 上形成衍射图样，如果P是中央亮纹一侧第一个暗纹所在的位置，则BC的长度为：

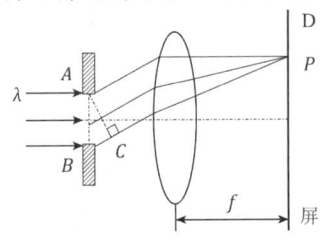

A. $\lambda/2$

B. λ

C. $3\lambda/2$

D. 2λ

37. 用来描述原子轨道形状的量子数是：

A. n

B. l

C. m

D. m_s

38. 下列分子中，偶极矩不为零的是：

A. NF_3

B. BF_3

C. $BeCl_2$

D. CO_2

39. 下列溶液混合，对酸碱都有缓冲能力的溶液是：

A. 100mL 0.2mol/L HOAc 与 100mL 0.1mol/L NaOH

B. 100mL 0.1mol/L HOAc 与 100mL 0.1mol/L NaOH

C. 100mL 0.1mol/L HOAc 与 100mL 0.2mol/L NaOH

D. 100mL 0.2mol/L HCl 与 100mL 0.1mol/L $NH_3 \cdot H_2O$

40. 在 0.1L 0.1mol/L 的 HOAc 溶液中，加入 10g NaOAc 固体，溶液 pH 值的变化是：

    A. 降低   B. 升高

    C. 不变   D. 无法判断

41. 下列叙述正确的是：

    A. 质量作用定律适用于任何化学反应

    B. 反应速率常数数值取决于反应温度、反应物种类及反应物浓度

    C. 反应活化能越大，反应速率越快

    D. 催化剂只能改变反应速率而不会影响化学平衡状态

42. 对于一个处于平衡状态的化学反应，以下描述正确的是：

    A. 平衡混合物中各物质的浓度都相等   B. 混合物的组分不随时间而改变

    C. 平衡状态下正逆反应速率都为零   D. 反应的活化能是零

43. 已知 $E^{\ominus}(ClO_3^-/Cl^-) = 1.45V$，现测得 $E(ClO_3^-/Cl^-) = 1.41V$，并测得 $C(ClO_3^-) = C(Cl^-) = 1mol/L$，可判断电极中：

    A. $pH = 0$ B. $pH > 0$

    C. $pH < 0$ D. 无法判断

44. 分子式为 C_4H_9Cl 的同分异构体有几种？

    A. 4 种   B. 3 种

    C. 2 种   D. 1 种

45. 下列关于烯烃的叙述正确的是：

    A. 分子中所有原子处于同一平面的烃是烯烃

    B. 含有碳碳双键的有机物是烯烃

    C. 能使溴水褪色的有机物是烯烃

    D. 分子式为 C_4H_8 的链烃一定是烯烃

46. 下列化合物属于酚类的是:

A. $CH_3CH_2CH_2OH$

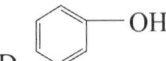
B.

C.

D.

47. 固定在杆AB上的销钉E置于构件CD的光滑槽内,如图所示。已知:重物重力F_P用绳绕过光滑的销钉B而系在点D,$AE = EC = AC$。则销钉E处约束力的作用线与x轴正方向所成的夹角为:

A. 0°

B. 90°

C. 60°

D. 30°

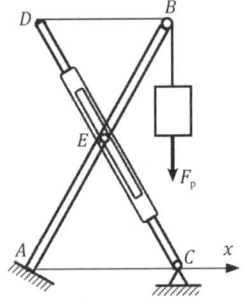

48. 图示等边三角板ABC,边长为a,沿其边缘作用大小均为F的力F_1、F_2、F_3,方向如图所示。则此力系向A点简化的结果为:

A. 平衡情况

B. 主矢和主矩

C. 一合力偶

D. 一合力

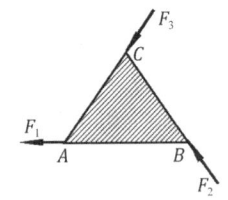

49. 图示平面构架,由直角杆ABC与杆BD、CE铰接而成,各杆自重不计。已知:均布荷载q,尺寸a,则支座E的约束力为:

A. $F_{Ex} = 0$,$F_{Ey} = 3qa/2$($\downarrow$)

B. $F_{Ex} = 0$,$F_{Ey} = 3qa/2$($\uparrow$)

C. $F_{Ex} = 0$,$F_{Ey} = 5qa/2$($\downarrow$)

D. $F_{Ex} = 0$,$F_{Ey} = 5qa/2$($\uparrow$)

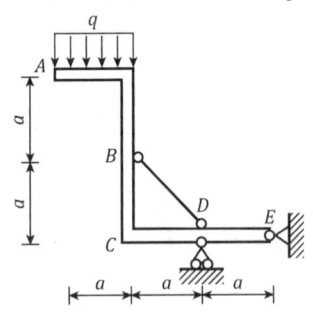

50. 重W的物块自由地放在倾角为α的斜面上。若物块与斜面间的静摩擦因数$\mu = 0.4$，且$W = 60kN$，$\alpha = 30°$，则该物块的状态为：

A. 静止状态

B. 临界平衡状态

C. 滑动状态

D. 条件不足，不能确定

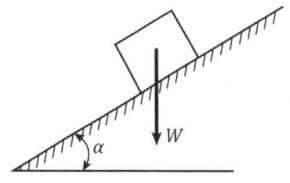

51. 点沿直线运动，其速度$v = t^2 - 20$（速度单位为 m/s）。已知当$t = 0$时，$x = -15m$，则点的运动方程为：

A. $x = 3t^3 - 20t - 15$ B. $x = t^3 - 20t - 15$

C. $x = \frac{1}{3}t^3 - 20t$ D. $x = \frac{1}{3}t^3 - 20t - 15$

52. 一摆按照$\varphi = \varphi_0 \cos\left(\frac{2\pi}{T}t\right)$的运动规律绕固定轴$O$摆动，如图所示。如摆的重心到转动轴的距离$OC = l$，在摆经过平衡位置时，其重心$C$的速度和加速度的大小为：

A. $v = 0$，$a = \frac{4\pi^2 \varphi_0 l}{T^2}$

B. $v = \frac{2\pi \varphi_0 l}{T}$，$a = \frac{4\pi^2 \varphi_0^2 l}{T^2}$

C. $v = 0$，$a = \frac{4\pi^2 \varphi_0^2 l}{T^2}$

D. $v = \frac{2\pi \varphi_0 l}{T^2}$，$a = \frac{4\pi^2 \varphi_0^2 l}{T}$

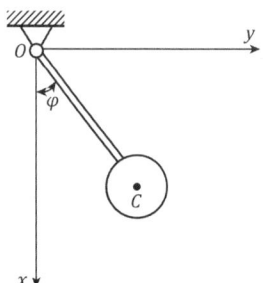

53. 固连在一起的两滑轮，其半径分别为$r = 5cm$，$R = 10cm$，A、B两物体与滑轮以绳相连，如图所示。已知物体A以运动方程$s = 80t^2$向下运动（s以 cm 计，t以 s 计），则重物B向上运动的方程为：

A. $s_B = 160t^2$

B. $s_B = 400t^2$

C. $s_B = 800t^2$

D. $s_B = 40t^2$

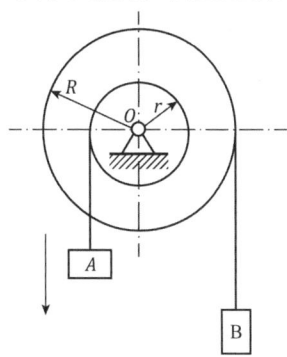

54. 汽车重力P，以匀速v（低速）驶过拱桥，在桥顶处曲率半径为R，在此处桥面给汽车的约束力大小为：

A. P

B. $P + \dfrac{Pv^2}{gR}$

C. $P - \dfrac{Pv^2}{gR}$

D. $P - \dfrac{Pv}{gR}$

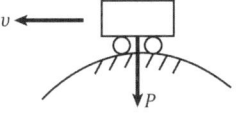

55. 均质圆环的质量为m，半径为R，圆环绕O轴的摆动规律为$\varphi = \omega t$，ω为常数。图示瞬时圆环动量的大小为：

A. $mR\omega$

B. $2mR\omega$

C. $3mR\omega$

D. $0.5mR\omega$

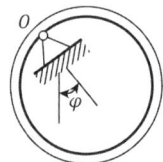

56. 手柄AB长 25m，质量为 60kg。在柄端B处作用有垂直于手柄大小为 400N 的力F，如图所示。当φ角从零逐渐增大至 60°时，其角加速度的变化为：

A. 逐渐减小

B. 逐渐增大

C. 保持不变

D. 无法判断

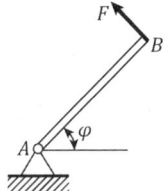

57. 物块A质量为 8kg，静止放在无摩擦的水平面上。另一质量为 4kg 的物块B被绳系住，如图所示。其滑轮无摩擦，若物块的加速度为$a = 3.3\text{m/s}^2$，则物块A的惯性力是：

A. 26.4N（→）

B. 26.4N（←）

C. 13.2N（←）

D. 13.2N（→）

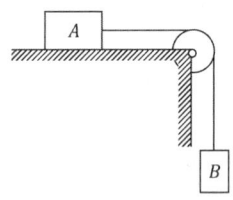

58. 小球质量为m，刚接于杆的一端，杆的另一端铰接于O点。杆长l，在其中点A的两边各连接一刚度为k的弹簧，如图所示。如杆及弹簧的质量不计，小球可视为一质点，其系统做微摆动时的运动微分方程为$ml^2\ddot{\varphi} = \left(mgl - \frac{1}{4}l^2k\right)\varphi$，则该系统的固有圆频率为：

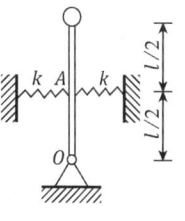

A. $\sqrt{\dfrac{lk+4mg}{4ml}}$

B. $\sqrt{\dfrac{4mg-lk}{4ml}}$

C. $\sqrt{\dfrac{lk-2mg}{2ml}}$

D. $\sqrt{\dfrac{lk-4mg}{4ml}}$

59. 下面因素中，与静定杆件的截面内力有关的是：

A. 截面形状
B. 截面面积
C. 截面位置
D. 杆件的材料

60. 变截面杆AC，轴向受力如图所示。已知杆的BC段面积$A = 2500\text{mm}^2$，AB段横截面积为$4A$，杆的最大拉应力是：

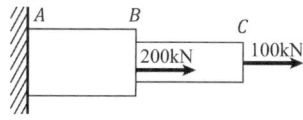

A. 30MPa
B. 40MPa
C. 80MPa
D. 120MPa

61. 图示套筒和圆轴用安全销钉连接，承受扭转力矩为T，已知安全销直径为d，圆轴直径为D，套筒的厚度为t，材料均相同，则图示结构发生剪切破坏的剪切面积是：

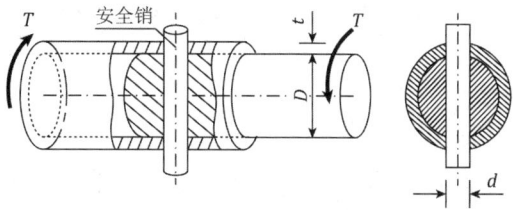

A. $A = \dfrac{\pi d^2}{4}$

B. $A = \dfrac{\pi D^2}{4}$

C. $A = \dfrac{\pi(D^2-d^2)}{4}$

D. $A = dt$

62. 空心圆轴的外径为D，内径为d，且$D = 2d$。其抗扭截面系数为：

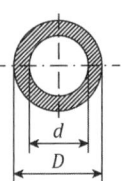

A. $\dfrac{7\pi}{16}d^3$

B. $\dfrac{7\pi}{32}d^3$

C. $\dfrac{15\pi}{16}d^3$

D. $\dfrac{15\pi}{32}d^3$

63. 圆截面试件破坏后的端口为如图所示螺旋面，符合该力学现象的可能是：

A. 低碳钢扭转破坏

B. 铸铁扭转破坏

C. 低碳钢压缩破坏

D. 铸铁压缩破坏

64. 图示各圆形平面的半径相等，其中图形关于坐标轴x、y的静矩S_x、S_y均为正值的是：

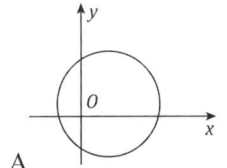
A.

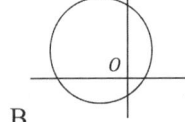
B.

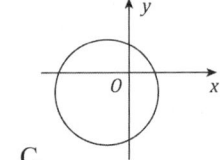
C.

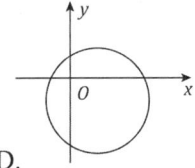
D.

65. 悬臂梁在图示荷载下的剪力图如图所示，则梁上的分布载荷q和集中力F的数值分别为：

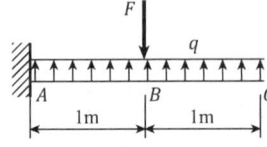

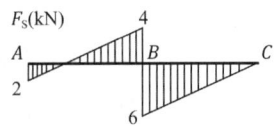

A. $q = 12\text{kN/m}$；$F = 4\text{kN}$

B. $q = 12\text{kN/m}$；$F = 6\text{kN}$

C. $q = 6\text{kN/m}$；$F = 10\text{kN}$

D. $q = 6\text{kN/m}$；$F = 6\text{kN}$

66. 矩形截面悬臂梁，截面的高度为h，宽度为b，且$h = 1.5b$，采用如图所示两种放置方式。两种情况下，最大弯曲正应力比值$\dfrac{\sigma_{a\max}}{\sigma_{b\max}}$为：

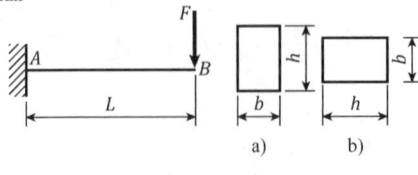

A. $\dfrac{9}{4}$　　　　　　　　　　　　B. $\dfrac{4}{9}$

C. $\dfrac{3}{2}$　　　　　　　　　　　　D. $\dfrac{2}{3}$

67. 悬臂梁*AB*由两根相同的矩形截面梁叠合而成，接触面之间无摩擦力。假设两杆的弯曲变形相同，在力*F*作用下梁的*B*截面挠度为V_B。若将两根梁黏结成一个整体，则该梁*B*截面的挠度是原来的：

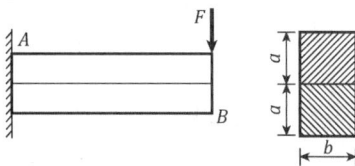

A. $\frac{1}{8}$

B. $\frac{1}{4}$

C. $\frac{1}{2}$

D. 不变

68. 主单元体的应力状态如图所示，其最大切应力所在的平面是：

A. 与*x*轴平行，法向与*y*轴成 45°

B. 与*y*轴平行，法向与*x*轴成 45°

C. 与*z*轴平行，法向与*x*轴成 45°

D. 法向分别与*x*、*y*、*z*轴成 45°

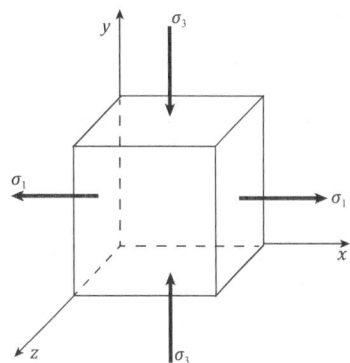

69. 直径为*d*的等直圆杆，在危险截面上同时承受弯矩*M*和扭矩*T*，按第三强度理论，其相当应力σ_{eq3}是：

A. $\frac{32\sqrt{M^2+T^2}}{\pi d^3}$

B. $\frac{32\sqrt{M^2+4T^2}}{\pi d^3}$

C. $\frac{16\sqrt{M^2+T^2}}{\pi d^3}$

D. $\frac{16\sqrt{M^2+0.75T^2}}{\pi d^3}$

70. 图示 4 根细长（大柔度）压杆，弯曲刚度均为*EI*。其中最先失稳的压杆是：

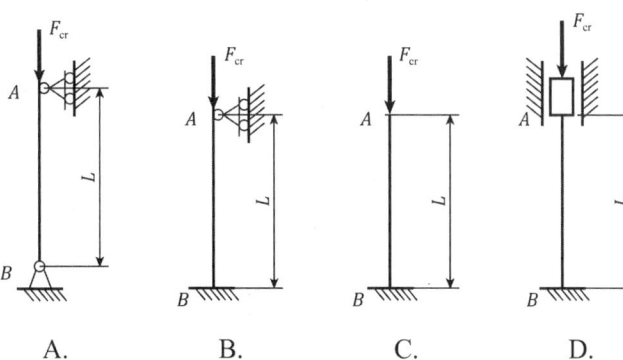

A.　　　　B.　　　　C.　　　　D.

71. 空气的动力黏性系数随温度的升高而：

A. 增大

B. 减小

C. 不变

D. 先减小然后增大

72. 密闭水箱内水深 2m，自由面上的压强为 50kPa。假定当地大气压为 101kPa，则水箱底部 A 点的真空度为：

A. −51kPa

B. 31.4kPa

C. 51kPa

D. −31.4kPa

73. 采用欧拉法研究流体的变化情况，研究的是：

A. 每个质点的流动参数

B. 每个质点的轨迹

C. 每个空间点上的流动参数

D. 每个空间点的质点轨迹

74. 如图所示，两个水箱用两段不同直径的管道连接，1~3 管段长 $l_1 = 10m$，直径 $d_1 = 200mm$，$\lambda_1 = 0.019$；3~6 管段长 $l_2 = 10m$，直径 $d_2 = 100mm$，$\lambda_2 = 0.018$。管道中的局部管件：1 为入口（$\xi_1 = 0.5$）；2 和 5 为90°弯头（$\xi_2 = \xi_5 = 0.5$）；3 为渐缩管（$\xi_3 = 0.024$）；4 为闸阀（$\xi_4 = 0.5$）；6 为管道出口（$\xi_6 = 1$）。若两水箱水面高度差为 5.204m，则输送流量为：

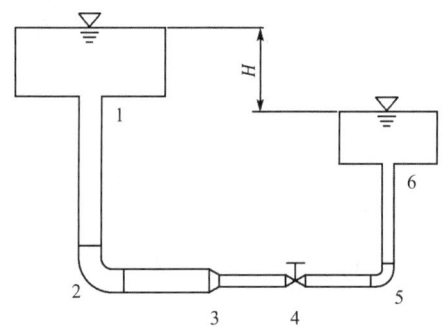

A. 30L/s

B. 40L/s

C. 50L/s

D. 60L/s

75. 黏性液体测压管水头线沿程的变化是：

A. 沿程下降

B. 沿程上升

C. 保持水平

D. 以上三种都有可能

76. 梯形排水沟，边坡系数相同，上边宽2m，下底宽8m，水深4m，则水力半径为：

A. 1.0m

B. 1.11m

C. 1.21m

D. 1.31m

77. 潜水完全井抽水量大小与相关物理量的关系是：

A. 与井半径成正比

B. 与井的影响半径成正比

C. 与含水层厚度成正比

D. 与土体渗透系数成正比

78. 设L为长度量纲，T为时间量纲，沿程损失系数的量纲为：

A. m

B. m/s

C. m^2/s

D. 无量纲

79. 通过外力使某导体在磁场中运动时，会在导体内部产生电动势，那么，在不改变运动速度和磁场强弱的前提下，若使该电动势达到最大值，应使导体的运动方向与磁场方向：

A. 相同

B. 相互垂直

C. 相反

D. 呈45°夹角

80. 关于欧姆定律的描述，错误的是：

A. 参数为R的电阻元件的伏安关系

B. 含源线性网络的伏安关系

C. 无源线性电阻网络的伏安关系

D. 任意线性耗能元件的伏安关系

81. 在图示电路中，各电阻元件的参数及U_s、I_s均已知，方程（1）$I_1 - I_2 - I_3 = 0$，（2）$I_3 - I_4 + I_5 = 0$，（3）$R_2 I_2 - R_3 I_3 - R_4 I_4 = 0$，是为了采用支路电流法求解4个未知电流$I_1 \sim I_4$所列写的，在此基础上，还应补充的方程是：

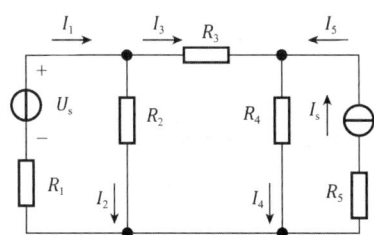

A. $I_5 = I_s$

B. $-I_1 + I_2 + I_4 - I_5 = 0$

C. $R_4 I_4 + R_5 I_5 = 0$

D. $R_2 I_2 + R_1 I_1 = U_s$

82. 图示电路中，$u(t) = 10\sin 1000t$ V，$I_L = 0.1$A，$I_C = 0.1$A，当激励 $u(t)$ 改为 $u(t) = 10\sin 2000t$ V 后：

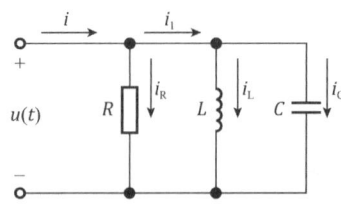

    A. $I_L < 0.1$A，$I_C > 0.1$A，$I \neq I_R$ B. $I_L > 0.1$A，$I_C < 0.1$A，$I = 0$

    C. $I_L < 0.1$A，$I_C > 0.1$A，$I = I_R$ D. $I_L > 0.1$A，$I_C < 0.1$A，$I = I_R$

83. 正弦交流电流，i_1 和 i_2 的频率相同，有效值均为 1A，且 i_1 超前 i_2 45°，则下列关系式（1）~（4），

    正确的是：

    （1）$i_1 = \sqrt{2}\sin(\omega t + \varphi_1)$A，$i_2 = \sqrt{2}\sin(\omega t + \varphi_1 + 45°)$A

    （2）$i_1 = \sqrt{2}\sin(\omega t + \varphi_1)$A，$i_2 = \sqrt{2}\sin(\omega t + \varphi_1 - 45°)$A

    （3）$\dot{I}_1 = 1.0\angle\varphi_1$A，$\dot{I}_2 = 1.0\angle(\varphi_1 - 45°)$A

    （4）$\dot{I}_1 = 1.0\angle(\omega t + \varphi_1)$A，$\dot{I}_2 = 1.0\angle(\omega t + \varphi_1 + 45°)$A

    A.（1）和（2）   B.（2）和（3）

    C.（3）和（4）   D.（1）和（4）

84. 图示电路中，$R_1 = 100\Omega$，$R_2 = 150\Omega$，$X_L = 100\Omega$，$X_C = 150\Omega$，$I_1 = 1$A，$I_2 = 0.67$A，则电路的

    有功功率、无功功率和视在功率分别为：

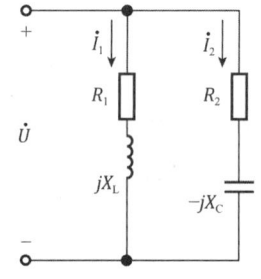

    A. 167W，167var，334VA

    B. 250W，33var，252VA

    C. 167W，−33var，134VA

    D. 167W，33var，170VA

85. 设图示变压器为理想器件，若希望图示电路达到阻抗匹配，应满足关系式：

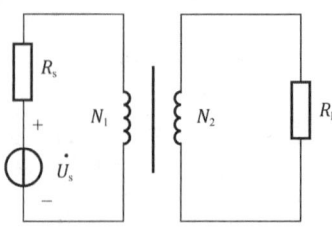

    A. $\dfrac{R_L N_1^2}{N_2^2} = R_s$ B. $R_L = R_s$

    C. $\dfrac{R_L N_1}{N_2} = R_s$ D. $\dfrac{R_s N_1^2}{N_2^2} = R_L$

86. 设电动机M_1和M_2协同工作，其中，电动机M_1通过接触器1KM控制，电动机M_2通过接触器2KM控制，若采用图示控制电路方案，则电动机M_1一旦运行，按下$2SB_{stp}$再抬起，则：

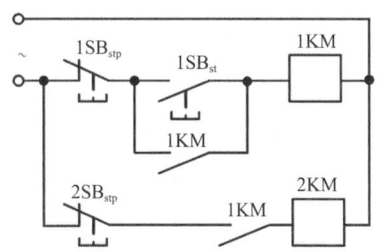

A. M_2暂时停止，然后恢复运动

B. M_2一直处于停止工作状态

C. M_1停止工作

D. M_1、M_2同时停止工作

87. 关于信号与信息，下述说法正确的是：

A. 仅信息可观测

B. 仅信号可观测

C. 信号和信息均可观测

D. 信号和信息均不可观测

88. 设16进制数$D_1 = (11)_{16}$，8进制数$D_2 = (21)_8$，则：

A. $D_1 = D_2$

B. $D_1 > D_2$

C. $D_1 < D_2$

D. D_1和D_2无法进行大小的比较

89. 数字信号是一种代码信号，在下述说法中，错误的是：

A. 用来给信息编码的符号称为代码，来表示代码的信号称为代码信号

B. 代码是抽象的，代码信号是具体的

C. 用0、1代码表示的信号称为数字信号

D. 数字信号是一种时间信号，可以按照时间信号的一般性分析方法对它进行分析和处理

90. 一个方波信号$u(t)$由若干个谐波分量构成$u(t) = \sqrt{2}U_1 \sin(\omega t + \psi_1) + \sqrt{2}U_3 \sin(3\omega t + \psi_3) + \sqrt{2}U_5 \sin(5\omega t + \psi_5) + \cdots$，则一定有：

A. $U_1 < U_3 < U_5$

B. $\psi_1 < \psi_3 < \psi_5$

C. $U_5 < U_3 < U_1$

D. $\psi_5 < \psi_3 < \psi_1$

91. 某模拟信号放大器输入与输出之间的关系如图所示，如果信号放大器的输出$u_o = 10V$，那么，此时输入信号u_i一定：

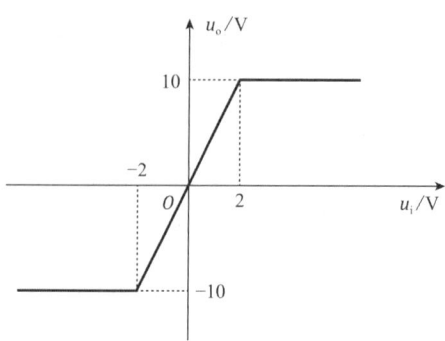

 A. 小于 2V   B. 等于 2V

 C. 小于或等于 2V   D. 大于或等于 2V

92. 逻辑函数$F=\overline{\overline{AB}} + \overline{BC} + \overline{AB}$的简化结果是：

 A. $F=C+AB$ B. $F=C+\overline{AB}$

 C. $F=C$ D. $F=C+\overline{A}\,\overline{B}$

93. 二极管应用电路及输入、输出波形如图所示，若错将图中二极管D_3反接，则：

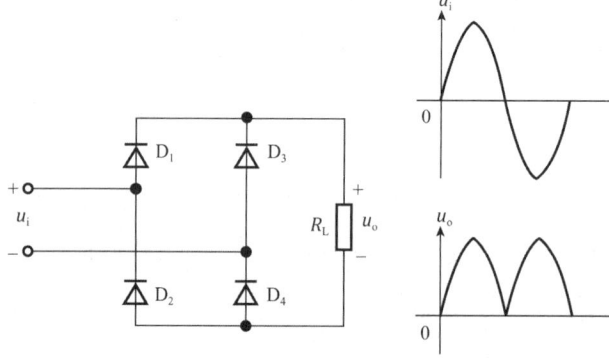

 A. 会出现对电源的短路事故   B. 电路成为半波整流电路

 C. $D_1 \sim D_4$均无法导通   D. 输出电压将反相

94. 晶体三极管放大电路如图所示，该电路的小信号模型为：

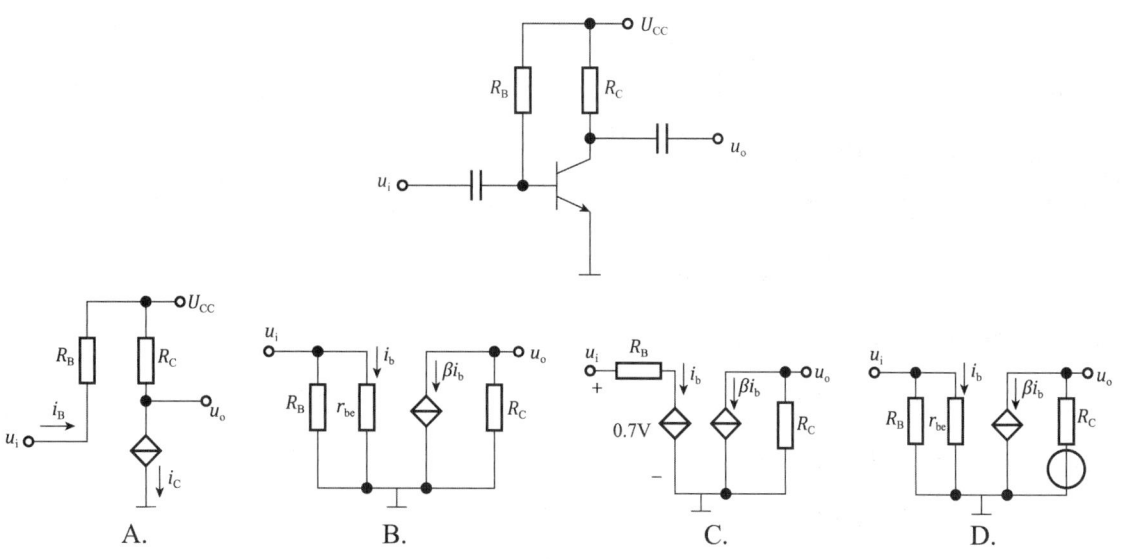

A. B. C. D.

95. 图示逻辑门的输出F_1和F_2分别为：

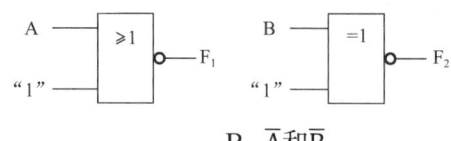

A. 0和B

B. $\overline{A}$和$\overline{B}$

C. A和$\overline{B}$

D. A和B

96. 电路如图 a）所示，复位信号、数据输入及时钟脉冲信号如图 b）所示，经分析可知，在第一个和第二个时钟脉冲下降沿，输出 Q 先后等于：

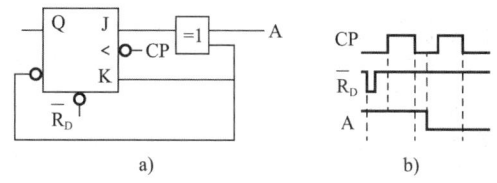

a)   b)

附：JK 触发器的逻辑状态表为：

J	K	Q_{n+1}
0	0	Q_n
0	1	0
1	0	1
1	1	$\overline{Q}^n$

A. 0   0

B. 0   1

C. 1   0

D. 1   1

97. 按照内部逻辑结构的不同，计算机可分为 CISC 和 RISC 两类，其中指令系统中的指令条数最少的是：

A. 16 位的数字计算机

B. 复杂指令系统计算机

C. 精简指令系统计算机

D. 由 CISC 和 RISC 混合而成的 64 位计算机

98. 中央处理器简称 CPU，它主要是由：

A. 运算器和寄存器两部分组成的

B. 运算器和控制器两部分组成的

C. 运算器和内存两部分组成的

D. 运算器和主机两部分组成的

99. 操作系统是系统软件中的：

A. 核心系统软件

B. 关键性的硬件部分

C. 不可替代的应用软件

D. 外部设备的接口软件

100. 分时操作系统的主要特点是：

A. 每个用户都在独占计算机的资源

B. 会自动地控制作业流的运行

C. 具有高可靠性、安全性和系统性

D. 具有同时性、交互性和独占性

101. 下面各数中最小的是：

A. 二进制数 10100000.11

B. 八进制数 240.6

C. 十进制数 160.5

D. 十六进制数 A0.F

102. 构成图像的最小单位是像素，总的像素数量也叫：

A. 点距   B. 像素点

C. 像素   D. 分辨率

103. 一般将计算机病毒分成多种类型，下列表述不正确的是：

A. 引导区型   B. 混合型

C. 破坏型、依附型   D. 文件型、宏病毒型

104. 一条计算机指令中，通常包含：

A. 数据和字符   B. 操作码和操作数

C. 运算符和数据   D. 运算数和结果

105. 下列不属于网络软件的是：

A. 网络操作系统   B. 网络协议

C. 网络应用软件   D. 办公自动化系统

106. 局域网与广域网有着完全不同的运行环境，在局域网中：

A. 跨越长距离，且可以将两个或多个局域网和/或主机连接在一起

B. 所有设备和网络的带宽都由用户自己掌握，可以任意使用、维护和升级

C. 用户无法拥有广域网连接所需的技术设备和通信设施，只能由第三方提供

D. 2Mbit/s 的速率就已经是相当可观的了

107. 某地区筹集一笔捐赠款用于一座永久性建筑物的日常维护。捐款以 8%的复利年利率存入银行。该建筑物每年的维护费用为 2 万元。为保证正常的维护费用开支，该笔捐款应不少于：

A. 50 万元   B. 33.3 万元

C. 25 万元   D. 12.5 万元

108. 以下关于增值税的说法，正确的是：

A. 增值税是营业收入征收的一种所得税

B. 增值税是价内税，包括在营业收入中

C. 增值税应纳税额一般按生产流通或劳务服务各个环节的增值额乘以适用税率计算

D. 作为一般纳税人的建筑企业，增值税应按税前造价的 3%缴纳

109. 某项目发行长期债券融资，票面总金额为 4000 万元，按面值发行，票面利率为 8%，每年付息一次，到期一次还本。所得税率为 25%，忽略发行费率。则其资金成本率为：

A. 5.46%
B. 6%
C. 7.5%
D. 8%

110. 项目的静态投资回收期是：

A. 净现值为零的年限
B. 净现金流量为零的年限
C. 累计折现净现金流量为零的年限
D. 累计净现金流量为零的年限

111. 某建设项目在进行财务分析时得到如下数据：当 $i_1 = 12\%$ 时，净现值为 460 万元；当 $i_2 = 16\%$ 时，净现值为 130 万元；当 $i_3 = 18\%$ 时，净现值为 -90 万元。基准收益率为 10%。该项目的内部收益率应：

A. 在 10% ~ 12% 之间
B. 在 12% ~ 16% 之间
C. 在 16% ~ 18% 之间
D. 大于 18%

112. 图示为某项目通过不确定性分析得出的结果。图中各条直线斜率的含义为各影响因素对内部收益率的：

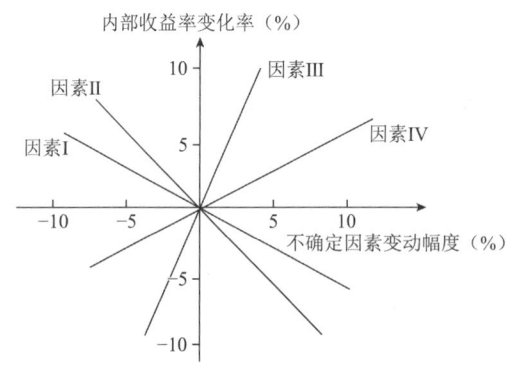

A. 敏感性系数
B. 盈亏平衡系数
C. 变异系数
D. 临界系数

113. 现有甲、乙、丙、丁四个互斥的项目方案，各方案预计的投资额和年经营成本各不相同，但预计销售收入相同。有关数据见表，基准收益率为 10%。则应选择：

$$[已知(P/A, 10\%, 5) = 3.7908，(P/A, 10\%, 10) = 6.1446]$$

方案	甲	乙	丙	丁
费用现值（万元）	350	312	570	553
寿命期（年）	5	5	10	10

A. 甲方案 　　　　　　　　　　　　B. 乙方案

C. 丙方案 　　　　　　　　　　　　D. 丁方案

114. 价值工程活动的关键环节之一是进行价值工程对象选择，下列方法中，用于价值工程对象选择的方法是：

A. 决策树法 　　　　　　　　　　　B. 净现值法

C. 目标成本法 　　　　　　　　　　D. ABC 分析法

115. 根据《中华人民共和国建筑法》规定，建筑工程监理应当依照法律、行政法规及有关的技术标准、设计文件和建筑工程承包合同，代表建设单位对承包单位实施监督，监理的内容不包括：

A. 施工质量 　　　　　　　　　　　B. 建设工期

C. 建设资金使用 　　　　　　　　　D. 施工成本

116. 根据《中华人民共和国安全生产法》的规定，对未依法取得批准为验收合格的单位擅自从事有关活动的，负责行政审批部门发现后，正确的处理方式是：

A. 下达整改通知单，责令改正 　　　B. 责令停止活动，并依法予以处理

C. 立即予以取缔，并依法予以处理 　D. 吊销资质证书，并依法予以处理

117. 某投标人在招标文件规定的提交投标文件截止时间前 1 天提交了投标文件，为了稳妥起见，开标前 10 分钟又提交了一份补充文件，并书面通知了招标人。下列关于该投标文件及其补充文件的处理，正确的是：

A. 该补充文件的内容为投标文件的组成部分

B. 为了不影响按时开标，招标人应当拒收补充文件

C. 该投标人的补充文件涉及报价无效

D. 因为该投标人提交了 2 份文件，其投标文件应作废标处理

118. 某施工单位在保修期结束撤离现场时，告知建设单位屋顶防水的某个部位是薄弱环节，日常使用时应当引起注意，从合同履行的原则上讲，施工单位遵循的是：

A. 全面履行的原则   B. 适当履行的原则

C. 公平履行的原则   D. 环保原则

119. 依据《中华人民共和国环境保护法》，国务院环境保护行政主管部门制定国家污染物排放标准的依据是

A. 国家经济条件、人口状况和技术水平

B. 国家环境质量标准、技术水平和社会发展状况

C. 国家技术条件、经济条件和污染物治理状况下

D. 国家环境质量标准和国家经济、技术条件

120. 某建设工程项目需要拆除，建设单位应当向工程所在地的县级以上地方人民政府建设行政主管部门或者其他有关部门办理有关资料的备案，其需要报送的资料不包括：

A. 施工单位资质等级证明   B. 拆除施工组织方案

C. 堆放、清除废弃物的措施   D. 需要拆除的理由

全国勘察设计注册工程师执业资格考试
公共基础考试大纲

Ⅰ.工程科学基础

一、数学

1.1 空间解析几何

向量的线性运算；向量的数量积、向量积及混合积；两向量垂直、平行的条件；直线方程；平面方程；平面与平面、直线与直线、平面与直线之间的位置关系；点到平面、直线的距离；球面、母线平行于坐标轴的柱面、旋转轴为坐标轴的旋转曲面的方程；常用的二次曲面方程；空间曲线在坐标面上的投影曲线方程。

1.2 微分学

函数的有界性、单调性、周期性和奇偶性；数列极限与函数极限的定义及其性质；无穷小和无穷大的概念及其关系；无穷小的性质及无穷小的比较极限的四则运算；函数连续的概念；函数间断点及其类型；导数与微分的概念；导数的几何意义和物理意义；平面曲线的切线和法线；导数和微分的四则运算；高阶导数；微分中值定理；洛必达法则；函数的切线及法平面和切平面及法线；函数单调性的判别；函数的极值；函数曲线的凹凸性、拐点；偏导数与全微分的概念；二阶偏导数；多元函数的极值和条件极值；多元函数的最大、最小值及其简单应用。

1.3 积分学

原函数与不定积分的概念；不定积分的基本性质；基本积分公式；定积分的基本概念和性质（包括定积分中值定理）；积分上限的函数及其导数；牛顿-莱布尼兹公式；不定积分和定积分的换元积分法与分部积分法；有理函数、三角函数的有理式和简单无理函数的积分；广义积分；二重积分与三重积分的概念、性质、计算和应用；两类曲线积分的概念、性质和计算；求平面图形的面积、平面曲线的弧长和旋转体的体积。

1.4 无穷级数

数项级数的敛散性概念；收敛级数的和；级数的基本性质与级数收敛的必要条件；几何级数与p级数及其收敛性；正项级数敛散性的判别法；任意项级数的绝对收敛与条件收敛；幂级数及其收敛半径、收敛区间和收敛域；幂级数的和函数；函数的泰勒级数展开；函数的傅里叶系数与傅里叶级数。

1.5 常微分方程

常微分方程的基本概念；变量可分离的微分方程；齐次微分方程；一阶线性微分方程；全微分方程；可降阶的高阶微分方程；线性微分方程解的性质及解的结构定理；二阶常系数齐次线性微分方程。

1.6 线性代数

行列式的性质及计算；行列式按行展开定理的应用；矩阵的运算；逆矩阵的概念、性质及求法；矩阵的初等变换和初等矩阵；矩阵的秩；等价矩阵的概念和性质；向量的线性表示；向量组的线性相关和线性无关；线性方程组有解的判定；线性方程组求解；矩阵的特征值和特征向量的概念与性质；相似矩阵的概念和性质；矩阵的相似对角化；二次型及其矩阵表示；合同矩阵的概念和性质；二次型的秩；惯性定理；二次型及其矩阵的正定性。

1.7 概率与数理统计

随机事件与样本空间；事件的关系与运算；概率的基本性质；古典型概率；条件概率；概率的基本公式；事件的独立性；独立重复试验；随机变量；随机变量的分布函数；离散型随机变量的概率分布；连续型随机变量的概率密度；常见随机变量的分布；随机变量的数学期望、方差、标准差及其性质；随机变量函数的数学期望；矩、协方差、相关系数及其性质；总体；个体；简单随机样本；统计量；样本均值；样本方差和样本矩；χ^2分布；t分布；F分布；点估计的概念；估计量与估计值；矩估计法；最大似然估计法；估计量的评选标准；区间估计的概念；单个正态总体的均值和方差的区间估计；两个正态总体的均值差和方差比的区间估计；显著性检验；单个正态总体的均值和方差的假设检验。

二、物理学

2.1 热学

气体状态参量；平衡态；理想气体状态方程；理想气体的压强和温度的统计解释；自由度；能量按自由度均分原理；理想气体内能；平均碰撞频率和平均自由程；麦克斯韦速率分布律；方均根速率；平均速率；最概然速率；功；热量；内能；热力学第一定律及其对理想气体等值过程的应用；绝热过程；气体的摩尔热容量；循环过程；卡诺循环；热机效率；净功；制冷系数；热力学第二定律及其统计意义；可逆过程和不可逆过程。

2.2 波动学

机械波的产生和传播；一维简谐波表达式；描述波的特征量；波面，波前，波线；波的能量、能流、能流密度；波的衍射；波的干涉；驻波；自由端反射与固定端反射；声波；声强级；多普勒效应。

2.3 光学

相干光的获得；杨氏双缝干涉；光程和光程差；薄膜干涉；光疏介质；光密介质；迈克尔逊干涉仪；惠更斯-菲涅尔原理；单缝衍射；光学仪器分辨本领；衍射光栅与光谱分析；X 射线衍射；布拉格公式；自然光和偏振光；布儒斯特定律；马吕斯定律；双折射现象。

三、化学

3.1 物质的结构和物质状态

原子结构的近代概念；原子轨道和电子云；原子核外电子分布；原子和离子的电子结构；原子结构和元素周期律；元素周期表；周期族；元素性质及氧化物及其酸碱性。离子键的特征；共价键的特征和类型；杂化轨道与分子空间构型；分子结构式；键的极性和分子的极性；分子间力与氢键；晶体与非晶体；晶体类型与物质性质。

3.2 溶液

溶液的浓度；非电解质稀溶液通性；渗透压；弱电解质溶液的解离平衡；分压定律；解离常数；同离子效应；缓冲溶液；水的离子积及溶液的 pH 值；盐类的水解及溶液的酸碱性；溶度积常数；溶度积规则。

3.3 化学反应速率及化学平衡

反应热与热化学方程式；化学反应速率；温度和反应物浓度对反应速率的影响；活化能的物理意义；催化剂；化学反应方向的判断；化学平衡的特征；化学平衡移动原理。

3.4 氧化还原反应与电化学

氧化还原的概念；氧化剂与还原剂；氧化还原电对；氧化还原反应方程式的配平；原电池的组成和符号；电极反应与电池反应；标准电极电势；电极电势的影响因素及应用；金属腐蚀与防护。

3.5 有机化学

有机物特点、分类及命名；官能团及分子构造式；同分异构；有机物的重要反应：加成、取代、消除、氧化、催化加氢、聚合反应、加聚与缩聚；基本有机物的结构、基本性质及用途：烷烃、烯烃、炔烃、芳烃、卤代烃、醇、苯酚、醛和酮、羧酸、酯；合成材料：高分子化合物、塑料、合成橡胶、合成纤维、工程塑料。

四、理论力学

4.1 静力学

平衡；刚体；力；约束及约束力；受力图；力矩；力偶及力偶矩；力系的等效和简化；力的平移定理；平面力系的简化；主矢；主矩；平面力系的平衡条件和平衡方程式；物体系（含平面静定桁架）的平衡；摩擦力；摩擦定律；摩擦角；摩擦自锁。

4.2 运动学

点的运动方程；轨迹；速度；加速度；切向加速度和法向加速度；平动和绕定轴转动；角速度；角加速度；刚体内任一点的速度和加速度。

4.3 动力学

牛顿定律；质点的直线振动；自由振动微分方程；固有频率；周期；振幅；衰减振动；阻尼对自由振动振幅的影响——振幅衰减曲线；受迫振动；受迫振动频率；幅频特性；共振；动力学普遍定理；动量；质心；动量定理及质心运动定理；动量及质心运动守恒；动量矩；动量矩定理；动量矩守恒；刚体定轴转动微分方程；转动惯量；回转半径；平行轴定理；功；动能；势能；动能定理及机械能守恒；达朗贝尔原理；惯性力；刚体作平动和绕定轴转动（转轴垂直于刚体的对称面）时惯性力系的简化；动静法。

五、材料力学

5.1 材料在拉伸、压缩时的力学性能

低碳钢、铸铁拉伸、压缩试验的应力-应变曲线；力学性能指标。

5.2 拉伸和压缩

轴力和轴力图；杆件横截面和斜截面上的应力；强度条件；虎克定律；变形计算。

5.3 剪切和挤压

剪切和挤压的实用计算；剪切面；挤压面；剪切强度；挤压强度。

5.4 扭转

扭矩和扭矩图；圆轴扭转切应力；切应力互等定理；剪切虎克定律；圆轴扭转的强度条件；扭转角计算及刚度条件。

5.5 截面几何性质

静矩和形心；惯性矩和惯性积；平行轴公式；形心主轴及形心主惯性矩概念。

5.6 弯曲

梁的内力方程；剪力图和弯矩图；分布荷载、剪力、弯矩之间的微分关系；正应力强度条件；切应力强度条件；梁的合理截面；弯曲中心概念；求梁变形的积分法、叠加法。

5.7 应力状态

平面应力状态分析的解析法和应力圆法；主应力和最大切应力；广义虎克定律；四个常用的强度理论。

5.8 组合变形

拉/压-弯组合、弯-扭组合情况下杆件的强度校核；斜弯曲。

5.9 压杆稳定

压杆的临界荷载；欧拉公式；柔度；临界应力总图；压杆的稳定校核。

六、流体力学

6.1 流体的主要物性与流体静力学

流体的压缩性与膨胀性；流体的黏性与牛顿内摩擦定律；流体静压强及其特性；重力作用下静水压强的分布规律；作用于平面的液体总压力的计算。

6.2　流体动力学基础

以流场为对象描述流动的概念；流体运动的总流分析；恒定总流连续性方程、能量方程和动量方程的运用。

6.3　流动阻力和能量损失

沿程阻力损失和局部阻力损失；实际流体的两种流态——层流和紊流；圆管中层流运动；紊流运动的特征；减小阻力的措施。

6.4　孔口管嘴管道流动

孔口自由出流、孔口淹没出流；管嘴出流；有压管道恒定流；管道的串联和并联。

6.5　明渠恒定流

明渠均匀水流特性；产生均匀流的条件；明渠恒定非均匀流的流动状态；明渠恒定均匀流的水力计算。

6.6　渗流、井和集水廊道

土壤的渗流特性；达西定律；井和集水廊道。

6.7　相似原理和量纲分析

力学相似原理；相似准数；量纲分析法。

II.现代技术基础

七、电气与信息

7.1　电磁学概念

电荷与电场；库仑定律；高斯定理；电流与磁场；安培环路定律；电磁感应定律；洛仑兹力。

7.2　电路知识

电路组成；电路的基本物理过程；理想电路元件及其约束关系；电路模型；欧姆定律；基尔霍夫定律；支路电流法；等效电源定理；叠加原理；正弦交流电的时间函数描述；阻抗；正弦交流电的相量描述；复数阻抗；交流电路稳态分析的相量法；交流电路功率；功率因数；三相配电电路及用电安全；电路暂态；R-C、R-L 电路暂态特性；电路频率特性；R-C、R-L 电路频率特性。

7.3　电动机与变压器

理想变压器；变压器的电压变换、电流变换和阻抗变换原理；三相异步电动机接线、启动、反转及调速方法；三相异步电动机运行特性；简单继电-接触控制电路。

7.4 信号与信息

信号；信息；信号的分类；模拟信号与信息；模拟信号描述方法；模拟信号的频谱；模拟信号增强；模拟信号滤波；模拟信号变换；数字信号与信息；数字信号的逻辑编码与逻辑演算；数字信号的数值编码与数值运算。

7.5 模拟电子技术

晶体二极管；极型晶体三极管；共射极放大电路；输入阻抗与输出阻抗；射极跟随器与阻抗变换；运算放大器；反相运算放大电路；同相运算放大电路；基于运算放大器的比较器电路；二极管单相半波整流电路；二极管单相桥式整流电路。

7.6 数字电子技术

与、或、非门的逻辑功能；简单组合逻辑电路；D 触发器；JK 触发器数字寄存器；脉冲计数器。

7.7 计算机系统

计算机系统组成；计算机的发展；计算机的分类；计算机系统特点；计算机硬件系统组成；CPU；存储器；输入/输出设备及控制系统；总线；数模/模数转换；计算机软件系统组成；系统软件；操作系统；操作系统定义；操作系统特征；操作系统功能；操作系统分类；支撑软件；应用软件；计算机程序设计语言。

7.8 信息表示

信息在计算机内的表示；二进制编码；数据单位；计算机内数值数据的表示；计算机内非数值数据的表示；信息及其主要特征。

7.9 常用操作系统

Windows 发展；进程和处理器管理；存储管理；文件管理；输入/输出管理；设备管理；网络服务。

7.10 计算机网络

计算机与计算机网络；网络概念；网络功能；网络组成；网络分类；局域网；广域网；因特网；网络管理；网络安全；Windows 系统中的网络应用；信息安全；信息保密。

III.工程管理基础

八、法律法规

8.1 中华人民共和国建筑法

总则；建筑许可；建筑工程发包与承包；建筑工程监理；建筑安全生产管理；建筑工程质量管理；法律责任。

8.2 中华人民共和国安全生产法

总则；生产经营单位的安全生产保障；从业人员的权利和义务；安全生产的监督管理；生产安全事故的应急救援与调查处理。

8.3 中华人民共和国招标投标法

总则；招标；投标；开标；评标和中标；法律责任。

8.4 中华人民共和国合同法

一般规定；合同的订立；合同的效力；合同的履行；合同的变更和转让；合同的权利义务终止；违约责任；其他规定。

8.5 中华人民共和国行政许可法

总则；行政许可的设定；行政许可的实施机关；行政许可的实施程序；行政许可的费用。

8.6 中华人民共和国节约能源法

总则；节能管理；合理使用与节约能源；节能技术进步；激励措施；法律责任。

8.7 中华人民共和国环境保护法

总则；环境监督管理；保护和改善环境；防治环境污染和其他公害；法律责任。

8.8 建设工程勘察设计管理条例

总则；资质资格管理；建设工程勘察设计发包与承包；建设工程勘察设计文件的编制与实施；监督管理。

8.9 建设工程质量管理条例

总则；建设单位的质量责任和义务；勘察设计单位的质量责任和义务；施工单位的质量责任和义务；工程监理单位的质量责任和义务；建设工程质量保修。

8.10 建设工程安全生产管理条例

总则；建设单位的安全责任；勘察设计工程监理及其他有关单位的安全责任；施工单位的安全责任；监督管理；生产安全事故的应急救援和调查处理。

九、工程经济

9.1 资金的时间价值

资金时间价值的概念；利息及计算；实际利率和名义利率；现金流量及现金流量图；资金等值计算的常用公式及应用；复利系数表的应用。

9.2 财务效益与费用估算

项目的分类；项目计算期；财务效益与费用；营业收入；补贴收入；建设投资；建设期利息；流动资金；总成本费用；经营成本；项目评价涉及的税费；总投资形成的资产。

9.3 资金来源与融资方案

资金筹措的主要方式；资金成本；债务偿还的主要方式。

9.4 财务分析

财务评价的内容；盈利能力分析（财务净现值、财务内部收益率、项目投资回收期、总投资收益率、项目资本金净利润率）；偿债能力分析（利息备付率、偿债备付率、资产负债率）；财务生存能力分析；财务分析报表（项目投资现金流量表、项目资本金现金流量表、利润与利润分配表、财务计划现金流量表）；基准收益率。

9.5 经济费用效益分析

经济费用和效益；社会折现率；影子价格；影子汇率；影子工资；经济净现值；经济内部收益率；经济效益费用比。

9.6 不确定性分析

盈亏平衡分析（盈亏平衡点、盈亏平衡分析图）；敏感性分析（敏感度系数、临界点、敏感性分析图）。

9.7 方案经济比选

方案比选的类型；方案经济比选的方法（效益比选法、费用比选法、最低价格法）；计算期不同的互斥方案的比选。

9.8 改扩建项目经济评价特点

改扩建项目经济评价特点。

9.9 价值工程

价值工程原理；实施步骤。

全国勘察设计注册工程师执业资格考试
公共基础试题配置说明

I.工程科学基础（共78题）

数学基础	24题	理论力学基础	12题
物理基础	12题	材料力学基础	12题
化学基础	10题	流体力学基础	8题

II.现代技术基础（共28题）

电气技术基础	12题	计算机基础	10题
信号与信息基础	6题		

III.工程管理基础（共14题）

工程经济基础	8题	法律法规	6题

注：试卷题目数量合计120题，每题1分，满分为120分。考试时间为4小时。

2024 | 全国勘察设计注册工程师
执业资格考试用书

Zhuce Dianqi Gongchengshi (Gongpeidian) Zhiye Zige Kaoshi
Jichu Kaoshi Linian Zhenti Xiangjie

注册电气工程师（供配电）执业资格考试
基础考试试卷

公共基础

试题解析与参考答案

蒋　徵　王　东　曹纬浚 / 主编

微信扫一扫
里面有数字资源的获取和使用方法哟

人民交通出版社股份有限公司
北　京

内 容 提 要

本书共 4 册，分别收录有 2011～2023 年（2015 年停考）公共基础考试试卷（即基础考试上午卷）、专业基础考试试卷（即基础考试下午卷）及其解析与参考答案。

本书配电子题库（有效期一年），考生可微信扫描试卷（公共基础）封面的红色"二维码"，登录"注考大师"在线学习，部分试题有视频解析。

本书可供参加注册电气工程师（供配电）执业资格考试基础考试的考生复习使用，也可供发输变电专业的考生参考练习。

图书在版编目（CIP）数据

2024 注册电气工程师（供配电）执业资格考试基础考试试卷/蒋徵，王东，曹纬浚主编.—北京：人民交通出版社股份有限公司，2024.2

ISBN 978-7-114-19214-2

Ⅰ.①2… Ⅱ.①蒋… ②王… ③曹… Ⅲ.①供电系统—资格考试—习题集②配电系统—资格考试—习题集 Ⅳ.①TM72-44

中国国家版本馆 CIP 数据核字（2024）第 017121 号

书　　名：**2024 注册电气工程师（供配电）执业资格考试基础考试试卷**
著 作 者：蒋　徵　王　东　曹纬浚
责任编辑：刘彩云
责任印制：刘高彤
出版发行：人民交通出版社股份有限公司
地　　址：（100011）北京市朝阳区安定门外外馆斜街 3 号
网　　址：http://www.ccpcl.com.cn
销售电话：（010）59757973
总 经 销：人民交通出版社股份有限公司发行部
经　　销：各地新华书店
印　　刷：北京印匠彩色印刷有限公司
开　　本：889×1194　1/16
印　　张：61.5
字　　数：1128 千
版　　次：2024 年 2 月　第 1 版
印　　次：2024 年 2 月　第 1 次印刷
书　　号：ISBN 978-7-114-19214-2
定　　价：178.00 元（含 4 册）
（有印刷、装订质量问题的图书，由本公司负责调换）

目 录

（试题解析及参考答案·公共基础）

2011年度全国勘察设计注册工程师执业资格考试基础考试（上）
试题解析及参考答案

1. 解 直线方向向量 $\vec{s} = \{1,1,1\}$，平面法线向量 $\vec{n} = \{1,-2,1\}$，计算 $\vec{s} \cdot \vec{n} = 0$，即 $1 \times 1 + 1 \times (-2) + 1 \times 1 = 0$，$\vec{s} \perp \vec{n}$，从而知直线//平面，或直线与平面重合；再在直线上取一点 $(0,1,0)$，代入平面方程得 $0 - 2 \times 1 + 0 = -2 \neq 0$，不满足方程，所以该点不在平面上。

答案：B

2. 解 方程 $F(x,y,z) = 0$ 中缺少一个字母，空间解析几何中这样的曲面方程表示为柱面。本题方程中缺少字母 x，方程 $y^2 - z^2 = 1$ 表示以平面 yoz 曲线 $y^2 - z^2 = 1$ 为准线，母线平行于 x 轴的双曲柱面。

答案：A

3. 解 可通过求 $\lim\limits_{x \to 0} \dfrac{3^x - 1}{x}$ 的极限判断。$\lim\limits_{x \to 0} \dfrac{3^x - 1}{x} \overset{\frac{0}{0}}{=\!=\!=} \lim\limits_{x \to 0} \dfrac{3^x \ln 3}{1} = \ln 3 \neq 0$。

答案：D

4. 解 使分母为 0 的点为间断点，令 $\sin \pi x = 0$，得 $x = 0, \pm1, \pm2, \cdots$ 为间断点，再利用可去间断点定义，找出可去间断点。

当 $x = 0$ 时，$\lim\limits_{x \to 0} \dfrac{x - x^2}{\sin \pi x} \overset{\frac{0}{0}}{=\!=\!=} \lim\limits_{x \to 0} \dfrac{1 - 2x}{\pi \cos \pi x} = \dfrac{1}{\pi}$，极限存在，可知 $x = 0$ 为函数的一个可去间断点。

同样，可计算当 $x = 1$ 时，$\lim\limits_{x \to 1} \dfrac{x - x^2}{\sin \pi x} = \lim\limits_{x \to 1} \dfrac{1 - 2x}{\pi \cos \pi x} = \dfrac{1}{\pi}$，极限存在，因而 $x = 1$ 也是一个可去间断点。其他间断点求极限都不存在，均不满足可去间断点定义。

答案：B

5. 解 举例说明。

如 $f(x) = x$ 在 $x = 0$ 可导，$g(x) = |x| = \begin{cases} x & x \geq 0 \\ -x & x < 0 \end{cases}$ 在 $x = 0$ 处不可导，$f(x)g(x) = x|x| = \begin{cases} x^2 & x \geq 0 \\ -x^2 & x < 0 \end{cases}$，通过计算 $f'_+(0) = f'_-(0) = 0$，知 $f(x)g(x)$ 在 $x = 0$ 处可导。

如 $f(x) = 2$ 在 $x = 0$ 处可导，$g(x) = |x|$ 在 $x = 0$ 处不可导，$f(x)g(x) = 2|x| = \begin{cases} 2x & x \geq 0 \\ -2x & x < 0 \end{cases}$，通过计算函数 $f(x)g(x)$ 在 $x = 0$ 处的右导为 2，左导为 -2，可知 $f(x)g(x)$ 在 $x = 0$ 处不可导。

答案：A

6. 解 利用函数的单调性证明。设 $f(x) = x - \sin x$，$x \subset (0, +\infty)$，得 $f'(x) = 1 - \cos x \geq 0$，所以 $f(x)$ 单增，当 $x = 0$ 时，$f(0) = 0$，从而当 $x > 0$ 时，$f(x) > 0$，即 $x - \sin x > 0$。

答案：D

7. 解 在题目中只给出$f(x,y)$在闭区域D上连续这一条件，并未讲函数$f(x,y)$在P_0点是否具有一阶、二阶连续偏导，而选项 A、B 判定中均利用了这个未给的条件，因而选项 A、B 不成立。选项 D 中，$f(x,y)$的最大值点可以在D的边界曲线上取得，因而不一定是$f(x,y)$的极大值点，故选项 D 不成立。

在选项 C 中，给出P_0是可微函数的极值点这个条件，因而$f(x,y)$在P_0偏导存在，且$\left.\frac{\partial f}{\partial x}\right|_{P_0} = 0$，$\left.\frac{\partial f}{\partial y}\right|_{P_0} = 0$。故$\mathrm{d}f = \left.\frac{\partial f}{\partial x}\right|_{P_0}\mathrm{d}x + \left.\frac{\partial f}{\partial y}\right|_{P_0}\mathrm{d}y = 0$

答案：C

8. 解

方法 1： 凑微分再利用积分公式计算。

原式$= 2\int\frac{1}{1+x}\mathrm{d}\sqrt{x} = 2\int\frac{1}{1+(\sqrt{x})^2}\mathrm{d}\sqrt{x} = 2\arctan\sqrt{x} + C$。

方法 2： 换元，设$\sqrt{x} = t$，$x = t^2$，$\mathrm{d}x = 2t\mathrm{d}t$。

原式$= \int\frac{2t}{t(1+t^2)}\mathrm{d}t = 2\int\frac{1}{1+t^2}\mathrm{d}t = 2\arctan t + C$，回代$t = \sqrt{x}$。

答案：B

9. 解 $f(x)$是连续函数，$\int_0^2 f(t)\mathrm{d}t$的结果为一常数，设为A，那么已知表达式化为$f(x) = x^2 + 2A$，两边作定积分，$\int_0^2 f(x)\mathrm{d}x = \int_0^2(x^2 + 2A)\mathrm{d}x$，化为$A = \int_0^2 x^2\mathrm{d}x + 2A\int_0^2\mathrm{d}x$，通过计算得到$A = -\frac{8}{9}$。

计算如下：$A = \frac{1}{3}x^3\Big|_0^2 + 2Ax\Big|_0^2 = \frac{8}{3} + 4A$，得$A = -\frac{8}{9}$，所以$f(x) = x^2 + 2\times\left(-\frac{8}{9}\right) = x^2 - \frac{16}{9}$。

答案：D

10. 解 利用偶函数在对称区间的积分公式得原式$= 2\int_0^2\sqrt{4-x^2}\mathrm{d}x$，而积分$\int_0^2\sqrt{4-x^2}\mathrm{d}x$为圆$x^2 + y^2 = 4$面积的$\frac{1}{4}$，即为$\frac{1}{4}\times\pi\times 2^2 = \pi$，从而原式$= 2\pi$。

另一方法：可设$x = 2\sin t$，$\mathrm{d}x = 2\cos t\mathrm{d}t$，则$\int_0^2\sqrt{4-x^2}\mathrm{d}x = \int_0^{\frac{\pi}{2}}4\cos^2 t\mathrm{d}t = 4\times\frac{1}{2}\times\frac{\pi}{2} = \pi$，从而原式$= 2\int_0^2\sqrt{4-x^2}\mathrm{d}x = 2\pi$。

答案：B

11. 解 利用已知两点求出直线方程L：$y = -2x + 2$（见图解）

L的参数方程$\begin{cases} y = -2x + 2 \\ x = x \end{cases}$（$0 \leqslant x \leqslant 1$）

$\mathrm{d}S = \sqrt{1^2 + (-2)^2}\mathrm{d}x = \sqrt{5}\mathrm{d}x$

$S = \int_0^1[x^2 + (-2x+2)^2]\sqrt{5}\mathrm{d}x$

$= \sqrt{5}\int_0^1(5x^2 - 8x + 4)\mathrm{d}x$

$= \sqrt{5}\left(\frac{5}{3}x^3 - 4x^2 + 4x\right)\Big|_0^1 = \frac{5}{3}\sqrt{5}$

题 11 解图

答案：D

12. 解　$y = e^{-x}$，即 $y = \left(\frac{1}{e}\right)^x$，画出平面图形（见解图）。根据 $V = \int_0^{+\infty} \pi(e^{-x})^2 \mathrm{d}x$，可计算结果。

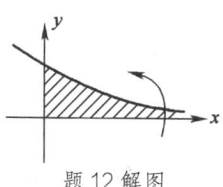

题12解图

$$V = \int_0^{+\infty} \pi e^{-2x} \mathrm{d}x = -\frac{\pi}{2} \int_0^{+\infty} e^{-2x} \mathrm{d}(-2x) = -\frac{\pi}{2} e^{-2x} \Big|_0^{+\infty} = \frac{\pi}{2}$$

答案：A

13. 解　利用级数性质易判定选项 A、B、C 均收敛。对于选项 D，因 $\sum\limits_{n=1}^{\infty} u_n$ 收敛，则有 $\lim\limits_{x \to \infty} u_n = 0$，而级数 $\sum\limits_{n=1}^{\infty} \frac{50}{u_n}$ 的一般项为 $\frac{50}{u_n}$，计算 $\lim\limits_{x \to \infty} \frac{50}{u_n} = \infty \neq 0$，故级数 D 发散。

答案：D

14. 解　由已知条件可知 $\lim\limits_{n \to \infty} \left| \frac{a_{n+1}}{a_n} \right| = \frac{1}{2}$，设 $x - 2 = t$，幂级数 $\sum\limits_{n=1}^{\infty} n a_n (x-2)^{n+1}$ 化为 $\sum\limits_{n=1}^{\infty} n a_n t^{n+1}$，求系数比的极限确定收敛半径，$\lim\limits_{n \to \infty} \left| \frac{(n+1)a_{n+1}}{n a_n} \right| = \lim\limits_{n \to \infty} \left| \frac{n+1}{n} \cdot \frac{a_{n+1}}{a_n} \right| = \frac{1}{2}$，$R = 2$，即 $|t| < 2$ 收敛，$-2 < x - 2 < 2$，即 $0 < x < 4$ 收敛。

答案：C

15. 解　分离变量，化为可分离变量方程 $\frac{x}{\sqrt{2-x^2}} \mathrm{d}x = \frac{1}{y} \mathrm{d}y$，两边进行不定积分，得到最后结果。

注意左边式子的积分 $\int \frac{x}{\sqrt{2-x^2}} \mathrm{d}x = -\frac{1}{2} \int \frac{\mathrm{d}(2-x^2)}{\sqrt{2-x^2}} = -\sqrt{2-x^2}$，右边式子积分 $\int \frac{1}{y} \mathrm{d}y = \ln y + C_1$，所以 $-\sqrt{2-x^2} = \ln y + C_1$，$\ln y = -\sqrt{2-x^2} - C_1$，$y = e^{-C_1 - \sqrt{2-x^2}} = Ce^{-\sqrt{2-x^2}}$，其中 $C = e^{-C_1}$。

答案：C

16. 解　微分方程为一阶齐次方程，设 $u = \frac{y}{x}$，$y = xu$，$\frac{\mathrm{d}y}{\mathrm{d}x} = u + x \frac{\mathrm{d}u}{\mathrm{d}x}$，代入化简得 $\cot u \, \mathrm{d}u = \frac{1}{x} \mathrm{d}x$

两边积分 $\int \cot u \, \mathrm{d}u = \int \frac{1}{x} \mathrm{d}x$，$\ln \sin u = \ln x + C_1$，$\sin u = e^{C_1 + \ln x} = e^{C_1} \cdot e^{\ln x}$，$\sin u = Cx$（其中 $C = e^{C_1}$）

代入 $u = \frac{y}{x}$，得 $\sin \frac{y}{x} = Cx$。

答案：A

17. 解　方法1：用公式 $\boldsymbol{A}^{-1} = \frac{1}{|A|} \boldsymbol{A}^*$ 计算，但较麻烦。

方法2：简便方法，试探一下给出的哪一个矩阵满足 $\boldsymbol{AB} = \boldsymbol{E}$

如：$\begin{bmatrix} 1 & 0 & 1 \\ 0 & 1 & 2 \\ -2 & 0 & -3 \end{bmatrix} \begin{bmatrix} 3 & 0 & 1 \\ 4 & 1 & 2 \\ -2 & 0 & -1 \end{bmatrix} = \begin{bmatrix} 1 & 0 & 0 \\ 0 & 1 & 0 \\ 0 & 0 & 1 \end{bmatrix}$

方法3：用矩阵初等变换，求逆阵。

$$(\boldsymbol{A}|\boldsymbol{E}) = \begin{bmatrix} 1 & 0 & 1 & 1 & 0 & 0 \\ 0 & 1 & 2 & 0 & 1 & 0 \\ -2 & 0 & -3 & 0 & 0 & 1 \end{bmatrix} \xrightarrow{2r_1+r_3} \begin{bmatrix} 1 & 0 & 1 & 1 & 0 & 0 \\ 0 & 1 & 2 & 0 & 1 & 0 \\ 0 & 0 & -1 & 2 & 0 & 1 \end{bmatrix} \xrightarrow[\substack{2r_3+r_2 \\ (-1)r_3}]{r_3+r_1}$$

$$\begin{bmatrix} 1 & 0 & 0 & 3 & 0 & 1 \\ 0 & 1 & 0 & 4 & 1 & 2 \\ 0 & 0 & 1 & -2 & 0 & -1 \end{bmatrix}$$

选项 B 正确。

答案：B

18. 解 利用结论：设 $\boldsymbol{A}$ 为 n 阶方阵，$\boldsymbol{A}^*$ 为 $\boldsymbol{A}$ 的伴随矩阵，则：

（1）$R(\boldsymbol{A}) = n$ 的充要条件是 $R(\boldsymbol{A}^*) = n$

（2）$R(\boldsymbol{A}) = n-1$ 的充要条件是 $R(\boldsymbol{A}^*) = 1$

（3）$R(\boldsymbol{A}) \leqslant n-2$ 的充要条件是 $R(\boldsymbol{A}^*) = 0$，即 $\boldsymbol{A}^* = 0$

$n = 3$，$R(\boldsymbol{A}^*) = 1$，$R(\boldsymbol{A}) = 2$

$$\boldsymbol{A} = \begin{bmatrix} 1 & 1 & a \\ 1 & a & 1 \\ a & 1 & 1 \end{bmatrix} \xrightarrow[-ar_1+r_3]{-r_1+r_2} \begin{bmatrix} 1 & 1 & a \\ 0 & a-1 & 1-a \\ 0 & 1-a & 1-a^2 \end{bmatrix} \xrightarrow{r_2+r_3} \begin{bmatrix} 1 & 1 & a \\ 0 & a-1 & 1-a \\ 0 & 0 & 2-a-a^2 \end{bmatrix}$$

代入 $a = -2$，得

$$\boldsymbol{A} = \begin{bmatrix} 1 & 1 & -2 \\ 0 & -3 & 3 \\ 0 & 0 & 0 \end{bmatrix}，R(\boldsymbol{A}) = 2$$

选项 A 对。

答案：A

19. 解 当 $\boldsymbol{P}^{-1}\boldsymbol{A}\boldsymbol{P} = \boldsymbol{\Lambda}$ 时，$\boldsymbol{P} = (\alpha_1, \alpha_2, \alpha_3)$ 中 α_1、α_2、α_3 的排列满足对应关系，α_1 对应 λ_1，α_2 对应 λ_2，α_3 对应 λ_3，可知 α_1 对应特征值 $\lambda_1 = 1$，α_2 对应特征值 $\lambda_2 = 2$，α_3 对应特征值 $\lambda_3 = 0$，由此可知当 $\boldsymbol{Q} = (\alpha_2, \alpha_1, \alpha_3)$ 时，对应 $\boldsymbol{\Lambda} = \begin{bmatrix} 2 & 0 & 0 \\ 0 & 1 & 0 \\ 0 & 0 & 0 \end{bmatrix}$。

答案：B

20. 解 **方法 1**：对方程组的系数矩阵进行初等行变换：
$$\begin{bmatrix} 1 & -1 & 0 & 1 \\ 1 & 0 & -1 & 1 \end{bmatrix} \rightarrow \begin{bmatrix} 1 & -1 & 0 & 1 \\ 0 & 1 & -1 & 0 \end{bmatrix}$$

即 $\begin{cases} x_1 - x_2 + x_4 = 0 \\ x_2 - x_3 = 0 \end{cases}$，得到方程组的同解方程组 $\begin{cases} x_1 = x_2 - x_4 \\ x_3 = x_2 + 0x_4 \end{cases}$

当 $x_2 = 1$，$x_4 = 0$ 时，得 $x_1 = 1$，$x_3 = 1$；当 $x_2 = 0$，$x_4 = 1$ 时，得 $x_1 = -1$，$x_3 = 0$，写出基础解系 ξ_1，ξ_2，即 $\xi_1 = \begin{bmatrix} 1 \\ 1 \\ 1 \\ 0 \end{bmatrix}$，$\xi_2 = \begin{bmatrix} -1 \\ 0 \\ 0 \\ 1 \end{bmatrix}$。

方法 2：把选项中列向量代入核对，即：

$\begin{bmatrix} 1 & -1 & 0 & 1 \\ 1 & 0 & -1 & 1 \end{bmatrix} \begin{bmatrix} 1 \\ 1 \\ 1 \\ 0 \end{bmatrix} = \begin{bmatrix} 0 \\ 0 \end{bmatrix}$，选项 A 错。

$\begin{bmatrix} 1 & -1 & 0 & 1 \\ 1 & 0 & -1 & 1 \end{bmatrix} \begin{bmatrix} -1 \\ -1 \\ 1 \\ 0 \end{bmatrix} = \begin{bmatrix} 0 \\ -2 \end{bmatrix}$，选项 B 错。

$$\begin{bmatrix} 1 & -1 & 0 & 1 \\ 1 & 0 & -1 & 1 \end{bmatrix} \begin{bmatrix} -1 \\ 0 \\ 0 \\ 1 \end{bmatrix} = \begin{bmatrix} 0 \\ 0 \end{bmatrix}$$，选项 C 正确。

答案：C

21. 解 $P(A \cup B) = P(A) + P(B) - P(AB)$，$P(A \cup B) + P(AB) = P(A) + P(B) = 1.1$，$P(A \cup B)$取最小值时，$P(AB)$取最大值，因$P(A) < P(B)$，所以$P(AB)$的最大值等于$P(A) = 0.3$。或用图示法（面积表示概率），见解图。

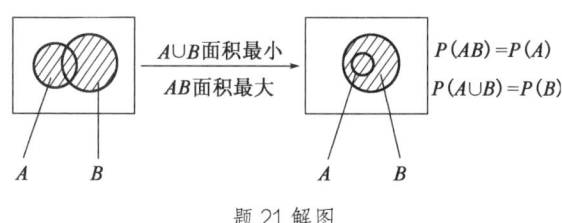

题 21 解图

答案：C

22. 解 设甲、乙、丙单人译出密码分别记为A、B、C，则这份密码被破译出可记为$A \cup B \cup C$，因为A、B、C相互独立，所以

$$P(A \cup B \cup C) = P(A) + P(B) + P(C) - P(AB) - P(AC) - P(BC) + P(ABC)$$
$$= P(A) + P(B) + P(C) - P(A)P(B) - P(A)P(C) - P(B)P(C) +$$
$$P(A)P(B)P(C) = \frac{3}{5}$$

或由$\overline{A}$、$\overline{B}$、$\overline{C}$也相互独立，

$$P(A \cup B \cup C) = 1 - P(\overline{A \cup B \cup C}) = 1 - P(\overline{A}\,\overline{B}\,\overline{C}) = 1 - P(\overline{A})P(\overline{B})P(\overline{C})$$
$$= 1 - [1 - P(A)][1 - P(B)][1 - P(C)] = \frac{3}{5}$$

答案：D

23. 解 由题意可知$Y \sim B(3, p)$，其中$p = P\left\{X \leqslant \frac{1}{2}\right\} = \int_0^{\frac{1}{2}} 2x\mathrm{d}x = \frac{1}{4}$

$$P(Y = 2) = C_3^2 \left(\frac{1}{4}\right)^2 \frac{3}{4} = \frac{9}{64}$$

答案：B

24. 解 由χ^2分布定义，$X^2 \sim \chi^2(1)$，$Y^2 \sim \chi^2(1)$，因不能确定X与Y是否相互独立，所以选项 A、B、D 都不对。当$X \sim N(0,1)$，$Y = -X$时，$Y \sim N(0,1)$，但$X + Y = 0$不是随机变量。

答案：C

25. 解 ①分子的平均平动动能$\overline{w} = \frac{3}{2}kT$，分子的平均动能$\overline{\varepsilon} = \frac{i}{2}kT$。

分子的平均平动动能相同，即温度相等。

②分子的平均动能 = 平均(平动动能 + 转动动能) $= \frac{i}{2}kT$。i为分子自由度，$i(\mathrm{He}) = 3$，$i(\mathrm{N_2}) = 5$，

故氦分子和氮分子的平均动能不同。

答案：B

26.解 v_p 为 $f(v)$ 最大值所对应的速率，由最概然速率定义得正确选项 C。

答案：C

27.解 理想气体从平衡态A$(2p_1, V_1)$变化到平衡态B$(p_1, 2V_1)$，体积膨胀，做功$W > 0$。

判断内能变化情况：

方法 1：画p-V图，注意到平衡态A$(2p_1, V_1)$和平衡态B$(p_1, 2V_1)$都在同一等温线上，$\Delta T = 0$，故$\Delta E = 0$。

方法 2：气体处于平衡态 A 时，其温度为$T_A = \frac{2p_1 \times V_1}{R}$；处于平衡态 B 时，温度$T_B = \frac{2p_1 \times V_1}{R}$，显然$T_A = T_B$，温度不变，内能不变，$\Delta E = 0$。

答案：C

28.解 循环过程的净功数值上等于闭合循环曲线所围的面积。若循环曲线所包围的面积增大，则净功增大。而卡诺循环的循环效率由下式决定：$\eta_{卡诺} = 1 - \frac{T_2}{T_1}$。若$T_1$、$T_2$不变，则循环效率不变。

答案：D

29.解 按题意，$y = 0.01 \cos 10\pi(25 \times 0.1 - 2) = 0.01 \cos 5\pi = -0.01\text{m}$。

答案：C

30.解 质元在机械波动中，动能和势能是同相位的，同时达到最大值，又同时达到最小值，质元在最大位移处（波峰或波谷），速度为零，"形变"为零，此时质元的动能为零，势能为零。

答案：D

31.解 由$\Delta\phi = \frac{2\pi\nu\Delta x}{u}$，今$\nu = \frac{1}{T} = \frac{1}{4} = 0.25$，$\Delta x = 3\text{m}$，$\Delta\phi = \frac{\pi}{6}$，故$u = 9\text{m/s}$，$\lambda = \frac{u}{\nu} = 36\text{m}$。

答案：B

32.解 如解图所示，考虑O处的明纹怎样变化。

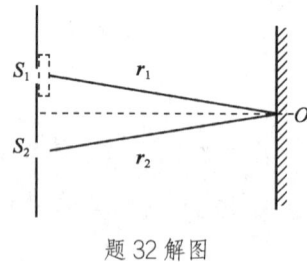

题 32 解图

①玻璃纸未遮住时：光程差$\delta = r_1 - r_2 = 0$，O处为零级明纹。

②玻璃纸遮住后：光程差$\delta' = \frac{5}{2}\lambda$，根据干涉条件知$\delta' = \frac{5}{2}\lambda = (2 \times 2 + 1)\frac{\lambda}{2}$，满足暗纹条件。

答案：B

33. 解 光学常识，可见光的波长范围 400~760nm，注意 1nm = 10^{-9}m。

答案：A

34. 解 玻璃劈尖的干涉条件为 $\delta = 2nd + \frac{\lambda}{2} = k\lambda(k = 1,2,\cdots)$（明纹），相邻两明（暗）纹对应的空气层厚度差为 $d_{k+1} - d_k = \frac{\lambda}{2n}$（见解图）。若劈尖的夹角为 θ，则相邻两明（暗）纹的间距 l 应满足关系式：

$$l\sin\theta = d_{k+1} - d_k = \frac{\lambda}{2n} \text{ 或 } l\sin\theta = \frac{\lambda}{2n}$$

$$l = \frac{\lambda}{2n\sin\theta} \approx \frac{\lambda}{2n\theta}, \text{ 故 } \theta = \frac{\lambda}{2nl}$$

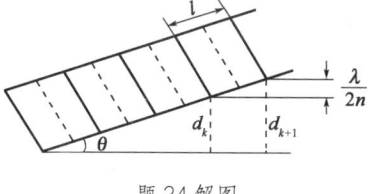

题 34 解图

答案：D

35. 解 自然光垂直通过第一偏振后，变为线偏振光，光强设为 I'，此即入射至第二个偏振片的线偏振光强度。今 $\alpha = 45°$，已知自然光通过两个偏振片后光强为 I'，根据马吕斯定律，$I = I'\cos^2 45° = \frac{I'}{2}$，所以 $I' = 2I$。

答案：B

36. 解 单缝衍射中央明纹宽度为

$$\Delta x = \frac{2\lambda f}{a} = \frac{2 \times 400 \times 10^{-9} \times 0.5}{10^{-4}} = 4 \times 10^{-3}\text{m}$$

答案：D

37. 解 原子核外电子排布服从三个原则：泡利不相容原理、能量最低原理、洪特规则。

（1）泡利不相容原理：在同一个原子中，不允许两个电子的四个量子数完全相同，即，同一个原子轨道最多只能容纳自旋相反的两个电子。

（2）能量最低原理：电子总是尽量占据能量最低的轨道。多电子原子轨道的能级取决于主量子数 n 和角量子数 l，主量子数 n 相同时，l 越大，能量越高；当主量子数 n 和角量子数 l 都不相同时，可以发生能级交错现象。轨道能级顺序：1s；2s，2p；3s，3p；4s，3d，4p；5s，4d，5p；6s，4f，5d，6p；7s，5f，6d，…。

（3）洪特规则：电子在 n，l 相同的数个等价轨道上分布时，每个电子尽可能占据磁量子数不同的轨道且自旋方向相同。

原子核外电子分布式书写规则：根据三大原则和近似能级顺序将电子一次填入相应轨道，再按电子层顺序整理，相同电子层的轨道排在一起。

答案：B

38. 解 元素周期表中，同一主族元素从上往下随着原子序数增加，原子半径增大；同一周期主族元素随着原子序数增加，原子半径减小。选项 D，As 和 Se 是同一周期主族元素，Se 的原子半径小于 As。

答案：D

39. 解 缓冲溶液的组成：弱酸、共轭碱或弱碱及其共轭酸所组成的溶液。选项 A 的 CH_3COOH 过量，与 NaOH 反应生成 CH_3COONa，形成 CH_3COOH/CH_3COONa 缓冲溶液。

答案：A

40. 解 压力对固相或液相的平衡没有影响；对反应前后气体计量系数不变的反应的平衡也没有影响。反应前后气体计量系数不同的反应：增大压力，平衡向气体分子数减少的方向；减少压力，平衡向气体分子数增加的方向移动。

总压力不变，加入惰性气体 Ar，相当于减少压力，反应方程式中各气体的分压减小，平衡向气体分子数增加的方向移动。

答案：A

41. 解 原子得失电子原则：当原子失去电子变成正离子时，一般是能量较高的最外层电子先失去，而且往往引起电子层数的减少；当原子得到电子变成负离子时，所得的电子总是分布在它的最外电子层。

本题中原子失去的为 4s 上的一个电子，该原子的价电子构型为 $3d^{10}4s^1$，为 29 号 Cu 原子的电子构型。

答案：C

42. 解 根据吉布斯等温方程 $\Delta_r G_m^\Theta = -RT \ln K^\Theta$ 推断，$K^\Theta < 1$，$\Delta_r G_m^\Theta > 0$。

答案：A

43. 解 元素的周期数为价电子构型中的最大主量子数，最大主量子数为 5，元素为第五周期；元素价电子构型特点为 $(n-1)d^{10}ns^1$，为 IB 族元素特征价电子构型。

答案：B

44. 解 酚类化合物为苯环直接和羟基相连。A 为丙醇，B 为苯甲醇，C 为苯酚，D 为丙三醇。

答案：C

45. 解 系统命名法：

（1）链烃及其衍生物的命名

①选择主链：选择最长碳链或含有官能团的最长碳链为主链；

②主链编号：从距取代基或官能团最近的一端开始对碳原子进行编号；

③写出全称：将取代基的位置编号、数目和名称写在前面，将母体化合物的名称写在后面。

（2）芳香烃及其衍生物的命名

①选择母体：选择苯环上所连官能团或带官能团最长的碳链为母体，把苯环视为取代基；

②编号：将母体中碳原子依次编号，使官能团或取代基位次具有最小值。

答案： D

46. 解 甲酸结构式为 $H—\overset{\overset{\displaystyle O}{\|}}{C}—O—H$，两个氢处于不同化学环境。

答案： B

47. 解 C 与 BC 均为二力构件，故 A 处约束力沿 AC 方向，B 处约束力沿 BC 方向；分析铰链 C 的平衡，其受力如解图所示。

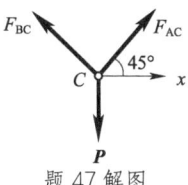
题 47 解图

答案： D

48. 解 根据力多边形法则，分力首尾相连，合力为力三角形的封闭边。

答案： B

49. 解 A、B 处为光滑约束，其约束力均为水平并组成一力偶，与力 $\boldsymbol{W}$ 和 DE 杆约束力组成的力偶平衡，故两约束力大小相等，且不为零。

答案： B

50. 解 根据摩擦定律 $F_{max} = W \cos 30° \times f = 20.8\text{kN}$，沿斜面向下的主动力为 $W \sin 30° = 30\text{kN} > F_{max}$。

答案： C

51. 解 点的运动轨迹为位置矢端曲线。

答案： B

52. 解 可根据平行移动刚体的定义判断。

答案： C

53. 解 杆 AB 和 CD 均为平行移动刚体，所以 $v_M = v_C = 2v_B = 2v_A = 2\omega \cdot O_1 A = 120\text{cm/s}$，$a_M = a_C = 2a_B = 2a_A = 2\omega^2 \cdot O_1 A = 360\text{cm/s}^2$。

答案： B

54. 解 根据动量、动量矩、动能的定义，刚体做定轴转动时：

$$\boldsymbol{p} = mv_C, \quad L_O = J_O\omega, \quad T = \frac{1}{2}J_O\omega^2$$

此题中，$v_C = 0$，$J_O = \frac{1}{2}mr^2$。

答案： A

55. 解 根据动量的定义 $\boldsymbol{p} = \sum m_i v_i$，所以，$p = (m_1 - m_2)v$（向下）。

答案： B

56. 解 用定轴转动微分方程$J_A\alpha = M_A(F)$，见解图，$\frac{1}{3}\frac{P}{g}(2L)^2\alpha = PL$，所以角加速度$\alpha = \frac{3g}{4L}$。

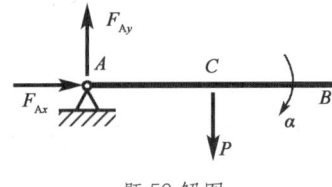

题 56 解图

答案：B

57. 解 根据定轴转动刚体惯性力系向O点简化的结果，其主矩大小为$M_{IO} = J_O\alpha = 0$，主矢大小为$F_I = ma_C = m \cdot \frac{R}{2}\omega^2$。

答案：A

58. 解 装置 a)、b)、c)的自由振动频率分别为$\omega_{0a} = \sqrt{\frac{2k}{m}}$；$\omega_{0b} = \sqrt{\frac{k}{2m}}$；$\omega_{0c} = \sqrt{\frac{3k}{m}}$，且周期为$T = \frac{2\pi}{\omega_0}$。

答案：B

59. 解

$$\sigma_{AB} = \frac{F_{NAB}}{A_{AB}} = \frac{300\pi \times 10^3 N}{\frac{\pi}{4} \times 200^2 mm^2} = 30MPa$$

$$\sigma_{BC} = \frac{F_{NBC}}{A_{BC}} = \frac{100\pi \times 10^3 N}{\frac{\pi}{4} \times 100^2 mm^2} = 40MPa = \sigma_{max}$$

答案：A

60. 解

$$\tau = \frac{Q}{A_Q} = \frac{F}{\frac{\pi}{4}d^2} = \frac{4F}{\pi d^2} = [\tau] \qquad ①$$

$$\sigma_{bs} = \frac{P_{bs}}{A_{bs}} = \frac{F}{dt} = [\sigma_{bs}] \qquad ②$$

再用②式除①式，可得$\frac{\pi d}{4t} = \frac{[\sigma_{bs}]}{[\tau]}$。

答案：B

61. 解 受扭空心圆轴横截面上的切应力分布与半径成正比，而且在空心圆内径中无应力，只有选项 B 图是正确的。

答案：B

62. 解

$$W_z = \frac{I_z}{y_{max}} = \frac{\frac{\pi}{64}d^4 - \frac{a^4}{12}}{\frac{d}{2}} = \frac{\pi d^3}{32} - \frac{a^4}{6d}$$

答案： B

63. 解 根据 $\dfrac{\mathrm{d}M}{\mathrm{d}x} = Q$ 可知，剪力为零的截面弯矩的导数为零，也即是弯矩有极值。

答案： B

64. 解 开裂前

$$\sigma_{\max} = \frac{M}{W_z} = \frac{M}{\dfrac{b}{6}(3a)^2} = \frac{2M}{3ba^2}$$

开裂后

$$\sigma_{1\max} = \frac{\dfrac{M}{3}}{W_{z1}} = \frac{\dfrac{M}{3}}{\dfrac{ba^2}{6}} = \frac{2M}{ba^2}$$

开裂后最大正应力是原来的 3 倍，故梁承载能力是原来的 1/3。

答案： B

65. 解 由矩形和工字形截面的切应力计算公式可知 $\tau = \dfrac{QS_z}{bI_z}$，切应力沿截面高度呈抛物线分布。由于腹板上截面宽度 b 突然加大，故 z 轴附近切应力突然减小。

答案： B

66. 解 承受集中力的简支梁的最大挠度 $f_c = \dfrac{Fl^3}{48EI}$，与惯性矩 I 成反比。$I_a = \dfrac{hb^3}{12} = \dfrac{b^4}{6}$，而 $I_b = \dfrac{bh^3}{12} = \dfrac{4}{6}b^4$，因图 a）梁 I_a 是图 b）梁 I_b 的 $\dfrac{1}{4}$，故图 a）梁的最大挠度是图 b）梁的 4 倍。

答案： C

67. 解 图示单元体的最大主应力 σ_1 的方向，可以看作是 σ_x 的方向（沿 x 轴）和纯剪切单元体的最大拉应力的主方向（在第一象限沿 45° 向上），叠加后的合应力的指向。

答案： A

68. 解 AB 段是轴向受压，$\sigma_{AB} = \dfrac{F}{ab}$

BC 段是偏心受压，$\sigma_{BC} = \dfrac{F}{2ab} + \dfrac{F \cdot \dfrac{a}{2}}{\dfrac{b}{6}(2a)^2} = \dfrac{5F}{4ab}$

答案： B

69. 解 图示圆轴是弯扭组合变形，在固定端处既有弯曲正应力，又有扭转切应力。但是图中 A 点位于中性轴上，故没有弯曲正应力，只有切应力，属于纯剪切应力状态。

答案： B

70. 解 由压杆临界荷载公式 $F_{cr} = \dfrac{\pi^2 EI}{(\mu l)^2}$ 可知，F_{cr} 与杆长 l^2 成反比，故杆长度为 $\dfrac{l}{2}$ 时，F_{cr} 是原来的 4 倍，也即增加了 3 倍。

答案： B

71. 解　空气的黏滞系数，随温度降低而降低；而水的黏滞系数相反，随温度降低而升高。

答案：A

72. 解　质量力是作用在每个流体质点上，大小与质量成正比的力；表面力是作用在所设流体的外表，大小与面积成正比的力。重力是质量力，黏滞力是表面力。

答案：C

73. 解　根据流线定义及性质以及非恒定流定义可得。

答案：C

74. 解　题中已给出两断面间有水头损失h_{l1-2}，而选项 C 中未计及h_{l1-2}，所以一定是错误的。而ρ_1可能等于ρ_2，所以选项 A 不一定错误。

答案：C

75. 解　根据雷诺数公式$\text{Re} = \dfrac{vd}{\nu}$及连续方程$v_1 A_1 = v_2 A_2$联立求解可得：

$$v_2 = v_1 \left(\frac{d_1}{d_2}\right)^2 = \left(\frac{30}{60}\right)^2 v_1 = \frac{v_1}{4}$$

$$\text{Re}_2 = \frac{v_2 d_2}{\nu} = \frac{\frac{v_1}{4} \times 2d_1}{\nu} = \frac{1}{2}\text{Re}_1 = \frac{1}{2} \times 5000 = 2500$$

答案：C

76. 解　当自由出流孔口与淹没出流孔口的形状、尺寸相同，且作用水头相等时，则出流量应相等。

答案：B

77. 解　水力最优断面是过流能力最大的断面形状。

答案：B

78. 解　依据弗劳德准则，流量比尺$\lambda_Q = \lambda_L^{2.5}$，所以长度比尺$\lambda_L = \lambda_Q^{1/2.5}$，代入题设数据后有：

$$\lambda_L = \left(\frac{537}{0.3}\right)^{1/2.5} = (1790)^{0.4} = 20$$

答案：D

79. 解　此题选项 A、D 明显不符合静电荷物理特征。选项 B 可以用电场强度的叠加定理分析，两个异性电荷连线的中心位置电场强度也不为零。

答案：C

80. 解　电感电压与电流之间的关系是微分关系，即

$$u = L\frac{\mathrm{d}i}{\mathrm{d}t} = 2\omega L \sin(1000t + 90°) = 2\sin(1000t + 90°)$$

或用相量法分析：$\dot{U}_L = j\omega L \dot{I} = \sqrt{2}\angle 90°\text{V}$；$I = \sqrt{2}\text{A}$，$j\omega L = j1\Omega(\omega = 1000\text{rad})$，$u_L$的有效值

为 $\sqrt{2}$ V。

答案： D

81. 解 根据线性电路的戴维南定理，图 a）和图 b）电路等效指的是对外电路电压和电流相同，即电路中 20Ω 电阻中的电流均为 1A，方向自下向上；然后利用节电电流关系可知，流过图 a）电路 10Ω 电阻中的电流为 $2-1=1$A。

答案： A

82. 解 RLC 串联的交流电路中，阻抗的计算公式是 $Z=R+jX_{L}-jX_{C}=R+j\omega L-j\frac{1}{\omega C}$，阻抗的模 $|Z|=\sqrt{R^{2}+\left(\omega L-\frac{1}{\omega C}\right)^{2}}$；$\omega=314$rad/s。

答案： C

83. 解 该电路是 RLC 混联的正弦交流电路，根据给定电压，将其写成复数为 $\dot{U}=U\angle 30°=\frac{10}{\sqrt{2}}\angle 30°$V；$\dot{I}_{1}=\frac{\dot{U}}{R+j\omega L}$；电流 $\dot{I}=\dot{I}_{1}+\dot{I}_{2}=\frac{U\angle 30°}{R+j\omega L}+\frac{U\angle 30°}{-j\left(\frac{1}{\omega C}\right)}$；$i=I\sqrt{2}\sin(1000t+\varPsi_{i})$A。

答案： C

84. 解 在暂态电路中电容电压符合换路定则 $U_{C}(t_{0+})=U_{C}(t_{0-})$，开关打开以前 $U_{C}(t_{0-})=\frac{R_{2}}{R_{1}+R_{2}}U_{s}$，$I(0_{+})=U_{C}(0_{+})/R_{2}$；电路达到稳定以后电容能量放光，电路中稳态电流 $I(\infty)=0$。

答案： B

85. 解 信号源输出最大功率的条件是电源内阻与负载电阻相等，电路中的实际负载电阻折合到变压器的原边数值为 $R_{L}'=\left(\frac{U_{1}}{U_{2}}\right)^{2}R_{L}=R_{S}=40$Ω；$K=\frac{u_{1}}{u_{2}}=2$，$u_{1}=u_{s}\frac{R_{L}'}{R_{S}+R_{L}'}=40\sin\omega t$；$u_{2}=\frac{u_{1}}{K}=20\sin\omega t$。

答案： B

86. 解 在继电接触控制电路中，电器符号均表示电器没有动作的状态，当接触器线圈 KM 通电以后常开触点 KM1 闭合，常闭触点 KM2 断开。

答案： C

87. 解 信息是通过感官接收的关于客观事物的存在形式或变化情况。信号是消息的表现形式，是可以直接观测到的物理现象（如电、光、声、电磁波等）。通常认为"信号是信息的表现形式"。红灯亮的信号传达了开始制冷的信息。

答案： C

88. 解 八进制和十六进制都是数字电路中采用的数制，本质上都是二进制，在应用中是根据数字信号的不同要求所选取的不同的书写格式。

答案： A

89. 解 模拟信号是幅值和时间均连续的信号，采样信号是时间离散、数值连续的信号，离散信号是指在某些不连续时间定义函数值的信号，数字信号是将幅值量化后并以二进制代码表示的离散信号。

答案：B

90. 解 题中给出非正弦周期信号的傅里叶级数展开式。由于不知 $u(t)$ 的频谱，所以无法判断各次谐波的占比。

答案：D

91. 解 由图可以分析，当信号 $|u_i(t)| \leqslant 2V$ 时，放大电路工作在线性工作区，$u_o(t) = 5u_i(t)$；当信号 $|u_i(t)| \geqslant 2V$ 时，放大电路工作在非线性工作区，$u_o(t) = \pm 10V$。

答案：D

92. 解 由逻辑电路的基本关系可得结果，变换中用到了逻辑电路的摩根定理。

$$F = \overline{\overline{AB} + \overline{BC}} = AB \cdot BC = ABC$$

答案：D

93. 解 该电路为二极管的桥式整流电路，当 D_2 二极管断开时，电路变为半波整流电路，输入电压的交流有效值和输出直流电压的关系为 $U_o = 0.45U_i$，同时根据二极管的导通电流方向可得 $U_o = -3.18V$。

答案：C

94. 解 由图可以分析，当信号 $|u_i(t)| \leqslant 1V$ 时，放大电路工作在线性工作区，$u_o(t) = 10^4 u_i(t)$；当信号 $|u_i(t)| \geqslant 1mV$ 时，放大电路工作在非线性工作区，$u_o(t) = \pm 10V$；输入信号 $u_i(t)$ 最大值为 $2mV$，则有一部分工作区进入非线性区。对应的输出波形与选项 C 一致。

答案：C

95. 解 图 a）示电路是与非门逻辑电路，$F = \overline{1 \cdot A} = \overline{A}$。

答案：D

96. 解 图示电路是下降沿触发的 JK 触发器，$\overline{R_D}$ 是触发器的清零端，$\overline{S_D}$ 是置"1"端，画解图并由触发器的逻辑功能分析，即可得答案。

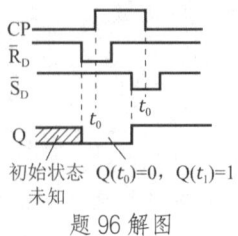

题 96 解图

答案：B

97. 解　计算机存储单元是按一定顺序编号，这个编号被称为存储器的地址。

答案：C

98. 解　操作系统的特征有并发性、共享性和随机性。

答案：B

99. 解　二进制最后一位是1，转换后则一定是十进制数的奇数。

答案：A

100. 解　像素实际上就是图像中的一个个光点，光点可以是黑白的，也可以是彩色的。

答案：D

101. 解　删除操作系统文件，计算机将无法正常运行。

答案：C

102. 解　存储器系统包括主存储器、高速缓冲存储器和外存储器。

答案：C

103. 解　设备管理是对除CPU和内存储器之外的所有输入/输出设备的管理。

答案：A

104. 解　两种十分有效的文件管理工具是"我的电脑"和"资源管理器"。

答案：C

105. 解　计算机网络主要由网络硬件系统和网络软件系统两大部分组成。

答案：A

106. 解　局域网是指在一个较小地理范围内的各种计算机网络设备互联在一起的通信网络。局域网覆盖的地理范围通常在几公里之内。

答案：C

107. 解　按等额支付资金回收公式计算（已知P求A）。

$$A = P(A/P, i, n) = 5000 \times (A/P, 8\%, 10) = 5000 \times 0.14903 = 745.15 万元$$

答案：C

108. 解　建设项目经济评价中的总投资，由建设投资、建设期利息和流动资金组成。

答案：C

109. 解　新设法人项目融资的资金来源于项目资本金和债务资金，权益融资形成项目的资本金，债务融资形成项目的债务资金。

答案：C

110. 解　在财务生存能力分析中，各年累计盈余资金不出现负值是财务生存的必要条件。

答案：B

111. 解　分别计算效益流量的现值和费用流量的现值，二者的比值即为该项目的效益费用比。建设期 1 年，使用寿命 10 年，计算期共 11 年。注意：第 1 年为建设期，投资发生在第 0 年（即第 1 年的年初），第 2 年开始使用，效益和费用从第 2 年末开始发生。该项目的现金流量图如解图所示。

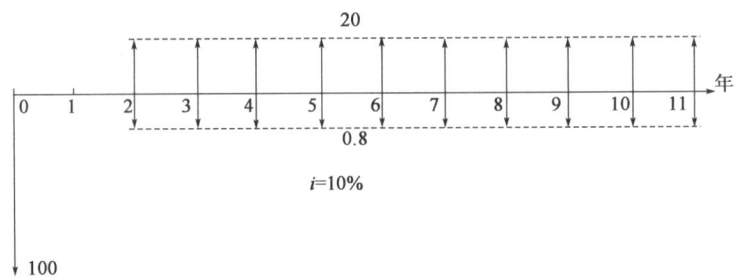

题 111 解图

效益流量的现值：$B = 20 \times (P/A, 10\%, 10) \times (P/F, 10\%, 1)$
$\qquad = 20 \times 6.144 \times 0.9091 = 111.72$ 万元

费用流量的现值：$C = 0.8 \times (P/A, 10\%, 10) \times (P/F, 10\%, 1)$
$\qquad = 0.8 \times 6.1446 \times 0.9091 + 100 = 104.47$ 万元

该项目的效益费用比为：$R_{BC} = B/C = 111.72/104.47 = 1.07$

答案：A

112. 解　投资项目敏感性分析最基本的分析指标是内部收益率。

答案：B

113. 解　净年值法既可用于寿命期相同，也可用于寿命期不同的方案比选。

答案：C

114. 解　强制确定法是以功能重要程度作为选择价值工程对象的一种分析方法，包括 01 评分法、04 评分法等。其中，01 评分法通过对每个部件与其他各部件的功能重要程度进行逐一对比打分，相对重要的得 1 分，不重要的得 0 分，最后计算各部件的功能重要性系数。

答案：D

115. 解　《中华人民共和国建筑法》第五十七条规定，建筑设计单位对设计文件选用的建筑材料、建筑构配件和设备，不得指定生产厂家和供应商。

答案：B

116. 解　《中华人民共和国招标投标法》第二十三条规定，招标人对已发出的招标文件进行必要的澄清或者修改的，应当在招标文件要求提交投标文件截止时间至少十五日前，以书面形式通知所有招标文件收受人。该澄清或者修改的内容为招标文件的组成部分。

答案：B

117. 解　《中华人民共和国民法典》第四百七十八条规定，有下列情形之一的，要约失效：

（一）拒绝要约的通知到达要约人；

（二）要约人依法撤销要约；

（三）承诺期限届满，受要约人未作出承诺；

（四）受要约人对要约的内容作出实质性变更。

答案：D

118. 解　《中华人民共和国节约能源法》第四条规定，节约资源是我国的基本国策。国家实施节约与开发并举，把节约放在首位的能源发展战略。

答案：B

119. 解　《中华人民共和国环境保护法》2014 年进行了修订，新法第四十五条规定，国家依照法律规定实行排污许可管理制度。此题已过时，未作解答。

120. 解　《建设工程勘察设计管理条例》第十四条规定，建设工程勘察、设计方案评标，应当以投标人的业绩、信誉和勘察、设计人员的能力以及勘察、设计方案的优劣为依据，进行综合评定。资质问题在资格预审时已解决，不是评标的条件。

答案：A

2012 年度全国勘察设计注册工程师执业资格考试基础考试（上）
试题解析及参考答案

1. 解 $\lim\limits_{x\to 0^+}(x^2+1)=1$，$\lim\limits_{x\to 0^-}\left(\cos x+x\sin\frac{1}{x}\right)=1+0=1$

$f(0)=(x^2+1)|_{x=0}=1$，所以 $\lim\limits_{x\to 0^+}f(x)=\lim\limits_{x\to 0^-}f(x)=f(0)$

答案：D

2. 解 $\lim\limits_{x\to 0}\frac{1-\cos x}{2x^2}=\lim\limits_{x\to 0}\frac{\frac{1}{2}x^2}{2x^2}=\frac{1}{4}\neq 1$，当 $x\to 0$，$1-\cos x\sim\frac{1}{2}x^2$。

答案：D

3. 解 $y=\ln\cos x$，$y'=\frac{-\sin x}{\cos x}=-\tan x$，$dy=-\tan x\, dx$

答案：C

4. 解 $f(x)=\left(e^{-x^2}\right)'=-2xe^{-x^2}$

$f'(x)=-2\left[e^{-x^2}+xe^{-x^2}(-2x)\right]=2e^{-x^2}(2x^2-1)$

答案：A

5. 解 $\int f'(2x+1)dx=\frac{1}{2}\int f'(2x+1)d(2x+1)=\frac{1}{2}f(2x+1)+C$

答案：B

6. 解

$$\int_0^{\frac{1}{2}}\frac{1+x}{\sqrt{1-x^2}}dx=\int_0^{\frac{1}{2}}\frac{1}{\sqrt{1-x^2}}dx+\int_0^{\frac{1}{2}}\frac{x}{\sqrt{1-x^2}}dx$$

$$=\arcsin x\Big|_0^{\frac{1}{2}}+\int_0^{\frac{1}{2}}\frac{1}{\sqrt{1-x^2}}d\left(\frac{1}{2}x^2\right)$$

$$=\arcsin\frac{1}{2}+\left(-\frac{1}{2}\right)\times\int_0^{\frac{1}{2}}\frac{1}{\sqrt{1-x^2}}d(1-x^2)$$

$$=\frac{\pi}{6}+\left(-\frac{1}{2}\right)\times 2(1-x^2)^{\frac{1}{2}}\Big|_0^{\frac{1}{2}}$$

$$=\frac{\pi}{6}-\left(\frac{\sqrt{3}}{2}-1\right)=\frac{\pi}{6}+1-\frac{\sqrt{3}}{2}$$

答案：C

7. 解 见解图，$D:\begin{cases}0\leqslant\theta<\frac{\pi}{4}\\[4pt]0\leqslant r\leqslant\frac{1}{\cos\theta}\end{cases}$，因为 $x=1$，$r\cos\theta=1\left(即\ r=\frac{1}{\cos\theta}\right)$

题7解图

等式 $=\int_0^{\frac{\pi}{4}}d\theta\int_0^{\frac{1}{\cos\theta}}f(r\cos\theta,r\sin\theta)r\,dr$

答案：B

8. 解 已知 $a<x<b$，$f'(x)>0$，单增；$f''(x)<0$，凸。所以函数在区间 (a,b) 内图形沿 x 轴正向

是单增且凸的。

答案： C

9. 解 $f(x) = x^{\frac{2}{3}}$ 在 $[-1,1]$ 连续。$F'(x) = \frac{2}{3}x^{-\frac{1}{3}} = \frac{2}{3} \cdot \frac{1}{\sqrt[3]{x}}$ 在 $(-1,1)$ 不可导[因为 $f'(x)$ 在 $x=0$ 导数不存在]，所以不满足拉格朗日定理的条件。

答案： B

10. 解 选项 A，$\sum\limits_{n=1}^{\infty} \left| \frac{(-1)^n}{n} \right| = \sum\limits_{n=1}^{\infty} \frac{1}{n}$，发散；

而 $\sum\limits_{n=1}^{\infty} \frac{(-1)^n}{n}$ 满足：① $u_n \geqslant u_{n+1}$，② $\lim\limits_{n \to \infty} u_n = 0$，该级数收敛。

所以级数条件收敛。

选项 B，$\sum\limits_{n=1}^{\infty} \left| \frac{(-1)^n}{n^3} \right| = \sum\limits_{n=1}^{\infty} \frac{1}{n^3}$，级数绝对收敛。

选项 C，$\sum\limits_{n=1}^{\infty} \left| \frac{(-1)^n}{n(n+1)} \right| = \sum\limits_{n=1}^{\infty} \frac{1}{n(n+1)}$，$\lim\limits_{n \to \infty} \frac{\frac{1}{n(n+1)}}{\frac{1}{n^2}} = \lim\limits_{n \to \infty} \frac{n^2}{n(n+1)} = 1$，根据正项级数的比较判别法，知 $\sum\limits_{n=1}^{\infty} \frac{1}{n(n+1)}$ 收敛，所以级数绝对收敛。

选项 D，$\lim\limits_{n \to \infty} (-1)^n \frac{n+1}{n+2} \neq 0$，根据收敛级数的必要条件，级数发散。

答案： A

11. 解 $|x| < \frac{1}{2}$，即 $-\frac{1}{2} < x < \frac{1}{2}$，$f(x) = \frac{1}{1+2x}$

已知：$\frac{1}{1+x} = 1 - x + x^2 - x^3 + \cdots + (-1)^n x^n + \cdots = \sum\limits_{n=0}^{\infty} (-1)^n x^n \ (-1 < x < 1)$

则 $f(x) = \frac{1}{1+2x} = 1 - (2x) + (2x)^2 - (2x)^3 + \cdots + (-1)^n (2x)^n + \cdots$

$\qquad = \sum\limits_{n=0}^{\infty} (-1)^n (2x)^n = \sum\limits_{n=0}^{\infty} (-2)^n x^n \qquad \left(-1 < 2x < 1,\ \text{即} -\frac{1}{2} < x < \frac{1}{2} \right)$

答案： B

12. 解 已知 $y_1(x)$，$y_2(x)$ 是微分方程 $y' + p(x)y = q(x)$ 两个不同的特解，所以 $y_1(x) - y_2(x)$ 为对应齐次方程 $y' + p(x)y = 0$ 的一个解。

微分方程 $y' + p(x)y = q(x)$ 的通解为 $y = y_1 + C(y_1 - y_2)$。

答案： D

13. 解 $y'' + 2y' - 3y = 0$，特征方程为 $r^2 + 2r - 3 = 0$，得 $r_1 = -3$，$r_2 = 1$。所以 $y_1 = e^x$，$y_2 = e^{-3x}$ 为选项 B 的特解，满足条件。

答案： B

14. 解 $\frac{\mathrm{d}y}{\mathrm{d}x} = -\frac{x}{y}$，$y\mathrm{d}y = -x\mathrm{d}x$

两边积分：$\frac{1}{2}y^2 = -\frac{1}{2}x^2 + C$，$y^2 = -x^2 + 2C$，$y^2 + x^2 = C_1$，这里常数 $C_1 = 2C$，必须满足 $C_1 \geqslant 0$。

故方程的通解为 $x^2 + y^2 = C^2 (C \in R)$。

答案： C

15. 解 旋转体体积 $V = \int_0^\pi \pi \left[(\sin x)^{\frac{3}{2}} \right]^2 \mathrm{d}x = \pi \int_0^\pi \sin^3 x \mathrm{d}x = \pi \int_0^\pi \sin^2 x \mathrm{d}(-\cos x)$

$$= -\pi \int_0^\pi (1 - \cos^2 x) \mathrm{d}\cos x = -\pi \left(\cos x - \frac{1}{3} \cos^3 x \right) \Big|_0^\pi = \frac{4}{3} \pi$$

答案：B

16. 解
$$\text{方程组} \begin{cases} x^2 + 4y^2 + z^2 = 4 & \text{①} \\ x + z = a & \text{②} \end{cases}$$

消去字母 x，由②式得：

$$x = a - z \qquad\qquad\qquad\qquad\qquad ③$$

③式代入①式得：$(a - z)^2 + 4y^2 + z^2 = 4$

则曲线在 yOz 平面上投影方程为 $\begin{cases} (a-z)^2 + 4y^2 + z^2 = 4 \\ x = 0 \end{cases}$

答案：A

17. 解 方程 $x^2 - \frac{y^2}{4} + z^2 = 1$，即 $x^2 + z^2 - \frac{y^2}{4} = 1$，可由 xOy 平面上双曲线 $\begin{cases} x^2 - \frac{y^2}{4} = 1 \\ z = 0 \end{cases}$ 绕 y 轴旋转

得到，也可由 yOz 平面上双曲线 $\begin{cases} z^2 - \frac{y^2}{4} = 1 \\ x = 0 \end{cases}$ 绕 y 轴旋转得到。

所以 $x^2 + z^2 - \frac{y^2}{4} = 1$ 为旋转双曲面。

答案：A

18. 解 直线 L 的方向向量 $\vec{s} = \begin{vmatrix} \vec{i} & \vec{j} & \vec{k} \\ 1 & 3 & 2 \\ 2 & -1 & -10 \end{vmatrix} = -28\vec{i} + 14\vec{j} - 7\vec{k}$，即 $\vec{s} = \{-28, 14, -7\}$

平面 π：$4x - 2y + z - 2 = 0$，法线向量：$\vec{n} = \{4, -2, 1\}$

$\vec{s}$，$\vec{n}$ 坐标成比例，$\frac{-28}{4} = \frac{14}{-2} = \frac{-7}{1}$，则 $\vec{s} \parallel \vec{n}$，直线 L 垂直于平面 π。

答案：C

19. 解 A 的特征值为 λ_0，$2A$ 的特征值为 $2\lambda_0$，$(2A)^{-1}$ 的特征值为 $\frac{1}{2\lambda_0}$。

答案：C

20. 解 已知 $\vec{\alpha_1}$，$\vec{\alpha_2}$，$\vec{\beta}$ 线性相关，$\vec{\alpha_2}$，$\vec{\alpha_3}$，$\vec{\beta}$ 线性无关。由性质可知：$\vec{\alpha_1}$，$\vec{\alpha_2}$，$\vec{\alpha_3}$，$\vec{\beta}$ 线性相关（部分相关，全体相关），$\vec{\alpha_2}$，$\vec{\alpha_3}$，$\vec{\beta}$ 线性无关。

故 $\vec{\alpha_1}$ 可用 $\vec{\alpha_2}$，$\vec{\alpha_3}$，$\vec{\beta}$ 线性表示。

答案：B

21. 解 已知 $A = \begin{bmatrix} 1 & t & -1 \\ t & 1 & 1 \\ -1 & 1 & 2 \end{bmatrix}$

由矩阵 A 正定的充分必要条件可知：$1 > 0$，$\begin{vmatrix} 1 & t \\ t & 1 \end{vmatrix} = 1 - t^2 > 0$

$$\begin{vmatrix} 1 & t & -1 \\ t & 1 & 1 \\ -1 & 1 & 2 \end{vmatrix} \xlongequal[2c_1+c_3]{c_1+c_2} \begin{vmatrix} 1 & t+1 & 1 \\ t & t+1 & 1+2t \\ -1 & 0 & 0 \end{vmatrix} = (-1)[(t+1)(1+2t) - (t+1)]$$
$$= -2t(t+1) > 0$$

求解$t^2 < 1$，得$-1 < t < 1$；再求解$-2t(t+1) > 0$，得$t(t+1) < 0$，即$-1 < t < 0$，则公共解$-1 < t < 0$。

答案： B

22. 解 A、B互不相容时，$P(AB) = 0$。$\overline{A}\,\overline{B} = \overline{A \cup B}$

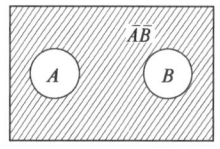

题 22 解图

$$P(\overline{A}\,\overline{B}) = P(\overline{A \cup B}) = 1 - P(A \cup B)$$
$$= 1 - [P(A) + P(B) - P(AB)] = 1 - (p + q)$$

或使用图示法（面积表示概率），见解图。

答案： C

23. 解 X与Y独立时，$E(XY) = E(X)E(Y)$，X在$[a,b]$上服从均匀分布时，$E(X) = \frac{a+b}{2} = 1$，Y服从参数为λ的指数分布时，$E(Y) = \frac{1}{\lambda} = \frac{1}{3}$，$E(XY) = \frac{1}{3}$。

答案： D

24. 解 当σ^2未知时检验假设H_0：$\mu = \mu_0$，应选取统计量$T = \frac{\overline{X} - \mu_0}{S}\sqrt{n}$，$S^2 = \frac{1}{n-1}\sum\limits_{i=1}^{n}(X_i - \overline{X})^2 = \frac{1}{n-1}Q^2$，$S = \frac{Q}{\sqrt{n-1}}$。

当$\mu_0 = 0$时，$T = \sqrt{n(n-1)}\frac{\overline{X}}{Q}$。

答案： A

25. 解 ①由$p = nkT$，知选项 A 不正确；

②由$pV = \frac{m}{M}RT$，知选项 B 不正确；

③由$\overline{\omega} = \frac{3}{2}kT$，温度、压强相等，单位体积分子数相同，知选项 C 正确；

④由$E_内 = \frac{i}{2}\frac{m}{M}RT = \frac{i}{2}pV$，知选项 D 不正确。

答案： C

26. 解 $N\int_{v_1}^{v_2} f(v)\mathrm{d}v$表示速率在$v_1 \rightarrow v_2$区间内的分子数。

答案： B

27. 解 注意内能的增量ΔE只与系统的起始和终了状态有关，与系统所经历的过程无关。

$Q_{ab} = 335 = \Delta E_{ab} + 126$，$\Delta E_{ab} = 209\text{J}$，$Q'_{ab} = \Delta E_{ab} + 42 = 251\text{J}$

答案： C

28. 解 等体过程： $\qquad\qquad Q_1 = Q_v = \Delta E_1 = \frac{m}{M}\frac{i}{2}R\Delta T$ $\qquad\qquad$ ①

等压过程： $\qquad\qquad Q_2 = Q_p = \Delta E_2 + A = \frac{m}{M}\frac{i}{2}R\Delta T + A$ $\qquad\qquad$ ②

对于给定的理想气体，内能的增量只与系统的起始和终了状态有关，与系统所经历的过程无关，

$\Delta E_1 = \Delta E_2$。

比较①式和②式，注意到 $A > 0$，显然 $Q_2 > Q_1$。

答案：A

29. 解　在 $t = 0.25\text{s}$ 时刻，处于平衡位置，$y = 0$

由简谐波的波动方程 $y = 2 \times 10^{-2} \cos 2\pi \left(10 \times 0.25 - \dfrac{x}{5}\right) = 0$，可知

$$\cos 2\pi \left(10 \times 0.25 - \dfrac{x}{5}\right) = 0$$

则 $2\pi \left(10 \times 0.25 - \dfrac{x}{5}\right) = (2k+1)\dfrac{\pi}{2}$，$k = 0, \pm1, \pm2, \cdots$

由此可得 $2\dfrac{x}{5} = \dfrac{9}{2} - k$

当 $x = 0$ 时，$k = 4.5$

所以 $k = 4$，$x = 1.25$ 或 $k = 5$，$x = -1.25$ 时，与坐标原点 $x = 0$ 最近

答案：C

30. 解　当初相位 $\phi = 0$ 时，波动方程的表达式为 $y = A \cos \omega \left(t - \dfrac{x}{u}\right)$，利用 $\omega = 2\pi\nu$，$\nu = \dfrac{1}{T}$，$u = \lambda\nu$，表达式 $y = A \cos \left[2\pi\nu \left(t - \dfrac{x}{\lambda\nu}\right)\right] = A \cos 2\pi \left(\nu t - \dfrac{\nu x}{\lambda\nu}\right) = A \cos 2\pi \left(\dfrac{t}{T} - \dfrac{x}{\lambda}\right)$，令 $A = 0.02\text{m}$，$T = 0.5\text{s}$，$\lambda = 100\text{m}$，则 $y = 0.02 \cos \left(\dfrac{t}{\frac{1}{2}} - \dfrac{x}{100}\right) = 0.02 \cos 2\pi(2t - 0.01x)$。

答案：B

31. 解　声强级 $L = 10 \lg \dfrac{I}{I_0} \text{dB}$，由题意得 $40 = 10 \lg \dfrac{I}{I_0}$，即 $\dfrac{I}{I_0} = 10^4$；同理 $\dfrac{I'}{I_0} = 10^8$，$\dfrac{I'}{I} = 10^4$。

答案：D

32. 解　自然光 I_0 通过 P_1 偏振片后光强减半为 $\dfrac{I_0}{2}$，通过 P_2 偏振后光强为 $I = \dfrac{I_0}{2} \cos^2 90° = 0$。

答案：A

33. 解　布儒斯特定律，以布儒斯特角入射，反射光为完全偏振光。

答案：C

34. 解　由光栅公式：$(a + b) \sin \phi = \pm k\lambda$　$(k = 0, 1, 2, \cdots)$

令 $\phi = 90°$，$k = \dfrac{2000}{550} = 3.63$，$k$ 取小于此数的最大正整数，故 k 取 3。

答案：B

35. 解　由单缝衍射明纹条件：$a \sin \phi = (2k+1)\dfrac{\lambda}{2}$，即 $a \sin 30° = 3 \times \dfrac{\lambda}{2}$，则 $a = 3\lambda$。

答案：D

36. 解　杨氏双缝干涉：$x_{明} = \pm k \dfrac{D\lambda}{a}$，$x_{暗} = (2k+1)\dfrac{D\lambda}{2a}$，间距 $= x_{暗} - x_{明} = \dfrac{D\lambda}{2a}$。

答案：B

37. 解　除 3d 轨道上的 7 个电子，其他轨道上的电子都已成对。3d 轨道上的 7 个电子填充到 5 个

简并的 d 轨道中，按照洪特规则有 3 个未成对电子。

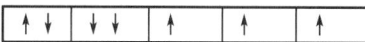

答案：C

38. 解 分子间力包括色散力、诱导力、取向力。分子间力以色散力为主。对同类型分子，色散力正比于分子量，所以分子间力正比于分子量。分子间力主要影响物质的熔点、沸点和硬度。对同类型分子，分子量越大，色散力越大，分子间力越大，物质的熔、沸点越高，硬度越大。

分子间氢键使物质熔、沸点升高，分子内氢键使物质熔、沸点减低。

HF 有分子间氢键，沸点最大。其他三个没有分子间氢键，HCl、HBr、HI 分子量逐渐增大，分子间力逐渐增大，沸点逐渐增大。

答案：D

39. 解 HCl 溶于水既有物理变化也有化学变化。HCl 的微粒向水中扩散的过程是物理变化，HCl 的微粒解离生成氢离子和氯离子的过程是化学变化。

答案：C

40. 解 系统与环境间只有能量交换，没有物质交换是封闭系统；既有物质交换，又有能量交换是敞开系统；没有物质交换，也没有能量交换是孤立系统。

答案：D

41. 解 $K^{\Theta} = \dfrac{\frac{p_{PCl_5}}{p^{\Theta}}}{\frac{p_{PCl_3}}{p^{\Theta}} \frac{p_{Cl_2}}{p^{\Theta}}} = \dfrac{p_{PCl_5}}{p_{PCl_3} \cdot p_{Cl_2}} p^{\Theta} = \dfrac{p^{\Theta}}{p_{Cl_2}}$ ，$p_{Cl_2} = \dfrac{p^{\Theta}}{K^{\Theta}} = \dfrac{100\text{kPa}}{0.767} = 130.38\text{kPa}$

答案：A

42. 解 铜电极的电极反应为：$Cu^{2+} + 2e^{-} = Cu$，氢离子没有参与反应，所以铜电极的电极电势不受氢离子影响。

答案：C

43. 解 元素电势图的应用。

（1）判断歧化反应：对于元素电势图 $A \overset{E^{\Theta}_{左}}{---} B \overset{E^{\Theta}_{右}}{---} C$，若 $E^{\Theta}_{右}$ 大于 $E^{\Theta}_{左}$，B 即是电极电势大的电对的氧化型，可作氧化剂，又是电极电势小的电对的还原型，也可作还原剂，B 的歧化反应能够发生；若 $E^{\Theta}_{右}$ 小于 $E^{\Theta}_{左}$，B 的歧化反应不能发生。

（2）计算标准电极电势：根据元素电势图，可以从已知某些电对的标准电极电势计算出另一电对的标准电极电势。

从元素电势图可知，Au^{+} 可以发生歧化反应。由于 Cu^{2+} 达到最高氧化数，最不易失去电子，最稳定。

答案：A

44. 解 系统命名法。

（1）链烃的命名

①选择主链：选择最长碳链或含有官能团的最长碳链为主链；

②主链编号：从距取代基或官能团最近的一端开始对碳原子进行编号；

③写出全称：将取代基的位置编号、数目和名称写在前面，将母体化合物的名称写在后面。

（2）衍生物的命名

①选择母体：选择苯环上所连官能团或带官能团最长的碳链为母体，把苯环视为取代基；

②编号：将母体中碳原子依次编号，使官能团或取代基位次具有最小值。

答案：B

45. 解 含有不饱和键的有机物、含有醛基的有机物可使溴水褪色。

答案：D

46. 解 信息素分子为含有 C≡C 不饱和键的醛，C≡C 不饱和键和醛基可以与溴发生加成反应；醛基可以发生银镜反应；一个分子含有两个不饱和键（C≡C 双键和醛基），1mol 分子可以和 2mol H_2 发生加成反应；它是醛，不是乙烯同系物。

答案：B

47. 解 根据力的可传性，作用于刚体上的力可沿其作用线滑移至刚体内任意点而不改变力对刚体的作用效应，同样也不会改变 A、D 处的约束力。

答案：A

48. 解 主矢 $F_R = F_1 + F_2 + F_3$ 为三力的矢量和，且此三力可构成首尾相连自行封闭的力三角形，故主矢为零；对 O 点的主矩为各力向 O 点平移后附加各力偶（F_1、F_2、F_3 对 O 点之矩）的代数和，即 $M_O = 3Fa$（逆时针）。

答案：B

49. 解 画出体系整体的受力图，列平衡方程：

$\Sigma F_x = 0$，$F_{Ax} + F = 0$，得到 $F_{Ax} = -F = -100$kN

$\Sigma M_C(F) = 0$，$F(2L + r) - F(4L + r) - F_{Ay}4L = 0$

得到 $F_{Ay} = -\dfrac{F}{2} = -\dfrac{100}{2} = -50$kN

答案：C

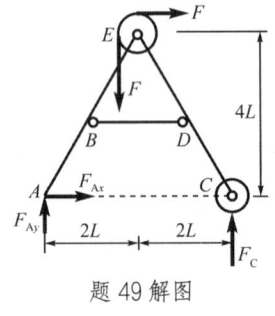

题 49 解图

50. 解 根据零杆判别的方法，分析节点 G 的平衡，可知杆 GG_1 为零杆；分析节点 G_1 的平衡，由于 GG_1 为零杆，故节点实际只连接了三根杆，由此可知杆 G_1E 为零杆。依次类推，逐一分析节点 E、E_1、D、D_1，可分别得出 EE_1、E_1D、DD_1、D_1B 为零杆。

 2012 年度全国勘察设计注册工程师执业资格考试基础考试（上）——试题解析及参考答案

答案：D

51. 解 因为点做匀加速直线运动，所以可根据公式：$2as = v_t^2 - v_0^2$，得到点运动的路程应为：

$$s = \frac{v_t^2 - v_0^2}{2a} = \frac{8^2 - 5^2}{2 \times 2} = 9.75\text{m}$$

答案：D

52. 解 根据转动刚体内一点的速度和法向加速度公式：$v = r\omega$；$a_n = r\omega^2$，且 $\omega = \dot{\varphi} = 4 - 6t$，因此，转动刚体内转动半径 $r = 0.5$m的点，在 $t_0 = 0$ 时的速度和法向加速度的大小为：$v = r\omega = 0.5 \times 4 = 2\text{m/s}$，$a_n = r\omega^2 = 0.5 \times 4^2 = 8\text{m/s}^2$。

答案：A

53. 解 木板的加速度与轮缘一点的切向加速度相等，即 $a_t = a = 0.5\text{m/s}^2$，若木板的速度为 v，则轮缘一点的法向加速度 $a_n = r\omega^2 = \frac{v^2}{r} = \sqrt{a_A^2 - a_t^2}$，所以有：

$$v = \sqrt{r\sqrt{a_A^2 - a_t^2}} = \sqrt{0.25\sqrt{3^2 - 0.5^2}} = 0.86\text{m/s}$$

答案：A

54. 解 根据质点运动微分方程 $m\boldsymbol{a} = \sum \boldsymbol{F}$，当电梯加速上升、匀速上升及减速上升时，加速度分别向上、零、向下，代入质点运动微分方程，分别有：

$$ma = P_1 - W, \quad 0 = W - P_2, \quad ma = W - P_3$$

所以：$P_1 = W + ma$，$P_2 = W$，$P_3 = W - ma$

答案：B

55. 解 杆在绳断后的运动过程中，只受重力和地面的铅垂方向约束力，水平方向外力为零，根据质心运动定理，水平方向有：$ma_{Cx} = 0$。由于初始静止，故 $v_{Cx} = 0$，说明质心在水平方向无运动，只沿铅垂方向运动。

答案：C

56. 解 分析圆轮 A，外力对轮心的力矩为零，即 $\sum M_A(F) = 0$，应用相对质心的动量矩定理，有 $J_A\alpha = \sum M_A(F) = 0$，则 $\alpha = 0$，由于初始静止，故 $\omega = 0$，圆轮无转动，所以其运动形式为平行移动。

答案：C

57. 解 惯性力系合力的大小为 $F_I = ma_C$，而杆质心的切向和法向加速度分别为 $a_t = \frac{l}{2}\alpha$，$a_n = \frac{l}{2}\omega^2$，其全加速度为 $a_C = \sqrt{a_t^2 + a_n^2} = \frac{l}{2}\sqrt{\alpha^2 + \omega^4}$，因此 $F_I = \frac{l}{2}m\sqrt{\alpha^2 + \omega^4}$。

答案：B

58. 解 因为干扰力的频率与系统固有频率相等时将发生共振，所以 $\omega_2 = 2\text{rad/s} = \omega_n$ 时发生共振，故有最大振幅。

答案： B

59. 解 若将材料由低碳钢改为木材，则改变的只是弹性模量E，而正应力计算公式$\sigma = \frac{F_N}{A}$中没有E，故正应力不变。但是轴向变形计算公式$\Delta l = \frac{F_N l}{EA}$中，$\Delta l$与$E$成反比，当木材的弹性模量减小时，轴向变形$\Delta l$增大。

答案： C

60. 解 由杆的受力分析可知A截面受到一个约束反力为F，方向向左，杆的轴力图如图所示：由于BC段杆轴力为零，没有变形，故杆中距离A端1.5L处横截面的轴向位移就等于AB段杆的伸长，$\Delta l = \frac{FL}{EA}$。

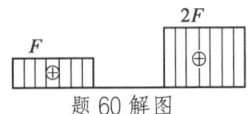

题60解图

答案： D

61. 解 圆孔钢板冲断时的剪切面是一个圆柱面，其面积为πdt，冲断条件是$\tau_{\max} = \frac{F}{\pi dt} = \tau_b$，故

$$d = \frac{F}{\pi t \tau_b} = \frac{300\pi \times 10^3 \text{N}}{\pi \times 10\text{mm} \times 300\text{MPa}} = 100\text{mm}$$

答案： B

62. 解 图示结构剪切面面积是ab，挤压面面积是hb。

剪切强度条件：
$$\tau = \frac{F}{ab} = [\tau] \tag{①}$$

挤压强度条件：
$$\sigma_{bs} = \frac{F}{hb} = [\sigma_{bs}] \tag{②}$$

$$\frac{①}{②} = \frac{h}{a} = \frac{[\tau]}{[\sigma_{bs}]}$$

答案： A

63. 解 由外力平衡可知左端的反力偶为T，方向是由外向内转。再由各段扭矩计算可知：左段扭矩为$+T$，中段扭矩为$-T$，右段扭矩为$+T$。

答案： D

64. 解 由$\phi_1 = \frac{\phi}{2}$，即$\frac{T}{GI_{p1}} = \frac{1}{2}\frac{T}{GI_p}$，得$I_{p1} = 2I_p$，所以$\frac{\pi d_1^4}{32} = 2\frac{\pi}{32}d^4$，故$d_1 = \sqrt[4]{2}d$。

答案： A

65. 解 此题未说明梁的类型，有两种可能（见解图），简支梁时答案为B，悬臂梁时答案为D。

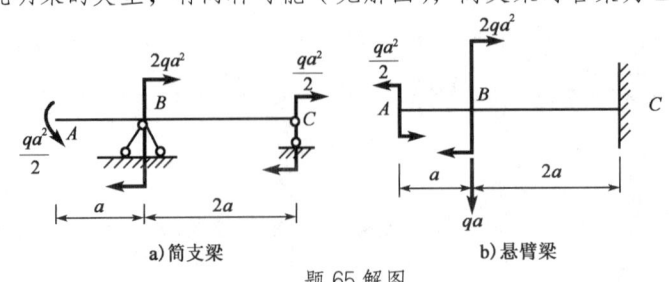

a)简支梁　　　　　　b)悬臂梁

题65解图

答案：B 或 D

66. 解 $I_z = \frac{\pi}{64}d^4 - \frac{a^4}{12}$

答案：B

67. 解 因为 $I_2 = \frac{b(2a)^3}{12} = 8\frac{ba^3}{12} = 8I_1$，又 $f_1 = f_2$，即 $\frac{M_1L^2}{2EI_1} = \frac{M_2L^2}{2EI_2}$，故 $\frac{M_2}{M_1} = \frac{I_2}{I_1} = 8$。

答案：A

68. 解 图示截面的弯曲中心是两个狭长矩形边的中线交点，形心主轴是 y' 和 z'，故无扭转，而有沿两个形心主轴 y'、z' 方向的双向弯曲。

答案：C

69. 解 图示单元体 $\sigma_x = 50\text{MPa}$，$\sigma_y = -50\text{MPa}$，$\tau_x = -30\text{MPa}$，$\alpha = 45°$。故

$$\tau_\alpha = \frac{\sigma_x - \sigma_y}{2}\sin 2\alpha + \tau_x \cos 2\alpha = \frac{50 - (-50)}{2}\sin 90° - 30 \times \cos 90° = 50\text{MPa}$$

答案：B

70. 解 图示细长压杆，$\mu = 2$，$I_{\min} = I_y = \frac{hb^3}{12}$，$F_{\text{cr}} = \frac{\pi^2 E I_{\min}}{(\mu L)^2} = \frac{\pi^2 E}{(2L)^2}\left(\frac{hb^3}{12}\right)$。

答案：D

71. 解 由连续介质假设可知。

答案：D

72. 解 仅受重力作用的静止流体的等压面是水平面。点 1 与 1′的压强相等。

$$P_A + \rho_A g h_1 = P_B + \rho_B g h_2 + \rho_\text{m} g \Delta h$$

$$P_A - P_B = (-\rho_A h_1 + \rho_B h_2 + \rho_\text{m} \Delta h)g$$

答案：A

73. 解 用连续方程求解。

$$v_3 = \frac{v_1 A_1 + v_2 A_2}{A_3} = \frac{4 \times 0.01 + 6 \times 0.005}{0.01} = 7\text{m/s}$$

答案：C

74. 解 由尼古拉兹阻力曲线图可知，在紊流粗糙区。

答案：D

75. 解 薄壁小孔口与圆柱形外管嘴流量公式均可用，流量 $Q = \mu \cdot A\sqrt{2gH_0}$，根据面积 $A = \frac{\pi d^2}{4}$ 和题设两者的 H_0 及 Q 均相等，则有 $\mu_1 d_1^2 = \mu_2 d_2^2$，而 $\mu_2 > \mu_1(0.82 > 0.62)$，所以 $d_1 > d_2$。

答案：A

76. 解 明渠均匀流必须发生在顺坡渠道上。

答案：D

77. 解 完全普通井流量公式：

$$Q = 1.366 \frac{k(H^2 - h^2)}{\lg \frac{R}{r_0}} = 1.366 \times \frac{0.0005 \times (15^2 - 10^2)}{\lg \frac{375}{0.3}} = 0.0276 \text{m}^3/\text{s}$$

答案：A

78. 解 一个正确反映客观规律的物理方程中，各项的量纲是和谐的、相同的。

答案：C

79. 解 静止的电荷产生静电场，运动电荷周围不仅存在电场，也存在磁场。

答案：A

80. 解 用安培环路定律$\oint H\mathrm{d}L = \sum I$，这里电流是代数和，注意它们的方向。

答案：C

81. 解 注意理想电压源和实际电压源的区别，该题是理想电压源$U_s = U$，即输出电压恒定，电阻 R 的变化只能引起该支路的电流变化。

答案：C

82. 解 利用等效电压源定理判断。在求等效电压源电动势时，将A、B两点开路后，电压源的两上方电阻和两下方电阻均为串联连接方式。求内阻时，将 6V 电压源短路。

$$U_s = 6\left(\frac{6}{3+6} - \frac{6}{6+6}\right) = 1\text{V}$$

$$R_0 = 6 /\!/ 6 + 3 /\!/ 6 = 5\Omega$$

答案：B

83. 解 三个电流，有效值、频率相同，且初相位彼此相差 120°，是对称三相电流。对称三相交流电路中，任何时刻三相电流之和均为零。

答案：B

84. 解 该电路为线性一阶电路，暂态过程依据公式$f(t) = f(\infty) + [f(0_+) - f(\infty)]e^{-t/\tau}$分析。$f(t)$表示电路中任意电压和电流，其中$f(\infty)$是电量的稳态值，$f(0_+)$表示初始值，$\tau$表示电路的时间常数。在阻容耦合电路中$\tau = RC$。

答案：C

85. 解 变压器的额定功率用视在功率表示，它等于变压器初级绕阻或次级绕阻中电压额定值与电流额定值的乘积，$S_N = U_{1N}I_{1N} = U_{2N}I_{2N}$。接负载后，消耗的有功功率$P_N = S_N \cos\varphi_N$。值得注意的是，次级绕阻电压是变压器空载时的电压，$U_{2N} = U_{20}$。可以认为变压器初级端的功率因数与次级端的功率因数相同。

$$P_N = S_N \cos\varphi = 10^4 \times 0.44 = 4400W$$

故可以接入 40W 日光灯 110 盏。

答案：A

86. 解　该电路为直流稳压电源电路。对于输出的直流信号，电容在电路中可视为断路。桥式整流电路中的二极管通过的电流平均值是电阻 R 中通过电流的一半。

答案：D

87. 解　根据晶体三极管工作状态的判断条件，当晶体管处于饱和状态时，基极电流与集电极电流的关系是：

$$I_B > I_{BS} = \frac{1}{\beta}I_{CS} = \frac{1}{\beta}\left(\frac{U_{CC} - U_{CES}}{R_C}\right)$$

从输入回路分析：

$$I_B = I_{Rx} - I_{RB} = \frac{U_i - U_{BE}}{R_x} - \frac{U_{BE} - U_B}{R_B}$$

答案：A

88. 解　根据等效的直流通道计算，在直流等效电路中电容断路。

设 $U_{BE} = 0.6V$

$$I_B = \frac{V_{CC} - U_{BE}}{R_B} = \frac{12 - 0.6}{200} = 0.057mA$$

$$I_C = \beta I_B = 40 \times 0.057 = 2.28mA$$

$$U_{CE} = V_{CC} - I_C R_C = 12 - 2.28 \times 3 = 5.16V$$

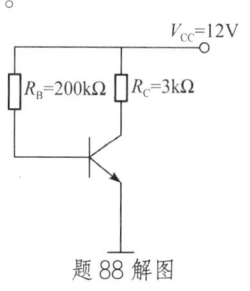

题 88 解图

答案：A

89. 解　首先确定在不同输入电压下三个二极管的工作状态，依此确定输出端的电位 U_Y；然后判断各电位之间的逻辑关系，当点电位高于 2.4V 时视为逻辑状态"1"，电位低于 0.4V 时视为逻辑状态"0"。

答案：A

90. 解　该触发器为负边沿触发方式，即当时钟信号由高电平下降为低电平时刻输出端的状态可能发生改变。波形分析见解图。

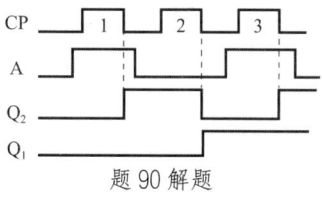

题 90 解题

答案：C

91. 解　连续信号指的是在时间范围都有定义（允许有有限个间断点）的信号。

答案：A

92.解 连续信号指的是时间连续的信号，模拟信号是指在时间和数值上均连续的信号。

答案：C

93.解 $\delta(t)$只在$t=0$时刻存在，$\delta(t)=\delta(-t)$，所以是偶函数。

答案：B

94.解 常用模拟信号中，单位冲激信号$\delta(t)$与单位阶跃函数信号$\varepsilon(t)$有微分关系，反应信号变化速度。

答案：A

95.解 周期信号的傅氏级数公式为：

$$f(t)=a_0+\sum_{k=1}^{\infty}(a_n\cos k\omega_1 t+b_n\sin k\omega_1 t)$$

式中，a_0表示直流分量，a_n表示余弦分量的幅值，b_n表示正弦分量的幅值。

答案：B

96.解 根据二进制与十六进制的关系转换，即：$(1101\ 0010.0101\ 0100)_B=(D2.54)_H$

答案：A

97.解 系统总线又称内总线。因为该总线是用来连接微机各功能部件而构成一个完整微机系统的，所以称之为系统总线。计算机系统内的系统总线是计算机硬件系统的一个组成部分。

答案：A

98.解 Microsoft Word 和国产字处理软件 WPS 都是目前广泛使用的文字处理软件。

答案：A

99.解 操作系统是用户与硬件交互的第一层系统软件，一切其他软件都要运行于操作系统之上（包括选项 A、C、D）。

答案：B

100.解 由于程序在运行的过程中，都会出现时间的局部性和空间的局部性，这样就完全可以在一个较小的物理内存储器空间上来运行一个较大的用户程序。

答案：B

101.解 二进制数是计算机所能识别的，由 0 和 1 两个数码组成，称为机器语言。

答案：C

102.解 四位二进制对应一位十六进制，A 表示 10，对应的二进制为 1010，E 表示 14，对应的二进制为 1110。

答案：B

103. 解 传统加密技术、数字签名技术、对称加密技术和密钥加密技术都是常用的信息加密技术，而专用 ASCII 码加密技术是不常用的信息加密技术。

答案：D

104. 解 广域网又称为远程网，它一般是在不同城市之间的 LAN（局域网）或者 MAN（城域网）网络互联，它所覆盖的地理范围一般从几十公里到几千公里。

答案：D

105. 解 我国专家把计算机网络定义为：利用各种通信手段，把地理上分散的计算机连在一起，达到相互通信、共享软/硬件和数据等资源的系统。

答案：D

106. 解 人们把计算机网络中实现网络通信功能的设备及其软件的集合称为网络的通信子网，而把网络中实现资源共享功能的设备及其软件的集合称为资源。

答案：B

107. 解 年名义利率相同的情况下，一年内计息次数较多的，年实际利率较高。

答案：D

108. 解 按建设期利息公式 $Q = \sum \left(P_{t-1} + \frac{A_t}{2} \cdot i \right)$ 计算。

第一年贷款总额 1000 万元，计算利息时按贷款在年内均衡发生考虑。

$$Q_1 = (1000/2) \times 6\% = 30 \ 万元$$

$$Q_2 = (1000 + 30) \times 6\% = 61.8 \ 万元$$

$$Q = Q_1 + Q_2 = 30 + 61.8 = 91.8 \ 万元$$

答案：D

109. 解 按不考虑筹资费用的银行借款资金成本公式 $K_e = R_e(1 - T)$ 计算。

$$K_e = R_e(1 - T) = 10\% \times (1 - 25\%) = 7.5\%$$

答案：A

110. 解 利用计算 IRR 的插值公式计算。

$$IRR = 12\% + (14\% - 12\%) \times 130/(130 + |-50|) = 13.44\%$$

答案：D

111. 解 利息备付率属于反映项目偿债能力的指标。

答案：B

112. 解 可先求出盈亏平衡产量，然后乘以单位产品售价，即为盈亏平衡点销售收入。

$$盈亏平衡点销售收入 = 500 \times \left(\frac{1000 \times 10^4}{500 - 300} \right) = 2500 \ 万元$$

答案：D

113. 解 寿命期相同的互斥方案可直接采用净现值法选优。

答案：C

114. 解 价值指数等于 1 说明该部分的功能与其成本相适应。

答案：B

115. 解 《中华人民共和国建筑法》第七条规定，建筑工程开工前，建设单位应当按照国家有关规定向工程所在地县级以上人民政府建设行政主管部门申请领取施工许可证；但是，国务院建设行政主管部门确定的限额以下的小型工程除外。

答案：D

116. 解 依据《中华人民共和国安全生产法》第二十一条第（一）款，选项 B、C、D 均与法律条文有出入。

答案：A

117. 解 依据《中华人民共和国招标投标法》第十五条，招标代理机构应当在招标人委托的范围内办理招标事宜。

答案：B

118. 解 依据《中华人民共和国民法典》第四百六十九条规定，当事人订立合同有书面形式、口头形式和其他形式。

答案：C

119. 解 见《中华人民共和国行政许可法》第十二条第五款规定。选项 A 属于可以设定行政许可的内容，选项 B、C、D 均属于第十三条规定的可以不设行政许可的内容。

答案：A

120. 解 《建设工程质量管理条例》（2000 年版）第十一条规定，"施工图设计文件报县级以上人民政府建设行政主管部门审查"，但是 2017 年此条文改为"施工图设计文件审查的具体办法，由国务院建设行政主管部门、国务院其他有关部门制定"。故按照现行版本，此题无正确答案。

答案：无

2013 年度全国勘察设计注册工程师执业资格考试基础考试（上）
试题解析及参考答案

1. 解 $\alpha \times \beta = \begin{vmatrix} i & j & k \\ -3 & -2 & 1 \\ 1 & -4 & -5 \end{vmatrix} = 14i - 14j + 14k$

$|\alpha \times \beta| = \sqrt{14^2 + 14^2 + 14^2} = \sqrt{3 \times 14^2} = 14\sqrt{3}$

答案：C

2. 解 因为 $\lim_{x \to 1}(x^2 + x - 2) = 0$

故 $\lim_{x \to 1}(2x^2 + ax + b) = 0$，即 $2 + a + b = 0$，得 $b = -2 - a$，代入原式：

$$\lim_{x \to 1}\frac{2x^2 + ax - 2 - a}{x^2 + x - 2} = \lim_{x \to 1}\frac{2(x+1)(x-1) + a(x-1)}{(x+2)(x-1)} = \lim_{x \to 1}\frac{2 \times 2 + a}{3} = 1$$

故 $4 + a = 3$，得 $a = -1$，$b = -1$

答案：C

3. 解 $\dfrac{\mathrm{d}y}{\mathrm{d}x} = \dfrac{\frac{\mathrm{d}y}{\mathrm{d}t}}{\frac{\mathrm{d}x}{\mathrm{d}t}} = \dfrac{-\sin t}{\cos t} = -\tan t$

答案：A

4. 解 $\left[\int f(x)\mathrm{d}x\right]' = f(x)$

答案：B

5. 解 举例 $f(x) = x^2$，$\int x^2\mathrm{d}x = \frac{1}{3}x^3 + C$

当 $C = 0$ 时，$\int x^2\mathrm{d}x = \frac{1}{3}x^3$ 为奇函数；

当 $C = 1$ 时，$\int x^2\mathrm{d}x = \frac{1}{3}x^3 + 1$ 为非奇非偶函数。

答案：A

6. 解 $\lim\limits_{x \to 1^-} f(x) = \lim\limits_{x \to 1^-} 3x^2 = 3$，$\lim\limits_{x \to 1^+}(4x - 1) = 3$，$f(1) = 3$，函数 $f(x)$ 在 $x = 1$ 处连续。

$f'_+(1) = \lim\limits_{x \to 1^+}\frac{4x-1-3\times1}{x-1} = \lim\limits_{x \to 1^+}\frac{4(x-1)}{x-1} = 4$

$f'_-(1) = \lim\limits_{x \to 1^-}\frac{3x^2-3}{x-1} = \lim\limits_{x \to 1^-}\frac{3(x+1)(x-1)}{x-1} = 6$

$f'_+(1) \neq f'_-(1)$，在 $x = 1$ 处不可导；

故 $f(x)$ 在 $x = 1$ 处连续不可导。

答案：C

7. 解

$$y' = -1 \cdot x^{\frac{2}{3}} + (5-x)\frac{2}{3}x^{-\frac{1}{3}} = -x^{\frac{2}{3}} + \frac{2}{3} \cdot \frac{5-x}{x^{\frac{1}{3}}} = \frac{-3x + 2(5-x)}{3x^{\frac{1}{3}}}$$

$$= \frac{-3x + 10 - 2x}{3 \cdot x^{\frac{1}{3}}} = \frac{5(2-x)}{3x^{\frac{1}{3}}}$$

可知$x = 0$，$x = 2$为极值可疑点，所以极值可疑点的个数为2。

答案： C

8. 解 选项 A：$\int_0^{+\infty} e^{-x}\mathrm{d}x = -\int_0^{+\infty} e^{-x}\mathrm{d}(-x) = -e^{-x}\Big|_0^{+\infty} = -\left(\lim_{x \to +\infty} e^{-x} - 1\right) = 1$

选项 B：$\int_0^{+\infty} \frac{1}{1+x^2}\mathrm{d}x = \arctan x\Big|_0^{+\infty} = \frac{\pi}{2}$

选项 C：因为 $\lim\limits_{x \to 0^+} \frac{\ln x}{x} = \lim\limits_{x \to 0^+}\frac{1}{x}\ln x \to \infty$，所以函数在$x \to 0^+$无界。

$$\int_0^{+\infty} \frac{\ln x}{x}\mathrm{d}x = \int_0^{+\infty}\frac{\ln x}{x}\mathrm{d}x = \int_0^{+\infty}\ln x\,\mathrm{d}\ln x = \frac{1}{2}(\ln x)^2\Big|_0^{+\infty}$$

而 $\lim\limits_{x \to +\infty}\frac{1}{2}(\ln x)^2 = \infty$，$\lim\limits_{x \to 0}\frac{1}{2}(\ln x)^2 = \infty$，故广义积分发散。

选项 D：$\int_0^1 \frac{1}{\sqrt{1-x^2}}\mathrm{d}x = \arcsin x\Big|_0^1 = \frac{\pi}{2}$

注：$\lim\limits_{x \to 1^-}\frac{1}{\sqrt{1-x^2}} = +\infty$，$x = 1$为无穷间断点。

答案： C

9. 解 见解图，D：$0 \leqslant y \leqslant 1$，$y \leqslant x \leqslant \sqrt{y}$；

$y = x$，即$x = y$；$y = x^2$，得$x = \sqrt{y}$；

所以二次积分交换积分顺序后为$\int_0^1 \mathrm{d}y \int_y^{\sqrt{y}} f(x,y)\mathrm{d}x$。

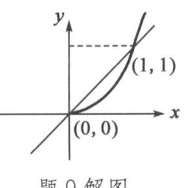

题 9 解图

答案： D

10. 解 $x\frac{\mathrm{d}y}{\mathrm{d}x} = y\ln y$，$\frac{1}{y\ln y}\mathrm{d}y = \frac{1}{x}\mathrm{d}x$，$\ln\ln y = \ln x + \ln C$

$\ln y = Cx$，$y = e^{Cx}$，代入$x = 1$，$y = e$，有$e = e^{1C}$，得$C = 1$

所以$y = e^x$

答案： B

11. 解 $F(x,y,z) = xz - xy + \ln(xyz)$

$$F_x = z - y + \frac{yz}{xyz} = z - y + \frac{1}{x}, \quad F_y = -x + \frac{xz}{xyz} = -x + \frac{1}{y}, \quad F_z = x + \frac{xy}{xyz} = x + \frac{1}{z}$$

$$\frac{\partial z}{\partial y} = -\frac{F_y}{F_z} = -\frac{\dfrac{-xy+1}{y}}{\dfrac{xz+1}{z}} = -\frac{(1-xy)z}{y(xz+1)} = \frac{z(xy-1)}{y(xz+1)}$$

答案： D

12. 解 正项级数$\sum\limits_{n=1}^{\infty} u_n$收敛的充分必要条件是，它的部分和数列$\{S_n\}$有界。

答案：A

13.解 已知 $f(-x) = -f(x)$，函数在 $(-\infty, +\infty)$ 为奇函数。

可配合图形说明在 $(-\infty, 0)$，$f'(x) > 0$，$f''(x) < 0$，凸增。

故在 $(0, +\infty)$ 为凹增，即在 $(0, +\infty)$，$f'(x) > 0$，$f''(x) > 0$。

答案：C

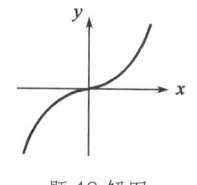

题 13 解图

14.解 特征方程：$r^2 - 3r + 2 = 0$，$r_1 = 1$，$r_2 = 2$，$f(x) = xe^x$，$r = 1$ 为对应齐次方程的特征方程的单根，故特解形式 $y^* = x(Ax + B) \cdot e^x$。

答案：A

15.解 $\vec{s} = \{3, -1, 2\}$，$\vec{n} = \{-2, 2, 1\}$，$\vec{s} \cdot \vec{n} \neq 0$，$\vec{s}$ 与 $\vec{n}$ 不垂直。

故直线 L 不平行于平面 π，从而选项 B、D 不成立；又因为 $\vec{s}$ 不平行于 $\vec{n}$，所以 L 不垂直于平面 π，选项 A 不成立；即直线 L 与平面 π 非垂直相交。

答案：C

16.解 见解图，$L: y = x - 1$，所以 L 的参数方程 $\begin{cases} x = x \\ y = x - 1 \end{cases}$，$0 \leqslant x \leqslant 1$

$ds = \sqrt{1^2 + 1^2}dx = \sqrt{2}dx$

故 $\int_L (y - x)ds = \int_0^1 (x - 1 - x)\sqrt{2}dx = -\sqrt{2} \cdot 1 = -\sqrt{2}$

答案：D

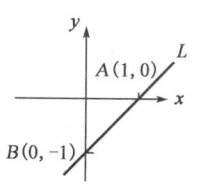

题 16 解图

17.解 $R = 3$，则 $\rho = \dfrac{1}{3}$

选项 A：$\sum\limits_{n=0}^{\infty} 3x^n$，$\lim\limits_{n \to \infty} \left| \dfrac{a_{n+1}}{a_n} \right| = 1$

选项 B：$\sum\limits_{n=1}^{\infty} 3^n x^n$，$\lim\limits_{n \to x} \left| \dfrac{3^{n+1}}{3^n} \right| = 3$

选项 C：$\sum\limits_{n=0}^{\infty} \dfrac{1}{3^{\frac{n}{2}}} x^n$，$\lim\limits_{n \to \infty} \left| \dfrac{\frac{1}{3^{\frac{n+1}{2}}}}{\frac{1}{3^{\frac{n}{2}}}} \right| = \lim\limits_{n \to \infty} \dfrac{1}{3^{\frac{n+1}{2}}} \cdot 3^{\frac{n}{2}} = \lim\limits_{n \to \infty} 3^{\frac{n}{2} - \frac{n+1}{2}} = 3^{-\frac{1}{2}}$

选项 D：$\sum\limits_{n=0}^{\infty} \dfrac{1}{3^{n+1}} x^n$，$\lim\limits_{n \to \infty} \left| \dfrac{\frac{1}{3^{n+2}}}{\frac{1}{3^{n+1}}} \right| = \lim\limits_{n \to \infty} \dfrac{3^{n+1}}{3^{n+2}} = \dfrac{1}{3}$，$\rho = \dfrac{1}{3}$，$R = \dfrac{1}{\rho} = 3$

答案：D

18.解 $z = f(x, y)$，$\begin{cases} x = x \\ y = \varphi(x) \end{cases}$，则 $\dfrac{dz}{dx} = \dfrac{\partial f}{\partial x} \cdot 1 + \dfrac{\partial f}{\partial y} \cdot \dfrac{d\varphi}{dx}$

答案：B

19.解 以 $\boldsymbol{\alpha}_1$、$\boldsymbol{\alpha}_2$、$\boldsymbol{\alpha}_3$、$\boldsymbol{\alpha}_4$ 为列向量作矩阵 $\boldsymbol{A}$

$$A = \begin{bmatrix} 3 & 3 & 1 & 6 \\ 2 & -1 & -\frac{1}{3} & -2 \\ -5 & 3 & 1 & 6 \end{bmatrix} \xrightarrow{-r_1 + r_3} \begin{bmatrix} 3 & 3 & 1 & 6 \\ 2 & -1 & -\frac{1}{3} & -2 \\ -8 & 0 & 0 & 0 \end{bmatrix} \xrightarrow{-\frac{1}{8}r_3} \begin{bmatrix} 3 & 3 & 1 & 6 \\ 2 & -1 & -\frac{1}{3} & -2 \\ 1 & 0 & 0 & 0 \end{bmatrix} \xrightarrow[(-2)r_3+r_2]{(-3)r_3+r_1}$$

$$\begin{bmatrix} 0 & 3 & 1 & 6 \\ 0 & -1 & -\frac{1}{3} & -2 \\ 1 & 0 & 0 & 0 \end{bmatrix} \xrightarrow{3r_2 + r_1} \begin{bmatrix} 0 & 0 & 0 & 0 \\ 0 & -1 & -\frac{1}{3} & -2 \\ 1 & 0 & 0 & 0 \end{bmatrix} \xrightarrow{r_1 \leftrightarrow r_3} \begin{bmatrix} 1 & 0 & 0 & 0 \\ 0 & -1 & -\frac{1}{3} & -2 \\ 0 & 0 & 0 & 0 \end{bmatrix}$$

极大无关组为 $\boldsymbol{\alpha}_1$、$\boldsymbol{\alpha}_2$。

（说明：因为行阶梯形矩阵的第二行中第3列、第4列的数也不为0，所以 $\boldsymbol{\alpha}_1$、$\boldsymbol{\alpha}_3$ 或 $\boldsymbol{\alpha}_1$、$\boldsymbol{\alpha}_4$ 也是向量组的最大线性无关组。）

答案：C

20. 解　设 $\boldsymbol{A}$ 为 $m \times n$ 矩阵，$m < n$，则 $R(\boldsymbol{A}) = r \leqslant \min\{m, n\} = m < n$，$\boldsymbol{A}x = \boldsymbol{0}$ 必有非零解。

选项 D 错误，因为增广矩阵的秩不一定等于系数矩阵的秩。

答案：B

21. 解　矩阵相似有相同的特征多项式，有相同的特征值。

方法1：

$$|\lambda\boldsymbol{E} - \boldsymbol{A}| = \begin{vmatrix} \lambda - 1 & 1 & -1 \\ -2 & \lambda - 4 & 2 \\ 3 & 3 & \lambda - 5 \end{vmatrix} \xrightarrow{(-3)r_1 + r_3} \begin{vmatrix} \lambda - 1 & 1 & -1 \\ -2 & \lambda - 4 & 2 \\ -3\lambda + 6 & 0 & \lambda - 2 \end{vmatrix} \xrightarrow{-(\lambda-4)r_1+r_2}$$

$$\begin{vmatrix} \lambda - 1 & 1 & -1 \\ -\lambda^2 + 5\lambda - 6 & 0 & \lambda - 2 \\ -3\lambda + 6 & 0 & \lambda - 2 \end{vmatrix} = (-1)^{1+2} \begin{vmatrix} -(\lambda-2)(\lambda-3) & \lambda - 2 \\ -3(\lambda-2) & \lambda - 2 \end{vmatrix}$$

$$= (\lambda - 2)(\lambda - 2) \begin{vmatrix} +(\lambda-3) & 1 \\ 3 & 1 \end{vmatrix} = (\lambda - 2)(\lambda - 2)[+(\lambda-3) - 3]$$

$$= (\lambda - 2)(\lambda - 2)(\lambda - 6)$$

特征值为 2，2，6；矩阵 $\boldsymbol{B}$ 中 $\lambda = 6$。

方法2：因为 $\boldsymbol{A} \sim \boldsymbol{B}$，所以 $\boldsymbol{A}$ 与 $\boldsymbol{B}$ 的主对角线元素和相等，$\sum\limits_{i=1}^{3} a_{ii} = \sum\limits_{i=1}^{3} b_{ii}$，即 $1 + 4 + 5 = \lambda + 2 + 2$，得 $\lambda = 6$。

答案：A

22. 解　A、B 相互独立，则 $P(AB) = P(A)P(B)$，$P(A \cup B) = P(A) + P(B) - P(AB) = P(A) + P(B) - P(A)P(B) = 0.7$ 或 $P(A \cup B) = 1 - P(\overline{A \cup B}) = 1 - P(\overline{A}\,\overline{B}) = 1 - P(\overline{A})P(\overline{B}) = 0.7$。

答案：C

23. 解　分布函数［记为 $Q(x)$］性质为：① $0 \leqslant Q(x) \leqslant 1$，$Q(-\infty) = 0$，$Q(+\infty) = 1$；② $Q(x)$ 是非减函数；③ $Q(x)$ 是右连续的。

$\Phi(+\infty) = -\infty$；$F(x)$ 满足分布函数的性质①、②、③；

$G(-\infty) = +\infty$；$x \geq 0$时，$H(x) > 1$。

答案：B

24. 解 注意$E(X) = 0$，$\sigma^2 = D(X) = E(X^2) - [E(X)]^2 = E(X^2)$，$\sigma^2$也是$X$的二阶原点矩，$\sigma^2$的矩估计量是样本的二阶原点矩$\frac{1}{n}\sum_{i=1}^{n} X_i^2$。

说明：统计推断时要充分利用已知信息。当$E(X) = \mu$已知时，估计$D(X) = \sigma^2$，用$\frac{1}{n}\sum_{i=1}^{n}(X_i - \mu)^2$比用$\frac{1}{n}\sum_{i=1}^{n}(X_i - \overline{X})^2$效果好。

答案：D

25. 解 ①分子的平均平动动能$= \frac{3}{2}kT$，若分子的平均平动动能相同，则温度相同。

②分子的平均动能=平均(平动动能+转动动能)$= \frac{i}{2}kT$。其中，i为分子自由度，而$i(\text{He}) = 3$，$i(\text{N}_2) = 5$，则氦分子和氮分子的平均动能不同。

答案：B

26. 解 此题需要正确理解最概然速率的物理意义，v_{p}为$f(v)$最大值所对应的速率。

答案：C

注：25、26题2011年均考过。

27. 解 画等压膨胀p-V图，由图知$V_2 > V_1$，故气体对外做正功。
由等温线知$T_2 > T_1$，温度升高。

答案：A

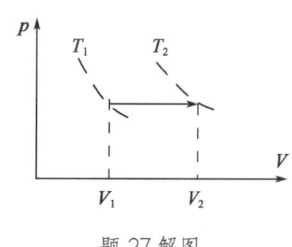

题27解图

28. 解 $Q_{\text{T}} = \frac{m}{M}RT\ln\frac{V_2}{V_1} = p_1 V_1 \ln\frac{V_2}{V_1}$

答案：A

29. 解 ①波动方程标准式：$y = A\cos\left[\omega\left(t - \frac{x-x_0}{u}\right) + \varphi_0\right]$

②本题方程：$y = -0.02\cos\pi(4x - 50t) = 0.02\cos[\pi(4x - 50t) + \pi]$

$$= 0.02\cos[\pi(50t - 4x) + \pi] = 0.02\cos\left[50\pi\left(t - \frac{4x}{50}\right) + \pi\right]$$

$$= 0.02\cos\left[50\pi\left(t - \frac{x}{\frac{50}{4}}\right) + \pi\right]$$

故$\omega = 50\pi = 2\pi\nu$，$\nu = 25\text{Hz}$，$u = \frac{50}{4}$

波长$\lambda = \frac{u}{\nu} = 0.5\text{m}$，振幅$A = 0.02\text{m}$

答案：D

30. 解 a、b、c、d处质元都垂直于x轴上下振动。由图知，t时刻a处质元位于振动的平衡位置，此时速率最大，动能最大，势能也最大。

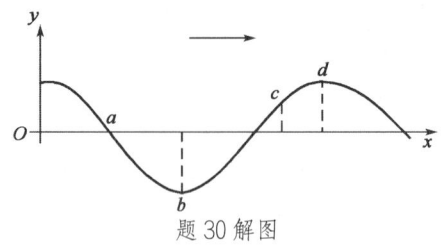

题 30 解图

答案： A

31. 解 $x_腹 = \pm k\frac{\lambda}{2}$，$k = 0, 1, 2, \cdots$。相邻两波腹之间的距离为：$x_{k+1} - x_k = (k+1)\frac{\lambda}{2} - k\frac{\lambda}{2} = \frac{\lambda}{2}$。

答案： A

32. 解 设线偏振光的光强为 I，线偏振光与第一个偏振片的夹角为 φ。因为最终线偏振光的振动方向要转过 $90°$，所以第一个偏振片与第二个偏振片的夹角为 $\frac{\pi}{2} - \varphi$。

根据马吕斯定律：

线偏振光通过第一块偏振片后的光强 $I_1 = I\cos^2\varphi$

线偏振光通过第二块偏振片后的光强 $I_2 = I_1\cos^2\left(\frac{\pi}{2} - \varphi\right) = \frac{I}{4}\sin^2 2\varphi$

要使透射光强达到最强，令 $\sin 2\varphi = 1$，得 $\varphi = \frac{\pi}{4}$，透射光强的最大值为 $\frac{I}{4}$。

入射光的振动方向与前后两偏振片的偏振化方向夹角分别为 $45°$ 和 $90°$。

答案： A

33. 解 光的干涉和衍射现象反映了光的波动性质，光的偏振现象反映了光的横波性质。

答案： B

34. 解 注意到 $1\text{nm} = 10^{-9}\text{m} = 10^{-6}\text{mm}$。

由 $\Delta x = \Delta n\frac{\lambda}{2}$，有 $0.62 = 2300\frac{\lambda}{2}$，$\lambda = 5.39 \times 10^{-4}\text{mm} = 539\text{nm}$。

答案： B

35. 解 由单缝衍射暗纹条件：$a\sin\varphi = k\lambda = 2k\frac{\lambda}{2}$，今 $k = 3$，故半波带数目为 6。

答案： D

36. 解 劈尖干涉明纹公式：$2nd + \frac{\lambda}{2} = k\lambda$，$k = 1, 2, \cdots$

对应的薄膜厚度差 $2nd_5 - 2nd_3 = 2\lambda$，故 $d_5 - d_3 = \frac{\lambda}{n}$。

答案： B

37. 解 一组允许的量子数 n、l、m 取值对应一个合理的波函数，即可以确定一个原子轨道。量子数 $n = 4$，$l = 2$，$m = 0$ 为一组合理的量子数，确定一个原子轨道。

答案： A

38. 解 根据价电子对互斥理论：

PCl_3的价电子对数$x = \frac{1}{2}$(P的价电子数 + 三个Cl提供的价电子数) $= \frac{1}{2}(5+3) = 4$

PCl_3分子中，P原子形成三个P-Cl σ键，价电子对数减去σ键数等于1，所以P原子除形成三个P-Cl键外，还有一个孤电子对，PCl_3的空间构型为三角锥形，P为不等性sp^3杂化。

答案：B

39. 解 由已知条件可知

$$Fe^{3+} \xrightarrow[z_1=1]{0.771} Fe^{2+} \xrightarrow[z_2=2]{-0.44} Fe$$

$$\underbrace{\qquad\qquad\qquad\qquad}_{z=3}$$

即 $Fe^{3+} + z_1 e = Fe^{2+}$

$+)\ Fe^{2+} + z_2 e = Fe$

———————————————

$Fe^{3+} + z e\ = Fe$

$$E^{\ominus}(Fe^{3+}/Fe) = \frac{z_1 E^{\ominus}(Fe^{3+}/Fe^{2+}) + z_2 E^{\ominus}(Fe^{2+}/Fe)}{z} = \frac{0.771 + 2 \times (-0.44)}{3} \approx -0.036V$$

答案：C

40. 解 在$BaSO_4$饱和溶液中，存在$BaSO_4 \Longrightarrow Ba^{2+} + SO_4{}^{2-}$平衡，加入$BaCl_2$，溶液中$Ba^{2+}$增加，平衡向左移动，$SO_4{}^{2-}$的浓度减小。

答案：B

41. 解 催化剂之所以加快反应的速率，是因为它改变了反应的历程，降低了反应的活化能，增加了活化分子百分数。

答案：C

42. 解 此反应为气体分子数减小的反应，升压，反应向右进行；反应的$\Delta_r H_m < 0$，为放热反应，降温，反应向右进行。

答案：C

43. 解 负极 氧化反应：$Ag + Cl^- \Longrightarrow AgCl + e^-$

正极 还原反应：$Ag^+ + e^- \Longrightarrow Ag$

电池反应：$Ag^+ + Cl^- \Longrightarrow AgCl$

原电池负极能斯特方程式为：$\varphi_{AgCl/Ag} = \varphi^{\ominus}_{AgCl/Ag} + 0.059 \lg \frac{1}{c(Cl^-)}$。

由于负极中加入NaCl，Cl^-浓度增加，则负极电极电势减小，正极电极电势不变，因此电池的电动势增大。

答案：A

44. 解 乙烯与氯气混合，可以发生加成反应：$C_2H_4 + Cl_2 \Longrightarrow CH_2Cl - CH_2Cl$。

答案：C

45.解 羟基与烷基直接相连为醇，通式为 R—OH（R 为烷基）；羟基与芳香基直接相连为酚，通式为 Ar—OH（Ar 为芳香基）。

答案：D

46.解 由低分子化合物（单体）通过加成反应，相互结合成高聚物的反应称为加聚反应。加聚反应没有产生副产物，高聚物成分与单体相同，单体含有不饱和键。HCHO 为甲醛，加聚反应为：$nH_2C \Longrightarrow O \longrightarrow \left[CH_2 - O \right]_n$。

答案：C

47.解 E 处为光滑接触面约束，根据约束的性质，约束力应垂直于支撑面，指向被约束物体。

答案：B

48.解 F 力和均布力 q 的合力作用线均通过 O 点，故合力矩为零。

答案：A

49.解 取构架整体为研究对象，根据约束的性质，B 处为活动铰链支座，约束力为水平方向（见解图）。列平衡方程：

$$\sum M_A(F) = 0, \quad F_B \cdot 2L_2 - F_p \cdot 2L_1 = 0$$

$$F_B = \frac{3}{4} F_P$$

题 49 解图

答案：A

50.解 根据斜面的自锁条件，斜面倾角小于摩擦角时，物体静止。

答案：A

51.解 将 $t = x$ 代入 y 的表达式。

答案：C

52.解 分别对运动方程 x 和 y 求时间 t 的一阶、二阶导数，再令 $t = 0$，且有 $v = \sqrt{\dot{x}^2 + \dot{y}^2}$，$a = \sqrt{\ddot{x}^2 + \ddot{y}^2}$。

2013年度全国勘察设计注册工程师执业资格考试基础考试（上）——试题解析及参考答案

答案： B

53. 解 两轮啮合点 A、B 的速度相同，且 $v_A = R_1\omega_1$，$v_B = R_2\omega_2$。

答案： D

54. 解 可在 A 上加一水平向左的惯性力，根据达朗贝尔原理，物块 A 上作用的重力 mg、法向约束力 F_N、摩擦力 F 以及大小为 ma 的惯性力组成平衡力系，沿斜面列平衡方程，当摩擦力 $F = ma\cos\theta + mg\sin\theta \leqslant F_N f(F_N = mg\cos\theta - ma\sin\theta)$ 时可保证 A 与 B 一起以加速度 a 水平向右运动。

答案： C

55. 解 物块 A 上的摩擦力水平向右，使其向右运动，故做正功。

答案： C

56. 解 杆位于铅垂位置时有 $J_B\alpha = M_B = 0$；故角加速度 $\alpha = 0$；而角速度可由动能定理：$\frac{1}{2}J_B\omega^2 = mgl$，得 $\omega^2 = \frac{3g}{2l}$。则质心的加速度为：$a_{Cx} = 0$，$a_{Cy} = l\omega^2$。根据质心运动定理，有 $ma_{Cx} = F_{Bx}$，$ma_{Cy} = F_{By} - mg$，便可得最后结果。

答案： D

57. 解 根据定义，惯性力系主矢的大小为：$ma_C = m\frac{R}{2}\omega^2$；主矩的大小为：$J_O\alpha = 0$。

答案： A

58. 解 发生共振时，系统的工作频率与其固有频率相等。

$$\omega_0 = \sqrt{\frac{k}{m}} = \sqrt{\frac{2\times10^6}{110}} = 134.8\,\text{rad/s}$$

答案： D

59. 解 取节点 C，画 C 点的受力图，如图所示。

$$\sum F_x = 0,\quad F_1\sin45° = F_2\sin30°$$
$$\sum F_y = 0,\quad F_1\cos45° + F_2\cos30° = F$$

可得 $F_1 = \frac{\sqrt{2}}{1+\sqrt{3}}F$，$F_2 = \frac{2}{1+\sqrt{3}}F$

故 $F_2 > F_1$，而 $\sigma_2 = \frac{F_2}{A} > \sigma_1 = \frac{F_1}{A}$

所以杆 2 最先达到许用应力。

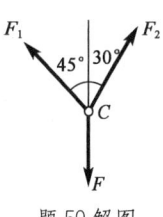

题 59 解图

答案： B

60. 解 此题受力是对称的，故 $F_1 = F_2 = \frac{F}{2}$

由杆 1，得 $\sigma_1 = \frac{F_1}{A_1} = \frac{\frac{F}{2}}{A} = \frac{F}{2A} \leqslant [\sigma]$，故 $F \leqslant 2A[\sigma]$

由杆 2，得 $\sigma_2 = \frac{F_2}{A_2} = \frac{\frac{F}{2}}{2A} = \frac{F}{4A} \leqslant [\sigma]$，故 $F \leqslant 4A[\sigma]$

从两者取最小的，所以$[F] = 2A[\sigma]$。

答案： B

61. 解　把F力平移到铆钉群中心O，并附加一个力偶$m = F \cdot \frac{5}{4}L$，在铆钉上将产生剪力Q_1和Q_2，其中$Q_1 = \frac{F}{2}$，而Q_2计算方法如下。

$$\sum M_O = 0, \quad Q_2 \cdot \frac{L}{2} = F \cdot \frac{5}{4}L, \quad Q_2 = \frac{5}{2}F$$

则

$$Q = Q_1 + Q_2 = 3F, \quad \tau_{max} = \frac{Q}{\frac{\pi}{4}d^2} = \frac{12F}{\pi d^2}$$

答案： C

62. 解　螺钉头与钢板之间的接触面是一个圆环面，故挤压面$A_{bs} = \frac{\pi}{4}(D^2 - d^2)$。

$$\sigma_{bs} = \frac{F_{bs}}{A_{bs}} = \frac{F}{\frac{\pi}{4}(D^2 - d^2)}$$

答案： A

63. 解　圆轴的最大切应力$\tau_{max} = \frac{T}{I_p} \cdot \frac{d}{2}$，圆轴的单位长度扭转角$\theta = \frac{T}{GI_p}$

故$\frac{T}{I_p} = \theta G$，代入得$\tau_{max} = \theta G \frac{d}{2}$

答案： D

64. 解　设实心圆直径为d，空心圆外径为D，空心圆内外径之比为α，因两者横截面积相同，故有$\frac{\pi}{4}d^2 = \frac{\pi}{4}D^2(1 - \alpha^2)$，即$d = D(1 - \alpha^2)^{\frac{1}{2}}$。

$$\frac{\tau_a}{\tau_b} = \frac{\frac{T}{\frac{\pi}{16}d^3}}{\frac{T}{\frac{\pi}{16}D^3(1 - \alpha^4)}} = \frac{D^3(1 - \alpha^4)}{d^3} = \frac{D^3(1 - \alpha^2)(1 + \alpha^2)}{D^3(1 - \alpha^2)(1 - \alpha^2)^{\frac{1}{2}}} = \frac{1 + \alpha^2}{\sqrt{1 - \alpha^2}} > 1$$

答案： C

65. 解　根据"零、平、斜""平、斜、抛"的规律，AB段的斜直线，对应AB段$q = 0$；BC段的抛物线，对应BC段$q \neq 0$，即应有q。而B截面处有一个转折点，应对应于一个集中力。

答案： A

66. 解　弯矩图中B截面的突变值为$10\text{kN} \cdot \text{m}$，故$m = 10\text{kN} \cdot \text{m}$。

答案： A

67. 解　$M_a = \frac{1}{8}ql^2$，M_b的计算可用叠加法，如解图所示，则$\frac{M_a}{M_b} = \frac{\frac{ql^2}{8}}{\frac{ql^2}{16}} = 2$。

　2013年度全国勘察设计注册工程师执业资格考试基础考试（上）——试题解析及参考答案

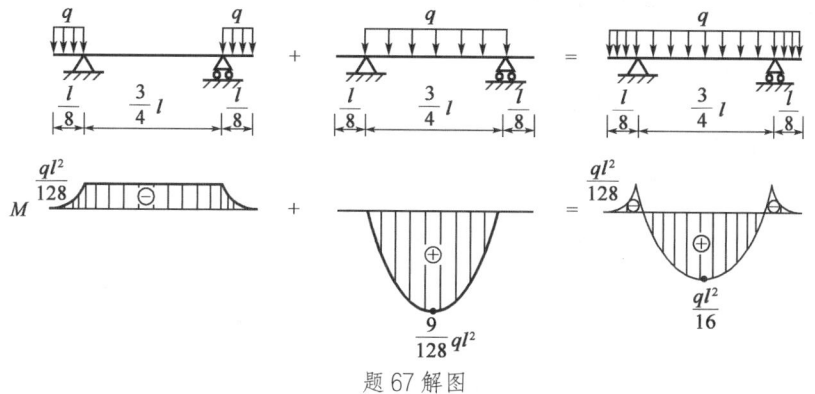

题 67 解图

答案：C

68.解 图a）中$\sigma_{r3} = \sigma_1 - \sigma_3 = 150 - 0 = 150\text{MPa}$；

图b）中$\sigma_{r3} = \sigma_1 - \sigma_3 = 100 - (-100) = 200\text{MPa}$；

显然图b）σ_{r3}更大，更危险。

答案：B

69.解 设杆1受力为F_1，杆2受力为F_2，可见：

$$F_1 + F_2 = F \tag{①}$$

$\Delta l_1 = \Delta l_2$，即$\dfrac{F_1 l}{E_1 A} = \dfrac{F_2 l}{E_2 A}$

故

$$\frac{F_1}{F_2} = \frac{E_1}{E_2} = 2 \tag{②}$$

联立①、②两式，得到$F_1 = \dfrac{2}{3}F$，$F_2 = \dfrac{1}{3}F$。

这结果相当于偏心受拉，如解图所示，$M = \dfrac{F}{3} \cdot \dfrac{h}{2} = \dfrac{Fh}{6}$。

题 69 解图

答案：A

70.解 杆端约束越弱，μ越大，在两端固定($\mu = 0.5$)，一端固定、一端铰支($\mu = 0.7$)，两端铰支($\mu = 1$)和一端固定、一端自由($\mu = 2$)这四种杆端约束中，一端固定、一端自由的约束最弱，μ最大。而图示细长压杆AB一端自由、一端固定在简支梁上，其杆端约束比一端固定、一端自由($\mu = 2$)时更弱，故μ比2更大。

答案：A

71.解 切应力$\tau = \mu\dfrac{\mathrm{d}u}{\mathrm{d}y}$，而$y = R - r$，$\mathrm{d}y = -\mathrm{d}r$，故$\dfrac{\mathrm{d}u}{\mathrm{d}y} = -\dfrac{\mathrm{d}u}{\mathrm{d}r}$

题设流速$u = 2\left(1 - \dfrac{r^2}{R^2}\right)$，故$\dfrac{\mathrm{d}u}{\mathrm{d}y} = -\dfrac{\mathrm{d}u}{\mathrm{d}r} = \dfrac{2 \times 2r}{R^2} = \dfrac{4r}{R^2}$

题设$r_1 = 0.2R$，故切应力$\tau_1 = \mu\left(\frac{4 \times 0.2R}{R^2}\right) = \mu\left(\frac{0.8}{R}\right)$

题设$r_2 = R$，则切应力$\tau_2 = \mu\left(\frac{4R}{R^2}\right) = \mu\left(\frac{4}{R}\right)$

切应力大小之比$\frac{\tau_1}{\tau_2} = \frac{\mu\left(\frac{0.8}{R}\right)}{\mu\left(\frac{4}{R}\right)} = \frac{0.8}{4} = \frac{1}{5}$

答案：C

72. 解 对断面1-1及2-2中点写能量方程：$Z_1 + \frac{p_1}{\rho g} + \frac{\alpha_1 v_1^2}{2g} = Z_2 + \frac{p_2}{\rho g} + \frac{\alpha_2 v_2^2}{2g}$

题设管道水平，故$Z_1 = Z_2$；又因$d_1 > d_2$，由连续方程知$v_1 < v_2$。

代入上式后知：$p_1 > p_2$。

答案：B

73. 解 由动量方程可得：$\sum F_x = \rho Q v = 1000\text{kg/m}^3 \times 0.2\text{m}^3/\text{s} \times 50\text{m/s} = 10\text{kN}$。

答案：B

74. 解 由均匀流基本方程$\tau = \rho g R J$，$J = \frac{h_\text{f}}{L}$，知沿程损失$h_\text{f} = \frac{\tau L}{\rho g R}$。

答案：B

75. 解 由并联长管水头损失相等知：$h_{f1} = h_{f2} = h_{f3} = \cdots = h_\text{f}$，总流量$Q = \sum_{i=1}^{n} Q_i$。

答案：B

76. 解 矩形断面水力最佳宽深比$\beta = 2$，即$b = 2h$。

答案：D

77. 解 由渗流达西公式知$u = kJ$。

答案：A

78. 解 按雷诺模型，$\frac{\lambda_\text{v} \lambda_\text{L}}{\lambda_\text{v}} = 1$，流速比尺$\lambda_\text{v} = \frac{\lambda_\text{v}}{\lambda_\text{L}}$

按题设$\lambda_\text{v} = \frac{60 \times 10^{-6}}{15 \times 10^{-6}} = 4$，长度比尺$\lambda_\text{L} = 5$，因此流速比尺$\lambda_\text{v} = \frac{4}{5} = 0.8$

$\lambda_\text{v} = \frac{v_{烟气}}{v_{空气}}$，$v_{空气} = \frac{v_{烟气}}{\lambda_\text{v}} = \frac{3\text{m/s}}{0.8} = 3.75\text{m/s}$

答案：A

79. 解 静止的电荷产生电场，不会产生磁场，并且电场是有源场，其方向从正电荷指向负电荷。

答案：D

80. 解 电路的功率关系$P = UI = I^2 R$以及欧姆定律$U = RI$，是在电路的电压电流的正方向一致时成立；当方向不一致时，前面增加"–"号。

答案：B

81. **解**　考查电路的基本概念：开路与短路，电阻串联分压关系。当电路中 $a\text{-}b$ 开路时，电阻 R_1、R_2 相当于串联。$U_{abk} = \frac{R_2}{R_1+R_2} \cdot U_s$。

答案：C

82. **解**　在直流电源作用下电感等效于短路，$U_L = 0$；电容等效于开路，$I_C = 0$。

$$\frac{U_R}{I_R} = R; \quad \frac{U_L}{I_L} = 0; \quad \frac{U_C}{I_C} = \infty$$

答案：D

83. **解**　根据已知条件（电阻元件的电压为 0），即电阻电流为 0，电路处于并联谐振状态，电感支路与电容支路的电流大小相等，方向相反，可以写成 $i_L = -i_C$。其有效值相等，即 $I_L = I_C$。

答案：B

84. **解**　三相电路中，电源中性点与负载中点等电位，说明电路中负载也是对称负载，三相电路负载的阻抗相等条件为：$Z_1 = Z_2 = Z_3$，即 $\begin{cases} Z_1 = Z_2 = Z_3 \\ \varphi_1 = \varphi_2 = \varphi_3 \end{cases}$。

答案：A

85. **解**　本题考查理想变压器的三个变比关系，在变压器的初级回路中电源内阻与变压器的折合阻抗 R_L' 串联。

$$R_L' = K^2 R_L \quad (R_L = 100\Omega)$$

答案：C

86. **解**　绕线式的三相异步电动机转子串电阻的方法适应于不同接法的电动机，并且可以起到限制启动电流、增加启动转矩以及调速的作用。Y-△启动方法只用于正常△接运行，并轻载启动的电动机。

答案：D

87. **解**　信号和信息不是同一概念。信号是表示信息的物理量，如电信号可以通过幅度、频率、相位的变化来表示不同的信息；信息是对接收者有意义、有实际价值的抽象的概念。由此可见，信号是可以看得到的，信息是看不到的。数码是常用的信息代码，并不是只能表示数量大小，通过定义可以表示不同事物的状态。由 0 和 1 组成的信息代码 101 并不能仅仅表示数量"5"，因此选项 B、C、D 错误。

处理并传输电信号是电路的重要功能，选项 A 正确。

答案：A

88. **解**　信号可以用函数来描述，$u(t)$ 信号波形是由多个伴有延时阶跃信号的叠加构成的。

答案：B

89. **解**　输出信号的失真属于非线性失真，其原因是由于三极管输入特性死区电压的影响。放大器的放大倍数只能对不失真信号定义，选项 A、B 错误。

答案：C

90. 解 根据逻辑函数的相关公式计算 $\overline{ABC} + A\overline{BC} + B = A(\overline{BC} + B\overline{C}) + B = A + B$。

答案：B

91. 解 根据给定的 X、Y 波形，其与非门 $\overline{XY}$ 的图形可利用有"0"则"1"的原则确定为选项 D。

答案：D

92. 解 BCD 码是用二进制数表示的十进制数，属于无权码，此题的 BCD 码是用四位二进制数表示的：$(0011\,0010)_B = (3\,2)_{BCD}$

答案：A

93. 解 此题为二极管限幅电路，分析二极管电路首先要将电路模型线性化，即将二极管断开后分析极性（对于理想二极管，如果是正向偏置将二极管短路，否则将二极管断路），最后按照线性电路理论确定输入和输出信号关系。

即：该二极管截止后，求 $u_{阳} = u_i$，$u_{阴} = 2.5V$，则 $u_i > 2.5V$ 时，二极管导通，$u_o = u_i$；$u_i < 2.5V$ 时，二极管截止，$u_o = 2.5V$。

答案：C

94. 解 根据三极管的微变等效电路分析可见，增加电容 C_E 以后，在动态信号作用下，发射极电阻被电容短路。放大倍数提高，输入电阻减小。

答案：C

95. 解 此电路是组合逻辑电路（异或门）与时序逻辑电路（D 触发器）的组合应用，电路的初始状态由复位信号 $\overline{R}_D$ 确定，输出状态在时钟脉冲信号 CP 的上升沿触发，$D = A \oplus \overline{Q}$。

答案：A

96. 解 此题与上题类似，是组合逻辑电路（与非门）与时序逻辑电路（JK 触发器）的组合应用，输出状态在时钟脉冲信号 CP 的下降沿触发。$J = \overline{Q \cdot A}$，K 端悬空时，可以认为 K = 1。

答案：C

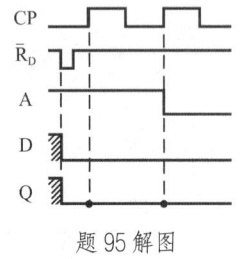

题 95 解图

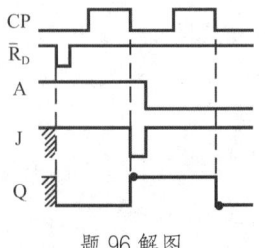

题 96 解图

97. 解 "三网合一"是指在未来的数字信息时代，当前的数据通信网（俗称数据网、计算机网）

将与电视网（含有线电视网）以及电信网合三为一，并且合并的方向是传输、接收和处理全部实现数字化。

答案：C

98. 解 计算机运算器的功能是完成算术运算和逻辑运算，算数运算是完成加、减、乘、除的运算，逻辑运算主要包括与、或、非、异或等，从而完成低电平与高电平之间的切换，送出控制信号，协调计算机工作。

答案：D

99. 解 计算机的总线可以划分为数据总线、地址总线和控制总线，数据总线用来传输数据、地址总线用来传输数据地址、控制总线用来传输控制信息。

答案：C

100. 解 Microsoft Word 是文字处理软件。Visual BASIC 简称 VB，是 Microsoft 公司推出的一种 Windows 应用程序开发工具。Microsoft Access 是小型数据库管理软件。AutoCAD 是专业绘图软件，主要用于工业设计中，被广泛用于民用、军事等各个领域。CAD 是 Computer Aided Design 的缩写，意思为计算机辅助设计。加上 Auto，指它可以应用于几乎所有跟绘图有关的行业，比如建筑、机械、电子、天文、物理、化工等。

答案：B

101. 解 位也称为比特，记为 bit，位是度量数据的最小单位，表示一位二进制信息。

答案：B

102. 解 原码是机器数的一种简单的表示法。其符号位用 0 表示正号，用 1 表示负号，数值一般用二进制形式表示。机器数的反码可由原码得到。如果机器数是正数，则该机器数的反码与原码一样；如果机器数是负数，则该机器数的反码是对它的原码（符号位除外）各位取反而得到的。机器数的补码可由原码得到。如果机器数是正数，则该机器数的补码与原码一样；如果机器数是负数，则该机器数的补码是对它的原码（除符号位外）各位取反，并在末位加 1 而得到的。ASCII 码是将人在键盘上敲入的字符（数字、字母、特殊符号等）转换成机器能够识别的二进制数，并且每个字符唯一确定一个 ASCII 码，形象地说，它就是人与计算机交流时使用的键盘语言通过"翻译"转换成的计算机能够识别的语言。

答案：B

103. 解 点阵中行数和列数的乘积称为图像的分辨率，若一个图像的点阵总共有 480 行，每行 640 个点，则该图像的分辨率为 640×480=307200 个像素。每一条水平线上包含 640 个像素点，共有 480 条线，即扫描列数为 640 列，行数为 480 行。

答案：D

104.解 进程与程序的概念是不同的，进程有以下4个特征。

动态性：进程是动态的，它由系统创建而产生，并由调度而执行。

并发性：用户程序和操作系统的管理程序等，在它们的运行过程中，产生的进程在时间上是重叠的，它们同存在于内存储器中，并共同在系统中运行。

独立性：进程是一个能独立运行的基本单位，同时也是系统中独立获得资源和独立调度的基本单位，进程根据其获得的资源情况可独立地执行或暂停。

异步性：由于进程之间的相互制约，使进程具有执行的间断性。各进程按各自独立的、不可预知的速度向前推进。

答案：D

105.解 操作系统的设备管理功能是负责分配、回收外部设备，并控制设备的运行，是人与外部设备之间的接口。

答案：C

106.解 联网中的计算机都具有"独立功能"，即网络中的每台主机在没联网之前就有自己独立的操作系统，并且能够独立运行。联网以后，它本身是网络中的一个结点，可以平等地访问其他网络中的主机。

答案：A

107.解 利用由年名义利率求年实际利率的公式计算：

$$i = \left(1 + \frac{r}{m}\right)^m - 1 = \left(1 + \frac{8\%}{4}\right)^4 - 1 = 8.24\%$$

答案：C

108.解 经营成本包括外购原材料、燃料和动力费、工资及福利费、修理费等，不包括折旧、摊销费和财务费用。流动资金投资不属于经营成本。

答案：A

109.解 根据静态投资回收期的计算公式：$P_t = 6 - 1 + \frac{|-60|}{240} = 5.25$ 年。

答案：C

110.解 该项目的现金流量图如解图所示。根据题意，有

$$NPV = -5000 + A(P/A, 15\%, 10)(P/F, 15\%, 1) = 0$$

解得 $A = 5000 \div (5.0188 \times 0.8696) = 1145.65$ 万元

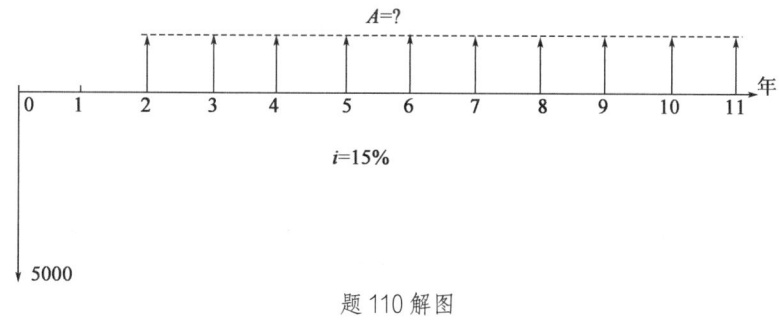

题 110 解图

答案： D

111. 解 项目经济效益和费用的识别应遵循剔除转移支付原则。

答案： C

112. 解 两个寿命期相同的互斥项目的选优应采用增量内部收益率指标，ΔIRR$_{(乙-甲)}$ 为 13%，小于基准收益率 14%，应选择投资较小的方案。

答案： A

113. 解 "有无对比"是财务分析应遵循的基本原则。

答案： D

114. 解 根据价值工程中价值公式中成本的概念。

答案： C

115. 解 《中华人民共和国建筑法》第九条规定，建设单位应当自领取施工许可证之日起三个月内开工。因故不能按期开工的，应当向发证机关申请延期；延期以两次为限，每次不超过三个月。既不开工又不申请延期或者超过延期时限的，施工许可证自行废止。

答案： B

116. 解 《中华人民共和国安全生产法》第二十四条规定，矿山、金属冶炼、建筑施工、运输单位和危险物品的生产、经营、储存、装卸单位，应当设置安全生产管理机构或者配备专职安全生产管理人员。

前款规定以外的其他生产经营单位，从业人员超过一百人的，应当设置安全生产管理机构或者配备专职安全生产管理人员；从业人员在一百人以下的，应当配备专职或者兼职的安全生产管理人员。

答案： D

117. 解 《中华人民共和国招标投标法》第十条规定，招标分为公开招标和邀请招标。

答案： B

118. 解 《中华人民共和国民法典》第四百七十三条规定，要约邀请是希望他人向自己发出要约的表示。拍卖公告、招标公告、招股说明书、债券募集办法、基金招募说明书、商业广告和宣传、寄送的价目表等为要约邀请。商业广告和宣传的内容符合要约条件的，构成要约。

答案：B

119. 解 《中华人民共和国行政许可法》第四十二条规定，除可以当场作出行政许可决定的外，行政机关应当自受理行政许可申请之日起二十日内做出行政许可决定。二十日内不能做出决定的，经本行政机关负责人批准，可以延长十日，并应当将延长期限的理由告知申请人。但是，法律、法规另有规定的，依照其规定。

答案：D

120. 解 《中华人民共和国建筑法》第二十九条规定，建筑工程总承包单位按照总承包合同的约定对建设单位负责；分包单位按照分包合同的约定对总承包单位负责。总承包单位和分包单位就分包工程对建设单位承担连带责任。

答案：A

2014 年度全国勘察设计注册工程师执业资格考试基础考试（上）

试题解析及参考答案

1. 解 $\lim\limits_{x \to 0}(1-x)^{\frac{k}{x}} = 2$

可利用公式 $\lim\limits_{x \to 0}(1+x)^{\frac{1}{x}} = e$ 计算

因 $\lim\limits_{x \to 0}(1-x)^{\frac{-k}{-x}} = \lim\limits_{x \to 0}\left[(1-x)^{\frac{1}{-x}}\right]^{-k} = e^{-k}$

所以 $e^{-k} = 2$，$k = -\ln 2$。

答案：A

2. 解 $x^2 + y^2 - z = 0$，$z = x^2 + y^2$ 为旋转抛物面。

答案：D

3. 解 $y = \arctan\frac{1}{x}$，$x = 0$，分母为零，该点为间断点。

因 $\lim\limits_{x \to 0^+}\arctan\frac{1}{x} = \frac{\pi}{2}$，$\lim\limits_{x \to 0^-}\arctan\frac{1}{x} = -\frac{\pi}{2}$，所以 $x = 0$ 为跳跃间断点。

答案：B

4. 解 $\dfrac{\mathrm{d}}{\mathrm{d}x}\displaystyle\int_{2x}^{0} e^{-t^2}\mathrm{d}t = -\dfrac{\mathrm{d}}{\mathrm{d}x}\displaystyle\int_{0}^{2x} e^{-t^2}\mathrm{d}t = -e^{-4x^2}\cdot 2 = -2e^{-4x^2}$

答案：C

5. 解

$$\frac{\mathrm{d}(\ln x)}{\mathrm{d}\sqrt{x}} = \frac{\frac{1}{x}\mathrm{d}x}{\frac{1}{2}\cdot\frac{1}{\sqrt{x}}\mathrm{d}x} = \frac{2}{\sqrt{x}}$$

答案：B

6. 解

$$\int \frac{x^2}{\sqrt[3]{1+x^3}}\mathrm{d}x = \frac{1}{3}\int \frac{1}{\sqrt[3]{1+x^3}}\mathrm{d}x^3 = \frac{1}{3}\int \frac{1}{\sqrt[3]{1+x^3}}\mathrm{d}(1+x^3)$$
$$= \frac{1}{3}\times\frac{3}{2}(1+x^3)^{\frac{2}{3}} + C = \frac{1}{2}(1+x^3)^{\frac{2}{3}} + C$$

答案：D

7. 解 $a_n = \left(1+\dfrac{1}{n}\right)^n$，数列 $\{a_n\}$ 是单调增，又 $\lim\limits_{x \to \infty}\left(1+\dfrac{1}{n}\right)^n = e$，根据收敛数列有界性，可知数列有上界。

答案：B

8. 解 函数 $f(x)$ 在点 x_0 处可导，则 $f'(x_0) = 0$ 是 $f(x)$ 在 x_0 取得极值的必要条件。

答案：C

9. 解

$$L_1: \frac{x-1}{1} = \frac{y-3}{-2} = \frac{z+5}{1}, \quad \vec{S_1} = \{1, -2, 1\}$$

$$L_2: \frac{x-3}{-1} = \frac{y-1}{-1} = \frac{z-1}{2} = t, \quad \vec{S_2} = \{-1, -1, 2\}$$

$$\cos\left(\widehat{\vec{S_1}, \vec{S_2}}\right) = \frac{\vec{S_1} \cdot \vec{S_2}}{|\vec{S_1}||\vec{S_2}|} = \frac{3}{\sqrt{6} \times \sqrt{6}} = \frac{1}{2}, \quad \left(\widehat{\vec{S_1}, \vec{S_2}}\right) = \frac{\pi}{3}$$

答案：B

10. 解 $\quad xy' - y = x^2 e^{2x} \Rightarrow y' - \frac{1}{x}y = xe^{2x}$

$$P(x) = -\frac{1}{x}, \quad Q(x) = xe^{2x}$$

$$y = e^{-\int \left(-\frac{1}{x}\right)dx}\left[\int xe^{2x}e^{\int\left(-\frac{1}{x}\right)dx}dx + C\right] = e^{\ln x}\left(\int xe^{2x}e^{-\ln x}dx + C\right)$$

$$= x\left(\int e^{2x}dx + C\right) = x\left(\frac{1}{2}e^{2x} + C\right)$$

答案：A

11. 解 见解图，$V = \int_0^3 \pi y^2 \, dx = \int_0^3 \pi 4x \, dx = \pi \int_0^3 4x \, dx$。

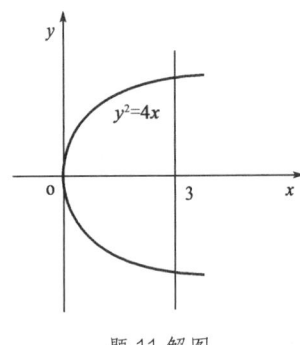

题 11 解图

答案：C

12. 解 $\sum\limits_{n=1}^{\infty} (-1)^n \frac{1}{n^{p-1}}$ 级数条件收敛应满足条件：①取绝对值后级数发散；②原级数收敛。

$\sum\limits_{n=1}^{\infty} \left|(-1)^n \frac{1}{n^{p-1}}\right| = \sum\limits_{n=1}^{\infty} \frac{1}{n^{p-1}}$，当 $0 < p-1 \le 1$ 时，即 $1 < p \le 2$，取绝对值后级数发散，原级数 $\sum\limits_{n=1}^{\infty} (-1)^n \frac{1}{n^{p-1}}$ 为交错级数。

当 $p-1 > 0$ 时，即 $p > 1$

利用幂函数性质判定：$y = x^p (p > 0)$

当 $x \in (0, +\infty)$ 时，$y = x^p$ 单增，且过 $(1,1)$ 点，本题中，$p > 1$，因而 $n^{p-1} < (n+1)^{p-1}$，所以 $\frac{1}{n^{p-1}} > \frac{1}{(n+1)^{p-1}}$。

满足：① $\frac{1}{n^{p-1}} > \frac{1}{(n+1)^{p-1}}$；② $\lim\limits_{n\to\infty} \frac{1}{n^{p-1}} = 0$。故 $\sum\limits_{n=1}^{\infty} (-1)^n \frac{1}{n^{p-1}}$ 收敛。

综合以上结论，$1 < p \le 2$ 和 $p > 1$，应为 $1 < p \le 2$。

答案：A

13. 解 $y = C_1 e^{-x+C_2} = C_1 e^{C_2} e^{-x}$

$y' = -C_1 e^{C_2} e^{-x}$，$y'' = C_1 e^{C_2} e^{-x}$

代入方程得 $C_1 e^{C_2} e^{-x} - (-C_1 e^{C_2} e^{-x}) - 2C_1 e^{C_2} e^{-x} = 0$

$y = C_1 e^{-x+C_2}$ 是方程 $y'' - y' - 2y = 0$ 的解，又因 $y = C_1 e^{-x+C_2} = C_1 e^{C_2} e^{-x} = C_3 e^{-x}$（其中 $C_3 = C_1 e^{C_2}$）只含有一个独立的任意常数，所以 $y = C_1 e^{-x+C_2}$，既不是方程的通解，也不是方程的特解。

答案：D

14. 解 $L: \begin{cases} y = x - 2 \\ x = x \end{cases}$，$x: 0 \to 2$，如解图所示。

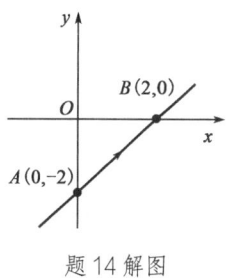

注：从起点对应的参数积到终点对应的参数。

$$\int_L \frac{1}{x-y}dx + ydy = \int_0^2 \frac{1}{x-(x-2)}dx + (x-2)dx$$
$$= \int_0^2 \left(x - \frac{3}{2}\right)dx = \left(\frac{1}{2}x^2 - \frac{3}{2}x\right)\Big|_0^2$$
$$= \frac{1}{2} \times 4 - \frac{3}{2} \times 2 = -1$$

题 14 解图

答案：B

15. 解 方法1：$x^2 + y^2 + z^2 = 4z$，$x^2 + y^2 + z^2 - 4z = 0$，$F(x,y,z) = x^2 + y^2 + z^2 - 4z$

$$F_x = 2x, \ F_y = 2y, \ F_z = 2z - 4$$

$$\frac{\partial z}{\partial x} = -\frac{F_x}{F_z} = -\frac{2x}{2z-4} = -\frac{x}{z-2}, \quad \frac{\partial z}{\partial y} = -\frac{F_y}{F_z} = -\frac{2y}{2z-4} = -\frac{y}{z-2}$$

$$dz = \frac{\partial z}{\partial x}dx + \frac{\partial z}{\partial y}dy = -\frac{x}{z-2}dx - \frac{y}{z-2}dy = \frac{1}{2-z}(xdx + ydy)$$

方法2：方程两边微分

$$d(x^2 + y^2 + z^2) = 4dz$$

$$2xdx + 2ydy + 2zdz = 4dz$$

得到：$dz = \frac{1}{2-z}(xdx + ydy)$

答案：B

16. 解 $D: \begin{cases} 0 \leqslant \theta \leqslant \frac{\pi}{4} \\ 0 \leqslant r \leqslant a \end{cases}$，如解图所示。

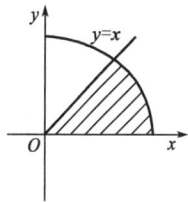

$$\iint_D dxdy = \int_0^{\frac{\pi}{4}} d\theta \int_0^a rdr = \frac{\pi}{4} \times \frac{1}{2}r^2\Big|_0^a = \frac{1}{8}\pi a^2$$

答案：A

题 16 解图

17. 解 设 $2x + 1 = z$，级数为 $\sum\limits_{n=1}^{\infty} \frac{z^n}{n}$

$\lim\limits_{n \to \infty} \left|\frac{a_{n+1}}{a_n}\right| = \lim\limits_{n \to \infty} \frac{\frac{1}{n+1}}{\frac{1}{n}} = 1$，$\rho = 1$，$R = \frac{1}{\rho} = 1$

当 $z = 1$ 时，$\sum\limits_{n=1}^{\infty} \frac{1}{n}$ 发散，当 $z = -1$ 时，$\sum\limits_{n=1}^{\infty} \frac{(-1)^n}{n}$ 收敛

所以 $-1 \leqslant z < 1$ 收敛，即 $-1 \leqslant 2x+1 < 1$，$-1 \leqslant x < 0$

答案：C

18. 解 $z = e^{xe^y}$，$\dfrac{\partial z}{\partial x} = e^{xe^y} \cdot e^y = e^y \cdot e^{xe^y}$

$\dfrac{\partial^2 z}{\partial x^2} = e^y \cdot e^{xe^y} \cdot e^y = e^{xe^y} \cdot e^{2y} = e^{xe^y + 2y}$

答案：A

19. 解 方法 1： $|2\boldsymbol{A}^*\boldsymbol{B}^{-1}| = 2^3 |\boldsymbol{A}^*\boldsymbol{B}^{-1}| = 2^3 |\boldsymbol{A}^*| \cdot |\boldsymbol{B}^{-1}|$

$\boldsymbol{A}^{-1} = \dfrac{1}{|\boldsymbol{A}|}\boldsymbol{A}^*$，$\boldsymbol{A}^* = |\boldsymbol{A}| \cdot \boldsymbol{A}^{-1}$

$\boldsymbol{A} \cdot \boldsymbol{A}^{-1} = \boldsymbol{E}$，$|\boldsymbol{A}| \cdot |\boldsymbol{A}^{-1}| = 1$，$|\boldsymbol{A}^{-1}| = \dfrac{1}{|\boldsymbol{A}|} = \dfrac{1}{-\frac{1}{2}} = -2$

$|\boldsymbol{A}^*| = \left| |\boldsymbol{A}| \cdot \boldsymbol{A}^{-1} \right| = \left| -\dfrac{1}{2}\boldsymbol{A}^{-1} \right| = \left(-\dfrac{1}{2}\right)^3 |\boldsymbol{A}^{-1}| = \left(-\dfrac{1}{2}\right)^3 \times (-2) = \dfrac{1}{4}$

$\boldsymbol{B} \cdot \boldsymbol{B}^{-1} = \boldsymbol{E}$，$|\boldsymbol{B}| \cdot |\boldsymbol{B}^{-1}| = 1$，$|\boldsymbol{B}^{-1}| = \dfrac{1}{|\boldsymbol{B}|} = \dfrac{1}{2}$

因此，$|2\boldsymbol{A}^*\boldsymbol{B}^{-1}| = 2^3 \times \dfrac{1}{4} \times \dfrac{1}{2} = 1$

方法 2： 直接用公式计算 $|\boldsymbol{A}^*| = |\boldsymbol{A}|^{n-1}$，$|\boldsymbol{B}^{-1}| = \dfrac{1}{|\boldsymbol{B}|}$，$|2\boldsymbol{A}^*\boldsymbol{B}^{-1}| = 2^3|\boldsymbol{A}^*\boldsymbol{B}^{-1}| = 2^3|\boldsymbol{A}^*||\boldsymbol{B}^{-1}| = 2^3|\boldsymbol{A}|^{3-1} \cdot \dfrac{1}{|\boldsymbol{B}|} = 2^3 \cdot \left(-\dfrac{1}{2}\right)^2 \cdot \dfrac{1}{2} = 1$

答案：A

20. 解 选项 A，$\boldsymbol{A}$ 未必是实对称矩阵，即使 $\boldsymbol{A}$ 为实对称矩阵，但所有顺序主子式都小于零，不符合对称矩阵为负定的条件。对称矩阵为负定的充分必要条件：奇数阶顺序主子式为负，而偶数阶顺序主子式为正，所以错误。

选项 B，实对称矩阵为正定矩阵的充分必要条件是所有特征值都大于零，选项 B 给出的条件有时不能满足所有特征值都大于零的条件，例如 $\boldsymbol{A} = \begin{bmatrix} 1 & 1 \\ 1 & 1 \end{bmatrix}$，$|\boldsymbol{A}| = 0$，$\boldsymbol{A}$ 有特征值 $\lambda = 0$，所以错误。

选项 D，给出的二次型所对应的对称矩阵为 $\begin{bmatrix} 1 & \frac{1}{2} & \frac{1}{2} \\ \frac{1}{2} & 1 & \frac{1}{2} \\ \frac{1}{2} & \frac{1}{2} & 1 \end{bmatrix}$，所以错误。

选项 C，由惯性定理可知，实二次型 $f(x_1, x_2, \cdots, x_n) = x^{\mathrm{T}}\boldsymbol{A}x$ 经可逆线性变换（或配方法）化为标准型时，在标准型（或规范型）中，正、负平方项的个数是唯一确定的。对于缺少平方项的 n 元二次型的标准型（或规范型），正惯性指数不会等于未知数的个数 n。

例如：$f(x_1, x_2) = x_1 \cdot x_2$，无平方项，设 $\begin{cases} x_1 = y_1 + y_2 \\ x_2 = y_1 - y_2 \end{cases}$，代入变形 $f = y_1^2 - y_2^2$（标准型），正惯性指数为 $1 < n = 2$。所以二次型 $f(x_1, x_2)$ 不是正定二次型。

答案：C

21.解 方法1: 已知 n 元非齐次线性方程组 $Ax=b$,$r(A)=n-2$,对应 n 元齐次线性方程组 $Ax=0$ 的基础解系中的线性无关解向量的个数为 $n-(n-2)=2$,可验证 $\alpha_2-\alpha_1$,$\alpha_2-\alpha_3$ 为齐次线性方程组的解:$A(\alpha_2-\alpha_1)=A\alpha_2-A\alpha_1=b-b=0$,$A(\alpha_2-\alpha_3)=A\alpha_2-A\alpha_3=b-b=0$;还可验 $\alpha_2-\alpha_1$,$\alpha_2-\alpha_3$ 线性无关。

所以 $k_1(\alpha_2-\alpha_1)+k_2(\alpha_2-\alpha_3)$ 为 n 元齐次线性方程组 $Ax=0$ 的通解,而 α_1 为 n 元非齐次线性方程组 $Ax=b$ 的一特解。

因此,$Ax=b$ 的通解为 $x=k_1(\alpha_2-\alpha_1)+k_2(\alpha_2-\alpha_3)+\alpha_1$。

方法2: 观察四个选项异同点,结合 $Ax=b$ 通解结构,想到一个结论:

设 $y_1,y_2,\cdots,y_s$ 为 $Ax=b$ 的解,$k_1,k_2,\cdots,k_s$ 为数,则:

当 $\sum\limits_{i=1}^{s}k_i=0$ 时,$\sum\limits_{i=1}^{s}k_iy_i$ 为 $Ax=0$ 的解;

当 $\sum\limits_{i=1}^{s}k_i=1$ 时,$\sum\limits_{i=1}^{s}k_iy_i$ 为 $Ax=b$ 的解。

可以判定选项 C 正确。

答案:C

22.解 A 与 B 互不相容,$P(AB)=0$,$P(A|B)=\dfrac{P(AB)}{P(B)}=0$。

答案:B

23.解 见解图,$\displaystyle\int_{-\infty}^{+\infty}\int_{-\infty}^{+\infty}f(x,y)\mathrm{d}x\mathrm{d}y=\int_0^1\int_0^x k\mathrm{d}y\mathrm{d}x=\dfrac{k}{2}=1$,得 $k=2$

$$E(XY)=\int_{-\infty}^{+\infty}\int_{-\infty}^{+\infty}xyf(x,y)\mathrm{d}x\mathrm{d}y=\int_0^1\int_0^x 2xy\mathrm{d}y\mathrm{d}x=\frac{1}{4}$$

题 23 解图

答案:A

24.解 设 $S_1^2=\dfrac{1}{n-1}\sum\limits_{i=1}^{n}\left(X_i-\overline{X}\right)^2$

因为总体 $X\sim N(\mu,\sigma^2)$

所以 $\dfrac{\sum\limits_{i=1}^{n}(X_i-\overline{X})^2}{\sigma^2}=\dfrac{(n-1)S_1^2}{\sigma^2}\sim\chi^2(n-1)$,同理 $\dfrac{\sum\limits_{i=1}^{n}(Y_i-\overline{Y})^2}{\sigma^2}\sim\chi^2(n-1)$

又因为两样本相互独立,所以 $\dfrac{\sum\limits_{i=1}^{n}(X_i-\overline{X})^2}{\sigma^2}$ 与 $\dfrac{\sum\limits_{i=1}^{n}(Y_i-\overline{Y})^2}{\sigma^2}$ 相互独立

$$\frac{\sum\limits_{i=1}^{n}\left(X_i-\overline{X}\right)^2}{\sum\limits_{i=1}^{n}\left(Y_i-\overline{Y}\right)^2}=\frac{\dfrac{\sum\limits_{i=1}^{n}\left(X_i-\overline{X}\right)^2}{(n-1)\sigma^2}}{\dfrac{\sum\limits_{i=1}^{n}\left(Y_i-\overline{Y}\right)^2}{(n-1)\sigma^2}}\sim F(n-1,n-1)$$

注意:解答选择题,有时抓住关键点就可判定。$\sum\limits_{i=1}^{n}\left(X_i-\overline{X}\right)^2$ 与 χ^2 分布有关,$\dfrac{\sum\limits_{i=1}^{n}\left(X_i-\overline{X}\right)^2}{\sum\limits_{i=1}^{n}\left(Y_i-\overline{Y}\right)^2}$ 与 F 分布有关,

只有选项 B 是 F 分布。

答案:B

25.解 由气态方程$pV = \frac{m}{M}RT$知，标准状态下，p、V相同，T也相等。

由$E = \frac{m}{M}\frac{i}{2}RT = \frac{i}{2}pV$，注意到氢为双原子分子，氦为单原子分子，即$i(H_2) = 5$，$i(He) = 3$，又$p(H_2) = p(He)$，$V(H_2) = V(He)$，故$\frac{E(H_2)}{E(He)} = \frac{i(H_2)}{i(He)} = \frac{5}{3}$。

答案： A

26.解 由麦克斯韦速率分布函数定义$f(v) = \frac{dN}{Ndv}$可得。

答案： B

27.解 由$W_{等压} = p\Delta V = \frac{m}{M}R\Delta T$，令$\frac{m}{M} = 1$，故$\Delta T = \frac{W}{R}$。

答案： B

28.解 等温膨胀过程的特点是：理想气体从外界吸收的热量Q，全部转化为气体对外做功$A(A > 0)$。

答案： D

29.解 所谓波峰，其纵坐标$y = +2 \times 10^{-2}m$，亦即要求$\cos 2\pi\left(10t - \frac{x}{5}\right) = 1$，即$2\pi\left(10t - \frac{x}{5}\right) = \pm 2k\pi$；

当$t = 0.25s$时，$20\pi \times 0.25 - \frac{2\pi x}{5} = \pm 2k\pi$，$x = (12.5 \mp 5k)$；

因为要取距原点最近的点（注意$k = 0$并非最小），逐一取$k = 0,1,2,3,\cdots$，其中$k = 2$，$x = 2.5$；$k = 3$，$x = -2.5$。

答案： A

30.解 质元处于平衡位置，此时速度最大，故质元动能最大，动能与势能是同相的，所以势能也最大。

答案： C

31.解 声波的频率范围为$20 \sim 20000Hz$。

答案： C

32.解 间距$\Delta x = \frac{D\lambda}{nd}$[$D$为双缝到屏幕的垂直距离（见解图），$d$为缝宽，$n$为折射率]

令$1.33 = \frac{D\lambda}{d}(n_{空气} \approx 1)$，当把实验装置放入水中，则$\Delta x_{水} = \frac{D\lambda}{1.33d} = 1$

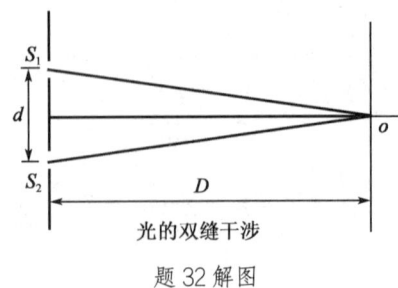

题32解图

答案： C

33. 解 可见光的波长范围 $400\sim760$nm。

答案： A

34. 解 自然光垂直通过第一个偏振片后，变为线偏振光，光强设为I'，即入射至第二个偏振片的线偏振光强度。根据马吕斯定律，自然光通过两个偏振片后，$I = I'\cos^2 45° = \dfrac{I'}{2}$，$I' = 2I$。

答案： B

35. 解 中央明纹的宽度由紧邻中央明纹两侧的暗纹$(k=1)$决定。

如解图所示，通常衍射角ϕ很小，且$D \approx f(f$为焦距$)$，则$x \approx \phi f$

由暗纹条件$a\sin\phi = 1 \times \lambda (k=1)(\alpha$缝宽$)$，得$\phi \approx \dfrac{\lambda}{a}$

第一级暗纹距中心P_0距离为$x_1 = \phi f = \dfrac{\lambda}{a}f$

所以中央明纹的宽度$\Delta x(中央) = 2x_1 = \dfrac{2\lambda f}{a}$

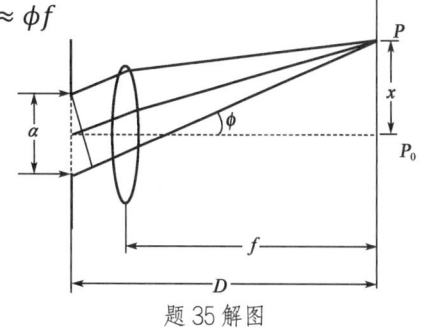

故 $\Delta x = \dfrac{2 \times 0.5 \times 400 \times 10^{-9}}{10^{-4}} = 400 \times 10^{-5}$m

$\quad\quad = 4 \times 10^{-3}$m

题35解图

答案： D

36. 解 根据光栅的缺级理论，当$\dfrac{a+b(光栅常数)}{a(缝宽)}=$整数时，会发生缺级现象，今$\dfrac{a+b}{a} = \dfrac{2a}{a} = 2$，在光栅明纹中，将缺$k = 2,4,6,\cdots$级，衍射光谱中出现的五条明纹为0，$\pm1$，$\pm3$。（此题超纲）

答案： A

37. 解 周期表中元素电负性的递变规律：同一周期从左到右，主族元素的电负性逐渐增大；同一主族从上到下元素的电负性逐渐减小。

答案： A

38. 解 离子在外电场或另一离子作用下,发生变形产生诱导偶极的现象叫离子极化。正负离子相互极化的强弱取决于离子的极化力和变形性。离子的极化力为某离子使其他离子变形的能力。极化力取决于：①离子的电荷。电荷数越多，极化力越强。②离子的半径。半径越小，极化力越强。③离子的电子构型。当电荷数相等、半径相近时，极化力的大小为：18 或 18+2 电子构型>9～17 电子构型>8 电子构型。每种离子都具有极化力和变形性，一般情况下，主要考虑正离子的极化力和负离子的变形性。离子半径的变化规律：同周期不同元素离子的半径随离子电荷代数值增大而减小。四个化合物中，$SiCl_4$为共价化合物，其余三个为离子化合物。三个离子化合物中阴离子相同，阳离子为同周期元素，离子半径逐渐减小，离子电荷的代数值逐渐增大，所以极化作用逐渐增大。离子极化的结果使离子键向共价键过渡。

答案： C

39. 解 100mL 浓硫酸中H_2SO_4的物质的量$n = \dfrac{100 \times 1.84 \times 0.98}{98} = 1.84$mol

物质的量浓度$c = \dfrac{1.84}{0.1} = 18.4mol\cdot$L^{-1}

答案：A

40.解 多重平衡规则：当n个反应相加（或相减）得总反应时，总反应的K等于各个反应平衡常数的乘积（或商）。题中反应（3）=（1）−（2），所以$K_3^{\Theta} = \dfrac{K_1^{\Theta}}{K_2^{\Theta}}$。

答案：D

41.解 铜电极通入H_2S，生成CuS沉淀，Cu^{2+}浓度减小。

铜半电池反应为：$Cu^{2+} + 2e^- \Longrightarrow Cu$，根据电极电势的能斯特方程式：

$$\varphi = \varphi^{\Theta} + \frac{0.059}{2}\lg\frac{C_{氧化型}}{C_{还原型}} = \varphi^{\Theta} + \frac{0.059}{2}\lg C_{Cu^{2+}}$$

$C_{Cu^{2+}}$减小，电极电势减小

原电池的电动势$E = \varphi_{正} - \varphi_{负}$，$\varphi_{正}$减小，$\varphi_{负}$不变，则电动势$E$减小。

答案：B

42.解 电解产物析出顺序由它们的析出电势决定。析出电势与标准电极电势、离子浓度、超电势有关。总的原则：析出电势代数值较大的氧化型物质首先在阴极还原；析出电势代数值较小的还原型物质首先在阳极氧化。

阴极：当$\varphi^{\Theta} > \varphi^{\Theta}_{Al^{3+}/Al}$时，$M^{n+} + ne^- \Longrightarrow M$

当$\varphi^{\Theta} < \varphi^{\Theta}_{Al^{3+}/Al}$时，$2H^+ + 2e^- \Longrightarrow H_2$

因$\varphi^{\Theta}_{Na^+/Na} < \varphi^{\Theta}_{Al^{3+}/Al}$时，所以$H^+$首先放电析出。

答案：A

43.解 由公式$\Delta G = \Delta H - T\Delta S$可知，当$\Delta H$和$\Delta S$均小于零时，$\Delta G$在低温时小于零，所以低温自发，高温非自发。

答案：A

44.解 丙烷最多5个原子处于一个平面，丙烯最多7个原子处于一个平面，苯乙烯最多16个原子处于一个平面，$CH_3CH{=}CH{-}C{\equiv}C{-}CH_3$最多10个原子处于一个平面。

答案：C

45.解 烯烃能发生加成反应和氧化反应，酸可以发生酯化反应。

答案：A

46.解 人造羊毛为聚丙烯腈，由单体丙烯腈通过加聚反应合成，为高分子化合物。分子中存在共价键，为共价化合物，同时为有机化合物。

答案：C

47.解 根据力的投影公式，$F_x = F\cos\alpha$，故$\alpha = 60°$；而分力F_x的大小是力F大小的2倍，故力F

与y轴垂直。

答案：A　（此题2010年考过）

48.解　M_1与M_2等值反向，四个分力构成自行封闭的四边形，故合力为零，F_1与F_3、F_2与F_4构成顺时针转向的两个力偶，其力偶矩的大小均为Fa。

答案：D

49.解　对系统进行整体分析，外力有主动力F_p，A、H处约束力，由于F_p与H处约束力均为铅垂方向，故A处也只有铅垂方向约束力，列平衡方程$\sum M_H(F) = 0$，便可得结果。

答案：B

50.解　分析节点D的平衡，可知1杆为零杆。

答案：A

51.解　只有当$t = 1\text{s}$时两个点才有相同的坐标。

答案：A

52.解　根据平行移动刚体的定义和特点。

答案：C　（此题2011年考过）

53.解　根据定轴转动刚体上一点加速度与转动角速度、角加速度的关系：$a_n = \omega^2 l$，$a_\tau = \alpha l$，此题$a_n = 0$，$\alpha = \dfrac{a_\tau}{l} = \dfrac{a}{l}$。

答案：A

54.解　在铅垂平面内垂直于绳的方向列质点运动微分方程（牛顿第二定律），有：

$$ma_n \cos\alpha = mg\sin\alpha$$

答案：C

55.解　两轮质心的速度均为零，动量为零，链条不计质量。

答案：D

56.解　根据动能定理：$T_2 - T_1 = W_{12}$，其中$T_1 = 0$（初瞬时静止），$T_2 = \dfrac{1}{2} \times \dfrac{3}{2} mR^2\omega^2$，$W_{12} = mgR$，代入动能定理可得结果。

答案：C

57.解　杆水平瞬时，其角速度为零，加在物块上的惯性力铅垂向上，列平衡方程$\sum M_O(F) = 0$，则有$(F_g - mg)l = 0$，所以$F_g = mg$。

答案：A

58.解 已知频率比 $\frac{\omega}{\omega_0} = 1.27$，且 $\omega = 40\,\text{rad/s}$，$\omega_0 = \sqrt{\frac{k}{m}}$ （$m = 100\text{kg}$）

所以，$k = \left(\frac{40}{1.27}\right)^2 \times 100 = 9.9 \times 10^4 \approx 1 \times 10^5\text{N/m}$

答案： A

59.解 首先取节点 C 为研究对象，根据节点 C 的平衡可知，杆 1 受力为零，杆 2 的轴力为拉力 F；再考虑两杆的变形，杆 1 无变形，杆 2 受拉伸长。由于变形后两根杆仍然要连在一起，因此 C 点变形后的位置，应该在以 A 点为圆心、以杆 1 原长为半径的圆弧，和以 B 点为圆心、以伸长后的杆 2 长度为半径的圆弧的交点 C' 上，如解图所示。显然这个点在 C 点向下偏左的位置。

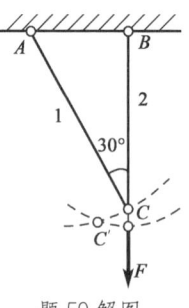

题 59 解图

答案： B

60.解

$$\sigma_{AB} = \frac{F_{NAB}}{A_{AB}} = \frac{300\pi \times 10^3\text{N}}{\frac{\pi}{4} \times 200^2\,\text{mm}^2} = 30\text{MPa}, \quad \sigma_{BC} = \frac{F_{NBC}}{A_{BC}} = \frac{100\pi \times 10^3\,\text{N}}{\frac{\pi}{4} \times 100^2\,\text{mm}^2} = 40\text{MPa}$$

显然杆的最大拉应力是 40MPa

答案： A

61.解 A 图、B 图中节点的受力是图 a)，C 图、D 图中节点的受力是图 b)。

为了充分利用铸铁抗压性能好的特点，应该让铸铁承受更大的压力，显然 A 图布局比较合理。

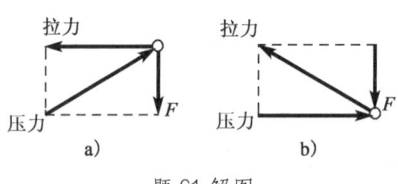

题 61 解图

答案： A

62.解 被冲断的钢板的剪切面是一个圆柱面，其面积 $A_Q = \pi dt$，根据钢板破坏的条件：

$$\tau_Q = \frac{Q}{A_Q} = \frac{F}{\pi dt} = \tau_b$$

可得 $F = \pi dt \tau_b = \pi \times 100\text{mm} \times 10\text{mm} \times 300\text{MPa} = 300\pi \times 10^3\text{N} = 300\pi\text{kN}$

答案： A

63.解 螺杆受拉伸，横截面面积是 $\frac{\pi}{4}d^2$，由螺杆的拉伸强度条件，可得：

$$\sigma = \frac{F}{\frac{\pi}{4}d^2} = \frac{4F}{\pi d^2} = [\sigma] \qquad \text{①}$$

螺母的内圆周面受剪切，剪切面面积是 πdh，由螺母的剪切强度条件，可得：

$$\tau_Q = \frac{F_Q}{A_Q} = \frac{F}{\pi dh} = [\tau] \qquad \text{②}$$

把①、②两式同时代入$[\sigma] = 2[\tau]$，即有$\frac{4F}{\pi d^2} = 2 \cdot \frac{F}{\pi dh}$，化简后得$d = 2h$。

答案：A

64. 解 受扭空心圆轴横截面上各点的切应力应与其到圆心的距离成正比，而在空心圆部分因没有材料，故也不应有切应力，故正确的只能是B。

答案：B

65. 解 根据外力矩（此题中即是扭矩）与功率、转速的计算公式：$M(\text{kN} \cdot \text{m}) = 9.55\frac{p(\text{kW})}{n(\text{r/min})}$可知，转速小的轴，扭矩（外力矩）大。

答案：B

66. 解 根据剪力和弯矩的微分关系$\frac{\mathrm{d}m}{\mathrm{d}x} = Q$可知，弯矩的最大值发生在剪力为零的截面，也就是弯矩的导数为零的截面，故选B。

答案：B

67. 解 题图a）是偏心受压，在中间段危险截面上，外力作用点O与被削弱的截面形心C之间的偏心距$e = \frac{a}{2}$（见解图），产生的附加弯矩$M = F \cdot \frac{a}{2}$，故题图a）中的最大应力：

$$\sigma_a = -\frac{F_N}{A_a} - \frac{M}{W} = -\frac{F}{3ab} - \frac{F\frac{a}{2}}{\frac{b}{6}(3a)^2} = -\frac{2F}{3ab}$$

题图b）虽然截面面积小，但却是轴向压缩，其最大压应力：

$$\sigma_b = -\frac{F_N}{A_b} = -\frac{F}{2ab}$$

故$\frac{\sigma_b}{\sigma_a} = \frac{3}{4}$

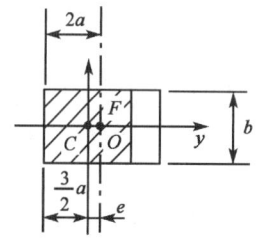

题67解图

答案：A

68. 解 由梁的正应力强度条件：

$$\sigma_{\max} = \frac{M_{\max}}{I} \cdot y_{\max} = \frac{M_{\max}}{W} \leqslant [\sigma]$$

可知，梁的承载能力与梁横截面惯性矩I（或W）的大小成正比，当外荷载产生的弯矩$M_{\max}$不变的情况下，截面惯性矩（或W）越大，其承载能力也越大，显然相同面积制成的梁，矩形比圆形好，空心矩形的惯性矩（或W）最大，其承载能力最大。

答案：A

69. 解 图a）中$\sigma_1 = 200\text{MPa}$，$\sigma_2 = 0$，$\sigma_3 = 0$

$\sigma_{r3}^a = \sigma_1 - \sigma_3 = 200\text{MPa}$

图b）中$\sigma_1 = \frac{100}{2} + \sqrt{\left(\frac{100}{2}\right)^2 + 100^2} = 161.8\text{MPa}$，$\sigma_2 = 0$

$\sigma_3 = \frac{100}{2} - \sqrt{\left(\frac{100}{2}\right)^2 + 100^2} = -61.8\text{MPa}$

$$\sigma_{r3}^{b} = \sigma_1 - \sigma_3 = 223.6\text{MPa}$$

故图 b）更危险

答案：D

70.解　当 $\alpha = 0°$ 时，杆是轴向受位：

$$\sigma_{\max}^{0°} = \frac{F_N}{A} = \frac{F}{a^2}$$

当 $\alpha = 45°$ 时，杆是轴向受拉与弯曲组合变形：

$$\sigma_{\max}^{45°} = \frac{F_N}{A} + \frac{M_g}{W_g} = \frac{\frac{\sqrt{2}}{2}F}{a^2} + \frac{\frac{\sqrt{2}}{2}F \cdot a}{\frac{a^3}{6}} = \frac{7\sqrt{2}}{2}\frac{F}{a^2}$$

可得

$$\frac{\sigma_{\max}^{45°}}{\sigma_{\max}^{0°}} = \frac{\frac{7\sqrt{2}}{2}\frac{F}{a^2}}{\frac{F}{a^2}} = \frac{7\sqrt{2}}{2}$$

答案：A

71.解　水平静压力 $P_x = \rho g h_c \pi r^2 = 1 \times 9.8 \times 5 \times \pi \times 0.1^2 = 1.54\text{kN}$

答案：D

72.解　A 点绝对压强 $p_A' = p_0 + \rho g h = 88 + 1 \times 9.8 \times 2 = 107.6\text{kPa}$

A 点相对压强 $p_A = p_A' - p_a = 107.6 - 101 = 6.6\text{kPa}$

答案：B

73.解　对二维不可压缩流体运动连续性微分方程式为：$\frac{\partial u_x}{\partial x} + \frac{\partial u_y}{\partial y} = 0$，即 $\frac{\partial u_x}{\partial x} = -\frac{\partial u_y}{\partial y}$。
对题中 C 项求偏导数可得 $\frac{\partial u_x}{\partial x} = 5$，$\frac{\partial u_y}{\partial y} = -5$，满足连续性方程。

答案：C

74.解　圆管层流中水头损失与管壁粗糙度无关。

答案：D

75.解　$Q_1 + Q_2 = 39\text{L/s}$

$$\frac{Q_1}{Q_2} = \sqrt{\frac{S_2}{S_1}} = \sqrt{\frac{8\lambda L_2}{\pi^2 g d_2^5} \Big/ \frac{8\lambda L_1}{\pi^2 g d_1^5}} = \sqrt{\frac{L_2 \cdot d_1^5}{L_1 \cdot d_2^5}} = \sqrt{\frac{3000}{1800} \times \left(\frac{0.15}{0.20}\right)^5} = 0.629$$

即 $0.629Q_2 + Q_2 = 39\text{L/s}$，得 $Q_2 = 24\text{L/s}$，$Q_1 = 15\text{L/s}$。

答案：B

76.解　$v = C\sqrt{Ri}$，$C = \frac{1}{n}R^{\frac{1}{6}} = \frac{1}{0.05}(0.8)^{\frac{1}{6}} = 19.27\sqrt{\text{m}}/\text{s}$

流速 $v = 19.27 \times \sqrt{0.8 \times 0.0006} = 0.42\text{m/s}$

答案：A

77. 解　地下水的浸润线是指无压地下水的自由水面线。

答案：C

78. 解　按雷诺准则设计应满足比尺关系式 $\dfrac{\lambda_v \cdot \lambda_L}{\lambda_v} = 1$，则流速比尺 $\lambda_v = \dfrac{\lambda_v}{\lambda_L}$，题设用相同温度、同种流体做试验，所以 $\lambda_v = 1$，$\lambda_v = \dfrac{1}{\lambda_L}$，而长度比尺 $\lambda_L = \dfrac{2m}{0.1m} = 20$，所以流速比尺 $\lambda_v = \dfrac{1}{20}$，即 $\dfrac{v_{原型}}{v_{模型}} = \dfrac{1}{20}$，

$v_{原型} = \dfrac{4}{20} \text{m/s} = 0.2 \text{m/s}$。

答案：A

79. 解　三个电荷处在同一直线上，且每个电荷均处于平衡状态，可建立电荷平衡方程：

$$\frac{kq_1q_2}{r^2} = \frac{kq_3q_2}{r^2}$$

则 $q_1 = q_3 = |q_2|$

答案：B

80. 解　根据节点电流关系：$\sum I = 0$，即 $I_1 + I_2 - I_3 = 0$，得 $I_3 = I_1 + I_2 = -7$A。

答案：C

81. 解　根据叠加原理，电流源不作用时，将其断路，如解图所示。写出电压源单独作用时的电路模型并计算。

$$I' = \frac{15}{40 + 40 /\!/ 40} \times \frac{40}{40 + 40} = \frac{15}{40 + 20} \times \frac{1}{2} = 0.125\text{A}$$

答案：C

题 81 解图

82. 解　①$u_{(t)}$ 与 $i_{(t)}$ 的相位差 $\varphi = \psi_u - \psi_i = -20°$

②用有效值相量表示 $u_{(t)}$，$i_{(t)}$：

$$\dot{U} = U\angle\psi_u = \frac{10}{\sqrt{2}}\angle -10° = 7.07\angle -10°\text{V}$$

$$\dot{I} = I\angle\psi_i = \frac{0.1}{\sqrt{2}}\angle 10° = 0.0707\angle 10°\text{A} = 70.7\angle 10°\text{mA}$$

答案：D

83. 解　交流电路的功率关系为：

$$S^2 = P^2 + Q^2$$

式中：S——视在功率反映设备容量；

P——耗能元件消耗的有功功率；

Q——储能元件交换的无功功率。

本题中：$P = I^2R = 1000\text{W}$，$Q = I^2(X_L - X_C) = 200\text{var}$

$$S = \sqrt{P^2 + Q^2} = 1019 \approx 1020 \text{V} \cdot \text{A}$$

答案：D

84.解 开关打开以后电路如解图所示。

左边电路中无储能元件，无暂态过程，右边电路中有储能元件，出现暂态过程。

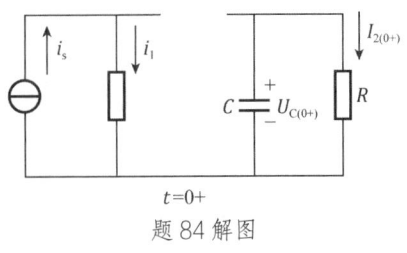

题84解图

$$I_{2(0+)} = \frac{U_{C(0+)}}{R} = \frac{U_{C(0-)}}{R} = I_{2(0-)} \neq 0$$

$$I_{2(\infty)} = \frac{U_{C(\infty)}}{R} = 0$$

答案：C

85.解 理想变压器空载运行$R_L \to \infty$，则$R'_L = K^2 R_L \to \infty$

$u_1 = u$，又有$k = \frac{U_1}{U_2} = 2$，则$U_1 = 2U_2$

答案：B

86.解 当正常运行为三角形接法的三相交流异步电动机启动时采用星形接法，电机为降压运行，启动电流和启动力矩均为正常运行的1/3。即

$$I'_{st} = \frac{1}{3} I_{st} = 10 \text{A}, \quad T'_{st} = \frac{1}{3} T_{st} = 15 \text{N} \cdot \text{m}$$

答案：B

87.解 自变量在整个连续区间内都有定义的信号是连续信号或连续时间信号。图示电路的输出信号为时间连续数值离散的信号。

答案：A

88.解 图示的非周期信号利用叠加性质等效为两个阶跃信号：

$$u(t) = u_1(t) + u_2(t)$$

$$u_1(t) = 5\varepsilon(t), \quad u_2(t) = -4\varepsilon(t - t_0)$$

答案：C

89.解 放大电路是在输入信号控制下，将信号的幅值放大，而频率不变。

答案：D

90.解 根据逻辑代数公式分析如下：

$$(A + B)(A + C) = A \cdot A + A \cdot B + A \cdot C + B \cdot C = A(1 + B + C) + BC = A + BC$$

答案：C

91.解 "与非门"电路遵循输入有"0"输出则"1"的原则，利用输入信号 A、B 的对应波形分析即可。

答案：D

92.解 根据真值表，写出函数的最小项表达式后进行化简即可：

$$F(A \cdot B \cdot C) = \overline{A}\,\overline{B}\,\overline{C} + \overline{A}BC + A\overline{B}\,\overline{C} + ABC$$
$$= (\overline{A} + A)\overline{B}\,\overline{C} + (\overline{A} + A)BC$$
$$= \overline{B}\,\overline{C} + BC$$

答案：C

93.解 由图示电路分析输出波形如解图所示。

$u_i > 0$ 时，二极管截止，$u_o = 0$；

$u_i < 0$ 时，二极管并通，$u_o = u_i$，为半波整流电路。

$U_o = -0.45U_i = 0.45 \times \dfrac{-10}{\sqrt{2}} = -3.18V$

答案：C

题93解图

94.解 ①当 A 端输入信号，B 端接地时，电路为反相比例放大电路：

$$u_o = -\frac{R_2}{R_1}u_i = -8 = -\frac{R_2}{R_1} \times 2$$

得 $\dfrac{R_2}{R_1} = 4$

②如 A 端接地，B 端接输入信号为同相放大电路：

$$u_o = \left(1 + \frac{R_2}{R_1}\right)u_i = (1 + 4) \times 2 = 10V$$

答案：C

95.解 图示为 D 触发器，触发时刻为 CP 波形的上升沿，输入信号 D = A，输出波形为 $Q_{n+1} = D$，对应于第一和第二个脉冲的下降沿，Q 为高电平 "1"。

答案：D

96.解 图示为 J K 触发器和与非门的组合，触发时刻为 CP 脉冲的下降沿，触发器输入信号为：

$$J = \overline{Q \cdot A}, \quad K = ``0"$$

输出波形为 Q 所示。两个脉冲的下降沿后 Q 为高电平。

答案：D

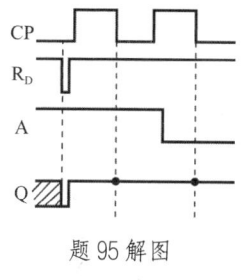

题95解图

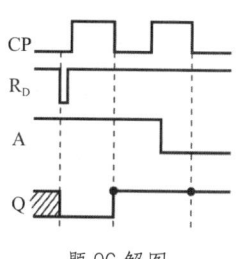

题96解图

97.解 根据总线传送信息的类别，可以把总线划分为数据总线、地址总线和控制总线，数据总线用来传送程序或数据；地址总线用来传送主存储器地址码或外围设备码；控制总线用来传送控制信息。

答案： B

98. 解 为了使计算机系统所有软硬件资源有条不紊、高效、协调、一致地进行工作，需要由一个软件来实施统一管理和统一调度工作，这种软件就是操作系统，由它来负责管理、控制和维护计算机系统的全部软硬件资源以及数据资源。应用软件是指计算机用户为了利用计算机的软、硬件资源而开发研制出的那些专门用于某一目的的软件。用户程序是为解决用户实际应用问题而专门编写的程序。支撑软件是指支援其他软件的编写制作和维护的软件。

答案： D

99. 解 一个计算机程序执行的过程可分为编辑、编译、连接和运行四个过程。用高级语言编写的程序成为编辑程序，编译程序是一种语言的翻译程序，翻译完的目标程序不能立即被执行，要通过连接程序将目标程序和有关的系统函数库以及系统提供的其他信息连接起来，形成一个可执行程序。

答案： B

100. 解 先将十进制 256.625 转换成二进制数，整数部分 256 转换成二进制 100000000，小数部分 0.625 转换成二进制 0.101，而后根据四位二进制对应一位十六进制关系进行转换，转换后结果为 100.A。

答案： C

101. 解 信息加密技术是为提高信息系统及数据的安全性和保密性的技术，是防止数据信息被别人破译而采用的技术，是网络安全的重要技术之一。不是为清除计算机病毒而采用的技术。

答案： D

102. 解 进程是一段运行的程序，进程运行需要各种资源的支持。

答案： A

103. 解 文件管理是对计算机的系统软件资源进行管理，主要任务是向计算机用户提供提供一种简便、统一的管理和使用文件的界面。

答案： A

104. 解 计算机网络可以分为资源子网和通信子网两个组成部分。资源子网主要负责全网的信息处理，为网络用户提供网络服务和资源共享功能等。

答案： A

105. 解 采用的传输介质的不同，可将网络分为双绞线网、同轴电缆网、光纤网、无线网；按网络的传输技术可以分为广播式网络、点到点式网络；按线路上所传输信号的不同又可分为基带网和宽带网。

答案： A

106.解 一个典型的计算机网络系统主要是由网络硬件系统和网络软件系统组成。网络硬件是计算机网络系统的物质基础，网络软件是实现网络功能不可缺少的软件环境。

答案：A

107.解 根据等额支付资金回收公式，每年可回收：

$$A = P(A/P, 10\%, 5) = 100 \times 0.2638 = 26.38 \text{ 万元}$$

答案：B

108.解 经营成本是指项目总成本费用扣除固定资产折旧费、摊销费和利息支出以后的全部费用。即，经营成本=总成本费用−折旧费−摊销费−利息支出。本题经营成本与折旧费、摊销费之和为7000万元，再加上利息支出，则该项目的年总成本费用大于7000万元。

答案：C

109.解 投资回收期是反映项目盈利能力的财务评价指标之一。

答案：C

110.解 该项目的现金流量图如解图所示。

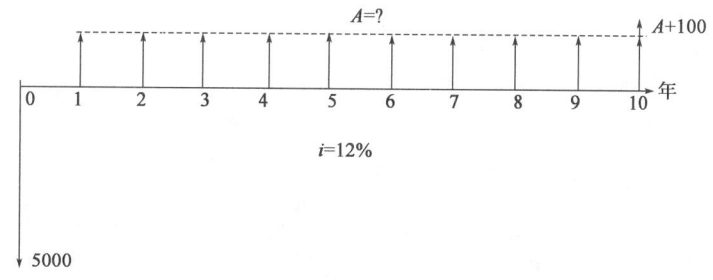

题 110 解图

根据题意有：$\text{NPV} = A(P/A, 12\%, 10) + 100 \times (P/F, 12\%, 10) - P = 0$

因此，$A = [P - 100 \times (P/F, 12\%, 10)] \div (P/A, 12\%, 10)$

$= (5000 - 100 \times 0.3220) \div 5.6500 = 879.26 \text{ 万元}$

答案：A

111.解 根据题意，该企业单位产品变动成本为：

$$(30000 - 10000) \div 40000 = 0.5 \text{ 万元/t}$$

根据盈亏平衡点计算公式，盈亏平衡生产能力利用率为：

$$E^* = \frac{Q^*}{Q_c} \times 100\% = \frac{C_f}{(P - C_v)Q_c} \times 100\% = \frac{10000}{(1 - 0.5) \times 40000} \times 100\% = 50\%$$

答案：D

112.解 两个寿命期相同的互斥方案只能选择其中一个方案，可采用净现值法、净年值法、差额内部收益率法等选优，不能直接根据方案的内部收益率选优。采用净现值法应选净现值大的方案。

答案：B

113. 解 最小公倍数法适用于寿命期不等的互斥方案比选。

答案：B

114. 解 功能 F^* 的目标成本为：$10 \times 0.3 = 3$ 万元

功能 F^* 的现实成本为：$3 + 0.5 = 3.5$ 万元

答案：C

115. 解 《中华人民共和国建筑法》第十三条规定，从事建筑活动的建筑施工企业、勘察单位、设计单位和工程监理单位，按照其拥有的注册资本、专业技术人员、技术装备和已完成的建筑工程业绩等资质条件，划分为不同的资质等级，经资质审查合格，取得相应等级的资质证书后，方可在其资质等级许可的范围内从事建筑活动。

答案：B

116. 解 《中华人民共和国安全生产法》第三十七条规定，生产经营单位使用的危险物品的容器、运输工具，以及涉及人身安全、危险性较大的海洋石油开采特种设备和矿山井下特种设备，必须按照国家有关规定，由专业生产单位生产，并经具有专业资质的检测、检验机构检测、检验合格，取得安全使用证或者安全标志，方可投入使用。检测、检验机构对检测、检验结果负责。

答案：B

117. 解 《中华人民共和国招标投标法》第五条规定，招标投标活动应当遵循公开、公平、公正和诚实信用的原则。

答案：A

118. 解 《中华人民共和国民法典》第四百七十六条规定，有下列情形之一的，要约不得撤销：

（一）要约人确定了承诺期限或者以其他形式明示要约不可撤销。

答案：B

119. 解 《中华人民共和国行政许可法》第七十条规定，有下列情形之一的，行政机关应当依法办理有关行政许可的注销手续：

（一）行政许可有效期届满未延续的；

（二）赋予公民特定资格的行政许可，该公民死亡或者丧失行为能力的；

（三）法人或者其他组织依法终止的；

（四）行政许可依法被撤销、撤回，或者行政许可证件依法被吊销的；

（五）因不可抗力导致行政许可事项无法实施的；

（六）法律、法规规定的应当注销行政许可的其他情形。

答案： C

120. 解 《建设工程质量管理条例》第十六条规定，建设单位收到建设工程竣工报告后，应当组织设计、施工、工程监理等有关单位进行竣工验收。建设工程竣工验收应当具备下列条件：

（一）完成建设工程设计和合同约定的各项内容；

（二）有完整的技术档案和施工管理资料；

（三）有工程使用的主要建筑材料、建筑构配件和设备的进场试验报告；

（四）有勘察、设计、施工、工程监理等单位分别签署的质量合格文件；

（五）有施工单位签署的工程保修书。

答案： A

2016 年度全国勘察设计注册工程师执业资格考试基础考试（上）

试题解析及参考答案

1. 解 $\lim\limits_{x \to 0} \dfrac{x-\sin x}{\sin x} \overset{\frac{0}{0}}{=} \lim\limits_{x \to 0} \dfrac{1-\cos x}{\cos x} = 0$

答案：B

2. 解 由 $\begin{cases} x = t - \arctan t \\ y = \ln(1+t^2) \end{cases}$，知 $\dfrac{\mathrm{d}x}{\mathrm{d}t} = \dfrac{t^2}{1+t^2}$，$\dfrac{\mathrm{d}y}{\mathrm{d}t} = \dfrac{2t}{1+t^2}$，则 $\dfrac{\mathrm{d}y}{\mathrm{d}x} = \dfrac{\mathrm{d}y/\mathrm{d}t}{\mathrm{d}x/\mathrm{d}t} = \dfrac{2t}{t^2}$，$\dfrac{\mathrm{d}y}{\mathrm{d}x}\Big|_{t=1} = \dfrac{2}{t}\Big|_{t=1} = 2$

答案：C

3. 解 $\dfrac{\mathrm{d}y}{\mathrm{d}x} = \dfrac{1}{xy+y^3}$，$\dfrac{\mathrm{d}x}{\mathrm{d}y} = xy + y^3$，$\dfrac{\mathrm{d}x}{\mathrm{d}y} - yx = y^3$，方程为关于 $F(y, x, x') = 0$ 的一阶线性微分方程。

答案：C

4. 解 $|\boldsymbol{\alpha}| = 2$，$|\boldsymbol{\beta}| = \sqrt{2}$，$\boldsymbol{\alpha} \cdot \boldsymbol{\beta} = 2$

由 $\boldsymbol{\alpha} \cdot \boldsymbol{\beta} = |\boldsymbol{\alpha}||\boldsymbol{\beta}| \cos(\widehat{\boldsymbol{\alpha}, \boldsymbol{\beta}}) = 2\sqrt{2} \cos(\widehat{\boldsymbol{\alpha}, \boldsymbol{\beta}}) = 2$，可知 $\cos(\widehat{\boldsymbol{\alpha}, \boldsymbol{\beta}}) = \dfrac{\sqrt{2}}{2}$，$(\widehat{\boldsymbol{\alpha}, \boldsymbol{\beta}}) = \dfrac{\pi}{4}$

故 $|\boldsymbol{\alpha} \times \boldsymbol{\beta}| = |\boldsymbol{\alpha}||\boldsymbol{\beta}| \sin(\widehat{\boldsymbol{\alpha}, \boldsymbol{\beta}}) = 2 \times \sqrt{2} \times \dfrac{\sqrt{2}}{2} = 2$

答案：A

5. 解 $f(x)$ 在点 x_0 处的左、右极限存在且相等，是 $f(x)$ 在点 x_0 连续的必要非充分条件。

答案：A

6. 解 对 $\int_0^x f(t)\mathrm{d}t = \dfrac{\cos x}{x}$ 两边求导，得 $f(x) = \dfrac{-x\sin x - \cos x}{x^2}$，则 $f\left(\dfrac{\pi}{2}\right) = \dfrac{-\frac{\pi}{2} \times 1 - 0}{\frac{\pi^2}{4}} = -\dfrac{2}{\pi}$

答案：B

7. 解 $\int xf(x)\mathrm{d}x = \int x\mathrm{d}\sec^2 x = x\sec^2 x - \int \sec^2 x\,\mathrm{d}x = x\sec^2 x - \tan x + C$

答案：D

8. 解 $\begin{cases} y^2 + z = 1 \\ x = 0 \end{cases}$ 表示在 yOz 平面上曲线绕 z 轴旋转，得曲面方程 $x^2 + y^2 + z = 1$。

答案：A

9. 解 $f'_x(x_0, y_0)$，$f'_y(x_0, y_0)$ 在点 $P_0(x_0, y_0)$ 处连续仅是函数 $z = f(x, y)$ 在点 $P_0(x_0, y_0)$ 可微的充分条件，反之不一定成立，即 $z = f(x, y)$ 在点 $P_0(x_0, y_0)$ 处可微，不能保证偏导 $f'_x(x_0, y_0)$，$f'_y(x_0, y_0)$ 在点 $P_0(x_0, y_0)$ 处连续。没有定理保证。

答案：D

10. 解

$$\int_{-\infty}^{+\infty} \frac{A}{1+x^2} dx = A \int_{-\infty}^{+\infty} \frac{1}{1+x^2} dx = A \left[\int_{-\infty}^{0} \frac{1}{1+x^2} dx + \int_{0}^{+\infty} \frac{1}{1+x^2} dx \right]$$

$$= A \left(\arctan x \bigg|_{-\infty}^{0} + \arctan x \bigg|_{0}^{+\infty} \right) = A \left(\frac{\pi}{2} + \frac{\pi}{2} \right) = A\pi$$

由 $A\pi = 1$，得 $A = \dfrac{1}{\pi}$

答案：A

11. 解 $f(x) = x(x-1)(x-2)$

$f(x)$ 在 $[0,1]$ 连续，在 $(0,1)$ 可导，且 $f(0) = f(1)$

由罗尔定理可知，存在 $f'(\zeta_1) = 0$，ζ_1 在 $(0,1)$ 之间

$f(x)$ 在 $[1,2]$ 连续，在 $(1,2)$ 可导，且 $f(1) = f(2)$

由罗尔定理可知，存在 $f'(\zeta_2) = 0$，ζ_2 在 $(1,2)$ 之间

因为 $f'(x) = 0$ 是二次方程，所以 $f'(x) = 0$ 的实根个数为 2。

答案：B

12. 解 $y'' - 2y' + y = 0$，$r^2 - 2r + 1 = 0$，$r = 1$，二重根。

通解 $y = (C_1 + C_2 x)e^x$（其中 C_1，C_2 为任意常数）

线性无关的特解为 $y_1 = e^x$，$y_2 = xe^x$

答案：D

13. 解 $f(x)$ 在 (a,b) 内可微，且 $f'(x) \neq 0$。

由函数极值存在的必要条件，$f(x)$ 在 (a,b) 内可微，即 $f(x)$ 在 (a,b) 内可导，且在 x_0 处取得极值，那么 $f'(x_0) = 0$。

该题不符合此条件，所以必无极值。

答案：C

14. 解 对 $\displaystyle\sum_{n=1}^{\infty} \frac{\sin^{\frac{3}{2}} n}{n^2}$ 取绝对值，即 $\displaystyle\sum_{n=1}^{\infty} \left| \frac{\sin^{\frac{3}{2}} n}{n^2} \right|$，而 $\left| \dfrac{\sin^{\frac{3}{2}} n}{n^2} \right| \leq \dfrac{1}{n^2}$

因为 $\displaystyle\sum_{n=1}^{\infty} \frac{1}{n^2}$，$p = 2 > 1$，收敛，由比较法知 $\displaystyle\sum_{n=1}^{\infty} \left| \frac{\sin^{\frac{3}{2}} n}{n^2} \right|$ 收敛，所以级数 $\displaystyle\sum_{n=1}^{\infty} \frac{\sin^{\frac{3}{2}} n}{n^2}$ 绝对收敛。

答案：D

15. 解 如解图所示，D：$\begin{cases} 0 \leq r \leq 1 \\ 0 \leq \theta \leq \dfrac{\pi}{2} \end{cases}$

$\displaystyle\iint_D x^2 y \, dx dy = \int_0^{\frac{\pi}{2}} \cos^2 \theta \sin \theta \, d\theta \int_0^1 r^4 dr$

$\displaystyle = \frac{1}{5} \int_0^{\frac{\pi}{2}} \cos^2 \theta \sin \theta \, d\theta = -\frac{1}{5} \int_0^{\frac{\pi}{2}} \cos^2 \theta \, d\cos \theta$

$\displaystyle = -\frac{1}{5} \times \frac{1}{3} \cos^3 \theta \bigg|_0^{\frac{\pi}{2}} = \frac{1}{15}$

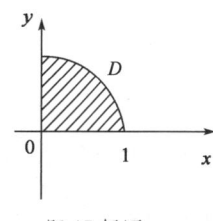

题 15 解图

答案： B

16. 解 如解图所示，$L: \begin{cases} y = x^2 \\ x = x \end{cases}$ $(x: 1 \to 0)$

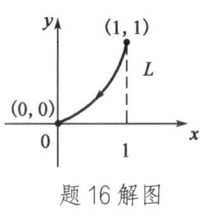

题 16 解图

$$\int_L x\,dx + y\,dy = \int_1^0 x\,dx + x^2 \cdot 2x\,dx = -\int_0^1 (x + 2x^3)\,dx$$

$$= -\left(\frac{1}{2}x^2 + \frac{2}{4}x^4\right)\Big|_0^1$$

$$= -\left(\frac{1}{2} + \frac{1}{2}\right) = -1$$

答案： C

17. 解 $\sum\limits_{n=0}^{\infty} \frac{(-1)^n}{2^n} x^n = 1 - \frac{x}{2} + \left(\frac{x}{2}\right)^2 - \left(\frac{x}{2}\right)^3 + \cdots$

因为 $|x| < 2$，所以 $\left|\frac{x}{2}\right| < 1$，$q = -\frac{x}{2}$，$|q| = \left|\frac{x}{2}\right| < 1$

级数的和函数 $S = \frac{a_1}{1-q} = \frac{1}{1-\left(-\frac{x}{2}\right)} = \frac{2}{2+x}$

答案： A

18. 解 $z = \frac{3^{xy}}{x} + xF(u)$，$u = \frac{y}{x}$

$$\frac{\partial z}{\partial y} = \frac{1}{x}3^{xy} \cdot \ln 3 \cdot x + xF'(u)\frac{1}{x} = 3^{xy}\ln 3 + F'(u)$$

答案： D

19. 解 将 $\boldsymbol{\alpha}_1, \boldsymbol{\alpha}_2, \boldsymbol{\alpha}_3$ 组成矩阵 $\begin{bmatrix} 6 & 4 & 4 \\ t & 2 & 1 \\ 7 & 2 & 0 \end{bmatrix}$，$\boldsymbol{\alpha}_1, \boldsymbol{\alpha}_2, \boldsymbol{\alpha}_3$ 线性相关的充要条件是 $\begin{vmatrix} 6 & 4 & 4 \\ t & 2 & 1 \\ 7 & 2 & 0 \end{vmatrix} = 0$

$$\begin{vmatrix} 6 & 4 & 4 \\ t & 2 & 1 \\ 7 & 2 & 0 \end{vmatrix} \xrightarrow{r_2(-4)+r_1} \begin{vmatrix} 6-4t & -4 & 0 \\ t & 2 & 1 \\ 7 & 2 & 0 \end{vmatrix} = 1 \times (-1)^{2+3} \begin{vmatrix} 6-4t & -4 \\ 7 & 2 \end{vmatrix}$$

$$= (-1) \times (12 - 8t + 28) = -(-8t + 40) = 8t - 40 = 0，得 t = 5$$

答案： B

20. 解 根据 n 阶方阵 A 的秩小于 n 的充要条件是 $|A| = 0$，可知选项 C 正确。

答案： C

21. 解 由方阵 $\boldsymbol{A}$ 的特征值和特征向量的重要性质计算

设方阵 $\boldsymbol{A}$ 的特征值为 $\lambda_1, \lambda_2, \lambda_3$

则 $\begin{cases} \lambda_1 + \lambda_2 + \lambda_3 = a_{11} + a_{22} + a_{33} & \qquad ① \\ \lambda_1 \cdot \lambda_2 \cdot \lambda_3 = |\boldsymbol{A}| & \qquad ② \end{cases}$

由①式可知 $1 + 3 + \lambda_3 = 5 + (-4) + a$

得 $\lambda_3 - a = -3$

由②式可知 $1 \times 3 \times \lambda_3 = \begin{vmatrix} 5 & -3 & 2 \\ 6 & -4 & 4 \\ 4 & -4 & a \end{vmatrix}$

得

$$3\lambda_3 = 2 \begin{vmatrix} 5 & -3 & 2 \\ 3 & -2 & 2 \\ 4 & -4 & a \end{vmatrix} \xrightarrow{(-1)r_1 + r_2} 2 \begin{vmatrix} 5 & -3 & 2 \\ -2 & 1 & 0 \\ 4 & -4 & a \end{vmatrix} \xrightarrow{2c_2 + c_1} 2 \begin{vmatrix} -1 & -3 & 2 \\ 0 & 1 & 0 \\ -4 & -4 & a \end{vmatrix}$$

$$= 2 \times 1(-1)^{2+2} \begin{vmatrix} -1 & 2 \\ -4 & a \end{vmatrix} = 2(-a + 8) = -2a + 16$$

解方程组 $\begin{cases} \lambda_3 - a = -3 \\ 3\lambda_3 + 2a = 16 \end{cases}$，得 $\lambda_3 = 2$，$a = 5$

答案：B

22. 解 因 $P(AB) = P(B)P(A|B) = 0.7 \times 0.8 = 0.56$，而 $P(A)P(B) = 0.8 \times 0.7 = 0.56$，故 $P(AB) = P(A)P(B)$，即 A 与 B 独立。因 $P(AB) = P(A) + P(B) - P(A \cup B) = 1.5 - P(A \cup B) > 0$，选项 B 错。因 $P(A) > P(B)$，选项 C 错。因 $P(A) + P(B) = 1.5 > 1$，选项 D 错。

注意：独立是用概率定义的，即可用概率来判定是否独立。而互斥、包含、对立（互逆）是不能由概率来判定的，所以选项 B、C 错。

答案：A

23. 解

$$P(X = 0) = \frac{C_5^3}{C_7^3} = \frac{\frac{5 \times 4 \times 3}{1 \times 2 \times 3}}{\frac{7 \times 6 \times 5}{1 \times 2 \times 3}} = \frac{2}{7}, \quad P(X = 1) = \frac{C_5^2 C_2^1}{C_7^3} = \frac{\frac{5 \times 4}{1 \times 2} \times 2}{\frac{7 \times 6 \times 5}{1 \times 2 \times 3}} = \frac{4}{7}$$

$$P(X = 2) = \frac{C_5^1 C_2^2}{C_7^3} = \frac{5}{\frac{7 \times 6 \times 5}{1 \times 2 \times 3}} = \frac{1}{7} \text{ 或 } P(X = 2) = 1 - \frac{2}{7} - \frac{4}{7} = \frac{1}{7}$$

$$E(X) = 0 \times P(X = 0) + 1 \times P(X = 1) + 2 \times P(X = 2) = \frac{6}{7}$$

$$\left[\text{求} E(X) \text{时，可以不求} P(X = 0) \right]$$

答案：D

24. 解 $X_1, X_2, \cdots, X_n$ 与总体 X 同分布

$$E(\hat{\sigma}^2) = E\left(\frac{1}{n} \sum_{i=1}^{n} X_i^2 \right) = \frac{1}{n} \sum_{i=1}^{n} E(X_i^2) = \frac{1}{n} \sum_{i=1}^{n} E(X^2) = E(X^2)$$

$$= D(X) + [E(X)]^2 = \sigma^2 + 0^2 = \sigma^2$$

答案：B

25. 解 $\bar{v} = \sqrt{\frac{8RT}{\pi M}}$，$\bar{v}_{O_2} = \sqrt{\frac{8RT}{\pi M}} = \sqrt{\frac{8RT}{\pi \cdot 32}}$

氧气的热力学温度提高一倍，氧分子全部离解为氧原子，$T_O = 2T_{O_2}$

$$\bar{v}_O = \sqrt{\frac{8RT_O}{\pi M_O}} = \sqrt{\frac{8R \cdot 2T}{\pi \cdot 16}}，\text{则 } \frac{\bar{v}_O}{\bar{v}_{O_2}} = \frac{\sqrt{\frac{8R \cdot 2T}{\pi \cdot 16}}}{\sqrt{\frac{8RT}{\pi \cdot 32}}} = 2$$

答案：B

26. 解 气体分子的平均碰撞频率$Z_0 = \sqrt{2}n\pi d^2 \overline{v} = \sqrt{2}n\pi d^2 \sqrt{\dfrac{8RT}{\pi M}}$

平均自由程为$\overline{\lambda}_0 = \dfrac{\overline{v}}{\overline{Z}_0} = \dfrac{1}{\sqrt{2}n\pi d^2}$

$$T' = \frac{1}{4}T, \quad \overline{\lambda} = \overline{\lambda}_0, \quad \overline{Z} = \frac{1}{2}\overline{Z}_0$$

答案：B

27. 解 气体从同一状态出发做相同体积的等温膨胀或绝热膨胀，如解图所示。

绝热线比等温线陡，故$p_1 > p_2$。

答案：B

28. 解 卡诺正循环由两个准静态等温过程和两个准静态绝热过程组成，如解图所示。

由热力学第一定律：$Q = \Delta E + W$，绝热过程$Q = 0$，两个绝热过程高低温热源温度相同，温差相等，内能差相同。一个绝热过程为绝热膨胀，另一个绝热过程为绝热压缩，$W_2 = -W_1$，一个内能增大，一个内能减小，$\Delta E_2 = -\Delta E_1$。

答案：C

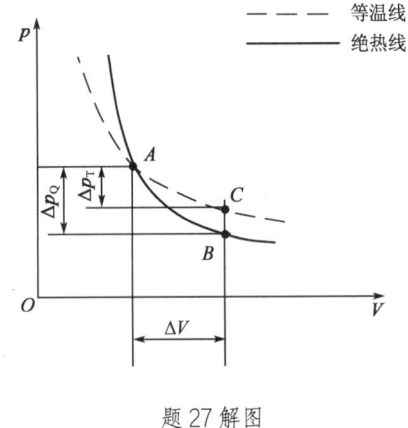

题 27 解图

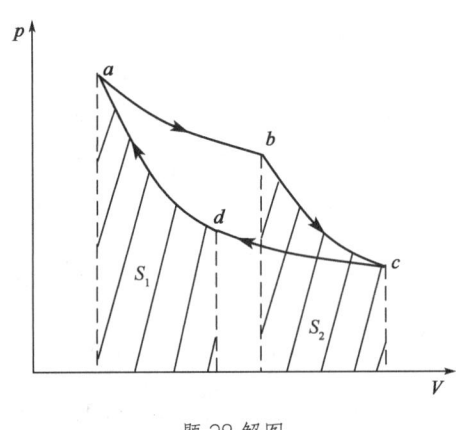

题 28 解图

29. 解 单位体积的介质中波所具有的能量称为能量密度。

$$w = \frac{\Delta W}{\Delta V} = \rho\omega^2 A^2 \sin^2\left[\omega\left(t - \frac{x}{u}\right)\right]$$

答案：C

30. 解 在中垂线上各点：波程差为零，初相差为π

$$\Delta\varphi = \alpha_2 - \alpha_1 - \frac{2\pi(r_2 - r_1)}{\lambda} = \pi$$

符合干涉减弱条件，故振幅为$A = A_2 - A_1 = 0$

答案：B

31. 解 简谐波在弹性媒质中传播时媒质质元的能量不守恒，任一质元$W_p = W_k$，平衡位置时动能及势能均为最大，最大位移处动能及势能均为零。

将$x = 2.5\text{m}$，$t = 0.25\text{s}$代入波动方程：

$$y = 2 \times 10^{-2} \cos 2\pi \left(10 \times 0.25 - \frac{2.5}{5} \right) = 0.02\text{m}$$

为波峰位置，动能及势能均为零。

答案：D

32.解　当自然光以布儒斯特角i_0入射时，$i_0 + \gamma = \frac{\pi}{2}$，故光的折射角为$\frac{\pi}{2} - i_0$。

答案：D

33.解　此题考查的知识点为马吕斯定律。光强为I_0的自然光通过第一个偏振片光强为入射光强的一半，通过第二个偏振片光强为$I = \frac{I_0}{2} \cos^2 \frac{\pi}{4} = \frac{I_0}{4}$。

答案：B

34.解　单缝夫琅禾费衍射中央明条纹的宽度$l_0 = 2x_1 = \frac{2\lambda}{a} f$，半宽度$\frac{f\lambda}{a}$。

答案：A

35.解　人眼睛的最小分辨角：

$$\theta = 1.22 \frac{\lambda}{D} = \frac{1.22 \times 550 \times 10^{-6}}{3} = 2.24 \times 10^{-4}\text{rad}$$

答案：C

36.解　光栅衍射是单缝衍射和多缝干涉的和效果，当多缝干涉明纹与单缝衍射暗纹方向相同时，将出现缺级现象。

单缝衍射暗纹条件：$a\sin\varphi = k\lambda$

光栅衍射明纹条件：$(a+b)\sin\varphi = k'\lambda$

$$\frac{a\sin\varphi}{(a+b)\sin\varphi} = \frac{k\lambda}{k'\lambda} = \frac{1}{2}, \frac{2}{4}, \frac{3}{6}, \cdots$$

$$2a = a + b, a = b$$

答案：C

37.解　多电子原子中原子轨道的能级取决于主量子数n和角量子数l：主量子数n相同时，l越大，能量越高；角量子数l相同时，n越大，能量越高。n决定原子轨道所处的电子层数，l决定原子轨道所处亚层（$l = 0$为s亚层，$l = 1$为p亚层，$l = 2$为d亚层，$l = 3$为f亚层）。同一电子层中的原子轨道n相同，l越大，能量越高。

答案：D

38.解　分子间力包括色散力、诱导力、取向力。极性分子与极性分子之间的分子间力有色散力、诱导力、取向力；极性分子与非极性分子之间的分子间力有色散力、诱导力；非极性分子与非极性分子之间的分子间力只有色散力。CO为极性分子，N_2为非极性分子，所以，CO与N_2间的分子间力有色散力、诱导力。

答案：D

39. 解 $NH_3 \cdot H_2O$ 为一元弱碱

$$C_{OH^-} = \sqrt{K_b \cdot C} = \sqrt{1.8 \times 10^{-5} \times 0.1} \approx 1.34 \times 10^{-3} mol/L$$

$$C_{H^+} = 10^{-14}/C_{OH^-} \approx 7.46 \times 10^{-12}, \quad pH = -lg C_{H^+} \approx 11.13$$

答案：B

40. 解 它们都属于平衡常数，平衡常数是温度的函数，与温度有关，与分压、浓度、催化剂都没有关系。

答案：B

41. 解 四个电对的电极反应分别为：

$$Zn^{2+} + 2e^- = Zn; \quad Br_2 + 2e^- = 2Br^-$$

$$AgI + e^- = Ag + I^-$$

$$MnO_4^- + 8H^+ + 5e^- = Mn^{2+} + 4H_2O$$

只有 MnO_4^-/Mn^{2+} 电对的电极反应与 H^+ 的浓度有关。

根据电极电势的能斯特方程式，MnO_4^-/Mn^{2+} 电对的电极电势与 H^+ 的浓度有关。

答案：D

42. 解 如果阳极为惰性电极，阳极放电顺序：

①溶液中简单负离子如 I^-、Br^-、Cl^- 将优先 OH^- 离子在阳极上失去电子析出单质；

②若溶液中只有含氧根离子（如 SO_4^{2-}、NO_3^-），则溶液中 OH^- 在阳极放电析出 O_2。

答案：B

43. 解 由公式 $\Delta G = \Delta H - T\Delta S$ 可知，当 $\Delta H < 0$ 和 $\Delta S > 0$ 时，ΔG 在任何温度下都小于零，都能自发进行。

答案：A

44. 解 系统命名法：

（1）链烃及其衍生物的命名

①选择主链：选择最长碳链或含有官能团的最长碳链为主链；

②主链编号：从距取代基或官能团最近的一端开始对碳原子进行编号；

③写出全称：将取代基的位置编号、数目和名称写在前面，将母体化合物的名称写在后面。

（2）其衍生物的命名

①选择母体：选择苯环上所连官能团或带官能团最长的碳链为母体，把苯环视为取代基；

②编号：将母体中碳原子依次编号，使官能团或取代基位次具有最小值。

答案：C

45. 解 甲醇可以和两个酸发生酯化反应；氢氧化钠可以和两个酸发生酸碱反应；金属钾可以和两个酸反应生成苯氨酸钾和山梨酸钾；溴水只能和山梨酸发生加成反应。

答案：B

46. 解 塑料一般分为热塑性塑料和热固性塑料。前者为线性结构的高分子化合物，这类化合物能溶于适当的有机溶剂，受热时会软化、熔融，加工成各种形状，冷后固化，可以反复加热成型；后者为体型结构的高分子化合物，具有热固性，一旦成型后不溶于溶剂，加热也不再软化、熔融，只能一次加热成型。

答案：C

47. 解 首先分析杆DE，E处为活动铰链支座，约束力垂直于支撑面，如解图 a）所示，杆DE的铰链D处的约束力可按三力汇交原理确定；其次分析铰链D，D处铰接了杆DE、直角弯杆BCD和连杆，连杆的约束力F_D沿杆为铅垂方向，杆DE作用在铰链D上的力为$F'_{D右}$，按照铰链D的平衡，其受力图如解图 b）所示；最后分析直杆AC和直角弯杆BCD，直杆AC为二力杆，A处约束力沿杆方向，根据力偶的平衡，由F_A与$F'_{D左}$组成的逆时针转向力偶与顺时针转向的主动力偶M组成平衡力系，故 A 处约束力的指向如解图 c）所示。

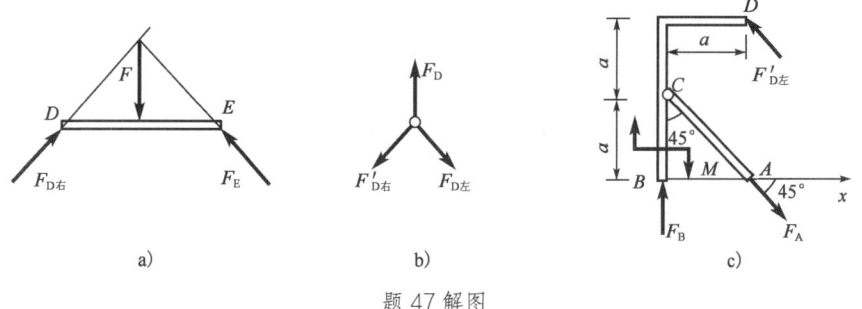

题 47 解图

答案：D

48. 解 将主动力系对B点取矩求代数和：

$$M_B = M - qa^2/2 = 20 - 10 \times 2^2/2 = 0$$

答案：A

49. 解 均布力组成了力偶矩为qa^2的逆时针转向力偶。A、B处的约束力应沿铅垂方向组成顺时针转向的力偶。

答案：C （此题 2010 年考过）

50. 解 如解图所示，若物块平衡，则沿斜面方向有：

$$F_f = F\cos\alpha - W\sin\alpha = 0.2F$$

而最大静摩擦力 $F_{fmax} = f \cdot F_N = f(F\sin\alpha + W\cos\alpha) = 0.28F$

因 $F_{fmax} > F_f$，所以物块静止。

题 50 解图

答案：A

51. 解 将 x 对时间 t 求一阶导数为速度，即：$v = 9t^2 + 1$；再对时间 t 求一阶导数为加速度，即 $a = 18t$，将 $t = 4s$ 代入，可得：$x = 198m$，$v = 145m/s$，$a = 72m/s^2$。

答案：B

52. 解 根据定义，切向加速度为弧坐标 s 对时间的二阶导数，即 $a_\tau = 6m/s^2$。

答案：D

53. 解 根据定轴转动刚体上一点加速度与转动角速度、角加速度的关系：$a_n = \omega^2 l$，$a_\tau = \alpha l$，而题中 $a_n = a\cos\alpha = \omega^2 l$，所以 $\omega = \sqrt{\dfrac{a\cos\alpha}{l}}$，$a_\tau = a\sin\alpha = \alpha l$，所以 $\alpha = \dfrac{a\sin\alpha}{l}$。

答案：B （此题 2009 年考过）

54. 解 按照牛顿第二定律，在铅垂方向有 $ma = F_R - mg = Kv^2 - mg$，当 $a = 0$（速度 v 的导数为零）时有速度最大，为 $v = \sqrt{\dfrac{mg}{K}}$。

答案：A

55. 解 根据弹簧力的功公式：

$$W_{12} = \frac{k}{2}(0.06^2 - 0.04^2) = 1.96J$$
$$W_{32} = \frac{k}{2}(0.02^2 - 0.04^2) = -1.176J$$

答案：C

56. 解 系统在转动中对转动轴 z 的动量矩守恒，即：$I\omega = (I + mR^2)\omega_t$（设 ω_t 为小球达到 B 点时圆环的角速度），则 $\omega_t = \dfrac{I\omega}{I + mR^2}$。

答案：B

57. 解 根据定轴转动刚体惯性力系的简化结果：惯性力主矢和主矩的大小分别为 $F_I = ma_C = 0$，$M_{IO} = J_O\alpha = \dfrac{1}{2}mr^2\varepsilon$。

答案：C （此题 2010 年考过）

58. 解 由公式 $\omega_n^2 = k/m$，$k = m\omega_n^2 = 5 \times 30^2 = 4500N/m$。

答案：B

59. 解 首先考虑整体平衡，可求出左端支座反力是水平向右的力，大小等于 20kN，分三段求出各段的轴力，画出轴力图如解图所示。

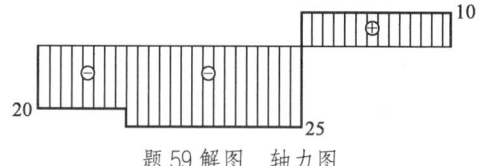

题 59 解图　轴力图

可以看到最大拉伸轴力是 10kN。

答案： A

60. 解　由铆钉的剪切强度条件：$\tau = \dfrac{F_s}{A_s} = \dfrac{F}{\frac{\pi}{4}d^2} = [\tau]$

可得：
$$\frac{4F}{\pi d^2} = [\tau]$$
①

由铆钉的挤压强度条件：$\sigma_{bs} = \dfrac{F_{bs}}{A_{bs}} = \dfrac{F}{dt} = [\sigma_{bs}]$

可得：
$$\frac{F}{dt} = [\sigma_{bs}]$$
②

d 与 t 的合理关系应使两式同时成立，②式除以①式，得到 $\dfrac{\pi d}{4t} = \dfrac{[\sigma_{bs}]}{[\tau]}$，即 $d = \dfrac{4t[\sigma_{bs}]}{\pi[\tau]}$。

答案： B

61. 解　设原直径为 d 时，最大切应力为 τ，最大切应力减小后为 τ_1，直径为 d_1。

则有
$$\tau = \frac{T}{\frac{\pi}{16}d^3}, \quad \tau_1 = \frac{T}{\frac{\pi}{16}d_1^3}$$

因 $\tau_1 = \dfrac{\tau}{2}$，则 $\dfrac{T}{\frac{\pi}{16}d_1^3} = \dfrac{1}{2} \cdot \dfrac{T}{\frac{\pi}{16}d^3}$，即 $d_1^3 = 2d^3$，所以 $d_1 = \sqrt[3]{2}d$。

答案： D

62. 解　根据外力偶矩（扭矩 T）与功率（P）和转速（n）的关系：
$$T = M_e = 9550\frac{P}{n}$$

可见，在功率相同的情况下，转速慢（n 小）的轴扭矩 T 大。

答案： B

63. 解　图（a）与图（b）面积相同，面积分布的位置到 z 轴的距离也相同，故惯性矩 $I_{z(a)} = I_{z(b)}$，而图（c）虽然面积与（a）、（b）相同，但是其面积分布的位置到 z 轴的距离小，所以惯性矩 $I_{z(c)}$ 也小。

答案： D

64. 解　由于 C 端的弯矩就等于外力偶矩，所以 $m = 10$kN·m，又因为 BC 段弯矩图是水平线，属于纯弯曲，剪力为零，所以 C 点支反力为零。

由梁的整体受力图可知 $F_A = F$，所以 B 点的弯矩 $M_B = F_A \times 2 = 10$kN·m，即 $F_A = 5$kN。

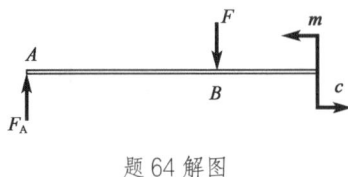

题64 解图

答案： B

65. 解 图示单元体的最大主应力σ_1的方向，可以看作是σ_x的方向（沿x轴）和纯剪切单元体的最大拉应力的主方向（在第一象限沿45°向上），叠加后的合应力的指向。

答案： A （此题 2011 年考过）

66. 解 AB段是轴向受压，$\sigma_{AB} = \dfrac{F}{ab}$；$BC$段是偏心受压，$\sigma_{BC} = \dfrac{F}{2ab} + \dfrac{F \cdot \frac{a}{2}}{\frac{b}{6}(2a)^2} = \dfrac{5F}{4ab}$。

答案： B （此题 2011 年考过）

67. 解 从剪力图看梁跨中有一个向下的突变，对应于一个向下的集中力，其值等于突变值 100kN；从弯矩图看梁的跨中有一个突变值50kN·m，对应于一个外力偶矩50kN·m，所以只能选 C 图。

答案： C

68. 解 梁两端的支座反力为$\dfrac{F}{2} = 50$kN，梁中点最大弯矩$M_{max} = 50 \times 2 = 100$kN·m

最大弯曲正应力：

$$\sigma_{max} = \frac{M_{max}}{W_z} = \frac{M_{max}}{\frac{bh^2}{6}} = \frac{100 \times 10^6 \text{N·mm}}{\frac{1}{6} \times 100 \times 200^2 \text{mm}^3} = 150\text{MPa}$$

答案： B

69. 解 本题是一个偏心拉伸问题，由于水平力F对两个形心主轴y、z都有偏心距，所以可以把F力平移到形心轴x以后，将产生两个平面内的双向弯曲和x轴方向的轴向拉伸的组合变形。

答案： B

70. 解 从常用的四种杆端约束的长度系数μ的值可看出，杆端约束越强，μ值越小，而杆端约束越弱，则μ值越大。本题图中所示压杆的杆端约束比两端铰支压杆（$\mu = 1$）强，又比一端铰支、一端固定压杆（$\mu = 0.7$）弱，故$0.7 < \mu < 1$。

答案： A

71. 解 静水压力基本方程为$p = p_0 + \rho gh$，将题设条件代入可得：

绝对压强$p = 101.325\text{kPa} + 9.8\text{kPa/m} \times 1\text{m} = 111.125\text{kPa} \approx 0.111\text{MPa}$

答案： A

72. 解 流速$v_2 = v_1 \times \left(\dfrac{d_1}{d_2}\right)^2 = 9.55 \times \left(\dfrac{0.2}{0.3}\right)^2 = 4.24\text{m/s}$

流量$Q = v_1 \times \dfrac{\pi}{4}d_1^2 = 9.55 \times \dfrac{\pi}{4} \times 0.2^2 = 0.3\text{m}^3/\text{s}$

答案：A

73. 解　管中雷诺数 $\mathrm{Re} = \dfrac{v \cdot d}{\nu} = \dfrac{2 \times 900}{0.0114} = 157894.74 \gg \mathrm{Re_c}$，为紊流

欲使流态转变为层流时的流速 $v_\mathrm{c} = \dfrac{\mathrm{Re_c} \cdot \nu}{d} = \dfrac{2000 \times 0.0114}{2} = 11.4\mathrm{cm/s}$

答案：D

74. 解　边界层分离增加了潜体运动的压差阻力。

答案：C

75. 解　对水箱自由液面与管道出口写能量方程：

$$H + \frac{p}{\rho g} = \frac{v^2}{2g} + h_\mathrm{f} = \frac{v^2}{2g}\left(1 + \lambda \frac{L}{d}\right)$$

代入题设数据并化简：

$$2 + \frac{19600}{9800} = \frac{v^2}{2g}\left(1 + 0.02 \times \frac{100}{0.2}\right)$$

计算得流速 $v = 2.67\mathrm{m/s}$

流量 $Q = v \times \dfrac{\pi}{4} d^2 = 2.67 \times \dfrac{\pi}{4} \times 0.2^2 = 0.08384\mathrm{m^3/s} = 83.84\mathrm{L/s}$

答案：A

76. 解　由明渠均匀流谢才-曼宁公式 $Q = \dfrac{1}{n} R^{\frac{2}{3}} i^{\frac{1}{2}} A$ 可知：在题设条件下面积 A，粗糙系数 n，底坡 i 均相同，则流量 Q 的大小取决于水力半径 R 的大小。对于方形断面，其水力半径 $R_1 = \dfrac{a^2}{3a} = \dfrac{a}{3}$，对于矩形断面，其水力半径为 $R_2 = \dfrac{2a \times 0.5a}{2a + 2 \times 0.5a} = \dfrac{a^2}{3a} = \dfrac{a}{3}$，即 $R_1 = R_2$。故 $Q_1 = Q_2$。

答案：B

77. 解　将题设条件代入达西定律 $u = kJ$

则有渗流速度 $u = 0.012\mathrm{cm/s} \times \dfrac{1.5 - 0.3}{2.4} = 0.006\mathrm{cm/s}$

答案：B

78. 解　雷诺数的物理意义为：惯性力与黏性力之比。

答案：B

79. 解　点电荷 q_1、q_2 电场作用的方向分布为：始于正电荷(q_1)，终止于负电荷(q_2)。

答案：B

80. 解　电路中，如果元件中电压电流取关联方向，即电压电流的正方向一致，则它们的电压电流关系如下：

电压，$u_\mathrm{L} = L\dfrac{\mathrm{d}i_\mathrm{L}}{\mathrm{d}t}$；电容，$i_\mathrm{C} = C\dfrac{\mathrm{d}u_\mathrm{C}}{\mathrm{d}t}$；电阻，$u_\mathrm{R} = Ri_\mathrm{R}$。

答案：C

81. 解　本题考查对电流源的理解和对基本 KCL、KVL 方程的应用。

需注意，电流源的端电压由外电路决定。

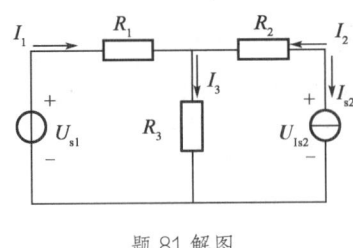

题 81 解图

如解图所示，当电流源的端电压 U_{Is2} 与 I_{s2} 取一致方向时：

$$U_{Is2} = I_2 R_2 + I_3 R_3 \neq 0$$

其他方程正确。

答案：B

82. 解　本题注意正弦交流电的三个特征（大小、相位、速度）和描述方法，图中电压 $\dot{U}$ 为有效值相量。

由相量图可分析，电压最大值为 $10\sqrt{2}$V，初相位为 $-30°$，角频率用 ω 表示，时间函数的正确描述为：

$$u(t) = 10\sqrt{2} \sin(\omega t - 30°)\,\text{V}$$

答案：A

83. 解　用相量法。

$$\dot{I} = \frac{\dot{U}}{20 + (j20 \mathbin{/\!/} -j10)} = \frac{100\angle 0°}{20 - j20} = \frac{5}{\sqrt{2}} \angle 45° = 3.5\angle 45°\text{A}$$

答案：B

84. 解　电路中 R-L 串联支路为电感性质，右支路电容为功率因数补偿所设。

如解图所示，当电容量适当增加时电路功率因数提高。当 $\varphi = 0$，$\cos\varphi = 1$ 时，总电流 I 达到最小值。如果 I_C 继续增加出现过补偿（即电流 $\dot{I}$ 超前于电压 $\dot{U}$ 时），会使电路的功率因数降低。

当电容参数 C 改变时，感性电路的功率因数 $\cos\varphi_L$ 不变。通常，进行功率因数补偿时不出现 $\varphi < 0$ 情况。仅有总电流 I 减小时电路的功率因素（$\cos\varphi$）变大。

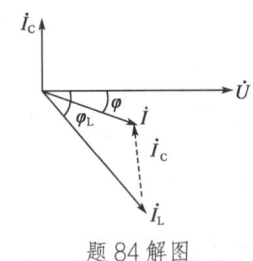

题 84 解图

答案：B

85. 解　理想变压器副边空载时，可以认为原边电流为零，则 $U = U_1$。根据电压变比关系可知：$\dfrac{U}{U_2} = 2$。

答案：B

86. 解　三相交流异步电动机正常运行采用三角形接法时，为了降低启动电流可以采用星形启动，即Y-△启动。但随之带来的是启动转矩也是△接法的1/3。

答案： C

87.解 本题信号波形在时间轴上连续，数值取值为+5、0、−5，是离散的。"二进制代码信号""二值逻辑信号"均不符合题义。只能认为是连续的时间信号。

答案： D

88.解 将图形用数学函数描述为：

$$u(t) = 10 \cdot 1(t) - 10 \cdot 1(t-1) = u_1(t) + u_2(t)$$

这是两个阶跃信号的叠加，如解图所示。

答案： A

题88解图

89.解 低通滤波器可以使低频信号畅通，而高频的干扰信号淹没。

答案： B

90.解 此题可以利用反演定理处理如下：

$$\overline{AB} + \overline{BC} = \overline{A} + \overline{B} + \overline{B} + \overline{C} = \overline{A} + \overline{B} + \overline{C}$$

答案： A

91.解 $F = A\overline{B} + \overline{A}B$ 为异或关系。

由输入量 A、B 和输出的波形分析可见：$\begin{cases} 当输入 A 与 B 相异时，输出 F 为 1。 \\ 当输入 A 与 B 相同时，输出 F 为 0。 \end{cases}$

答案： A

92.解 BCD 码是用二进制表示的十进制数，当用四位二进制数表示十进制的 10 时，可以写为"0001 0000"。

答案： A

93.解 本题采用全波整流电路，结合二极管连接方式分析。在输出信号 u_o 中保留 u_i 信号小于 0 的部分。

则输出直流电压 U_o 与输入交流有效值 U_i 的关系为：

$$U_o = -0.9U_i$$

本题 $U_i = \frac{10}{\sqrt{2}}V$，代入上式得 $U_o = -0.9 \times \frac{10}{\sqrt{2}} = -6.36V$。

答案： D

94.解 将电路"A"端接入 −2.5V 的信号电压，"B"端接地，则构成如解图 a）所示的反相比例运算电路。输出电压与输入的信号电压关系为：

$$u_{\mathrm{o}} = -\frac{R_2}{R_1} u_{\mathrm{i}}$$

可知：

$$\frac{R_2}{R_1} = -\frac{u_{\mathrm{o}}}{u_{\mathrm{i}}} = 4$$

当"A"端接地，"B"端接信号电压，就构成解图 b）的同相比例电路，则输出 u_{o} 与输入电压 u_{i} 的关系为：

$$u_{\mathrm{o}} = \left(1 + \frac{R_2}{R_1}\right) u_{\mathrm{i}} = -12.5\mathrm{V}$$

考虑到运算放大器输出电压在 $-11 \sim 11\mathrm{V}$ 之间，可以确定放大器已经工作在负饱和状态，输出电压为负的极限值 $-11\mathrm{V}$。

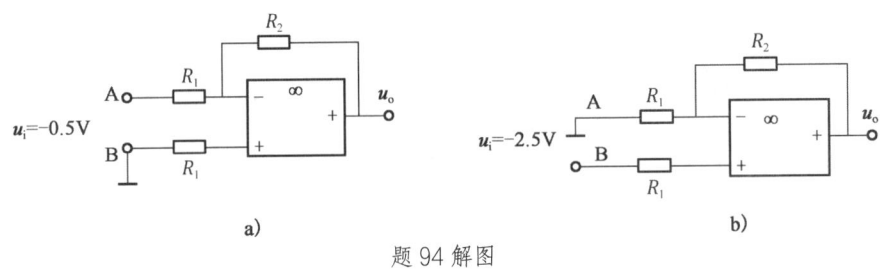

题 94 解图

答案：C

95. 解 左侧电路为与门：$F_1 = A \cdot 0 = 0$，右侧电路为或非门：$F_2 = \overline{B + 0} = \overline{B}$。

答案：A

96. 解 本题为 J-K 触发器（脉冲下降沿触发）和与门构成的时序逻辑电路。其中 J 触发信号为 $J = Q \cdot A$。（注：为波形分析方便，作者补充了 J 端的辅助波形，图中阴影表示该信号未知。）

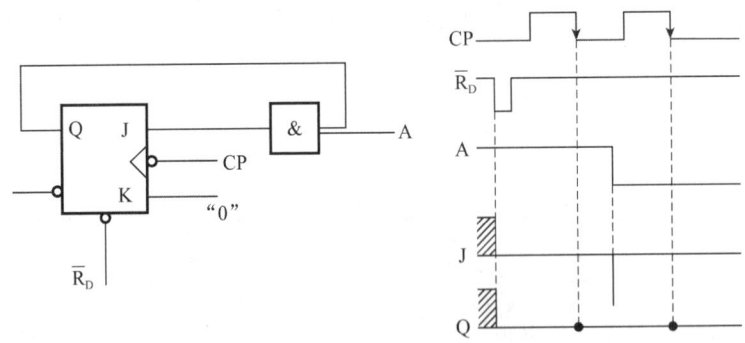

题 96 解图

答案：A

97. 解 计算机发展的人性化的一个重要方面是"使用傻瓜化"。计算机要成为大众的工具，首先必须做到"使用傻瓜化"。要让计算机能听懂、能说话、能识字、能写文、能看图像、能现实场景等。

答案：B

98. 解 计算机内的存储器是由一个个存储单元组成的,每一个存储单元的容量为8位二进制信息,称一个字节。

答案: B

99. 解 操作系统是一个庞大的管理控制程序。通常,它是由进程与处理器调度、作业管理、存储管理、设备管理、文件管理五大功能组成。它包括了选项A、B、C所述的功能,不是仅能实现管理和使用好各种软件资源。

答案: D

100. 解 支撑软件是指支援其他软件的编写制作和维护的软件,主要包括环境数据库、各种接口软件和工具软件,是计算机系统内的一个组成部分。

答案: A

101. 解 进程与处理器调度负责把CPU的运行时间合理地分配给各个程序,以使处理器的软硬件资源得以充分的利用。

答案: C

102. 解 影响计算机图像质量的主要参数有分辨率、颜色深度、图像文件的尺寸和文件保存格式等。

答案: D

103. 解 计算机操作系统中的设备管理的主要功能是负责分配、回收外部设备,并控制设备的运行,是人与外部设备之间的接口。

答案: C

104. 解 数字签名机制提供了一种鉴别方法,以解决伪造、抵赖、冒充和篡改等安全问题。接收方能够鉴别发送方所宣称的身份,发送方事后不能否认他曾经发送过数据这一事实。数字签名技术是没有权限管理的。

答案: A

105. 解 计算机网络是用通信线路和通信设备将分布在不同地点的具有独立功能的多个计算机系统互相连接起来,在功能完善的网络软件的支持下实现彼此之间的数据通信和资源共享的系统。

答案: D

106. 解 局域网是指在一个较小地理范围内的各种计算机网络设备互连在一起的通信网络,可以包含一个或多个子网,通常其作用范围是一座楼房、一个学校或一个单位,地理范围一般不超过几公里。城域网的地理范围一般是一座城市。广域网实际上是一种可以跨越长距离,且可以将两个或多个局域网或主机连接在一起的网络。网际网实际上是多个不同的网络通过网络互联设备互联而成的大型网络。

答案：A

107. 解 首先计算年实际利率：$i = \left(1 + \dfrac{8\%}{4}\right)^4 - 1 = 8.243\%$

根据一次支付现值公式：

$$P = \frac{F}{(1+i)^n} = \frac{300}{(1+8.24\%)^3} = 236.55 \text{ 万元}$$

或季利率 $i = 8\%/4 = 2\%$，三年共 12 个季度，按一次支付现值公式计算：

$$P = \frac{F}{(1+i)^n} = \frac{300}{(1+2\%)^{12}} = 236.55 \text{ 万元}$$

答案：B

108. 解 建设项目评价中的总投资包括建设投资、建设期利息和流动资金之和。建设投资由工程费用（建筑工程费、设备购置费、安装工程费）、工程建设其他费用和预备费（基本预备费和涨价预备费）组成。

答案：C

109. 解 该公司借款偿还方式为等额本金法。

每年应偿还的本金：$2400/6 = 400$ 万元

前 3 年已经偿还本金：$400 \times 3 = 1200$ 万元

尚未还款本金：$2400 - 1200 = 1200$ 万元

第 4 年应还利息 $I_4 = 1200 \times 8\% = 96$ 万元，本息和 $A_4 = 400 + 96 = 496$ 万元

或按等额本金法公式计算：

$$A_t = \frac{I_c}{n} + I_c\left(1 - \frac{t-1}{n}\right)i = \frac{2400}{6} + 2400 \times \left(1 - \frac{4-1}{6}\right) \times 8\% = 496 \text{ 万元}$$

答案：C

110. 解 动态投资回收期 T^* 是指在给定的基准收益率（基准折现率）i_c 的条件下，用项目的净收益回收总投资所需要的时间。动态投资回收期的表达式为：

$$\sum_{t=0}^{T^*} (CI - CO)_t (1 + i_c)^{-t} = 0$$

式中，i_c 为基准收益率。

内部收益率 IRR 是使一个项目在整个计算期内各年净现金流量的现值累计为零时的利率，表达式为：

$$\sum_{t=0}^{n} (CI - CO)_t (1 + IRR)^{-t} = 0$$

式中，n 为项目计算期。如果项目的动态投资回收期 T 正好等于计算期 n，则该项目的内部收益率 IRR 等于基准收益率 i_c。

答案：D

111. 解 直接进口原材料的影子价格（到厂价）＝到岸价（CIF）×影子汇率＋进口费用

$$= 150 \times 6.5 + 240 = 1215 \text{元人民币}/t$$

答案：C

112. 解 对于寿命期相等的互斥项目,应依据增量内部收益率指标选优。如果增量内部收益率 ΔIRR 大于基准收益率 i_c,应选择投资额大的方案；如果增量内部收益率 ΔIRR 小于基准收益率 i_c,则应选择投资额小的方案。

答案：B

113. 解 改扩建项目财务分析要进行项目层次和企业层次两个层次的分析。项目层次应进行盈利能力分析、清偿能力分析和财务生存能力分析,应遵循"有无对比"的原则。

答案：D

114. 解 价值系数＝功能评价系数/成本系数,本题各方案价值系数：

甲方案：$0.85/0.92 = 0.924$

乙方案：$0.6/0.7 = 0.857$

丙方案：$0.94/0.88 = 1.068$

丁方案：$0.67/0.82 = 0.817$

其中,丙方案价值系数 1.068,与 1 相差 6.8%,说明功能与成本基本一致,为四个方案中的最优方案。

答案：C

115. 解 见《中华人民共和国建筑法》第二十四条,可知选项 A、B、D 正确,又第二十二条规定：发包单位应当将建筑工程发包给具有资质证书的承包单位。

答案：C

116. 解 《中华人民共和国安全生产法》第四十三条规定,生产经营单位进行爆破、吊装、动火、临时用电以及国务院应急管理部门会同国务院有关部门规定的其他危险作业,应当安排专门人员进行现场安全管理,确保操作规程的遵守和安全措施的落实。

答案：C

117. 解 其招标文件要包括拟签订的合同条款,而不是签订时间。

《中华人民共和国招标投标法》第十九条规定,招标人应当根据招标项目的特点和需要编制招标文件。招标文件应当包括招标项目的技术要求、对投标人资格审查的标准、投标报价要求和评标标准等所有实质性要求和条件以及拟签订合同的主要条款。

答案：C

118.解 《中华人民共和国民法典》第四百八十七条规定，受要约人在承诺期限内发出承诺，按照通常情形能够及时到达要约人，但是因其他原因致使承诺到达要约人时超过承诺期限的，除要约人及时通知受要约人因承诺超过期限不接受该承诺外，该承诺有效。

选项 A、C，水泥厂不通知受要约人承诺无效，则该承诺依然有效。

选项 B，在期限内发出，不一定是有效承诺，水泥厂通知受要约人承诺无效，则该承诺无效。故该项说法不全面。

选项 D，及时通知对方不接受，则该承诺无效。

答案：D

119.解 应由环保部门验收，不是建设行政主管部门验收，见《中华人民共和国环境保护法》。

《中华人民共和国环境保护法》第十条规定，国务院环境保护主管部门，对全国环境保护工作实施统一监督管理；县级以上地方人民政府环境保护主管部门，对本行政区域环境保护工作实施统一监督管理。

县级以上人民政府有关部门和军队环境保护部门，依照有关法律的规定对资源保护和污染防治等环境保护工作实施监督管理。

第四十一条规定，建设项目中防治污染的设施，应当与主体工程同时设计、同时施工、同时投产使用。防治污染的设施应当符合经批准的环境影响评价文件的要求，不得擅自拆除或者闲置。

（旧版《中华人民共和国环境保护法》第二十六条规定，建设项目中防治污染的措施，必须与主体工程同时设计、同时施工、同时投产使用。防治污染的设施必须经原审批环境影响报告书的环境保护行政主管部门验收合格后，该建设项目方可投入生产或者使用。）

答案：D

120.解 《中华人民共和国建筑法》第三十二条规定，建筑工程监理应当依照法律、行政法规及有关的技术标准、设计文件和建筑工程承包合同，对承包单位在施工质量、建设工期和建设资金使用等方面，代表建设单位实施监督。

答案：D

2017年度全国勘察设计注册工程师执业资格考试基础考试（上）

试题解析及参考答案

1. 解 本题考查分段函数的连续性问题，重点考查在分界点处的连续性。

要求在分界点处函数的左右极限存在且相等并且等于该点的函数值：

$$\operatorname*{Lim}_{x\to 1}\frac{x\ln x}{1-x}\overset{\frac{0}{0}}{=}\lim_{x\to 1}\frac{(x\ln x)'}{(1-x)'}=\lim_{x\to 1}\frac{1\cdot\ln x+x\cdot\frac{1}{x}}{-1}=-1$$

而 $\lim\limits_{x\to 1}\frac{x\ln x}{1-x}=f(1)=a\Rightarrow a=-1$

答案：C

2. 解 本题考查复合函数在定义域内的性质。

函数 $\sin\frac{1}{x}$ 的定义域为 $(-\infty,0)$，$(0,+\infty)$，它是由函数 $y=\sin t$，$t=\frac{1}{t}$ 复合而成的，当 t 在 $(-\infty,0)$，$(0,+\infty)$ 变化时，t 在 $(-\infty,+\infty)$ 内变化，函数 $y=\sin t$ 的值域为 $[-1,1]$，所以函数 $y=\sin\frac{1}{x}$ 是有界函数。

答案：A

3. 解 本题考查空间向量的相关性质，注意"点乘"和"叉乘"对向量运算的几何意义。

选项 A、C 中，$|\boldsymbol{\alpha}\times\boldsymbol{\beta}|=|\boldsymbol{\alpha}|\cdot|\boldsymbol{\beta}|\cdot\sin(\boldsymbol{\alpha},\boldsymbol{\beta})$，若 $\boldsymbol{\alpha}\times\boldsymbol{\beta}=\boldsymbol{0}$，且 $\boldsymbol{\alpha},\boldsymbol{\beta}$ 非零，则有 $\sin(\boldsymbol{\alpha},\boldsymbol{\beta})=0$，故 $\boldsymbol{\alpha}//\boldsymbol{\beta}$，选项 A 错误，C 正确。

选项 B 中，$\boldsymbol{\alpha}\cdot\boldsymbol{\beta}=|\boldsymbol{\alpha}|\cdot|\boldsymbol{\beta}|\cdot\cos(\boldsymbol{\alpha},\boldsymbol{\beta})$，若 $\boldsymbol{\alpha}\cdot\boldsymbol{\beta}=0$，且 $\boldsymbol{\alpha},\boldsymbol{\beta}$ 非零，则有 $\cos(\boldsymbol{\alpha},\boldsymbol{\beta})=0$，故 $\boldsymbol{\alpha}\perp\boldsymbol{\beta}$，选项 B 错误。

选项 D 中，若 $\boldsymbol{\alpha}=\lambda\boldsymbol{\beta}$，则 $\boldsymbol{\alpha}//\boldsymbol{\beta}$，此时 $\boldsymbol{\alpha}\cdot\boldsymbol{\beta}=\lambda\boldsymbol{\beta}\cdot\boldsymbol{\beta}=\lambda|\boldsymbol{\beta}||\boldsymbol{\beta}|\cos 0°\neq 0$，选项 D 错误。

答案：C

4. 解 本题考查一阶线性微分方程的特解形式，本题采用公式法和代入法均能得到结果。

方法 1： 公式法，一阶线性微分方程的一般形式为：$y'+P(x)y=Q(x)$

其通解为 $y=e^{-\int P(x)\mathrm{d}x}[\int Q(x)e^{\int P(x)\mathrm{d}x}\mathrm{d}x+C]$

本题中，$P(x)=-1$，$Q(x)=0$，有 $y=e^{-\int -1\mathrm{d}x}(0+C)=Ce^x$

由 $y(0)=2\Rightarrow Ce^0=2$，即 $C=2$，故 $y=2e^x$。

方法 2： 利用可分离变量方程计算：$\frac{\mathrm{d}y}{\mathrm{d}x}=y\Rightarrow\frac{\mathrm{d}y}{y}=\mathrm{d}x\Rightarrow\int\frac{\mathrm{d}y}{y}=\int\mathrm{d}x\Rightarrow\ln y=x+\ln c\Rightarrow y=Ce^x$

由 $y(0)=2\Rightarrow Ce^0=2$，即 $C=2$，故 $y=2e^x$。

方法 3： 代入法，将选项 A 中 $y=2e^{-x}$ 代入 $y'-y=0$ 中，不满足方程。同理，选项 C、D 也不满足。

答案：B

5. 解 本题考查变限定积分求导的问题。

对于下限有变量的定积分求导，可先转化为上限有变量的定积分求导问题，注意交换上下限的位置之后，增加一个负号，再利用公式即可：

$$f(x) = \int_x^2 \sqrt{5 + t^2}\,\mathrm{d}t = -\int_2^x \sqrt{5 + t^2}\,\mathrm{d}t$$

$$f'(x) = -\sqrt{5 + x^2}$$

$$f'(1) = -\sqrt{6}$$

答案： D

6. 解 本题考查隐函数求导的问题。

方法 1：方程两边对 x 求导，注意 y 是 x 的函数：

$$e^y + x'y = e$$

$$(e^y)' + (xy)' = (e)'$$

$$e^y \cdot y' + (y + xy') = 0$$

$$(e^y + x)y' = -y$$

解出 $y' = \dfrac{-y}{x + e^y}$

当 $x = 0$ 时，有 $e^y = e \Rightarrow y = 1$，$y'(0) = -\dfrac{1}{e}$

方法 2：利用二元方程确定的隐函数导数的计算方法计算。

$$e^y + xy = e,\ e^y + xy - e = 0$$

设 $F(x, y) = e^y + xy - e$，$F'_y(x, y) = e^y + x$，$F'_x(x, y) = y$

所以

$$\frac{\mathrm{d}y}{\mathrm{d}x} = -\frac{F'_x(x, y)}{F'_y(x, y)} = -\frac{y}{e^y + x}$$

当 $x = 0$ 时，$y = 1$，代入得 $\dfrac{\mathrm{d}y}{\mathrm{d}x}\Big|_{x=0} = -\dfrac{1}{e}$

注：本题易错选 B 项，选 B 则是没有看清题意，题中所求是 $y'(0)$ 而并非 $y'(x)$。

答案： D

7. 解 本题考查不定积分的相关内容。

已知 $\int f(x)\mathrm{d}x = \ln x + C$，可知 $f(x) = \dfrac{1}{x}$

则 $f(\cos x) = \dfrac{1}{\cos x}$，即 $\int \cos x\, f(\cos x)\mathrm{d}x = \int \cos x \cdot \dfrac{1}{\cos x}\mathrm{d}x = x + C$

注：本题不适合采用凑微分的形式。

答案： B

8. 解 本题考查多元函数微分学的概念性问题，涉及多元函数偏导数与多元函数连续等概念，需记忆下图的关系式方可快速解答：

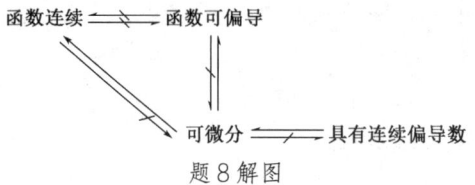

题 8 解图

$f(x,y)$在点$P_0(x_0,y_0)$有一阶偏导数，不能推出$f(x,y)$在$P_0(x_0,y_0)$连续。

同样，$f(x,y)$在$P_0(x_0,y_0)$连续，不能推出$f(x,y)$在$P_0(x_0,y_0)$有一阶偏导数。

可知，函数可偏导与函数连续之间的关系是不能相互导出的。

答案： D

9. 解 本题考查空间解析几何中对称直线方程的概念。

对称式直线方程的特点是连等号的存在，故而选项 A 和 C 可直接排除，且选项 A 和 C 并不是直线的表达式。由于所求直线平行于z轴，取z轴的方向向量为所求直线的方向向量。

$\vec{s}_z = \{0,0,1\}$，$M_0(-1,-2,3)$，利用点向式写出对称式方程：

$$\frac{x+1}{0} = \frac{y+2}{0} = \frac{z-3}{1}$$

答案： D

10. 解 本题考查定积分的计算。

对本题，观察分子中有$\frac{1}{x}$，而$\left(\frac{1}{x}\right)' = -\frac{1}{x^2}$，故适合采用凑微分解答：

$$原式 = \int_1^2 -\left(1-\frac{1}{x}\right)\mathrm{d}\left(\frac{1}{x}\right) = \int_1^2 \left(\frac{1}{x}-1\right)\mathrm{d}\left(\frac{1}{x}\right) = \int_1^2 \frac{1}{x}\mathrm{d}\left(\frac{1}{x}\right) - \int_1^2 1\mathrm{d}\left(\frac{1}{x}\right)$$

$$= \frac{1}{2}\left(\frac{1}{x}\right)^2\bigg|_1^2 - \frac{1}{x}\bigg|_1^2 = \frac{1}{8}$$

答案： C

11. 解 本题考查了三角函数的基本性质，以及最值的求法。

方法 1：$f(x) = \sin(x+\frac{\pi}{2}+\pi) = -\cos x$

$x \in [-\pi,\pi]$

$f'(x) = \sin x$，$f'(x) = 0$，即$\sin x = 0$，可知$x = 0$，$-\pi$，π为驻点

则$f(0) = -\cos 0 = -1$，$f(-\pi) = -\cos(-\pi) = 1$，$f(\pi) = -\cos\pi = 1$

所以$x = 0$，函数取得最小值，最小值点$x_0 = 0$

方法 2：通过作图，可以看出在$[-\pi,\pi]$上的最小值点$x_0 = 0$。

答案： B

12. 解 本题考查参数方程形式的对坐标的曲线积分（也称第二类曲线积分），注意绕行方向为顺时针。

如解图所示，上半椭圆ABC是由参数方程$\begin{cases} x = a\cos\theta \\ y = b\sin\theta \end{cases}(a>0, b>0)$画出的。本题积分路径$L$为沿上半椭圆顺时针方向，从$C$到$B$，再到$A$，$\theta$变化范围由$\pi$变化到 0，具体计算可由方程$x = a\cos\theta$得到。起点为$C(-a,0)$，把$-a$代入方程中的$x$，得$\theta = \pi$。终点为$A(a,0)$，把$a$代入方程中的$x$，得$\theta = 0$，因此参数$\theta$的变化为从$\theta = \pi$变化到$\theta = 0$，即$\theta: \pi \to 0$。

由 $x = a\cos\theta$ 可知，$\mathrm{d}x = -a\sin\theta\mathrm{d}\theta$，因此原式有：

$$\int_L y^2 \mathrm{d}x = \int_\pi^0 (b\sin\theta)^2(-a\sin\theta)d\theta = \int_0^\pi ab^2\sin^3\theta d\theta = ab^2\int_0^\pi \sin^2\theta \mathrm{d}(-\cos\theta)$$

$$= -ab^2\int_0^\pi(1-\cos^2\theta)\mathrm{d}(\cos\theta) = \frac{4}{3}ab^2$$

注：对坐标的曲线积分应注意积分路径的方向，然后写出积分变量的上下限，本题若取逆时针为绕行方向，则 θ 的范围应从 0 到 π。简单作图即可观察和验证。

答案：B

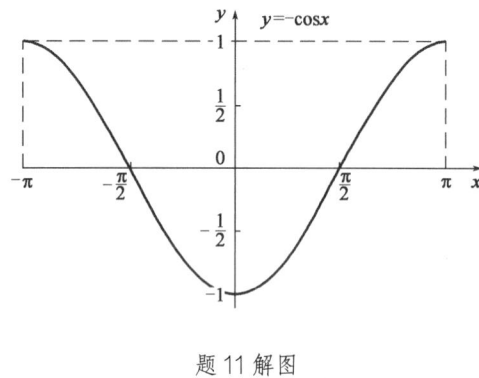

题 11 解图　　　　　　　　　　题 12 解图

13. 解　本题考查交错级数收敛的充分条件。

注意本题有 $(-1)^n$，显然 $\sum\limits_{n=1}^\infty \dfrac{(-1)^n}{a_n}(a_n > 0)$ 是一个交错级数。

交错级数收敛，即 $\sum\limits_{n=1}^\infty (-1)^n a_n$ 只要满足：①$a_n > a_{n+1}$，②$a_n \to 0(n \to \infty)$ 即可。

在选项 D 中，已知 a_n 单调递增，即 $a_n < a_{n+1}$，所以 $\dfrac{1}{a_n} > \dfrac{1}{a_{n+1}}$

又知 $\lim\limits_{n\to\infty} a_n = +\infty$，所以 $\lim\limits_{n\to\infty}\dfrac{1}{a_n} = 0$，故级数 $\sum\limits_{n=1}^\infty \dfrac{(-1)^n}{a_n}(a_n > 0)$ 收敛

其他选项均不符合交错级数收敛的判别方法。

答案：D

14. 解　本题考查函数拐点的求法。

求解函数拐点即先求函数的二阶导数为 0 的点，因此有：

$$F'(x) = e^{-x} - xe^{-x}$$

$$F''(x) = xe^{-x} - 2e^{-x} = (x-2)e^{-x}$$

令 $f''(x) = 0$，解出 $x = 2$

当 $x \in (-\infty, 2)$ 时，$f''(x) < 0$；当 $x \in (2, +\infty)$ 时，$f''(x) > 0$

所以拐点为 $(2, 2e^{-2})$

答案：A

15. 解　本题考查二阶常系数线性非齐次方程的特解问题。

严格说来本题有点超纲，大纲要求是求解二阶常系数线性齐次微分方程，对于非齐次方程并不做要求。因此本题可采用代入法求解，考虑到$e^x = (e^x)' = (e^x)''$，观察各选项，易知选项C符合要求。

具体解析过程如下：

$y'' + y' + y = e^x$对应的齐次方程为$y'' + y' + y = 0$

$r^2 + r + 1 = 0 \Rightarrow r_{1,2} = \frac{-1 \pm \sqrt{3}i}{2}$

所以$\lambda = 1$不是特征方程的根

设二阶非齐次线性方程的特解$y^* = Ax^0 e^x = Ae^x$

$(y^*)' = Ae^x$，$(y^*)'' = Ae^x$

代入，得$Ae^x + Ae^x + Ae^x = e^x$

$3Ae^x = e^x$，$3A = 1$，$A = \frac{1}{3}$，所以特解为$y^* = \frac{1}{3}e^x$

答案：C

16. 解 本题考查二重积分在极坐标下的运算。

注意到在二重积分的极坐标中有$x = r\cos\theta$，$y = r\sin\theta$，故$x^2 + y^2 = r^2$，因此对于圆域有$0 \leq r^2 \leq 1$，也即$r: 0 \to 1$，整个圆域范围内有$\theta: 0 \to 2\pi$，如解图所示，同时注意二重积分中面积元素$\mathrm{d}x\mathrm{d}y = r\mathrm{d}r\mathrm{d}\theta$，故：

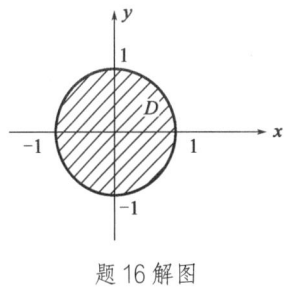

题16解图

$$\iint_D \frac{\mathrm{d}x\mathrm{d}y}{1+x^2+y^2} = \int_0^{2\pi} \mathrm{d}\theta \int_0^1 \frac{1}{1+r^2} r\mathrm{d}r \xrightarrow[\text{对}r\text{凑微分}]{\theta\text{和}r\text{无关直接积分}} 2\pi \int_0^1 \frac{1}{2}\frac{1}{1+r^2} \mathrm{d}(1+r^2)$$

$$= \pi\ln(1+r^2)\Big|_0^1 = \pi\ln 2$$

答案：D

17. 解 本题考查幂级数的和函数的基本运算。

级数$\sum\limits_{n=1}^{\infty} \frac{x^n}{n!} = \frac{x}{1!} + \frac{x^2}{2!} + \frac{x^3}{3!} + \cdots + \frac{x^n}{n!} + \cdots$

已知$e^x = 1 + \frac{x}{1!} + \frac{x^2}{2!} + \cdots + \frac{x^n}{n!} + \cdots (-\infty, +\infty)$

所以级数$\sum\limits_{n=1}^{\infty} \frac{x^n}{n!}$的和函数$S(x) = e^x - 1$

注：考试中常见的幂级数展开式有：

$\frac{1}{1-x} = 1 + x + x^2 + \cdots + x^k + \cdots = \sum\limits_{k=0}^{\infty} x^k$，$|x| < 1$

$\frac{1}{1+x} = 1 - x + x^2 - \cdots + (-1)^k x^k + \cdots = \sum\limits_{k=0}^{\infty} (-1)^k x^k$，$|x| < 1$

$e^x = 1 + x + \frac{x^2}{2!} + \cdots + \frac{x^k}{k!} + \cdots = \sum\limits_{k=0}^{\infty} \frac{x^k}{k!}$，$(-\infty, +\infty)$

答案：C

18. 解　本题考查多元抽象函数偏导数的运算，及多元复合函数偏导数的计算方法。

$$z = y\varphi\left(\frac{x}{y}\right)$$

$$\frac{\partial z}{\partial x} = y \cdot \varphi'\left(\frac{x}{y}\right) \cdot \frac{1}{y} = \varphi'\left(\frac{x}{y}\right)$$

$$\frac{\partial^2 z}{\partial x \partial y} = \varphi''\left(\frac{x}{y}\right) \cdot \left(\frac{x}{y}\right)'_y = \varphi''\left(\frac{x}{y}\right) \cdot \left(\frac{x}{-y^2}\right)$$

注：复合函数的链式法则为 $f'(g(x)) = f' \cdot g'$，读者应注意题目中同时含有抽象函数与具体函数的求导法则。

答案：B

19. 解　本题考查可逆矩阵的相关知识。

方法 1： 利用初等行变换求解如下：

由 $[A|E] \xrightarrow{\text{初等行变换}} [E|A^{-1}]$

得：$\begin{bmatrix} 0 & 0 & -2 & \vdots & 1 & 0 & 0 \\ 0 & 3 & 0 & \vdots & 0 & 1 & 0 \\ 1 & 0 & 0 & \vdots & 0 & 0 & 1 \end{bmatrix} \xrightarrow{r_1 \leftrightarrow r_3} \begin{bmatrix} 1 & 0 & 0 & \vdots & 0 & 0 & 1 \\ 0 & 3 & 0 & \vdots & 0 & 1 & 0 \\ 0 & 0 & -2 & \vdots & 1 & 0 & 0 \end{bmatrix} \xrightarrow[-\frac{1}{2}r_3]{\frac{1}{3}r_2} \begin{bmatrix} 1 & 0 & 0 & \vdots & 0 & 0 & 1 \\ 0 & 1 & 0 & \vdots & 0 & \frac{1}{3} & 0 \\ 0 & 0 & 1 & \vdots & -\frac{1}{2} & 0 & 0 \end{bmatrix}$

故 $A^{-1} = \begin{bmatrix} 0 & 0 & 1 \\ 0 & \frac{1}{3} & 0 \\ -\frac{1}{2} & 0 & 0 \end{bmatrix}$

方法 2： 逐项代入法，与矩阵 A 乘积等于 E，即为正确答案。验证选项 C，计算过程如下：

$$\begin{bmatrix} 0 & 0 & -2 \\ 0 & 3 & 0 \\ 1 & 0 & 0 \end{bmatrix} \begin{bmatrix} 0 & 0 & 1 \\ 0 & \frac{1}{3} & 0 \\ -\frac{1}{2} & 0 & 0 \end{bmatrix} = \begin{bmatrix} 1 & 0 & 0 \\ 0 & 1 & 0 \\ 0 & 0 & 1 \end{bmatrix}$$

方法 3： 利用求逆矩阵公式：

$$A^{-1} = \frac{A^*}{|A|} = \frac{1}{|A|} \begin{bmatrix} A_{11} & A_{21} & A_{31} \\ A_{12} & A_{22} & A_{32} \\ A_{13} & A_{23} & A_{33} \end{bmatrix}$$

答案：C

20. 解　本题考查线性齐次方程组解的基本知识，矩阵的秩和矩阵列向量组的线性相关性。

方法 1： $Ax = 0$ 有非零解 $\Leftrightarrow R(A) < n \Leftrightarrow A$ 的列向量组线性相关 $\Leftrightarrow$ 至少有一个列向量是其余列向量的线性组合。

方法 2： 举反例，$A = \begin{bmatrix} 1 & 0 & 0 \\ 0 & 1 & 1 \\ 0 & 0 & 0 \end{bmatrix}$，齐次方程组 $Ax = 0$ 就有无穷多解，因为 $R(A) = 2 < 3$，然而矩阵中第一列和第二列线性无关，选项 A 错。第二列和第三列线性相关，选项 B 错。第一列不是第二列、第三列的线性组合，选项 C 错。

答案：D

21. 解 本题考查实对称阵的特征值与特征向量的相关知识。

已知重要结论：实对称矩阵属于不同特征值的特征向量必然正交。

方法1：设对应 $\lambda_1 = 6$ 的特征向量 $\xi_1 = (x_1 \quad x_2 \quad x_3)^T$，由于 A 是实对称矩阵，故 $\xi_1^T \cdot \xi_2 = 0$，$\xi_1^T \cdot \xi_3 = 0$，即

$$\begin{cases} (x_1 \quad x_2 \quad x_3) \begin{bmatrix} -1 \\ 0 \\ 1 \end{bmatrix} = 0 \\ (x_1 \quad x_2 \quad x_3) \begin{bmatrix} 1 \\ 2 \\ 1 \end{bmatrix} = 0 \end{cases} \Rightarrow \begin{cases} -x_1 + x_3 = 0 \\ x_1 + 2x_2 + x_3 = 0 \end{cases}$$

$$\begin{bmatrix} -1 & 0 & 1 \\ 1 & 2 & 1 \end{bmatrix} \rightarrow \begin{bmatrix} 1 & 0 & -1 \\ 1 & 2 & 1 \end{bmatrix} \rightarrow \begin{bmatrix} 1 & 0 & -1 \\ 0 & 2 & 2 \end{bmatrix} \rightarrow \begin{bmatrix} 1 & 0 & -1 \\ 0 & 1 & 1 \end{bmatrix}$$

该同解方程组为 $\begin{cases} x_1 - x_3 = 0 \\ x_2 + x_3 = 0 \end{cases} \Rightarrow \begin{cases} x_1 = x_3 \\ x_2 = -x_3 \end{cases}$

当 $x_3 = 1$ 时，$x_1 = 1$，$x_2 = -1$

方程组的基础解系 $\xi = (1 \quad -1 \quad 1)^T$，取 $\xi_1 = (1 \quad -1 \quad 1)^T$

方法2：采用代入法，对四个选项进行验证。

对于选项A：$(1 \quad -1 \quad 1) \begin{bmatrix} -1 \\ 0 \\ 1 \end{bmatrix} = 0$，$(1 \quad -1 \quad 1) \begin{bmatrix} 1 \\ 2 \\ 1 \end{bmatrix} = 0$，可知正确。

答案：A

22. 解 $A(\overline{B \cup C}) = A\overline{B}\overline{C}$ 可能发生，选项A错。

$A(\overline{A \cup B \cup C}) = A\overline{A}\,\overline{B}\,\overline{C} = \varnothing$，选项B对。

或见解图，图a）$\overline{B \cup C}$（斜线区域）与 A 有交集，图b）$\overline{A \cup B \cup C}$（斜线区域）与 A 无交集。

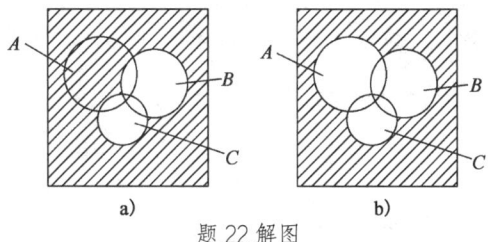

题 22 解图

答案：B

23. 解 本题考查概率密度的性质：$\int_{-\infty}^{+\infty} \int_{-\infty}^{+\infty} f(x, y) \mathrm{d}x \mathrm{d}y = 1$

方法1：

$$\int_0^{+\infty} \int_0^{+\infty} e^{-2ax+by} \mathrm{d}y\mathrm{d}x = \int_0^{+\infty} e^{-2ax} \mathrm{d}x \cdot \int_0^{+\infty} e^{by} \mathrm{d}y = 1$$

当 $a > 0$ 时，$\int_0^{+\infty} e^{-2ax} \mathrm{d}x = \dfrac{-1}{2a} e^{-2ax} \Big|_0^{+\infty} = \dfrac{1}{2a}$

当 $b < 0$ 时，$\int_0^{+\infty} e^{by} \mathrm{d}y = \dfrac{1}{b} e^{by} \Big|_0^{+\infty} = \dfrac{-1}{b}$

$\frac{1}{2a} \cdot \frac{-1}{b} = 1$, $ab = -\frac{1}{2}$

方法2：

当 $x > 0$，$y > 0$ 时，$f(x, y) = e^{-2ax+by} = 2ae^{-2ax} \cdot (-b)e^{by} \cdot \frac{-1}{2ab}$

当 $\frac{-1}{2ab} = 1$，即 $ab = -\frac{1}{2}$ 时，X 与 Y 相互独立，且 X 服从参数 $\lambda = 2a(a > 0)$ 的指数分布，Y 服从参数 $\lambda = -b(b < 0)$ 的指数分布。

答案：A

24. 解 因为 $\hat{\theta}$ 是 θ 的无偏估计量，即 $E(\hat{\theta}) = \theta$

所以 $E\left[(\hat{\theta})^2\right] = D(\hat{\theta}) + \left[E(\hat{\theta})\right]^2 = D(\hat{\theta}) + \theta^2$

又因为 $D(\hat{\theta}) > 0$，所以 $E\left[(\hat{\theta})^2\right] > \theta^2$，$(\hat{\theta})^2$ 不是 θ^2 的无偏估计量

答案：B

25. 解 理想气体状态方程 $pV = \frac{M}{\mu}RT$，因为 $V_1 = V_2$，$T_1 = T_2$，$M_1 = M_2$，所以 $\frac{\mu_1}{\mu_2} = \frac{p_2}{p_1}$。

答案：D

26. 解 气体分子的平均碰撞频率：$\overline{Z} = \sqrt{2}n\pi d^2\overline{v}$，已知 $\overline{v} = 1.6\sqrt{\frac{RT}{M}}$，$p = nkT$，则：

$$\overline{Z} = \sqrt{2}n\pi d^2\overline{v} = \sqrt{2}\frac{p}{kT}\pi d^2 \cdot 1.6\sqrt{\frac{RT}{M}} \propto \frac{1}{\sqrt{T}}$$

答案：C

27. 解 热力学第一定律 $Q = W + \Delta E$，绝热过程做功等于内能增量的负值，即 $\Delta E = -W = -500\text{J}$。

答案：C

28. 解 此题考查对热力学第二定律与可逆过程概念的理解。开尔文表述的是关于热功转换过程中的不可逆性，克劳修斯表述则指出热传导过程中的不可逆性。

答案：A

29. 解 此题考查波动方程基本关系。

$$y = A\cos(Bt - Cx) = A\cos B\left(t - \frac{x}{B/C}\right)$$

$$u = \frac{B}{C}, \quad \omega = B, \quad T = \frac{2\pi}{\omega} = \frac{2\pi}{B}$$

$$\lambda = u \cdot T = \frac{B}{C} \cdot \frac{2\pi}{B} = \frac{2\pi}{C}$$

答案：B

30. 解 波长 λ 反映的是波在空间上的周期性。

答案：B

31. 解 由描述波动的基本物理量之间的关系得：

$$\frac{\lambda}{3} = \frac{2\pi}{\pi/6}, \quad \lambda = 36, \quad U = \frac{\lambda}{T} = \frac{36}{4} = 9$$

答案：B

32.解 光的干涉，光程差变化为半波长的奇数倍时，原明纹处变为暗条纹。

答案：B

33.解 此题考查马吕斯定律。

$I = I_0 \cos^2 \alpha$，光强为 I_0 的自然光通过第一个偏振片，光强为入射光强的一半，通过第二个偏振片，光强为 $I = \frac{I_0}{2} \cos^2 \alpha$，则：

$$\frac{I_1}{I_2} = \frac{\frac{1}{2} I_0 \cos^2 \alpha_1}{\frac{1}{2} I_0 \cos^2 \alpha_2} = \frac{\cos^2 \alpha_1}{\cos^2 \alpha_2}$$

答案：C

34.解 本题同 2010-36，由光栅公式 $d \sin \theta = k\lambda$，对同级条纹，光栅常数小，衍射角大，分辨率高，选光栅常数小的。

答案：D

35.解 由双缝干涉条纹间距公式计算：

$$\Delta x = \frac{D}{d} \lambda = \frac{3000}{2} \times 600 \times 10^{-6} = 0.9 \text{mm}$$

答案：B

36.解 由布儒斯特定律，折射角为30°时，入射角为60°，$\tan 60° = \frac{n_2}{n_1} = \sqrt{3}$。

答案：D

37.解 原子序数为 15 的元素，原子核外有 15 个电子，基态原子的核外电子排布式为 $1s^2 2s^2 2p^6 3s^2 3p^3$，根据洪特规则，$3p^3$ 中 3 个电子分占三个不同的轨道，并且自旋方向相同。所以原子序数为 15 的元素，其基态原子核外电子分布中，有 3 个未成对电子。

答案：D

38.解 NaCl是离子晶体，冰是分子晶体，SiC是原子晶体，Cu是金属晶体。所以SiC的熔点最高。

答案：C

39.解 根据稀释定律 $\alpha = \sqrt{K_a/C}$，一元弱酸HOAc的浓度越小，解离度越大。所以HOAc浓度稀释一倍，解离度增大。

注：HOAc 一般写为 HAc，普通化学书中常用 HAc。

答案：A

40.解 将$0.2 \text{mol} \cdot \text{L}^{-1}$的$NH_3 \cdot H_2O$与$0.2 \text{mol} \cdot \text{L}^{-1}$的 HCl 溶液等体积混合生成$0.1 \text{mol} \cdot \text{L}^{-1}$的$NH_4Cl$

溶液，NH_4Cl 为强酸弱碱盐，可以水解，溶液 $C_{H^+} = \sqrt{C \cdot K_W / K_b} = \sqrt{0.1 \times \frac{10^{-14}}{1.8 \times 10^{-5}}} \approx 7.5 \times 10^{-6}$，pH $= -\lg C_{H^+} = 5.12$。

答案：A

41. 解 此反应为放热反应。平衡常数只是温度的函数，对于放热反应，平衡常数随着温度升高而减小。相反，对于吸热反应，平衡常数随着温度的升高而增大。

答案：B

42. 解 电对的电极电势越大，其氧化态的氧化能力越强，越易得电子发生还原反应，做正极；电对的电极电势越小，其还原态的还原能力越强，越易失电子发生氧化反应，做负极。

答案：D

43. 解 反应方程式为 $2Na(s) + Cl_2(g) \Longrightarrow 2NaCl(s)$。气体分子数增加的反应，其熵值增大；气体分子数减小的反应，熵值减小。

答案：B

44. 解 加成反应生成 2，3 二溴-2-甲基丁烷，所以在 2，3 位碳碳间有双键，所以该烃为 2-甲基-2-丁烯。

答案：D

45. 解 同系物是指结构相似、分子组成相差若干个 $-CH_2-$ 原子团的有机化合物。

答案：D

46. 解 烃类化合物是碳氢化合物的统称，是由碳与氢原子所构成的化合物，主要包含烷烃、环烷烃、烯烃、炔烃、芳香烃。烃分子中的氢原子被其他原子或者原子团所取代而生成的一系列化合物称为烃的衍生物。

答案：B

47. 解 销钉 C 处为光滑接触约束，约束力应垂直于 AB 光滑直槽，由于 $\textbf{\textit{F}}_p$ 的作用，直槽的左上侧与销钉接触，故其约束力的作用线与 x 轴正向所成的夹角为 $150°$。

答案：D

48. 解 根据力系简化结果分析，分力首尾相连组成自行封闭的力多边形，则简化后的主矢为零，而 $\textbf{\textit{F}}_1$ 与 $\textbf{\textit{F}}_3$、$\textbf{\textit{F}}_2$ 与 $\textbf{\textit{F}}_4$ 分别组成逆时针转向的力偶，合成后为一合力偶。

答案：C

49. 解 以圆柱体为研究对象，沿 1、2 接触点的法线方向有约束力 $\textbf{\textit{F}}_{N1}$ 和 $\textbf{\textit{F}}_{N2}$，受力如解图所示。

对圆柱体列 $\boldsymbol{F}_{N2}$ 方向的平衡方程:

$$\sum F_2 = 0, \quad F_{N2} - P\cos 45° + F\sin 45° = 0, \quad F_{N2} = \frac{\sqrt{2}}{2}(P - F)$$

答案:A

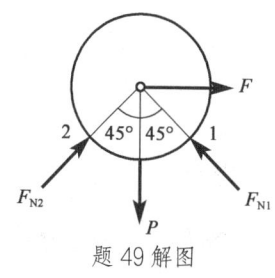

题 49 解图

50. 解 在重力作用下,杆 A 端有向左侧滑动的趋势,故 B 处摩擦力应沿杆指向右上方向。

答案:B

51. 解 因为速度 $v = \dfrac{\mathrm{d}x}{\mathrm{d}t}$,积一次分,即:$\int_5^x \mathrm{d}x = \int_0^t (20t+5)\mathrm{d}t, x - 5 = 10t^2 + 5t$。

答案:A

52. 解 根据定轴转动刚体上一点加速度与转动角速度、角加速度的关系:$a_n = \omega^2 l$, $a_\tau = \alpha l$,而题中 $a_n = a = \omega^2 l$,所以 $\omega = \sqrt{\dfrac{a}{l}}$, $a_\tau = 0 = \alpha l$,所以 $\alpha = 0$。

答案:C

53. 解 绳上 A 点的加速度大小为 a(该点速度方向在下一瞬时无变化,故只有铅垂方向的加速度),而轮缘上各点的加速度大小为 $\sqrt{a^2 + \left(\dfrac{v^2}{r}\right)^2}$,绳上 D 点随轮缘 C 点一起运动,所以两点加速度相同。

答案:D

54. 解 汽车运动到洼地底部时加速度的大小为 $a = a_n = \dfrac{v^2}{\rho}$,其运动及受力如解图所示,按照牛顿第二定律,在铅垂方向有 $ma = F_N - W$, F_N 为地面给汽车的合约束,力 $F_N = \dfrac{W}{g} \cdot \dfrac{v^2}{\rho} + W = \dfrac{2800}{10} \times \dfrac{10^2}{5} + 2800 = 8400\text{N}$。

答案:D

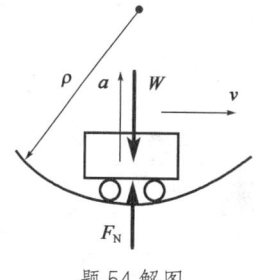

题 54 解图

55. 解 根据动量的公式:$p = mv_C$,则圆轮质心速度为零,动量为零,故系统的动量只有物块的 $\dfrac{W}{g} \cdot v$;又根据动能的公式:圆轮的动能为 $\dfrac{1}{2} \cdot \dfrac{1}{2} mR^2 \omega^2 = \dfrac{1}{4} mR^2 \left(\dfrac{v}{R}\right)^2 = \dfrac{1}{4} mv^2$,物块的动能为 $\dfrac{1}{2} \cdot \dfrac{W}{g} v^2$,两者相加为 $\dfrac{1}{2} \cdot \dfrac{v^2}{g} \left(\dfrac{1}{2} mg + W\right)$。

答案:A

56. 解 由于系统在水平方向受力为零,故在水平方向有质心守恒,即质心只沿铅垂方向运动。

答案:C

57. 解 根据定轴转动刚体惯性力系的简化结果分析,匀角速度转动($\alpha = 0$)刚体的惯性力主矢和主矩的大小分别为:$F_I = ma_C = \dfrac{1}{2} ml\omega^2$, $M_{IO} = J_O \alpha = 0$。

答案:D

58. 解 单摆运动的固有频率公式:$\omega_n = \sqrt{\dfrac{g}{l}}$。

答案:C

59. 解

$$\varepsilon' = -\mu\varepsilon = -\mu\frac{\sigma}{E} = -\mu\frac{F_N}{AE} = -0.3 \times \frac{20 \times 10^3 \text{N}}{100\text{mm}^2 \times 200 \times 10^3 \text{MPa}} = -0.3 \times 10^{-3}$$

答案：B

60. 解 由于沿横截面有微小裂纹，使得直杆在承受拉伸荷载时，在有微小裂纹的横截面上将产生应力集中，故有裂纹的杆件比没有裂纹杆件的承载能力明显降低。

答案：C

61. 解 由 $\sigma = \frac{P}{\frac{1}{4}\pi d^2} \leqslant [\sigma]$，$\tau = \frac{P}{\pi dh} \leqslant [\tau]$，$\sigma_{bs} = \frac{P}{\frac{\pi}{4}(D^2-d^2)} \leqslant [\sigma_{bs}]$ 分别求出 $[P]$，然后取最小值即为杆件的许用拉力。

答案：D

62. 解 由于 a 轮上的外力偶矩 M_a 最大，当 a 轮放在两端时轴内将产生较大扭矩；只有当 a 轮放在中间时，轴内扭矩才较小。

答案：D

63. 解 由最大负弯矩为 8kN·m，可以反推：$M_{max} = F \times 1\text{m}$，故 $F = 8\text{kN}$

再由支座 C 处（即外力偶矩 M 作用处）两侧的弯矩的突变值是 14kN·m，可知外力偶矩为 14kN·m。

答案：A

64. 解 开裂前，由整体梁的强度条件 $\sigma_{max} = \frac{M}{W_z} \leqslant [\sigma]$，可知：

$$M \leqslant [\sigma]W_z = [\sigma]\frac{b(3a)^2}{6} = \frac{3}{2}ba^2[\sigma]$$

胶合面开裂后，每根梁承担总弯矩 M_1 的 $\frac{1}{3}$，由单根梁的强度条件 $\sigma_{1max} = \frac{M_1}{W_{z1}} = \frac{\frac{M_1}{3}}{W_{z1}} = \frac{M_1}{3W_{z1}} \leqslant [\sigma]$，可知：

$$M_1 \leqslant 3[\sigma]W_{z1} = 3[\sigma]\frac{ba^2}{6} = \frac{1}{2}ba^2[\sigma]$$

故开裂后每根梁的承载能力是原来的 $\frac{1}{3}$。

答案：B

65. 解 矩形截面切应力的分布是一个抛物线形状，最大切应力在中性轴 z 上，图示梁的横截面可以看作是一个中性轴附近梁的宽度 b 突然变大的矩形截面。根据弯曲切应力的计算公式：

$$\tau = \frac{QS_z^*}{bI_z}$$

在 b 突然变大的情况下，中性轴附近的 τ 突然变小，切应力分布图沿 y 方向的分布如解图所示，所以最大切应力在 2 点。

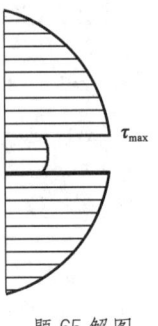

题 65 解图

答案：B

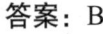

66. 解 由悬臂梁的最大挠度计算公式$f_{max} = \frac{m_g L^2}{2EI}$，可知$f_{max}$与$L^2$成正比，故有

$$f'_{max} = \frac{m_g \left(\frac{L}{2}\right)^2}{2EI} = \frac{1}{4} f_{max}$$

答案： B

67. 解 由跨中受集中力F作用的简支梁最大挠度的公式$f_c = \frac{Fl^3}{48EI}$，可知最大挠度与截面对中性轴的惯性矩成反比。

因为$I_a = \frac{b^3 h}{12} = \frac{b^4}{6}$，$I_b = \frac{bh^3}{12} = \frac{2b^4}{3}$，所以$\frac{f_a}{f_b} = \frac{I_b}{I_a} = \frac{\frac{2}{3}b^4}{\frac{b^4}{6}} = 4$

答案： C

68. 解 首先求出三个主应力：$\sigma_1 = \sigma, \sigma_2 = \tau, \sigma_3 = -\tau$，再由第三强度理论得$\sigma_{r3} = \sigma_1 - \sigma_3 = \sigma + \tau \leqslant [\sigma]$。

答案： B

69. 解 开缺口的截面是偏心受拉，偏心距为$\frac{h}{4}$，则：

$$\sigma_{max} = \frac{P}{A} + \frac{P \cdot \frac{h}{4}}{W_z} = \frac{P}{\frac{bh}{2}} + \frac{P \cdot \frac{h}{4}}{\frac{b}{6}\left(\frac{h}{2}\right)^2} = 8\frac{P}{bh}$$

答案： C

70. 解 由一端固定、另一端自由的细长压杆的临界力计算公式$F_{cr} = \frac{\pi^2 EI}{(2L)^2}$，可知$F_{cr}$与$L^2$成反比，故有

$$F'_{cr} = \frac{\pi^2 EI}{\left(2 \cdot \frac{L}{2}\right)^2} = 4\frac{\pi^2 EI}{(2L)^2} = 4F_{cr}$$

答案： A

71. 解 水的运动黏性系数随温度的升高而减小。

答案： B

72. 解 真空度$p_v = p_a - p' = 101 - (90 + 9.8) = 1.2\text{kN/m}^2$

答案： C

73. 解 流线表示同一时刻的流动趋势。

答案： D

74. 解 对两水箱水面写能量方程可得：$H = h_w = h_{w_1} + h_{w_2}$

$1\sim3$管段中的流速$v_1 = \frac{Q}{\frac{\pi}{4}d_1^2} = \frac{0.04}{\frac{\pi}{4} \times 0.2^2} = 1.27\text{m/s}$

$h_{w_1} = \left(\lambda_1 \frac{l_1}{d_1} + \sum \zeta_1\right)\frac{v_1^2}{2g} = \left(0.019 \times \frac{10}{0.2} + 0.5 + 0.5 + 0.024\right) \times \frac{1.27^2}{2 \times 9.8} = 0.162\text{m}$

$3\sim6$管段中的流速$v_2 = \frac{Q}{\frac{\pi}{4}d_2^2} = \frac{0.04}{\frac{\pi}{4} \times 0.1^2} = 5.1\text{m/s}$

$$h_{w_2} = \left(\lambda_2 \frac{l_2}{d_2} + \sum \zeta_2\right) \frac{v_2^2}{2g} = \left(0.018 \times \frac{10}{0.1} + 0.5 + 0.05 + 1\right) \times \frac{5.1^2}{2 \times 9.8} = 5.042\text{m}$$

$$H = h_{w_1} + h_{w_2} = 0.162 + 5.042 = 5.204\text{m}$$

答案：C

75. 解　在长管水力计算中，速度水头和局部损失均可忽略不计。

答案：C

76. 解　矩形排水管水力半径 $R = \dfrac{A}{\chi} = \dfrac{5 \times 3}{5 + 2 \times 3} = 1.36\text{m}$。

答案：C

77. 解　潜水完全井流量 $Q = 1.36k \dfrac{H^2 - h^2}{\lg \frac{R}{r}}$，因此 Q 与土体渗透数 k 成正比。

答案：D

78. 解　无量纲量即量纲为 1 的量，$\dim \dfrac{F}{\rho v^2 L^2} = \dfrac{\rho v^2 L^2}{\rho v^2 L^2} = 1$

答案：C

79. 解　电流与磁场的方向可以根据右手螺旋定则确定，即让右手大拇指指向电流的方向，则四指的指向就是磁感线的环绕方向。

答案：D

80. 解　见解图，设 2V 电压源电流为 I'，则：

$I = I' + 0.1$

$10I' = 2 - 4 = -2\text{V}$

$I' = -0.2\text{A}$

$I = -0.2 + 0.1 = -0.1\text{A}$

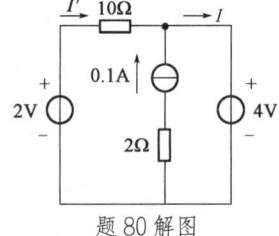

题 80 解图

答案：C

81. 解　电流源单独作用时，15V 的电压源做短路处理，则

$$I = \frac{1}{3} \times (-6) = -2\text{A}$$

答案：D

82. 解　画相量图分析（见解图），电压表和电流表读数为有效值。

答案：D

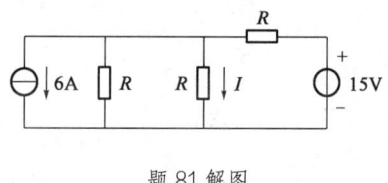

题 81 解图　　　　　题 82 解图

83. 解

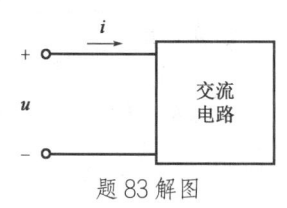

$$P = UI\cos\varphi = 110 \times 1 \times \cos 30° = 95.3\text{W}$$

$$Q = UI\sin\varphi = 110 \times 1 \times \sin 30° = 55\text{W}$$

$$S = UI = 110 \times 1 = 110\text{V} \cdot \text{A}$$

题 83 解图

答案： A

84. 解 在直流稳态电路中电容作开路处理。开关未动作前，$u = U_{C(0-)}$

电容为开路状态时，$U_{C(0-)} = \dfrac{1}{2} \times 6 = 3\text{V}$

电源充电进入新的稳态时，$U_{C(\infty)} = \dfrac{1}{3} \times 6 = 2\text{V}$

因此换路电容电压逐步衰减到2V。电路的时间常数 $\tau = RC$，本题中C值没给出，是不能确定 τ 的数值的。

答案： B

85. 解 如解图所示，根据理想变压器关系有

$$I_2 = \sqrt{\frac{P_2}{R_2}} = \sqrt{\frac{40}{10}} = 2\text{A}, \quad K = \frac{I_2}{I_1} = 2, \quad N_2 = \frac{N_1}{K} = \frac{100}{2} = 50\text{匝}$$

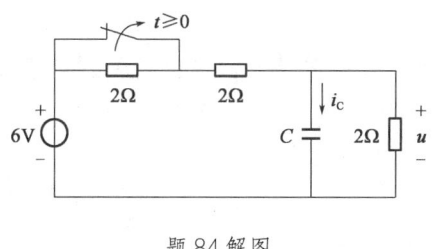

题 84 解图

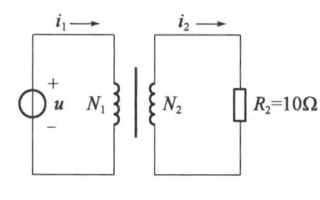

题 85 解图

答案： A

86. 解 实现对电动机的过载保护，除了将热继电器的热元件串联在电动机的主电路外，还应将热继电器的常闭触点串接在控制电路中。

当电机过载时，这个常闭触点断开，控制电路供电通路断开。

答案： B

87. 解 模拟信号与连续时间信号不同，模拟信号是幅值连续变化的连续时间信号。题中两条曲线均符合该性质。

答案： C

88. 解 周期信号的幅值频谱是离散且收敛的。这个周期信号一定是时间上的连续信号。

本题给出的图形是周期信号的频谱图。频谱图是非正弦信号中不同正弦信号分量的幅值按频率变化排列的图形，其大小是表示各次谐波分量的幅值，用正值表示。例如本题频谱图中出现的1.5V对应于1kHz的正弦信号分量的幅值，而不是这个周期信号的幅值。因此本题选项C或D都是错误的。

答案：B

89.解　放大器的输入为正弦交流信号。但$u_1(t)$的频率过高，超出了上限频率f_H，放大倍数小于A，因此输出信号u_2的有效值$U_2 < AU_1$。

答案：C

90.解　$AC + DC + \overline{AD} \cdot C = (A + D + \overline{AD}) \cdot C = (A + D + \overline{A} + \overline{D}) \cdot C = 1 \cdot C = C$

答案：A

91.解　$\overline{A + B} = F$

F是个或非关系，可以用"有1则0"的口诀处理。

答案：B

92.解　本题各选项均是用八位二进制BCD码表示的十进制数，即是以四位二进制表示一位十进制。

十进制数字88的BCD码是10001000。

答案：B

93.解　图示为二极管的单相半波整流电路。

当$u_i > 0$时，二极管截止，输出电压$u_o = 0$；当$u_i < 0$时，二极管导通，输出电压u_o与输入电压u_i相等。

答案：B

94.解　本题为用运算放大器构成的电压比较电路，波形分析如解图所示。阴影面积可以反映输出电压平均值的大小。

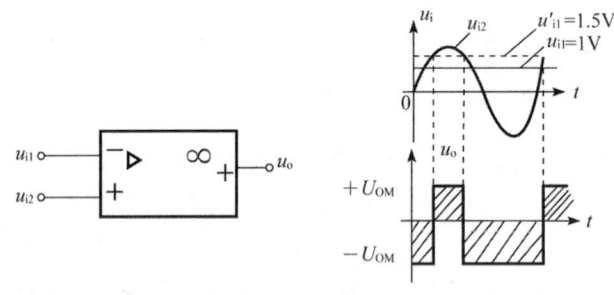

题94解图

当$u_{i1} < u_{i2}$时，$u_o = +U_{oM}$；当$u_{i1} > u_{i2}$时，$u_o = -U_{oM}$

当u_{i1}升高到1.5V时，u_o波形的正向面积减小，反向面积增加，电压平均值降低（如解图中虚线波形所示）。

答案：D

95.解　题图为一个时序逻辑电路，由解图可以看出，第一个和第二个时钟的下降沿时刻，输出Q

均等于0。

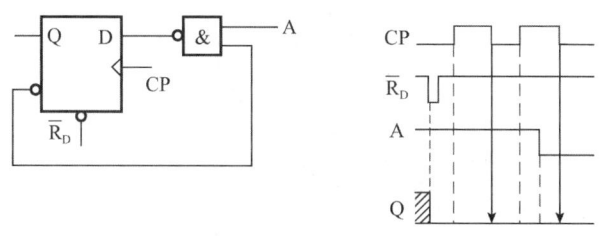

题 95 解图

答案： A

96. 解　图示为三位的异步二进制加法计数器，波形图分析如下。

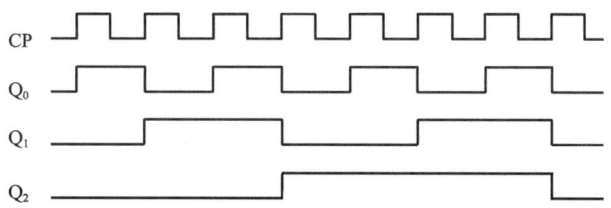

答案： C

97. 解　计算机硬件的组成包括输入/输出设备、存储器、运算器、控制器。内存储器是主机的一部分，属于计算机的硬件系统。

答案： B

98. 解　根据冯·诺依曼结构原理，计算机硬件是由运算器、控制器、存储器、I/O 设备组成。

答案： C

99. 解　当要对存储器中的内容进行读写操作时，来自地址总线的存储器地址经地址译码器译码之后，选中指定的存储单元，而读写控制电路根据读写命令实施对存储器的存取操作，数据总线则用来传送写入内存储器或从内存储器读出的信息。

答案： B

100. 解　操作系统的运行是在一个随机的环境中进行的，也就是说，人们不能对于所运行的程序的行为以及硬件设备的情况做任何的假定，一个设备可能在任何时候向微处理器发出中断请求。人们也无法知道运行着的程序会在什么时候做了些什么事情，也无法确切的知道操作系统正处于什么样的状态之中，这就是随机性的含义。

答案： C

101. 解　多任务操作系统是指可以同时运行多个应用程序。比如：在操作系统下，在打开网页的同时还可以打开 QQ 进行聊天，可以打开播放器看视频等。目前的操作系统都是多任务的操作系统。

答案：B

102.解 先将十进制数转换为二进制数（100000000+0.101=100000000.101），而后三位二进制数对应于一位八进制数。

答案：D

103.解 $1KB = 2^{10}B = 1024B$

$1MB = 2^{20}B = 1024KB$

$1GB = 2^{30}B = 1024MB = 1024 \times 1024KB$

$1TB = 2^{40}B = 1024GB = 1024 \times 1024MB$

答案：D

104.解 计算机病毒特点包括非授权执行性、复制传染性、依附性、寄生性、潜伏性、破坏性、隐蔽性、可触发性。

答案：D

105.解 通常人们按照作用范围的大小，将计算机网络分为三类：局域网、城域网和广域网。

答案：C

106.解 常见的局域网拓扑结构分为星形网、环形网、总线网，以及它们的混合型。

答案：B

107.解 年实际利率为：

$$i = \left(1 + \frac{r}{m}\right)^m - 1 = \left(1 + \frac{6\%}{2}\right)^2 - 1 = 6.09\%$$

年实际利率高出名义利率：$6.09\% - 6\% = 0.09\%$

答案：C

108.解 第一年贷款利息：$400/2 \times 6\% = 12$万元

第二年贷款利息：$(400 + 800/2 + 12) \times 6\% = 48.72$万元

建设期贷款利息：$12 + 48.72 = 60.72$万元

答案：D

109.解 由于股利必须在企业税后利润中支付，因而不能抵减所得税的缴纳。普通股资金成本为：

$$K_s = \frac{8000 \times 10\%}{8000 \times (1 - 3\%)} + 5\% = 15.31\%$$

答案：D

110.解 回收营运资金为现金流入，故项目第10年的净现金流量为$25 + 20 = 45$万元。

答案：C

111. 解 社会折现率是用以衡量资金时间经济价值的重要参数，代表资金占用的机会成本，并且用作不同年份之间资金价值换算的折现率。

答案：D

112. 解 题目给出的影响因素中，产品价格变化较小就使得项目净现值为零，故该因素最敏感。

答案：A

113. 解 差额投资内部收益率是两个方案各年净现金流量差额的现值之和等于零时的折现率。差额内部收益率等于基准收益率时，两方案的净现值相等，即两方案的优劣相等。

答案：A

114. 解 F_3 的功能系数为：$F_3 = \dfrac{4}{3+5+4+1+2} = 0.27$

答案：C

115. 解 《中华人民共和国建筑法》第二十七条规定，大型建筑工程或者结构复杂的建筑工程，可以由两个以上的承包单位联合共同承包。共同承包的各方对承包合同的履行承担连带责任。

两个以上不同资质等级的单位实行联合共同承包的，应当按照资质等级低的单位的业务许可范围承揽工程。

答案：D

116. 解 选项 B 属于义务，其他几条属于权利。

答案：B

117. 解 《中华人民共和国招标投标法》第二十八条规定，投标人应当在招标文件要求提交投标文件的截止时间前，将投标文件送达投标地点。招标人收到投标文件后，应当签收保存，不得开启。投标人少于三个的，招标人应当依照本法重新招标。 在招标文件要求提交投标文件的截止时间后送达的投标文件，招标人应当拒收。

答案：B

118. 解 《中华人民共和国民法典》第一百五十二条规定，有下列情形之一的，撤销权消灭：

（一）当事人自知道或者应当知道撤销事由之日起一年内、重大误解的当事人自知道或者应当知道撤销事由之日起九十日内没有行使撤销权；

……

答案：C

119. 解 《建筑工程质量管理条例》第三十九条规定，建设工程实行质量保修制度。建设工程承包单位在向建设单位提交工程竣工验收报告时，应当向建设单位出具质量保修书。质量保修书中应当明确建设工程的保修范围、保修期限和保修责任等。

建设工程的保修期，自竣工验收合格之日起计算，不是移交之日起计算，所以选项 A 错。供冷系统保修期是两个运行季，不是 2 年，所以选项 B 错。质量保修书是竣工验收时提交，不是结算时提交，所以选项 D 错。

答案：C

120.解 《建设工程安全生产管理条例》第八条规定，建设单位在编制工程概算时，应当确定建设工程安全作业环境及安全施工措施所需费用。

答案：A

2018年度全国勘察设计注册工程师执业资格考试基础考试（上）
试题解析及参考答案

1. 解 本题考查基本极限公式以及无穷小量的性质。

选项 A 和 C 是基本极限公式，成立。

选项 B，$\lim\limits_{x\to\infty}\dfrac{\sin x}{x}=\lim\limits_{x\to\infty}\dfrac{1}{x}\sin x$，其中$\dfrac{1}{x}$是无穷小，$\sin x$是有界函数，无穷小乘以有界函数的值为无穷小量，也就是极限为 0，故选项 B 不成立。

选项 D，只要令$t=\dfrac{1}{x}$，则可化为选项 C 的结果。

答案：B

2. 解 本题考查奇偶函数的性质。当$f(-x)=-f(x)$时，$f(x)$为奇函数；当$f(-x)=f(x)$时，$f(x)$为偶函数。

方法 1：选项 D，设$H(x)=g[g(x)]$，则

$$H(-x)=g[g(-x)]\xlongequal[\text{奇函数}]{g(x)\text{为}}g[-g(x)]=-g[g(x)]=-H(x)$$

故$g[g(x)]$为奇函数。

方法 2：采用特殊值法，题中$f(x)$是偶函数，$g(x)$是奇函数，可设$f(x)=x^2$，$g(x)=x$，验证选项 A、B、C 均是偶函数，错误。

答案：D

3. 解 本题考查导数的定义，需要熟练拼凑相应的形式。

根据导数定义：$f'(x_0)=\lim\limits_{x\to x_0}\dfrac{f(x)-f(x_0)}{x-x_0}$，与题中所给形式类似，进行拼凑：

$$\lim\limits_{x\to x_0}\frac{xf(x_0)-x_0f(x)}{(x-x_0)}$$
$$=\lim\limits_{x\to x_0}\frac{xf(x_0)-x_0f(x)+x_0f(x_0)-x_0f(x_0)}{x-x_0}$$
$$=\lim\limits_{x\to x_0}\left[\frac{-x_0f(x)+x_0f(x_0)}{x-x_0}+\frac{xf(x_0)-x_0f(x_0)}{x-x_0}\right]$$
$$=-x_0f'(x_0)+f(x_0)$$

答案：C

4. 解 本题考查变限定积分求导的计算方法。

变限定积分求导的方法如下：

$$\frac{d\left(\int_{\psi(x)}^{\varphi(x)} f(t)dt\right)}{dx} = \frac{d}{dx}\left(\int_{\psi(x)}^{a} f(t)dt + \int_{a}^{\varphi(x)} f(t)dt\right) \quad (a\text{为常数})$$

$$= \frac{d}{dx}\left(-\int_{a}^{\psi(x)} f(t)dt + \int_{a}^{\varphi(x)} f(t)dt\right)$$

$$= -f(\psi(x))\psi'(x) + f(\varphi(x))\varphi'(x)$$

求导时，先把积分下限函数化为积分上限函数，再求导。

计算如下：

$$\frac{d}{dx}\int_{\varphi(x^2)}^{\varphi(x)} e^{t^2}dt$$

$$= \frac{d}{dx}\left[\int_{\varphi(x^2)}^{a} e^{t^2}dt + \int_{a}^{\varphi(x)} e^{t^2}dt\right] \quad (a\text{为常数})$$

$$= \frac{d}{dx}\left[-\int_{a}^{\varphi(x^2)} e^{t^2}dt + \int_{a}^{\varphi(x)} e^{t^2}dt\right]$$

$$= -e^{[\varphi(x^2)]^2}\varphi'(x^2) \cdot 2x + e^{[\varphi(x)]^2} \cdot \varphi'(x)$$

$$= \varphi'(x)e^{[\varphi(x)]^2} - 2x\varphi'(x^2)e^{[\varphi(x^2)]^2}$$

答案：A

5. 解 本题考查不定积分的基本计算技巧：凑微分。

$$\int xf(1-x^2)dx = -\frac{1}{2}\int f(1-x^2)d(1-x^2) \xrightarrow[\int f(x)dx=F(x)+C]{\text{已知}} -\frac{1}{2}F(1-x^2) + C$$

答案：B

6. 解 本题考查一阶导数的应用。

驻点是函数的一阶导数为 0 的点，本题中函数明显是光滑连续的，所以对函数求导，有$y' = 4x + a$，将$x = 1$代入得到$y'(1) = 4 + a = 0$，解出$a = -4$。

答案：D

7. 解 本题考查向量代数的基本运算。

方法 1：$(\boldsymbol{\alpha} + \boldsymbol{\beta}) \cdot (\boldsymbol{\alpha} + \boldsymbol{\beta}) = |\boldsymbol{\alpha} + \boldsymbol{\beta}| \cdot |\boldsymbol{\alpha} + \boldsymbol{\beta}| \cdot \cos 0 = |\boldsymbol{\alpha} + \boldsymbol{\beta}|^2$

所以，$|\boldsymbol{\alpha} + \boldsymbol{\beta}|^2 = (\boldsymbol{\alpha} + \boldsymbol{\beta}) \cdot (\boldsymbol{\alpha} + \boldsymbol{\beta}) = \boldsymbol{\alpha} \cdot \boldsymbol{\alpha} + \boldsymbol{\beta} \cdot \boldsymbol{\alpha} + \boldsymbol{\alpha} \cdot \boldsymbol{\beta} + \boldsymbol{\beta} \cdot \boldsymbol{\beta} = \boldsymbol{\alpha} \cdot \boldsymbol{\alpha} + 2\boldsymbol{\alpha} \cdot \boldsymbol{\beta} + \boldsymbol{\beta} \cdot \boldsymbol{\beta}$

$$\xrightarrow[\theta=\frac{\pi}{3}]{|\alpha|=1,|\beta|=2} 1 \times 1 \times \cos 0 + 2 \times 1 \times 2 \times \cos\frac{\pi}{3} + 2 \times 2 \times \cos 0 = 7$$

所以，$|\boldsymbol{\alpha} + \boldsymbol{\beta}|^2 = 7$，则$|\boldsymbol{\alpha} + \boldsymbol{\beta}| = \sqrt{7}$

方法 2：可通过作图来辅助求解。

如解图所示，若设$\boldsymbol{\beta} = (2,0)$，由于$\boldsymbol{\alpha}$和$\boldsymbol{\beta}$的夹角为$\frac{\pi}{3}$，则

$$\boldsymbol{\alpha} = \left(1 \cdot \cos\frac{\pi}{3}, 1 \cdot \sin\frac{\pi}{3}\right) = \left(\cos\frac{\pi}{3}, \sin\frac{\pi}{3}\right), \quad \boldsymbol{\beta} = (2,0)$$

$$\boldsymbol{\alpha} + \boldsymbol{\beta} = \left(2 + \cos\frac{\pi}{3}, \sin\frac{\pi}{3}\right)$$

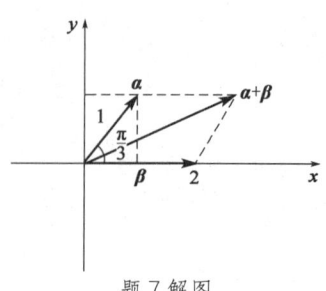

题 7 解图

$$|\boldsymbol{\alpha} + \boldsymbol{\beta}| = \sqrt{\left(2 + \cos\frac{\pi}{3}\right)^2 + \sin^2\frac{\pi}{3}} = \sqrt{4 + 2 \times 2 \times \cos\frac{\pi}{3} + \cos^2\frac{\pi}{3} + \sin^2\frac{\pi}{3}} = \sqrt{7}$$

答案：B

8. 解　本题考查简单的二阶常微分方程求解，直接进行两次积分即可。

$y'' = \sin x$，则 $y' = \int \sin x \, dx = -\cos x + C_1$

再次对 x 进行积分，有：$y = \int(-\cos x + C_1)dx = -\sin x + C_1 x + C_2$

答案：B

9. 解　本题考查导数的基本应用与计算。

已知 $f(x)$，$g(x)$ 在 $[a, b]$ 上均可导，且恒正，

设 $H(x) = f(x)g(x)$，则 $H'(x) = f'(x)g(x) + f(x)g'(x)$，

已知 $f'(x)g(x) + f(x)g'(x) > 0$，所以函数 $H(x) = f(x)g(x)$ 在 $x \in (a, b)$ 时单调增加，因此有 $H(a) < H(x) < H(b)$，即 $f(a)g(a) < f(x)g(x) < f(b)g(b)$。

答案：C

10. 解　本题考查定积分的基本几何应用。注意积分变量的选择，是选择 x 方便，还是选择 y 方便？

如解图所示，本题所求图形面积即为阴影图形面积，此时选择积分变量 y 较方便。

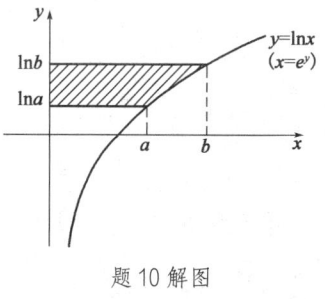

题 10 解图

$$A = \int_{\ln a}^{\ln b} \varphi(y) dy$$

因为 $y = \ln x$，则 $x = e^y$，故：

$$A = \int_{\ln a}^{\ln b} e^y \, dy = e^y \Big|_{\ln a}^{\ln b} = e^{\ln b} - e^{\ln a} = b - a$$

答案：B

11. 解　本题考查空间解析几何中平面的基本性质和运算。

方法 1：若某平面 π 平行于 yOz 坐标面，则平面 π 的法向量平行于 x 轴，可取 $\boldsymbol{n} = (1,0,0)$，利用平面 $Ax + By + Cz + D = 0$ 所对应的法向量 $\boldsymbol{n} = (A,B,C)$ 判定选项 D 中，平面方程 $x + 1 = 0$ 的法线向量为 $\vec{n} = (1,0,0)$，正确。

方法 2：可通过画出选项 A、B、C 的图形来确定。

答案：D

12. 解　本题考查多元函数微分学的概念性问题，涉及多元函数偏导数与多元函数连续等概念，需记忆解图的关系式方可快速解答：

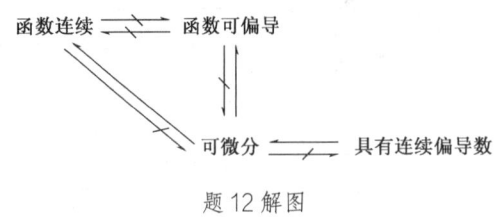

题 12 解图

可知，函数可微可推出一阶偏导数存在，而函数一阶偏导数存在推不出函数可微，故在此点一阶偏导数存在是函数在该点可微的必要条件。

答案：A

13. 解 本题考查级数中常数项级数的敛散性。

利用级数敛散性判定方法以及 p 级数的相关性判定。

选项 A，利用比较法的极限形式，选择级数 $\sum\limits_{n=1}^{\infty} \dfrac{1}{n^2}$，$p > 1$ 收敛。

而 $\lim\limits_{n\to\infty} \dfrac{\frac{1}{n(n+1)}}{\frac{1}{n^2}} = \lim\limits_{n\to\infty} \dfrac{n^2}{n^2+n} = 1$

所以级数收敛。

选项 B，可利用 p 级数的敛散性判断。

p 级数 $\sum\limits_{n=1}^{\infty} \dfrac{1}{n^p}$（$p > 0$，实数），当 $p > 1$ 时，p 级数收敛；当 $p \leq 1$ 时，p 级数发散。

选项 B，$p = \dfrac{3}{2} > 1$，故级数收敛。

选项 D，可利用交错级数的莱布尼茨定理判断。

设交错级数 $\sum\limits_{n=1}^{\infty} (-1)^{n-1} a_n$，其中 $a_n > 0$，只要：① $a_n \geq a_{n+1}(n=1,2,\dots)$，② $\lim\limits_{n\to\infty} a_n = 0$，则 $\sum\limits_{n=1}^{\infty} (-1)^{n-1} a_n$ 就收敛。

选项 D 中① $\dfrac{1}{\sqrt{n}} > \dfrac{1}{\sqrt{n+1}}(n=1,2,\dots)$，② $\lim\limits_{n\to\infty} \dfrac{1}{\sqrt{n}} = 0$，故级数收敛。

选项 C，对于级数 $\sum\limits_{n=1}^{\infty} \left(\dfrac{n}{2n+1}\right)^2$，$\lim\limits_{n\to\infty} u_n = \lim\limits_{n\to\infty} \left(\dfrac{n}{2n+1}\right)^2 = \left(\dfrac{1}{2}\right)^2 = \dfrac{1}{4} \neq 0$

级数收敛的必要条件是 $\lim\limits_{n\to\infty} u_n = 0$，而本选项 $\lim\limits_{n\to\infty} u_n \neq 0$，故级数发散。

答案：C

14. 解 本题考查二阶常系数微分方程解的基本结构。

已知函数 $y = C_1 e^{-x} + C_2 e^{4x}$ 是某微分方程的通解，则该微分方程拥有的特征方程的解分别为 $r_1 = -1$，$r_2 = +4$，则有 $(r+1)(r-4) = 0$，展开有 $r^2 - 3r - 4 = 0$，故对应的微分方程为 $y'' - 3y' - 4y = 0$。

答案：B

15. 解 本题考查对弧长曲线积分（也称第一类曲线积分）的相关计算。

依据题意，作解图，知 L 方程为 $y = -x + 1$

L 的参数方程为 $\begin{cases} x = x \\ y = -x + 1 \end{cases} (0 \leq x \leq 1)$

$$dS = \sqrt{1^2 + (-1)^2}dx = \sqrt{2}dx$$

$$\int_L \cos(x+y)\, dS = \int_0^1 \cos[x + (-x+1)]\sqrt{2}\, dx$$

$$= \int_0^1 \sqrt{2}\cos 1\, dx = \sqrt{2}\cos 1 \cdot x\Big|_0^1 = \sqrt{2}\cos 1$$

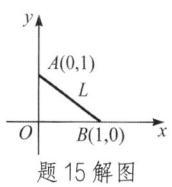

题 15 解图

注：写出直线 L 的方程后，需判断 x 的取值范围（对弧长的曲线积分，积分变量应由小变大），从方程中看可知 $x: 0 \to 1$，若考查对坐标的曲线积分（也称第二类曲线积分），则应特别注意路径行走方向，以便判断 x 的上下限。

答案： C

16. 解 本题考查直角坐标系下的二重积分计算问题。

根据题中所给正方形区域可作图，其中，$D: |x| \le 1$，$|y| \le 1$，即 $-1 \le x \le 1$，$-1 \le y \le 1$。有

$$\iint\limits_D (x^2 + y^2)dxdy = \int_{-1}^1 dx \int_{-1}^1 (x^2 + y^2)\, dy = \int_{-1}^1 \left(x^2 y + \frac{y^3}{3}\right)\Big|_{-1}^1 dx$$

$$= \int_{-1}^1 \left(2x^2 + \frac{2}{3}\right)dx = \left(\frac{2}{3}x^3 + \frac{2}{3}x\right)\Big|_{-1}^1 = \frac{8}{3}$$

或利用对称性，$D = 4D_1$，则

$$\iint\limits_D (x^2 + y^2)dxdy \xlongequal{\text{利用对称性}} 4\iint\limits_{D_1} (x^2 + y^2)dxdy$$

$$= 4\int_0^1 dx \int_0^1 (x^2 + y^2)\, dy = 4\int_0^1 \left(x^2 y + \frac{1}{3}y^3\right)\Big|_0^1 dx$$

$$= 4\int_0^1 \left(x^2 + \frac{1}{3}\right)dx = 4 \times \left[\frac{1}{3}x^3 + \frac{1}{3}x\right]_0^1$$

$$= 4 \times \left(\frac{1}{3} + \frac{1}{3}\right) = \frac{8}{3}$$

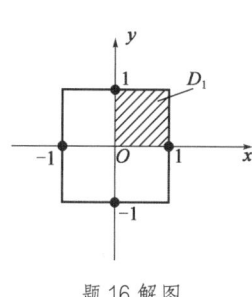

题 16 解图

答案： B

17. 解 本题考查麦克劳林展开式的基本概念。

麦克劳林展开式的一般形式为

$$f(x) = f(0) + f'(0)x + \frac{f''(0)}{2!}x^2 + \cdots + \frac{f^n(0)}{n!}x^n + R_n(x)$$

其中 $R_n(x) = \frac{f^{n+1}(\xi)}{(n+1)!}x^{n+1}$，这里 ξ 是介于 0 与 x 之间的某个值。

$f'(x) = a^x \ln a$，$f''(x) = a^x (\ln a)^2$，故 $f'(0) = \ln a$，$f''(0) = (\ln a)^2$，$f(0) = 1$

所以 $f(x)$ 的麦克劳林展开式的前三项是：$1 + x\ln a + \frac{(\ln a)^2}{2}x^2$

答案： C

18. 解 本题考查多元函数的混合偏导数求解。

函数 $z = f(x^2 y)$

$$\frac{\partial z}{\partial x} = 2xyf'(x^2y)$$

$$\frac{\partial^2 z}{\partial x \partial y} = 2x[f'(x^2y) + yf''(x^2y)x^2] = 2x[f'(x^2y) + x^2yf''(x^2y)]$$

答案： D

19. 解   本题考查矩阵和行列式的基本计算。

因为 $\boldsymbol{A}$、$\boldsymbol{B}$ 均为三阶矩阵，则

$$\left|-2\boldsymbol{A}^{\mathrm{T}}\boldsymbol{B}^{-1}\right| = (-2)^3\left|\boldsymbol{A}^{\mathrm{T}}\boldsymbol{B}^{-1}\right|$$

$$= -8|\boldsymbol{A}^{\mathrm{T}}| \cdot |\boldsymbol{B}^{-1}| = -8|\boldsymbol{A}| \cdot \frac{1}{|\boldsymbol{B}|} \text{（矩阵乘积的行列式性质）}$$

$$\left(\text{矩阵转置行列式性质，} |\boldsymbol{B}\boldsymbol{B}^{-1}| = |\boldsymbol{E}|, \ |\boldsymbol{B}| \cdot |\boldsymbol{B}^{-1}| = 1, \ |\boldsymbol{B}^{-1}| = \frac{1}{|\boldsymbol{B}|}\right)$$

$$= -8 \times 1 \times \frac{1}{-2} = 4$$

答案： D

20. 解   本题考查线性方程组 $\boldsymbol{Ax} = \boldsymbol{0}$，有非零解的充要条件。

方程组 $\begin{cases} ax_1 + x_2 + x_3 = 0 \\ x_1 + ax_2 + x_3 = 0 \\ x_1 + x_2 + ax_3 = 0 \end{cases}$ 有非零解的充要条件是 $\begin{vmatrix} a & 1 & 1 \\ 1 & a & 1 \\ 1 & 1 & a \end{vmatrix} = 0$

$$\begin{vmatrix} a & 1 & 1 \\ 1 & a & 1 \\ 1 & 1 & a \end{vmatrix} \xrightarrow{(-1)c_3+c_2} \begin{vmatrix} a & 0 & 1 \\ 1 & a-1 & 1 \\ 1 & 1-a & a \end{vmatrix} \xrightarrow{(-a)c_3+c_1} \begin{vmatrix} 0 & 0 & 1 \\ 1-a & a-1 & 1 \\ 1-a^2 & 1-a & a \end{vmatrix}$$

$$= \begin{vmatrix} 1-a & a-1 \\ 1-a^2 & 1-a \end{vmatrix} = (1-a)^2 \begin{vmatrix} 1 & -1 \\ 1+a & 1 \end{vmatrix} = (1-a)^2(2+a) = 0$$

所以 $a = 1$ 或 -2。

答案： B

21. 解   本题考查利用配方法求二次型的标准型，考查的知识点较偏。

方法 1： 由矩阵 $\boldsymbol{A}$ 可写出二次型为 $f(x_1, x_2, x_3) = x_1^2 - 2x_1x_2 + 3x_2^2$，利用配方法得到

$$f(x_1, x_2, x_3) = x_1^2 - 2x_1x_2 + x_2^2 + 2x_2^2 = (x_1 - x_2)^2 + 2x_2^2$$

令 $x_1 - x_2 = y_1$，$x_2 = y_2$，可得 $f = y_1^2 + 2y_2^2$

方法 2： 利用惯性定理，选项 A、B、D（正惯性指数为 1，负惯性指数为 1）可以互化，因此对单选题，一定是错的。不用计算可知，只能选 C。

答案： C

22. 解   因为 A 与 B 独立，所以 $\overline{A}$ 与 $\overline{B}$ 独立。

$$P(A \cup B) = 1 - P(\overline{A \cup B}) = 1 - P(\overline{A}\overline{B}) = 1 - P(\overline{A})P(\overline{B}) = 1 - 0.4 \times 0.5 = 0.8$$

或者 $P(A \cup B) = P(A) + P(B) - P(AB)$

由于 A 与 B 相互独立，则 $P(AB) = P(A)P(B)$

而 $P(A) = 1 - P(\overline{A}) = 0.6$，$P(B) = 1 - P(\overline{B}) = 0.5$

故 $P(A \cup B) = 0.6 + 0.5 - 0.6 \times 0.5 = 0.8$

答案： C

23. 解 数学期望 $E(X) = \int_{-\infty}^{+\infty} x f(x) \mathrm{d}x$，由已知条件，知

$$f(x) = F'(x) = \begin{cases} 3x^2 & 0 < x < 1 \\ 0 & 其他 \end{cases}$$

则 $E(X) = \int_0^1 x \cdot 3x^2 \mathrm{d}x = \int_0^1 3x^3 \mathrm{d}x$

答案： B

24. 解 二维离散型随机变量 X、Y 相互独立的充要条件是 $P_{ij} = P_i \cdot P_{\cdot j}$

还有分布律性质 $\sum_i \sum_j P(X = i, Y = j) = 1$

利用上述等式建立两个独立方程，解出 α、β。

下面根据独立性推出一个公式：

因为 $\dfrac{P(X=i, Y=1)}{P(X=i, Y=2)} = \dfrac{P(X=i)P(Y=1)}{P(X=i)P(Y=2)} = \dfrac{P(Y=1)}{P(Y=2)} \quad i = 1,2,3,\cdots$

所以 $\dfrac{P(X=1, Y=1)}{P(X=1, Y=2)} = \dfrac{P(X=2, Y=1)}{P(X=2, Y=2)} = \dfrac{P(X=3, Y=1)}{P(X=3, Y=2)}$

即 $\dfrac{\frac{1}{6}}{\frac{1}{3}} = \dfrac{\frac{1}{9}}{\beta} = \dfrac{\frac{1}{18}}{\alpha}$

选项 D 对。

答案： D

25. 解 分子的平均平动动能公式 $\overline{\omega} = \dfrac{3}{2}kT$，分子的平均动能公式 $\overline{\varepsilon} = \dfrac{i}{2}kT$，刚性双原子分子自由度 $i = 5$，但此题问的是每个分子的平均平动动能而不是平均动能，故正确答案为 C。

答案： C

26. 解 分子无规则运动的平均自由程公式 $\lambda = \dfrac{\overline{v}}{\overline{z}} = \dfrac{1}{\sqrt{2}\pi d^2 n}$，气体定了，$d$ 就定了，所以容器中分子无规则运动的平均自由程仅取决于 n，即单位体积的分子数。此题给定 1mol 氩气，分子总数定了，故容器中分子无规则运动的平均自由程仅取决于体积 V。

答案： B

27. 解 理想气体和单一恒温热源做等温膨胀时，吸收的热量全部用来对外界做功，既不违反热力学第一定律，也不违反热力学第二定律。因为等温膨胀是一个单一的热力学过程而非循环过程。

答案： C

28. 解 理想气体的功和热量是过程量。内能是状态量，是温度的单值函数。此题给出 $T_2 = T_1$，无

论气体经历怎样的过程，气体的内能保持不变。而因为不知气体变化过程，故无法判断功的正负。

答案：D

29. 解 将 $t = 0.1\text{s}$，$x = 2\text{m}$ 代入方程，即

$$y = 0.01\cos10\pi(25t - x) = 0.01\cos10\pi(2.5 - 2) = -0.01$$

答案：C

30. 解 $A = 0.02\text{m}$，$T = \dfrac{2\pi}{\omega} = \dfrac{2\pi}{50\pi} = \dfrac{1}{25} = 0.04\text{s}$

答案：A

31. 解 机械波在媒质中传播，一媒质质元的最大形变量发生在平衡位置，此位置动能最大，势能也最大，总机械能亦最大。

答案：D

32. 解 上下缝各覆盖一块厚度为 d 的透明薄片，则从两缝发出的光在原来中央明纹初相遇时，光程差为

$$\delta = r - d + n_2d - (r - d + n_1d) = d(n_2 - n_1)$$

答案：A

33. 解 牛顿环的环状干涉条纹为等厚干涉条纹，当平凸透镜垂直向上缓慢平移而远离平面镜时，原 k 级条纹向环中心移动，故这些环状干涉条纹向中心收缩。

答案：D

34. 解 $\Delta\varphi = \dfrac{2\pi}{\lambda}\delta = \dfrac{2\pi}{\lambda}nl = 3\pi$，$l = \dfrac{3\lambda}{2n}$

答案：C

35. 解 反射光的光程差加强条件 $\delta = 2nd + \dfrac{\lambda}{2} = k\lambda$

可见光范围 $\lambda(400\sim760\text{nm})$，取 $\lambda = 400\text{nm}$，$k = 3.5$；取 $\lambda = 760\text{nm}$，$k = 2.1$

k 取整数，$k = 3$，$\lambda = 480\text{nm}$

答案：A

36. 解 玻璃劈尖相邻干涉条纹间距公式为：$l = \dfrac{\lambda}{2n\theta}$

此玻璃的折射率为：$n = \dfrac{\lambda}{2l\theta} = 1.53$

答案：B

37. 解 当原子失去电子成为正离子时，一般是能量较高的最外层电子先失去，而且往往引起电子层数的减少。某元素正二价离子（M^{2+}）的外层电子构型是 $3s^23p^6$，所以该元素原子基态核外电子构型为 $1s^22s^22p^63s^23p^64s^2$。该元素基态核外电子最高主量子数为 4，为第四周期元素；价电子构型为 $4s^2$，为

s 区元素，IIA 族元素。

答案： C

38. 解　离子的极化力是指某离子使其他离子变形的能力。极化率（离子的变形性）是指某离子在电场作用下电子云变形的程度。每种离子都具有极化力与变形性，一般情况下，主要考虑正离子的极化力和负离子的变形性。极化力与离子半径有关，离子半径越小，极化力越强。

答案： A

39. 解　NH_4Cl 为强酸弱碱盐，水解显酸性；$NaCl$ 不水解；$NaOAc$ 和 Na_3PO_4 均为强碱弱酸盐，水解显碱性，因为 $K_a(HAc) > K_a(H_3PO_4)$，所以 Na_3PO_4 的水解程度更大，碱性更强。

答案： A

40. 解　根据理想气体状态方程 $pV = nRT$，得 $n = \frac{pV}{RT}$。所以当温度和体积不变时，反应器中气体（反应物或生成物）的物质的量与气体分压成正比。根据 $2A(g) + B(g) \rightleftharpoons 2C(g)$ 可知，生成物气体C的平衡分压为100kPa，则A要消耗100kPa，B要消耗50kPa，平衡时 $p(A) = 200$kPa，$p(B) = 250$kPa。

$$K^\ominus = \frac{\left(\frac{p(C)}{p^\ominus}\right)^2}{\left(\frac{p(A)}{p^\ominus}\right)^2\left(\frac{p(B)}{p^\ominus}\right)} = \frac{\left(\frac{100}{100}\right)^2}{\left(\frac{200}{100}\right)^2\left(\frac{250}{100}\right)} = 0.1$$

答案： A

41. 解　根据氧化还原反应配平原则，还原剂失电子总数等于氧化剂得电子总数，配平后的方程式为：$2MnO_4^- + 5SO_3^{2-} + 6H^+ == 2Mn^{2+} + 5SO_4^{2-} + 3H_2O$。

答案： B

42. 解　电极电势的大小，可以判断氧化剂与还原剂的相对强弱。电极电势越大，表示电对中氧化态的氧化能力越强。所以题中氧化剂氧化能力最强的是 $HClO$。

答案： C

43. 解　标准状态时，由指定单质生成单位物质的量的纯物质 B 时反应的焓变（反应的热效应），称为物质 B 的标准摩尔生成焓，记作 $\Delta_f H_m^\ominus$。指定单质通常指标准压力和该温度下最稳定的单质，如 C 的指定单质为石墨(s)。选项 A 中 C(金刚石)不是指定单质，选项 D 中不是生成单位物质的量的 $CO_2(g)$。

答案： C

44. 解　发生银镜反应的物质要含有醛基（-CHO），所以甲醛、乙醛、乙二醛等各种醛类、甲酸及其盐（如 HCOOH、HCOONa）、甲酸酯（如甲酸甲酯 $HCOOCH_3$、甲酸丙酯 $HCOOC_3H_7$ 等）和葡萄糖、麦芽糖等分子中含醛基的糖与银氨溶液在适当条件下可以发生银镜反应。

答案： D

45. 解 蛋白质、橡胶、纤维素都是天然高分子，蔗糖（$C_{12}H_{22}O_{11}$）不是。

答案：A

46. 解 1-戊炔、2-戊炔、1,2-戊二烯催化加氢后产物均为戊烷，3-甲基-1-丁炔催化加氢后产物为2-甲基丁烷，结构式为$(CH_3)_2CHCH_2CH_3$。

答案：B

47. 解 根据力的投影公式，$F_x = F\cos\alpha$，故只有当$\alpha = 0°$时$F_x = F$，即力$\boldsymbol{F}$与x轴平行；而除力$\boldsymbol{F}$在与x轴垂直的y轴（$\alpha = 90°$）上投影为0外，在其余与x轴共面轴上的投影均不为0。

答案：B

48. 解 主矢$\boldsymbol{F}_R = \boldsymbol{F}_1 + \boldsymbol{F}_2 + \boldsymbol{F}_3 = 30\boldsymbol{j}\,N$为三力的矢量和；对$O$点的主矩为各力向$O$点取矩及外力偶矩的代数和，即$M_O = F_3a - M_1 - M_2 = -10N \cdot m$（顺时针）。

答案：B

49. 解 取整体为研究对象，受力如解图所示。

列平衡方程：

$\sum m_C(F) = 0$，$F_A \cdot 2r - F_p \cdot 3r = 0$，$F_A = \dfrac{3}{2}F_p$

答案：D

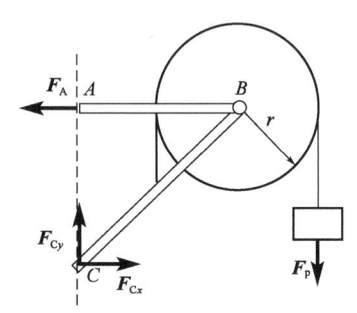

题49解图

50. 解 分析节点C的平衡，可知BC杆为零杆。

答案：D

51. 解 当$t = 2s$时，点的速度$v = \dfrac{ds}{dt} = 4t^3 - 9t^2 + 4t = 4m/s$

点的加速度$a = \dfrac{d^2s}{dt^2} = 12t^2 - 18t + 4 = 16m/s^2$

答案：C

52. 解 根据点做曲线运动时法向加速度的公式：$a_n = \dfrac{v^2}{\rho} = \dfrac{15^2}{5} = 45m/s^2$。

答案：B

53. 解 因为点A、B两点的速度、加速度方向相同，大小相等，根据刚体做平行移动时的特性，可判断杆AB的运动形式为平行移动，因此，平行移动刚体上M点和A点有相同的速度和加速度，即：$v_M = v_A = r\omega$，$a_M^n = a_A^n = r\omega^2$，$a_M^t = a_A^t = r\alpha$。

答案：C

54. 解 物块与桌面之间最大的摩擦力$F = \mu mg$

根据牛顿第二定律$ma = F$，即$m\dfrac{v^2}{r} = F = \mu mg$，则得$v = \sqrt{\mu gr}$

答案：C

55. 解　重力与水平位移相垂直，故做功为零，摩擦力 $F = 10 \times 0.3 = 3N$，所做之功 $W = 3 \times 4 = 12N \cdot m$。

答案：C

56. 解　根据动量矩定理：

$J\alpha_1 = 1 \times r$（J 为滑轮的转动惯量）

$J\alpha_2 + m_2 r^2 \alpha_2 + m_3 r^2 \alpha_2 = (m_2 g - m_3 g)r = 1 \times r$

$J\alpha_3 + m_3 r^2 \alpha_3 = m_3 gr = 1 \times r$

则 $\alpha_1 = \dfrac{1 \times r}{J}$；　$\alpha_2 = \dfrac{1 \times r}{J + m_2 r^2 + m_3 r^2}$；　$\alpha_3 = \dfrac{1 \times r}{J + m_3 r^2}$

答案：C

57. 解　如解图所示，杆释放瞬时，其角速度为零，根据动量矩定理：$J_O \alpha = mg\dfrac{l}{2}$，$\dfrac{1}{3}ml^2 \alpha = mg\dfrac{l}{2}$，

$\alpha = \dfrac{3g}{2l}$；施加于杆 OA 上的附加动反力为 $ma_C = m\dfrac{3g}{2l} \cdot \dfrac{l}{2} = \dfrac{3}{4}mg$，方向与质心加速度 a_C 方向相同。

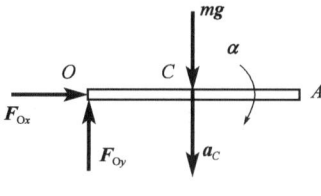

题 57 解图

答案：D

58. 解　根据单自由度质点直线振动固有频率公式，

a）系统：$\omega_a = \sqrt{\dfrac{k}{m}}$；

b）系统：等效的弹簧刚度为 $\dfrac{k}{2}$，$\omega_b = \sqrt{\dfrac{k}{2m}}$。

答案：D

59. 解　用直接法求轴力，可得：左段杆的轴力是 $-3kN$，右段杆的轴力是 $5kN$。所以杆的最大轴力是 $5kN$。

答案：B

60. 解　用直接法求轴力，可得：$N_{AB} = -F$，$N_{BC} = F$，

杆 C 截面的位移是：

$$\delta_C = \Delta l_{AB} + \Delta l_{BC} = \dfrac{-F \cdot l}{E \cdot 2A} + \dfrac{Fl}{EA} = \dfrac{Fl}{2EA}$$

答案：A

61. 解　混凝土基座与圆截面立柱的交接面，即圆环形基座板的内圆柱面即为剪切面（如解图所示）：

$$A_Q = \pi dt$$

圆形混凝土基座上的均布压力（面荷载）为：

$$q = \frac{1000 \times 10^3 \mathrm{N}}{\frac{\pi}{4} \times 1000^2 \mathrm{mm}^2} = \frac{4}{\pi} \mathrm{MPa}$$

作用在剪切面上的剪力为：

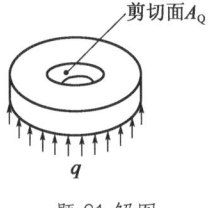

题61解图

$$Q = q \cdot \frac{\pi}{4}(1000^2 - 500^2) = 750\mathrm{kN}$$

由剪切强度条件：$\tau = \frac{Q}{A_Q} = \frac{Q}{\pi dt} \leqslant [\tau]$，可得：

$$t \geqslant \frac{Q}{\pi d[\tau]} = \frac{750 \times 10^3 \mathrm{N}}{\pi \times 500\mathrm{mm} \times 1.5\mathrm{MPa}} = 318.3\mathrm{mm}$$

答案：C

62. 解 设实心圆轴直径为 d，则：

$$\phi = \frac{Tl}{GI_p} = \frac{Tl}{G\frac{\pi}{32}d^4} = 32\frac{Tl}{\pi d^4 G}$$

若实心圆轴直径减小为 $d_1 = \frac{d}{2}$，则：

$$\phi_1 = \frac{Tl}{GI_{p1}} = \frac{Tl}{G\frac{\pi}{32}\left(\frac{d}{2}\right)^4} = 16\frac{32Tl}{\pi d^4 G} = 16\phi$$

答案：D

63. 解 图示截面对 z 轴的惯性矩等于圆形截面对 z 轴的惯性矩减去矩形对 z 轴的惯性矩。

$$I_z^{矩} = \frac{bh^3}{12} + \left(\frac{h}{2}\right)^2 \cdot bh = \frac{bh^3}{3}$$

$$I_z = I_z^{圆} - I_z^{矩} = \frac{\pi d^4}{64} - \frac{bh^3}{3}$$

答案：A

64. 解 圆轴表面 A 点的剪应力 $\tau = \frac{T}{W_\mathrm{T}}$

根据胡克定律 $\tau = G\gamma$，因此 $T = \tau W_\mathrm{T} = G\gamma W_\mathrm{T}$

答案：A

65. 解 上下梁的挠曲线曲率相同，故有

$$\rho = \frac{M_1}{EI_1} = \frac{M_2}{EI_2}$$

所以 $\frac{M_1}{M_2} = \frac{I_1}{I_2} = \frac{\frac{ba^3}{12}}{\frac{b(2a)^3}{12}} = \frac{1}{8}$，即 $M_2 = 8M_1$

又有 $M_1 + M_2 = m$，因此 $M_1 = \frac{m}{9}$

答案：A

66. 解 图示截面的弯曲中心是两个狭长矩形边的中线交点，形心主轴是 y' 和 z'，因为外力 F 作用线

没有通过弯曲中心，故有扭转，还有沿两个形心主轴y'、z'方向的双向弯曲。

答案： D

67. 解　本题是拉扭组合变形，轴向拉伸产生的正应力$\sigma = \frac{F}{A} = \frac{4F}{\pi d^2}$

扭转产生的剪应力$\tau = \frac{T}{W_T} = \frac{16T}{\pi d^3}$

$$\sigma_{eq3} = \sqrt{\sigma^2 + 4\tau^2} = \sqrt{\left(\frac{4F}{\pi d^2}\right)^2 + 4\left(\frac{16T}{\pi d^3}\right)^2}$$

答案： C

68. 解　A 图：$\sigma_1 = \sigma$，$\sigma_2 = \sigma$，$\sigma_3 = 0$；$\tau_{max} = \frac{\sigma - 0}{2} = \frac{\sigma}{2}$

B 图：$\sigma_1 = \sigma$，$\sigma_2 = 0$，$\sigma_3 = -\sigma$；$\tau_{max} = \frac{\sigma - (-\sigma)}{2} = \sigma$

C 图：$\sigma_1 = 2\sigma$，$\sigma_2 = 0$，$\sigma_3 = -\frac{\sigma}{2}$；$\tau_{max} = \frac{2\sigma - \left(-\frac{\sigma}{2}\right)}{2} = \frac{5}{4}\sigma$

D 图：$\sigma_1 = 3\sigma$，$\sigma_2 = \sigma$，$\sigma_3 = 0$；$\tau_{max} = \frac{3\sigma - 0}{2} = \frac{3}{2}\sigma$

答案： D

69. 解　图示圆轴是弯扭组合变形，力F作用下产生的弯矩在固定端最上缘A点引起拉伸正应力σ，外力偶T在A点引起扭转切应力τ，故A点单元体的应力状态是选项 C。

答案： C

70. 解　A 图：$\mu l = 1 \times 5 = 5$

B 图：$\mu l = 2 \times 3 = 6$

C 图：$\mu l = 0.7 \times 6 = 4.2$

根据压杆的临界荷载公式$F_{cr} = \frac{\pi^2 EI}{(\mu l)^2}$

可知：μl越大，临界荷载越小；μl越小，临界荷载越大。

所以F_{crc}最大，而F_{crb}最小。

答案： C

71. 解　压力表测出的是相对压强。

答案： C

72. 解　设第一截面的流速为$v_1 = \frac{Q}{\frac{\pi}{4}d_1^2} = \frac{0.015 m^3/s}{\frac{\pi}{4} 0.1^2 m^2} = 1.91 m/s$

另一截面流速$v_2 = 20 m/s$，待求直径为d_2，由连续方程可得：

$$d_2 = \sqrt{\frac{v_1}{v_2}d_1^2} = \sqrt{\frac{1.91}{20} \times 0.1^2} = 0.031 m = 31 mm$$

答案： B

73. 解　层流沿程损失系数 $\lambda = \frac{64}{\text{Re}}$，而雷诺数 $\text{Re} = \frac{vd}{\nu}$

代入题设数据，得：$\text{Re} = \frac{10 \times 5}{0.18} = 278$

沿程损失系数 $\lambda = \frac{64}{278} = 0.23$

答案：B

74. 解　圆柱形管嘴出水流量 $Q = \mu A \sqrt{2gH_0}$

代入题设数据，得：$Q = 0.82 \times \frac{\pi}{4}(0.04)^2 \sqrt{2 \times 9.8 \times 7.5} = 0.0125 \text{m}^3/\text{s} \approx 0.013 \text{m}^3/\text{s}$

答案：D

75. 解　在题设条件下，则自由出流孔口与淹没出流孔口的关系应为流量系数相等、流量相等。

答案：D

76. 解　由明渠均匀流谢才公式，知流速 $v = C\sqrt{Ri}$，$C = \frac{1}{n}R^{\frac{1}{6}}$

代入题设数据，得：$C = \frac{1}{0.02} \times 1^{\frac{1}{6}} = 50\sqrt{\text{m}}/\text{s}$

流速 $v = 50\sqrt{1 \times 0.0008} = 1.41 \text{m/s}$

答案：B

77. 解　达西渗流定律适用于均匀土壤层流渗流。

答案：C

78. 解　运动相似是几何相似和动力相似的表象。

答案：B

79. 解　根据恒定磁路的安培环路定律：$\sum HL = \sum NI$

得：$H = \frac{NI}{L} = \frac{NI}{2\pi\gamma}$

磁场方向按右手螺旋关系判断为顺时针方向。

答案：B

80. 解　$U = -2 \times 2 - 2 = -6\text{V}$

答案：D

81. 解　该电路具有 6 条支路，为求出 6 个独立的支路电流，所列方程数应该与支路数相等，即要列出 6 阶方程。

正确的列写方法是：

KCL 独立节点方程=节点数$-1 = 4 - 1 = 3$

KVL 独立回路方程（网孔数）= 支路数 $-$ 独立节点数 $= 6 - 3 = 3$

"网孔"为内部不含支路的回路。

答案：B

82. 解 $i(t) = I_m \sin(\omega t + \psi_i) \, A$

$t = 0$ 时，$i(t) = I_m \sin \psi_i = 0.5\sqrt{2} \, A$

$$\begin{cases} \sin \psi_i = 1, \quad \psi_i = 90° \\ I_m = 0.5\sqrt{2} \, A \\ \omega = 2\pi f = 2\pi \dfrac{1}{T} = 2000\pi \end{cases}$$

$i(t) = 0.5\sqrt{2} \sin(2000\pi t + 90°) \, A$

答案：C

83. 解 图 b) 给出了滤波器的幅频特性曲线。U_{i1} 与 U_{i2} 的频率不同，它们的放大倍数是不一样的。

从特性曲线查出：

$U_{o1}/U_{i1} = 1 \Rightarrow U_{o1} = U_{i1} = 10V \Rightarrow U_{o2}/U_{i2} = 0.1 \Rightarrow U_{o2} = 0.1 \times U_{i2} = 1V$

答案：D

84. 解 画相量图分析，如解图所示。

$\dot{I}_2 = \dot{I}_N + \dot{I}_{C2}, \quad \dot{I}_1 = \dot{I}_N + \dot{I}_{C1}$

$|\dot{I}_{C1}| > |\dot{I}_{C2}|$

$$I_C = \frac{U}{X_C} = \frac{U}{\dfrac{1}{\omega C}} = U\omega C \propto C$$

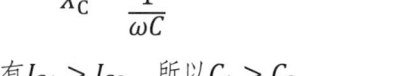

题 84 解图

有 $I_{C1} > I_{C2}$，所以 $C_1 > C_2$

并且功率因数 $\lambda|_{C_1} = -0.866$ 时电路出现过补偿，呈容性性质，一般不采用。

当 $C = C_2$ 时，电路中总电流 $\dot{I}_2$ 落后于电压 $\dot{U}$，为感性性质，不为过补偿。

答案：A

85. 解 如解图所示，由题意可知：

$N_1 = 550$ 匝

当 $U_1 = 100V$ 时，$U_{21} = 10V$，$U_{22} = 20V$

$\dfrac{N_1}{N_{2|10V}} = \dfrac{U_1}{U_{21}}$，$N_{2|10V} = N_1 \cdot \dfrac{U_{21}}{U_1} = 550 \times \dfrac{10}{100} = 55$ 匝

$\dfrac{N_1}{N_{2|20V}} = \dfrac{U_1}{U_{22}}$，$N_{2|20V} = N_1 \cdot \dfrac{U_{22}}{U_1} = 550 \times \dfrac{20}{100} = 110$ 匝

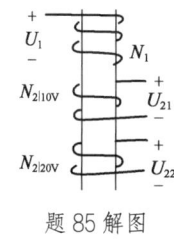

题 85 解图

答案：C

86. 解 为实现对电动机的过载保护，热继电器的热元件串联在电动机的主电路中，测量电动机的主电流，同时将热继电器的常闭触点接在控制电路中，一旦电动机过载，则常闭触点断开，切断电机的供电电路。

答案： C

87. 解 "模拟"是指把某一个量用与它相对应的连续的物理量（电压）来表示；图 d）不是模拟信号，图 c）是采样信号，而非数字信号。对本题的分析可见，图 b）是图 a）的模拟信号。

答案： A

88. 解 周期信号频谱是离散的频谱，信号的幅度随谐波次数的增高而减小。针对本题情况，可知该周期信号的一次谐波分量为：

$$u_1 = U_{1m} \sin \omega_1 t = 5 \sin 10^3 t$$

$$U_{1m} = 5V, \quad \omega_1 = 10^3$$

$$u_3 = U_{3m} \sin 3\omega t$$

$$\omega_3 = 3\omega_1 = 3 \times 10^3$$

$$U_{3m} < U_{1m}$$

答案： B

89. 解 放大器的输入为正弦交流信号，但 $u_1(t)$ 的频率过高，超出了上限频率 f_H，放大倍数小于 A，因此输出信号 u_2 的有效值 $U_2 < AU_1$。

答案： C

90. 解 根据逻辑电路的反演关系，对公式变化可知结果

$$\overline{(AD + \overline{AD})} = \overline{AD} \cdot \overline{(\overline{AD})} = (\overline{A} + \overline{D}) \cdot (A + D) = \overline{A}D + A\overline{D}$$

答案： C

91. 解 本题输入信号 A、B 与输出信号 F 为或非逻辑关系，$F = \overline{A + B}$（输入有 1 输出则 0），对齐相位画输出波形如解图所示。

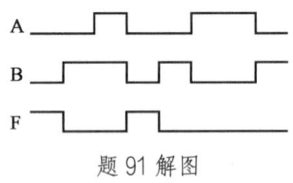
题 91 解图

结果与选项 A 的图形一致。

答案： A

92. 解 BCD 码是用二进制数表示十进制数。有两种常用形式，压缩 BCD 码，用 4 位二进制数表示 1 位十进制数；非压缩 BCD 码，用 8 位二进制数表示 1 位十进制数，本题的 BCD 码形式属于第一种。

选项 B，0001 表示十进制的 1，0110 表示十进制的 6，即 $(16)_{BCD}=(0001\ 0110)_B$，正确。

答案： B

93. 解 设二极管 D 截止，可以判断：

$$U_{D阳} = 1V, \quad U_{D阴} = 5V$$

D 为反向偏置状态，可见假设成立，$U_F = U_B = 5V$

答案： B

94. 解 该电路为运算放大器的积分运算电路。

$$u_o = -\frac{1}{RC} \int u_i dt$$

当 $u_i = 1V$ 时，$u_o = -\frac{1}{RC}t$

如解图所示，当 $t < 10s$ 时，

运算放大器工作在线性状态，$u_o = -t$

当 $t \geqslant 10s$ 后，电路出现反向饱和，$u_o = -10V$

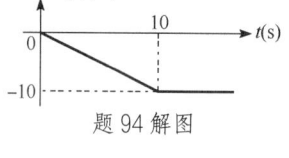

题 94 解图

答案： D

95. 解 输出 Q 与输入信号 A 的关系：$Q_{n+1} = D = A \cdot \overline{Q}_n$

输入信号 Q 在时钟脉冲的上升沿触发。

如解图所示，可知 CP 脉冲的两个下降沿时刻 Q 的状态分别是 1 0。

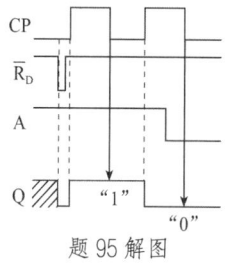

题 95 解图

答案： C

96. 解 由题图可见该电路由 3 个 D 触发器组成，$Q_{n+1} = D$。在时钟脉冲的作用下，存储数据依次向左循环移位。

当 $\overline{R}_D = 0$ 时，系统初始化：$Q_2 = 0$，$Q_1 = 1$，$Q_0 = 0$。

即存储数据是"010"。

答案： A

97. 解 计算机按用途可分为专业计算机和通用计算机。专业计算机是为解决某种特殊问题而设计的计算机，针对具体问题能显示出有效、快速和经济的特性，但它的适应性较差，不适用于其他方面的应用。在导弹和火箭上使用的计算机很大部分就是专业计算机。通用计算机适应性很强，应用范围很广，如应用于科学计算、数据处理和实时控制等领域。

答案： A

98. 解 当前计算机的内存储器多数是半导体存储器。半导体存储器从使用功能上分，有随机存储器（Random Access Memory，简称 RAM，又称读写存储器），只读存储器（Read Only Memory，简称 ROM）。

答案： A

99. 解 批处理操作系统是指将用户的一批作业有序地排列在一起，形成一个庞大的作业流。计算

机指令系统会自动地顺序执行作业流，以节省人工操作时间和提高计算机的使用效率。

答案：B

100. 解 杀毒软件能防止计算机病毒的入侵，及时有效地提醒用户当前计算机的安全状况，可以对计算机内的所有文件进行检查，发现病毒时可清除病毒，有效地保护计算机内的数据安全。

答案：D

101. 解 ASCII 码是"美国信息交换标准代码"的简称，是目前国际上最为流行的字符信息编码方案。在这种编码中每个字符用 7 个二进制位表示。这样，从 0000000 到 1111111 可以给出 128 种编码，可以用来表示 128 个不同的字符，其中包括 10 个数字、大小写字母各 26 个、算术运算符、标点符号及专用符号等。

答案：B

102. 解 Windows 特点的是使用方便、系统稳定可靠、有友好的用户界面、更高的可移动性，笔记本用户可以随时访问信息等。

答案：C

103. 解 虚拟存储技术实际上是在一个较小的物理内存储器空间上，来运行一个较大的用户程序。它利用大容量的外存储器来扩充内存储器的容量，产生一个比内存空间大得多、逻辑上的虚拟存储空间。

答案：D

104. 解 通信和数据传输是计算机网络主要功能之一，用来在计算机系统之间传送各种信息。利用该功能，地理位置分散的生产单位和业务部门可通过计算机网络连接在一起进行集中控制和管理。也可以通过计算机网络传送电子邮件，发布新闻消息和进行电子数据交换，极大地方便了用户，提高了工作效率。

答案：D

105. 解 因特网提供的服务有电子邮件服务、远程登录服务、文件传输服务、WWW 服务、信息搜索服务。

答案：D

106. 解 按采用的传输介质不同，可将网络分为双绞线网、同轴电缆网、光纤网、无线网；按网络传输技术不同，可将网络分为广播式网络和点到点式网络；按线路上所传输信号的不同，又可将网络分为基带网和宽带网两种。

答案：A

107. 解 根据等额支付偿债基金公式（已知 F，求 A）：

$$A = F\left[\frac{i}{(1+i)^n - 1}\right] = F(A/F, i, n) = 600 \times (A/F, 5\%, 5) = 600 \times 0.18097 = 108.58 \text{ 万元}$$

答案：B

108. 解 从企业角度进行投资项目现金流量分析时，可不考虑增值税，因为增值税是价外税，不进入企业成本也不进入销售收入。执行新的《中华人民共和国增值税暂行条例》以后，为了体现固定资产进项税抵扣导致企业应纳增值税的降低进而致使净现金流量增加的作用，应在现金流入中增加销项税额，同时在现金流出中增加进项税额以及应纳增值税。

答案：B

109. 解 注意题目问的是第 2 年年末偿还的利息（不包括本金）。

等额本息法每年还款的本利和相等，根据等额支付资金回收公式（已知 P 求 A），每年年末还本付息金额为：

$$A = P\left[\frac{i(1+i)^n}{(1+i)^n - 1}\right] = P(A/P, 8\%, 5) = 150 \times 0.2505 = 37.575 \text{ 万元}$$

则第 1 年末偿还利息为 $150 \times 8\% = 12$ 万元，偿还本金为 $37.575 - 12 = 25.575$ 万元

第 1 年已经偿还本金 25.575 万元，尚未偿还本金为 $150 - 25.575 = 124.425$ 万元

第 2 年年末应偿还利息为 $(150 - 25.575) \times 8\% = 9.954$ 万元

答案：A

110. 解 内部收益率是指项目在计算期内各年净现金流量现值累计等于零时的收益率，属于动态评价指标。计算内部收益率不需要事先给定基准收益率 i_c，计算出内部收益率后，再与项目的基准收益率 i_c 比较，以判定项目财务上的可行性。

常规项目投资方案是指除了建设期初或投产期初的净现金流量为负值外，以后年份的净现金流量均为正值，计算期内净现金流量由负到正只变化一次，这类项目只要累计净现金流量大于零，内部收益率就有唯一解，即项目的内部收益率。

答案：D

111. 解 影子价格是能够反映资源真实价值和市场供求关系的价格。

答案：B

112. 解 生产能力利用率的盈亏平衡点指标数值越低，说明较低的生产能力利用率即可达到盈亏平衡，也即说明企业经营抗风险能力较强。

答案：A

113. 解 由于残值可以回收，并没有真正形成费用消耗，故应从费用中将残值减掉。

由甲方案的现金流量图可知：

甲方案的费用现值：

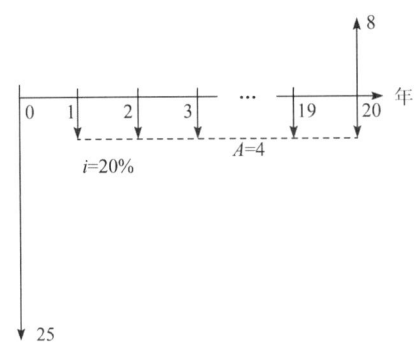

题113解　甲方案现金流量图

$P = 4(P/A, 20\%, 20) + 25 - 8(P/F, 20\%, 20)$

$\quad = 4 \times 4.8696 + 25 - 8 \times 0.02608 = 44.27$ 万元

同理可计算乙方案的费用现值：

$P = 6(P/A, 20\%, 20) + 12 - 6(P/F, 20\%, 20)$

$\quad = 6 \times 4.8696 + 12 - 6 \times 0.02608 = 41.06$ 万元

答案：C

114. 解　该零件的成本系数 $C = 880 \div 10000 = 0.088$

该零部件的价值指数为 $0.140 \div 0.088 = 1.591$

答案：D

115. 解　《中华人民共和国建筑法》第三十四条规定，工程监理单位应当根据建设单位的委托，客观、公正地执行监理任务。

选项 C 和 D 明显错误。选项 A 也是错误的，因为监理单位承揽监理业务的范围是根据其单位资质决定的，而不是和甲方签订的合同所决定的。

答案：B

116. 解　《中华人民共和国安全法》第六十三条规定，负有安全生产监督管理职责的部门依照有关法律、法规的规定，对涉及安全生产的事项需要审查批准（包括批准、核准、许可、注册、认证、颁发证照等，下同）或者验收的，必须严格依照有关法律、法规和国家标准或者行业标准规定的安全生产条件和程序进行审查；不符合有关法律、法规和国家标准或者行业标准规定的安全生产条件的，不得批准或者验收通过。对未依法取得批准或者验收合格的单位擅自从事有关活动的，负责行政审批的部门发现或者接到举报后应当立即予以取缔，并依法予以处理。对已经依法取得批准的单位，负责行政审批的部门发现其不再具备安全生产条件的，应当撤销原批准。

答案：A

117. 解　《中华人民共和国建筑法》第二十七条规定，大型建筑工程或者结构复杂的建筑工程，可以由两个以上的承包单位联合共同承包。共同承包的各方对承包合同的履行承担连带责任。

两个以上不同资质等级的单位实行联合共同承包的，应当按照资质等级低的单位的业务许可范围承揽工程。

答案：B

118. 解 《中华人民共和国民法典》第五百一十一条第二款规定，价款或者报酬不明确的，按照订立合同时履行地的市场价格履行；依法应当执行政府定价或者政府指导价的，依照规定履行。

答案：A

119. 解 《中华人民共和国环境保护法》第三十五条规定，城乡建设应当结合当地自然环境的特点，保护植被、水域和自然景观，加强城市园林、绿地和风景名胜区的建设与管理。

答案：A

120. 解 根据《建筑工程安全生产管理条例》第二十一条规定，施工单位主要负责人依法对本单位的安全生产工作全面负责。施工单位应当建立健全安全生产责任制度和安全生产教育培训制度，制定安全生产规章制度和操作规程，保证本单位安全生产条件所需资金的投入，对所承担的建设工程进行定期和专项安全检查，并做好安全检查记录。故选项B对。

主要负责人的职责是"建立"安全生产责任制，不是"落实"，所以选项A错。

答案：B

1. 解 本题考查函数极限的求法以及洛必达法则的应用。

当自变量 $x \to 0$ 时，只有当 $x \to 0^+$ 及 $x \to 0^-$ 时，函数左右极限各自存在并且相等时，函数极限才存在。即当 $\lim\limits_{x \to 0^+} f(x) = \lim\limits_{x \to 0^-} f(x) = A$ 时，$\lim\limits_{x \to 0} f(x) = A$，否则函数极限不存在。

应用洛必达法则：

$$\lim_{x \to 0^+} \frac{3 + e^{\frac{1}{x}}}{1 - e^{\frac{2}{x}}} \xlongequal[\text{当} x \to 0^+ \text{时，} y \to +\infty]{\text{设} y = \frac{1}{x}} \lim_{y \to +\infty} \frac{3 + e^y}{1 - e^{2y}} \xlongequal{\frac{\infty}{\infty}} \lim_{y \to +\infty} \frac{e^y}{-2e^{2y}} = \lim_{y \to +\infty} \frac{1}{-2e^y} = 0$$

$$\lim_{x \to 0^-} \frac{3 + e^{\frac{1}{x}}}{1 - e^{\frac{2}{x}}} \xlongequal[\text{当} x \to 0^- \text{时，} y \to -\infty]{\text{设} y = \frac{1}{x}} \lim_{y \to -\infty} \frac{3 + e^y}{1 - e^{2y}} \xlongequal[e^y \to 0]{y \to -\infty} \frac{3}{1} = 3$$

因 $\lim\limits_{x \to 0^+} f(x) \neq \lim\limits_{x \to 0^-} f(x)$，所以 $\lim\limits_{x \to 0} f(x)$ 不存在。

答案：D

2. 解 本题考查函数可微、可导与函数连续之间的关系。

对于一元函数而言，函数可导和函数可微等价。函数可导必连续，函数连续不一定可导（例如 $y = |x|$ 在 $x = 0$ 处连续，但不可导）。因而，$f(x)$ 在点 $x = x_0$ 处连续为函数在该点处可微的必要条件。

答案：C

3. 解 利用同阶无穷小定义计算。

求极限 $\lim\limits_{x \to 0} \frac{\sqrt{1-x^2} - \sqrt{1+x^2}}{x^k}$，只要当极限值为常数 C，且 $C \neq 0$ 时，即为同阶无穷小。

$$\lim_{x \to 0} \frac{\sqrt{1-x^2} - \sqrt{1+x^2}}{x^k} \xlongequal{\text{分子有理化}} \lim_{x \to 0} \frac{(\sqrt{1-x^2} - \sqrt{1+x^2})(\sqrt{1-x^2} + \sqrt{1+x^2})}{x^k(\sqrt{1-x^2} + \sqrt{1+x^2})}$$

$$= \lim_{x \to 0} \frac{-2x^2}{x^k(\sqrt{1-x^2} + \sqrt{1+x^2})} \xlongequal{\text{只有} k = 2 \text{时，极限值才满足为常数} C, \text{且} C \neq 0}$$

$$\lim_{x \to 0} \frac{-2x^2}{x^2(\sqrt{1-x^2} + \sqrt{1+x^2})} = -1$$

答案：B

4. 解 本题为求复合函数的二阶导数，可利用复合函数求导公式计算。

设 $y = \ln u$，$u = \sin x$，先对中间变量求导，再乘以中间变量 u 对自变量 x 的导数（注意正确使用导数公式）。

$$y' = \frac{1}{\sin x} \cdot \cos x = \cot x, \quad y'' = (\cot x)' = -\frac{1}{\sin^2 x}$$

答案：D

5. 解 本题考查罗尔中值定理。

由罗尔中值定理可知，函数满足：①在闭区间连续；②在开区间可导；③两端函数值相等，则在开区间内至少存在一点ξ，使得$f'(\xi) = 0$。本题满足罗尔中值定理的条件，因而结论 B 成立。

答案：B

6. 解 $x = 0$处导数不存在。x_1和O点两侧导函数符号由负变为正，函数在该点取得极小值，故x_1和O点是函数的极小值点；x_2和x_3点两侧导函数符号由正变为负，函数在该点取得极大值，故x_2和x_3点是函数的极大值点。

答案：B

7. 解 本题可用第一类换元积分方法计算，也可用凑微分方法计算。

方法 1：设$x^2 + 1 = t$，则有$2x\mathrm{d}x = \mathrm{d}t$，即$x\mathrm{d}x = \frac{1}{2}\mathrm{d}t$

$$\int \frac{x}{\sin^2(x^2 + 1)}\mathrm{d}x = \int \frac{1}{\sin^2 t} \frac{1}{2}\mathrm{d}t = \frac{1}{2}\int \csc^2 t \, \mathrm{d}t = -\frac{1}{2}\cot t + C = -\frac{1}{2}\cot(x^2 + 1) + C$$

方法 2：

$$\int \frac{x}{\sin^2(x^2 + 1)}\mathrm{d}x = \frac{1}{2}\int \frac{1}{\sin^2(x^2 + 1)}\mathrm{d}(x^2 + 1) = -\frac{1}{2}\cot(x^2 + 1) + C$$

答案：A

8. 解 当$x = -1$时，$\lim\limits_{x \to -1}\frac{1}{(1+x)^2} = +\infty$，所以$x = -1$为函数的无穷不连续点。

本题为被积函数有无穷不连续点的广义积分。按照这类广义积分的计算方法，把广义积分在无穷不连续点$x = -1$处分成两部分，只有当每一部分都收敛时，广义积分才收敛，否则广义积分发散。

即：

$$\int_{-2}^{2} \frac{1}{(1+x)^2}\mathrm{d}x = \int_{-2}^{-1} \frac{1}{(1+x)^2}\mathrm{d}x + \int_{-1}^{2} \frac{1}{(1+x)^2}\mathrm{d}x$$

计算第一部分：

$$\int_{-2}^{-1} \frac{1}{(1+x)^2}\mathrm{d}x = \int_{-2}^{-1} \frac{1}{(1+x)^2}\mathrm{d}(x + 1) = -\frac{1}{1+x}\Big|_{-2}^{-1} = \lim_{x \to 1^-}\left(-\frac{1}{1+x}\right) - \left(-\frac{1}{-1}\right) = \infty,$$

发散

所以，广义积分发散。

答案：D

9. 解 利用两向量平行的知识以及两向量数量积的运算法则计算。

已知$\boldsymbol{\beta} \,/\!/\, \boldsymbol{\alpha}$，则有$\boldsymbol{\beta} = \lambda\boldsymbol{\alpha}$（$\lambda$为任意非零常数）

所以$\boldsymbol{\alpha} \cdot \boldsymbol{\beta} = \boldsymbol{\alpha} \cdot \lambda\boldsymbol{\alpha} = \lambda(\boldsymbol{\alpha} \cdot \boldsymbol{\alpha}) = \lambda[2 \times 2 + 1 \times 1 + (-1) \times (-1)] = 6\lambda$

已知$\boldsymbol{\alpha} \cdot \boldsymbol{\beta} = 3$，即$6\lambda = 3$，$\lambda = \frac{1}{2}$

所以$\boldsymbol{\beta} = \frac{1}{2}\boldsymbol{\alpha} = \left(1, \frac{1}{2}, -\frac{1}{2}\right)$

答案：C

10. 解 因直线垂直于xOy平面，因而直线的方向向量只要选与z轴平行的向量即可，取所求直线的方向向量$\vec{s} = (0,0,1)$，如解图所示，再按照直线的点向式方程的写法写出直线方程：

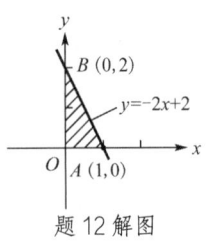

题10解图

$$\frac{x-2}{0} = \frac{y-0}{0} = \frac{z+1}{1}$$

答案：C

11. 解 通过分析可知，本题为一阶可分离变量方程，分离变量后两边积分求出方程的通解，再代入初始条件求出方程的特解。

$$y\ln x\mathrm{d}x - x\ln y\mathrm{d}y = 0 \Rightarrow y\ln x\mathrm{d}x = x\ln y\mathrm{d}y \Rightarrow \frac{\ln x}{x}\mathrm{d}x = \frac{\ln y}{y}\mathrm{d}y$$

$$\Rightarrow \int\frac{\ln x}{x}\mathrm{d}x = \int\frac{\ln y}{y}\mathrm{d}y \Rightarrow \int\ln x\mathrm{d}(\ln x) = \int\ln y\mathrm{d}(\ln y)$$

$$\Rightarrow \frac{1}{2}\ln^2 x = \frac{1}{2}\ln^2 y + C_1 \Rightarrow \ln^2 x - \ln^2 y = C_2 \quad (\text{其中，} C_2 = 2C_1)$$

代入初始条件$y(x=1)=1$，得$C_2 = 0$

所以方程的特解：$\ln^2 x - \ln^2 y = 0$

答案：D

12. 解 画出积分区域D的图形，如解图所示。

方法 1： 因被积函数$f(x,y)=1$，所以积分$\iint\limits_D \mathrm{d}x\mathrm{d}y$的值即为这三条直线所围成的区域面积，所以$\iint\limits_D \mathrm{d}x\mathrm{d}y = \frac{1}{2} \times 1 \times 2 = 1$。

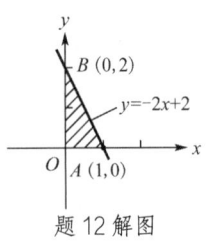

题12解图

方法 2： 把二重积分转化为二次积分，可先对y积分再对x积分，也可先对x积分再对y积分。本题先对y积分后再对x积分：

$$D: \begin{cases} 0 \leqslant x \leqslant 1 \\ 0 \leqslant y \leqslant -2x+2 \end{cases}$$

$$\iint\limits_D \mathrm{d}x\mathrm{d}y = \int_0^1 \mathrm{d}x \int_0^{-2x+2} \mathrm{d}y = \int_0^1 y\Big|_0^{-2x+2} \mathrm{d}x$$

$$= \int_0^1 (-2x+2)\mathrm{d}x = (-x^2+2x)\Big|_0^1 = -1+2 = 1$$

答案：A

13. 解 $y = C_1 C_2 e^{-x}$，因C_1、C_2是任意常数，可设$C = C_1 \cdot C_2$（C仍为任意常数），即$y = Ce^{-x}$，则有$y' = -Ce^{-x}$，$y'' = Ce^{-x}$。

代入得$Ce^{-x} - 2(-Ce^{-x}) - 3Ce^{-x} = 0$，可知$y = Ce^{-x}$为方程的解。

因$y = Ce^{-x}$仅含一个独立的任意常数，可知$y = Ce^{-x}$既不是方程的通解，也不是方程的特解，只是方程的解。

答案： D

14. 解 本题考查对坐标的曲线积分的计算方法。

应注意，对坐标的曲线积分与曲线的积分路径、方向有关，积分变量的变化区间应从起点所对应的参数积到终点所对应的参数。

$L：x^2 + y^2 = 1$

参数方程可表示为 $\begin{cases} x = \cos\theta \\ y = \sin\theta \end{cases}$ $(\theta：0 \to 2\pi)$，则

$$\int_L \frac{y dx - x dy}{x^2 + y^2} = \int_0^{2\pi} \frac{\sin\theta(-\sin\theta) - \cos\theta\cos\theta}{\cos^2\theta + \sin^2\theta} d\theta = \int_0^{2\pi}(-1)d\theta = -\theta\Big|_0^{2\pi} = -2\pi$$

答案： B

15. 解 本题函数为二元函数，先求出二元函数的驻点，再利用二元函数取得极值的充分条件判定。

$f(x,y) = xy$

求得偏导数 $\begin{cases} f_x(x,y) = y \\ f_y(x,y) = x \end{cases}$，则 $\begin{cases} f_x(0,0) = 0 \\ f_y(0,0) = 0 \end{cases}$，故点 $(0,0)$ 为二元函数的驻点。

求得二阶导数 $f''_{xx}(x,y) = 0$，$f''_{xy}(x,y) = 1$，$f''_{yy}(x,y) = 0$

则有 $A = f''_{xx}(0,0) = 0$，$B = f''_{xy}(0,0) = 1$，$C = f''_{yy}(0,0) = 0$

$AC - B^2 = -1 < 0$，所以在驻点 $(0,0)$ 处取不到极值。

点 $(0,0)$ 是驻点，但非极值点。

答案： B

16. 解 本题考查级数条件收敛、绝对收敛的有关概念，以及级数收敛与发散的基本判定方法。

将级数 $\sum\limits_{n=1}^{\infty}(-1)^{n-1}\frac{1}{n^p}$ 各项取绝对值，得 p 级数 $\sum\limits_{n=1}^{\infty}\frac{1}{n^p}$。

当 $p > 1$ 时，原级数 $\sum\limits_{n=1}^{\infty}(-1)^{n-1}\frac{1}{n^p}$ 绝对收敛；当 $0 < p \leq 1$ 时，级数 $\sum\limits_{n=1}^{\infty}\frac{1}{n^p}$ 发散。所以，选项 B、C 均不成立。

再判定原级数 $\sum\limits_{n=1}^{\infty}(-1)^{n-1}\frac{1}{n^p}$ 在 $0 < p \leq 1$ 时的敛散性。

级数 $\sum\limits_{n=1}^{\infty}(-1)^{n-1}\frac{1}{n^p}$ 为交错级数，记 $u_n = \frac{1}{n^p}$。

当 $p > 0$ 时，$n^p < (n+1)^p$，则 $\frac{1}{n^p} > \frac{1}{(n+1)^p}$，$u_n > u_{n+1}$，又 $\lim\limits_{n\to\infty}u_n = 0$，所以级数 $\sum\limits_{n=1}^{\infty}(-1)^{n-1}\frac{1}{n^p}$ 在 $0 < p \leq 1$ 时条件收敛。

答案： D

17. 解 利用二元函数求全微分公式 $dz = \frac{\partial z}{\partial x}dx + \frac{\partial z}{\partial y}dy$ 计算，然后代入 $x = 1$，$y = 2$ 求出 $dz\Big|_{\substack{x=1\\y=2}}$ 的值。

（1）计算 $\frac{\partial z}{\partial x}$：

$z = \left(\dfrac{y}{x}\right)^x$，两边取对数，得 $\ln z = x \ln\left(\dfrac{y}{x}\right)$，两边对 x 求导，得：

$$\frac{1}{z}z_x = \ln\frac{y}{x} + x\frac{x}{y}\left(-\frac{y}{x^2}\right) = \ln\frac{y}{x} - 1$$

进而得：$z_x = z\left(\ln\dfrac{y}{x} - 1\right) = \left(\dfrac{y}{x}\right)^x\left(\ln\dfrac{y}{x} - 1\right)$

（2）计算 $\dfrac{\partial z}{\partial y}$：

$$\frac{\partial z}{\partial y} = x\left(\frac{y}{x}\right)^{x-1}\frac{1}{x} = \left(\frac{y}{x}\right)^{x-1}$$

$$dz = \frac{\partial z}{\partial x}dx + \frac{\partial z}{\partial y}dy = \left(\frac{y}{x}\right)^x\left(\ln\frac{y}{x} - 1\right)dx + \left(\frac{y}{x}\right)^{x-1}dy$$

$$dz\bigg|_{\substack{x=1\\y=2}} = 2(\ln 2 - 1)dx + dy = 2\left[(\ln 2 - 1)dx + \frac{1}{2}dy\right]$$

答案：C

18. 解 幂级数只含奇数次幂项，求出级数的收敛半径，再判断端点的敛散性。

方法 1：

$$\lim_{n\to\infty}\left|\frac{u_{n+1}(x)}{u_n(x)}\right| = \lim_{n\to\infty}\left|\frac{\dfrac{x^{2n+1}}{2n+1}}{\dfrac{x^{2n-1}}{2n-1}}\right| = \lim_{n\to\infty}\left|\frac{2n-1}{2n+1}x^2\right| = x^2$$

当 $x^2 < 1$，即 $-1 < x < 1$ 时，级数收敛；当 $x^2 > 1$，即 $x > 1$ 或 $x < -1$ 时，级数发散：

判断端点的敛散性。

当 $x = 1$ 时，$\displaystyle\sum_{n=1}^{\infty}(-1)^{n-1}\frac{x^{2n-1}}{2n-1} \Rightarrow \sum_{n=1}^{\infty}(-1)^{n-1}\frac{1}{2n-1}$，为交错级数，同时满足 $u_n > u_{n+1}$ 和 $\displaystyle\lim_{n\to\infty}u_n = 0$，级数收敛。

当 $x = -1$ 时，$\displaystyle\sum_{n=1}^{\infty}(-1)^{n-1}\frac{x^{2n-1}}{2n-1} \Rightarrow \sum_{n=1}^{\infty}(-1)^{n}\frac{1}{2n-1}$，为交错级数，同时满足 $u_n > u_{n+1}$ 和 $\displaystyle\lim_{n\to\infty}u_n = 0$，级数收敛。

综上，级数 $\displaystyle\sum_{n=1}^{\infty}(-1)^{n-1}\frac{x^{2n-1}}{2n-1}$ 的收敛域为 $[-1,1]$。

方法 2：四个选项已给出，仅在端点处不同，直接判断端点 $x = 1$、$x = -1$ 的敛散性即可。

答案：A

19. 解 利用公式 $|\boldsymbol{A}^*| = |\boldsymbol{A}|^{n-1}$ 判断。代入 $|\boldsymbol{A}| = b$，得 $|\boldsymbol{A}^*| = b^{n-1}$。

答案：B

20. 解 利用公式 $|\boldsymbol{A}| = \lambda_1\lambda_2\cdots\lambda_n$，当 $\boldsymbol{A}$ 为二阶方阵时，$|\boldsymbol{A}| = \lambda_1\lambda_2$
则有 $\lambda_2 = \dfrac{|\boldsymbol{A}|}{\lambda_1} = \dfrac{-1}{1} = -1$

由"实对称矩阵对应不同特征值的特征向量正交"判断：

$$\begin{pmatrix}1\\1\end{pmatrix}^{\mathrm{T}}\begin{pmatrix}1\\-1\end{pmatrix} = (1,\ 1)\begin{pmatrix}1\\-1\end{pmatrix} = 0$$

所以 $\begin{pmatrix} 1 \\ 1 \end{pmatrix}$ 与 $\begin{pmatrix} 1 \\ -1 \end{pmatrix}$ 正交

答案： B

21. 解 二次型 f 的秩就是对应矩阵 $\boldsymbol{A}$ 的秩。

二次型对应矩阵为 $\boldsymbol{A} = \begin{bmatrix} 1 & 1 & 0 \\ 1 & t & 0 \\ 0 & 0 & 3 \end{bmatrix}$，$R(\boldsymbol{A}) = 2$，则有 $|\boldsymbol{A}| = 0$，即 $3(t-1) = 0$，可以得出 $t = 1$。

答案： C

22. 解

$$P(A|B) = \frac{P(AB)}{P(B)} = \frac{P(A)P(B|A)}{P(B)} = \frac{\frac{1}{3} \times \frac{1}{6}}{\frac{1}{4}} = \frac{2}{9}$$

答案： B

23. 解 由联合分布律的性质：$\sum_i \sum_j p_{ij} = 1$，得 $\frac{1}{4} + \frac{1}{4} + \frac{1}{6} + a = 1$，则 $a = \frac{1}{3}$。

答案： A

24. 解 因为 $X \sim U(1, \theta)$，所以 $E(X) = \frac{1+\theta}{2}$，则 $\theta = 2E(X) - 1$，用 $\overline{X}$ 代替 $E(X)$，得 θ 的矩估计 $\hat{\theta} = 2\overline{X} - 1$。

答案： C

25. 解 温度的统计意义告诉我们：气体的温度是分子平均平动动能的量度，气体的温度是大量气体分子热运动的集体体现，具有统计意义，温度的高低反映物质内部分子运动剧烈程度的不同，正是因为它的统计意义，单独说某个分子的温度是没有意义的。

答案： B

26. 解 气体分子运动的三种速率：

$$v_{\mathrm{p}} = \sqrt{\frac{2kT}{m}} \approx 1.41 \sqrt{\frac{RT}{M}}$$

$$\overline{v} = \sqrt{\frac{8kT}{\pi m}} \approx 1.60 \sqrt{\frac{RT}{M}}, \quad \sqrt{\overline{v^2}} = \sqrt{\frac{3kT}{m}} \approx 1.73 \sqrt{\frac{RT}{M}}$$

答案： C

27. 解 理想气体向真空作绝热膨胀，注意"真空"和"绝热"。由热力学第一定律 $Q = \Delta E + W$，理想气体向真空作绝热膨胀不做功，不吸热，故内能变化为零，温度不变，但膨胀致体积增大，单位体积分子数 n 减少，根据 $p = nkT$，故压强减小。

答案： A

28. 解 此题考查卡诺循环。

卡诺循环的热机效率为：$\eta = 1 - \frac{T_2}{T_1}$

T_1 与 T_2 不同，所以效率不同。

两个循环曲线所包围的面积相等，净功相等，$W = Q_1 - Q_2$，即两个热机吸收的热量与放出的热量（绝对值）的差值一定相等。

答案：D

29.解 此题考查理想气体分子的摩尔热容。

$$C_V = \frac{i}{2}R, \quad C_p = C_V + R = \frac{i+2}{2}R$$

刚性双原子分子理想气体$i = 5$，故$\frac{C_p}{C_V} = \frac{7}{5}$

答案：C

30.解 将波动方程化为标准式：$y = 0.05\cos(4\pi x - 10\pi t) = 0.05\cos 10\pi\left(t - \frac{x}{2.5}\right)$

$$u = 2.5\text{m/s}, \quad \omega = 2\pi\nu = 10\pi, \quad \nu = 5\text{Hz}, \quad \lambda = \frac{u}{\nu} = \frac{2.5}{5} = 0.5\text{m}$$

答案：A

31.解 此题考查声波的多普勒效应。

题目讨论的是火车疾驰而来时的过程与火车远离而去时人们听到的汽笛音调比较。

火车疾驰而来时音调（即频率）：$\nu'_{\text{来}} = \frac{u}{u - v_s}\nu$

火车远离而去时的音调：$\nu'_{\text{去}} = \frac{u}{u + v_s}\nu$

式中，u为声速，v_s为火车相对地的速度，ν为火车发出汽笛声的原频率。

相比，人们听到的汽笛音调应是由高变低的。

答案：A

32.解 此题考查波的强度公式：$I = \frac{1}{2}\rho u A^2 \omega^2$

保持其他条件不变，仅使振幅A增加1倍，则波的强度增加到原来的4倍。

答案：D

33.解 两列振幅相同的相干波，在同一直线上沿相反方向传播，叠加的结果即为驻波。

叠加后形成的驻波的波动方程为：$y = y_1 + y_2 = \left(2A\cos 2\pi\frac{x}{\lambda}\right)\cos 2\pi\nu t$

驻波的振幅是随位置变化的，$A' = 2A\cos 2\pi\frac{x}{\lambda}$，波腹处有最大振幅$2A$。

答案：C

34.解 此题考查光的干涉。

薄膜上下两束反射光的光程差：$\delta = 2n_2 e$

增透膜要求反射光相消：$\delta = 2n_2 e = (2k+1)\frac{\lambda}{2}$

$k = 0$时，膜有最小厚度，$e = \frac{\lambda}{4n_2} = \frac{500}{4\times 1.38} = 90.6\text{nm}$

答案：B

35. 解 此题考查光的衍射。

单缝衍射明纹条件光程差为半波长的奇数倍，相邻两个半波带对应点的光程差为半个波长。

答案：C

36. 解 此题考查光的干涉与偏振。

双缝干涉条纹间距$\Delta x = \frac{D}{d}\lambda$，加偏振片不改变波长，故干涉条纹的间距不变，而自然光通过偏振片光强衰减为原来的一半，故明纹的亮度减弱。

答案：B

37. 解 第一电离能是基态的气态原子失去一个电子形成+1价气态离子所需要的最低能量。变化规律：同一周期从左到右，主族元素的有效核电荷数依次增加，原子半径依次减小，电离能依次增大；同一主族元素从上到下原子半径依次增大，电离能依次减小。

答案：D

38. 解 共价键的类型分σ键和π键。共价单键均为σ键；共价双键中含1个σ键，1个π键；共价三键中含1个σ键，2个π键。

丁二烯分子中，碳氢间均为共价单键，碳碳间含1个碳碳单键，2个碳碳双键。结构式为：

$$\underset{H}{\overset{H}{C}}{=}\underset{H}{C}{-}\underset{H}{C}{=}\underset{H}{\overset{H}{C}}$$

答案：B

39. 解 正负离子相互极化的强弱取决于离子的极化力和变形性，正负离子均具有极化力和变形性。正负离子相互极化的强弱一般主要考虑正离子的极化力和负离子的变形性。正离子的电荷数越多，极化力越大，半径越小，极化力越大。四种化合物中$SiCl_4$是分子晶体。$NaCl$、$MgCl_2$、$AlCl_3$中的阴离子相同，都为Cl^-，阳离子分别为Na^+、Mg^{2+}、Al^{3+}，离子半径逐渐减小，离子电荷逐渐增大，极化力逐渐增强，对Cl^-的极化作用逐渐增强，所以离子极化作用最强的是$AlCl_3$。

答案：C

40. 解 根据pH$= -\lg C_{H^+}$，$K_W = C_{H^+} \times C_{OH^-}$

pH $= 2$时，$C_{H^+} = 10^{-2}$mol·L^{-1}，$C_{OH^-} = 10^{-12}$mol·L^{-1}

pH $= 4$时，$C_{H^+} = 10^{-4}$mol·L^{-1}，$C_{OH^-} = 10^{-10}$mol·L^{-1}

答案：C

41. 解 吉布斯函数变$\Delta G < 0$时化学反应能自发进行。根据吉布斯等温方程，当$\Delta_r H_m^\ominus > 0$，$\Delta_r S_m^\ominus > 0$时，反应低温不能自发进行，高温能自发进行。

答案：A

42. 解　根据盐类的水解理论，NaCl 为强酸强碱盐，不水解，溶液显中性；Na_2CO_3 为强碱弱酸盐，水解，溶液显碱性；硫酸铝和硫酸铵均为强酸弱碱盐，水解，溶液显酸性。

答案：B

43. 解　电对对应的半反应中无 H^+ 参与时，酸度大小对电对的电极电势无影响；电对对应的半反应中有 H^+ 参与时，酸度大小对电对的电极电势有影响，影响结果由能斯特方程决定。

电对 Fe^{3+}/Fe^{2+} 对应的半反应为 $Fe^{3+} + e^- = Fe^{2+}$，没有 H^+ 参与，酸度大小对电对的电极电势无影响；电对 MnO_4^-/Mn^{2+} 对应的半反应为 $MnO_4^- + 8H^+ + 7e^- = Mn^{2+} + 4H_2O$，有 H^+ 参与，根据能斯特方程，H^+ 浓度增大，电对的电极电势增大。

答案：C

44. 解　C_5H_{12} 有三个异构体，每种异构体中，有几种类型氢原子，就有几种一氯代物。

异构体 $H_3C{-}CH_2{-}CH_2{-}CH_2{-}CH_3$ 中，有 2 个甲基，3 种一氯代物；

异构体 $H_3C{-}\overset{\displaystyle |}{\underset{\displaystyle CH_3}{CH}}{-}CH_2{-}CH_3$ 中，有 3 个甲基，4 种一氯代物；

异构体 $H_3C{-}\overset{\displaystyle CH_3}{\underset{\displaystyle CH_3}{\overset{\displaystyle |}{\underset{\displaystyle |}{C}}}}{-}CH_3$ 中，有 4 个甲基，1 种一氯代物。

答案：C

45. 解　选项 A、B、C 催化加氢均生成 2-甲基戊烷，选项 D 催化加氢生成 3-甲基戊烷。

答案：D

46. 解　与端基碳原子相连的羟基氧化为醛，不与端基碳原子相连的羟基氧化为酮。

答案：C

47. 解　若力 F 作用于构件 BC 上，则 AC 为二力构件，满足二力平衡条件，BC 满足三力平衡条件，受力图如解图 a）所示。

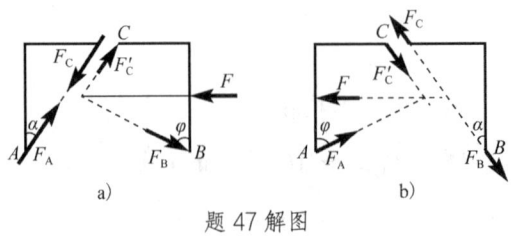

题 47 解图

对 BC 列平衡方程：

$$\sum F_x = 0, \quad F - F_B \sin\varphi - F_C' \sin\alpha = 0$$

$$\sum F_y = 0, \quad F_C' \cos\alpha - F_B \cos\varphi = 0$$

解得：$F_C' = \dfrac{F}{\sin\alpha + \cos\alpha\tan\varphi} = F_A$，$F_B = \dfrac{F}{\tan\alpha\cos\varphi + \sin\varphi}$

若力 **F** 移至构件 AC 上，则 BC 为二力构件，而 AC 满足三力平衡条件，受力图如解图 b）所示。

对 AC 列平衡方程：

$$\sum F_x = 0, \quad F - F_A\sin\varphi - F_C'\sin\alpha = 0$$

$$\sum F_y = 0, \quad F_A\cos\varphi - F_C'\cos\alpha = 0$$

解得：$F_C' = \dfrac{F}{\sin\alpha + \cos\alpha\tan\varphi} = F_B$，$F_A = \dfrac{F}{\tan\alpha\cos\varphi + \sin\varphi}$

由此可见，两种情况下，只有 C 处约束力的大小没有改变，而 A、B 处约束力的大小都发生了改变。

答案：D

48. 解 由图可知力 **F₁** 过 A 点，故向 A 点简化的附加力偶为 0，因此主动力系向 A 点简化的主矩即为 $M_A = M = 4\text{N}\cdot\text{m}$。

答案：A

49. 解 对系统整体列平衡方程：

$$\sum M_A(F) = 0, \quad M_A - F_p\left(\dfrac{a}{2} + r\right) = 0$$

得：$M_A = F_p\left(\dfrac{a}{2} + r\right)$（逆时针）

答案：B

50. 解 分析节点 A 的平衡，可知铅垂杆为零杆，再分析节点 B 的平衡，节点连接的两根杆均为零杆，故内力为零的杆数是 3。

答案：A

51. 解 当 $t = 10\text{s}$ 时，$v_t = v_0 + at = 10a = 5\text{m/s}$，故汽车的加速度 $a = 0.5\text{m/s}^2$。则有：

$$S = \dfrac{1}{2}at^2 = \dfrac{1}{2} \times 0.5 \times 10^2 = 25\text{m}$$

答案：A

52. 解 物体的角速度及角加速度分别为：$\omega = \dot{\varphi} = 4 - 6t\,\text{rad/s}$，$\alpha = \ddot{\varphi} = -6\text{rad/s}^2$，则 $t = 1\text{s}$ 时物体内转动半径 $r = 0.5\text{m}$ 点的速度为：$v = \omega r = -1\text{m/s}$，切向加速度为：$a_\tau = \alpha r = -3\text{m/s}^2$。

答案：B

53. 解 构件 BC 是平行移动刚体，根据其运动特性，构件上各点有相同的速度和加速度，用其上一点 B 的运动即可描述整个构件的运动，点 B 的运动方程为：

$$x_B = -r\cos\theta = -r\cos\omega t$$

则其速度的表达式为 $v_{BC} = \dot{x}_B = r\omega\sin\omega t$，加速度的表达式为 $a_{BC} = \ddot{x}_B = r\omega^2\cos\omega t$

答案：D

54. 解 质点运动微分方程：**ma = F**

当电梯加速下降、匀速下降及减速下降时，加速度分别向下、零、向上，代入质点运动微分方程，分别有：

$$ma = W - F_1, \quad 0 = W - F_2, \quad ma = F_3 - W$$

所以：$F_1 = W - ma$，$F_2 = W$，$F_3 = W + ma$

故 $F_1 < F_2 < F_3$

答案： C

55. 解 定轴转动刚体动量矩的公式：$L_O = J_O \omega$

其中，$J_O = \frac{1}{2}mR^2 + mR^2$

因此，动量矩 $L_O = \frac{3}{2}mR^2\omega$

答案： D

56. 解 动能定理：$T_2 - T_1 = W_{12}$

其中：$T_1 = 0$，$T_2 = \frac{1}{2}J_O\omega^2$

将 $W_{12} = mg(R - R\cos\theta)$ 代入动能定理：$\frac{1}{2}\left(\frac{1}{2}mR^2 + mR^2\right)\omega^2 - 0 = mg(R - R\cos\theta)$

解得：$\omega = \sqrt{\dfrac{4g(1-\cos\theta)}{3R}}$

答案： B

57. 解 惯性力的定义为：$\boldsymbol{F}_I = -m\boldsymbol{a}$

惯性力主矢的方向总是与其加速度方向相反。

答案： A

58. 解 当激振频率与系统的固有频率相等时，系统发生共振，即：

$\omega_0 = \sqrt{\dfrac{k}{m}} = \omega_1 = 6\text{rad/s}$；$\sqrt{\dfrac{k}{1+m}} = \omega_2 = 5.86\text{rad/s}$

联立求解可得：$m = 20.68\text{kg}$，$k = 744.53\text{N/m}$

答案： D

59. 解 由图可知，曲线 A 的强度失效应力最大，故 A 材料强度最高。

答案： A

60. 解 根据截面法可知，AB 段轴力 $F_{AB} = F$，BC 段轴力 $F_{BC} = -F$

则 $\Delta L = \Delta L_{AB} + \Delta L_{BC} = \dfrac{Fl}{EA} + \dfrac{-Fl}{EA} = 0$

答案： A

61. 解 取一根木杆进行受力分析，可知剪力是 F，剪切面是 ab，故名义切应力 $\tau = \dfrac{F}{ab}$。

答案： A

62. 解 此公式只适用于线弹性变形的圆截面（含空心圆截面）杆，选项 A、B、C 都不适用。

答案： D

63. 解 由强度条件 $\tau_{max} = \dfrac{T}{W_p} \leqslant [\tau]$，可知直径为 d 的圆轴可承担的最大扭矩为 $T \leqslant [\tau] W_p = [\tau] \dfrac{\pi d^3}{16}$

若改变该轴直径为 d_1，使 $A_1 = \dfrac{\pi d_1^2}{4} = 2A = 2 \dfrac{\pi d^2}{4}$

则有 $d_1^2 = 2d^2$，即 $d_1 = \sqrt{2} d$

故其可承担的最大扭矩为：$T_1 = [\tau] \dfrac{\pi d_1^3}{16} = 2\sqrt{2} [\tau] \dfrac{\pi d^3}{16} = 2\sqrt{2} T$

答案： C

64. 解 在有关静矩的性质中可知，若平面图形对某轴的静矩为零，则此轴必过形心；反之，若某轴过形心，则平面图形对此轴的静矩为零。对称轴必须过形心，但过形心的轴不一定是对称轴。例如，平面图形的反对称轴也是过形心的。所以选项 D 错误。

答案： D

65. 解 集中力偶 m 在梁上移动，对剪力图没有影响，但是受集中力偶作用的位置弯矩图会发生突变，故力偶 m 位置的变化会引起弯矩图的改变。

答案： C

66. 解 若梁的长度增加一倍，最大剪力 F 没有变化，而最大弯矩则增大一倍，由 Fl 变为 $2Fl$，而最大正应力 $\sigma_{max} = \dfrac{M_{max}}{I_z} y_{max}$ 变为原来的 2 倍，最大剪应力 $\tau_{max} = \dfrac{3F}{2A}$ 没有变化。

答案： C

67. 解 简支梁受一对自相平衡的力偶作用，不产生支座反力，左边第一段和右边第一段弯矩为零（无弯曲，是直线），中间一段为负弯矩（挠曲线向上弯曲）。

答案： D

68. 解 图 a）、图 b）两单元体中 $\sigma_y = 0$，用解析法公式：

$$\begin{aligned}\sigma_1 \\ \sigma_3\end{aligned} = \dfrac{\sigma}{2} \pm \sqrt{\left(\dfrac{\sigma}{2}\right)^2 + \tau^2} = \dfrac{80}{2} \pm \sqrt{\left(\dfrac{80}{2}\right)^2 + 20^2} = \begin{aligned}84.72 \\ -4.72\end{aligned} \text{MPa}$$

则 $\sigma_1 = 84.72\text{MPa}$，$\sigma_2 = 0$，$\sigma_3 = -4.72\text{MPa}$，两单元体主应力大小相同。

两单元体主应力的方向可以用观察法判断。

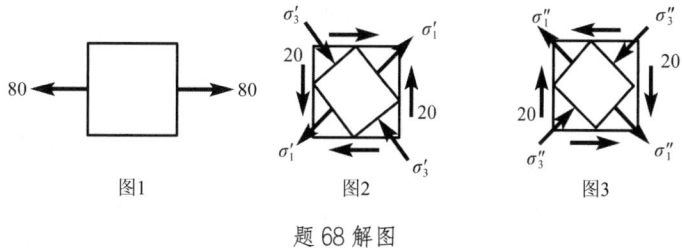

题 68 解图

题图 a）主应力的方向可以看成是图1和图2两个单元体主应力方向的叠加，显然主应力σ_1的方向在第一象限。

题图 b）主应力的方向可以看成是图1和图3两个单元体主应力方向的叠加，显然主应力σ_1的方向在第四象限。

所以两单元体主应力的方向不同。

答案：B

69. 解 轴力F_N产生的拉应力$\sigma' = \frac{F_N}{A}$，弯矩产生的最大拉应力$\sigma'' = \frac{M}{W}$，故$\sigma = \sigma' + \sigma'' = \frac{F_N}{A} + \frac{M}{W}$。扭矩$T$作用下产生的最大切应力$\tau = \frac{T}{W_p} = \frac{T}{2W}$，所以危险截面的应力状态如解图所示。

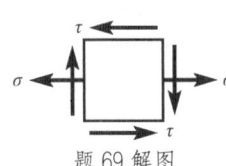

而 $\begin{aligned}\sigma_1 \\ \sigma_3\end{aligned} = \frac{\sigma}{2} \pm \sqrt{\left(\frac{\sigma}{2}\right)^2 + \tau^2}$

题 69 解图

所以，$\sigma_{r3} = \sigma_1 - \sigma_3 = 2\sqrt{\left(\frac{\sigma}{2}\right)^2 + \tau^2} = \sqrt{\sigma^2 + 4\tau^2}$

$$= \sqrt{\left(\frac{F_N}{A} + \frac{M}{W}\right)^2 + 4\left(\frac{T}{2W}\right)^2} = \sqrt{\left(\frac{F_N}{A} + \frac{M}{W}\right)^2 + \left(\frac{T}{W}\right)^2}$$

答案：C

70. 解 图（A）为两端铰支压杆，其长度系数$\mu = 1$。

图（B）为一端固定、一端铰支压杆，其长度系数$\mu = 0.7$。

图（C）为一端固定、一端自由压杆，其长度系数$\mu = 2$。

图（D）为两端固定压杆，其长度系数$\mu = 0.5$。

根据临界荷载公式：$F_{cr} = \frac{\pi^2 EI}{(\mu l)^2}$，可知$F_{cr}$与$\mu$成反比，故图（D）的临界荷载最大。

答案：D

71. 解 根据连续介质假设可知，流体的物理量是连续函数。

答案：B

72. 解 盛水容器的左侧上方为敞口的自由液面，故液面上点1的相对压强$p_1 = 0$，而选项B、C、D点1的相对压强p_1均不等于零，故此三个选项均错误，因此可知正确答案为A。

现根据等压面原理和静压强计算公式，求出其余各点的相对压强如下：

$p_2 = 1000 \times 9.8 \times (h_1 - h_2) = 9800 \times (0.9 - 0.4) = 4900\text{Pa} = 4.90\text{kPa}$

$p_3 = p_2 - 1000 \times 9.8 \times (h_3 - h_2) = 4900 - 9800 \times (1.1 - 0.4) = -1960\text{Pa} = -1.96\text{kPa}$

$p_4 = p_3 = -1.96\text{kPa}$（微小高度空气压强可忽略不计）

$p_5 = p_4 - 1000 \times 9.8 \times (h_5 - h_4) = -1960 - 9800 \times (1.33 - 0.75) = -7644\text{Pa} = -7.64\text{kPa}$

答案：A

73. 解 流体连续方程是根据质量守恒原理和连续介质假设推导而得的，在此条件下，同一流路上任意两断面的质量流量需相等，即$\rho_1 v_1 A_1 = \rho_2 v_2 A_2$。对不可压缩流体，密度$\rho$为不变的常数，即$\rho_1 = \rho_2$，故连续方程简化为：$v_1 A_1 = v_2 A_2$。

答案： B

74. 解 由尼古拉兹实验曲线图可知，在紊流光滑区，随着雷诺数 Re 的增大，沿程损失系数将减小。

答案： B

75. 解 薄壁小孔口流量公式：$Q_1 = \mu_1 A_1 \sqrt{2gH_{01}}$

圆柱形外管嘴流量公式：$Q_2 = \mu_2 A_2 \sqrt{2gH_{02}}$

按题设条件：$d_1 = d_2$，即可得$A_1 = A_2$

另有题设条件：$H_{01} = H_{02}$

由于小孔口流量系数$\mu_1 = 0.60 \sim 0.62$，圆柱形外管嘴流量系数$\mu_2 = 0.82$，即$\mu_1 < \mu_2$

综上，则有$Q_1 < Q_2$

答案： B

76. 解 水力半径R等于过流面积除以湿周，即$R = \frac{\pi r_0^2}{2\pi r_0}$

代入题设数据，可得水力半径$R = \frac{\pi \times 4^2}{2 \times \pi \times 4} = 2\mathrm{m}$

答案： C

77. 解 普通完全井流量公式：$Q = 1.366 \frac{k(H^2 - h^2)}{\lg \frac{R}{r_0}}$

代入题设数据：$0.0276 = 1.366 \frac{k(15^2 - 10^2)}{\lg \frac{375}{0.3}}$

解得：$k = 0.0005\mathrm{m/s}$

答案： A

78. 解 由沿程水头损失公式：$h_f = \lambda \frac{L}{d} \cdot \frac{v^2}{2g}$，可解出沿程损失系数$\lambda = \frac{2gdh_f}{Lv^2}$，写成量纲表达式 $\dim\left(\frac{2gdh_f}{Lv^2}\right) = \frac{LT^{-2}LL}{LL^2T^{-2}} = 1$，即$\dim(\lambda) = 1$。故沿程损失系数$\lambda$为无量纲数。

答案： D

79. 解 线圈中通入直流电流I，磁路中磁通Φ为常量，根据电磁感应定律：

$$e = -N \frac{\mathrm{d}\Phi}{\mathrm{d}t} = 0$$

本题中电压—电流关系仅受线圈的电阻R影响，所以$U = IR$。

答案： A

80. 解 本题为交流电源，电流受电阻和电感的影响。

电压-电流关系为：

$$u = u_R + u_L = iR + L \frac{\mathrm{d}i}{\mathrm{d}t}$$

即 $u_{\mathrm{L}} = L\dfrac{\mathrm{d}i}{\mathrm{d}t}$

答案： D

81. 解 图示电路分析如下：

$$I_{\mathrm{s}} = I_{\mathrm{R}} - 0.2 = \frac{U_{\mathrm{s}}}{R} - 0.2 = \frac{-6}{10} - 0.2 = -0.8\mathrm{A}$$

根据直流电路的欧姆定律和节点电流关系分析即可。

答案： A

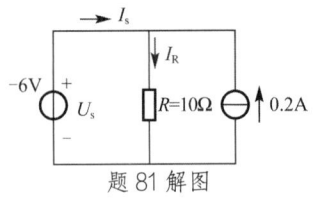

题 81 解图

82. 解 从电压电流的波形可以分析：

最大值： $\qquad I_{\mathrm{m}} = 3\mathrm{A}$ $\qquad\qquad\qquad U_{\mathrm{m}} = 10\mathrm{V}$

有效值： $\qquad I = \dfrac{I_{\mathrm{m}}}{\sqrt{2}} = 2.12\mathrm{A}$ $\qquad\qquad U = \dfrac{U_{\mathrm{m}}}{\sqrt{2}} = 7.07\mathrm{V}$

初相位： $\qquad \varphi_{\mathrm{i}} = +90° $ $\qquad\qquad\qquad \varphi_{\mathrm{u}} = -90° $

$\dot{U}$、$\dot{i}$ 的复数形式为：

$$\dot{U} = 7.07\angle -90° = -j7.07\mathrm{V}$$

$$\dot{i} = 2.12\angle 90° = j2.12\mathrm{A}$$

答案： A

83. 解 交流电路中电压、电流与有功功率的基本关系为：

$$P = UI\cos\varphi \quad (\cos\varphi\text{是功率因数})$$

可知，$I = \dfrac{P}{U\cos\varphi} = \dfrac{8000}{220\times0.6} = 60.6\mathrm{A}$

答案： B

84. 解 在开关 S 闭合时刻：

$$U_{\mathrm{C}(0+)} = 0\mathrm{V}, \quad I_{\mathrm{L}(0+)} = 0\mathrm{A}$$

则 $\qquad\qquad\qquad U_{\mathrm{R}_1(0+)} = U_{\mathrm{R}_2(0+)} = 0\mathrm{V}$

根据电路的回路电压关系：$\sum U_{(0+)} = -10 + U_{\mathrm{L}(0+)} + U_{\mathrm{C}(0+)} + U_{\mathrm{R}_1(0+)} + U_{\mathrm{R}_2(0+)} = 0$

代入数值，得 $U_{\mathrm{L}(0+)} = 10\mathrm{V}$

答案： A

85. 解 图示电路可以等效为解图，其中，$R'_{\mathrm{L}} = K^2 R_{\mathrm{L}}$。

在 S 闭合时，$2R_1 /\!/ R'_{\mathrm{L}} = R_1$，可知 $R'_{\mathrm{L}} = 2R_1$

如果开关 S 打开，则 $u_1 = \dfrac{R'_{\mathrm{L}}}{R_1 + R'_{\mathrm{L}}} u_{\mathrm{s}} = \dfrac{2}{3} u_{\mathrm{s}} = 60\sqrt{2}\sin\omega t\ \mathrm{V}$

答案： C

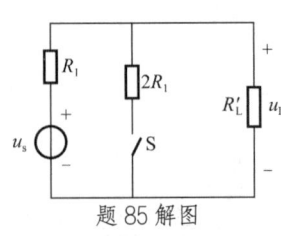

题 85 解图

86. 解 三相异步电动机满载启动时必须保证电动机的启动力矩大于电动机的额定力矩。四个选项中，A、B、D 均属于降压启动，电压降低的同时必会导致启动力矩降低。所以应该采用转子绕组串电阻的方案，只有绕线式电动机的转子才能串电阻。

答案：C

87. 解 采样信号是离散时间信号（有些时间点没有定义），而模拟信号和采样保持信号才是时间上的连续信号。

答案：A

88. 解 周期信号的频谱是离散的。

信号 $u_1(t)$ 和 $u_2(t)$ 的幅值频谱均符合以上特征。所不同的是图 b）所示信号含有直流分量，而图 a）所示信号不包括直流分量。

答案：C

89. 解 放大器是对信号的幅值（电压或电流）进行放大，以不失真为条件，目的是便于后续处理。

答案：D

90. 解 逻辑函数化简：

$$F = ABC + A\overline{B} + AB\overline{C} = AB(C + \overline{C}) + A\overline{B} = AB + A\overline{B} = A(B + \overline{B}) = A$$

答案：A

91. 解 $F = \overline{A + B}$

（F 函数与 A、B 信号为或非关系，可以用口诀"A、B"有 1，"F"则 0 处理）

即如解图所示。

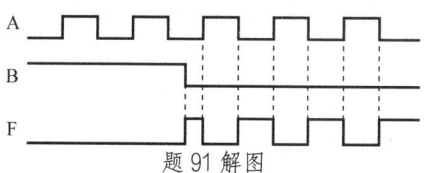

题 91 解图

答案：A

92. 解 从真值表到逻辑表达式的方法：首先在真值表中 F = 1 的项用"或"组合；然后每个 F = 1 的项对应一个输入组合的"与"逻辑，其中输入变量值为 1 的写原变量，取值为 0 的写反变量；最后将输出函数 F"合成"或的逻辑表达式。

根据真值表可以写出逻辑表达式为：$F = \overline{AB}C + \overline{A}B\overline{C}$

答案：B

93. 解 因为二极管 D_2 的阳极电位为 5V，而二极管 D_1 的阳极电位为 1V，可见二极管 D_2 是优先导通的。之后 u_F 电位箝位为 5V，二极管 D_1 可靠截止。i_R 电流通道如解图虚线所示。

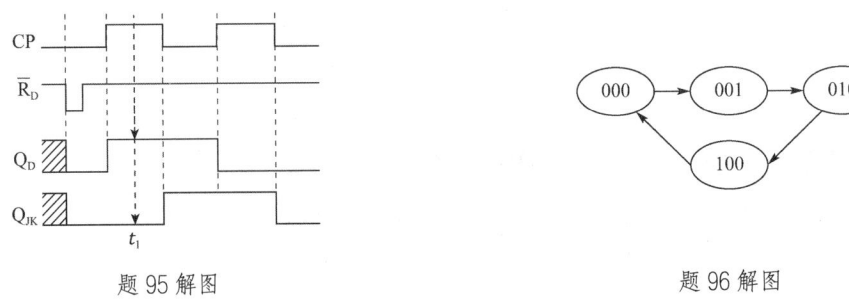

题 93 解图

$$i_R = \frac{u_B}{R} = \frac{5}{1000} = 5mA$$

答案：A

94. 解 图 a）是反向加法运算电路，图 b）是同向加法运算电路，图 c）是减法运算电路。

答案：A

95. 解 当清零信号 $\overline{R}_D = 0$ 时，两个触发器同时为零。D触发器在时钟脉冲 CP 的前沿触发，JK 触发器在时钟脉冲 CP 的后沿触发。如解图所示，在 t_1 时刻，$Q_D = 1$，$Q_{JK} = 0$。

答案：B

96. 解 从解图分析可知为四进制计数器（4个时钟周期完成一次循环）。

题 95 解图　　　　　　题 96 解图

答案：C

97. 解 CPU 是分析指令和执行指令的部件，是计算机的核心。它主要是由运算器和控制器组成。

答案：A

98. 解 总线就是一组公共信息传输线路，它能为多个部件服务，可分时地发送与接收各部件的信息。总线的工作方式通常是由发送信息的部件分时地将信息发往总线，再由总线将这些信息同时发往各个接收信息的部件。从总线的结构可以看出，所有设备和部件均可通过总线交换信息，因此要用总线将计算机硬件系统中的各个部件连接起来。

答案：A

99. 解 按照操作系统提供的服务，大致可以把操作系统分为以下几类：简单操作系统、分时操作系统、实时操作系统、网络操作系统、分布式操作系统和智能操作系统。简单操作系统的主要功能是操作命令的执行，文件服务，支持高级程序设计语言编译程序和控制外部设备等。分时系统支持位于不同终端的多个用户同时使用一台计算机，彼此独立互不干扰，用户感到好像一台计算机为他所用。实时操作系统的主要特点是资源的分配和调度，首先要考虑实时性，然后才是效率，此外，还应有较强的容错能力。网络操作系统是与网络的硬件相结合来完成网络的通信任务。分布式操作系统能使系统中若干台计算机相互协作完成一个共同的任务，这使得各台计算机组成一个完整的，功能强大的计算机系统。智能操作系统大多数应用在手机上。

答案：C

100. 解　计算机可直接执行的是机器语言编制的程序，它采用二进制编码形式，是由 CPU 可以识别的一组由 0、1 序列构成的指令码。其他三种语言都需要编码、编译器。

答案：C

101. 解　ASCII 码最高位都置成 0，它是"美国信息交换标准代码"的简称，是目前国际上最为流行的字符信息编码方案。在这种编码方案中每个字符用 7 个二进制位表示。对于两个字节的国标码将两个字节的最高位都置成 1，而后由软件或硬件来对字节最高位做出判断，以区分 ASCII 码与国标码。

答案：B

102. 解　GB 是 giga byte 的缩写，其中 G 表示 1024M，B 表示字节，相当于 10 的 9 次方，用二进制表示，则相当于 2 的 30 次方，即 $2^{30} \approx 1024 \times 1024K$。

答案：C

103. 解　国家计算机病毒应急处理中心与计算机病毒防治产品检测中心制定了防治病毒策略：①建立病毒防治的规章制度，严格管理；②建立病毒防治和应急体系；③进行计算机安全教育，提高安全防范意识；④对系统进行风险评估；⑤选择经过公安部认证的病毒防治产品；⑥正确配置使用病毒防治产品；⑦正确配置系统，减少病毒侵害事件；⑧定期检查敏感文件；⑨适时进行安全评估，调整各种病毒防治策略；⑩建立病毒事故分析制度；⑪确保恢复，减少损失。

答案：D

104. 解　操作系统作为一种系统软件，存在着与其他软件明显不同的特征分别是并发性、共享性和随机性。并发性是指在计算机中同时存在有多个程序，从宏观上看，这些程序是同时向前进行操作的。共享性是指操作系统程序与多个用户程序共用系统中的各种资源。随机性是指操作系统的运行是在一个随机的环境中进行的。

答案：A

105. 解　21 世纪是一个以网络为核心技术的信息化时代，其典型特征就是数字化、网络化和信息化。构成信息化社会的主要技术支柱有三个，那就是计算机技术、通信技术和网络技术。

答案：A

106. 解　在网络安全技术中，鉴别是用来验明用户或信息的真实性。对实体声称的身份进行唯一性地识别，以便验证其访问请求或保证信息是否来自或到达指定的源和目的。鉴别技术可以验证消息的完整性，有效地对抗冒充、非法访问、重演等威胁。

答案：C

107. 解 根据题意，按半年复利计息，则一年计息周期数 $m=2$，年实际利率 $i=8.6\%$，由名义利率 r 求年实际利率 i 的公式为：

$$i = \left(1 + \frac{r}{m}\right)^m - 1$$

则 $8.6\% = \left(1 + \frac{r}{2}\right)^2 - 1$，解得名义利率 $r = 8.42\%$。

答案：D

108. 解 根据建设项目经济评价方法的有关规定，在建设项目财务评价中，对于先征后返的增值税、按销量或工作量等依据国家规定的补助定额计算并按期给予的定额补贴，以及属于财政扶持而给予的其他形式的补贴等，应按相关规定合理估算，记作补贴收入。

答案：A

109. 解 建设项目按融资的性质分为权益融资和债务融资，权益融资形成项目的资本金，债务融资形成项目的债务资金。资本金的筹集方式包括股东投资、发行股票、政府投资等，债务资金的筹集方式包括各种贷款和债券、出口信贷、融资租赁等。

答案：B

110. 解 偿债备付率 $= \dfrac{\text{用于计算还本付息的资金}}{\text{应还本付息金额}}$

式中，用于计算还本付息的资金 = 息税前利润 + 折旧和摊销 − 所得税

本题的偿债备付率为：偿债备付率 $= \dfrac{200+30-20}{100} = 2.1$ 万元

答案：C

111. 解 融资前项目投资的现金流量包括现金流入和现金流出，其中现金流入包括营业收入、补贴收入、回收固定资产余值、回收流动资金等，现金流出包括建设投资、流动资金、经营成本和税金等。资产处置分配属于投资各方现金流量中的项目，借款本金偿还和借款利息偿还属于资本金现金流量分析中现金流量的项目。

答案：B

112. 解 以产量表示的盈亏平衡产量为：

$$\text{BEP}_{\text{产量}} = \frac{\text{年固定总成本}}{\text{单位产品销售价格} - \text{单位产品可变成本} - \text{单位产品销售税金及附加} - \text{单位产品增值税}}$$

$$= \frac{1000}{1000-800} = 5 \ \text{万 t}$$

以生产能力利用率表示的盈亏平衡点为：

$$BEP_{生产能力利用率} = \frac{盈亏平衡产量}{设计生产能力} = \frac{5}{6} \times 100\% = 83.3\%$$

答案：D

113. 解　两项目的差额现金流量：

差额投资$_{乙-甲}$ = 1000 - 500 = 500万元，差额年收益$_{乙-甲}$ = 250 - 140 = 110万元

所以两项目的差额净现值为：

差额净现值$_{乙-甲}$ = -500 + 110(P/A, 10\%, 10) = -500 + 110 \times 6.1446 = 175.9万元

答案：A

114. 解　根据价值工程原理，价值 = 功能/成本，该项目提高价值的途径是功能不变，成本降低。

答案：A

115. 解　2011 年修订的《中华人民共和国建筑法》第八条规定：

申请领取施工许可证，应当具备下列条件：

（一）已经办理该建筑工程用地批准手续；

（二）在城市规划区的建筑工程，已经取得规划许可证；

（三）需要拆迁的，其拆迁进度符合施工要求；

（四）已经确定建筑施工企业；

（五）有满足施工需要的施工图纸及技术资料；

（六）有保证工程质量和安全的具体措施；

（七）建设资金已经落实；

（八）法律、行政法规规定的其他条件。

所以选项 A、B 都是对的。

另外，按照 2014 年执行的《建筑工程施工许可管理办法》第（八）条的规定：建设资金已经落实。建设工期不足一年的，到位资金原则上不得少于工程合同价的 50%，建设工期超过一年的，到位资金原则上不得少于工程合同价的 30%。按照上条规定，选项 C 也是对的。

只有选项 D 与《建筑工程施工许可管理办法》第（五）条文字表述不太一致，原条文（五）有满足施工需要的技术资料，施工图设计文件已按规定审查合格。选项 D 中没有说明施工图审查合格的论述，所以只能选 D。

但是，提醒考生注意：

2019 年 4 月 23 日十三届人大常务委员会第十次会议上对原《中华人民共和国建筑法》第八条做了较大修改，修改后的条文是：

第八条　申请领取施工许可证，应当具备下列条件：

（一）已经办理该建筑工程用地批准手续；

（二）依法应当办理建设工程规划许可证的，已经取得规划许可证；

（三）需要拆迁的，其拆迁进度符合施工要求；

（四）已经确定建筑施工企业；

（五）有满足施工需要的资金安排、施工图纸及技术资料；

（六）有保证工程质量和安全的具体措施。

据此《建筑工程施工许可管理办法》也已做了相应修改。

答案：D

116. 解　《中华人民共和国安全生产法》第二十一条规定，生产经营单位的主要负责人对本单位安全生产工作负有下列职责：

（一）建立健全并落实本单位全员安全生产责任制，加强安全生产标准化建设；

（二）组织制定并实施本单位安全生产规章制度和操作规程；

（三）组织制定并实施本单位安全生产教育和培训计划；

（四）保证本单位安全生产投入的有效实施；

（五）组织建立并落实安全风险分级管控和隐患排查治理双重预防工作机制，督促、检查本单位的安全生产工作，及时消除生产安全事故隐患；

（六）组织制定并实施本单位的生产安全事故应急救援预案；

（七）及时、如实报告生产安全事故。

答案：C

117. 解　《中华人民共和国招标投标法》第三条规定：

在中华人民共和国境内进行下列工程建设项目包括项目的勘察、设计、施工、监理以及与工程建设有关的重要设备、材料等的采购，必须进行招标：

（一）大型基础设施、公用事业等关系社会公共利益、公众安全的项目；

（二）全部或者部分使用国有资金投资或者国家融资的项目；

（三）使用国际组织或者外国政府贷款、援助资金的项目。

选项 D 不在上述法律条文必须进行招标的规定中。

答案：D

118. 解　《中华人民共和国民法典》第四百七十二条规定：

要约是希望和他人订立合同的意思表示，该意思表示应当符合下列规定：

（一）内容具体确定；

（二）表明经受要约人承诺，要约人即受该意思表示约束。

选项C不符合上述条文规定。

答案：C

119. 解　《中华人民共和国行政许可法》（2019年修订）第三十二条规定，行政机关对申请人提出的行政许可申请，应当根据下列情况分别作出处理：

（一）申请事项依法不需要取得行政许可的，应当即时告知申请人不受理；

（二）申请事项依法不属于本行政机关职权范围的，应当即时作出不予受理的决定，并告知申请人向有关行政机关申请；

（三）申请材料存在可以当场更正的错误的，应当允许申请人当场更正；

（四）申请材料不齐全或者不符合法定形式的，应当当场或者在五日内一次告知申请人需要补正的全部内容，逾期不告知的，自收到申请材料之日起即为受理；

（五）申请事项属于本行政机关职权范围，申请材料齐全、符合法定形式，或者申请人按照本行政机关的要求提交全部补正申请材料的，应当受理行政许可申请。

行政机关受理或者不予受理行政许可申请，应当出具加盖本行政机关专用印章和注明日期的书面凭证。

选项A和B都与法规条文不符，两条内容是互相抄错了。

选项C明显不符合规定，正确的做法是当场改正。

选项D正确。

答案：D

120. 解　《工程质量管理条例》第九条规定，建设单位必须向有关的勘察、设计、施工、工程监理等单位提供与建设工程有关的原始资料。原始资料必须真实、准确、齐全。

所以选项D正确。

选项C明显错误。

选项B也不对，工程质量监督手续应当在领取施工许可证之前办理。

选项A的说法不符合原文第十条：建设工程发包单位不得迫使承包方以低于成本的价格竞标。"低价"和"低于成本价"有本质上的不同。

答案：D

2020 年度全国勘察设计注册工程师执业资格考试基础考试（上）
试题解析及参考答案

1. 解　本题考查当 $x \to +\infty$ 时，无穷大量的概念。

选项 A，$\lim\limits_{x \to +\infty} \dfrac{1}{2+x} = 0$；

选项 B，$\lim\limits_{x \to +\infty} x \cos x$ 计算结果在 $-\infty$ 到 $+\infty$ 间连续变化，不符合当 $x \to +\infty$ 函数值趋向于无穷大，且函数值越来越大的定义；

选项 D，当 $x \to +\infty$ 时，$\lim\limits_{x \to +\infty} (1 - \arctan x) = 1 - \dfrac{\pi}{2}$。

故选项 A、B、D 均不成立。

选项 C，$\lim\limits_{x \to +\infty} (e^{3x} - 1) = +\infty$。

答案：C

2. 解　本题考查函数 $y = f(x)$ 在 x_0 点导数的几何意义。

已知曲线 $y = f(x)$ 在 $x = x_0$ 处有切线，函数 $y = f(x)$ 在 $x = x_0$ 点导数的几何意义表示曲线 $y = f(x)$ 在 $(x_0, f(x_0))$ 点切线斜率，方向和 x 轴正向夹角的正切即斜率 $k = \tan \alpha$，只有当 $\alpha \to \dfrac{\pi}{2}$ 时，才有 $\lim\limits_{x \to x_0} f'(x) = \lim\limits_{\alpha \to \frac{\pi}{2}} \tan \alpha = \infty$，因而在该点的切线与 oy 轴平行。

选项 A、C、D 均不成立。

答案：B

3. 解　本题考查隐函数求导方法。可利用一元隐函数求导方法或二元隐函数求导方法或微分运算法则计算，但一般利用二元隐函数求导方法计算更简单。

方法 1：用二元隐函数方法计算。

设 $F(x, y) = \sin y + e^x - xy^2$，$F'_x = e^x - y^2$，$F'_y = \cos y - 2xy$，故

$$\frac{\mathrm{d}y}{\mathrm{d}x} = -\frac{F_x}{F_y} = -\frac{e^x - y^2}{\cos y - 2xy} = \frac{y^2 - e^x}{\cos y - 2xy}$$

$$\mathrm{d}y = \frac{y^2 - e^x}{\cos y - 2xy} \mathrm{d}x$$

方法 2：用一元隐函数方法计算。

已知 $\sin y + e^x - xy^2 = 0$，方程两边对 x 求导，得 $\cos y \dfrac{\mathrm{d}y}{\mathrm{d}x} + e^x - \left(y^2 + 2xy \dfrac{\mathrm{d}y}{\mathrm{d}x} \right) = 0$，

整理 $(\cos y - 2xy) \dfrac{\mathrm{d}y}{\mathrm{d}x} = y^2 - e^x$，$\dfrac{\mathrm{d}y}{\mathrm{d}x} = \dfrac{y^2 - e^x}{\cos y - 2xy}$，故 $\mathrm{d}y = \dfrac{y^2 - e^x}{\cos y - 2xy} \mathrm{d}x$

方法 3：用微分运算法则计算。

已知 $\sin y + e^x - xy^2 = 0$，方程两边求微分，得 $\cos y \, \mathrm{d}y + e^x \mathrm{d}x - (y^2 \mathrm{d}x + 2xy \mathrm{d}y) = 0$，

整理 $(\cos y - 2xy) \mathrm{d}y = (y^2 - e^x) \mathrm{d}x$，故 $\mathrm{d}y = \dfrac{y^2 - e^x}{\cos y - 2xy} \mathrm{d}x$

选项 A、B、C 均不成立。

答案： D

4. 解 本题考查一元抽象复合函数高阶导数的计算，计算中注意函数的复合层次，特别是求二阶导时更应注意。

$$y = f(e^x),\ \frac{dy}{dx} = f'(e^x) \cdot e^x = e^x \cdot f'(e^x)$$

$$\frac{d^2y}{dx^2} = e^x \cdot f'(e^x) + e^x \cdot f''(e^x) \cdot e^x = e^x \cdot f'(e^x) + e^{2x} \cdot f''(e^x)$$

选项 A、B、D 均不成立。

答案： C

5. 解 本题考查罗尔定理所满足的条件。首先要掌握定理的条件：①函数在闭区间连续；②函数在开区间可导；③函数在区间两端的函数值相等。三条均成立才行。

选项 A，$\left(x^{\frac{2}{3}}\right)' = \frac{2}{3}x^{-\frac{1}{3}} = \frac{2}{3}\frac{1}{\sqrt[3]{x}}$，在 $x=0$ 处不可导，因而在 $(-1,1)$ 可导不满足。

选项 C，$f(x) = |x| = \begin{cases} x & x \geq 0 \\ -x & x < 0 \end{cases}$，函数在 $x=0$ 左导数为 -1，在 $x=0$ 右导数为 1，因而在 $x=0$ 处不可导，在 $(-1,1)$ 可导不满足。

选项 D，$f(x) = \frac{1}{x}$，函数在 $x=0$ 处间断，因而在 $[-1,1]$ 连续不成立。

选项 A、C、D 均不成立。

选项 B，$f(x) = \sin x^2$ 在 $[-1,1]$ 上连续，$f'(x) = 2x \cdot \cos x^2$ 在 $(-1,1)$ 可导，且 $f(-1) = f(1) = \sin 1$，三条均满足。

答案： B

6. 解 本题考查曲线 $f(x)$ 求拐点的计算方法。

$f(x) = x^4 + 4x^3 + x + 1$ 的定义域为 $(-\infty, +\infty)$，

$f'(x) = 4x^3 + 12x^2 + 1$，$f''(x) = 12x^2 + 24x = 12x(x+2)$

令 $f''(x) = 0$，即 $12x(x+2) = 0$，得到 $x = 0$，$x = -2$

$x = -2$，$x = 0$，分定义域为 $(-\infty, -2)$，$(-2, 0)$，$(0, +\infty)$，

检验 $x = -2$ 点，在区间 $(-\infty, -2)$，$(-2, 0)$ 上二阶导的符号：

当在 $(-\infty, -2)$ 时，$f''(x) > 0$，凹；当在 $(-2, 0)$ 时，$f''(x) < 0$，凸。

所以 $x = -2$ 为拐点的横坐标。

检验 $x = 0$ 点，在区间 $(-2, 0)$，$(0, +\infty)$ 上二阶导的符号：

当在 $(-2, 0)$ 时，$f''(x) < 0$，凸；当在 $(0, +\infty)$ 时，$f''(x) > 0$，凹。

所以 $x = 0$ 为拐点的横坐标。

综上，函数有两个拐点。

答案：C

7. 解 本题考查函数原函数的概念及不定积分的计算方法。

已知函数 $f(x)$ 的一个原函数是 $1+\sin x$，即 $f(x)=(1+\sin x)'=\cos x$，$f'(x)=-\sin x$。

方法 1：

$$\int xf'(x)\mathrm{d}x=\int x(-\sin x)\mathrm{d}x=\int x\mathrm{d}\cos x=x\cos x-\int \cos x\mathrm{d}x=x\cos x-\sin x+c$$
$$=x\cos x-\sin x-1+C=x\cos x-(1+\sin x)+C \quad (\text{其中}\ C=1+c)$$

方法 2：

$\int xf'(x)\mathrm{d}x=\int x\mathrm{d}f(x)=xf(x)-\int f(x)\mathrm{d}x$，因为函数 $f(x)$ 的一个原函数是 $1+\sin x$，所以 $f(x)=$ $(1+\sin x)'=\cos x$ 且 $\int f(x)\mathrm{d}x=1+\sin x+C_1$，则原式 $=x\cos x-(1+\sin x)+C$（其中 $C=-C_1$）。

答案：B

8. 解 本题考查平面图形绕 x 轴旋转一周所得到的旋转体体积算法，如解图所示。

$x\in[0,1]$

$[x,x+\mathrm{d}x]$：$\mathrm{d}V=\pi f^2(x)\mathrm{d}x=\pi x^6\mathrm{d}x$

$V=\int_0^1 \pi\cdot x^6\mathrm{d}x=\pi\cdot\dfrac{1}{7}x^7\Big|_0^1=\dfrac{\pi}{7}$

答案：A

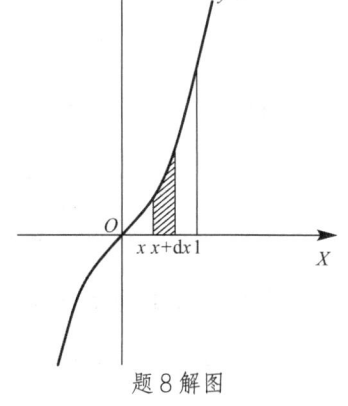

题 8 解图

9. 解 本题考查两向量的加法，向量与数量的乘法和运算，以及两向量垂直与坐标运算的关系。

已知 $\boldsymbol{\alpha}=(5,1,8)$，$\boldsymbol{\beta}=(3,2,7)$

$\lambda\boldsymbol{\alpha}+\boldsymbol{\beta}=\lambda(5,1,8)+(3,2,7)=(5\lambda+3,\lambda+2,8\lambda+7)$

设 oz 轴的单位正向量为 $\boldsymbol{\tau}=(0,0,1)$

已知 $\lambda\boldsymbol{\alpha}+\boldsymbol{\beta}$ 与 oz 轴垂直，由两向量数量积的运算：

$\boldsymbol{a}\cdot\boldsymbol{b}=a_xb_x+a_yb_y+a_zb_z$，$\boldsymbol{a}\perp\boldsymbol{b}$，则 $\boldsymbol{a}\cdot\boldsymbol{b}=0$，即 $a_xb_x+a_yb_y+a_zb_z=0$

所以 $(\lambda\boldsymbol{\alpha}+\boldsymbol{\beta})\cdot\boldsymbol{\tau}=0$，$0+0+8\lambda+7=0$，$\lambda=-\dfrac{7}{8}$

答案：B

10. 解 本题考查直线与平面平行时，直线的方向向量和平面法向量间的关系，求出平面的法向量及所求平面方程。

（1）求平面的法向量

设 oz 轴的方向向量 $\vec{r}=(0,0,1)$，$\overrightarrow{M_1M_2}=(1,1,-1)$，则

$$\overrightarrow{M_1M_2} \times \vec{r} = \begin{vmatrix} \vec{i} & \vec{j} & \vec{k} \\ 1 & 1 & -1 \\ 0 & 0 & 1 \end{vmatrix} = \vec{i} - \vec{j}$$

所求平面的法向量 $\vec{n}_{平面} = \vec{i} - \vec{j} = (1, -1, 0)$

（2）写出所求平面的方程

已知 $M_1(0, -1, 2)$, $\vec{n}_{平面} = (1, -1, 0)$, 则

$1 \cdot (x - 0) - 1 \cdot (y + 1) + 0 \cdot (z - 2) = 0$, 即 $x - y - 1 = 0$

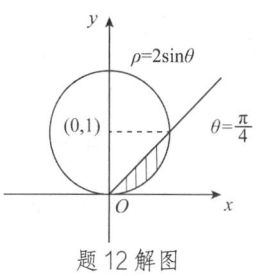

题 10 解图

答案: D

11.解 本题考查利用题目给出的已知条件, 写出曲线微分方程。

设曲线方程为 $y = f(x)$, 已知曲线的切线斜率为 $2x$, 列式 $f'(x) = 2x$,

又知曲线 $y = f(x)$ 过 $(1, 2)$ 点, 满足微分方程的初始条件 $y|_{x=1} = 2$,

即 $f'(x) = 2x$, $y|_{x=1} = 2$ 为所求。

答案: C

12.解 平面区域 D 是直线 $y = x$ 和圆 $x^2 + (y-1)^2 = 1$ 所围成的在直线 $y = x$ 下方的图形。如解图所示。

利用直角坐标系和极坐标的关系: $\begin{cases} x = \rho\cos\theta \\ y = \rho\sin\theta \end{cases}$

得到圆的极坐标系下的方程为: 由 $x^2 + (y-1)^2 = 1$, 整理得 $x^2 + y^2 = 2y$

则 $\rho^2 = 2\rho\sin\theta$, 即 $\rho = 2\sin\theta$

直线 $y = x$ 的极坐标系下的方程为: $\theta = \dfrac{\pi}{4}$

所以积分区域 D 在极坐标系下为: $\begin{cases} 0 \leqslant \theta \leqslant \dfrac{\pi}{4} \\ 0 \leqslant \rho \leqslant 2\sin\theta \end{cases}$

被积函数 x 代换成 $\rho\cos\theta$, 极坐标系下面积元素为 $\rho\mathrm{d}\rho\mathrm{d}\theta$, 则

$$\iint\limits_D x\mathrm{d}x\mathrm{d}y = \int_0^{\frac{\pi}{4}}\mathrm{d}\theta \int_0^{2\sin\theta} \rho \cdot \cos\theta \cdot \rho\mathrm{d}\rho = \int_0^{\frac{\pi}{4}}\cos\theta\mathrm{d}\theta \int_0^{2\sin\theta} \rho^2\mathrm{d}\rho$$

答案: D

13.解 本题考查微分方程解的结构。可将选项代入微分方程, 满足微分方程的才是解。

已知 y_1 是微分方程 $y'' + py' + qy = f(x)(f(x) \neq 0)$ 的解, 即将 y_1 代入后, 满足微分方程 $y_1'' + py_1' + qy_1 = f(x)$, 但对任意常数 $C_1(C_1 \neq 1)$, C_1y_1 得到的解均不满足微分方程, 验证如下:

设 $y = C_1y_1(C_1 \neq 1)$, 求导 $y' = C_1y_1'$, $y'' = C_1y_1''$, $y = C_1y_1$ 代入方程得:

$$C_1y_1'' + pC_1y_1' + qC_1y_1 = C_1(y_1'' + py_1' + qy_1) = C_1f(x) \neq f(x)$$

所以 C_1y_1 不是微分方程的解。

因而在选项 A、B、D 中, 含有常数 $C_1(C_1 \neq 1)$ 乘 y_1 的形式, 即 C_1y_1 这样的解均不满足方程解的条件, 所以选项 A、B、D 均不成立。

可验证选项 C 成立。已知：

$y = y_0 + y_1$，$y' = y_0' + y_1'$，$y'' = y_0'' + y_1''$，代入方程，得：

$$(y_0'' + y_1'') + p(y_0' + y_1') + q(y_0 + y_1) = y_0'' + py_0' + qy_0 + y_1'' + py_1' + qy_1$$
$$= 0 + f(x) = f(x)$$

注意：本题只是验证选项中哪一个解是微分方程的解，不是求微分方程的通解。

答案：C

14. 解　本题考查二元函数在一点的全微分的计算方法。

先求出二元函数的全微分，然后代入点 $(1, -1)$ 坐标，求出在该点的全微分。

$$z = \frac{1}{x}e^{xy}, \quad \frac{\partial z}{\partial x} = \left(-\frac{1}{x^2}\right)e^{xy} + \frac{1}{x}e^{xy} \cdot y = -\frac{1}{x^2}e^{xy} + \frac{y}{x}e^{xy} = e^{xy}\left(-\frac{1}{x^2} + \frac{y}{x}\right)$$

$$\frac{\partial z}{\partial y} = \frac{1}{x}e^{xy} \cdot x = e^{xy}, \quad dz = \left(-\frac{1}{x^2} + \frac{y}{x}\right)e^{xy}dx + e^{xy}dy$$

$$dz|_{(1,-1)} = -2e^{-1}dx + e^{-1}dy = e^{-1}(-2dx + dy)$$

答案：B

15. 解　本题考查坐标曲线积分的计算方法。

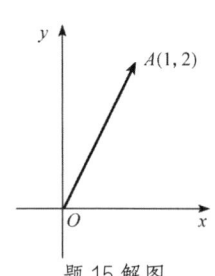

已知 $O(0,0)$，$A(1,2)$，过两点的直线 L 的方程为 $y = 2x$，见解图。

直线 L 的参数方程 $\begin{cases} y = 2x \\ x = x \end{cases}$，

L 的起点 $x = 0$，终点 $x = 1$，$x: 0 \to 1$，

$$\int_L -y dx + x dy = \int_0^1 -2x dx + x \cdot 2 dx = \int_0^1 0 dx = 0$$

题 15 解图

答案：A

16. 解　本题考查正项级数、交错级数敛散性的判定。

选项 A，$\sum\limits_{n=1}^{\infty} \frac{n^2}{3n^4+1}$，因为 $\frac{n^2}{3n^4+1} < \frac{n^2}{3n^4} = \frac{1}{3n^2}$，

级数 $\sum\limits_{n=1}^{\infty} \frac{1}{n^2}$，$P = 2 > 1$，级数收敛，$\sum\limits_{n=1}^{\infty} \frac{1}{3n^2}$ 收敛，

利用正项级数的比较判别法，$\sum\limits_{n=1}^{\infty} \frac{n^2}{3n^4+1}$ 收敛。

选项 B，$\sum\limits_{n=2}^{\infty} \frac{1}{\sqrt[3]{n(n-1)}}$，因为 $n(n-1) < n^2$，$\sqrt[3]{n(n-1)} < \sqrt[3]{n^2}$，$\frac{1}{\sqrt[3]{n(n-1)}} > \frac{1}{\sqrt[3]{n^2}} = \frac{1}{n^{\frac{2}{3}}}$，级数 $\sum\limits_{n=2}^{\infty} \frac{1}{n^{\frac{2}{3}}}$，$P < 1$，

级数发散，利用正项级数的比较判别法，$\sum\limits_{n=2}^{\infty} \frac{1}{\sqrt[3]{n(n-1)}}$ 发散。

选项 C，$\sum\limits_{n=1}^{\infty} \frac{(-1)^n}{\sqrt{n}}$，级数为交错级数，利用莱布尼兹定理判定：

（1）因为 $n < (n+1)$，$\sqrt{n} < \sqrt{n+1}$，$\frac{1}{\sqrt{n}} > \frac{1}{\sqrt{n+1}}$，$u_n > u_{n+1}$，

（2）一般项 $\lim\limits_{n \to \infty} \frac{1}{\sqrt{n}} = 0$，所以交错级数收敛。

选项 D，$\sum\limits_{n=1}^{\infty}\frac{5}{3^n}=5\sum\limits_{n=1}^{\infty}\frac{1}{3^n}$，级数为等比级数，公比 $q=\frac{1}{3}$，$|q|<1$，级数收敛。

答案：B

17.解 本题为抽象函数的二元复合函数，利用复合函数的导数算法计算，注意函数复合的层次。

$z=f^2(xy)$，$\dfrac{\partial z}{\partial x}=2f(xy)\cdot f'(xy)\cdot y=2y\cdot f(xy)\cdot f'(xy)$，

$\dfrac{\partial^2 z}{\partial x^2}=2y[f'(xy)\cdot y\cdot f'(xy)+f(xy)\cdot f''(xy)\cdot y]$

$\qquad =2y^2\{[f'(xy)]^2+f(xy)\cdot f''(xy)\}$

答案：D

18.解 本题考查幂级数 $\sum\limits_{n=1}^{\infty}a_n x^n$ 收敛的阿贝尔定理。

已知幂级数 $\sum\limits_{n=1}^{\infty}a_n(x+2)^n$ 在 $x=0$ 处收敛，把 $x=0$ 代入级数，得到 $\sum\limits_{n=1}^{\infty}a_n 2^n$，收敛。又已知 $\sum\limits_{n=1}^{\infty}a_n(x+2)^n$ 在 $x=-4$ 处发散，把 $x=-4$ 代入级数，得到 $\sum\limits_{n=1}^{\infty}a_n(-2)^n$，发散。得到对应的幂级数 $\sum\limits_{n=1}^{\infty}a_n x^n$，在 $x=2$ 点收敛，在 $x=-2$ 点发散，由阿贝尔定理可知 $\sum\limits_{n=1}^{\infty}a_n x^n$ 的收敛域为 $(-2,2]$，所以 $\sum\limits_{n=1}^{\infty}a_n(x-1)^n$ 的收敛域为 $-2<x-1\leqslant 2$，即 $-1<x\leqslant 3$。

答案：C

19.解 由行列式性质可得 $|\boldsymbol{A}|=-|\boldsymbol{B}|$，又因 $|\boldsymbol{A}|\neq|\boldsymbol{B}|$，所以 $|\boldsymbol{A}|\neq-|\boldsymbol{A}|$，$2|\boldsymbol{A}|\neq 0$，$|\boldsymbol{A}|\neq 0$。

答案：B

20.解 因为 $\boldsymbol{A}$ 与 $\boldsymbol{B}$ 相似，所以 $|\boldsymbol{A}|=|\boldsymbol{B}|=0$，且 $R(\boldsymbol{A})=R(\boldsymbol{B})=2$。

方法 1：

当 $x=y=0$ 时，$|A|=\begin{vmatrix}1&0&1\\0&1&0\\1&0&1\end{vmatrix}=0$，$A=\begin{bmatrix}1&0&1\\0&1&0\\1&0&1\end{bmatrix}\xrightarrow{-r_1+r_3}\begin{bmatrix}1&0&1\\0&1&0\\0&0&0\end{bmatrix}$

$R(\boldsymbol{A})=R(\boldsymbol{B})=2$

方法 2：

$|\boldsymbol{A}|=\begin{vmatrix}1&x&1\\x&1&y\\1&y&1\end{vmatrix}\xrightarrow[-r_1+r_3]{-xr_1+r_2}\begin{vmatrix}1&x&1\\0&1-x^2&y-x\\0&y-x&0\end{vmatrix}=-(y-x)^2$

令 $|\boldsymbol{A}|=0$，得 $x=y$

当 $x=y=0$ 时，$|\boldsymbol{A}|=|\boldsymbol{B}|=0$，$R(\boldsymbol{A})=R(\boldsymbol{B})=2$；

当 $x=y=1$ 时，$|\boldsymbol{A}|=|\boldsymbol{B}|=0$，但 $R(\boldsymbol{A})=1\neq R(\boldsymbol{B})$。

答案：A

21.解 因为 $\boldsymbol{\alpha}_1,\boldsymbol{\alpha}_2,\boldsymbol{\alpha}_3$ 线性相关的充要条件是行列式 $|\boldsymbol{\alpha}_1,\boldsymbol{\alpha}_2,\boldsymbol{\alpha}_3|=0$，即

$|\boldsymbol{\alpha}_1,\boldsymbol{\alpha}_2,\boldsymbol{\alpha}_3|=\begin{vmatrix}a&1&1\\1&a&-1\\1&-1&a\end{vmatrix}\xrightarrow[-r_3+r_2]{-ar_3+r_1}\begin{vmatrix}0&1+a&1-a^2\\0&a+1&-1-a\\1&-1&a\end{vmatrix}=\begin{vmatrix}1+a&1-a^2\\1+a&-1-a\end{vmatrix}$

$\qquad =(1+a)^2\begin{vmatrix}1&1-a\\1&-1\end{vmatrix}=(1+a)^2(a-2)=0$

解得 $a = -1$ 或 $a = 2$。

答案： B

22. 解 $P(A \cup B) = P(A) + P(B) - P(AB)$

$$P(AB) = P(A)P(B|A) = \frac{1}{4} \times \frac{1}{3} = \frac{1}{12}$$

$$P(B)P(A|B) = P(AB)，\frac{1}{2}P(B) = \frac{1}{12}，P(B) = \frac{1}{6}$$

$$P(A \cup B) = \frac{1}{4} + \frac{1}{6} - \frac{1}{12} = \frac{1}{3}$$

答案： D

23. 解 利用方差性质得 $D(2X - Y) = D(2X) + D(Y) = 4D(X) + D(Y) = 7$。

答案： A

24. 解 $E(Z) = E(X) + E(Y) = \mu_1 + \mu_2$；

$$D(Z) = D(X) + D(Y) = \sigma_1^2 + \sigma_2^2。$$

答案： D

25. 解 气体分子运动的最概然速率： $v_p = \sqrt{\dfrac{2RT}{M}}$

方均根速率： $\sqrt{\overline{v^2}} = \sqrt{\dfrac{3RT}{M}}$

由 $\sqrt{\dfrac{3RT_1}{M}} = \sqrt{\dfrac{2RT_2}{M}}$，可得到 $\dfrac{T_2}{T_1} = \dfrac{3}{2}$

答案： A

26. 解 一定量的理想气体经等压膨胀（注意等压和膨胀），由热力学第一定律 $Q = \Delta E + W$，体积单向膨胀做正功，内能增加，温度升高。

答案： C

27. 解 理想气体的内能是温度的单值函数，内能差仅取决于温差，此题所示热力学过程初、末态均处于同一温度线上，温度不变，故内能变化 $\Delta E = 0$，但功是过程量，题目并未描述过程如何进行，故无法判定功的正负。

答案： A

28. 解 气体分子运动的平均速率： $\bar{v} = \sqrt{\dfrac{8RT}{\pi M}}$，氧气的摩尔质量 $M_{O_2} = 32g$，氢气的摩尔质量 $M_{H_2} = 2g$，故相同温度的氧气和氢气的分子平均速率之比 $\dfrac{\bar{v}_{O_2}}{\bar{v}_{H_2}} = \sqrt{\dfrac{M_{H_2}}{M_{O_2}}} = \sqrt{\dfrac{2}{32}} = \dfrac{1}{4}$。

答案： D

29. 解 卡诺循环的热机效率 $\eta = 1 - \dfrac{T_2}{T_1} = 1 - \dfrac{273 + 27}{T_1} = 40\%$，$T_1 = 500K$。

此题注意开尔文温度与摄氏温度的变换。

答案： A

30. 解 由三角函数公式，将波动方程化为余弦形式：

$$y = 0.02 \sin(\pi t + x) = 0.02 \cos\left(\pi t + x - \frac{\pi}{2}\right)$$

答案： B

31. 解 此题考查波的物理量之间的基本关系。

$$T = \frac{1}{\nu} = \frac{1}{2000}\text{s}, \quad u = \frac{\lambda}{T} = \lambda \cdot \nu = 400\text{m/s}$$

答案： A

32. 解 两列振幅不相同的相干波，在同一直线上沿相反方向传播，叠加的合成波振幅为：

$$A^2 = A_1^2 + A_2^2 + 2A_1 A_2 \cos \Delta\varphi$$

当 $\cos \Delta\varphi = 1$ 时，合振幅最大，$A' = A_1 + A_2 = 3A$；

当 $\cos \Delta\varphi = -1$ 时，合振幅最小，$A' = |A_1 - A_2| = A$。

此题注意振幅没有负值，要取绝对值。

答案： D

33. 解 此题考查波的能量特征。波动的动能与势能是同相的，同时达到最大最小。若此时 A 点处媒质质元的弹性势能在减小，则其振动动能也在减小。此时 B 点正向负最大位移处运动，振动动能在减小。

答案： A

34. 解 由双缝干涉相邻明纹（暗纹）的间距公式：$\Delta x = \frac{D}{a}\lambda$，若双缝所在的平板稍微向上平移，中央明纹与其他条纹整体向上稍作平移，其他条件不变，则屏上的干涉条纹间距不变。

答案： B

35. 解 此题考查光的干涉。薄膜上下两束反射光的光程差：$\delta = 2ne + \frac{\lambda}{2}$

反射光加强：$\delta = 2ne + \frac{\lambda}{2} = k\lambda$，$\lambda = \frac{2ne}{k - \frac{1}{2}} = \frac{4ne}{2k-1}$

$$k = 2 \text{时}, \quad \lambda = \frac{4ne}{2k-1} = \frac{4 \times 1.33 \times 0.32 \times 10^3}{3} = 567\text{nm}$$

答案： C

36. 解 自然光 I_0 穿过第一个偏振片后成为偏振光，光强减半，为 $I_1 = \frac{1}{2}I_0$。

第一个偏振片与第二个偏振片夹角为30°，第二个偏振片与第三个偏振片夹角为60°，穿过第二个偏振片后的光强用马吕斯定律计算：$I_2 = \frac{1}{2}I_0 \cos^2 30°$

穿过第三个偏振片后的光强为：$I_3 = \frac{1}{2}I_0 \cos^2 30° \cos^2 60° = \frac{3}{32}I_0$

答案： C

37. 解 主量子数为n的电子层中原子轨道数为n^2，最多可容纳的电子总数为$2n^2$。主量子数$n=3$，原子轨道最多可容纳的电子总数为$2\times3^2=18$。

答案：C

38. 解 当分子中的氢原子与电负性大、半径小、有孤对电子的原子（如N、O、F）形成共价键后，还能吸引另一个电负性较大原子（如N、O、F）中的孤对电子而形成氢键。所以分子中存在N—H、O—H、F—H共价键时会形成氢键。

答案：A

39. 解 112mg铁的物质的量$n=\dfrac{\frac{112}{1000}}{56}=0.002mol$

溶液中铁的浓度$C=\dfrac{n}{V}=\dfrac{0.002}{\frac{100}{1000}}=0.02mol\cdot L^{-1}$

答案：C

40. 解 NaOAc为强碱弱酸盐，可以水解，水解常数$K_h=\dfrac{K_w}{K_a}$

$0.1mol\cdot L^{-1}$NaOAc溶液：

$$C_{OH^-}=\sqrt{C\cdot K_h}=\sqrt{C\cdot\dfrac{K_w}{K_a}}=\sqrt{0.1\times\dfrac{1\times10^{-14}}{1.8\times10^{-5}}}\approx7.5\times10^{-6}mol\cdot L^{-1}$$

$$C_{H^+}=\dfrac{K_w}{C_{OH^-}}=\dfrac{1\times10^{-14}}{7.5\times10^{-6}}\approx1.3\times10^{-9}mol\cdot L^{-1},pH=-\lg C_{H^+}\approx8.88$$

答案：D

41. 解 由物质的标准摩尔生成焓$\Delta_f H_m^\ominus$和反应的标准摩尔反应焓变$\Delta_r H_m^\ominus$的定义可知，$H_2O(l)$的标准摩尔生成焓$\Delta_f H_m^\ominus$为反应$H_2(g)+\frac{1}{2}O_2(g)=\!\!=\!\!=H_2O(l)$的标准摩尔反应焓变$\Delta_r H_m^\ominus$。反应$2H_2(g)+O_2(g)=\!\!=\!\!=2H_2O(l)$的标准摩尔反应焓变是反应$H_2(g)+\frac{1}{2}O_2(g)=\!\!=\!\!=H_2O(l)$的标准摩尔反应焓变的2倍，即$H_2(g)+\frac{1}{2}O_2(g)=\!\!=\!\!=H_2O(l)$的$\Delta_f H_m^\ominus=\frac{1}{2}\times(-572)=-286kJ\cdot mol^{-1}$。

答案：D

42. 解 $p(N_2O_4)=p(NO_2)=100kPa$时，$N_2O_4(g)\rightleftharpoons2NO_2(g)$的反应熵$Q=\dfrac{\left[\frac{p(NO_2)}{p^\ominus}\right]^2}{\frac{p(N_2O_4)}{p^\ominus}}=1>K^\ominus=0.1132$，根据反应熵判据，反应逆向进行。

答案：B

43. 解 原电池电动势$E=\varphi_{正}-\varphi_{负}$，负极对应电对$Zn^{2+}/Zn$的能斯特方程式为$\varphi_{Zn^{2+}/Zn}=\varphi_{Zn^{2+}/Zn}^\ominus+\dfrac{0.059}{2}\lg C_{Zn^{2+}}$，$ZnSO_4$浓度增加，$C_{Zn^{2+}}$增加，$\varphi_{Zn^{2+}/Zn}$增加，原电池电动势变小。

答案：B

44. 解 $(CH_3)_2CHCH(CH_3)CH_2CH_3$的结构式为$H_3C-\overset{\overset{\displaystyle CH_3}{|}}{CH}-\overset{\overset{\displaystyle CH_3}{|}}{CH}-CH_2-CH_3$，根据有机化合物命名

规则，该有机物命名为 2，3-二甲基戊烷。

答案： B

45.解 对羟基苯甲酸乙酯含有 HO—⟨⟩—部分，为酚类化合物；含有—COOC₂H₅部分，为酯类化合物。

答案： D

46.解 该高聚物的重复单元为 —CH₂—CH—
                                                    |
                                               COOCH₃
，是由单体 CH₂=CHCOOCH₃ 通过加聚反应形成的。

答案： D

47.解 销钉C处为光滑接触约束，约束力应垂直于AB光滑直槽，由于F_p的作用，直槽的左上侧与锁钉接触，故其约束力的作用线与x轴正向所成的夹角为 150°。

答案： D（此题 2017 年考过）

48.解 由图可知力F过B点，故对B点的力矩为 0，因此该力系对B点的合力矩为：

$$M_B = M = \frac{1}{2}Fa = \frac{1}{2} \times 150 \times 50 = 3750 \text{N} \cdot \text{cm}(顺时针)$$

答案： A

49.解 以CD为研究对象，其受力如解图所示。

列平衡方程：$\sum M_C(F) = 0$，$2L \cdot F_D - M - q \cdot L \cdot \frac{L}{2} = 0$

代入数值得：$F_D = 15 \text{kN}$（铅垂向上）

答案： B

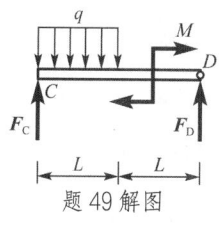
题 49 解图

50.解 由于主动力F_p、F大小均为 100N，故其二力合力作用线与接触面法线方向的夹角为45°，与摩擦角相等，根据自锁条件的判断，物块处于临界平衡状态。

答案： D

51.解 消去运动方程中的参数t，将$t^2 = x$代入y中，有$y = 2x^2$，故$y - 2x^2 = 0$为动点的轨迹方程。

答案： C

52.解 速度的大小为运动方程对时间的一阶导数，即：

$$v_x = \frac{dx}{dt} = v_0 \cos\alpha, \quad v_y = \frac{dy}{dt} = v_0 \sin\alpha - gt$$

则当$t = 0$时，炮弹的速度大小为：$v = \sqrt{v_x^2 + v_y^2} = v_0$

答案： C

53.解 滑轮上A点的速度和切向加速度与皮带相应的速度和加速度相同，根据定轴转动刚体上速度、切向加速度的线性分布规律，可得B点的速度$v_B = 20R/r = 30\text{m/s}$，切向加速度$a_{Bt} = 6R/r = 9\text{m/s}^2$。

答案：A

54. 解 小球的运动及受力分析如解图所示。根据质点运动微分方程$\boldsymbol{F} = m\boldsymbol{a}$，将方程沿着$N$方向投影有：

$$ma\sin\alpha = N - mg\cos\alpha$$

解得：

$$N = mg\cos\alpha + ma\sin\alpha$$

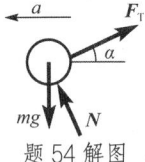

题 54 解图

答案：B

55. 解 物体受主动力$\boldsymbol{F}$、重力$m\boldsymbol{g}$及斜面的约束力$\boldsymbol{F}_N$作用，做功分别为：

$W(\boldsymbol{F}) = 70 \times 6 = 420\text{N}\cdot\text{m}$，$W(m\boldsymbol{g}) = -5 \times 9.8 \times 6\sin 30° = -147\text{N}\cdot\text{m}$，$W(\boldsymbol{F}_N) = 0$

故所有力做功之和为：$\boldsymbol{W} = 420 - 147 = 273\text{N}\cdot\text{m}$

答案：C

56. 解 根据动量矩定理，两轮分别有：$J\alpha_1 = F_A R$，$J\alpha_2 = F_B R$，对于轮A有$J\alpha_1 = PR$，对于图 b）系统有$\left(J + \dfrac{P}{g}R^2\right)\alpha_2 = PR$，所以$\alpha_1 > \alpha_2$，故有$F_A > F_B$。

答案：B

57. 解 根据惯性力的定义：$\boldsymbol{F}_I = -m\boldsymbol{a}$，物块$B$的加速度与物块$A$的加速度大小相同，且向下，故物块$B$的惯性力$F_{BI} = 4 \times 3.3 = 13.2\text{N}$，方向与其加速度方向相反，即铅垂向上。

答案：A

58. 解 当激振力频率与系统的固有频率相等时，系统发生共振，即

$$\omega_0 = \sqrt{\frac{k}{m}} = \omega = 50\text{rad/s}$$

系统的等效弹簧刚度$k = k_1 + k_2 = 3 \times 10^5\text{N/m}$

代入上式可得：$m = 120\text{kg}$

答案：C

59. 解 由低碳钢拉伸时σ-ε曲线（如解图所示）可知：在加载到强化阶段后卸载，再加载时，屈服点C'明显提高，断裂前变形明显减少，所以"冷作硬化"现象发生在强化阶段。

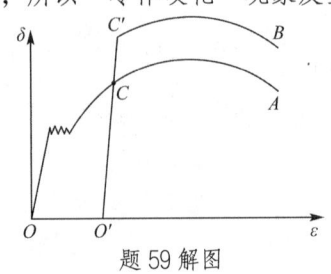

题 59 解图

2020 年度全国勘察设计注册工程师执业资格考试基础考试（上）——试题解析及参考答案

答案： C

60. 解 AB 段轴力是 $3F$，$\Delta l_{AB} = \frac{3Fa}{EA}$；$BC$ 段轴力是 $2F$，$\Delta l_{BC} = \frac{2Fa}{EA}$

杆的总伸长 $\Delta l = \Delta l_{AB} + \Delta l_{BC} = \frac{3Fa}{EA} + \frac{2Fa}{EA} = \frac{5Fa}{EA}$

答案： D

61. 解 钢板和钢轴的计算挤压面积是 dt，由钢轴的挤压强度条件 $\sigma_{bs} = \frac{F}{dt} \leqslant [\sigma_{bs}]$，得 $d \geqslant \frac{F}{t[\sigma_{bs}]}$。

答案： A

62. 解 根据极惯性矩 I_p 的定义：$I_p = \int_A \rho^2 \, dA$，可知极惯性矩是一个定积分，具有可加性，所以 $I_p = \frac{\pi}{32} D^4 - \frac{\pi}{32} d^4 = \frac{\pi}{32}(D^4 - d^4)$。

答案： D

63. 解 根据定义，惯性矩 $I_y = \int_A z^2 \, dA$、$I_z = \int_A y^2 \, dA$ 和极惯性矩 $I_p = \int_A \rho^2 \, dA$ 的值恒为正，而静矩 $S_y = \int_A z \, dA$、$S_z = \int_A y \, dA$ 和惯性积 $I_{yz} = \int_A yz \, dA$ 的数值可正、可负，也可为零。

答案： B

64. 解 由"零、平、斜，平、斜、抛"的微分规律，可知 AB 段有分布荷载；B 截面有弯矩的突变，故 B 处有集中力偶。

答案： B

65. 解 A 图看整体：$\sigma_{\max} = \frac{M}{W_z} = \frac{M}{\frac{a^3}{6}} = \frac{6M}{a^3}$

B 图看一根梁：$\sigma_{\max} = \frac{M}{W_z} = \frac{0.5M}{0.5a^3/6} = \frac{M}{\frac{a^3}{6}} = \frac{6M}{a^3}$

C 图看一根梁：$\sigma_{\max} = \frac{M}{W_z} = \frac{\frac{1}{3}M}{\frac{1}{3}a^3/6} = \frac{M}{\frac{a^3}{6}} = \frac{6M}{a^3}$

D 图看一根梁：$\sigma_{\max} = \frac{M}{W_z} = \frac{0.5M}{a \times (0.5a)^2/6} = \frac{2M}{\frac{a^3}{6}} = \frac{12M}{a^3}$

答案： D

66. 解 A 处为固定铰链支座，挠度总是等于 0，即 $V_A = 0$

B 处挠度等于 BD 杆的变形量，即 $V_B = \Delta L$

C 处有集中力 F 作用，挠度方程和转角方程将发生转折，但是满足连续光滑的要求，即

$V_{C左} = V_{C右}$，$\theta_{C左} = \theta_{C右}$。

答案： C

67. 解 最大切应力所在截面，一定不是主平面，该平面上的正应力也一定不是主应力，也不一定为零，故只能选 D。

答案： D

68. 解 根据第一强度理论（最大拉应力理论）可知：$\sigma_{eq1} = \sigma_1$，所以只能选 **A**。

答案：A

69. 解 移动前杆是轴向受拉：$\sigma_{\max} = \dfrac{F}{A} = \dfrac{F}{a^2}$

移动后杆是偏心受拉，属于拉伸与弯曲的组合受力与变形：

$$\sigma_{\max} = \frac{F}{A} + \frac{0.5aF}{a^3/6} = \frac{F}{a^2} + \frac{3F}{a^2} = \frac{4F}{a^2}$$

答案：D

70. 解 压杆总是在惯性矩最小的方向失稳，

对图 a）：$I_a = \dfrac{hb^3}{12}$；对图 b）：$I_b = \dfrac{h^4}{12}$。则：

$$F_{cr}^a = \frac{\pi^2 E I_a}{(\mu L)^2} = \frac{\pi^2 E \dfrac{hb^3}{12}}{(2L)^2} = \frac{\pi^2 E \dfrac{2b \times b^3}{12}}{(2L)^2} = \frac{\pi^2 E b^4}{24L^2}$$

$$F_{cr}^b = \frac{\pi^2 E I_b}{(\mu L)^2} = \frac{\pi^2 E \dfrac{2b \times (2b)^3}{12}}{(2L)^2} = \frac{\pi^2 E b^4}{3L^2} = 8 F_{cr}^a$$

故临界力是原来的 8 倍。

答案：B

71. 解 由流体的物理性质知，流体在静止时不能承受切应力，在微小切力作用下，就会发生显著的变形而流动。

答案：A

72. 解 由于题设条件中未给出计算水头损失的数据，现按不计水头损失的能量方程解析此题。

设基准面 0-0 与断面 2 重合，对断面 1-1 及断面 2-2 写能量方程：

$$Z_1 + \frac{v_1^2}{2g} = Z_2 + \frac{v_2^2}{2g}$$

代入数据 $2 + \dfrac{1.8^2}{2g} = \dfrac{v_2^2}{2g}$，解得 $v_2 = 6.50 \text{m/s}$

又由连续方程 $v_1 A_1 = v_2 A_2$，可得 $1.8 \text{m/s} \times \dfrac{\pi}{4} 0.1^2 = 6.50 \text{m/s} \times \dfrac{\pi}{4} d_2^2$

解得 $d_2 = 5.2 \text{cm}$

答案：A

73. 解 利用动量定理计算流体对固体壁的作用力时，进出口断面上的压强应为相对压强。

答案：B

74. 解 有压圆管层流运动的沿程损失系数 $\lambda = \dfrac{64}{Re}$

而雷诺数 $Re = \dfrac{vd}{\nu} = \dfrac{5 \times 5}{0.18} = 138.89$，$\lambda = \dfrac{64}{138.89} = 0.461$

答案：B

75.解 并联长管路的水头损失相等，即 $S_1Q_1^2 = S_2Q_2^2$

式中管路阻抗 $S_1 = \frac{8\lambda\frac{L_1}{d_1}}{g\pi^2 d_1^4}$，$S_2 = \frac{8\lambda\frac{3L_1}{d_2}}{g\pi^2 d_2^4}$

又因 $d_1 = d_2$，所以得：$\frac{Q_1}{Q_2} = \sqrt{\frac{S_2}{S_1}} = \sqrt{\frac{3L_1}{L_1}} = 1.732$，$Q_1 = 1.732Q_2$

答案：C

76.解 明渠均匀流只能发生在顺坡棱柱形渠道。

答案：B

77.解 均匀砂质土壤适用达西渗透定律：$u = kJ$

代入题设数据，则渗流速度 $u = 0.005 \times 0.5 = 0.0025\text{cm/s}$

答案：A

78.解 压力管流的模型试验应选择雷诺准则。

答案：A

79.解 直流电源作用下，电压 U_1、电流 I 均为恒定值，产生恒定磁通 Φ。根据电磁感应定律，线圈 N_2 中不会产生感应电动势，所以 $U_2 = 0$。

答案：A

80.解 通常电感线圈的等效电路是 R-L 串联电路。当线圈通入直流电时，电感线圈的感应电压为 0，可以计算线圈电阻为 $R' = \frac{U}{I} = \frac{10}{1} = 10\Omega$。在交流电源作用下线圈的感应电压不为 0，要考虑线圈中感应电压的影响必须将电感线圈等效为 R-L 串联电路。因此，该电路的等效模型为：10Ω 电阻与电感 L 串联后再与传输线电阻 R 串联。

答案：B

81.解 求等效电阻时应去除电源作用（电压源短路，电流源断路），将电流源断开后 a-b 端左侧网络的等效电阻为 R_2。

答案：D

82.解 首先根据给定电压函数 $u(t)$ 写出电压的相量 $\dot{U}$，利用交流电路的欧姆定律计算电流相量：

$$\dot{I} = \frac{\dot{U}}{Z} = \frac{220\angle 30°}{10\angle 45°} = 22\angle -15°$$

最后写出电流 $i(t)$ 的函数表达式为 $22\sqrt{2}\sin(314t - 15°)\text{A}$。

答案：D

83.解 根据电路可以分析，总阻抗 $Z = Z_1 + Z_2 = 6 + j8 - jX_C$，当 $X_C = 8$ 时，Z 有最小值，电流 I 有最大值（电路出现谐振，呈现电阻性质）。

答案：B

84.解 用电设备 M 的外壳线*a*应接到保护地线 PE 上，电灯 D 的接线*b*应接到电源中性点 N 上，说明如下：

（1）三相四线制：包括相线 A、B、C 和保护零线 PEN（图示的 N 线）。PEN 线上有工作电流通过，PEN 线在进入用电建筑物处要做重复接地；我国民用建筑的配电方式采用该系统。

（2）三相五线制：包括相线 A、B、C，零线 N 和保护接地线 PE。N 线有工作电流通过，PE 线平时无电流（仅在出现对地漏电或短路时有故障电流）。

零线和地线的根本差别在于一个构成工作回路，一个起保护作用（叫作保护接地），一个回电网，一个回大地，在电子电路中这两个概念要区别开，工程中也要求这两根线分开接。

答案：C

85.解 三相交流异步电动机的空载功率因数较小，为 0.2～0.3，随着负载的增加功率因数增加，当电机达到满载时功率因数最大，可以达到 0.9 以上。

答案：B

86.解 控制电路图中所有控制元件均是未工作的状态，同一电器用同一符号注明。要保持电气设备连续工作必须有自锁环节（常开触点）。

图 B 的自锁环节使用了 KM 接触器的常闭触点，图 C 和图 D 中的停止按钮 SBstop 两端不能并入 KM 接触器的常闭触点或常开触点，因此图 B、C、D 都是错误的。

图 A 的电路符合设备连续工作的要求：按启动按钮 SBst（动合）后，接触器 KM 线圈通电，KM 常开触点闭合（实现自锁）；按停止按钮 SBstop（动断）后，接触器 KM 线圈断电，用电设备停止工作。可见四个选项中图 A 符合电气设备连续工作的要求。

答案：A

87.解 表示信息的数字代码是二进制。通常用电压的高电位表示"1"，低电位表示"0"，或者反之。四个选项中的前三项都可以用来表示二进制代码"10101"，选项 D 的电位不符合"高-低-高-低-高"的规律，则不能用来表示数码"10101"。

答案：D

88.解 根据信号的幅值频谱关系，周期信号的频谱是离散的，而非周期信号的频谱是连续的。图 a）是非周期性时间信号的频谱，图 b）是周期性时间信号的频谱。

答案：B

89.解 滤波器是频率筛选器，通常根据信号的频率不同进行处理。它不会改变正弦波信号的形状，而是通过正弦波信号的频率来识别，保留有用信号，滤除干扰信号。而非正弦周期信号可以分解为多个不同频率正弦波信号的合成，它的频率特性是收敛的。对非正弦周期信号滤波时要保留基波和低频部分的信号，滤除高频部分的信号。这样做虽然不会改变原信号的频率，但是滤除高频分量以后会影响非正弦周期信号波形的形状。

答案：D

90. 解　根据逻辑函数的摩根定理对原式进行分析：

$$ABCD + \overline{A} + \overline{B} + \overline{C} + \overline{D} = ABCD + \overline{\overline{\overline{A} + \overline{B} + \overline{C} + \overline{D}}} = ABCD + \overline{\overline{ABCD}} = 1$$

答案：B

91. 解　$F = \overline{AB}$ 为与非门，分析波形可以用口诀："A、B"有0，"F"为1；"A、B"全1，"F"为0，波形见解图。

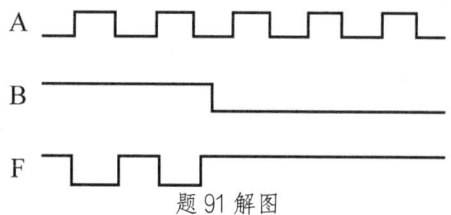

题91解图

答案：B

92. 解　根据真值表写出逻辑表达式的方法是：找出真值表输出信号 F=1 对应的输入变量取值组合，每组输入变量取值为一个乘积项（与），输入变量值为1的写原变量，输入变量值为0的写反变量。最后将这些变量相加（或），即可得到输出函数 F 的逻辑表达式。

根据该给定的真值表可以写出：$F = \overline{A}BC + AB\overline{C} + ABC$。

答案：D

93. 解　电压放大器的耦合电容有隔直通交的作用，因此电容 C_E 接入以后不会改变放大器的静态工作点。对于交变信号，接入电容 C_E 以后电阻 R_E 被短路，根据放大器的交流通道来分析放大器的动态参数，输入电阻 R_i、输出电阻 R_o、电压放大倍数 A_u 分别为：

$$R_i = R_{B1} /\!/ R_{B2} /\!/ [r_{be} + (1+\beta)R_E]$$

$$R_o = R_C$$

$$A_u = \frac{-\beta R'_L}{\gamma_{be} + (1+\beta)R_E} (R'_L = R_C /\!/ R_L)$$

可见，输出电阻 R_o 与 R_E 无关。

所以，并入电容 C_E 后不变的量是静态工作点和输出电阻 R_o。

答案：C

94. 解　本电路属于运算放大器非线性应用，是一个电压比较电路。A 点是反相输入端，B 点是同相输入端。当 B 点电位高于 A 点电位时，输出电压有正的最大值U_{oM}。当 B 点电位低于 A 点电位时，输出电压有负的最大值$-U_{oM}$。

解图 a）、b）表示输出端u_{o1}和u_{o2}的波形正确关系。

选项 D 的u_{o1}波形分析正确，并且$u_{o1}=-u_{o2}$，符合题意。

答案： D

95.解 利用逻辑函数分析如下：$F_1=\overline{A \cdot 1}=\overline{A}$；$F_2=B+1=1$。

答案： D

96.解 两个电路分别为 JK 触发器和 D 触发器，逻辑状态表给定，它们有同一触发脉冲和清零信号作用。但要注意到两个触发器的触发时间不同，JK 触发器为下降沿触发，D 触发器为上升沿触发。

结合逻辑表分析输出脉冲波形如解图所示。

JK 触发器：J=K=1，$Q_{JK}^{n+1}=\overline{Q}_{JK}^n$，CP 下降沿触发。

D 触发器：$Q_D^{n+1}=D=\overline{Q}_D^n$，CP 上升沿触发。

对应t_1时刻两个触发器的输出分别是$Q_{JK}=1$，$Q_D=0$，选项 C 正确。

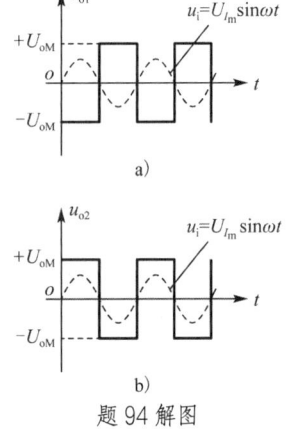

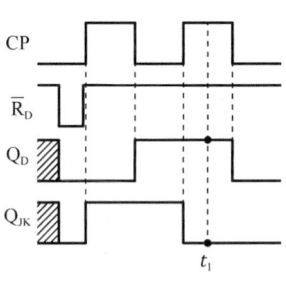

题 94 解图	题 96 解图

答案： C

97.解 计算机数字信号只有 0（低电平）和 1（高电平），是一系列高（电源电压的幅度）和低（0V）的方波序列，幅度是不变的，时间（周期）是可变的，也就是说处理的是断续的数字信息，数字信号是离散信号。

答案： B

98.解 程序计数器（PC）又称指令地址计数器，计算机通常是按顺序逐条执行指令的，就是靠程序计数器来实现。每当执行完一条指令，PC 就自动加 1，即形成下一条指令地址。

答案： C

99. 解　计算机的软件系统是由系统软件、支撑软件和应用软件构成。系统软件是负责管理、控制和维护计算机软、硬件资源的一种软件，它为应用软件提供了一个运行平台。支撑软件是支持其他软件的编写制作和维护的软件。应用软件是特定应用领域专用的软件。

答案：B

100. 解　允许多个用户以交互方式使用计算机的操作系统是分时操作系统。分时操作系统是使一台计算机同时为几个、几十个甚至几百个用户服务的一种操作系统。它将系统处理机时间与内存空间按一定的时间间隔，轮流地切换给各终端用户的。

答案：B

101. 解　ASSCII 码是"美国信息交换标准代码"的简称，是目前国际上最为流行的字符信息编码方案。在这种编码中每个字符用 7 个二进制位表示，从 0000000 到 1111111 可以给出 128 种编码，用来表示 128 个不同的常用字符。

答案：D

102. 解　计算机系统内的存储器是由一个个存储单元组成的，而每一个存储单元的容量为 8 位二进制信息，称为一个字节。为了对存储器进行有效的管理，给每个单元都编上一个号，也就是给存储器中的每一个字节都分配一个地址码，俗称给存储器地址"编址"。

答案：A

103. 解　给数据加密，是隐蔽信息的可读性，将可读的信息数据转换为不可读的信息数据，称为密文。把信息隐藏起来，即隐藏信息的存在性，将信息隐藏在一个容量更大的信息载体之中，形成隐秘载体。信息隐藏和数据加密的方法是不一样的。

答案：D

104. 解　线程有时也称为轻量级进程，是被系统独立调度和 CPU 的基本运行单位。有些进程只包含一个线程，也可包含多个线程。线程的优点之一就是资源共享。

答案：C

105. 解　信息化社会是以计算机信息处理技术和传输手段的广泛应用为基础和标志的新技术革命，影响和改造社会生活方式与管理方式。信息化社会指在经济生活全面信息化的进程中，人类社会生活的其他领域也逐步利用先进的信息技术建立起各种信息网络，信息技术在生产、科研教育、医疗保健、企业和政府管理以及家庭中的广泛应用对经济和社会发展产生了巨大而深刻的影响，从根本上改变了人们的生活方式、行为方式和价值观念。计算机则是实现信息社会的必备工具之一，两者相互影响、相互制约、相互推动、相互促进，是密不可分的关系。

答案：C

106. 解　如果要寻找一个主机名所对应的IP地址，则需要借助域名服务器来完成。当Internet应用程序收到一个主机域名时，它向本地域名服务器查询该主机域名对应的IP地址。如果在本地域名服务器中找不到该主机域名对应的IP地址，则本地域名服务器向其他域名服务器发出请求，要求其他域名服务器协助查找，并将找到的IP地址返回给发出请求的应用程序。

答案：C

107. 解　根据一次支付现值公式（已知F求P）：

$$P = \frac{F}{(1+i)^n} = \frac{50}{(1+5.06\%)^5} = 39.06 \text{ 万元}$$

答案：C

108. 解　项目总投资中的流动资金是指运营期内长期占用并周转使用的营运资金。估算流动资金的方法有扩大指标法或分项详细估算法。采用分项详细估算法估算时，流动资金是流动资产与流动负债的差额。

答案：C

109. 解　资本金（权益资金）的筹措方式有股东直接投资、发行股票、政府投资等，债务资金的筹措方式有商业银行贷款、政策性银行贷款、外国政府贷款、国际金融组织贷款、出口信贷、银团贷款、企业债券、国际债券和融资租赁等。

优先股股票和可转换债券属于准股本资金，是一种既具有资本金性质又具有债务资金性质的资金。

答案：C

110. 解　利息备付率=息税前利润/应付利息

式中，息税前利润=利润总额+利息支出

本题已经给出息税前利润，因此该年的利息备付率为：

利息备付率=息税前利润/应付利息=200/100=2

答案：B

111. 解　计算各年的累计净现金流量见解表。

题111解表

年份	0	1	2	3	4	5
净现金流量	−100	−50	40	60	60	60
累计净现金流量	−100	−150	−110	−50	10	70

静态投资回收期=累计净现金流量开始出现正值的年份数−1+$\dfrac{\text{上年累计净现金流量的绝对值}}{\text{当年净现金流量}}$

$$= 4 - 1 + |-50| \div 60 = 3.83 \text{ 年}$$

答案：C

112. 解 该货物的影子价格为：

直接出口产出物的影子价格（出厂价）＝离岸价（FOB）×影子汇率－出口费用

$$= 100 \times 6 - 100 = 500 元人民币$$

答案：A

113. 解 甲方案的净现值为：$\mathrm{NPV}_{甲} = -500 + 140 \times 6.7101 = 439.414 万元$

乙方案的净现值为：$\mathrm{NPV}_{乙} = -1000 + 250 \times 6.7101 = 677.525 万元$

$$\mathrm{NPV}_{乙} > \mathrm{NPV}_{甲}，故应选择乙方案$$

互斥方案比较不应直接用方案的内部收益率比较，可采用净现值或差额投资内部收益率进行比较。

答案：B

114. 解 用强制确定法选择价值工程的对象时，计算结果存在以下三种情况：

①价值系数小于1较多，表明该零件相对不重要且费用偏高，应作为价值分析的对象；

②价值系数大于1较多，即功能系数大于成本系数，表明该零件较重要而成本偏低，是否需要提高费用视具体情况而定；

③价值系数接近或等于1，表明该零件重要性与成本适应，较为合理。

本题该部件的价值系数为1.02，接近1，说明该部件功能重要性与成本比重相当，不应将该部件作为价值工程对象。

答案：B

115. 解 《中华人民共和国建筑法》第十条规定，在建的建筑工程因故中止施工的，建设单位应当自中止施工之日起一个月内，向发证机关报告，并按照规定做好建筑工程的维护管理工作。

答案：A

116. 解 《中华人民共和国安全生产法》第二十八条规定，生产经营单位应当对从业人员进行安全生产教育和培训，保证从业人员具备必要的安全生产知识，熟悉有关的安全生产规章制度和安全操作规程，掌握本岗位的安全操作技能，了解事故应急处理措施，知悉自身在安全生产方面的权利和义务。

答案：C

117. 解 《中华人民共和国招标投标法》第十二条规定，招标人有权自行选择招标代理机构，委托其办理招标事宜。任何单位和个人不得以任何方式为招标人指定招标代理机构。招标人具有编制招标文件和组织评标能力的，可以自行办理招标事宜。任何单位和个人不得强制其委托招标代理机构办理招标事宜。依法必须进行招标的项目，招标人自行办理招标事宜的，应当向有关行政监督部门备案。

从上述条文可以看出选项A正确，选项B错误，因为招标人可以委托代理机构办理招标事宜。选项C错误，招标人自行招标时才需要备案，不是委托代理人才需要备案。选项D明显不符合第十二条的规定。

答案：A

118.解 《中华人民共和国民法典》第一百三十七条规定，以对话方式作出的意思表示，相对人知道其内容时生效。以非对话方式作出的意思表示，到达相对人时生效。以非对话方式作出的采用数据电文形式的意思表示，相对人指定特定系统接收数据电文的，该数据电文进入该特定系统时生效；未指定特定系统的，相对人知道或者应当知道该数据电文进入其系统时生效。当事人对采用数据电文形式的意思表示的生效时间另有约定的，按照其约定。

答案：A

119.解 依照《中华人民共和国行政许可法》第四十二条的规定，依照本法第二十六条的规定，行政许可采取统一办理或者联合办理、集中办理的，办理的时间不得超过四十五日；四十五日内不能办结的，经本级人民政府负责人批准，可以延长十五日，并应当将延长期限的理由告知申请人。

答案：D

120.解 《建设工程质量管理条例》第十六条规定，建设单位收到建设工程竣工报告后，应当组织设计、施工、工程监理等有关单位进行竣工验收。

答案：C

2021年度全国勘察设计注册工程师执业资格考试基础考试（上）
试题解析及参考答案

1. 解 本题考查指数函数的极限 $\lim\limits_{x\to+\infty}e^x=+\infty$，$\lim\limits_{x\to-\infty}e^x=0$，需熟悉函数 $y=e^x$ 的图像（见解图）。

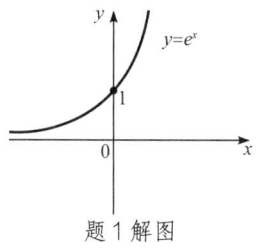

题1解图

因为 $\lim\limits_{x\to0^-}\frac{1}{x}=-\infty$，故 $\lim\limits_{x\to0^-}e^{\frac{1}{x}}=0$，所以选项 B 正确。

而 $\lim\limits_{x\to0^+}\frac{1}{x}=+\infty$，则 $\lim\limits_{x\to0^+}e^{\frac{1}{x}}=+\infty$，可知选项 A、C、D 错误。

答案：B

2. 解 本题考查等价无穷小和同阶无穷小的概念。

当 $x\to0$ 时，$1-\cos2x\sim\frac{1}{2}(2x)^2=2x^2$，所以 $\lim\limits_{x\to0}\frac{1-\cos2x}{x^2}=2$，选项 A 正确。

当 $x\to0$ 时，$\sin x\sim x$，$\lim\limits_{x\to0}\frac{x^2\sin x}{x^3}=1$，所以当 $x\to0$ 时，$x^2\sin x$ 与 x^3 为同阶无穷小，选项 B 错误。

当 $x\to0$ 时，$\sqrt{1+x}-1\sim\frac{1}{2}x$，$\lim\limits_{x\to0}\frac{\sqrt{1+x}-1}{x}=\frac{1}{2}$，所以当 $x\to0$ 时，$\sqrt{1+x}-1$ 与 x 为同阶无穷小，选项 C 错误。

当 $x\to0$ 时，$1-\cos x^2\sim\frac{1}{2}x^4$，所以当 $x\to0$ 时，$1-\cos x^2$ 与 x^4 为同阶无穷小，选项 D 错误。

答案：A

3. 解 本题考查导数的定义及一元函数可导与连续的关系。

由题意 $f(0)=0$，且 $\lim\limits_{x\to0}\frac{f(x)}{x}=1$，得 $\lim\limits_{x\to0}\frac{f(x)}{x}=\lim\limits_{x\to0}\frac{f(x)-f(0)}{x-0}=f'(0)=1$，知选项 C 正确，选项 B、D 错误。而由可导必连续，知选项 A 错误。

答案：C

4. 解 本题考查通过变量代换求函数表达式以及求导公式。

先进行倒代换，设 $t=\frac{1}{x}$，则 $x=\frac{1}{t}$，代入得 $f(t)=\frac{\frac{1}{t}}{1+\frac{1}{t}}=\frac{1}{t+1}$

即 $f(x)=\frac{1}{1+x}$，则 $f'(x)=-\frac{1}{(1+x)^2}$

答案：C

5. 解 本题考查连续函数零点定理及导数的应用。

设 $f(x)=x^3+x-1$，则 $f'(x)=3x^2+1>0$，$x\in(-\infty,+\infty)$，知 $f(x)$ 单调递增。

又采用特殊值法，有 $f(0)=-1<0$，$f(1)=1>0$，$f(x)$ 连续，根据零点定理，知 $f(x)$ 在 $(0,1)$ 上存在零点，且由单调性，知 $f(x)$ 在 $x\in(-\infty,+\infty)$ 内仅有唯一零点，即方程 $x^3+x-1=0$ 只有一个实根。

答案：B

6. 解 本题考查极值的概念和极值存在的必要条件。

函数 $f(x)$ 在点 $x=x_0$ 处可导，则 $f'(x_0)=0$ 是 $f(x)$ 在 $x=x_0$ 取得极值的必要条件。同时，导数不存

在的点也可能是极值点，例如$y=|x|$在$x=0$点取得极小值，但$f'(0)$不存在，见解图。即可导函数的极值点一定是驻点，反之不然。极值点只能是驻点或不可导点。

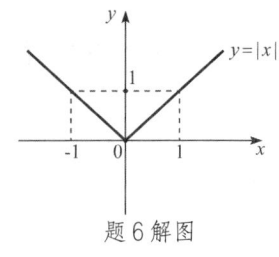

题 6 解图

答案：C

7. 解 本题考查不定积分和微分的基本性质。

由微分的基本运算$\mathrm{d}g(x)=g'(x)\mathrm{d}x$，得：$\int f(x)\mathrm{d}x=\int \mathrm{d}g(x)=\int g'(x)\mathrm{d}x$

等式两端对x求导，得：$f(x)=g'(x)$

答案：B

8. 解 本题考查定积分的基本运算及奇偶函数在对称区间积分的性质。

$\int_{-1}^{1}(x^3+|x|)e^{x^2}\mathrm{d}x=\int_{-1}^{1}x^3e^{x^2}\mathrm{d}x+\int_{-1}^{1}|x|e^{x^2}\mathrm{d}x$，由于$x^3$是奇函数，$e^{x^2}$是偶函数，故$x^3e^{x^2}$是奇函数，奇函数在对称区间的定积分为 0，有$\int_{-1}^{1}x^3e^{x^2}\mathrm{d}x=0$，故有$\int_{-1}^{1}(x^3+|x|)e^{x^2}\mathrm{d}x=\int_{-1}^{1}|x|e^{x^2}\mathrm{d}x$。

由于$|x|$是偶函数，e^{x^2}是偶函数，故$|x|e^{x^2}$是偶函数，偶函数在对称区间的定积分为 2 倍半区间积分，有$\int_{-1}^{1}|x|e^{x^2}\mathrm{d}x=2\int_{0}^{1}|x|e^{x^2}\mathrm{d}x$。

$x\geqslant 0$，去掉绝对值符号，有

$$2\int_{0}^{1}xe^{x^2}\mathrm{d}x=\int_{0}^{1}e^{x^2}\mathrm{d}x^2=e^{x^2}\Big|_{0}^{1}=e-1$$

答案：C

9. 解 本题考查曲面交线的求法，空间曲线可看作两个空间曲面的交线。

两曲面交线为$\begin{cases}x^2+y^2+z^2=a^2\\x^2+y^2=2az\end{cases}$，两式相减，整理可得$z^2+2az-a^2=0$，解得$z=(\sqrt{2}-1)a$，$z=-(\sqrt{2}+1)a$（舍去），由此可知，两曲面的交线位于$z=(\sqrt{2}-1)a$这个平行于$xoy$面的平面上，再将$z=(\sqrt{2}-1)a$代入两个曲面方程中的任意一个，可得两曲面交线$\begin{cases}x^2+y^2=2(\sqrt{2}-1)a^2\\z=(\sqrt{2}-1)a\end{cases}$，由此可知选项 C 正确。

答案：C

10. 解 本题考查空间直线与平面之间的关系。

平面$F(x,y,z)=x+3y+2z+1=0$的法向量为$\vec{n}_1=(1,3,2)$；

同理，平面$G(x,y,z)=2x-y-10z+3=0$的法向量为$\vec{n}_2=(2,-1,-10)$。

故由直线L的方向向量$\vec{s}=\vec{n}_1\times\vec{n}_2=\begin{vmatrix}\vec{i}&\vec{j}&\vec{k}\\1&3&2\\2&-1&-10\end{vmatrix}=-28\vec{i}+14\vec{j}-7\vec{k}$，平面$\pi$的法向量$\vec{n}_3=$

$(4,-2,1)$，可知$\vec{s}=-7\vec{n}_3$，即直线L的方向向量与平面π的法向量平行，亦即垂直于π。

答案：B

11. 解 本题考查积分上限函数的导数及一阶微分方程的求解。

对方程$f(x) = \int_0^x f(t)\mathrm{d}t$两边求导，得$f'(x) = f(x)$，这是一个变量可分离的一阶微分方程，可写成$\dfrac{\mathrm{d}f(x)}{f(x)} = \mathrm{d}x$，两边积分$\int \dfrac{\mathrm{d}f(x)}{f(x)} = \int \mathrm{d}x$，可得$\ln|f(x)| = x + C_1 \Rightarrow f(x) = Ce^x$，这里$C = \pm e^{C_1}$。代入初始条件$f(0) = 0$，得$C = 0$。所以$f(x) = 0$。

注：本题可以直接观察$f(0) = \int_0^0 f(t)\mathrm{d}t = 0$，只有选项 C 满足。

答案：C

12. 解 本题考查二阶常系数线性非齐次微分方程的特解。

方法 1：将四个函数代入微分方程直接验证，可得选项 D 正确。

方法 2：二阶常系数非齐次微分方程所对应的齐次方程的特征方程为$r^2 - r - 2 = 0$，特征根$r_1 = -1$，$r_2 = 2$，由右端项$f(x) = 6e^x$，可知$\lambda = 1$不是对应齐次方程的特征根，所以非齐次方程的特解形式为$y = Ae^x$，A为待定常数。

代入微分方程，得$y'' - y' - 2y = (Ae^x)'' - (Ae^x)' - 2Ae^x = -2Ae^x = 6e^x$，有$A = -3$，所以$y = -3e^x$是微分方程的特解。

答案：D

13. 解 本题考查多元函数在分段点的偏导数计算。

由偏导数的定义知：

$$f'_x(0,1) = \lim_{\Delta x \to 0} \frac{f(0 + \Delta x, 1) - f(0,1)}{\Delta x} = \lim_{\Delta x \to 0} \frac{\frac{1}{\Delta x}\sin(\Delta x)^2 - 0}{\Delta x} = \lim_{\Delta x \to 0} \frac{\sin(\Delta x)^2}{(\Delta x)^2} = 1$$

答案：B

14. 解 本题考查直角坐标系下的二重积分化为极坐标系下的二次积分的方法。

直角坐标与极坐标的关系：$\begin{cases} x = r\cos\theta \\ y = r\sin\theta \end{cases}$，由$x^2 + y^2 \leqslant 1$，得$0 \leqslant r \leqslant 1$，且由$x \geqslant 0$，可得$-\dfrac{\pi}{2} \leqslant \theta \leqslant \dfrac{\pi}{2}$，故极坐标系下的积分区域$D：\begin{cases} -\dfrac{\pi}{2} \leqslant \theta \leqslant \dfrac{\pi}{2} \\ 0 \leqslant r \leqslant 1 \end{cases}$，如解图所示。

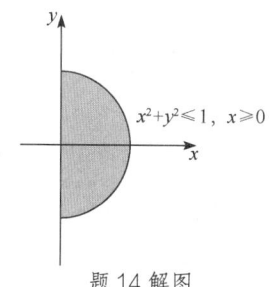
题 14 解图

极坐标系的面积元素$\mathrm{d}x\mathrm{d}y = r\mathrm{d}r\mathrm{d}\theta$，则：

$$\iint\limits_D f\left(\sqrt{x^2 + y^2}\right)\mathrm{d}x\mathrm{d}y = \int_{-\frac{\pi}{2}}^{\frac{\pi}{2}}\mathrm{d}\theta \int_0^1 f(r)r\mathrm{d}r = \pi \int_0^1 rf(r)\,\mathrm{d}r$$

答案：B

15. 解 本题考查第二类曲线积分的计算。应注意，同时采用不同参数方程计算，化为定积分的形式不同，尤其应注意积分的上下限。

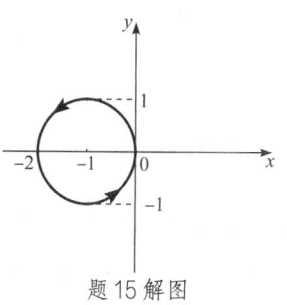
题 15 解图

方法 1： 按照对坐标的曲线积分计算，把圆$L: x^2 + y^2 = -2x$化为参数方程。

由$x^2 + y^2 = -2x$，得$(x+1)^2 + y^2 = 1$，如解图所示。

令$x + 1 = \cos\theta$，$y = \sin\theta$，有：

$$dx = d\cos\theta = -\sin\theta d\theta$$
$$dy = d\sin\theta = \cos\theta d\theta$$

θ从 0 取到2π，则：

$$\int_L (x-y)dx + (x+y)dy = \int_0^{2\pi}(-1+\cos\theta-\sin\theta)(-\sin\theta) + (-1+\cos\theta+\sin\theta)\cos\theta\, d\theta$$
$$= \int_0^{2\pi}(\sin\theta - \cos\theta + 1)d\theta = 2\pi$$

方法 2： 圆$L: x^2 + y^2 = -2x$，化为极坐标系下的方程为$r = -2\cos\theta$，由直角坐标和极坐标的关系，可得圆的参数方程为$\begin{cases} x = -2\cos^2\theta \\ y = -2\cos\theta\sin\theta \end{cases}$$\left(\theta$从$\dfrac{\pi}{2}$取到$\dfrac{3\pi}{2}\right)$，所以：

$$\int_L (x-y)dx + (x+y)dy$$
$$= \int_{\frac{\pi}{2}}^{\frac{3\pi}{2}}[(-2\cos^2\theta + 2\cos\theta\sin\theta)(4\cos\theta\sin\theta) + (-2\cos^2\theta - 2\cos\theta\sin\theta)(-2\cos^2\theta + 2\sin^2\theta)]d\theta$$
$$= \int_{\frac{\pi}{2}}^{\frac{3\pi}{2}}(-4\cos^3\theta\sin\theta + 4\cos^2\theta\sin^2\theta + 4\cos^4\theta - 4\cos\theta\sin^3\theta)d\theta$$
$$= \int_{\frac{\pi}{2}}^{\frac{3\pi}{2}}(4\cos^2\theta - 4\cos\theta\sin\theta)d\theta = \int_{\frac{\pi}{2}}^{\frac{3\pi}{2}}2(1 + \cos2\theta - \sin2\theta)d\theta$$
$$= 2\pi + \sin2\theta\bigg|_{\frac{\pi}{2}}^{\frac{3\pi}{2}} + \cos2\theta\bigg|_{\frac{\pi}{2}}^{\frac{3\pi}{2}} = 2\pi$$

方法 3：（不在大纲考试范围内）利用格林公式：

$$\int_L (x-y)dx + (x+y)dy = \iint_D 2\,dxdy = 2\pi$$

这里D是L所围成的圆的内部区域：$x^2 + y^2 \leqslant -2x$。

答案：D

16. 解 本题考查多元函数偏导数计算。

$$\frac{\partial z}{\partial x} = yx^{y-1}, \quad \frac{\partial^2 z}{\partial x\partial y} = x^{y-1} + yx^{y-1}\ln x = x^{y-1}(1 + y\ln x)$$

答案：C

17. 解 本题考查级数收敛的必要条件，等比级数和p级数的敛散性以及交错级数敛散性的判断。

选项 A，级数是公比$q = \dfrac{8}{7} > 1$的等比级数，故该级数发散。

选项 B，$\lim\limits_{n\to\infty} n\sin\frac{1}{n} = \lim\limits_{n\to\infty}\dfrac{\sin\frac{1}{n}}{\frac{1}{n}} = 1 \neq 0$，由级数收敛的必要条件知，该级数发散。

选项 C，级数是 p 级数，$p = \frac{1}{2} < 1$，p 级数的性质为：$p > 1$ 时级数收敛，$p \leqslant 1$ 时级数发散，本选项的 $p = \frac{1}{2} < 1$，故该级数发散。

选项 D，交错级数 $\sum\limits_{n=1}^{\infty}(-1)^{n-1}\dfrac{1}{\sqrt{n}}$，满足条件：① $\lim\limits_{n\to\infty}u_n = \lim\limits_{n\to\infty}\dfrac{1}{\sqrt{n}} = 0$，② $u_n = \dfrac{1}{\sqrt{n}} > u_{n+1} = \dfrac{1}{\sqrt{n+1}}$，由莱布尼兹定理知，该级数收敛。

注：交错级数的莱布尼兹判别法为历年考查的重点，应熟练掌握它的判断依据。

答案：D

18.解 本题考查无穷级数求和。

方法 1：考虑级数 $\sum\limits_{n=1}^{\infty}nx^{n-1}$，收敛区间 $(-1,1)$，则

$$S(x) = \sum_{n=1}^{\infty}nx^{n-1} = \sum_{n=1}^{\infty}(x^n)' = \left(\sum_{n=1}^{\infty}x^n\right)' = \left(\frac{x}{1-x}\right)' = \frac{1}{(1-x)^2}$$

故 $\sum\limits_{n=1}^{\infty}n\left(\dfrac{1}{2}\right)^{n-1} = S\left(\dfrac{1}{2}\right) = 4$

方法 2：设级数的前 n 项部分为

$$S_n = 1 + 2\times\frac{1}{2} + 3\times\frac{1}{2^2} + 4\times\frac{1}{2^3} + \cdots + (n-1)\times\frac{1}{2^{n-2}} + n\times\frac{1}{2^{n-1}} \qquad ①$$

则

$$\frac{1}{2}S_n = \frac{1}{2} + 2\times\frac{1}{2^2} + 3\times\frac{1}{2^3} + \cdots + (n-1)\times\frac{1}{2^{n-1}} + n\times\frac{1}{2^n} \qquad ②$$

式①−式②，得：

$$\frac{1}{2}S_n = 1 + \frac{1}{2} + \frac{1}{2^2} + \frac{1}{2^3} + \cdots \frac{1}{2^{n-1}} - n\frac{1}{2^n} = \frac{1\times\left[1-\left(\frac{1}{2}\right)^n\right]}{1-\frac{1}{2}} - n\frac{1}{2^n} \xrightarrow[\ \ \ \ \ \ \ \ \ ]{n\to\infty\text{时，}有\left(\frac{1}{2}\right)^n\to 0,\ n\frac{1}{2^n}\to 0} 2$$

解得：$S = \lim\limits_{n\to\infty}S_n = 4$

注：方法 2 主要利用了等比数列求和公式：$S_n = a_1 + a_1q + a_1q^2 + \cdots + a_1q^{n-1} = \dfrac{a_1(1-q^n)}{1-q}$ 以及基本的极限结果：$\lim\limits_{n\to\infty}n\dfrac{1}{2^n} = 0$。本题还可以列举有限项的求和来估算，例如 $S_4 = 1 + 2\times\dfrac{1}{2} + 3\times\dfrac{1}{2^2} + 4\times\dfrac{1}{2^3} = 3.25 > 3$，$\{S_n\}$ 单调递增，所以 $S > 3$，故选项 A、B、C 均错误，只有选项 D 正确。

答案：D

19.解 本题考查矩阵的基本变换与计算。

方法 1：$A - 2I = \begin{bmatrix} -1 & 0 & 0 \\ 0 & -3 & -1 \\ 0 & 0 & -1 \end{bmatrix}$

$$(A-2I|I) = \begin{bmatrix} -1 & 0 & 0 & 1 & 0 & 0 \\ 0 & -3 & -1 & 0 & 1 & 0 \\ 0 & 0 & -1 & 0 & 0 & 1 \end{bmatrix} \xrightarrow{-r_1} \begin{bmatrix} 1 & 0 & 0 & -1 & 0 & 0 \\ 0 & -3 & -1 & 0 & 1 & 0 \\ 0 & 0 & -1 & 0 & 0 & 1 \end{bmatrix}$$

$$\xrightarrow{(-1)r_3+r_2} \begin{bmatrix} 1 & 0 & 0 & -1 & 0 & 0 \\ 0 & -3 & 0 & 0 & 1 & -1 \\ 0 & 0 & -1 & 0 & 0 & 1 \end{bmatrix} \xrightarrow{-\frac{1}{3}r_2} \begin{bmatrix} 1 & 0 & 0 & -1 & 0 & 0 \\ 0 & 1 & 0 & 0 & -\frac{1}{3} & \frac{1}{3} \\ 0 & 0 & -1 & 0 & 0 & 1 \end{bmatrix}$$

$$\xrightarrow{-r_3} \begin{bmatrix} 1 & 0 & 0 \\ 0 & 1 & 0 \\ 0 & 0 & 1 \end{bmatrix} \begin{array}{|ccc} -1 & 0 & 0 \\ 0 & -\frac{1}{3} & \frac{1}{3} \\ 0 & 0 & -1 \end{array}, \text{可得} (A-2I)^{-1} = \begin{bmatrix} -1 & 0 & 0 \\ 0 & -\frac{1}{3} & \frac{1}{3} \\ 0 & 0 & -1 \end{bmatrix}$$

$$A^2 - 4I = \begin{bmatrix} 1 & 0 & 0 \\ 0 & -1 & -1 \\ 0 & 0 & 1 \end{bmatrix} \cdot \begin{bmatrix} 1 & 0 & 0 \\ 0 & -1 & -1 \\ 0 & 0 & 1 \end{bmatrix} - \begin{bmatrix} 4 & 0 & 0 \\ 0 & 4 & 0 \\ 0 & 0 & 4 \end{bmatrix} = \begin{bmatrix} -3 & 0 & 0 \\ 0 & -3 & 0 \\ 0 & 0 & -3 \end{bmatrix}$$

$$(A-2I)^{-1}(A^2-4I) = \begin{bmatrix} -1 & 0 & 0 \\ 0 & -\frac{1}{3} & \frac{1}{3} \\ 0 & 0 & -1 \end{bmatrix} \begin{bmatrix} -3 & 0 & 0 \\ 0 & -3 & 0 \\ 0 & 0 & -3 \end{bmatrix} = \begin{bmatrix} 3 & 0 & 0 \\ 0 & 1 & -1 \\ 0 & 0 & 3 \end{bmatrix}$$

方法2：本题按方法1直接计算逆矩阵会很麻烦，可考虑进行变换化简，有：

$$(A-2I)^{-1}(A^2-4I) = (A-2I)^{-1}(A-2I)(A+2I) = A+2I = \begin{bmatrix} 3 & 0 & 0 \\ 0 & 1 & -1 \\ 0 & 0 & 3 \end{bmatrix}$$

答案：A

20. 解 本题考查特征值和特征向量的基本概念与性质。

求矩阵A的特征值

$$|A-\lambda I| = \begin{vmatrix} -\lambda & 0 & 1 \\ x & 1-\lambda & y \\ 1 & 0 & -\lambda \end{vmatrix} = -\lambda \begin{vmatrix} 1-\lambda & y \\ 0 & -\lambda \end{vmatrix} - 0 + 1 \begin{vmatrix} x & 1-\lambda \\ 1 & 0 \end{vmatrix}$$

$$= \lambda^2(1-\lambda) - (1-\lambda) = -(1+\lambda)(1-\lambda)^2 = 0$$

解得：$\lambda_1 = \lambda_2 = 1$，$\lambda_3 = -1$。

因为属于不同特征值的特征向量必定线性无关，故只需讨论$\lambda_1 = \lambda_2 = 1$时的特征向量，有：

$$A-I = \begin{bmatrix} -1 & 0 & 1 \\ x & 0 & y \\ 1 & 0 & -1 \end{bmatrix} \xrightarrow{r_1+r_3} \begin{bmatrix} 1 & 0 & -1 \\ x & 0 & y \\ 0 & 0 & 0 \end{bmatrix} \xrightarrow{-xr_1+r_2} \begin{bmatrix} 1 & 0 & -1 \\ 0 & 0 & x+y \\ 0 & 0 & 0 \end{bmatrix}$$ 的秩为1，可得$x+y=0$。

答案：A

21. 解 本题考查基础解系的基本性质。

$Ax = 0$的基础解系是所有解向量的最大线性无关组。根据已知条件，α_1，α_2，α_3是线性方程组$Ax = 0$的一个基础解系，故α_1，α_2，α_3线性无关，$Ax = 0$有三个线性无关的解向量，而选项A、D分别有两个和四个解向量，故错误。

由已知n维向量组α_1，α_2，α_3线性无关，易知向量组$\alpha_1 + \alpha_2$，$\alpha_2 + \alpha_3$，$\alpha_3 + \alpha_1$线性无关，且每个向量$\alpha_1 + \alpha_2$，$\alpha_2 + \alpha_3$，$\alpha_3 + \alpha_1$均为线性方程组$Ax = 0$的解，选项B正确。

选项C中，因$\alpha_1 - \alpha_3 = (\alpha_1 + \alpha_2) - (\alpha_2 + \alpha_3)$，所以向量组线性相关，不满足基础解系的定义，故错误。

答案：B

22. 解 本题考查古典概型的概率计算。

已知不是黑球，缩减样本空间，只需考虑5个白球、3个黄球，则随机抽取黄球的概率是：

$$P = \frac{3}{5+3} = \frac{3}{8}$$

答案： B

23. 解 本题考查常见分布的期望和方差的概念。

已知X服从泊松分布：$X \sim P(\lambda)$，有$\lambda = 3$，$E(X) = \lambda$，$D(X) = \lambda$，故$\frac{D(X)}{E(X)} = \frac{3}{3} = 1$。

注： 应掌握常见随机变量的期望和方差的基本公式。

答案： C

24. 解 本题考查样本方差和常用统计抽样分布的基本概念。

样本方差$S^2 = \frac{1}{n-1} \sum\limits_{i=1}^{n} (X_i - \overline{X})^2$，因为总体$X \sim N(\mu, \sigma^2)$，有以下结论：

$\overline{X}$与S^2相互独立，且有$\frac{(n-1)S^2}{\sigma^2} \sim \chi^2(n-1)$，则$\sum\limits_{i=1}^{n} \frac{(X_i - \overline{X})^2}{\sigma^2} = \frac{(n-1)S^2}{\sigma^2} \sim \chi^2(n-1)$。

注： 若将样本均值$\overline{X}$改为正态分布的均值μ，则有$\sum\limits_{i=1}^{n} \frac{(X_i - \mu)^2}{\sigma^2} \sim \chi^2(n)$。

答案： D

25. 解 由理想气体状态方程$pV = \frac{m}{M}RT$，可以得到理想气体的标准体积（摩尔体积），即在标准状态下（压强$p_0 = 1\text{atm}$，温度$T = 273.15\text{K}$），一摩尔任何理想气体的体积均为22.4L。

答案： A

26. 解 $\overline{\lambda} = \frac{\overline{v}}{\overline{Z}} = \frac{kT}{\sqrt{2}\pi d^2 p}$，$\overline{v} = 1.6\sqrt{\frac{RT}{M}}$

等温膨胀过程温度不变，压强降低，$\overline{\lambda}$变大，而温度不变，$\overline{v}$不变，故$\overline{Z}$变小。

答案： B

27. 解 由热力学第一定律$Q = \Delta E + W$，知做功为零（$W = 0$）的过程为等体过程；内能减少，温度降低为等体降温过程。

答案： B

28. 解 卡诺正循环由两个准静态等温过程和两个准静态绝热过程组成。

由热力学第一定律$Q = \Delta E + W$，绝热过程$Q = 0$，两个绝热过程高低温热源温度相同，温差相等，内能差相同。一个过程为绝热膨胀，另一个过程为绝热压缩，$W_2 = -W_1$，一个内能增大，一个内能减小，$\Delta E_2 = -\Delta E_1$。热力学的功等于曲线下的面积，故$S_1 = S_2$。

答案： B

29. 解 热机效率：$\eta = 1 - \frac{Q_2}{Q_1} = 1 - \frac{1.26 \times 10^2}{1.68 \times 10^2} = 25\%$

答案： A

30. 解 此题考查波动方程的基本关系。

$$y = A\cos(Bt - Cx) = A\cos B\left(t - \frac{x}{B/C}\right)$$

$$u = \frac{B}{C}, \quad \omega = B, \quad T = \frac{2\pi}{\omega} = \frac{2\pi}{B}$$

$$\lambda = u \cdot T = \frac{B}{C} \cdot \frac{2\pi}{B} = \frac{2\pi}{C}$$

答案：C

31. 解 由波动的能量特征得知：质点波动的动能与势能是同相的，动能与势能同时达到最大、最小。题目给出A点处媒质元的振动动能在增大，则A点处媒质元的振动势能也在增大，故选项 A 不正确；同样，由于A点处媒质元的振动动能在增大，由此判定A点向平衡位置运动，波沿x负向传播，故选项 B 正确；此时B点向上运动，振动动能在增加，故选项 C 不正确；波的能量密度是随时间做周期性变化的，$w = \frac{\Delta w}{\Delta v} = \rho \omega^2 A^2 \sin^2 \left[\omega \left(t - \frac{x}{u} \right) \right]$，故选项 D 不正确。

答案：B

32. 解 由波动的干涉特征得知：同一播音器初相位差为零。

$$\Delta \varphi = \alpha_2 - \alpha_1 - \frac{2\pi(r_2 - r_1)}{\lambda} = -\frac{2\pi \frac{\lambda}{2}}{\lambda} = \pi$$

相位差为π的奇数倍，为干涉相消点。

答案：B

33. 解 本题考查声波的多普勒效应公式。注意波源不动，$v_S = 0$，观察者远离波源运动，v_0前取负号。设波速为u，则：

$$\nu' = \frac{u - v_0}{u} \nu_0 = \frac{u - \frac{1}{2}u}{u} \nu_0 = \frac{1}{2}\nu_0$$

答案：C

34. 解 一束单色光通过折射率不同的两种媒质时，光的频率不变，波速改变，波长$\lambda = uT = \frac{u}{\nu}$。

答案：B

35. 解 在单缝衍射中，若单缝处的波面恰好被分成偶数个半波带，屏上出现暗条纹。相邻半波带上任何两个对应点所发出的光，在暗条纹处的光程差为$\frac{\lambda}{2}$，相位差为π。

答案：A

36. 解 光栅衍射是单缝衍射和多缝干涉的和效果。当多缝干涉明纹与单缝衍射暗纹方向相同时，将出现缺级现象。

单缝衍射暗纹条件：$a \sin\phi = k\lambda$

光栅衍射明纹条件：$(a + b) \sin\phi = k'\lambda$

$$\frac{a \sin\phi}{(a + b) \sin\phi} = \frac{k\lambda}{k'\lambda} = \frac{1}{3}, \frac{2}{6}, \frac{3}{9}, \cdots$$

故 $a + b = 3a$

答案：B

37. 解 电离能可以衡量元素金属性的强弱，电子亲和能可以衡量元素非金属性的强弱，元素电负性可较全面地反映元素的金属性和非金属性强弱，离子极化力是指某离子使其他离子变形的能力。

答案：A

38. 解 分子间力包括色散力、诱导力、取向力。非极性分子和非极性分子之间只存在色散力，非极性分子和极性分子之间存在色散力和诱导力，极性分子和极性分子之间存在色散力、诱导力和取向力。题中，氢气、氮气、氧气、二氧化碳是非极性分子，二氧化硫、溴化氢和一氧化碳是极性分子。

答案：A

39. 解 在 $BaSO_4$ 饱和溶液中，存在 $BaSO_4 \rightleftharpoons Ba^{2+} + SO_4^{2-}$ 平衡，加入 Na_2SO_4，溶液中 SO_4^{2-} 浓度增加，平衡向左移动，Ba^{2+} 的浓度减小。

答案：B

40. 解 根据缓冲溶液pH值的计算公式：

$$pH = 14 - pK_b + \lg\frac{c_{碱}}{c_{盐}} = 14 + \lg 1.8 \times 10^{-5} + \lg\frac{0.1}{0.1} = 14 - 4.74 - 0 = 9.26$$

答案：B

41. 解 由物质的标准摩尔生成焓 $\Delta_f H_m^\ominus$ 和反应的标准摩尔反应焓变 $\Delta_r H_m^\ominus$ 定义可知，$HCl(g)$ 的 $\Delta_f H_m^\ominus$ 为反应 $\frac{1}{2}H_2(g) + \frac{1}{2}Cl_2(g) \Longrightarrow HCl(g)$ 的 $\Delta_r H_m^\ominus$。反应 $H_2(g) + Cl_2(g) \Longrightarrow 2HCl(g)$ 的 $\Delta_r H_m^\ominus$ 是反应 $\frac{1}{2}H_2(g) + \frac{1}{2}Cl_2(g) \Longrightarrow HCl(g)$ 的 $\Delta_r H_m^\ominus$ 的 2 倍，即 $H_2(g) + Cl_2(g) \Longrightarrow 2HCl(g)$ 的 $\Delta_r H_m^\ominus = 2 \times (-92) = -184kJ \cdot mol^{-1}$。

答案：C

42. 解 对于指定反应，平衡常数 $K^\ominus$ 的值只是温度的函数，与参与平衡的物质的量、浓度、压强等无关。

答案：C

43. 解 原电池 $(-)Fe \mid Fe^{2+}(1.0mol \cdot L^{-1}) \parallel Fe^{3+}(1.0mol \cdot L^{-1})$，$Fe^{2+}(1.0mol \cdot L^{-1}) \mid Pt(+)$ 的电动势

$$E^\ominus = E^\ominus(Fe^{3+}/Fe^{2+}) - E^\ominus(Fe^{2+}/Fe) = 0.771 - (-0.44) = 1.211V$$

两个半电池中均加入 $NaOH$ 后，Fe^{3+}、Fe^{2+} 的浓度：

$$c_{Fe^{3+}} = \frac{K_{sp}^\ominus(Fe(OH)_3)}{(c_{OH^-})^3} = \frac{2.79 \times 10^{-39}}{1.0^3} = 2.79 \times 10^{-39} mol \cdot L^{-1}$$

$$c_{Fe^{2+}} = \frac{K_{sp}^\ominus(Fe(OH)_2)}{(c_{OH^-})^2} = \frac{4.87 \times 10^{-17}}{1.0^2} = 4.87 \times 10^{-17} mol \cdot L^{-1}$$

根据能斯特方程式，正极电极电势：

$$E(\mathrm{Fe}^{3+}/\mathrm{Fe}^{2+}) = E^{\Theta}(\mathrm{Fe}^{3+}/\mathrm{Fe}^{2+}) + \frac{0.0592}{1}\lg\frac{c_{\mathrm{Fe}^{3+}}}{c_{\mathrm{Fe}^{2+}}} = 0.771 + 0.0592 \times \lg\frac{2.79 \times 10^{-39}}{4.87 \times 10^{-17}} = -0.546\mathrm{V}$$

负极电极电势：

$$E(\mathrm{Fe}^{2+}/\mathrm{Fe}) = E^{\Theta}(\mathrm{Fe}^{2+}/\mathrm{Fe}) + \frac{0.0592}{2}\lg c_{\mathrm{Fe}^{2+}} = 0.44 + \frac{0.0592}{2}\lg 4.87 \times 10^{-17} = -0.0428\mathrm{V}$$

则电动势 $E = E(\mathrm{Fe}^{3+}/\mathrm{Fe}^{2+}) - E(\mathrm{Fe}^{2+}/\mathrm{Fe}) = -0.503\mathrm{V}$

答案：B

44. 解 烯烃和炔烃都可以与溴水反应使溴水褪色，烷烃和苯不与溴水反应。选项 A 中 1-己烯可以使溴水褪色，而己烷不能使溴水褪色。

答案：A

45. 解 尼泊金丁酯是由对羟基苯甲酸的羧基与丁醇的羟基发生酯化反应生成的。

答案：C

46. 解 该高分子化合物由单体 $CH_2{=}CHCl$ 通过加聚反应形成的。

答案：D

47. 解 根据平面任意力系独立平衡方程组的条件，三个平衡方程中，选项 A 不满足三个矩心不共线的三矩式要求，选项 B、D 不满足两矩心连线不垂直于投影轴的二矩式要求。

答案：C

48. 解 三个力合成后可形成自行封闭的三角形，说明此力系主矢为零；将三力对 A 点取矩，F_1、F_3 对 A 点的力矩为零，F_2 对 A 点的力矩不为零，说明力系的主矩不为零。根据力系简化结果的分析，主矢为零，主矩不为零，力系可简化为一合力偶。

答案：C

49. 解 以整体为研究对象，其受力如解图所示。

列平衡方程：$\sum M_B = 0$, $F_C \cdot 1 - M = 0$

代入数值得：$F_C = 1\mathrm{kN}$（水平向右）

题 49 解图

答案：D

50. 解 根据零杆的判断方法，凡是三杆铰接的节点上，有两根杆在同一直线上，那么第三根不在这条直线上的杆必为零杆。先分析节点 I，知 DI 杆为零杆，再分析节点 D，此时 D 节点实际铰接的是 CD、DE 和 DH 三杆，由此可判断 DH 杆内力为零。

答案：D

51. 解 $t = 0$ 时，$x = 2\mathrm{m}$，点在运动过程中其速度 $v = \dfrac{\mathrm{d}x}{\mathrm{d}t} = 3t^2 - 12$。即当 $0 < t < 2\mathrm{s}$ 时，点的运

动方向是x轴的负方向；当$t=2$s时，点的速度为零，此时$x=-14$m；当$t>2$s时，点的运动方向是x轴的正方向；当$t=3$s时，$x=-7$m。所以点经过的路程是：$2+14+7=23$m。

答案：A

52. 解 四连杆机构在运动过程中，O_1A、O_2B杆为定轴转动刚体，AB杆为平行移动刚体。根据平行移动刚体的运动特性，其上各点有相同的速度和加速度，所以有：

$$v_A = r\omega = v_M, \quad a_A^n = r\omega^2 = a_M^n$$

答案：C

53. 解 定轴转动刚体上一点的速度、加速度与转动角速度、角加速度的关系为：

$$v_B = OB \cdot \omega = 50 \times 2 = 100 \text{cm/s}, \quad a_B^t = OB \cdot \alpha = 50 \times 5 = 250 \text{cm/s}^2$$

答案：A

54. 解 物块围绕y轴做匀速圆周运动，其加速度为指向y轴的法向加速度a_n，其运动及受力分析如解图所示。

根据质点运动微分方程$ma = F$，将方程沿着斜面方向投影有：

$$\frac{W}{g} a_n \cos 30° = F_T - W \sin 30°$$

将$a_n = \omega^2 l \cos 30°$代入，解得：$F_T = 6 + 5 = 11$N

题54解图

答案：A

55. 解 根据刚体动量的定义：$p = mv_c = \frac{1}{2}ml\omega \sin \alpha$（其中$v_C = \frac{1}{2}l\omega \sin \alpha$）

答案：B

56. 解 根据动能定理，$T_2 - T_1 = W_{12}$。杆初始水平位置和运动到铅直位置时的动能分别为：$T_1 = 0$，$T_2 = \frac{1}{2} \cdot \frac{1}{3}ml^2\omega^2$，运动过程中重力所做之功为：$W_{12} = mg\frac{1}{2}l$，代入动能定理，可得：$\frac{1}{6}ml^2\omega^2 - 0 = \frac{l}{2}mg$，则$\omega = \sqrt{\frac{3g}{l}}$。

答案：B

57. 解 施加于轮的附加动反力ma_c是由惯性力引起的约束力，大小与惯性力大小相同，其中$a_c = \frac{1}{2}R\omega^2$，方向与惯性力方向相反。

答案：C

58. 解 根据系统固有圆频率公式：$\omega_0 = \sqrt{\frac{k}{m}}$。系统中$k_2$和$k_3$并联，等效弹簧刚度$k_{23} = k_2 + k_3$；$k_1$和$k_{23}$串联，所以$\frac{1}{k_{123}} = \frac{1}{k_1} + \frac{1}{k_2 + k_3}$；$k_4$和$k_{123}$并联，故系统总的等效弹簧刚度为$k = k_4 + (\frac{1}{k_1} + \frac{1}{k_2 + k_3})^{-1} = 19600 + 4900 = 24500$N/m，代入固有圆频率的公式，可得：$\omega_0 = 22.1$rad/s。

答案：B

59. 解 铸铁的力学性能中抗拉能力最差，在扭转试验中沿$45°$最大拉应力的截面破坏就是明证，故①不正确；而铸铁的压缩强度比拉伸强度高得多，所以②正确。

答案：B

60. 解 由于左端D固定没有位移，所以C截面的轴向位移就等于CD段的伸长量$\Delta l_{CD} = \dfrac{F \cdot \frac{l}{2}}{EA}$。

答案：C

61. 解 此题挤压力是F，计算挤压面积是db，根据挤压强度条件：$\dfrac{P_{bs}}{A_{bs}} = \dfrac{F}{db} \le [\sigma_{bs}]$，可得：$d \ge \dfrac{F}{b[\sigma_{bs}]}$。

答案：A

62. 解 根据该轴的外力和反力可得其扭矩图如解图所示：

故 $\varphi_{DA} = \varphi_{DC} + \varphi_{CB} + \varphi_{BA} = \dfrac{ml}{GI_p} + 0 - \dfrac{ml}{GI_p} = 0$

$\varphi_{DB} = \varphi_{DC} + \varphi_{CB} = \varphi_{DC} + 0$

答案：B

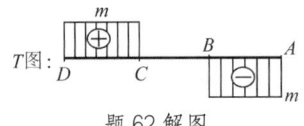
题 62 解图

63. 解 $I_z = \dfrac{a^4}{12} - \dfrac{\pi d^4}{64}$，$W_z = \dfrac{I_z}{a/2} = \dfrac{a^3}{6} - \dfrac{\pi d^4}{32a}$

答案：C

64. 解 对称结构梁在反对称荷载作用下，其弯矩图是反对称的，其剪力图是对称的。在对称轴C截面上，弯矩为零，剪力不为零，是$-\dfrac{F}{2}$。

答案：C

65. 解 根据"突变规律"可知，在集中力偶作用的截面上，左右两侧的弯矩将产生突变，所以若集中力偶m在梁上移动，则梁的弯矩图将改变，而剪力图不变。

答案：C

66. 解 梁的挠曲线形状由荷载和支座的位置来决定。由图中荷载向下的方向可以判定：只有图（C）是正确的。

答案：C

67. 解 等截面轴向拉伸杆件中只能产生单向拉伸的应力状态，在各个方向的截面上应力可以不同，但是主应力状态都归结为单向应力状态。

答案：C

68. 解 最大拉应力理论就是第一强度理论，其相当应力就是σ_1，故选 A。

答案：A

69. 解 把作用在角点的偏心压力F，经过两次平移，平移到杆的轴线方向，形成一轴向压缩和两个平面弯曲的组合变形，其最大压应力的绝对值为：

$$|\sigma_{max}^-| = \frac{F}{a^2} + \frac{M_z}{W_z} + \frac{M_y}{W_y}$$

$$= \frac{250 \times 10^3 \text{N}}{100^2 \text{mm}^2} + \frac{250 \times 10^3 \times 50 \text{N} \cdot \text{mm}}{\frac{1}{6} \times 100^3 \text{mm}^3} + \frac{250 \times 10^3 \text{N} \times 50 \text{mm}}{\frac{1}{6} \times 100^3 \text{mm}^3}$$

$$= 25 + 75 + 75 = 175 \text{MPa}$$

答案：C

70. 解 由临界荷载的公式 $F_{cr} = \frac{\pi^2 EI}{(\mu l)^2}$ 可知，当抗弯刚度相同时，μl 越小，临界荷载越大。

图（A）是两端铰支：$\mu l = 1 \times 5 = 5$

图（B）是一端铰支、一端固定：$\mu l = 0.7 \times 7 = 4.9$

图（C）是两端固定：$\mu l = 0.5 \times 9 = 4.5$

图（D）是一端固定、一端自由：$\mu l = 2 \times 2 = 4$

所以图（D）的 μl 最小，临界荷载最大。

答案：D

71. 解 平板形心处的压强为 $p_c = \rho g h_c$，而平板形心处垂直水深 $h_c = h \sin\theta$，因此，平板受到的静水压力 $P = p_c A = \rho g h_c A = \rho g h A \sin\theta$。

答案：A

72. 解 流体的黏性是指流体在运动状态下具有抵抗剪切变形并在内部产生切应力的性质。流体的黏性来源于流体分子之间的内聚力和相邻流动层之间的动量交换，黏性的大小与温度有关。根据牛顿内摩擦定律，切应力与速度梯度的 n 次方成正比，而牛顿流体的切应力与速度梯度成正比，流体的动力黏性系数是单位速度梯度所需的切应力。

答案：B

73. 解 根据已知条件，$v_x = 5 \times 1^3 = 5 \text{m/s}$，$v_y = -15 \times 1^2 \times 2 = 30 \text{m/s}$，

从而，$v = \sqrt{v_x^2 + v_y^2} = \sqrt{5^2 + (-30)^2} = 30.41 \text{m/s}$，如解图所示。

$$\tan\theta = \frac{v_y}{v_x} = \frac{-15x^2 y}{5x^3} = \frac{-3y}{x} = \frac{-3 \times 2}{1} = -6$$

答案：C

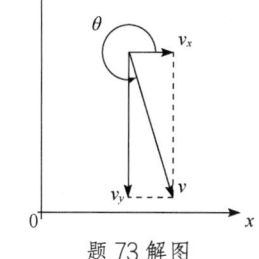

题 73 解图

74. 解 圆管有压流动中，若用水力直径表征层流与紊流的临界雷诺数 Re，则 Re = 2000～2320；若用水力半径表征临界雷诺数 Re，则 Re = 500～580。

答案：A

75. 解 对于并联管路，A、B 两节点之间的水头损失等于各支路的水头损失，流量等于各支路的流量之和：$h_{fAB} = h_{f1} = h_{f2} = h_{f3}$，$Q_{AB} = Q_1 + Q_2 + Q_3$

对于串联管路，$h_{fAB} = h_{f1} + h_{f2} + h_{f3}$，$Q_{AB} = Q_1 = Q_2 = Q_3$

无论是并联管路，还是串联管路，总的功率损失均为：

$$N_{AB} = N_1 + N_2 + N_3 = \rho g Q_1 h_{f1} + \rho g Q_2 h_{f2} + \rho g Q_3 h_{f3}$$

答案：D

76.解 明渠均匀流动的形成条件是：流动恒定，流量沿程不变；渠道是长直棱柱形顺坡（正坡）渠道；渠道表面粗糙系数沿程不变；渠道沿程流动无局部干扰。

答案：B

77.解 工程上常见的地下水运动，大多是在底宽很大的不透水层基底上的重力流动，流线簇近乎于平行的直线，属于无压恒定渐变渗流。

答案：B

78.解 模型在风洞中用空气进行试验，则黏滞阻力为其主要作用力，应按雷诺准则进行模型设计，即

$$(\text{Re})_p = (\text{Re})_m \quad \text{或} \quad \frac{\lambda_v \lambda_L}{\lambda_v} = 1$$

因为模型与原型都是使用空气，假定空气温度也相同，则可以认为运动黏度 $\nu_p = \nu_m$

所以，$\lambda_v = 1$，$\lambda_v \lambda_L = 1$

已知汽车原型最大速度 $v_p = 108\text{km/h} = 30\text{m/s}$，模型最大风速 $v_m = 45\text{m/s}$

于是，线性比尺为 $\lambda_L = \frac{1}{\lambda_v} = \frac{1}{v_p/v_m} = \frac{v_m}{v_p} = \frac{45}{30} = 1.5$

面积比尺为 $\lambda_A = \lambda_L^2 = 1.5^2 = 2.25$

已知汽车迎风面积 $A_p = 1.5\text{m}^2$，$\lambda_A = A_p/A_m$，可求得模型的迎风面积为：

$$A_m = \frac{A_p}{\lambda_A} = \frac{1.5}{2.25} = 0.667\text{m}^2$$

答案：A

79.解 洛伦兹力是运动电荷在磁场中所受的力。这个力既适用于宏观电荷，也适用于微观电荷粒子。电流元在磁场中所受安培力就是其中运动电荷所受洛伦兹力的宏观表现。

库仑力指在真空中两个静止的点电荷之间的作用力。

电场力是指电荷之间的相互作用，只要有电荷存在就会有电场力。

安培力是通电导线在磁场中受到的作用力。

答案：B

80.解 首先假设 12V 电压源的负极为参考点位点，计算a、b点位：

$U_a = 5\text{V}$，$U_b = 12 - 4 = 8\text{V}$，故 $U_{ab} = U_a - U_b = -3\text{V}$

答案：D

81. 解 当电压源单独作用时，电流源断路，电阻R_2与R_1串联分压，R_2与R_1的数值关系为：

$$\frac{U'}{100} = \frac{R_2}{R_1 + R_2} = \frac{20}{100} = \frac{1}{4+1}; \quad R_2 = R_1/4$$

电流源单独作用时，电压源短路，电阻R_2压电压U''为：

$$U'' = -2\frac{R_1 \cdot R_2}{R_1 + R_2} = -0.4R_1$$

答案：D

82. 解 $Z_1 = R + j\omega L + \frac{1}{j\omega C} = R + j\left(\omega L - \frac{1}{\omega C}\right) = R$

$$\frac{1}{Z_2} = \frac{1}{R} + \frac{1}{j\omega L} + \frac{1}{\frac{1}{j\omega C}} = \frac{1}{R}$$

$Z_1 = Z_2 = R$

答案：D

83. 解 已知$Z = R + j\omega L = 100 + j100\Omega$

当$u = U_m \sin 2\omega t$，频率增加时$\omega' = 2\omega$

感抗随之增加：$Z' = R + j\omega'$，$L = 100 + j200\Omega$

功率因数：$\lambda = \frac{R}{|Z'|} = \frac{100}{\sqrt{100^2 + 200^2}} = 0.447$

答案：D

84. 解 由于电感及电容元件上没有初始储能，可以确定$t = 0_-$时：

$$i_{L(0-)} = 0\text{A}, \quad u_{C(0-)} = 0\text{V}$$

$t = 0_+$时，利用储能元件的换路定则，可知

$$i_{L(0+)} = i_{L(0-)} = 0\text{A}, \quad u_{C(0+)} = u_{C(0-)} = 0\text{V}$$

两条电阻通道电压为零、电流为零。

$$i_{R(0+)} = 0\text{A}, \quad i_{C(0+)} = 2 - i_{R(0+)} - i_{R(0+)} - i_{L(0+)} = 2\text{A}$$

答案：C

85. 解 变压器原边等效负载：$R_L' = k^2 R_{L\text{副}}$

变压器原边电压：$U_1 = \frac{UR_L'}{R+R_L'} = \frac{U}{\frac{R}{R_L'}+1}$

当S闭合：$R_{L\text{副}}$减小，R_L'减小，所以U_1减小，$U_2 = U_1/k$也减小。

答案：B

86. 解 三相异步电动机的转动方向与定子绕组电流产生的旋转磁场的方向一致，那么改变三相电源的相序就可以改变电动机旋转磁场的方向。改变电源的大小、对定子绕组接法进行Y-△转换以及改变

转子绕组上电流的方向都不会变化三相异步电动机的转动方向。

答案：B

87. 解 数字信号是一种代码信号，不是时间信号，也不仅用来表示数字的大小。数字信号幅度的取值是离散的，被限制在有限个数值之内，不能直接表示对象的原始信息。

答案：C

88. 解 周期信号频谱是离散频谱，其幅度频谱的幅值随着谐波次数的增高而减小；而非周期信号的频谱是连续频谱。图 a）和图 b）所示 $u_1(t)$ 和 $u_2(t)$ 的幅值频谱均是连续频谱，所以 $u_1(t)$ 和 $u_2(t)$ 都是非周期性时间信号。

答案：A

89. 解 从周期信号 $u(t)$ 的幅频特性图 a）可见，其频率范围均在低通滤波器图 b）的通频段以内，这个区间放大倍数相同，各个频率分量得到同样的放大，则该信号通过这个低通滤波以后，其结构和波形的形状不会变化。

答案：C

90. 解 $ABC + \overline{A}D + \overline{B}D + \overline{C}D = ABC + (\overline{A} + \overline{B} + \overline{C})D = ABC + \overline{ABC}D = ABC + D$

这里利用了逻辑代数的反演定理和部分吸收关系，即：$A + \overline{A}B = A + B$

答案：D

91. 解 数字信号 $F = \overline{A}B + A\overline{B}$ 为异或门关系，信号 A、B 相同为 0，相异为 1，分析波形如解图所示，结果与选项 C 一致。

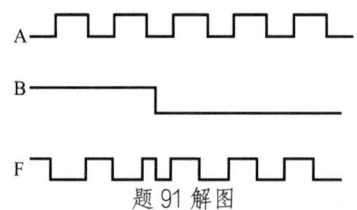

题 91 解图

答案：C

92. 解 本题是利用函数的最小项关系表达。从真值表写出逻辑表达式主要有三个步骤：首先，写出真值表中对应 F = 1 的输入变量 A、B、C 组合；然后，将输入量写成与逻辑关系（输入变量取值为 1 的写原变量，取值为 0 的写反变量）；最后将函数 F 用或逻辑表达：$F = A\overline{B}\overline{C} + ABC$。

答案：D

93. 解 该电路是二极管半波整流电路。

当 $u_i > 0$ 时，二极管导通，$u_o = u_i$；

当 $u_i < 0$ 时，二极管 D 截止，$u_o = 0V$。

输出电压 U_o 的平均值可用下面公式计算：

$$U_o = 0.45U_i = 0.45 \frac{10}{\sqrt{2}} = 3.18V$$

答案：C

94. 解 该电路为运算放大器构成的电压比较电路，分析过程如解图所示。

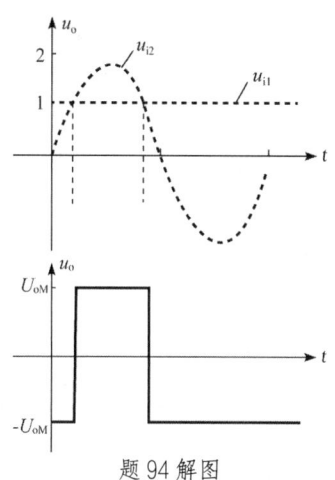

当 $u_{i1} > u_{i2}$ 时，$u_o = -U_{oM}$；

当 $u_{i1} < u_{i2}$ 时，$u_o = +U_{oM}$。

结果与选项 A 一致。

答案：A

题 94 解图

95. 解 写出输出端的逻辑关系式为：

与门　　$F_1 = A \cdot 1 = A$

或非门　$F_2 = \overline{B+1} = \overline{1} = 0$

答案：C

96. 解 数据由 D 端输入，各触发器的 Q 端输出数据。在时钟脉冲 CP 的作用下，根据触发器的关系 $Q_{n+1} = D_n$ 分析。

假设：清零后 Q_2、Q_1、Q_0 均为零状态，右侧 D 端待输入数据为 D_2、D_1、D_0，在时钟脉冲 CP 作用下，各输出端 Q 的关系列解表说明，可见数据输出顺序向左移动，因此该电路是三位左移寄存器。

题 96 解表

CP	Q_2	Q_1	Q_0
0	0	0	0
1	0	0	D_2
2	0	D_2	D_1
3	D_2	D_1	D_0

答案：C

97. 解 个人计算机（Personal Computer），简称 PC，指在大小、性能以及价位等多个方面适合于个人使用，并由最终用户直接操控的计算机的统称。它由硬件系统和软件系统组成，是一种能独立运行，完成特定功能的设备。台式机、笔记本电脑、平板电脑等均属于个人计算机的范畴，属于微型、通用计算机。

答案：C

98. 解 微机常用的外存储器通常是磁性介质或光盘，像硬盘、软盘、光盘和 U 盘等，能长期保存信息，并且不依赖于电来保存信息，但是由机械部件带动，速度与 CPU 相比就显得慢的多。在老式微机中使用软盘。

答案： A

99. 解 通常是将软件分为系统软件和应用软件两大类。系统软件是生成、准备和执行其他程序所需要的一组程序。应用软件是专业人员为各种应用目的而编制的程序。

答案： C

100. 解 支撑软件是指支撑其他软件的编写制作和维护的软件。主要包括环境数据库、各种接口软件和工具软件。三者形成支撑软件的整体，协同支撑其他软件的编制。

答案： B

101. 解 信息的主要特征表现为：①信息的可识别性；②信息的可变性；③信息的流动性和可存储性；④信息的可处理性和再生性；⑤信息的有效性和无效性；⑥信息的属性和使用性。

答案： A

102. 解 点阵中行数和列数的乘积称为图像的分辨率。例如，若一个图像的点阵总共有480行，每行640个点，则该图像的分辨率为 640×480=307200 个像素。

答案： D

103. 解 计算机病毒是指编制或者在计算机程序中插入的破坏计算机功能和破坏计算机中的数据，影响计算机使用并且能够自我复制的一组计算机指令或者程序代码，只要满足某种条件即可起到破坏作用，严重威胁着计算机信息系统的安全。

答案： B

104. 解 计算机操作系统的存储管理功能主要有：①分段存储管理；②分页存储管理；③分段分页存储管理；④虚拟存储管理。

答案： D

105. 解 网络协议主要由语法、语义和同步（定时）三个要素组成。语法是数据与控制信息的结构或格式。语义是定义数据格式中每一个字段的含义。同步是收发双方或多方在收发时间和速度上的严格匹配，即事件实现顺序的详细说明。

答案： C

106. 解 按照数据交换的功能将网络分类，常用的交换方法有电路交换、报文交换和分组交换。电路交换方式是在用户开始通信前，先申请建立一条从发送端到接收端的物理信道，并且在双方通信期间始终占用该信道。报文交换是一种数字化交换方式。分组交换也采用报文传输，但它不是以不定长的报文做传输的基本单位，而是将一个长的报文划分为许多定长的报文分组，以分组作为传输的基本单位。

答案：D

107.解 根据等额支付资金回收公式（已知P求A）：

$$A = P\left[\frac{i(1+i)^n}{(1+i)^n - 1}\right] = 1000 \times \left[\frac{8\%(1+8\%)^5}{(1+8\%)^5 - 1}\right] = 1000 \times 0.25046 = 250.46 \text{ 万元}$$

或根据题目给出的已知条件$(P/A, 8\%, 5) = 3.9927$计算：

$$1000 = A(P/A, 8\%, 5) = 3.9927A$$

$$A = 1000/3.9927 = 250.46 \text{万元}$$

答案：B

108.解 建设投资中各分项分别形成固定资产原值、无形资产原值和其他资产原值。按现行规定，建设期利息应计入固定资产原值。

答案：A

109.解 优先股的股份持有人优先于普通股股东分配公司利润和剩余财产，但参与公司决策管理等权利受到限制。公司清算时，剩余财产先分给债权人，再分给优先股股东，最后分给普通股股东。

答案：D

110.解 利息备付率从付息资金来源的充裕性角度反映企业偿付债务利息的能力,表示企业使用息税前利润偿付利息的保证倍率。利息备付率高,说明利息支付的保证度大,偿债风险小。正常情况下，利息备付率应当大于1，利息备付率小于1表示企业的付息能力保障程度不足。另一个偿债能力指标是偿债备付率，表示企业可用于还本付息的资金偿还借款本息的保证倍率，正常情况应大于1；小于1表示企业当年资金来源不足以偿还当期债务，需要通过短期借款偿付已到期债务。

答案：D

111.解 注意题干问的是该项目的净年值。等额资金回收系数与等额资金现值系数互为倒数：

等额资金回收系数：$(A/P, i, n) = \frac{i(1+i)^n}{(1+i)^n - 1}$

等额资金现值系数：$(P/A, i, n) = \frac{(1+i)^n - 1}{i(1+i)^n}$

所以$(A/P, i, n) = \frac{1}{(P/A, i, n)}$

方法1：该项目的净年值$\text{NAV} = -1000(A/P, 12\%, 10) + 200$

$$= -1000/(P/A, 12\%, 10) + 200$$

$$= -1000/5.6502 + 200 = 23.02 \text{ 万元}$$

方法2：该项目的净现值$\text{NPV} = -1000 + 200 \times (P/A, 12\%, 10)$

$$= -1000 + 200 \times 5.6502 = 130.04 \text{ 万元}$$

该项目的净年值为：$\text{NAV} = \text{NPV}(A/P, 12\%, 10) = \text{NPV}/(P/A, 12\%, 10)$

$$= 130.04/5.6502 = 23.02 \text{ 万元}$$

答案：B

112.解 线性盈亏平衡分析的基本假设有：①产量等于销量；②在一定范围内产量变化，单位可变成本不变，总生产成本是产量的线性函数；③在一定范围内产量变化，销售单价不变，销售收入是销售量的线性函数；④仅生产单一产品或生产的多种产品可换算成单一产品计算。

答案：D

113.解 独立的投资方案是否可行，取决于方案自身的经济性。可根据净现值判定项目的可行性。

甲项目的净现值：

$$NPV_{甲} = -300 + 52(P/A, 10\%, 10) = -300 + 52 \times 6.1446 = 19.52 \text{ 万元}$$

$NPV_{甲} > 0$，故甲方案可行。

乙项目的净现值：

$$NPV_{乙} = -200 + 30(P/A, 10\%, 10) = -200 + 30 \times 6.1446 = -15.66 \text{ 万元}$$

$NPV_{乙} < 0$，故乙方案不可行。

答案：A

114.解 价值工程的一般工作程序包括准备阶段、功能分析阶段、创新阶段和实施阶段。功能分析阶段包括的工作有收集整理信息资料、功能系统分析、功能评价。

答案：B

115.解 《中华人民共和国建筑法》第十四条规定，从事建筑活动的专业技术人员，应当依法取得相应应的执业资格证书，并在执业资格证书许可的范围内从事建筑活动。

答案：A

116.解 《中华人民共和国安全生产法》第四十条规定，生产经营单位对重大危险源应当登记建档，进行定期检测、评估、监控，并制定应急预案，告知从业人员和相关人员在紧急情况下应当采取的应急措施。

答案：A

117.解 《中华人民共和国招标投标法》第十六条规定，招标人采用公开招标方式的，应当发布招标公告。依法必须进行招标的项目的招标公告，应当通过国家指定的报刊、信息网络或者其他媒介发布。招标公告应当载明招标人的名称和地址，招标项目的性质、数量、实施地点和时间以及获取招标文件的办法等事项。

答案：D

118.解 选项B乙施工单位不买，选项C丙施工单位不同意价格，选项D丁施工单位回复过期，承诺均为无效，只有选项 A 甲施工单位的回复属承诺有效。

答案： A

119. 解 《中华人民共和国节约能源法》第三条规定，本法所称节约能源（以下简称节能），是指加强用能管理，采取技术上可行、经济上合理以及环境和社会可以承受的措施，从能源生产到消费的各个环节，降低消耗、减少损失和污染物排放、制止浪费，有效、合理地利用能源。

答案： A

120. 解 《建筑工程质量管理条例》第三十条规定，施工单位必须建立、健全施工质量的检验制度，严格工序管理，做好隐蔽工程的质量检查和记录。隐蔽工程在隐蔽前，施工单位应当通知建设单位和建设工程质量监督机构。

答案： B

2022 年度全国勘察设计注册工程师执业资格考试基础考试（上）

试题解析及参考答案

1. 解 本题考查函数极限的基本运算。

由于 $\lim\limits_{x\to 0^+}\frac{1}{x}=+\infty$，$\lim\limits_{x\to 0^-}\frac{1}{x}=-\infty$，所以 $\lim\limits_{x\to 0^+}2^{\frac{1}{x}}=+\infty$，$\lim\limits_{x\to 0^-}2^{\frac{1}{x}}=0$，可得 $\lim\limits_{x\to 0}2^{\frac{1}{x}}$ 不存在，故选项 A 和 B 错误。

当 $x\to 0$ 时，有 $\frac{1}{x}\to\infty$，则 $\sin\frac{1}{x}$ 的值在 $[-1,1]$ 震荡，极限不存在，故选项 C 错误。

当 $x\to\infty$ 时，即 $\lim\limits_{x\to\infty}\frac{1}{x}=0$，又 $\sin x$ 为有界函数，即 $|\sin x|\leqslant 1$，根据无穷小和有界函数的乘积为无穷小，可得 $\lim\limits_{x\to\infty}\frac{\sin x}{x}=0$，选项 D 正确。

答案： D

2. 解 本题考查函数极限的基本运算。

$$\lim\limits_{x\to\infty}\frac{x^2+1}{x+1}-ax-b=\lim\limits_{x\to\infty}\frac{x^2+1-(ax+b)(x+1)}{x+1}$$
$$=\lim\limits_{x\to\infty}\frac{(1-a)x^2-(a+b)x+1-b}{x+1}\xrightarrow{\text{分子分母同时除以变量}x}$$
$$\lim\limits_{x\to\infty}\frac{(1-a)x-(a+b)+\frac{1-b}{x}}{1+\frac{1}{x}}=\infty$$

由于 $\lim\limits_{x\to\infty}\frac{1}{x}=0$，若使得 $\lim\limits_{x\to\infty}\frac{(1-a)x-(a+b)+\frac{1-b}{x}}{1+\frac{1}{x}}=\infty$，则仅需要 x 的系数不得为零，故可得 $a\neq 1$，b 为任意常数。

答案： D

3. 解 本题考查函数的导数及导数的几何意义。

根据导数的几何意义，$y'(-\frac{1}{2})$ 为抛物线 $y=x^2$ 上点 $(-\frac{1}{2},\frac{1}{4})$ 处切线的斜率，即 $\tan\alpha=y'\left(-\frac{1}{2}\right)=2x|_{x=-\frac{1}{2}}=-1$，其中 α 为切线与 ox 轴正向夹角，所以切线与 ox 轴正向夹角为 $\frac{3\pi}{4}$。

答案： C

4. 解 本题考查函数的求导法则。

$y'=\frac{2x}{1+x^2}$，则 $y''=\left(\frac{2x}{1+x^2}\right)'=\frac{2(1+x^2)-2x\cdot 2x}{(1+x^2)^2}=\frac{2(1-x^2)}{(1+x^2)^2}$。

答案： B

5. 解 本题考查拉格朗日中值定理所满足的条件。

拉格朗日中值定理所满足的条件是 $f(x)$ 在闭区间 $[a,b]$ 连续，在开区间 (a,b) 可导。

选项 A：$y=\ln x$ 在区间 $[1,2]$ 连续，$y'=\frac{1}{x}$ 在开区间 $(1,2)$ 存在，即 $y=\ln x$ 在开区间 $(1,2)$ 可导。

选项 B：$y=\frac{1}{\ln x}$ 在 $x=1$ 处，不存在，不满足右连续的条件。

选项 C：$y=\ln(\ln x)$ 在 $x=1$ 处，不存在，不满足右连续的条件。

选项 D：$y = \ln(2-x)$ 在 $x = 2$ 处，不存在，不满足左连续的条件。

答案：A

6. 解 本题考查极值的计算。

函数 $f(x) = \dfrac{x^2-2x-2}{x+1}$ 的定义域为 $(-\infty, -1) \cup (-1, +\infty)$

$f'(x) = \dfrac{(2x-2)(x+1)-(x^2-2x-2)}{(x+1)^2} = \dfrac{x(x+2)}{(x+1)^2}$，令 $f'(x) = 0$，得驻点 $x = -2, x = 0$。列解表：

题 6 解表

x	$(-\infty, -2)$	-2	$(-2, -1)$	-1	$(-1, 0)$	0	$(0, +\infty)$
$f'(x)$	+	0	−	不存在	−	0	+
$f(x)$	单调递增	极大值 $f(-2) = -6$	单调递减	无定义	单调递减	极小值 $f(0) = -2$	单调递增

由于 $\lim\limits_{x \to -\infty} f(x) = -\infty$；$\lim\limits_{x \to +\infty} f(x) = +\infty$，故 $f(0) = -2$ 是 $f(x)$ 的极小值，但不是最小值，选项 C 正确。

除了上述列表，本题还可以计算如下：

$$f''(x) = \dfrac{(2x+2)(x+1)^2 - (x^2+2x)(2x+2)}{(x+1)^4} = \dfrac{2}{(x+1)^3}$$

$f''(0) > 0$，为极小值点；

$f(-2) = -6$，小于 $f(0)$，故不是最小值。

答案：C

7. 解 本题考查不定积分的概念。

由已知 $f'(x) = g'(x)$，等式两边积分可得 $\int f'(x)\mathrm{d}x = \int g'(x)\mathrm{d}x$，选项 D 正确。

积分后得到 $f(x) = g(x) + C$，其中 C 为任意常数，即导函数相等，原函数不一定相等，两者之间相差一个常数，故可知选项 A、B、C 错误。

答案：D

8. 解 本题考查定积分的计算方法。

方法 1： $\displaystyle\int_0^1 \dfrac{x^3}{\sqrt{1+x^2}}\mathrm{d}x = \dfrac{1}{2}\int_0^1 \dfrac{x^2}{\sqrt{1+x^2}}\mathrm{d}x^2$

令 $u = 1+x^2$，$\mathrm{d}u = 2x\mathrm{d}x$。当 $x = 0$ 时，$u = 1$；当 $x = 1$ 时，$u = 2$。则

$$\dfrac{1}{2}\int_0^1 \dfrac{x^2}{\sqrt{1+x^2}}\mathrm{d}x^2 = \dfrac{1}{2}\int_1^2 \left(\sqrt{u} - \dfrac{1}{\sqrt{u}}\right)\mathrm{d}u = \dfrac{1}{2}\left(\dfrac{2}{3}u^{\frac{3}{2}} - 2\sqrt{u}\right)\bigg|_1^2 = \dfrac{1}{3}(2 - \sqrt{2})$$

方法 2：

$$\begin{aligned}
\int_0^1 \dfrac{x^3}{\sqrt{1+x^2}}\mathrm{d}x &= \dfrac{1}{2}\int_0^1 \dfrac{x^2}{\sqrt{1+x^2}}\mathrm{d}(1+x^2) = \dfrac{1}{2}\int_0^1 \dfrac{(1+x^2)-1}{\sqrt{1+x^2}}\mathrm{d}(1+x^2) \\
&= \dfrac{1}{2}\left[\int_0^1 \sqrt{1+x^2}\,\mathrm{d}(1+x^2) - \int_0^1 \dfrac{1}{\sqrt{1+x^2}}\mathrm{d}(1+x^2)\right] \\
&= \dfrac{1}{2}\left[\dfrac{1}{3}(1+x^2)^{\frac{3}{2}}\bigg|_0^1 - (1+x^2)^{\frac{1}{2}}\bigg|_0^1\right] = \dfrac{1}{3}(2-\sqrt{2})
\end{aligned}$$

方法 3： 令 $x = \tan t$，$\mathrm{d}x = \sec^2 t\,\mathrm{d}t$。

当 $x = 0$ 时，$t = 0$；当 $x = 1$ 时，$t = \dfrac{\pi}{4}$。

$$\int_0^1 \frac{x^3}{\sqrt{1+x^2}}dx = \int_0^{\frac{\pi}{4}} \frac{\tan^3 t}{\sec t}\sec^2 t dt = \int_0^{\frac{\pi}{4}} \frac{\sin^3 t}{\cos^4 t}dt = -\int_0^{\frac{\pi}{4}} \frac{\sin^2 t}{\cos^4 t}d\cos t = -\int_0^{\frac{\pi}{4}} \frac{1-\cos^2 t}{\cos^4 t}d\cos t$$

$$= -\int_0^{\frac{\pi}{4}} \left(\frac{1}{\cos^4 t} - \frac{1}{\cos^2 t}\right)d\cos t = \left(\frac{1}{3}\cos^{-3} t - \cos^{-1} t\right)\Big|_0^{\frac{\pi}{4}} = \frac{1}{3}\left(2-\sqrt{2}\right)$$

答案：B

9. 解 本题考查向量代数的基本运算。

由 $|\boldsymbol{\alpha} \times \boldsymbol{\beta}| = |\boldsymbol{\alpha}||\boldsymbol{\beta}|\sin(\widehat{\boldsymbol{\alpha},\boldsymbol{\beta}}) = 4\sin(\widehat{\boldsymbol{\alpha},\boldsymbol{\beta}}) = 2\sqrt{3}$，得 $\sin(\widehat{\boldsymbol{\alpha},\boldsymbol{\beta}}) = \frac{\sqrt{3}}{2}$，所以 $(\widehat{\boldsymbol{\alpha},\boldsymbol{\beta}}) = \frac{\pi}{3}$ 或 $\frac{2\pi}{3}$，$\cos(\widehat{\boldsymbol{\alpha},\boldsymbol{\beta}}) = \pm\frac{1}{2}$，故 $\boldsymbol{\alpha} \cdot \boldsymbol{\beta} = |\boldsymbol{\alpha}||\boldsymbol{\beta}|\cos(\widehat{\boldsymbol{\alpha},\boldsymbol{\beta}}) = 2$ 或 -2。

答案：D

10. 解 本题考查平面与坐标轴位置关系的判定方法。

平面方程为 $Ax + Cz + D = 0$ 的法向量 $\boldsymbol{n} = \{A, 0, C\}$，$oy$ 轴的方向向量 $\boldsymbol{j} = \{0,1,0\}$，$\boldsymbol{n} \cdot \boldsymbol{j} = 0$，所以平面平行于 oy 轴；又因 D 不为零，oy 轴上的原点 $(0,0,0)$ 不满足平面方程，即该平面不经过原点，所以平面不经过 oy 轴。

答案：D

11. 解 本题考查多元函数微分学的基本性质。

见解图，函数 $z = f(x,y)$ 在点 (x_0, y_0) 处连续不能推得该点偏导数存在；反之，函数 $z = f(x,y)$ 在点 (x_0, y_0) 偏导数存在，也不能推得函数在点 (x_0, y_0) 一定连续。也即，二元函数在点 (x_0, y_0) 处连续是它在该点偏导数存在的既非充分又非必要条件。

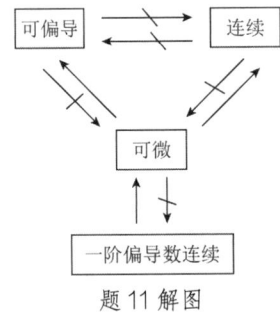

题 11 解图

答案：D

12. 解 本题考查二重积分的直角坐标与极坐标之间的变换。

根据直角坐标系和极坐标的关系（见解图）：$\begin{cases} x = r\cos\theta \\ y = r\sin\theta \end{cases}$，圆域 $D: x^2 + y^2 \leq 1$ 化为极坐标系为：$0 \leq r \leq 1$，$0 \leq \theta \leq 2\pi$，极坐标系下面积元素 $d\sigma = rdrd\theta$，则二重积分 $\iint\limits_D x dx dy = \int_0^{2\pi} d\theta \int_0^1 r^2 \cos\theta dr$。

答案：B

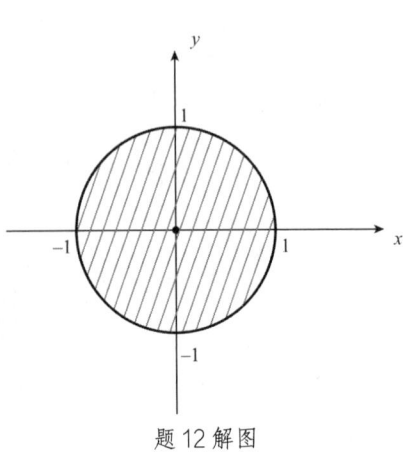

题 12 解图

13. 解 本题考查导数的几何意义与微分方程求解。

微分方程$y' = 2x$直接积分可得通解$y = x^2 + C$，其中C是任意常数。

由于曲线与直线$y = 2x - 1$相切，则曲线与直线在切点处切线斜率相等。

已知直线$y = 2x - 1$的斜率为2，设切点为(x_0, y_0)，则$y'(x_0) = 2x_0 = 2$，得$x_0 = 1$，代入切线方程得$y_0 = 1$。

将切点$(1,1)$代入通解，得$C = 0$。

即微分方程的解是$y = x^2$。

答案：C

14. 解 本题考查常数项级数的敛散性。

选项 A：$\sum\limits_{n=2}^{\infty} (-1)^n \frac{1}{\ln n}$为交错级数，满足莱布尼兹定理的条件：$u_{n+1} = \frac{1}{\ln(n+1)} < u_n = \frac{1}{\ln n}$，且$\lim\limits_{n\to\infty} u_n = 0$，所以级数收敛；另正项级数一般项$\left|(-1)^n \frac{1}{\ln n}\right| = \frac{1}{\ln n} \geq \frac{1}{n}$，调和级数$\sum\limits_{n=1}^{\infty} \frac{1}{n}$发散，根据正项级数比较判别法，$\sum\limits_{n=2}^{\infty} \frac{1}{\ln n}$发散。所以$\sum\limits_{n=2}^{\infty} (-1)^n \frac{1}{\ln n}$条件收敛，选项 A 正确。

选项 B：由于$\sum\limits_{n=1}^{\infty} \frac{1}{n^{\frac{3}{2}}}$为$p = \frac{3}{2} > 1$的$p$-级数，故$\sum\limits_{n=1}^{\infty} (-1)^n \frac{1}{n^{\frac{3}{2}}}$绝对收敛。

选项 C：级数$\sum\limits_{n=1}^{\infty} (-1)^n \frac{n}{n+2}$的一般项$\lim\limits_{n\to\infty} (-1)^n \frac{n}{n+2} \neq 0$，根据收敛级数的必要条件可知，该级数发散。

选项 D：因为$\left|\sin\left(\frac{4n\pi}{3}\right)\right| \leq 1$，有$\left|\frac{\sin\left(\frac{4n\pi}{3}\right)}{n^3}\right| < \frac{1}{n^3}$，为$p = 3 > 1$的$p$-级数，级数收敛，所以$\sum\limits_{n=1}^{\infty} \frac{\sin\left(\frac{4n\pi}{3}\right)}{n^3}$绝对收敛。

答案：A

15. 解 本题考查二阶常系数线性齐次方程的求解。

方法1：二阶常系数齐次微分方程$y'' - 2y' + 2y = 0$的特征方程为：$r^2 - 2r + 2 = 0$，特征方程有一对共轭的虚根$r_{1,2} = 1 \pm i$，对应微分方程的通解为$y = e^x(C_1 \cos x + C_2 \sin x)$，其中$C_1$，$C_2$为任意常数。当$C_1 = 0$，$C_2 = 1$时，$y = e^x \sin x$，是微分方程的特解。

方法2：也可以将四个选项代入微分方程验证，如将选项 A 代入微分方程化简，有：

$$(e^{-x} \cos x)'' - 2(e^{-x} \cos x)' + 2(e^{-x} \cos x) = 4e^{-x}(\sin x + \cos x) \neq 0$$

故选项 A 错误；同理，将选项 B、C、D 分别代入微分方程并化简，可知选项 C 正确。

注：方法2的计算量较大，考试过程中不提倡使用。方法1的各种情况总结见解表。

题15解表

特征方程$\lambda^2 + p\lambda + q = 0$的根	微分方程$y'' + py' + qy = 0$的通解
不相等的两个实根$r_1 \neq r_2$	$y = C_1 e^{r_1 x} + C_2 e^{r_2 x}$
相等的两个实根$r_1 = r_2$	$y = (C_1 + C_2 x)e^{r_1 x}$
一对共轭复根$r_{1,2} = \alpha \pm \beta i(\beta > 0)$	$y = e^{\alpha x}(C_1 \cos \beta x + C_2 \sin \beta x)$

答案：C

16. 解 本题考查对坐标曲线积分的计算。

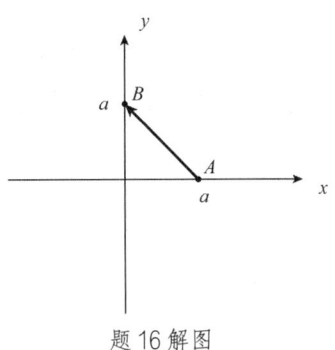

题16解图

见解图，有向直线段L：$y = -x + a$，x从a到0，则

$$\int_L x\,dy = -\int_a^0 x\,dx = -\frac{x^2}{2}\Big|_a^0 = \frac{a^2}{2}$$

答案：C

17. 解 本题考查幂级数的收敛区间。

因为$\sum\limits_{n=1}^{\infty} a_n x^n$的收敛半径为3，有$\lim\limits_{n\to\infty}\left|\frac{a_{n+1}}{a_n}\right| = \frac{1}{3}$，

而$\lim\limits_{n\to\infty}\left|\frac{(n+1)a_{n+1}}{na_n}\right| = \frac{1}{3}$，故$\sum\limits_{n=1}^{\infty} na_n(x-1)^{n+1}$的收敛半径也为3。

有$-3 < x - 1 < 3$，即收敛区间为$-2 < x < 4$。

答案：B

18. 解 本题考查多元函数二阶偏导数的计算方法。

已知二元函数$z = \frac{1}{x}f(xy)$，则

$$\frac{\partial z}{\partial x} = -\frac{1}{x^2}f(xy) + \frac{1}{x}f'(xy)\cdot y$$

$$\frac{\partial^2 z}{\partial x\partial y} = -\frac{1}{x^2}f'(xy)\cdot x + \frac{1}{x}[f''(xy)\cdot xy + f'(xy)] + y = yf''(xy)$$

答案：D

19. 解 本题考查逆矩阵的性质。

$ABXC = D$，两端同时右乘C^{-1}，有$ABX = DC^{-1}$，

两端同时左乘A^{-1}，有$BX = A^{-1}DC^{-1}$，

两端同时左乘B^{-1}，有$X = B^{-1}A^{-1}DC^{-1}$。

注：矩阵乘法不满足交换律，左乘与右乘需严格对应。

答案：B

20. 解 本题考查线性方程组基础解系的性质。

n元齐次线性方程组$AX = 0$有非零解的充要条件为$r(A) < n$，此时存在基础解系，且基础解系含$n - r(A)$个解向量。

答案：C

21. 解 本题考查二次型标准型的表示方法。

矩阵B的特征方程为$|\lambda E - B| = \begin{vmatrix} \lambda-1 & 0 & 0 \\ 0 & \lambda & -2 \\ 0 & -2 & \lambda \end{vmatrix} = (\lambda-1)(\lambda^2-4) = 0$，特征值分别为：$\lambda_1 = 1$，

$\lambda_2 = 2$，$\lambda_3 = -2$

合同矩阵的判别方法：实对阵矩阵的A和B合同的充分必要条件是A和B的特征值中正、负特征值的个数相等。

已知，矩阵B对应的二次型的正惯性指数和负惯性指数分别为 2 和 1，由于合同矩阵具有相同的正、负惯性指数，故二次型$f(x_1, x_2, x_3) = x^T A x$的标准型是：

$$f = y_1^2 + 2y_2^2 - 2y_3^2$$

答案：A

22. 解　本题考查条件概率、全概率的性质与计算方法。

依据全概率公式，$P(B) = P(A) \cdot P(B \mid A) + P(\overline{A})P(B \mid \overline{A})$

已知$P(A) = \frac{1}{2}$，则$P(\overline{A}) = 1 - P(A) = \frac{1}{2}$；又$P(B \mid A) = \frac{1}{10}$，$P(B \mid \overline{A}) = \frac{1}{20}$

故$P(B) = P(A) \cdot P(B \mid A) + P(\overline{A})P(B \mid \overline{A}) = \frac{1}{2} \times \frac{1}{10} + \frac{1}{2} \times \frac{1}{20} = \frac{3}{40}$。

或者按以下思路，一步一步推导：

由$P(A) = \frac{1}{2}$，则$P(\overline{A}) = 1 - P(A) = \frac{1}{2}$

又$P(B \mid A) = \frac{P(AB)}{P(A)} = \frac{1}{10}$，有$P(AB) = P(A)P(B \mid A) = \frac{1}{2} \times \frac{1}{10} = \frac{1}{20}$

又由$P(B \mid \overline{A}) = \frac{P(\overline{A}B)}{P(\overline{A})} = \frac{P(B) - P(AB)}{P(\overline{A})} = \frac{1}{20}$，有$P(B) - P(AB) = P(B \mid \overline{A})P(\overline{A}) = \frac{1}{40}$

故$P(B) = \frac{3}{40}$。

答案：B

23. 解　本题考查随机变量的数学期望与方差的性质。

$E(X + Y)^2 = E(X^2 + 2XY + Y^2) = E(X^2) + 2E(XY) + E(Y^2)$，由于$E(X^2) = D(X) + [E(X)]^2 = 1 + 0 = 1$，$E(Y^2) = D(Y) + [E(Y)]^2 = 1 + 0 = 1$，且又因为随机变量$X$与$Y$相互独立，则$E(XY) = E(X) \cdot E(Y) = 0$，所以$E(X + Y)^2 = 2$。

或者由方差的计算公式$D(X + Y) = E(X + Y)^2 - [E(X + Y)]^2$，已知随机变量$X$与$Y$相互独立，则：

$E(X + Y)^2 = D(X + Y) + [E(X + Y)]^2 = D(X) + D(Y) + [E(X) + E(Y)]^2 = 1 + 1 + 0 = 2$。

答案：C

24. 解　本题考查二维随机变量均匀分布的定义。

随机变量(X, Y)服从G上的均匀分布，则有联合密度函数：

$$f(x, y) = \begin{cases} \dfrac{1}{S_G} & (x, y) \in G \\ 0 & \text{其他} \end{cases}$$

S_G为$y = x^2$与$y = x$所围的平面区域的面积，见解图。

$$S_G = \int_0^1 (x - x^2)\mathrm{d}x = \left(\frac{1}{2}x^2 - \frac{1}{3}x^3\right)\Big|_0^1 = \frac{1}{6}$$

所以，$f(x, y) = \begin{cases} 6 & (x, y) \in G \\ 0 & \text{其他} \end{cases}$

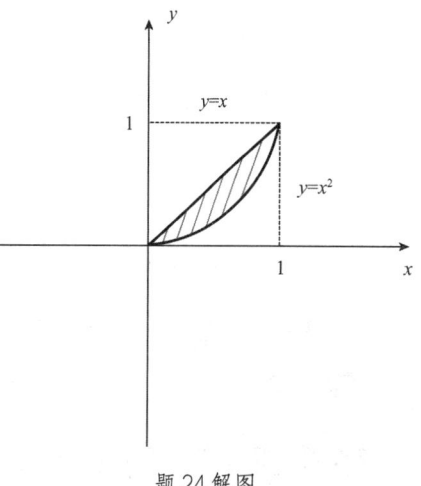

题 24 解图

答案：A

25. 解 $1m^3 = 10^3 L$。

答案：C

26. 解 由于 $\omega = \frac{3}{2}kT$，可知温度是分子平均平动动能的量度，所以当温度相等时，两种气体分子的平均平动动能相等。而两种气体分子的自由度不同，质量与摩尔质量不同，故选项 B、C、D 不正确。

答案：A

27. 解 双原子分子理想气体的自由度 $i = 5$，等压膨胀的情况下对外做功为：

$$W = P(V_2 - V_1) = \frac{m}{M}R(T_2 - T_1)$$

吸收热量为：$Q = \frac{m}{M}C_p\Delta T = \frac{m}{M}\frac{7}{2}R(T_2 - T_1)$

可以得到 $W/Q = 2/7$。

答案：D

28. 解 卡诺循环热机效率为：

$$\eta = 1 - \frac{Q_2}{Q_1} = 1 - \frac{T_2}{T_1} = 1 - \frac{T_2}{nT_2} = 1 - \frac{1}{n}$$

则 $Q_2 = \frac{1}{n}Q_1$，其中 Q_1、Q_2 分别为从高温热源吸收的热量和传给低温热源的热量。

答案：C

29. 解 相同质量的氢气与氧气分别装在两个容积相同的封闭容器内，环境温度相同，摩尔质量不同，摩尔数不等，由理想气体状态方程可得：

$$\frac{P_{H_2}V}{P_{O_2}V} = \frac{\frac{m}{M_{H_2}}T}{\frac{m}{M_{O_2}}T} = \frac{32}{2} = 16$$

答案：B

30. 解 波动方程的标准表达式为：

$$y = A\cos\left[\omega\left(t - \frac{x}{u}\right) + \varphi_0\right]$$

将平面简谐波的表达式改为标准的余弦表达式：

$$y = -0.05\sin\pi(t - 2x) = 0.05\cos\pi\left(t - \frac{x}{\frac{1}{2}}\right)$$

则有 $A = 0.05$，$u = \frac{1}{2}$

$\omega = \pi$，$T = \frac{2\pi}{\omega} = 2$，$\nu = \frac{1}{T} = \frac{1}{2}$。

答案：C

31. 解 横波以波速 u 沿 x 轴负方向传播，见解图。A 点振动速度小于零，B 点向下运动，C 点向上运动，D 点向下运动且振动速度小于 0，故选项 D 正确。

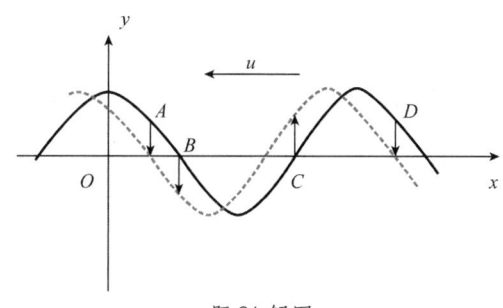

题 31 解图

答案：D

32.解 本题考查声波常识，常温下空气中的声速为 340m/s。

答案：A

33.解 本题考查波动的能量特征，由于动能与势能是同相位的，同时达到最大或最小，所以总机械能为动能（势能）的 2 倍。

答案：B

34.解 等厚干涉，$a = \dfrac{\lambda}{2n\theta}$，夹角不变，条纹间隔不变。

答案：C

35.解 由菲涅尔半波带法，在单缝衍射中，缝宽 b 一定，由暗条纹条件，$b\sin\varphi = 2k\cdot\dfrac{\lambda}{2}$，对于第二级暗条纹，每个半波带面积为 S_2，它有 4 个半波带，对于第三级暗条纹，每个半波带面积为 S_3，第三级暗纹对应 6 个半波带，$4S_2 = 6S_3$，所以 $S_3 = \dfrac{2}{3}S_2$。

答案：A

36.解 代入公式，可得

$$I = I_0\cos^2\alpha\cos^2\left(\dfrac{\pi}{2} - \alpha\right) = I_0\cos^2\alpha\sin^2\alpha = \dfrac{1}{4}I_0(\sin 2\alpha)^2$$

答案：C

37.解 多电子原子在无外场作用下，原子轨道能量高低取决于主量子数 n 和角量子数 l。

答案：B

38.解 共价键的本质是原子轨道的重叠，离子键由正负离子间的静电作用成键，金属键由金属正离子靠自由电子的胶合作用成键。氢键是强极性键（A-H）上的氢核与电负性很大、含孤电子对并带有部分负电荷的原子之间的静电引力。

答案：A

39.解 $NH_3\cdot H_2O$ 溶液中存在如下解离平衡：$NH_3\cdot H_2O \rightleftharpoons NH_4^+ + OH^-$，加入一些固体 NaOH 后，

溶液中的OH⁻浓度增加，平衡逆向移动，氨的解离度减小。

答案：C

40.解 气体分子数增加的反应，其熵变 $\Delta_r S_m^\Theta$ 大于零；气体分子数减少的反应，其熵变 $\Delta_r S_m^\Theta$ 小于零。本题中氧气分子数减少，选项B正确。

答案：B

41.解 对有气体参加的反应，改变总压强（各气体反应物和生成物分压之和）时，如果反应前后气体分子数相等，则平衡不移动。

答案：C

42.解 当温度为298K，离子浓度为1mol/L，气体的分压为100kPa时，固体为纯固体，液体为纯液体，此状态称为标准状态。标准状态时的电极电势称为标准电极电势。标准氢电极的电极电势 $E_{H^+/H_2}^\Theta=0$，1mol/L的 H_2O，HOAc和HCN的氢离子浓度分别为：

$C_{H^+}(H_2O)=1\times10^{-7}$mol/L；

$C_{H^+}(HOAc)=\sqrt{K_a\cdot C}=\sqrt{1.8\times10^{-5}}=4.2\times10^{-3}$mol/L；

$C_{H^+}(HCN)=\sqrt{K_a\cdot C}=\sqrt{6.2\times10^{-10}}=2.5\times10^{-5}$mol/L。

E_{H_2O/H_2}^Θ 等于 $C_{H^+}=1\times10^{-7}$mol·L⁻¹时的 E_{H^+/H_2}；

E_{HOAc/H_2}^Θ 等于 $C_{H^+}=4.2\times10^{-3}$mol·L⁻¹时的 E_{H^+/H_2}；

E_{HCN/H_2}^Θ 等于 $C_{H^+}=2.5\times10^{-5}$mol·L⁻¹时的 E_{H^+/H_2}。

根据电极电势的能斯特方程：

$$E_{H^+/H_2}=E_{H^+/H_2}^\Theta+\frac{0.059}{n}\lg\frac{C_{H^+}^2}{p_{H_2}}$$

可知 1mol/L H_2O 的氢离子浓度最小，电极电势最小。

答案：B

43.解 $KMnO_4$ 中，K的氧化数为+1，O的氧化数为−2，所以Mn的氧化数为+7。

答案：D

44.解 丙烷有2种类型的氢原子，有2种一氯代物；异戊烷有4种类型的氢原子，有4种一氯代物；新戊烷有1种类型的氢原子，有1种一氯代物；2,3-二甲基戊烷有6种类型的氢原子，有6种一氯代物。

答案：A

45.解 选项A是氧化反应，选项B是取代反应，选项C是加成反应，选项D是取代反应。

答案：C

46. 解 选项 A、C、D 消除反应只能得到 1 种烯烃，选项 B 消除反应只能得到 2 种烯烃。

答案： B

47. 解 因为杆 BC 为二力构件，B、C 处的约束力应沿 BC 连线且等值反向（见解图），而 $\triangle ABC$ 为等边三角形，故 B 处约束力的作用线与 x 轴正向所成的夹角为 $150°$。

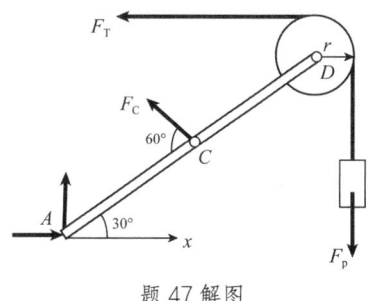

题 47 解图

答案： D

48. 解 由于 q 的合力作用线通过 I 点，其对该点的力矩为零，故系统对 I 点的合力矩为：

$$M_I = FR = 500\text{N} \cdot \text{cm}（顺时针）$$

答案： D

49. 解 由于物体系统所受主动力为平衡力系，故 A、B 处的约束力也应自成平衡力系，即满足二力平衡原理，A、B、C 处的约束力均为水平方向（见解图），考虑 AC 的平衡，采用力偶的平衡方程：

$$\sum m = 0 \quad F_A \cdot 2a - M = 0，\quad F_A = F_{Ax} = \frac{M}{2a}；且\ F_{Ay} = 0。$$

（注：此题同 2010 年第 49 题）

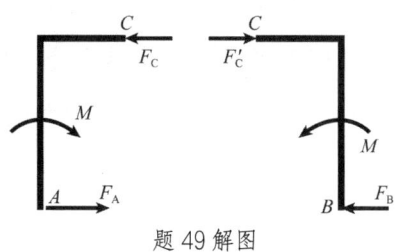

题 49 解图

答案： B

50. 解 因为摩擦角 $\varphi_m < \alpha$，所以物块会向下滑动，物块所受摩擦力应为最大摩擦力，即正压力 $W\cos\alpha$ 乘以摩擦因数 $f = \tan\varphi_m$。

答案： A

51. 解 $t = 2\text{s}$ 时，速度 $v = 2^2 - 20 = -16\text{m/s}$；加速度 $a = \dfrac{\mathrm{d}v}{\mathrm{d}t} = 2t = 4\text{m/s}^2$。

答案： A

52. 解 根据法向加速度公式 $a_n = \dfrac{v^2}{\rho}$，曲率半径即为圆周轨迹的半径，则有

$$\rho = R = \frac{v^2}{a_n} = \frac{80^2}{120} = 53.3\text{m}$$

答案： B

53. 解 定轴转动刚体上一点加速度与转动角速度、角加速度的关系为：

$a_B^t = OB \cdot \varepsilon = 50 \times 1 = 50\text{cm/s}^2$（垂直于$OB$连线，水平向右）

$a_B^n = OB \cdot \omega^2 = 50 \times 2^2 = 200\text{cm/s}^2$（由$B$指向$O$）

答案： D

54. 解 物体的加速度为零时，速度达到最大值，此时阻力与重力相等，即

由$\mu v_{极限} = mg$，得到 $\qquad v_{极限} = \dfrac{mg}{\mu}$

答案： B

55. 解 根据弹性力做功的定义可得：

$$W_{BA} = \frac{k}{2}\left[\left(\sqrt{2}R - l_0\right)^2 - (2R - l_0)^2\right]$$
$$= \frac{4900}{2} \times 0.1^2 \times \left[\left(\sqrt{2} - 1\right)^2 - 1^2\right] = -20.3\text{N} \cdot \text{m}$$

答案： C

56. 解 系统在转动中对转动轴z的动量矩守恒，设ω_t为小球达到C点时圆环的角速度，由于小球在A点与在C点对z轴的转动惯量均为零，即$I\omega = I\omega_t$，则$\omega_t = \omega$。

答案： C

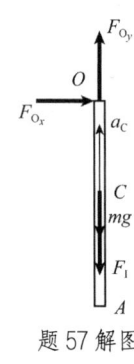

57. 解 如解图所示，杆释放至铅垂位置时，其角加速度为零，质心加速度只有指向转动轴O的法向加速度，根据达朗贝尔原理，施加其上的惯性力$F_I = ma_C = m\omega^2 \cdot \dfrac{l}{2} = \dfrac{3}{2}mg$，方向向下；而施加于杆$OA$的附加动反力大小与惯性力相同，方向与其相反。

题57解图

答案： A

58. 解 截断前的弹簧相当于截断后两个弹簧串联而成，若设截断后的两个弹簧的刚度均为k_1，则有$\dfrac{1}{k} = \dfrac{1}{k_1} + \dfrac{1}{k_1}$，所以$k_1 = 2k$。

答案： B

59. 解 铸铁是脆性材料，抗拉强度最差，抗剪强度次之，而抗压强度最好。所以在拉伸试验中，铸铁试件在最大拉应力所在的垂直于轴线的横截面上发生破坏；在压缩试验中，铸铁试件在最大切应力所在的与轴线大约成45°角的截面上发生破坏。

答案： B

60. 解 AB段轴力为F，伸长量为$\dfrac{FL}{EA}$，BC段轴力为0，伸长量也为0，则直杆自由端C的轴向位移即

为AB段的伸长量：$\frac{FL}{EA}$。

答案：C

61. 解　钢板和销轴的实际承压接触面为圆柱面，名义挤压面面积取为实际承压接触面在垂直挤压力F方向的投影面积，即dt，根据挤压强度条件$\sigma_{bs} = \frac{F}{dt} \leq [\sigma_{bs}]$，则直径需要满足$d \geq \frac{F}{t[\sigma_{bs}]}$。

答案：A

62. 解　3和4对调最合理，最大扭矩$4kN \cdot m$最小，如解图所示。如果1和3对调，或者是2和3对调，则最大扭矩都是$8kN \cdot m$；如果2和4对调，则最大扭矩是$6kN \cdot m$。所以选项D正确。

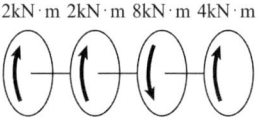

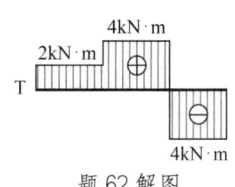

题 62 解图

答案：D

63. 解　在图示圆轴和空心圆轴横截面和空心圆截面切应力分布图中，只有选项A是正确的。其他选项，有的方向不对，有的分布规律不对。

答案：A

64. 解　根据截面图形静矩的性质,如果z轴过形心,则有$S_z = 0$,即：$S_{z1} + S_{z2} = 0$,所以$S_{z1} = -S_{z2}$。

答案：B

65. 解　根据梁的弯矩图可以推断其受力图如解图1所示。

其中：$P_1 a = 0.5Fa$，$F_B a = 1.5Fa$

可知：$P_1 = 0.5F$，$F_B = 1.5F$

用直接法可求得$M_D = F_C a - 2P_1 a = 1.5Fa$

可知：$F_C = 2.5F$

由$\sum Y = 0$，$P_1 + P_2 = F_C + F_B$

可知：$P_2 = 3.5F$

由受力图可以画出剪力图，如解图2所示。可见最大剪力是$2F$。

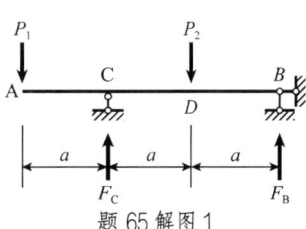

题 65 解图 1

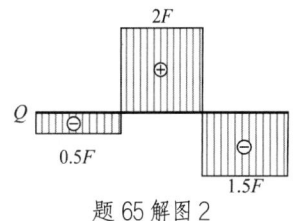

题 65 解图 2

答案：D

66. 解　两根矩形截面杆胶合在一起成为一个整体梁，最大切应力发生在中性轴（胶合面）上，最大切应力为：

$$\tau_{\max} = \frac{3Q}{2A} = \frac{3F}{4ab}$$

答案：C

67.解 受集中力作用的简支梁最大弯矩$M_{\max} = FL/4$，圆截面的抗弯截面系数$W_z = \pi d^3/32$，所以梁的最大弯曲正应力为：

$$\sigma_{\max} = \frac{M_{\max}}{W_z} = \frac{8FL}{\pi d^3}$$

答案：A

68.解 对于图(a)梁，可知：

$$M_{\max}^a = FL, W_z^a = \frac{bh^2}{6}, \sigma_{\max}^a = \frac{M_{\max}^a}{W_z^a} = \frac{6FL}{bh^2}$$

对于图(b)的叠合梁，仅考查其中一根梁，可知：

$$M_{\max}^b = \frac{FL}{2}, W_z^b = \frac{bh^2}{24}, \sigma_{\max}^b = \frac{M_{\max}^b}{W_z^b} = \frac{12FL}{bh^2}$$

可见，图(a)梁的强度更大。

对于图(a)梁，可知：$\Delta a = FL^3/(3EI_z^a)$，其中$I_z^a = bh^3/12$；

对于图(b)的叠合梁，仅考查其中一根梁，可知：$\Delta b = 0.5FL^3/(3EI_z^b)$，其中$I_z^b = b\left(\frac{h}{2}\right)^2/12 = I_z^a/8$，则$\Delta b = 4FL^3/(3EI_z^a)$。

可见，图(a)梁的刚度更大。

因此，两梁的强度和刚度均不相同。

答案：A

69.解 按照"点面对应、先找基准"的方法，可以分别画出4个图对应的应力圆（见解图）。图中横坐标是正应力σ，纵坐标是切应力τ。

应力圆的半径大小等于最大切应力$\tau_{\max} = (\sigma_{\max} - \sigma_{\min})/2$，由此可算得：

$\tau_A = \frac{30-(-30)}{2} = 30\text{MPa}$，$\tau_B = \frac{40-(-40)}{2} = 40\text{MPa}$，$\tau_C = \frac{120-100}{2} = 10\text{MPa}$，$\tau_D = \frac{40-0}{2} = 20\text{MPa}$

可见，选项 C 单元体应力平面内应力圆的半径最小。

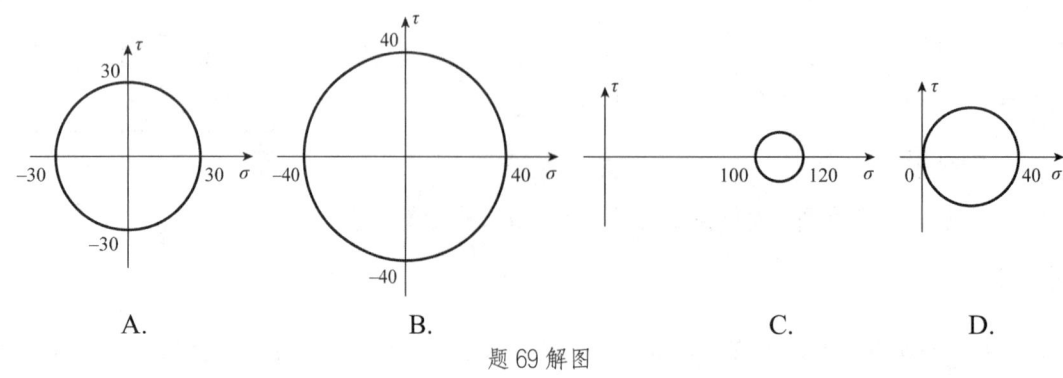

题69解图

答案：C

70.解 根据压杆临界力计算公式：

$$F_{cr}^a = \frac{\pi^2 EI}{(2L)^2}, F_{cr}^b = \frac{\pi^2 EI}{(0.7L)^2}$$

则 $\frac{F_{cr}^b}{F_{cr}^a} = \left(\frac{2}{0.7}\right)^2$

答案：C

71.解 绘出等压面 $A\text{-}B$（见解图），则有 $p_A = p_B$，存在：

$$p_A = p_e + \rho_1 gh_1 + \rho_2 gh_2 = p_B = \rho_{Hg}g(h_1 + h_2 - h)$$

则 $p_e = \rho_{Hg}g(h_1 + h_2 - h) - (\rho_1 gh_1 + \rho_2 gh_2)$

$$= 13600 \times 9.8 \times (0.4 + 0.6 - 0.5) - (850 \times 0.4 \times 9.8 + 1000 \times 0.6 \times 9.8) = 57428\text{Pa}$$

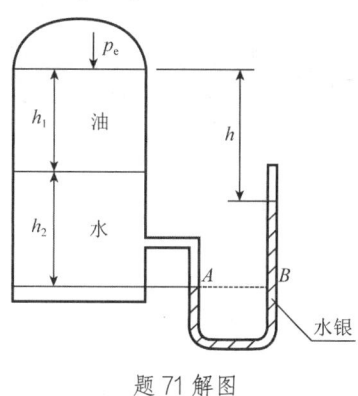

题 71 解图

答案：D

72.解 根据动量定理，作用在控制体内流体上的力是所有外力的总和，即合外力。

答案：C

73.解 判定圆管内流体运动状态的准则数是雷诺数。

答案：D

74.解 因为 $\text{Re} = 1.947 \times 10^5$，有 $\lg \text{Re} = 4.289$，查尼古拉兹曲线图的横坐标，位于直线 cd 和 ef 段之间，题目中给出了当量粗糙度，故处于紊流过渡区。

可以利用阿尔布鲁克公式计算：$\frac{1}{\sqrt{\lambda}} = -2\lg\left(\frac{k_s}{3.7d} + \frac{2.51}{\text{Re}\sqrt{\lambda}}\right)$，这是一个隐函数方程，代入数据之后有：

$\frac{1}{\sqrt{\lambda}} = -2\lg\left(\frac{0.4}{3.7\times250} + \frac{2.51}{194700\sqrt{\lambda}}\right)$，计算得到 $\lambda = 0.023$。

也可以用阿里特苏里经验公式计算：$\lambda = 0.11\left(\frac{k_s}{d} + \frac{68}{\text{Re}}\right)^{0.25}$

代入数据有：$\lambda = 0.11\left(\frac{0.4}{250} + \frac{68}{194700}\right)^{0.25} = 0.023$

即得：$L = \frac{2\times0.25\text{m}\times294.3\times10^3\text{Pa}}{0.023\times1000\text{kg/m}^3\times(1.02\text{m/s})^2} = 6149.4\text{m}$

答案：A

75.解 根据达西公式，水平管道沿程损失 $h_f = \lambda \frac{L}{d}\frac{v^2}{2g}$，以水平管轴线为基准，对液面和管道出口列伯努利方程，可得：

$$\frac{p_e}{\rho g} + H = h_f + \frac{v^2}{2g} = \lambda \frac{l}{d}\frac{v^2}{2g} + \frac{v^2}{2g}$$

则流速为：

$$v = \sqrt{2g\frac{\frac{p_e}{\rho g} + H}{\lambda \frac{l}{d} + 1}} = \sqrt{2 \times 9.8 \times \frac{\frac{19600}{1000 \times 9.8} + 2}{0.02 \times \frac{50}{0.1} + 1}} = 2.67\text{m/s}$$

流量为：$Q = \frac{\pi}{4}d^2 v = \frac{\pi}{4} \times 0.1^2 \times 2.67 \times 10^3 = 20.96\text{L/s}$，与选项 B 最接近。

答案：B

76.解 明渠均匀流的流量 $Q = AC\sqrt{RJ}$，谢才系数 $C = \frac{1}{n}R^{1/6}$，则 $Q = Av = A\frac{1}{n}R^{2/3}\sqrt{J}$。

方形断面：$A = a^2$，$R = \frac{a^2}{3a} = a/3$，则

$$Q_1 = a^2\left(\frac{a}{3}\right)^{2/3}\frac{1}{n}\sqrt{J} = \frac{1}{3^{2/3}}a^{8/3}\frac{1}{n}\sqrt{J}$$

矩形断面：$A = a^2$，$R = \frac{a^2}{0.5a + 2 \times 2a} = a/4.5$，则

$$Q_2 = a^2\left(\frac{a}{4.5}\right)^{2/3}\frac{1}{n}\sqrt{J} = \frac{1}{4.5^{2/3}}a^{8/3}\frac{1}{n}\sqrt{J}$$

显然：$Q_1 > Q_2$。

答案：A

77.解 渗流断面平均流速 $v = kJ = 0.01 \times \frac{1.5 - 0.3}{2.4} = 0.005\text{cm/s}$。

答案：C

78.解 弗劳德数表征的是重力与惯性力之比，是重力流动的相似准则数。

答案：C

79.解 根据楞次定律，线圈的感应电压与通过本线圈的磁通变化率、本线圈的匝数成正比。即右侧线圈的电压为：$u_2 = N_2\frac{\mathrm{d}\Phi}{\mathrm{d}t}$。

答案：B

80.解 电流源的电压与电压源的电压相等，且与电流源电流是非关联关系。则此电流源发出的功率为：$P = U_s I_s = 6 \times 0.2 = 1.2\text{W}$。

答案：C

81.解 如解图所示，根据等效原理，①与 6V 的电压源并联的元件都失效，相当于 6V 的电压源，将电流源与电阻的并联等效为电压源与电阻的串联；②将两个串联的电压源等效为一个电压源。

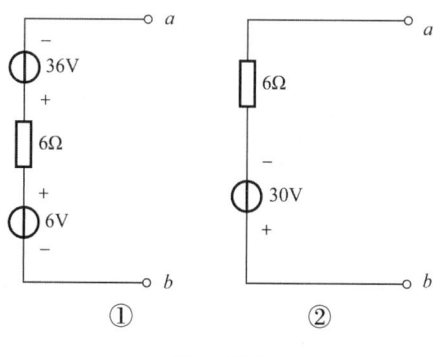

题 81 解图

答案： B

82. 解 根据电源电压可知，激励的角频率 $\omega = 314 \text{rad/s}$。三个阻抗串联，等效阻抗为：

$$Z = R + j\omega L + \frac{1}{j\omega C} = 100 + j314 \times 1 - j\frac{1}{314 \times 10 \times 10^{-6}} = 100 - j4.47(\Omega)$$

等效阻抗的模为：$|Z| = \sqrt{100^2 + (-4.47)^2} = 100.10\Omega$。

答案： D

83. 解 相量是将正弦量的有效值作为模、初相位作为角度的复数。根据相量与正弦量的关系，三条支路电流的时域表达式（正弦形式）为：

$$i_1(t) = 100\sqrt{2}\sin(\omega t - 30°)\text{mA}, \quad i_2(t) = 100\sin(\omega t - 30°)\text{mA}, \quad i_3(t) = 100\sin(\omega t - 150°)\text{mA}$$

三条支路电流的相量形式为：

$$\dot{I}_1 = 100\angle -30°\text{mA}, \quad \dot{I}_2 = \frac{100}{\sqrt{2}}\angle -30°\text{mA}, \quad \dot{I}_3 = \frac{100}{\sqrt{2}}\angle -150°\text{mA}$$

答案： D

84. 解 功率因数角 φ 是电压初相角与电流初相角的差，在此处为：$\varphi = 30° - (-20°) = 50°$；功率因数是功率因数角的余弦值，在此处为：$\cos\varphi = \cos 50°$。

答案： C

85. 解 选项 A，调整转差率可以实现对电动机运行期间（转矩不变）调速的目的，但因为是通过改变转子绕组的电阻来实现的，所以仅适用于绕线式异步电动机，且转速只能低于额定转速。

选项 B，电动机的工作电压不允许超过额定电压，因此只能采用降低电枢供电电压的方式来调速，转速只能低于额定转速。

选项 C，电机转速为：$n = 60f(1-s)/p$。欲提高转速，则需减少极对数 p，但题目已经告知为两极（$p = 1$）电动机，极对数 p 已为最小值，不可再减。

选项 D，电机转速为：$n = 60f(1-s)/p$，若改变电动机供电频率，则可以实现三相异步电动机转速的增大、减小并且连续调节，需要专用的变频器（一种电力电子设备，可以实现频率的连续调节）。

答案： D

86. 解 选项A，根据电路图，按下SB₁，接触器KM₁接通，电机1启动；另外，在接触器KM₂接通后，电机2也启动；若KM₁未接通，则即使KM₂接通，电机2也无法启动。因此，可以实现电机2在电机1启动后才能启动。当KM₁接通时，断开KM₂，电机2也断开。因此，该设计满足启动顺序要求，但不满足单独断开电机2的要求。

选项B，根据电路图，KM₁、KM₂完全独立，分别控制电机1、电机2，不满足设计要求。

选项C，根据电路图，按下SB₁，接触器KM₁接通，电机1启动；另外，在接触器KM₂接通后，电机2也启动；若KM₁未接通，即使KM₂接通，电机2也无法启动。因此，可以实现电机2在电机1启动后才能启动。当KM₁接通时，断开KM₂，电机2也断开。并且，按钮SB₃可以独立控制断开电机2。因此，满足启动顺序和单独断开电机2的要求。

选项D，不满足启动顺序要求。

答案：C

87. 解 人工生成的代码信号是数字信号。

答案：B

88. 解 时域形式在实数域描述，频域形式在复数域描述。

答案：A

89. 解 横轴为频率f，纵轴为增益。高通滤波器的幅频特性应为：频率高时增益也高，图像应右高左低；低通滤波器的幅频特性应为：频率低时增益高，图像应左高右低；信号放大器理论上增益与频率无关，图像基本平直。这种局部增益（中间某一段）高于其他段，就是带通滤波器的典型特征。

答案：A

90. 解 $AB + \overline{A}C + BCDE = AB + \overline{A}C + (A + \overline{A})BCDE = (AB + ABCDE) + (\overline{A}C + \overline{A}BCDE) = AB + \overline{A}C$

答案：D

91. 解 信号$F = \overline{A}B + A\overline{B}$为异或关系：当输入A与B相异时，输出F为"1"；当输入A与B相同时，输出F为"0"。

答案：C

92. 解 函数F的表达式就是把所有输出为"1"的情况对应的关系用"+"写出来。由真值表可知：信号$F = A\overline{B}\,\overline{C} + ABC$。

答案：D

93. 解 根据二极管的单向导电性，当输入为正时，导通的二极管为D4和D1。

答案：C

94. 解 根据电路图，当运算放大器的输入$u_{i1} > u_{i2}$时，开环输出为$-U_{oM}$；当$u_{i1} < u_{i2}$时，开环输出为$+U_{oM}$。

答案：A

95. 解 F_1为与非门输出，表达式为：$F_1 = \overline{A0} = 1$；F_2为或非门输出，表达式为：$F_2 = \overline{B+0} = \overline{B}$。

答案：B

96. 解 触发器D的逻辑功能是：输出端Q的状态随输入端D的状态而变化，但总比输入端状态的变化晚一步，表达式为：$Q_{n+1} = D_n$。由解图可知：t_1时刻输出Q = 1，t_2时刻输出Q = 0。

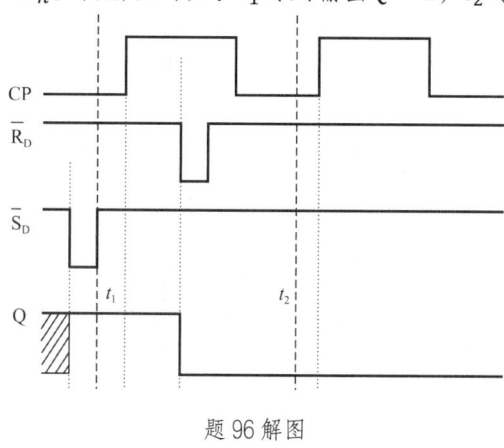

题96解图

答案：C

97. 解 计算机新的体系结构思想是在单芯片上集成多个微处理器，把主存储器和微处理器做成片上系统（System On Chip），以存储器为中心设计系统等，这是今后的发展方向。

答案：B

98. 解 存储器的主要功能是存放程序和数据。程序是计算机操作的依据，数据是计算机操作的对象。为了实现自动计算，各种信息必须先存放在计算机内的某个地方，这个地方就是计算机内的存储器。

答案：A

99. 解 输入/输出（Input/Output, I/O）设备实现了外部世界与计算机之间的信息交流，提供了人机交互的硬件环境。由于I/O设备通常设置在主机外部，所以也称为外部设备或外围设备。

答案：B

100. 解 操作系统主要有两个作用。一是资源管理，操作系统要对系统中的各种资源实施管理，其中包括对硬件及软件资源的管理。二是为用户提供友好的界面，计算机系统主要是为用户服务的，即使用户对计算机的硬件系统或软件系统的技术问题不精通，也可以方便地使用计算机。但操作系统不具有处理硬件故障的功能。

答案：D

101. 解 国标码是二字节码，用两个七位二进制数编码表示一个汉字，目前国标码收录 6763 个汉字，其中一级汉字（最常用汉字）3755 个，二级汉字 3008 个，另外还包括 682 个西文字符、图符。

在计算机内，汉字是用二进制数字编码表示的。一个汉字的国标码用两个八位二进制数码表示。这是因为国标码是按照 GB 2312—80 字符集进行编码的，每个汉字在这个字符集中都有一个唯一的代码，这个代码由两个字节组成，每个字节由八位二进制位组成。

答案：B

102. 解 $1PB = 2^{50}$ 字节 $= 1024TB$；$1EB = 2^{60}$ 字节 $= 1024PB$；$1ZB = 2^{70}$ 字节 $= 1024EB$；$1YB = 2^{80}$ 字节 $= 1024ZB$。

答案：C

103. 解 只读光盘只能从盘中读出信息，不能再写入信息，因此存放的程序不会再次感染上病毒。

答案：D

104. 解 文件管理的主要任务是向计算机用户提供一种简便、统一的管理和使用文件的界面，提供对文件的操作命令，实现按名存取文件，是对系统软件资源的管理。

答案：D

105. 解 计算机网络环境下的硬件资源共享可以为用户在全网范围内提供处理资源、存储资源、输入输出资源等的昂贵设备，如具有特殊功能的处理部件、高分辨率的激光打印机、大型绘图仪、巨型计算机以及大容量的外部存储器等，从而使用户节省投资，便于集中管理和均衡分担负荷。

答案：C

106. 解 在局域网中，所有的设备和网络的带宽都是由用户自己掌握，可以任意使用、维护和升级。而在广域网中，用户无法拥有建立广域连接所需要的所有技术设备和通信设施，只能由第三方通信服务商（电信部门）提供。

答案：C

107. 解 计算原贷款金额 2000 万元与相应复利系数的乘积，将计算结果与到期本利和 2700 万元比较并判断。

利率为 9%、10% 和 11% 时的还本付息金额分别为：

$2000 \times 1.295 = 2590$ 万元；$2000 \times 1.331 = 2662$ 万元；$2000 \times 1.368 = 2736$ 万元

2662 万元 < 2700 万元 < 2736 万元，故银行利率应在 10%~11% 之间。

答案：C

108. 解 注意题目中给出贷款的实际利率为 4%，年实际利率是一年利息额与本金之比。故各年利息及建设期利息为：

第一年利息：$1000 \times 4\% = 40$万元；第二年利息：$(1000 + 40 + 2000) \times 4\% = 121.6$万元，建设期利息 $= 40 + 121.6 = 161.6$万元。

答案：C

109. 解 普通股融资方式的主要特点有：融资风险小，普通股票没有固定的到期日，不用支付固定的利息，不存在不能还本付息的风险；股票融资可以增加企业信誉和信用程度；资本成本较高，投资者投资普通股风险较高，相应地要求有较高的投资报酬率；普通股股利从税后利润中支付，不具有抵税作用，普通股的发行费用也较高；股票融资时间跨度长；容易分散控制权，当企业发行新股时，增加新股东，会导致公司控制权的分散；新股东分享公司未发行新股前积累的盈余，会降低普通股的净收益。

答案：C

110. 解 偿债备付率是指在借款偿还期内，各年可用于还本付息的资金与当期应还本付息金额之比。该指标从还本付息资金来源的充裕性角度，反映偿付债务本息的保障程度和支付能力。利息备付率小于1，说明当年可用于还本付息（包括本金和利息）的资金保障程度不足，当年的资金来源不足以偿付当期债务，需要通过短期借款偿付已到期债务。

答案：B

111. 解 根据资金等值计算公式可列出方程：

$$1000 = A(P/A, 12\%, 10) + 50(P/F, 12\%, 10) = 5.65A + 50 \times 0.322$$

求得 $A = 174.14$ 万元。

答案：B

112. 解 直接进口投入物的影子价格（出厂价）$=$ 到岸价（CIF）$\times$ 影子汇率 $+$ 进口费用

$$= 100 \times 6 + 100 \times 6 = 1200 \text{ 元人民币}$$

注意：本题中进口费用的单位为美元，因此计算影子价格时，应将进口费用换算为人民币。

答案：D

113. 解 层混型方案是指项目群中有两个层次，高层次是一组独立型方案，每个独立型方案又由若干个互斥型方案组成。本题方案类型属于层混型方案。

答案：C

114. 解 价值工程的一般工作程序包括准备阶段、功能分析阶段、创新阶段和实施阶段。其中，创新阶段的工作步骤包括方案创新、方案评价和提案编写。

答案：D

115. 解 《中华人民共和国建筑法》第二十八条规定，禁止承包单位将其承包的全部建筑工程转包给他人，禁止承包单位将其承包的全部建筑工程肢解以后以分包的名义分别转包给他人。第二十九条规定，建筑工程总承包单位可以将承包工程中的部分工程发包给具有相应资质条件的分包单位；但是，除总承包合同中约定的分包外，必须经建设单位认可。施工总承包的，建筑工程主体结构的施工必须由总承包单位自行完成。

答案：D

116. 解 《中华人民共和国安全生产法》第四十四条规定，生产经营单位应当教育和督促从业人员严格执行本单位的安全生产规章制度和安全操作规程；并向从业人员如实告知作业场所和工作岗位存在的危险因素、防范措施以及事故应急措施。第二十四条规定，矿山、金属冶炼、建筑施工、运输单位和危险物品的生产、经营、储存、装卸单位，应当设置安全生产管理机构或者配备专职安全生产管理人员。第四十七条规定，生产经营单位应当安排用于配备劳动防护用品、进行安全生产培训的经费。第五十一条规定，生产经营单位必须依法参加工伤保险，为从业人员缴纳保险费。

说明：此题已过时。可参见 2014 年版《中华人民共和国安全生产法》。

答案：B

117. 解 《中华人民共和国招标投标法》第二十四条规定，招标人应当确定投标人编制投标文件所需要的合理时间；但是，依法必须进行招标的项目，自招标文件开始发出之日起至投标人提交投标文件截止之日止，最短不得少于二十日。

答案：C

118. 解 《中华人民共和国民法典》第四百九十一条第 2 款规定，当事人一方通过互联网等信息网络发布的商品或者服务信息符合要约条件的，对方选择该商品或者服务并提交订单成功时合同成立，但是当事人另有约定的除外。

答案：B

119. 解 《中华人民共和国节约能源法》第十三条第 3 款规定，国家鼓励企业制定严于国家标准、行业标准的企业节能标准。第十三条第 4 款规定，省、自治区、直辖市制定严于强制性国家标准、行业标准的地方节能标准，由省、自治区、直辖市人民政府报经国务院批准；本法另有规定的除外。第十七条规定，禁止使用国家明令淘汰的用能设备、生产工艺。第十九条第 2 款规定，禁止销售应当标注而未标注能源效率标识的产品。第十九条第 3 款规定，禁止伪造、冒用能源效率标识。

答案：C

120. 解 《建设工程监理规范》第 3.2.3 条第 5 款规定，专业监理工程师应履行下列职责：检查进场的工程材料、构配件、设备的质量（选项 B）。《建设工程监理规范》第 3.2.1 条规定，选项 C 拨付工程款和选项 D 竣工验收是总监理工程师的职责。选项 A 样板工程专项施工方案不需监理工程师签字。

答案：B

2022 年度全国勘察设计注册工程师执业资格考试基础补考（上）

试题解析及参考答案

1. 解 本题考查两个重要极限之一：$\lim\limits_{x \to 0}(1+x)^{\frac{1}{x}} = e$。

$\lim\limits_{x \to 0}(1-kx)^{\frac{2}{x}} = \lim\limits_{x \to 0}(1-kx)^{\frac{1}{-kx}(-2k)} = e^{-2k} = 2$，故 $k = -\frac{1}{2}\ln 2$。

答案：C

2. 解 本题考查等价无穷小。

方法 1：当 $x \to 0$ 时，$a\sin^2 x \sim ax^2$，$\tan\frac{x^2}{3} \sim \frac{1}{3}x^2$，故 $a = \frac{1}{3}$。

方法 2：$\lim\limits_{x \to 0}\frac{a\sin^2 x}{\tan\frac{x^2}{3}} = \lim\limits_{x \to 0}\frac{ax^2}{\frac{x^2}{3}} = 3a = 1$，解得 $a = \frac{1}{3}$。

答案：B

3. 解 本题考查复合函数的求导以及通过变量代换和积分求函数表达式。

方法 1：由 $\frac{\mathrm{d}}{\mathrm{d}x}f\left(\frac{1}{x^2}\right) = f'\left(\frac{1}{x^2}\right)\left(\frac{1}{x^2}\right)' = -\frac{2}{x^3}f'\left(\frac{1}{x^2}\right) = \frac{1}{x}$，可得 $f'\left(\frac{1}{x^2}\right) = -\frac{x^2}{2}$。设 $t = \frac{1}{x^2}$，则 $f'(t) = -\frac{1}{2t}$，求不定积分 $f(t) = -\frac{1}{2}\int\frac{1}{t}\mathrm{d}t = -\frac{1}{2}\ln|t| + C$，所以 $f(x) = -\frac{1}{2}\ln|x| + C$。已知 $f(1) = 1$，代入上式可得 $C = 1$，可得 $f(x) = -\frac{1}{2}\ln|x| + 1$。

方法 2：对等式两边积分 $\int\frac{\mathrm{d}}{\mathrm{d}x}f\left(\frac{1}{x^2}\right)\mathrm{d}x = \int\frac{1}{x}\mathrm{d}x \Rightarrow f\left(\frac{1}{x^2}\right) = \ln|x| + C$，设 $t = \frac{1}{x^2}$，$|x| = \frac{1}{\sqrt{t}}$，则 $f(t) = -\frac{1}{2}\ln|t| + C$，即 $f(x) = -\frac{1}{2}\ln|x| + C$。$f(1) = 1$，代入可得 $C = 1$，$f(x) = -\frac{1}{2}\ln|x| + 1$。

答案：D

4. 解 本题考查复合函数的二阶导数计算。

由已知 $f(x) = e^x$，$g(x) = \sin x$，易知 $g'(x) = \cos x$，$y = f[g'(x)] = e^{\cos x}$，则

$$\frac{\mathrm{d}y}{\mathrm{d}x} = -\sin x e^{\cos x}$$

$$\frac{\mathrm{d}^2 y}{\mathrm{d}x^2} = (-\sin x e^{\cos x})' = -\cos x e^{\cos x} - \sin x e^{\cos x}(-\sin x) = e^{\cos x}(\sin^2 x - \cos x)$$

答案：C

5. 解 本题考查求曲线的渐近线。

由 $\lim\limits_{x \to 0}e^{-\frac{1}{x^2}} = 0$，$\lim\limits_{x \to \infty}e^{-\frac{1}{x^2}} = 1$，知 $y = 1$ 是曲线 $y = e^{-\frac{1}{x^2}}$ 的一条水平渐近线。

注：本题超纲，函数 $y = e^{-\frac{1}{x^2}}$ 和 $y = 1$ 的图像如解图所示，易知当 x 逐渐增大时，$y = e^{-\frac{1}{x^2}}$ 的图像会向 $y = 1$ 的图像逐渐靠近，因此称 $y = 1$ 是 $y = e^{-\frac{1}{x^2}}$ 的渐近线。

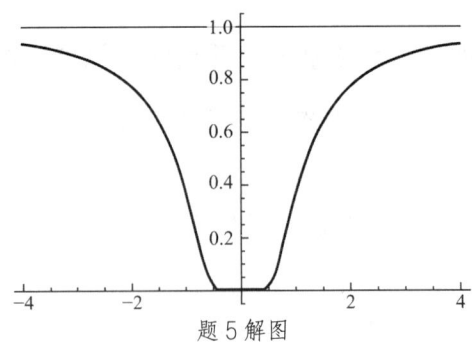

题 5 解图

答案：B

6. 解 本题考查函数的驻点和拐点的概念及性质。

二阶可导点处拐点的必要条件：设点 $(x_0, f(x_0))$ 为曲线 $y = f(x)$ 的拐点，且 $f''(x_0)$ 存在，则 $f''(x_0) = 0$，题干未注明 $f''(x_0)$ 是否存在，故选项 A、B 错误。

根据函数 $f(x)$ 拐点的定义：设函数 $f(x)$ 连续，若曲线在点 $(x_0, f(x_0))$ 两旁凹凸性改变，则点 $(x_0, f(x_0))$ 为曲线的拐点。拐点是函数图像上凹凸性发生改变的点，不一定是驻点，但一定连续点，故选项 C 错误。

答案：D

7. 解 本题考查定积分的计算以及运用对称区间上偶函数的积分简化计算。

被积函数 $|\sin x|$ 在对称区间 $[-\pi, \pi]$ 上为偶函数，则

$$\int_{-\pi}^{\pi} |\sin x|\, dx = 2\int_0^{\pi} \sin x\, dx = -2\cos x \Big|_0^{\pi} = 4$$

答案：B

8. 解 本题考查原函数的定义及不定积分与微分运算互逆的性质。

已知 $F(x)$ 是 e^{-x} 的一个原函数，即 $F'(x) = e^{-x}$，可得 $F(x) = \int e^{-x}\, dx = -e^{-x} + C$，所以 $\int dF(2x) = F(2x) + C = -e^{-2x} + C$。

答案：D

9. 解 本题考查向量的向量积。根据右手螺旋法则：

$$\boldsymbol{i} \times \boldsymbol{j} \times \boldsymbol{k} = \boldsymbol{k} \times \boldsymbol{k} = 0$$

答案：A

10. 解 本题考查求平面方程。所求平面平行 xoz 坐标面，故平面的法向量平行于 y 轴，可设平面法向量为 $\boldsymbol{n} = (0,1,0)$，且过 y 轴上的点 $(0,1,0)$，由平面点法式方程可得

$$0(x - 0) + 1 \times (y - 1) + 0(z - 0) = 0$$

即 $y = 1$。

答案：B

11. 解 本题考查积分上限函数的导数及一阶微分方程的求解。

对方程 $y = e^x + \int_0^x f(t)\,dt$ 两边求导，得 $y' = e^x + y$，这是一个形如 $y' + P(x)y = Q(x)$ 的一阶线性微分方程，其中 $P(x) = -1$，$Q(x) = e^x$，其通解为 $y = e^{-\int P(x)\,dx}\left[\int Q(x)e^{\int P(x)\,dx}\,dx + C\right]$，可得 $y = e^{-\int -1\,dx}\left[\int e^x e^{\int -dx}\,dx + C\right] = e^x(x + C)$。由已知 $y = e^x + \int_0^x f(t)\,dt$，知 $y(0) = 1$，代入通解可得 $C = 1$。所以函数的表达式为 $y = e^x(x + 1)$。

答案：B

12. 解 本题考查多元函数微分学基本概念的关系。

二元函数在可微、偏导存在、连续之间的关系如下：

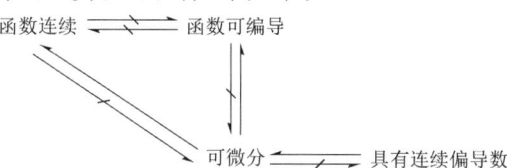

可知，二元函数在点 $M(x_0, y_0)$ 处两个偏导数存在是可微的必要条件，亦即可微则两个偏导数一定存在。

答案：B

13. 解 本题考查二阶常系数线性非齐次微分方程的特解。

方法 1： 将四个函数代入微分方程直接验证，可知选项 C 正确。

方法 2： 二阶常系数非齐次微分方程所对应的齐次方程的特征方程为 $r^2 - r - 2 = 0$，特征根 $r_1 = -1$，$r_2 = 2$，可得齐次方程的通解为 $Y = C_1 e^{2x} + C_2 e^{-x}$。

另一方面，由右端项 $f(x) = 3e^x$，可知 $\lambda = 1$ 不是对应齐次方程的特征根，所以非齐次方程的特解形式为 $y^* = Ae^x$，A 为待定常数。代入非齐次微分方程，得 $y'' - y' - 2y = (Ae^x)'' - (Ae^x)' - 2Ae^x = -2Ae^x = 3e^x$，通过比较有 $A = -\frac{3}{2}$，所以 $y^* = -\frac{3}{2}e^x$ 是微分方程的特解，可得方程的通解为 $y = Y + y^* = C_1 e^{2x} + C_2 e^{-x} - \frac{3}{2}e^x$。由此可知，选项 C 正确。

答案：C

14. 解 本题考查直角坐标系二重积分化为极坐标系计算二重积分。

直角坐标与极坐标的关系为 $\begin{cases} x = r\cos\theta \\ y = r\sin\theta \end{cases}$，由 $x^2 + y^2 \leq 1$，得极坐标系下的积分区域 D 为 $\begin{cases} -\pi \leq \theta \leq \pi \\ 0 \leq r \leq 1 \end{cases}$，如解图所示。

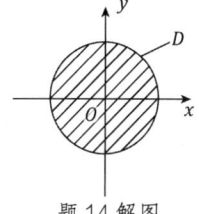

题 14 解图

极坐标系的面积元素 $dx\,dy = r\,dr\,d\theta$，则：

$$\iint_D (x^2 + y^2)^2\,dx\,dy = \int_{-\pi}^{\pi} d\theta \int_0^1 r^4 \cdot r\,dr = 2\pi \frac{r^6}{6}\bigg|_0^1 = \frac{\pi}{3}$$

答案：B

15. 解 本题考查对弧长的曲线积分的计算。设 L 为圆周 $x = a\cos t$，$y = a\sin t$（$a > 0$，$0 \leq t \leq 2\pi$），

则对弧长的曲线积分：

$$\int_L (x^2 + y^2)\,ds = \int_0^{2\pi} a^2(\cos^2 t + \sin^2 t)a\sqrt{(-\sin t)^2 + (\cos t)^2}\,dt = \int_0^{2\pi} a^3\,dt = 2\pi a^3$$

注：第一类曲线积分的下限一定小于或等于上限。

答案：A

16. 解　本题考查无穷级数收敛的定义及收敛数列的有界性。

根据常数项级数敛散性定义，对于级数 $\sum\limits_{n=0}^{\infty} a_n$ 部分和数列 $\{S_n\}$，若 $\lim\limits_{n\to\infty} S_n = S$ 存在，则称级数 $\sum\limits_{n=1}^{\infty} a_n$ 收敛，收敛数列一定有界的。

答案：A

17. 解　本题考查多元复合函数偏导数计算。

方法 1：函数 $z = f(x, xy)$，其中 $f(u, v)$ 具有二阶连续偏导数，设 $u = x$，$v = xy$，则

$\frac{\partial z}{\partial x} = \frac{\partial f}{\partial u} + y\frac{\partial f}{\partial v}$，$\frac{\partial^2 z}{\partial x \partial y} = \frac{\partial}{\partial y}\left(\frac{\partial f}{\partial u}\right) + \frac{\partial}{\partial y}\left(y\frac{\partial f}{\partial v}\right) = x\frac{\partial^2 f}{\partial u \partial v} + \frac{\partial f}{\partial v} + xy\frac{\partial^2 f}{\partial v^2} = \frac{\partial f}{\partial v} + x\left(\frac{\partial^2 f}{\partial v \partial u} + y\frac{\partial^2 f}{\partial v^2}\right)$。

方法 2：函数 $z = f(x, xy)$，其中 $f(u, v)$ 具有二阶连续偏导数，则 $\frac{\partial z}{\partial y} = x\frac{\partial f}{\partial v}$，$\frac{\partial^2 z}{\partial x \partial y} = \frac{\partial^2 z}{\partial y \partial x} = \frac{\partial}{\partial x}\left(x\frac{\partial f}{\partial v}\right) = \frac{\partial f}{\partial v} + x\frac{\partial}{\partial x}\left(\frac{\partial f}{\partial v}\right) = \frac{\partial f}{\partial v} + x\frac{\partial^2 f}{\partial v \partial u} + xy\frac{\partial^2 f}{\partial v^2} = \frac{\partial f}{\partial v} + x\left(\frac{\partial^2 f}{\partial v \partial u} + y\frac{\partial^2 f}{\partial v^2}\right)$。

答案：D

18. 解　本题考查傅里叶级数狄利克雷收敛定理。

已知 $f(x)$ 是以 2π 为周期的周期函数，它在 $(-\pi, \pi]$ 的表达式为 $f(x) = \begin{cases} x + 1 & -\pi < x \leqslant 0 \\ 2 & 0 < x \leqslant \pi \end{cases}$，满足狄利克雷收敛定理的条件，则傅里叶级数收敛，并且当 x 是 $f(x)$ 的连续点时，级数收敛于 $f(x)$；当 x 是 $f(x)$ 的间断点时，级数收敛于 $\frac{f(x-0)+f(x+0)}{2}$。6π 是 $f(x)$ 的间断点，所以傅里叶级数的和函数 $S(6\pi) = S(0) = \frac{f(0-0)+f(0+0)}{2} = \frac{1+2}{2} = \frac{3}{2}$。

答案：C

19. 解　本题考查求向量组的极大线性无关组的方法。即把向量作为列向量构成矩阵，然后进行初等行变换，将矩阵变为行阶梯形矩阵。每行的首非零元所在的列向量构成一个极大线性无关组。

方法 1：$\alpha_1, \alpha_2, \alpha_3, \alpha_4$ 为列向量作矩阵 A，进行初等行变换。

$$A = (\alpha_1, \alpha_2, \alpha_3, \alpha_4) = \begin{bmatrix} 1 & 0 & 3 & 1 \\ -1 & 3 & 0 & -1 \\ 2 & 1 & 7 & 2 \\ 4 & 2 & 14 & 0 \end{bmatrix} \xrightarrow[-2r_1+r_3]{r_1+r_2} \begin{bmatrix} 1 & 0 & 3 & 1 \\ 0 & 3 & 3 & 0 \\ 0 & 1 & 1 & 0 \\ 4 & 2 & 14 & 0 \end{bmatrix} \xrightarrow{r_2 \leftrightarrow r_3}$$

$$\begin{bmatrix} 1 & 0 & 3 & 1 \\ 0 & 1 & 1 & 0 \\ 0 & 3 & 3 & 0 \\ 4 & 2 & 14 & 0 \end{bmatrix} \xrightarrow[-4r_1+r_4]{-3r_2+r_3} \begin{bmatrix} 1 & 0 & 3 & 1 \\ 0 & 1 & 1 & 0 \\ 0 & 0 & 0 & 0 \\ 0 & 2 & 2 & -4 \end{bmatrix} \xrightarrow[r_3 \leftrightarrow r_4]{-2r_2+r_4} \begin{bmatrix} 1 & 0 & 3 & 1 \\ 0 & 1 & 1 & 0 \\ 0 & 0 & 0 & -4 \\ 0 & 0 & 0 & 0 \end{bmatrix} = B$$

由矩阵 B 的秩为 3，可知极大无关组含 3 个线性无关向量，故选项 C、D 错误。极大无关组可取

$\boldsymbol{\alpha}_1, \boldsymbol{\alpha}_2, \boldsymbol{\alpha}_4$ 或 $\boldsymbol{\alpha}_1, \boldsymbol{\alpha}_3, \boldsymbol{\alpha}_4$ 或 $\boldsymbol{\alpha}_2, \boldsymbol{\alpha}_3, \boldsymbol{\alpha}_4$。

方法 2:

$$A = (\boldsymbol{\alpha}_1, \boldsymbol{\alpha}_2, \boldsymbol{\alpha}_3, \boldsymbol{\alpha}_4) = \begin{bmatrix} 1 & 0 & 3 & 1 \\ -1 & 3 & 0 & -1 \\ 2 & 1 & 7 & 2 \\ 4 & 2 & 14 & 0 \end{bmatrix} \xrightarrow[\substack{-2r_1 + r_3 \\ -4r_1 + r_4}]{r_1 + r_2} \begin{bmatrix} 1 & 0 & 3 & 1 \\ 0 & 3 & 3 & 0 \\ 0 & 1 & 1 & 0 \\ 40 & 2 & 24 & -4 \end{bmatrix} \xrightarrow[\substack{-\frac{1}{3}r_2 + r_3 \\ -\frac{2}{3}r_2 + r_4}]{} \begin{bmatrix} 1 & 0 & 3 & 1 \\ 0 & 3 & 3 & 0 \\ 0 & 0 & 0 & 0 \\ 0 & 0 & 0 & -4 \end{bmatrix}$$

易知极大线性无关组为 $\boldsymbol{\alpha}_1, \boldsymbol{\alpha}_2, \boldsymbol{\alpha}_4$ 或 $\boldsymbol{\alpha}_1, \boldsymbol{\alpha}_3, \boldsymbol{\alpha}_4$。

答案：B

20. 解 本题考查二次型秩的概念。

$$f = \boldsymbol{x}^{\mathrm{T}} \boldsymbol{A} \boldsymbol{x}$$

$$\boldsymbol{A} = \begin{bmatrix} -1 & & & \\ & 1 & & \\ & & 1 & \\ & & & -1 \end{bmatrix}, \quad \boldsymbol{x} = \begin{bmatrix} x_1 \\ x_2 \\ x_3 \\ x_4 \end{bmatrix}$$

$r(\boldsymbol{A}) = 4$，$\boldsymbol{A}$ 的秩称为二次型 f 的秩。

答案：D

21. 解 本题考查相似矩阵的性质及矩阵特征值。

由于矩阵 $\boldsymbol{A}$ 相似于矩阵 $\boldsymbol{B}$，故矩阵 $\boldsymbol{A}$ 与 $\boldsymbol{B}$ 有相同的特征值，即 $\boldsymbol{B}$ 的特征值为 1、2、3，$2\boldsymbol{B}$ 的特征值为 2、4、6，$2\boldsymbol{B} - \boldsymbol{I}$ 的特征值为 1、3、5，故 $|2\boldsymbol{B} - \boldsymbol{I}| = 1 \times 3 \times 5 = 15$。

答案：A

22. 解 本题考查条件概率的计算公式。

因为 $B \subset A$，所以 $AB = B$，又由于

$$P(B|A) = \frac{P(AB)}{P(A)} = \frac{P(B)}{P(A)}$$

故有

$$P(B) = P(A)P(B|A) = 0.48$$

答案：C

23. 解 本题考查概率密度函数的性质。

$$\int_{-\infty}^{+\infty} \int_{-\infty}^{+\infty} f(x,y) \, \mathrm{d}x \, \mathrm{d}y = 1$$

$\int_0^{+\infty} c e^{-x} \, \mathrm{d}x \int_0^{+\infty} e^{-y} \, \mathrm{d}y = c(-e^{-x}) \big|_0^{+\infty} (-e^{-y}) \big|_0^{+\infty} = c \times 1 \times 1 = 1$，得到 $c = 1$

答案：B

24. 解 本题考查随机变量的数学期望、方差、协方差、相关系数等的概念及性质。

方法 1：把 $2X - Y + 1$ 看成一个整体，直接用公式 $E(X^2) = D(X) + \big(E(X)\big)^2$：

$$E[(2X - Y + 1)^2] = D(2X - Y + 1) + [E(2X - Y + 1)]^2 = D(2X - Y) + (2EX - EY + 1)^2$$
$$= D(2X - Y) + 1 = D(2X) + D(Y) - 2\text{Cov}(2X, Y) + 1$$
$$= 4D(X) + D(Y) - 4\text{Cov}(X, Y) + 1 = 4D(X) + D(Y) - 4\rho_{XY}\sqrt{D(X)D(Y)} + 1$$
$$= 4 \times 1 + 4 - 4 \times 0.6\sqrt{1 \times 4} + 1 = 4.2$$

方法2：把 $2X - Y + 1$ 的平方展开后再用性质计算。
$$E[(2X - Y + 1)^2] = E((2X - Y)^2 + 2(2X - Y) + 1)$$
$$= E((2X - Y)^2) + 2E(2X - Y) + 1 = E(4X^2 - 4XY + Y^2) + 4E(X) - 2E(Y) + 1$$
$$= 4E(X^2) - 4E(XY) + E(Y^2) + 4E(X) - 2E(Y) + 1$$

利用公式 $E(X^2) = D(X) + (EX)^2$，$E(XY) = \text{Cov}(X, Y) + E(X)E(Y)$

$$\text{Cov}(X, Y) = \rho_{XY}\sqrt{D(X)D(Y)}$$

代入相应的数值可得：$E(X^2) = D(X) + (EX)^2 = 1 + 1 = 2$，同理 $E(Y^2) = 4 + 4 = 8$

$$\text{Cov}(X, Y) = \rho_{XY}\sqrt{D(X)D(Y)} = 0.6 \times \sqrt{1 \times 4} = 1.2$$

$$E(XY) = \text{Cov}(X, Y) + E(X)E(Y) = 1.2 + 2 = 3.2$$

故 $E[(2X - Y + 1)^2] = 4 \times 2 - 4 \times 3.2 + 8 + 4 - 4 + 1 = 4.2$

方法3：相关系数 $\rho_{XY} = \frac{\text{Cov}(X,Y)}{\sqrt{D(X)D(Y)}} = \frac{E(XY) - E(X)E(Y)}{\sqrt{D(X)D(Y)}} = \frac{E(XY) - 1 \times 2}{\sqrt{1 \times 4}} = 0.6$，解得 $E(XY) = 3.2$。

而 $E[(2X - Y + 1)^2] = E((2X - Y)^2 + 2(2X - Y) + 1)$
$$= E((2X - Y)^2) + 2E(2X - Y) + 1$$
$$= E(4X^2 - 4XY + Y^2) + 4E(X) - 2E(Y) + 1$$
$$= 4E(X^2) - 4E(XY) + E(Y^2) + 4E(X) - 2E(Y) + 1$$

利用公式 $E(X^2) = D(X) + (EX)^2$，$E(X^2) = 1 + 1 = 2$，同理 $E(Y^2) = 4 + 4 = 8$

故 $E[(2X - Y + 1)^2] = 4 \times 2 - 4 \times 3.2 + 8 + 4 - 4 + 1 = 4.2$

答案：B

25. 解 平均速率的公式为 $\bar{v} = \sqrt{\frac{8RT}{\pi M}}$，平均速率提高为原来的 2 倍，则温度提高为原来的 4 倍，再根据压强公式 $p = nkT$，压强也提高为原来的 4 倍。

答案：D

26. 解 根据分子的平均平动公式 $\bar{\omega} = \frac{3}{2}kT$，分子的平均平动相同，温度相同。再根据压强公式 $p = nkT$，分子数密度不同，压强不同。

答案：B

27. 解 内能 E 只与始末状态有关，是状态量。W、Q 均为过程量。

答案：D

28. 解 气体经一次循环对外所做的净功为曲线所包围的面积，此循环为顺时针正循环，系统对外做正功。

$$W = (4 - 1) \times 10^5 \times (4 - 1) \times 10^{-3} = 900\text{J}$$

答案：D

29. 解 理想气体的状态方程 $PV = \frac{M}{\mu}RT$，可列出两个等式：

$$P_1 V = \frac{m_1 - m_{瓶子}}{\mu} RT \qquad ①$$

$$P_2 V = \frac{m_2 - m_{瓶子}}{\mu} RT \qquad ②$$

两式相减，可得气体的摩尔质量 $\mu = \frac{RT}{V} \frac{m_1 - m_2}{P_1 - P_2}$。

答案：A

30. 解 沿传播方向相距为 λ 的两点的相位差为 2π，振动状态完全相同。

答案：B

31. 解 注意位移和振幅的区别，位移有正有负，而振幅恒为正，且 SI 表示国际单位制，位移单位为 m。

答案：A

32. 解 由机械波能量特征知，动能与势能是同相的，质元经过平衡位置时，动能最大，势能也最大。

答案：A

33. 解 驻波是由振幅、频率和传播速度都相同的两列相干波在同一直线上沿相反方向传播时叠加而成的一种特殊形式的干涉现象。

设另一简谐波的表达式为 $y_2 = 2.0 \times 10^{-2} \cos\left[100\pi\left(t - \frac{x}{20}\right) + \varphi\right]$ (SI)，则驻波方程为：

$$y = y_1 + y_2 = 2.0 \times 10^{-2} \cos\left[100\pi\left(t + \frac{x}{20}\right) - \frac{\pi}{3}\right] + 2.0 \times 10^{-2} \cos\left[100\pi\left(t - \frac{x}{20}\right) + \varphi\right]$$

$$= 4.0 \times 10^{-2} \cos\left[100\pi t + \frac{1}{2}\left(\varphi - \frac{\pi}{3}\right)\right] \cos\left[5\pi x - \frac{1}{2}\left(\varphi + \frac{\pi}{3}\right)\right]$$

因为 $x = 0$ 处为波腹，所以 $\cos\left[-\frac{1}{2}\left(\varphi + \frac{\pi}{3}\right)\right] = \pm 1$，则 $-\frac{1}{2}\left(\varphi + \frac{\pi}{3}\right) = k\pi$。

当 $k = 0$，$\varphi = -\frac{\pi}{3}$；当 $k = 1$，$\varphi = \frac{5\pi}{3}$。

答案：C

34. 解 光通过折射率不同的两种媒质时，光的频率不变，光的波长和波速都会发生变化。

$$\lambda_n = \frac{\lambda}{n}; \quad v = \frac{c}{n}$$

答案：D

35. 解 增透膜是利用光的干涉原理，增加透射，减少反射。

答案：C

36. 解 对于平行光，单缝的少许移动不会导致成像位置和形状的改变。

答案：D

37. 解 四个量子数的物理意义分别为：

主量子数n：①代表电子层；②代表电子离原子核的平均距离；③决定原子轨道的能量。

角量子数l：①表示电子亚层；②确定原子轨道形状；③在多电子原子中决定亚层能量。

磁量子数m：①确定原子轨道在空间的取向；②确定亚层中轨道的数目。

自旋量子数m_s：决定电子自旋方向。

答案：C

38. 解 Ca^{2+}的核外电子排布为：$1s^22s^22p^63s^23p^6$，最外层8个电子，为8电子构型。

答案：B

39. 解 根据拉乌尔定律，溶液沸点升高度数和凝固点下降度数与溶液中所有溶质粒子的质量摩尔浓度（近似等于物质量浓度）成正比。选项A、B、C溶液溶质粒子浓度均为0.2mol/L，选项D溶液溶质粒子浓度为0.3mol/L。故选项D溶液凝固点下降最大，凝固点最低。

答案：D

40. 解 由$pH = -\lg C_{H^+}$，得$C_{H^+} = 10^{-3} mol/L$。由一元弱酸氢离子浓度近似计算公式$C_{H^+} = \sqrt{K_a C}$，得

$$K_a = \frac{C_{H^+}^2}{C} = \frac{(10^{-3})^2}{0.1} = 1.0 \times 10^{-5}$$

答案：B

41. 解 催化剂能够改变反应途径，降低活化能，同时提高正、逆反应速率，但只能改变达到平衡的时间而不能改变平衡的状态。平衡常数只是温度的函数，与分压、浓度、催化剂无关。本题同样温度下，使用催化剂，平衡常数不变，平衡转化率不变。

答案：C

42. 解 温度不变，平衡常数不变。该反应前后气体分子总数不变，压强变化不会引起化学平衡移动。容器体积缩小到原来的1/2，气体B(g)和C(g)的浓度都将为原来的2倍。

答案：D

43. 解 Cu^{2+}/Cu电对的电极反应为$Cu^{2+} + 2e^- = Cu$，根据能斯特方程：

$$E(Cu^{2+}/Cu) = E^{\Theta}(Cu^{2+}/Cu) + \frac{0.0592}{2}\lg C_{Cu^{2+}} = 0.30$$

故$C(Cu^{2+}) = 0.0445 mol/L < 1mol/L$

答案：B

44. 解 苯和甲苯都属于芳烃，都能在空气中燃烧，都能发生取代反应。甲苯能被$KMnO_4$酸性溶液氧化为苯甲酸，使$KMnO_4$溶液褪色；而苯性质稳定，与$KMnO_4$溶液不反应。

答案：D

45. 解 消除反应是有机化合物分子中消去一个小分子化合物（如HX、H_2O等）的反应。水解反应

是水作为亲核试剂攻击化合物中的原子或离子，从而导致化合物的分解，常见的水解反应有卤代烃水解、磺酸及其盐的水解、酯的水解、胺的水解等。四个选项均为卤代烃，卤代烃水解本质是取代反应，均能发生水解反应生成相应的醇。选项 A 既能发生消除反应生成丙烯，又能发生水解反应生成异丙醇；选项 B 只有一个碳；选项 C 和 D 与 Cl 成键的 C 原子的相邻 C 原子无 H，均不能发生消除反应。

答案：A

46. 解　加聚反应是单体通过加成反应结合成为高聚物的反应。丙烯的化学式为$CH_2\!=\!CH\!-\!CH_3$，加聚反应的产物为选项 C（聚丙烯）。

答案：C

47. 解　根据平面任意力系独立平衡方程组的条件，三个平衡方程中，选项 A 不满足三个矩心不共线的三矩式要求，选项 B、D 不满足两矩心连线不垂直于投影轴的二矩式要求。只有选项 C 两矩心 A、B 点连线不垂直于投影轴 x，满足独立平衡方程组的条件。

答案：C

48. 解　根据力系简化最后结果分析，只要主矢不为零，力系简化的最后结果就是一合力。而力系向 A 点简化的矩为零，向 B 点简化的矩不为零，故主矢不为零。

答案：D

49. 解　取 CD 为研究对象，受力如解图所示，列平衡方程 $\sum M_C(\boldsymbol{F})=0$，即：

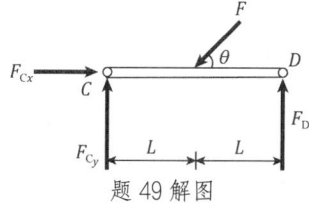

题 49 解图

$$F_D \times 2L - F\sin 45° L = 0$$

解得：$F_D = 0.35\text{kN}$（↑）

答案：D

50. 解　分析铰接三根杆的节点 E，可知 EG 杆为零杆，再分析节点 G，由于 EG 杆为零杆，节点 G 实际也为三杆的铰接点，故 1 杆为零杆。

答案：D

51. 解　因为 $v=\dfrac{\mathrm{d}y}{\mathrm{d}t}=t^2-20$，则积分后有 $y=\dfrac{1}{3}t^3-20t+C$，已知 $t=0$ 时，$y=-15\text{m}$，故 $C=-15$，即点的运动方程为 $y=\dfrac{1}{3}t^3-20t-15$；$t=3\text{s}$ 时，点的位置坐标为 $y=-66\text{m}$。

答案：B

52. 解　$a=\dfrac{\mathrm{d}v}{\mathrm{d}t}=20\text{m/s}^2$。

答案： B

53.解 B 点绕 O 轴转动的转动半径 $OB = 50\text{cm}$，定轴转动刚体上一点速度和法向加速度与转动角速度的关系为：

$$v_B = OB \cdot \omega = 50 \times 2 = 100\text{cm/s}, \quad a_{Bn} = OB \cdot \omega^2 = 50 \times 4 = 200\text{cm/s}^2$$

答案： A

54.解 当忽略滑轮质量和摩擦时，连接物块 A 的绳索张力与连接物块 B 的绳索张力大小相等。

答案： C

55.解 设鼓轮的角速度为 ω，则物块 B 的速度 $v_B = r_1\omega = v$，物块 A 的速度 $v_A = r_2\omega = \frac{r_2}{r_1}v$，系统的动能为：

$$T = \frac{1}{2}m_2 v_A^2 + \frac{1}{2}m_1 v_B^2 = \frac{1}{2}m_2\left(\frac{r_2}{r_1}v\right)^2 + \frac{1}{2}m_1 v^2 = \frac{1}{2}\left(\frac{m_1 r_1^2 + m_2 r_2^2}{r_1^2}\right)v^2$$

答案： A

56.解 杆在初瞬时和在最小常力矩作用下转过 90°时的角速度均为零，故动能 $T_1 = T_2 = 0$，由动能定理 $T_2 - T_1 = M \times \frac{\pi}{2} - mg \times \frac{l}{2} = 0$，可得 $M = \frac{mgl}{\pi} = 24.97\text{N} \cdot \text{m}$。

答案： C

57.解 在 BA 绳剪断瞬时，物体只有垂直于 CA 绳的加速度（如解图所示），而惯性力 $F_1 = \frac{Q}{g}a$ 与加速度反向，沿加速度方向列平衡方程：$Q\cos 30° - F_1 = 0$，解得 $a = g\cos 30°$，则有惯性力 $F_1 = Q\cos 30° = \frac{\sqrt{3}}{2}Q$。

答案： A

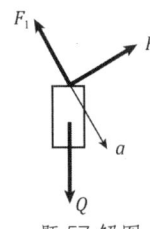

题 57 解图

58.解 振动频率 $\omega = \sqrt{\frac{k}{m}}$；三个装置中等效弹簧刚度最小的振动频率就最小。

装置（a）两弹簧并联，等效弹簧刚度为 $k_a = k + k = 2k$。

装置（b）两弹簧串联，等效弹簧刚度为 $k_b = \frac{k}{2} = 0.5k$。

装置（c）三弹簧并联，等效弹簧刚度为 $k_c = 3k$。

所以装置（b）振动频率最小。

答案： B

59.解 材料 D 的应变值 ε 最大，塑性最好。

答案： D

60.解 由截面法可知，AB 段轴力为零、变形为零；BC 段轴力为 F，变形为 $\frac{Fa}{EA}$，杆的总伸长为两段变形之和，故为 $\frac{Fa}{EA}$。

答案： B

61. 解 由铰链轴的受力分析可知，剪切面上的剪力是 $F/2$，剪切面面积为 $\pi d^2/4$。

由剪切强度条件：

$$\tau = \frac{Q}{A} = \frac{F}{2} \Big/ \frac{\pi d^2}{4} \leqslant [\tau]$$

得到：$d^2 \geqslant \dfrac{2F}{\pi[\tau]}$

答案： B

62. 解 圆轴的最大切应力：$\tau_{\text{max}1} = \dfrac{T}{W_{\text{p}}} = \dfrac{T}{\pi d^3/16} = \dfrac{16T}{\pi d^3}$

将轴的直径增大一倍后：$\tau_{\text{max}2} = \dfrac{16T}{\pi(2d)^3}$

$\tau_{\text{max}1}/\tau_{\text{max}2} = \dfrac{1}{8}$

答案： C

63. 解 圆轴在扭矩作用下发生的弹性扭转角：$\varphi = \dfrac{TL}{GI_{\text{p}}}$

所以 $T = \dfrac{GI_{\text{p}}\varphi}{L}$。

答案： A

64. 解 利用惯性矩的平行移轴公式，可得：

$$I_{x1} = I_x + \left(\frac{a}{2}\right)^2 A = \frac{a^4}{12} + \left(\frac{a}{2}\right)^2 a^2 = \frac{a^4}{3}$$

$$I_{y1} = I_y + \left(\frac{a}{2}\right)^2 A = \frac{a^4}{12} + \left(\frac{a}{2}\right)^2 a^2 = \frac{a^4}{3}$$

关于角点 C 的极惯性矩：

$$I_{\text{p}} = I_{x1} + I_{y1} = \frac{a^4}{3} + \frac{a^4}{3} = \frac{2a^4}{3}$$

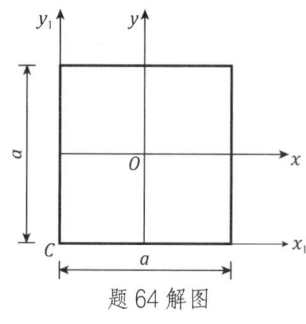

题 64 解图

答案： A

65. 解 根据梁的弯曲内力图的突变规律，在集中力偶作用截面处，弯矩 M 图有突变，剪力 Q_s 图无变化。

答案： C

66. 解 受均布荷载的简支梁，其弯矩图和挠度曲线都是向下弯的曲线，可知此梁的截面下部受拉，而铸铁材料的抗拉性能较差。按强度考虑，为了提高此梁的承载能力，应该采用 T 字形截面，并把翼缘布置在下部，使得发生最大拉应力的位置离中性轴最近，最大拉应力最小。

答案： D

67. 解 由题目的已知条件可知，梁（a）和梁（b）的材料不同，故二者弹性模量 E 不同；但是它们的弯曲刚度 EI 相同，所以二者的惯性矩 I 不同，抗弯截面模量 W_z 不同，$\sigma_{\text{max}} = M_{\text{max}}/W_z$，因而弯曲最大正应力不同。

答案: A

68. 解 （A）图: $\sigma_1 = \sigma$, $\sigma_2 = \sigma$, $\sigma_3 = 0$

$$\tau_{max} = \frac{\sigma - 0}{2} = \frac{\sigma}{2}$$

（B）图: $\sigma_1 = \sigma$, $\sigma_2 = 0$, $\sigma_3 = -\sigma$

$$\tau_{max} = \frac{\sigma - (-\sigma)}{2} = \sigma$$

（C）图: $\sigma_1 = 2\sigma$, $\sigma_2 = 0$, $\sigma_3 = -\sigma/2$

$$\tau_{max} = \frac{2\sigma - (-\sigma/2)}{2} = \frac{5\sigma}{4}$$

（D）图: $\sigma_1 = 2\sigma$, $\sigma_2 = \sigma$, $\sigma_3 = 0$

$$\tau_{max} = \frac{2\sigma - 0}{2} = \sigma$$

显然图（C）具有最大切应力。

答案: C

69. 解 第二强度理论的强度条件表达式是$\sigma_1 - \nu(\sigma_2 + \sigma_3) \leq [\sigma]$。

答案: B

70. 解 图（a）杆长L，两端固定，$\mu = 0.5$。

压杆临界力: $F_{cr}^a = \pi^2 EI/(0.5L)^2$

图（b）上下两根压杆杆长都是$L/2$，都是一端固定、一端铰支，$\mu = 0.7$。

压杆临界力: $F_{cr}^b = \pi^2 EI/\left(0.7 \times \frac{L}{2}\right)^2$

所以$F_{cr}^b/F_{cr}^a = 1/0.7^2$

答案: C

71. 解 压力表读数为相对压强。绝对压强 = 大气压 + 相对压强 = 101 + 20 = 121kPa。

答案: A

72. 解 流线与迹线重合的条件是恒定流，选项 A 错误。

不可压缩流场只有当是无旋流动时，任一封闭曲线的速度环量才等于零，选项 B 错误。

伯努利方程适用于不可压缩流体还需"定常流动"的条件，选项 C 错误。

根据不可压缩流体的三维流动连续性方程，其中任一点的速度散度为零，选项 D 正确。

答案: D

73. 解 计算结果为负值，与方程列错和计算结果正确与否没有必然联系，选项 A、D 均错误。计算结果为正，则说明力的实际方向与假设方向一致；计算结果为负，则说明力的实际方向与假设方向相反，选项 C 错误、选项 B 正确。

答案：B

74. 解 雷诺数 $\mathrm{Re} = \dfrac{v \cdot d}{\nu}$，运动黏度相同，$Q = Av = \dfrac{\pi}{4}d^2 v$，联立可得：

$$\frac{\mathrm{Re}_1}{\mathrm{Re}_2} = \frac{v_1 d_1}{v_2 d_2} = \frac{Q_1 d_2}{Q_2 d_1}, \quad \frac{d_1}{d_2} = \frac{Q_1 \mathrm{Re}_2}{Q_2 \mathrm{Re}_1} = \frac{3 \times 2}{4 \times 1} = \frac{3}{2}$$

答案：B

75. 解 根据沿程阻力计算的达西公式 $h_{\mathrm{f}} = \lambda \dfrac{L}{d}\dfrac{v^2}{2g}$，以及并联管路各支路两端的压降相等，有 $\lambda_1 \dfrac{L_1}{d_1}\dfrac{v_1^2}{2g} = \lambda_2 \dfrac{L_2}{d_2}\dfrac{v_2^2}{2g}$，由此得 $\dfrac{L_1}{L_2} = \dfrac{\lambda_2}{\lambda_1}\dfrac{d_1}{d_2}\dfrac{v_2^2}{v_1^2}$。根据已知条件，可得到管径比和流速比值。但管道的沿程阻力系数受到流态和当量粗糙度的影响而无法确定，因此，管道长度比无法确定。

答案：D

76. 解 明渠均匀流是水深、断面平均流速、断面流速分布均沿流程不变的具有自由液面的明渠流，即：①水流必须是恒定流动，若为非恒定流，水面波动，必然会在渠道中形成非均匀流；②流量保持不变，沿程没有水流分出或汇入；③渠道必须是长而直的顺坡棱柱形渠道，即底坡 i 沿程不变，否则，水体的重力沿水流方向的分力不等于摩擦力；④渠道表面粗糙情况沿程没有变化，而且没有闸、坝、桥、涵等水工建筑物的局部干扰。4 个选项中，只有在正坡棱柱形渠道中，沿程断面形状、尺寸和水深才均不变，底坡与水面平行，可以形成明渠均匀流。

答案：B

77. 解 影响半径公式为 $R = 3000 s \sqrt{k}$，由此可得：

$$\frac{R_1}{R_2} = \frac{s_1 \sqrt{k_1}}{s_2 \sqrt{k_2}} = \frac{1}{2} \times \sqrt{\frac{1}{4}} = \frac{1}{4}$$

答案：A

78. 解 流动的相似原理包括几何相似、运动相似、动力相似、初始条件相似及边界条件相似，不包括质量相似。

答案：D

79. 解 将一导体置于变化的磁场中，该导体中会有电动势产生，这种现象是由电磁感应定律来确定的。电磁感应定律描述的是感应的电场与变化的磁场的关系，当通过导体回路的磁通量随时间发生变化时，回路中就有感应电动势产生，从而产生感应电流。这个磁通量的变化可以是由磁场变化引起的，也可以是由于导体在磁场中运动或导体回路中的一部分切割磁力线的运动而产生的。

安培环路定律：描述磁场强度沿某曲线的线积分与此曲线包围的电流的关系。

高斯定律：描述电场沿某曲面的面积分与闭合曲面中电荷的关系。

库仑定律：描述两个点电荷之间的作用力与电荷量、距离、周围介质等之间的关系。

答案：B

80. 解 在电压电流恒定的情况下，电容相当于开路，电感相当于短路。则原电路简化如解图所示。

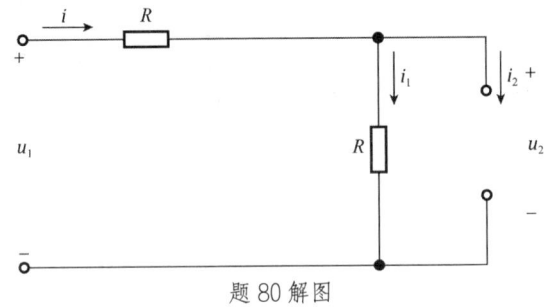

题 80 解图

可以看出：$u_2 = 0.5u_1 = 2.5\text{V}$，$i_1 = i = 0.2\text{A}$。

答案： A

81. 解 ①先将电流源与电阻的并联（见解图 a）化为电压源与电阻的串联（见解图 b）。

②再将两个串联电阻化为一个电阻（见解图 c）。

③将电压源与电阻的串联化为电流源与电阻的并联（见解图 d）。

④将两个并联电阻化为一个电阻，最终结果如解图 e）所示。

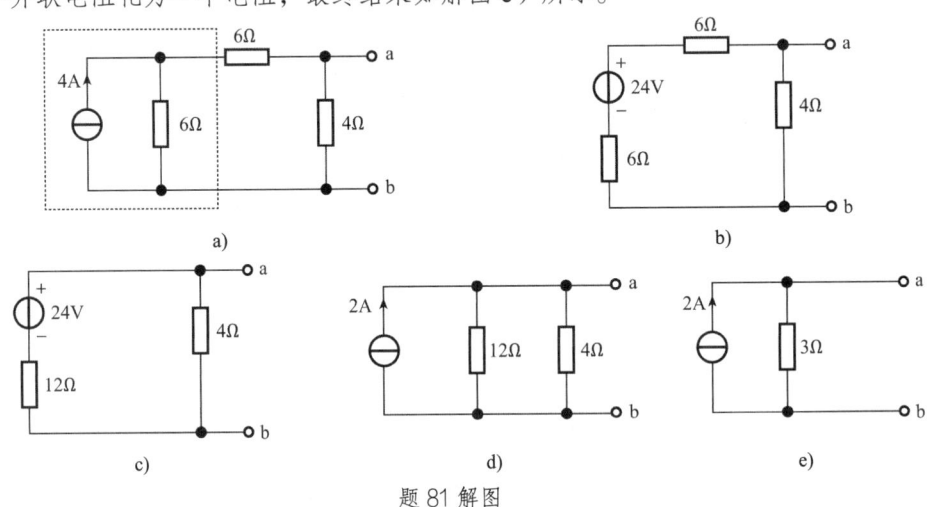

题 81 解图

答案： C

82. 解 对于正弦量，最大值I_m是有效值I的$\sqrt{2}$倍，周期T与角频率ω的关系是$\omega = 2\pi/T$。

因此：$I = I_m/\sqrt{2} = \frac{0.1}{\sqrt{2}} = 70.7\text{mA}$，$T = 2\pi/\omega = \frac{2\pi}{1000} = 6.28\text{ms}$

答案： B

83. 解 此电路的相量模型如解图所示。

$$\dot{I}_1 = \frac{\dot{U}}{R + R} = \frac{\dot{U}}{2R}$$

$$\dot{I}_2 = \frac{\dot{U}}{R + jX_L} = \frac{\dot{U}}{R + jR} = \frac{\dot{U}}{R\sqrt{2}\angle 45°} = \frac{\sqrt{2}\dot{U}\angle -45°}{2R}$$

$$\dot{I}_2 = \frac{\dot{U}}{R - jX_C} = \frac{\dot{U}}{R - jR} = \frac{\dot{U}}{R\sqrt{2}\angle -45°} = \frac{\sqrt{2}\dot{U}\angle 45°}{2R}$$

$$\dot{I} = \dot{I}_1 + \dot{I}_2 + \dot{I}_3 = \frac{\dot{U}}{2R} + \frac{\sqrt{2}\dot{U}\angle -45^\circ}{2R} + \frac{\sqrt{2}\dot{U}\angle 45^\circ}{2R} = \frac{3\dot{U}}{2R}$$

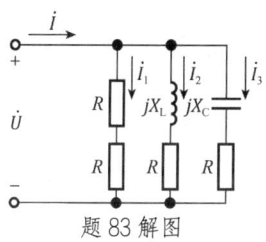

题 83 解图

由于各电流表的读数为各电流的有效值，则：

$$A_1 = I_1 = \frac{U}{2R}; \quad A_2 = I_2 = \frac{\sqrt{2}U}{2R}; \quad A_3 = I_3 = \frac{\sqrt{2}U}{2R}; \quad A = I = \frac{3U}{2R}$$

答案：D

84. 解 在开关闭合瞬间（$t = 0_+$ 时刻），电感等效为电流源（电流为初始电流），电容等效为电压源（电压为初始电压）。则此电路的等效电路图如解图所示。

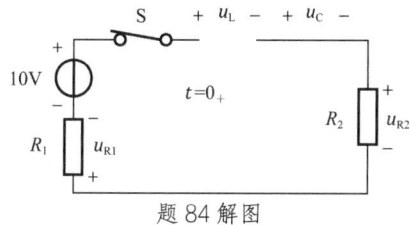

题 84 解图

则：$U_L = 10V$，$U_C = 0$，$U_{R1} = 0$，$U_{R2} = 0$

答案：A

85. 解 理想变压器，副边负载等效为原边为：$R_L' = \left(\frac{N_1}{N_2}\right)^2 R_L$

若在 R_L 上获得最大功率，则：$R_L' = R_1$。

得：$N_2 = \frac{N_1}{\sqrt{\frac{R_1}{R_L}}} = \frac{200}{\sqrt{\frac{100}{4}}} = 40$ 匝

答案：C

86. 解 由异步电动机的效率与负载的关系可知：当负载小于额定负载时，效率随负载的增大而增大；当负载大于额定负载时，效率随负载的增大而减小；当负载等于额定负载时，效率最大。由此可知：为使该电动机的工作效率高于 70%（对应 30kN·m 的负载），带动的负载应该大于 30kN·m。在 30～40kN·m 负载范围内，效率单调递增。

答案：C

87. 解 信号与信息是不同的两个概念。信号是特定的物理形式（声、光、电等），信息是受信者所要获得的有价值的消息。信息隐藏在信号中，信号是信息的表现形式，信号分为模拟信号和数字信号。

答案：D

88. 解 $(011111)_2 = 2^4 + 2^3 + 2^2 + 2^1 + 2^0 = 16 + 8 + 4 + 2 + 1 = 31$。

答案：D

89. 解 $x(t)$ 是原始信号，$u(t)$ 是模拟信号，它们都是时间的连续信号；$u^*(t)$ 是经过采样器后的采样信号，是离散信号。

答案：C

90.解 $u(t)$ 是分段函数，$u(t) = \begin{cases} -t+2 & 0 < 2s \\ 0 & t < 0, \ t > 2s \end{cases}$

它可以由函数 $(-t+2)$ 乘以在 $1\sim2s$ 间为 1 的脉冲函数 $[1(t) - 1(t-2)]$ 得到，因此：

$$u(t) = (-t+2)[1(t) - 1(t-2)] = (-t+2)1(t) - (-t+2)1(t-2)$$

答案：D

91.解 信号的放大包括电压放大（信号幅度放大）和功率放大（信号带载能力增强）。要求波形或频谱结构保持不变，即信号所携带的信息保持不变。

而模拟信号放大器的主要功能则是放大信号幅度。它可以将微弱的输入信号放大到较大的幅度，以便在输出端进行进一步处理或传输。模拟信号放大器并不会对信号的频率进行放大。

答案：B

92.解 根据逻辑加法（"或"）计算：$1 + B = 1$，因此选项 A 正确，而选项 B、C 错误；

根据逻辑乘法（"与"）计算：$1 \cdot B = B$，因此选项 D 错误。

答案：A

93.解 如解图所示。

①由电路可知：

集电极电流为：$i_C = \frac{12 - u_o}{1000} \geqslant \frac{12 - 0.3}{1000} = 11.7\text{mA}$

基极电流为：$i_B \approx \frac{5}{R_B}$

②由三极管的特性可知：$i_C \leqslant \beta i_B$

综上：$R_B \leqslant \frac{5\beta}{i_C} \leqslant \frac{5\beta}{11.7}$，若放大系数 $\beta = 50$，则 $R_B \leqslant \frac{5\beta}{11.7} = \frac{5 \times 50}{11.7} = 21.4\text{k}\Omega$。

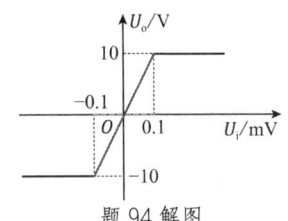
题 93 解图

答案：C

94.解 $U_o = 10^5 U_i$，说明运算放大器处于线性放大区。

由输出特性图（见解图）可以看出：线性放大区为灰线所示，其输入电压范围为灰虚线所示，即：小于 0.1mV 且大于 -0.1mV。

题 94 解图

答案：D

95.解 由图可以看出：

$$F_1 = \overline{(A \oplus 0) + B} = \overline{A + B} = \overline{A}\,\overline{B}$$

$$F_2 = \overline{(A \oplus 1) + B} = \overline{\overline{A} + B} = A\overline{B}$$

答案：B

96.解 D 触发器特性方程为：$Q_D^{n+1} = D$（CP 上升沿触发）；

JK 触发器特性方程为：$Q_{JK}^{n+1} = J\overline{Q}^n + \overline{K}Q^n$（CP 下降沿触发）；

由图可知：$J = K = 1$，$D = \overline{Q}_D^n$

所以：

此 D 触发器特性方程可以简化为：$Q_D^{n+1} = \overline{Q}_D^n$（CP 上升沿触发）；

此 JK 触发器特性方程可以简化为：$Q_{JK}^{n+1} = \overline{Q}_{JK}^n$（CP 下降沿触发）；

输出图形如解图所示。

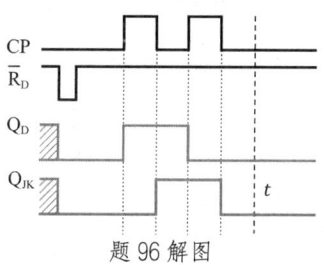

题 96 解图

答案： A

97. 解 系统软件是生成、准备和执行其他程序所需的一组程序。它通常负责管理、控制和维护计算机的各种软、硬件资源，并为用户提供一个友好的操作界面。常见的系统软件包括操作系统、语言处理程序（汇编程序和编译程序等）、连接装配程序、系统使用程序、多种工具软件等。

答案： B

98. 解 总线中的数据总线是用于传送程序和数据的。

答案： A

99. 解 分时操作系统是在一台计算机中可以同时连接多个近程或多个远程终端，把 CPU 时间划分为若干个时间片，通过时间片轮转的方式，由 CPU 轮流地为各个终端用户的程序提供处理器时间和内存空间，服务每个终端。这意味着系统在某一时间段内会不断地切换任务，从而给人一种这些任务似乎在同一时间内执行的感觉。但实际上，这些任务是在一个非常短的时间片内分别进行的。例如，当一个任务在执行一个操作时，处理器会切换到下一个任务，这样用户感觉好像所有的任务都在同时运行。这种"同时性"其实是通过处理器在短时间内不断切换任务来实现的。

答案： A

100. 解 机器语言是计算机诞生和发展初期使用的语言，它采用的是二进制编码形式，是由 CPU 可以识别的一组由 0、1 序列构成的指令码。随后针对机器语言的不足之处出现了另一种低级语言，即汇编语言。而后又有了高级语言，它与人们日常熟悉的自然语言和数学语言更接近，可读性强，人们编写程序更加方便。

答案： A

101. 解 任一实数都可以用一个整数和一个纯小数来表示。因为实数的小数点的位置是不固定的，所以也称为浮点数。整数称为浮点数的阶码，纯小数称为浮点数的尾数。

答案： A

102. 解　在 16 色的图像中，每个像素可以有 16 种颜色。为了表示这 16 种不同的颜色，每个像素需要 4 位二进制数（因为 $2^4 = 16$，4 位二进制可以表示 16 个不同的数据）来表示颜色的数据信息。因此，当需要表示一个像素的颜色时，我们只需要查看该像素对应的二进制数在色彩表中的值即可。这种方式可以大大减少存储颜色信息所需要的数据量，从而实现了使用相对较少的颜色来表示一幅图像的效果。

答案： A

103. 解　计算机病毒能够将自身从一个程序复制到另外一个程序中，从一台计算机复制到另一台计算机，从一个计算机网络复制到另一个计算机网络，使被传染的计算机程序、计算机网络以及计算机本身都成为计算机病毒的生存环境和新的病毒源。

答案： B

104. 解　操作系统是计算机硬件和各种用户程序之间的接口程序，它位于各种软件的最底层，操作系统提供了一种环境，使用户能方便和高效地执行程序。

答案： D

105. 解　计算机网络是在网络协议控制下用通信线路和通信设备将分布在不同地点的具有独立功能的多个计算机系统互相连接起来，在功能完善的网络软件的支持下实现彼此之间的数据通信和资源共享的系统。

答案： B

106. 解　在计算机常用的传输介质中，光纤的传输速度最快。

答案： C

107. 解　根据单利计息本利和计算公式，2 年后本利和为：

$$F_2 = 1000 \times (1 + 9\% \times 2) = 1180 \text{ 元}$$

第 3 年到第 5 年按复利计息公式计算，第 5 年末可获得的本利和为：

$$F_5 = 1180 \times (1 + 8\%)^3 = 1486.46 \text{ 元}$$

答案： B

108. 解　建设项目评价中的总投资为建设投资、建设期利息和流动资金之和。其中，建设投资由工程费用（包括建筑工程费、设备购置费、安装工程费）、工程建设其他费用和预备费（包括基本预备费和涨价预备费）组成。

答案：A

109. 解 融资租赁是通过租赁设备融通到所需资金，是债务资金筹措的一种融资方式，形成债务资金，但它不具有资本金和债务资金的双重性质，不属于准股本资金（优先股股票和可转换债券具有资本金和债务资金双重性质，属于准股本资金）。承租人支付的租金可以进入成本费用，因此可以减少应付所得税，具有抵税作用。

答案：A

110. 解 在项目资本金现金流量表中，现金流出包括项目资本金、借款本金偿还、借款利息支付、经营成本、进项税额、应纳增值税、税金及附加、所得税、维持运营投资。项目正常生产期内，不考虑项目资本金（项目资本金现金流出通常发生在项目建设期）、维持运营投资（不一定每年都有）等。选项 B、D 中的总成本包含折旧费、摊销费，而折旧费、摊销费并没有实际现金流出；选项 C 所含内容不全。

答案：A

111. 解 按直线法计提折旧，年折旧额为：

$$年折旧额 = \frac{固定资产原值 - 残值}{折旧年限} = \frac{100 - 100 \times 5\%}{10} = 9.5 \text{ 万元}$$

第一年投资 100 万元，年净利润 15 万元，年折旧额 9.5 万元，第一年的净现金流量为：

$$15 + 9.5 - 100 = -75.5 \text{ 万元}$$

以后各年净现金流量为：

$$年净现金流量 = 净利润 + 折旧额 = 15 + 9.5 = 24.5 \text{ 万元}$$

该项目的累计净现金流量见解表：

累计净现金流量（单位：万元） 题 111 解表

年份	1	2	3	4	5	6	7	8	9	10
净现金流量	−75.5	24.5	24.5	24.5	24.5	24.5	24.5	24.5	24.5	24.5
累计现金流量	−75.5	−51.0	−26.5	−2	22.5	47.0	71.5	96.0	120.5	145

累计净现金流量在第 5 年为正值，则项目的静态投资回收期为：

$$T = 4 - 1 + \frac{|-2|}{24.5} = 4.08 \text{ 年}$$

答案：C

112. 解 投资方案评价的各种经济效果指标，如财务内部收益率、财务净现值、静态投资回收期等，都可以作为敏感性分析的指标。若主要分析投资大小对投资方案资金回收能力的影响，可选用财务内部收益率指标；若主要分析产品价格波动对投资方案超额净收益的影响，可选用财务净现值作为分析指标；若主要分析投资方案状态和参数变化对方案投资回收快慢的影响，则可选用静态投资回收期作为分析指标。

答案：A

113. 解 本题为寿命期不等的互斥方案比较，可采用年值法进行投资方案选择。由于方案甲和方案乙寿命期同为 5 年，但方案甲净现值较小，可淘汰；方案丙和方案丁寿命期同为 10 年，但方案丙的净现值较小，也可淘汰。计算方案乙和方案丁的净年值并进行比较：

$$方案乙：NAV_乙 = NPV_乙 \cdot (A/P, 10\%, 5) = \frac{NPV_乙}{(P/A, 10\%, 5)} = \frac{246}{3.7908} = 64.89 万元$$

$$方案丁：NAV_丁 = \frac{NPV_丁}{(P/A, 10\%, 10)} = \frac{350}{6.1446} = 56.96 万元$$

应选择净年值较大的方案，方案乙的净年值大于方案丁的净年值，故应选择方案乙。

答案：B

114. 解 价值工程的一般工作程序包括准备阶段、功能分析阶段、方案创造阶段和方案实施阶段。各阶段的工作如下。

准备阶段：对象选择，组成价值工程工作小组，制订工作计划。

功能分析阶段：收集整理信息资料，功能系统分析，功能评价。

创新阶段：方案创新，方案评价，提案编写。

实施阶段：审批，实施与检查，成果鉴定。

答案：A

115. 解 《中华人民共和国建筑法》第二十九条规定，建筑工程总承包单位可以将承包工程中的部分工程发包给具有相应资质条件的分包单位；但是，除总承包合同中约定的分包外，必须经建设单位认可。施工总承包的，建筑工程主体结构的施工必须由总承包单位自行完成。

建筑工程总承包单位按照总承包合同的约定对建设单位负责，分包单位按照分包合同的约定对总承包单位负责。总承包单位和分包单位就分包工程对建设单位承担连带责任。

禁止总承包单位将工程分包给不具备相应资质条件的单位。禁止分包单位将其承包的工程再分包。

按照上述条文，选项 A 不正确，选项 B、D 均属于非法分包，选项 C 正确。

答案：C

116. 解 《中华人民共和国安全生产法》第五十三条规定，生产经营单位的从业人员有权了解其作业场所和工作岗位存在的危险因素、防范措施及事故应急措施，有权对本单位的安全生产工作提出建议。

故选项 A 的说法无误。

第五十四条规定，从业人员有权对本单位安全生产工作中存在的问题提出批评、检举、控告；有权拒绝违章指挥和强令冒险作业。

生产经营单位不得因从业人员对本单位安全生产工作提出批评、检举、控告或者拒绝违章指挥、强令冒险作业而降低其工资、福利等待遇或者解除与其订立的劳动合同。

故选项 B、选项 C 的说法无误。

第五十五条规定，从业人员发现直接危及人身安全的紧急情况时，有权停止作业或者在采取可能的应急措施后撤离作业场所。

选项 D 的表述不完整，应为"在采取可能的应急措施后撤离作业场所"。

答案：D

117. 解 《中华人民共和国招标投标法》第二十七条规定，投标人应当按照招标文件的要求编制投标文件。投标文件应当对招标文件提出的实质性要求和条件作出响应。

答案：A

118. 解 《中华人民共和国民法典》第四百七十二条规定，要约是希望与他人订立合同的意思表示，该意思表示应当符合下列条件：（一）内容具体确定；（二）表明经受要约人承诺，要约人即受该意思表示约束。故选项 A、B、D 正确，选项 C 错误。

答案：C

119. 解 《中华人民共和国节约能源法》第五十六条规定，国务院管理节能工作的部门会同国务院科技主管部门发布节能技术政策大纲，指导节能技术研究、开发和推广应用。

答案：D

120. 解 《建设工程质量管理条例》第四十三条规定，国家实行建设工程质量监督管理制度。国务院建设行政主管部门对全国的建设工程质量实施统一监督管理。国务院铁路、交通、水利等有关部门按照国务院规定的职责分工，负责对全国的有关专业建设工程质量的监督管理。

答案：B

2023 年度全国勘察设计注册工程师执业资格考试基础考试（上）
试题解析及参考答案

1. 解 本题考查高阶无穷小的概念和等价无穷小替换定理。

因为当 $x \to 0$ 时，$\sin x \sim x$，故 $\sin x^2 \sim x^2$，由题意可得，$\lim\limits_{x \to 0} \frac{f(x)}{\sin^2 x} = \lim\limits_{x \to 0} \frac{f(x)}{x^2}$，已知 $f(x)$ 是 x^2 的高阶无穷小，故比值极限为 0。

答案：B

2. 解 本题考查函数间断点的类型。

当 $x^2 - 1 = 0$ 时，解得 $x_1 = 1$，$x_2 = -1$。

函数 $f(x) = \frac{\sin(x-1)}{x^2-1}$ 在 $x = \pm 1$ 没有定义，可知 $x = \pm 1$ 是间断点，下面判断间断点的类型：

因为 $\lim\limits_{x \to 1} \frac{\sin(x-1)}{x^2-1} = \lim\limits_{x \to 1} \frac{\sin(x-1)}{x-1} \frac{1}{x+1} = \frac{1}{2}$，故 $x = 1$ 为可去间断点。

$\lim\limits_{x \to -1} \frac{\sin(x-1)}{x^2-1} = \infty$，故 $x = -1$ 为第二类间断点。

答案：D

3. 解 本题考查反函数的求导方法。

根据反函数的求导法则：如果函数 $x = \varphi(y)$ 在区间 I_y 内单调、可导且 $\varphi'(y) \neq 0$，那么它的反函数 $y = f(x)$ 在对应区间 $I_x = \left\{ x \middle| x = \varphi(y), y \in I_y \right\}$ 内也可导，且有 $f'(x) = \frac{1}{\frac{dx}{dy}} = \frac{1}{\varphi'(y)}$。

所以，函数 $y = f(x)$ 的反函数 $x = g(y)$ 在点 y_0（$y_0 = f(x_0)$）的导数 $g'(y_0) = \frac{1}{f'(x_0)}$。

答案：C

4. 解 本题考查复合函数求导和微分的运算。

方法 1： 利用复合函数求导法。

函数 $y = f(\ln x) e^{f(x)}$，函数微分 $dy = y' dx$，而 $y' = [f(\ln x)]' e^{f(x)} + f(\ln x)[e^{f(x)}]' = f'(\ln x) \frac{1}{x} e^{f(x)}$

$+ f(\ln x) e^{f(x)} f'(x) = e^{f(x)} \left[\frac{1}{x} f'(\ln x) + f'(x) f(\ln x) \right]$，可得：

$$dy = e^{f(x)} \left[\frac{1}{x} f'(\ln x) + f'(x) f(\ln x) \right] dx$$

方法 2： 根据微分的运算法则及微分形式不变性。

$dy = d\left[f(\ln x) e^{f(x)} \right] = d[f(\ln x)] e^{f(x)} + f(\ln x) de^{f(x)} = f'(\ln x) d(\ln x) e^{f(x)} + f(\ln x) e^{f(x)} df(x)$

$= e^{f(x)} \left[\frac{1}{x} f'(\ln x) + f'(x) f(\ln x) \right] dx$

答案：B

5. 解 本题考查函数极值的第二充分条件。

极值存在的第二充分条件：设 $f(x)$ 在 x_0 点具有二阶导数，且 $f'(x_0) = 0$，$f''(x_0) \neq 0$，若 $f''(x_0) < 0$，则 $f(x)$ 在 x_0 取得极大值，若 $f''(x_0) > 0$，则 $f(x)$ 在 x_0 取得极小值。

由题意 $f(x)$ 为偶函数，即 $f(x) = f(-x)$，等式两边求导可得 $f'(x) = -f'(-x)$，令 $x = 0$，易知 $f'(0) = 0$，选项 A 错误。又因为 $f''(0) \neq 0$，根据极值存在的第二充分条件，$x = 0$ 一定是 $f(x)$ 的极值点。

答案： C

6. 解　本题考查罗尔中值定理。

函数 $y = \frac{x^3}{3} - x$ 在区间 $[0, \sqrt{3}]$ 上满足罗尔定理的条件，即 $y = \frac{x^3}{3} - x$ 在闭区间 $[0, \sqrt{3}]$ 连续，在开区间 $(0, \sqrt{3})$ 可导，且 $y(0) = y(\sqrt{3}) = 0$，则至少存在一点 $\xi \in (0, \sqrt{3})$，使 $f'(\xi) = 0$。而 $y' = x^2 - 1$，所以满足罗尔定理的 $\xi = 1$。

答案： C

7. 解　本题考查原函数的定义或求函数的不定积分。

方法 1： 由题意，$[k \ln(\cos 2x)]' = k \frac{-\sin 2x}{\cos 2x} \cdot 2 = -2k \tan 2x = \tan 2x$，得 $k = -\frac{1}{2}$。

方法 2： 先求 $y = \tan 2x$ 的所有原函数，即

$$\int \tan 2x \, \mathrm{d}x = \int \frac{\sin 2x}{\cos 2x} \, \mathrm{d}x = \int \frac{-1}{2\cos 2x} \, \mathrm{d}\cos 2x = -\frac{1}{2}\ln(\cos 2x) + C,\ 易知\ k = -\frac{1}{2}。$$

答案： A

8. 解　本题考查定积分的基本性质。

方法 1： $I = \int_0^{\frac{\pi}{2}} \frac{1}{3 + 2\cos^2 x} \, \mathrm{d}x$，$\cos x$ 在区间 $[0, \frac{\pi}{2}]$ 上的最大值和最小值分别为 1 和 0，所以 $\frac{1}{5} \leqslant \frac{1}{3 + 2\cos^2 x} \leqslant \frac{1}{3}$，可得 $\frac{\pi}{10} \leqslant I \leqslant \frac{\pi}{6}$。

方法 2： 本题可以采用考试常用的卡西欧 991CN 中文版计算器直接求得，注意在求定积分时，应先把角度制 D 调整为弧度制 R，计算出结果后可选 A。若未调整为弧度制 R，则会选错误结果 C。

答案： A

9. 解　本题考查两个向量的向量积。

两个非零向量 $\boldsymbol{\alpha}$、$\boldsymbol{\beta}$，有 $|\boldsymbol{\alpha} \times \boldsymbol{\beta}| = |\boldsymbol{\alpha}||\boldsymbol{\beta}| \sin(\widehat{\boldsymbol{\alpha}, \boldsymbol{\beta}})$。

答案： D

10. 解　本题考查空间直线的对称式方程及直线垂直的条件。

一般空间直线的对称式方程为：$\frac{x - x_0}{l} = \frac{y - y_0}{m} = \frac{z - z_0}{n}$，则该直线过点 (x_0, y_0, z_0)，其方向向量为 $\boldsymbol{s} = (l, m, n)$。根据空间直线 $\frac{x}{1} = \frac{y}{0} = \frac{z}{-3}$ 的点向式方程可知，该直线过原点，且直线的方向向量 $\boldsymbol{i} = (1, 0, -3)$，$oy$ 轴的方向向量 $\boldsymbol{j} = (0, 1, 0)$，两向量的数量积 $\boldsymbol{i} \cdot \boldsymbol{j} = 1 \times 0 + 0 \times 1 + (-3) \times 0 = 0$，可知直线垂直于 oy 轴。

答案： B

11. 解　本题考查二元函数二阶偏导数的计算。

$z = \arctan \frac{x}{y}$，则 $\frac{\partial z}{\partial x} = \frac{\frac{1}{y}}{1 + \left(\frac{x}{y}\right)^2} = \frac{y}{x^2 + y^2}$，可得 $\frac{\partial^2 z}{\partial x^2} = \frac{-2xy}{(x^2 + y^2)^2}$。

答案: C

12. 解 本题考查直角坐标系下的二重积分化为极坐标系下的二次积分计算。

直角坐标与极坐标的关系为 $\begin{cases} x = r\cos\theta \\ y = r\sin\theta \end{cases}$, 由 $x^2 + y^2 \leqslant 1$, 得 $0 \leqslant r \leqslant 1$, $0 \leqslant \theta \leqslant 2\pi$, 面积元素 $\mathrm{d}x\,\mathrm{d}y = r\,\mathrm{d}r\,\mathrm{d}\theta$, 故

$$\iint\limits_{D} e^{-(x^2+y^2)}\,\mathrm{d}x\,\mathrm{d}y = \int_0^{2\pi}\mathrm{d}\theta\int_0^1 e^{-r^2}r\,\mathrm{d}r = \pi\int_0^1 e^{-r^2}\,\mathrm{d}r^2 = \pi\left[-e^{-r^2}\right]_0^1 = \pi(1-e^{-1})$$

答案: D

13. 解 本题考查微分方程的特解及一阶微分方程的求解。

方法1: 将所给选项代入微分方程直接验证, 可得选项D正确。

方法2: $\mathrm{d}y - 2x\,\mathrm{d}x = 0$是一阶可分离变量微分方程, $\mathrm{d}y = 2x\,\mathrm{d}x$, 两边积分得, $y = x^2 + C$。当 $C = 0$ 时, 特解为 $y = x^2$。

答案: D

14. 解 本题考查对坐标 (第二类) 曲线积分的计算。

方法1: L可写为参数方程 $\begin{cases} x = y^2 \\ y = y \end{cases}$ (y从1取到0), $\int_L \frac{1}{y}\mathrm{d}x + \mathrm{d}y = \int_1^0\left(\frac{1}{y}\cdot 2y + 1\right)\mathrm{d}y = \int_1^0 3\,\mathrm{d}y = -3$。

方法2: L可写为参数方程 $\begin{cases} x = x \\ y = \sqrt{x} \end{cases}$ (x从1取到0), $\int_L \frac{1}{y}\mathrm{d}x + \mathrm{d}y = \int_1^0\left(\frac{1}{\sqrt{x}} + \frac{1}{2\sqrt{x}}\right)\mathrm{d}x = \int_1^0 \frac{3}{2\sqrt{x}}\mathrm{d}x = 3\sqrt{x}\Big|_1^0 = -3$。(说明: 此方法第二类曲线积分化为的积分为广义积分, 该广义积分收敛。)

注意: 第二类曲线积分的计算应注意变量的上下限, 本题的有向弧线段的坐标为$M(1,1)$到$O(0,0)$, 无论是采用x作为积分变量计算还是采用y作为积分变量计算, 其下限均为1, 上限均为0。

答案: C

15. 解 本题考查级数收敛的必要条件。

正项级数 $\sum\limits_{n=1}^{\infty}\frac{1}{1+a^n}(a > 0)$, 一般项 $\frac{1}{1+a^n} < \frac{1}{a^n}$, 当$a > 1$时, 级数 $\sum\limits_{n=1}^{\infty}\frac{1}{a^n}$收敛, 根据正项级数比较判别法, $\sum\limits_{n=1}^{\infty}\frac{1}{1+a^n}(a > 0)$收敛, 选项A正确。当$a < 1$时, $\lim\limits_{n\to\infty}\frac{1}{1+a^n} = 1 \neq 0$, $a = 1$时, $\lim\limits_{n\to\infty}\frac{1}{1+a^n} = \frac{1}{2} \neq 0$, 由级数收敛的必要条件可知, 级数发散, 选项B错误, 选项C、D正确。

答案: B

16. 解 本题考查微分方程通解的概念, 或者二阶常系数齐次微分方程的通解。

方法1: 将通解$y = e^{-2x}(C_1 + C_2 x)$(C_1, C_2为任意常数)代入每个选项验证, 可知选项C正确。

方法2: 通解$y = e^{-2x}(C_1 + C_2 x)$含有两个独立任意常数, 因此以它为通解的方程为二阶常微分方程, 对y求导数, $y' = e^{-2x}(-2C_1 + C_2 - 2C_2 x)$, $y'' = e^{-2x}(4C_1 - 4C_2 + 4C_2 x)$, 联立$y$, y'和y'', 消去C_1, C_2, 得$y'' + 4y' + 4y = 0$。

方法3: 利用二阶常系数齐次微分方程的特征值法求通解。

选项 A，$y'' + 3y' + 2y = 0$对应的特征方程为$r^2 + 3r + 2 = 0$，特征根为$r_1 = -1$，$r_2 = -2$，所以方程通解为$y = C_1 e^{-x} + C_2 e^{-2x}$，选项 A 错误。

选项 B，$y'' - 4y' + 4y = 0$对应的特征方程为$r^2 - 4r + 4 = 0$，特征根为$r_1 = r_2 = 2$，所以方程通解为$y = (C_1 + C_2 x)e^{2x}$，选项 B 错误。

选项 C，$y'' + 4y' + 4y = 0$对应的特征方程为$r^2 + 4r + 4 = 0$，特征根为$r_1 = r_2 = -2$，所以方程通解为$y = (C_1 + C_2 x)e^{-2x}$，选项 C 正确。

选项 D，$y'' + 2y = 0$对应的特征方程为$r^2 + 2 = 0$，特征根为$r_1 = -\sqrt{2}i$，$r_2 = \sqrt{2}i$，所以方程通解为$y = C_1 \cos\sqrt{2}\,x + C_2 \sin\sqrt{2}x$，选项 D 错误。

方法 4：利用二阶常系数齐次微分方程的通解形式。

以$y = e^{-2x}(C_1 + C_2 x)$（C_1，C_2为任意常数）为通解的微分方程一定为二阶常系数齐次微分方程，并且$r = -2$是对应特征方程的二重根，所以特征方程为$r^2 + 4r + 4 = 0$，由此可知所求的微分方程为$y'' + 4y' + 4y = 0$。

注：本题所涉及的知识点总结见解表：

题 16 解表

特征方程$\lambda^2 + p\lambda + q = 0$的根	微分方程$y'' + py' + qy = 0$的通解
不相等的两个实根$r_1 \neq r_2$	$y = C_1 e^{r_1 x} + C_2 e^{r_2 x}$
两个相等的实根$r_1 = r_2$	$y = (C_1 + C_2 x)e^{r_1 x}$
一对共轭复根$r_{1,2} = \alpha \pm \beta i (\beta > 0)$	$y = e^{\alpha x}(C_1 \cos\beta x + C_2 \sin\beta x)$

答案：C

17. 解　本题考查多元复合函数偏导数的计算。

由题意，函数$z = xyf\left(\dfrac{y}{x}\right)$，则

$$x\frac{\partial z}{\partial x} + y\frac{\partial z}{\partial y} = x\left[yf\left(\frac{y}{x}\right) + xyf'\left(\frac{y}{x}\right)\left(-\frac{y}{x^2}\right)\right] + y\left[xf\left(\frac{y}{x}\right) + xyf'\left(\frac{y}{x}\right)\frac{1}{x}\right] = 2xyf\left(\frac{y}{x}\right)$$

答案：C

18. 解　本题考查求幂级数和函数的计算。

方法 1：利用收敛幂级数可逐项求导的性质，设幂级数$\displaystyle\sum_{n=0}^{\infty} a_n x^n$的收敛半径为$R$，和函数为$S(x)$，则有：

①和函数为$S(x)$在$(-R, R)$上连续。

②和函数为$S(x)$在$(-R, R)$上可导，且可逐项求导，即$S'(x) = \displaystyle\sum_{n=0}^{\infty} na_n x^{n-1}$。

③和函数为$S(x)$在$(-R, R)$上可积，且可逐项积分，即：

$$\int_0^x S(t)\,\mathrm{d}t = \sum_{n=0}^{\infty}\int_0^x a_n t^n\,\mathrm{d}t = \sum_{n=0}^{\infty}\frac{a_n}{n+1}x^{n+1}$$

$\displaystyle\sum_{n=1}^{\infty}(2n-1)x^{n-1} = \sum_{n=1}^{\infty}2nx^{n-1} - \sum_{n=1}^{\infty}x^{n-1}$，这里等号右边第一项可利用逐项求导还原，利用公式：

$$\sum_{n=0}^{\infty} x^n = 1 + x + x^2 + \cdots + x^n + \cdots = \frac{1}{1-x}$$

$$\sum_{n=1}^{\infty} 2nx^{n-1} = 2\sum_{n=1}^{\infty} nx^{n-1} = 2\left(\sum_{n=1}^{\infty} x^n\right)' = 2\left(\frac{x}{1-x}\right)' = \frac{2}{(1-x)^2}$$

$$\sum_{n=1}^{\infty} x^{n-1} = 1 + x + x^2 + \cdots + x^{n-1} + \cdots = \frac{1}{1-x}$$

故 $\sum\limits_{n=1}^{\infty}(2n-1)x^{n-1} = \frac{2}{(1-x)^2} - \frac{1}{1-x} = \frac{1+x}{(1-x)^2}$

注：$\sum\limits_{n=1}^{\infty} x^n = x + x^2 + x^3 + \cdots + x^n + \cdots = x(1 + x + x^2 + x^3 + \cdots + x^n + \cdots) = \frac{x}{1-x}$，或 $1 + x + x^2 + \cdots + x^n + \cdots = \frac{1}{1-x}$，则 $x + x^2 + \cdots + x^n + \cdots = \frac{1}{1-x} - 1 = \frac{x}{1-x}$。以上计算要求级数必须收敛，若级数发散则不成立。

方法2：本题也可采用错位相减法求解，观察所求幂级数的形式，系数 $2n-1$ 是等差型，x^{n-1} 是等比型，这类等差、等比型的幂级数可采用错位相减法，设和函数为：

$$S(x) = 1 + 3x + 5x^2 + 7x^3 + \cdots + (2n-3)x^{n-2} + (2n-1)x^{n-1} \qquad ①$$

$$xS(x) = \quad\ \ x + 3x^2 + 5x^3 + 7x^5 + \cdots + (2n-3)x^{n-1} + (2n-1)x \qquad ②$$

将 ① $-$ ②，可得 $(1-x)S(x) = 1 + 2(x + x^2 + x^3 + \cdots + x^{n-1}) - (2n-1)x^n$，又 $\lim\limits_{n\to\infty}(2n-1)x^n = 0$，有 $(1-x)S(x) = 1 + 2\frac{x}{1-x}$，解得：$S(x) = \frac{1}{(1-x)} + \frac{2x}{(1-x)^2} = \frac{1+x}{(1-x)^2}$。

答案：B

19. 解　本题考查矩阵的运算性质和行列式的运算性质。

方法1：由矩阵运算法则有

$$\boldsymbol{A} - 2\boldsymbol{B} = \begin{bmatrix} a_1 - 2b_1 & c_1 - 2c_1 & d_1 - 2d_1 \\ a_2 - 2b_2 & c_2 - 2c_2 & d_2 - 2d_2 \\ a_3 - 2b_3 & c_3 - 2c_3 & d_3 - 2d_3 \end{bmatrix} = \begin{bmatrix} a_1 - 2b_1 & -c_1 & -d_1 \\ a_2 - 2b_2 & -c_2 & -d_2 \\ a_3 - 2b_3 & -c_3 & -d_3 \end{bmatrix}$$

则行列式

$$|\boldsymbol{A} - 2\boldsymbol{B}| = \begin{vmatrix} a_1 - 2b_1 & -c_1 & -d_1 \\ a_2 - 2b_2 & -c_2 & -d_2 \\ a_3 - 2b_3 & -c_3 & -d_3 \end{vmatrix}$$

$$= (-1)\times(-1)\begin{vmatrix} a_1 - 2b_1 & c_1 & d_1 \\ a_2 - 2b_2 & c_2 & d_2 \\ a_3 - 2b_3 & c_3 & d_3 \end{vmatrix} = \begin{vmatrix} a_1 & c_1 & d_1 \\ a_2 & c_2 & d_2 \\ a_3 & c_3 & d_3 \end{vmatrix} + (-2)\begin{vmatrix} b_1 & c_1 & d_1 \\ b_2 & c_2 & d_2 \\ b_3 & c_3 & d_3 \end{vmatrix}$$

$$= |\boldsymbol{A}| + (-2)|\boldsymbol{B}| = 1 + 2 = 3$$

方法2：本题可以采用特殊值法，已知 $|\boldsymbol{A}| = 1$，$|\boldsymbol{B}| = -1$，可给矩阵 $\boldsymbol{A}$ 赋值为 $\boldsymbol{A} = \begin{bmatrix} 1 & 0 & 0 \\ 0 & 1 & 0 \\ 0 & 0 & 1 \end{bmatrix}$，给矩阵 $\boldsymbol{B}$ 赋值为 $\boldsymbol{B} = \begin{bmatrix} -1 & 0 & 0 \\ 0 & 1 & 0 \\ 0 & 0 & 1 \end{bmatrix}$，故 $|\boldsymbol{A} - 2\boldsymbol{B}| = \begin{vmatrix} 3 & 0 & 0 \\ 0 & -1 & 0 \\ 0 & 0 & -1 \end{vmatrix} = 3$。

注：线性代数的计算要善于采用特殊值。

答案：C

20. 解　本题考查可逆矩阵与其他矩阵相乘不改变这个矩阵的秩。

方法 1：由矩阵 B 的行列式 $|B| = \begin{vmatrix} 1 & 0 & 2 \\ 0 & 2 & 1 \\ -1 & 0 & 3 \end{vmatrix} = \begin{vmatrix} 1 & 0 & 2 \\ 0 & 2 & 1 \\ 0 & 0 & 5 \end{vmatrix} = 10 \neq 0$，可知矩阵 B 可逆。矩阵 A 右乘可逆矩阵 B，相当于对矩阵 A 进行列变换，而不改变矩阵的秩，故 $r(AB) = r(A) = 2$。

方法 2：因为 B 的行列式不为 0，所以 B 可逆。本题可采用特殊值法，已知 $r(A_{4 \times 3}) = 2$，可给矩阵 A 赋值为 $A = \begin{bmatrix} 1 & 0 & 0 \\ 0 & 1 & 0 \\ 0 & 0 & 0 \\ 0 & 0 & 0 \end{bmatrix}$，有 $AB = \begin{bmatrix} 1 & 0 & 2 \\ 0 & 2 & 1 \\ 0 & 0 & 0 \\ 0 & 0 & 0 \end{bmatrix}$，易知 $r(AB) = 2$。

注：线性代数的计算要善于采用特殊值。

答案：B

21. 解　本题考查向量线性相关、线性无关的定义及相关结论。

方法 1：由已知 $\alpha_1, \alpha_2, \alpha_3$ 线性无关，则 α_1, α_2 线性无关。又由于 $\alpha_1, \alpha_2, \alpha_4$ 线性相关，可知 α_4 可以由 α_1, α_2 线性表示，故选项 C 正确。

而 α_4 可以由 α_1, α_2 线性表示就一定可以由 $\alpha_1, \alpha_2, \alpha_3$ 线性表示，故选项 A 正确。

再看选项 D：假设 α_3 可以由 $\alpha_1, \alpha_2, \alpha_4$ 线性表示，则 $\alpha_3 = k_1\alpha_1 + k_2\alpha_2 + k_3\alpha_4$，$k_i$ 不全为 $0, i = 1,2,3$，由于 α_4 可以由 α_1, α_2 线性表示，可以得出 α_3 可以由 α_1, α_2 线性表示，这与 $\alpha_1, \alpha_2, \alpha_3$ 线性无关相矛盾。故 α_3 不可以由 $\alpha_1, \alpha_2, \alpha_4$ 线性表示，即选项 D 正确。

最后看选项 B：因为 $\alpha_1, \alpha_2, \alpha_3$ 线性无关，则由线性无关的定义知 α_3 不可以由 α_1, α_2 线性表示，故选项 B 不正确。

方法 2：本题可采用特殊值法，设 $(\alpha_1, \alpha_2, \alpha_3, \alpha_4) = \begin{bmatrix} 1 & 0 & 0 & 1 \\ 0 & 1 & 0 & 1 \\ 0 & 0 & 1 & 0 \\ 0 & 0 & 0 & 0 \end{bmatrix}$，易知选项 A、C、D 均正确，选项 B 错误。

注：线性代数的计算要善于采用特殊值。

答案：B

22. 解　本题考查古典概型概率的计算。

由古典概型概率计算方法知，随机试验是从 6 个球中随机取 3 个，则样本空间的样本点个数为 C_6^3，所求事件包含样本点个数为 $C_4^2 C_2^1$（从 4 个红球中取 2 个的取法有 C_4^2 种，从 2 个黄球中取 1 个的取法有 C_2^1 种），故所求概率为：

$$\frac{C_4^2 C_2^1}{C_6^3} = \frac{3}{5}$$

答案：C

23. 解　本题考查离散型随机变量数学期望的定义或求随机变量函数的期望的方法。

方法 1：用离散型随机变量的数学期望的定义求解。

由X的分布律可知，X^2的分布律为：$\dfrac{X^2}{P}\begin{array}{|c|c|c|} \hline 0 & 1 & 4 \\ \hline 0.3 & 0.6 & 0.1 \\ \hline \end{array}$

由数学期望的定义有：

$$E(X^2) = 0 \times 0.3 + 1 \times 0.6 + 4 \times 0.1 = 1$$

方法 2：用求随机变量函数的期望的方法。

由X的分布律为$\dfrac{X}{P}\begin{array}{|c|c|c|c|} \hline -1 & 0 & 1 & 2 \\ \hline 0.4 & 0.3 & 0.2 & 0.1 \\ \hline \end{array}$可知：

$$E(X^2) = (-1)^2 \times 0.4 + 0^2 \times 0.3 + 1^2 \times 0.2 + 2^2 \times 0.1 = 1$$

答案： B

24. 解　本题考查概率密度函数的性质。

由概率密度函数的性质有：$\int_{-\infty}^{+\infty}\int_{-\infty}^{+\infty} f(x,y)\,\mathrm{d}x\,\mathrm{d}y = 1$

即$\int_0^{+\infty} axe^{-x^2}\,\mathrm{d}x \int_0^{+\infty} e^{-y}\,\mathrm{d}y = 1$，$\left[-\dfrac{1}{2}\int_0^{+\infty} ae^{-x^2}\,\mathrm{d}(-x^2)\right]\left[-\int_0^{+\infty} e^{-y}\,\mathrm{d}(-y)\right] = 1$

$\left[-\dfrac{1}{2}ae^{-x^2}\Big|_0^{+\infty}(-e^{-y})\Big|_0^{+\infty}\right] = 1$，$\dfrac{1}{2}a = 1$

得出$a = 2$

答案： C

25. 解　在标准状态下，理想气体的压强和温度分别为$1.013 \times 10^5 \text{Pa}$，273.15K。

答案： C

26. 解　根据分子的平均碰撞频率公式$Z = \sqrt{2}\pi d^2 n\bar{v}$，平均自由程$\bar{\lambda} = \dfrac{\bar{v}}{\bar{z}} = \dfrac{1}{\sqrt{2}\pi d^2 n}$。

答案： A

27. 解　气体的温度保持不变为等温，单位体积内分子数n减少为膨胀，故此过程为等温膨胀过程。

答案： B

28. 解　等压过程吸收热量：$Q_{\text{P}} = \dfrac{m}{M}C_{\text{P}}\Delta T$

等体过程吸收热量：$Q_{\text{V}} = \dfrac{m}{M}C_{\text{V}}\Delta T$

单原子分子，自由度$i = 3$，$C_{\text{V}} = \dfrac{i}{2}R$，$C_{\text{P}} = C_{\text{V}} + R$

$$\dfrac{Q_{\text{P}}}{Q_{\text{V}}} = \dfrac{C_{\text{P}}}{C_{\text{V}}} = \dfrac{3/2R + R}{3/2R} = \dfrac{5}{3}$$

答案： D

29. 解　理想气体分子的平均平动动能相同，温度相同。

由状态方程$PV = \dfrac{m}{M}RT$，可知质量密度为$\dfrac{m}{V} = \dfrac{PM}{RT}$

$M_{\text{N}_2} = 28$，$M_{\text{He}} = 4$，

$$\left(\dfrac{m}{V}\right)_{\text{N}_2} > \left(\dfrac{m}{V}\right)_{\text{He}}$$

答案： D

30. 解 该平面简谐波振幅为 0.1m，选项 A 不正确。

$$y = 0.1\cos(3\pi t - \pi x + \pi) = 0.1\cos 3\pi\left(t - \frac{x}{3} + \frac{1}{3}\right)$$

$\omega=3\pi$，$u=3$m/s，选项 D 不正确。

$\lambda = u \times T = u\frac{2\pi}{\omega} = 3 \times \frac{2\pi}{3\pi} = 2$m，选项 B 不正确；

相距一个波长的两点相位差为2π，相距1/4波长的两点相位差为π/2，选项 C 正确。

答案：C

31. 解 注意正向传播，做下一时刻波形图如虚线所示，A、B、C 三点振动方向如箭头所示，B、C 向上，选项 A 正确。

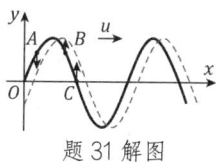

题 31 解图

答案：A

32. 解 机械波能量最大的位置为平衡位置，此时速度值最大（动能最大），弹性形变也最大（势能最大）。

答案：A

33. 解 波的平均能量密度公式：$I = \frac{1}{2}\rho A^2\omega^2 u$

可知波的平均能量密度I与振幅A的平方成正比，与频率ω的平方成正比。

答案：B

34. 解 双缝干涉条纹宽度公式为$\Delta x = \frac{D\lambda}{na}$，中央明条纹两侧第 10 级明纹中心的间距为：

$$20 \cdot \Delta x = 20 \times \frac{2 \times 550 \times 10^{-9}}{1 \times 2 \times 10^{-4}} = 0.11\text{m}$$

答案：C

35. 解 根据马吕斯定律，自然光通过偏振片P_1光强衰减一半，即：

$$I = \frac{1}{2}I_0\cos^2 0° = \frac{1}{2}I_0$$

答案：C

36. 解 根据单缝衍射菲涅耳半波带法，第一级（$k=1$）暗纹为：

$$BC = 2k \cdot \frac{\lambda}{2} = 2 \times 1 \times \frac{\lambda}{2} = \lambda$$

答案：B

37. 解 4个量子数的物理意义分别为：

主量子数n：①代表电子层；②代表电子离原子核的平均距离；③决定原子轨道的能量。

角量子数l：①表示电子亚层；②确定原子轨道形状；③在多电子原子中决定亚层能量。

磁量子数m：①确定原子轨道在空间的取向；②确定亚层中轨道数目。

自旋量子数m_s：决定电子自旋方向。

答案：B

38.解 偶极矩等于零的是非极性分子，偶极矩不等于零的为极性分子。分子是否有极性，取决于整个分子中正、负电荷中心是否重合。

$BeCl_2$和CO_2为直线型分子，BF_3为三角形构型，三个分子的正负电荷中心重合，为非极性分子，偶极矩为零；NF_3为三角锥构型，正负电荷中心不重合，为极性分子，偶极矩不为零。

答案：A

39.解 缓冲溶液是由弱酸、共轭碱或弱碱及其共轭酸所组成的溶液，对酸碱都有缓冲能力。选项A的HOAc过量，与NaOH反应生成NaOAc，形成HOAc/NaOAc缓冲溶液。

答案：A

40.解 往HOAc溶液中加入NaOAc固体，溶液中OAc^-浓度增加，根据同离子效应，使HOAc的电离平衡向左移动，溶液中氢离子浓度降低，pH值升高。

答案：B

41.解 质量作用定律只适用于基元反应。

反应速率常数的大小取决于反应物的本质及反应温度，而与反应物浓度无关。

根据阿伦尼乌斯公式，温度一定时，反应活化能越大，速率常数就越小，反应速率也越小。催化剂可以改变反应途径，降低活化能，使反应速率增大，但催化剂只能改变达到平衡的时间，不能改变平衡状态。

答案：D

42.解 当正逆反应速率相等时，化学反应处于平衡状态，化学平衡是动态平衡，当外界条件不变时，反应物和生成物的浓度不再随时间改变。

答案：B

43.解 电极反应为$ClO_3^- + 6H^+ + 6e^- \rightleftharpoons Cl^- + 3H_2O$，根据能斯特方程得：

$$E(ClO_3^-/Cl^-) = E^\Theta(ClO_3^-/Cl^-) + \frac{0.0592}{6}\lg\frac{C_{ClO_3^-}\cdot C_{H^+}^6}{C_{Cl^-}} = E^\Theta(ClO_3^-/Cl^-) + 0.0592\lg C_{H^+}$$

$$pH = -\lg C_{H^+} = \frac{E^\Theta(ClO_3^-/Cl^-) - E(ClO_3^-/Cl^-)}{0.0592} = \frac{1.45 - 1.41}{0.0592} \approx 0.676 > 0$$

答案：B

44.解 分子式为C_4H_9Cl的同分异构体有4种，即：$CH_3-CH_2-CH_2-CH_2$，$CH_3-CH_2-CH-CH_3$，

（上方标有Cl）

$$CH_3-CH-CH_2 \quad CH_3-\overset{\displaystyle Cl}{\underset{\displaystyle CH_3}{C}}-CH_3$$

（上方第一结构：顶部 Cl，下方 CH₃）

答案：A

45. 解 烯烃中只有乙烯的所有原子在同一平面，其他烯烃的所有原子不在同一平面，乙炔、苯的所有原子处于同一平面，但两者不属于烯烃，故选项 A 错误；

烯烃含有碳碳双键，但含有碳碳双键的物质不一定是烯烃，如 $CH_2 = CHCl$ 等，故选项 B 错误；

烯烃与溴水发生加成反应，可以使溴水褪色，但能使溴水褪色的物质不一定是烯烃，如炔烃等，故选项 C 错误；

分子式为 C_4H_8 的链烃，不饱和度为 1，一定含有一个碳碳双键，该烃一定是烯烃，选项 D 正确。

答案：D

46. 解 羟基与烷基直接相连为醇，通式为 R—OH（R 为烷基）。羟基与芳香基直接相连为酚，通式为 Ar—OH（Ar 为芳香基）。选项 A 是丙醇，选项 B 是苯甲醇，选项 C 是环己醇，选项 D 是苯酚。

答案：D

47. 解 因为 AEC 为等边三角形，三个内角均为 $60°$，而销钉 E 与 CD 槽光滑接触，故其约束力应垂直于 CD，即 E 处约束力的作用线与 x 轴正方向所成的夹角为 $30°$。

答案：D

48. 解 力系向 A 点平移（见解图），可知力系的主矢与主矩均不为零，故简化结果就应该是主矢和主矩。

答案：B

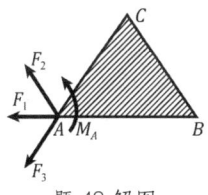

题 48 解图

49. 解 取整体为研究对象，受力如解图所示，

列平衡方程：

$\sum M_D(\boldsymbol{F}) = 0$，$qa \times 1.5a - F_{Ey} \times a = 0$

$\sum F_x = 0$，$F_{Ex} = 0$

解得：$F_{Ey} = 3qa/2$（↓）

答案：A

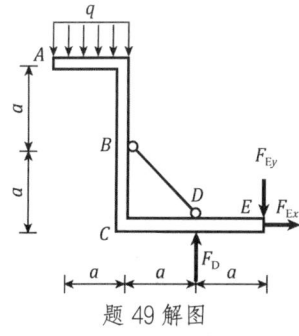

题 49 解图

50. 解 因为静摩擦因数 $\mu = 0.4$，故摩擦角为 $\varphi_m = \arctan 0.4 = 21.8°$，小于斜面的角度 $30°$，根据斜面的自锁条件，物块会滑动。

答案：C

51. 解 因为 $v = \dfrac{dx}{dt} = t^2 - 20$，则积分后有 $x = \dfrac{1}{3}t^3 - 20t + C$，已知 $t = 0$ 时，$x = -15m$，故 $C =$

-15，即点的运动方程为 $x = \frac{1}{3}t^3 - 20t - 15$。

答案：D

52. 解　根据摆的转动规律，其角速度与角加速度分别为：

$$\omega = \frac{\mathrm{d}\varphi}{\mathrm{d}t} = -\frac{2\pi}{T}\varphi_0 \sin\left(\frac{2\pi}{T}t\right); \quad \alpha = \frac{\mathrm{d}\omega}{\mathrm{d}t} = -\left(\frac{2\pi}{T}\right)^2 \varphi_0 \cos\left(\frac{2\pi}{T}t\right)$$

在摆经过平衡位置时，$\varphi = \varphi_0 \cos\left(\frac{2\pi}{T}t\right) = 0$，则 $\frac{2\pi}{T}t = \frac{\pi}{2}$，得到 $t = \frac{T}{4}$。将 $t = \frac{T}{4}$ 代入角速度和角加速度，$\omega = \frac{\mathrm{d}\varphi}{\mathrm{d}t} = -\frac{2\pi}{T}\varphi_0$，$\alpha = 0$。

利用定轴转动刚体上一点速度和加速度与角速度和角加速度的关系，得到：

$$v_C = l\omega = -\frac{2\pi\varphi_0 l}{T}; \quad a_C = l\omega^2 = \frac{4\pi^2\varphi_0^2 l}{T^2}$$

因为题中要求的是速度的大小，故表示方向的负号可忽略。

答案：B

53. 解　滑轮的转角 $\varphi = s/r = s_B/R$，故 $s_B = s_R/r = 160t^2$。

答案：A

54. 解　汽车运动到桥顶处时加速度的大小为 $a_n = \frac{v^2}{R}$，根据牛顿第二定律，$\frac{P}{g}a_n = P - F_N$，所以汽车的约束力 $F_N = P - \frac{Pv^2}{gR}$。

答案：C

55. 解　动量的大小等于圆环的质量乘以其质心速度，圆环质心的转动半径为 R，则质心的速度为 $R\omega$，圆环的动量为 $mR\omega$。

答案：A

56. 解　若手柄长、质量分别用 l、m 表示，则由动量矩定理可知，$J_A\alpha = Fl - mg\frac{l}{2}\cos\varphi$，此时的角加速度为：$\alpha = \frac{3}{ml}\left(F - \frac{mg}{2}\cos\varphi\right)$；随着 φ 从零逐渐增大至 $60°$ 时，$\cos\varphi$ 随之减小，则角加速度 α 逐渐增大。

答案：B

57. 解　物块 A 的惯性力大小为 $F_I = m_A a = 8 \times 3.3 = 26.4\mathrm{N}$，在物块 B 的重力作用下，置于光滑水平面上的物块 A 会以水平向右的加速度运动，故其惯性力与之反向。

答案：B

58. 解　运动微分方程整理后为：$\ddot{\varphi} + \left(\frac{k}{4m} - \frac{g}{l}\right)\varphi = 0$，这是单自由度自由振动微分方程的标准形式，其 φ 前面的系数即为该系统固有圆频率的平方，所以固有圆频率 $\omega = \sqrt{\frac{lk - 4mg}{4ml}}$。

答案：D

59. 解　静定杆件的截面内力只与外荷载和截面位置有关，与截面形状、截面面积、杆件的材料无关。

答案：C

60. 解 BC段：$\sigma = \dfrac{100000\text{N}}{2500\text{mm}^2} = 40\text{MPa}$；$AB$段：$\sigma = \dfrac{300000}{4 \times 2500\text{mm}^2} = 30\text{MPa}$

AB最大拉应力为 40MPa。

答案：B

61. 解 套筒和轴转向相反，剪切位置在套筒与轴的接触面。安全销发生剪切破坏的剪切面积是安全销钉的横截面面积，即 $A = \dfrac{\pi d^2}{4}$。

答案：A

62. 解

$$I_\text{p} = \frac{\pi}{32}(D^4 - d^4) = \frac{\pi}{32}(16d^4 - d^4) = \frac{15\pi}{32}d^4$$

$$W_\text{p} = \frac{I_\text{p}}{D/2} = \frac{I_\text{p}}{d} = \frac{15\pi}{32}d^3$$

答案：D

63. 解 低碳钢是塑性材料，压缩时试件缩短，端面是平面。扭转破坏后横截面是与轴线垂直的横断面。

铸铁是脆性材料，压缩破坏时沿着与横截面成 45°的斜平面断裂。扭转破坏后的端面是如图所示与轴线成 45°的螺旋面。

答案：B

64. 解 平面图形（圆形）对某坐标轴的静矩等于其图形的形心（圆心）坐标乘以面积。只有选项 A 的圆心位于第一象限，圆心坐标均为正值，其关于坐标轴x、y的静矩也均为正值。

答案：A

65. 解 由求剪力的直接法可知 $F_\text{S}^{\text{右}} = -q \times 1 = -6\text{kN}$，所以$q = 6\text{kN/m}$。

由剪力图的突变规律，可知集中力$F = 10\text{kN}$。

通过$\sum F_y = 0$，可知A端的支座反力是 2kN（向下），这正好佐证了剪力图A端的剪力是正确的。

答案：C

66. 解 因为$\sigma_{\max} = \dfrac{M}{W}$，而两种情况下的弯矩是相同的，所以两者最大弯曲正应力的比值与W成反比。

$$W_\text{a} = \frac{b}{6}h^2 = \frac{b}{6}\left(\frac{3b}{2}\right)^2 = \frac{3}{8}b^3; \quad W_\text{b} = \frac{h}{6}b^2 = \frac{1}{6}\left(\frac{3b}{2}\right)b^2 = \frac{1}{4}b^3$$

$$W_\text{b} = \frac{h}{6}b^2 = \frac{1}{6}\left(\frac{3b}{2}\right)b^2 = \frac{1}{4}b^3$$

$$\frac{\sigma_{\text{amax}}}{\sigma_{\text{bmax}}} = \frac{W_\text{b}}{W_\text{a}} = \frac{1}{4}b^3 / \frac{3}{8}b^3 = \frac{2}{3}$$

答案： D

67. 解 叠合梁的挠度与其中一根梁的挠度 V_B 相同，其截面惯性矩为：$I_z = \dfrac{b}{12}a^3$

若将两根梁黏结成一个整体梁，其挠度为 V_{B1}，则该梁 B 截面的惯性矩为：$I_{z1} = \dfrac{b}{12}(2a)^3 = \dfrac{8b}{12}a^3$

当悬臂梁的荷载、跨长相同时，B 截面的挠度与梁的截面惯性矩的值成反比，所以：

$$V_{B1}/V_B = I_z/I_{z1} = \frac{1}{8}$$

答案： A

68. 解 三向应力状态下的最大切应力所在平面应该与第一主应力 σ_1 和第三主应力 σ_3 所在平面成 $45°$，与 z 轴平行，法向与 x 轴成 $45°$。

答案： C

69. 解 根据强度理论和弯扭组合变形的公式，可知直径为 d 的等直圆杆，在危险截面上同时承受弯矩 M 和扭矩 T，按第三强度理论，其相当应力 $\sigma_{eq3} = \dfrac{32\sqrt{M^2+T^2}}{\pi d^3}$。

答案： A

70. 解 由压杆临界力的公式 $P_{cr} = \dfrac{\pi^2 EI}{(\mu l)^2}$ 可知，当 EI、L 相同时，两端约束越弱，长度因数 μ 越大，临界力 P_{cr} 越小，压杆越容易失稳。

选项 A，两端铰支，$\mu = 1$。

选项 B，一端铰支、一端固定，$\mu = 0.7$。

选项 C，一端固定、一端自由，$\mu = 2$。

选项 D，两端固定，$\mu = 0.5$。

可见选项 C 压杆的 μ 最大、临界力最小，最先失稳。

答案： C

71. 解 空气的黏性，也被称为动力黏性系数，$\mu = \dfrac{1}{3}\rho v l$，其中 v 是气体分子运动的平均速度，l 是分子平均自由程，ρ 是气体密度。温度升高，气体分子运动加剧，分子运动速度增大，平均自由程也增大。虽然温度升高使得体积增大、密度减小，但空气密度减小的程度低于分子运动速度和平均自由程增大的程度，因此，气体的动力黏性系数随温度的升高而增大。

如果本题问的是运动黏性系数 υ，由于 $\upsilon = \dfrac{\mu}{\rho} = \dfrac{1}{3}vl$，同上分析，运动黏性系数不受密度的影响，随温度的升高而增大。

答案： A

72. 解 水箱底部 A 点的绝对压强为 $p'_A = p_0 + \rho g h = 50 + 1 \times 9.8 \times 2 = 69.6\text{kPa}$，真空度 $p_v = p_a - p' = 101 - 69.6 = 31.4\text{kPa}$。

答案： B

73.解 欧拉法是一种空间场的方法，研究某一固定空间内流动参数的分布随时间变化的情况，而不是跟踪每个质点的流动参数或轨迹。研究每个质点的流动参数或质点轨迹的是拉格朗日方法。

答案：C

74.解 对两水箱水面写能量方程，可得：$H = h_w = h_{w_1} + h_{w_2}$

假定流量为40L/s，则：

1~3管段中的流速$v_1 = Q/\left(\frac{\pi}{4}d_1^2\right) = 0.04/\left(\frac{\pi}{4} \times 0.2^2\right) = 1.27\text{m/s}$

$$h_{w_1} = \left(\lambda_1\frac{l_1}{d_1} + \sum\zeta_1\right)\frac{v_1^2}{2g} = \left(0.019 \times \frac{10}{0.2} + 0.5 + 0.5 + 0.024\right) \times \frac{1.27^2}{2 \times 9.8} = 0.162\text{m}$$

3~6管段中的流速$v_2 = Q/\left(\frac{\pi}{4}d_2^2\right) = 0.04/\left(\frac{\pi}{4} \times 0.1^2\right) = 5.1\text{m/s}$

$$h_{w_2} = \left(\lambda_2\frac{l_2}{d_2} + \sum\zeta_2\right)\frac{v_2^2}{2g} = \left(0.018 \times \frac{10}{0.1} + 0.5 + 0.05 + 1\right) \times \frac{5.1^2}{2 \times 9.8} = 5.042\text{m}$$

$H = h_{w_1} + h_{w_2} = 0.162 + 5.042 = 5.204\text{m}$，正好与题设水面高差为5.204m吻合，故假设正确。

当然，也可以直接假定流量Q，然后求解关于Q的方程。先假定流量的计算方法可以避免进行繁琐的迭代计算。

答案：B

75.解 根据伯努力方程，$\left(z_1 + \frac{p_1}{\gamma}\right) + \frac{v_1^2}{2g} = \left(z_2 + \frac{p_2}{\gamma}\right) + \frac{v_2^2}{2g} + \left(h_f + h_j\right)$，可知，速度增大时，测压管水头线一般会沿程下降；速度减小时，测压管水头线一般会沿程上升；要保持测压管水头线水平，只需满足$\frac{v_1^2}{2g} = \frac{v_2^2}{2g} + \left(h_f + h_j\right)$即可，这是可能的。因此，三种可能性都有。

答案：D

76.解 梯形排水沟的水力半径$R = \frac{A}{\chi}$

过流面积$A = \frac{(2+8)\times 4}{2} = 20\text{m}^2$

湿周$\chi = 8 + 2 \times \sqrt{3^2 + 4^2} = 18\text{m}$

水力半径$R = \frac{20}{18} = 1.11\text{m}$

注意：本题中梯形排水沟的上边宽小于下底宽，即水面的宽度是2m，计算湿周时不计入湿周的是上边水面宽度（不与边界固体接触）的2m。

答案：B

77.解 潜水完全井流量$Q = 1.36k\frac{H^2 - h^2}{\lg\frac{R}{r}}$，因此$Q$与土体渗透数$k$成正比。

答案：D

78.解 由沿程水头损失公式：$h_f = \lambda\frac{L}{d}\cdot\frac{v^2}{2g}$，可解出沿程损失系数$\lambda = \frac{2gdh_f}{Lv^2}$，写成量纲表达式$\dim\left(\frac{2gdh_f}{Lv^2}\right) = \frac{LT^{-2}LL}{LL^2T^{-2}} = 1$，即$\dim(\lambda) = 1$。故沿程损失系数$\lambda$为无量纲数。

答案：D

79. 解 当一段导体在匀强磁场中做匀速切割磁感线运动时，不论电路是否闭合，感应电动势的大小只与磁感应强度B、导体长度L、切割速度v及v与B方向夹角θ的正弦值成正比，即$E = BLv\sin\theta$（θ为B，L，v三者间通过互相转化两两垂直所得的角）。因此，当$\sin\theta = 1$，即$\theta = 90°$时，电动势最大。

答案：B

80. 解 含源线性网络对外等效为一个电压源和电阻的串联，外特性不再是欧姆定律。而其他三个选项对外均可以等效为一个电阻，外特性都是欧姆定律。

答案：B

81. 解 对n个节点、b条支路的电路，支路电流法方程包括独立的 KCL 方程（$n-1$个）、独立的 KVL 方程（含 VCR、$b-n+1$个）。此电路$n = 3$、$b = 5$，因此独立的 KCL 方程已经列写完毕，应补充 KVL 方程，故选项 A、B 均不正确。选项 C 未计电流源电压，错误。选项 D 正确。

答案：D

82. 解 当激励角频率为 1000rad/s 时，由题意可知电路发生并联谐振，其相量图见解图 a）。

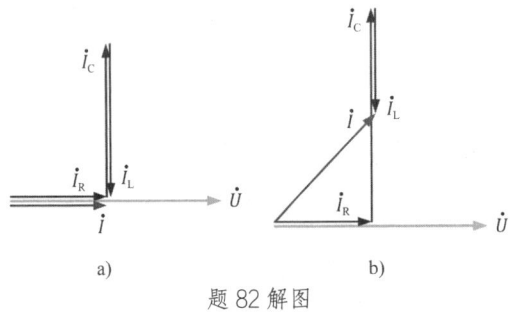

题 82 解图

当激励角频率增加到 2000rad/s 时，电阻阻抗不变，而电感、电容阻抗的模分别增大、减小，因此电感、电容的电流分别减小、增大，相量图见解图 b）。

可知：$I_L < 0.1A$，$I_C > 0.1A$，$I > I_R$。

答案：A

83. 解 由题意可知：$i_1 = \sqrt{2}\sin(\omega t + \varphi_1)A$，$i_2 = \sqrt{2}\sin(\omega t + \varphi_1 - 45°)A$

其相量形式为：$\dot{I}_1 = 1.0\angle\varphi_1 A$，$\dot{I}_2 = 1.0\angle(\varphi_1 - 45°)A$

答案：B

84. 解 由题意可知：

有功功率为：$P = I_1^2 R_1 + I_2^2 R_2 = 1^2 \times 100 + 0.67^2 \times 150 = 167.3W$

无功功率为：$Q = I_1^2 X_L - I_2^2 X_C = 1^2 \times 100 - 0.67^2 \times 150 = 32.7var$

视在功率为：$S = \sqrt{P^2 + Q^2} = \sqrt{167.3^2 + 32.7^2} = 170.46VA$

答案：D

85.解 理想变压器，副边负载等效为原边为：$R'_L = \left(\frac{N_1}{N_2}\right)^2 R_L$

若在R_L上获得最大功率，则：$R'_L = R_s$，得：$\frac{R_L N_1^2}{N_2^2} = R_s$

答案：A

86.解 由于$2SB_{stp}$是常闭触头，按下后，M_2将断电，停止转动；$2SB_{stp}$再抬起后，M_2供电正常，正常转动。

答案：A

87.解 信号可观测；信息可度量、可识别、可转换、可存储、可传递、可再生、可压缩、可利用、可共享。

答案：B

88.解 $D_1 = (11)_{16} = 1 \times 16^1 + 1 \times 16^0 = 17$

$D_2 = (21)_8 = 2 \times 8^1 + 1 \times 8^0 = 17$

答案：A

89.解 数字信号，是指自变量是离散的、因变量也是离散的信号，这种信号的自变量用整数表示，因变量用有限数字中的一个数字来表示。

数字信号与离散时间信号的区别在因变量。离散时间信号的自变量是离散的、因变量是连续的，其自变量用整数表示，因变量用与物理量大小相对应的数字表示。离散时间信号的大小用有限位二进制数表示后，就是数字信号。

因此，数字信号是特殊的时间信号。

答案：D

90.解 根据傅里叶分解，方波信号$u(t) = \frac{4U_m}{\pi}\left(\sin\omega_1 t + \frac{1}{3}\sin 3\omega_1 t + \frac{1}{5}\sin 5\omega_1 t + \cdots\right)$

则：$U_5 < U_3 < U_1$，且$\psi_1 = \psi_3 = \psi_5$

答案：C

91.解 根据题意，放大器工作在饱和区，因此输入电压大于或等于2V。

答案：D

92.解 $F = \overline{\overline{AB} + \overline{BC}} + \overline{AB} = AB \cdot BC + \overline{AB} = ABC + \overline{AB} = C + \overline{AB}$

答案：B

93.解 若D_3反接，在输入电压为正半周期时，D_1和D_3均导通，电压源被短路，出现事故。

答案：A

94.解 三极管处在放大区时，等效电路图为选项B。

答案：B

95.解 由图可以看出：$F_1 = \overline{A+1} = 0$；$F_2 = \overline{(B \oplus 1)} = B$

答案：A

96.解 由于 $K = 1$，则 $J = 0$ 时，$Q_{n+1} = 0$；$J = 1$ 时，$Q_{n+1} = \overline{Q^n}$。由解图知，第一个时钟脉冲下降沿后 $Q = 1$，第二个时钟脉冲下降沿后 $Q = 0$。

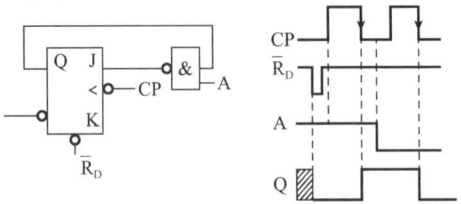

答案：C

97.解 按照内部逻辑结构的不同，计算机可分为 CISC（复杂指令系统计算机）和 RISC（精简指令系统计算机）两类。复杂指令系统计算机的特点就是指令数目多而且复杂，每条指令的字节长度不等。精简指令系统计算机的特点是执行指令数目较少，能够以更快的速度执行操作，每条指令采用相等的字节长度。

答案：C

98.解 CPU 主要由运算器和控制器两部分组成。

答案：B

99.解 操作系统在计算机系统中占据着一个非常重要的地位，它不仅是硬件与所有其他软件之间的接口，而且任何数字电子计算机都必须在其硬件平台上装载相应的操作系统，才能构成一个可以协调运转的计算机系统，因此它是一个核心系统软件。

答案：A

100.解 分时操作系统，是在一台计算机系统中可以同时连接多个近程或多个远程终端，把 CPU 时间划分为若干个时间片，由 CPU 轮流为每个终端服务。分时操作系统的特点是具有同时性、交互性和独占性。

答案：D

101.解 二进制数 10100000.11 转换成十进制数是 160.75，八进制数 240.6 转换成十进制数是 160.75，十六进制数 A0.F 转换成二进制数为 10100000.1111（转换成十进制数为 106.9375），可以直观判断比选项 A、B 均大，因此最小的是十进制数 160.5。

答案：C

102.解 图像的最小构成单位是像素。计算机显示屏幕上的最大显示区域是由水平和垂直方向的像素个数相乘得出的。因此，总像素数量即为图像的分辨率。

答案：D

103. 解 一般将计算机病毒分成引导区型、文件型、混合型和宏病毒型 4 种类型。

答案：C

104. 解 一条计算机指令通常包含操作码和操作数。操作码决定了计算机应该执行哪种基本的硬件操作，例如加法、减法或数据传送等。操作数是与操作码一起使用的数字、字符或地址，表示要进行操作的对象。

答案：B

105. 解 网络软件是指用于构建和维护计算机网络的软件，主要包括网络操作系统、网络协议和网络应用软件。

办公自动化系统是一种应用软件，主要用于处理和管理文档、电子表格和演示文稿等办公任务，并不是专门为网络而设计的软件。

答案：D

106. 解 在局域网中可以包含一个或多个子网，适用于校园、机关、公司、工厂等有限范围内的计算机。一般属于一个单位所有，易于建立、维护、管理与扩展。

选项 A 不正确。可以跨越长距离，而且可以将两个或多个局域网和/或主机连接在一起的网络是广域网。广域网的拓扑结构要比局域网复杂得多，通常是由大量的点到点连接构成的网状结构。在广域网中，用户通常无法拥有建立广域连接所需要的所有技术设备和通信设施，只能由第三方通信服务商（如电信部门）提供。

选项 C 不正确。在局域网中，用户可以通过自备的网络设备来构建网络连接，这些设备可能包括路由器、交换机、网卡等。因此，说所需的技术设备和通信设施只能由第三方提供并不准确。

选项 D 不正确，因为随着技术的发展，局域网的速度已经可以远超过 2Mbit/s，特别是高速局域网，其速率可以达到 100Mbit/s。

答案：B

107. 解 本题为永久性建筑，当 $n \to \infty$ 时，等额支付现值系数 $(P/A, i, n) = 1/i$，即：

$$(P/A, i, n) = \frac{(1+i)^n - 1}{i(1+i)^n} = \frac{1}{i}$$

根据等额支付现值公式，该笔捐款应不少于：

$P = A(P/A, i, n) = 2/8\% = 25 万元$

答案：C

108. 解 增值税是对商品生产、流通、劳务服务中多个环节的新增价值或商品的附加值（增值额）

征收的一种流转税。增值税是价外税，价外税是指增值税纳税人不计入货物销售价格中，而在增值税纳税申报时，按规定计算缴纳的增值税。增值税应纳税额一般按生产流通或劳务服务各个环节的增值额乘以增值税率计算。目前我国建筑企业一般纳税人的增值税税率为9%。

答案：C

109. 解 与借款类似，企业发行债券筹集资金所支付的利息计入税前成本费用，同样可以少交一部分所得税。企业发行债券的筹资费用较高，通常计算其资金成本时应予以考虑，但本题不考虑发行债券的筹资费用，其资金成本率可按下式计算：

$$K = R \times (1 - T) = 8\% \times (1 - 25\%) = 6\%$$

答案：B

110. 解 静态投资回收期指在不考虑资金时间价值的条件下，以项目的净收益（包括利润和折旧）回收全部投资所需的时间。由于静态投资回收期不考虑资金时间价值，因此计算静态投资回收期不需要根据基准收益率进行折现，而是通过计算累计净现金流量确定静态投资回收期，累计净现金流量为零的年限即为静态投资回收期。

答案：D

111. 解 内部收益率是使项目净现值为零时的折现率。对于常规项目投资方案，参考项目的净现值函数曲线图可知，当利率i小于内部收益率 IRR 时，净现值为正值；当利率i大于内部收益率 IRR 时，净现值为负值。本题利率为16%、18%时，净现值分别为正值和负值，因此内部收益率应在16%～18%之间。

答案：C

112. 解 敏感度系数是指项目评价指标变化的百分率与不确定性因素变化的百分率之比，表示项目方案评价指标对不确定因素的敏感程度。在敏感性分析图中，直线的斜率反映了项目经济效果评价指标对该不确定因素的敏感程度，斜率的绝对值越大，敏感度越高。

答案：A

113. 解 对于收益相同的互斥方案，寿命期相同的方案可用费用现值法或费用年值法进行方案比选，寿命期不同的方案可用费用年值法进行方案比选。

本题甲、乙方案寿命期均为 5 年，但甲方案的费用现值较高，可先淘汰；丙、丁方案寿命期均为 10 年，但丙方案的费用现值较高，也可先淘汰。用费用年值法比较乙方案和丁方案，由于$(A/P, i, n) = 1/(P/A, i, n)$，故乙方案和丁方案的费用年值分别为：

$$AC_{\text{乙}} = PC_{\text{乙}}/(P/A, i, n) = 312 \div 3.7908 = 82.30 \text{ 万元}$$

$$AC_{\text{丁}} = PC_{\text{丁}}/(P/A, i, n) = 553 \div 6.1446 = 90.90 \text{ 万元}$$

由于乙方案的费用年值较低，故应选择乙方案。

或：根据$PC = AC(P/A, i, n)$，可得乙方案和丁方案的费用年值：

$PC_乙 = AC_乙(P/A, 10\%, 5)$，$312 = AC_乙 \times 3.7908$，$AC_乙 = 82.30$万元

同理可得：$AC_丁 = 90.90$万元

乙方案的费用年值较低，应选择乙方案。

答案：B

114. 解 价值工程对象选择的方法有因素分析法、ABC 分析法、价值系数法、百分比法、最合适区域法等。ABC 分析法是一种通过对产品或工程的功能、技术、成本和效益进行分析和评估来确定最具改进潜力和价值的对象的方法。

决策树分析法是一种运用概率与图论中的树对决策中的不同方案进行比较，从而获得最优方案的风险型决策方法。

净现值法是通过计算、比较不同投资项目的净现值来选择最佳方案的一种经济比选方法。

目标成本法是一种以市场导向，对有独立制造过程的产品进行利润计划和成本管理的方法。

决策树法、净现值法、目标成本法都不是价值工程对象的选择方法。

答案：D

115. 解 《中华人民共和国建筑法》第三十二条规定，建筑工程监理应当依照法律、行政法规及有关的技术标准、设计文件和建筑工程承包合同，对承包单位在施工质量、建设工期和建设资金使用等方面，代表建设单位实施监督。而施工成本不属于监理的范畴，因此选项 D 是正确答案。

答案：D

116. 解 《中华人民共和国安全生产法》第六十三条规定，负有安全生产监督管理职责的部门依照有关法律、法规的规定，对涉及安全生产的事项需要审查批准（包括批准、核准、许可、注册、认证、颁发证照等，下同）或者验收的，必须严格依照有关法律、法规和国家标准或者行业标准规定的安全生产条件和程序进行审查；不符合有关法律、法规和国家标准或者行业标准规定的安全生产条件的，不得批准或者验收通过。对未依法取得批准或者验收合格的单位擅自从事有关活动的，负责行政审批的部门发现或者接到举报后应当立即予以取缔，并依法予以处理。对已经依法取得批准的单位，负责行政审批的部门发现其不再具备安全生产条件的，应当撤销原批准。

答案：C

117. 解 《中华人民共和国招标投标法》第二十九条规定，投标人在招标文件要求提交投标文件的截止时间前，可以补充、修改或者撤回已提交的投标文件，并书面通知招标人。补充、修改的内容为投标文件的组成部分。"开标前 10 分钟又提交了一份补充文件"符合本条规定，故选项 A 正确，选项 C、

D 错误。

《中华人民共和国招标投标法》第三十四条规定，开标应当在招标文件确定的提交投标文件截止时间的同一时间公开进行；开标地点应当为招标文件中预先确定的地点。因补充文件是在开标前 10 分钟提交的，非开标时间，故选项 B 错误。

答案：A

118.解 《中华人民共和国民法典》第五百零九条规定，当事人应当按照约定全面履行自己的义务。当事人应当遵循诚信原则，根据合同的性质、目的和交易习惯履行通知、协助、保密等义务。当事人在履行合同过程中，应当避免浪费资源、污染环境和破坏生态。

答案：A

119.解 《中华人民共和国环境保护法》第十六条规定，国务院环境保护主管部门根据国家环境质量标准和国家经济、技术条件，制定国家污染物排放标准。

答案：D

120.解 《建设工程安全生产管理条例》第十一条规定，建设单位应当将拆除工程发包给具有相应资质等级的施工单位。

建设单位应当在拆除工程施工 15 日前，将下列资料报送建设工程所在地的县级以上地方人民政府建设行政主管部门或者其他有关部门备案：

（一）施工单位资质等级证明；

（二）拟拆除建筑物、构筑物及可能危及毗邻建筑的说明；

（三）拆除施工组织方案；

（四）堆放、清除废弃物的措施。

实施爆破作业的，应当遵守国家有关民用爆炸物品管理的规定。

需要报送的资料不包括"需要拆除的理由"。

答案：D

2024 全国勘察设计注册工程师
执业资格考试用书

Zhuce Dianqi Gongchengshi (Gongpeidian) Zhiye Zige Kaoshi
Jichu Kaoshi Linian Zhenti Xiangjie

注册电气工程师（供配电）执业资格考试
基础考试试卷

专业基础

蒋　徵　王　东　曹纬浚 / 主编

微信扫一扫
里面有数字资源的获取和使用方法哟

人民交通出版社股份有限公司
北京

内 容 提 要

本书共 4 册，分别收录有 2011~2023 年（2015 年停考）公共基础考试试卷（即基础考试上午卷）、专业基础考试试卷（即基础考试下午卷）及其解析与参考答案。

本书配电子题库（有效期一年），考生可微信扫描试卷（公共基础）封面的红色"二维码"，登录"注考大师"在线学习，部分试题有视频解析。

本书可供参加注册电气工程师（供配电）执业资格考试基础考试的考生复习使用，也可供发输变电专业的考生参考练习。

图书在版编目（CIP）数据

2024 注册电气工程师（供配电）执业资格考试基础考试试卷/蒋徵，王东，曹纬浚主编.—北京：人民交通出版社股份有限公司，2024.2

ISBN 978-7-114-19214-2

Ⅰ.①2… Ⅱ.①蒋… ②王… ③曹… Ⅲ.①供电系统—资格考试—习题集②配电系统—资格考试—习题集 Ⅳ.①TM72-44

中国国家版本馆 CIP 数据核字（2024）第 017121 号

书　　名：2024 注册电气工程师（供配电）执业资格考试基础考试试卷
著 作 者：蒋　徵　王　东　曹纬浚
责任编辑：刘彩云
责任印制：刘高彤
出版发行：人民交通出版社股份有限公司
地　　址：（100011）北京市朝阳区安定门外外馆斜街 3 号
网　　址：http://www.ccpcl.com.cn
销售电话：（010）59757973
总 经 销：人民交通出版社股份有限公司发行部
经　　销：各地新华书店
印　　刷：北京建宏印刷有限公司
开　　本：889×1194　1/16
印　　张：61.5
字　　数：1128 千
版　　次：2024 年 2 月　第 1 版
印　　次：2024 年 2 月　第 1 次印刷
书　　号：ISBN 978-7-114-19214-2
定　　价：178.00 元（含 4 册）
（有印刷、装订质量问题的图书，由本公司负责调换）

版权声明

目　录

（试卷·专业基础）

2011 年度全国勘察设计注册电气工程师（供配电）

执业资格考试试卷

基础考试
（下）

二〇一一年九月

应考人员注意事项

1. 本试卷科目代码为"2"，考生务必将此代码填涂在答题卡"科目代码"相应的栏目内，否则，无法评分。

2. 书写用笔：**黑色或蓝色钢笔、签字笔或圆珠笔；**

   填涂答题卡用笔：**黑色 2B 铅笔。**

3. 必须用书写用笔将工作单位、姓名、准考证号填写在答题卡和试卷相应的栏目内。

4. 本试卷由 60 题组成，每题 2 分，满分 120 分，本试卷全部为单项选择题，每小题的四个备选项中只有一个正确答案，错选、多选、不选均不得分。

5. 考生作答时，必须按**题号在答题卡上**将相应试题所选选项对应的**字母用 2B 铅笔涂黑**。

6. 在答题卡上书写与题意无关的语言，或在答题卡上作标记的，均按违纪试卷处理。

7. 考试结束时，由监考人员当面将试卷、答题卡一并收回。

8. 草稿纸由各地统一配发，考后收回。

单项选择题（共 60 题，每题 2 分。每题的备选项中只有一个最符合题意。）

1. 如图所示电路中，已知$R_1 = 10\Omega$，$R_2 = 2\Omega$，$U_{S1} = 10V$，$U_{S2} = 6V$，则电阻 R_2 两端的电压U为：

   A. 4V

   B. 2V

   C. −4V

   D. −2V

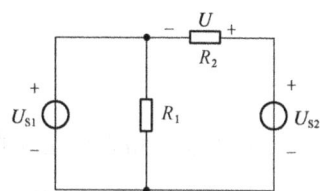

2. 如图所示电路中，测得$U_{S1} = 10V$，电流$I = 10A$，则流过电阻 R 的电流I_1为：

   A. 3A

   B. −3A

   C. 6A

   D. −6A

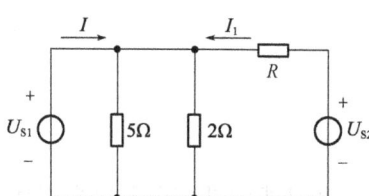

3. 如图所示电路中，已知$U_S = 12V$，$R_1 = 15\Omega$，$R_2 = 30\Omega$，$R_3 = 20\Omega$，$R_4 = 8\Omega$，$R_5 = 12\Omega$，电流I为：

   A. 2A

   B. 1.5A

   C. 0.8A

   D. 0.5A

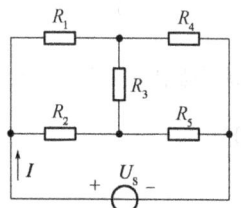

4. 如图所示电路中，已知$U_S = 12V$，$I_{S1} = 2A$，$I_{S2} = 8A$，$R_1 = 12\Omega$，$R_2 = 6\Omega$，$R_3 = 8\Omega$，$R_4 = 4\Omega$。取节点 3 为参考点，节点 1 的电压U_1为：

   A. 15V

   B. 21V

   C. 27V

   D. 33V

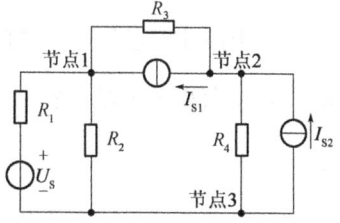

5. 如图所示电路中，电流I为：

   A. −2A

   B. 2A

   C. −1A

   D. 1A

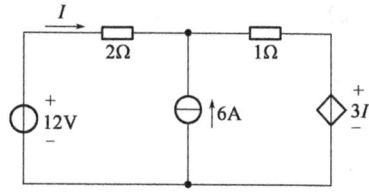

6. 如图所示电路中，电阻 R 的阻值可变，则 R 为下列哪项数值时可获得最大功率？

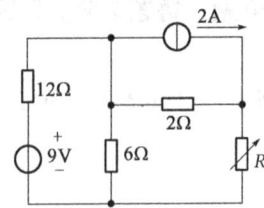

A. 12Ω

B. 15Ω

C. 10Ω

D. 6Ω

7. 如图所示电路中，RL 串联电路为日光灯的电路模型。将此电路接在 50Hz 的正弦交流电压源上，测得端电压为 220V，电流为 0.4A，功率为 40W。电路吸收的无功功率 Q 为：

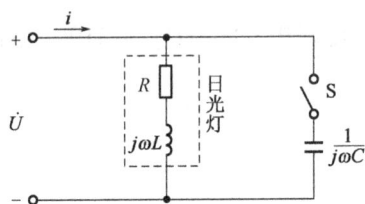

A. 76.5var

B. 78.4var

C. 82.4var

D. 85.4var

8. 在题 7 中，如果要求将功率因数提高到 0.95，应给日光灯并联的电容 C 的值为：

A. 4.29μF

B. 3.29μF

C. 5.29μF

D. 1.29μF

9. 如图所示正弦交流电路中，已知 $Z = 10 + j50Ω$，$Z_1 = 400 + j1000Ω$。当 β 为下列哪项数值时，$\dot{I}_1$ 和 $\dot{U}_S$ 的相位差为 90°？

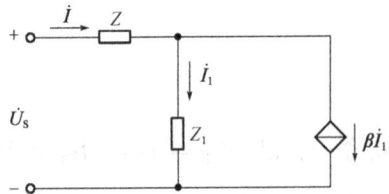

A. −41

B. 41

C. −51

D. 51

10. 如图所示正弦交流电路中，已知 $\dot{U}_S = 100\angle 0°V$，$R = 10Ω$，$X_L = 20Ω$，$X_C = 30Ω$。当负载 Z_L 为下列哪项数值时，它将获得最大功率？

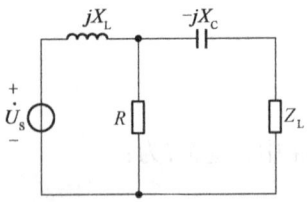

A. $8 + j21Ω$

B. $8 - j21Ω$

C. $8 + j26Ω$

D. $8 - j26Ω$

11. 在 RC 串联电路中，已知外加电压：$u(t) = 20 + 90\sin(\omega t) + 30\sin(3\omega t + 50°) + 10\sin(5\omega t + 10°)$V，电路中电流：$i(t) = 1.5 + 1.3\sin(\omega t + 85.3°) + 6\sin(3\omega t + 45°) + 2.5\sin(5\omega t - 60.8°)$A，则电路的平均功率$P$为：

A. 124.12W

B. 128.12W

C. 145.28W

D. 134.28W

12. 如图所示 RLC 串联电路中，已知$R = 10\Omega$，$L = 0.05$H，$C = 50\mu$F，电源电压：$u(t) = 20 + 90\sin(\omega t) + 30\sin(3\omega t + 45°)$V，电源的基波角频率$\omega = 314$rad/s。电路中的电流$i(t)$为：

A. $1.3\sqrt{2}\sin(\omega t + 78.2°) - 0.77\sqrt{2}\sin(3\omega t - 23.9°)$ A

B. $1.3\sqrt{2}\sin(\omega t + 78.2°) + 0.77\sqrt{2}\sin(3\omega t - 23.9°)$ A

C. $1.3\sqrt{2}\sin(\omega t - 78.2°) - 0.77\sqrt{2}\sin(3\omega t - 23.9°)$ A

D. $1.3\sqrt{2}\sin(\omega t + 78.2°) + 0.77\sqrt{2}\sin(3\omega t + 23.9°)$ A

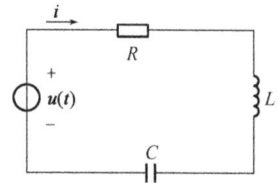

13. 如图所示电路中，已知$U_S = 6$V，$R_1 = 1\Omega$，$R_2 = 2\Omega$，$R_3 = 4\Omega$，开关闭合前电流处于稳态，$t = 0$时开关 S 闭合。$t = 0_+$时，$u_C(0_+)$为：

A. -6V

B. 6V

C. -4V

D. 4V

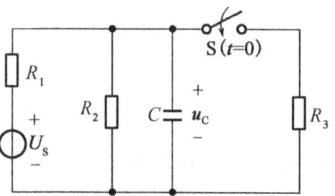

14. 如图所示电路中，已知$R_1 = 3\Omega$，$R_2 = R_3 = 2\Omega$，$U_S = 10$V，开关 S 闭合前电路处于稳态，$t = 0$时开关闭合。$t = 0_+$时，$i_{L1}(0_+)$为：

A. 2A

B. -2A

C. 2.5A

D. -2.5A

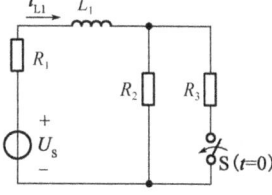

15. 如图所示电路中，开关 S 闭合前电路已经处于稳态，在$t = 0$时开关 S 闭合。开关 S 闭合后的$u_C(t)$为：

A. $16 - 6e^{\frac{1}{2.4} \times 10^2 t}$V

B. $16 - 6e^{-\frac{1}{2.4} \times 10^2 t}$V

C. $16 + 6e^{\frac{1}{2.4} \times 10^2 t}$V

D. $16 + 6e^{-\frac{1}{2.4} \times 10^2 t}$V

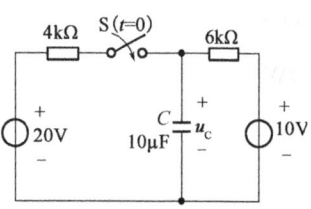

16. 如图所示电路中，换路前已处于稳定状态，在$t = 0$时开关 S 打开后的电流$i_L(t)$为：

A. $3 - e^{20t}$A

B. $3 - e^{-20t}$A

C. $3 + e^{-20t}$A

D. $3 + e^{20t}$A

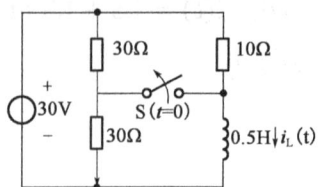

17. 如图所示含耦合电感电路中，已知$L_1 = 0.1$H，$L_2 = 0.4$H，$M = 0.12$H。ab端的等效电感L_{ab}为：

A. 0.064H

B. 0.062H

C. 0.64H

D. 0.62H

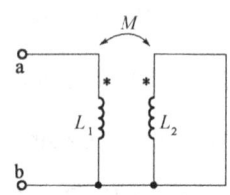

18. 如图所示电路中，n为下列哪项数值时，$R = 4\Omega$电阻可以获得最大功率？

A. 2

B. 7

C. 3

D. 5

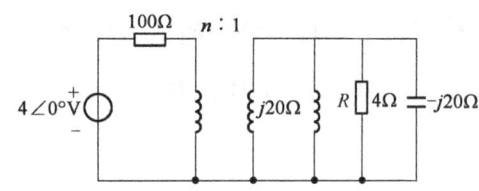

19. 如图所示对称三相电路中，已知线电压$U_1 = 380$V，负载阻抗$Z_1 = -j12\Omega$，$Z_2 = 3 + j4\Omega$，三相负载吸收的全部平均功率P为：

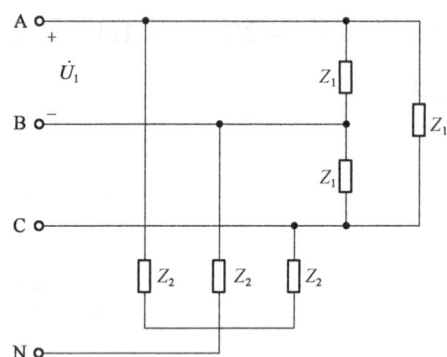

A. 17.424kW

B. 13.068kW

C. 5.808kW

D. 7.42kW

20. 如图所示电路中，已知$L_1 = 0.12\text{H}$，$\omega = 314\text{rad/s}$，$u_1(t) = U_{1m}\cos(\omega t) + U_{3m}\cos(3\omega t)$，$u_2(t) = U_{1m}\cos(\omega t)$。$C_1$ 和 C_2 的数值分别为：

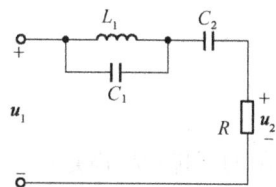

A. 7.39μF 和 71.14μF

B. 71.14μF 和 7.39μF

C. 9.39μF 和 75.14μF

D. 75.14μF 和 9.39μF

21. 如图所示电路中，换路前已达稳态，在$t = 0$时开关 S 打开，欲使电路产生临界阻尼响应，R 应取：

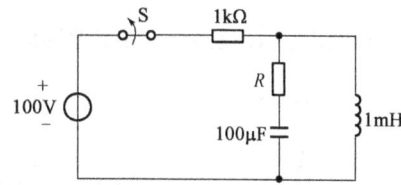

A. 3.16Ω

B. 6.33Ω

C. 12.66Ω

D. 20Ω

22. 某正弦量的复数形式为$F = 5 + j5$，它的极坐标形式F为：

A. $\sqrt{50}\angle 45°$ B. $\sqrt{50}\angle -45°$ C. $10\angle 45°$ D. $10\angle -45°$

23. 无限大真空中一半径为a的带电导体球，所带体电荷在球内均匀分布，体电荷总量为q。在球外（即$r > a$处）任一点r处的电场强度的大小E为：

A. $\dfrac{q}{4\pi\varepsilon_0 a}$V/m

B. $\dfrac{q}{4\pi\varepsilon_0 a^2}$V/m

C. $\dfrac{q}{4\pi\varepsilon_0 r}$V/m

D. $\dfrac{q}{4\pi\varepsilon_0 r^2}$V/m

24. 内半径为a，外半径为b的导电管，中间填充空气，流过直流电流I。在$\rho < a$的区域中，磁场强度H为：

A. $\dfrac{I}{2\pi\rho}$A/m

B. $\dfrac{\mu_0 I}{2\pi\rho}$A/m

C. 0A/m

D. $\dfrac{I(\rho^2 - a^2)}{2\pi(b^2 - a^2)\rho}$A/m

25. 两半径为a和b（$a < b$）的同心导体球面间电压为U_0。若b固定，要使半径为a的球面上场强最小，应取比值$\dfrac{a}{b}$为：

A. 1/2   B. 1/4   C. 1/e   D. 1/π

26. 一特性阻抗为$Z_{c1}=50\Omega$的无损传输线经由另一长度$l=0.105\lambda$（λ为波长），特性阻抗为Z_{c2}的无损传输线达到与$Z_L=100\Omega$的负载匹配，应取Z_{c2}为：

    A. 38.75Ω B. 77.5Ω

    C. 56Ω D. 66Ω

27. 负反馈所能抑制的干扰和噪声是：

    A. 反馈环内的干扰和噪声   B. 反馈环外的干扰和噪声

    C. 输入信号所包含的干扰和噪声   D. 输出信号所包含的干扰和噪声

28. 晶体管电路如图所示，已知各晶体管的$\beta=50$，那么晶体管处于放大工作状态的电路是：

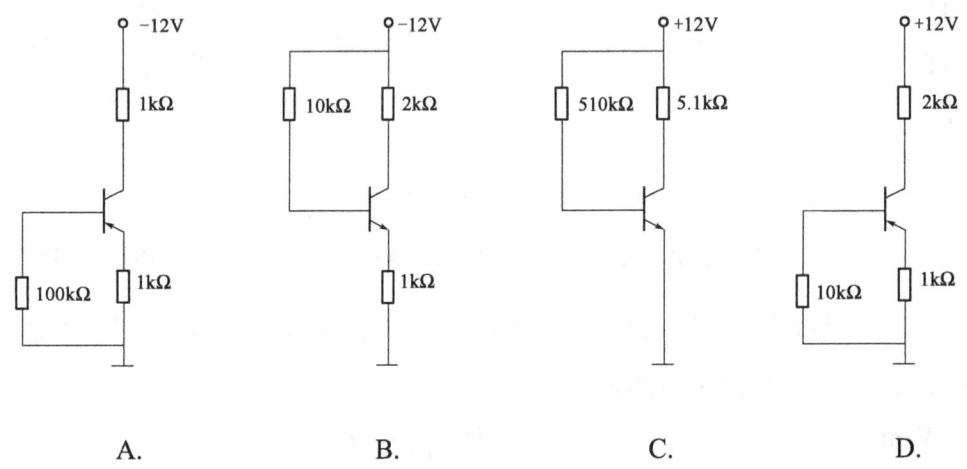

    A.   B.   C.   D.

29. 某双端输入、单端输出的差分放大电路的差模电压放大倍数为200，当两个输入端并接$u_1=1V$的输入电压时，输出电压$\Delta u_o=100mV$。那么该电路的共模电压放大倍数和共模抑制比分别为：

    A. -0.1，200   B. -0.1，2000

    C. -0.1，-200 D. 1，2000

30. 运放有同相、反相和差分三种输入方式，为了使集成运放既能放大差模信号，又能抑制共模信号，应采用下列哪种方式？

    A. 同相输入   B. 反相输入

    C. 差分输入   D. 任何一种输入方式

31. 电路如图所示，其中运算放大器 A 的性能理想，若$u_i = \sqrt{2}\sin(\omega t)\,\mathrm{V}$，那么电路的输出功率$P_o$为：

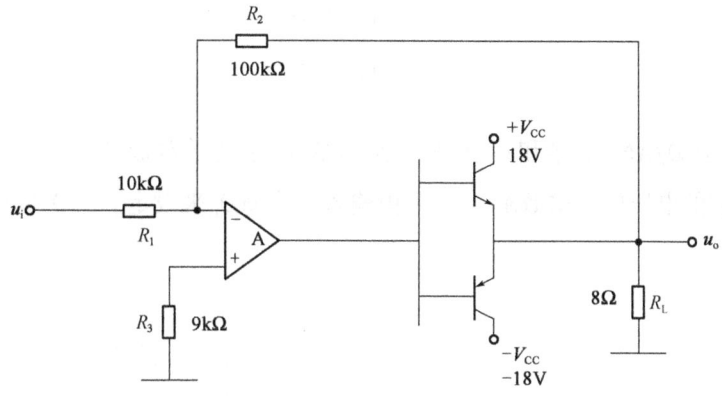

A. 6.25W   B. 12.5W   C. 20.25W   D. 25W

32. 电路如图所示，设运放均有理想的特性，则输出电压u_o为：

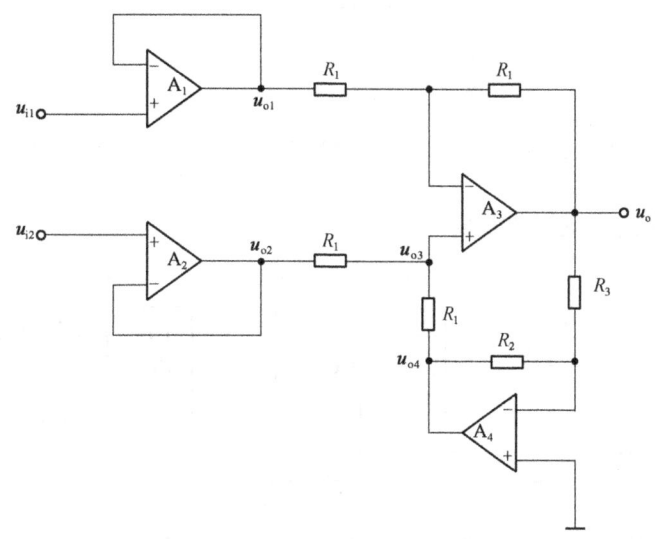

A. $\dfrac{R_3}{R_2+R_3}\dfrac{u_{i1}+u_{i2}}{2}$ B. $\dfrac{R_3}{R_2+R_3}(u_{i1}+u_{i2})$

C. $\dfrac{R_3}{R_2+R_3}(u_{i1}-u_{i2})$ D. $\dfrac{R_3}{R_2+R_3}(u_{i2}-u_{i1})$

33. 下列逻辑关系中，不正确的是：

A. $A\overline{B}+\overline{A}B = \overline{AB+\overline{A}\cdot\overline{B}}$ B. $A(\overline{A}+B) = AB$

C. $\overline{AB} = \overline{A}+\overline{B}$ D. $\overline{A}+\overline{B} = \overline{AB}$

34. 要获得$32k\times 8$的 RAM，需用$4k\times 4$的 RAM 的片数为：

A. 8   B. 16   C. 32   D. 64

35. 已知用卡诺图化简逻辑函数 $L = \overline{A}\,\overline{B}C + A\overline{B}\,\overline{C}$ 的结果是 $L = A \oplus C$，那么该逻辑函数的无关项至少有：

A. 2个

B. 3个

C. 4个

D. 5个

36. 如图所示电路是用D/A转换器和运算放大器组成的可变增益放大器，DAC 的输出电压 $u = -D_n V_{REF}/255$，它的电压放大倍数 $A_v = \frac{u_o}{u_i}$ 可由输入数字量 D_n 来设定。当 D_n 取 $(01)_H$ 和 $(EF)_H$ 时，A_v 分别为：

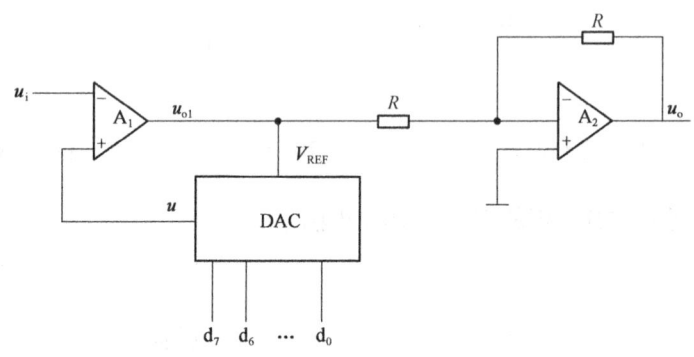

A. 1，25.6

B. 1，25.5

C. 256，1

D. 255，1

37. 电路如图所示，该电路完成的功能是：

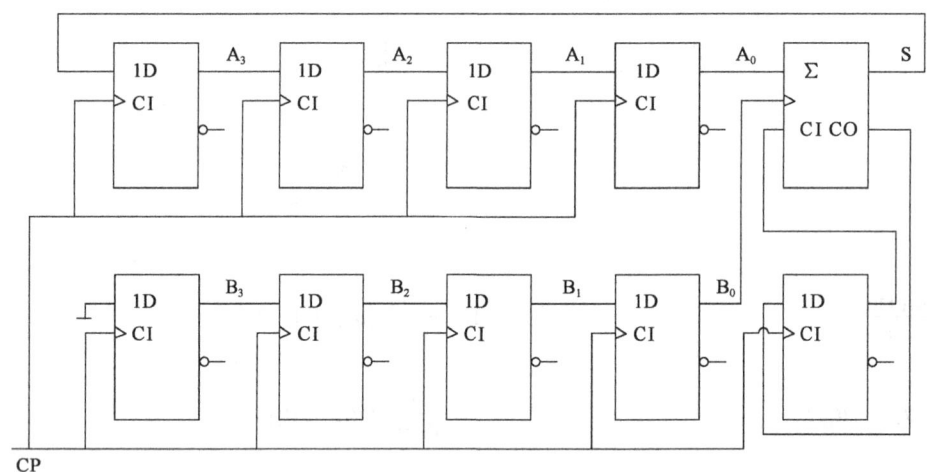

A. 8位并行加法器

B. 8位串行加法器

C. 4位并行加法器

D. 4位串行加法器

38. 74LS161 的功能见表，如图所示电路的分频比（即 Y 与 CP 的频率之比）为：

74161 功能表

CP	$\overline{R_D}$	$\overline{LD}$	EP	ET	工作状态
×	0	×	×	×	置零
↑	1	0	×	×	预置数
×	1	1	0	1	保持
×	1	1	×	0	保持（但C = 0）
↑	1	1	1	1	计数

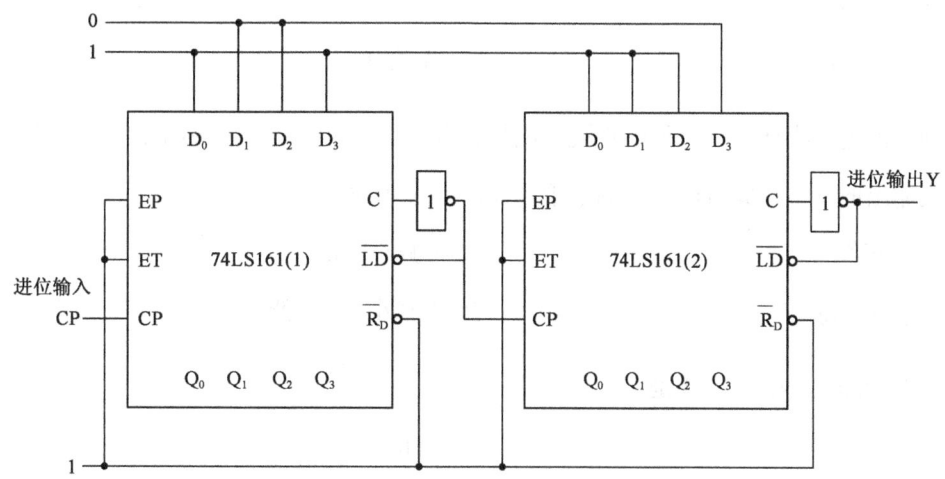

    A. 1∶63   B. 1∶60   C. 1∶96   D. 1∶256

39. 三相感应电动机定子绕组，Y 接法，接在三相对称交流电源上，如果有一相断线，在气隙中产生的基波合成磁势为：

    A. 不能产生磁势   B. 圆形旋转磁势

    C. 椭圆形旋转磁势   D. 脉振磁势

40. 一台隐极同步发电机并网运行，额定容量为 7500kVA，$\cos\varphi_N = 0.8$（滞后），$U_N = 3150V$，Y 连接，同步电抗$X_S = 1.6\Omega$，不计定子电阻。该机的最大电磁功率约为：

    A. 6000kW   B. 8750kW   C. 10702kW   D. 12270kW

41. 一台并网运行的三相同步发电机，运行时输出$\cos\varphi = 0.5$（滞后）的额定电流，现在要让它输出 $\cos\varphi = 0.8$（滞后）的额定电流，可采取的办法是：

    A. 输入的有功功率不变，增大励磁电流

    B. 增大输入的有功功率，减小励磁电流

    C. 增大输入的有功功率，增大励磁电流

    D. 减小输入的有功功率，增大励磁电流

42. 一台$S_N = 5600kVA$，$U_{1N}/U_{2N} = 6000/330V$，Y/△连接的三相变压器，其空载损耗$P_0 = 18kW$，短路损耗$P_{kN} = 56kW$。当负载的功率因数$\cos\varphi_2 = 0.8$（滞后）保持不变，变压器的效率达到最大时，变压器一次边输入电流为：

    A. 305.53A   B. 529.2A   C. 538.86A   D. 933.33A

43. 一台三相感应电动机在额定电压下空载启动与在额定电压下满载启动相比，两种情况下合闸瞬间的启动电流：

    A. 前者小于后者   B. 相等

    C. 前者大于后者   D. 无法确定

44. 一台并励直流电动机拖动一台他励直流发电机，当电动机的电压和励磁回路的电阻均不变时，若增加发电机输出的功率，此时电动机的电枢电流I_a和转速n将：

    A. I_a增大，n降低   B. I_a减小，n增高

    C. I_a增大，n增高   D. I_a减小，n降低

45. 目前我国电能的主要输送方式是：

    A. 直流   B. 单相交流

    C. 三相交流   D. 多相交流

46. 电力系统接线如图所示，各级电网的额定电压示于图中，发电机G，变压器T_1、T_2的额定电压分别为：

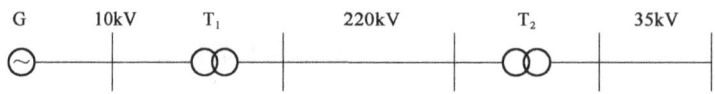

    A. G：10.5kV T_1：10.5/242kV T_2：220/38.5kV

    B. G：10kV T_1：10/242kV T_2：242/35kV

    C. G：10.5kV T_1：10.5/220kV T_2：220/38.5kV

    D. G：10.5kV T_1：10.5/242kV T_2：220/35kV

47. 当中性点绝缘的 35kV 系统发生单相接地短路时，其故障处的非故障相电压是：

    A. 115kV   B. 110kV   C. 38.5kV   D. 35kV

48. 电力系统电压降计算公式为：

    A. $\dfrac{P_1X + Q_1R}{U_1} + j\dfrac{P_1R - Q_1X}{U_1}$ B. $\dfrac{P_1X - Q_1R}{U_1} + j\dfrac{P_1R + Q_1X}{U_1}$

    C. $\dfrac{Q_1R + P_1X}{U_1} + j\dfrac{P_1R - Q_1X}{U_1}$ D. $\dfrac{P_1R + Q_1X}{U_1} + j\dfrac{P_1X - Q_1R}{U_1}$

49. 我国电力系统中性点直接接地方式一般用在下列哪种及以上网络中？

　　A. 110kV　　　　　　B. 10kV　　　　　　C. 35kV　　　　　　D. 220kV

50. 一条 220kV 的单回路空载线路，长 200km，线路参数为 $r_1 = 0.18\Omega/km$, $x_1 = 0.415\Omega/km$, $b_1 = 2.86 \times 10^{-6}S/km$，线路受端电压为 242kV，线路送端电压为：

　　A. 236.26kV　　　　　　　　　　　　　B. 242.2kV

　　C. 220.35kV　　　　　　　　　　　　　D. 230.6kV

51. 简单电力系统接线如图所示，母线 A 电压保持 116kV，变压器低压母线 C 要求恒调压，电压保持 10.5kV，满足以上要求时接在母线 C 上的电容容量 Q_C 及变压器 T 的变比分别为：

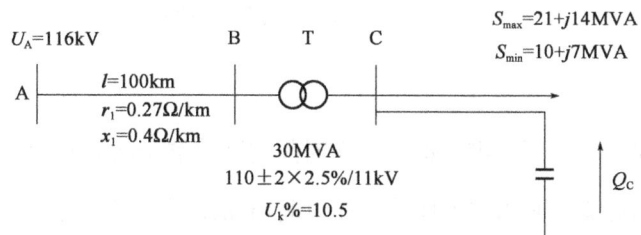

　　A. 8.76Mvar　　115.5/10.5kV　　　　　B. 8.44Mvar　　112.75/11kV

　　C. 9.76Mvar　　121/11kV　　　　　　　D. 9.69Mvar　　121/10.5kV

52. 下列网络接线如图所示，元件参数标幺值如图所示，f 点发生三相短路时各发电机对短路点的转移阻抗及短路电流标幺值分别为：

　　A. 0.4, 0.4, 5

　　B. 0.45, 0.45, 4.44

　　C. 0.35, 0.35, 5.71

　　D. 0.2, 0.2, 10

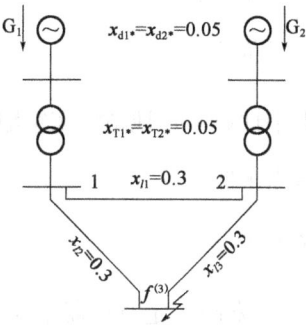

53. 系统接线如图所示，图中参数均为归算到统一基准值 $S_B = 100MVA$ 的标幺值。变压器接线方式为 $Y/\Delta-11$，系统在 f 点发生 BC 两相短路，发电机出口 M 点 A 相电流（kA）为：

　　A. 18.16kA

　　B. 2.0kA

　　C. 12.21kA

　　D. 9.48kA

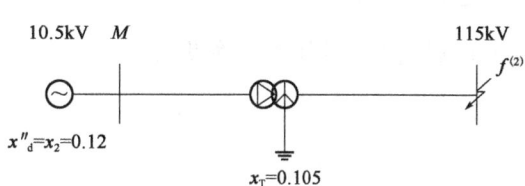

54. 对于电压互感器，以下叙述不正确的是：

A. 接地线必须装熔断器
B. 接地线不准装熔断器
C. 二次绕组必须装熔断器
D. 电压互感器不需要校验热稳定

55. 中性点接地系统中，三相电压互感器二次侧开口三角形绕组的额定电压应等于：

A. 100V
B. $\frac{100}{\sqrt{3}}$V
C. $\frac{100}{3}$V
D. $3U_0$（U_0为零序电压）

56. 下列哪种主接线在出线断路器检修时，会暂时中断该回路供电？

A. 三分之四
B. 双母线分段带旁路
C. 二分之三
D. 双母线分段

57. 下列叙述正确的是：

A. 验算热稳定的短路计算时间为继电保护动作时间与断路器全断开时间之和
B. 验算热稳定的短路计算时间为继电保护动作时间与断路器固有分闸时间之和
C. 电气的开断计算时间应为后备保护动作时间与断路器固有分闸时间之和
D. 电气的开断计算时间应为主保护动作时间与断路器全开断时间之和

58. 中性点非有效接地配电系统中性点加装消弧线圈是为了：

A. 增大系统零序阻抗
B. 提高继电保护装的灵敏性
C. 补偿接地短路电流
D. 增大电源的功率因数

59. 35kV 及以下中性点不接地系统架空输电线路不采用全线架设避雷线方式的原因之一是：

A. 设备绝缘水平低
B. 雷电过电压幅值低
C. 系统短路电流小
D. 设备造价低

60. 避雷器保护变压器时规定避雷器距变压器的最大电气距离，其原因是：

A. 防止避雷器对变压器反击
B. 增大配合系数
C. 减小雷电绕击频率
D. 满足避雷器残压与变压器的绝缘配合

2012 年度全国勘察设计注册电气工程师（供配电）

执业资格考试试卷

基础考试
（下）

二〇一二年九月

应考人员注意事项

1. 本试卷科目代码为"2"，考生务必将此代码填涂在答题卡"科目代码"相应的栏目内，否则，无法评分。

2. 书写用笔：**黑色或蓝色钢笔、签字笔或圆珠笔；**

   填涂答题卡用笔：**黑色 2B 铅笔。**

3. 必须用书写用笔将工作单位、姓名、准考证号填写在答题卡和试卷相应的栏目内。

4. 本试卷由 60 题组成，每题 2 分，满分 120 分，本试卷全部为单项选择题，每小题的四个备选项中只有一个正确答案，错选、多选、不选均不得分。

5. 考生作答时，必须按**题号在答题卡上**将相应试题所选选项对应的**字母用 2B 铅笔涂黑。**

6. 在答题卡上书写与题意无关的语言，或在答题卡上作标记的，均按违纪试卷处理。

7. 考试结束时，由监考人员当面将试卷、答题卡一并收回。

8. 草稿纸由各地统一配发，考后收回。

单项选择题（共60题，每题2分。每题的备选项中只有一个最符合题意。）

1. 图中电路的输入电阻R_{in}为：

   A. -11Ω

   B. 11Ω

   C. -12Ω

   D. 12Ω

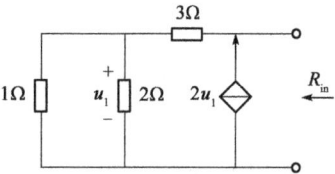

2. 如图所示，电压u为：

   A. $100V$

   B. $75V$

   C. $50V$

   D. $25V$

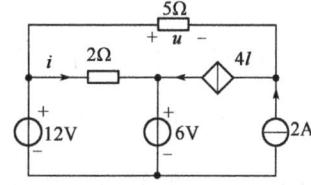

3. 图示电路中，电压$\dot{U}_1$为：

   A. $5.76\angle51.36°V$

   B. $5.76\angle38.65°V$

   C. $2.88\angle51.36°V$

   D. $2.88\angle38.64°V$

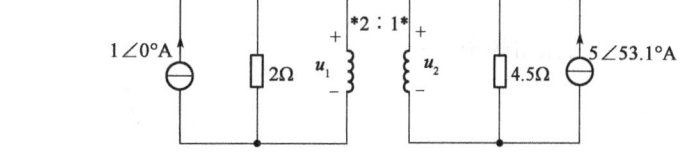

4. 图示电路中，当电阻 R 为下列何值时，获得最大功率？

   A. 2.5Ω

   B. 7.5Ω

   C. 4.0Ω

   D. 5.0Ω

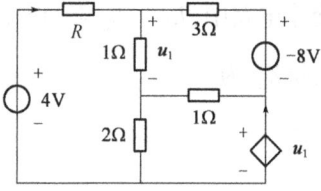

5. 如图所示，P 为无源线性电阻电路，当$u_1 = 15V$和$u_2 = 10V$时，$i_1 = 2A$；当$u_1 = 20V$和$u_2 = 15V$时，$i_1 = 2.5A$。当$u_1 = 20V$，$i_1 = 5A$时，u_2应该为：

   A. $10V$ B. $-10V$

   C. $12V$ D. $-12V$

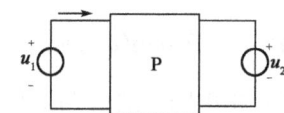

6. 图示电路中，电阻 R 为：

A. 16Ω

B. 8Ω

C. 4Ω

D. 2Ω

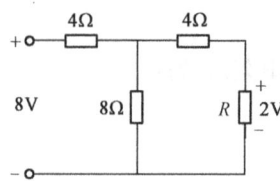

7. 已知正弦电流的初相为 90°，在$t = 0$时的瞬时值为 17.32A，经过0.5×10^{-3}s后电流第一次下降为零，则其频率为：

A. 500Hz   B. 1000MHz   C. 50MHz   D. 1000Hz

8. 正弦电流通过电容元件时，下列关系中正确的是：

A. $\dot{I}_C = C\frac{du_C}{dt}$ B. $\dot{U}_C = jX_C\dot{I}_C$ C. $\dot{U}_C = -jX_C\dot{I}_C$ D. $u_C = \frac{1}{j\omega C}i$

9. 在 R、L、C 串联电路中，若总电压U、电感电压U_L及 RC 两端电压U_{RC}均为150V，且$R = 25Ω$，则该串联电路中的电流I为：

A. 6A   B. $3\sqrt{3}$A   C. 3A   D. 2A

10. 图示电路的谐振角频率为：

A. $\frac{1}{2\sqrt{LC}}$

B. $\frac{2}{\sqrt{LC}}$

C. $\frac{1}{3\sqrt{LC}}$

D. $\frac{3}{\sqrt{LC}}$

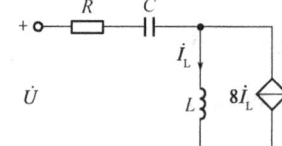

11. 图示正弦交流电路中，$L_1 = L_2 = 10H$，$C = 1000\mu F$，$M = 6H$，$R = 15Ω$，电流的角频率$\omega = 10rad/s$，则其入端阻抗Z_{ab}为：

A. $36 - j15Ω$

B. $15 - j36Ω$

C. $36 + j15Ω$

D. $15 + j36Ω$

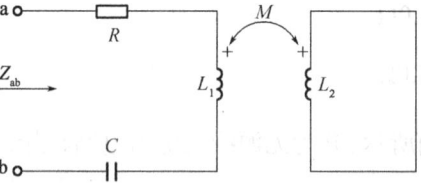

12. 图示电路中$u = 24\sin(\omega t)$V，$i = 4\sin(\omega t)$A，$\omega = 2000rad/s$，则无源二端网络 N 可以看作电阻 R 与电感 L 相串联，则 R 与 L 的大小分别为：

A. 1Ω 和 4H

B. 2Ω 和 2H

C. 4Ω 和 1H

D. 4Ω 和 4H

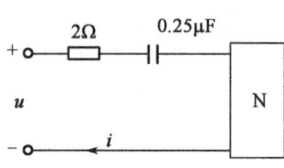

13. 图示电路中，若$u(t) = 100\sqrt{2}\sin(10000t) + 30\sqrt{2}\sin(30000t)$V，则$u_1(t)$为：

A. $30\sqrt{2}\sin(30000t)$V

B. $100\sqrt{2}\sin(10000t)$V

C. $30\sqrt{2}\sin(30t)$V

D. $100\sqrt{2}\sin(10t)$V

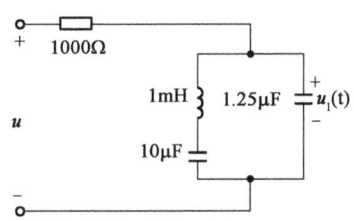

14. 图示电路的时间常数为：

A. 2.5ms

B. 2ms

C. 1.5ms

D. 1ms

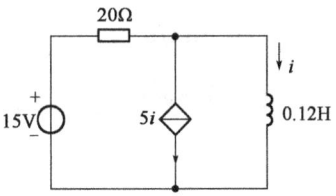

15. 图示电路原已稳定，$t = 0$时断开开关 S，则$u_{C1}(0_+)$为：

A. 10V

B. 15V

C. 20V

D. 25V

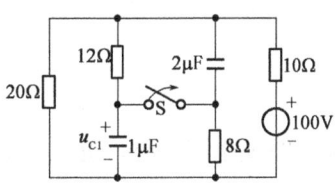

16. 图示电路中$u_{C1}(0_-) = 15$V，$u_{C2}(0_-) = 6$V，当$t = 0$时闭合开关 S 后，$u_{C1}(t)$为：

A. $12 + 3e^{-1.25\times10^3 t}$V

B. $3 + 12e^{-1.25\times10^3 t}$V

C. $15 + 6e^{-1.25\times10^3 t}$V

D. $6 + 15e^{-1.25\times10^3 t}$V

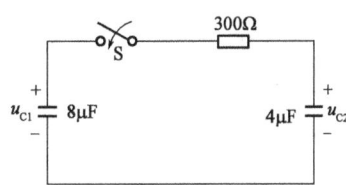

17. 图示电路中，$i_L(0_-) = 0$，在$t = 0$时闭合开关 S 后，电感电流$i_L(t)$为：

A. 75A

B. 75tA

C. 3000tA

D. 3000A

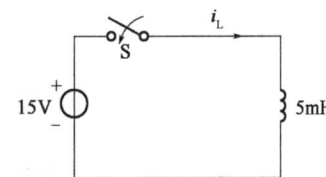

18. 图示电路中A点的电压U_A为:

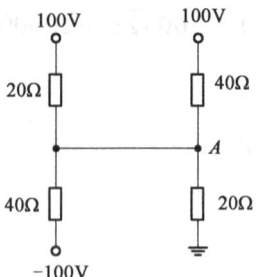

A. 0V

B. $\frac{100}{3}$V

C. 50V

D. 75V

19. 有一个由$R = 3000\Omega$，$L = 4H$和$C = 1\mu F$三个元件相串联构成的振荡电路，其振荡角频率为:

A. 331rad/s   B. 375rad/s   C. 500rad/s   D. 750rad/s

20. 三相对称三线制电路线电压为380V，功率表接线如图所示，且各相负载$Z = R = 22\Omega$，此时功率表读数为:

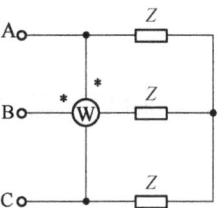

A. 6600W

B. 3800W

C. 2200W

D. 0W

21. 已知图中正弦电流电路发生谐振时，电流表 A$_2$ 和 A$_3$ 的读数分别为 6A 和 10A，则电流表 A$_1$ 的度数为:

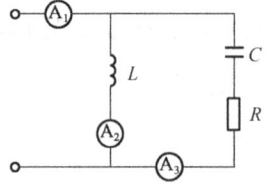

A. 4A

B. 8A

C. $\sqrt{136}$A

D. 16A

22. 已知图中二阶动态电路的过渡过程是欠阻尼，则电容 C 的值应不大于:

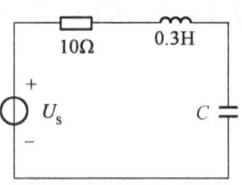

A. 0.012F

B. 0.024F

C. 0.036F

D. 0.048F

23. 已知正弦电流的初相为30°，在$t = 0$时的瞬时值是 34.64A，经过$\frac{1}{60}$s后电流第一次下降为 0，则其频率为:

A. 25Hz   B. 50Hz   C. 314Hz   D. 628Hz

24. 无限大真空中一半径为a的球，内部均匀分布有体电荷，电荷总量为q。在$r > a$的球外任一点r处的电场强度的大小E为：

A. $\frac{q}{4\pi\varepsilon_0 a}$V/m

B. $\frac{q}{4\pi\varepsilon_0 a^2}$V/m

C. $\frac{q}{4\pi\varepsilon_0 r}$V/m

D. $\frac{q}{4\pi\varepsilon_0 r^2}$V/m

25. 如图所示，有一夹角为30°的半无限大导电平板接地，其内有一点电荷q，若用镜像法计算其间的电荷分布，需镜像电荷的个数为：

A. 12

B. 11

C. 6

D. 3

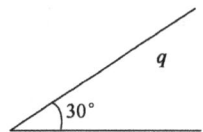

26. 一高压同轴圆柱电缆，内导体的半径为a，外导体的内半径为b，其值可以自由选定，若a固定，要使内导体表面上场强最小，a与b的比值应是：

A. $\frac{1}{e}$　　　B. $\frac{1}{2}$　　　C. $\frac{1}{4}$　　　D. $\frac{1}{8}$

27. 终端短路的无损耗传输线的长度为波长的倍数为下列哪项数值时，其输入端阻抗的绝对值不等于特性阻抗？

A. $\frac{11}{8}$　　　B. $\frac{5}{8}$　　　C. $\frac{7}{8}$　　　D. $\frac{4}{8}$

28. 如图所示，电路是用555定时器组成的开机延时电路，给定$C = 25\mu F$，$R = 91k\Omega$，$V_{CC} = 12V$，当开关S断开后，电容V_C跃变高电平需经过：

A. 1s

B. 1.5s

C. 8s

D. 2.5s

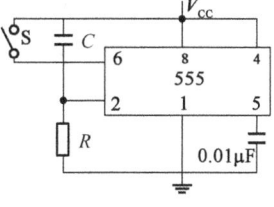

29. 在图示电路中，设二极管为理想元件，当$u_i = 150V$ 时，u_o为：

A. 25V

B. 75V

C. 100V

D. 150V

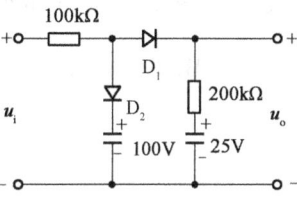

30. 由理想运放组成的放大电路如图所示，若$R_1 = R_3 = 1k\Omega$，$R_2 = R_4 = 10k\Omega$，该电路的电压放大倍数$A_{uf} = \dfrac{u_o}{u_{i1} - u_{i2}}$为：

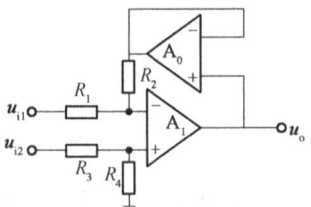

A. -5

B. -10

C. 5

D. 10

31. 在图示矩形波发生电路中，运算放大器的电源为+15V（单电源供电），其最大输出电压$U_{omax} = 12V$，最小的输出电压$U_{omin} = 0V$，其他特征都是理想的。那么，电容电压的变化范围为：

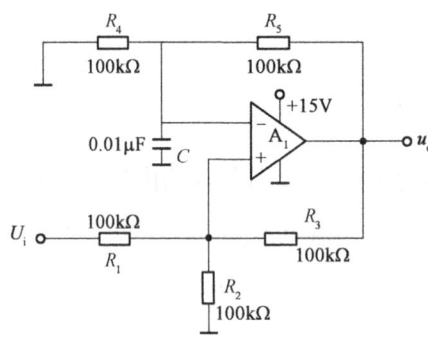

A. 1~5V
B. 0~6V
C. 3~12V
D. 0~12V

32. 某串联反馈型稳压电路如图所示，图中输入直流电压$u_i = 24V$，调整管 T_1 和误差放大管 T_2 的U_{BE}均等于0.7V，稳压管的稳定电压U_z等于5.3V。输出电压u_o的变化范围为：

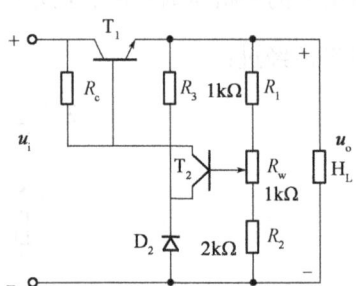

A. 0~24V
B. 12~18V
C. 6~18V
D. 8~12V

33. 已知$F = \overline{ABC + CD}$，下列使$F = 0$的取值为：

A. ABC = 011
B. BC = 11
C. CD = 10
D. BCD = 111

34. 8 位 D/A 转换器，当输入数字量 10000000 时，输出电压为 5V。若输入为 10001000，输出电压为：

    A. 5.44V   B. 5.76V   C. 6.25V   D. 6.54V

35. 逻辑函数 $Y(A, B, C, D) = \sum m(0,1,2,3,4,6,8) + \sum d(10,11,12,13,14)$ 的最简与或表达式为：

    A. $\overline{A}\,\overline{B}C + \overline{A}D$ B. $\overline{A}\,\overline{B} + \overline{D}$ C. $A\overline{B} + D$ D. $A + D$

36. 由 3-8 线译码器 74LS138 构成的逻辑电路如图所示。该电路能实现的逻辑功能为：

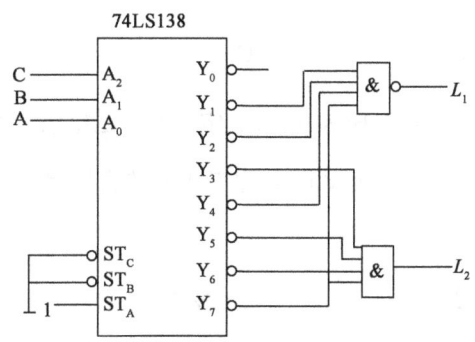

    A. 8421BCD 码检测及四舍五入   B. 全减器

    C. 全加器   D. 比较器

37. 图示电路中 Z 点的频率为：

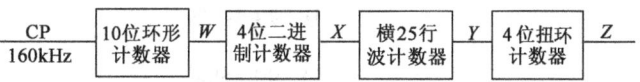

    A. 5Hz   B. 10Hz   C. 20Hz   D. 25Hz

38. 由四位二进制同步计数器 74161 构成的逻辑电路如图所示，该电路的逻辑功能为：

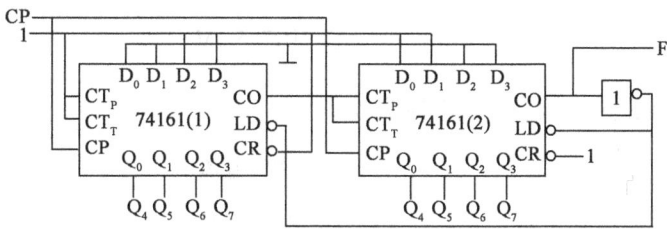

    A. 同步 256 进制计数器   B. 同步 243 进制计数器

    C. 同步 217 进制计数器   D. 同步 196 进制计数器

39. 一台他励直流电动机，额定运行时电枢回路电阻压降为外加电压的 5%，此时若突然将励磁回路电流减小，使每极磁通降低 20%，若负载转矩保持额定不变，那么改变瞬间电动机的电枢电流为原值的：

A. 4.8 倍　　　　　B. 2 倍　　　　　C. 1.2 倍　　　　　D. 0.8 倍

40. 一台三相交流电机定子绕组，级数 $2p = 6$，定子槽数 $Z_1 = 54$ 槽，线圈节距 $y_1 = 9$ 槽，那么此绕组的基波绕组因数 K_{w1} 为：

A. 0.945　　　　　B. 0.96　　　　　C. 0.94　　　　　D. 0.92

41. 一台三相鼠笼式感应电动机，额定电压为 380V，定子绕组 △ 接法，直接启动电流为 I_{st}，若将电动机定子绕组改为 Y 接法，加线电压为 220V 的对称三相电源直接启动，此时的启动电流为 I'_{st}，那么 I'_{st} 与 I_{st} 相比如何变化？

A. 变小　　　　　B. 不变　　　　　C. 变大　　　　　D. 无法判断

42. 一台 $S_N = 63000 kVA$，50Hz，$U_{1N}/U_{2N} = 220/10.5kV$，YN/d 连接的三相变压器，在额定电压下，空载电流为额定电流的 1%，空载损耗 $P_0 = 61kW$；其阻抗电压，$U_k = 12\%$；当有额定电流时的短路损耗 $P_{kcu} = 210kW$。当一次侧保持额定电压，二次侧电流达到额定的 80% 且功率因数为 0.8（滞后）时，变压器的效率为：

A. 99.47%　　　　　　　　　　B. 99.495%

C. 99.52%　　　　　　　　　　D. 99.55%

43. 有一台 $P_N = 72500kW$，$U_N = 10.5kV$，Y 接法，$\cos\varphi_N = 0.8$（滞后）的水轮发电机，同步电抗标幺值 $X'_d = 1$，$X'_q = 0.554$，忽略电枢电阻，额定运行时的每相空载电势 E_0 为：

A. 6062.18V　　　　　　　　　B. 9176.69V

C. 10500V　　　　　　　　　　D. 10735.1V

44. 三相同步电动机运行在过励状态，从电网吸收：

A. 感性电流　　　　　　　　　B. 容性电流

C. 纯有功电流　　　　　　　　D. 直流电流

45. 电力系统电压降落定义为：

A. $d\dot{U} = \dot{U}_1 - \dot{U}_2$　　　　　　　B. $d\dot{U} = |\dot{U}_1| - |\dot{U}_2|$

C. $d\dot{U} = \dfrac{\dot{U}_1 - \dot{U}_2}{U_N}$　　　　　　　D. $dU = \dfrac{U_1 - U_2}{U_N}$

46. 电力系统采用标幺值计算时，当元件的额定容量、额定电压为 S_N、U_N，系统统一基准容量、基准电压为 S_B、U_B，设某阻抗原标幺值为 Z_{*N}，则该阻抗统一基准 Z_* 为：

A. $Z_* = \left(Z_{*N} \cdot \dfrac{S_N}{U_B^2}\right) \cdot \dfrac{U_N^2}{S_B}$

B. $Z_* = \left(Z_{*N} \cdot \dfrac{U_N^2}{S_N}\right) \cdot \dfrac{S_B}{U_B^2}$

C. $Z_* = \left(Z_{*N} \cdot \dfrac{U_N}{S_N^2}\right) \cdot \dfrac{S_B^2}{U_B}$

D. $Z_* = \left(Z_{*N} \cdot \dfrac{S_N^2}{U_N}\right) \cdot \dfrac{U_B}{S_B^2}$

47. 我国 110kV 及以上系统中性点接地方式一般为：

A. 中性点直接接地

B. 中性点绝缘

C. 经小电阻接地

D. 经消弧线圈接地

48. 在忽略输电线路电阻和电导的情况下，输电线路电抗为 X，输电线路电纳为 B，线路传输功率与两端电压的大小及其相位差 θ 之间的关系为：

A. $P = \dfrac{U_1 U_2}{B} \sin\theta$

B. $P = \dfrac{U_1 U_2}{X} \cos\theta$

C. $P = \dfrac{U_1 U_2}{X} \sin\theta$

D. $P = \dfrac{U_1 U_2}{B} \cos\theta$

49. 电力系统在高压网线路中并联电抗器的作用为：

A. 提高线路输电功率极限

B. 增加输电线路电抗

C. 抑制线路轻（空）载时末端电压升高

D. 补偿线路无功，提高系统电压

50. 某 330kV 输电线路的等值电路如图所示，已知 $\dot{U}_1 = 363\angle 0°$kV，$\dot{S}_2 = 150 + j50$MVA，线路始端功率 $\dot{S}_1$ 及末端电压 $\dot{U}_2$ 为：

A. $146.7 + j57.33$MVA，$330.88\angle 4.3°$kV

B. $146.7 + j60.538$MVA，$353.25\angle 2.49°$kV

C. $152.34 + j60.538$MVA，$330.88\angle 4.3°$kV

D. $152.34 + j42.156$MVA，$353.25\angle 2.49°$kV

51. 一降压变电所，变压器归算到高压侧的参数如图所示，最大负荷时变压器高压母线电压维持在 118kV，最小负荷时变压器高压母线电压维持在 110kV。若不考虑功率损耗，变压器低压母线逆调压，变压器分接头电压应为：

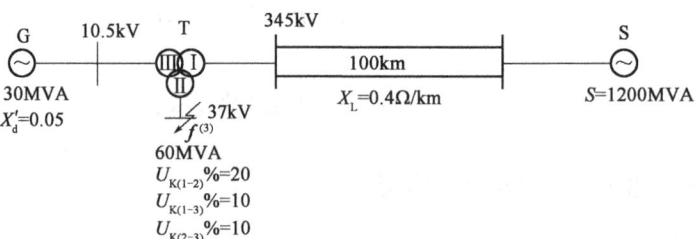

 A. 109.75kV   B. 115.5kV

 C. 107.25kV   D. 112.75kV

52. 网络接线如图所示，元件参数标于图中，系统 S 的短路容量为 1200MVA，取 $S_B = 60$MVA，当图示 f 点发生三相短路时，短路点的短路电流（kA）及短路冲击电流（kA）分别为：

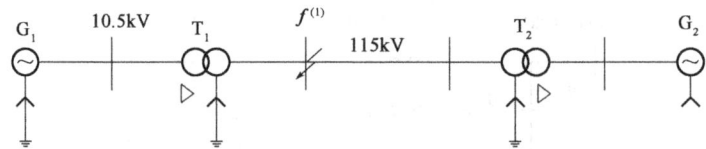

 A. 6.127kA，14.754kA   B. 6.127kA，15.57kA

 C. 5.75kA，15.57kA   D. 5.795kA，14.754kA

53. 系统接线如图所示，各元件参数为 G_1、G_2：30MVA，$x_d'' = x_2 = 0.1$；T_1、T_2：30MVA，$U_S\% = 10$。取 $S_B = 30$MVA，线路标幺值为 $x_1 = 0.3$，$x_0 = 3x_1$，当系统在 f 点发生 A 相接地短路时，短路点短路电流为：

 A. 2.21kA   B. 1.199kA

 C. 8.16kA   D. 9.48kA

54. 下列接线中，当检修出线断路器时会暂时中断该回路供电的是：

 A. 双母线分段   B. 二分之三

 C. 双母线分段带旁母   D. 单母线带旁母

55. 充填石英砂有限流作用的高压熔断器使用的条件为：

   A. 电网的额定电压小于其额定电压

   B. 电网的额定电压大于其额定电压

   C. 电网的额定电压等于其额定电压

   D. 其所在电路的最大长期工作电流大于其额定电流

56. 高压断路器一般采用多断口结构，通常在每个断口并联电容，并联电容的作用是：

   A. 使弧隙电压的恢复过程由周期性变为非周期性

   B. 使得电压能均匀地分布在每个断口上

   C. 可以增大介质强度的恢复速度

   D. 可以限制系统中的操作过电压

57. 下列叙述正确的为：

   A. 为了限制短路电流，通常在架空线路上装设电抗器

   B. 母线电抗器一般装设在发电机回路中

   C. 采用分裂低压绕组变压器主要是为了组成扩大单元接线

   D. 分裂电抗器两个分支负荷变化过大将造成电压波动，甚至可能出现过电压

58. 在交流超高压中性点有效接地系统中，部分变压器中性点采用不接地方式运行是为了：

   A. 降低中性点绝缘水平   B. 减小系统短路电流

   C. 减少系统零序阻抗   D. 单母线带旁母

59. 冲击电压波在 GIS 中传播出现折、反射的原因是：

   A. 机械振动   B. GIS 波阻抗小

   C. GIS 内部节点   D. 降低系统过电压水平

60. 某 220kV 变电所一路出线，当有一电流幅值为 10kA，陡度为 300kV/μS的雷电波侵入，母线上采用 10kA 雷电保护残压为 496kV 的金属氧化物避雷器保护变压器，避雷器距变压器的距离为 75m，则变压器节点上可能出现的最大雷电过电压幅值？

   A. 666kV   B. 650kV   C. 496kV   D. 646kV

2013 年度全国勘察设计注册电气工程师（供配电）

执业资格考试试卷

基础考试
（下）

二〇一三年九月

应考人员注意事项

1. 本试卷科目代码为"2"，考生务必将此代码填涂在答题卡"科目代码"相应的栏目内，否则，无法评分。

2. 书写用笔：**黑色或蓝色钢笔、签字笔或圆珠笔**；

   填涂答题卡用笔：**黑色 2B 铅笔**。

3. 必须用书写用笔将工作单位、姓名、准考证号填写在答题卡和试卷相应的栏目内。

4. 本试卷由 60 题组成，每题 2 分，满分 120 分，本试卷全部为单项选择题，每小题的四个备选项中只有一个正确答案，错选、多选、不选均不得分。

5. 考生作答时，必须按**题号在答题卡上**将相应试题所选选项对应的**字母用 2B 铅笔涂黑**。

6. 在答题卡上书写与题意无关的语言，或在答题卡上作标记的，均按违纪试卷处理。

7. 考试结束时，由监考人员当面将试卷、答题卡一并收回。

8. 草稿纸由各地统一配发，考后收回。

单项选择题（共60题，每题2分。每题的备选项中只有一个最符合题意。）

1. 图示电路中 $u = -2V$，则3V电压源发出的功率应为：

   A. 10W

   B. 3W

   C. -3W

   D. -10W

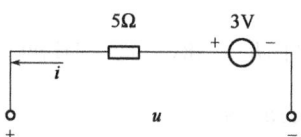

2. 图示电路中 $U = 10V$，电阻均为 100Ω，则电路中的电流 I 应为：

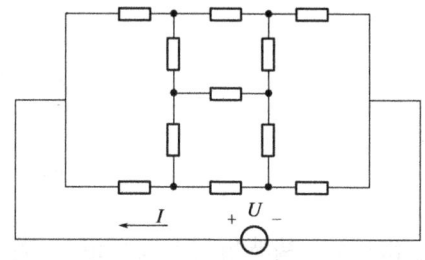

   A. $\frac{1}{14}$A   B. $\frac{1}{7}$A   C. 14A   D. 7A

3. 若图示电路中的电压值为该点的节点电压，则电路中的电流 I 应为：

   A. -2A

   B. 2A

   C. 0.8750A

   D. 0.4375A

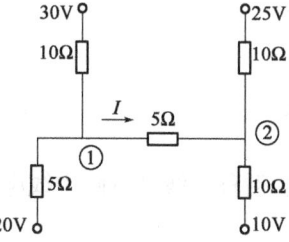

4. 若图示电路中 $i_s = 1.2A$ 和 $g = 0.1s$，则电路中的电压 u 应为：

   A. 3V

   B. 6V

   C. 9V

   D. 12V

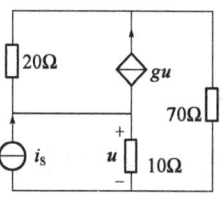

5. 在图示电路中，当 R 为下列哪项数值时，它能获得最大功率？

   A. 7.5Ω

   B. 4.5Ω

   C. 5.2Ω

   D. 5.5Ω

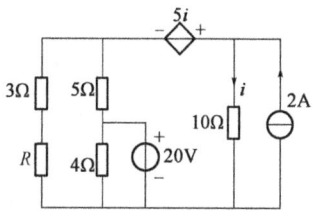

6. 正弦电流通过电容元件时，电流$\dot{I}_C$应为：

A. $j\omega C U_m$

B. $j\omega C\dot{U}$

C. $-j\omega C U_m$

D. $-j\omega C\dot{U}$

7. 有一个由$R=3k\Omega$，$L=4H$和$C=1\mu F$三个元件相串联的电路。若电路振荡，则振荡频率应为：

A. 331rad/s

B. 500rad/s

C. 375rad/s

D. 750rad/s

8. 图示空心变压器 AB 之间的输入阻抗Z_{in}应为：

A. $j20\Omega$

B. $-j20\Omega$

C. $-j15\Omega$

D. $j15\Omega$

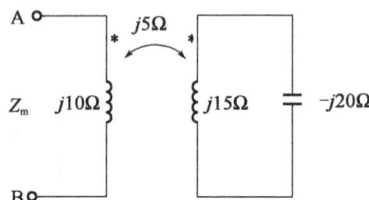

9. 图示电路中电压u含有基波和三次谐波，基波角频率10^4rad/s。若要求u_1中不含基波分量而将u中的三次谐波分量全部取出，则电容C_1为：

A. 2.5μF

B. 1.25μF

C. 5μF

D. 10μF

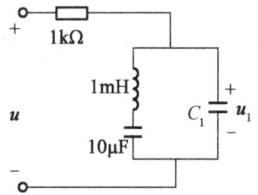

10. 图示三相对称三线制电路中线电压为380V，且各负载$Z=44\Omega$，则功率表的读数应为：

A. 0W

B. 2200W

C. 6600W

D. 4400W

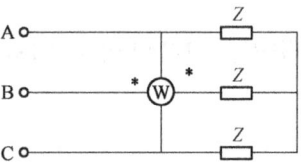

11. 图示正弦电流电路发生谐振时，电流$\dot{I}_1$和$\dot{I}_2$的大小分别为 4A 和 3A，则电流$\dot{I}_3$的大小应为：

A. 7A

B. 1A

C. 5A

D. 0A

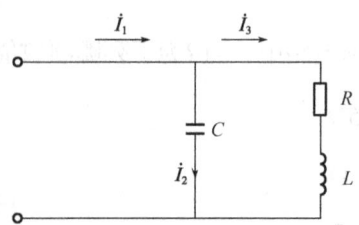

12. 在 R、L、C 串联电路中，$X_C = 10\Omega$。若总电压维持不变而将 L 短路，总电流的有效值与原来相同，则 X_L 应为：

    A. 30Ω B. 40Ω C. 5Ω D. 20Ω

13. 图示电路的戴维南等效电路参数 u_S 应为：

    A. 35V

    B. 15V

    C. 3V

    D. 9V

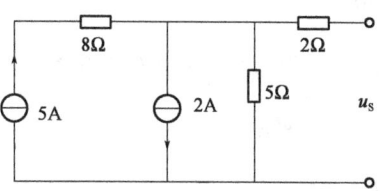

14. 图示电路中 ab 间的等效电阻与电阻 R_L 相等，则 R_L 应为：

    A. 20Ω

    B. 15Ω

    C. $2\sqrt{10}\,\Omega$

    D. 10Ω

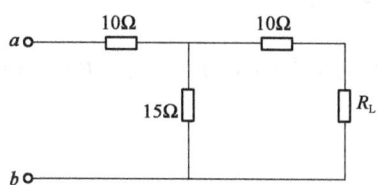

15. 已知正弦电流的振幅为 10A，在 $t = 0$ 时刻的瞬时值为 8.66A，经过 $\frac{1}{300}$ s 后电流第一次下降为 0，则其初相角应为：

    A. 70°   B. 60°   C. 30°   D. 90°

16. 在图示电路中，$u_s = 50\sin(\omega t)$ V，电阻 15Ω 上的功率为 30W，则电路的功率因数应为：

    A. 0.8   B. 0.4

    C. 0.6   D. 0.3

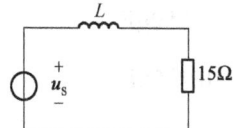

17. RLC 串联电路中，在电容 C 上再并联一个电阻 R_1，则电路的谐振角频率 ω 应为：

    A. $\sqrt{\dfrac{1}{LC} - \dfrac{1}{R_1^2 C^2}}$ B. $\sqrt{\dfrac{1}{R_1^2 C^2} - \dfrac{1}{LC}}$

    C. $\sqrt{\dfrac{1}{LC} + \dfrac{1}{R_1^2 C^2}}$ D. $\sqrt{\dfrac{R_1}{LC}}$

18. 图示电路中，$t = 0$ 时闭合开关 S，且 $u_1(0_-) = u_2(0_-) = 0$，则 $u_1(0_+)$ 应为：

    A. 6V

    B. 4V

    C. 0V

    D. 8V

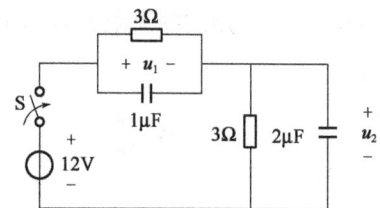

19. 图示电路的时间常数τ应为：

A. 16ms

B. 4ms

C. 2ms

D. 8ms

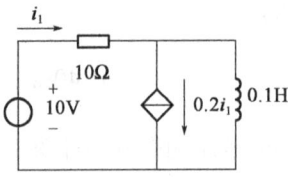

20. 图示电路原已稳定，$t=0$时闭合开关S后，电流$i(t)$应为：

A. $4-3e^{-10t}$ A

B. 0A

C. $4+3e^{-t}$ A

D. $4-3e^{-t}$ A

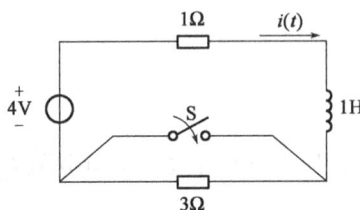

21. 图示电路中$u_C(0_-)=0$时，在$t=0$时闭合开关S后，$t=0_+$时刻的$i_C(0_+)$应为：

A. 3A

B. 6A

C. 2A

D. 18A

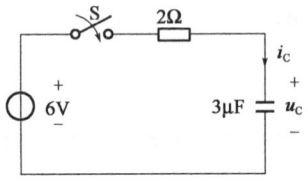

22. 图示电路中$u=12\sin(\omega t)$V，$i=2\sin(\omega t)$A，$\omega=2000$rad/s，无源二端口网络 N 可以看作是电阻R 与电容C 相串联。则R 与C 应为：

A. 2Ω，0.250μF

B. 3Ω，0.125μF

C. 4Ω，0.250μF

D. 4Ω，0.500μF

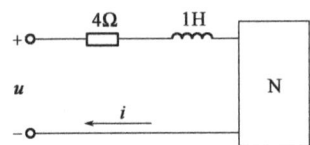

23. 在无限大真空中，有一半径为a的导体球，离球心$d(d>a)$处有一点电荷q。该导体球的电位φ应为：

A. $\dfrac{q}{4\pi\varepsilon_0 d}$

B. $\dfrac{q}{4\pi\varepsilon_0 a}$

C. $\dfrac{q}{4\pi\varepsilon_0 d^2}$

D. $\dfrac{q}{4\pi\varepsilon_0 a^2}$

24. 在真空中，相距为a的两无限大均匀带电平板，面电荷密度分别为$+\sigma$和$-\sigma$。该两带电平板间的电位U应为：

A. $\dfrac{\sigma a^2}{\varepsilon_0}$

B. $\dfrac{\sigma a}{\varepsilon_0}$

C. $\dfrac{\varepsilon_0 a}{\sigma}$

D. $\dfrac{\sigma a}{\varepsilon_0^2}$

25. 一无损耗同轴电缆，其内导体的半径为a，外导体的内半径为b。内外导体间媒质的磁导率为μ，介电常数为ε。该同轴电缆单位长度的外电感L_0应为：

A. $\dfrac{2\pi\mu}{\ln\frac{b}{a}}$

B. $\dfrac{3\pi\varepsilon}{\ln\frac{b}{a}}$

C. $\dfrac{2\pi}{\varepsilon}\ln\frac{b}{a}$

D. $\dfrac{\mu}{2\pi}\ln\frac{b}{a}$

26. 终端开路的无损耗传输线的长度为波长的多少倍时，其入端阻抗的绝对值不等于其特性阻抗？

A. $\dfrac{1}{8}$ B. $\dfrac{1}{2}$ C. $\dfrac{3}{8}$ D. $\dfrac{7}{8}$

27. N 型半导体和 P 型半导体所呈现的电性分别为：

A. 正电，负电

B. 负电，正电

C. 负电，负电

D. 中性，中性

28. 在图示桥式整流电容滤波电路中，若二极管具有理想的特性，那么，当$u_2 = 10\sqrt{2}\sin 314t$ V，$R_L = 10\text{k}\Omega$，$C = 50\mu\text{F}$时，U_o为：

A. 9V

B. 10V

C. 12V

D. 14.14V

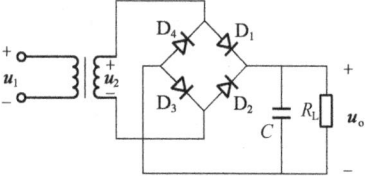

29. 电路如图所示，设运放是理想器件，电阻$R_1 = 10\text{k}\Omega$，为使该电路能产生正弦波，则要求R_F为：

A. $R_F = 10\text{k}\Omega + 4.7\text{k}\Omega$（可调）

B. $R_F = 100\text{k}\Omega + 4.7\text{k}\Omega$（可调）

C. $R_F = 18\text{k}\Omega + 4.7\text{k}\Omega$（可调）

D. $R_F = 4.7\text{k}\Omega + 4.7\text{k}\Omega$（可调）

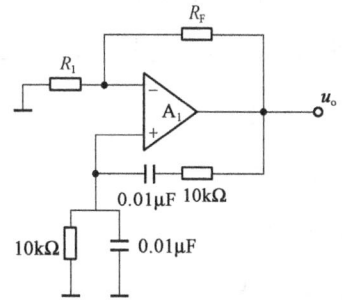

30. 某放大器要求其输出电流几乎不随负载电阻的变化而变化，且信号源的内阻很大，应选用的负反馈类型为：

A. 电压串联

B. 电压并联

C. 电流串联

D. 电流并联

31. 一基本共射放大电路如图所示，已知$V_{CC}=12V$，$R_B=1.2M\Omega$，$R_C=2.7k\Omega$，晶体管的$\beta=100$，$r_{be}=2.7k\Omega$。若输入正弦电压有效值为27mV，则用示波器观察到的输出电压波形为：

A. 正弦波

B. 顶部削平的失真了的正弦波

C. 底部削平的失真了的正弦波

D. 底部和顶部都削平的失真了的正弦波

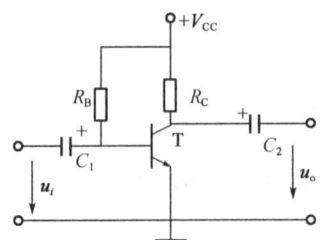

32. 电路如图所示，图中R_W是调零电位器（计算时可设滑动端在R_W的中间），且已知T_1、T_2均为硅管，$U_{BE1}=U_{BE2}=0.7V$，$\beta_1=\beta_2=60$。电路的差模电压放大倍数为：

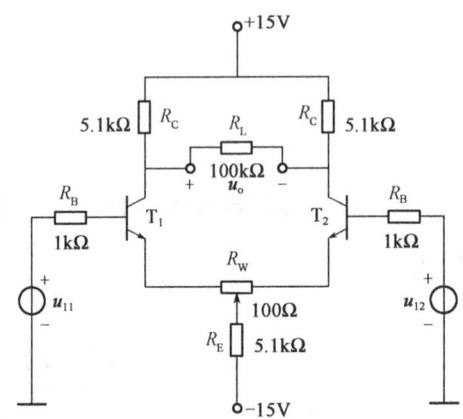

A. -102

B. -65.4

C. -50.7

D. -45.6

33. 电路如图所示，若用$A=1$和$B=1$代表开关在向上位置，$A=0$和$B=0$代表开关在向下位置；以$L=1$代表灯亮，$L=0$代表灯灭，则L与A、B的逻辑函数表达式为：

A. $L=A\odot B$

B. $L=A\oplus B$

C. $L=AB$

D. $L=A+B$

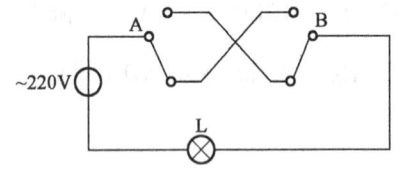

34. 逻辑函数$Y(A,B,C,D)=\sum m(0,1,2,3,4,6,8)+\sum d(10,11,12,13,14)$的最简与一或表达式为：

A. $Y=\overline{A}\,\overline{B}+\overline{D}$

B. $Y=\overline{A}\,\overline{B}\,\overline{D}$

C. $Y=\overline{A}+\overline{B}+\overline{D}$

D. $Y=\overline{A}(\overline{B}+\overline{D})$

35. 一片 8 位 DAC 的最小输出电压增量为 0.02V，当输入为 11001011 时，输出电压为：

A. 2.62V

B. 4.06V

C. 4.82V

D. 5.00V

36. 在图示电路中，当开关 A、B、C 分别闭合时，电路所实现的功能分别为：

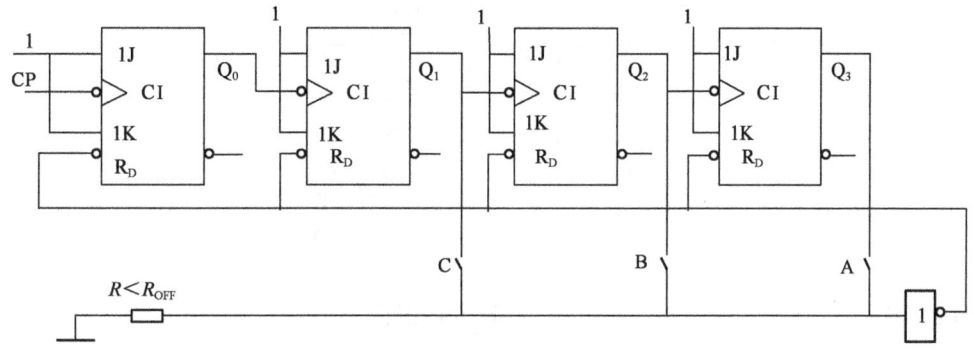

A. 8、4、2 进制加法计数器

B. 16、8、4 进制加法计数器

C. 4、2 进制加法计数器

D. 16、8、2 进制加法计数器

37. CMOS 集成施密特触发器组成的电路如图 a）所示，该施密特触发器的电压传输特性曲线如图 b）所示，该电路的功能为：

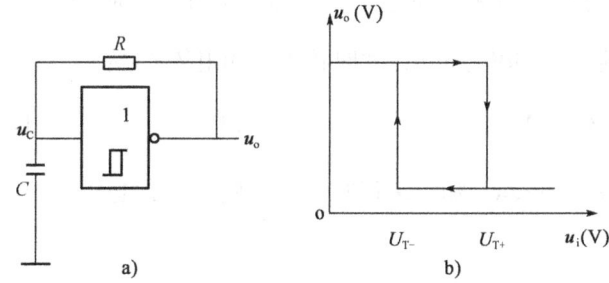

A. 双稳态触发器

B. 单稳态触发器

C. 多谐振荡器

D. 三角波发生器

38. PLA 编程后的阵列图如图所示，该函数实现的逻辑功能为：

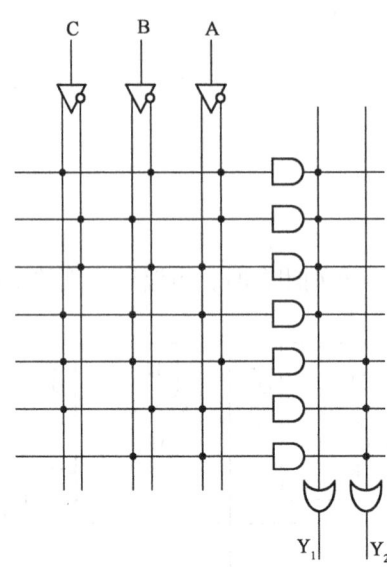

A. 多数表决器 B. 乘法器

C. 减法器 D. 加法器

39. 一台三相四极绕线式感应电动机，额定转速$n_N = 1440r/min$，接在频率为 50Hz 的电网上运行，当负载转矩不变，若在转子回路中每相串入一个与转子绕组每相电阻阻值相同的附加电阻，则稳定后的转速为：

A. 1500r/min B. 1440r/min

C. 1380r/min D. 1320r/min

40. 一台三相六极感应电动机接于工频电网运行，若转子绕组开路时，转子每相感应电势为 110V。当电机额定运行时，转速$n_N = 980r/min$，此时转子每相电势E_{2S}为：

A. 1.47V B. 2.2V C. 38.13V D. 110V

41. 变压器的额定容量$S_N = 320kVA$，额定运行时空载损耗$P_0 = 21kW$，如果电源电压下降 10%，变压器的空载损耗将为：

A. 17.01kW B. 18.9kW C. 23.1kW D. 25.41kW

42. 现有 A、B 两台单相变压器，均为$U_{1N}/U_{2N} = 220/110V$，两变压器原、副边绕组匝数分别相等，假定磁路均不饱和，如果两台变压器原边分别接到 220V 电源电压，测得空载电流$I_{0A} = 2I_{0B}$。今将两台变压器的原边顺极性串联后接到 440V 的电源上，此时 B 变压器副边的空载电压为：

A. 73.3V B. 110V C. 146.7V D. 220V

43. 一台三相隐极式同步发电机，并联在大电网上运行，Y 接法，$U_N = 380V$，$I_N = 84A$，$\cos\varphi_N = 0.8$（滞后），每相同步电抗$X_s = 1.5\Omega$。当发电机运行在额定状态，不计定子电阻，此时功角δ的值为：

A. 53.13°   B. 49.345°   C. 36.87°   D. 18.83°

44. 一台并励直流电动机，$U_N = 220V$，电枢回路电阻$R_a = 0.026\Omega$，电刷接触压降 2V，励磁回路电阻$R_f = 27.5\Omega$。该电动机装于起重机作动力，在重物恒速提升时测得电机端电压为 220V，电枢电流 350A，转速为795r/min。在下放重物时（负载转矩不变，电磁转矩也不变），测得端电压和励磁电流均不变，转速变为100r/min。不计电枢反应，这时电枢回路应串入的电阻值为：

A. 0.724Ω   B. 0.7044Ω   C. 0.696Ω   D. 0.67Ω

45. 在电力系统分析和计算中，功率、电压和阻抗一般分别是指：

A. 一相功率，相电压，一相阻抗

B. 三相功率，线电压，一相等值阻抗

C. 三相功率，线电压，三相阻抗

D. 三相功率，相电压，一相等值阻抗

46. 下列网络中的参数如图所示，用近似计算法计算得到的各元件标幺值为下列哪项数值？（取$S_B = 100MVA$）

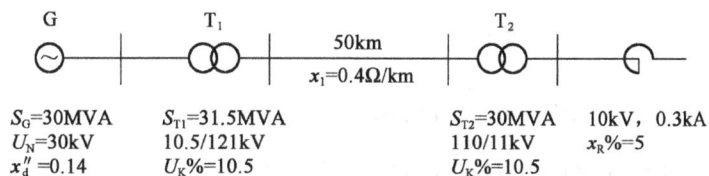

S_G=30MVA S_{T1}=31.5MVA S_{T2}=30MVA   10kV，0.3kA
U_N=30kV   10.5/121kV   110/11kV x_R%=5
x_d''=0.14 U_K%=10.5 U_K%=10.5

A. $x_{d*}'' = 0.15$，$x_{T1_*} = 0.333$，$x_{l_*} = 0.0907$，$x_{T2_*} = 0.333$，$x_{R_*} = 0.698$

B. $x_{d*}'' = 0.5$，$x_{T1_*} = 0.35$，$x_{e_*} = 0.0992$，$x_{T2_*} = 0.33$，$x_{R_*} = 0.873$

C. $x_{d*}'' = 0.467$，$x_{T1_*} = 0.333$，$x_{e_*} = 0.151$，$x_{T2_*} = 0.35$，$x_{R_*} = 0.873$

D. $x_{d*}'' = 0.5$，$x_{T1_*} = 0.3$，$x_{l_*} = 0.364$，$x_{T2_*} = 0.3$，$x_{R_*} = 0.698$

47. 对于高压输电线路在轻（空）载时产生的末端电压升高现象，常采用的解决方法是在线路末端加装：

A. 并联电抗器   B. 串联电抗器

C. 并联电容器   D. 串联电容器

48. 某高压电网线路两端电压分布如图所示，则有：

A. $P_{ij} > 0$, $Q_{ij} > 0$

B. $P_{ij} < 0$, $Q_{ij} < 0$

C. $P_{ij} > 0$, $Q_{ij} < 0$

D. $P_{ij} < 0$, $Q_{ij} > 0$

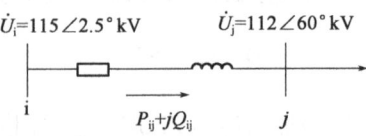

49. 在我国，35kV 及容性电流大的电力系统中性点常采用：

A. 直接接地

B. 不接地

C. 经消弧线圈接地

D. 经小电阻接地

50. 某 330kV 输电线路的等值电路如图所示，已知 $\dot{U}_2 = 330\angle 0°\text{kV}$，$\dot{S}_2 = 150 - j20\text{MVA}$，线路始端功率 $\dot{S}_1$ 及始端电压 $\dot{U}_1$ 为：

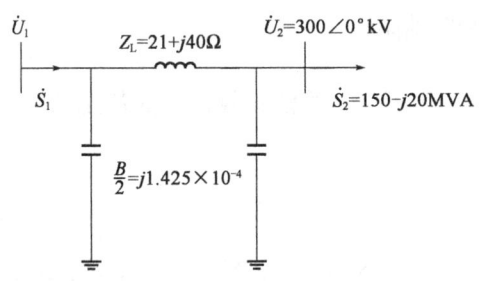

A. $\dot{S}_1 = 154.582 + j42.864\text{MVA}$，$\dot{U}_1 = 328.8\angle 3.49°\text{kV}$

B. $\dot{S}_1 = 154.582 + j42.864\text{MVA}$，$\dot{U}_1 = 335.8\angle -3.49°\text{kV}$

C. $\dot{S}_1 = 154.582 - j42.864\text{MVA}$，$\dot{U}_1 = 335.8\angle 3.49°\text{kV}$

D. $\dot{S}_1 = 154.582 - j42.864\text{MVA}$，$\dot{U}_1 = 328.8\angle -3.49°\text{kV}$

51. 在一降压变电所中，装有两台电压为 $110 \pm 2 \times 2.5\%/11\text{kV}$ 的相同变压器并联运行，两台变压器归算到高压侧的并联等值阻抗 $Z_T = 2.04 + j31.76\Omega$，高压母线最大负荷时的运行电压 U 是 115kV，最小负荷时的运行电压 U 为 108kV，变压器低压母线负荷为 $\dot{S}_{max} = 20 + j15\text{MVA}$，$\dot{S}_{min} = 10 + j7\text{MVA}$。若要求低压母线逆调压，且最小负荷时切除一台变压器，则变压器分接头的电压应为：

A. 110kV

B. 115.5kV

C. 114.8kV

D. 121kV

52. 某发电厂有两组相同的发电机、变压器及电抗器，系统接线及元件参数如图所示，当 115kV 母线发生三相短路时，短路点的短路电流有名值为：（$S_B = 60MVA$）

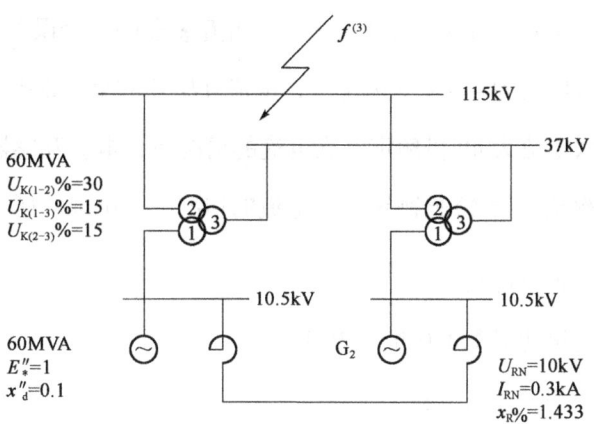

A. 1.506kA   B. 4.681kA   C. 3.582kA   D. 2.463kA

53. 系统如图所示，系统中各元件在统一基准功率下的标幺值电抗为 $G_1: x_d'' = x_{(2)} = 0.1$，$G_2: x_d'' = x_{(2)} = 0.2$，$T_1: Y_0/\triangle\text{-}11$，$x_{T1} = 0.1$，中性点接地电抗 $x_{p1} = 0.01$；$T_2: Y_0/Y_0/\triangle$，$x_1 = 0.1$，$x_2 = 0$，$x_3 = 0.2$，$x_{p2} = 0.01$，$T_3: Y/\triangle\text{-}11$，$x_{T3} = 0.1$，$L_1: x_e = 0.1$，$x_{e0} = 3x_e$，$L_2: x_e = 0.05$，$x_{e0} = 3x_e$，电动机 M：$x_M'' = x_{M(2)} = 0.05$。当图示 f 点发生 A 相接地短路时，其零序网等值电抗及短路点电流标幺值分别为：

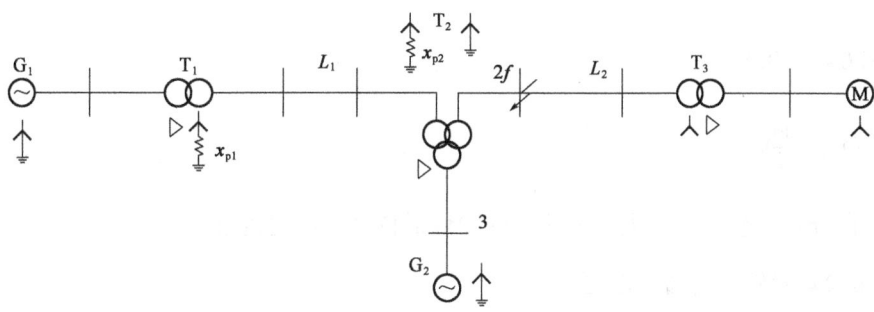

A. 0.196，11.1   B. 0.697，3.7

C. 0.147，8.65   D. 0.969，3.5

54. 以下描述，符合一台半断路器接线基本原则的是：

A. 一台半断路器接线中，同名回路必须接入不同侧的母线

B. 一台半断路器接线中，所有进出线回路都必须装设隔离开关

C. 一台半断路器接线中，电源线应与负荷线配对成串

D. 一台半断路器接线中，同一个"断路器串"上应同时配置电源或负荷

55. p类保护用电流互感器的误差要求中规定,在额定准确限制一次电流下的复合误差不超过规定限制,则某电流互感器的额定一次电流为1200A,准确级为5P40,以下描述正确的是:

A. 在额定准确限制一次电流为40kA的情况下,电流互感器的复合误差不超过5A

B. 在额定准确限制一次电流为40kA的情况下,电流互感器的复合误差不超过5%

C. 在额定准确限制一次电流为40倍额定一次电流的情况下,电流互感器的复合误差不超过5A

D. 在额定准确限制一次电流为40倍额定一次电流的情况下,电流互感器的复合误差不超过5%

56. 断路器中交流电弧熄灭的条件是:

A. 弧隙介质强度恢复速度比弧隙电压的上升速度快

B. 触头间并联电阻小于临界并联电阻

C. 弧隙介质强度恢复速度比弧隙电压的上升速度慢

D. 触头间并联电阻大于临界并联电阻

57. 对于采用单相三绕组接线形式的电压互感器,若其被接入中性点直接接地系统中,且原边接于相电压,设一次系统额定电压为 U_N,则其三个绕组的额定电压应分别选定为:

A. $\frac{U_N}{\sqrt{3}}$V, 100V, 100V

B. $\frac{U_N}{\sqrt{3}}$V, $\frac{100}{\sqrt{3}}$V, 100V

C. U_NV, 100V, 100V

D. $\frac{U_N}{\sqrt{3}}$V, $\frac{100}{\sqrt{3}}$V, $\frac{100}{\sqrt{3}}$V

58. 高频冲击波在分布参数元件与集中参数元件中传播特性不同之处在于:

A. 波在分布参数元件中传播速度更快

B. 波在集中参数元件中传播无波速

C. 波在分布参数元件中传播消耗更多的能量

D. 波在集中参数元件中传播波阻抗更小

59. 减小电阻分压器方波响应时间的措施是:

A. 增大分压器的总电阻

B. 减小泄漏电流

C. 补偿杂散电容

D. 增大分压比

60. 如图所示电压幅值为E的直角电压波在两节点无限长线路上传播时，当$Z_2 > Z_1 > Z_3$时，在B点的折射电压波为：

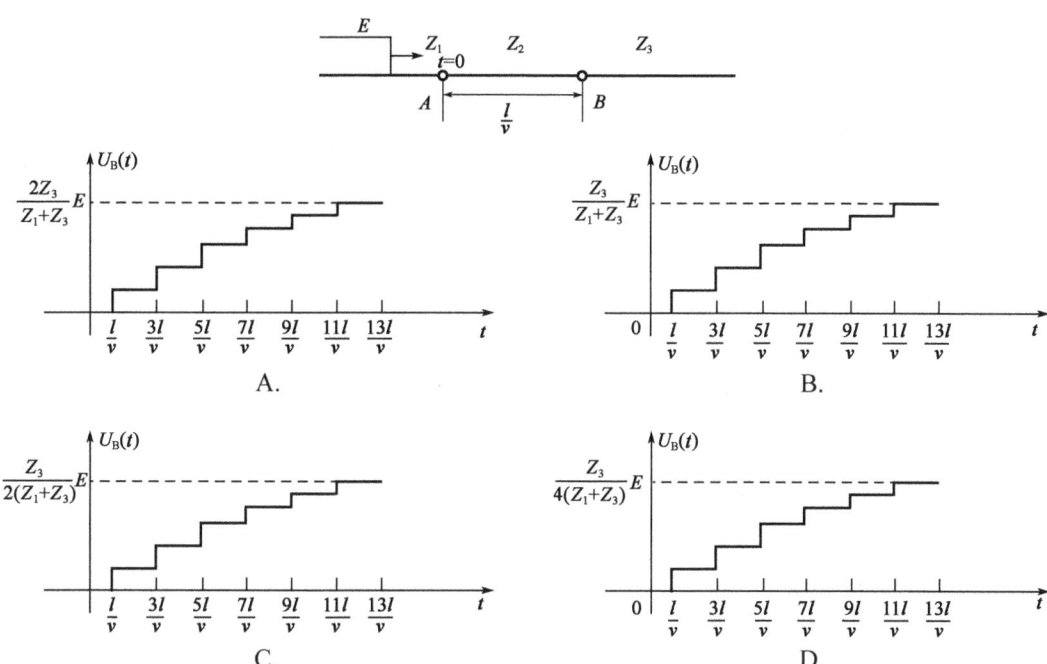

2014 年度全国勘察设计注册电气工程师（供配电）

执业资格考试试卷

基础考试
（下）

二〇一四年九月

应考人员注意事项

1. 本试卷科目代码为"2"，考生务必将此代码填涂在答题卡"科目代码"相应的栏目内，否则，无法评分。

2. 书写用笔：**黑色或蓝色钢笔、签字笔或圆珠笔**；

   填涂答题卡用笔：**黑色 2B 铅笔**。

3. 必须用书写用笔将工作单位、姓名、准考证号填写在答题卡和试卷相应的栏目内。

4. 本试卷由 60 题组成，每题 2 分，满分 120 分，本试卷全部为单项选择题，每小题的四个备选项中只有一个正确答案，错选、多选、不选均不得分。

5. 考生作答时，必须按**题号在答题卡上**将相应试题所选选项对应的**字母用 2B 铅笔涂黑**。

6. 在答题卡上书写与题意无关的语言，或在答题卡上作标记的，均按违纪试卷处理。

7. 考试结束时，由监考人员当面将试卷、答题卡一并收回。

8. 草稿纸由各地统一配发，考后收回。

单项选择题（共 60 题，每题 2 分。每题的备选项中只有一个最符合题意。）

1. 如图示电路中，等效电压 U_{ab} 为：

   A. 3V

   B. −9V

   C. 9V

   D. −3V

   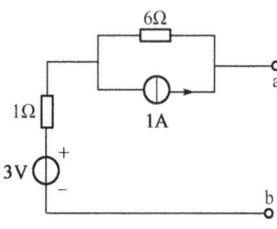

2. 如图示电路中，当负载电阻 R 为何值时，其可获得最大功率？

   A. 20Ω

   B. 2Ω

   C. 3Ω

   D. 4Ω

   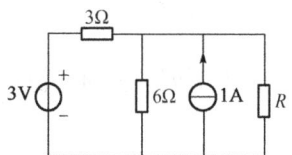

3. 如图示电路中，通过 1Ω 电阻的电流 I 为：

   A. $-\dfrac{5}{29}$A

   B. $\dfrac{2}{29}$A

   C. $-\dfrac{2}{29}$A

   D. $\dfrac{5}{29}$A

   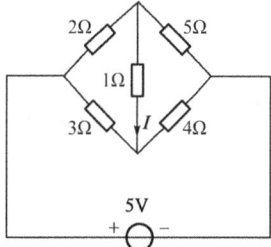

4. 在图示电路中，$L = 10\text{H}$，$R_2 = 10\Omega$，$R_0 = 100\Omega$，将电路中 K 开关闭合后直到电阻 R_2 发出的热量不再变化，那么此段时间内电阻 R_2 上总共发出的热量为：

   A. 100J

   B. 220J

   C. 440J

   D. 4000J

   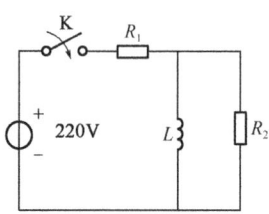

5. 在图示电路中，$u_1 = 3\sin(\omega t + 53.4°)\,\text{A}$，$u_2 = 4\sin(\omega t - 36.6°)$，则 u_{ab} 的最大电压幅值为：

   A. 5V

   B. 1V

   C. 7V

   D. 5.4V

   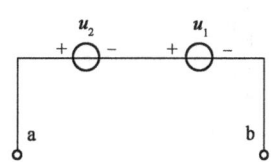

6. 图示电路中，$C = 3.2\mu F$，$R = 100\Omega$，电源电压 220V，频率 50Hz，则电容两端电压U_R与电阻两端电压U_R的比值为：

   A. 10

   B. 15

   C. 20

   D. 25

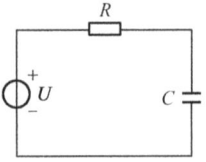

7. 某一电源：电压为 220V，容量为 20kVA；某一负载：电压为 220V，功率为 4kW，功率因数$\cos\varphi = 0.8$，则此电源最多能带几组负载？

   A. 6   B. 5   C. 4   D. 3

8. 图示电路中，$\omega^2 LC$为下列何值时，流过 R 上的电流与 R 无关？

   A. 2

   B. $\sqrt{2}$

   C. -1

   D. 1

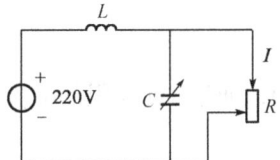

9. 某电感线圈参数：电阻$R = 60\Omega$，电感$L = 0.2H$，通过直流电流$I = 3A$时，该线圈的电压降落为：

   A. 120V   B. 150V

   C. 180V   D. 200V

10. 图示电路中，两电容容量$C_1 = C_2 = 0.25F$，当 K 开关闭合后，电容C_1的电压为：

    A. $2 - e^{-t} V$

    B. $2 + e^{-t} V$

    C. $1 - \frac{1}{2}e^{-t} V$

    D. $1 + \frac{1}{2}e^{-t} V$

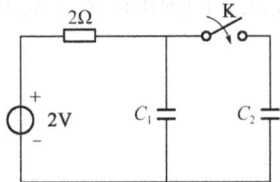

11. 如图所示，确定方框内的无源二端网络等效元件为何值？（其中$R_1 = 3\Omega$，$L = 2H$，$u = 30\cos 2t$，$i = 5\cos 2t A$）

    A. $R = 3\Omega$，$C = \frac{1}{8}F$

    B. $R = 4\Omega$，$C = \frac{1}{8}F$

    C. $R = 4\Omega$

    D. $C = \frac{1}{8}F$

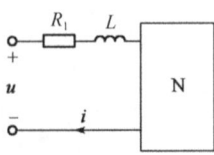

12. 在图示电路中，$X_L = X_C = R$，则 u 超前 i 的相位角为：

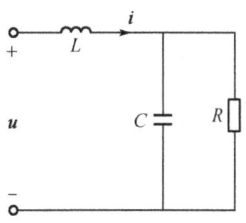

A. 0

B. $\pi/2$

C. $-\dfrac{3\pi}{4}$

D. $\dfrac{\pi}{4}$

13. 图示电路中，已知 $u = 380V$，$f = 50Hz$，$R = 653\Omega$，如当 K 闭合时电流表的度数不变，则 L 的值为：

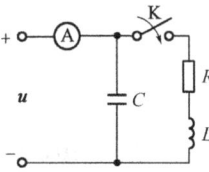

A. 0.8H

B. 1.2H

C. 2.4H

D. 1.8H

14. 由 R_1、L_1、C_1 组成的串联电路和由 R_2、L_2、C_2 组成的另一串联电路，在某一频率时均处于串联谐振状态，若此时把上述两回路组合串联成一个回路，那么新的谐振频率为：

A. $\dfrac{1}{2\pi\sqrt{L_1 C_1}}$

B. $\dfrac{1}{2\pi\sqrt{L_1 C_2}}$

C. $\dfrac{1}{2\pi\sqrt{L_2 C_1}}$

D. $\dfrac{1}{2\pi\sqrt{(L_1 + L_2)(C_1 + C_2)}}$

15. 图示三相对称电路中，三相电源相电压有效值为 U，Z 为已知，则 I_a 为：

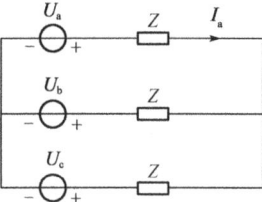

A. $\dfrac{U_a}{Z}$

B. 0

C. $\dfrac{\sqrt{3}U_a}{Z}$

D. $\dfrac{U_a}{Z}\angle 120°$

16. 有一变压器能将 100V 电压升高到 3000V，现将一导线绕过其铁芯，两端接在电压表上（如图所示），此电压表的读数是 0.5V，则此变压器原边绕组的匝数 n_1 与副边绕组的匝数 n_2 分别为：（该变压器是理想的）

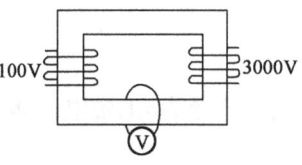

A. 400，1000

B. 200，6000

C. 200，1000

D. 400，6000

17. 图示理想变压器电路中，已知负载电阻 $R = \frac{1}{\omega C}$，则输入端电流 i 和输入端电压 u 间的相位差是：

A. $-\frac{\pi}{2}$

B. $\frac{\pi}{2}$

C. $-\frac{\pi}{4}$

D. $\frac{\pi}{4}$

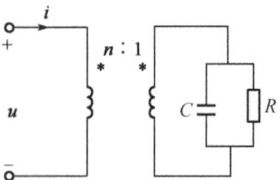

18. 三个相等的负载 $Z = (40 + j30)\Omega$，接成星形，其中点与电源中点通过阻抗 $Z_N = (1 + j0.9)\Omega$ 相连接，已知对称三相电源的线电压为 380V，则负载的总功率 P 为：

A. 1682.2W   B. 2323.2W

C. 1221.3W   D. 2432.2W

19. 图示电路中，$u(t) = 20 + 40\cos\omega t + 14.1\cos(3\omega t + 60°)$ V，其中 $R = 16\Omega$，$\omega L = 2\Omega$，$\frac{1}{\omega C} = 18\Omega$，电路中的有功功率 P 为：

A. 122.85W

B. 61.45W

C. 31.25W

D. 15.65W

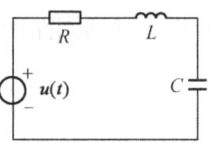

20. 图示电路的谐振角频率（rad/s）为：

A. $\frac{1}{3\sqrt{LC}}$

B. $\frac{1}{9\sqrt{LC}}$

C. $\frac{9}{\sqrt{LC}}$

D. $\frac{3}{\sqrt{LC}}$

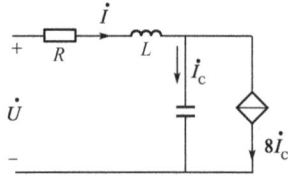

21. 如图所示，空心变压器 ab 间的输入阻抗为：

A. $j3\Omega$

B. $-j3\Omega$

C. $j5\Omega$

D. $-j5\Omega$

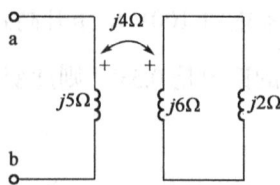

22. 在真空中，有一半径为 a 的带电球体，球形域中均匀分布着体密度为 ρ 的电荷，则在球体中心的电场强度 E 为：

A. $\frac{\rho}{3\varepsilon_0}$ B. 0   C. $\frac{\rho a}{3\varepsilon_0}$ D. $\frac{\rho a^2}{3\varepsilon_0}$

23. 在真空中，一无限大均匀带电面电荷中某点的场强方程为 $\dot{E} = \left(0.65\dot{e}_x - 0.35\dot{e}_y - 1.00\dot{e}_z\right)\text{V/m}$，则该点的电荷面密度为（设该点的场强与导体表面外法线方向一致）：

A. -0.65C/m^2

B. 0.65C/m^2

C. -11.24C/m^2

D. 11.24C/m^2

24. 终端开路的无损耗传输的长度为波长的多少时，其入端阻抗的绝对值不等于特性阻抗？

A. $\dfrac{1}{8}$

B. $\dfrac{3}{8}$

C. $\dfrac{4}{8}$

D. $\dfrac{7}{8}$

25. 一半球形接地体系统，接地电阻为 4Ω，土壤电导率 $\gamma = 10^{-2}\text{S/m}$，设有短路电流 250A 从该接地体流入地中，有人以 0.6m 的步距向此接地系统前进，其后足距接地体中心 2m，则跨步电压为：

A. 852.62V

B. 612.02V

C. 527.67V

D. 326.62V

26. 由集成运放组成的放大电路如图所示，反馈类型为：

A. 电流串联负反馈

B. 电流并联负反馈

C. 电压串联负反馈

D. 电压并联负反馈

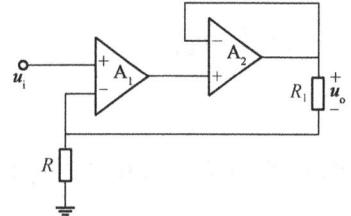

27. 欲将正弦波电压移相+90°，应选用的电路为：

A. 比例运算电路

B. 加法运算电路

C. 积分运算电路

D. 微分运算电路

28. 设图示电路中模拟乘法器（$K > 0$）和运算放大器均为理想器件，该电路实现的运算功能为：

A. 乘法

B. 除法

C. 加法

D. 减法

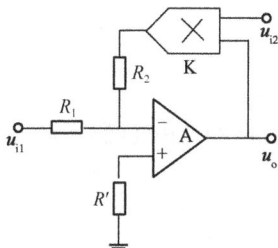

29. 某通用示波器中的时间标准振荡电路如图所示（图中L_1是高频消弧装置，C_3、C_4是去耦电容），该电路的振荡频率为：

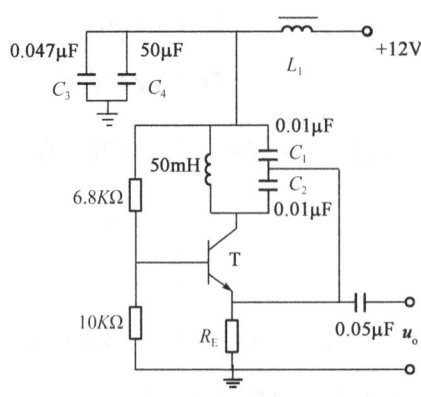

A. 5kHz

B. 10kHz

C. 20kHz

D. 32kHz

30. 某差动放大器从双端输出，已知其差模放大倍数$A_{ud}=80dB$，当$u_{i1}=1.001V$，$u_{i2}=0.999V$，$K_{CMR}=-4dB$时，u_{o1}为：

A. 2.1V

B. 2.01V

C. 10.1V

D. 20.1V

31. 放大电路如图a)所示，晶体管的输出特性和交、直流负载线如图所示，已知$U_{BE}=0.6V$，$r_{bb}=300\Omega$，试求在输出电压不产生失真的条件下，最大输入电压的峰值为：

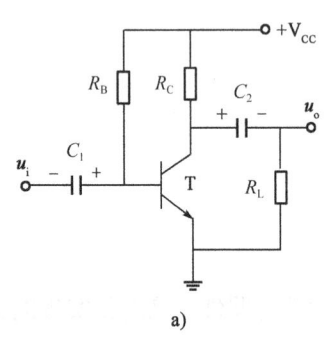

a)

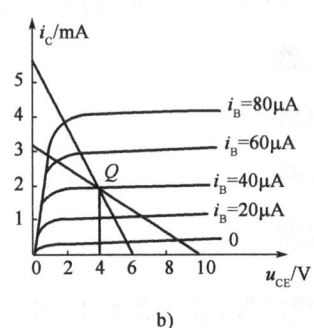

b)

A. 78mV

B. 62mV

C. 38mV

D. 18mV

32. 十进制数89的8421BCD码为：

A. 10001001

B. 1011001

C. 1100001

D. 01001001

33. 如果要对输入二进制数码进行D/A转换，要求输出电压能分辨 2.5mV 的变化量，并要求最大输出电压要达到 10V，应选择D/A转换器的位数为：

A. 14 位
B. 13 位
C. 12 位
D. 10 位

34. 将逻辑函数 $Y = AB + \overline{A}C + \overline{B}\,\overline{C}$ 化为与或非形式为：

A. $Y = \overline{\overline{A}\,\overline{B}\,\overline{C} + \overline{A}\,\overline{B}\,C}$
B. $Y = \overline{\overline{A}\,\overline{B}\,\overline{C} + A\overline{B}\,C}$
C. $Y = \overline{\overline{A}B + A\overline{B}\,\overline{C}}$
D. $Y = \overline{\overline{A}\,\overline{B}\,\overline{C} + A\overline{B}\,C}$

35. 将逻辑函数 $Y = (A\overline{B} + B)CD + \overline{(A+B)(\overline{B}+C)}$，化为最简与或形式为：$(ABC + ABD + ACD + BCD = 0)$

A. $Y = \overline{A} + \overline{B} + \overline{C}$
B. $Y = \overline{A} + B + C$
C. $Y = \overline{A}\overline{B}\overline{C}$
D. $Y = \overline{A}B + C$

36. 图示逻辑电路完成的功能为：

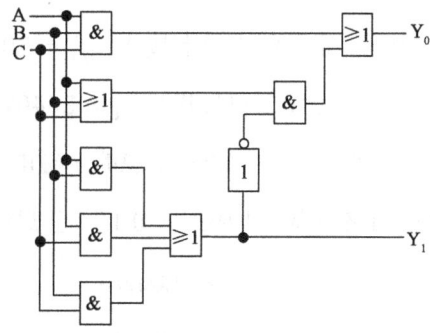

A. 加法器
B. 减法器
C. 乘法器
D. 表决器

37. 图示 JK 触发器电路完成的功能为：

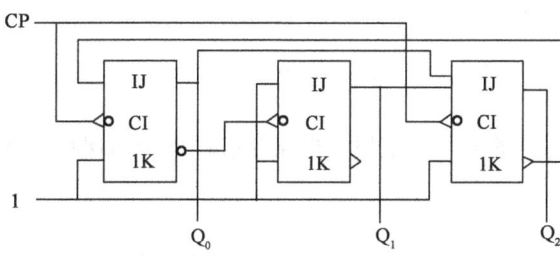

A. 同步 7 进制计数器
B. 同步 7 进制计数器
C. 异步 5 进制计数器
D. 异步 5 进制计数器

38. 一台并励直流电动机，$U_N = 110V$，$I_N = 28A$，$n_N = 1500r/min$，励磁回路电阻$R_m = 110\Omega$，电枢回路总电阻$R_a = 0.15\Omega$，在额定负载运行情况下，电枢回路串入电阻0.5Ω，同时负载转矩突然减小一半，忽略电枢反应的作用，稳定后电动机转速为：

    A. 1260r/min   B. 1433r/min

    C. 1365r/min   D. 1560r/min

39. 一台三相绕线式感应电动机，转子静止且开路，定子绕组加额定电压，测得定子电流为$I_1 = 0.3I_N$，假设将转子绕组短路仍保持静止，在定子绕组上从小到大增加电压使定子电流$I_1 = I_N$，与前者相比，后一种情况主磁通和漏磁通的大小变化为：

    A. 后者Φ_m较大，且φ_m较大

    B. 后者Φ_m较大，且φ_m较小

    C. 后者Φ_m较小，且φ_m较大

    D. 后者Φ_m较小，且φ_m较小

40. 一台三相四极绕线转子感应电动机，定子绕组星形接法，$f_1 = 50Hz$，$P_N = 150kW$，$U_N = 380V$，额定负载时测得其转子铜耗$P_{Cu2} = 2210W$，机械损耗$P_\Omega = 2640W$，杂散损耗$P_k = 1000W$，已知电机的参数为：$R_1 = R'_2 = 0.012\Omega$，$X_1 = X'_2 = 0.06\Omega$，忽略励磁电流，当电动机运行在额定状态，电磁转矩不变时，在转子每相绕组回路中串入电阻$R' = 0.1\Omega$（已归算到定子侧）后，转子回路铜耗为：

    A. 20730W   B. 18409W

    C. 20619W   D. 22829W

41. 一台三相汽轮发电机，电枢绕组星形接法，额定容量$S_N = 15000kVA$，额定电压$U_N = 6300V$，忽略电枢绕组电阻，当发电机运行在$U_* = 1$，$I_* = 1$，$X_{*s} = 1$，负载的功率因数角$\varphi = 30°$（滞后）时，功角δ为：

    A. 30°   B. 45°

    C. 60°   D. 15°

42. 一台与无穷大电网并联运行的同步发电机，当原动机输出转矩保持不变时，若减小发电机功角，应采取的措施是：

    A. 增大励磁电流   B. 减小励磁电流

    C. 减小原动机输入转矩   D. 保持励磁电流不变

43. 一台单相变压器，$S_N = 20000 \text{kVA}$，$U_{1N}/U_{2N} = 127/11 \text{kV}$，短路试验在高压侧进行，测得 $U_K = 9240V$，$I_K = 157.5A$，$P_K = 129 \text{kW}$，在额定负载下，$\cos\varphi_2 = 0.8(\varphi_2 < 0)$ 时的电压调整率为：

A. 4.984%

B. 4.86%

C. −3.704%

D. −3.828%

44. 某线路始端电压为 $\dot{U}_1 = 230.5\angle 12.5° \text{kV}$，末端电压 $\dot{U}_2 = 229.0\angle 150° \text{kV}$，其始端、末端电压偏移分别为：

A. 5.11%，0.71%

B. 4.77%，0.41%

C. 3.21%，0.32%

D. 2.75%，0.21%

45. 两台相同变压器其额定功率为 20MVA，负荷功率为 18MVA，在额定电压下运行，每台变压器空载损耗 22kW，短路损耗 135kW，则两台变压器总损耗为：

A. 1.529MW

B. 0.191MW

C. 0.0987MW

D. 0.2598MW

46. 高电压长距离输电线路，当线路空载时，末端电压升高，其原因是：

A. 线路中的容性电流流过电容

B. 线路中的容性电流流过电感

C. 线路中的感性电流流过电感

D. 线路中的感性电流流过电容

47. 当输电线路采用分裂导线时，与普通导线相比单位长度的电抗电容值的变化为：

A. 电抗变大，电容变小

B. 电抗变大，电容变大

C. 电抗变小，电容变小

D. 电抗变小，电容变大

48. 已知 220kV 线路的参数为 $R = 31.5Ω$，$X = 58.5Ω$，$\frac{B}{2} = 2.168 \times 10^{-4}S$，线路空载时，线路末端的母线电压为 $225\angle 0° \text{kV}$，线路始端电压为：

A. $222.15\angle 0.396° \text{kV}$

B. $227.85\angle 0.39° \text{kV}$

C. $222.15\angle -0.396° \text{kV}$

D. $227.85\angle -0.39° \text{kV}$

49. 某发电厂有一台变压器，电压为 $121 \pm 2 \times 2.5\%/10.5\text{kV}$，变电站高压母线电压最大负荷时为 118kV，最小负荷时为 115kV，变压器最大负荷时电压损耗为 9kV，最小负荷时电压损耗为 6kV（由归算到高压侧参数算出），根据发电厂地区负荷性质，要求发电厂母线逆调压且在最大、最小负荷时与发电机的额定电压有相同的电压，则选择变压器分接头电压为：

A. $121(1 + 2.5\%)\text{kV}$

B. $121(1 - 2.5\%)\text{kV}$

C. 121kV

D. $121(1 + 5\%)\text{kV}$

50. 图示系统 f 处发生三相短路，各线路电抗均为 0.4Ω/km，长度标在图中，系统电抗未知，发电机、变压器参数标在图中，取 $S_B = 500\text{MVA}$，已知母线 B 的短路容量为 1000MVA，f 处短路电流周期分量起始值（kA）及冲击电流（kA）分别为（冲击系数取 1.8）：

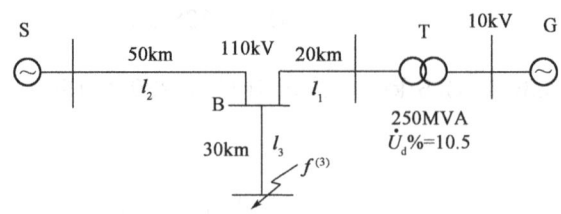

A. 2.677kA，6.815kA

B. 2.132kA，3.838kA

C. 2.631kA，6.698kA

D. 4.636kA，7.786kA

51. 同步发电机的电势中与磁链成正比的是：

A. E_q，E_Q，E_q'，E'

B. E_q，E_q'，E'

C. E_q''，E_d''，E_q'，E'

D. E_q''，E_d''，E_q'

52. 已知图示系统变压器星形侧发生 B 相短路时的短路电流为 $\dot{I}_j$，则三角形侧的三相线电流为：

A. $\dot{I}_a = -\frac{\sqrt{3}}{3}\dot{I}_f$，$\dot{I}_b = \frac{\sqrt{3}}{3}\dot{I}_f$，$\dot{I}_c = 0$

B. $\dot{I}_a = -\frac{\sqrt{3}}{3}\dot{I}_f$，$\dot{I}_b = 0$，$\dot{I}_c = \frac{\sqrt{3}}{3}\dot{I}_f$

C. $\dot{I}_a = \frac{\sqrt{3}}{3}\dot{I}_f$，$\dot{I}_b = 0$，$\dot{I}_c = -\frac{\sqrt{3}}{3}\dot{I}_f$

D. $\dot{I}_a = 0$，$\dot{I}_b = -\frac{\sqrt{3}}{3}\dot{I}_f$，$\dot{I}_c = \frac{\sqrt{3}}{3}\dot{I}_f$

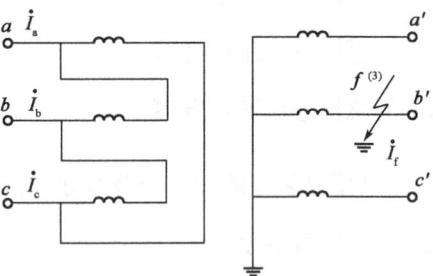

53. 系统如图所示，各元件电抗标幺值为：G_1、G_2：$X_d'' = 0.1$，T_1：Y/△-11，$X_{T1} = 0.1$，三角形绕组接入电抗 $X_{P1} = 0.27$，T_2：Y/△-11，$X_{T2} = 0.1$，$X_{P2} = 0.01$，线路 l：$x_l = 0.04$，$x_{p0} = 3x_l$，当线路 l/2 处发生 A 相短路时，短路点的短路电流标幺值为：

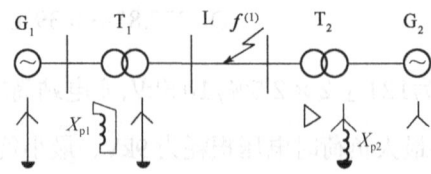

A. 7.087

B. 9.524

C. 3.175

D. 12.82

54. 以下关于高压厂用电系统中性点接地方式描述不正确的是：

    A. 接地电容电流小于 10A 的高压厂用电系统中可以采用中性点不接地的运行方式

    B. 中性点经高阻接地的运行方式适用于接地电容电流小于 10A，且为了降低间隙性弧光接地过电压水平的情况

    C. 大型机组高压厂用电系统接地电容电流大于 10A 的情况下，应采用中性点经消弧线圈接地的运行方式

    D. 为了便于寻找接地故障点，对于接地电容电流大于 10A 的高压厂用电系统，普遍采用中性点直接接地的运行方式

55. 以下关于运行工况对电流互感器传变误差的描述正确的是：

    A. 在二次负荷功率因数不变的情况下，二次负荷增加时电流互感器的幅值误差和相位误差均减小

    B. 二次负荷功率因数角增大，电流互感器的幅值误差和相位误差均增大

    C. 二次负荷功率因数角减小，电流互感器的幅值误差和相位误差均减小

    D. 电流互感器铁芯的磁导率下降，幅值误差和相位误差均增大

56. 电气设备选择的一般条件是：

    A. 按正常工作条件选择，按短路情况校验

    B. 按设备使用寿命选择，按短路情况校验

    C. 按正常工作条件选择，按设备使用寿命校验

    D. 按短路工作条件选择，按设备使用寿命校验

57. 当发电厂仅有两台变压器和两条线路时，宜采用桥形接线，外桥接线适合用于以下哪种情况：

    A. 线路较长，变压器需要经常投切

    B. 线路较长，变压器不需要经常投切

    C. 线路较短，变压器需要经常投切

    D. 线路较短，变压器不需要经常投切

58. 提高液体电介质击穿强度的方法是：

    A. 减少液体中的杂质，均匀含杂质液体介质的极间电场分布

    B. 增加液体的体积，提高环境温度

    C. 降低作用电压幅值，减小液体密度

    D. 减少液体中悬浮状态的水分，去除液体中的气体

59. 工频试验变压器输出波形畸变的主要原因是：

    A. 磁化曲线的饱和   B. 变压器负载过小

    C. 变压器绕组的杂散电容   D. 变压器容量过大

60. 一幅值为 I 的雷电流绕击输电线路，雷电通道波阻抗为 Z_0，输电线路波阻抗为 Z，则雷击点可能出现的最大雷电过电压 U 为：

    A. $U = I \times \dfrac{Z_0 \times Z/2}{Z_0 + Z/2}$ B. $U = \dfrac{2ZI}{Z_0 + Z}$

    C. $U = \dfrac{ZI}{Z_0 + Z}$ D. $U = \dfrac{2IZZ_0}{Z_0 + Z}$

2016 年度全国勘察设计注册电气工程师（供配电）执业资格考试试卷

执业资格考试试卷

基础考试
（下）

二〇一六年九月

应考人员注意事项

1. 本试卷科目代码为"2"，考生务必将此代码填涂在答题卡"科目代码"相应的栏目内，否则，无法评分。

2. 书写用笔：**黑色或蓝色钢笔、签字笔或圆珠笔**；

   填涂答题卡用笔：**黑色2B铅笔**。

3. 必须用书写用笔将工作单位、姓名、准考证号填写在答题卡和试卷相应的栏目内。

4. 本试卷由60题组成，每题2分，满分120分，本试卷全部为单项选择题，每小题的四个备选项中只有一个正确答案，错选、多选、不选均不得分。

5. 考生作答时，必须按**题号在答题卡上**将相应试题所选选项对应的**字母用2B铅笔涂黑**。

6. 在答题卡上书写与题意无关的语言，或在答题卡上作标记的，均按违纪试卷处理。

7. 考试结束时，由监考人员当面将试卷、答题卡一并收回。

8. 草稿纸由各地统一配发，考后收回。

单项选择题（共60题，每题2分。每题的备选项中只有一个最符合题意。）

1. 图示电路中，电流 I 为：

    A. 985mA

    B. 98.5mA

    C. 9.85mA

    D. 0.985mA

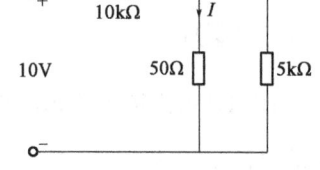

2. 图示电路中，电流 I 为：

    A. 2A

    B. 1A

    C. −1A

    D. −2A

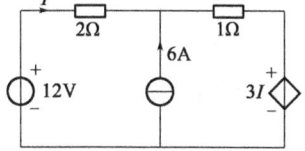

3. 图示电路中的电阻 R 值可变，当它获得最大功率时，R 的值为：

    A. 2Ω

    B. 4Ω

    C. 6Ω

    D. 8Ω

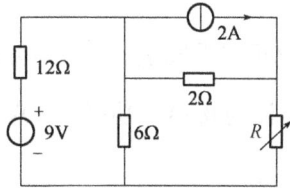

4. 在图示电路为线性无源网络，当 $U_S = 4V$、$I_S = 0A$ 时，$U = 3V$；当 $U_S = 2V$、$I_S = 1A$ 时，$U = -2V$。那么，当 $U_S = 4V$、$I_S = 4A$ 时，U 为：

    A. −12V

    B. −11V

    C. 11V

    D. 12V

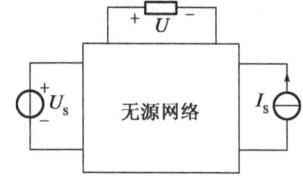

5. 在图示电路中，线性有源二端网络接有电阻 R，当 $R = 3Ω$ 时，$I = 2A$；当 $R = 1Ω$ 时，$I = 3A$，当电源 R 从有源二端网络获得最大功率时，R 的阻值为：

    A. 2Ω

    B. 3Ω

    C. 4Ω

    D. 6Ω

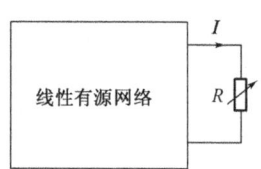

6. 由电阻 $R = 100\Omega$ 和电感 $L = 1H$ 组成串联电路。已知电源电压为 $u_S(t) = 100\sqrt{2}\sin(100t)\,\text{V}$，那么该电路的电流 $i_S(t)$ 为：

   A. $\sqrt{2}\sin(100t + 45°)\,\text{A}$ B. $\sqrt{2}\sin(100t - 45°)\,\text{A}$

   C. $\sin(100t + 45°)\,\text{A}$ D. $\sin(100t - 45°)\,\text{A}$

7. 由电阻 $R = 100\Omega$ 和电容 $C = 100\mu F$ 组成串联电路，已知电源电压为 $u_S(t) = 100\sqrt{2}\cos(100t)\,\text{V}$，那么该电路的电流 $i_S(t)$ 为：

   A. $\sqrt{2}\cos(100t - 45°)\,\text{A}$

   B. $\sqrt{2}\cos(100t + 45°)\,\text{A}$

   C. $\cos(100t - 45°)\,\text{A}$

   D. $\cos(100t + 45°)\,\text{A}$

8. 在 RL 串联的交流电路中，用复数形式表示时，总电压 $\dot{U}$ 与电阻电压 $\dot{U}_R$ 和电感电压 $\dot{U}_L$ 的关系式为：

   A. $\dot{U} = \dot{U}_R + \dot{U}_L$ B. $\dot{U} = \dot{U}_L - \dot{U}_R$

   C. $\dot{U} = \dot{U}_R - \dot{U}_L$ D. $\dot{U} = \dot{U}_R \cdot \dot{U}_L$

9. RL 串联电路可以看成是日光灯电路模型，将日光灯接于 50Hz 的正弦交流电压源上，测得端电压为 220V，电流为 0.4A，功率为 40W，那么，该日光灯的等效电阻 R 的值为：

   A. 250Ω B. 125Ω

   C. 100Ω D. 50Ω

10. 图示正弦交流电路中，已知 $Z = (10 + j50)\Omega$，$Z_1 = (400 + j1000)\Omega$。欲使电流 $\dot{I}_1$ 在相位上超前 $\dot{U}_S$ 的角度为 $90°$，β 的取值应为：

    A. −52

    B. −41

    C. 41

    D. 52

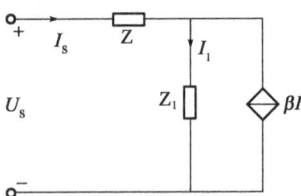

11. 图示正弦交流电路中，已知 $\dot{U}_S = 100\angle 0°\,V$，$R = 10\Omega$，$X_L = 20\Omega$，$X_C = 30\Omega$。负载 Z_L 可变，它能获得的最大功率为：

    A. 62.5W

    B. 52.5W

    C. 42.5W

    D. 32.5W

12. 某 RLC 串联电路的 $L = 3mH$，$C = 2\mu F$，$R = 0.2\Omega$。该电路的品质因数近似为：

A. 198.7　　　　B. 193.7　　　　C. 190.7　　　　D. 180.7

13. RCL 串联电路中，已知 $R = 10\Omega$，$L = 0.05H$，$C = 50\mu F$，电源电压为 $u(t) = 20 + 90\sin(314t) + 30\sin(942t + 45°)\,V$。该电路中的电流 $i(t)$ 为：

A. $1.32\sin(314t - 78.2°) + 0.77\sqrt{2}\sin(942t - 23.9°)$

B. $1.32\sqrt{2}\sin(314t + 78.2°) + 0.77\sqrt{2}\sin(942t - 23.9°)$

C. $1.32\sin(314t + 78.2°) + 0.77\sqrt{2}\sin(942t + 23.9°)$

D. $1.32\sqrt{2}\sin(314t - 78.2°) + 0.77\sqrt{2}\sin(942t + 23.9°)$

14. 在 220V 的工频交流线路上并联接有 20 只 40W（功率因数 $\cos\varphi = 0.5$）的日光灯和 100 只 400W 的白炽灯，线路的功率因数 $\cos\varphi$ 为：

A. 0.9994　　　　B. 0.9888　　　　C. 0.9788　　　　D. 0.9500

15. 图示三相电路中，工频电源线电压为 380V，对称感性负载的有功功率 $P = 15kW$，功率因数 $\cos\varphi = 0.6$，为了将线路的功率提高到 $\cos\varphi = 0.95$，每相应并联的电容器的电容量 C 为：

A. 110.74μF

B. 700.68μF

C. 705.35μF

D. 710.28μF

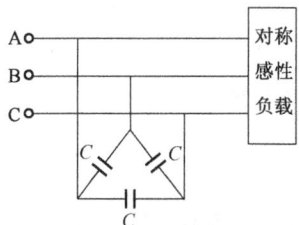

16. 在对称三相电路中，已知每相负载电阻 $R = 60\Omega$，与感抗 $X_L = 80\Omega$ 串联而成，且三相负载是星形连接，电源的线电压 $U_{AB}(t) = 380\sqrt{2}\sin(314t + 30°)\,V$，则 A 相负载的线电流为：

A. $2.2\sqrt{2}\sin(314t + 37°)\,A$

B. $2.2\sqrt{2}\sin(314t - 37°)\,A$

C. $2.2\sqrt{2}\sin(314t - 53°)\,A$

D. $2.2\sqrt{2}\sin(314t + 53°)\,A$

17. 已知图中正弦电流电路发生谐振时，电流表 A_2 和 A_3 的读数分别为 10A 和 20A，则电流表 A_1 的读数为：

A. 10A

B. 17.3A

C. 20A

D. 30A

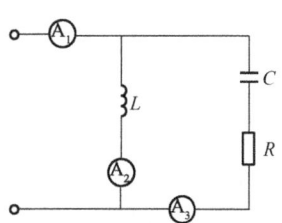

18. 激励源为冲击电流源，则电容C的0状态响应$u_C(t)$为：

A. $10^7 - 4e^{-2t}$V

B. 10^7V

C. $10^7 + 4e^{-2t}$V

D. 10^8V

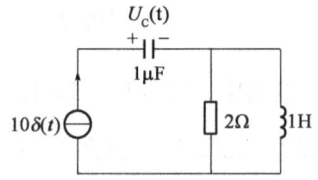

19. 在一个由R、L和C三个元件串联的电路中，若总电压U、电容电压U_C及RL两端电压U_{RL}均为100V，且$R = 10\Omega$，则电流I为下列哪项数值？

A. 10A

B. 5A

C. 8.66A

D. 5.77A

20. 已知开关闭合前电容两端电压$U_C(0_-) = 6$V，$t = 0$时刻将开关S闭合，$t \geqslant 0$时，电流$i(t)$为：

A. $-6e^{-4\times10^3t}$A

B. $-6 \times 10^{-3}e^{-4\times10^3t}$A

C. $6e^{-4\times10^3t}$A

D. $6 \times 10^{-3}e^{-4\times10^3t}$A

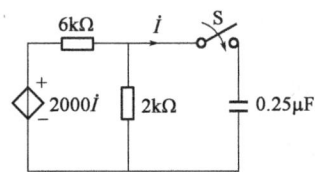

21. 图示三相对称电路中，$\dfrac{X_1}{R_1} = \dfrac{X_2}{R_2} = \dfrac{1}{\sqrt{3}}$，线电压为正序组，则$\dot{U}_{mn}$的值为：

A. $380\angle90°$V

B. $220\angle60°$V

C. $380\angle-90°$V

D. $220\angle-60°$V

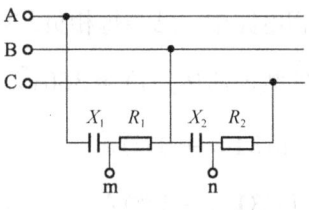

22. 在真空中，有一半径为R的均匀带电球面，面密度为σ，球心处的电场强度为：

A. $\dfrac{\sigma}{2\varepsilon_0}$

B. $\varepsilon_0\sigma$

C. $\dfrac{\sigma}{\varepsilon_0}$

D. 0

23. 真空中，一无限长载流直导线与一无限长薄电流板构成闭合回路，电流为I，电流板宽为a，二者相距也为a，导线与板在同一平面内，如图所示，导线单位长度受到的作用力为：

A. $\dfrac{\mu_0 I^2}{4\pi a}\ln 2$

B. $\dfrac{\mu_0 I}{4\pi a}\ln 2$

C. $\dfrac{\mu_0 I^2}{2\pi a}\ln 2$

D. $\dfrac{\mu_0 I}{2\pi a}\ln 2$

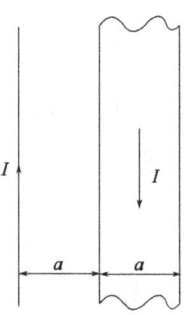

24. 长度为 1m，内外导体半径分别为$R_1 = 5$cm，$R_2 = 10$cm的圆柱形电容器中间的非理想电解质的电导率为$\gamma = 10^{-9}$S/m，该圆柱形电容器的漏电导G为：

A. 4.35×10^{-9}S

B. 9.70×10^{-9}S

C. 4.53×10^{-9}S

D. 9.06×10^{-9}S

25. 一波阻抗$Z = 50\Omega$的无损耗线，周围电介质的物理参数$\varepsilon_r = 2.26$、$\mu_r = 1$，接有$R = 1\Omega$的负载，当$f = 100$MHz时，线长为$\dfrac{\lambda}{4}$，该线几何长度L为：

A. 0.75m

B. 0.5m

C. 7.5m

D. 5m

26. 图示电路的电压增益表达式为：

A. $-\dfrac{R_1}{R_f}$

B. $-\dfrac{R_1}{R_f+R_1}$

C. $-\dfrac{R_f}{R_1}$

D. $-\dfrac{R_f+R_1}{R_1}$

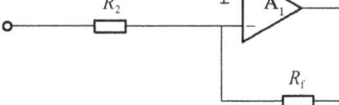

27. 图示模拟乘法器（$K > 0$）和运算放大器构成除法运算电路，输出电压$u_o = -\dfrac{1}{K}\cdot\dfrac{u_{i1}}{u_{i2}}$，以下哪种输入电压组合可以满足要求？

A. u_{i1}为正，u_{i2}任意

B. u_{i1}为负，u_{i2}任意

C. u_{i1}、u_{i2}均为正

D. u_{i1}、u_{i2}均为负

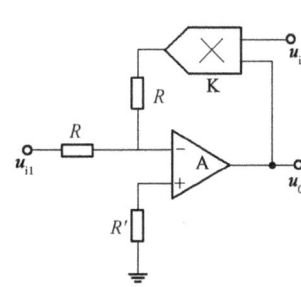

28. 电路的闭环增益 40dB，基本放大电路增益变化 10%，反馈放大器的闭环增益相应变化 1%，此时电路开环增益为：

A. 60dB   B. 80dB   C. 100dB   D. 120dB

29. 欲在正弦波电压上叠加一个直流量，应选用的电路为：

A. 反相比例运算电路   B. 同相比例运算电路

C. 差分比例运算电路   D. 同相输入求和运算电路

30. 某差动放大器从单端输出，已知其差模放大倍数 $A_{ud} = 200$，当 $u_{i1} = 1.095\text{V}$，$u_{i2} = 1.055\text{V}$，$K_{CMR} = 60\text{dB}$ 时，u_o 为？

A. $(10 \pm 1.85)\text{V}$

B. $(8 \pm 1.85)\text{V}$

C. $(10 \pm 2.15)\text{V}$

D. $(8 \pm 2.15)\text{V}$

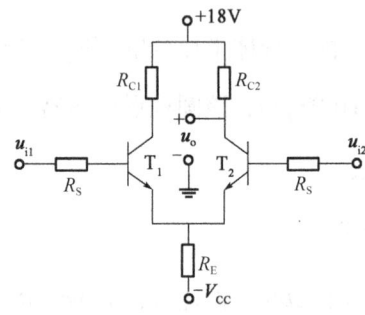

31. 理想运放电路如图所示，若 $R_1 = 5\text{k}\Omega$，$R_2 = 20\text{k}\Omega$，$R_3 = 10\text{k}\Omega$，$R_4 = 50\text{k}\Omega$，$u_{i1} - u_{i2} = 0.2\text{V}$，则 u_o 为：

A. -4V

B. -5V

C. -8V

D. -10V

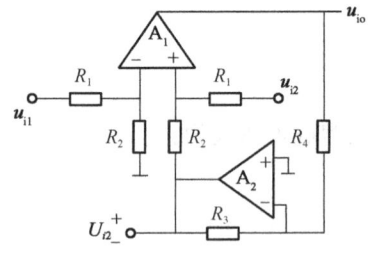

32. 电路如图所示，已知 $R_1 = R_2$，$R_3 = R_4 = R_5$，且运放的性能均理想，$A_u = \dfrac{\dot{U}_o}{\dot{U}_i}$ 的表达式为：

A. $-\dfrac{j\omega R_2 C}{1 + j\omega R_2 C}$

B. $\dfrac{j\omega R_2 C}{1 + j\omega R_2 C}$

C. $-\dfrac{j\omega R_3 C}{1 + j\omega R_3 C}$

D. $\dfrac{j\omega R_3 C}{1 + j\omega R_3 C}$

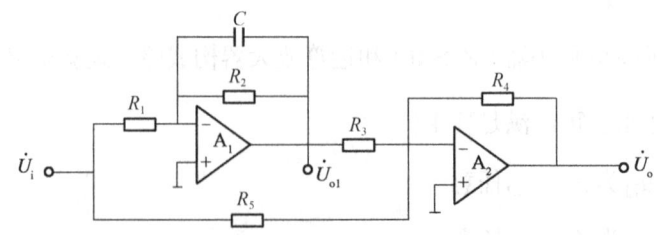

33. $L = A\bar{B}C + \bar{A}BC + ABC + AC(DEF + DEG)$ 化为最简结果是：

A. $AC + \bar{A}BC$ 　　　　　　　　　　B. $AC + BC$

C. ABC 　　　　　　　　　　　　　　D. AC

34. 8 进制数 $(234)_8$ 转化为 10 进制数为：

A. 224 　　　　B. 198 　　　　C. 176 　　　　D. 156

35. 若一个 8 位 ACD 的最小量化电压为 19.8mV，当输入电压为 4.4V 时，输出数字量为：

A. $(11001001)_B$ 　　　　　　　　　B. $(11011110)_B$

C. $(10001100)_B$ 　　　　　　　　　D. $(11001100)_B$

36. 由 COMS 与非门组成的单稳态触发器，如图所示，已知 $R = 51\text{k}\Omega$，$C = 0.01\mu\text{F}$，电源电压 $V_{DD} = 10\text{V}$，在触发信号作用下输出脉冲的宽度为：

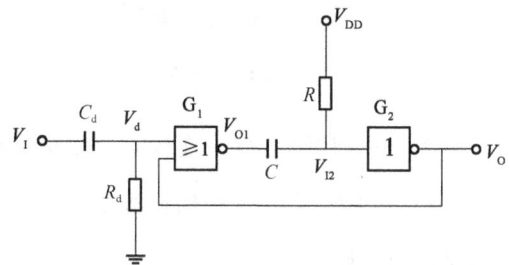

A. 1.12ms 　　　　B. 0.70ms 　　　　C. 0.56ms 　　　　D. 0.35ms

37. 74161 的功能如表所示，图示电路的功能为：

74161 功能表

CP	$\bar{R}_D$	$\bar{LD}$	EP	ET	工作状态
×	0	×	×	×	置零
↑	1	0	×	×	预置数
×	1	1	0	1	保持
×	1	1	×	0	保持(但C = 0)
↑	1	1	1	1	计数

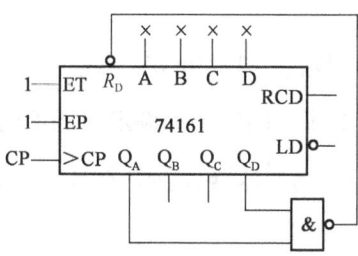

A. 6 进制计数器 　　　　　　　　　B. 7 进制计数器

C. 8 进制计数器 　　　　　　　　　D. 9 进制计数器

38. 一台并励直流发电机，$U_N = 230V$，$R_a = 0.1\Omega$，$I_{aN} = 15.7A$，$R_f = 610\Omega$，$n_N = 2000r/min$，把它并入无限大电网，改为电动机，接入 220V 电压，使电枢电流等于额定电枢电流，则转速为：

    A. 1748r/min

    B. 1812r/min

    C. 1886r/min

    D. 2006r/min

39. 一台并励直流电动机，$P_N = 96kW$，$U_N = 440V$，$I_N = 255A$，$I_{fN} = 5A$，$n_N = 500r/min$，$R_a = 0.078\Omega$（包括电刷接触电阻），其在额定运行时的电磁转矩为：

    A. $1991N \cdot m$

    B. $2007.5N \cdot m$

    C. $2046N \cdot m$

    D. $2084N \cdot m$

40. 一台三相六极感应电动机，额定功率$P_N = 28kW$，$U_N = 380V$，频率 50Hz，$n_N = 950r/min$，额定负载运行时，机械损耗和杂散损耗之和为 1.1kW，此时转子回路铜耗为：

    A. 1.532kW

    B. 1.474kW

    C. 1.455kW

    D. 1.4kW

41. 一台 $S_N = 1800kVA$，$U_{1N}/U_{2N} = 10000/400V$，Y/yn 连接的三相变压器，其阻抗电压$U_k = 4.5\%$，当有额定电流时的短路损耗$P_{1N} = 22000W$，当一次边保持额定电压，二次边电流达到额定且功率因素为 0.8 滞后（时），其电压调整率ΔU为：

    A. 0.98%   B. 2.6%   C. 3.23%   D. 4.08%

42. 有两台隐极同步电机，气隙长度分别为δ_1和δ_2，其他结构诸如绕组、磁路等都完全一样，已知$\delta_1 = 2\delta_2$，现分别在两台电机上进行稳态短路试验，转速相同，忽略定子电阻，如果加同样大的励磁电流，哪一台的短路电流比较大？

    A. 气隙大电机的短路电流大

    B. 气隙不同无影响

    C. 气隙大电机的短路电流小

    D. 一样大

43. 两台变压器 A 和 B 并联运行，已知$S_{NA} = 1200kVA$，$S_{NB} = 1800kVA$，阻抗电压$U_{kA} = 6.5\%$，$U_{kB} = 7.2\%$，且已知变压器 A 在额定电流下的铜耗和额定电压下的铁耗分别为$P_{CuA} = 1500W$和$P_{FeA} = 540W$，那么两台变压器并联运行，当变压器 A 运行在具有最大效率的情况下，两台变压器所能供给的总负载为：

    A. 1695kVA

    B. 2825kVA

    C. 3000kVA

    D. 3129kVA

44. 一台单相变压器二次边开路,若将其一次边接入电网运行,电网电压的表达式为$u_i = U_{1m} \sin(\omega t + \alpha)$,$\alpha$为$t = 0$合闸时电压的初相角。试问当$\alpha$为何值时合闸电流最小?

    A. 0°   B. 45°

    C. 90°   D. 135°

45. 假设 220kV 架空线路正序电抗为 0.4Ω/km,正序电纳为2.5×10^{-6}S/km,则线路的波阻抗和自然功率分别为:

    A. 380Ω, 121MW   B. 400Ω, 121MW

    C. 380Ω, 242MW   D. 400Ω, 242MW

46. 高压输电线路与普通电缆相比,其电抗和电容变化是:

    A. 电抗变大、电容变大   B. 电抗变小、电容变大

    C. 电抗变大、电容变小   D. 电抗变小、电容变小

47. N台额定功率为S_N的变压器在额定电压下并联运行,已知变压器铭牌参数通过额定功率时,n台变压器的总有功损耗为:

    A. $\frac{n \cdot P_0}{1000} + \frac{1}{n} \cdot \frac{P_k}{1000}$ B. $n\left(\frac{P_0}{1000} + \frac{P_k}{1000}\right)$

    C. $\frac{1}{n}\left(\frac{P_0}{1000} + \frac{P_k}{1000}\right)$ D. $\frac{1}{n} \cdot \frac{P_0}{1000} + \frac{n \cdot P_k}{1000}$

48. 330kV 线路$R = 10.5Ω$, $X = 40.1Ω$, $B = 12 \times 10^{-4}$S,末端电压$U_2 = 363\angle 0°$kV,线路空载,则线路首端电压和线路总充电功率为:

    A. $354.27\angle -0.185°$, 158.12Mvar   B. $354.27\angle 0.185°$, 158.12Mvar

    C. $354.27\angle -0.185°$, 130.68Mvar   D. $354.27\angle 0.185°$, 130.68Mvar

49. 输电系统如图所示,线路和变压器参数为归算到高压侧的参数,变压器容量为31.5MVA,额定变比为$110 \pm 2 \times 2.5\%/11$kV,送端电压固定在 112kV,忽略电压降横分量及功率损耗,变压器低压侧母线要求恒调压$U_2 = 10.5$kV时,末端应并联的电容器容量为:

    A. 1.919Mvar

    B. 19.19Mvar

    C. 1.512Mvar

    D. 15.12Mvar

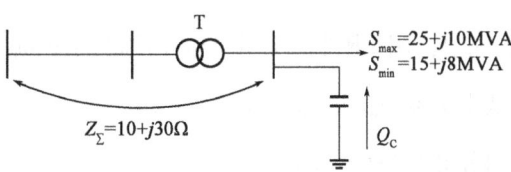

50. 已知图示系统中开关 B 的开断容量为 2500MVA，取 $S_B = 100MVA$，则 f 点三相短路 $t = 0$ 时的冲击电流为：

A. 13.49kA

B. 17.17kA

C. 24.28kA

D. 26.31kA

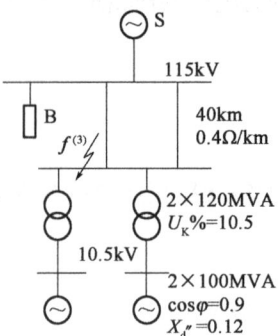

51. 同步发电机的暂态电势在短路瞬间如何变化？

A. 为零

B. 变大

C. 不变

D. 变小

52. 系统内各元件的标幺值电抗如图所示，当线路中部 f 点发生不对称单路故障时，其零序等值电抗为：

A. 0.09

B. 0.12

C. 0.14

D. 0.186

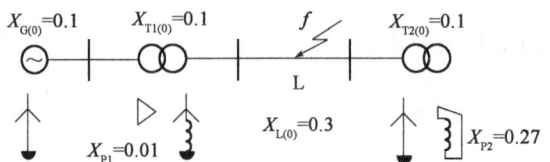

53. 系统如图所示，各元件电抗标幺值为：G_1、G_2：$X_d'' = 0.1$；T_1：$Y/\triangle-11$，$X_{T1} = 0.104$；T_2：$Y/\triangle-11$，$X_{T2} = 0.1$，$X_p = 0.01$；线路 l：$x_l = 0.04$，$x_{l0} = 3x_l$。当母线 A 发生单相短路时，短路点的短路电流标幺值为：

A. 3.175

B. 7.087

C. 9.524

D. 10.311

54. 电力系统中，用来限制短路电流的措施为下列哪一项？

A. 降低电力系统的电压等级

B. 采用分裂绕组变压器

C. 采用低阻抗变压器

D. 直流输电

55. 某35kV变电所采用移开式金属铠装封闭开关柜，柜体采用双列面对面布置，则操作通道的最小安全净距为：

A. 单车长 + 1200mm
B. 单车长 + 900mm
C. 双车长 + 1200mm
D. 双车长 + 900mm

56. 当35kV及以下系统采用中性点经消弧线圈接地运行时，消弧线圈的补偿度应选择为：

A. 全补偿
B. 过补偿
C. 欠补偿
D. 以上都不对

57. 关于布置在同一平面内的三相导体短路时的电动力，以下描述正确的是：

A. 三相导体的电动力是固定值，且外边相电动力最大
B. 三相导体的电动力是时变值，且外边相电动力的最大值最大
C. 三相导体的电动力是固定值，且中间相电动力最大
D. 三相导体的电动力是时变值，且中间相电动力的最大值最大

58. 运行中，单芯交流电力电缆不采取两端接地方式的原因是：

A. 绝缘水平高
B. 接地阻抗大
C. 集肤效应弱
D. 电缆外层温度高

59. 电磁式电压互感器引发铁磁谐振的原因是：

A. 非线性元件
B. 热量小
C. 故障时间长
D. 电压高

60. 一幅值为U的无限长直角波作用于空载长输电线路，线路末端节点出现的最大电压是：

A. 0
B. U
C. $2U$
D. $4U$

2017 年度全国勘察设计注册电气工程师（供配电）执业资格考试试卷

执业资格考试试卷

基础考试
（下）

二〇一七年九月

应考人员注意事项

1. 本试卷科目代码为"2"，考生务必将此代码填涂在答题卡"科目代码"相应的栏目内，否则，无法评分。

2. 书写用笔：**黑色或蓝色钢笔、签字笔或圆珠笔**；

   填涂答题卡用笔：**黑色 2B 铅笔**。

3. 必须用书写用笔将工作单位、姓名、准考证号填写在答题卡和试卷相应的栏目内。

4. 本试卷由 60 题组成，每题 2 分，满分 120 分，本试卷全部为单项选择题，每小题的四个备选项中只有一个正确答案，错选、多选、不选均不得分。

5. 考生作答时，必须按**题号在答题卡上**将相应试题所选选项对应的**字母用 2B 铅笔涂黑**。

6. 在答题卡上书写与题意无关的语言，或在答题卡上作标记的，均按违纪试卷处理。

7. 考试结束时，由监考人员当面将试卷、答题卡一并收回。

8. 草稿纸由各地统一配发，考后收回。

单项选择题（共 60 题，每题 2 分。每题的备选项中只有一个最符合题意。）

1. 图示电路中，元件电压 $u = (5 - 9e^{-t/\tau})V$，$t > 0$，则 $t = 0$ 和 $t \to \infty$ 时电压 u 的代数值及其真实方向为：

   A. $\begin{cases} t = 0\ 时，u = 4V，电位\ a\ 高，b\ 低 \\ t \to \infty\ 时，u = 5V，电位\ a\ 高，b\ 低 \end{cases}$

   B. $\begin{cases} t = 0\ 时，u = -4V，电位\ a\ 高，b\ 低 \\ t \to \infty\ 时，u = 5V，电位\ a\ 高，b\ 低 \end{cases}$

   C. $\begin{cases} t = 0\ 时，u = 4V，电位\ a\ 低，b\ 高 \\ t \to \infty\ 时，u = 5V，电位\ a\ 高，b\ 低 \end{cases}$

   D. $\begin{cases} t = 0\ 时，u = -4V，电位\ a\ 低，b\ 高 \\ t \to \infty\ 时，u = 5V，电位\ a\ 高，b\ 低 \end{cases}$

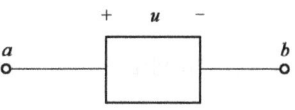

2. 图示电路中独立电流源发出的功率为：

   A. 12W

   B. 3W

   C. 8W

   D. −8W

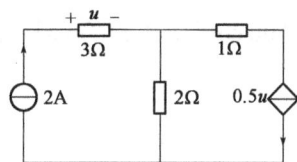

3. 图示电路中，1Ω 电阻消耗的功率为 P_1，3Ω 电阻消耗的功率为 P_2，则 P_1、P_2 分别为：

   A. $P_1 = -4W$，$P_2 = 3W$

   B. $P_1 = 4W$，$P_2 = 3W$

   C. $P_1 = -4W$，$P_2 = -3W$

   D. $P_1 = 4W$，$P_2 = -3W$

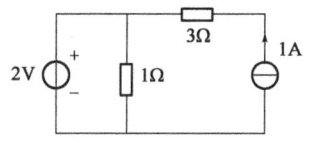

4. 图示一端口电路的等效电阻是：

   A. $\frac{2}{3}Ω$

   B. $\frac{21}{13}Ω$

   C. $\frac{18}{11}Ω$

   D. $\frac{45}{28}Ω$

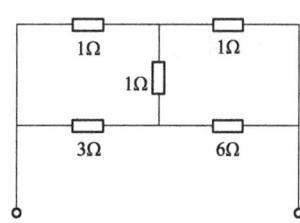

5. 用回路电流法求解图示电路的电流I，最少需要列几个KVL方程：

A. 1个

B. 2个

C. 3个

D. 4个

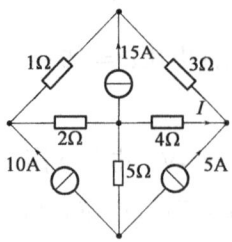

6. 图示电路中N为纯电阻网络，已知当U_S为5V时，U为2V；则U_S为7.5V时，U为：

A. 2V

B. 3V

C. 4V

D. 5V

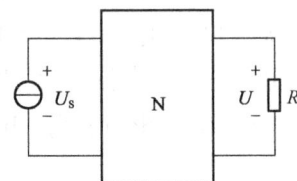

7. 正弦电压$u = 100\cos(\omega t + 30°)$V对应的有效值为：

A. 100V

B. $100/\sqrt{2}$V

C. $100\sqrt{2}$V

D. 50V

8. 图示正弦电流电路已标明理想交流电压表的读数（对应电压的有效值），则电容电压的有效值为：

A. 10V

B. 30V

C. 40V

D. 90V

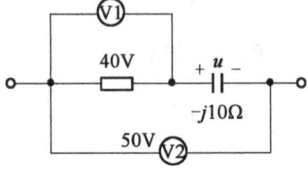

9. 图示RCL串联电路，已知$R = 60\Omega$，$L = 0.02$H，$C = 10\mu$F，正弦电压$u = 100\sqrt{2}\cos(10^3 t + 15°)$，则该电路的视在功率为：

A. 60VA

B. 80VA

C. 100VA

D. 120VA

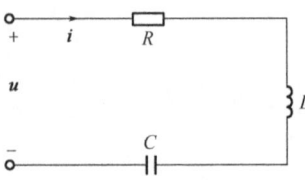

10. 图示一端口电路的等效阻抗为：

A. $j\omega(L_1 + L_2 + 2M)$

B. $j\omega(L_1 + L_2 - 2M)$

C. $j\omega(L_1 + L_2)$

D. $j\omega(L_1 - L_2)$

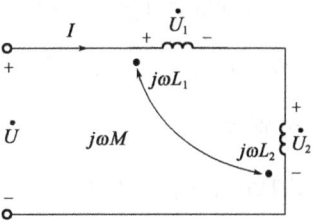

11. 图示对称正序三相电路中，负载阻抗$Z = 38\angle -30°\Omega$，线电压$\dot{U}_{BC} = 380\angle -90°V$，则线电流$\dot{I}_A$等于：

A. $5.77\angle 30°A$

B. $5.77\angle 90°A$

C. $17.32\angle 30°A$

D. $17.32\angle 90°A$

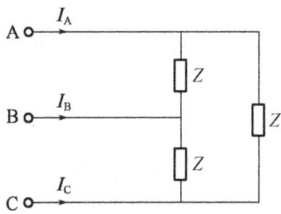

12. 图示网络中，已知$\dot{i}_1 = 3\sqrt{2}\cos(\omega t)A$，$\dot{i}_2 = 3\sqrt{2}\cos(\omega t + 120°)A$，$\dot{i}_3 = 4\sqrt{2}\cos(2\omega t + 60°)A$，则电流表读数（有效值）为：

A. 5A

B. 7A

C. 13A

D. 1A

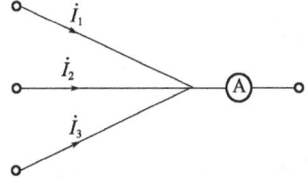

13. 图示电路以端口电压为激励，以电容电压为响应时属于：

A. 高通滤波电路

B. 带通滤波电路

C. 低通滤波电路

D. 带阻滤波电路

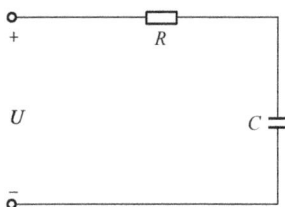

14. 求解一阶线性电路暂态过程的三要素公式不包含的要素是：

A. 待求量的原始值

B. 待求量的初始值

C. 电路的时间常数

D. 待求量的任一特解

15. 若一阶电路的时间常数为3s，则零输入响应换路经过3s后衰减为初始值的：

A. 50%   B. 25%   C. 13.5%   D. 36.8%

16. 如图所示二芯对称屏蔽电缆，测得导体 1、2 之间的等效电容为 0.036μF，导体 1、2 相连时和外壳间的等效电容为 0.064μF，若导体 1 与外壳间的部分电容为 C_{10}，导体 1、2 之间的部分电容为 C_{12}，则 C_{10} 和 C_{12} 分别为：

A. $C_{10} = 0.018μF$，$C_{12} = 0.018μF$

B. $C_{10} = 0.032μF$，$C_{12} = 0.018μF$

C. $C_{10} = 0.032μF$，$C_{12} = 0.02μF$

D. $C_{10} = 0.018μF$，$C_{12} = 0.02μF$

17. 半径为 0.5m 的导体球作接地电极，深埋于地下，土壤的电导率 $\gamma = 10^{-2}$S/m，则此接地体的接地电阻应为：

A. 7.96Ω   B. 15.92Ω   C. 31.84Ω   D. 63.68Ω

18. 真空中有一载流无限长直导线，$I = 500$A，距该导体垂直距离为 1m 处的磁感应强度 B 的大小为：

A. 2×10^{-4}T

B. 10^{-4}T

C. 0.5×10^{-4}T

D. 10^{-6}T

19. 电路如图所示，设硅稳压管 VD_{Z1} 和 VD_{Z2} 的稳压值分别为 5V 和 10V，正向导通压降均为 0.7V，则输出电压 U_o 为：

A. 5.7V

B. 5V

C. 10V

D. 10.7A

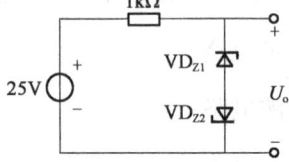

20. 设所有的二极管 x 晶体管为硅管，二极管正向压降为 0.3V，晶体管发射结导通压降 $U_{BE} = 0.7$V，则图中各晶体管的工作状态正确的是：

A. VT_1饱和，VT_2饱和

B. VT_1截止，VT_2饱和

C. VT_1截止，VT_2放大

D. VT_1放大，VT_2放大

21. 图中电路工作在深度负反馈条件下，电压增益约为：

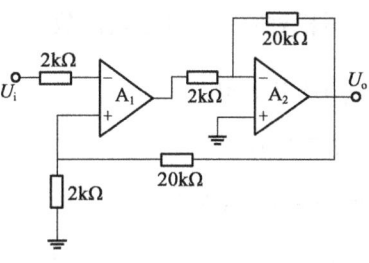

A. 10

B. −10

C. 11

D. −11

22. 单电源乙类互补 OTL 电路如图所示，已知$V_{CC} = 12V$，$R_L = 8\Omega$，u_i为正弦电压，若功放管饱和输出压降$U_{CES} = 0V$，则负载上可能得到的最大输出功率为：

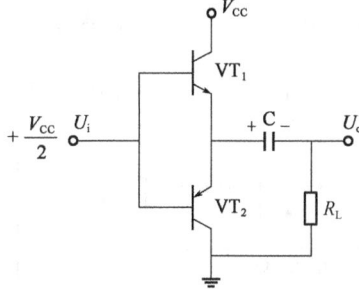

A. 5W

B. 4.5W

C. 2.75W

D. 2.25W

23. 电路如图所示，电阻$R_1 = 10k\Omega$，为使该电路产生较好的正弦波振荡，要求：

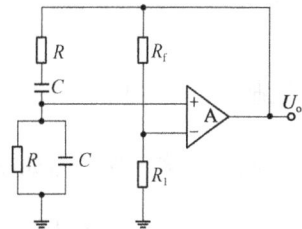

A. $R_f = 10k\Omega + 4.7k\Omega$（可调）

B. $R_f = 47k\Omega + 4.7k\Omega$（可调）

C. $R_f = 18k\Omega + 10k\Omega$（可调）

D. $R_f = 4.7k\Omega + 4.7k\Omega$（可调）

24. 三端集成稳压器 CW7812 组成的电路如图所示，电位器R_w不为 0，忽略公共端漏电流，则U_o表达式为：

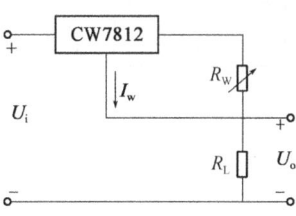

A. $U_o = \dfrac{12R_L}{R_w}$

B. $U_o = -\dfrac{12R_L}{R_w}$

C. 12V

D. −12V

25. 逻辑函数式$P(A, B, C) = \Sigma m(3,5,6,7)$化为最简与或式形式为：

A. $BC + AC$

B. $C + AB$

C. $B + A$

D. $BC + AC + AB$

26. 与逻辑图相对应的正确逻辑函数式为：

A. $Y = A + B + \overline{AB}$

B. $Y = AB + \overline{AB}$

C. $Y = (\overline{A} + B)(A + \overline{B})$

D. $Y = \overline{AB}$

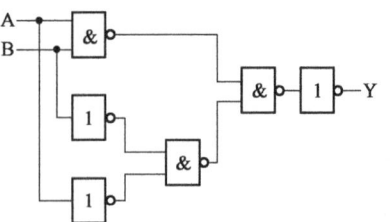

27. 某 EPROM 有 8 条数据线，13 条地址线，则其存储容量为：

A. 8k Bit   B. 8k Byte   C. 16k Byte   D. 64k Byte

28. 采用中规模加法计数器 74LS161 构成的计数器电路如图所示，该电路的进制为：

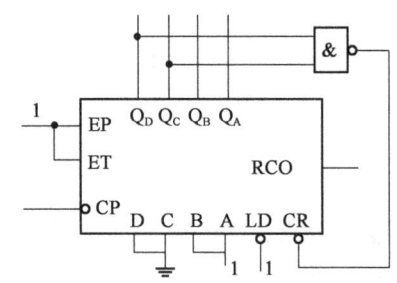

74LS161 功能表

CP	$\overline{CR}$	$\overline{LD}$	EP	ET	D	C	B	A	状态
×	0	×	×	×	×	×	×	×	置零
↑	1	0	×	×	D	C	B	A	置数
×	1	1	0	×	×	×	×	×	保持
×	1	1	×	0	×	×	×	×	保持
↑	1	1	1	1	×	×	×	×	计数

A. 十一进制   B. 十二进制   C. 八进制   D. 七进制

29. 555 定时器构成的多谐振荡器如图所示，若 $R_A = R_B$，则输出矩形波的占空比为：

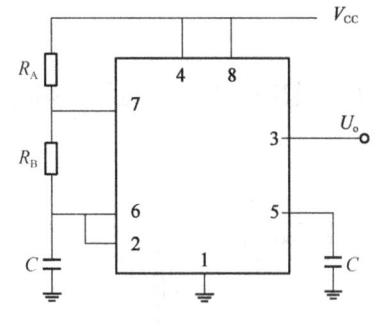

555 定时器功能表

$\overline{R_D}$（④脚）	U_{WH}（⑥脚）	U_{TL}（②脚）	U_o（③脚）	V_T（⑦脚）
0	×	×	0	导通
1	$> \frac{2}{3}V_{cc}$	$> \frac{1}{3}V_{cc}$	0	导通
1	$< \frac{2}{3}V_{cc}$	$> \frac{1}{3}V_{cc}$	保持	保持
1	$< \frac{2}{3}V_{cc}$	$< \frac{1}{3}V_{cc}$	1	截止
1	$> \frac{2}{3}V_{cc}$	$< \frac{1}{3}V_{cc}$	1	截止

A. $\frac{1}{2}$ B. $\frac{1}{3}$ C. $\frac{2}{3}$ D. $\frac{3}{4}$

30. $3\frac{1}{2}$ 位双积分型 A/D 转换器中的计数器的容量为：

A. 1999   B. 2999   C. 3999   D. 3000

31. 架空输电线路等值参数中表征消耗有功功率的是：

A. 电阻、电导

B. 电导、电纳

C. 电纳、电阻

D. 电导、电感

32. 标幺值计算中，导纳的基准值是：

A. $\dfrac{U_B^2}{S_B}$ 　　　　 B. $\dfrac{S_B}{U_B^2}$ 　　　　 C. $\dfrac{S_B}{U_B}$ 　　　　 D. $\dfrac{U_B}{S_B}$

33. 连接 110kV 和 35kV 两个电压等级的降压变压器，其两侧绕组的额定电压是：

A. 110kV，35kV 　　　　　　　　 B. 110kV，38.5kV

C. 121kV，35kV 　　　　　　　　 D. 121kV，38.5kV

34. 电力系统中最基本的无功功率电源是：

A. 调相机 　　　　　　　　　　 B. 电容器

C. 静止补偿器 　　　　　　　　 D. 同步发电机

35. 需要切断变压器所带的负荷后，再调整变压器的分接头，这种变压器的调压方式称为：

A. 投切变压器调压 　　　　　　 B. 逆调压

C. 无载调压 　　　　　　　　　 D. 顺调压

36. 线路末端的电压偏移是指：

A. 线路始末两端电压相量差

B. 线路始末两端电压数量差

C. 线路末端电压与额定电压之差

D. 线路末端空载时与负载时电压之差

37. 110kV 输电线路的参数为：$r = 0.21\Omega/km$、$x = 0.4\Omega/km$、$\dfrac{b}{2} = 2.79 \times 10^{-6} S/km$，线路长度 100km，线路空载、线路末端电压为 120kV 时，线路始端的电压和充电功率分别为：

A. $118.66\angle 0.339°$，7.946Mvar

B. $121.34\angle 0.333°$，8.035Mvar

C. $121.34\angle -0.332°$，8.035Mvar

D. $118.66\angle -0.339°$，7.946Mvar

38. 平行架设双回路输电线路的每一回路的等值阻抗与单回输电线路相比，不同在于：

A. 正序阻抗减小，零序阻抗增加

B. 正序阻抗增加，零序阻抗减小

C. 正序阻抗不变，零序阻抗增加

D. 正序阻抗减小，零序阻抗不变

39. 已知断路器 QF 的额定切断容量为 500MVA，变压器的额定容量为 10MVA，短路电压$V_s\% = 7.5$，输电线路$x_L = 0.4\Omega/km$，请以$S_B = 100MVA$，$V_B = V_{AV}$为基准，求出f点发生三相短路时起始次暂态电流和短路容量的有名值为：

A. 7.179kA，78.34MVA

B. 8.789kA，95.95MVA

C. 7.377kA，80.50MVA

D. 7.377kA，124.6MVA

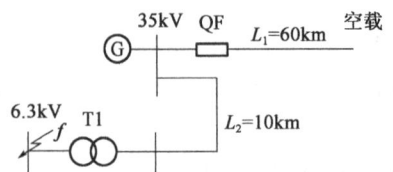

40. 图示系统中所示参数为标幺值$S_B = 100MVA$，求短路点 A 相单相的短路电流有名值：

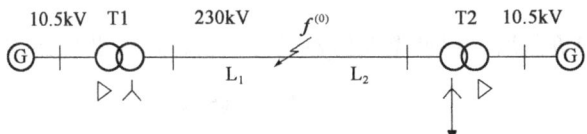

$X_d'' = 0.2$	$X_{T1} = 0.1$	$X_{L1} = 0.5$	$X_{L2} = 0.5$	$X_{T1} = 0.1$	$X_d'' = 0.2$
$X_{d(0)} = 0.2$	Y/△ -11	$X_{L1(0)} = 1.5$	$X_{L2(0)} = 1.5$	Y/△ -11	$X_{d(0)} = 0.2$
$E = 1.0$					$E = 1.0$

A. 0.2350　　　　B. 0.3138　　　　C. 0.4707　　　　D. 0.8125

41. 一台变压器工作时额定电压调整率等于零，此时负载应为：

A. 电阻性负载　　　　　　　　　　B. 电阻电容性负载

C. 电感性负载　　　　　　　　　　D. 电阻电感性负载

42. 若电源电压保持不变，变压器在空载和负载两种运行情况时的主磁通幅值大小关系为：

A. 完全相等　　　B. 基本相等　　　C. 相差很大　　　D. 不确定

43. 一台单相变压器，额定容量$S_N = 1000kVA$，额定电压$U_N = 100/6.3kV$，额定频率$f_N = 50Hz$，短路阻抗$Z_K = 74.9 + j315.2\Omega$，该变压器负载运行时电压变化率恰好等于零，则负载性质和功率因数$\cos\varphi_2$为：

A. 感性负载，$\cos\varphi_2 = 0.973$　　　　B. 感性负载，$\cos\varphi_2 = 0.8$

C. 容性负载，$\cos\varphi_2 = 0.973$　　　　D. 容性负载，$\cos\varphi_2 = 0.8$

44. 一台运行于 50Hz 交流电网的单相感应电动机的额定转速为1440r/min，其极对数必为：

A. 1　　　　　　B. 2　　　　　　C. 3　　　　　　D. 4

45. 改变一台三相感应电动机转向的方法是：

    A. 改变电源的频率   B. 改变电源的幅值

    C. 改变电源三相的相序   D. 改变电源的相位

46. 一台 Y 形连接的三相感应电动机，额定功率 $P_N = 15kW$，额定电压 $U_N = 380V$，电源频率 $f = 50Hz$，额定转速 $n_N = 975r/min$，额定运行时效率 $\eta_N = 0.88$，功率因数 $\cos\varphi = 0.83$，电磁转矩 $T_e = 150N \cdot m$，该电动机额定运行时电磁功率和转子铜耗为：

    A. 15kW，392.5W   B. 15.7kW，392.5W

    C. 15kW，100W   D. 15.7kW，100W

47. 一台凸极同步发电机的直轴电流 $I_d'' = 0.5$，交轴电流 $I_q'' = 0.5$，此时内功率因数角为：

    A. 0°   B. 45°   C. 60°   D. 90°

48. 一台三角形连接的汽轮发电机并联在无穷大电网上运行，电机额定容量 $S_N = 7600kVA$，额定电压 $U_N = 3.3kV$，额定功率因数 $\cos\varphi_N = 0.8$（滞后），同步电抗 $X_s = 1.7\Omega$，不计定子电阻及磁饱和，该发电机额定运行时内功率因数角为：

    A. 36.87°   B. 51.2°   C. 46.5°   D. 60°

49. 一台单叠绕组直流电机的并联支路对数 a 与极对数 p 的关系是：

    A. $a = 2$ B. $a = p$ C. $a = 1$ D. $a = p/2$

50. 一台他励直流电动机，额定电压 $U_N = 110V$，额定电流 $I_N = 28A$，额定转速 $n_N = 1500r/min$，电枢回路总电阻 $R_a = 0.15\Omega$，现将该电动机接入电压 $U_N = 110V$ 的直流稳压电源，忽略电枢反应影响，理想空载转速为：

    A. 1500r/min   B. 1600r/min   C. 1560r/min   D. 1460r/min

51. 环网供电的缺点是：

    A. 可靠性差   B. 经济性差

    C. 故障时电压质量差   D. 线损大

52. 下面操作会产生谐振过电压的是：

    A. 突然甩负荷   B. 切除空载线路

    C. 切除接有电磁式电压互感器的线路   D. 切除有载变压器

53. 电气设备工作接地的电阻值一般取：

    A. $< 0.5\Omega$ B. $0.5\sim10\Omega$ C. $10\sim30\Omega$ D. $>30\Omega$

54. 避雷线架设原则正确的是：

A. 330kV 及以上架空线必须全线架设双避雷线进行保护

B. 110kV 及以上架空线必须全线架设双避雷线进行保护

C. 35kV 线路需要全线架设双避雷线进行保护

D. 220kV 及以上架空线必须全线架设双避雷线进行保护

55. 在断路器和隔离开关配合接通电路时正确的操作是：

A. 先合断路器，后合隔离开关

B. 先合隔离开关，然后合断路器

C. 没有顺序，先合哪个都可以

D. 必须同时操作

56. 选择电气设备除了满足额定的电压、电流外，还需校验的是：

A. 设备的动稳定和热稳定　　　　B. 设备的体积

C. 设备安装地点的环境　　　　　D. 周围环境温度的影响

57. 下面说法正确的是：

A. 设备配电装置时，只要满足安全净距即可

B. 设计配电装置时，最重要的是要考虑经济性

C. 设计屋外配电装置时，高型广泛用于 220kV 电压等级

D. 设计屋外配电装置时，分相中型是 220kV 电压等级的典型布置形式

58. 下面说法正确的是：

A. 电磁式电压互感器二次侧不允许开路

B. 电磁式电流互感器测量误差与二次负载大小无关

C. 电磁式电流互感器二次侧不允许开路

D. 电磁式电压互感器测量误差与二次负载大小无关

59. 选择发电机与变压器连接导体的截面时，主要依据是：

A. 导体的长期发热允许电流　　　B. 经济电流密度

C. 导体的材质　　　　　　　　　D. 导体的形状

60. 下面说法不正确的是：

A. 熔断器可以用于过流保护　　　B. 电流越小熔断器断开的时间越长

C. 高压熔断器由熔体和熔丝组成　D. 熔断器在任何电压等级都可以用

2018 年度全国勘察设计注册电气工程师（供配电）

执业资格考试试卷

基础考试
（下）

二〇一八年十月

应考人员注意事项

1. 本试卷科目代码为"2"，考生务必将此代码填涂在答题卡"科目代码"相应的栏目内，否则，无法评分。

2. 书写用笔：**黑色或蓝色钢笔、签字笔或圆珠笔；**

   填涂答题卡用笔：**黑色 2B 铅笔。**

3. 必须用书写用笔将工作单位、姓名、准考证号填写在答题卡和试卷相应的栏目内。

4. 本试卷由 60 题组成，每题 2 分，满分 120 分，本试卷全部为单项选择题，每小题的四个备选项中只有一个正确答案，错选、多选、不选均不得分。

5. 考生作答时，必须按**题号在答题卡上**将相应试题所选选项对应的**字母用 2B 铅笔涂黑。**

6. 在答题卡上书写与题意无关的语言，或在答题卡上作标记的，均按违纪试卷处理。

7. 考试结束时，由监考人员当面将试卷、答题卡一并收回。

8. 草稿纸由各地统一配发，考后收回。

单项选择题（共 60 题，每题 2 分。每题的备选项中只有一个最符合题意。）

1. 关于基尔霍夫电压定律，下列说法错误的是：

   A. 适用于线性电路　　　　　　　　B. 适用于非线性电路

   C. 适用于电路的任何一个节点　　　　D. 适用于电路中的任何一个回路

2. 叠加定律不适用于：

   A. 电阻电路　　　　　　　　　　　B. 线性电路

   C. 非线性电路　　　　　　　　　　D. 电阻电路和线性电路

3. 功率表测量的功率是：

   A. 瞬时功率　　　　　　　　　　　B. 无功功率

   C. 视在功率　　　　　　　　　　　D. 有功功率

4. 图示电路，已知 $U_s = 6\angle 0°V$，负载 Z_L 能够获得的最大功率是：

   A. 1.5W

   B. 3.5W

   C. 6.5W

   D. 8.0W

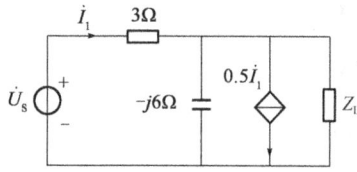

5. 电源对称（Y 形连接）的负载不对称的三相电路如图所示，$Z_1 = (150 + j75)\Omega$，$Z_2 = 75\Omega$，$Z_3 = (45 + j45)\Omega$，电源相电压 220V，电源线电流 I_A 等于：

   A. $6.8\angle -85.95°A$

   B. $5.67\angle -143.53°A$

   C. $6.8\angle 85.95°A$

   D. $5.67\angle 143.53°A$

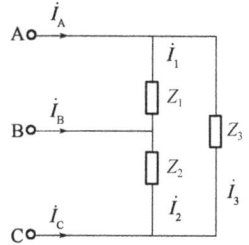

6. 图示电路，电流源两端电压 U 等于：

   A. 10V

   B. 8V

   C. 12V

   D. 4V

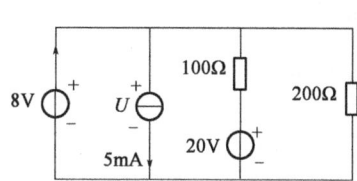

7. 已知一端口的电压 $u = 100\cos(\omega t + 60°)\,\text{V}$，电流 $i = 5\cos(\omega t + 30°)\,\text{A}$，其功率因数是：

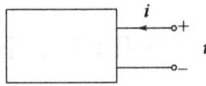

　A. 1　　　　　　　　　　　　　B. 0

　C. 0.866　　　　　　　　　　　D. 0.5

8. 图示电路，$R_1 = R_2 = R_3 = R_4 = R_5 = 3\Omega$，其 ab 端的等效电阻是：

　A. 3Ω

　B. 4Ω

　C. 9Ω

　D. 6Ω

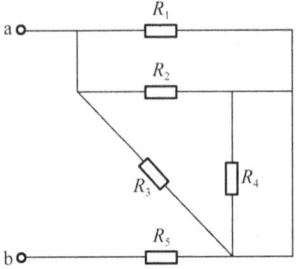

9. 图示电路，$t = 0$ 时，开关 S 由 1 扳向 2，在 $t \leq 0$ 时电路已达稳态，电源和电容元件的初始值 $i(0_+)$ 和 $u_2(0_+)$ 分别是：

　A. 4A, 20V

　B. 4A, 15V

　C. 3A, 20V

　D. 3A, 15V

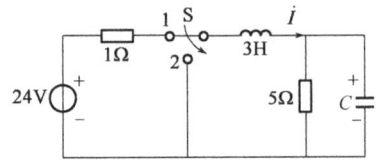

10. 图示电路中，已知 $i_L = \sqrt{2}\cos 5t\,\text{A}$，电路消耗功率 $P = 5\text{W}$，$C = 0.2\mu\text{F}$，$L = 1\text{H}$，电路中电阻 R 的值为：

　A. 10Ω

　B. 5Ω

　C. 15Ω

　D. 20Ω

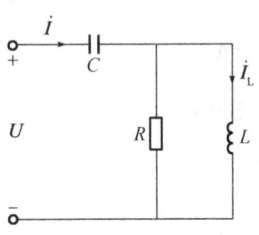

11. 图示电路中，$t = 0$ 时开关由 1 扳向 2，$t < 0$ 时电路已达稳定状态，$t \geq 0$ 时电容的电压 $u_C(t)$ 是：

　A. $(12 - 20e^{-t})\text{V}$

　B. $(12 + 20e^{-t})\text{V}$

　C. $(-8 + 4e^{-t})\text{V}$

　D. $(8 + 20e^{-t})\text{V}$

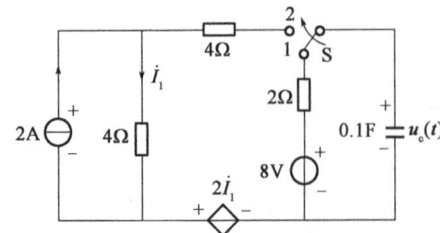

12. 无线大真空中有一半径为a的球，内部均匀分布有体电荷，电荷总量为q，在$r < a$的球内部，任意一r处电场强度的大小$|\vec{E}|$为：

A. $\dfrac{q}{4\pi\varepsilon_0 a}$ V/m

B. $\dfrac{q}{4\pi\varepsilon_0 a^2}$ V/m

C. $\dfrac{q}{4\pi\varepsilon_0 r^2}$ V/m

D. $\dfrac{qr}{4\pi\varepsilon_0 a^3}$ V/m

13. 两半径为a和$b(a < b)$的同心导体球面间电位差为V_0，则两极间电容为：

A. $4\pi\varepsilon_0 \dfrac{ab}{b-a}$ V/m

B. $4\pi\varepsilon_0 \dfrac{ab}{b+a}$ V/m

C. $4\pi\varepsilon_0 \dfrac{a}{b}$ V/m

D. $4\pi\varepsilon_0 \dfrac{ab}{(b-a)^2}$ V/m

14. 各向同性线性媒质的磁导率为μ，其中存在的磁场磁感应强度$\vec{B} = \dfrac{\mu Il\sin\theta}{4\pi r^2}\vec{e}_a$，该媒质内的磁化强度为：

A. $\dfrac{Il\sin\theta}{4\pi r^2}\vec{e}_n$

B. $\dfrac{\mu Il\sin\theta}{4\pi r^2}\vec{e}_n$

C. $\dfrac{(\mu+\mu_0)Il\sin\theta}{4\pi\mu_0 r^2}\vec{e}_n$

D. $\dfrac{(\mu-\mu_0)Il\sin\theta}{4\pi\mu_0 r^2}\vec{e}_n$

15. 无损耗传输线的原参数为$L_0 = 1.3\times10^{-3}$H/km，$C_0 = 8.6\times10^{-9}$F/km，若使该路线工作在匹配状态，则终端应接多大的负载：

A. 289Ω

B. 389Ω

C. 489Ω

D. 589Ω

16. 一半径为1m 的导体球作为接地极，深埋于地下，土壤的电导率$\gamma = 10^{-2}$S/m，则此接地导体的电阻应为：

A. 31.84Ω

B. 7.96Ω

C. 63.68Ω

D. 15.92Ω

17. 空气中半径为R的球域内存在电荷体密度$\rho = 0.5r$的电荷，则空间最大的电场强度值为：

A. $\dfrac{R^2}{8\varepsilon_0}$

B. $\dfrac{R}{8\varepsilon_0}$

C. $\dfrac{R^2}{4\varepsilon_0}$

D. $\dfrac{R}{4\varepsilon_0}$

18. 半径为a的长直导线通有电流I，周围是磁导率为μ的均匀媒质，$r > a$的媒质磁场强度大小为：

A. $\dfrac{I}{2\pi r}$

B. $\dfrac{\mu I}{2\pi r}$

C. $\dfrac{\mu I}{2\pi r^2}$

D. $\dfrac{\mu I}{\pi r}$

19. 测得一放大电路中三极管各级电压如图所示，则该三极管为：

A. NPN 型锗管

B. NPN 型硅管

C. PNP 型锗管

D. PNP 型硅管

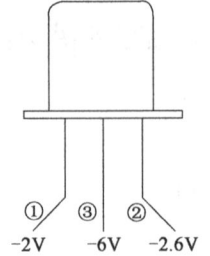

①　　③　　②
-2V　-6V　-2.6V

20. 如图所示电路所加输入电压为正弦波，电压放大倍数 $A_{u1} = \dfrac{U_{o1}}{U_i}$、$A_{u2} = \dfrac{U_{o2}}{U_i}$ 分别是：

A. $A_{u1} \approx 1$，$A_{u2} \approx 1$

B. $A_{u1} \approx -1$，$A_{u2} \approx -1$

C. $A_{u1} \approx -1$，$A_{u2} \approx 1$

D. $A_{u1} \approx 1$，$A_{u2} \approx -1$

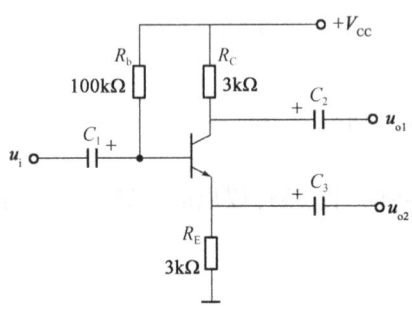

21. 在图示电路中，已知 $u_{i1} = 4V$，$u_{i1} = 1V$，当开关 S 闭合时，A、B、C、D 和 u_o 的电位分别是：

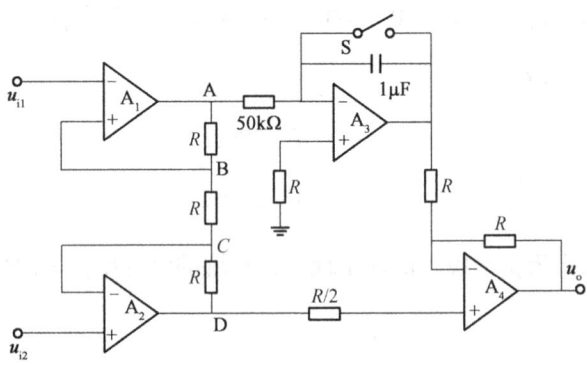

A. $U_A = -7V$，$U_B = -4V$，$U_C = -1V$，$U_D = 2V$，$u_o = 4V$

B. $U_A = 7V$，$U_B = 4V$，$U_C = -1V$，$U_D = 2V$，$u_o = -4V$

C. $U_A = -7V$，$U_B = -4V$，$U_C = 1V$，$U_D = -2V$，$u_o = 4V$

D. $U_A = 7V$，$U_B = 4V$，$U_C = 1V$，$U_D = -2V$，$u_o = -4V$

22. 图示放大电路的输入电阻 R_i 和比例系数 A_u 分别是：

A. $R_i = 100k\Omega$，$A_u = 104$

B. $R_i = 150k\Omega$，$A_u = -104$

C. $R_i = 50k\Omega$，$A_u = -104$

D. $R_i = 250k\Omega$，$A_u = 104$

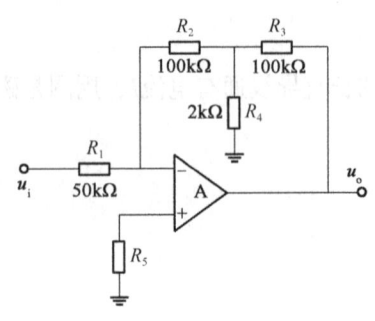

23. 图示电路的稳压管D_z起稳幅作用,其稳定电压$\pm U_z = \pm 6V$,试估算输出电压不失真情况下的有效值和振荡频率分别是:

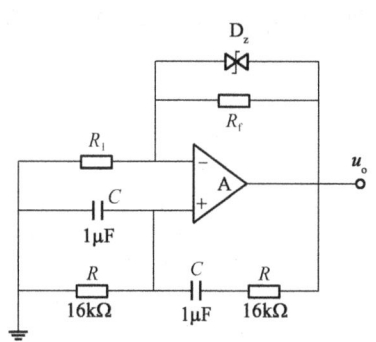

A. $u_o \approx 63.6V$, $f_o \approx 9.95Hz$

B. $u_o \approx 63.6V$, $f_o \approx 99.5Hz$

C. $u_o \approx 0.636V$, $f_o \approx 995Hz$

D. $u_o \approx 63.6V$, $f_o \approx 9.95Hz$

24. LM1877N-9 为 2 通道低频功率放大电路,单电源供电,最大不失真输出电压的峰值$U_{CPP} = U_{CC} - 6V$,开环电压增益为 70dB。如图所示为 LM1877N-9 中一个通道组成的实用电路,电源电压为 24V,$C_1 \sim C_3$对交流信号可视为短路,R_3和C_4起相位补偿作用,可以认为负载为8Ω。设输入电压足够大,电路的最大输出功率P_{om}和效率η分别是:

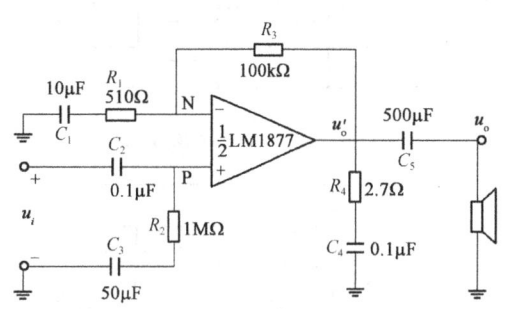

A. $P_{om} \approx 56W$, $\eta = 89\%$

B. $P_{om} \approx 56W$, $\eta = 58.9\%$

C. $P_{om} \approx 5.06W$, $\eta = 8.9\%$

D. $P_{om} \approx 5.06W$, $\eta = 58.9\%$

25. 下列逻辑式中,正确的逻辑公式是:

A. $A + B = \overline{\overline{AB}}$

B. $A + B = \overline{AB}$

C. $A + B = \overline{\overline{A} + \overline{B}}$

D. $A + B = AB$

26. 图示逻辑电路,当$A = 1$,$B = 0$时,则 CP 脉冲来到后 D 触发器状态是:

A. 保持原状态

B. 具有计数功能

C. 置 "0"

D. 置 "1"

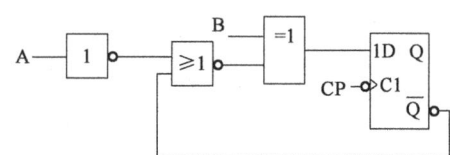

27. 图示组合逻辑电路,对于输入变量 A、B、C,输出函数Y_1和Y_2两者不相等的组合是:

A. $ABC = 00\times$

B. $ABC = 01\times$

C. $ABC = 10\times$

D. $ABC = 11\times$

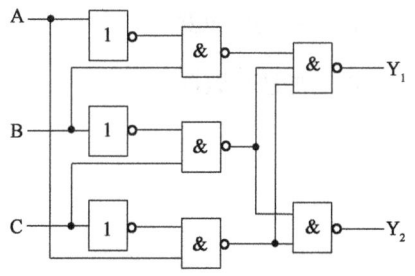

28. 图示电路中，对于 A、B、$\overline{R}_D$ 和 D 的波形，触发器 FF0 和 FF1 输出端 Q_0、Q_1 的波形是：

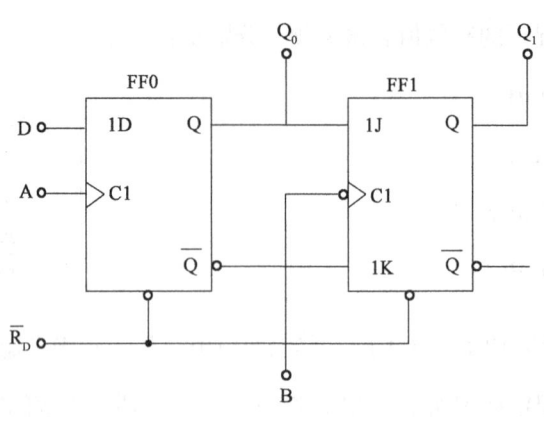

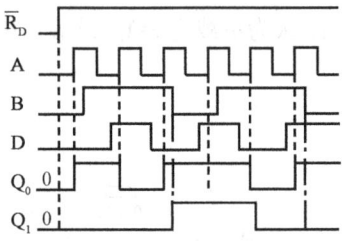

A. 波形图 1

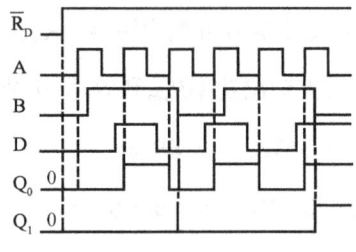

B. 波形图 2

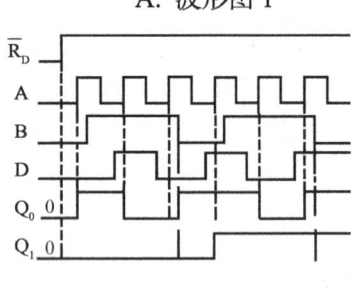

C. 波形图 3

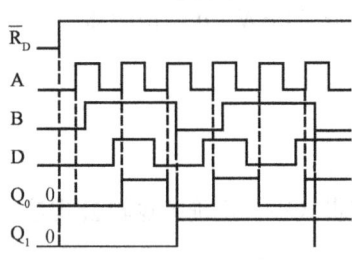

D. 波形图 4

29. 如图所示异步时序电路，该电路的逻辑功能为：

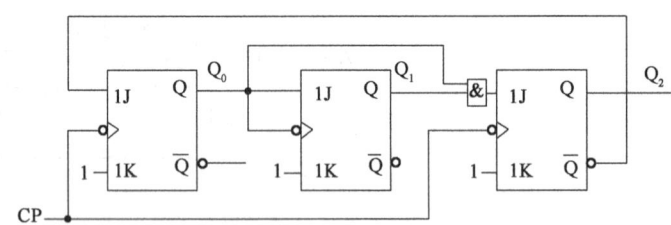

A. 八进制加法计数器   B. 八进制减法计数器

C. 五进制加法计数器   D. 五进制减法计数器

30. 图示的 74LS161 集成计数器构成的计数器电路和 74LS290 集成计数器构成的计数器电路实现的逻辑功能依次是:

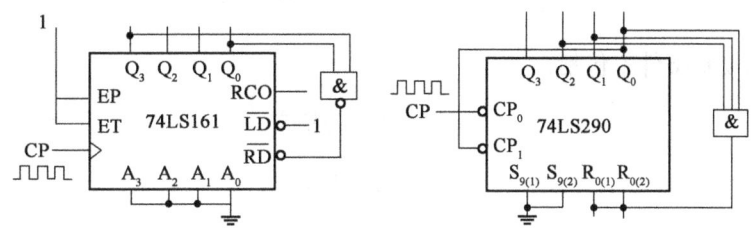

  A. 九进制加法计数器,七进制加法计数器

  B. 六进制加法计数器,十进制加法计数器

  C. 九进制加法计数器,六进制加法计数器

  D. 八进制加法计数器,七进制加法计数器

31. 中性点绝缘系统发生单相短路时,非故障相对地电压为:

  A. 保持不变   B. 升高 2 倍

  C. 升高 $\sqrt{3}$ 倍   D. 为零

32. 外桥形式的主接线适用于:

  A. 进线线路较长,主变压器操作较少的电厂

  B. 进线线路较长,主变压器操作较多的电厂

  C. 进线线路较短,主变压器操作较少的电厂

  D. 进线线路较短,主变压器操作较多的电厂

33. 某型电流互感器的额定容量 S_{2r} 为 20VA,二次电流为 5A,准确等级为 0.5,其负荷阻抗的上限和下限分别为:

  A. 0.6Ω, 0.3Ω   B. 1.0Ω, 0.4Ω

  C. 0.8Ω, 0.2Ω   D. 0.8Ω, 0.4Ω

34. 电压互感器采用三相星形接线的方式,若要满足二次侧线电压为 100V 的仪表的工作要求,所选电压互感器的额定二次电压为:

  A. $\frac{100}{3}$V   B. $\frac{100}{\sqrt{3}}$V

  C. $100\sqrt{3}$V   D. 100V

35. 主接线在检修出线断路器时，不会暂时中断该回路供电的是：

A. 单母线不分段接线   B. 单母线分段接线

C. 双母线分段接线   D. 单母线带旁母线

36. 熔断器的选择和校验条件不包括：

A. 额定电压   B. 动稳定

C. 额定电流   D. 灵敏度

37. 图示的变压器联结组别为Yn/d11，发电机和变压器归算至$S_B = 100MVA$的电抗标幺值分别为 0.15 和0.2，网络中 f 点发生 bc 两相短路时，短路点的短路电流为：

A. 1.24kA

B. 2.48kA

C. 2.15kA

D. 1.43kA

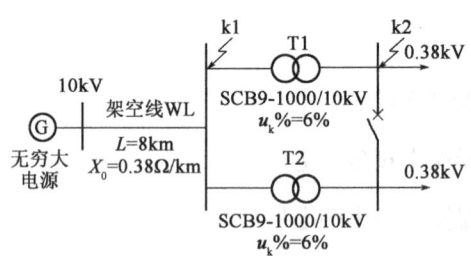

38. 图示为某无穷大电力系统，$S_B = 100MVA$，两台变压器并联运行下 k2 点的三相短路电流的标幺值为：

A. 0.272   B. 0.502

C. 0.302   D. 0.174

39. 用隔离开关分段单母线接线，"倒闸操作"是指：

A. 接通两段母线，先闭合隔离开关，后闭合断路器

B. 接通两段母线，先闭合断路器，后闭合隔离开关

C. 断开两段母线，先断开隔离开关，后断开负荷开关

D. 断开两段母线，先断开负荷开关，后断开隔离开关

40. 电力系统内部过电压不包括：

A. 操作过电压   B. 谐振过电压

C. 雷电过电压   D. 工频电压升高

41. 某发电机的主磁极数为4，已知电网频率为 $f = 50Hz$，则其转速应为：

A. 1500r/min B. 2000r/min

C. 3000r/min D. 4000r/min

42. 一台 25kW、125V 的他励直流电动机，以恒定转速3000r/min运行，并具有恒定励磁电流，开路电枢电压为 125V，电枢电阻为 0.02Ω，当端电压为 124V 时，其电磁转矩为：

A. 49.9N·m B. 29.9N·m

C. 59.9N·m D. 19.9N·m

43. 选高压断路器时，校验热稳定的短路计算时间为：

A. 主保护动作时间与断路器全开断时间之和

B. 后备保护动作时间与断路器全开断时间之和

C. 后备保护动作时间与断路器固有分闸时间之和

D. 主保护动作时间与断路器固有分闸时间之和

44. 一台三相、两极、60Hz的感应电动机以转速3502r/min运行,输入功率为 15.7kW,端点电流为 22.6A,定子绕组的电阻是 0.20Ω/相，则转子的功率损耗为：

A. 220W B. 517W

C. 419W D. 306W

45. 某变电所有一台变比为110 ± 2 × 2.5%/6.3kV，容量为 31.5MVA 的降压变压器，归算到高压侧的变压器阻抗为 $Z_T = (2.95 + j48.8)\Omega$，变压器低压侧最大负荷为(24 + j18)MVA，最小负荷为(12 + j9)MVA，变压器高压侧电压在最大负荷时保持 110kV，最小负荷时保持 113kV，变压器低压母线要求恒调压，保持 6.3kV，满足该调压要求的变压器分接头分压为：

A. 110kV B. 104.5kV

C. 114.8kV D. 121kV

46. 电动机在运行中，从系统吸收无功功率，其作用是：

A. 建立磁场

B. 进行电磁能量转换

C. 既建立磁场，又进行能量转换

D. 不建立磁场

47. 一台并联在电网上运行的同步发电机，若要保持其输出的有功功率不变的前提下，减小其感性无功功率的输出，可以采用的方法是：

A. 保持励磁电流不变，增大原动机输入，使功角增加

B. 保持励磁电流不变，减小原动机输入，使功角减小

C. 保持原动机输入不变，增大励磁电流

D. 保持原动机输入不变，减小励磁电流

48. 在大接地电流系统中，故障电流中含有零序分量的故障类型是：

A. 两相短路   B. 两相短路接地

C. 三相短路   D. 三相短路接地

49. 断路器在送电前，运行人员对断路器进行拉闸、合闸和重合闸试验一次，以检查断路器：

A. 动作时间是否符合标准   B. 三相动作是否同期

C. 合、跳闸回路是否完好   D. 合闸是否完好

50. 变压器的基本工作原理是：

A. 电磁感应   B. 电流的磁效应

C. 能量平衡   D. 电流的热效应

51. 发电机运行过程中，当发电机电压与系统电压相位不一致时，将产生冲击电流，冲击电流最大值发生在两个电压相差为：

A. 0°   B. 90°

C. 180°   D. 270°

52. 对于 YN/D11 接线变压器，下列表示法正确的是：

A. 低压侧电压超前高压侧电压 30°

B. 低压侧电压滞后高压侧电压 30°

C. 低压侧电流超前高压侧电流 30°

D. 低压侧电流滞后高压侧电流 30°

53. 在电流互感器二次绕组接线方式不同的情况下，假定接入电流互感器二次回路电阻和继电器的阻抗均相同，二次计算负载最大的情况是：

A. 两相电流差接线最大   B. 三相完全星形接线最大

C. 三相三角形接线最大   D. 不完全星形接线最大

54. 他励直流电动机拖动恒转矩负载进行串联电阻调速，设调速前、后的电枢电流分别为 I_1 和 I_2，那么：

A. $I_1 < I_2$

B. $I_1 = I_2$

C. $I_1 > I_2$

D. $I_1 = -I_2$

55. 改变三相异步电动机旋转方向的方法是：

A. 改变电源频率

B. 改变设备的体积

C. 改变定子绕组中电流的相序

D. 改变周围环境温度

56. 某配变电所，低压侧有计算负荷为 880kW，功率因数为 0.7，欲使功率因数提高到 0.98，需并联的电容器的容量是：

A. 880kvar

B. 120kvar

C. 719kvar

D. 415kvar

57. 某双绕组变压器的额定容量为 20000kVA，短路损耗为 $\Delta P_k = 130$kW，额定变压器为 220kV/11kV，则归算到高压侧等值电阻为：

A. 15.73Ω

B. 0.039Ω

C. 0.016Ω

D. 39.32Ω

58. 一台三相笼型异步电动机的数据为 $P_N = 43.5$kW，$U_N = 380$V，$n_N = 1450$r/min，$I_N = 100$A，定子绕组采用 Y-△形接法，$I_H/I_N = 8$，$T_H/T_N = 4$，负载转矩为 345N·m。若电动机可以直接启动，供电变压器允许起动电流至少为：

A. 800A

B. 600A

C. 461A

D. 267A

59. 图示网络中，在不计网络功率损耗的情况下，各段电路状态是：

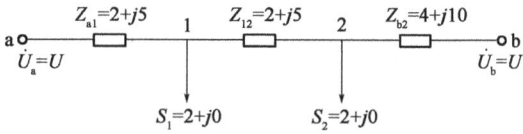

A. 仅有有功功率

B. 既有有功功率，又有无功功率

C. 仅有无功功率

D. 不能确定有无无功功率

60. 线路首末端电压的相量差为：

A. 电压偏移

B. 电压损失

C. 电压降

D. 电压偏差

2019 年度全国勘察设计注册电气工程师（供配电）

执业资格考试试卷

基础考试
（下）

二〇一九年十月

应考人员注意事项

1. 本试卷科目代码为"2"，考生务必将此代码填涂在答题卡"科目代码"相应的栏目内，否则，无法评分。

2. 书写用笔：**黑色或蓝色钢笔、签字笔或圆珠笔；**

   填涂答题卡用笔：**黑色 2B 铅笔。**

3. 必须用书写用笔将工作单位、姓名、准考证号填写在答题卡和试卷相应的栏目内。

4. 本试卷由 60 题组成，每题 2 分，满分 120 分，本试卷全部为单项选择题，每小题的四个备选项中只有一个正确答案，错选、多选、不选均不得分。

5. 考生作答时，必须按**题号在答题卡上**将相应试题所选选项对应的**字母用 2B 铅笔涂黑。**

6. 在答题卡上书写与题意无关的语言，或在答题卡上作标记的，均按违纪试卷处理。

7. 考试结束时，由监考人员当面将试卷、答题卡一并收回。

8. 草稿纸由各地统一配发，考后收回。

单项选择题（共 60 题，每题 2 分。每题的备选项中只有一个最符合题意。）

1. 某线性电阻元件的电压为 3V，电流为 0.5A。当其电压改变为 6V 时，则其电阻为：

   A. 2Ω   B. 4Ω

   C. 6Ω   D. 8Ω

2. 在直流 RC 电路换路过程中，电容的：

   A. 电压不能突变   B. 电压可以突变

   C. 电流不能突变   D. 电压为零

3. 电源与负载均为星形连接的对称三相电路中，电源连接不变，负载改为三角形连接，则负载的电流有效值：

   A. 增大   B. 减小

   C. 不变   D. 时大时小

4. 在线性电路中，下列说法错误的是：

   A. 电流可以叠加   B. 电压可以叠加

   C. 功率可以叠加   D. 电流和电压都可以叠加

5. 电路如图所示，受控电源是：

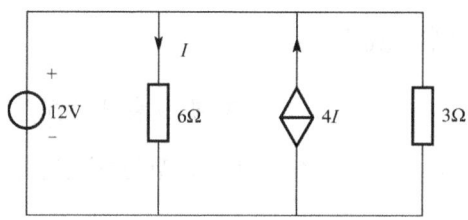

   A. 24W   B. 48W

   C. 72W   D. 96W

6. 图示电路，其网孔电流方程为 $\begin{cases} 4I_1 - 3I_2 = 4 \\ 3I_1 + 9I_2 = 2 \end{cases}$，则 R 与 U_s 分别是：

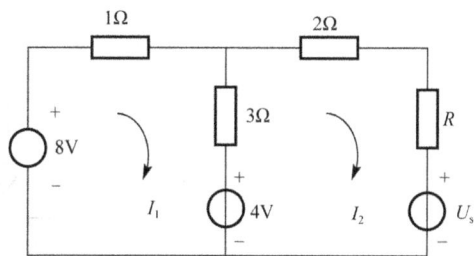

   A. 4Ω，2V   B. 4Ω，6V

   C. 7Ω，−2V   D. 7Ω，2V

7. 电路如图所示，已知当$R_L = 4\Omega$时，电流$I_L = 2A$。若改变R_L，使其获得最大功率，则R_L和最大功率P_{max}分别是：

A. 1Ω，24W

B. 2Ω，18W

C. 4Ω，18W

D. 5Ω，24W

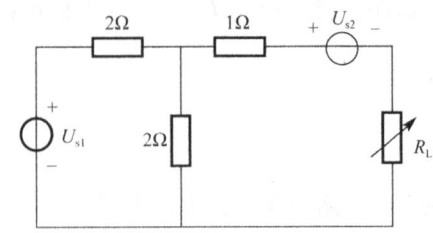

8. 电路如图所示，换路前电路已达到稳态。已知$U_C(0_-) = 0$，换路后的电容电压$U_C(t)$为：

A. $-3(1 - e^{-1.25t})$V

B. $-3e^{-1.25t}$V

C. $3e^{-1.25t}$V

D. $3(1 - e^{-1.25t})$V

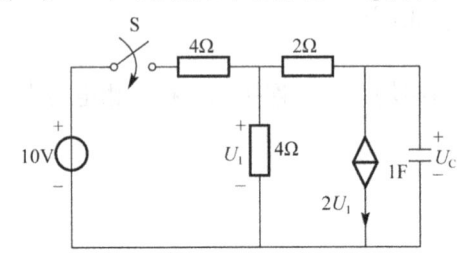

9. 用戴维南定理求图示电路的i时，其开路电压$\dot{U}_{OC}$和等效阻抗Z分别是：

A. $(6 - j12)$V，$-j6\Omega$

B. $(6 + j12)$V，$-j6\Omega$

C. $(6 - j12)$V，$j6\Omega$

D. $(6 + j12)$V，$j6\Omega$

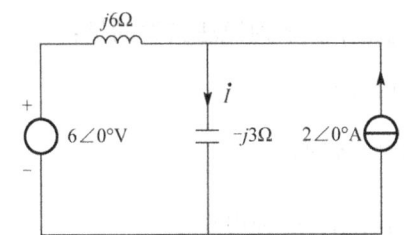

10. RLC 串联电路中，$R = 2\sqrt{\dfrac{L}{C}}$的特点是：

A. 非振荡衰减过程，过阻尼   B. 振荡衰减过程，欠阻尼

C. 临界非振荡过程，临界阻尼   D. 无振荡衰减过程，无阻尼

11. RC 串联电路，当角频率为ω时，串联阻抗为$(4 - j3)\Omega$，则当角频率为3ω时，串联阻抗为：

A. $(4 - j3)\Omega$ B. $(12 - j9)\Omega$

C. $(4 - j9)\Omega$ D. $(4 - j)\Omega$

12. 电路如图所示，其端口 ab 的输入电阻是：

A. -30Ω

B. 30Ω

C. -15Ω

D. 15Ω

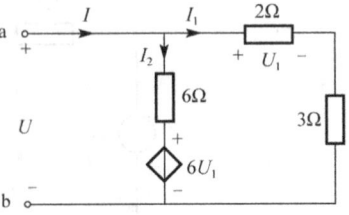

13. 电力线的方向是指向：

A. 电位增加的方向
B. 电位减小的方向

C. 电位相等的方向
D. 和电位无关

14. 在磁路中，对应电路中电流的是：

A. 磁通
B. 磁场

C. 磁势
D. 磁流

15. 磁感应强度B的单位为：

A. 特斯拉
B. 韦伯

C. 库仑
D. 安培

16. 研究宏观电磁场现象的理论基础是：

A. 麦克斯韦方程组
B. 安培环路定理

C. 电磁感应定律
D. 高斯通量定理

17. 在恒定电场中，电流密度的闭合面积分等于：

A. 电荷之和
B. 电流之和

C. 非零常数
D. 0

18. 无限大真空中，一半径为$a(a \ll 3m)$的球，内部均匀分布有体电荷，电荷总量为q，在距离其 3m 处会产生一个电场强度为E的电场，若此球体电荷总量减小一半，同样距离下产生的电场强度应为：

A. $E/2$
B. $2E$

C. $E/1.414$
D. $1.414E$

19. 图示电路中二极管为硅管，电路输出电压U_o为：

A. 10V

B. 3V

C. 0.7V

D. 3.7V

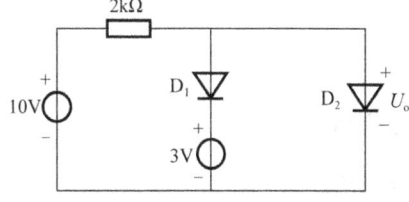

20. 某放大电路中，测得三极管三个电极的静态点位分别为 0V、10V、9.3V，则这只三极管是：

A. NPN 型锗管
B. NPN 型硅管

C. PNP 型锗管
D. PNP 型硅管

21. 电路如图所示，已知$R_1 = 10\text{k}\Omega$，$R_2 = 20\text{k}\Omega$，若$u_i = 1\text{V}$，则u_o是：

A. -2V

B. -1.5V

C. -0.5V

D. 0.5V

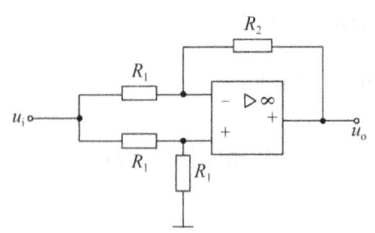

22. 如图所示的射极输出器中，已知$R_s = 50\Omega$，$R_{B1} = 100\text{k}\Omega$，$R_{B2} = 30\text{k}\Omega$，$R_E = 1\text{k}\Omega$，晶体管的$\beta = 50$，$r_{be} = 1\text{k}\Omega$，则放大电路的$A_u$、$r_i$和$r_o$分别是：

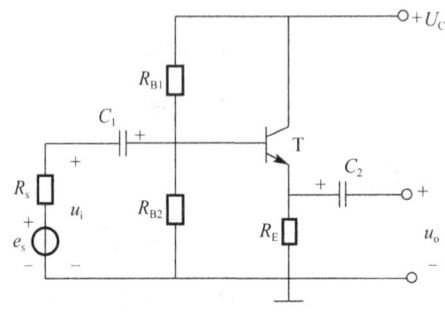

A. $A_u = 98$，$r_i = 16\text{k}\Omega$，$r_o = 2.1\text{k}\Omega$

B. $A_u = 9.8$，$r_i = 16\text{k}\Omega$，$r_o = 21\text{k}\Omega$

C. $A_u = 0.98$，$r_i = 16\text{k}\Omega$，$r_o = 21\text{k}\Omega$

D. $A_u = 0.98$，$r_i = 16\text{k}\Omega$，$r_o = 21\text{k}\Omega$

23. 图示电路，若$R_{F1} = R_1$，$R_{F2} = R_2$，$R_3 = R_4$，则u_{i1}、u_{i2}的关系是：

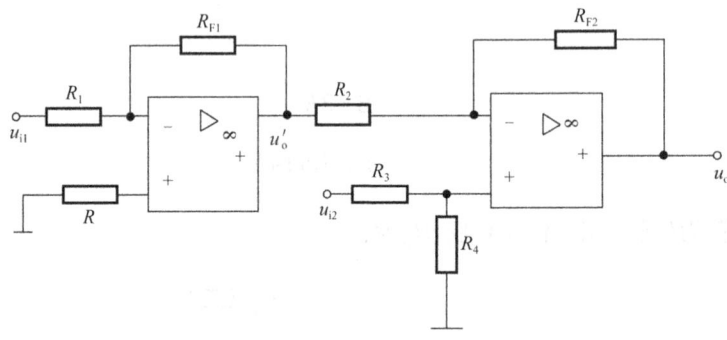

A. $u_o = u_{i2} + u_{i1}$

B. $u_o = u_{i2} - u_{i1}$

C. $u_o = u_{i2} + 2u_{i1}$

D. $u_o = u_{i1} - u_{i2}$

24. 如图所示电路，已知 $u_2 = 25\sqrt{2}\sin\omega t$ V，$R_L = 200\Omega$。计算输出电压的平均值 U_0、流过负载的平均电流 I_0、流过整流二极管的平均电流 I_D、整流二极管承受的最高反向电压 U_{DRM} 分别是：

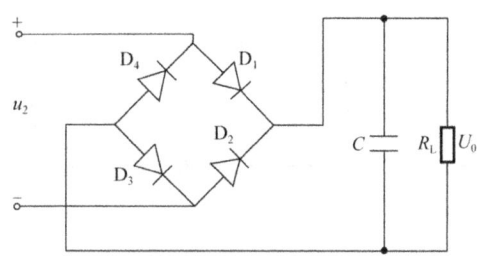

A. $U_0 = 35V$，$I_0 = 100mA$，$I_D = 75mA$，$U_{DRM} = 30V$

B. $U_0 = 30V$，$I_0 = 150mA$，$I_D = 100mA$，$U_{DRM} = 50V$

C. $U_0 = 35V$，$I_0 = 75mA$，$I_D = 150mA$，$U_{DRM} = 30V$

D. $U_0 = 30V$，$I_0 = 150mA$，$I_D = 75mA$，$U_{DRM} = 35V$

25. 图示波形是某种组合电路的输入、输出波形，该电路的逻辑表达式为：

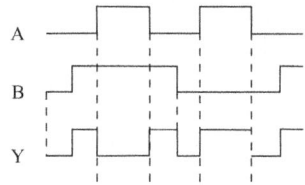

A. $Y = AB + \overline{A}\overline{B}$

B. $Y = AB + \overline{A}B$

C. $Y = A\overline{B} + \overline{A}B$

D. $Y = \overline{A}\,\overline{B} + \overline{A} + B$

26. 显示译码管的输出 abcdefg 为 1111001，要驱动共阴极接法的数码管，则数码管会显示：

A. H   B. L

C. 2   D. 3

27. 电路如图所示，则该电路实现的逻辑功能是：

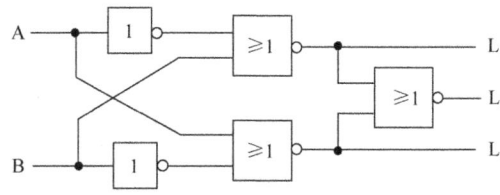

A. 编码器   B. 比较器

C. 译码器   D. 计数器

28. 逻辑电路图及相应的输入 CP、A、B 的波形分别如图 a）和图 b）所示，初始状态 $Q_1 = Q_2 = 0$，当 $\overline{R}_D = 1$ 时，D、Q_1、Q_2 端输出的波形分别是：

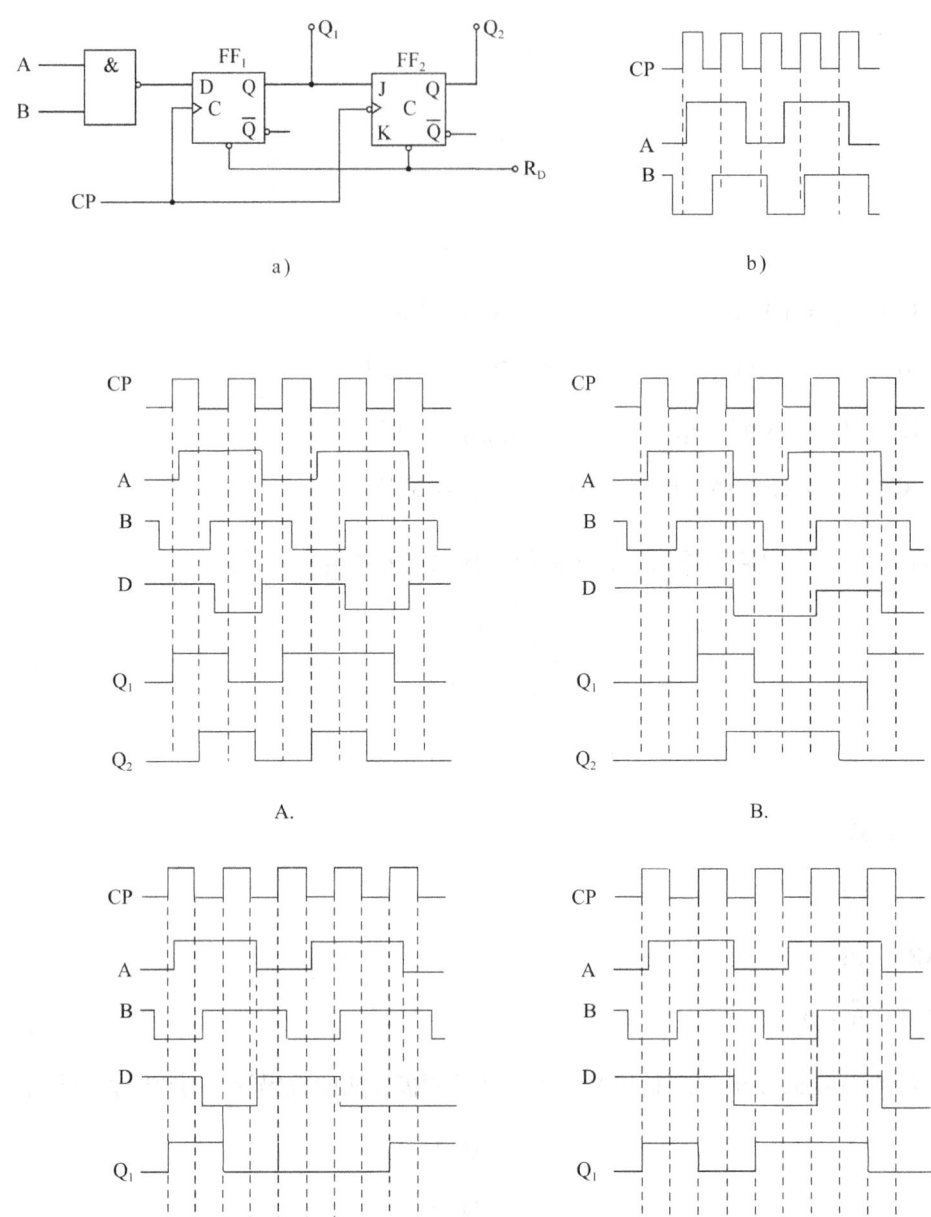

29. 如图所示逻辑电路，设触发器的初始状态均为"0"。当$\overline{R}_D = 1$时，该电路的逻辑功能为：

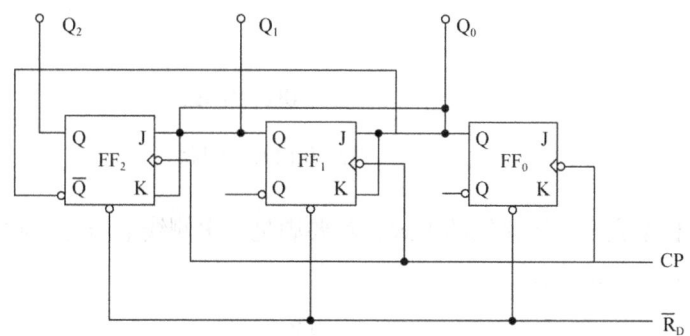

A. 同步八进制加法计数器　　　　　　B. 同步八进制减法计数器

C. 同步六进制加法计数器　　　　　　D. 同步六进制减法计数器

30. 图示电路，集成计数器74LS160在$M = 1$和$M = 0$时，其功能分别为：

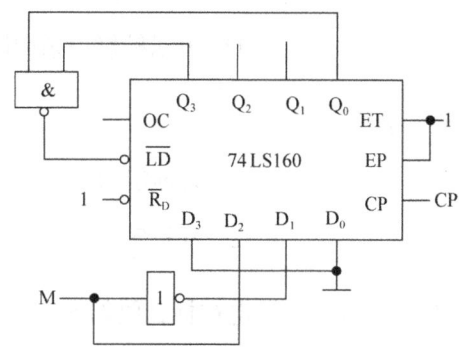

A. $M = 1$时为六进制计数器，$M = 0$时为八进制计数器

B. $M = 1$时为八进制计数器，$M = 0$时为六进制计数器

C. $M = 1$时为十进制计数器，$M = 0$时为八进制计数器

D. $M = 1$时为六进制计数器，$M = 0$时为十进制计数器

31. 中性点绝缘系统发生单相短路时，中性点对地电压：

A. 升高到相电压　　　　　　　　　　B. 升高到相电压的2倍

C. 升高到相电压的$\sqrt{3}$倍　　　　　D. 为零

32. 内桥形式具有的特点是：

A. 只有一条线路故障时，需要断开桥断路器

B. 只有一条线路故障时，不需要断开桥断路器

C. 只有一条线路故障时，非故障线路会受到影响

D. 只有一条线路故障时，与之相连的变压器会短时停电

33. 某型电流互感器的额定容量为20VA，二次电流为5A，准确等级为0.5，其负荷阻抗的上限和下限
    分别为：

    A. 0.6Ω，0.3Ω   B. 1.0Ω，0.4Ω

    C. 0.8Ω，0.2Ω   D. 0.8Ω，0.4Ω

34. 电压互感器采用两相不完全星形接线的方式，若要满足二次侧线电压为100V的仪表的工作要求，
    所选电压互感器的额定二次电压为：

    A. $\frac{100}{3}V$ B. $\frac{100}{\sqrt{3}}V$

    C. $100\sqrt{3}V$ D. 100V

35. 对于单母线带旁路母线接线，利用旁路母线检修处线回路断路器，不停电的情况下：

    A. 不能检修   B. 可以检修所有回路

    C. 可以检修两条回路   D. 可以检修一条回路

36. 电流互感器的选择和校验条件不包括：

    A. 额定电压   B. 开断能力

    C. 额定电流   D. 动稳定

37. 发电机、电缆和变压器归算至$S_B = 100MVA$的电抗标幺值如图所示，试计算图示网络中K_1点发生三
    相短路时，短路点的三相短路电流为：

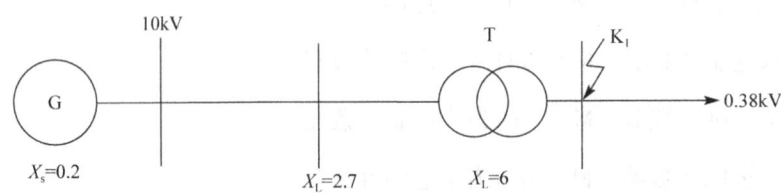

    A. 15.88kA   B. 16.71kA

    C. 0.64kA   D. 0.60kA

38. 某厂有功计算负荷为5500kW，功率因数为0.9，该厂10kV配电所进线上拟装一高压断路器，其主
    保护动作时间为1.5s，断路器断路时间为0.2s，10kV母线上短路电流有效值为25kA，则该高压断
    路器进行热稳定校验的热效应数值为：

    A. 63.75   B. 1062.5

    C. 37.5   D. 937.5

39. 高压负荷开关具备：

    A. 继电保护功能   B. 切断短路电流的功能

    C. 切断正常负荷的操作功能   D. 过负荷操作的功能

40. 避雷器的作用是：

    A. 建筑物防雷　　　　　　　　　　　B. 将雷电流引入大地

    C. 限制过电压　　　　　　　　　　　D. 限制雷击电磁脉冲

41. 某发电机的主磁极数为 4，已知电网频率 $f = 60\text{Hz}$，则其转速应为：

    A. 1500r/min　　　　　　　　　　　B. 2000r/min

    C. 1800r/min　　　　　　　　　　　D. 4000r/min

42. 一台 25kW、125V 的他励直流电动机，以恒定转速3000r/min运行，并具有恒定励磁电流，开路电枢电压为 122V，电枢电阻为 0.02Ω，当端电压为 124V 时，其电磁转矩为：

    A. 48.9N·m　　　　　　　　　　　B. 38.9N·m

    C. 59.9N·m　　　　　　　　　　　D. 19.9N·m

43. 选高压断路器时，校验热稳定的短路计算时间为：

    A. 主保护动作时间与断路器全开断时间之和

    B. 后备保护动作时间与断路器全开断时间之和

    C. 后备保护动作时间与断路器固有分闸时间之和

    D. 主保护动作时间与断路器固有分闸时间之和

44. 三相异步电动机等效电路中的等效电阻 $\frac{1-s}{s}R_2$ 上消耗的电功率为：

    A. 气隙功率　　　　　　　　　　　B. 转子损耗

    C. 电磁功率　　　　　　　　　　　D. 总机械功率

45. 110/10kV 降压变压器，折算到高压侧的阻抗为 $(2.44 + j40)\Omega$，最大负荷和最小负荷时流过变压器的功率分别为 $(28 + j14)$MVA 和 $(10 + j6)$MVA，最大负荷和最小负荷时高压侧电压分别为 110kV 和 114kV，当低压母线电压在 10~11kV 范围时，变压器分接头为：

    A. ±5%　　　　　　　　　　　　B. −5%

    C. ±2.5%　　　　　　　　　　　D. 2.5%

46. 一台额定频率为 60Hz 的三相感应电动机，用频率为 50Hz 的电源对其供电，供电电压为额定电压，启动转矩变为原来的：

    A. 5/6　　　　　　　　　　　　B. 6/5倍

    C. 1倍　　　　　　　　　　　　D. 25/36

47. 当励磁电流小于正常励磁电流值时，同步电动机相当于：

　　A. 负载　　　　　　　　　　　　　　B. 感性负载

　　C. 容性负载　　　　　　　　　　　　D. 具有不确定的负载特性

48. 10kV 中性点不接地系统，在开断空载高压感应电动机时产生的过电压一般不超过：

　　A. 12kV　　　　　　　　　　　　　　B. 14.4kV

　　C. 24.5kV　　　　　　　　　　　　　D. 17.3kV

49. 相对地电压为 220V 的 TN 系统配电线路或仅供给固定设备用电的末端线路，其间接接触防护电器切断故障回路的时间不宜大于：

　　A. 0.4s　　　　　　　　　　　　　　B. 3s

　　C. 5s　　　　　　　　　　　　　　　D. 10s

50. 一台 Yd 连接的三相变压器，额定容量 $S_N = 3150kVA$，$U_{1N}/U_{2N} = 35kV/6.3kV$，则二次侧额定电流为：

　　A. 202.07A　　　　　　　　　　　　B. 288.68A

　　C. 166.67A　　　　　　　　　　　　D. 151.96A

51. 同步发电机的短路特性是：

　　A. 正弦曲线　　　　　　　　　　　　B. 直线

　　C. 抛物线　　　　　　　　　　　　　D. 无规则曲线

52. 一台三相变压器，Yd 连接，$U_{1N}/U_{2N} = 35kV/6.3kV$，则该变压器的变比为：

　　A. 3.208　　　　　　　　　　　　　B. 1

　　C. 5.56　　　　　　　　　　　　　　D. 9.62

53. 同步电动机输出的有功功率恒定，可以调节其无功功率的方式是：

　　A. 改变励磁阻抗　　　　　　　　　　B. 改变励磁电流

　　C. 改变输入电压　　　　　　　　　　D. 改变输入功率

54. 三相异步电动机拖动恒转矩负载运行，若电源电压下降10%，设电压调节前、后的转子电流分别为 I_1 和 I_2，则 I_1 和 I_2 的关系是：

　　A. $I_1 < I_2$　　　　　　　　　　　B. $I_1 = I_2$

　　C. $I_1 > I_2$　　　　　　　　　　　D. $I_1 = -I_2$

55. 绕线式异步电机起动时，起动电压不变的情况下，在转子回路接入适量三相阻抗，此时产生的起动转矩将：

A. 不变

B. 减小

C. 增大

D. 不确定如何变化

56. 一 35kV 的线路阻抗为 $(6 + j8)\Omega$，输送功率为 $(10 + j8)$MVA，线路始端电压为 38kV，要求线路末端电压不低于 36kV，其补偿容抗为：

A. 10.08Ω

B. 6.0Ω

C. 9.0Ω

D. 0.5Ω

57. 变压器空载电流小的原因是：

A. 一次绕组匝数多，电阻很大

B. 一次绕组的漏抗很大

C. 变压器的励磁阻抗大

D. 变压器铁化的电阻很大

58. 一台三相笼形异步电动机的数据为 $P_N = 43.5$kW，$U_N = 380$V，$n_N = 1450$r/min，$I_N = 100$A，定子绕组采用 Y-△形接法，$I_{st}/I_N = 8$，$T_{st}/T_N = 4$，负载转矩为 345N·m。若电动机可以直接起动，供电变压器允许起动电流至少为：

A. 800A

B. 233A

C. 461A

D. 267A

59. 一容量为 63000kVA 的双绕组变压器，额定电压为 $(121 \pm 2 \times 2.5\%)$kV，短路电压百分数 $U_k\% = 10.5$，若变压器在 −2.5% 的分接头上运行，基准功率为 100MVA，变压器两侧基准电压分别取 110kV 和 10kV，则归算到高压侧的电抗标幺值为：

A. 0.192

B. 192

C. 0.405

D. 4.05

60. 线路首末端电压的代数差为：

A. 电压偏移

B. 电压损失

C. 电压降落

D. 电压偏差

2020 年度全国勘察设计注册电气工程师（供配电）

执业资格考试试卷

基础考试
（下）

二〇二〇年十月

应考人员注意事项

1. 本试卷科目代码为"2"，考生务必将此代码填涂在答题卡"科目代码"相应的栏目内，否则，无法评分。

2. 书写用笔：**黑色或蓝色钢笔、签字笔或圆珠笔**；

   填涂答题卡用笔：**黑色 2B 铅笔**。

3. 必须用书写用笔将工作单位、姓名、准考证号填写在答题卡和试卷相应的栏目内。

4. 本试卷由 60 题组成，每题 2 分，满分 120 分，本试卷全部为单项选择题，每小题的四个备选项中只有一个正确答案，错选、多选、不选均不得分。

5. 考生作答时，必须按**题号在答题卡上**将相应试题所选选项对应的**字母用 2B 铅笔涂黑**。

6. 在答题卡上书写与题意无关的语言，或在答题卡上作标记的，均按违纪试卷处理。

7. 考试结束时，由监考人员当面将试卷、答题卡一并收回。

8. 草稿纸由各地统一配发，考后收回。

单项选择题（共 60 题，每题 2 分。每题的备选项中，只有一个最符合题意。）

1. 电路如图所示，若受控源$2U_{AB} = \mu U_{AC}$，受控源$0.4I_1 = \beta I$，则μ、β分别为：

   A. 0.8，2

   B. 1.2，2

   C. 0.8，2/7

   D. 1.2，2/7

   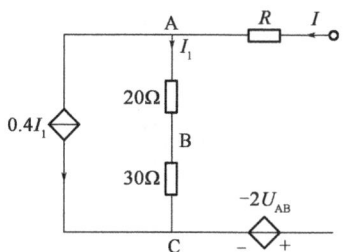

2. 电路如图所示，其 ab 端的开路电压和等效电阻分别为：

   A. 3V，3Ω

   B. −3V，3Ω

   C. 6V，6Ω

   D. −6V，6Ω

   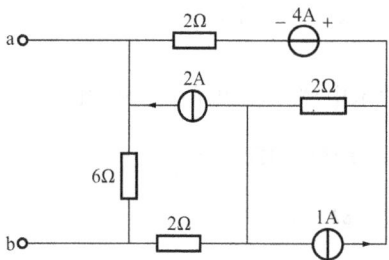

3. 电路如图所示，2Ω 电阻的电压U为：

   A. −4V

   B. 4V

   C. 2V

   D. 8V

   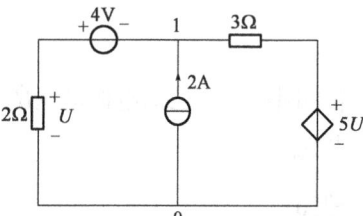

4. 图示电路中，N_s为含有独立电源的电阻网络。当$R_1 = 7Ω$时，$I_1 = 20A$；当$R_1 = 2.5Ω$时，$I_1 = 40A$。则当$R_1 = R_{eq}$时可获得的最大功率为：

   A. 3000W

   B. 3050W

   C. 4050W

   D. 4500W

   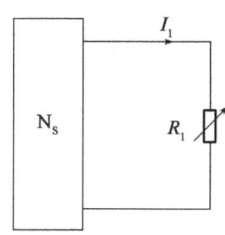

5. 一阶动态电路的三要素法中的 3 个要素分别为：

   A. $f(-\infty)$，$f(+\infty)$，τ

   B. $f(0_+)$，$f(+\infty)$，τ

   C. $f(0_-)$，$f(+\infty)$，τ

   D. $f(0_+)$，$f(0_-)$，τ

6. 电路如图所示，当$t = 0$时，开关S_1打开，S_2闭合，在开关动作前电路已达到稳态。则当$t \geq 0$时通过电感的电流为：

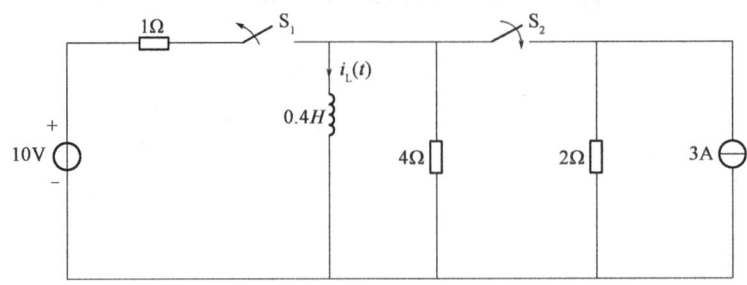

A. $3\left(1 + e^{\frac{-t}{0.3}}\right)\text{A}$ B. $3\left(1 - e^{\frac{-t}{0.3}}\right)\text{A}$

C. $\left(3 - 7e^{\frac{-t}{0.3}}\right)\text{A}$ D. $\left(3 + 7e^{\frac{-t}{0.3}}\right)\text{A}$

7. 图示电路中，电压$\dot{U} = 8\angle30°\text{V}$，电流$\dot{I} = 2\angle30°\text{A}$，则$X_C$和$R$分别为：

A. 0.5Ω，4Ω

B. 2Ω，4Ω

C. 0.5Ω，16Ω

D. 2Ω，16Ω

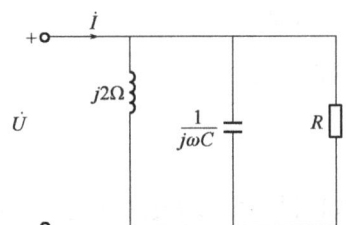

8. 电路如图所示，已知电源电压$\dot{U}_s = 10\angle0°\text{V}$，则电压源发出的有功功率为：

A. $\dfrac{100}{3}\text{W}$

B. $\dfrac{200}{3}\text{W}$

C. 24W

D. 48W

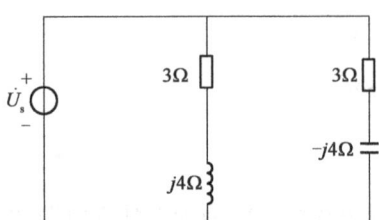

9. 电路如图所示，已知$u = \left(10 + 5\sqrt{2}\cos 3\,\omega t\right)\text{V}$，$R = 5\Omega$，$\omega L = 5\Omega$，$1/\omega C = 45\Omega$，电压表和电流表均测有效值，其读数分别为：

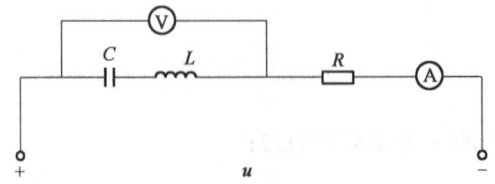

A. 0V，0A   B. 1V，1A

C. 10V，0A   D. 10V，1A

10. 根据相关概念判断下列电路中可能发生谐振的是：

    A. 纯电阻电路   B. RL 电路

    C. RC 电路   D. RLC 电路

11. 对称三相电路中，三相总功率 $P = \sqrt{3}UI\cos\varphi$，其中 φ 是：

    A. 线电压与线电流的相位差   B. 相电流与相电压的相位差

    C. 线电压与相电流的相位差   D. 相电压与线电流的相位差

12. 平行板电容器之间的电流属于：

    A. 传导电流   B. 运流电流

    C. 位移电流   D. 线电流

13. 在时变电磁场中，场量和场源除了是时间的函数，还是：

    A. 角坐标的函数   B. 空间坐标的函数

    C. 极坐标的函数   D. 正交坐标的函数

14. 一般衡量电磁波用的物理量是：

    A. 幅值   B. 频率

    C. 功率   D. 能量

15. 均匀平面波垂直入射至导电媒质中，在传播过程中下列说法正确的是：

    A. 空间各点电磁场振幅不变   B. 不再是均匀平面波

    C. 电场和磁场不同相   D. 电场和磁场同相

16. 下列关于电流密度的说法正确的是：

    A. 电流密度的大小为单位时间通过任意截面积的电荷量

    B. 电流密度的大小为单位时间垂直穿过单位面积的电荷量，方向为负电荷运动的方向

    C. 电流密度的大小为单位时间穿过单位面积的电荷量，方向为正电荷运动的方向

    D. 电流密度的大小为单位时间垂直穿过单位面积的电荷量，方向为正电荷运动的方向

17. 单位体积内的磁场能量称为磁场能量密度，其公式为：

    A. $\omega_{\mathrm{m}} = \dfrac{H^2}{2\mu}$ B. $\omega_{\mathrm{m}} = \dfrac{B^2}{2\mu}$

    C. $\omega_{\mathrm{m}} = \mu H^2$ D. $\omega_{\mathrm{m}} = \mu B^2$

18. 下列物质能被磁体吸引的是：

    A. 银   B. 铅

    C. 水   D. 铁

19. 电路如图所示，二极管的正向压降忽略不计，则电压U_A为：

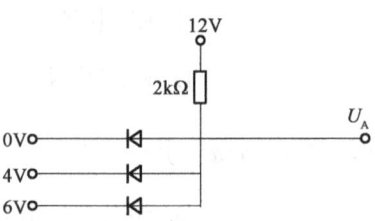

A. 0V

B. 4V

C. 6V

D. 12V

20. 已知放大电路中某晶体管三个极的电位分别为$V_E = -1.7V$, $V_B = -1.4V$, $V_C = 5V$, 则该管的类型为：

A. NPN 型硅管

B. NPN 型锗管

C. PNP 型硅管

D. PNP 型锗管

21. 在如图所示电路中，输出电压u_o为：

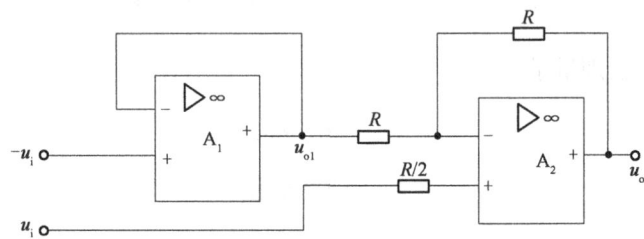

A. $3u_i$

B. $-3u_i$

C. u_i

D. $-u_i$

22. 如图所示电路中，$V_{CC} = 15V$，已知晶体管的$\overline{\beta} = 37.5$，则放大电路的A_u、r_i和r_o分别为：

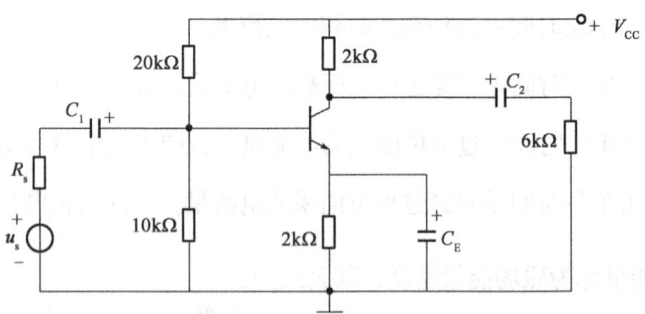

A. $A_u = 71.2$, $r_i = 0.79k\Omega$, $r_o = 2k\Omega$

B. $A_u = -71.2$, $r_i = 0.79k\Omega$, $r_o = 2k\Omega$

C. $A_u = 71.2$, $r_i = 796k\Omega$, $r_o = 21k\Omega$

D. $A_u = -71.2$, $r_i = 79k\Omega$, $r_o = 2k\Omega$

23. 运算放大器电路如图所示，则电路电压的放大倍数A_u为：

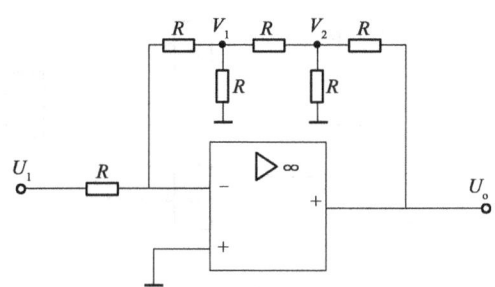

A. $A_u = -8$

B. $A_u = -18$

C. $A_u = 8$

D. $A_u = 18$

24. 电路如图所示，已知$U_2 = 20\sqrt{2}\sin\omega t$ (V)。在下列 3 种情况下：

（1）电容 C 因虚焊未连接上，试求对应的输出电压平均值U_o；

（2）如果负载开路（即$R_L = \infty$），电容 C 已连接上，试求对应的输出电压平均值U_o；

（3）如果二极管D_1因虚焊未连接上，电容 C 开路，试求对应的输出电压平均值U_o。

则上述三种情况的电压依次为：

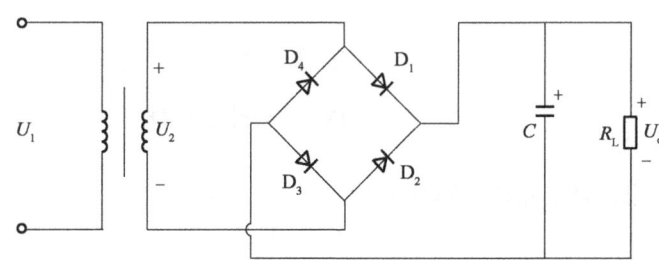

A. 9V，28.28V，18V

B. 18V，28.28V，9V

C. 9V，14.14V，18V

D. 18V，14.14V，9V

25. 若$Y = A\overline{B} + AC = 1$，则有：

A. ABC = 001

B. ABC = 110

C. ABC = 100

D. ABC = 011

26. 集成译码器 74LS138 在译码状态时，其输出端的有效电平个数为：

A. 1

B. 2

C. 4

D. 8

27. 图示电路实现的逻辑功能是：

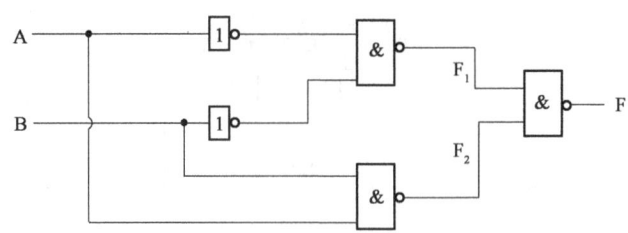

  A. 半加器   B. 比较器

  C. 同或门   D. 异或门

28. 逻辑电路如图所示，A = "1"，C 脉冲来到后 JK 触发器将：

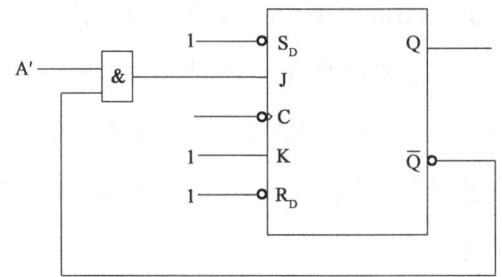

  A. 保持原状态   B. 置"0"

  C. 置"1"   D. 具有计数功能

29. 如图所示异步时序电路，该电路的逻辑功能为：

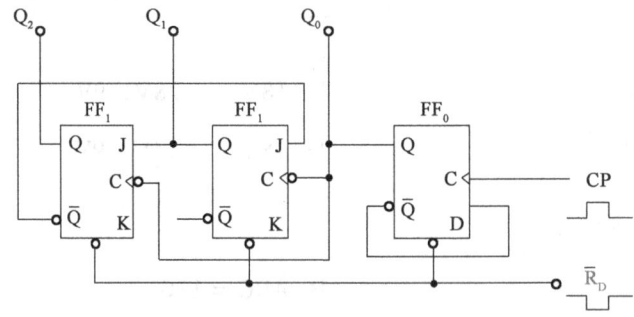

  A. 同步八进制加法计数器

  B. 异步八进制减法计数器

  C. 异步六进制加法计数器

  D. 异步六进制减法计数器

30. 图示逻辑电路在M＝1和M＝0时的功能分别为：

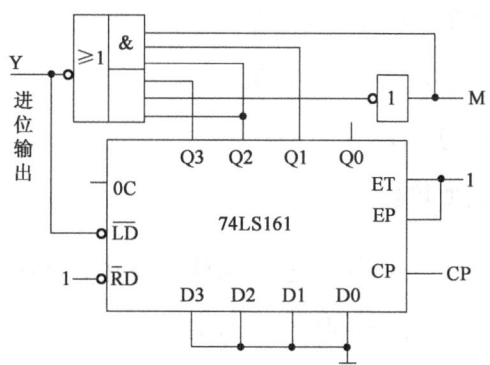

A. M＝1时为五进制计数器，M＝0为十五进制计数器

B. M＝1时为十进制计数器，M＝0为十六进制计数器

C. M＝1时为十五进制计数器，M＝0为五进制计数器

D. M＝1时为十六进制计数器，M＝0为十进制计数器

31. 中性点不接地系统发生单相接地短路时，接地故障点处对地的电容电流将：

A. 保持不变

B. 升高 2 倍

C. 升高$\sqrt{3}$倍

D. 升高 3 倍

32. 装有两台主变压器的小型变电所，关于低压侧采用单母线分段的主接线的说法正确的是：

A. 为了满足负荷的供电灵敏性要求

B. 为了满足负荷的供电可靠性要求

C. 为了满足负荷的供电经济性要求

D. 为了满足负荷的供电安全性要求

33. 电流互感器采用三相星形接线时的接线系数为：

A. $\sqrt{3}$

B. 2

C. 1

D. 3

34. 电压互感器采用V/V型接线方式，其测量的电压值为：

A. 一个线电压

B. 一个相电压

C. 两个线电压

D. 两个相电压

35. 高压断路器的检修中，大修的期限为：

A. 每半年至少一次

B. 每一年至少一次

C. 每两年至少一次

D. 每三年至少一次

36. 电流互感器的校验条件为：

    A. 只需要校验热稳定性，不需要校验动稳定性

    B. 只需要校验动稳定性，不需要校验热稳定性

    C. 不需要校验热稳定性和动稳定性

    D. 热稳定性和动稳定性都需要校验

37. 发电机和变压器归算至 $S_B = 100MVA$ 的电抗标幺值标在图中，试计算图示网络中 f 点发生 BC 两相短路时，短路点的短路电流为（变压器联结组 Yn/d11）：

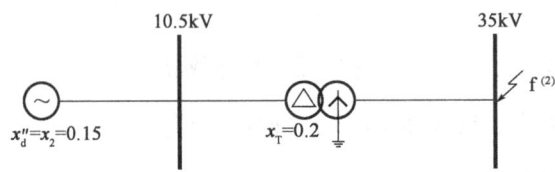

    A. 1.24kA   B. 3.54kA

    C. 4.08kA   D. 4.71kA

38. 某无穷大电力系统如图所示，两台变压器分列运行下 k-2 点的三相短路全电流为：

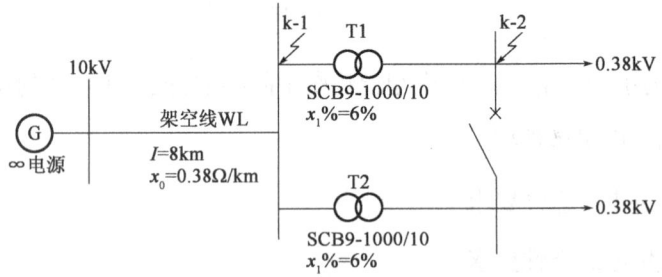

    A. 16.41kA   B. 41.86kA

    C. 25.44kA   D. 30.21kA

39. 高压断路器：

    A. 具有可见断点和灭弧装置   B. 无可见断点，有灭弧装置

    C. 有可见断点，无灭弧装置   D. 没有可见断点和灭弧装置

40. 总等电位联结的作用为：

    A. 只能用于漏电保护，不能用于建筑物防雷

    B. 只能用于建筑物防雷，不能用于漏电保护

    C. 不能用于建筑物防雷和漏电保护

    D. 能用于建筑物防雷和漏电保护

41. 已知同步电机感应电势的频率为 $f = 60\text{Hz}$，磁极对数为 4，则其转速应为：

A. 1500r/min   B. 900r/min

C. 3000r/min   D. 1800r/min

42. 一台 20kW、230V 的并励直流发电机，励磁回路的阻抗为 73.3Ω，电枢电阻为 0.156Ω，机械损耗和铁损共为 1kW，计算所得电磁功率为：

A. 22.0kW   B. 23.1kW

C. 20.1kW   D. 23.0kW

43. 选高压负荷开关时，校验动稳定的电流为：

A. 三相短路冲击电流   B. 三相短路稳定电流

C. 三相短路稳定电流有效值   D. 计算电流

44. 三相异步电动机等效电路中的等效电阻 $\frac{1}{s}R_2$ 上消耗的电功率为：

A. 气隙功率   B. 转子损耗

C. 电磁功率   D. 总机械功率

45. 500kVA、10/0.4kV 的变压器，归算到高压侧的阻抗为 $Z_T = (1.72 + j3.42)\Omega$，当负载接到变压器低压侧，负载的功率因数为 0.8 滞后时，归算到变压器高压侧的电压为：

A. 10000V   B. 9829V

C. 10500V   D. 9721V

46. 下列关于感应电动机的说法正确的是：

A. 只产生感应电势，不产生电磁转矩

B. 只产生电磁转矩，不产生感应电势

C. 不产生感应电势和电磁转矩

D. 产生感应电势和电磁转矩

47. 当同步电动机的功率因数小于 1 时，减小励磁电流将引起：

A. 电动机吸收无功功率，功角增大   B. 电动机吸收无功功率，功角减小

C. 电动机释放无功功率，功角增大   D. 电动机释放无功功率，功角减小

48. 可用于判断三相线路是否漏电的是：

A. 正序电流   B. 负序电流

C. 零序电流   D. 以上均可

49. 相对地电压为220V的TN系统配电线路，供电给手握式电气设备和移动式电气设备的末端线路或插座回路，其断路器短延时脱扣的分断时间一般为：

A. 小于0.4s
B. 小于1s
C. 小于0.1s
D. 大于1s

50. 一台 Yd 连接的三相变压器，额定容量 $S_N = 800kVA$，$U_{1N}/U_{2N} = 10kV/0.4kV$，则二次侧额定电流为：

A. 384.9A
B. 222.2A
C. 666.6A
D. 1154.5A

51. 同步发电机的最大传输功率发生在功角为：

A. 0°
B. 90°
C. 45°
D. 60°

52. 对于 Yd 接线的变压器，假设一次绕组匝数与二次绕组匝数之比为 a，则一次绕组的额定电压与二次绕组的额定电压之比为：

A. $\frac{1}{a}$
B. $\frac{1}{\sqrt{3}a}$
C. a
D. $\sqrt{3}a$

53. 电压互感器二次侧连接需满足：

A. 不得开路，且有一端接地
B. 不得开路，且不接地
C. 不得短路，且有一端接地
D. 不得短路，且不接地

54. 三相异步电动机拖动恒转矩负载运行，若电源电压上升10%，设电压调节前、后的转子电流分别为 I_1 和 I_2，则：

A. $I_1 < I_2$
B. $I_1 = I_2$
C. $I_1 > I_2$
D. $I_1 = -I_2$

55. 一台三相、Y接法、线电压220V、7.5kW、60Hz、6极的感应电机，转子的转差率为2%，定子电流为18.8A，归算后转子的电阻为0.144Ω，则转子的转速为：

A. 125.7rad/s
B. 123.2rad/s
C. 114.3rad/s
D. 110.5rad/s

56. 某配变电所，低压侧有功计算负荷为 880kW，功率因数为 0.85，欲使功率因数提高到 0.95，需并联电容器的容量为：

A. 580kvar

B. 120kvar

C. 255kvar

D. 367kvar

57. 变压器短路试验所测的数据可用于计算：

A. 励磁阻抗及铁芯损耗

B. 原边漏抗及铁芯损耗

C. 副边漏抗及副边电阻

D. 励磁阻抗及副边电阻

58. 一台三相笼形异步电动机的数据为：$P_N = 60kW$，$U_N = 380V$，$n_N = 1450r/min$，$I_N = 91A$，定子绕组采用 Y-△ 形接法，$I_{st}/I_N = 6$，$T_{st}/T_N = 4$，负载转矩为 320N·m。若电动机可以直接启动，供电变压器的允许启动电流至少为：

A. 182A

B. 233A

C. 461A

D. 267A

59. 图示简单系统是额定电压为 110kV 的双回输电线路，变电所中装有两台三相110/11kV 的变压器，每台的容量为15MVA，其参数为：$\Delta P_0 = 40.5kW$，$\Delta P_s = 128kW$，$V_s(\%) = 10.5$，$I_0(\%) = 3.5$。当两台变压器并联运行时，它们的等值电阻为：

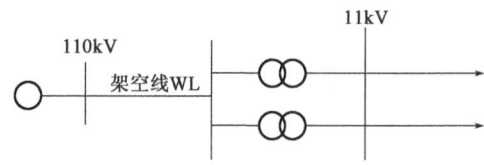

A. 3.4Ω

B. 1.2Ω

C. 16.7Ω

D. 70.8Ω

60. 三相电压负序不平衡度为：

A. 负序分量均方根与正序分量均方根的百分比

B. 负序分量均方根与零序分量均方根的百分比

C. 负序分量与正序分量的百分比

D. 负序分量与零序分量的百分比

2021 年度全国勘察设计注册电气工程师（供配电）

执业资格考试试卷

基础考试
（下）

二〇二一年十月

应考人员注意事项

1. 本试卷科目代码为"2"，考生务必将此代码填涂在答题卡"科目代码"相应的栏目内，否则，无法评分。

2. 书写用笔：**黑色或蓝色钢笔、签字笔或圆珠笔**；

   填涂答题卡用笔：**黑色 2B 铅笔**。

3. 必须用书写用笔将工作单位、姓名、准考证号填写在答题卡和试卷相应的栏目内。

4. 本试卷由 60 题组成，每题 2 分，满分 120 分，本试卷全部为单项选择题，每小题的四个备选项中只有一个正确答案，错选、多选、不选均不得分。

5. 考生作答时，必须按**题号在答题卡上**将相应试题所选选项对应的**字母用 2B 铅笔涂黑**。

6. 在答题卡上书写与题意无关的语言，或在答题卡上作标记的，均按违纪试卷处理。

7. 考试结束时，由监考人员当面将试卷、答题卡一并收回。

8. 草稿纸由各地统一配发，考后收回。

单项选择题（共 60 题，每题 2 分。每题的备选项中，只有一个最符合题意。）

1. 节点电压为电路中各独立节点对参考点的电压，对只有 b 条支路 n 个节点的连通电路，列写独立节点电压方程的个数是：

   A. $b - (n-1)$ B. $n - 1$

   C. $b - n$ D. $n + 1$

2. 电路如图所示，其端口 ab 的等效电阻是：

   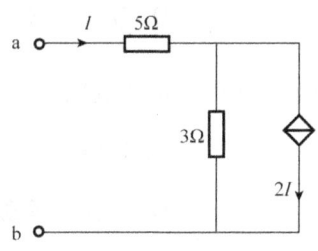

   A. 1Ω B. 2Ω

   C. 3Ω D. 5Ω

3. 电路如图所示，$U = -10V$，$I = -2A$，则网络 N 的功率是：

   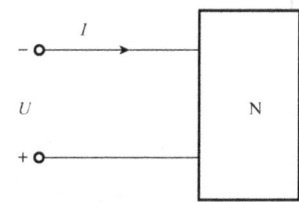

   A. 吸收 20W   B. 发出 20W

   C. 发出 10W   D. 吸收 10W

4. 电路如图所示，则节点 1 正确的节点电压方程为：

   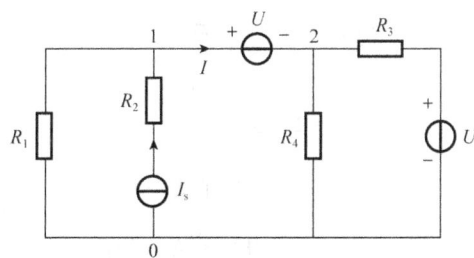

   A. $\left(\frac{1}{R_1} + \frac{1}{R_2}\right)U_1 = I_s - I$ B. $\frac{1}{R_1}U_1 = I_s - I$

   C. $\frac{1}{R_1}U_1 = I_s + I$ D. $\left(\frac{1}{R_1} + \frac{1}{R_2}\right)U_1 = I_s$

5. 电路如图所示，$U_s = 2V$，$R_1 = 3\Omega$，$R_2 = 2\Omega$，$R_3 = 0.8\Omega$，其诺顿等效电路中的 I_{sc} 和 R 分别是：

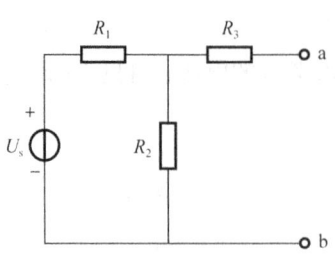

    A. 2.5A，2Ω   B. 0.2A，2Ω

    C. 0.4A，2Ω   D. $\frac{2}{7}$A，2.8Ω

6. 在动态电路中，初始电压等于零的电容元件，接通电源，当 $t = 0_+$ 时，电容元件相当于：

    A. 开路   B. 短路

    C. 理想电压源   D. 理想电流源

7. 电路如图所示，已知 $i_L(0_-) = 2A$，在 $t = 0$ 时合上开关 S，则电感两端的电压 $u_L(t)$ 为：

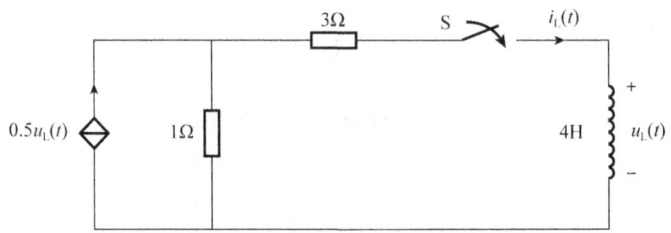

    A. $-16e^{-2t}V$ B. $16e^{-2t}V$

    C. $-16e^{-t}V$ D. $16e^{-t}V$

8. 电路如图所示已处于稳态，当 $t = 0$ 时开关打开，U_1 为直流稳压源，则电流的初始储能为：

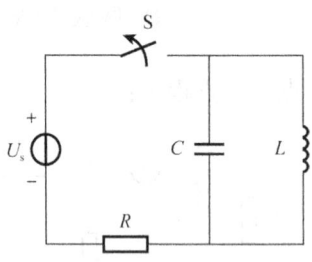

    A. 在 C 中   B. 在 L 中

    C. 在 C 和 L 中   D. 在 R 和 C 中

9. 电路如图所示，已知$i_L = 2\cos\omega t$ A，电容C可调，如果电容C增大，则电压表 Ⓥ 的读数将：

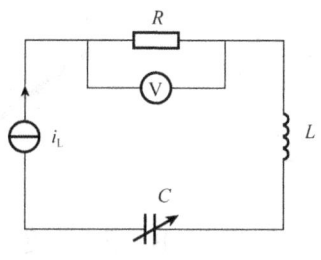

A. 增大

B. 减小

C. 不变

D. 不确定

10. 电路如图所示，当并联电路LC发生谐振时，串联的LC电路也同时发生谐振，则串联电路LC的L_1为：

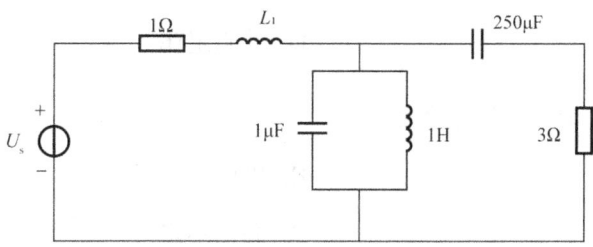

A. 250mH

B. 250H

C. 4H

D. 4mH

11. 电路如图所示，电路是对称三相三线制电路，负载为Y形连接，线电压为$U_l = 380$V。若因故障B相断开（相当于开关S打开），则电压表 Ⓥ 的读数为：

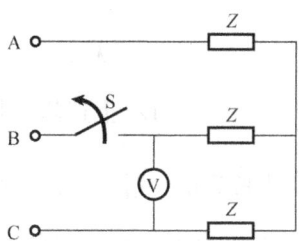

A. 0V

B. 190V

C. 220V

D. 380V

12. 电路如图所示，已知$i_s = (10 + 5\cos 10t)$A，$R = 1\Omega$，$L = 0.1$H，则电压$u_{ab}(t)$为：

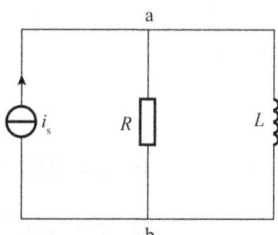

A. $[10 + 2.5\sqrt{2}\cos(10t - 45°)]$V

B. $[10 + 2.5\sqrt{2}\cos(10t + 45°)]$V

C. $2.5\sqrt{2}\cos(10t - 45°)$ V

D. $2.5\sqrt{2}\cos(10t + 45°)$ V

13. 图示是一个简单的电磁铁，能使磁场变得更强的方式是：

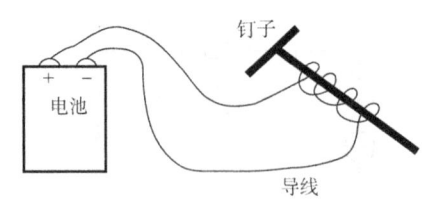

    A. 将导线在钉子上绕更多圈   B. 用一个更小的电源

    C. 将接线正负极对调   D. 去掉所有的导线和钉子

14. 导电媒质中的功率损耗反映的电路定律是：

    A. 电荷守恒定律   B. 焦耳定律

    C. 基尔霍夫电压定律   D. 欧姆定律

15. 在静电场中，场强小的地方，其电位会：

    A. 更高   B. 更低

    C. 接近于零   D. 高低不定

16. 不会在闭合回路中产生感应电动势的情况是：

    A. 通过导体回路的磁通量发生变化   B. 导体回路的面积发生变化

    C. 通过导体回路的磁通量恒定   D. 穿过导体回路的磁感应强度变化

17. 电磁波的波形式是：

    A. 横波   B. 纵波

    C. 既是纵波也是横波   D. 上述均不是

18. 图示 x-y 平面上有一个方形线圈，其边长为 L，线圈中流过大小为 I 的电流，线圈能够沿中间虚线旋转（图中箭头标示方向为逆时针方向）。如果给一个磁场强度为 B 的恒定磁场，从而在线圈上产生一个顺时针方向的转矩 τ，则这个转矩的最大值应为：

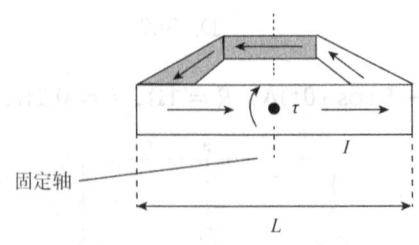

    A. $\tau = IL^2B$ B. $\tau = 2IL^2B$

    C. $\tau = 4ILB$ D. $\tau = 4IL^2B$

19. 理想稳压管的电路如图所示，已知$U_1 = 12V$，稳压管$U_{Z1} = 5V$，$U_{Z2} = 8V$，则U_O的值为：

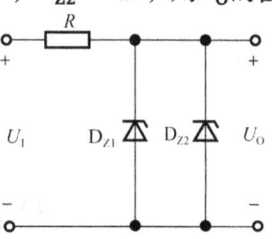

A. 5V

B. 8V

C. 3V

D. 13V

20. 设某晶体管三个极的电位分别为$U_E = -3V$，$U_B = -2.3V$，$U_C = 6.5V$，则该管是：

A. PNP 型锗管

B. NPN 型锗管

C. PNP 型硅管

D. NPN 型硅管

21. 图示电路，输出电压u_o为：

A. u_i

B. $-u_i$

C. $2u_i$

D. $-2u_i$

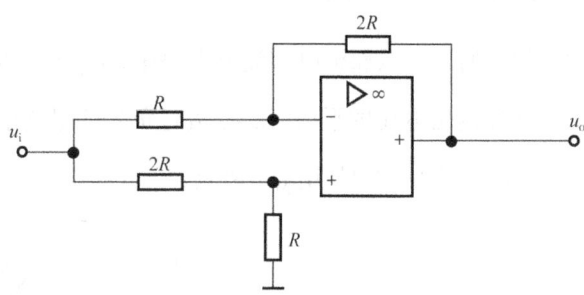

22. 放大电路如图所示，已知$U_{CC} = 12V$，$R_C = 2k\Omega$，$R_E = 2k\Omega$，$R_B = 300k\Omega$，$r_{be} = 1k\Omega$，$\beta = 50$，电路有两个输出端。试求电压放大倍数A_{u1}和A_{u2}、输出电阻r_{o1}和r_{o2}分别是：

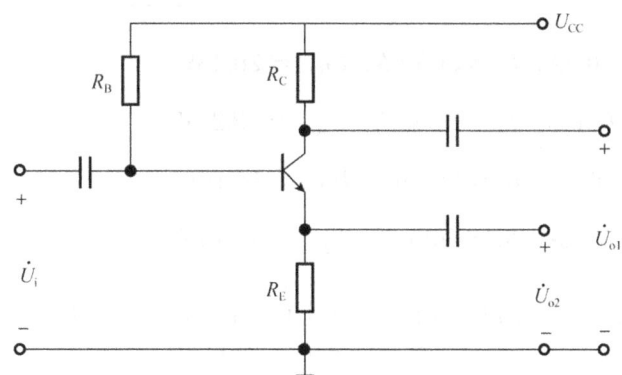

A. $A_{u1} = 0.97$，$A_{u2} = -0.99$，$r_{o1} = 2k\Omega$，$r_{o2} = 21\Omega$

B. $A_{u1} = -0.97$，$A_{u2} = 0.99$，$r_{o1} = 21\Omega$，$r_{o2} = 2k\Omega$

C. $A_{u1} = -0.97$，$A_{u2} = 0.99$，$r_{o1} = 2k\Omega$，$r_{o2} = 21\Omega$

D. $A_{u1} = 0.97$，$A_{u2} = -0.99$，$r_{o1} = 21\Omega$，$r_{o2} = 2k\Omega$

23. 图示电路是利用两个运算放大器组成的具有较高输入电阻的差分放大电路，试求出u_o与u_{i1}、u_{i2}的运算关系是：

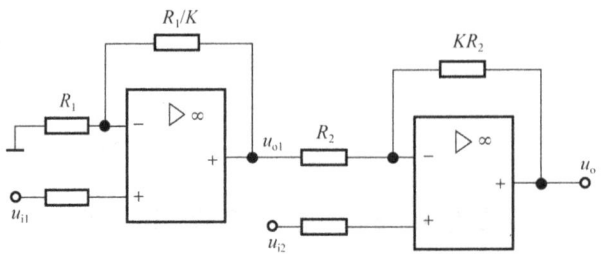

A. $u_o = (1 + K)(u_{i2} + u_{i1})$

B. $u_o = (1 + K)(u_{i2} - u_{i1})$

C. $u_o = (1 + K)(u_{i1} - u_{i2})$

D. $u_o = (1 - K)(u_{i2} + u_{i1})$

24. 如图所示桥式整流电容滤波电路中，$U_2 = 20V$（有效值），$R_L = 40k\Omega$，$C = 1000\mu F$。电路正常时，计算输出电压的平均值U_O、流过负载的平均电流I_O、流过整流二极管的平均电流I_D、整流二极管承受的最高反向电压U_{RM}分别是：

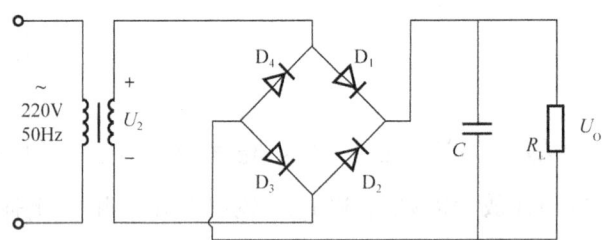

A. $U_O = 24V$，$I_O = 600mA$，$I_D = 300mA$，$U_{RM} = 28.28V$

B. $U_O = 28V$，$I_O = 600mA$，$I_D = 300mA$，$U_{RM} = 28.28V$

C. $U_O = 24V$，$I_O = 300mA$，$I_D = 600mA$，$U_{RM} = 14.14V$

D. $U_O = 18V$，$I_O = 600mA$，$I_D = 600mA$，$U_{RM} = 14.14V$

25. 测得某逻辑门输入 A、B 和输出 F 的波形如图所示，则 F 的表达式是：

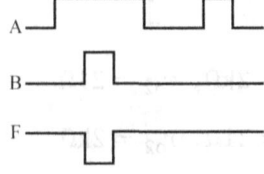

A. $F = AB$ 　　　　　　　　　　　 B. $F = \overline{AB}$

C. $F = A \oplus B$ 　　　　　　　　　 D. $F = A + B$

26. 要对 250 条信息进行编码，则二进制代码至少需要：

A. 6 位

B. 7 位

C. 8 位

D. 9 位

27. 图示逻辑电路的逻辑功能是：

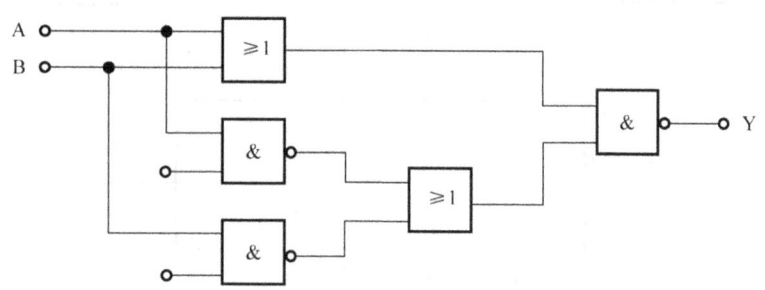

A. 半加器

B. 比较器

C. 同或门

D. 异或门

28. 逻辑电路如图所示，当A = "0"、B = "1"时，CP 脉冲连续到来后，D 触发器：

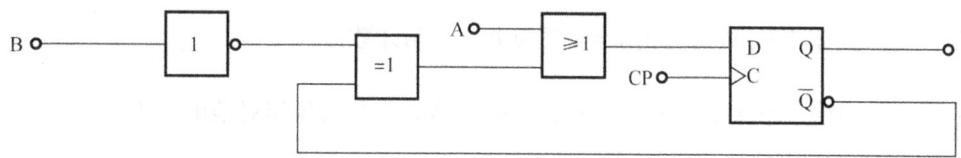

A. 具有计数功能

B. 保持原状态

C. 置"0"

D. 置"1"

29. 如图所示同步时序电路，该电路的逻辑功能是：

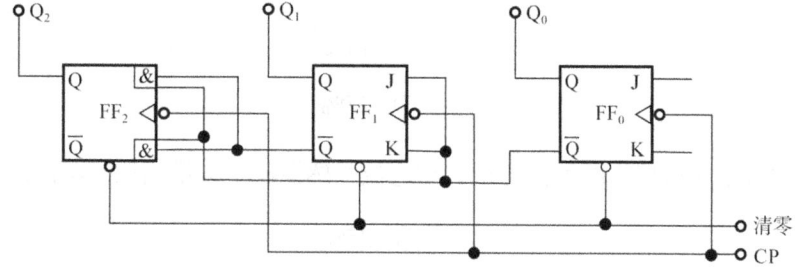

A. 同步八进制加法计数器

B. 同步八进制减法计数器

C. 同步五进制加法计数器

D. 同步五进制减法计数器

30. 图示电路是集成计数器 74LS161 构成的可变进制计数器，试分析当控制变量 A 为 1 和 0 时电路各为几进制计数器？

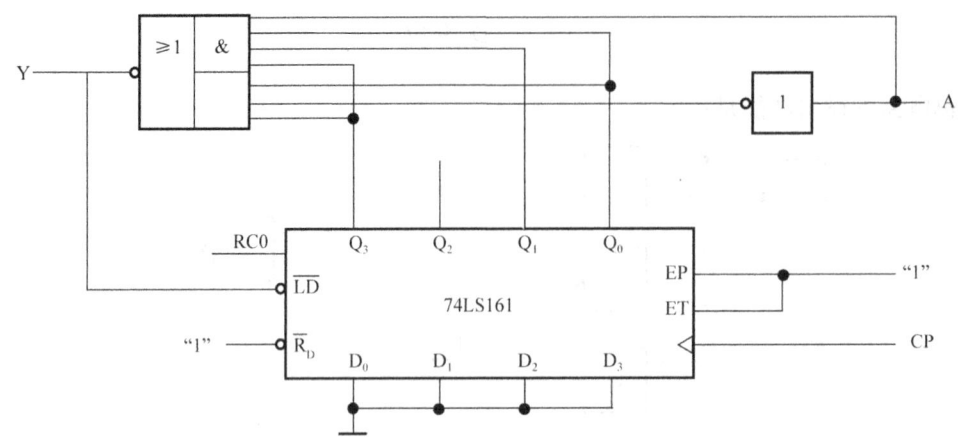

  A. 当A = 1时为十二进制计数器，当A = 0时为十进制计数器

  B. 当A = 1时为十一进制计数器，当A = 0时为十进制计数器

  C. 当A = 1时为十进制计数器，当A = 0时为十二进制计数器

  D. 当A = 1时为十进制计数器，当A = 0时为十一进制计数器

31. 10kV 电力系统中性点不接地系统，当单相接地短路时，非故障相对地电压为：

  A. 10kV

  B. 0kV

  C. $10\sqrt{3}$kV

  D. $\frac{35}{\sqrt{3}}$kV

32. 在负荷计算中，当单相负荷的总容量全部按三相对称负荷计算时，其条件是单相负荷小于计算范围内三相对称负荷总容量的：

  A. 10%

  B. 15%

  C. 20%

  D. 25%

33. 电流互感器二次绕组中所接入的负荷容量，与电流互感器额定容量相比，不满足要求的是：

  A. 20%

  B. 25%

  C. 50%

  D. 100%

34. 电压互感器采用Y_0/Y形接线方式，所测量的电压为：

  A. 一个线电压和两个相电压

  B. 一个相电压和两个线电压

  C. 三个线电压

  D. 三个相电压

35. 选择 10kV 馈线上的电流互感器时，电流互感器的连接方式为不完全星形接法，若电流互感器与测量仪表相距 30m，则其连接计算长度L_c为：

A. 30m
B. 52m
C. 90m
D. 60m

36. 隔离开关的校验条件为：

A. 只需要校验热稳定性，不需要校验动稳定性

B. 只需要校验动稳定性，不需要校验热稳定性

C. 不需要校验热稳定性和动稳定性

D. 热稳定性和动稳定性都需要校验

37. 在电力系统短路电流计算中，假设各元件的磁路不饱和的目的是：

A. 避免复数运算
B. 不计过渡电阻
C. 简化故障系统为对称三相系统
D. 可以应用叠加定理

38. 单相短路的电流为 30A，则其正序分量的大小为：

A. 30A
B. 15A
C. 0A
D. 10A

39. 高压隔离开关：

A. 具有可见断点和灭弧装置
B. 无可见断点，有灭弧装置
C. 有可见断点，无灭弧装置
D. 没有可见断点和灭弧装置

40. 电力系统内部过电压不包括：

A. 操作过电压
B. 谐振过电压
C. 雷电过电压
D. 工频电压升高

41. 已知同步电动机感应电动势的频率为 $f = 50Hz$，磁极数为 6，则其转速应为：

A. 1500r/min
B. 900r/min
C. 1000r/min
D. 1800r/min

42. 一台 20kW、230V 的并励直流发电机，励磁回路的阻抗为 73.3Ω，电枢电阻为 0.156Ω，机械损耗和铁损共为 1kW，则计算铜损为：

A. 1266W
B. 723W
C. 1970W
D. 1356W

43. 选择高压断路器时，校验热稳定的电流为：

A. 三相短路冲击电流   B. 三相短路稳定电流

C. 三相短路冲击电流有效值   D. 计算电流

44. 一台三相、两极、60Hz 的感应电动机，以转速3502r/min运行，输入功率为 15.7kW，端点电流为 22.6A，P_s 为 0.3kW，定子绕组的电阻是0.2Ω/相。计算转子的功率损耗为：

A. 220W   B. 517W

C. 419W   D. 306W

45. 500kVA、10/0.4kV 的变压器，归算到高压侧的阻抗为 $Z_r = (1.72 + j3.42)\Omega$，当负载接到变压器低压侧，负载的功率因数为 0.8 滞后时，归算到变压器低压侧的电压为：

A. 400V   B. 378V

C. 396V   D. 380V

46. 异步电动机在运行时，当电动机上的负载增加时：

A. 转子转速下降，转差率增大

B. 转子转速下降，转差率不变

C. 转子转速上升，转差率减小

D. 转子转速上升，转差率不变

47. 一台并联在电网上运行的同步发电机，若要在保持其输出的有功功率不变的前提下，增加其感性无功功率的输出，可以采用的方法是：

A. 保持励磁电流不变，增大原动机输入，使功角增大

B. 保持励磁电流不变，减小原动机输入，使功角减小

C. 保持原动机输入不变，增大励磁电流

D. 保持原动机输入不变，减小励磁电流

48. 当发生两相短路故障时，系统有：

A. 正序和零序分量   B. 正序和负序分量

C. 零序和负序分量   D. 只有零序分量

49. 对于 110kV 以上的系统，当要求快速切除故障时，应选用的断路器分闸时间不大于：

A. 0.1s   B. 0.04s

C. 1s   D. 5s

50. 同步发电机:

A. 只产生感应电势，不产生电磁转矩　　　B. 只产生电磁转矩，不产生感应电势

C. 不产生感应电势和电磁转矩　　　　　　D. 产生感应电势和电磁转矩

51. 同步发电机与外部电源系统连到一起:

A. 当功角为正值时，功率流向发电机　　　B. 当功角为负值时，功率流向发电机

C. 当功角为零时，功率流向发电机　　　　D. 当功角为任意值时，功率都从发电机流出

52. 一台三相三绕组变压器，其参数额定容量为 2000MVA，额定电压为 35/10kV，则该变压器高压侧与低压侧变比为:

A. 3.1　　　　　　　　　　　　　　　　B. 3.5

C. 11　　　　　　　　　　　　　　　　D. 12.1

53. 电流互感器二次侧连接需满足:

A. 不得开路，且有一端接地　　　　　　　B. 不得开路，且不接地

C. 不得短路，且有一端接地　　　　　　　D. 不得短路，且不接地

54. 已知并励直流发电机的数据为 $P_N = 18kW$，$U_N = 220V$，$I_{aN} = 88A$，$n_N = 3000r/min$，$R_a = 0.12\Omega$(包括电刷接触电阻)，拖动额定的恒定转矩负载运行时，电枢回路串入 0.15Ω 的电阻，不考虑电枢反应的影响，稳定后电动机的转速为:

A. 3000r/min　　　　　　　　　　　　B. 2921r/min

C. 2803r/min　　　　　　　　　　　　D. 2788r/min

55. 感应电动机启动时，启动电压不变的情况下，在转子回路接入适量的三相阻抗，此时电动机的:

A. 启动转矩增大，启动电流增大　　　　　B. 启动转矩增大，启动电流减小

C. 启动转矩减小，启动电流增大　　　　　D. 启动转矩减小，启动电流减小

56. 在大负荷时升高电压、在小负荷时降低电压的调压方式，称为:

A. 逆调压　　　　　　　　　　　　　　　B. 顺调压

C. 常调压　　　　　　　　　　　　　　　D. 线性调压

57. 某双绕组变压器的额定容量为 1200kVA，短路损耗为 $\Delta P_k = 120W$，额定变比为 220/11kV，则归算到高压侧等值电阻为:

A. 4.03Ω　　　　　　　　　　　　　　　B. 0.39Ω

C. 0.016Ω　　　　　　　　　　　　　　D. 39.32Ω

58. 一台绕线转子异步电动机运行时,如果在转子回路串入电阻使R增大一倍,则该电动机的最大转矩将:

A. 增大 1.73 倍   B. 增大 1 倍

C. 不变   D. 减小 1 倍

59. 图示简单系统是额定电压为 110kV 双回路输电线路,变电所中装有两台三相110/11kV的变压器,每台的容量为 15MVA,其参数为:$\Delta P_0 = 40.5kW$, $\Delta P_s = 128kW$, $V_s\% = 10.5$, $I_0\% = 3.5$。当两台变压器并联运行时,它们的等值电抗为:

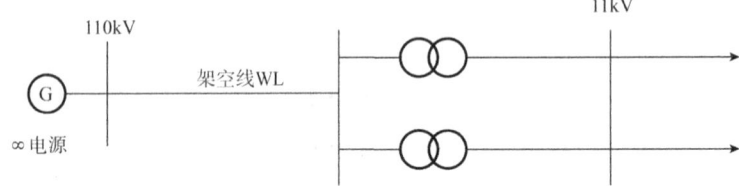

A. 3.4Ω   B. 1.2Ω

C. 42.4Ω   D. 70.8Ω

60. 电压损失的定义为:

A. 线路首末端电压的几何差   B. 线路首末端电压的代数差

C. 线路首端电压与额定电压的差值   D. 线路末端电压与额定电压的差值

2022 年度全国勘察设计注册电气工程师（供配电）执业资格考试试卷

执业资格考试试卷

基础考试
（下）

二〇二二年十一月

应考人员注意事项

1. 本试卷科目代码为"2"，考生务必将此代码填涂在答题卡"科目代码"相应的栏目内，否则，无法评分。

2. 书写用笔：**黑色或蓝色钢笔、签字笔或圆珠笔；**

   填涂答题卡用笔：**黑色 2B 铅笔。**

3. 必须用书写用笔将工作单位、姓名、准考证号填写在答题卡和试卷相应的栏目内。

4. 本试卷由 60 题组成，每题 2 分，满分 120 分，本试卷全部为单项选择题，每小题的四个备选项中只有一个正确答案，错选、多选、不选均不得分。

5. 考生作答时，必须按**题号在答题卡上**将相应试题所选选项对应的**字母用 2B 铅笔涂黑。**

6. 在答题卡上书写与题意无关的语言，或在答题卡上作标记的，均按违纪试卷处理。

7. 考试结束时，由监考人员当面将试卷、答题卡一并收回。

8. 草稿纸由各地统一配发，考后收回。

单项选择题（共60题，每题2分。每题的备选项中只有一个最符合题意。）

1. 电路如图所示，其3A电流源两端的电压为：

   A. 0V

   B. 6V

   C. 3V

   D. 7V

   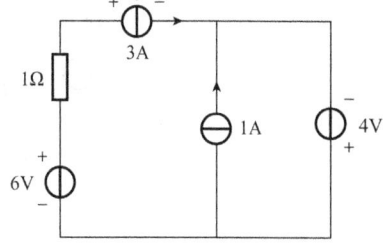

2. 当开关S闭合后，电流表读数将：

   A. 减小

   B. 增大

   C. 不变

   D. 不确定

   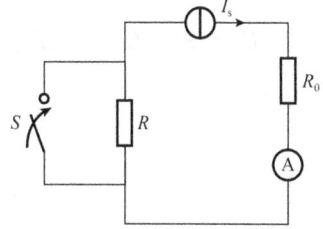

3. $R_L = 3\Omega$，R_L获得最大功率P_{max}时的电阻R_S是：

   A. 10Ω

   B. 0Ω

   C. 5Ω

   D. ∞

   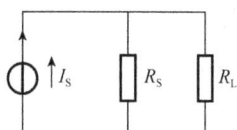

4. 在求戴维南等效电阻时，独立电压源和电流源分别视为：

   A. 短路、开路

   B. 开路、短路

   C. 开路、开路

   D. 短路、短路

5. 如图所示，电路中20Ω两端的电压u为：

   A. −20V

   B. 20V

   C. −10V

   D. 10V

   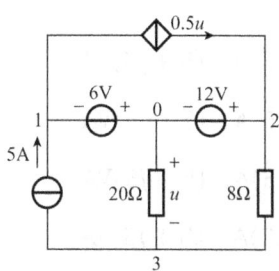

6. 已知 $I_s = 2A$，$L = 1H$，$C = 2F$，$R = 10\Omega$，开关闭合前，电路处于稳定状态，当 $t = 0$ 时开关 S 闭合，此时 $u_{R(0_+)}$ 为：

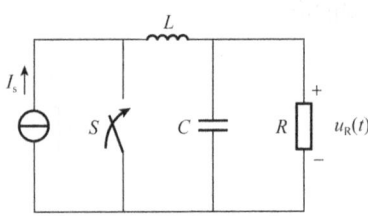

A. 0V

B. 10V

C. 20V

D. −20V

7. 电路如图所示，$U_s = 3V$，$C = 0.25F$，$R_1 = 2\Omega$，$R_2 = 4\Omega$，换路前稳态，开关 S 在 $t = 0$ 时闭合，在 $t \geqslant 0$ 时电容的电压为：

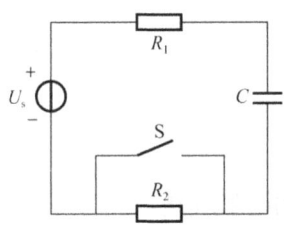

A. $3(1 - e^{-2t})V$

B. 3V

C. $3(1 - e^{-0.5t})V$

D. $3e^{-2t}V$

8. 已知端口电压 $u = 200\cos 100t\,V$，电流 $i = 4\cos(100t + 90°)A$，则该端口的性质是：

A. 纯电阻

B. 电容性

C. 电感性

D. 电阻电感性

9. 电路如图所示，电路中 $\dot{I}$ 的电压源发出的复功率是：

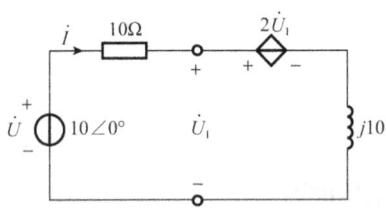

A. $(0.5 + j0.5)A$，$(5 + j5)VA$

B. $(0.5 - j0.5)A$，$(5 - j5)VA$

C. $(0.5 + j0.5)A$，$(5 - j5)VA$

D. $(0.5 - j0.5)A$，$(5 + j5)VA$

10. 图示对称三相电路中，线电压为380V，则电压表读数 U_1 和 U_2 分别是：

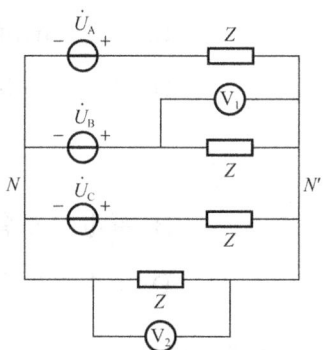

    A. 110V，0V   B. 220V，0V

    C. 220V，22V   D. 220V，不确定

11. RLC 并联电路中，若 i_s 保持不变，则发生并联谐振的条件是：

    A. $\omega L = \dfrac{1}{\omega C}$ B. $j\omega L = \dfrac{1}{j\omega C}$

    C. $L = \dfrac{1}{C}$ D. $R + j\omega L = \dfrac{1}{j\omega C}$

12. 已知非正弦周期电压 $u(t) = (40\cos\omega t + 20\cos 3\omega t)$V，则它的有效值为：

    A. $\sqrt{2000}$V   B. 40V

    C. $\sqrt{1200}$V   D. $\sqrt{1000}$V

13. 在方向朝西的磁场中，有一条电流方向朝北的带电导线，则导线将受到：

    A. 向下的力   B. 向上的力

    C. 向西的力   D. 向东的力

14. 在恒定电场中，电流密度的闭合面积分等于：

    A. 电荷之和   B. 电流之和

    C. 非零常数   D. 零

15. 20mm 微波的频率 f 是：

    A. 100MHz   B. 15GHz

    C. 400MHz   D. 73GHz

16. 在真空中，半径为 10mm 的长直导线通有 10A 电流，则距离 3m 处的磁场强度为：

    A. 0.53A/m   B. 1.06A/m

    C. 0.18A/m   D. 0.36A/m

17. 关于库仑定律中的电荷作用力的说法正确的是：

A. 正比于电荷量的乘积
B. 正比于电荷量的平方
C. 反比于电荷量的平方
D. 正比于距离的平方

18. 关于电介质，下列说法正确的是：

A. 良导体
B. 导电能力差的导体
C. 导电好的导体
D. 导电差的绝缘体

19. 已知稳压管D_{z1}的稳定电压为6V，D_{z2}的稳定电压为9V，则电路输出电压U_o为：

A. 3V

B. 6V

C. 9V

D. 18V

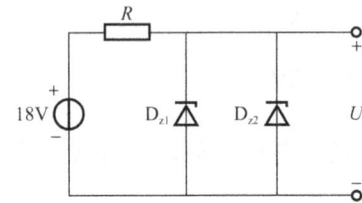

20. 测某电路中几个三极管各个电极电位如下，其中工作在放大区的是：

A. $U_{BE} = 0.7V$, $U_{CE} = 0.3V$
B. $U_B = 4V$, $U_C = 4.3V$, $U_E = 4.6V$
C. $U_B = -2.3V$, $U_C = 3V$, $U_E = -3V$
D. $U_B = 1V$, $U_C = 7V$, $U_E = 2V$

21. 欲满足$u_o = -(u_{i1} + u_{i2})$的关系，则R_1、R_2、R_F的阻值必须满足：

A. $R_1 = R_2 = R_F$

B. $R_1 = R_2 = 2R_F$

C. $2R_1 = R_2 = R_F$

D. $R_1 = 2R_2 = R_F$

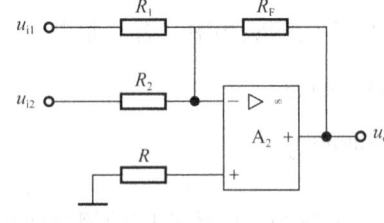

22. 如图所示的射极输出器中，已知$\beta = 100$，$R_S = 40\Omega$，$R_B = 100k\Omega$，$R_E = 1.5k\Omega$，$r_{be} = 0.95k\Omega$，$U_{CC} = 12V$，则电压放大倍数A_u、r_i和r_o分别是：

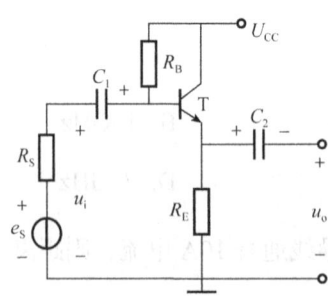

A. $A_u = 0.99$, $r_i = 60.4k\Omega$, $r_o = 9.9\Omega$
B. $A_u = 9.9$, $r_i = 60.4k\Omega$, $r_o = 9.9k\Omega$
C. $A_u = 0.99$, $r_i = 60.4k\Omega$, $r_o = 9.9k\Omega$
D. $A_u = 9.9$, $r_i = 60.4k\Omega$, $r_o = 9.9k\Omega$

23. 已知$u_i = -2V$，则输出电压u_o等于：

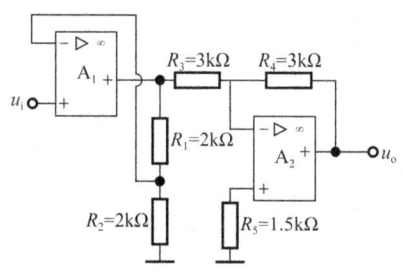

A. 8V

B. −8V

C. 4V

D. −4V

24. LM1877N-9 为 2 通道低频功率放大电路，单电源供电，最大不失真输出电压的峰值$U_{opp} = (U_{CC} - 6)V$，开环电压增益为 70dB。如图所示为 LM1877N-9 中一个通道组成的实用电路，电源电压为 24V，$C_1 \sim C_3$对交流信号可视为短路，R_3和C_4起相位补偿作用，负载为8Ω。设输入电压足够大，电路的最大输出功率P_{om}和效率η分别是：

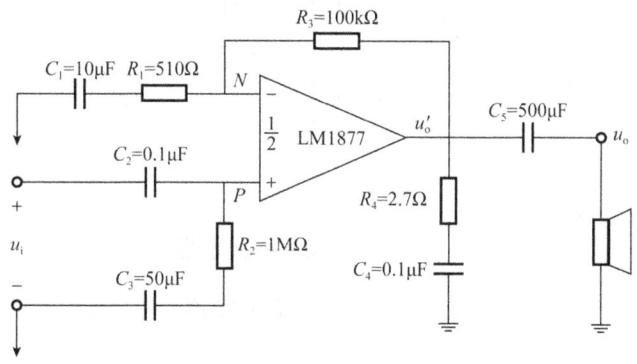

A. $P_{om} \approx 56W$，$\eta \approx 89\%$

B. $P_{om} \approx 56W$，$\eta \approx 58.9\%$

C. $P_{om} \approx 5.06W$，$\eta \approx 8.9\%$

D. $P_{om} \approx 5.06W$，$\eta = 58.9\%$

25. 逻辑函数$Y = \bar{A}B + AC$，若使$Y = 1$，则 A、B、C 的取值组合为：

A. 000

B. 010

C. 100

D. 001

26. 图示逻辑电路的逻辑运算表达式为：

A. $Y = \overline{A + B}$

B. $Y = \overline{A \cdot B}$

C. $Y = 1$

D. $Y = 0$

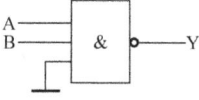

27. 图示电路实现的逻辑功能为:

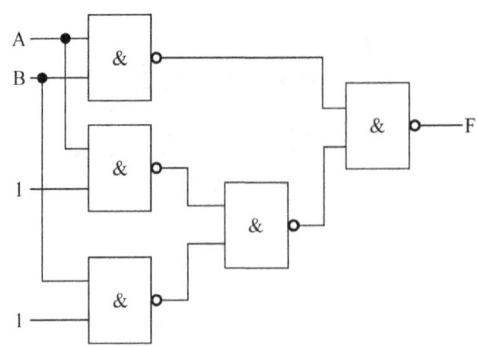

    A. 半加器   B. 异或门

    C. 比较器   D. 同或门

28. 输入为 A、B,与它功能相同的是:

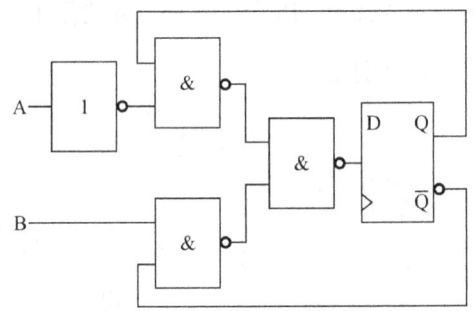

    A. 可控 RS 触发器   B. JK 触发器

    C. RS 触发器   D. T 触发器

29. 图示异步时序电路的逻辑功能是:

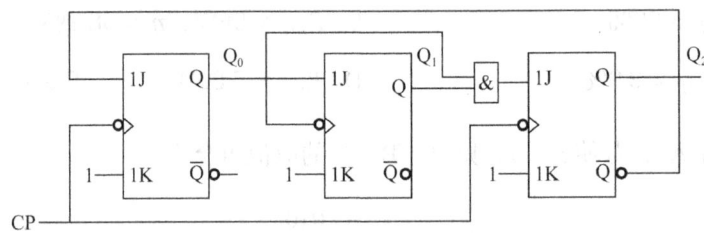

    A. 八进制加法计数器   B. 八进制减法计数器

    C. 五进制加法计数器   D. 五进制减法计数器

30. 图示电路实现的逻辑功能是：

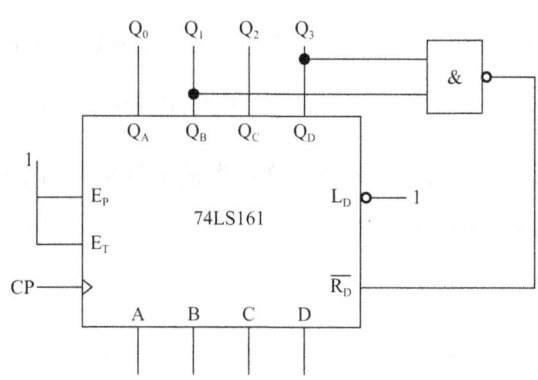

    A. 十二进制计数器   B. 十进制计数器

    C. 十五进制计数器   D. 九进制计数器

31. 中性点不直接接地系统发生单相短路时，线电压：

    A. 相位发生变化，幅值不变   B. 幅值发生变化，相位不变

    C. 相位和幅值都发生变化   D. 相位和幅值都不变

32. 关于桥式接线，主接线正确的是：

    A. 内桥方便于电源进线故障时两台变压并列

    B. 外桥方便于电源进线故障时两台变压并列

    C. 内桥方便于电源进线故障时两台变压分列

    D. 外桥方便于电源进线故障时两台变压分列

33. 某型电流互感器S_N为 20VA，二次电流为 5A，准确等级为 0.5，其负荷阻抗的上限和下限分别是：

    A. 0.6Ω、0.3Ω   B. 1Ω、0.4Ω

    C. 0.8Ω、0.2Ω   D. 0.8Ω、0.4Ω

34. 电压互感器的二次绕组不可：

    A. 开路   B. 短路

    C. 接地   D. 串熔断器

35. 关于 35~330kV 电压等级的油浸式电力变压器现场大修，下列说法错误的是：

    A. 运行中的变压器承受出口短路，经综合诊断分析可考虑大修

    B. 变压器大修周期一般应在 5 年以上，不超过 10 年

    C. 变压器出现异常状况或经试验判明有内部故障时应进行大修

    D. 设计或制造中存在共性缺陷的变压器可进行针对性大修

36. 有关电压互感器校验，下列说法正确的是：

A. 只校验热稳定，不校验动稳定　　　　B. 只校验动稳定，不校验热稳定

C. 不须校验动稳定和热稳定　　　　　　D. 热稳定和动稳定都要校验

37. 选取 $S_B = 100\text{MVA}$、$U_B = 0.4\text{kV}$ 时，发电机和变压器的电抗标幺值如图所示，当图示网络 f 点发生三相短路故障时，短路点的短路电流为：

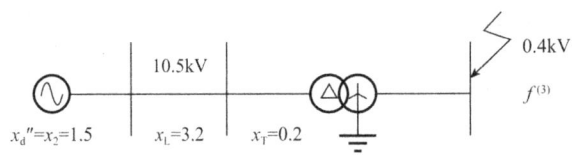

A. 30.3kA　　　　　　　　　　　　　　B. 24.8kA

C. 21.5kA　　　　　　　　　　　　　　D. 14.3kA

38. 某无穷大电力系统如图所示，$S_B = 100\text{MVA}$，$U_B = U_{av}$，两台变压器分列运行下 k-1 点的三相短路电流的标幺值为：

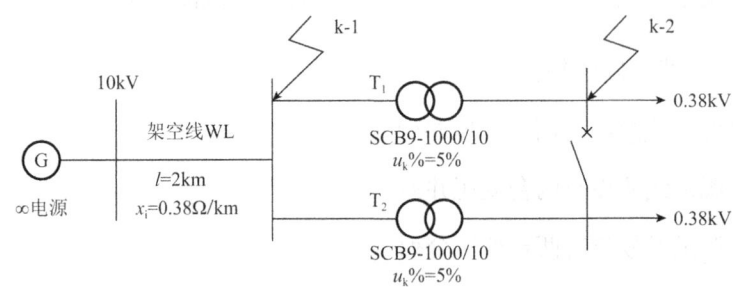

A. 1.176　　　　　　　　　　　　　　　B. 1.114

C. 1.302　　　　　　　　　　　　　　　D. 1.449

39. 关于高压负荷开关，下列说法正确的是：

A. 具有可见断点和灭弧装置　　　　　　B. 无可见断点，有灭弧装置

C. 有可见断点，无灭弧装置　　　　　　D. 没有可见断点和灭弧装置

40. 雷电过电压不包括：

A. 感应雷过电压　　　　　　　　　　　B. 高电位引入

C. 直接过电压　　　　　　　　　　　　D. 谐振过电压

41. 发电机主磁极数为2，电网频率 $f = 60\text{Hz}$，则转速为：

A. 1500r/min　　　　　　　　　　　　B. 1800r/min

C. 3000r/min　　　　　　　　　　　　D. 3600r/min

42. 一台 20kW、230V 的并励直流发电机，励磁回路的阻抗为 73.3Ω，电枢电阻为 0.156Ω，机械损耗和铁耗共 1kW，则电枢回路电流为：

A. 90.1A

B. 87.0A

C. 128A

D. 99.9A

43. 对于高压负荷开关，校验热稳定电流为：

A. 三相短路冲击电流

B. 三相冲击电流有效值

C. 三相短路稳定电流

D. 计算电流

44. 在三相异步电动机等效电路中，等效电阻 R_2' 上消耗的电功率为：

A. 气隙功率

B. 转子损耗

C. 电磁功率

D. 总机械功率

45. 某变电所有一台变比为 $10 \pm 2 \times 2.5\%/0.4kV$、容量为 880kVA 的降压变压器，归算到高压侧的变压器阻抗为 $Z_T = (2.95 + j4.8)\Omega$，变压器低压侧的最大负荷为 $(640 + j180)kVA$，最小负荷为 $(470 + j180)kVA$，变压器低压母线要求恒调压，保持 0.4kV，满足该调压要求的变压器分接头为：

A. 10000V

B. 10250V

C. 9750V

D. 9500V

46. 在大负荷时降低电压、小负荷时升高电压的调压方式，称为：

A. 逆调压方式

B. 顺调压方式

C. 常调压方式

D. 线性调压方式

47. 当同步电动机的功率因数小于 1（过励磁）时，若减小励磁电流：

A. 电动机吸收无功功率，功角增大

B. 电动机吸收无功功率，功角减小

C. 电动机释放无功功率，功角增大

D. 电动机释放无功功率，功角减小

48. 单相短路故障系统有：

A. 正序、零序

B. 正序、负序

C. 零序、负序

D. 正序、零序、负序

49. 断路器在送电前，运行人员对断路器进行拉闸、合闸和重合闸试验一次，以检查断路器：

A. 动作时间是否符合标准

B. 三相动作是否同期

C. 合闸、跳闸回路是否完好

D. 合闸是否完好

50. 一台 Yd 连接的三相变压器，$S_N = 3150\text{kVA}$，$U_{1N}/U_{2N} = 35\text{kV}/10\text{kV}$，则 I_{2N} 为：

A. 60.6A
B. 315A
C. 105.0A
D. 181.9A

51. 异步电动机在运行中，当电动机上的负载减小时：

A. 转子转速下降，转差率增大
B. 转子转速下降，转差率不变
C. 转子转速上升，转差率减小
D. 转子转速上升，转差率不变

52. Dy 接线变压器，一次匝数与二次匝数之比为 a，则一次绕阻额定电压与二次绕阻额定电压之比为：

A. $\dfrac{1}{a}$
B. $\dfrac{1}{\sqrt{3}a}$
C. a
D. $\sqrt{3}a$

53. 某水轮发电机工作频率为 50Hz，同步转速为200r/min，则磁极数为：

A. 10
B. 20
C. 30
D. 40

54. 相对地电压为 220V 的 TN 系统配电线路，仅供给固定式电气设备用电的末端线路，其断路器段延时脱扣的分断时间一般为：

A. 小于 0.5s
B. 小于 4s
C. 小于 0.4s
D. 小于 5s

55. 感应电动机启动时，降低启动电压，此时电动机：

A. 启动转矩上升，启动电流下降
B. 启动转矩上升，启动电流上升
C. 启动转矩下降，启动电流上升
D. 启动转矩下降，启动电流下降

56. 变电所低压侧有功计算负荷为 880kW，$\cos\varphi = 0.7$，若使 $\cos\varphi$ 提高到 0.98，则配电线路：

A. I_{js}下降，P_{js}不变
B. I_{js}不变，P_{js}下降
C. I_{js}下降，P_{js}下降
D. I_{js}不变，P_{js}不变

57. 变压器空载试验可测得的参数为：

A. 励磁阻抗及铁芯损耗
B. 原边漏抗及铁芯损耗
C. 副边漏抗及副边电阻
D. 励磁阻抗及副边电阻

58. 已知$P_N = 8.5kW$，$U_N = 380V$，$n = 1200r/min$，$I_N = 10A$，$I_{st}/I_N = 5$，归算后的转子电阻为1.44Ω，则异步电动机的启动转矩为：

A. $80.5N \cdot m$ 　　　　　　　　B. $59.6N \cdot m$

C. $41.6N \cdot m$ 　　　　　　　　D. $67.1N \cdot m$

59. 如图所示的电力系统，额定电压为110kV，双回路输电线路，变电所中装有两台三相110/11kV的变压器，已知变压器容量为15MVA，其试验参数为：$\Delta P_o = 40.5kW$，$\Delta P_s = 128kW$，$V_s\% = 10.5$，$I_o\% = 3.5$，当两台变压器并联运行时，它们的励磁功率为：

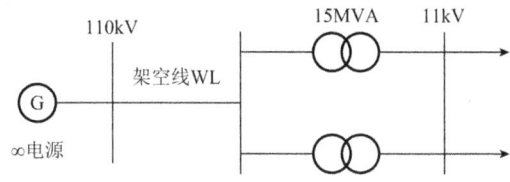

A. $(0.8 + j1.05)MVA$ 　　　　　　B. $(0.8 + j10.5)MVA$

C. $(0.08 + j10.5)MVA$ 　　　　　D. $(0.08 + j1.05)MVA$

60. 电压偏移的定义为：

A. $U_1 - U_2$ 　　　　　　　　　B. $\frac{U_1 - U_N}{U_N} \times 100\%$

C. $\dot{U}_1 - \dot{U}_2$ 　　　　　　　　D. $\frac{U_2 - U_N}{U_N} \times 100\%$

2023 年度全国勘察设计注册电气工程师（供配电）

执业资格考试试卷

基础考试
（下）

二〇二三年十二月

应考人员注意事项

1. 本试卷科目代码为"2",考生务必将此代码填涂在答题卡"科目代码"相应的栏目内,否则,无法评分。

2. 书写用笔:**黑色或蓝色钢笔、签字笔或圆珠笔;**

   填涂答题卡用笔:**黑色 2B 铅笔。**

3. 必须用书写用笔将工作单位、姓名、准考证号填写在答题卡和试卷相应的栏目内。

4. 本试卷由 60 题组成,每题 2 分,满分 120 分,本试卷全部为单项选择题,每小题的四个备选项中只有一个正确答案,错选、多选、不选均不得分。

5. 考生作答时,必须按**题号在答题卡上**将相应试题所选选项对应的**字母用 2B 铅笔涂黑。**

6. 在答题卡上书写与题意无关的语言,或在答题卡上作标记的,均按违纪试卷处理。

7. 考试结束时,由监考人员当面将试卷、答题卡一并收回。

8. 草稿纸由各地统一配发,考后收回。

单项选择题（共 60 题，每题 2 分。每题的备选项中只有一个最符合题意。）

1. 图示电路中已知 $u = 10V$，则 10V 电压源发出的功率为：

    A. −20W   B. 0W

    C. 10W   D. 20W

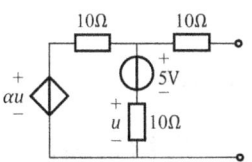

2. 如图所示电路为含源一端口网络，假设该一端口可等效为一个理想电压源，则 α 为：

    A. −1

    B. 1

    C. −3

    D. 3

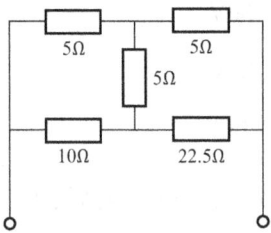

3. 如图所示一端口电路，其等效电阻为：

    A. 5Ω

    B. 7.5Ω

    C. 30Ω

    D. 47.5Ω

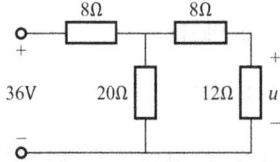

4. 图示电路中 12Ω 电阻两端电压 U 为：

    A. 8V

    B. 10V

    C. 12V

    D. 24V

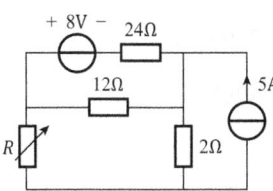

5. 图示电路中电阻 R 值可变，如想获得最大功率，则 R 应为：

    A. 4Ω

    B. 10Ω

    C. 16Ω

    D. 36Ω

6. 图示电路中，感抗 ωL 等于：

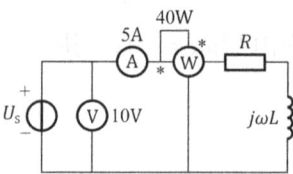

    A. 10Ω

    B. 5Ω

    C. 1.2Ω

    D. 0.8Ω

7. RLC 串联电路中，若 $U = U_c = U_{RL} = 200V$，$R = 20\Omega$，则该电路电流有效值为：

    A. 8.66A   B. 10A

    C. 17.32A   D. 20A

8. 图示正弦稳态电路，电容电压 u 的有效值为：

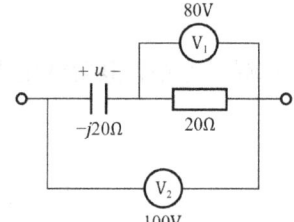

    A. 20V

    B. 60V

    C. 80V

    D. 180V

9. 图示正弦稳态电路发生谐振，$R = 100\Omega$，$C = 0.15\mu F$，$L = 2mH$，则该电路谐振频率 f 为：

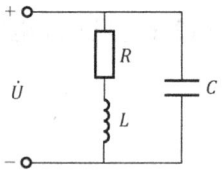

    A. 116kHz

    B. 57.7kHz

    C. 28.9kHz

    D. 4.6kHz

10. 对称三相电路中负载星形连接，电源线电压为 380V，当端线熔断器断开时，两端电压为：

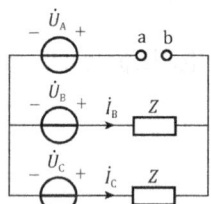

    A. 0V

    B. 190V

    C. 220V

    D. 329V

11. 在如图所示的电路中，电压U含有基波和三次谐波，三次谐波角频率为3000ad/s，若要求U_1不含基波，而将U中的三次谐波全部取出，则电感L的数值为：

    A. 1mH

    B. 5.5mH

    C. 10mH

    D. 100mH

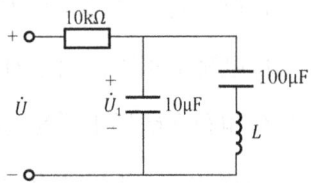

12. 在如图所示的电路中，开关 S 闭合前电路已处于稳态，在$t = 0$时，开关闭合，则电容电压$U_c(t)$为：

    A. $25 + 75e^{-2t}$

    B. $25 - 75e^{-2t}$

    C. $75 + 25e^{-20t}$

    D. $75 - 25e^{-20t}$

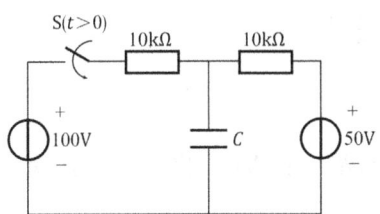

13. 在一个均匀电场中，两个平行金属板的面积分别为 1m² 和 2m²。两个金属板之间的电势差为 10V，距离为 0.2m，平板之间的电场强度大小是：

    A. 50V/m   B. 20V/m

    C. 25V/m   D. 35V/m

14. 真空中方形平板电容器由面积分别为 10cm² 和 15cm² 的平行金属板组成，金属板之间的距离为 2cm，忽略边缘效应和介质极化，理想情况下电容器的电容量值是：

    A. 3.2×10^{-16}F   B. 6.64×10^{-17}F

    C. 5.28×10^{-12}F   D. 4.43×10^{-12}F

15. 如图所示半球接地体半径为R，其接地电阻计算公式为：

    A. $R = \frac{1}{4\pi\gamma R_0}$

    B. $R = \frac{1}{4\pi\gamma} \cdot \ln\frac{1}{R_0}$

    C. $R = \frac{1}{2\pi\gamma R_0}$

    D. $R = \frac{1}{2\pi\gamma} \cdot \ln\frac{1}{R_0}$

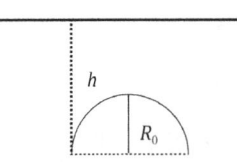

16. 一根电阻为R的导线，横截面积为A，长度为L，导线两端施加电压V，通过导线的电流为I，电导的正确计算公式是：

    A. $G = \frac{R}{LA}$ B. $G = \frac{LA}{R}$

    C. $G = \frac{I}{V}$ D. $G = \frac{V}{I}$

17. 磁感应强度是描述磁场强度的物理量，通常用字母B表示，根据磁感应强度的定义，下面说法正确的是：

A. B是单位磁通通过垂直截面的数量

B. B是单位电流在垂直于电流方向的磁场中所受的力

C. B是单位电荷在磁场中所受的洛伦兹力

D. B是单位面积垂直于磁场方向的磁通量密度

18. 自感为L的直导线通有电流I，则其磁场能量为：

A. $\frac{1}{2}I^2L$ B. $\frac{1}{2}IL^2$

C. $\frac{1}{2}\frac{I^2}{L}$ D. $\frac{1}{2}\frac{I}{L^2}$

19. 设硅稳压管 VD_{Z1} 和 VD_{Z2} 的稳定电压分别为 5V 和 10V，正向压降均为 0.7V，则四个电路的输出电压顺序为：

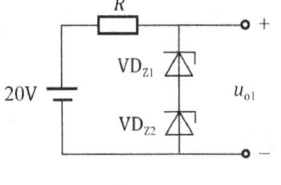 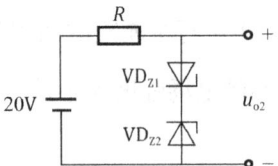

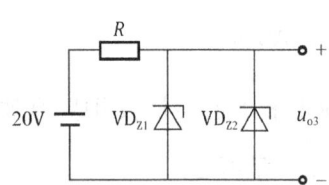 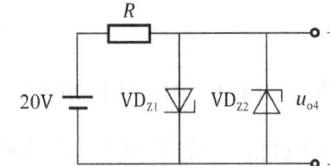

A. $u_{o4} < u_{o3} < u_{o2} < u_{o1}$ B. $u_{o4} < u_{o3} < u_{o1} < u_{o2}$

C. $u_{o3} < u_{o4} < u_{o2} < u_{o1}$ D. $u_{o3} < u_{o4} < u_{o1} < u_{o2}$

20. 已知某放大电路电压放大倍数的表达为$A_u = \dfrac{5jf}{\left(1+j\frac{f}{20}\right)\left(1+j\frac{f}{10^5}\right)}$，则该电路的中频电压增益为：

A. 5dB   B. 20dB

C. 40dB   D. 100dB

21. 电路如图所示，若$R_1 = 500\text{k}\Omega$，$R_3 = R_4 = 100\text{k}\Omega$，$R_5 = 2\text{k}\Omega$，则电压放大倍数$\dfrac{U_o}{U_i}$为：

A. −52

B. −104

C. −4

D. −2

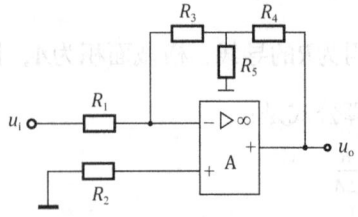

22. 有源二阶滤波器电路如图所示，请指出其滤波器类型为：

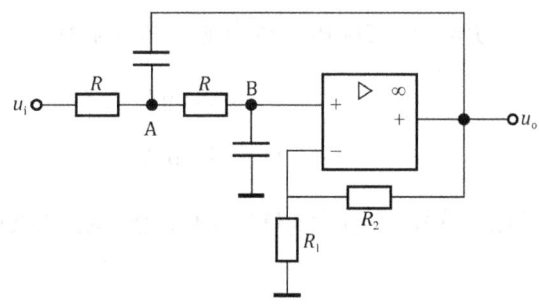

A. 低通滤波器

B. 带通滤波器

C. 高通滤波器

D. 带阻滤波器

23. 如图所示为 RC 正弦波振荡电路，在维持等幅振荡时，若 $R_f = 200\text{k}\Omega$，则 R_1 为：

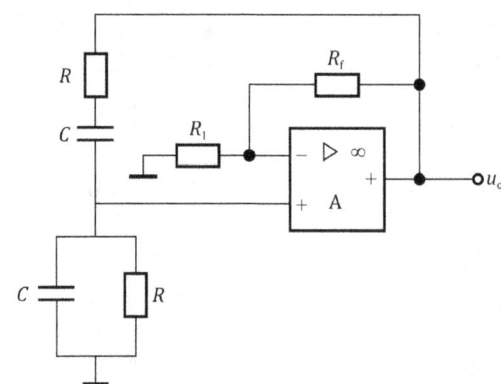

A. $100\text{k}\Omega$

B. $200\text{k}\Omega$

C. $50\text{k}\Omega$

D. $600\text{k}\Omega$

24. 已知单相桥式整流电容滤波电路中变压器副边电压有效值为 10V，电容足够大，现测得输出电压平均值为 14V，则电路可能为下列哪种工作状态？

A. 正常工作

B. 一个二极管开路

C. 负载开路

D. 电容开路

25. 十进制数 5684 可用 8421BCD 码表示为：

A. $(0110\ 0111\ 1001\ 0100)_{8421BCD}$

B. $(0101\ 0110\ 1000\ 0100)_{8421BCD}$

C. $(1000\ 1001\ 1011\ 0100)_{8421BCD}$

D. $(1011\ 1100\ 1110\ 0100)_{8421BCD}$

26. 已知 CMOS 门电路电源电压为 10V，静态电源电流为 2.4μA，输入信号为 100kHz 的方波（上升时间和下降时间可忽略不计），负电容为 200PF，则电源平均电流为：

A. 0.101mA   B. 0.202mA

C. 0.303mA   D. 0.404mA

27. 已知用卡诺图化简逻辑函数 $L = \overline{A}\,\overline{B}C + A\overline{B}\,\overline{C}$ 的结果是 $L = C + A$，那么该逻辑函数的元素项至少有：

A. 2 个   B. 3 个

C. 4 个   D. 5 个

28. 在以下四个组合逻辑电路中，能实现 $Y = AB + \overline{A}\,\overline{B}$ 逻辑函数关系的是：

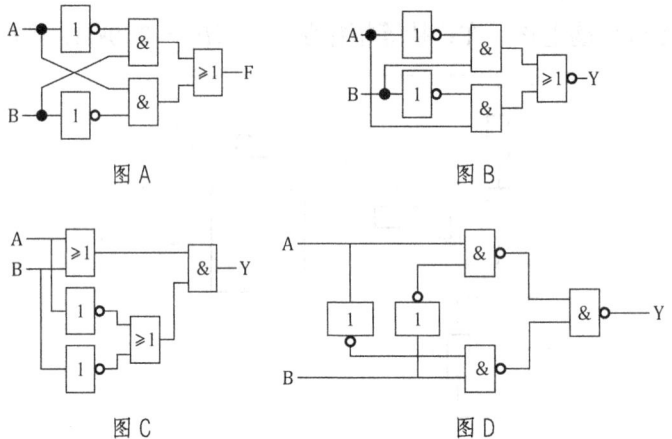

图 A   图 B

图 C   图 D

A. 图 A   B. 图 B

C. 图 C   D. 图 D

29. 由两个 D 触发器组成和时序逻辑电路如图所示，已知 CP 脉冲的频率为 1000Hz，输出 Q_2 波形的频率为：

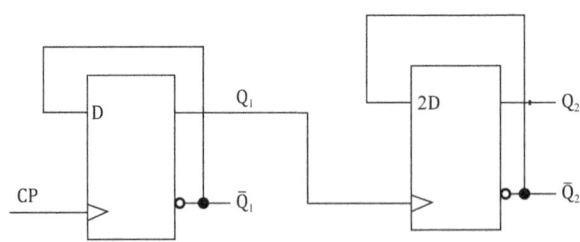

A. 2000Hz   B. 1000Hz

C. 500Hz   D. 250Hz

30. 已知计数器电路如图所示，设三个触发器的初始状态为"0，0，0"，则该电路是：

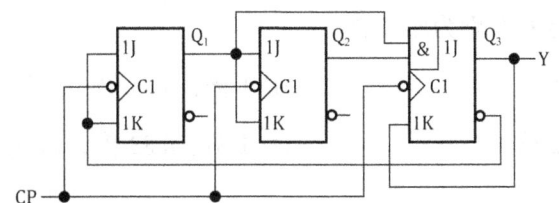

　　A. 同步五进制加法计数器　　　　　　B. 同步六进制加法计数器

　　C. 同步七进制加法计数器　　　　　　D. 同步八进制加法计数器

31. 如果系统中 N 线与 PE 线分开，则此系统为：

　　A. TN-C 系统　　　　　　　　　　　B. TN-S 系统

　　C. TN-C-S 系统　　　　　　　　　　D. TT 系统

32. 电能的质量标准包括：

　　A. 电压、频率、波形　　　　　　　　B. 电压、电流、频率

　　C. 电压、电流、波形　　　　　　　　D. 电压、电流、功率因数

33. 平均额定电压的应用场合为：

　　A. 发电机　　　　　　　　　　　　　B. 变压器

　　C. 受供电设备　　　　　　　　　　　D. 线路

34. 双绕组变压器，将励磁支路前移的 T 型等值电路，其导纳为：

　　A. $G_T + jB_T$　　　　　　　　　　　B. $-G_T - jB_T$

　　C. $G_T - jB_T$　　　　　　　　　　　D. $-G_T + jB_T$

35. 在标值中，只需选定两个基准，常选的是：

　　A. 电压、电流　　　　　　　　　　　B. 电压、视在功率

　　C. 电压、阻抗　　　　　　　　　　　D. 电流、阻抗

36. 环形网络中自然功率的分布规律是：

　　A. 与支路电阻成反比　　　　　　　　B. 电抗

　　C. 阻抗　　　　　　　　　　　　　　D. 电纳

37. 电容器并联在系统中，它发出的无功功率与并联处的电压：

　　A. 一次方成正比　　　　　　　　　　B. 二次方成正比

　　C. 三次方成正比　　　　　　　　　　D. 无关

38. 一台变压器加额定电压，现将电源的频率从 50Hz 变为 60Hz，并假定磁路线性，其他情况不变，主磁通，空载电流和励磁阻抗分别为原来的：

A. 0.83 倍、0.83 倍、1 倍

B. 1 倍、0.83 倍、1 倍

C. 0.83 倍、0.83 倍、1.2 倍

D. 1 倍、0.83 倍、1.2 倍

39. 同步调相机可以向系统中：

A. 发出感性无功功率

B. 吸收感性无功功率

C. 只能发出感性无功功率

D. 既可以发出感性无功功率，也可以吸收感性无功功率

40. 供配电系统工作时需要调节无功功率，维持电压稳定，电压偏差过高需要：

A. 减少无功功率输出

B. 增加无功功率输出

C. 保持无功功率输出不变

D. 不确定

41. 短路冲击系数 k_{im} 的数值变化范围是：

A. $0 \leqslant k_{im} \leqslant 1$

B. $1 \leqslant k_{im} \leqslant 2$

C. $0 \leqslant k_{im} \leqslant 2$

D. $1 \leqslant k_{im} \leqslant 3$

42. 三相对称短路电流只包含：

A. 正序分量

B. 负序分量

C. 零序分量

D. 不确定

43. 变压器等值参数 $B_T = \frac{I_0\% S_N}{100 V_N^2} \times 10^{-3}$ 分子中的 $I_0\%$ 表示：

A. 额定电流

B. 短路电流百分数

C. 空载电流百分数

D. 正常工作电流

44. 双绕组变压器的调压分接头接于：

A. 高压绕组

B. 低压绕组

C. 高压绕组和低压绕组

D. 高压绕组和低压绕组之间

45. 一台三相电力变压器，额定容量 $S = 1000kVA$，额定电压 $U_{1N}/U_{2N} = 10000/3300V$，$YD_{11}$ 连接组，每相短路阻抗 $z_k = 0.015 + j0.053$，该变压器原边接额定电压，副边带 Δ 接对称负载，每相负载阻抗 $i_L = 50 + j85\Omega$，则电压调整率为：

A. 2.5%

B. 1.7%

C. 5%

D. 0.1%

46. 若变压器铁芯在叠装时由于装配工艺不良，铁芯间隙较大，则其空电流将：

A. 减小   B. 增大

C. 不变   D. 不受影响

47. 一台三相六极感应电动机，额定线电压 $U_N = 380V$，额定转速 $n_N = 960r/min$，额定电源频率 $f_1 = 50Hz$，定子电阻 $R_1 = 2.08\Omega$，定子漏电抗 $x_1 = 3.12\Omega$，转子电阻折合值 $R_2' = 1.53\Omega$，转子漏电抗折合值 $x_2' = 4.25\Omega$，该电机的额定转差率和转子电流频率分别是：

A. 0.04，0.2   B. 0.04，2

C. 0.25，0.2   D. 0.25，2

48. 一台三相感应电动机，在额定电压下起动时的起动电流为300A，现采用星-三角降压起动，其起动电流 I_{st} 为：

A. 100A   B. 173A

C. 212A   D. 150A

49. 交流电机极数为12，在一相绕组中通入正弦交流电，产生基波和三次谐波磁动势，则三次谐波电动势与基波电动势之比为：

A. 3：1   B. 1：1

C. 1：3   D. 不确定

50. 理想同步发电机 ABC 坐标系下，定子绕组间的互感系数变化周期为：

A. 0.5π B. π

C. 2π D. 3π

51. 同步发电机三相突然短路时，定子次暂态分量短路电流的衰减是由于：

A. 阻尼绕组有电阻   B. 励磁绕组有电阻

C. 电枢绕组有电阻   D. 励磁和电枢绕组电阻共同作用的结果

52. 同步发电机的时间常数 T_d'' 为：

A. 尼绕组非周期性电流的时间常数   B. 励磁绕组时间常数

C. 定子绕组非周期性电流的时间常数   D. 定子绕组周期性电流的时间常数

53. 重复接地装置中，垂直埋没的接地体，距离建筑外墙不小于：

A. 0.6m   B. 0.7m

C. 3m   D. 1m

54. 熔断器 RTO-400 的 400 表示：

A. 额定电压   B. 熔体额定电流

C. 熔管额定电流   D. 最大分断电流

55. 三相五柱式三绕组电压互感器$Y_0/Y_0/\Delta$用来监视绝缘接地故障时，开口三角形的开口侧零序电压为：

A. 400V   B. 100V

C. 380V   D. 220V

56. 一台他励直流电动机拖动恒转矩负载，$P_N = 22\text{kW}$，$I_N = 115\text{A}$，$U_N = 220\text{V}$，$n_N = 1500\text{r/min}$的电枢回路总电阻$R_a = 0.1\Omega$（包括电枢回路的接触电阻），忽略空载转矩损耗，要求把转速降低到1000r/min，采用电枢串电阻调速时需串入的电阻为：

A. 0.35Ω B. 0.65Ω

C. 0.85Ω D. 1.15Ω

57. 若并励直流发电机转速升高10%，则空载时，发电机端电压将升高：

A. 大于10%   B. 10%

C. 小于10%   D. 20%

58. 只装一台主变压器的小型变电所，如果负荷为二级，则高压侧采用的主接线方式为：

A. 隔离开关—熔断器   B. 负荷开关—熔断器

C. 隔离开关—断路器   D. 负荷开关—断路器

59. 在中性点经消弧线圈接地系统运行中一般多采用：

A. 负补偿   B. 过补偿

C. 全补偿   D. 无补偿

60. 在供电可靠性要求较高的工厂，供电系统不宜采用：

A. 熔断器保护   B. 低压断路器保护

C. 继电保护   D. 熔断器和低压断路器保护

附录一

注册电气工程师（供配电）执业资格考试
专业基础考试大纲

十、电路与电磁场

1.电路的基本概念和基本定律

1.1　掌握电阻、独立电压源、独立电流源、受控电压源、受控电流源、电容、电感、耦合电感、理想变压器诸元件的定义、性质

1.2　掌握电流、电压参考方向的概念

1.3　熟练掌握基尔霍夫定律

2.电路的分析方法

2.1　掌握常用的电路等效变换方法

2.2　熟练掌握节点电压方程的列写方法，并会求解电路方程

2.3　了解回路电流方程的列写方法

2.4　熟练掌握叠加定理、戴维南定理和诺顿定理

3.正弦电流电路

3.1　掌握正弦量的三要素和有效值

3.2　掌握电感、电容元件电流电压关系的相量形式及基尔霍夫定律的相量形式

3.3　掌握阻抗、导纳、有功功率、无功功率、视在功率和功率因数的概念

3.4　熟练掌握正弦电流电路分析的相量方法

3.5　了解频率特性的概念

3.6　熟练掌握三相电路中电源和负载的连接方式及相电压、相电流、线电压、线电流、三相功率的概念和关系

3.7　熟练掌握对称三相电路分析的相量方法

3.8　掌握不对称三相电路的概念

4.非正弦周期电流电路

4.1　了解非正弦周期量的傅立叶级数分解方法

4.2　掌握非正弦周期量的有效值、平均值和平均功率的定义和计算方法

4.3　掌握非正弦周期电路的分析方法

5.简单动态电路的时域分析

5.1 掌握换路定则并能确定电压、电流的初始值

5.2 熟练掌握一阶电路分析的基本方法

5.3 了解二阶电路分析的基本方法

6.静电场

6.1 掌握电场强度、电位的概念

6.2 了解应用高斯定律计算具有对称性分布的静电场问题

6.3 了解静电场边值问题的镜像法和电轴法，并能掌握几种典型情形的电场计算

6.4 了解电场力及其计算

6.5 掌握电容和部分电容的概念，了解简单形状电极结构电容的计算

7.恒定电场

7.1 掌握恒定电流、恒定电场、电流密度的概念

7.2 掌握微分形式的欧姆定律、焦耳定律、恒定电场的基本方程和分界面上的衔接条件，能正确地分析和计算恒定电场问题

7.3 掌握电导和接地电阻的概念，并能计算几种典型接地电极系统的接地电阻

8.恒定磁场

8.1 掌握磁感应强度、磁场强度及磁化强度的概念

8.2 了解恒定磁场的基本方程和分界面上的衔接条件，并能应用安培环路定律正确分析和求解具有对称性分布的恒定磁场问题

8.3 了解自感、互感的概念，了解几种简单结构的自感和互感的计算

8.4 了解磁场能量和磁场力的计算方法

9.均匀传输线

9.1 了解均匀传输线的基本方程和正弦稳态分析方法

9.2 了解均匀传输线特性阻抗和阻抗匹配的概念

十一、模拟电子技术

1.半导体及二极管

1.1 掌握二极管和稳压管特性、参数

1.2 了解载流子，扩散，漂移；PN 结的形成及单向导电性

2.放大电路基础

2.1 掌握基本放大电路、静态工作点、直流负载和交流负载线

2.2 掌握放大电路的基本的分析方法

2.3 了解放大电路的频率特性和主要性能指标

2.4 了解反馈的概念、类型及极性；电压串联型负反馈的分析计算

2.5 了解正负反馈的特点；其他反馈类型的电路分析；不同反馈类型对性能的影响；自激的原因及条件

2.6 了解消除自激的方法，去耦电路

3.线性集成运算放大器和运算电路

3.1 掌握放大电路的计算；了解典型差动放大电路的工作原理；差模、共模、零漂的概念，静态及动态的分析计算，输入输出相位关系；集成组件参数的含义

3.2 掌握集成运放的特点及组成；了解多级放大电路的耦合方式；零漂抑制原理；了解复合管的正确接法及等效参数的计算；恒流源作有源负载和偏置电路

3.3 了解多级放大电路的频响

3.4 掌握理想运放的虚短、虚地、虚断概念及其分析方法；反相、同相、差动输入比例器及电压跟随器的工作原理，传输特性；积分微分电路的工作原理

3.5 掌握实际运放电路的分析；了解对数和指数运算电路工作原理，输入输出关系；乘法器的应用（平方、均方根、除法）

3.6 了解模拟乘法器的工作原理

4.信号处理电路

4.1 了解滤波器的概念、种类及幅频特性；比较器的工作原理，传输特性和阀值，输入、输出波形关系

4.2 了解一阶和二阶低通滤波器电路的分析；主要性能，传递函数，带通截止频率，电压比较器的分析法；检波器、采样保持电路的工作原理

4.3 了解高通、低通、带通电路与低通电路的对偶关系、特性

5.信号发生电路

5.1 掌握产生自激振荡的条件，RC 型文氏电桥式振荡器的起振条件，频率的计算；LC 型振荡器的工作原理、相位关系；了解矩形、三角波、锯齿波发生电路的工作原理，振荡周期计算

5.2 了解文氏电桥式振荡器的稳幅措施；石英晶体振荡器的工作原理；各种振荡器的适用场合；压控振荡器的电路组成，工作原理，振荡频率估算，输入、输出关系

6.功率放大电路

6.1 掌握功率放大电路的特点；了解互补推挽功率放大电路的工作原理，输出功率和转换功率的计算

6.2 掌握集成功率放大电路的内部组成；了解功率管的选择、晶体管的几种工作状态

6.3 了解自举电路；功放管的发热

7.直流稳压电源

7.1 掌握桥式整流及滤波电路的工作原理、电路计算；串联型稳压电路工作原理，参数选择，电压调节范围，三端稳压块的应用

7.2 了解滤波电路的外特性；硅稳压管稳压电路中限流电阻的选择

7.3 了解倍压整流电路的原理；集成稳压电路工作原理及提高输出电压和扩流电路的工作原理

十二、数字电子技术

1.数字电路基础知识

1.1　掌握数字电路的基本概念

1.2　掌握数制和码制

1.3　掌握半导体器件的开关特性

1.4　掌握三种基本逻辑关系及其表达方式

2.集成逻辑门电路

2.1　掌握 TTL 集成逻辑门电路的组成和特性

2.2　掌握 MOS 集成门电路的组成和特性

3.数字基础及逻辑函数化简

3.1　掌握逻辑代数基本运算关系

3.2　了解逻辑代数的基本公式和原理

3.3　了解逻辑函数的建立和四种表达方法及其相互转换

3.4　了解逻辑函数的最小项和最大项及标准与或式

3.5　了解逻辑函数的代数化简方法

3.6　了解逻辑函数的卡诺图画法、填写及化简方法

4.集成组合逻辑电路

4.1　掌握组合逻辑电路输入输出的特点

4.2　了解组合逻辑电路的分析、设计方法及步骤

4.3　掌握编码器、译码器、显示器、多路选择器及多路分配器的原理和应用

4.4　掌握加法器、数码比较器、存储器、可编程逻辑阵列的原理和应用

5.触发器

5.1　了解 RS、D、JK、T 触发器的逻辑功能、电路结构及工作原理

5.2　了解 RS、D、JK、T 触发器的触发方式、状态转换图（时序图）

5.3　了解各种触发器逻辑功能的转换

5.4　了解 CMOS 触发器结构和工作原理

6.时序逻辑电路

6.1　掌握时序逻辑电路的特点及组成

6.2　了解时序逻辑电路的分析步骤和方法，计数器的状态转换表、状态转换图和时序图的画法；触发器触发方式不同时对不同功能计数器的应用连接

6.3　掌握计数器的基本概念、功能及分类

6.4　了解二进制计数器（同步和异步）逻辑电路的分析

6.5　了解寄存器和移位寄存器的结构、功能和简单应用

6.6　了解计数型和移位寄存器型顺序脉冲发生器的结构、功能和分析应用

7.脉冲波形的产生

了解 TTL 与非门多谐振荡器、单稳态触发器、施密特触发器的结构、工作原理、参数计算和应用

8.数模和模数转换

8.1 了解逐次逼近和双积分模数转换工作原理；R-2R 网络数模转换工作原理；模数和数模转换器的应用场合

8.2 掌握典型集成数模和模数转换器的结构

8.3 了解采样保持器的工作原理

十三、电气工程基础

1.电力系统基本知识

1.1 了解电力系统运行特点和基本要求

1.2 掌握电能质量的各项指标

1.3 了解电力系统中各种结线方式及特点

1.4 掌握我国规定的网络额定电压与发电机、变压器等元件的额定电压

1.5 了解电力网络中性点运行方式及对应的电压等级

2.电力线路、变压器的参数与等值电路

2.1 了解输电线路四个参数所表征的物理意义及输电线路的等值电路

2.2 了解应用普通双绕组、三绕组变压器空载与短路试验数据计算变压器参数及制定其等值电路

2.3 了解电网等值电路中有名值和标幺值参数的简单计算

3.简单电网的潮流计算

3.1 了解电压降落、电压损耗、功率损耗的定义

3.2 了解已知不同点的电压和功率情况下的潮流简单计算方法

3.3 了解输电线路中有功功率、无功功率的流向与功角、电压幅值的关系

3.4 了解输电线路的空载与负载运行特性

4.无功功率平衡和电压调整

4.1 了解无功功率平衡概念及无功功率平衡的基本要求

4.2 了解系统中各无功电源的调节特性

4.3 了解利用电容器进行补偿调压的原理与方法

4.4 了解变压器分接头进行调压时，分接头的选择计算

5.短路电流计算

5.1 了解实用短路电流计算的近似条件

5.2 了解简单系统三相短路电流的实用计算方法

5.3 了解短路容量的概念

5.4 了解冲击电流、最大有效值电流的定义和关系

5.5 了解同步发电机、变压器、单回、双回输电线路的正、负、零序等值电路

5.6 掌握简单电网的正、负、零序序网的制定方法

5.7 了解不对称短路的故障边界条件和相应的复合序网

5.8 了解不对称短路的电流、电压计算

5.9 了解正、负、零序电流、电压经过 Y/△-11 变压器后的相位变化

6.变压器

6.1 了解三相组式变压器及三相芯式变压器结构特点

6.2 掌握变压器额定值的含义及作用

6.3 了解变压器变比和参数的测定方法

6.4 掌握变压器工作原理

6.5 了解变压器电势平衡方程式及各量含义

6.6 掌握变压器电压调整率的定义

6.7 了解变压器在空载合闸时产生很大冲击电流的原因

6.8 了解变压器的效率计算及变压器具有最高效率的条件

6.9 了解三相变压器连接组和铁芯结构对谐波电流、谐波磁通的影响

6.10 了解用变压器组接线方式及极性端判断三相变压器连接组别的方法

6.11 了解变压器的绝缘系统及冷却方式、允许温升

7.感应电动机

7.1 了解感应电动机的种类及主要结构

7.2 掌握感应电动机转矩、额定功率、转差率的概念及其等值电路

7.3 了解感应电动机三种运行状态的判断方法

7.4 掌握感应电动机的工作特性

7.5 掌握感应电动机的启动特性

7.6 了解感应电动机常用的启动方法

7.7 了解感应电动机常用的调速方法

7.8 了解转子电阻对感应电动机转动性能的影响

7.9 了解电机的发热过程、绝缘系统、允许温升及其确定、冷却方式

7.10 了解感应电动机拖动的形式及各自的特点

7.11 了解感应电动机运行及维护工作要点

8.同步电机

8.1 了解同步电机额定值的含义

8.2 了解同步电机电枢反应的基本概念

8.3 了解电枢反应电抗及同步电抗的含义

8.4 了解同步发电机并入电网的条件及方法

8.5 了解同步发电机有功功率及无功功率的调节方法

8.6 了解同步电动机的运行特性

8.7 了解同步发电机的绝缘系统、温升要求、冷却方式

8.8 了解同步发电机的励磁系统

8.9 了解同步发电机的运行和维护工作要点

9.过电压及绝缘配合

9.1 了解电力系统过电压的种类

9.2 了解雷电过电压特性

9.3 了解接地和接地电阻、接触电压和跨步电压的基本概念

9.4 了解氧化锌避雷器的基本特性

9.5 了解避雷针、避雷线保护范围的确定

10.断路器

10.1 掌握断路器的作用、功能、分类

10.2 了解断路器的主要性能与参数的含义

10.3 了解断路器常用的熄弧方法

10.4 了解断路器的运行和维护工作要点

11.互感器

11.1 掌握电流、电压互感器的工作原理、接线形式及负载要求

11.2 了解电流、电压互感器在电网中的配置原则及接线形式

11.3 了解各种形式互感器的构造及性能特点

12.直流电机基本要求

12.1 了解直流电机的分类

12.2 了解直流电机的励磁方式

12.3 掌握直流电动机及直流发电机的工作原理

12.4 了解并励直流发电机建立稳定电压的条件

12.5 了解直流电动机的机械特性（他励、并励、串励）

12.6 了解直流电动机稳定运行条件

12.7 掌握直流电动机的起动、调速及制动方法

13.电气主接线

13.1 掌握电气主接线的主要形式及对电气主接线的基本要求

13.2 了解各种主接线中主要电气设备的作用和配置原则

13.3 了解各种电压等级电气主接线限制短路电流的方法

14.电气设备选择

14.1 掌握电器设备选择和校验的基本原则和方法

14.2 了解硬母线的选择和校验的原则和方法

注册电气工程师（供配电）执业资格考试
专业基础试题配置说明

电路与电磁场	18 题
模拟电子技术和数字电子技术	12 题
电气工程基础	30 题

注：试卷题目数量合计 60 题，每题 2 分，满分为 120 分。考试时间为 4 小时。

2024 | 全国勘察设计注册工程师
执业资格考试用书

Zhuce Dianqi Gongchengshi (Gongpeidian) Zhiye Zige Kaoshi
Jichu Kaoshi Linian Zhenti Xiangjie

注册电气工程师（供配电）执业资格考试
基础考试试卷

专业基础

试题解析及参考答案

蒋　徵　王　东　曹纬浚 / 主编

人民交通出版社股份有限公司
北京

内 容 提 要

本书共 4 册，分别收录有 2011～2023 年（2015 年停考）公共基础考试试卷（即基础考试上午卷）、专业基础考试试卷（即基础考试下午卷）及其解析与参考答案。

本书配电子题库（有效期一年），考生可微信扫描试卷（公共基础）封面的红色"二维码"，登录"注考大师"在线学习，部分试题有视频解析。

本书可供参加注册电气工程师（供配电）执业资格考试基础考试的考生复习使用，也可供发输变电专业的考生参考练习。

图书在版编目（CIP）数据

2024 注册电气工程师（供配电）执业资格考试基础考试试卷/蒋徵，王东，曹纬浚主编.—北京：人民交通出版社股份有限公司，2024.2

ISBN 978-7-114-19214-2

Ⅰ.①2… Ⅱ.①蒋… ②王… ③曹… Ⅲ.①供电系统—资格考试—习题集②配电系统—资格考试—习题集 Ⅳ.①TM72-44

中国国家版本馆 CIP 数据核字（2024）第 017121 号

书　　　名：**2024 注册电气工程师（供配电）执业资格考试基础考试试卷**

著 作 者：蒋　徵　王　东　曹纬浚

责 任 编 辑：刘彩云

责 任 印 制：刘高彤

出 版 发 行：人民交通出版社股份有限公司

地　　　址：（100011）北京市朝阳区安定门外外馆斜街 3 号

网　　　址：http://www.ccpcl.com.cn

销 售 电 话：（010）59757973

总 经 销：人民交通出版社股份有限公司发行部

经　　　销：各地新华书店

印　　　刷：北京建宏印刷有限公司

开　　　本：889×1194　1/16

印　　　张：61.5

字　　　数：1128 千

版　　　次：2024 年 2 月　第 1 版

印　　　次：2024 年 2 月　第 1 次印刷

书　　　号：ISBN 978-7-114-19214-2

定　　　价：178.00 元（含 4 册）

（有印刷、装订质量问题的图书，由本公司负责调换）

目 录

（试题解析与参考答案·专业基础）

2011 年度全国勘察设计注册电气工程师（供配电）执业资格考试基础考试（下）
试题解析及参考答案

1. 解　利用基尔霍夫电压定律，则：

$$U_{R2} = U_{S2} - U_{S1} = 6 - 10 = -4V$$

答案：C

2. 解　利用基尔霍夫电流定律，则：

$$I + I_1 = \frac{U_{S1}}{5 \mathbin{/\!/} 2} \Rightarrow I_1 = \frac{10}{5 \mathbin{/\!/} 2} - 10 = -3A$$

答案：B

3. 解　星与三角等效变换：

$$R_{31} = \frac{R_3 R_4}{R_3 + R_4 + R_5} = \frac{20 \times 8}{20 + 8 + 12} = 4\Omega$$

$$R_{41} = \frac{R_4 R_5}{R_3 + R_4 + R_5} = \frac{8 \times 12}{20 + 8 + 12} = 2.4\Omega$$

$$R_{51} = \frac{R_3 R_5}{R_3 + R_4 + R_5} = \frac{20 \times 12}{20 + 8 + 12} = 6\Omega$$

等效电阻：$X_\Sigma = (15 + 4) \mathbin{/\!/} (30 + 6) + 2.4 = 14.84\Omega$

则：$I = \dfrac{U}{R_\Sigma} = \dfrac{12}{14.84} = 0.81A$

答案：C

4. 解　设节点 3 电压为 0，即将节点 3 接地，则节点电压方程为：

$$\begin{cases} \left(\dfrac{1}{R_1} + \dfrac{1}{R_2} + \dfrac{1}{R_3}\right)U_1 - \dfrac{1}{R_3}U_2 = \dfrac{U_{S1}}{R_1} + I_{S1} \Rightarrow \left(\dfrac{1}{12} + \dfrac{1}{6} + \dfrac{1}{8}\right)U_1 - \dfrac{1}{8}U_2 = \dfrac{12}{12} + 2 \\[2mm] \left(\dfrac{1}{R_3} + \dfrac{1}{R_4}\right)U_2 - \dfrac{1}{R_3}U_1 = I_{S2} - I_{S1} \Rightarrow \left(\dfrac{1}{8} + \dfrac{1}{4}\right)U_2 - \dfrac{1}{8}U_1 = 8 - 2 \end{cases}$$

解方程可得：$U_1 = 15V$，$U_2 = 21V$

注：节点方程的有效自导指本节点与所有相邻节点支路中除电流支路电导的所有电导之和。有效互导指本节点与相邻节点之间的电导（电流源支路电导为 0）。

答案：A

5. 解　利用基尔霍夫电压定律：

$$12 - 3I = 2I + (I + 6) \times 1 \Rightarrow I = 1A$$

答案：D

6. 解　最大功率传输条件是，当负载电阻等于去掉负载后的戴维南等效电路的内阻 R_{in} 时，在负中可获得最大功率。因此本题实际为求取戴维南等效电路内阻：

将图中两个独立电源置零（电流源开路，电压源短路），则：

$$R_{\text{in}} = (12 \mathbin{/\mkern-5mu/} 6) + 2 = 6\Omega \Rightarrow R = R_{\text{in}} = 6\Omega$$

答案：D

7. 解 利用功率三角形关系，则：

$$Q = \sqrt{S^2 - P^2} = \sqrt{(220 \times 0.4)^2 - 40^2} = 78.38\text{kvar}$$

答案：B

8. 解 求得原电路中各电阻电抗、功率因数等计算因子：

总阻抗：$Z = \dfrac{U}{I} = \dfrac{220}{0.4} = 550\Omega$

电阻：$R = \dfrac{P}{I^2} = \dfrac{40}{0.4^2} = 250\Omega$

电抗：$X_{\text{L}} = \sqrt{550^2 - 250^2} = 490\Omega$

功率因数角：$\varphi_1 = \arctan\dfrac{490}{250} = 62.97°$，则总阻抗：$Z = 550\angle 62.97°$

补偿后的功率因数为 0.95，则：$\varphi_2 = \arccos 0.95 = 18.2°$

由 $Z \mathbin{/\mkern-5mu/} X_{\text{C}}$ 可知：$\dfrac{490 - X_c}{250} = \tan(63° - 90° - 18.2°)$，则 $X_{\text{C}} = 740\Omega$

由 $X_{\text{C}} = \dfrac{1}{\omega C}$，则：$C = \dfrac{1}{2\pi \times 50 \times 740} = 4.3 \times 10^{-6}\text{F} = 4.3\mu\text{F}$

注：也可通过公式直接求得：

$\tan\varphi_1 = 78.4/40 = 1.96$；$\tan\varphi_2 = \tan(\arccos 0.95) = 0.3287$

$C = \dfrac{P}{\omega U^2}(\tan\varphi_1 - \tan\varphi_2) = \dfrac{40}{2\pi \times 50 \times 220^2} \times (1.96 - 0.3287) = 4.29 \times 10^{-6}\text{F}$

$\quad = 4.29\mu\text{F}$

答案：A

9. 解 由于 $\dot{U}_{\text{S}}$ 与 $\dot{I}_1$ 相位差为 90°，等效阻抗 $Z_{\text{eq}} = \dfrac{U_{\text{S}}}{I_1}$ 的实部为零，则：

$$U_{\text{S}} = (1 + \beta)I_1 Z + I_1 Z_1 \Rightarrow \frac{U_{\text{S}}}{I_1} = (1 + \beta)(10 + j50) + 400 + j1000 = (410 + 10\beta) + j(1050 + 50\beta)$$

令其实部为零，即 $410 + \beta 10 = 0 \Rightarrow \beta = -41$

答案：A

10. 解 最大功率传输条件是，当负载阻抗等于去掉负载后的戴维南等效电路的内阻抗共轭时，在负载中可获得最大功率。因此本题实际为求取戴维南等效电路内阻抗：

将图中两个独立电源置零（电流源开路，电压源短路），则：

$$Z_{\text{in}} = (j20 \mathbin{/\mkern-5mu/} 10) + (-j30) = 8 - j26\Omega$$

则其共轭值为：$Z_{\text{L}} = 8 + j26$

答案：C

11. 解 根据平均功率的公式：

$$P = P_0 + P_1 + P_3 + P_5 = U_0 I_0 + U_0 I_0 \cos\varphi_1 + U_3 I_3 \cos\varphi_3 + U_5 I_5 \cos\varphi_3$$

$$= 30 + \frac{117}{2}\cos(-85.3°) + \frac{180}{2}\cos 5° + \frac{25}{2}\cos 70.8°$$

$$= 30 + 4.79 + 89.66 + 4.11 = 128.56\text{kW}$$

注：要区分平均值和有效值的计算方式。

答案：B

12. 解 RCL 串联电路对于直流相当于断路，因此无直流电流分量。

（1）基频时：

$$X_{1L} = \omega L = 314 \times 0.05 = 15.7\Omega; \quad X_{1C} = \frac{1}{\omega C} = \frac{1}{314 \times 50 \times 10^{-6}} = 63.7\Omega$$

总阻抗：$Z_1 = 10 + j(15.7 - 63.7) = 10 - j48 = 49\angle -78.2°\Omega$

基波电流：$I_1 = \frac{U_1}{Z_1} = \frac{90\div\sqrt{2}}{49\angle -78.2°} = 1.3\angle 78.2°\text{A}$

（2）三次频率时：

$$X_{3L} = 3\omega L = 3 \times 314 \times 0.05 = 47.1\Omega; \quad X_{3C} = \frac{1}{3\omega C} = \frac{1}{3 \times 314 \times 50 \times 10^{-6}} = 21.2\Omega$$

总阻抗：$Z_3 = 10 + j(47.1 - 21.2) = 10 + j25.9 = 27.76\angle 68.9°\Omega$

三次谐波电流：$I_3 = \frac{U_3}{Z_3} = \frac{(30\div\sqrt{2})\angle 45°}{27.76\angle 68.9°} = 0.77\angle -23.9°\text{A}$

则，电流方程为：

$$i(t) = 1.3\sqrt{2}\sin(\omega t + 78.2°) + 0.77\sqrt{2}\sin(3\omega t - 23.9°)$$

答案：B

13. 解 开关 S 闭合前，原稳定电路中电容电压已达到稳定，由于电容为储能元件，电压不突变，则：

$$u_C(0_+) = u_C(0_-) = 6 \div 3 \times 2 = 4\text{V}$$

答案：D

14. 解 开关 S 闭合前，原稳定电路中电感电流已达到稳定，由于电感为储能元件，电流不突变，则：

$$i_C(0_+) = i_C(0_-) = \frac{10}{3+2} = 2\text{A}$$

答案：A

15. 解 由于电容为储能元件，其电压不能突变，则：

$$u_{C1}(0_+) = u_{C1}(0_-) = 10\text{V}$$

$$u_{C1}(\infty) = \frac{20 - 10}{4 + 6} \times 6 + 10 = 16\text{V}$$

时间常数：$\tau = R_{in}C = (4\text{ // }6) \times 10^3 \times 10 \times 10^{-6} = 2.4 \times 10^{-2}$

代入一阶动态全响应公式：$f(t) = f(\infty) + [f(0_+) - f(\infty)]e^{-\frac{t}{\tau}}$

$$u_{C1}(t) = 16 - 6e^{-\frac{t}{\tau}} = 16 - 6e^{-\frac{t}{2.4}\times 10^2}$$

答案：B

16. 解　由于电感为储能元件，其电流不能突变，则：

$$i_L(0_+) = f(0_-) = 4A; \quad i_L(\infty) = 30 \div 10 = 3A$$

时间常数：$\tau = \frac{L}{R_{in}} = \frac{0.5}{10} = 0.05$

代入一阶动态全响应公式：$f(t) = f(\infty) + [f(0_+) - f(\infty)]e^{-\frac{t}{\tau}}$

$$i_L(t) = 3 + (4-3)e^{-\frac{t}{0.05}} = 3 + e^{-20t}$$

答案：C

17. 解　去耦等效电路如解图所示。

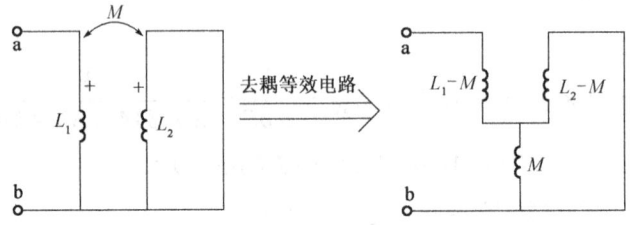

题 17 解图

将数据代入，等效电感为：

$$L_{eq} = (L_1 - M) + [(L_2 - M) /\!/ M] = (0.1 - 0.12) + [(0.4 - 0.12) /\!/ 0.12] = 0.064H$$

注：应熟记去耦等效电路图，以便在考场上快速计算结果。

答案：A

18. 解　最大功率条件为等效阻抗与负载阻抗共轭，即 $R_{eq} = R_2$ 和 $X_{eq} = -X_2$，副变感抗与容抗等量异号，发生并联谐振，即相当于断路，因此仅考虑电阻等效即可。

则，根据变压器原副边等效公式：$R_1 = n^2 R_2 \Rightarrow n = \sqrt{\frac{100}{4}} = 5$

答案：D

19. 解　设相电压 $\dot{U}_{AN} = 220\angle 0°$，先进行星-三角转换，则 $Z_1' = \frac{Z_1}{3} = \frac{-j12}{3} = -j4\Omega$

总等效阻抗：$Z_{eq} = Z_1' /\!/ Z_2 = -j4 /\!/ (3+j4) = \frac{-j4(3+j4)}{3+j4-j4} = \frac{20}{3}\angle -36.87°$

相电流：$I_{AN} = \frac{U_{AN}}{Z_{eq}} = \frac{3\times 220\angle 0°}{20\angle -36.87°} = 33\angle 36.87°$

则，电路平均功率为：$P = 3U_{AN}I_{AN}\cos\varphi = 3\times 220\times 33\times \cos 36.87° = 17424W = 17.424kW$

注：此题也可用线电压线电流计算，但功率因数角必须是相电压超前相电流的夹角。

答案：A

20. 解 根据输出电压只含有基频分量,可知基频时,发生串联谐振;三次谐频时,发生并联谐振,则:

(1)三次频率时:(电路发生并联谐振,电容电感串联回路相当于断路)

$$\frac{1}{3\omega C_1} = 3\omega L_1 \Rightarrow C_1 = \frac{1}{9\omega^2 L_1} = \frac{1}{9 \times 314^2 \times 0.12} = 9.39 \times 10^{-6}F = 9.39\mu F$$

(2)基频时:(电路发生串联谐振,回路相当于短路)

$$X_{C1} = (\omega C_1)^{-1} = 314 \times 9.39 \times 10^{-6} = 339\Omega; \quad X_{L1} = \omega L_1 = 314 \times 0.12 = 37.68\Omega$$

$$X_{L1} /\!/ X_{C1} = j37.68 /\!/ (-j339) = j42.39\Omega$$

$$X_{C2} - X_{L1} /\!/ X_{C1} = 0; \quad C_2 = \frac{1}{314 \times 42.39} = 75.13 \times 10^{-6}F = 75.13\mu F$$

答案:C

21. 解 由临界条件:$R = 2\sqrt{\frac{L}{c}}$,则$R = 2\sqrt{10} = 6.33\Omega$

注:$R = 2\sqrt{\frac{L}{c}}$的过渡过程为临界非振荡过程,这时的电阻为临界电阻,电阻小于此值时,为欠阻尼状态,振荡放电过程;大于此值时,为过阻尼状态,非振荡放电过程。

答案:B

22. 解 基本概念,不再赘述。

答案:A

23. 解 高斯定律,即$\oint_S D \cdot dS = \oint_v \rho \, dv$;真空中$D = \varepsilon_0 E$,则:

$$D \cdot 4\pi r^2 = \sum q \Rightarrow E = \frac{q}{4\pi\varepsilon_0 r^2}$$

答案:D

24. 解 安培环路定律:$\oint_S H \, dl = \sum I$,由于$\rho < a$的区域$\sum I = 0$,因此$H = 0A/m$

答案:C

25. 解 设a导体球所带电流为q,由高斯定律,则金属球间的电场强度$E = \frac{q}{4\pi\varepsilon r^2}(a < r < b)$。

两球面电压差为:$V_0 = \int_a^b \frac{q}{4\pi\varepsilon r^2} dr = \frac{q}{4\pi\varepsilon}\left(\frac{1}{a} - \frac{1}{b}\right)$,因此$q = \frac{4\pi\varepsilon \cdot V_0}{\frac{1}{a} - \frac{1}{b}}$

电场强度:$E_{r=a} = \frac{q}{4\pi\varepsilon a^2} = \frac{V_0}{a^2 \cdot (b-a)} \cdot ab = \frac{b}{a \cdot (b-a)} V_0$

若使$E_{r=a}$最小,V_0为固定值(常数),那么$\frac{a}{b}(b-a)$应取得最大值。根据函数极值的求解方式,设b固定,对a求导可得:

$$f'(a) = \left[\frac{a}{b}(b-a)\right]' = \left(a - \frac{a^2}{b}\right)' = 1 - 2\frac{a}{b}$$

由导数几何意义,当$f'(a) = 0$时,$E_{r=a}$取得极值,则$2\frac{a}{b} - 1 = 0$,解得:$\frac{a}{b} = \frac{1}{2}$

注:可记住结论,即两同心球体内球体表面场强最小时,两球体半径比值为2;两同心柱体内柱体表面场强最小时,两柱体半径比值为e。

答案: A

26. 解 串入 0.105 倍波长的无损耗传输线 L_2 后，从 L_2 起始看进去的输入阻抗 Z_{in} 为：

$$Z_{in} = Z_C \frac{Z_2 + jZ_C \tan\left(\frac{2\pi}{\lambda} \cdot 0.105\lambda\right)}{jZ_2 \tan\left(\frac{2\pi}{\lambda} \cdot 0.105\lambda\right) + Z_C} = Z_C \frac{40 + j10 + jZ_C \times 0.775}{(j40 - 10) \times 0.775 + Z_C}$$

为达到匹配的目的，应 $Z_{in} = 50\Omega$，整理得：

$$387.5 - 10Z_C + j(0.78Z_C^2 + 10Z_C - 1551.36) = 0$$

实部：$387.5 - 10Z_C = 0$，则：$Z_{02} = Z_C = 38.75\Omega$

注：虚部为零时，求解一元二次方程，有兴趣的考生可试算下，可解得正负两根，正根与答案较相近。

答案: A

27. 解 负反馈减少非线性失真（噪声和干扰）所指的是反馈环内的失真。如果输入波形本身就是失真的，这时即使引入负反馈，也是无济于事的。

答案: A

28. 解 考查三极管工作的基本条件：发射结正偏，集电结反偏。

答案: C

29. 解 输出电压与两个输入信号的差模信号（v_{id}）和共模信号（v_{ic}）都有关，则：

$$v_{id} = v_{i1} - v_{i2} = 0V, \quad v_{ic} = \frac{1}{2}(v_{i1} + v_{i2}) = 1V$$

双端输入，单端输出的共模电压增益：$A_{VC} = \frac{v_{oc1}}{v_{ic}} = -\frac{0.1}{1} = -0.1V$

共模抑制比作为一项技术指标衡量，其定义为放大电路对差模信号的电压增益与对共模信号的电压增益之比的绝对值。

共模抑制比：$K_{CMR} = \left|\frac{A_{VD}}{A_{VC}}\right| = \left|\frac{200}{-0.1}\right| = 2000$

注：差模电压增益越大，共模电压增益越小，则共模抑制比越强，放大电路性能越优良。

答案: B

30. 解 无论是温度变化，还是电源电压的波动，差分输入方式都会引起两管集电极电流以及相应的集电极电压相同的变化，其效果相当于在两个输入端加入共模信号，由于电路的对称性和恒流源偏置，在理想状态下，可使输出电压不变，从而抑制了零点漂移和共模信号。因此差分放大电路特别适合用于多级直接耦合放大电路的输入级。

答案: C

31. 解 电路由一个比例放大电路和一个功率放大电路构成，因为运算放大器理想，根据虚短虚断得出：

$$\frac{u_i-0}{R_1}=\frac{0-u_o}{R_2}\Rightarrow u_o=-10\sqrt{2}\sin\omega t\Rightarrow U_o=10V$$，功率放大电路不能正常工作，电路的最大输出功

率为：

$$P_o=\frac{U_o^2}{R_L}=\frac{10^2}{8}=12.5W$$

注：当输入信号足够大时，输出最大功率$P_o=\frac{V_{om}}{2R_L}\approx\frac{V_{CC}}{2R_L}$。

答案：B

32. 解　基本运算电路 A_1 与 A_2 为电压跟随器，即 $u_{o1}=u_{i1}$，$u_{o2}=u_{i2}$；A_3 为减法运算器，A_4 为反比例运算器。利用 A_4 虚地和虚断的概念，可知 $u_{o4}=-\frac{R_2}{R_3}u_o$

利用 A_3 虚短与 A_4 虚地的概念，可列出方程：

$$\begin{cases}\dfrac{u_o-u_{A3-}}{R_1}=\dfrac{u_{A3-}-u_{o1}}{R_1}\\[2mm]\dfrac{u_{o2}-u_{A3+}}{R_1}=\dfrac{u_{A3+}-u_{o4}}{R_1}\end{cases}\Rightarrow\begin{cases}(u_o-u_{A3-})=u_{A3-}-u_{o1}\\u_{o2}-u_{A3+}=u_{A3+}-u_{o4}\end{cases}$$

上下两方程相减得：$u_o-u_{o2}=u_{o4}-u_{o1}$，再将 $u_{o1}=u_{i1}$，$u_{o2}=u_{i2}$，$u_{o4}=-\frac{R_2}{R_3}u_o$ 代入方程，整理可得：

$$u_o\left(1+\frac{R_2}{R_3}\right)=u_{i2}-u_{i1}\Rightarrow u_o=\frac{R_3}{R_2+R_3}(u_{i2}-u_{i1})$$

答案：D

33. 解　根据狄·摩根定律，$\overline{A+B+C}=\overline{A}\cdot\overline{B}\cdot\overline{C}$，可知选项 C 错误，应为 $\overline{AB}=\overline{A}+\overline{B}$

注：狄·摩根定律：$\overline{A+B+C}=\overline{A}\cdot\overline{B}\cdot\overline{C}$ 和 $\overline{A\cdot B\cdot C}=\overline{A}+\overline{B}+\overline{C}$，需牢记。

答案：C

34. 解　由 $n=\frac{32\times1024\times8}{4\times1024\times4}=16$ 片。

答案：B

35. 解　两逻辑函数的卡诺图见解图。

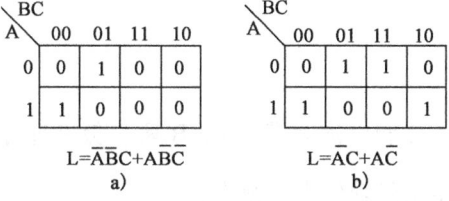

题 35 解图

对比可知，无关项至少为 2 个。

注：所谓无关项，即取值可以为 1 或 0，原则是应有利于得到更为简化的逻辑函数式。卡诺图中相邻方格包括上下底相邻、左右边相邻和四角相邻。

答案：A

36.解 利用 A_1 虚短与 A_3 虚地的概念，可得出：$u_o = -V_{REF}$，$u_i = u = -\dfrac{D_n V_{REF}}{255}$

当 $D_n = (01)_H = (01)_D$ 时，$\dfrac{u_o}{u_i} = 255 \times \dfrac{-V_{REF}}{-D_n V_{REF}} = 255 \times \dfrac{V_{REF}}{1 \times V_{REF}} = 255$

当 $D_n = (FF)_H = (255)_D$ 时，$\dfrac{u_o}{u_i} = 255 \times \dfrac{-V_{REF}}{-D_n V_{REF}} = 255 \times \dfrac{V_{REF}}{255 \times V_{REF}} = 1$

答案：D

37.解 加法器有串行和并行之分，在串行加法器中 n 位字长的加法器仅有一位全加器，使用移位寄存器从低位到高位串行地提供操作数，分 n 步进行相加。而并行加法器由多个全加器组成，其位数多少取决于机器的字长，数据各位同时求和。因此首先可以明确该电路为串行加法器。

B_3-B_0 的 D 触发器未参与加法器工作，而 A_3-A_0 的 D 触发器，在同步脉冲 C 作用下，A_0 与 B_0 相加送入 S，同时送入 A_3，此时 A_3 送入 A_2，如此类推，四个脉冲后结果存在 A_3-A_0 中，因此应该是 4 位同步串行加法器。

注：此题不严谨，无原始置位，不必深究。

答案：D

38.解 74161 是 4 位二进制同步加法计数器，低位片的进位信号（CO）作为高位片的时钟脉冲，为异步级联。

1 号芯片的预置数为 $(1001)_2 = (9)_{10}$，2 号芯片的预置数为 $(0111)_2 = (7)_{10}$

如果不考虑预置数的话（设 $D_0 D_1 D_2 D_3 = 0$）是 16 分频，但这两个计数器不是从 0 开始计数的，左片从 9 开始，右片从 7 开始，因此 CP 与 Y 的频率之比 $= (16-9) \times (16-7) = 63$

注：两片计数器的连接方式分两种：

并行进位：低位片的进位信号（CO）作为高位片的使能信号，称为同步级联。

串行进位：低位片的进位信号（CO）作为高位片的时钟脉冲，称为异步级联。

计数器实现任意计数的方法主要有两种，一种为利用清除端 CR 的复位法，即反馈清零法；另一种为置入控制端 LD 的置数法，即同步预置法。两种方法的计数分析方法不同，为历年考查重点，考生均应掌握。

答案：A

39.解 设 C 相绕组断线，则 C 相电流为零，A、B 两相仍流过对称两相电流，设 $i_A = I_m \sin \omega t$，$i_B = -I_m \sin \omega t$ 坐标原点取 A 相绕组轴线上，则有：

$$\begin{cases} f_{A1} = F_{\varphi 1} \cos \alpha \sin \omega t \\ f_{B1} = -F_{\varphi 1} \cos\left(\alpha - \dfrac{2\pi}{3}\right) \sin \omega t \end{cases}$$

$$f_1 = f_{A1} + f_{B1} = \sqrt{3} F_{\varphi 1} \cos\left(\alpha + \dfrac{\pi}{6}\right) \sin \omega t$$

显然，为脉振磁动势。振幅为单相磁动势的 $\sqrt{3}$ 倍，超前 A 相绕组轴线 30°的位置。

注：定子绕组 Y 接法，一相断线时，在气隙中产生的基波合成磁势为脉振磁势；定子绕组 Δ 接法，

一相断线时，在气隙中产生的基波合成磁势为椭圆形旋转磁势。

答案：D

40. 解 额定相电压：$U_N = \frac{3150}{\sqrt{3}} = 1818.7V$

额定相电流：$I_N = \frac{S_N}{\sqrt{3}U_N} = \frac{7500}{\sqrt{3} \times 3.15} = 1374.6A$

功率因数角：$\varphi = \arccos 0.8 = 36.9°$

设 $I_N = 1374.6∠0°$，则 $U_N = 1818.7∠36.9°V$

$$E_0 = U + jX_C I = 1818.7∠36.9° + j1.6 \times 1374.6 = 1455 + j1091.22 + j2199.4$$
$$= 1455 + j3290.6 = 3598∠66.1°$$

最大功率：$P_{max} = \frac{mUE_0}{X_C} = \frac{3 \times 1818.7 \times 3598}{1.6} = 12269.4kW$

答案：D

41. 解 电枢电流 I 和励磁电流 I_f 之间，为 V 形曲线，此曲线必须牢记。

由解图可知，升高滞后的功率因数，需减小励磁电流，同时增加有功功率输出；升高超前的功率因数，需增大励磁电流，同时增加有功功率输出。

注：若是同步电动机，超前与滞后的位置应调换。

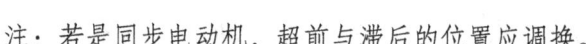

题 41 解图　V 形曲线

答案：B

42. 解 当铁耗与铜耗相等时，变压器效率达到最大，即负载系数为：

$$\beta = \sqrt{\frac{P_0}{P_k}} = \sqrt{\frac{18}{56}} = 0.567$$

则一次电流为：$I_1 = \frac{\beta S_N}{\sqrt{3}U_{N1}} = \frac{0.567 \times 5600}{\sqrt{3} \times 6} = 305.53A$

答案：A

43. 解 启动电流公式为 $I_{st} = \frac{U_1}{\sqrt{(R_1 + R_2')^2 + (X_1 + X_2')^2}}$

其中 R_1、X_1 为定子电阻与漏抗，R_2'、X_2' 为转子电阻与漏抗的折算值。

满载与空载时，以上参数均无变化，所以两者启动电流是相等的。

答案：B

44. 解 并励直流电动机的等效电路如解图所示，依题意，需增加发电机的输出功率，即原动机的也应相应增加出力，且电动机的端电压 U_N 与励磁电阻 R_f 保持不变（即励磁电流 I_f 和磁通 Φ 不变），则电动机的三种调速方式仅剩一种适用，即通过改变电枢电流 I_a 进行调速。当增加出力时，需增大电磁转矩，再由公式 $T_{em} = C_T \Phi_N I_a$、$E_a = U_N - I_a R_a$ 和 $E_a = C_e \varphi n$ 分析可知：

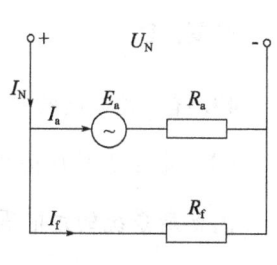

题 44 解图

$T_{em}\uparrow\Rightarrow I_a\uparrow\Rightarrow E_a\downarrow\Rightarrow n\downarrow$。

答案：A

45.解 基本概念，不再赘述。

答案：C

46.解 电网及设备电压的基本原则如下：

（1）发电机额定电压规定比网络额定电压高 5%。

（2）变压器一次绕组相当于用电设备，其额定电压等于网络额定电压，但与发电机直接连接时，等于发电机额定电压。

（3）变压器二次绕组相当于供电设备，故一般额定电压比网络高 5%~10%（$U_K\% < 7\%$，取 5%；$U_K\% > 7\%$，取 10%）。

答案：A

47.解 非故障相电压，可以近似分析如下（其中正负序阻抗相等，即$X_{\Sigma 1} = X_{\Sigma 2}$）：

$$\dot{U}_{fb} = a^2\dot{U}_{f1} + a\dot{U}_{f2} + \dot{U}_{f0} = \frac{\sqrt{3}}{2}\left[(2X_{\Sigma 1} + X_{0\Sigma}) - j\sqrt{3}X_{0\Sigma}\right] \times \frac{1}{j(2X_{\Sigma 1} + X_{0\Sigma})}$$

$$= -\frac{\sqrt{3}X_{0\Sigma}}{2X_{\Sigma 1} + X_{0\Sigma}} \cdot \frac{\sqrt{3}}{2} - j\frac{\sqrt{3}}{2} = -\frac{3}{2} \cdot \frac{\frac{X_{0\Sigma}}{X_{\Sigma 1}}}{\left(2 + \frac{X_{0\Sigma}}{X_{\Sigma 1}}\right)} - j\frac{\sqrt{3}}{2} = -\frac{3}{2}\frac{2K}{(2+K)} - j\frac{\sqrt{3}}{2}$$

其中$K = \frac{X_{\Sigma 0}}{X_{\Sigma 1}}$，中性点不接地电力系统，最严重情况为$X_{\Sigma 0} = \infty$，则：

$$\dot{U}_{fb} = -\frac{3}{2}\frac{2K}{(2+K)} - j\frac{\sqrt{3}}{2} = -\frac{3}{2} - j\frac{\sqrt{3}}{2} = \sqrt{3}\left(-\frac{\sqrt{3}}{2} - j\frac{1}{2}\right) = \sqrt{3}\angle 30°$$

$$\dot{U}_{fc} = -\frac{3}{2}\frac{2K}{(2+K)} + j\frac{\sqrt{3}}{2} = -\frac{3}{2} + j\frac{\sqrt{3}}{2} = \sqrt{3}\left(-\frac{\sqrt{3}}{2} + j\frac{1}{2}\right) = \sqrt{3}\angle -30°$$

由此可见，35kV 系统中性点不接地电力系统中发生单相接地短路时，非故障相电压升高到线电压（35kV），而中性点电压升高到相电压（$35/\sqrt{3}$kV）。

注：基本概念，应牢记。以上推导过程供考生参考，不必深究。

答案：D

48.解 基本概念，不再赘述。

答案：D

49.解 我国电网中，有关系统中性点接地方式主要有四种，其特点及应用范围如下：

（1）中性点直接接地

优点是系统的过电压水平和输变电设备所需的绝缘水平较低，系统的动态电压升高不超过系统额定电压的 80%，110kV 及以上高压电网中普遍采用这种接地方式，以降低设备和线路造价，经济效益显著。

缺点是发生单相接地故障时单相接地电流很大，必然引起断路器跳闸，降低了供电连续性，供电可靠性较差。此外，单相接地电流有时会超过三相短路电流，影响断路器开断能力选择，并对通信线路产生干扰的危险。

（2）中性点不接地

优点是发生单相接地故障时，不形成短路回路，通过接地点的电流仅为接地电容电流，当单相接地故障电流很小时，只使三相对地电位发生变化，故障点电弧可以自熄，熄弧后绝缘可自行恢复，无须断开线路，可以带故障运行一段时间，因而提供了供电可靠性。在3~66kV电网中应用广泛，但要求其单相接地电容电流不能超过允许值，因此其对临近通信线路干扰较小。

缺点是发生单相接地故障时，会产生弧光过电压。这种过电压现象会造成电气设备的绝缘损坏或开关柜绝缘子闪络，电缆绝缘击穿，所以要求系统绝缘水平较高。

（3）中性点经消弧线圈接地

在3~66kV电网中，当单相接地电容电流超过允许值时，采用消弧线圈补偿电容电流保证接地电弧瞬间熄灭，消除弧光间歇接地过电压。

如变压器无中性点或中性点未引出，应装设专用接地变压器，其容量应与消弧线圈的容量相配合。

（4）中性点经电阻接地

经高电阻接地方式可以限制单相接地故障电流，消除大部分谐振过电压和间歇弧光接地过电压，接地故障电流小于10A，系统在单相接地故障条件下可持续运行。缺点是系统绝缘水平要求较高。其主要适用于发电机回路。

经低电阻接地方式可快速切除故障，过电压水平低，可采用绝缘水平低的电缆和设备。但供电可靠性较差。其主要适用于以电缆线路为主，不容易发生瞬时性单相接地故障且系统电容电流比较大的城市配电网、发电厂厂用电系统及工矿企业配电系统。

答案：A

50. 解 线路参数计算如下：

电阻：$R = 200 \times 0.18 = 36\Omega$

电抗：$X = 200 \times 0.415 = 83\Omega$

电纳：$B = 200 \times 2.86 \times 10^{-6} = 0.572 \times 10^{-3}S$

送端电压：$U_1 = U_2 - \frac{BX}{2}U_2 = 242 - \frac{0.572 \times 83 \times 10^{-3}}{2}242 = 236.26kV$

注：此为空载线路末端电压升高现象，其中的公式必须牢记。也可将电阻计入，但对结果无影响：

$$U_1 = U_2 - \frac{BX}{2}U_2 + j\frac{BR}{2}U_2 = 236.26 + j4.98 = 236.31kV$$

答案：A

51. 解 线路与变压器参数计算如下：

线路：$R = 100 \times 0.27 = 27\Omega$，$X = 100 \times 0.4 = 40\Omega$

变压器：$X_T = 0.105 \times 110^2 \times 10^3 / 30 \times 10^3 = 42.35\Omega$

线路加变压器等效阻抗：$Z = 27 + j82.35\Omega$

（1）第一种算法（直接用末端功率计算网络电压损耗）

$$U_{2max} = 116 - \Delta U_{max} = 116 - \frac{PR + QX}{U} = 116 - \frac{21 \times 27 + 14 \times 82.35}{116} = 101.17kV$$

$$U_{2min} = 116 - \Delta U_{min} = 116 - \frac{PR + QX}{U} = 116 - \frac{10 \times 27 + 7 \times 82.35}{116} = 108.7kV$$

根据调压要求，按最小负荷没有补偿的情况下确定变压器分接头：

$$U_T = \frac{U_{2min}}{U_2} \times U_{2N} = \frac{108.7}{10.5} \times 11 = 113.88kV$$

选择最近的分接头为$110 \times (1 + 2.5\%) = 112.75kV$，变比$K = 10.25$

$$Q_C = \frac{U_{2max}}{X} \left(U_{2max} - \frac{U'_{2max}}{k} \right) k^2 = \frac{10.5}{82.35} \left(10.5 - \frac{101.17}{10.25} \right) \times 10.25^2 = 8.44Mvar$$

（2）第二种算法（因首端电压已知，先用末端功率进行潮流计算）

$$\Delta S_{max} = \frac{21^2 + 14^2}{110^2} \times (27 + j82.35) = 0.0526 \times (27 + j82.35) = 1.42 + j4.33$$

$$\Delta S_{min} = \frac{10^2 + 7^2}{110^2} \times (27 + j82.35) = 0.0123 \times (27 + j82.35) = 0.33 + j1.01$$

$$S_{1max} = \Delta S_{max} + S_{max} = 1.42 + j4.33 + 21 + j14 = 22.42 + j18.33$$

$$S_{1min} = \Delta S_{min} + S_{min} = 0.33 + j1.01 + 10 + j7 = 10.33 + j8.01$$

利用首端电压和首端功率计算出电压损耗：

$$U_{2max} = 116 - \Delta U_{max} = 116 - \frac{PR + QX}{U} = 116 - \frac{22.42 \times 27 + 18.33 \times 82.35}{116} = 97.77kV$$

$$U_{2min} = 116 - \Delta U_{min} = 116 - \frac{PR + QX}{U} = 116 - \frac{10.33 \times 27 + 8.01 \times 82.35}{116} = 107.91kV$$

根据调压要求，按最小负荷没有补偿的情况下确定变压器分接头：

$$U_T = \frac{U_{2min}}{U_2} \times U_{2N} = \frac{107.91}{10.5} \times 11 = 113.05kV$$

选择最近的分接头为$110 \times (1 + 2.5\%) = 112.75kV$，变比$K = 10.25$

按最大负荷时计算电容器的补偿容量：

$$Q_C = \frac{U_{2max}}{X} \left(U_{2max} - \frac{U'_{2max}}{k} \right) k^2 = \frac{10.5}{82.35} \left(10.5 - \frac{97.77}{10.25} \right) \times 10.25^2 = 12.88Mvar$$

注：第二种算法是天大版复习教程上的计算思路，但是出题的人可能认为此计算太过繁琐，所以答案选项是针对较为简单的计算过程设定的。但第一种算法实际上不够严谨。

答案：B

52. 解 等效电路如解图所示，计算各支路电抗，令各电势接地，再设距离短路点最远的一条支路的电流为单位电流，即设 E_1 的电流为单位电流，即 $I_1 = 1$。

计算过程中可省去旋转因子 j，不影响计算结果。

$$U_0 = X_1 \times I_1 = (0.05 + 0.05 + 0.1) \times 1 = 0.2$$

$$I_2 = \frac{U_0}{X_2} = \frac{0.2}{0.05 + 0.05 + 0.1} = 1$$

$$I_3 = I_1 + I_2 = 1 + 1 = 2$$

$$U_3 = I_3 \times 0.1 + U_0 = 2 \times 0.1 + 0.2 = 0.4$$

短路点电压与各电源点的电流之商即为对应的转移电抗，则：

$$X_{1K} = X_{2K} = 0.4/1 = 0.4$$

短路电流标幺值：

$$E_{12} = (E_1 X_2 + E_2 X_1)/(X_1 + X_2)$$
$$= (1 \times 0.2 + 1 \times 0.2)/(0.2 + 0.2) = 1$$

$$X_* = (X_1 /\!/ X_2) + X_3 = 0.1 + 0.1 = 0.2$$

$$I_* = \frac{E_{12}}{X_*} = \frac{1}{0.2} = 5$$

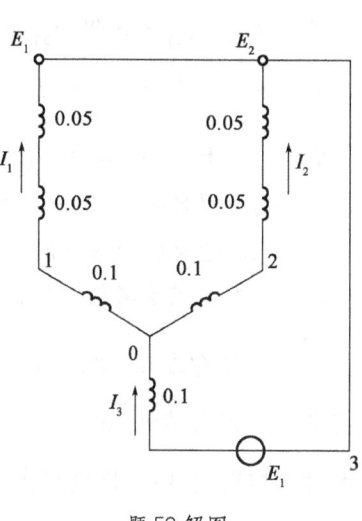

题 52 解图

注：转移电抗：电势源节点和短路点之间的直接电抗，其有多种求法，包括单位电流计算法、电流分布系数法和等效电源法。这里只对单位电流计算法做介绍，其他的方法有兴趣的考生可自行研究。

答案： A

53. 解 b、c 两相短路，根据复合序网，仅考虑正序与负序阻抗，不必考虑零序阻抗，正、负序网络如解图所示。

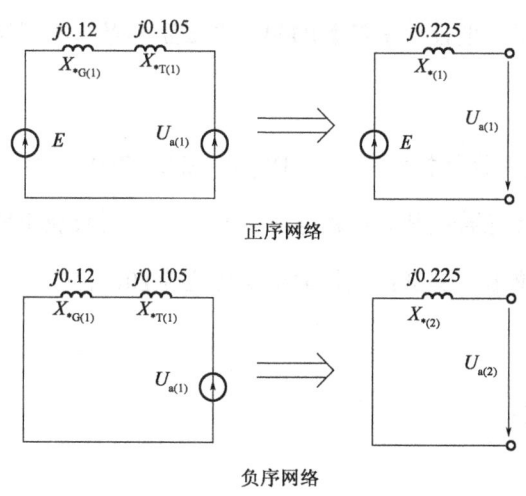

题 53 解图

根据两相短路复合序网可直接进行计算：

正负、负序阻抗：$X_{*\sum(1)} = X_{*\sum(2)} = 0.12 + 0.105 = 0.225$

A 相正序电流：$I_{a1} = -I_{a2} = \frac{E_1}{j(X_{1\sum}+X_{2\sum})} = \frac{1}{j(0.225+0.225)} = -j2.22$

由于零序电流（电压）不能通过变压器流至高压侧线路，因此高压侧 M 点 A 相电流仅考虑正序与负序网络即可，则三角形侧：

正序电流：$I'_{a1} = e^{j30} \cdot I_{a1} = -j2.22 \times e^{j30}$

负序电流：$I'_{a2} = e^{j-30} \cdot I_{a2} = j2.22 \times e^{j-30}$

$$I'_{*M} = I'_{a1} + I'_{a2} = j2.22 \times (e^{-j30°} - e^{j30°})$$
$$= j2.22 \times (\cos 30° - j \sin 30° - \cos 30° - j \sin 30°)$$
$$= j2.22 \times (-j) = 2.22$$

M 点 A 相电流有名值：$I_{AM} = I'_{*M} \times \frac{S_j}{\sqrt{3}U_j} = 2.22 \times \frac{100}{\sqrt{3}\times 10.5} = 12.2\text{kA}$

注：经过Y/△−11 解法的变压器，由星形侧到三角形侧时，正序系统逆时针方向转过 30°，负序系统顺时针方向转过 30°；反之，由三角形侧到星形侧时，正序系统顺时针方向转过 30°，负序系统逆时针方向转过 30°。发电机出口母线 M 点 A 相电流实际为非故障点电流，此计算较非故障点电压简单一些。

答案：C

54. 解 《电力装置的电测量仪表装置设计规范》（GB/T 50063—2017）的相关规定如下：

第 8.2.6 条：电压互感器二次绕组应有一个接地点。对于中性点有效接地或非有效接地系统，星形接线的电压互感器主二次绕组应采用中性点一点接地；对于中性点非有效接地系统，V 形接线的电压互感器主二次绕组采用 B 相一点接地。

电压互感器二次回路的设计原则中，要求中性点接地线中不应串接有可能断开的设备。

注：可参考《工业与民用配电设计手册》P444 "电压互感器二次回路设计原则" 相关内容。

答案：A

55. 解 《导体和电器选择设计技术规定》（DL/T 5222—2005）的相关规定如下：

第 16.0.7 条：用于中性点直接接地系统的电压互感器，其剩余绕组额定电压应为 100V；用于中性点非直接接地系统的电压互感器，其剩余绕组额定电压应为100/3V。

答案：A

56. 解 电气主接线形式：

（1）二分之三接线形式

该接线具有很高的可靠性。任一设备故障或检修时都不会中断供电，甚至两组母线同时故障的极端情况下仍不影响供电。方式的转换通过操作断路器完成，隔离开关仅在检修时作为隔离带电设备使用，因而可以有效减少误操作概率。

（2）三分之四接线形式

类似于二分之三接线，但可靠性有所降低，可节省投资，布置比较复杂。

（3）双母线分段接线形式

具有互为备用的两组母线，每回进出线通过一台断路器和并列的两组隔离开关分别与两组母线连接。通过两组母线隔离开关的倒换操作可以轮流检修一组母线而不致使供电中断；检修任一母线隔离开关时，也只需断开此隔离开关所属的一条回路和与该开关相连的一组母线，不影响其他回路供电。但若检修出线断路器时，将不可避免地暂时中断该回路供电。

（4）双母线分段（单母线分段）带旁路接线形式

为了检修出线断路器时不致中断该出线回路供电，可增设旁路母线。在投入旁路母线前先通过旁路断路器对旁路母线进行充电，待与工作母线等电位后投入旁路隔离开关，将出线转移到旁路母线上。

注：请考生参考相关资料中的主接线接线图分析理解，本书不再赘述。

答案：D

57.解 《3~110kV 高压配电装置设计规范》（GB 50060—2008）的相关规定如下：

第 4.1.4 条：验算导体短路电流热效应的计算时间，宜采用主保护动作时间加相应的断路器全分闸时间。当主保护有死区时，应采用对该死区起作用的后备保护动作时间，并应采用相应的短路电流值。

验算电器短路热效应的计算时间，宜采用后备保护动作时间加相应的断路器全分闸时间。

答案：A

58.解 在 3~66kV 电网中，当单相接地电容电流超过允许值时，采用消弧线圈补偿单相接地电容电流，可保证接地电弧瞬间熄灭，减少间歇性电弧的产生，消除弧光间歇接地过电压。

如变压器无中性点或中性点未引出，应装设专用接地变压器，其容量应与消弧线圈的容量相配合。

答案：C

59.解 《66kV 及以下架空电力线路设计规范》（GB 50061—2010）的相关规定如下：

第 6.0.14-2 条：35kV 架空电力线路的进出线段宜架设地线，加挂地线长度一般宜为 1.0~1.5km。

主要原因分析如下：

（1）35kV 中性点绝缘系统的线路常采用金属或混凝土电杆，因为这些线路的绝缘强度很低，实际上任何一次击中架空地线的雷电，都可以引起从地线到导线的反击，同样会引起线路跳闸，故在这些线路全程采用避雷线是不合适的。

（2）线路受雷击引起大气过电压，多数引起单相闪络接地，而不会引起开关跳闸，由于 35kV 线路输送容量小，故障电流低，一般不会超过 5A，而采用中性点不接地或者经消弧线圈接地的方式，可以使雷击造成的大多数单相接地故障能够自动消除，不致引起两相短路和跳闸。只有引起两相绝缘子闪络后，形成弧光接地短路，才能引起线路开关跳闸，而这种故障发生的概率很低。因为在两相或三相遭雷击时，雷击引起第一相导线闪络并不造成跳闸，闪络后的导线相当于地线，增加了耦合作用，使未闪络相绝缘子串上的电压下降，从而提高了耐雷水平。

（3）避雷线线路造价高。

答案：A

60. 解 当雷电波入侵且避雷器动作后，在避雷器与被保护设备之间线路上有波的多次折、反射，被保护设备上的电压将不等于避雷器上的电压。经分析，当避雷器与被保护设备之间有一定距离时，被保护设备无论处于避雷器的前端（如隔离开关），还是处于后端（如变压器），其上电压的最大值将比避雷器残压高，其差值为：$\Delta U = 2\alpha \dfrac{l}{v}$，其中 l 为设备与避雷器之间的电气距离。设备上所受冲击电压的最大值为：$U_{\mathrm{S}} = U_{\mathrm{b \cdot 5}} + 2\alpha \dfrac{l}{v}$，其中 $U_{\mathrm{b \cdot 5}}$ 为避雷器的雷电冲击残压；

因此，变压器等被保护设备上的过电压，与避雷器的保护特性（放电电压、残压等）、入侵波的陡度、离避雷器的距离等因素有关。避雷器的放电电压、残压越高，入侵陡度越高，与避雷器之间的电气距离越长，则被保护设备上的电压就越高。

答案：D

1. 解　设端口电流为 I_{in}，方向为流入端口，则有方程 $(I_{in} + 2u_1)\frac{2}{3} = u$ 成立，因此 $u_1 = -2I_{in}$

端口开路电压：$u_{in} = \left(\frac{2}{3} + 3\right) \times (2u_1 + I_{in}) = \frac{11}{3} \times (-4I_{in} + I_{in}) = -11I_{in}$

输入电阻：$R_{in} = \frac{u_{in}}{I_{in}} = \frac{-11I_{in}}{I_{in}} = -11\Omega$

注：当含源一端口内部含受控源时，在它的内部独立电源置零后，输入电阻或戴维南等效电阻有可能为零或无限大。当 $R_{eq} = 0$ 时，等效电路成为一个电压源，在这种情况下，对应的诺顿等效电路不存在，因为 $G_{eq} = \infty$。同理，如果 $R_{eq} = \infty$ 即 $G_{eq} = 0$，诺顿等效电路成为一个电流源，在这种情况下对应戴维南电路就不存在。通常情况下，两种等效电路都是存在的。

答案：A

2. 解　采用叠加定理计算，电流源置零相当于开路，电压源置零相当于短路。

第一步：电流源置零，两电压源合并，电路图变换如解图1所示。则：

$$i = 6/2 = 3A,\quad u_1 = 4i \times 5 = 4 \times 3 \times 5 = 60V$$

第二步：电压源置零，电路图变换如解图2所示。则：

$$i = 0A,\quad u_2 = -(2 + 4i) \times 5 = -2 \times 5 = -10V$$

第三步：叠加。则：

$$u = u_1 + u_2 = 60 - 10 = 50V$$

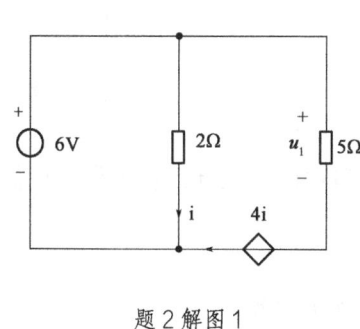 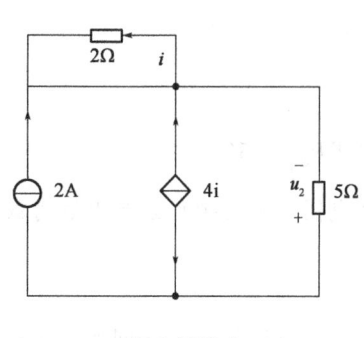

题2解图1　　　　　　　　题2解图2

答案：C

3. 解　考查理想变压器等效电路，理想变压器等效电路如解图所示。

同名端同侧的理想变压器两端存在如下关系：

$u_1 = nu_2$，$i_1 = -\frac{1}{n}i_2$，因此存在 $\frac{u_1}{i_1} = -n^2\frac{u_2}{i_2}$

先将题中电路图变换如下：

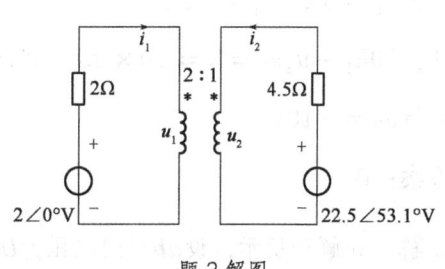

题3解图

由图可得：$i_2 = \frac{22.5\angle 53.1° - u_2}{4.5}$，$i_1 = \frac{2\angle 0° - u_1}{2}$

将两式代理想变压器方程得：

$$\frac{2u_1}{2\angle 0° - u_1} = -4 \times \frac{4.5u_2}{22.5\angle 53.1° - u_2} = \frac{18u_2}{u_2 - 22.5\angle 53.1°}$$

由 $u_1 = nu_2 = 2u_2$，变换方程为：

$$\frac{2u_1}{2\angle 0° - u_1} = \frac{9u_1}{(u_1/2) - 22.5\angle 53.1°} = \frac{18u_1}{u_1 - 45\angle 53.1°}$$

$$\Rightarrow \frac{u_1}{2\angle 0° - u_1} = \frac{9u_1}{u_1 - 45\angle 53.1°}$$

$$\Rightarrow u_1^2 - u_1 \times 45\angle 53.1° = u_1 \times 18\angle 0° - 9u_1^2 \angle 10u_1^2 = u_1 \times (45 < 53.1° + 18\angle 0°)$$

$$\Rightarrow 10u_1 = 27 + j36 + 18 = 45 + j36 = 57.6\angle 38.65°$$

$$\Rightarrow u_1 = 5.76\angle 38.65°$$

答案：B

4. 解　根据解图以及基尔霍夫电流定律，列定各支路电流方程：

$$\begin{cases} i_2 = u_1 \\ i_1 = i - i_2 \\ i_4 = i_1 + u_1 \\ i_3 = i_2 + i_4 \end{cases}$$

根据以上四式可知：

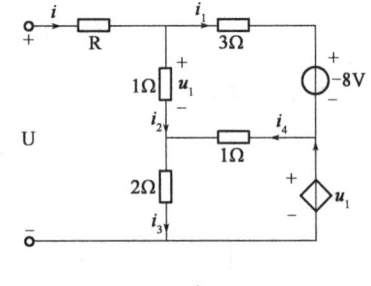

$u_1 = 3i_1 - 8 + i_4 = 3(i - u_1) - 8 + i = 4i - 8 - 3u_1 \Rightarrow$

$u_1 = i - 2$

$u = u_1 + 2i_3 = u_1 + 2(i + u_1) = 3u_1 + 2i$，将 $u_1 = i - 2$ 代

入，则：

$u = 5i - 6$

因此等效电阻 $R_{eq} = 5\Omega$

题4解图

注：当负载电阻等于去掉负载电阻后的戴维南等效电路中的内阻时，在负载中可获得最大功率。

答案：D

5. 解　无源线性电阻黑箱电路问题，由线性关系，有如下方程：

$$\begin{cases} 15k_1 + 10k_2 = 2.0 \\ 20k_1 + 15k_2 = 2.5 \end{cases}$$

解得 $k_1 = 0.2$，$k_1 = -0.1$

则：$20k_1 + u_2 k_2 = 5 \Rightarrow 20 \times 0.2 - 0.1u_2 = 5$

解得 $u_2 = -10V$

答案：B

6. 解　如解图所示，设 ab 点间电压为 U，则：

$$i_1 = \frac{U-2}{4} = \frac{2}{R} \Rightarrow U = \frac{8}{R} + 2, \quad i_2 = \frac{U}{8}$$

考虑ab点外的电阻，则：

$$U + 4(i_1 + i_2) = 8$$

$$\Rightarrow \left(\frac{8}{R} + 2\right) + 4 \times \left[\frac{2}{R} + \frac{1}{8}\left(\frac{8}{R} + 2\right)\right] = 8$$
$$\Rightarrow R = 4\Omega$$

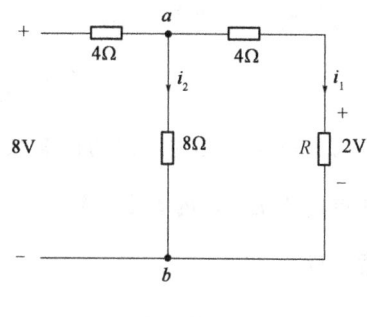

题6解图

注：不可直接将ab间的电压确定为8V。

答案：C

7.解 正弦电流表达式：$i = I_m \sin(\omega t + \varphi)$

半个周期180°，相角由90°第一次下降至0经过0.5×10^{-3}s，即$i = I_m \sin(\omega t + 90°) = 0$

即$\omega t = 2\pi f t = \frac{\pi}{2} \Rightarrow f = \frac{\pi}{2} \times \frac{1}{2\pi t} = \frac{1}{4 \times 0.5 \times 10^{-3}} = 500$Hz

注：隐含条件，相角由第一次下降至0时，$\omega t + \varphi = \pi$；相角由第二次下降至0时，$\omega t + \varphi = 2\pi$，依此类推。

答案：A

8.解 电容两端电流相量超前于电压相量90°，关联方向下电容电流相量$\dot{I}_C$和电感电压相量$\dot{U}_C$之间的关系为：$\dot{U}_C = -jX_C \dot{I}_C$或$\dot{I}_C = jB_C \dot{U}_C = jX_C \dot{U}_C$

注：还应了解电感元件电流、电压关系的相量形式及其关联方向下的关系。

答案：C

9.解 根据题意总电压U_Z、电感电压U_L以及R_C两端电压U_{RC}均相等，且为150V，再根据各电压的相对于同一电流（R_{LC}串联电路电流相等，设I的相量为0°）的相量关系，可绘制电压关系如解图所示。

（1）总电压U_Z、电感电压U_L以及RC两端电压U_{RC}组成一正三角形，彼此相差60°；

（2）电容电压U_C、电阻电压U_R以及合成的U_{RC}组成一直角三角形，彼此间满足勾股定理。

则：

$$I = \frac{U_R}{R} = \frac{U_{RC} \cdot \cos 30°}{R} = \frac{150 \times \sqrt{3} \div 2}{25} = 3\sqrt{3}A$$

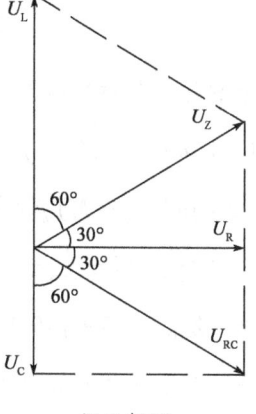

题9解图

注：电感两端电压相量超前于电流相量90°，电容两端电压相量滞后于电流相量90°。

答案：B

10.解 由电路图可列如下方程：

$$U = (R + j\omega L) \times (i_L + 8i_L) + \frac{1}{j\omega C} \times i_L = \left[9R + j\left(\omega L - \frac{9}{\omega C}\right)\right] \times i_L$$

发生谐振时，无功应为零，则：

$$\omega L - \frac{9}{\omega C} = 0 \Rightarrow \omega^2 = \frac{9}{LC} \Rightarrow \omega = \frac{3}{\sqrt{LC}}$$

注：谐振频率又称为电路的固有频率，它是由电路的结构和参数决定的。串联谐振频率只有一个，是由串联电路中L、C的参数决定的，而与串联电阻R无关。谐振的条件即电路无功为零。

答案：D

11. 解 去耦等效电路如解图 1 所示。

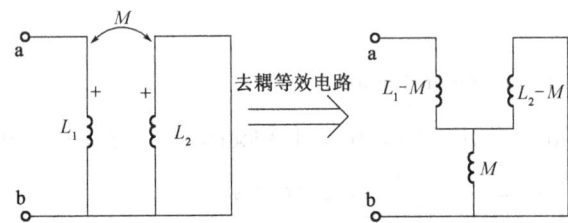

题 11 解图 1

将数据代入，如解图 2 所示。

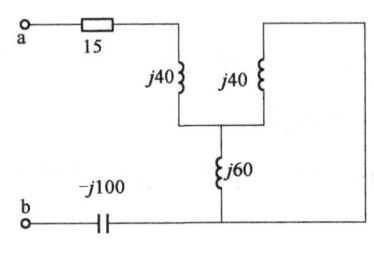

题 11 解图 2

$$Z_{ab} = R + j\omega(L_1 - M) + j\omega[(L_2 - M) /\!/ M] - j\frac{1}{\omega C}$$

分别计算各参数因子：

（1）$j\omega(L_1 - M) = j10 \times (10 - 6) = j40$

（2）$j\omega[(L_2 - M) /\!/ M] = j10 \times [(10 - 6) /\!/ 6] = j24$

（3）$j\frac{1}{\omega C} = j\frac{1}{10 \times 10^{-3}} = j100$

则：$Z_{ab} = 15 + j40 + j24 - j100 = 15 - j36$

注：应熟记去耦等效电路图，以便在考场上快速计算结果。

答案：B

12. 解 由题干条件可知，电流电压的有效值和相位分别为：

$$\dot{U} = \frac{24}{\sqrt{2}} \angle 0°; \quad \dot{I} = \frac{4}{\sqrt{2}} \angle 0°$$

则完整电路的内阻抗为：$Z_{in} = \frac{\dot{U}}{\dot{I}} = \frac{24\angle 0°}{4\angle 0°} = 6\Omega$，为一纯电阻性负载。

由题意，无源二端网络可以看作电阻 R 与电感 L 相串联的电路，设其阻抗为 $Z' = R' + j\omega L'$，则：

$$Z_{in} = R - j\frac{1}{\omega C} + R' + j\omega L' = 2 - j\frac{1}{2000 \times 0.25 \times 10^{-6}} + R' + j2000L'$$

$$= 2 + R' + j(2000 - 2000L') = 6\Omega$$

复数实部：$2 + R' = 6 \Rightarrow R' = 4\Omega$

复数虚部：$2000 - 2000L' = 0 \Rightarrow L' = 1H$

答案：C

13. 解 由题意按基频（$\omega_1 = 10000$）与三次频率（$\omega_3 = 20000$）时分别计算并联回路。

（1）基频时：$Z_{11} = j\left(\omega L - \frac{1}{\omega C}\right) = j\left(10^4 \times 1 \times 10^{-3} - \frac{1}{10^4 \times 10 \times 10^{-6}}\right) = 0\Omega$

发生串联谐振，电容电感串联回路相当于短路，$u_1(t)$基频分量为0。

$$Z_{12} = -j\frac{1}{\omega C} = -j\frac{1}{10^4 \times 10 \times 10^{-6}} = -j80\Omega$$

由于Z_{11}支路发生串联谐振，Z_{12}支路被短路掉，无电流通过。

（2）三次频率时：$Z_{31} = j\left(3\omega L - \frac{1}{3\omega C}\right) = j\left(3 \times 10^4 \times 1 \times 10^{-3} - \frac{1}{3 \times 10^4 \times 10 \times 10^{-6}}\right)$

$$= j\frac{80}{3}\Omega$$

$$Z_{32} = -j\frac{1}{3\omega C} = -j\frac{1}{3 \times 10^4 \times 1.25 \times 10^{-6}} = -j\frac{80}{3}$$

由于$Z_{31} - Z_{32} = 0$，电路发生并联谐振，电容电感串联回路相当于断路，$u_1(t)$三次频率分量与电源一致。

综上分析，$u_1(t) = 30\sqrt{2}\sin(30000t)$

答案：A

14. 解 按戴维南定理将电压源置零，求其等效电阻，有：

$$R_{eq} = \frac{U}{I} = \frac{20 \times (5i + i)}{i} = 120\Omega$$

则时间常数为：$\tau = \frac{L}{R} = \frac{0.12}{120} = 0.001s = 1ms$

注：在RC一阶电路中，时间常数$\tau = RC$；在RL一阶电路中，时间常数$\tau = \frac{L}{R}$。求解一阶电路时，可以把储能元件以外的部分，应用戴维南定理或诺顿定理进行等效变换，然后求得储能元件上的电压和电流。

答案：D

15. 解 开关S断开前，原稳定电路中电容实际按开路考虑，则：

$$R_{ab} = 20 \mathbin{/\mkern-5mu/} (12 + 8) = 10\Omega$$

$$U_{ab} = \frac{10}{10 + 10} \times 100 = 50V$$

$$U_{C1}(0_-) = \frac{8}{12 + 8} \times 50 = 20V$$

由于电容为储能元件，其电压不能突变，则$U_{C1}(0_+) = U_{C1}(0_-) = 20V$

答案：C

16. 解 由于电容为储能元件，其电压不能突变，则：

$$u_{C1}(0_+) = U_{C1}(0_-) = 15V; \quad u_{C2}(0_+) = U_{C2}(0_-) = 6V$$

换路后，C_1 经 R 向 C_2 充电，原两电容储存的总电荷在两个电容上重新分配，由于换路前后电容中的电荷总量一定，且根据公式 $q = Cu$ 和稳态时 $u_{C1}(\infty) = U_{C2}(\infty)$，有：

$$C_1 u_{C1}(\infty) + C_2 u_{C2}(\infty) = C_1 u_{C1}(0_+) + C_2 u_{C2}(0_+)$$

$$\Rightarrow u_{C1}(\infty) = u_{C2}(\infty) = \frac{C_1 u_{C1}(0_+) + C_2 u_{C2}(0_+)}{C_1 + C_2} = \frac{8 \times 15 + 4 \times 6}{8 + 4} = 12V$$

电容串联时，总电容：$C = \frac{C_1 C_2}{C_1 + C_2} = \frac{8 \times 4}{8 + 4} = \frac{8}{3} \mu F$

则时间常数：$\tau = RC = 300 \times \frac{8}{3} \times 10^{-6} = 0.8 \times 10^{-3}s$

代入一阶电路全响应方程 $f(t) = f(\infty) + [f(0_+) - f(\infty)]e^{-\frac{t}{\tau}}$，则：

$$u_{C1}(t) = 12 + [15 - 12]e^{-\frac{t}{0.8 \times 10^{-3}}} = 12 + 3e^{-1250t}$$

答案： A

17. 解 由电感状态方程 $u_L = L\frac{di}{dt}$，有：

$$\frac{di}{dt} = \frac{U}{L} = \frac{15}{0.005} = 3000 \Rightarrow di = 3000dt \Rightarrow i_L(t) = 3000t$$

答案： C

18. 解 由基尔霍夫电流定律，有：

$$\frac{100 - U_A}{20} + \frac{100 - U_A}{40} = \frac{U_A - (-100)}{40} + \frac{U_A - 0}{20}$$

解得：

$$300 - 3U_A = 3U_A + 100 \Rightarrow U_A = \frac{100}{3}V$$

注：基尔霍夫电流定律：在集中参数电路中，对任何一个节点，在任何时刻流入（流出）该节点的电流的代数和恒等于零。

答案： B

19. 解 振荡角频率即为其固有频率，则：

$$\omega_0 = \frac{1}{\sqrt{LC}} = \frac{1}{\sqrt{4 \times 1 \times 10^{-6}}} = 500 rad/s$$

注：串联振荡电路中，电阻的大小不影响串联谐振电路的固有频率（角频率），但有控制和调节谐振时电流和电压幅值的作用。

发生谐振时角频率和频率分别为：$\omega_0 = \frac{1}{\sqrt{LC}}$，$f_0 = \frac{1}{2\pi\sqrt{LC}}$。品质因数为：$Q = \frac{1}{R}\sqrt{\frac{L}{C}}$。

答案： C

20. 解 功率表的电流端接在 B 相，电压端接在 AC 线间，为线电压，则功率表读数为：

$$P = U_{AC}I_{BN}$$

在星形连接的三相电源或三相负载中，线电流和相电流为同一电流，线电压是相电压的$\sqrt{3}$倍，且线电压超前于相应的相电压30°。设B相电压相位为0°，由于负载为纯电阻性负载，因此相电流与相电压同相位，则：

各相电压：$\dot{U}_{AN} = U_P\angle120°$，$\dot{U}_{BN} = U_P\angle0°$，$\dot{U}_{CN} = U_P\angle-120°$

各相电流：$\dot{I}_{AN} = I_P\angle120°$，$\dot{I}_{BN} = I_P\angle0°$，$\dot{I}_{CN} = I_P\angle-120°$

各线电压：$\dot{U}_{AB} = \sqrt{3}U_{AN}\angle30° = \sqrt{3}U_P\angle150°$，$\dot{U}_{BC} = \sqrt{3}U_{BN}\angle30° = \sqrt{3}U_P\angle30°$，$\dot{U}_{CA} = \sqrt{3}U_{CN}\angle30°$ $= \sqrt{3}U_P\angle-90°$

其中U_P、I_P分别为相电压与相电流有效值，那么，功率表读数为：

$$P = \dot{U}_{AC}\dot{I}_{BN} = U_P\angle90° \times I_P\angle0° = 380 \cdot \frac{380}{\sqrt{3} \times 22} \cdot \cos90° = 0W$$

注：本题考查功率表的测量原理以及星形接线中各相、线的电压电流相位关系。

答案：D

21.解 设ab点之间的电压为$\dot{U}\angle0°$，由于发生谐振，总电流应与电压同相位，即为$\dot{I}\angle0°$。另根据电感元件两端电压相量超前于电流相量90°，电容元件上两端电压相量滞后于电流相量90°，考虑到电容支路存在电阻，因此可绘出相量图如解图所示。

则电流表A_1的读数为：$I = \sqrt{I_3^2 - I_2^2} = \sqrt{10^2 - 6^2} = 8A$

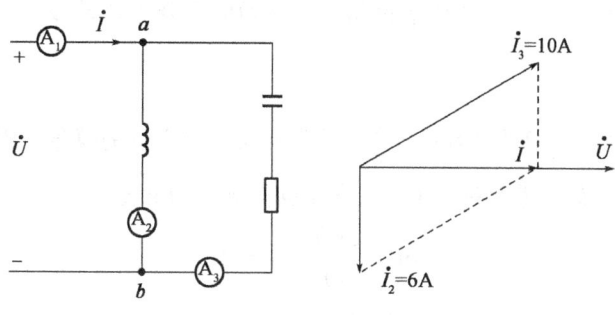

题21解图

注：必须牢记电感与电容两端的电压电流相位关系，即电感元件两端电压相量超前于电流相量90°，电容元件上两端电压相量滞后于电流相量90°。

答案：B

22.解 欠阻尼的条件为$R < 2\sqrt{\frac{L}{C}}$，代入图中参数，则：

$$C < \frac{4L}{R^2} = \frac{4 \times 0.3}{10^2} = 0.012F$$

注：$R = 2\sqrt{\frac{L}{C}}$的过渡过程为临界非振荡过程，这时的电阻为临界电阻，电阻小于此值时，为欠阻尼

状态，振荡放电过程；大于此值时，为过阻尼状态，非振荡放电过程。

另，发生谐振时角频率和频率分别为：$\omega_0 = \frac{1}{\sqrt{LC}}$，$f_0 = \frac{1}{2\pi\sqrt{LC}}$。品质因数为：$Q = \frac{1}{R}\sqrt{\frac{L}{C}}$。

答案：A

23. 解 正弦电流表达式：$i = I_m \sin(\omega t + \varphi)$

半个周期180°，相角由30°第一次下降至0经过$\frac{1}{60}$s，即$i = I_m \sin(\omega t + 30°) = 0$

则：$\omega t = 180° - 30° = 150° = \frac{5\pi}{6}$

$$\omega = 2\pi f \Rightarrow f = \frac{1}{2\pi} \times 60 \times \frac{5\pi}{6} = 25\text{Hz}$$

注：本题与第7题类似，可对比分析。隐含条件，相角由第一次下降至0时，$\omega t + \varphi = \pi$；相角由第二次下降至0时，$\omega t + \varphi = 2\pi$，依此类推。

答案：A

24. 解 高斯定律，在任意闭合曲面上，电位移量的面积分恒等于闭合曲面内所有自由电荷的代数和，即：

$$\oint_S D \cdot dS = \oint_v q \, dV$$

则$D \cdot 4\pi r^2 = q \Rightarrow D = \frac{q}{4\pi r^2}$

在各向同性线性介质中，还存在关系式$D = \varepsilon E$，则真空中带电球体外半径r处的电场强度为：

$$\varepsilon E = \frac{q}{4\pi r^2} \Rightarrow E = \frac{q}{4\pi \varepsilon r^2}$$

注：实际上，本题为概念题，应熟练掌握几个典型场的场强求法及公式。

答案：D

25. 解 若无限大导电二面角的角度$\varphi = \frac{\pi}{n}$，则总可以找到合适的镜像，其中n必须是正整数，其中电荷总数量为$\frac{2\pi}{\varphi}$，而镜像电荷数量为$\frac{2\pi}{\varphi} - 1$，则需要镜像电荷的数量为：

$$m = \frac{360}{30} - 1 = 11$$

注：本原则在书上无直接公式，但可总结获得。

答案：B

26. 解 设同轴电缆内导体单位长度所带电荷为τ，则电场强度$E = \frac{\tau}{2\pi \varepsilon r}(a < r < b)$

设电缆电压为U_0（电缆内外导体电位差），则$U_0 = \int_a^b \frac{\tau}{2\pi \varepsilon r} dr = \frac{\tau}{2\pi \varepsilon} \ln \frac{b}{a}$，因此$\tau = \frac{2\pi \varepsilon \cdot U_0}{\ln \frac{b}{a}}$

电场强度：$E_{r=a} = \frac{\tau}{2\pi \varepsilon a} = \frac{U_0}{a \cdot (\ln b - \ln a)}$，若使$E_{r=a}$最小，$U_0$为固定值（常数），那么$a(\ln b - \ln a)$应取得最大值。根据函数极值的求解方式，设$b$固定，对$a$求导可得：

$$f'(a) = \left(a \ln \frac{b}{a}\right)' = \ln \frac{b}{a} - 1$$

由导数几何意义，当$f'(a) = 0$时，$E_{r=a}$取得极值，则$\ln \frac{b}{a} - 1 = 0$，解得$\frac{b}{a} = e$。

注：此题曾多次考查，建议牢记结果，推导过程较为烦琐，需用到高等数学中一阶导数与产生极值的条件。

答案： A

27. 解 当终端呈短路状态时，$Z_{in} = jZ_C \tan\frac{2\pi}{\lambda}l$，其中 Z_C 为特性阻抗，则：

当 $l = \frac{5}{8}\lambda$、$l = \frac{7}{8}\lambda$、$l = \frac{11}{8}\lambda$ 时，代入方程：$Z_{in} = jZ_C$

当 $l = \frac{1}{2}\lambda$ 时，代入方程：$Z_{in} = 0$

注：无损耗的均匀传输线的输入阻抗，当终端呈开路状态时，$Z_{in} = -jZ_C \cot\frac{2\pi}{\lambda}l$；当终端呈短路状态时，$Z_{in} = jZ_C \tan\frac{2\pi}{\lambda}l$。

答案： D

28. 解 电容电压 V_C 从零电平上升至 $\frac{2}{3}V_{CC}$ 的时间，即为输出电压的脉宽 t_w，则：

$$t_w = RC \ln 3 = 1.0986 \times 25 \times 10^{-6} \times 91 \times 10^3 = 2.5s$$

答案： D

29. 解 两支路可分别考虑，先按较远支路考虑，假设无 D_2 支路，D_1 导通，求出 D_1 和 D_2 共阳极点电压 U，则：

$$U = \frac{200}{100+200} \times (150-25) + 25 = 108.33V > 100V$$

当连接 D_2 支路后，D_2 导通，因此 $u_o = 100V$

注：此类型题目考查较多，可将含有二极管的支路拆离，先按较长支路计算对应的电压，然后再连接其他支路以查验其他二极管是否导通。

答案： C

30. 解 根据接线图可知：$U_{A1+} = \frac{R_4}{R_3+R_4}u_{i2} = \frac{10}{10+1}u_{i2} = \frac{10}{11}u_{i2}$

由虚短可知：$U_{A1+} = U_{A1-} = \frac{10}{11}u_{i2}$，$U_{A2+} = U_{A2-}$

则，由虚断可得：$\frac{u_o - U_{A1-}}{R_2} = \frac{U_{A1-} - u_{i1}}{R_1}$，代入上式，可得：

$$\frac{u_o - \frac{10}{11}u_{i2}}{10} = \frac{\frac{10}{11}u_{i2} - u_{i1}}{1} \Rightarrow u_o = -10(u_{i2} - u_{i1}) \Rightarrow \frac{u_o}{(u_{i2} - u_{i1})} = -10$$

注：虚断、虚短以及虚地是线性工作状态下理想集成运放的重要特点，也是历年必考的知识点。

答案： B

31. 解 由虚断可得：$\frac{U_o - U_{A-}}{R_5} = \frac{U_{A-} - 0}{R_4}$，其中 $U_C = U_{A-}$，代入式子：

$$\frac{U_o - U_C}{100} = \frac{U_C}{100} \Rightarrow U_C = \frac{U_o}{2}$$

则：$U_{Cmax} = \frac{U_{omax}}{2} = \frac{12}{2} = 6V$，$U_{Cmin} = \frac{U_{omin}}{2} = \frac{0}{2} = 0V$

因此电容电压范围$U_C = 0 \sim 6V$

答案：B

32. 解 当T_2的滑触端位于R_W的上端时，输出电压为：

$$U_{omin} = \frac{U_z + U_{BE}}{R_W + R_2} \times (R_1 + R_W + R_2) = \frac{5.3 + 0.7}{1 + 2} \times (1 + 1 + 2) = 8V$$

当T_2的滑触端位于R_W的下端时，输出电压为：

$$U_{omax} = \frac{U_z + U_{BE}}{R_2} \times (R_1 + R_W + R_2) = \frac{5.3 + 0.7}{2} \times (1 + 1 + 2) = 12V$$

因此，输出电压范围$U_o = 8 \sim 12V$

注：发射极 E、基极 B 和集电极 C 对应的半导体区域为发射区、基区和集电区。

答案：D

33. 解 根据狄·摩根定律，$\overline{A + B + C} = \overline{A} \cdot \overline{B} \cdot \overline{C}$，则：

$$F = \overline{ABC + CD} = \overline{ABC} \cdot \overline{CD}$$

分析可知，ABC=111 或 CD=11 时，F=0，对比答案仅选项 D 符合要求。

注：需牢记狄·摩根定律：$\overline{A + B + C} = \overline{A} \cdot \overline{B} \cdot \overline{C}$和$\overline{A \cdot B \cdot C} = \overline{A} + \overline{B} + \overline{C}$。

答案：D

34. 解 二进制转十进制，则：

$(10000000)_2 = (128)_{10}$；$(10001000)_2 = (136)_{10}$

输出电压：$U_o = \frac{5}{128} \times 136 = 5.3125V$

答案：A

35. 解 根据题意，卡诺图及包围圈如解图所示，则：

$$Y = \overline{A}\overline{B} + \overline{D}$$

注：卡诺图中相邻方格包括上下底相邻，左右边相邻和四角相邻。

其画包围圈的合并原则为：

（1）包围圈内的方格数应为2^n个。

（2）包围圈要尽量大，以便消去更多的变量因子。

（3）同一方格可以被不同的包围圈包围，包围圈中必须有新变量，否则该包围圈将是多余的。

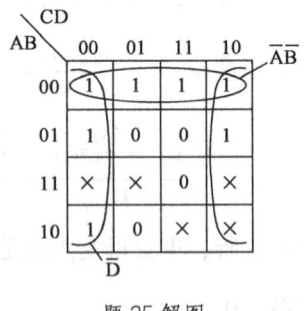

题 35 解图

答案：B

36. 解 $Y_1 \sim Y_7$通过与非门的特定连接输出，根据与非门的逻辑关系式及狄·摩根定律，有：

$$L_1 = \overline{Y_1 Y_2 Y_4 Y_7} = \overline{Y}_1 + \overline{Y}_2 + \overline{Y}_4 + \overline{Y}_7, \quad L_2 = \overline{Y_1 Y_2 Y_4 Y_7} = \overline{Y}_3 + \overline{Y}_5 + \overline{Y}_6 + \overline{Y}_7$$

真值表如下：

A	B	C	Y_1	Y_2	Y_3	Y_4	Y_5	Y_6	Y_7	L_1	L_2
0	0	0	1	1	1	1	1	1	1	0	0
0	0	1	0	1	1	1	1	1	1	1	0
0	1	0	1	0	1	1	1	1	1	1	0
0	1	1	1	1	0	1	1	1	1	0	1
1	0	0	1	1	1	0	1	1	1	1	0
1	0	1	1	1	1	1	0	1	1	0	1
1	1	0	1	1	1	1	1	0	1	0	1
1	1	1	1	1	1	1	1	1	0	1	1

显然，此为全加器，其中 A、B 为两个 1 位二进制数，C 为来自低位的进位，L_1 为全加和，L_2 为向高位进位。

注：译码器 74LS138 的工作原理：当一个选通端（ST_E）为高电平，另两个选通端（ST_B、ST_C）为低电平时，可将地址端（A、B、C）的二进制编码在 $Y_0 \sim Y_7$ 对应的输出端以低电平译出。如：ABC = 110 时，则 Y_6 输出端输出低电平信号；ABC = 100 时，则 Y_4 输出端输出低电平信号。

全加器是指两个一位二进制数相加时，还要考虑到来自低位的进位数运算，实现全加运算的逻辑电路称为全加器。否则，若不考虑来自低位的进位运算，则称为半加器。

答案：C

37. 解　10 位环形计数器：每 10 个输入脉冲，循环移位 1 个输出脉冲，为 10 倍分频。

4 位二进制计数器：每 2^4 个输入脉冲，计数 1 个输出脉冲，为 16 倍分频。

模 25 行波计数器：每 25 个输入脉冲，计数 1 个输出脉冲，为 25 倍分频。

4 位扭环计数器：每 2×4 个输入脉冲，计数 1 个输出脉冲，为 8 倍分频。

则，输出频率：$f_0 = \dfrac{160 \times 10^3}{10 \times 16 \times 25 \times 8} = 5\text{Hz}$

注：n 位扭环形计数器有 $2n$ 个有效状态，有效状态利用率比环形计数器增加一倍。如 3 位扭环形计数器的有效状态为：000→100→110→111→011→001→000；普通行波计数器，每个输入脉冲均会影响所有的位，其波形类似流水运动，而模 25 行波计数器，为每 25 个脉冲，行波波形所有位翻转一次。

答案：A

38. 解　左片为低四位，预置数：$(1100)_2$。右片为高四位，预置数：$(0011)_2$。总预置数为 $(3C)_{16}$

16 进制转化为 10 进制：$(3C)_{16} = (60)_{10}$

74161 是 4 位二进制同步加计数器，低位片的进位信号（CO）作为高位片的使能信号，为同步级联，若无预置数，两个 74161 集成计数器可组成 $16 \times 16 = 256$ 位计数器。

则，本逻辑电路的计数为：$256 - 60 = 196$

因此应为 196 进制计数器。

注：两片计数器的连接方式分两种：

并行进位：低位片的进位信号（CO）作为高位片的使能信号，称为同步级联。

串行进位：低位片的进位信号（CO）作为高位片的时钟脉冲，称为异步级联。

计数器实现任意计数的方法主要有两种，一种为利用清除端CR的复位法，即反馈清零法；另一种为置入控制端LD的置数法，即同步预置法。两种方法的计数分析方法不同，为历年考查重点，考生均应掌握。

答案： D

39. 解 他励直流电动机的励磁方式接线图如解图所示。

$$U_a = E_a + R_a I_a$$

额定运行时电枢回路电阻电压降为外加电压的5%，则：

$$E_a = U_a - 0.05U_a = 0.95U_a$$

$$I_a = \frac{U_a - E_a}{R_a} = \frac{U_a - 0.95U_a}{R_a} = 0.05\frac{U_a}{R_a}$$

直流电动机的反应电动势：$E_a = C_e\Phi n$

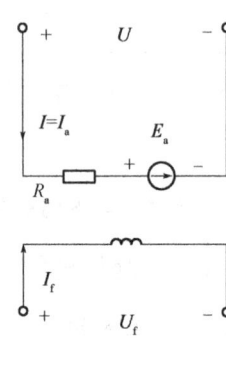

题 39 解图

由于当每极磁通降低20%的瞬时，转速不会瞬时变化，将感应出反电动势：

$$E_a' = C_e\Phi'n = C_e 0.8\Phi n = 0.8E_a$$

$$I_a' = \frac{U_a - E_a'}{R_a} = \frac{U_a - 0.8 \times 0.95U_a}{R_a} = 0.24\frac{U_a}{R_a}$$

因此，磁通降低20%时的电枢电流为：

$$I_a' = \frac{0.24}{0.05}I_a = 4.8I_a$$

答案： A

40. 解 根据相关公式计算如下：

槽距角：$\alpha = \frac{P \times 360}{Q} = \frac{3 \times 360}{54} = 20°$

每极每相槽数：$q = \frac{Q}{2mp} = \frac{54}{2 \times 3 \times 3} = 3$

基波分布因数：$K_{d1} = \frac{\sin\frac{q\alpha}{2}}{q\sin\frac{\alpha}{2}} = \frac{\sin 3 \times \frac{20°}{2}}{3\sin\frac{20°}{2}} = 0.96$

基波节距因数：$K_{p1} = \sin\frac{y\pi}{2} = \sin\frac{9\pi}{2} = 1$

基波绕组因数：$K_{w1} = K_{d1} \cdot K_{P1} = 0.96 \times 1 = 0.96$

注：本题较偏，了解即可，不必深究。

答案： B

41. 解 设△接法时，定子绕组电阻为 R，将其改为 Y 接法时，$R' = \frac{1}{3}R$，$X' = \frac{1}{3}X$，则启动电流：

△接法时：$I_{st} = \frac{380}{\sqrt{R^2+X^2}} = \frac{380 \div \sqrt{3}}{\sqrt{\frac{R^2}{3}+\frac{X^2}{3}}}$

Y接法时：$I'_{st} = \dfrac{220 \div \sqrt{3}}{\sqrt{R'^2 + X'^2}} = \dfrac{220 \div \sqrt{3}}{\sqrt{\left(\frac{R}{3}\right)^2 + \left(\frac{X}{3}\right)^2}} = \dfrac{380 \div 3}{\sqrt{\frac{R^2}{9} + \frac{X^2}{9}}} = \dfrac{380 \div 3\sqrt{3}}{\sqrt{\frac{R^2}{3} + \frac{X^2}{3}}}$

忽略转子漏阻抗，则 $I'_{st} = \dfrac{I_{st}}{3}$

注：启动电流应为相电压与对应定子和绕组阻抗的比值，而非线电压与其的比值。△接法时，相电压与线电压相等。

答案： A

42. 解 由公式 $\eta = \left(1 - \dfrac{\beta^2 P_{kN} + P_0}{\beta S_N \cos \varphi_2 + \beta^2 P_{kN} + P_0}\right) \times 100\%$，根据题意将各参数代入后为：

$$\eta = \left(1 - \dfrac{0.8^2 \times 210 + 61}{0.8 \times 63000 \times 0.8 + 0.8^2 \times 210 + 61}\right) \times 100\% = 99.52\%$$

答案： C

43. 解 额定电流：$I_n = \dfrac{P}{\sqrt{3} U_n \cos \varphi} = \dfrac{72500}{\sqrt{3} \times 10.5 \times 0.8} = 4983.08A = 4.983kA$

额定相电压：$U_{n\varphi} = \dfrac{U_n}{\sqrt{3}} = \dfrac{10.5}{\sqrt{3}} = 6.06kV$

直轴同步电抗：$X_d = X_{d*} \dfrac{U_{n\varphi}}{I_n} = 1 \times \dfrac{6.06}{4.983} = 1.216\Omega$

交轴同步电抗：$X_q = X_{q*} \dfrac{U_{n\varphi}}{I_n} = 0.554 \times \dfrac{6.06}{4.983} = 0.674\Omega$

内功率因数角：$\varphi = \arctan \dfrac{U_n \sin\theta + I_n X_q}{U_n \cos\theta} = \arctan \dfrac{6.06 \times 0.6 + 4.983 \times 0.674}{6.06 \times 0.8} = 55.27°$

则，空载电动势为：
$$\begin{aligned}
E_0 &= U_{n\varphi} \cos(\varphi - \theta) + I_d X_d = U_{n\varphi} \cos(\varphi - \theta) + I_n \sin\varphi \cdot X_d \\
&= 6.06 \times \cos(55.27° - 36.87°) + 4.983 \times \sin 55.27° \times 1.216 \\
&= 10.73kV
\end{aligned}$$

答案： D

44. 解 同步电动机 V 形曲线的最低点是 $\cos\varphi = 1$ 的点，在此点上电枢电流全部为有功电流。在此基础上，增大励磁电流，即运行在过励磁状态，电动机既从电网吸取有功电流，还吸取超前的无功电流，即容性无功电流；若在此基础上，减小励磁电流，即运行在欠励磁状态，电动机既从电网吸取有功电流，还吸取滞后的无功电流，即感性无功电流。

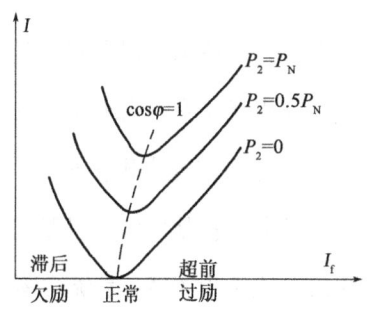

题 44 解图　同步电动机 V 形曲线

注：同步发电机的 V 形曲线，超前与滞后的位置正好相反。建议考生记住其中之一即可，否则难免混淆。

答案： B

45. 解 串联回路中，阻抗元件两端电压相量的几何差 $dU = \dot{U}_1 - \dot{U}_2$，称为电压降落，阻抗元件两

端电压的代数差$dU = |U_1| - |U_2|$，称为电压损失或电压损耗。基本概念。

答案： A

46. 解 公式转换，可参考专业考试手册《工业与民用配电设计手册》(第三版) P128 表4-2 相关内容。

答案： B

47. 解 我国电网中，有关系统中性点接地方式主要有四种，其特点及应用范围如下：

（1）中性点直接接地

优点是系统的过电压水平和输变电设备所需的绝缘水平较低，系统的动态电压升高不超过系统额定电压的 80%，110kV 及以上高压电网中普遍采用这种接地方式，以降低设备和线路造价，经济效益显著。

缺点是发生单相接地故障时单相接地电流很大，必然引起断路器跳闸，降低了供电连续性，供电可靠性较差。此外，单相接地电流有时会超过三相短路电流，影响断路器开断能力选择，并对通信线路产生干扰的危险。

（2）中性点不接地

优点是发生单相接地故障时，不形成短路回路，通过接地点的电流仅为接地电容电流，当单相接地故障电流很小时，只使三相对地电位发生变化，故障点电弧可以自熄，熄弧后绝缘可自行恢复，能自动清除单相接地故障，无须断开线路，可以带故障运行一段时间，因而提供了供电可靠性。在 3~66kV 电网中应用广泛，但要求其单相接地电容电流不能超过允许值，因此其对临近通信线路干扰较小。

缺点是发生单相接地故障时，会产生弧光过电压。这种过电压现象会造成电气设备的绝缘损坏或开关柜绝缘子闪络，电缆绝缘击穿，所以要求系统绝缘水平较高。

（3）中性点经消弧线圈接地

在 3~66kV 电网中，当单相接地电容电流超过允许值时，采用消弧线圈补偿电容电流保证接地电弧瞬间熄灭，消除弧光间歇接地过电压。

如变压器无中性点或中性点未引出，应装设专用接地变压器，其容量应与消弧线圈的容量相配合。

（4）中性点经电阻接地

经高电阻接地方式可以限制单相接地故障电流，消除大部分谐振过电压和间歇弧光接地过电压，接地故障电流小于 10A，系统在单相接地故障条件下可持续运行，缺点是系统绝缘水平要求较高。主要适用于发电机回路。

经低电阻接地方式可快速切除故障，过电压水平低，可采用绝缘水平低的电缆和设备。但供电可靠性较差。主要适用于电缆线路为主，不容易发生瞬时性单相接地故障且系统电容电流比较大的城市配电网、发电厂厂用电系统及工矿企业配电系统。

答案： A

48. 解 由于高压输电线路的电阻远小于电抗，因而使得高压输电线路中有功功率的流向主要由两端节点电压的相位决定，有功功率是从电压相位超前的一端流向滞后的一端，输电线路中无功功率的流向主要由两端节点电压的幅值决定，由幅值高的一端流向低的一端。公式分析如下：

$$\dot{U}_1 = \dot{U}_2 + \frac{P_2 R + Q_2 X}{U_2} + j \frac{P_2 X - Q_2 R}{U_2}$$

其中输电线路电阻忽略不计，$R = 0$，则：

$$\dot{U}_1 = \dot{U}_2 + \frac{Q_2 X}{U_2} + j \frac{P_2 X}{U_2} \Rightarrow U_1(\cos\delta + j\sin\delta) = U_1 + \frac{Q_2 X}{U_2} + \frac{j(P_2 X)}{U_2}$$

则：

$$U_1 \sin\delta = \frac{P_2 X}{U_2} \Rightarrow P_2 = \frac{U_1 U_2}{X} \sin\delta$$

同理，可推导无功功率公式，即：

$$Q_2 = \frac{(U_1 \cos\delta - U_2) U_2}{X} \approx \frac{(U_1 - U_2) U_2}{X}$$

答案：C

49. 解 在330kV及以上超高压配电装置的线路侧，装设同一电压等级的并联电抗器，其作用如下：

（1）线路并联电抗器可以补偿线路的容性无功功率，改善线路无功平衡。

（2）削弱空载或轻载线路中的电容效应，抑制其末端电压升高，降低工频暂态过电压，限制操作过电压的幅值。

（3）改善沿线电压分布，提供负载线路中的母线电压，增加了系统稳定性及送电能力。

（4）有利于消除同步电机带空载长线时可能出现的自励磁谐振现象。

（5）采用电抗器中性点经小电抗接地的办法，可补偿线路相间及相对地电容，加速潜供电弧自灭，有利于单相快速重合闸的实现。

答案：C

50. 解 从末端向首端计算功率损耗及功率分布，电压用额定电压330kV，则线路始端功率为：

$$S_2' = S_2 - j\frac{B_L}{2} U_N^2 = 150 + j50 - j6.975 \times 10^{-5} \times 330^2 = 150 + j42.4$$

$$S_1' = S_2' + \Delta S_L = 150 + j42.4 + \frac{150^2 + 42.4^2}{330^2}(10.5 + j40.1) = 152.34 + j51.34$$

$$S_1 = S_1' - j\frac{B_L}{2} U_N^2 = 152.34 + 51.34 - j6.975 \times 10^{-5} \times 330^2 = 152.34 + j43.74$$

线路末端电压为：

$$U_2 = \sqrt{(U_1 - \Delta U)^2 + \delta U^2}$$

$$= \sqrt{\left(363 - \frac{152.34 \times 10.5 + 43.74 \times 40.1}{363}\right)^2 + \left(\frac{152.34 \times 40.1 - 43.74 \times 10.5}{363}\right)^2}$$

$$= \sqrt{(363 - 9.24)^2 + 15.56^2} = 354.09 \text{kV}$$

$$\delta = \arctan\frac{\delta U}{U_1 - \Delta U} = \arctan\frac{15.56}{353.76} = 2.52°$$

则末端电压：$\dot{U}_2 = 354.09\angle 2.52°$

注：本题计算过程与天大版的专业基础复习教程 P302 例题 4.3-1 略有差异，按例题思路计算如下：

$$U_2 = \sqrt{(U_1 - \Delta U)^2 + \delta U^2}$$

$$= \sqrt{\left(363 - \frac{152.34 \times 10.5 + 51.34 \times 40.1}{363}\right)^2 + \left(\frac{152.34 \times 40.1 - 51.34 \times 10.5}{363}\right)^2}$$

$$= \sqrt{(363 - 10.08)^2 + 15.34^2} = 353.25$$

$$\delta = \arctan\frac{\delta U}{U_1 - \Delta U} = \arctan\frac{15.34}{352.92} = 2.49°$$

则末端电压：$\dot{U}_2 = 353.25 \angle 2.49°$

对比分析，考题解析并未采用教程例题的计算方式，建议考试时优先采用前者方式计算。

答案：D

51. 解 最大负荷和最小负荷时变压器的电压损耗：

$$\Delta U_{\text{Tmax}} = \frac{PR + QX}{U_{1\text{max}}} = \frac{20 \times 4.08 + 15 \times 62.5}{118} = 8.636\text{kV}$$

$$\Delta U_{\text{Tmin}} = \frac{PR + QX}{U_{1\text{min}}} = \frac{10 \times 4.08 + 7 \times 62.5}{110} = 4.348\text{kV}$$

逆调压为最大负荷时，提高负荷侧电压，即低压侧升高至 105% 的额定电压；为最小负荷时，降低或保持负荷侧电压，即低压侧保持额定电压，则：

$$U_{1\text{Tmax}} = \frac{U_{1\text{max}} - \Delta U_{\text{Tmax}}}{U_{1\text{max}}} U_{2\text{N}} = \frac{118 - 8.636}{1.05 \times 10} \times 11 = 114.57\text{kV}$$

$$U_{1\text{Tmin}} = \frac{U_{1\text{min}} - \Delta U_{\text{Tmin}}}{U_{1\text{min}}} U_{2\text{N}} = \frac{110 - 4.348}{10} \times 11 = 116.22\text{kV}$$

$U_{1\text{T·av}} = \frac{U_{1\text{Tmax}} + U_{1\text{Tmin}}}{2} = \frac{114.57 + 116.22}{2} = 115.40\text{kV}$，就近选取分接头 115.5kV。

注：逆调压为最大负荷时，提高负荷侧电压，即低压侧升高至 105% 的额定电压；为最小负荷时，降低或保持负荷侧电压，即低压侧保持额定电压。顺调压为最大负荷时，低压侧为 102.5% 的额定电压；为最小负荷时，低压侧为 107.5% 的额定电压。

答案：B

52. 解 设基准容量为 $S_\text{B} = 60\text{MVA}$，基准电压为 $U_\text{B} = 1.05 \times 330 = 345\text{kV}$，则各元件标幺值为：

发电机：$X_{*\text{G}} = X_\text{d}'' \frac{S_\text{j}}{S_\text{G}} = 0.05 \times \frac{60}{30} = 0.1$

负荷：$X_{*\text{p}} = \frac{S_\text{B}}{S_\text{L}} = \frac{60}{1200} = 0.05$

线路：$X_{*\text{L}} = X_\text{L} \frac{S_\text{j}}{U_\text{j}^2} = \frac{1}{2} \times 100 \times 0.4 \times \frac{60}{345^2} = 0.01$

变压器：$U_{\text{k1}}\% = U_{\text{k2}}\% = \frac{1}{2}(20 + 10 - 10) = 10$，$U_{\text{k3}}\% = \frac{1}{2}(10 + 10 - 20) = 0$，则：

$$X_{*\text{T1}} = X_{*\text{T2}} = \frac{U_{\text{k1}}\%}{100} \cdot \frac{S_\text{j}}{S_\text{T}} = \frac{10}{100} \times \frac{60}{60} = 0.1$$

$$X_{*\text{T3}} = \frac{U_{\text{k3}}\%}{100} \cdot \frac{S_\text{j}}{S_\text{T}} = \frac{0}{100} \times \frac{60}{60} = 0$$

等值电路如解图所示。

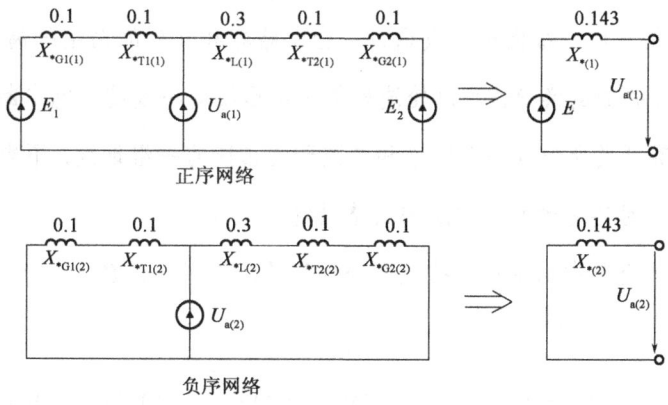

题 52 解图

短路点总电抗标幺值：$X_{*\Sigma} = [0.1 /\!/ (0.1 + 0.01 + 0.05)] + 0.1 = 0.1615$

三相短路电流有效值为：

$$I_K = \frac{I_j}{X_{*\Sigma}} = \frac{S_j}{\sqrt{3}U_j} \times \frac{1}{X_{*\Sigma}} = \frac{60}{\sqrt{3} \times 37} \times \frac{1}{0.1615} = 5.796\text{kA}$$

$$i_{ch} = 2.55 \times 5.796 = 14.78\text{kA}$$

答案： D

53. 解 正序与负序网络包含所有元件，设 $S_j = 30\text{MVA}$，各序电抗计算如下：

发电机：$X_{*G1(1)} = X_{*G1(2)} = X_{*G2(1)} = X_{*G2(2)} = X_d'' \frac{S_j}{S_G} = 0.1 \times \frac{30}{30} = 0.1$

变压器：$X_{*T1(1)} = X_{*T1(2)} = X_{*T2(1)} = X_{*T2(2)} = U_d \cdot \frac{S_j}{S_T} = 0.1 \times \frac{30}{30} = 0.1$

线路：$X_{*L(1)} = X_{*L(2)} = 0.3$

正（负）序网络图如解图 1 所示。

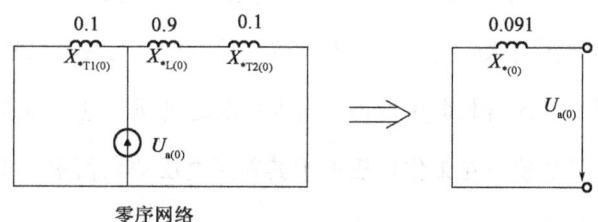

题 53 解图 1

则：$X_{*\Sigma(1)} = X_{*\Sigma(2)} = (0.1 + 0.1) /\!/ (0.3 + 0.1 + 0.1) = 0.143$

零序网络图如解图 2 所示。

题 53 解图 2

则：$X_{*\sum(0)} = 0.1 /\!/ (0.9 + 0.1) = 0.091$

单相短路电流标幺值：

$$I_{*f} = 3I_{*a1} = 3 \times \frac{1}{X_{*\sum(1)} + X_{*\sum(2)} + X_{*\sum(0)}} = \frac{3}{0.143 + 0.143 + 0.091} = 7.96$$

单相短路电流：$I_f = I_j \cdot I_{*f} = \frac{30}{\sqrt{3} \times 115} \times 7.96 = 1.20kA$

注：零序电流不能在变压器三角形侧流通，因此不纳入零序网络计算。发电机的零序电抗较正序电抗小，通常是正序电抗的 0.15~0.6 倍。

答案：B

54. 解 有关各种主接线的特点如下：

（1）旁路母线（双母线或单母线）

为了检修出线断路器时不致中断该出线回路供电，可增设旁路母线。在投入旁路母线前先通过旁路断路器对旁路母线充电，待与工作母线等电位后投入旁路隔离开关，将出线转移到旁路母线上。

（2）二分之三进线形式（一个半断路器接线）

该接线具有很高的可靠性。任一设备故障或检修时都不会中断供电，甚至两组母线同时故障的极端情况下仍不影响供电。方式的转换通过操作断路器完成，隔离开关仅在检修时作为隔离带电设备使用，因而可以有效减少误操作概率。

（3）双母线分段接线

具有互为备用的两组母线，每回进出线通过一台断路器和并列的两组隔离开关分别与两组母线连接。通过两组母线隔离开关的倒换操作可以轮流检修一组母线而不致使供电中断，检修任一母线隔离开关时，也只需断开此隔离开关所属的一条回路和与该开关相连的一组母线，不影响其他回路供电。但若检修出线断路器时，将不可避免地暂时中断该回路供电。

注：请考生参考相关资料中的主接线接线图分析理解，本书不再赘述。

答案：A

55. 解《导体和电器选择设计技术规定》（DL/T 5222—2005）的相关规定如下：

第 17.0.4 条：限流式高压熔断器不宜使用在工作电压低于其额定电压的电网中，以免因过电压使电网中的电气损坏。

限流式高压熔断器在限制和截断短路电流的动作过程中会产生过电压，此过电压的幅值与开断电流和熔体结构有关，与工作电压关系不大，一般设计熔体结构时，往往采取措施把熔断器熔断时产生的最大过电压倍数限制在规定的 2.5 倍相电压以内。此值并未超过同一电压等级电器的绝缘水平，所以正常使用时没有危险，但熔断器若使用在工作电压低于其额定电压的电网中，过电压就有可能大大超过电器绝缘的耐受水平。

答案：A

56. 解 断路器开断过程中，电流通过弧隙（触头间电弧燃烧的间隙）产生热量，使电弧中心温度达到 1 万度以上，在高温作用下，气体中不规则热运动速度增加，产生热游离。电弧的熄灭过程也称去游离过程，即电弧中的正离子和电子复合为原子和分子，当触头之间的介质绝缘强度恢复到大于触头之间的恢复电压时，开断才能成功。

高压断路器在采用性能较好的灭弧介质的同时，一般都采用多断口，目的是灭弧时分散碰撞游离和热游离的强度，有利于灭弧。但对于多断口形式的断路器，若电压在各断口上的分布不均匀，某个断口上电压相当高，灭弧还是非常困难，为了改变这种情况，在断路器的每个断口上并联一个电容量大且相等的电容器，使各个断口上电压分布均匀，该电容称为均压电容。

答案：B

57. 解 为了限制短路电流可采取的措施包括：在发电机电压母线分段回路中安装电抗器；变压器分裂运行；在变压器回路中加装电抗器；采用低压侧为分裂绕组的变压器；出线上装设电抗器。因此选项 A、B、C 均错误。

为了使分裂电抗器所接的两段母线的电压差别减小，应该使分裂电抗器两臂通过的负荷电流尽量相等或相近。但是由于两段母线负荷实际上的不平衡，分裂电抗器的两臂负荷电流实际上存在着差别，一般取两臂的负荷波动分别不超过 $0.7I_n$ 和 $0.3I_n$。

答案：D

58. 解 变压器中性点接地点的数量应使电网所有短路点的综合零序电抗与综合正序电抗之比 X_0/X_1 小于 3，以使单相接地时健全相上工频过电压不超过阀型避雷器的灭弧电压；X_0/X_1 尚应大于 $1\sim1.5$，以使单相接地短路电流不超过三相短路电流。

另，终端变电所的变压器中性点一般不接地。

综合分析，部分变压器中性点采用不接地的方式运行，应是为了降低工频过电压。

答案：B

59. 解 雷电波在阻抗变化处和线路终端出现折射和反射现象。

GIS 配电装置与架空线连接处，应装设敞开式金属氧化锌避雷器，主要为了敞开式避雷器的接地端与 GIS 金属外壳连接后可增大 GIS 内部波阻抗，以降低雷电波的反射效应，提高避雷器的保护效果。

答案：B

60. 解 当雷电波沿线路入侵时，220kV 母线避雷器动作后产生的负电压波在主变与母线避雷器间发生多次反射，根据行波的折、反射理论分析可知，加在主变上的雷电过电压 u_T 具有振荡性质，振荡轴为避雷器的雷电冲击残压 U_{rl}，其振荡电压最大值为：

$$U_{Tmax} = U_{rl} + 2\alpha\frac{L}{v} = 496 + 2 \times 300 \times \frac{75}{300} = 646\text{kV}$$

式中：L——变压器与避雷器间的距离（m）；

U_{rl}——避雷器的雷电冲击残压（kV）；

α——进波波前陡度（kV/μs）；

v——进波波速，其值为300m/μs，即光速。

注：以上分析忽略了各设备对地电容的存在，如变压器的入口电容。若计其影响，其避雷器可能出现的最大电压为：$U_{Tmax} = U_{rl} + 2\alpha\frac{L}{v}K$，其中$K$为考虑设备入口电容而引入的系数。

对变电所来说，最重要的设备是变压器，其承受过电压能力相应低于其他设备。因此，在电气设备的绝缘配合中，通常应以变压器作为绝缘配合的核心。

答案：D

2013 年度全国勘察设计注册电气工程师（供配电）执业资格考试基础考试（下）
试题解析及参考答案

1. 解　将输入电压−2V 正负极调换，等效电路图如解图所示。

则，3V 电压源发出的功率为：$P = UI = 3 \times \frac{2+3}{5} = 3\text{W}$

答案：B

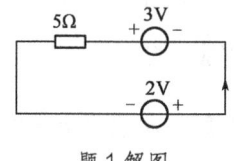

题 1 解图

2. 解　该电路以 $L\text{-}L'$ 面上下对称，为对称电路，依据对称电路的特点，可知对称点 $a\text{-}a'$、$b\text{-}b'$、$c\text{-}c'$、$d\text{-}d'$ 均等电位，$L\text{-}L'$ 把上下两条支路平分，这两条支路可分裂，再把等势点短路（即可形象地认为以 $L\text{-}L'$ 轴对折该电路），其等效电路如解图所示。

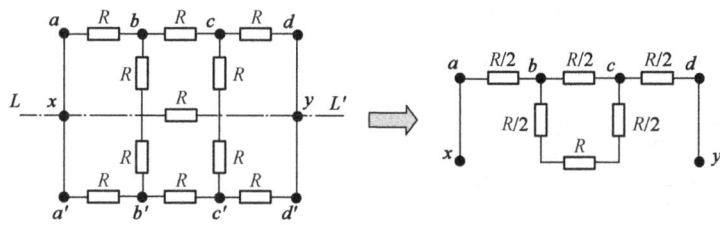

题 2 解图

由 $R = 100\Omega$，$R_{xy} = 50 + [50 \mathbin{/\mkern-5mu/} (50 + 100 + 50)] + 50 = 140\Omega$

则：$I = \frac{U_{xy}}{R_{xy}} = \frac{10}{140} = \frac{1}{14}\text{A}$

答案：A

3. 解　由基尔霍夫电流定律：
$$\frac{30 - U_1}{10} + \frac{20 - U_1}{5} = \frac{U_2 - 25}{10} + \frac{U_2 - 10}{10} = \frac{U_1 - U_2}{5}$$

解得：$U_1 = 21.875\text{A}$，$U_2 = 19.6875\text{A}$

则：$I = \frac{U_1 - U_2}{5} = \frac{21.875 - 19.6875}{5} = 0.4375\text{A}$

注：基尔霍夫电流定律：在集中参数电路中，对任何一个节点，在任何时刻流入（流出）该节点的电流的代数和恒等于零。

答案：D

4. 解　选自然网孔为独立回路，并将网孔电流皆按顺时针方向设定，如解图所示。其中 I_S 网孔回路不必列写方程，设受控电流源的电压升高为 u'，则可列方程如下：
$$\begin{cases} 20I_1 = -u' \\ (70 + 10)I_2 - 10 \times I_S = u' \\ I_1 + gu = I_2 \\ -u = 10(I_2 - I_S) \end{cases}$$

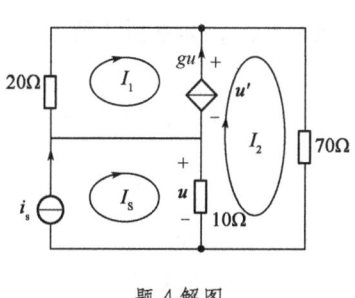

题 4 解图

将 $I_S = 1.2A$，$g = 0.1s$代入方程，解得：$I_2 = 0.3A$

则：$u = 9V$、$I_1 = -0.6A$、$u' = 12V$

注：网孔电流方程为自阻×本网孔电流−互阻×相邻网孔电流=本网孔电源电位升的代数和。

答案：C

5. 解 根据最大功率传输条件，将R两端断开后，再将内部电压源短路、电流源断路，等效电路如解图所示，求其内阻。

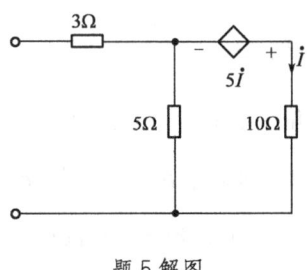

题5解图

由受控电压源的电压方向，可知其等效电阻为$-\dfrac{5i}{5} = -5\Omega$

则：$R_{in} = 3 + [5 \mathbin{/\mkern-5mu/} (10 - 5)] = 5.5\Omega$

注：最大功率传输条件时，当负载电阻等于去掉电阻后的戴维南等效电路中的内阻时，在负载中可获得最大功率。

答案：D

6. 解 电容容抗为：$X_C = -j\dfrac{1}{\omega C}$

则：电容电流：$\dot{I}_C = \dfrac{\dot{U}}{-j\frac{1}{\omega C}} = \dfrac{\dot{U}\omega C}{-j} = j\dot{U}\omega C$

注：旋转因子$j^2 = -1$，因此有$\dfrac{1}{-j} = j$，$\dfrac{1}{j} = -j$。

答案：B

7. 解 串联回路发生谐振时，无功应为零，则：

$$\omega L - \frac{1}{\omega C} = 0 \Rightarrow \omega = \frac{1}{\sqrt{LC}} = \frac{1}{\sqrt{4 \times 10^{-6}}} = 500\text{rad/s}$$

答案：B

8. 解 去耦等效电路如解图1所示。

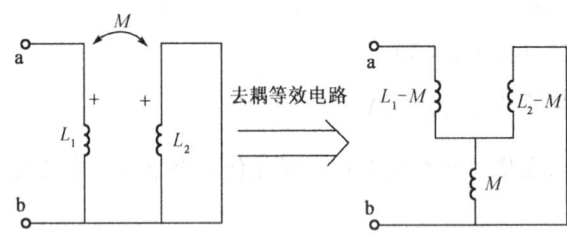

题8解图1

将数据代入，如解图2所示。

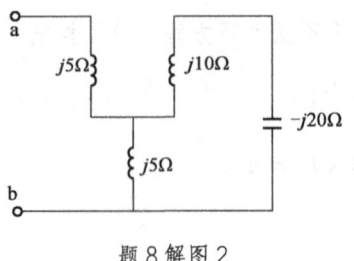

题8解图2

则：$Z_{in} = j5 + j[5 /\!/ (10 - 20)] = j15\Omega$

注：必须牢记去耦等效电路及其变换公式。

答案： D

9.解 由题意，分别计算基频（$\omega_1 = 10^4$）与三次频率（$\omega_3 = 3 \times 10^4$）时的并联回路。

（1）基频时：$Z_{11} = j\left(\omega L - \dfrac{1}{\omega C}\right) \Rightarrow j\left(10^4 \times 1 \times 10^{-3} - \dfrac{1}{10^4 \times 10 \times 10^{-6}}\right) = 0$

发生串联谐振，电容电感串联回路相当于短路，电容支路被短路掉，无电流通过 $u_1(t)$，基频分量为0。

（2）三次谐波分量要全部取出，则要求三次谐波时并联回路发生并联谐振，则：

$$3\omega L - \dfrac{1}{3\omega C} = \dfrac{1}{3\omega C_1} \Rightarrow 30 - \dfrac{10}{3} = \dfrac{1}{3 \times 10^4 \times C_1} \Rightarrow C_1 = 1.25 \times 10^{-6}\,\text{F}$$

由于 $Z_{31} = Z_{32}$，电路发生并联谐振，电容电感串联回路相当于断路，$u_1(t)$ 三次频率分量与电源一致。

答案： B

10.解 功率表的电流端接在 B 相，电压端接在 AC 相，且为线电压，则功率表读数为：

$$P = U_{AC}I_{BN}$$

在星形连接的三相电源或三相负载中，线电流和相电流为同一电流，线电压是相电压的 $\sqrt{3}$ 倍，且线电压超前于相应的相电压 30°。

设 B 相电压相位为 0°，由于负载为纯电阻性负载，因此相电流与相电压同相位，则：

各相电压：$\dot{U}_{AN} = U_P \angle 120°$，$\dot{U}_{BN} = U_P \angle 0°$，$\dot{U}_{CN} = U_P \angle -120°$

各相电流：$\dot{I}_{AN} = I_P \angle 120°$，$\dot{I}_{BN} = I_P \angle 0°$，$\dot{I}_{CN} = I_P \angle -120°$

各线电压：$\dot{U}_{AB} = \sqrt{3}U_{AN} \angle 30° = \sqrt{3}U_P \angle 150°$，$\dot{U}_{BC} = \sqrt{3}U_{BN} \angle 30° = \sqrt{3}U_P \angle 30°$，$\dot{U}_{CA} = \sqrt{3}U_{CN} \angle 30° = \sqrt{3}U_P \angle -90°$

其中 U_P、I_P 分别为相电压与相电流有效值，那么，功率表读数为：

$$P = \dot{U}_{AC}\dot{I}_{BN} = U_P \angle 90° \times I_P \angle 0° = 380 \cdot \dfrac{380}{\sqrt{3} \times 44} \cdot \cos 90° = 0\text{W}$$

注：本题考查功率表的测量原理以及星形接线中各相、线的电压电流相位关系。

答案： A

11.解 设 ab 点之间电压为 $\dot{U}_{ab} \angle 0°$，由于发生谐振，总电流应与电压同相位，即为 $\dot{I}_1 \angle 0°$，另根据电感元件两端电压相量超前于电流相量 90°，电容元件上两端电压相量滞后于电流相量 90°，考虑到电感支路存在电阻，因此可绘出相量图如解图所示。

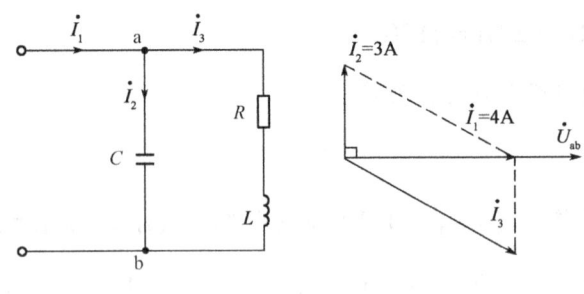

题 11 解图

根据平行四边形相似原理则：$I_3 = \sqrt{I_1^2 + I_2^2} = \sqrt{4^2 + 3^2} = 5\text{A}$

注：电感与电容两端的电压电流相位关系必须牢记，即电感元件两端电压相量超前于电流相量 90°，电容元件上两端电压相量滞后于电流相量 90°。

答案：C

12. 解　RLC 串联电路如解图所示，当 S 开关闭合时，电感被短路，设电压为 $\dot{U}\angle 0°$，电感短路前电流为 $\dot{i}$，电感短路后电流为 $\dot{i}'$，根据电容元件上两端电压相量滞后于电流相量 90°，电感元件两端电压相量超前于电流相量 90°，短路前后总电流有效值不变，则存在如解图所示的相量关系，则：

$$\frac{U}{\sqrt{R^2 + (X_L - X_C)^2}} = \frac{U}{\sqrt{R^2 + X_C^2}} \Rightarrow X_L - X_C = X_C$$

$X_C = 10\Omega$，则：$X_L = 2 \times 10 = 20\Omega$

题 12 解图

答案：D

13. 解　独立电压源的电压为该含源一端口电路在端口处的开路电压，则：

$$U_o = (5 - 2) \times 5 = 15\text{V}$$

注：任何一个含有独立电源的线性一端口电阻电路，对外电路而言可以用一个独立电压源和一个线性电阻相串联的电路等效替代；其独立电压源的电压为该含源一端口电路在端口处的开路电压；其串联电阻为该含源一端口电路中所有独立电源置零后，端口处的入端电阻。

答案：B

14. 解　根据题意，可列下列方程：

$$10 + (10 + R_L) /\!/ 15 = 10 + \frac{15 \times (10 + R_L)}{15 + 10 + R_L} = R_L$$

求解得 $R_L = 20\Omega$

答案：A

15. 解　正弦电流表达式：$i = I_m \sin(\omega t + \varphi) = 10 \sin(\omega t + \varphi)$，当 $t = 0\text{s}$ 时，有

$$8.66 = 10\sin\varphi \Rightarrow \sin\varphi = 0.866 \Rightarrow \varphi = 60°$$

答案: B

16. 解　根据题意可知正弦电压幅值为50V，则有效值为$\frac{50}{\sqrt{2}}$V，则:

$$P = I^2 R \Rightarrow I = \sqrt{\frac{P}{R}} = \sqrt{\frac{30}{15}} = \sqrt{2}\text{A}$$

$P = UI\cos\varphi \Rightarrow 30 = \frac{50}{\sqrt{2}} \times \sqrt{2} \times \cos\varphi$，解得

$$\cos\varphi = 0.6$$

答案: C

17. 解　电路如解图所示，则总阻抗为:

$$Z_o = R + j\omega L + \left[R_1 /\!/ \left(-j\frac{1}{\omega C} \right) \right]$$

题17解图

其中，$R_1 /\!/ \left(-j\dfrac{1}{\omega C} \right) = \dfrac{-j\dfrac{R_1}{\omega C}}{R_1 - j\dfrac{1}{\omega C}} = \dfrac{-j\dfrac{R_1}{\omega C}\left(R_1 + j\dfrac{1}{\omega C} \right)}{\left(R_1 - j\dfrac{1}{\omega C} \right)\left(R_1 + j\dfrac{1}{\omega C} \right)}$

$$= \frac{\dfrac{R_1}{\omega^2 C^2} - j\dfrac{R_1^2}{\omega C}}{R_1^2 - \left(j\dfrac{1}{\omega C} \right)^2} = \frac{\dfrac{R_1}{\omega^2 C^2} - j\dfrac{R_1^2}{\omega C}}{R_1^2 + \dfrac{1}{\omega^2 C^2}} = \frac{\dfrac{R_1}{\omega^2 C^2}}{R_1^2 + \dfrac{1}{\omega^2 C^2}} - j\frac{\dfrac{R_1^2}{\omega C}}{R_1^2 + \dfrac{1}{\omega^2 C^2}}$$

那么，$Z_o = R + \dfrac{\dfrac{R_1}{\omega^2 C^2}}{R_1^2 + \dfrac{1}{\omega^2 C^2}} + j\left(\omega L - \dfrac{\dfrac{R_1^2}{\omega C}}{R_1^2 + \dfrac{1}{\omega^2 C^2}} \right)$

由于发生串联谐振，使其虚部为零，即:

$$\omega L - \frac{\dfrac{R_1^2}{\omega C}}{R_1^2 + \dfrac{1}{\omega^2 C^2}} = 0 \Rightarrow \omega^3 R_1^2 LC^2 - \omega(L - R_1^2 C) = 0 \Rightarrow \omega = \sqrt{\frac{R_1^2 C - L}{R_1^2 L C^2}} = \sqrt{\frac{1}{LC} - \frac{1}{R_1^2 C^2}}$$

注: 计算过程较繁琐，考生应注意，当分母为虚数时，需使用必要的技巧使其实部与虚部分离。

答案: A

18. 解　当$t = 0_+$时，电容发生阶跃响应，$u_1(0_+) + u_2(0_+) = 12$V

有公式$q = C \cdot \Delta u$，由于电路中的两个电容电荷变化量为一定值，则:

$$C_1[u_1(0_+) - u_1(0_-)] = C_2[u_2(0_+) - u_2(0_-)]$$

$$\Rightarrow C_1 u_1(0_+) = C_2 u_2(0_+) \Rightarrow u_1(0_+) = \frac{C_2}{C_1 + C_2} \times 12 = \frac{2}{1+2} \times 12 = 8\text{V}$$

答案: D

19. 解　将电感元件两端断路，利用戴维南等效定理，求内阻; 受控电流源等效电阻为:

$$R_k = \frac{U}{I} = \frac{10i_1}{0.2i_1} = -50\Omega$$

则等效内阻为：$R_{eq} = (-50) /\!/ 10 = \dfrac{-500}{-50+10} = 12.5\Omega$

时间常数：$\tau = \dfrac{L}{R} = \dfrac{0.1}{12.5} = 0.008s = 8ms$

注：在 RC 一阶电路中，时间常数 $\tau = RC$；在 RL 一阶电路中，时间常数 $\tau = \dfrac{L}{R}$；求解一阶电路时，可以把储能元件以外的部分，应用戴维南定理或诺顿定理进行等效变换，然后求得储能元件上的电压和电流。

答案： D

20. 解 依据一阶动态全响应公式：$f(t) = f(\infty) + [f(0_+) - f(\infty)]e^{-\frac{t}{\tau}}$

其中 $i(\infty) = 4 \div 1 = 4A$；$i(0_+) = i(0_-) = 4 \div 4 = 1A$；$R_{in} = 1\Omega$，$\tau = \dfrac{L}{R} = \dfrac{1}{1} = 1s$

则：$\quad i(t) = i(\infty) + [i(0_+) - i(\infty)]e^{-\frac{t}{\tau}} = 4 + (1-4)e^{-t} = 4 - 3e^{-t}A$

答案： D

21. 解 此题为 RC 电路在直流激励下的零状态响应，根据 KVL 和 $i(t) = C\dfrac{du_C(t)}{dt}$，有微分方程 $RC\dfrac{du_C(t)}{dt} + u_C(t) = 6$

取换路后 $t \to \infty$ 时的解为稳态解 $u'_C(t) = 6$；暂态解为 $u''_C(t) = Ae^{st}$，则微分方程的解为

$u_C(t) = u'_C(t) + u''_C(t) = 6 + Ae^{st}$

根据换路定则，当 $t = 0_+$ 时，$u_C(0_+) = u_C(0_-) = 0$，则有 $6 + A = 0 \Rightarrow A = -6$

特征方程为：$RCs + 1 = 0$，则有 $s = -\dfrac{1}{RC}$

则，电容电压和电流在直流激励下的零状态响应分别为：

$u_C + (t) = 6\left(1 - e^{-\frac{t}{RC}}\right)$；$i_C(t) = C\dfrac{du_C(t)}{dt} = \dfrac{6}{R}e^{-\frac{t}{RC}}$

因此，$i_C(0_+) = \dfrac{6}{R} = \dfrac{6}{2} = 3A$

注：建议牢记一阶电路电压及电流的计算公式。

答案： A

22. 解 电路总阻抗为 $Z = \dfrac{12\angle 0°}{2\angle 0°} = 6\Omega$，为纯电阻性负载，则：

$$Z = 4 + j\omega L + R - j\dfrac{1}{\omega C} = (4+R) + j\left(\omega L - \dfrac{1}{\omega C}\right) = 6$$

实部：$R = 6 - 4 = 2\Omega$

虚部：$\omega L - \dfrac{1}{\omega C} = 0 \Rightarrow C = \dfrac{1}{\omega^2 L} = \dfrac{1}{2000^2 \times 1} = 0.25 \times 10^{-6}F = 0.25\mu F$

答案： A

23. 解 高斯定律，在任意闭合曲面上，电位移量的面积分恒等于闭合曲面内所有自由电荷的代数和，即：

$$\oint_S D \cdot dS = \oint_v \rho dV$$

则 $D \cdot 4\pi r^2 = \rho \Rightarrow D = \dfrac{\rho}{4\pi r^2}$

在各向同性线性介质中，还存在关系式 $D = \varepsilon E$，则真空中带电球体外半径 r 处的电场强度为：$\varepsilon E = \dfrac{\rho}{4\pi r^2} \Rightarrow E = \dfrac{\rho}{4\pi\varepsilon r^2}$

采用分部积分，则电位为：

$$\varphi = \int_a^\infty \frac{q}{4\pi\varepsilon_0 r^2} \mathrm{d}r = \int_a^{d_-} \frac{q}{4\pi\varepsilon_0 r^2} \mathrm{d}r + \int_{d_+}^\infty \frac{q}{4\pi\varepsilon_0 r^2} \mathrm{d}r = 0 + \frac{q}{4\pi\varepsilon_0 d} = \frac{q}{4\pi\varepsilon_0 d}$$

方向由金属球圆心指向点电荷q。

注：应牢记金属球外场强公式，并掌握求取电位的积分计算方式。

答案：A

24. 解　两无限大面电荷场强公式：$\vec{E} = \frac{\sigma}{\varepsilon_0} \vec{d}$，则：

$$U = \int_0^a \frac{\sigma}{\varepsilon_0} \mathrm{d}x = \frac{\sigma a}{\varepsilon_0}$$

注：无限大面电荷场强$\vec{E} = \frac{\sigma}{2\varepsilon_0} \vec{d}$；均匀带电的无限大平面两边的电场均匀垂直于带电平面，场强为恒值，且两侧的电场强度方向相反。利用静电场的叠加定理，两无限大面电荷场强$\vec{E} = \frac{\sigma}{\varepsilon_0} \vec{d}$。

答案：B

25. 解　设电缆中电流为I，长直电缆可认为电流在远处闭合，使用安培环路定律计算，则：

磁场强度：$\oint_l H \cdot \mathrm{d}l = H \cdot 2\pi r = I$

由$B = \mu H$，则磁感应强度为：$B = \frac{\mu I}{2\pi r}$

电缆单位长度上形成的磁通为：$\Phi_0 = \int_S B \cdot \mathrm{d}S = \int_a^b \frac{\mu I}{2\pi r} \mathrm{d}r = \frac{\mu I}{2\pi} \ln\frac{b}{a}$

则，外电感：$L_0 = \frac{\Phi_0}{I} = \frac{\mu}{2\pi} \ln\frac{b}{a}$

注：电感可分为自感与互感两种概念，自感又可分为内电感和外电感两种不同的计算方法。长直圆导线的内电感与导线半径R无关，单位长度长圆导线的内自感为一定值，即$\frac{\mu}{8\pi}$；若输电线为往返两根导线，只要是实心导体，其单位长度的内电感为$2 \times \frac{\mu}{8\pi} = \frac{\mu}{4\pi}$。外电感计算公式为$L_0 = \frac{\Phi_0}{I}$。

答案：D

26. 解　当终端为开路状态时，$Z_{\mathrm{in}} = -jZ_C \cot\frac{2\pi}{\lambda}l$，$Z_C$为特性阻抗，则：

当$l = \frac{1}{8}\lambda$、$l = \frac{3}{8}\lambda$、$l = \frac{7}{8}\lambda$时，代入方程：$Z_{\mathrm{in}} = -jZ_C$

当$l = \frac{1}{2}\lambda$时，代入方程：$Z_{\mathrm{in}} = \infty$

注：无损耗的均匀传输线的输入阻抗，当终端为开路状态时，$Z_{\mathrm{in}} = -jZ_C \cot\frac{2\pi}{\lambda}l$；当终端为短路状态时，$Z_{\mathrm{in}} = jZ_C \tan\frac{2\pi}{\lambda}l$。

答案：B

27. 解　P 型半导体：在硅（或锗）的晶体内掺入少量三价元素杂质，使其空穴数量远大于电子数量，以空穴导电为主，空穴为多数载流子，电子为少数载流子，半导体呈中性。

N 型半导体：在硅（或锗）的晶体内掺入少量施主原子杂质，使其电子数量远大于空穴数量，以电子导电为主，电子为多数载流子，空穴为少数载流子，半导体呈中性。

答案：D

28. 解 u_2 的周期 $T = \frac{2\pi}{\omega} = \frac{2 \times 3.14}{314} = 0.02\text{s}$，则：

$$R_L C = 10 \times 10^4 \times 50 \times 10^{-6} = 5 > (3 \sim 5)\frac{T}{2} = 0.03 \sim 0.05$$

输出电压为：$U_0 = 1.2 U_2 = 1.2 \times \frac{10\sqrt{2}}{\sqrt{2}} = 12\text{V}$

注：这是一个常用公式，应牢记。此外，当空载（$R_L = \infty$）时，$U_0 = \sqrt{2}U_2$；当无电容（$C = 0$）时，$U_0 = 0.9 U_2$。电容滤波电路简单，负载直流电压较高，波纹也较小，但缺点是输出特性较差，适用于负载电压较高，负载变动不变的场合。

答案：C

29. 解 根据放大器虚短，$U_{\text{in}+} = U_{\text{in}-} = U_f$，反馈系数为：

$$F_u = \frac{U_f}{U_o} = \frac{R /\!/ \left(-j\frac{1}{\omega C}\right)}{R + \left(-j\frac{1}{\omega C}\right) + R /\!/ \left(-j\frac{1}{\omega C}\right)} = \frac{1}{3 + j\left(\omega RC - \frac{1}{\omega RC}\right)}$$

设分母虚部为零，即 $\omega = \frac{1}{RC}$ 时有最大值，$F_{u \cdot \max} = \frac{1}{3}$

正弦波自激励振荡的起振条件：$F_{u \cdot \max} \cdot A_{uf} > 1$，即 $A_{uf} > 3$，即放大系数

$$A_{uf} = \frac{R_1 + R_F}{R_1} = 1 + \frac{R_F}{R_1} = 1 + \frac{R_F}{10} > 3 \Rightarrow R_F > 20\text{k}\Omega$$

注：等幅振荡条件为 $F_{u \cdot \max} \cdot A_{uf} = 1$，$A_{uf} > 3$，$R_F = 2R_1$，且振荡频率为 $f = \frac{1}{2\pi RC} = \frac{1}{2\pi \times 10^4 \times 10^{-8}} = 1592\text{Hz}$，因此该电路具备选频功能。

答案：C

30. 解 电压串联负反馈：重要特点是电路的输出电压趋于稳定，提高输入电阻，降低输出电阻。电压并联负反馈：常用于电流—电压变换器中。电流串联负反馈：常用于电压—电流变换器中。电流并联负反馈：重要特点是电路的输出电流趋于稳定，减少输入电阻，提高输出电阻。

因此，选项 D 正确。

注：稳定电压就做电压反馈，稳定电流就做电流反馈，串联负反馈适用于输入信号为恒压源或近似恒压源，并联负反馈适用于输入信号为恒流源或近似恒流源。

答案：D

31. 解 共射极放大电路，输出和输入波形反相。其静态工作点 Q

$$I_B = \frac{U_{cc} - U_{BE}}{R_B} \approx \frac{U_{cc}}{R_B} = \frac{12}{1.2 \times 10^6} = 10\mu\text{A}$$

则：$I_C = \beta I_B = 100 \times 10 = 1000\mu\text{A} = 1\text{mA}$

输入电压有效值为 27mV，信号很小，Q 点过低，进入管子的截止区，由于其输出和输入波形反相，则输出电压波形正半周被削平。

注：Q 点太高，当输入信号足够大时，三极管进入饱和区，产生饱和失真，u_{ce} 负半周被削平；Q 点太低，当输入信号足够大时，三极管进入截止区，产生截止失真，u_{ce} 正半周被削平。但缺少严格的进

入该区的定量判据。

答案： B

32. 解　单端集电极电流：

$$I_E = \frac{U_{CC} - U_{BE}}{\frac{R_B}{1+\beta} + \frac{R_W}{2} + 2R_E} = \frac{15 - 0.7}{\frac{1000}{1+60} + \frac{100}{2} + 2 \times 5.1 \times 10^3} = 1.39 \times 10^{-3}A = 1.39mA$$

确定 r_{be}，由 $r_{be} = R_{bb'} + (1+\beta)\frac{U_T(mV)}{I_E(mA)} \approx 200 + (1+\beta)\frac{26(mV)}{I_E(mA)}$，$R_{bb'}$ 一般取 200Ω，则：

$$r_{be} = 200 + (1+60) \times \frac{26}{1.39} = 1341\Omega$$

双端输出，差模电压放大倍数：

$$A_{ud} = \frac{-\beta\left(R_c \,/\!/\, \frac{1}{2}R_L\right)}{R_B + r_{be} + (1+\beta)\frac{R_W}{2}} = \frac{-60 \times (5.1 \,/\!/\, 50)}{1 + 1.341 + (1+60) \times 0.05} = -51.5$$

注：差模放大的电路的计算较为烦琐，建议记下典型电路的公式，如差模放大倍数、共模放大倍数及共模抑制比等，以便扩展应用。但由于公式又分为单端输出与双端输出的不同情况，不易记忆，若对此不熟悉，考场上建议放弃，不必耽误时间。

答案： C

33. 解　列真值表如下：

A	B	L
0	0	0
0	1	1
1	0	1
1	1	0

分析可知，$L = A\overline{B} + \overline{A}B = A \oplus B$，即异或关系。

注：异或关系：$L = A\overline{B} + \overline{A}B = A \oplus B$；同或关系：$L = \overline{A}\,\overline{B} + AB = A \odot B$。

答案： B

34. 解　根据题意，卡诺图及包围圈如解图所示，则：

$$Y = \overline{AB} + \overline{D}$$

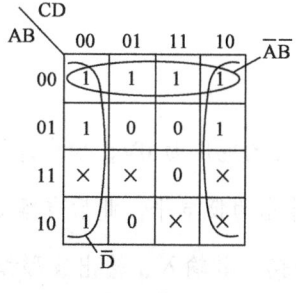

题34解图

注：卡诺图中相邻方格包括上下底相邻，左右边相邻和四角相邻。其画包围圈的合并原则为：

（1）包围圈内的方格数应为2^n个。

（2）包围圈要尽量大，以便消去更多的变量因子。

（3）同一方格可以被不同的包围圈包围，包围圈中必须有新变量，否则该包围圈将是多余的。

答案： A

35. 解 二进制转十进制，则：$(11001011)_2 = (203)_{10}$

输出电压：$U_o = 0.02 \times 203 = 4.06V$

答案： B

36. 解 JK 触发器的功能表（部分）如下：

CP	J	K	Q^n	Q^{n+1}	功能
↓	1	1	0	1	计数反转
↓	1	1	1	0	

波形图如解图所示。

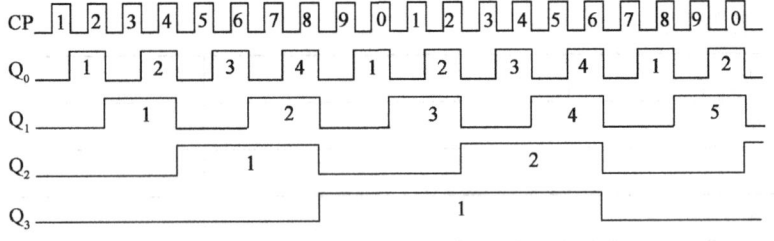

题 36 解图

当开关 C 闭合时，Q_1反转 CK 触发器即清零，由波形图可知，CP 每 2 个下降沿，Q_1翻转 1 次，为 2 进制加法计数器；

当开关 B 闭合时，Q_2反转 CK 触发器即清零，由波形图可知，CP 每 4 个下降沿，Q_2翻转 1 次，为 4 进制加法计数器；

当开关 A 闭合时，Q_3反转 CK 触发器即清零，由波形图可知，CP 每 8 个下降沿，Q_3翻转 1 次，为 8 进制加法计数器。

答案： A

37. 解 接通电源的瞬间，电容 C 上的电压为 0V，输出V_0为高电平，V_0通过电阻对电容 C 充电，当V_I达到V_{T+}时，施密特触发器翻转，输出为低电平，此后电容 C 又开始放电，V_I下降，当V_I下降到V_{T-}时，电路又发生翻转，如此反复形成振荡，其输入、输出波形如解图所示。

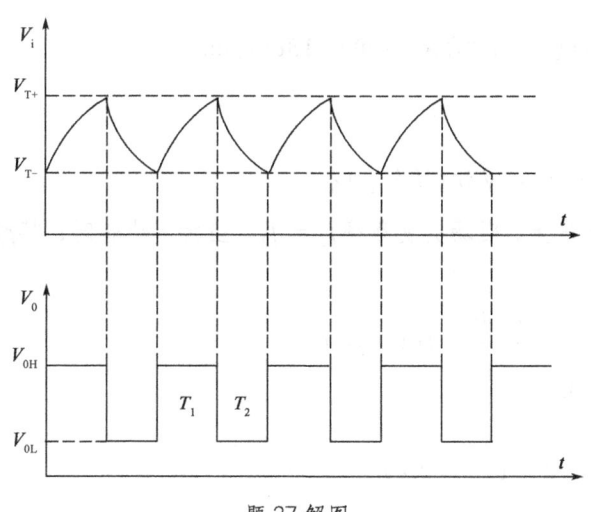

题 37 解图

因此，其为多谐振荡器。

注：振荡周期 $T = T_1 + T_2 = RC \ln \left(\frac{V_{DD} - V_{T-}}{V_{DD} - V_{T+}} \cdot \frac{V_{T+}}{V_{T-}} \right)$，对于典型的参数值（$V_{T-} = 0.8V$，$V_{T+} = 1.6V$，输出电压摆幅 3V），其输出振荡频率为 $f = \frac{0.7}{RC}$。

答案：C

38. 解　根据阵列图，可列出逻辑表达式：

$Y_1 = \overline{A}\,\overline{B}C + \overline{A}B\overline{C} + A\overline{B}\,\overline{C} + ABC$，$Y_2 = \overline{A}BC + A\overline{B}C + AB$，化简为

列真值表如下：

输　入			输　出	
A	B	C	Y_1	Y_2
0	0	0	0	0
0	0	1	1	0
0	1	0	1	0
0	1	1	0	1
1	0	0	1	0
1	0	1	0	1
1	1	0	0	1
1	1	1	1	1

显然，此为全加器真值表，其中 Y_1 为和，Y_2 为进位。

答案：D

39. 解　额定转差率为 $S = \frac{n - n_1}{n} = \frac{1500 - 1440}{1500} = 0.04$

转子负载转矩为总机械转矩与空载转矩之差，即 $T_2 = T - T_0$，由于负载转矩不变，空载转矩只与机械损耗和附加损耗有关（与转子铜耗无关），为一定值，因此总机械功率不变。

由 $T = \frac{m_1 P U_1^2 \frac{R_2'}{S}}{2\pi f \left[\left(R_1 + \frac{R_2'}{S} \right) + (X_1 + X_2)^2 \right]}$，可知 $\frac{R_2'}{S}$ 为一定值，若转子电阻加倍，则转差率亦加倍，即：

$S' = 2S = 2 \times 0.04 = 0.08$

转速：$n' = (1 - S')_n = (1 - 0.08) \times 1500 = 1380 \text{r/min}$

答案：C

40. 解 转子电动势为：$E_2 = \sqrt{2}\pi f N_1 k_{\text{dp1}} \Phi_m$

转子绕组开路时，转子静止，磁场交变频率 $f_2 = f_1$，当转子旋转时，其 $f_2' = sf_1 = sf_2$，因此其转子绕组电压为 $E'_2 = sE_2$

额定转速：$n_N = \dfrac{60f}{p} = \dfrac{60 \times 50}{3} = 1000 \text{r/min}$

转差率：$s = \dfrac{1000 - 980}{1000} = 0.02$

转子绕组电压：$E'_2 = 0.02 \times 110 = 2.2 \text{V}$

答案：B

41. 解 空载试验的等效电路图如解图所示。

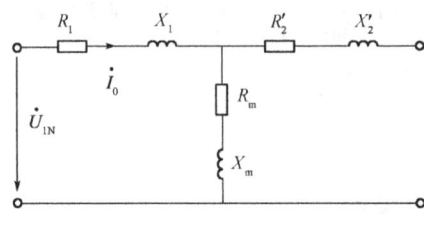

题 41 解图

$$Z_0 = Z_1 + Z_m, \quad R_0 = R_1 + R_m$$

由于 $Z_1 \ll Z_m$、$R_1 \ll R_m$，则近似认为励磁阻抗和励磁电阻有如下关系：

$$|Z_m| \approx |Z_0| = \frac{U_{1N}}{I_0}$$

$$|R_m| \approx |R_0| = \frac{P_0}{I_0^2} \Rightarrow P_0 = \frac{U_1^2}{R_0^2}$$

当定子电压下降 10% 时，$P'_0 = P_0(1 - 10\%)^2 = 21 \times 0.9^2 = 17.01 \text{kW}$

注：变压器负载时的铁耗等于额定电压下的空载损耗 P_0。空载损耗主要是铁耗，并且它是与负载大小和性质无关的常数。

答案：A

42. 解 两台原变顺极性串联后，其等效电路如解图所示。

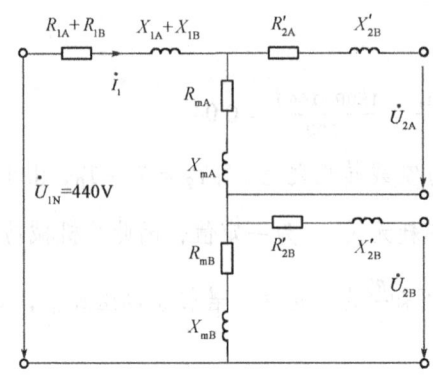

题 42 解图

由于$(Z_{1A} + Z_{1B}) \ll Z_m$，则近似认为励磁阻抗和励磁电阻有如下关系：

$$|Z_m| \approx |Z_0| = \frac{U_{1N}}{I_0}$$

由于两变压器原边均接220V电压时，$I_{0A} = 2I_{0B}$，分析可知：$2Z_{mA} = Z_{mB}$

变压器变比均为：$k = 220/110 = 2$

顺极性串联后：$k' = 2 + 2 = 4$

则：$U_{2B} = \dfrac{U_N}{Z_{mA} + Z_{mB}} \times Z_{mB} \times \dfrac{1}{k'} = \dfrac{440}{\dfrac{Z_{mB}}{2} + Z_{mB}} \times Z_{mB} \times \dfrac{1}{4} = 73.3V$

答案： A

43. 解 隐极同步发电机的电动势平衡方程式：$\dot{E}_0 = \dot{U} + \dot{I}r_a + j\dot{I}X_c$，但由于$X_C \gg r_a$，一般将$r_a$忽略。

平衡方程为：$\dot{E}_0 = \dot{U} + j\dot{I}X_c$

功率因数角：$\varphi = \arccos 0.8 = 36.87°$，则$\sin 36.87° = 0.6$

设$\dot{U}_N = \dfrac{380}{\sqrt{3}} \angle 0° = 220\angle 0°$，由于为 Y 接法，则$\dot{I}_N = 84\angle -36.87°$

$$\dot{E}_0 = \dot{U} + j\dot{I}Xc = 220\angle 0° + j1.5 \times 84\angle -36.87°$$
$$= 295.6 + j100.8 = 312.3\angle 18.83°$$

答案： D

44. 解 并励直流电动机的原理图如解图所示。

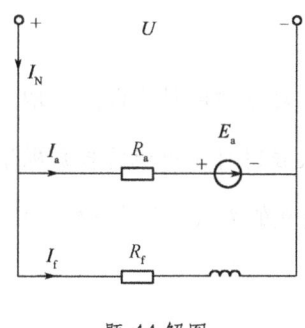

题 44 解图

由电磁转矩T的表达式$T = C_T\varphi I_a$可知，若电磁转矩不变，电枢电流不变，即$I_a = 350A$

提升时：$E_a = U - I_aR_a - 2 = 220 - 350 \times 0.026 - 2 = 208.9V$

由电枢电动势E_a的表达式：$E_a = C_e\varphi n$

$$C_e\varphi = \frac{E_a}{n} = \frac{208}{795} = 0.262$$

下降时：$E_a' = C_e\varphi n' = 0.262 \times (-100) = -26.2V$
$E_a' = U - I_a(R_a + R') - 2 = 220 - 350 \times (0.026 + R') - 2$
$\quad = -26.2V$

解得：$R' = 0.672\Omega$

注：下降过程中，转子反转$n' = -100r/min$。

答案： D

45. 解　无。

答案： B

46. 解　各元件阻抗标幺值计算如下（基准电压取 $U_\text{j} = 115\text{kV}$）：

发电机：$X = X''_\text{d} \dfrac{S_\text{j}}{S_\text{G}} = 0.14 \times \dfrac{100}{30} = 0.467$

变压器 T1：$X_{*\text{T1}} = \dfrac{U_\text{d}\%}{100} \cdot \dfrac{S_\text{j}}{S_\text{T}} = \dfrac{10.5}{100} \times \dfrac{100}{31.5} = 0.333$

线路：$X_{*\text{l}} = xl\dfrac{S_\text{j}}{U_\text{j}^2} = 0.4 \times 50 \times \dfrac{100}{115^2} = 0.151$

变压器 T2：$X_{*\text{T2}} = \dfrac{U_\text{d}\%}{100} \cdot \dfrac{S_\text{j}}{S_\text{T}} = \dfrac{10.5}{100} \times \dfrac{100}{30} = 0.35$

电抗器：$X_{*\text{R}} = \dfrac{X_\text{k}\%}{100} \cdot \dfrac{S_\text{j} \cdot U_\text{N}}{\sqrt{3}U_\text{j}^2 \cdot I_\text{N}} = \dfrac{5}{100} \times \dfrac{100 \times 10}{\sqrt{3} \times 10.5^2 \times 0.3} = 0.873$

注：一般地，短路计算中标幺值均需折算至高压侧，本题中未进行折算。天大版专业基础复习教程中 P324 的电抗器标幺值计算公式有误，请修正 $X_{*\text{R}} = \dfrac{X_\text{k}\%}{100} \cdot \dfrac{S_\text{j} \cdot U_\text{N}}{\sqrt{3}U_\text{j}^2 \cdot I_\text{N}} = \dfrac{X_\text{k}\%}{100} \cdot \dfrac{I_\text{j} \cdot U_\text{N}}{U_\text{j} \cdot I_\text{N}}$。

答案： C

47. 解　在 330kV 及以上超高压配电装置的线路侧，装设同一电压等级的并联电抗器，其作用如下：

（1）线路并联电抗器可以补偿线路的容性无功功率，改善线路无功平衡。

（2）削弱空载或轻载线路中的电容效应，抑制其末端电压升高，降低工频暂态过电压，限制操作过电压的幅值。

（3）改善沿线电压分布，提供负载线路中的母线电压，增加了系统稳定性及送电能力。

（4）有利于消除同步电机带空载长线时可能出现的自励磁谐振现象。

（5）采用电抗器中性点经小电抗接地的办法，可补偿线路相间及相对地电容，加速潜供电弧自灭，有利于单相快速重合闸的实现。

答案： A

48. 解　由于高压输电线路的电阻远小于电抗，因而使得高压输电线路中有功功率的流向主要由两端节点电压的相位决定，有功功率是从电压相位超前的一端流向滞后的一端，输电线路中无功功率的流向主要由两端节点电压的幅值决定，由幅值高的一端流向低的一端。公式分析如下：

$$\dot{U}_1 = \dot{U}_2 + \frac{P_2 R + Q_2 X}{U_2} + j\frac{P_2 X - Q_2 R}{U_2}$$

其中输电线路电阻忽略不计，$R = 0$，则：

$$\dot{U}_1 = \dot{U}_2 + \frac{Q_2 X}{U_2} + j\frac{P_2 X}{U_2} \Rightarrow U_1(\cos\delta + j\sin\delta) = U_1 + \frac{Q_2 X}{U_2} + j\frac{P_2 X}{U_2}$$

则，有功功率：$U_1\sin\delta = \dfrac{P_2 X}{U_2} \Rightarrow P_2 = \dfrac{U_1 U_2}{X}\sin\delta$，可见相角差主要取决于有功功率。

同理，无功功率：$Q_2 = \dfrac{(U_1\cos\delta - U_2)U_2}{X} \approx \dfrac{(U_1 - U_2)U_2}{X} = \dfrac{\Delta U \cdot U_2}{X}$，可见电压降落主要取决于无功功率。

$\Delta\delta = 2.5° - 60° = -57.5°$，则 $P < 0$。

$\Delta U = U_1 - U_2 = 115 - 112 = 3V$，则 $Q > 0$。

答案： D

49. 解 我国电网中，有关系统中性点接地方式主要有四种，其特点及应用范围如下：

（1）中性点直接接地

优点是系统的过电压水平和输变电设备所需的绝缘水平较低，系统的动态电压升高不超过系统额定电压的 80%，110kV 及以上高压电网中普遍采用这种接地方式，以降低设备和线路造价，经济效益显著。

缺点是发生单相接地故障时单相接地电流很大，必然引起断路器跳闸，降低了供电连续性，供电可靠性较差。此外，单相接地电流有时会超过三相短路电流，影响断路器开断能力选择，并对通信线路产生干扰的危险。

（2）中性点不接地

优点是发生单相接地故障时，不形成短路回路，通过接地点的电流仅为接地电容电流，当单相接地故障电流很小时，只使三相对地电位发生变化，故障点电弧可以自熄，熄弧后绝缘可自行恢复，能自动清除单相接地故障，无须断开线路，可以带故障运行一段时间，因而提供了供电可靠性。在 3~66kV 电网中应用广泛，但要求其单相接地电容电流不能超过允许值，因此其对临近通信线路干扰较小。

缺点是发生单相接地故障时，会产生弧光过电压。这种过电压现象会造成电气设备的绝缘损坏或开关柜绝缘子闪络，电缆绝缘击穿，所以要求系统绝缘水平较高。

（3）中性点经消弧线圈接地

在 3~66kV 电网中，当单相接地电容电流超过允许值时，采用消弧线圈补偿电容电流保证接地电弧瞬间熄灭，消除弧光间歇接地过电压。

如变压器无中性点或中性点未引出，应装设专用接地变压器，其容量应与消弧线圈的容量相配合。

（4）中性点经电阻接地

经高电阻接地方式可以限制单相接地故障电流，消除大部分谐振过电压和间歇弧光接地过电压，接地故障电流小于 10A，系统在单相接地故障条件下可持续运行，缺点是系统绝缘水平要求较高。主要适用于发电机回路。

经低电阻接地方式可快速切除故障，过电压水平低，可采用绝缘水平低的电缆和设备。但供电可靠性较差。主要适用于电缆线路为主，不容易发生瞬时性单相接地故障且系统电容电流比较大的城市配电网、发电厂厂用电系统及工矿企业配电系统。

答案： C

50. 解 从末端向首端计算功率损耗及功率分布，电压用额定电压330kV，则：

$$S_2' = S_2 - j\frac{B_L}{2}U_N^2 = 150 - j20 - j1.425 \times 10^{-4} \times 330^2 = 150 - j35.52$$

$$S_1' = S_2' + \Delta S_L = 150 - j35.52 + \frac{150^2 + 35.52^2}{330^2}(21 + j40) = 154.58 - j26.79$$

线路首端电压为：

$$U_1 = \sqrt{(U_2 + \Delta U)^2 + \delta U^2}$$

$$= \sqrt{\left(330 + \frac{154.58 \times 21 - 26.79 \times 40}{330}\right)^2 + \left(\frac{154.58 \times 40 + 26.79 \times 21}{330}\right)^2}$$

$$= \sqrt{(330 + 6.59)^2 + 20.44^2} = 337.2\text{kV}$$

$$\delta = \arctan\frac{\delta U}{U_2 + \Delta U} = \arctan\frac{20.44}{336.59} = 3.48°$$

首端电压为：$\dot{U}_1 = 337.2\angle 3.48°$

首端功率为：

$$S_1 = S_1' - j\frac{B_L}{2}U_N^2 = 154.58 - j26.79 - j1.425 \times 10^{-4} \times 337.2^2 = 154.58 - j42.99$$

答案：C

51. 解 最大负荷时变压器等值电抗：$Z_{T\cdot max} = 2.04 + j31.76$，最小负荷时切除一台变压器，等值电抗为：$Z_{T\cdot min} = 2 \times (2.04 + j31.76) = 4.08 + j63.52$，则：

最大负荷和最小负荷时变压器的电压损耗：

$$\Delta U_{Tmax} = \frac{PR + QX}{U_{1max}} = \frac{20 \times 2.04 + 15 \times 31.76}{115} = 4.5\text{kV}$$

$$\Delta U_{Tmin} = \frac{PR + QX}{U_{1min}} = \frac{10 \times 4.08 + 7 \times 62.52}{108} = 4.43\text{kV}$$

逆调压为在最大负荷时，提高负荷侧电压，即低压侧升高至105%的额定电压，在最小负荷时，降低或保持负荷侧电压，即低压侧保持额定电压，则：

$$U_{1Tmax} = \frac{U_{1max} - \Delta U_{Tmax}}{U_{1max}}U_{2N} = \frac{118 - 4.5}{1.05 \times 10} \times 11 = 115.76\text{kV}$$

$$U_{1Tmin} = \frac{U_{1min} - \Delta U_{Tmin}}{U_{1min}}U_{2N} = \frac{110 - 4.43}{10} \times 11 = 113.85\text{kV}$$

$U_{1T\cdot av} = \frac{U_{1Tmax} + U_{1Tmin}}{2} = \frac{115.76 + 113.85}{2} = 114.8\text{kV}$，就近选取分接头115.5kV。

注：逆调压为最大负荷时，提高负荷侧电压，即低压侧升高至105%的额定电压；为最小负荷时，降低或保持负荷侧电压，即低压侧保持额定电压。顺调压为最大负荷时，低压侧为102.5%的额定电压；为最小负荷时，低压侧为107.5%的额定电压。

答案：B

52. 解 基准容量为$S_j = 60\text{MVA}$，基准电压为$U_j = 115\text{kV}$，则各元件标幺值为：

发电机：$X_{*G} = X''_d \dfrac{S_j}{S_G} = 0.1 \times \dfrac{60}{60} = 0.1$

电抗器：$X_{*R} = \dfrac{X_R\%}{100} \cdot \dfrac{S_j \cdot U_N}{\sqrt{3}U_j^2 \cdot I_N} = \dfrac{1.433}{100} \times \dfrac{60 \times 10}{\sqrt{3} \times 115^2 \times 0.3} = 0.00125$

变压器：$U_{k1}\% = U_{k2}\% = \dfrac{1}{2}(30 + 15 - 15) = 15$，$U_{k3}\% = \dfrac{1}{2}(15 + 15 - 30) = 0$，则：

$$X_{*T1} = X_{*T2} = \dfrac{U_{k1}\%}{100} \cdot \dfrac{S_j}{S_T} = \dfrac{15}{100} \times \dfrac{60}{60} = 0.15$$

$$X_{*T3} = \dfrac{U_{k3}\%}{100} \cdot \dfrac{S_j}{S_T} = \dfrac{0}{100} \times \dfrac{100}{60} = 0$$

则，等值电路如解图 a）所示，电路三角形变换星形后如解图 b）所示。

计算电抗为：$$X_{*11} = X_{*12} = \dfrac{0.0025 \times 0.3}{0.0025 + 0.3 + 0.3} = 0.0012$$

$$X_{*13} = \dfrac{0.3 \times 0.3}{0.0025 + 0.3 + 0.3} = 0.149$$

总计算电抗为：$X_{*\Sigma} = [(0.1 + 0.0012) /\!/ (0.1 + 0.0012)] + 0.149 = 0.2$

三相短路电流有效值为：

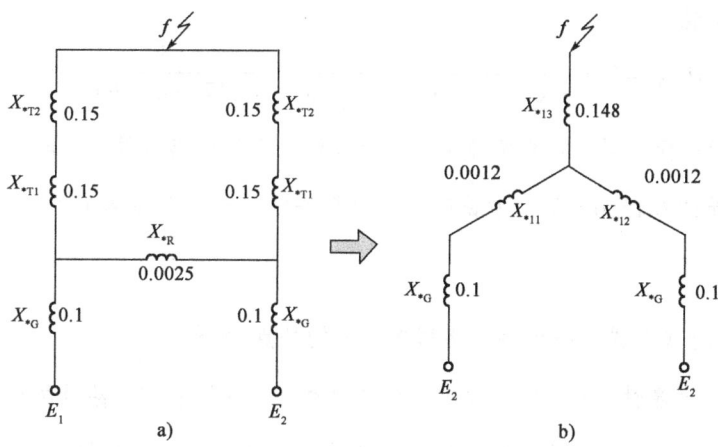

题 52 解图

$$I_K = \dfrac{I_j}{X_{*\Sigma}} = \dfrac{S_j}{\sqrt{3}U_j} \times \dfrac{1}{X_{*\Sigma}} = \dfrac{60}{\sqrt{3} \times 115} \times \dfrac{1}{0.2} = 1.506\text{kA}$$

注：低压母线电抗器在高压侧电路时，可以忽略，在考试时，建议忽略电抗器标幺值 0.0025，直接计算较为简单。

答案：A

53. 解 零序网络图如解图 1 所示。

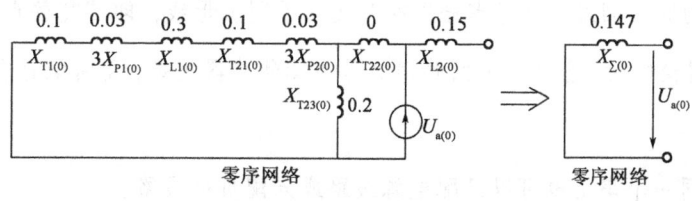

题 53 解图 1

则：$X_{\sum(0)} = 0 + [0.2 /\!/ (0.1 + 0.03 + 0.3 + 0.1 + 0.03)] = 0.147$

正序、负序网络图如解图2所示。

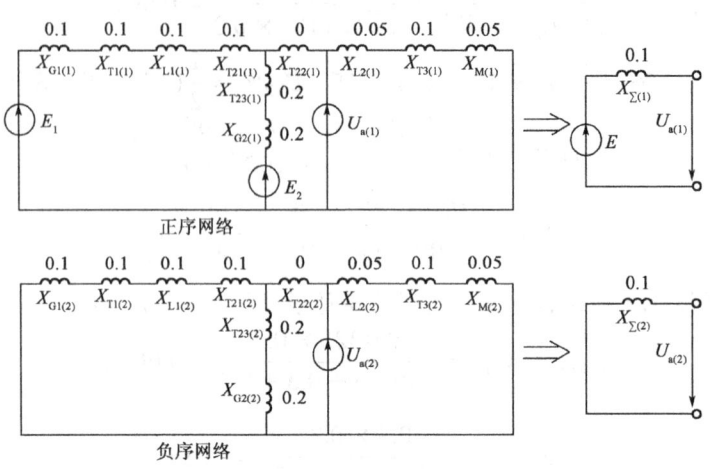

题53解图2

则：$X_{*\sum(1)} = X_{*\sum(2)} = (0.05 + 0.1 + 0.05) /\!/ [(0.2 + 0.2) /\!/ (4 \times 0.1)] = 0.1$

单相短路电流标幺值：

$$I_{*f} = 3I_{*a1} = 3 \times \frac{1}{X_{*\sum(1)} + X_{*\sum(2)} + X_{*\sum(0)}} = \frac{3}{0.147 + 0.1 + 0.1} = 8.646$$

注：零序电流不能在变压器三角形侧流通，因此不纳入零序网络计算。发电机的零序电抗较正序电抗小，通常是正序电抗的0.15~0.6倍。考试时，算出零序阻抗即可选择答案了。

答案：C

54.解 二分之三进线形式（一个半断路器接线）的特点如下：

该接线具有很高的可靠性。任一设备故障或检修时都不会中断供电，甚至两组母线同时故障的极端情况下仍不影响供电；方式的转换通过操作断路器完成，隔离开关仅在检修时作为隔离带电设备使用，因而可以有效减少误操作概率。

成串配对原则：为提高一个半断路器接线的可靠性，防止同名回路同时停电的缺点，可按下述原则成串配置：

（1）同名回路应布置在不同串上，以免当一串的中间断路器故障、同时串中另一侧回路故障时，使该串中两个同名回路同时断开。

（2）如有一串配两条线路时，应将电源线路和负荷线路配成一串。

（3）对特别重要的同名回路，可考虑分别交替接入不同侧母线，即"交替布置"。这种布置可避免当一串中的中间断路器检修时，合并同名回路串的母线侧断路器故障，而将配置在同侧母线的同名回路同时断开。

注：选项D错在同一个串上也可以只配电源线路或只配负荷线路。

答案：C

55. 解　国际电工委员会（IEC）规定继电保护用电流互感器的准确级为 5P 和 10P，其中 P 表示保护（PROTECT），其误差限值如下表所示。

准确级次	额定一次电流下的比值误差	额定一次电流下的相角误差		额定准确限值的一次电流下负荷误差（%）
		角度（'）	弧度（rad）	
5P10	±1	±60	$\pm 1.8 \times 10^{-2}$	5
10P10	±3	—	—	10

电流互感器的保护准确级一般表示为 5P20、5P40 或 10P20、10P40。在误差限制 5P 与 10P 后的 20 和 40，表示电流互感器一次短路电流为额定电流的倍数值。

注：为了减少暂态过程所引起的互感器饱和，可采用 TP 类保护用的电流互感器以减小暂态磁通和铁芯剩磁，从而改善暂态特性。其主要包含以下几个级别：TPS、TPX、TPY、TPZ 等。

答案：D

56. 解　断路器开断过程中，电流通过弧隙（触头间电弧燃烧的间隙）产生热量，使电弧中心温度达到 1 万度以上，在高温作用下，气体中不规则热运动速度增加，产生热游离。电弧的熄灭过程也称去游离过程，即电弧中的正离子和电子复合为原子和分子，当触头之间的介质绝缘强度恢复到大于触头之间的恢复电压时，开断才能成功。

答案：A

57. 解　电压互感器的额定电压选择见下表。

型　式	一次电压（V）		二次电压（V）	第三绕组电压（V）	
单相	接于一次线电压上	U	100	—	
	接于一次相电压上	$U/\sqrt{3}$	$100/\sqrt{3}$	中性点非直接接地系统	100/3
				中性点直接接地系统	100
三相		U	100	100/3	

答案：B

58. 解　集中参数元件与分布参数元件的区别如下：

电路中实际元件在工作过程中和电磁现象有关，因此三种最基本的理想电路元件为：表示消耗电能的理想电阻元件 R；表示储存电场能的理想电容元件 C；表示储存磁场能的理想电感元件 L，当实际电路的尺寸远小于电路工作时电磁波的波长时，可以把元件的作用集总在一起，用一个或有限个 R、L、C 元件来加以描述，这样的电路参数叫作集总参数。否则，电路即为分布参数电路。

一个电路应该作为集总参数电路，还是作为分布参数电路，主要取决于其本身的线性尺寸与表征其内部电磁过程的电压、电流的波长之间的关系。若用 S 表示电路本身的最大线性尺寸，用 λ 表示电压或电流的波长，则当不等式 λ ≫ S 成立，电路便可视为集中参数电路，否则便需作为分布参数电路处理。如电力系统中，远距离的高压电力传输线即是典型的分布参数电路，因 50Hz 的电流、电压其波长为 6000km，但输电线路本身长度也可达几百至几千千米，已可与波长相比。通信系统中发射天线等的实际尺寸虽不太长，但发射信号频率高、波长短，也应作分布参数电路处理。

由此可见，集中参数电路中不考虑电磁波的波长。

答案：B

59. 解　分压器的方波响应是指分压器输入端加上方波电压后输出端电压的响应情况。方波响应是评价分压器性能的主要依据之一，方波响应时间还是评价分压器测量误差的特性参数。

电阻分压器用均匀分布的电阻R_g和对地电容C_g的电路等效，则方波响应时间可近似为：$t = \frac{1}{6} R_g C_g$。

由此可见，若需减小分压器方波响应时间，可采用减少分压器总电阻和补偿对地电容两种方式。

答案：C

60. 解　根据彼得逊法则，折射电压波：

$$u_{3q} = \frac{2Z_b}{Z_a + Z_b} u_{aq} = \frac{2Z_3}{Z_1 + Z_3} E$$

注：电流、电压行波多次折、反射的特点是：前行波电压的最终值只由两端线路的波阻抗决定，而与中间线路的波阻抗大小无关。

答案：A

2014年度全国勘察设计注册电气工程师（供配电）执业资格考试基础考试（下）

试题解析及参考答案

1. 解 将1A电流源转换为等效电压源，则戴维南等效电路的开路电压为：

$$U_{ab} = 3 + 6 \times 1 = 9V$$

答案： C

2. 解 将3V电压源转换为等效电流源，则戴维南等效电路的等效内阻为：

$$R_{in} = 3 /\!/ 6 = 2\Omega$$

答案： B

3. 解 设1Ω电阻两端为有源二端网络，简化为戴维南等效电路，则：

开路电压：$U_{ab} = \dfrac{5}{2+5} \times 5 - \dfrac{4}{3+4} \times 5 = \dfrac{5}{7}V$

入端电阻：$R_{in} = \dfrac{2 \times 5}{2+5} + \dfrac{3 \times 4}{3+4} = \dfrac{22}{7}\Omega$

则：$I = \dfrac{U}{R_{in}+1} = \dfrac{\dfrac{5}{7}}{\dfrac{22}{7}+1} = \dfrac{5}{29}A$

注：戴维南定理：任何一个含有独立电源的线性一端口电阻电路，对外电路而言可以用一个独立电压源和一个线性电路相串联的电路等效代替。

答案： D

4. 解 设R_2两端电压为U，即为电感两端电压，由于电感电流不能突变，则：

$$U = L\frac{di_L}{dt} = 10 \times \frac{d\left(\dfrac{220-U}{10} - \dfrac{U}{100}\right)}{dt} = \frac{d\left(220 - \dfrac{11U}{10}\right)}{dt} = -\frac{11}{10} \times \frac{dU}{dt}$$

方程两边均乘以U，得到：

$$U^2 = \left(-\frac{11}{10}\right) \times \frac{1}{2} \times 2U\frac{du}{dt} = -\frac{11}{20}\frac{dU^2}{dt}$$

由边界条件：$U(0_+) = \dfrac{100 \times 220}{100+10} = 200V$，$U(\infty) = 0V$

总发热量为：

$$W = \int_{0+}^{\infty} \frac{U^2}{R_2}dt = \frac{1}{100} \cdot \left(-\frac{11}{20}\right) \cdot U^2 \Big|_{t=0}^{t=\infty} = 0 - \left(-\frac{11}{2000}\right) \times 200^2 = 220J$$

注：演化成为求解微分方程和积分计算，为高等数学基本知识，需掌握。

答案： B

5. 解 根据两个电源的相位差为90°，则总电压幅值为：

$$U = \sqrt{3^2 + 4^2} = 5V$$

答案： A

6. 解 电容容抗为 $X_C = -\dfrac{1}{\omega C} = -\dfrac{1}{2\pi \times 50 \times 3.2 \times 10^{-6}} = -994.72\Omega$

则，功率因数角为：$\varphi = \arctan\left(-\dfrac{994.72}{100}\right) = -84.26°$，则：

$$n = \frac{|220 \times \sin(-84.26)|}{|220 \times \cos(-84.26)|} = 9.95$$

答案：A

7. 解 $n = \dfrac{20}{4 \div 0.8} = 4$ 组，较为简单，不再赘述。

答案：C

8. 解 设总电流为 I'，则 $I' = I + I_C$，由并联电路对电流的分流规律可知：

由 $I_C = \dfrac{R}{\frac{1}{j\omega C} + R} I'$ 和 $I = \dfrac{\frac{1}{j\omega C}}{\frac{1}{j\omega C} + R} I'$，可知 $I_C = j\omega C I R$，则：

$$U = IR + (I + j\omega CRI)j\omega L = IR(1 - \omega^2 CL) + j\omega LI$$

由上式分析可知，当 $\omega^2 CL = 1$ 时，电流的大小与电阻 R 无关。

答案：D

9. 解 直流电流无交变磁场，电感可视为短路，则：$U = RI = 60 \times 3 = 180V$

答案：C

10. 解 电路稳定后无电流通路，$U_{C1}(\infty) = U_{C2}(\infty) = 2V$

当 K 闭合时，电容电压发生跃变换路后，C_1 经 C_2 充电，原电容 C_1 储存的总电荷在两个电容上重新分配，由于换路前后电容中的电荷总量一定，且根据公式 $q = Cu$ 和稳态时 $u_{C1}(0_+) = u_{C2}(0_+)$，则：

$$C_1 u_{C1}(\infty) + C_2 u_{C2}(\infty) = C_1 u_{C1}(0_+) + C_2 u_{C2}(0_+)$$

$$\Rightarrow u_{C1}(0_+) = u_{C2}(0_+) = \frac{C_1 u_{C1}(\infty) + C_2 u_{C2}(\infty)}{C_1 + C_2} = \frac{0.25 \times 2}{2 \times 0.25} = 1V$$

电容并联时，总电容为 $C_1 + C_2 = 0.5F$

则，时间常数：$\tau = RC = 0.5 \times 2 = 1s$

代入一阶电路全响应方程 $f(t) = f(\infty) + [f(0_+) - f(\infty)]e^{-\frac{t}{\tau}}$，则：

$$u_{c1}(t) = 2 + [1 - 2]e^{-t} = 2 - e^{-t}$$

答案：A

11. 解 电流与电压相位相同，整个电路为谐振状态，则：

$$X_C = X_L = \omega L = 2 \times 2 = 4\Omega, \quad C = \frac{1}{\omega X_C} = \frac{1}{2 \times 4} = \frac{1}{8}F$$

$$R = R_\Sigma - R_1 = \frac{30}{5} - 3 = 3\Omega$$

答案：A

12. 解 由 $X_L = X_C = R$，总电压与各分支电流的关系为：

$$U = [jX_L + (-jX_C) /\!/ R]I = jR + (-jR) /\!/ R = \frac{1}{2}(1+j)RI = \frac{\sqrt{2}}{2}RIe^{j\frac{\pi}{4}}$$

因此，电压 u 超前于电流 I 的相位差为 $\frac{\pi}{4}$。

答案：D

13. 解 开关 K 闭合前，$I = I_C$；K 开关闭合后，由于总电流不变，则存在关系 $I = I_C = I_{RL}$，相量图如解图所示。

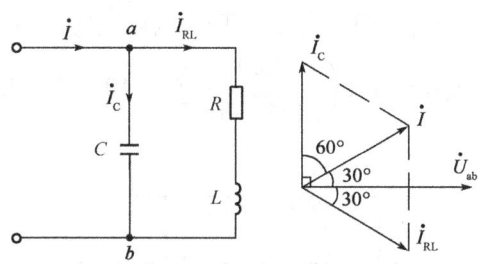

题 13 解图

则：$X_L = \omega L = R\tan 30° \Rightarrow L = \dfrac{R\tan 30°}{\omega} = \dfrac{653 \times \tan 30°}{2\pi \times 50} = 1.2\text{H}$

注：电感与电容两端的电压电流相位关系必须牢记，即电感元件两端电压相量超前于电流相量 $90°$，电容元件上两端电压相量滞后于电流相量 $90°$。

答案：B

14. 解 串联谐振时，其谐振频率公式为 $f = \dfrac{1}{2\pi\sqrt{LC}}$，则：

$$\frac{1}{2\pi\sqrt{L_1C_1}} = \frac{1}{2\pi\sqrt{L_2C_2}} \Rightarrow L_1C_1 = L_2C_2$$

组成新串联电路后，各计算因子如下：

总等效电感：$L = L_1 + L_2$

总等效电容：$C = C_1 /\!/ C_2 = \dfrac{C_1C_2}{C_1+C_2}$

总谐振频率：$f = \dfrac{1}{2\pi\sqrt{LC}} = \dfrac{1}{2\pi\sqrt{(L_1+L_2)\dfrac{C_1C_2}{C_1+C_2}}} = \dfrac{1}{2\pi\sqrt{(L_1C_2+L_2C_2)\dfrac{C_1}{C_1+C_2}}}$

$$= \dfrac{1}{2\pi\sqrt{(L_1C_2+L_1C_1)\dfrac{C_1}{C_1+C_2}}} = \dfrac{1}{2\pi\sqrt{L_1C_1}}$$

答案：A

15. 解 三相对称电路相电流为基本概念，即 $\dfrac{U_a}{Z}$。

答案：A

16. 解 理想变压器的基本原理，根据题意已知一匝线圈为 0.5V，则：

原边线圈：$n_1 = 100/0.5 = 200$；副边线圈：$n_2 = 3000/0.5 = 6000$

答案： B

17. 解 二次侧元件归算至一次侧后，则：

$$\frac{U}{I} = n^2\left(R + \frac{1}{j\omega C}\right) = n^2(R - jR) = n^2 R\sqrt{2}e^{-j\frac{\pi}{4}}$$

因此，输入端电流i超前输入端电压u的相位差为 45°。

答案： D

18. 解 三相对称电路如解图所示，由于三相负荷平衡对称，中性线电流$I_N = 0A$，则负载总功率为：

$$P = 3I_N^2 R = 3 \times \left(\frac{220}{\sqrt{40^2 + 30^2}}\right)^2 \times 40 = 2323.2W$$

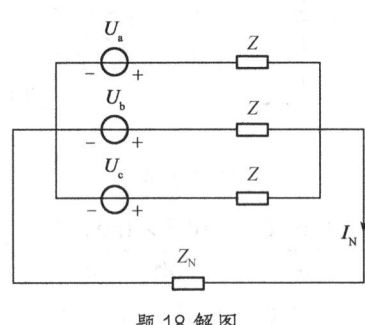

题 18 解图

答案： B

19. 解 直流与交流分量分别分析如下：

（1）由于电容的隔直作用，直流分量不能流通，也就未产生功率；

（2）基频分量：

$$Z_1 = 16 + j(2 - 18) = 16\sqrt{2}\angle - 45°\Omega$$

$$I_1 = \frac{U}{Z} = \frac{40}{\sqrt{2} \times 16\sqrt{2}} = 1.25A$$

$$P_1 = I_1^2 R = 1.25^2 \times 16 = 25W$$

（3）三次谐波分量：

$$Z_3 = 16 + j(2 \times 3 - 18/3) = 16\Omega$$

$$I_3 = \frac{U}{Z} = \frac{14}{\sqrt{2} \times 16} = 0.62A$$

$$P_3 = I_3^2 R = 0.62^2 \times 16 = 6.15W$$

则电路总功率为：$P = P_1 + P_3 = 25 + 6.15 = 31.15W$

答案： C

20. 解 电路总阻抗为：$Z = R + j\left(9I_C\omega L - I_C\frac{1}{\omega C}\right)$，将虚部置零，则谐振角频率为：

$$\omega = \sqrt{\frac{1}{9LC}} = \frac{1}{3\sqrt{LC}}$$

答案：A

21. 解　去耦等效电路如解图 1 所示，则：

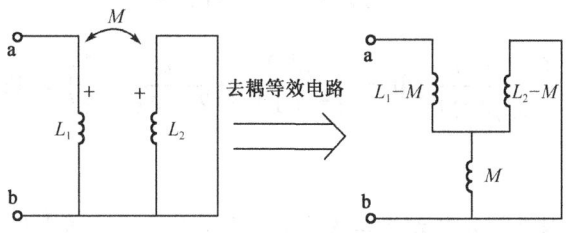

题 21 解图 1

将数据代入，如解图 2 所示。

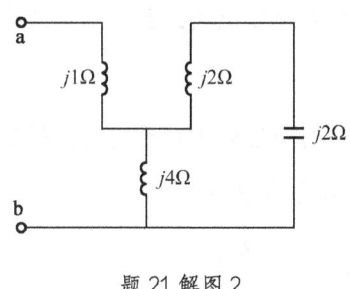

题 21 解图 2

则：$Z_{ab} = j1 + j4 \mathbin{/\!/} (j2 + j2) = j3\,\Omega$

注：需牢记去耦等效电路。

答案：A

22. 解　基本概念，带电球体中心场强为 0，分析如下：

取中性点半径为 r 的小球，其场强为：$\oint_S E\mathrm{d}S = \dfrac{\rho \frac{4}{3}\pi r^3}{\varepsilon_0}$

则，解得 $E = \dfrac{\rho r}{3\varepsilon_0}$，当 $r \to 0$ 时的极限，即电场强度 $E = 0$

答案：B

23. 解　已知 $E = \dfrac{\rho}{\varepsilon_0}$，场强的模为 $|E| = \sqrt{0.7^2 + 0.35^2 + 1^2} = 1.27\text{V/m}$

则该点的电荷面密度为：$\rho = \varepsilon_0 E = 8.854 \times 10^{-12} \times 1.27 = 11.24 \times 10^{-12}\text{C/m}^2$

答案：D

24. 解　当终端开路状态时，$Z_{\text{in}} = -jZ_C \cot\dfrac{2\pi}{\lambda}l$，$Z_C$ 为特性阻抗，则：

当 $l = \dfrac{1}{8}\lambda$、$l = \dfrac{3}{8}\lambda$、$l = \dfrac{7}{8}\lambda$ 时，代入方程：$Z_{\text{in}} = -jZ_C$

当 $l = \dfrac{1}{2}\lambda$ 时，代入方程：$Z_{\text{in}} = \infty$

注：无损耗的均匀传输线的输入阻抗，当终端开路状态时，$Z_{\text{in}} = -jZ_C \cot\dfrac{2\pi}{\lambda}l$；当终端短路状态时，

$Z_{in} = jZ_C \tan \frac{2\pi}{\lambda} l$。

答案：C

25. 解 采用恒定电场的基本方程$\oint\limits_S J \cdot dS = 0$，$J = \gamma E$，设流出的电流为$I$，则：

$$J = \frac{I}{2\pi r^2}, \quad E = \frac{I}{2\pi \gamma r^2}$$

则跨步电位差为：$U_l = \int_{2-0.6}^{2} \frac{I}{2\pi \gamma r^2} dr = \frac{250}{2\pi \times 10^{-2}} \left(\frac{1}{2-0.6} - \frac{1}{2} \right) = 852.61V$

答案：A

26. 解 输入信号u_i与反馈信号u_f不在同一点，其u_i和u_f在输入回路中彼此串联，因此为串联反馈。

当输出电流i_o流过R_1和R（反馈电阻亦为取样电阻）时，在R两端产生反馈电压u_f，其对应输入回路中，u_f抵消了与u_i的差额部分，导致基本放大电路的净输入电压减小，故引入的为负反馈。

由于电路中采取输出电流取样、输入串联比较，因此本电路为电流串联负反馈。

注：各种反馈的特点如下：

电压串联负反馈：重要特点是电路的输出电压趋于稳定，提高输入电阻，降低输出电阻。

电压并联负反馈：常用于电流-电压变换器中。

电流串联负反馈：常用于电压-电流变换器中。

电流并联负反馈：重要特点是电路的输出电流趋于稳定，减少输入电阻，提高输出电阻。

答案：A

27. 解 基本概念，比例运算电路和加法运算电路没有电感或电容元件，没有移相作用。

当输入电压为$u_i = U_m \sin \omega t$，其积分运算电路输出表达式：$u_o = \frac{U_m}{\omega RC} \cos \omega t$，可见其输出电压相位超前输入电压90°。

当输入电压为$u_i = U_m \sin \omega t$，其微分运算电路输出表达式：$u_o = -U_m \omega RC \cos \omega t$，可见其输出电压相位滞后输入电压90°。

答案：C

28. 解 根据虚断和虚短的概念，则：$\frac{u_{i1}}{R_1} = \frac{Ku_{i2}u_o}{R_2} \Rightarrow u_o = \frac{KR_1}{R_2} \cdot \frac{u_{i1}}{u_{i2}}$，应为除法器。

答案：B

29. 解 此为电容三点式振荡电路，具有LC并联回路，其振荡频率为：

$$f \approx \frac{1}{2\pi \sqrt{L \frac{C_1 C_2}{C_1 + C_2}}} = \frac{1}{2\pi \sqrt{50 \times 10^{-3} \times 5 \times 10^{-9}}} = 10^4 = 10kHz$$

答案：B

30. 解 输出电压：$u_o = A_{ud}u_{id} + A_{uc}u_{ic}$，各因子计算如下：

差模放大增益：$20\lg|A_{\mathrm{du}}| = 80 \Rightarrow |A_{\mathrm{du}}| = 10000$

共模抑制比：$K_{\mathrm{CMR}} = 20\lg\left|\dfrac{A_{\mathrm{du}}}{A_{\mathrm{cu}}}\right| = 80 \Rightarrow |A_{\mathrm{cu}}| = 1$，则 $A_{\mathrm{cu}} = \pm 1$

$$u_{\mathrm{id}} = u_{\mathrm{i1}} - u_{\mathrm{i2}} = 1 - 0.999 = 0.001\mathrm{V}; \quad u_{\mathrm{ic}} = \dfrac{u_{\mathrm{i1}} + u_{\mathrm{i2}}}{2} = \dfrac{1 + 0.999}{2} \approx 1\mathrm{V}$$

输出电压：$u_{\mathrm{o}} = A_{\mathrm{ud}}u_{\mathrm{id}} + A_{\mathrm{uc}}u_{\mathrm{ic}} = (20 \pm 1)\mathrm{V}$

答案： D

31. 解 由图可以确定静态工作点：$I_{\mathrm{B}} = 40\mu\mathrm{A}$，$I_{\mathrm{C}} = 2\mathrm{mA}$，$\beta = \dfrac{I_{\mathrm{C}}}{I_{\mathrm{B}}} = \dfrac{2\mathrm{mA}}{40\mu\mathrm{A}} = 50$，$V_{\mathrm{CC}} = 10\mathrm{V}$

当输入信号正半周电流峰值趋近静态工作点时，由于 $u_{\mathrm{CE}} = 4 - 2 = 2\mathrm{V} > 0\mathrm{V}$，因此不会出现饱和失真，其电流最大值为静态工作点电流，确定 r_{be}：

$$r_{\mathrm{be}} = r_{\mathrm{bb}} + (1 + \beta)\dfrac{U_{\mathrm{T}}}{I_{\mathrm{E}}} = 300 + (1 + 50)\dfrac{26\mathrm{mV}}{2\mathrm{mA}} = 963\Omega$$

最大输入电压峰值：$u_{\mathrm{imax}} = I_{\mathrm{BQ}} \cdot r_{\mathrm{be}} = 40\mu\mathrm{A} \times 963 = 38520\mu\mathrm{V} = 38.52\mathrm{mV}$

答案： C

32. 解 基本概念，$(89)_{10} = (10001001)_{8421\mathrm{BCD}}$

注：8421BCD 码为用 4 位二进制数组成一组代码，表示 0~9 十个数字。

答案： A

33. 解 $n = \dfrac{10 \times 1000}{2.5} = 4000 < 2^{12} = 4096$，D/A 转换器的最小位数为 12。

答案： C

34. 解 考查反演定律，也可分别代入值计算，可取全 1 或全 0，再核对答案。

答案： D

35. 解 将逻辑表达式展开：

$$Y = (A\overline{B} + B)C\overline{D} + \overline{(A + B)(\overline{B} + C)} = (A + B)C\overline{D} + \overline{A}\,\overline{B} + B\overline{C}$$

$$= AC\overline{D} + BC\overline{D} + \overline{A}\,\overline{B} + B\overline{C} = AC\overline{D} + \overline{A}\,\overline{B} + B(C\overline{D} + \overline{C})$$

$$= AC\overline{D} + \overline{A}\,\overline{B} + B(C\overline{D} + \overline{C}) = AC\overline{D} + \overline{A}\,\overline{B} + B(\overline{D} + \overline{C})$$

$$= AC\overline{D} + \overline{A}\,\overline{B} + B\overline{D} + B\overline{C} = AC\overline{D} + \overline{A}\,\overline{B} + B\overline{D} + B\overline{C} + B\overline{B}$$

$$= AC\overline{D} + \overline{A}\,\overline{B} + B(\overline{D} + \overline{C} + \overline{B}) = AC\overline{D} + \overline{A}\,\overline{B} + B\overline{\overline{B}\overline{C}\overline{D}}$$

$$= AC\overline{D} + \overline{A}\,\overline{B} + B = AC\overline{D} + \overline{A} + B = C\overline{D} + \overline{A} + B$$

$$= C\overline{D} + ACD + \overline{A} + B = C\overline{D} + CD + \overline{A} + B = \overline{A} + B + C$$

注：最简单的办法还是代值计算，依次排除答案不对应的选项，上述推导过程供考生参考。

答案： B

36. 解 逻辑表达式：$Y_1 = AB + BC + AC$；$Y_0 = ABC + \overline{Y}_1(A + B + C)$，列真值表如下。

A	B	C	Y_1	Y_0
0	0	0	0	0
0	0	1	0	1
0	1	0	0	1
0	1	1	1	0
1	0	0	0	1
1	0	1	1	0
1	1	0	1	0
1	1	1	1	1

显然，此为全加器，其中 A、B 为两个一位二进制数，C 为来自低位的进位，Y_0 为全加和，Y_1 为向高位进位。

全加器是指两个一位二进制数相加时，还要考虑到来自低位的进位数运算，实现全加运算的逻辑电路称为全加器。否则，若不考虑来自低位的进位运算，则称为半加器。

答案：A

37. 解 JK 触发器的特征方程为：$Q^{n+1} = J\overline{Q}^n + \overline{K}Q^n$；各 JK 触发器的表达式和触发条件如下：

0 号：($J = \overline{Q}_2^n$，$K = 1$)：$Q_0^{n+1} = \overline{Q}_0^n \overline{Q}_2^n$，触发条件：CP↓

1 号：($J = 1$，$K = 1$)：$Q_1^{n+1} = \overline{Q}_1^n$，触发条件：$\overline{Q}_0^{n+1}$ ↓ ⟹ Q_0^n ↑

2 号：($J = Q_1^n$，$K = 1$)：$Q_2^{n+1} = Q_0^n Q_1^n \overline{Q}_2^n$，触发条件：CP↓

显然，各触发器的时钟脉冲不同，为异步方式；

设初始状态为 $Q_0 Q_1 Q_2 = 000$，则该触发器的变化规律为：

$$000 \rightarrow 110 \rightarrow 011 \rightarrow 010 \rightarrow 100 \rightarrow 000$$

此电路完成了 5 种状态的循环转换，为 5 进制计数器。

注：同步时序电路中，各个触发器的时钟脉冲相同，即电路中有一个统一的时钟脉冲，每来一个时钟脉冲，电路状态只改变一次；异步时序电路中，各个触发器的时钟脉冲不同，即电路中没有统一的时钟脉冲来控制电路状态的变化，电路状态改变时，电路中要更新状态的触发器的翻转有先有后，是异步进行的。

答案：D

38. 解 并励直流电动机接线图如解图所示。

电枢回路电流：$I_a = I_N - I_f = 28 - 110/110 = 27A$

电枢电动势：$E_a = U_N - I_a R_a = 110 - 27 \times 0.15 = 105.95V$

由公式 $E_a = C_e \varphi n$，可得 $C_e \varphi = \dfrac{E_a}{n} = \dfrac{105.95}{1500} = 0.0706$

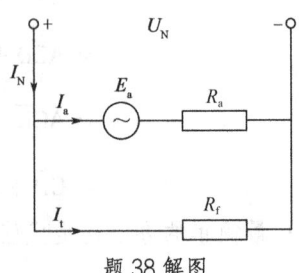

题 38 解图

当串入 0.5Ω 电阻时，由于负载转矩减半，则电枢电流亦减半，

由公式 $E_a = U_N - I_a R_a$，电枢电动势为：

$$E'_a = U_N - I'_a R'_a = 110 - \left(\frac{27}{2}\right) \times (0.15 + 0.5) = 101.225V$$

$$E'_a = C_e \varphi n \Rightarrow n' = \frac{E'_a}{C_e \varphi} = \frac{101.225}{0.0706} = 1433.78 r/min$$

注：隐含条件为负载转矩减半，则电枢电流亦减半。

答案：B

39. 解 转子开路与转子短路并堵转时的主磁通与漏磁通的变化规律：

转子开路时，转子电流为0，定子绕组加上三相对称电压所产生的磁通为旋转磁通；在转子绕组短路时，除定子电流产生的旋转磁通外，转子电流也将产生旋转磁动势，且由于转子不旋转，定、转子电流频率相同，两者的基波磁动势将以相同转向和相同转速旋转，并作用于同一磁路上，可见主磁通的变化规律为前者小于后者。

漏磁通包括：槽漏磁通、端部漏磁通和谐波漏磁通等，仅与定子交链的称为定子漏磁通，仅与转子交链的称为转子漏磁通。转子开路时，定子绕组电流有一部分产生只与定子绕组相连而不与转子绕组发生关系的磁通，称为定子漏磁通。转子短路时，定子和转子各有一部分产生只与自身绕组相连的磁通，但两者之和小于转子开路时定子漏磁通。

答案：B

40. 解 恒转矩负载运行，由 $T = C_T \Phi_m I'_2 \cos\varphi_2$ 可知，在电源电压一定时，主磁通 Φ_m 也一定。在转子串入电阻后，转子电流不变，功率因数 $\cos\varphi_2$ 也保持不变，因此转子铜耗仅与转子电阻有关，则：

转子电流：$P_{Cu2} = 3I'^2_2 R'_2 \Rightarrow I'_2 = \sqrt{\frac{P_{Cu2}}{3R'_2}} = \sqrt{\frac{2210}{3 \times 0.012}} = 247.77A$

串入电阻后的转子回路铜耗为：$P_{Cu2} = 3I'^2_2 R'_2 = 3 \times 247.7^2 \times (0.012 + 0.1) = 20626W$

注：恒转矩运行，转子串入电阻 R_S 后，转子电流和功率因数均保持不变，仅转差率将相应变化，即 $\frac{R_2 + R_S}{S} = \frac{R_2}{S_N}$。

答案：C

41. 解 设电压相位为0°，即标幺值为 $U_* = 1\angle 0° = e^0$，则 $I_* = 1\angle -30° = e^{-j30°}$

忽略电阻绕组时，电动势平衡方程为：

$$\dot{E}_* = \dot{U}_* + j\dot{I}_* X_{*S} = 1 + je^{-j30°} \times 1 = \frac{3}{2} + j\frac{\sqrt{3}}{2} = \sqrt{3}e^{j30°}$$

功角为 $\dot{E}$ 与 $\dot{U}$ 之间的相位差，即 $\delta = 30°$。

答案：A

42. 解 由同步发电机的功角特性表达式：$P_M = \frac{mUE_0}{X_C}\sin\theta$，可知保持电磁功率 P_m，若要减小功角 θ，需增大 U 或 E_0，或减小 X_C。

由感应电动势公式：$E_0 = 4.44fN\Phi_m$，可知道增大励磁电流，增加主磁通，可增大电枢绕组电势，即满足上述要求。

答案：A

43. 解 用变压器的简化等效电路对应的相量图导出电压调整率的计算公式：

$$\Delta U\% = \beta\left(\frac{I_{1N}R_{k75℃}\cos\varphi_2 + I_{1N}X_k\sin\varphi_2}{U_{1N}}\right) \times 100\%$$

其中，$R_k = \dfrac{P_k}{I_k^2} = \dfrac{129 \times 10^3}{157.5^2} = 5.2\Omega$，$Z_k = \dfrac{U_k}{I_k} = \dfrac{9240}{157.5} = 58.67\Omega$，则：

$$X_k = \sqrt{Z_k^2 - R_k^2} = \sqrt{58.67^2 - 5.2^2} = 58.4$$

一次侧额定电流：$I_{1N} = \dfrac{S_N}{U_N} = \dfrac{20000}{127} = 157.5A$

且由于 $\varphi_2 < 0$，则 $\sin\varphi_2 = -0.6$，代入公式：

$$\Delta U\% = \frac{157.5 \times 5.2 \times 0.8 - 157.5 \times 58.4 \times 0.6}{127 \times 1000} \times 100\% = -3.83\%$$

若要其值为零，则：$I_{1N}R_{k75℃}\cos\varphi_2 + I_{1N}X_k\sin\varphi_2 = 0$，其中 X_k 必为负值，即容性负载。

注：本题为单相变压器，一次额定电流计算中不能除以 $\sqrt{3}$。

答案：D

44. 解 线路始端视为供电设备，电压标准值为 $U_{1N} = 1.1 \times 220kV = 242kV$，

始端电压偏移：$\delta U_1 = \dfrac{U_{1N} - U_1}{U_{1N}} \times 100\% = \dfrac{242 - 230.5}{242} \times 100\% = 4.75\%$

线路末端视为用电设备，电压标准值为 $U_{2N} = 220kV$，则

末端电压偏移：$\delta U_2 = \dfrac{U_2 - U_{2N}}{U_{2N}} \times 100\% = \dfrac{220.9 - 220}{220} \times 100\% = 0.41\%$

答案：B

45. 解 额定状态运行时，空载损耗 P_0（铁耗），反映变压器励磁支路的损耗，此损耗仅与变压器材质与结构有关，当 2 台变压器并联时，励磁损耗也加倍；变压器短路损耗 P_k（铜耗），反映变压器绕组的电阻损耗，当 2 台变压器并联时，相当于电阻并联，总电阻减半，短路损耗也相应减半。

本题在非额定状态下运行，需考虑负载系数：$\beta = 18/20 = 0.9$

两台变压器的总损耗：$P_\Sigma = 2 \times 22 + 0.9^2 \times 135/2 = 98.675kW \approx 0.0987MW$

答案：C

46. 解 空载线路末端电压公式：$U_1 = U_2 - \dfrac{BX}{2}U_2 + j\dfrac{BR}{2}U_2$

空载线路末端电压升高现象，主要由于其线路的等效电容产生，线路为感性负载，因此其为容性电流流过电感造成的。

答案：B

47. 解 由于输电线路为感性，输电线路采用分裂导线时，相当于电感并联，其值将降低；同理，

输电线路采用分裂导线后，其对地电容亦为并联，其值将增大。

答案： D

48. 解 由空载线路末端电压升高公式：$U_1 = U_2 - \dfrac{BX}{2}U_2 + j\dfrac{BR}{2}U_2$，代入数据后：

送端电压：$U_1 = U_2 - \dfrac{BX}{2}U_2 + j\dfrac{BR}{2}U_2$

$$= 225(1 - 2.168 \times 10^{-4} \times 58.5 + j2.168 \times 10^{-4} \times 31.5)$$

$$= 225(0.9873 + j0.00683) = 222.15\angle 0.396°$$

注：此为空载线路末端电压升高现象，公式必须牢记：$U_1 = U_2 - \dfrac{BX}{2}U_2 + j\dfrac{BR}{2}U_2$，有时计算时也可忽略其输电线路电阻。

答案： A

49. 解 逆调压为在最大负荷时，提高低压侧电压，在最小负荷时，降低或保持低压侧电压，则：

$$U_{1Tmax} = \frac{U_{1max} + \Delta U_{Tmax}}{U_{1max}} U_{2N} = \frac{118 + 9}{10.5} \times 10.5 = 127 \text{kV}$$

$$U_{1Tmin} = \frac{U_{1min} + \Delta U_{Tmin}}{U_{1min}} U_{2N} = \frac{115 + 6}{10.5} \times 10.5 = 121 \text{kV}$$

$U_{1T\cdot av} = \dfrac{U_{1Tmax} + U_{1Tmin}}{2} = \dfrac{127 + 121}{2} = 124 \text{kV}$，就近选取分接头 $121 + 1 \times 2.5\%$kV。

注：题中若未明确调压时低压侧的电压要求，可按如下原则计算：逆调压为最大负荷时，提高负荷侧电压，低压侧升高至105%的额定电压；为最小负荷时，降低或保持负荷侧电压，即低压侧保持额定电压。顺调压为最大负荷时，低压侧为102.5%的额定电压；为最小负荷时，低压侧为107.5%的额定电压。

答案： A

50. 解 基准容量 $S_j = 500$MVA，基准电压为 $U_j = 1.05 \times 110 = 115$kV，B 母线短路时，其之前的（线路＋系统）等效系统电抗标幺值为：

$$X_{*\Sigma \cdot B} = \frac{S_j}{S''_d} = \frac{500}{1000} = 0.5$$

线路L3：$X_{*L3} = X_{L3}\dfrac{S_j}{U_j^2} = 0.4 \times 30 \times \dfrac{500}{115^2} = 0.454$

则，至短路点的总等效电抗：$X_{*\Sigma} = X_{*\Sigma \cdot B} + X_{*L3} = 0.5 + 0.454 = 0.954$

短路电流周期分量：$I_k = \dfrac{1}{X_\Sigma} \times \dfrac{S_j}{\sqrt{3}U_j} = \dfrac{1}{0.945} \times \dfrac{500}{\sqrt{3} \times 115} = 2.631 \text{kA}$

短路电流冲击值：$i_{ch} = 2.55 \times 2.631 = 6.71 \text{kA}$

注：解答本题不必计算所有元件电抗，但为了完整性将各元件电抗标幺值计算如下，考生可参考：

发电机 G：$X_{*G} = X''_d \dfrac{S_j}{S_G} = 0.12 \times \dfrac{500}{250} = 0.24$

变压器 T：$X_{*T1} = \dfrac{U_{k1}\%}{100} \cdot \dfrac{S_j}{S_T} = \dfrac{10.5}{100} \times \dfrac{500}{250} = 0.21$

线路 L1：$X_{*L1} = X_{L1}\dfrac{S_j}{U_j^2} = 0.4 \times 20 \times \dfrac{500}{115^2} = 0.302$

线路 L2: $X_{*L2} = X_{L2} \dfrac{S_j}{U_j^2} = 0.4 \times 50 \times \dfrac{500}{115^2} = 0.756$

线路 L3: $X_{*L3} = X_{L3} \dfrac{S_j}{U_j^2} = 0.4 \times 30 \times \dfrac{500}{115^2} = 0.454$

答案：C

51. 解 考查同步发电机超暂态、暂态和稳态过程，属于电机学范畴，由于同步发电机短路过程非常复杂，篇幅所限，不再展开讨论了。

答案：C

52. 解 设 $\dot{I}_A$、$\dot{I}_B$、$\dot{I}_C$ 为星形侧各相电流，$\dot{I}_a$、$\dot{I}_b$、$\dot{I}_c$ 为三角形侧各相电流，如解图所示。

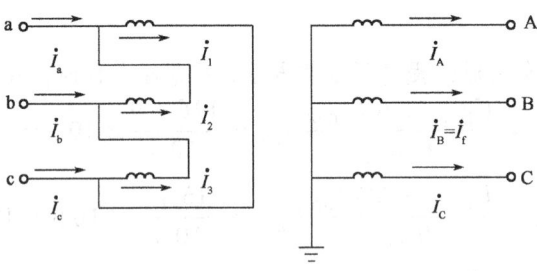

题 52 解图

由单相短路边界条件，可知：$\dot{I}_A = 0$，$\dot{I}_B = \dot{I}_f$，$\dot{I}_C = 0$，则：

$$\dot{I}_a = (\dot{I}_1 - \dot{I}_2) = \frac{(\dot{I}_A - \dot{I}_B)}{\sqrt{3}} = \frac{(0 - \dot{I}_f)}{\sqrt{3}} = -\frac{\sqrt{3}}{3}\dot{I}_f$$

$$\dot{I}_b = (\dot{I}_2 - \dot{I}_3) = \frac{(\dot{I}_B - \dot{I}_C)}{\sqrt{3}} = \frac{[\dot{I}_f - 0]}{\sqrt{3}} = \frac{\sqrt{3}}{3}\dot{I}_f$$

$$\dot{I}_c = (\dot{I}_3 - \dot{I}_1) = \frac{(\dot{I}_C - \dot{I}_A)}{\sqrt{3}} = \frac{(0 - 0)}{\sqrt{3}} = 0$$

答案：A

53. 解 正序与负序网络包含所有元件，正、负序网络图如解图 1 所示。

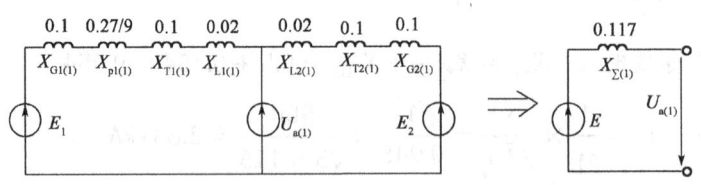

正序网络

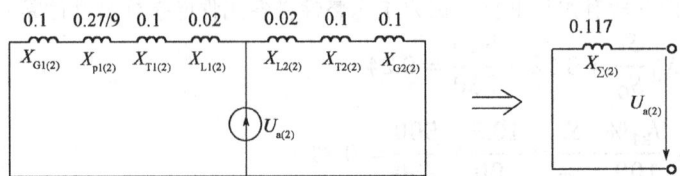

负序网络

题 53 解图 1

则：$X_{*\sum(1)} = X_{*\sum(2)} = (0.1 + 0.03 + 0.1 + 0.02) \mathbin{/\!/} (0.02 + 0.1 + 0.1) = 0.117$

零序电流只能在变压器T_1和线路上流通，零序网络图如解图2所示。

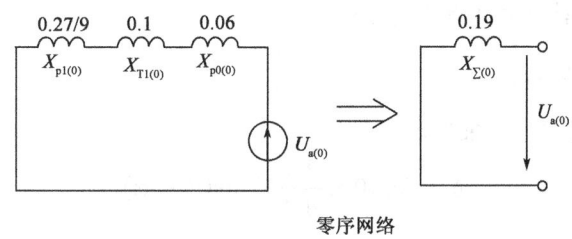

零序网络

题53解图2

则：$X_{*\sum(0)} = 0.27/9 + 0.1 + 0.06 = 0.19$

单相短路电流标幺值：

$$I_{*f} = 3I_{*a1} = 3 \times \frac{1}{X_{*\sum(1)} + X_{*\sum(2)} + X_{*\sum(0)}} = \frac{3}{0.117 + 0.117 + 0.19} = 7.075$$

注：与星形绕组中性点接地阻抗不同，三角形绕组内接阻抗实质上是表示二次侧（三角形）的漏抗参数，因此在正、负、零序中都要反映。在正、负、零序网络中，三角形绕组串联电抗用1/9倍表示。（三角形绕组串联总阻抗，平均分配到三角形绕组中，乘以1/3倍；正、负、零序网络均为单相等值网络，因而三角形电路需转化为星形电路，再乘以1/3）。零序电流仅在变压器三角形侧内形成环流，对外无零序电流。零序电流不包含发电机和变压器T_2分量。

答案：A

54.解 《火力发电厂厂用电设计技术规定》（DL/T 5153—2005）的相关规定如下：

第4.2.1条：当高压厂用电系统的接地电容电流小于或等于7A时，其中中性点宜采用高电阻接地方式，也可采用不接地方式；当接地电容电流大于7A时，其中中性点宜采用低电阻接地方式，也可采用不接地方式。

第4.2.2条：主厂房内的低压厂用电系统宜采用三相三线制，中性点经高电阻接地的方式，也可采用动力与照明公用的三相四线制中性线直接接地的方式。

注：第4.2.1条规定的分界为7A，而非10A，命题组的参考书或许较旧，第4.2.2条考生仅作了解即可。

答案：D

55.解 电流互感器的误差有幅值误差和相角误差两种。由于二次绕组存在着阻抗、励磁阻抗和铁芯损耗，故随着电流及二次负载阻抗和功率因数的变化，会产生不同的误差。

（1）幅值误差，以百分比表示：

$$f_1\% = \frac{I_2 - I_1'}{I_1'} \times 100\% \left(\text{其中，} I_1' = \frac{I_1}{n_L} \right)$$

式中：I_2——流过电流互感器二次绕组的电流；

$\quad\quad I_1'$——归算至电流互感器二次侧的一次电流；

$\quad\quad I_1$——流过电流互感器一次绕组的电流；

$\quad\quad n_L$——电流互感器的变比。

（2）相角误差：以角度"分"来表示

$$\delta = 3440 \times \frac{AW_{LC}}{A_1 W_1} \cos(\psi + \alpha)$$

式中：ψ——电流互感器的励磁电流超前磁通的相角差；

$\quad\quad \alpha$——电流互感器的二次阻抗角；

$\quad AW_{AL}$——电流互感器的励磁安匝；

$\quad A_1 W_1$——电流互感器的一次绕组的安匝。

当电流互感器流过较小电流时，由于电流互感器的铁芯未饱和，二次电流随一次电流按线性关系变化，此时电流相对误差不变，但当一次电流增大到一定值时，势必使铁芯饱和，励磁电流即迅速增大，使电流互感器的误差增加，以致危及继电器的灵敏性或选择性。

答案：D

56. 解 《3~110kV 高压配电装置设计规范》（GB 50060—2008）的相关规定如下：

第 4.1.1 条：选用电器的最高工作电压不得低于所在系统的系统最高运行电压。

第 4.1.2 条：选用导体的长期允许电流不得小于该回路的持续工作电流。屋外导体应计其日照对载流量的影响。长期工作制电器，在选择额定电流时，应满足各种可能运行方式下回路持续工作电流。

第 4.1.3 条：验算导体和电器动稳定、热稳定以及电器开断电流所用的短路电流，应按系统 10~15 年规划容量计算。确定短路电流时，应按可能发生最大短路电流的正常接线方式计算。

注：也可参考规范《导体和电器选择设计技术规定》（DL/T 5222—2005）第 5.0.1 条~第 5.0.4 条。

答案：A

57. 解 内桥与外桥接线的特点分析如下：

项目	内桥接线	外桥接线
接线图		

项目	内 桥 接 线	外 桥 接 线
优点	高压断路器数量少，占地少，四个回路只需三台断路器	高压断路器数量少，占地少，四个回路只需三台断路器
缺点	a. 变压器的切除和投入较复杂，需动作两台断路器，影响一回线路的暂时停运； b. 桥连断路器检修时，两个回路需解列运行； c. 线路断路器检修时，需较长时间中断线路的供电	a. 线路的切除和投入较复杂，需动作两台断路器，并有一台变压器暂时停运； b. 桥连断路器检修时，两个回路需解列运行； c. 变压器侧断路器检修时，变压器需较长时期停运
适用范围	适用于较小容量的发电厂，对一、二级负荷供电，并且变压器不经常切换或线路较长、故障率较高的变电所	适用于较小容量的发电厂，对一、二级负荷供电，并且变压器的切换较频繁或线路较短，故障率较少的变电所。此外，线路有穿越功率时，也宜采用外桥接线

注：需牢记外桥接线与内桥接线的区别和特点，这是经常考查的知识点。

答案：C

58.解 纯净液体电介质在电场作用下生成气泡是气泡击穿理论的基础。当纯净液体电介质承受较高电场强度时，在其中产生气泡的原因有：

（1）因强电场作用加强了的热电子发射而脱离阴极的电子，在电场作用下运动形成电子电流，使液体发热而分解出气泡。

（2）电子在电场中运动，与液体电介质分子碰撞，导致液体分子解离产生气泡。

（3）电极表面粗糙，突出物处的电晕放电使液体气化生成气泡。

（4）电极表面吸附的气泡表面积聚电荷，当电场力足够时，气泡将被拉长。液体电介质中出现气泡后，在足够强的电场作用下，首先气泡内的气体电离，气泡温度升高、体积膨胀，电离进一步发展。与此同时，带电粒子又不断撞击液体分子，使液体分解出气体，扩大了气体通道。电离的气泡或在电极间形成连续小桥，或畸变了液体电介质中的电场分布，导致液体电介质击穿。

气体、水分溶解于液体介质，对耐压影响不大。若呈悬浮状态，则易形成"小桥"而使得击穿电压明显下降。电场越均匀，杂质对击穿电压的影响越大，击穿电压的分散性也越大。不均匀电场中，杂质对击穿电压的影响小，局部放电使液体扰动，杂质不易形成"小桥"。

答案：D

59.解 电力设备的内绝缘试验结果与试验电压的波形有密切的关系，因而绝缘试验规程对工频电压波形有着严格的要求，其谐波分量不超过一定限值。因此电压波形畸变的原因是调压器和高压试验变压器的特性引起的。由于试验变压器几乎都工作在空载状态，此时只有励磁电流通过变压器一次侧，当变压器铁芯工作在饱和工作状态时，励磁电流是尖顶波形，含有三次、五次等高次谐波分量，因此，试验变压器的铁芯越饱和（即电压越接近额定值），调压器的漏抗越大，波形畸变越严重。

答案：A

60.解 根据彼得逊法则，其诺顿等效电路如解图所示。其中，i_{1q} 为入射波雷电流 I，则最大雷电过电压为：

$$U = 2I(Z_0 /\!/ Z) = \frac{2IZ_0Z}{Z_0 + Z}$$

答案：D

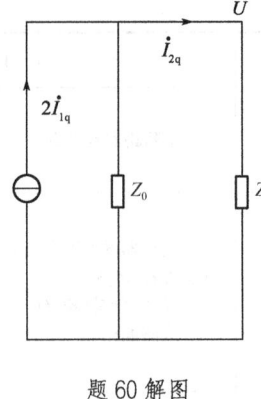

题 60 解图

2016年度全国勘察设计注册电气工程师（供配电）执业资格考试基础考试（下）试题解析及参考答案

1. 解
$$R_\Sigma = 10000 + (50 /\!/ 5000) = 10049.5\Omega$$

$$I = \frac{5000}{5000 + 50} \times \frac{10}{10049.5} = 0.000985\text{A} = 0.985\text{mA}$$

答案： D

2. 解 设$I' = I + 6$，利用基尔霍夫电压定律，则：$12 = 2I + I' + 3I = 2I + (I + 6) + 3I$

解得：$I = 1\text{A}$

答案： B

3. 解 设电阻 R 两端开路，求戴维南等效电路的内阻，则：
$$R_{in} = 2 + (6 /\!/ 12) = 2 + \frac{6 \times 12}{6 + 12} = 6\Omega$$

注：当负载电阻等于去掉负载电阻后的戴维南等效电路中的内阻时，在负载中可获得最大功率。

答案： C

4. 解 用线性关系求解黑箱电路，可列方程：
$$\begin{cases} 4K_1 + 0 \times K_2 = 3 \\ 2K_1 + K_2 = -2 \end{cases}$$

解得：$K_1 = \frac{3}{4}$，$K_2 = -3.5$

则：$4K_1 + 4K_2 = 4 \times \frac{3}{4} + 4 \times (-3.5) = -11\text{V}$

答案： B

5. 解 将有源线性网络简化为戴维南等效电路，即含一个电压源u_S和内阻R_{in}，则根据式$u_S = I(R + R_{in})$可列方程：
$$\begin{cases} u_S = 2 \times (3 + R_{in}) \\ u_S = 3 \times (1 + R_{in}) \end{cases}$$

解得：$R_{in} = 3\Omega$

注：当负载电阻等于去掉负载电阻后的戴维南等效电路中的内阻时，在负载中可获得最大功率。

答案： B

6. 解 电感感抗：$X_L = \omega L = 100 \times 1 = 100\Omega$，

则，电路阻抗：$Z = 100 + j100 = 100\sqrt{2}\angle 45°\Omega$

设$u_S(t) = 100\sqrt{2}\sin(100t) = 100\angle 0°\text{V}$，则：

$$i_S(t) = \frac{u_S(t)}{Z} = \frac{100\angle 0°}{100\sqrt{2}\angle 45°} = \frac{1}{\sqrt{2}}\angle -45° = \sin(100t - 45°)$$

答案： D

7. 解 电感感抗：$X_C = \dfrac{1}{\omega C} = \dfrac{1}{100 \times 100 \times 10^{-6}} = 100\Omega$

则，电路阻抗：$Z = 100 - j100 = 100\sqrt{2}\angle - 45°\Omega$

设 $u_S(t) = 100\sqrt{2}\cos(100t) = -100\sqrt{2}\sin(100t - 90°) = -100\angle - 90°\text{V}$，则：

$$i_S(t) = \frac{u_S(t)}{Z} = \frac{-100\angle - 90°}{100\sqrt{2}\angle - 45°} = -\frac{1}{\sqrt{2}}\angle - 45° = -\sin(100t - 45°) = \cos(100t + 45°)$$

答案：D

8. 解 基本概念，不再赘述。

答案：A

9. 解 $R = \dfrac{P}{I^2} = \dfrac{40}{0.4^2} = 250\Omega$

答案：A

10. 解 由于 $\dot{U}_S$ 与 $\dot{I}_1$ 相位差为 90°，等效阻抗 $Z_{eq} = \dfrac{U_S}{I_1}$ 的实部为零，则：

$$U_S = (1 + \beta)I_1 Z + I_1 Z_1 \Rightarrow \frac{U_S}{I_1} = (1 + \beta)(10 + j50) + 400 + j1000$$

$$= (410 + 10\beta) + j(1050 + 50\beta)$$

令其实部为零，即 $410 + \beta 10 = 0 \Rightarrow \beta = -41$。

答案：B

11. 解 最大功率传输条件是：当负载阻抗等于去掉负载后的戴维南等效电路的内阻抗共轭时，在负载中可获得最大功率。因此先求取戴维南等效电路内阻抗。

将图中独立电源置零（电流源开路，电压源短路），则：$Z_{in} = (j20 /\!/ 10) + (-j30) = 8 - j26\Omega$

则其共轭值为：$Z_L = 8 + j26$

采用开路法确定戴维南等效电路中的电压，根据 KVL 定律，电阻电压为：

$$\dot{U}_R = \frac{10}{10 + j20} \times 100 = \frac{100}{1 + j2} = \frac{100(1 - j2)}{(1 + j2)(1 - j2)} = 20(1 - j2) = 20\sqrt{5}\angle - 63.43°$$

其开路电压 U_{oc} 和电阻电压 U_R 幅值相等，相位相差 90°，则最大功率为：

$$P_{max} = \frac{U_{oc}^2}{4R_{eq}} = \frac{\left(20\sqrt{5}\right)^2}{4 \times 8} = 62.5\text{W}$$

答案：A

12. 解 串联谐振时电感电压与电容电压相等，又称为电压谐振，而：

$$\dot{U}_L = j\omega L \dot{I} = j\frac{\omega L}{R}\dot{U} = jQ\dot{U}$$

$$\dot{U}_C = -j\frac{1}{\omega C}\dot{I} = j\frac{1}{\omega CR}\dot{U} = -jQ\dot{U}$$

其中 Q 称为串联谐振电路的品质因数，则：

$$Q = \frac{\omega L}{R} = \frac{1}{\omega CR} = \frac{1}{R}\sqrt{\frac{L}{C}} = \frac{1}{0.2}\sqrt{\frac{3 \times 10^{-3}}{2 \times 10^{-6}}} = 193.65$$

其中 ω 为谐振角频率, $\omega = \dfrac{1}{\sqrt{LC}}$

答案: B

13. 解 RCL 串联电路对于直流相当于断路, 因此无直流电流分量:

(1) 基频时:

$X_{1L} = \omega L = 314 \times 0.05 = 15.7\Omega$; $X_{1C} = \dfrac{1}{\omega C} = \dfrac{1}{314} \times 50 \times 10^{-6} = 63.7\Omega$

总阻抗: $Z_1 = 10 + j(15.7 - 63.7) = 10 - j48 = 49\angle - 78.2°\Omega$

基波电流: $I_1 = \dfrac{U_1}{Z_1} = \dfrac{\dfrac{90}{\sqrt{2}}}{49\angle - 78.2°} = 1.3\angle 78.2°\text{A}$

(2) 三次频率时:

$$X_{3L} = 3\omega L = 3 \times 314 \times 0.05 = 47.1\Omega$$

$$X_{3C} = \dfrac{1}{3}\omega C = \dfrac{1}{3} \times 314 \times 50 \times 10^{-6} = 21.2\Omega$$

总阻抗: $Z_3 = 10 + j(47.1 - 21.2) = 10 + j25.9 = 27.76\angle 68.9°\Omega$

三次谐波电流: $I_3 = \dfrac{U_3}{Z_3} = \dfrac{\dfrac{30}{\sqrt{2}}\angle 45°}{27.76\angle 68.9°} = 0.77\angle - 23.9°\text{A}$

则电流方程为:

$$i(t) = 1.3\sqrt{2}\sin(314t + 78.2°) + 0.77\sqrt{2}\sin(942t - 23.9°)$$

答案: B

14. 解 日光灯: $P_1 = 20 \times 40 = 800\text{W}$, $Q_1 = P\tan\varphi = 800 \times 1.732 = 1385.6\text{var}$

白炽灯: $P_2 = 100 \times 400 = 40000\text{W}$, $Q_2 = 0\text{var}$

线路的总有功功率和无功功率为:

$P_\Sigma = 800 + 40000 = 40800\text{W}$, $Q_\Sigma = Q_1 = 1385.6\text{var}$

$\cos\varphi_\Sigma = \dfrac{P_\Sigma}{S_\Sigma} = \dfrac{40800}{\sqrt{40800^2 + 1385.6^2}} = 0.9994$

答案: A

15. 解 三角形接线时, 额定相电压与线电压相等, 三角形接线转换为星形接线, 则每相等值电容为: $C' = 3C$。

计算因子: $\cos\varphi_1 = 0.6 \Rightarrow \tan\varphi_1 = 1.333$, $\cos\varphi_2 = 0.95 \Rightarrow \tan\varphi_2 = 0.329$

无功补偿容量: $Q = \omega C'U^2 = \omega(3C)U^2 = P(\tan\varphi_1 - \tan\varphi_2)$

电容器的电容量:

$$C = \dfrac{P(\tan\varphi_1 - \tan\varphi_2)}{3\omega U^2} = \dfrac{15 \times 10^3 \times (1.333 - 0.329)}{3 \times 2\pi \times 50 \times 380^2} = 110.72 \times 10^{-6}\text{F} = 110.72\mu\text{F}$$

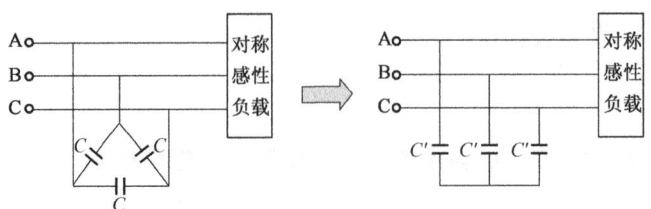

题 15 解图

答案： A

16. 解　由题意可知相阻抗为：$Z = 60 + j80$

根据在星形连接的三相电源中，其线电压与相电压的关系为线电压超前于相应的相电压 30°，即：

$$\dot{U}_{AB} = \sqrt{3}\dot{U}_{AN}\angle 30°$$

同理：$\dot{U}_{BC} = \sqrt{3}\dot{U}_{BN}\angle 30°$，$\dot{U}_{CA} = \sqrt{3}\dot{U}_{CN}\angle 30°$

因此，由题干条件 $U_{AB}(t) = 380\sqrt{2}\sin(314t + 30°)\,\text{V}$，可反推相电压为：

$$U_{AN}(t) = 220\sqrt{2}\sin(314t + 0°) = 220\angle 0°\,\text{V}$$

A 相负载的线电流即为其相电流，则：

$$I_A = I_{AN} = \frac{U_{AN}}{Z} = \frac{220\angle 0°}{60 + j80} = \frac{220\angle 0°}{100\angle 53.1°} = 2.2\angle -53.1°\,\text{A} = 2.2\sqrt{2}\sin(314t - 53.1°)\,\text{A}$$

答案： C

17. 解　设 ab 点之间电压为 $\dot{U}\angle 0°$，由于发生谐振，总电流应与电压同相位，即为 $\dot{I}\angle 0°$。另根据电感元件两端电压相量超前于电流相量 90°，电容元件上两端电压相量滞后于电流相量 90°，考虑到电容支路存在电阻，因此可绘出相量图如解图所示。

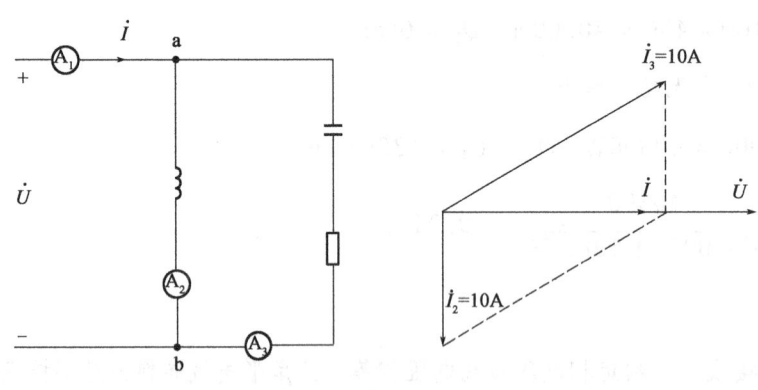

题 17 解图

则电流表 A_1 的读数为：$I = \sqrt{I_3^2 - I_2^2} = \sqrt{20^2 - 10^2} = 17.3\,\text{A}$

注：必须牢记电感与电容两端的电压、电流相位关系，即电感元件两端电压相量超前于电流相量 90°，电容元件上两端电压相量滞后于电流相量 90°。

答案： B

18.解 冲激函数是一种奇异函数，可定义为：

$$\begin{cases} \delta(t) = 0 \, (t \leqslant 0_-, t \geqslant 0_+) \\ \displaystyle\int_{0_-}^{0_+} \delta(t) = 1 \end{cases}$$

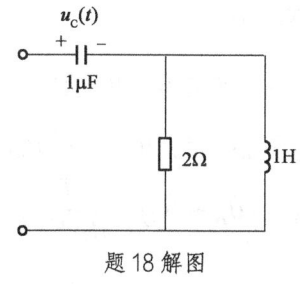

题18解图

（1）t 在 0_- 和 0_+ 时，电容充电 $i_C(t) = 10\delta(t)$，可列方程：

$$C \frac{\mathrm{d}u_c(t)}{\mathrm{d}t} = 10\delta(t) \Rightarrow \int_{0_-}^{0_+} C \frac{\mathrm{d}u_c(t)}{\mathrm{d}t}\mathrm{d}t = \int_{0_-}^{0_+} 10\delta(t) = 10$$

$$\Rightarrow C[u_C(0_+) - u_{C(0_-)}] = 10 \Rightarrow u_C(0_+) = \frac{10}{C} = \frac{10}{10^{-6}} = 1 \times 10^7 \mathrm{V}$$

（2）$t > 0_+$，冲击电流源的电流为 0，相当于断路，如解图所示，显然电感电阻发生放电，但电容电压无放电回路，因此电容电压不变。

答案：B

19.解 根据题意，总电压 U、电感电压 U_C 以及 RL 两端电压 U_{RL} 均相等，且为 100V，再由于各电压相对于同一电流（RLC 串联电路电流相等，设 I 的相量为 $0°$）的相量关系，可绘制电压关系如解图所示。

$$线路电流 I = \frac{U_R}{R} = \frac{100 \times \cos 30°}{10} = 8.66\mathrm{A}$$

答案：C

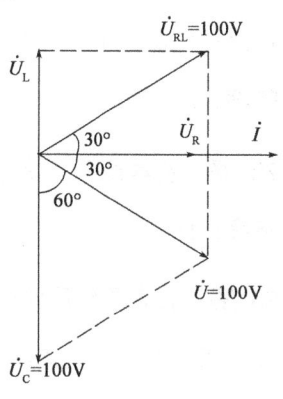

题19解图

20.解 根据 KVL 和 $i_C(t) = C\frac{\mathrm{d}u_C(t)}{\mathrm{d}t}$ 可列出方程：

$$\left[C\frac{\mathrm{d}u_C(t)}{\mathrm{d}t} + \frac{u_C(t)}{2000} \right] \times 6000 + u_C(t) = 2000C\frac{\mathrm{d}u_C(t)}{\mathrm{d}t}$$

整理得：

$$1000C\frac{\mathrm{d}u_C(t)}{\mathrm{d}t} + u_C(t) = 0$$

对应一阶响应电路方程 $RC\frac{\mathrm{d}u_C(t)}{\mathrm{d}t} + u_C(t) = U_S$ 可知，电路可等效为电阻电容串联响应：$R = 1000\Omega$，$U_S = 0\mathrm{V}$

求解一阶新线性方程，方程通解：$u_C(t) = u_C'(t) + u_C''(t)$，其中 $u_C'(t)$ 为稳态解，$u_C''(t)$ 为暂态解，分别求解如下：

$$u_C'(t) = U_S = 0$$

$$u_C''(t) = Ae^{-\frac{t}{\tau}}$$

时间常数：$\tau = RC = 1000 \times 0.25 \times 10^{-6} = 0.25 \times 10^{-3}\mathrm{s}$

可得到方程：

$$u_C(t) = u_C'(t) + u_C''(t) = Ae^{-4000t}$$

根据换路定则，当 $t = 0$ 时，$u_C(0_+) = u_C(0_-) = 6$，求得 $A = 6$，$u_C(t) = 6e^{-4000t}$，则：

$$i_C(t) = C\frac{\mathrm{d}u_C(t)}{\mathrm{d}t} = 0.25 \times 10^{-6} \times (6e^{-4000t})' = -6 \times 10^{-3}e^{-4000t}\mathrm{A}$$

答案：B

21. 解 设各相电压为 $U_A = U_p\angle 0°$，$U_B = U_p\angle -120°$，$U_C = U_p\angle 120°$，线电压滞后各相电压 $30°$，$U_{AB} = \sqrt{3}U_p\angle 30°$，$U_{BC} = \sqrt{3}U_p\angle -90°$，$U_{CA} = \sqrt{3}U_p\angle 150°$，则：

$$\dot{U}_m = (\dot{U}_A - \dot{U}_B)\times \frac{R_1}{R_1 + jX_1} = \dot{U}_{AB}\times \frac{1}{1 - j\frac{X_1}{R_1}} = \sqrt{3}U_p\angle 30°\times \frac{\sqrt{3}}{2}\angle 30° = \frac{3U_p}{2}\angle 60°\text{V}$$

$$\dot{U}_n = (\dot{U}_B - \dot{U}_C)\times \frac{R_2}{R_2 + jX_2} = \dot{U}_{BC}\times \frac{1}{1 - j\frac{X_2}{R_2}} = \sqrt{3}U_p\angle -90°\times \frac{1}{2}\angle 60° = \frac{\sqrt{3}U_p}{2}\angle -30°\text{V}$$

$$\dot{U}_{mn} = \dot{U}_m - \dot{U}_n = U_p\left(\frac{3}{2}\angle 60° - \frac{\sqrt{3}}{2}\angle -30°\right) = U_p\left[\frac{3}{2}\left(\frac{1}{2} + j\frac{\sqrt{3}}{2}\right) - \frac{\sqrt{3}}{2}\left(\frac{\sqrt{3}}{2} - j\frac{1}{2}\right)\right]$$

$$= U_p(j\sqrt{3}) = \sqrt{3}U_p\angle 90°\text{V}$$

因此：$\dot{U}_{mn} = 380\angle 90°\text{V}$

答案：A

22. 解 基本概念，带电球面（体）中心场强为 0。

答案：D

23. 解 长直导线周围的磁感应强度的相量形式为：$\vec{B} = \frac{\mu I}{2\pi x}\vec{e}_x$

如解图所示，取任意一细长条电流 $x\sim(x+\mathrm{d}x)$，其中

$\mathrm{d}I = i\mathrm{d}x = \frac{I}{a}\mathrm{d}x$，则单位长度受力为：

$$\mathrm{d}f = 1\cdot\frac{I}{a}\mathrm{d}x\cdot\frac{\mu_0 I}{2\pi x} \Rightarrow f = \int_a^{2a}\frac{I}{a}\cdot\frac{\mu_0 I}{2\pi x}\mathrm{d}x = \frac{\mu_0 I^2}{2\pi a}\ln 2$$

答案：C

题 23 解图

24. 解 设内导体流出的漏电流为 I，则电流密度为：

$$J = \frac{I}{2\pi rL}，\quad E = \frac{J}{\gamma} = \frac{I}{2\pi\gamma Lr}$$

圆柱体内外导体间电压：$U = \int_{R_1}^{R_2}E\mathrm{d}r = \int_{R_1}^{R_2}\frac{I}{2\pi\gamma Lr}\mathrm{d}r = \frac{I}{2\pi\gamma L}\ln\frac{R_2}{R_1}$

漏电电导：$G = \frac{I}{U} = \frac{2\pi\gamma L}{\ln\left(\frac{R_2}{R_1}\right)} = \frac{2\pi\times 10^{-9}\times 1}{\ln\left(\frac{10}{5}\right)} = 9.06\times 10^{-9}\text{S}$

答案：D

25. 解 无损耗线路的电能传输实际上是电磁波的传输，电磁波的波速为：

$$v = \frac{1}{\sqrt{\varepsilon\mu}} = \frac{1}{\sqrt{\varepsilon_r\varepsilon_0\mu_r\mu_0}} = \frac{3\times 10^5}{\sqrt{\varepsilon_r\mu_r}} = \frac{3\times 10^8}{\sqrt{2.26\times 1}} = 2.0\times 10^8\text{m/s}$$

波长：$\lambda = \frac{v}{f} = \frac{2\times 10^8}{100\times 10^6} = 2\text{m}$

则 $\frac{\lambda}{4} = 0.5\text{m}$

答案：B

26. 解 利用虚短、虚地概念，则：$u_{A1-} = u_{A1+} = 0V$

利用虚断概念，则：$\dfrac{u_o}{R_f} = -\dfrac{u_i}{R_1} \Rightarrow \dfrac{u_o}{u_i} = -\dfrac{R_f}{R_1}$

注：虚断、虚短以及虚地是线性工作状态下理想集成运放的重要特点，是历年必考的知识点。

答案：C

27. 解 分析可知，只有当 $u_{i2} > 0$ 时，运算放大器才处于负反馈状态，电路才可以正常工作。

答案：C

28. 解 闭环增益40dB，则：$20\lg\dfrac{A}{1+AF} = 40\text{dB}$，可求得 $\dfrac{A}{1+AF} = 10^2 = 100$

由 $\dfrac{\Delta A_F}{A_F} = 0.01$ 和 $\dfrac{\Delta A}{A} = 0.1$，则：$\dfrac{\Delta A_F}{A_F} = \dfrac{1}{1+AF} \cdot \dfrac{\Delta A}{A} \Rightarrow \dfrac{1}{1+AF} = 0.1$，求得 $1+AF = 10$

代入 $\dfrac{A}{1+AF} = 100$，因此，$A = 1000$

开环增益：$A' = 20\lg 10000 = 60\text{dB}$

答案：A

29. 解 考查各运算电路的基本概念，比例放大电路简单介绍如下：

反相比例放大电路 $\dfrac{u_o}{u_i} = -\dfrac{R_f}{R_1}$，输出电压与输入电压的相位相反。

同相比例放大电路 $\dfrac{u_o}{u_i} = 1 + \dfrac{R_f}{R_1}$，输出电压与输入电压的相位相同。

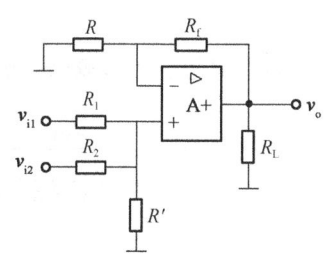

题29解图

差分比例放大电路的输出电压相位取决于两个输入端的电压 V_1 和 V_2 的大小，若 $V_1 > V_2$，则输出的相位与 V_1 相同，反之，则相反。

同相输入求和运算电路如解图所示。

$$v_+ = \frac{(R_1 /\!/ R')v_{i1}}{R_1 + (R_1 /\!/ R')} + \frac{(R_1 /\!/ R')v_{i2}}{R_2 + (R_1 /\!/ R')}$$

$v_- = \dfrac{R}{R_f + R}v_o$；由于 $v_+ = v_-$，计算可得：

$$v_o = \frac{R_p}{R_n} \times R_f \times \left(\frac{v_{i1}}{R_1} + \frac{v_{i2}}{R_2}\right)$$

当 $R_p = R_n$，$R_1 = R_2 = R_f$ 时，$v_o = v_{i1} + v_{i2}$，当两个输入端分别输入直流和正弦波信号时，则可完成叠加。

答案：D

30. 解 输出电压：$u_o = A_{ud}u_{id} + A_{uc}u_{ic}$，各因子计算如下：

共模抑制比：$K_{CMR} = 20\lg\left|\dfrac{A_{ud}}{A_{uc}}\right| = 60 \Rightarrow \left|\dfrac{A_{ud}}{A_{uc}}\right| = 1000$

由 $A_{ud} = 200$，则：

$$A_{uc} = \pm 0.2$$

$u_{id} = u_{i1} - u_{i2} = 1.095 - 1.055 = 0.04V$；$u_{ic} = \dfrac{u_{i1} + u_{i2}}{2} = \dfrac{1.095 + 1.055}{2} = 10.75V$

输出电压：$u_o = A_{ud}u_{id} + A_{uc}u_{ic} = 200 \times 0.04 \pm 0.2 \times 10.75 = 8 \pm 2.15V$

答案：D

31. 解　利用虚短、虚地概念，$u_{A2-} = u_{A2+} = 0V$

利用虚断概念，$\dfrac{u_{o}}{u_{o}'} = -\dfrac{R_4}{R_3}$

利用虚短、虚断的概念，$u_{A1-} = u_{A1+} \Rightarrow \dfrac{R_2}{R_1+R_2}u_{i1} = \dfrac{R_2}{R_1+R_2}(u_{i2}-u_{o}') + u_{o}' \Rightarrow u_{i1}-u_{i2} = \dfrac{R_1}{R_2}u_{o}'$

将 $\dfrac{u_{o}}{u_{o}'} = -\dfrac{R_4}{R_3} \Rightarrow u_{o}' = -\dfrac{R_3}{R_4}u_{o}$ 代入上式，得：

$$u_{i1}-u_{i2} = -\dfrac{R_1}{R_2} \times \dfrac{R_3}{R_4}u_{o} \Rightarrow u_{o} = -\dfrac{R_2}{R_1} \times \dfrac{R_4}{R_3}(u_{i1}-u_{i2}) = -\dfrac{20}{5} \times \dfrac{50}{10} \times 0.2 = -4V$$

答案：A

32. 解　利用虚短、虚地概念，$u_{A2-} = u_{A2+} = 0V$，再利用虚断概念，则：

$$\dfrac{\dot{U}_{o}}{R_4} = -\left(\dfrac{\dot{U}_{i}}{R_5} + \dfrac{\dot{U}_{o1}}{R_3}\right) \Rightarrow \dot{U}_{o} = -(\dot{U}_{i} + \dot{U}_{o1})$$

利用虚短、虚地概念，$u_{A1-} = u_{A1+} = 0V$，再利用虚断概念，则：

$$\dfrac{\dot{U}_{o1}}{R_2/\!/\left(-j\dfrac{1}{\omega C}\right)} = -\dfrac{\dot{U}_{i}}{R_1} \Rightarrow \dot{U}_{o1} = -\dfrac{R_2/\!/\left(-j\dfrac{1}{\omega C}\right)}{R_1}\dot{U}_{i} = -\dfrac{-jR_2}{(\omega CR_2-j)R_1}\dot{U}_{i}$$

$$= \dfrac{j}{\omega CR_2-j}\dot{U}_{i} = -\dfrac{1}{1+j\omega CR_2}\dot{U}_{i}$$

其中：$R_2/\!/\left(-j\dfrac{1}{\omega C}\right) = \dfrac{R_2 \cdot \left(-j\dfrac{1}{\omega C}\right)}{R_2-j\dfrac{1}{\omega C}} = \dfrac{-jR_2}{\omega CR_2-j}$

两式合并后，可得：

$$\dfrac{\dot{U}_{o}}{\dot{U}_{i}} = -\left(1 - \dfrac{1}{1+j\omega CR_2}\right) = -\dfrac{j\omega CR_2}{1+j\omega CR_2}$$

答案：A

33. 解　利用逻辑代数基本定律和常用公式$A\overline{B} + AB = A$，$A + AB = A$，$A + \overline{A}B = A + B$，化简如下：

$$A\overline{B}C + \overline{A}BC + ABC + AC(DEF + DEG) = AC + \overline{A}BC + AC(DEF + DEG) = AC + \overline{A}BC$$

$$= C(A + \overline{A}B) = C(A + B) = AC + BC$$

注：需牢记逻辑代数基本定律的几个常用公式。

答案：B

34. 解　$(234)_8 = 2 \times 8^2 + 3 \times 8^1 + 4 \times 8^0 = (156)_{10}$

答案：D

35. 解　由 $\dfrac{4400}{19.8} = 222.22 \approx 222$，十进制转二进制，则$(222)_{10} = (11011110)_2$。

答案：B

36.解 分三种状态分析如下：

（1）当没有触发信号时，电路处于一种稳态，$V_O = 0$，$V_C = 0$。

（2）外加触发信号，$V_I \uparrow \rightarrow V_{O1} \rightarrow V_{O2} \rightarrow V_O \uparrow$，则

$V_{O1} = 0$，$V_O = 1$，电路进入暂态。

（3）电容充电，$V_{12} \uparrow \rightarrow V_O \downarrow \rightarrow V_{O1} \uparrow$，则$V_{O1} = 1$，

$V_O = 0$，电容放电$V_C = 0$，电路由暂态自动返回稳态。

（4）输出脉冲宽度t_W，如解图所示。

$$t_W = RC \ln \frac{V_C(\infty) - V_C(0)}{V_C(\infty) - V_{TH}}$$

由于$V_C(0_+) = 0$，$V_C(\infty) = V_{DD}$，$V_{TH} = \dfrac{V_{DD}}{2}$，则

$$t_W = RC \ln \frac{V_{DD} - 0}{V_{DD} - V_{TH}} = RC \ln 2 \approx 0.7RC$$

因此，脉冲宽度$t_W = 0.7 \times 51 \times 10^3 \times 0.01 \times 10^{-6} = 0.357 \times 10^{-3}\text{s} = 0.357\text{ms}$

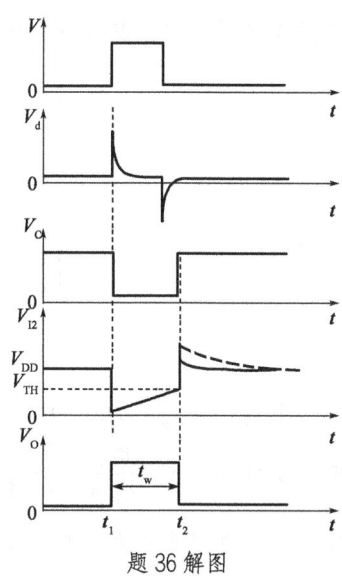

题 36 解图

答案： D

37.解 74161 为集成计数器，利用其异步清零功能实现九进制计数功能，主循环状态如解图所示。

由解图可知，74161 从 0000 状态开始计数，当输入第 9 个 CP 脉冲（上升沿）时，输出$Q_D Q_C Q_B Q_A = 1001$，通过与非门译码后，反馈给 RD 端一个清零信号，使$Q_D Q_C Q_B Q_A$返回 0000 状态。

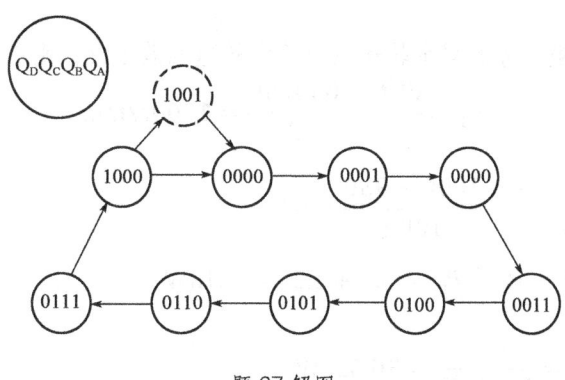

题 37 解图

答案： D

38.解 并励直流发电机接线图如解图所示。

励磁电流：$I_f = \dfrac{U_N}{R_f} = \dfrac{230}{610} = 0.377\text{A}$

电枢电动势：$E_a = U_N + I_{Na}R_a = 230 + 15.7 \times 0.1 = 231.57\text{V}$

由公式$E_a = C_e\varphi n$，可得$C_e\varphi = \dfrac{E_a}{n} = \dfrac{231.57}{2000} = 0.1158$

当用作电动机时，其接线图如解图所示。

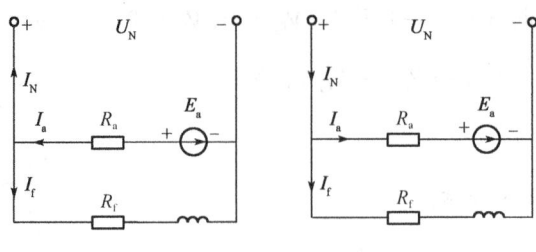

题 38 解图

电枢电动势：$E_a = U_N - I_{Na}R_a = 220 - 15.7 \times 0.1 = 218.43\text{V}$

电动机转速：$n = \dfrac{E_{a2}}{C_e\varphi} = \dfrac{218.43}{0.1158} = 1886.27\text{r/min}$

注：考查并励直流发电机和电动机的基本原理，隐含条件为电枢电流不变，负载转矩不变。

答案：C

39. 解　并励直流电动机接线图可参考上题。

额定运行时的电枢电流：$I_{aN} = I_N - I_f = 255 - 5 = 250\text{A}$

电枢铜耗及附加损耗：$P_{Cu2} + P_e = I_{aN}^2 R_a = 250^2 \times 0.078 = 4875\text{W}$

励磁损耗：$P_f = U_N I_{fN} = 440 \times 5 = 2200\text{W}$

额定运行时的电磁功率：$P_M = 96 + 4.875 + 2.2 = 103.075\text{kW}$

电磁转矩：$T_M = \dfrac{P_M \times 10^3}{2\pi n_N/60} = 9550 \times \dfrac{P_M}{n_N} = 9550 \times \dfrac{103.075}{500} = 1969\text{N} \cdot \text{m}$

答案：A

40. 解　由于定子旋转磁动势的同步转速应与额定转速相差不大，则：

$$n_1 = \frac{60f}{P} = \frac{60 \times 50}{3} = 1000\text{r/min}$$

额定转差率：$s_N = \dfrac{n_1 - n_N}{n_1} = \dfrac{1000 - 950}{1000} = 0.05$

总机械功率：$P_{Mec} = P_2 + P_\Omega + P_{ad} = 28 + 1.1 = 29.1\text{kW}$

电磁功率：$P_M = \dfrac{P_{Mec}}{1 - S} = \dfrac{29.1}{1 - 0.05} = 30.63\text{kW}$

转子铜耗：$P_{Cu2} = SP_M = 0.05 \times 30.63 \times 1000 = 1532\text{W} = 1.532\text{kW}$

注：感应电动机的功率流程可参考下图，应牢记。

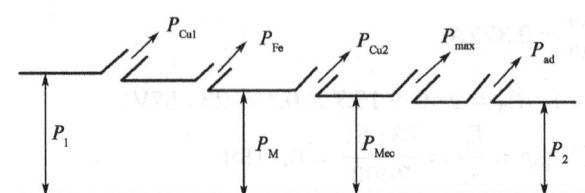

同时还应掌握电磁功率 P_M 与总机械功率 P_Mec、转子铜耗 P_Cu2 之间的关系，即 $P_\text{Mec} = P_\text{M}(1-S)$ 和 $P_\text{Cu2} = SP_\text{M}$。

其中：P_Cu1 为定子绕组铜耗；P_Fe 为定子绕组铁耗；P_Cu2 为转子绕组铜耗；$P_\Omega = P_\text{Mec}$ 为机械损耗；P_ad 为附加损耗。

答案： A

41. 解 一次侧额定电流：$I_\text{N} = \dfrac{S_\text{N}}{\sqrt{3}U_\text{N}} = \dfrac{1800}{\sqrt{3} \times 10} = 103.9\text{A}$

短路阻抗：$Z_\text{k} = u_\text{k} \times \dfrac{U_\text{1N}}{I_\text{1N}} = 0.045 \times \dfrac{10000}{103.9} = 4.33\Omega$

短路电阻：$R_\text{k} = \dfrac{P_\text{kN}}{I_\text{1N}^2} = \dfrac{22000}{103.9^2} = 2.04\Omega$

短路电抗：$X_\text{k} = \sqrt{Z_\text{k}^2 - R_\text{k}^2} = \sqrt{4.33^2 - 2.04^2} = 3.82\Omega$

电压调整率：
$$\Delta U\% = \beta\left(\frac{I_\text{1N}R_\text{k}\cos\varphi_2 + I_\text{1N}X_\text{k}\sin\varphi_2}{U_\text{1N}}\right) \times 100\%$$
$$= \frac{103.9 \times 2.04 \times 0.8 + 103.9 \times 3.82 \times 0.6}{10000} \times 100\% = 4.08\%$$

注：电压调整率的定义：一次侧加额定电压，负载功率因数一定，二次侧空载电压与负载时电压之差（$U_{20} - U_2$）用二次侧额定电压 U_2N 的百分数来表示，即：
$$\Delta U\% = \frac{U_\text{2N} - U_2}{U_\text{2N}} \times 100\% = \frac{U_\text{1N} - U_2'}{U_\text{1N}} \times 100\%$$

答案： D

42. 解 可对照凸极同步电动机中气隙不均匀情况分析，凸极同步电动机直轴气隙小，交轴气隙大，则其电枢反应电抗关系为：$X_\text{ad} > X_\text{aq}$。同理，两台除气隙长度不同的隐极同步发电机，由于 $\delta_1 = 2\delta_2$，则隐极同步电动机的电枢反应电抗关系为：$X_\text{a1} < X_\text{a2}$。由于漏电抗相同，则隐极同步电动机的同步电抗关系为：$X_\text{c1} < X_\text{c2}$。因此稳态短路试验中，气隙大的电机其短路电流应较大。

注：隐极同步电机的同步电抗等于漏电抗和电枢反应电抗之和，即 $X_\text{c} = X_\text{s} + X_\text{a}$，且就数值而言，漏电抗一般都小于电枢反应电抗。

答案： A

43. 解 变压器间负荷分配与其额定容量成正比，而与阻抗电压成反比。当变压器并列运行时，如果阻抗电压不同，其负荷并不按额定容量成比例分配，并列运行的变压器副边电流与阻抗电压成反比，负荷率也与阻抗电压成反比。

设 A 变压器的负荷率为 β_A，当铜耗与铁耗相等时，变压器具有最大的运行效率，则：
$$\beta_\text{A}^2 P_\text{Cu} = P_\text{Fe} \Rightarrow \beta_\text{A} = \sqrt{540 \div 1500} = 0.6$$

B 变压器的负荷率为：$\beta_B = \dfrac{U_{kA}\%}{U_{kB}\%} \times \beta_A = \dfrac{6.5}{7.2} \times 0.6 = 0.542$

两台变压器供给的总负荷：$S = \beta_A S_{NA} + \beta_B S_{NB} = 0.6 \times 1200 + 0.542 \times 1800 = 1695.6\text{kVA}$

注：当两台阻抗电压不等的变压器并列运行时，阻抗电压大的分配负荷小，当这台变压器满负荷时，另一台阻抗电压小的变压器就会过负荷运行。变压器长期过负荷运行是不允许的，因此，为了避免因阻抗电压相差过大，使并列变压器负荷电流不平衡，降低变压器容量使用效率，一般阻抗电压相差应小于10%。

答案：A

44. 解 此为变压器空载合闸到电网的变压器的瞬变过程。

合闸后，变压器一次绕组中的电流i_1满足如下微分方程：

$$i_1 r_1 + N_1 \frac{\mathrm{d}\Phi}{\mathrm{d}t} = U_{1m} \sin(\omega t + \alpha)$$

其中，Φ为与一次绕组相交链的总磁通，包括主磁通和漏磁通，这里近似认为等于主磁通。电阻压降$i_1 r_1$较小，在分析瞬变过程时可忽略，则上式变为：

$$N_1 \frac{\mathrm{d}\Phi}{\mathrm{d}t} = U_{1m} \sin(\omega t + \alpha)$$

解此微分方程，可得$\Phi = -\dfrac{U_{1m}}{\omega N_1}\cos(\omega t + \alpha) + C$，其中$C$由初始条件决定。

因为变压器空载合闸前磁链为0，根据磁链守恒原理，有$C = \dfrac{U_{1m}}{\omega N_1}\cos\alpha$，则：

$$\Phi = \frac{U_{1m}}{\omega N_1}\cos\alpha - \frac{U_{1m}}{\omega N_1}\cos(\omega t + \alpha) = \frac{U_{1m}}{\omega N_1}[\cos\alpha - \cos(\omega t + \alpha)]$$

由此可见，磁通Φ的瞬变过程与合闸时间$t = 0$电压的初相角α有关，设$\Phi_m = \dfrac{U_{1m}}{\omega N_1}$，显然，若$t = 0$时，$\alpha = 90°$，$\Phi = -\Phi_m \cos(\omega t + 90°) = \Phi_m \sin\omega t$

即从$t = 0$时开始，变压器一次电流i_1在铁芯中就建立了稳态磁通$\Phi_m \sin\omega t$，而不会发生瞬变过程，一次电流i_1也是正常运行时的稳态空载电流i_0；

若$t = 0$时，$\alpha = 0°$，$\Phi = \Phi_m(1 - \cos\omega t) = \Phi_m - \Phi_m \cos\omega t$

即从$t = 0$时开始经过半个周期即$t = \dfrac{\pi}{\omega}$时，磁通Φ达到最大值，$\Phi_{max} = 2\Phi_m$，即瞬变过程中磁通可达到稳态分量最大值的2倍。

答案：C

45. 解 线路波阻抗：$Z_n = \sqrt{\dfrac{x_1}{b_1}} = \sqrt{\dfrac{0.4}{2.5 \times 10^{-6}}} = 400\Omega$

线路自然功率：$P_n = \dfrac{U^2}{Z_c} = \dfrac{220^2}{400} = 121\text{MW}$

答案：B

46. 解 电抗公式：$x = 0.1445 \lg \dfrac{D_{eq}}{D_s} \Omega/\text{km}$，$D_{eq}$为三相导线的互几何均距，$D_s$为自几何均距，由于架空线路的三相导线的互几何均距远大于电缆线路，而自几何均距相差不大，因此架空输电线路的电抗大于普通电缆线路。

电容公式：$C = \frac{0.02413 \times 10^{-6}}{\lg \frac{d_m}{R_m}}$F/km，$d_m$为三相导线的互几何均距，$R_m$为自几何均距，可见与电抗相反，在自几何均距相差不大的条件下，因此普通电缆线路的电容大于架空输电线路。

答案：C

47.解 P_0为空载损耗（铁耗），反映变压器励磁支路的损耗，此损耗仅与变压器材质与结构有关，当n台变压器并联时，励磁损耗也加倍；P_k为变压器短路损耗（铜耗），反映变压器绕组的电阻损耗，当n台变压器并联时，相当于电阻并联，总电阻减半，短路损耗也相应减半。

答案：A

48.解 由空载线路末端电压升高公式：$U_1 = U_2 - \frac{BX}{2}U_2 + j\frac{BR}{2}U_2$，代入数据后：

送端电压：
$$U_1 = U_2 - \frac{BX}{2}U_2 + j\frac{BR}{2}U_2$$
$$= 363\left(1 - \frac{12 \times 10^{-4} \times 40.1}{2} + j\frac{12 \times 10^{-4} \times 10.5}{2}\right)$$
$$= 363(0.97594 + j0.00315) = 354.27\angle 0.185°$$

总充电功率：
$$P_c = \omega CU^2 = BU^2 = 12 \times 10^{-4} \times 363^2 = 158.12\text{Mvar}$$

注：此为空载线路末端电压升高现象，公式必须牢记：$U_1 = U_2 - \frac{BX}{2}U_2 + j\frac{BR}{2}U_2$，有时计算时也可忽略其输电线路电阻。

答案：B

49.解 最大负荷和最小负荷时变压器的电压损耗：
$$\Delta U_{Tmax} = \frac{PR + QX}{U_{1max}} = \frac{25 \times 10 + 10 \times 30}{112} = 4.91\text{kV}$$

$$\Delta U_{Tmin} = \frac{PR + QX}{U_{1min}} = \frac{15 \times 10 + 8 \times 30}{112} = 3.48\text{kV}$$

在最大和最小负荷时，变压器低压侧的电压均为 10.5kV，按最小负荷时没有补偿的情况确定变压器的分接头，则：
$$U_T = \frac{U_{1min} - \Delta U_{Tmin}}{U_{2min}}U_{2N} = \frac{112 - 3.48}{10.5} \times 11 = 113.69\text{kV}$$

选取变压器分接头为$110 \times (1 + 1 \times 2.5\%) = 112.75\text{kV}$

变比为：$K = \frac{112.75}{11} = 10.25$

按照最大负荷计算容量补偿：
$$Q_C = \frac{U_{2Cmax}}{X}\left(U_{2Cmax} - \frac{U'_{2Cmax}}{K}\right)K^2 = \frac{10.5}{30} \times \left(10.5 - \frac{112 - 4.91}{10.25}\right) \times 10.25^2 = 1.919\text{Mvar}$$

答案：A

50. 解　基准容量 $S_B = 100\text{MVA}$，基准电压为 $U_j = 1.05 \times 110 = 115\text{kV}$，等效电路如解图所示。

线路 L_3：$X_{*L3} = X_{L3} \dfrac{S_j}{U_j^2} = 0.4 \times 40 \times \dfrac{100}{115^2} = 0.121$

变压器 T：$X_{*T} = \dfrac{U_{k1}\%}{100} \cdot \dfrac{S_j}{S_T} = \dfrac{10.5}{100} \times \dfrac{100}{120} = 0.0875$

发电机 G：$X_{*G} = X_d'' \dfrac{S_j}{S_G} = 0.12 \times \dfrac{100}{100 \div 0.9} = 0.108$

断路器 B 的切断点为 f' 点，其开关短路容量为系统短路容量和发电厂短路容量两者之和，即两者的短路电流标幺值相加应等于 f' 点的短路电流标幺值（短路容量标幺值），则：

$$\frac{2500}{100} = \frac{1}{X_S} + \frac{1}{(0.121 + 0.0875 + 0.108) \div 2}$$

可计算出 $X_S = 0.0535$。

则当 f 点发生三相短路时，至短路点的总等效电抗标幺值为：

$$X_{*\Sigma} = (0.0535 + 0.121/2) /\!/ (0.0875 + 0.108)/2 = 0.0526$$

短路电流有名值：$I_k = \dfrac{I_j}{X_{*\Sigma}} = \dfrac{100}{\sqrt{3} \times 115} \times \dfrac{1}{0.0526} = 9.54\text{kA}$

冲击短路电流：$i_p = k_P \sqrt{2} I_k = 1.8 \times \sqrt{2} \times 9.54 = 24.28\text{kA}$

答案： C

51. 解　突然短路与稳态对称短路不同，后者不在转子绕组中感应电流，但在突然短路中，定子电流的幅值的变化的，因而电枢反应磁通在变化，会使转子绕组感应电流，并且这个电流产生的磁动势反过来又影响定子的电流，因此在突然短路分析中，每个短路绕组都将出现这样的电压方程式：

$$ri + \frac{d\Psi}{dt} = 0$$

式中：Ψ——短路绕组的磁链，包括自磁链和互磁链。

忽略绕组的电阻 r，积分式得：

$$\Psi = \Psi_0 = 常数$$

式中：Ψ_0——在短路瞬间该绕组所环链的磁链。

由此可见，在没有电阻的闭合回路中，原来所具有的磁链，将永远保持不变，这种关系成为超导体闭合回路磁链不变原则。

暂态电动势不同于空载电动势，是假想的、在交轴方向 x_d' 后面的电动势，有：

$$E_q' = \frac{x_{ad}}{x_f} \Psi$$

式中：x_{ad}——短路后，对应原主磁通电枢电流的交轴电抗；

　　　　x_f——励磁回路电抗。

暂态电动势正比于励磁绕组磁链，由于 Ψ 在突然短路前后不变，所以 E_q' 在短路前后瞬间也不变。

注：由于空载电动势 E_q 是由励磁电流 i_f（直流）产生，它是同步电抗后的电动势。有：

$$U_q = -x_d i_d + E_q = -x_d i_d + x_{ad} i_f$$

式中E_q正比于i_f。短路前磁力电流为$i_{f(0)}$，而短路后瞬间励磁电流的直流分量是有突变的，即$i_{f(0)}$突增至$i_{f(0)} + i_{fz0}$，所以短路后瞬间空载电动势是突变的。

答案： C

52.解 零序电流只能在变压器T_1、T_2和线路上流通，零序网络图如解图所示。

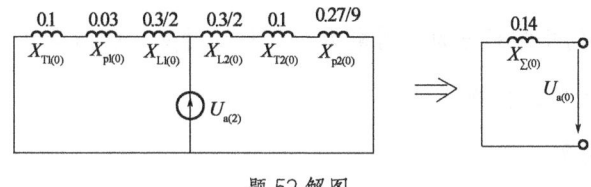

题 52 解图

则：$X_{*\sum(0)} = (0.1 + 0.03 + 0.15) /\!/ (0.1 + 0.03 + 0.15) = 0.14$

注：与星形绕组中性点接地阻抗不同，三角形绕组内接阻抗实质上是表示二次侧（三角形）的漏抗参数，因此在正负零序中都要反映。在正负零序网络中，三角形绕组串联电抗用1/9倍表示。（三角形绕组串联总阻抗，平均分配到三角形绕组中，乘以1/3倍；正负零序网络均为单相等值网络，因而三角形电路需转化为星形电路，再乘以1/3）。

答案： C

53.解 正序与负序网络包含所有元件，正、负序网络图如解图1所示。

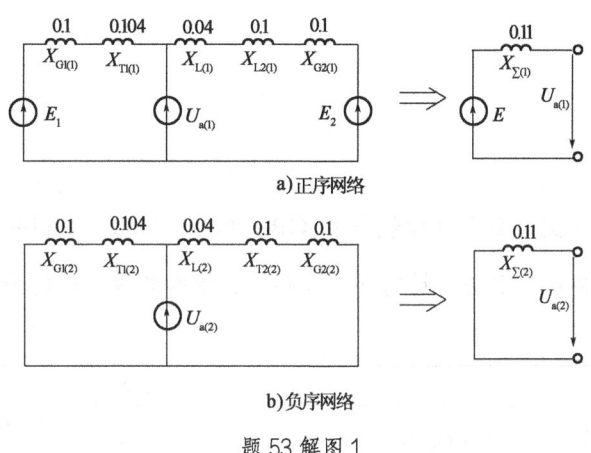

题 53 解图1

则：$X_{*\sum(1)} = X_{*\sum(2)} = (0.1 + 0.104) /\!/ (0.04 + 0.1 + 0.1) = 0.11$

零序电流只能在变压器T_1、T_2和线路上流通，零序网络图如解图2所示。

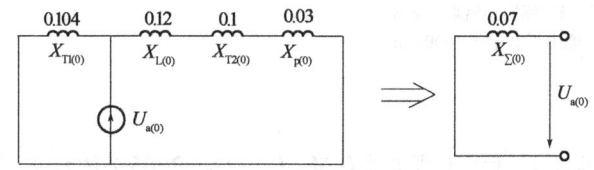

题 53 解图2

则：$X_{*\sum(0)} = 0.104 /\!/ (0.12 + 0.1 + 0.03) = 0.07$

单相短路电流标幺值：

$$I_{*f} = 3I_{*a1} = 3 \times \frac{1}{X_{*\sum(1)} + X_{*\sum(2)} + X_{*\sum(0)}} = \frac{3}{0.11 + 0.11 + 0.07} = 10.34$$

注：零序电流仅在变压器三角形侧内形成环流，对外无零序电流。

答案： D

54. 解 限制短路电路的措施可分为针对电力系统和针对变电所两类。

（1）电力系统可采取的限流措施

①提高电力系统的电压等级；

②直流输电；

③在电力系统主网加强联系后，将次级电网解环运行；

④在允许范围内，增大系统的零序阻抗。

（2）发电厂和变电所中可采取的限流措施

①发电厂中，在发电机电压母线分段回路中安装电抗器；

②变压器分列运行；

③在变压器回路中装设分裂电抗器或电抗器；

④低压侧采用分裂绕组的变压器；

⑤出线上装设电抗器；

⑥采用高阻抗变压器。

答案： D

55. 解 《3～110kV 高压配电装置设计规范》（GB 50060—2008）的相关规定如下：

第5.4.4条：屋内配电装置采用金属封闭开关设备时，屋内各种通道的最小宽度（净距），宜符合下表的规定。

布置方式	通道分类		
	维护通道（mm）	操作通道（mm）	
		固定式	移开式
设备单列布置时	800	1500	单车长+1200
设备双列布置时	1000	2000	单车长+900

注：1. 通道宽度在建筑物的墙柱个别突出处，可缩小200mm。
　　2. 移开式开关柜不需进行就地检修时，其通道宽度可适当减小。
　　3. 固定式开关柜靠墙布置时，柜背离墙距离宜取50mm。
　　4. 当采用35kV开关柜时，柜后通道不宜小于1000mm。

答案： B

56. 解 《导体和电器选择设计技术规定》（DL/T 5222—2005）的相关规定如下：

第18.1.6条：装在电网的变压器中性点的消弧线圈，以及具有直配线的发电机中性点的消弧线圈应采用过补偿方式。对于采用单元连接的发电机中性点的消弧线圈，为了限制电容耦合传递过电压以及频率变动等对发电机中性点位移电压的影响，宜采用欠补偿方式。

条文说明：装在电网的变压器中性点的消弧线圈，以及具有直配线的发电机中性点的消弧线圈应采用过补偿方式，是考虑电网运行方式变化较大，如断路器分闸、线路故障、检修以及分区运行等，电网电容电流都将可能减少。若采用欠补偿运行方式，电容值的改变有可能使消弧线圈处于谐振点运行，这是不允许的。

答案： B

57.解 当两根平行导体中分别有电流i_1和i_2，导体间的相互作用力F为：

$$F = 0.2K_x i_1 i_2 \frac{l}{D}(\text{N})$$

式中：i_1、i_2——流过两根平行导体的电流瞬时值，kA；

$\quad\quad l$——平行导体长度，m；

$\quad\quad D$——导体中心距离，m；

$\quad\quad K_x$——矩形截面导体的形状系数，可查图或表，此处略。

当三相短路电流通过在同一平面的三相导体时，中间相所处情况为最严重，其最大作用力为：

$$F_{k3} = 0.173K_x(i_{P3})^2 \frac{l}{D}(\text{N})$$

式中：i_{p3}——三相短路峰值电流（三相短路冲击电流），kA。

答案： D

58.解 通常三芯电缆（一般为 35kV 及以下电压等级的电缆）都采用两端接地方式，因为电缆运行中，流过三个线芯的电流总和为零，在电缆金属屏蔽层两端基本上没有电压。而单芯电缆（一般为 35kV 及以上电压等级的电缆）一般不能采取两端直接接地方式。原因是：当单芯电缆线芯通过电流时金属屏蔽层会产生感应电流，电缆的两端会产生感应电压。感应电压的高低与电缆线路的长度和流过导体的电流成正比，屏蔽上会形成很高的感应电压，将会危及人身安全，甚至可能击穿电缆外护套。

单芯电缆两端直接接地时，电缆的金属屏蔽层还可能产生环流，根据试验其环流可达到电缆线芯正常输送电流的30%~80%，这既降低了电缆载流量，又使金属屏蔽层发热，加速了电缆绝缘老化。因此，单芯电缆不应两端接地。

答案： D

59.解 铁磁谐振是由铁芯电感元件，如发电机、变压器、电压互感器、消弧线圈等，与电力系统的电容元件，如输电线路、电容补偿器等形成共谐条件，激发持续的铁磁谐振，使系统产生谐振过电压。

简单的 RC 和铁芯电感 L 电路中，假设在正常运行条件下，其初始状态是感抗大于容抗，即$\omega L > \frac{1}{\omega C}$，此时不具备线性谐振条件，回路保持稳定状态。但当电源电压有所升高时，或电感线圈中出现涌流时，就有可能使铁芯饱和，其感抗值减小，当 $\omega L = \dfrac{1}{\omega C}$ 时，即满足了串联谐振条件，在电感和电容两端便形成了过电压，回路电流的相位和幅值会突变，发生磁谐振现象，谐振一旦形成，状态可能"自保持"，维持很长时间而不衰减，直到遇到新的干扰改变了其谐振条件谐振才可能消除。因此，铁磁元件的非线性是产生铁磁谐振的根本原因。

答案：A

60. 解 根据彼得逊法则，特殊情况下的波过程：

线路末端开路：由于电压正波的全反射，在反射波所到之处，导线上的电压比电压入射波提高 1 倍。线路的磁场能量全部转化为电场能量。

线路末端接地：导线上的电流比电流入射波提高 1 倍。线路的电场全部转化为磁场能量。

答案：C

2017年度全国勘察设计注册电气工程师（供配电）执业资格考试基础考试（下）
试题解析及参考答案

1. 解 当 $t = 0$ 时，$u = (5 - 9e^{0/\tau}) = (5 - 9)\text{V} = -4\text{V} < 0$，则：电位a低，b高。

当 $t \to \infty$ 时，$\lim\limits_{t \to \infty} e^{-t/\tau} = 0$，$u = 5\text{V} > 0$，则：电位a高，b低。

答案：D

2. 解 $u = 3 \times 2 = 6\text{V}$，设流过 2Ω 电阻的电流为 I，流过独立电流源的电压为 U_S。

利用基尔霍夫电流定律，$2 + I = 0.5u = 0.5 \times 6 = 3\text{A}$，解得：$I = 1\text{A}$

利用基尔霍夫电压定律，$U_\text{S} = u - 2I = 4\text{V}$

则：$P_\text{S} = U_\text{S} \cdot I_\text{S} = 4 \times 2 = 8\text{W}$

答案：C

3. 解 电流源和电压源的性质，则：

$$P_1 = \frac{U^2}{R} = \frac{2^2}{1} = 4\text{W}, \quad P_2 = I^2 R = 1^2 \times 3\text{W} = 3\text{W}$$

答案：B

4. 解 Y 接和 △ 接电阻间的等效变换，在对称情况下 $R_\triangle = 3R_\text{Y}$，
则端口等效电阻：$R = 3 /\!/ [(3 /\!/ 3) + (3 /\!/ 6)] = \frac{21}{13}\Omega$

答案：B

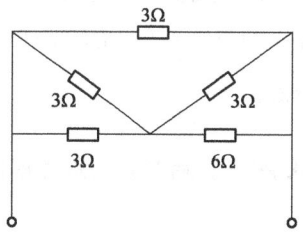

题4解图

5. 解 如解图所示，分别设置回路参考电流为 $I_1 \sim I_4$，根据基尔霍
夫电流定律（KCL）可得：

$$\begin{cases} I_1 = 10 + 5 = 15\text{A} \\ I_2 = 15 + I_1 + I = 30 + I \\ I_3 = 10 - I_2 = -20 - I \\ I_4 = -I_3 - 15 = 20 + I - 15 = 5 + I \end{cases}$$

根据基尔霍夫电压定律（KVL）可得：

$$2I_2 + 4I + 3I_4 - 1I_3 = 0$$

将以上 $I_1 \sim I_4$ 所得数值代入，可得 $I = -9.5\text{A}$

因此至少需要列 1 个 KVL 方程。

答案：A

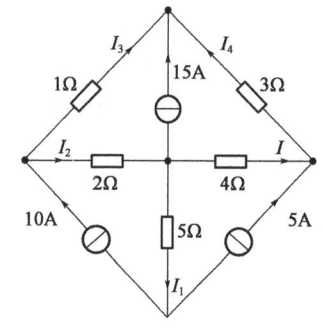

题5解图

6. 解 用线性关系求解黑箱电路。

当 $U_\text{S} = 5\text{V}$ 时，$5K_1 = 2 \to K_1 = \frac{2}{5}$

当 $U_\text{S} = 7.5\text{V}$ 时，$U = 7.5K_1 = 7.5 \times \frac{2}{5} = 3\text{V}$

答案：B

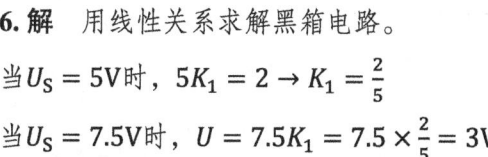

7. 解 基本概念，有效值：$U = \frac{U_m}{\sqrt{2}} = \frac{100}{\sqrt{2}}$。

答案： B

8. 解 设电阻两端为 ab 点，其间电流为 $\dot{I}_{ab}\angle 0°$，

根据电阻元件两端电压与电流同相位,电容元件两端电压相量滞

后电流相量 90°，绘出相量图，如解图所示。

则：$U_C = \sqrt{U_2^2 - U_1^2} = \sqrt{50^2 - 40^2} = 30V$

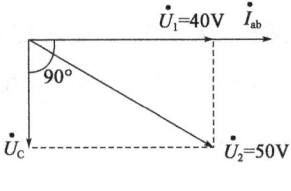

题 8 解图

答案： B

9. 解 由题意，$R = 60\Omega$，$U = 100V$，$\omega = 1000rad/s$，则：

$$X_L = \omega L = 1000 \times 0.02 = 20\Omega, \quad X_C = -\frac{1}{\omega C} = -\frac{1}{1000 \times 10 \times 10^{-6}} = -100\Omega$$

$$Z = \sqrt{R^2 + (X_L + X_C)^2} \angle \arctan\frac{X_L + X_C}{R} = 100\angle -53.13°$$

用相量形式表示：$\dot{U} = 100\sqrt{2}\angle 15°$

$\dot{I} = \frac{\dot{U}}{Z} = \frac{100\sqrt{2}\angle 15°}{100\angle -53.13°} = \sqrt{2}\angle 68.13°$，则电流有效值 $I = 1A$

视在功率为：$S = UI = 100VA$

答案： C

10. 解 去耦等效电路如解图 1 所示。

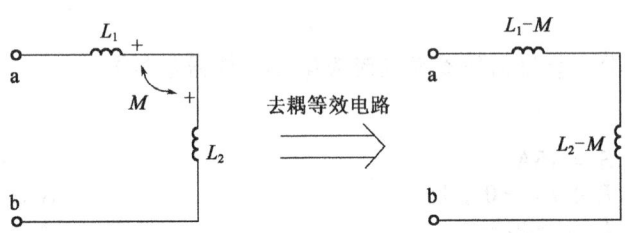

题 10 解图 1

则：

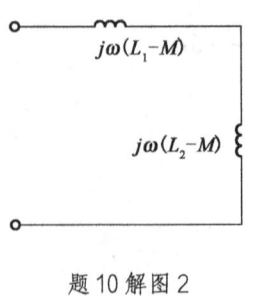

题 10 解图 2

因此，$Z_{qc} = j\omega(L_1 + L_2 - 2M)$

注：需牢记去耦等效电路。

答案： B

11. 解 此题考查线电压与相电压，或线电流和相电流之间的向量关系。

B、C 之间的相电流为：$\dot{I}_{BC} = \dfrac{U_{BC}}{Z} = \dfrac{380\angle -90°}{38\angle -30°} = 10\angle -60°A$

三角形连接中，线电流滞后相应的相电压30°，则 B 相线电流：$\dot{I}_B = \sqrt{3}\dot{I}_{BC}\angle -30° = 10\sqrt{3}\angle -90°A$

A 相线电流$\dot{I}_A$超前 B 相线电流$\dot{I}_B$120°，则 $\dot{I}_A = 10\sqrt{3}\angle 30°$

注：在星形连接中，线电压超前相应相电压30°；三角形连接中，线电流滞后相应的相电压30°。

答案： C

12. 解 化解为标准的电流瞬时表达式如下：

$i_1 = 3\sqrt{2}\cos(\omega t) = 3\sqrt{2}\sin(\omega t + 90) = 3\sqrt{2}\angle 90°$

$i_2 = 3\sqrt{2}\cos(\omega t + 120°) = 3\sqrt{2}\sin(\omega t + 210°) = 3\sqrt{2}\sin(\omega t - 150°) = 3\sqrt{2}\angle -150°$

$i_1 = 4\sqrt{2}\cos(2\omega t + 60°) = 4\sqrt{2}\sin(2\omega t + 150°) = 4\sqrt{2}\angle 150°$

由于i_1和i_2同频率，可直接求和：

$$i_{12} = i_1 + i_2 = 3\sqrt{2}\angle 90° + 3\sqrt{2}\angle -150°$$

$$= 3\sqrt{2}(\cos 90° + j\sin 90°) + 3\sqrt{2}[\cos(-150°) + j\sin(-150°)]$$

$$= -3\sqrt{2}\angle -30°$$

由于i_{12}和i_3不同频率，需计算其平均电流：

$$i = \sqrt{i_{12}^2 + i_3^2} = \sqrt{(-3)^2 + 4^2} = 5A$$

答案： A

13. 解 此为一阶RC低通滤波器，其幅频、相频特性如解图1所示。

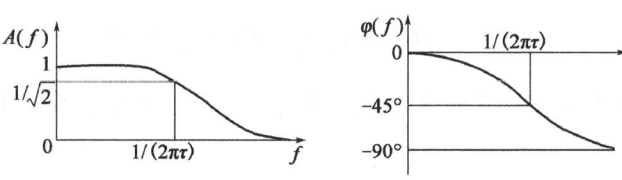

题13 解图1

其幅频、相频特性公式为：$A(f) = |H(f)| = \dfrac{1}{\sqrt{1 + (\tau 2\pi f)^2}}$，$\varphi(f) = -\arctan(2\pi f\tau)$

分析可知，当f很小时，$A(f) = 1$，信号不受衰减地通过；当f很大时，$A(f) = 0$，信号完全被阻挡，不能通过。

注：除此之外，RC还可构成高通滤波器和带通滤波器，其电路图、幅频、相频特性如下：

（1）一阶RC高通滤波器。其电路及其幅频、相频特性如解图2所示。

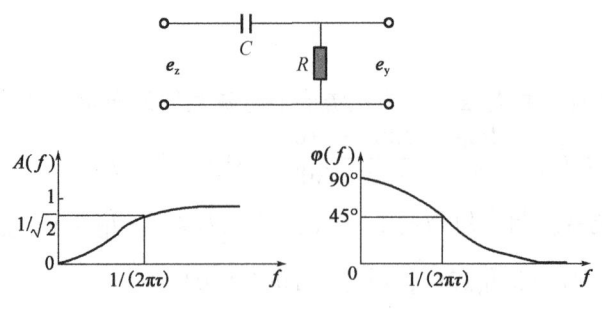

题 13 解图 2

其幅频、相频特性公式为：$A(f) = |H(f)| = \dfrac{2\pi f\tau}{\sqrt{1 + (2\pi f\tau)^2}}$，$\varphi(f) = \arctan\dfrac{1}{2\pi f\tau}$

分析可知，当 f 很小时，$A(f) = 0$，信号完全被阻挡，不能通过；当 f 很大时，$A(f) = 1$ 信号不受衰减地通过。

（2）RC 带通滤波器。带通滤波器可以看作为低通滤波器和高通滤波器的串联，其电路及其幅频、相频特性如解图 3 所示。

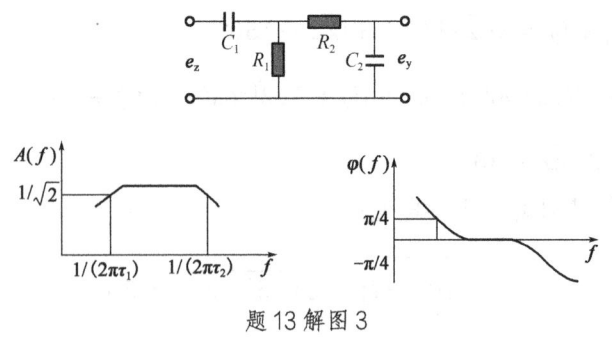

题 13 解图 3

其幅频、相频特性公式为：

$$A(f) = |H(f)| = \frac{2\pi f\tau}{\sqrt{1 + (2\pi f\tau)^2}} \cdot \frac{1}{\sqrt{1 + (2\pi f\tau)^2}} = \frac{2\pi f\tau}{1 + (2\pi f\tau)^2}$$

$$\varphi(f) = \arctan\frac{1}{2\pi f\tau} - \arctan(2\pi f\tau)$$

这时极低和极高的频率成分都完全被阻挡，不能通过；只有位于频率通带内的信号频率成分能通过。

需要注意，当高、低通两级串联时，应消除两级耦合时的相互影响，因为后一级成为前一级的"负载"，而前一级又是后一级的信号源内阻。实际上两级间常用射极输出器或者用运算放大器进行隔离，所以实际的带通滤波器常常是有源的，有源滤波器由 RC 调谐网络和运算放大器组成，运算放大器既可作为级间隔离作用，又可起信号幅值的放大作用。

答案：C

14.解 基本概念，不再赘述。

答案：A

15. 解 一阶电路的零输入响应方程为：

$$U_L = -RIe^{-t/\tau} \text{ 或 } U_L = U_0e^{-t/\tau}$$

时间常数为 $\tau = 3s$，则 $U_L = U_0e^{-\frac{t}{3}}$

当 $t = 3$ 时，$U_L = e^{-1} \cdot U_0 = 0.368U_0 = 36.8\%U_0$

答案：D

16. 解 等效电路如解图所示。

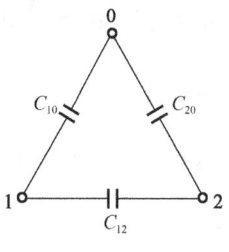

题16解图

由对称关系可知：$C_{20} = C_{10} = 0.064 \div 2 = 0.032$

由串并联关系：$C_{12} + \frac{1}{2}C_{10} = 0.036C$，代入 C_{10} 值，则：

$$C_{12} = 0.036 - \frac{1}{2} \times 0.032 = 0.02$$

答案：C

17. 解 采用恒定电场的基本方程 $\oint_S J \cdot dS = 0$，$J = \gamma E$，设流出的电流为 I，由球的表面积为 $S = 4\pi R^2$，$J = \frac{I}{4\pi r^2}$，$E = \frac{I}{4\pi\gamma r^2}$，则接地电阻为：

$$R_e = \frac{U}{I} = \int_{0.5}^{\infty} \frac{1}{4\pi\gamma r^2} dr = \frac{1}{4\pi\gamma R_0} = \frac{1}{4\pi \times 10^{-2} \times 0.5} = 15.92V$$

答案：B

18. 解 以导线为轴心，x 为半径作圆。不考虑磁感应方向，长直导线周围的磁感应强度的相量形式为：

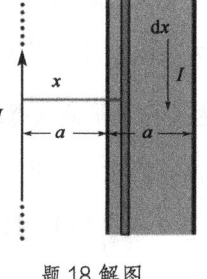

题18解图

$$\vec{B} = \frac{\mu_0 I}{2\pi x}\vec{e_x}$$

代入上式，$B = \frac{\mu_0 I}{2\pi x} = \frac{4\pi \times 10^{-7} \times 500}{2\pi \times 1} = 10^{-4}T$

答案：B

19. 解 当稳压管工作于反向击穿区时，电流虽然变化大，但稳压管两端的电压变化很小。根据稳压管的伏安—特性曲线，假设初态 Z_1 和 Z_2 均不导通，那么 Z_1 和 Z_2 两端电压为 25V。若 Z_1 先导通，Z_2 相当于二极管，那么正向压降为 0.7V。则：

$$U_{Z1} + 0.7 = 5 + 0.7 = 5.7V$$

答案：A

20. 解 二极管正向压降为 0.3V，晶体管发射结正向导通压降为 0.7V，因此：

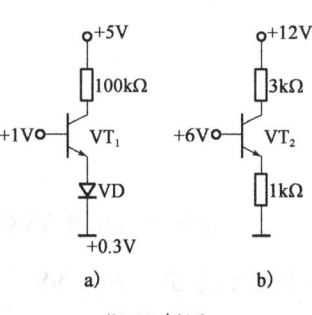

题20解图

图 a）中，1V 不足以使其导通，所以 VT_1 截止，即：$U_E > U_B > U_C$，三极管截止。

图 b）中，$U_B = 6V$，$U_E = 6 - 0.7 = 5.3V$，$I_E = \frac{6-0.7}{1000} = 5.3mA$，

$U_C = 12 - 5.3 = 6.7V$

则：$U_C > U_B > U_E$，即 VT_2 处于放大状态。

答案：C

21. 解　根据理想放大器"虚短，虚断"的概念，$U_{A1+} = U_{A1-} = U_i$，$I_{A1+} = I_{A1-} = 0$。

则：$u_i = \frac{2}{20+2} u_o = \frac{1}{11} u_o$

则：$\frac{u_o}{u_i} = 11$

注：虚断、虚短以及虚地是线性工作状态下理想集成运放的重要特点，是历年必考的知识点。

答案：C

22. 解　乙类双电源类 OTL 电路，最大输出功率：$P_{OM} = \frac{1}{2} \times \frac{(U_{CC} - U_{CES})^2}{R_L}$

U_{CC} 用 $\frac{1}{2} V_{CC}$ 代入，则：

$$P_{OM} = \frac{1}{2} \times \frac{(V_{CC}/2 - U_{CES})^2}{R_L} = \frac{1}{2} \times \frac{(12 \div 2 - 0)^2}{8} = 2.25W$$

答案：D

23. 解　RC 文氏电桥正弦波振荡电路，其振荡的建立和稳定基于如下因素：

所谓建立振荡，就是要使电路自激，微弱的信号，经过放大，通过正反馈的选频网络，使输出幅度越来越大，最后受电路中非线性元件的限制，使振荡幅度自动稳定下来。开始时，要求 $\dot{A}_V = 1 + \frac{R_f}{R_1}$ 略大于 3；达到稳定平衡状态时，$\dot{A}_V = 3$。且若 $\dot{A}_V \gg 3$ 时，因振幅的增长，致使放大器件工作到非线性区域，波形将产生严重的非线性失真。

$A_V = 1 + \frac{R_f}{R_1} \geq 3$，代入 $R_1 = 10k\Omega$，则：$R_f \geq 20k\Omega$，选项 C 符合题意。

答案：C

24. 解　三端集成稳压器 78XX 系列输出为正电压，代码后两位代表输出电压，则 $U_{23} = 12V$。

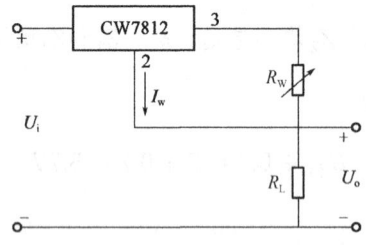

题 24 解图

$$U_o = \frac{U_{23}}{R_W} \cdot R_L = \frac{12 R_L}{R_W}$$

注：三端集成稳压器 78XX 系列输出为正电压，代码后两位代表输出电压。不同规格稳压器，其输出电压分别为 5V、6V、9V、12V、15V、18V 和 24V 这 7 挡。而三端集成稳压器 79XX 系列输出为负电压。

答案： A

真值表

A	B	F
0	0	0
0	1	1
1	0	1
1	1	0

题 25 解图

25. 解 画出该函数的卡诺图，如解图所示。

画包围圈合并最小项，写出最简与或表达式为：$Y = BC + AC + AB$

答案： D

26. 解 逻辑门应用化简，根据逻辑图列出对应真值表，如解图所示。

根据真值表可写出逻辑函数表达式并化简：$F = \overline{A}B + A\overline{B}$。

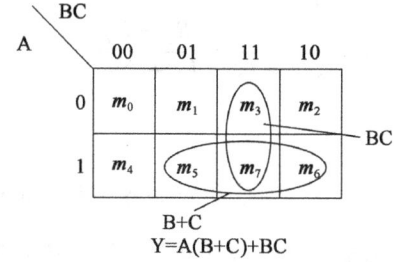

$$Y = A(B + C) + BC$$

题 26 解图

答案： D

27. 解 一个具有 n 条地址输入线（即有 $N = 2^n$ 条字线）和 M 条数据输出线（即有 M 条位线）的 ROM，其存储容量为：存储容量 $= N \times M$（位）。存储单元与字节存在一对一关系，一个存储单元占一个字节。则 $M = 8$，$N = 2^n = 2^{13}$，存储容量为 $2^{13} \times 8\text{Byte} = 1024 \times 64\text{Byte} = 64\text{k Byte}$。

答案： D

28. 解 74LS161 为集成计数器，利用其异步清零功能（即 $CR = 0$ 时置零）实现十二进制计数功能，主循环过程如解图所示。

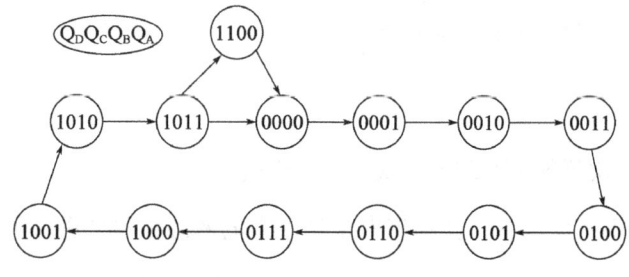

题 28 解图

由图可知，74LS161 从 0000 状态开始计数，此时置零状态。当输入第 12 个 CP 脉冲（上升沿）时，输出 $Q_D Q_C Q_B Q_A = 1100$，通过与非门译码后，反馈给 CR 端一个清零信号，使 $CR = 0$。此时 $Q_D Q_C Q_B Q_A$ 返回 0000 置零状态。

答案： B

29.解 接通电源的瞬间，电容C上的电压为0V，输出v_O为高电平，v_O通过电阻对电容C充电，当v_I达到V_{T+}时，施密特触发器翻转，输出为低电平，此后电容C又开始放电，v_I下降，当v_I下降到V_{T-}时，电路又发生翻转，如此反复形成振荡，其输入、输出波形如解图所示。

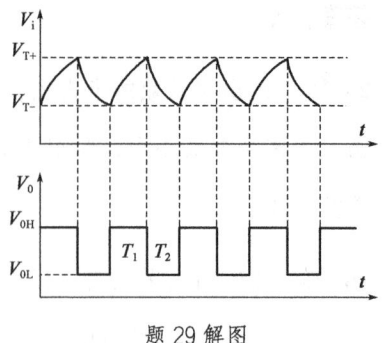

题29解图

其中$T_1 = (R_1 + R_2)C\ln 2$，$T_2 = R_2 C\ln 2$，占空比是指在一个脉冲周期内，通电时间相对于总时间所占比例，则：

$$q = \frac{T_1}{T_1 + T_2} = \frac{R_1 + R_2}{R_1 + 2R_2} = \frac{2}{3}$$

答案：C

30.解 所谓三位半是指输出的个、十、百、千位的各字符的笔画信号（a~g，如解图所示）中，其中千位信号最多只能显示三段笔画，电路某脚可驱动千位字符中的b、c两段笔画的同步显示或关闭，即显示1，否则表示超量程溢出。这个千位笔画欠完整的设计就是"三位半"称呼的由来。

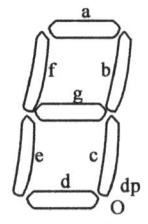

题30解图

显然，三位半双积分A/D转换器的计数容量为1999。

注：三位半双积分A/D转换器的电路原理图较为复杂，此处略之。

答案：A

31.解 在电力系统分析中，采用一些电气参数来表征上述物理现象，以建立数学模型。其中用电阻R来反映电力线路的发热效应，用电抗X来反映线路的磁场效应，用电纳B来反映线路的电场效应，用电导G来反映线路的电晕和泄漏效应。

答案：A

32.解 导纳是阻抗的倒数，则：$Y = \dfrac{1}{Z_B} = \dfrac{S_B}{U_B^2}$。

答案：B

33.解 降压变压器一次侧接110kV，二次侧接35kV。

变压器一次绕组相当于用电设备，其额定电压等于供电网络标称电压。但当直接与发电机连接时，就等于发电机的额定电压；二次绕组相当于供电设备，考虑到变压器内部的电压损耗，故当变压器的短路阻抗电压百分比大于等于7%时，则二次绕组额定电压比网络的高10%。

则降压变压器一次侧额定电压为110kV，二次侧额定电压为38.5kV。

注：变压器的短路阻抗电压百分比小于7%时，则二次绕组额定电压比网络的高5%。由于短路阻抗电压百分比小于7%的变压器较少，一般应用于终端降压变压器。

答案：B

34. 解 无功电源包括发电机设计可调无功出力、线路充电功率以及包括电力部门及电力用户无功补偿设备在内的全部容性无功容量，显然发电机是最基本的无功电源。

注：无功补偿设备还包括并联电容器、串联电容器、并联电抗器、同期调相机和静止型动态无功补偿装置。

答案：D

35. 解 无载调压、也称为无励磁调压，指变压器进行分接头的调整时需要断开负荷；相对应有载调压，也称为带励磁调压，指变压器进行分接头的调整时可带载负荷。

逆调压：指在最大负荷时，提高系统电压中枢点电压至105%倍标准电压以补偿线路上增加的电压损失，最小负荷时降低中枢电压至标准电压以防止受端电压过高的电压调整方式。

顺调压：指在最大负荷时适当降低中枢点电压，但不低于102.5%网络标称电压，最小负荷时适当加大中枢点电压，但不高于107.5%网络标称电压的电压调整方式。

答案：C

36. 解 在某段时间内线路或其他供电元件首端的电压偏差为Δu_0，线路电压降为Δu_1，则线路末端电压偏差为：$\Delta u_0 = \Delta u_0 - \Delta u_1$。显然，线路末端电压偏移指线路末端电压与额定电压之差。

此外，在串联电路中，电压降落为阻抗元件两端电压的相量差，电压损失为其代数差。

答案：C

37. 解 线路参数：$R = rL = 0.21 \times 100 = 21\Omega$，$X = xL = 0.4 \times 100 = 40\Omega$，$\frac{B}{2} = \frac{b}{2}L = 2.79 \times 10^{-6} \times 100 = 2.79 \times 10^{-4}S$

由空载线路末端电压升高公式：$U_1 = U_2 - \frac{BX}{2}U_2 + j\frac{BR}{2}U_2$，代入数据后：

始端电压：

$$U_1 = U_2 - \frac{BX}{2}U_2 + j\frac{BR}{2}U_2 = 120 \times (1 - 2.79 \times 10^{-4} \times 40 + j2.79 \times 10^{-4} \times 21)$$
$$= 120 \times (0.9888 + j0.00586) = 118.66\angle 0.339°$$

充电功率：

$$P_C = C\omega U_{av}^2 = BU_{av}^2 = 2 \times 2.79 \times 10^{-4} \times \left(\frac{118.66 + 120}{2}\right)^2 = 7.946\text{Mvar}$$

注：此为空载线路末端电压升高现象，必须牢记公式：$U_1 = U_2 - \frac{BX}{2}U_2 + j\frac{BR}{2}U_2$，有时计算时也可忽略其输电线路电阻。

答案：A

38. 解 输电线路是静止元件，其正、负序阻抗及等值电路完全相同。输电线的零序电抗与平行线的回路数以及有无架空地线和地线的导电性能等因素有关，由于零序电流在三相线路中同方向，互感很大，而双回路间较单回路间的零序互感进一步增大。

注：各类输电线路的各序单位长度电抗值参考下表：

输电线的各序单位长度电抗值

线 路 种 类	电抗值（Ω/km）	
	$x_1 = x_2$	x_0
单回架空线路（无地线）	0.4	$3.5x_1$
单回架空线路（有钢质架空地线）	0.4	$3.0x_1$
单回架空线路（有导电良好的架空地线）	0.4	$2.0x_1$
双回架空线路（无地线）	0.4（每一回）	$5.5x_1$
双回架空线路（有钢质架空地线）	0.4（每一回）	$4.7x_1$
双回架空线路（有导电良好的架空地线）	0.4（每一回）	$3.0x_1$
6~10kV 电缆线路	0.08	$4.6x_1$
35kV 电缆线路	0.12	$4.6x_1$

答案：C

39. 解　断路器 QF 额定切断容量为 35kV 母线的系统短路容量和发电机短路容量两者之和，即两者的短路电流标幺值相加应等于该点的短路电流标幺值（短路容量标幺值）。由于 QF 所在线路为空载线路，即系统短路容量为 0，仅考虑发电机短路容量即可。则：

发电机出口短路电抗标幺值：$X_{G*} = \dfrac{S_B}{S_s} = \dfrac{100}{500} = 0.2$

L2 线路电抗标幺值：$X_{L2*} = X_L \cdot \dfrac{S_B}{U_B^2} = 0.4 \times 10 \times \dfrac{100}{(35 \times 1.05)^2} = 0.296$

变压器电抗标幺值：$X_{T*} = \dfrac{U_K\%}{100} \times \dfrac{S_B}{S_N} = \dfrac{7.5}{100} \times \dfrac{100}{10} = 0.75$

短路点总电抗标幺值：$X_{\sum *} = X_{G*} + X_{L2*} + X_{T*} = 0.2 + 0.296 + 0.75 = 1.246$

三相短路电流有效值：$I = I_{K*} \times I_B = \dfrac{I_B}{X_{\sum *}} = \dfrac{1}{1.246} \times \dfrac{100}{\sqrt{3} \times 6.3} = 7.354\text{kA}$

短路容量有名值：$S_k' = \sqrt{3} I_k U_B = \dfrac{\sqrt{3} I_B U_B}{X_{\sum *}} = \dfrac{100}{1.246} = 80.26\text{MVA}$

答案：C

40. 解　正序与负序网络包含所有元件，因零序电流在 G 中不流通，各序电抗计算如下：

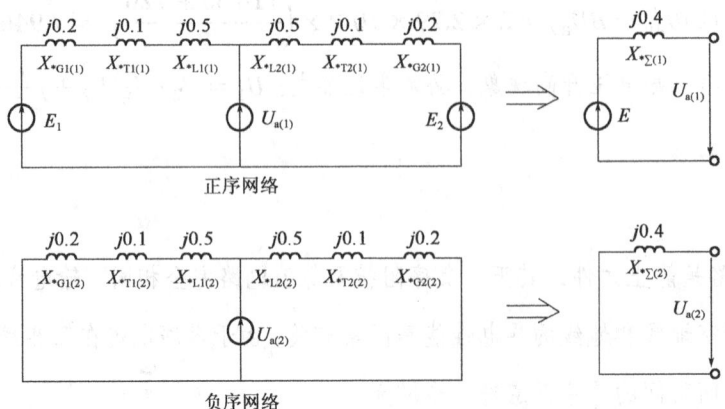

题 40 解图 1

则：$X_{\Sigma(1)}* = X_{\Sigma(2)}* = (0.2 + 0.1 + 0.5) \mathbin{/\mkern-5mu/} (0.2 + 0.1 + 0.5) = 0.4$

题 40 解图 2

则：$X_{*\Sigma(0)} = 0.1 + 1.5 = 1.6$

单相短路电流标幺值：$I_{a*} = 3I_{a1*} = 3 \times \dfrac{1}{X_{\Sigma(1)*} + X_{\Sigma(2)*} + X_{\Sigma(0)*}} = \dfrac{3}{0.4 + 0.4 + 1.6} = 1.25$

单相短路电流：$I_f = I_j \times I_{f*} = \dfrac{100}{\sqrt{3} \times 230} \times 1.25 = 0.3138$

答案：B

41. 解　电压调整率$\Delta U\%$：一次侧加额定电压，负载功率因数一定，二次侧空载电压与负载时电压之差（$U_{20} - U_2$），用二次侧额定电压U_{2N}的百分数来表示，即：

$$\Delta U\% = \frac{U_{20} - U_2}{U_{2N}} \times 100\% = \frac{U_{2N} - U_2}{U_{2N}} \times 100\%$$

电阻和电感性负载会降低负载侧端电压，电容性负载会抬高负载侧端电压，根据公式可知，只有电阻电容性负载会使变压器的额定电压调整率等于零。

答案：B

42. 解　主变磁通Φ的交变频率和电源电压的频率一样，其大小和电源电压相关，$U \approx E = 4.44f\Phi_m N$；在不计变压器的铁芯损耗及一、二次绕组电阻和漏磁通的情况下，变压器在空载和负载两种运行情况时的主磁通幅值基本相等。

答案：B

43. 解　变压器负载运行时电压变化率恰好等于零，则：

$$\Delta U\% = \beta\left(\frac{I_{1N}R_* \cos\varphi_2 + I_{1N}X_* \sin\varphi_2}{U_{1N}}\right) \times 100\% = 0$$

即：$R_* \cos\varphi_2 + X_* \sin\varphi_2 = 0$

由于短路阻抗为感性，因此若使得变压器负载运行时电压变化率恰好等于零，负载性质需为容性负载。

$$\tan\varphi_2 = -\frac{R}{X} = -\frac{74.9}{315.2} = -0.2376$$

则：$\cos\varphi_2 = 0.973$

答案：C

44. 解　由$n_1 = \dfrac{60f}{p}$可得$p = \dfrac{3000}{n_1}$，则：$p = \dfrac{3000}{n_1} = \dfrac{3000}{1440} = 2.083$

由于感应电动机存在转差率，其额定转速n略小于同步转速n_1，因此极对数可取整为2。

答案：B

45. 解 异步电动机的转向和旋转磁场的方向有关，改变电源的相序可改变旋转磁场的方向。

答案：C

46. 解   由于定子旋转磁动势的同步转速应与额定转速相差不大，则：

$$P = \frac{60f}{n_1} = \frac{60 \times 50}{1000} = 3$$

额定转差率：$s_N = \dfrac{n_1 - n_N}{n_1} = \dfrac{1000 - 975}{1000} = 0.025$

用角速度代替转速后，得到$T = \dfrac{P_{Mec}}{\Omega} = \dfrac{P_M}{\Omega_1}$，机械角速度$\Omega_1 = \dfrac{2\pi f}{p}$，则：

电磁功率：$P_M = T\Omega_1 = 150 \times \dfrac{2\pi \cdot 50}{3} = 15.7\text{kW}$

转子铜耗：$P_{Cu2} = SP_M = 0.025 \times 15.7 \times 1000 = 392.5\text{W}$

注：感应电动机的功率流程可参考下图，应牢记。

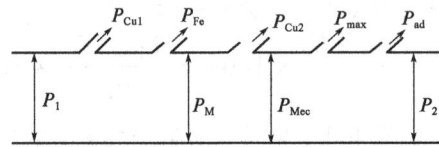

同时还应掌握电磁功率P_M与总机械功率P_{Mec}、转子铜耗P_{Cu2}之间的关系，即$P_{Mec} = P_M(1-S)$和$P_{Cu2} = SP_M$。

其中：P_{Cu1}为定子绕组铜耗；P_{Fe}为定子绕组铁耗；P_{Cu2}为定子绕组铜耗；$P_\Omega = P_{Mec}$为机械损耗；P_{ad}为附加损耗。

答案：B

47. 解   由向量图可知，$\dot{I}$与$\dot{U}$之间相位差φ是功率因数角；$\dot{I}$与$\dot{E}_0$之间相位差ψ是内功率因数角，而$\dot{U}$与$\dot{E}_0$之间的相位差θ为功率角，简称功角。三者之间的关系为$\psi = \varphi + \theta$。

根据电枢反应的相量图，可得$\dot{I} = \dot{I}_d + \dot{I}_q$，其中$I_d = I\sin\psi$，$I_d = I\cos\psi$，则：

$$\tan\psi = \frac{I_d}{I_q} = \frac{0.5}{0.5} = 1，\ \psi = 45°$$

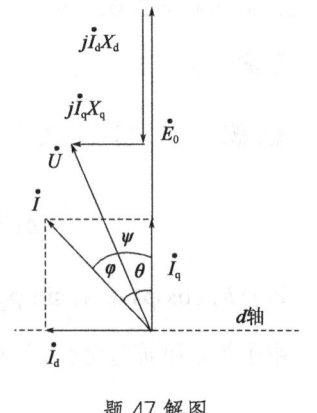

题 47 解图

答案：B

48. 解   三角形连接时：

额定相电压为线电压：$U_{N\varphi} = 3.3\text{kV}$

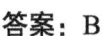

额定相电流：$I_{\text{N}\varphi} = \dfrac{I_\text{N}}{\sqrt{3}} = \dfrac{S_\text{N}}{\sqrt{3} \times \sqrt{3}U_\text{N}} = \dfrac{7600}{\sqrt{3} \times \sqrt{3} \times 3.3} = 0.7677\text{kA}$

功率因数角：$\varphi_\text{N} = \arccos 0.8 = 36.87°$

设 $U_{\text{N}\varphi} = 3.3\angle 0°$，则 $I_{\text{N}\varphi} = 0.7677\angle -36.9°$

依据电动势平衡方程：$E_0 = U + jIX_\text{c} = 3.3\angle 0° + j1.7 \times 0.7677\angle -36.9°$
$$= 4.8031 + j1.044 = 4.21\angle 14.34°$$

额定运行时，内功率因数角：$\psi = 14.34° - (-36.9°) = 51.24°$

注：关注星形连接和三角形连接的区别。2011 年考题第 40 题为星形连接。

答案： B

49. 解 单叠绕组是将同一磁极下相邻的元件依次串联起来，所以在每一磁极下，这些电动势方向相同串联起来的元件就形成了一个支路，即每对应一个磁极就有一个支路，所以如果正确放置电刷，绕组并联支路对数 a 必定和极对数 p 相等，即 $a = p$。

答案： B

50. 解 电枢电动势 E_a 的表达式：$E_\text{a} = U - I_\text{a}R_\text{a} = C_\text{e}\Phi n$，可求得电动势系数：

$$C_\text{e}\Phi = \frac{U - IR_\text{a}}{n} = \frac{110 - 28 \times 0.15}{1500} = 0.0705$$

理想空载转速为 $n_0 = \dfrac{U_\text{N}}{C_\text{e}\Phi}$，则：

$$n_0 = \frac{U_\text{N}}{C_\text{e}\Phi} = \frac{110}{0.0705} = 1560\text{r/min}$$

答案： C

51. 解 环网供电的优点是可靠性高，比较经济；缺点是故障时因为负荷不均匀导致电压质量差。环网点断开后，更多的负荷接在了单环电网的一侧，造成该侧负载重，电压下降大且波动较大。

答案： C

52. 解 工频过电压、谐振过电压和操作过电压。工频过电压一般由线路空载、接地故障和甩负荷等引起，谐振过电压主要由变压器励磁电感与对地电容或电磁式电压互感器过饱和等引起，而操作过电压的种类较多，如线路合闸与重合闸、空载线路分闸、操作空载变压器和并联电抗器、开断高压感应电动机等。

铁磁谐振过电压，也可理解为因为存在电感元件，切除电感元件可能与对地电容或线路电容产生振荡，从而产生谐振过电压。

注：可参考《交流电气装置的过电压保护和绝缘配合设计规范》（GB/T 50064—2014）的相关内容。

答案： C

53.解 电力系统中的接地主要分为三类：

（1）工作接地：根据电力系统正常运行需要而设置的接地，例如三相系统的中性点接地，双极直流输电系统的中点接地等。要求接地电阻值大约在 0.5~10Ω 的范围内。

（2）保护接地：为了人身安全而将电气设备的金属外壳等加以接地。它是在故障条件下才发挥作用的，要求接地电阻值在 1~10Ω 的范围内。

（3）防雷接地：用来将雷电流顺利泄入地下，以减少它所引起的过电压，是防雷保护装置不可或缺的组成部分，接地电阻值一般在 1~30Ω 的范围内。

答案：B

54.解 《交流电气装置的过电压保护和绝缘配合设计规范》（GB/T 50064—2014）的相关规定如下：

第 5.3.1-2 条：少雷区除外的其他地区的 220~750kV 线路应沿全线架设双地线。110kV 线路可沿全线架设地线，在山区和强雷区，宜架设双地线。在少雷区可不沿全线架设地线，但应装设自动重合闸装置。35kV 及以下线路，不宜全线架设地线。

答案：D

55.解 断路器具有灭弧能力，隔离开关无此能力，因此在进行载流回路开合时需严格按照断路器先开后合，隔离开关先合后开的次序进行，其原则为仅允许通过断路器的操作改变回路的运行状态（由空载到载流或由载流到空载）。而隔离开关仅作为隔离设备，以提供明显断口隔离外部带电系统。

注：在配置时，一般按照隔离开关—断路器—隔离开关的组合方式进行布置。

答案：B

56.解 电气设备选择的一般原则为：按工作电压选择电气设备的额定电压，按最大负荷电流选择电气设备的额定电流，按短路条件校验电气设备的动稳定和热稳定。

答案：A

57.解 布置形式主要包括普通中型布置、分相中型布置、半高型布置、高型布置。

（1）普通中型布置是将所有电气设备都安装在地面设备支架上，母线下不布置任何电气设备。但因其占地面积太大，目前设计中已较少采用。

（2）分相中型布置系将母线隔离开关直接布置在各相母线下方，有的仅一组母线隔离开关采用分相布置，有的所有母线隔离开关均采用分相布置。分相布置可以节约用地，简化架构，节省三材，因此已普遍取代了普通中型布置。

（3）半高型布置是将母线及母线隔离开关抬高，将断路器、电流互感器等电气设备布置在母线下方，该布置具有紧凑清晰、占地少、钢材消耗与普通中型接近等特点，且除设备上方有带电母线外，其余布置情况均与中型布置相似。

（4）高型布置是将母线和隔离开关上下重叠布置，母线下面没有电气设备。该型配电装置的断路器为双列布置，两个回路合用一个间隔，因此可大大缩小占地面积，但其钢材耗量较大，土建成本较高，安装检修及运行维护条件较差，因此在 110~220kV 电压等级中较少采用。

注：可参考《高压配电装置设计技术规程》（DL/T 5352—2006）第 8.3 条布置。

答案：D

58. 解 电磁式电压互感器二次测不允许短路，以免出现高过电流，危及人员安全。

电流互感器二次绕组应采用防止开路的保护措施，以免出现超高过电压，危及人员安全。

电磁式电流互感器测量误差与二次负载大小成正比，电流互感器二次绕组中所接入的负荷（包括仪器仪表的阻抗和连接电缆的阻抗）应保证在额定二次负荷的 25%~100%。

电磁式电压互感器测量误差与二次负载大小有关，二次负载超过其容许的二次负载范围，准确度就会下降，二次绕组接入的负荷应保证在额定二次负荷的 25%~100%。

注：可参考《电力装置的电测量仪表装置设计规范》（GB/T 50063—2017）第 7 条"测量用电流、电压互感器。"

答案：C

59. 解 除配电装置的汇流母线以外，对于全年负荷利用小时数较大，导体较长（长度超过 20m），传输容量较大的回路（如发电机至主变压器和发电机至主配电装置的回路），应按经济电流密度选择导体截面。

注：可参考《电力工程电气设计手册》（电气一次部分）第八章"导体设计的相关内容"。

答案：B

60. 解 熔断器一般仅在 35kV 及以下电压等级的小容量电网中得到广泛应用。

高压熔断器可分为限流式熔断器和跌落式熔断器。

限流式熔断器是充有石英砂填料的密闭管式熔管，其特点如下。

（1）熄弧能力强，分断容量大。如果用限流式熔断器保护电气设备，在短路电流没有达到最大值之前它就熔断，从而大大地减轻短路电流对电气设备的危害，降低对电气设备动、热稳定度的要求。

（2）分断电路时无游离气体排出。

（3）由于熄弧能力强，分断电路时会产生截流过电压。限流式熔断器主要用于室内配电装置。

跌落式熔断器是利用固体产气材料来灭弧的管式熔断器，其特点如下：

（1）熄弧能力较弱，分断容量小，特别是在分断容性电流时，燃弧时间长，无限流作用。

（2）熔断器熔断后，其熔管会自动翻转跌落，形成明显可见的隔离间隙。

（3）分断电路时不会出现截流现象。

（4）熄弧时喷出大量炽热的游离气体，并产生很大响声。

跌落式熔断器适用于周围空间没有导电粉尘和腐气体，以及无易燃、易爆物品和无剧烈振动的室外场所，既可作为线路和变压器的短路过载保护装置，又可以在一定条件下直接操作熔管的分、合，以断开或者接通小容量空载变压器、空载线路和小负荷电流。

    答案：D

2018年度全国勘察设计注册电气工程师（供配电）执业资格考试基础考试（下）

试题解析及参考答案

1. 解 基本概念。

答案： C

2. 解 叠加定理为在线性电阻电路中，某处电压或电流都是电路中各个独立电源单独作用时，在该处分别产生的电压或电流的叠加。

答案： C

3. 解 一般情况下，功率表测的是有功功率，用功功率除以用电设备的功率因数即为视在功率。

答案： D

4. 解 最大功率传输条件是：当负载阻抗等于去掉负载后的戴维南等效电路的内阻抗共轭时，在负载中可获得最大功率，因此先求取戴维南等效电路内阻抗。

（1）将图中独立电源置零（电流源开路，电压源短路），设端口
电流为I_{in}，方向为流入端口，利用基尔霍夫电流定律有：

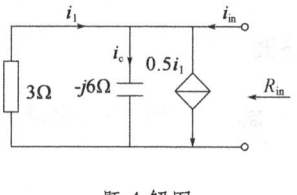

题4解图

$$\begin{cases} (\dot{I}_{in} + \dot{I}_1) = 0.5\dot{I}_1 + \dot{I}_c \\ \dot{I}_c(-j6) = -3\dot{I}_1 \end{cases} \Rightarrow \dot{I}_{in} = \left(-\frac{1}{2} - j\frac{1}{2}\right)\dot{I}_1$$

（2）端口开路电压：$\dot{u}_{in} = -3\dot{I}_1$

（3）输入电阻：$R_{in} = \frac{\dot{U}_{in}}{\dot{I}_{in}} = \frac{-3}{-(0.5+j0.5)} = 3(1-j)\Omega$，则其共轭值为：$Z_L = 3(1+j)\Omega$

（4）原电路采用开路法确定戴维南等效电路中的电压，根据KVL，Z_L阻抗电压U_{oc}为：

$$\dot{U}_s - 3\dot{I}_1 = (\dot{I}_1 - 0.5\dot{I}_1) \cdot (-6j) \Rightarrow \dot{I}_1 = 1 + j = \frac{\sqrt{2}}{2}\angle 45°$$

$$U_{oc} = (\dot{I}_1 - 0.5\dot{I}_1) \cdot (-6j) = 3\sqrt{2}\angle -45°$$

则最大功率为：$P_{max} = \frac{U_{oc}^2}{4R_{eq}} = \frac{(3\sqrt{2})^2}{4 \times 3} = 1.5W$

答案： A

5. 解 设$\dot{U}_A = 220\angle 0°$，$\dot{U}_{AB} = 380\angle 30°$，$\dot{U}_{CA} = 380\angle 150°$

$$\dot{I}_1 = \frac{\dot{U}_{AB}}{Z_1} = \frac{380\angle 30°}{150 + j75} = \frac{380\angle 30°}{75\sqrt{5}\angle 26.57°} = 2.266\angle 3.43°$$

$$\dot{I}_3 = \frac{\dot{U}_{CA}}{Z_3} = \frac{380\angle 150°}{45 + j45} = \frac{380\angle 150°}{45\sqrt{2}\angle 45°} = 5.971\angle 105°$$

$$\dot{I}_A = \dot{I}_1 - \dot{I}_3 = 2.266\angle 3.43° - 5.971\angle 105° = -1.545 + j5.768 = 6.8\angle -55.95°$$

答案： A

6.解 电流源与8V电压源并联，利用KVL可知该电流源电压为8V。

答案： B

7.解 $u = 100\cos(\omega t + 60°) = 100\sin(90° + \omega t + 60°) = 100\sin(\omega t + 150°)$

$i = 5\cos(\omega t + 30°) = 5\sin(90° + \omega t + 30°) = 5\sin(\omega t + 120°)$

功率因数为：$\cos(150° - 120°) = 0.866$。

答案： C

8.解 由图可知，R_1、R_2、R_3并联后与R_5串联，R_4被短路，故 ab 端等效电阻是：
$$R = \frac{1}{\frac{1}{R_1} + \frac{1}{R_2} + \frac{1}{R_3}} + R_5 = \frac{1}{\frac{1}{3} + \frac{1}{3} + \frac{1}{3}} + 3 = 4\Omega$$

答案： B

9.解 换路前，$i(0_-) = \frac{24}{1+5} = 4A$，$u_2(0_-) = 4 \times 5 = 20V$，电容电压在换路时不能突变，则根据换路定则，$i(0_+) = i(0_-) = 4A$，$u_2(0_+) = u_2(0_-) = 20V$。

答案： A

10.解 由于电阻与电感并联，则$u_R = u_L = L\frac{di}{dt} = -5\sqrt{2}\sin 5t$，故电阻电压$U_R = 5V$，则：
$$P = \frac{U^2}{R} \Rightarrow R = \frac{U^2}{P} = \frac{5^2}{5} = 5\Omega$$

答案： B

11.解 当$t < 0$时，$u_C(0_-) = -8V$，由于电容电压不能突变，换路瞬间$u_C(0_+) = -8V$

当$t \geq 0$时，如解图所示，则$U_C = U = 4I + 4(I+2) + 2(I+2) = 10I + 12$，当$t \to \infty$时，$I \to 0$，故$u_C(\infty) = u_{OC} = -12V$

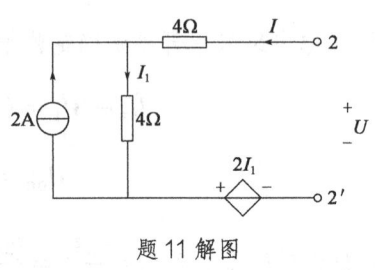
题 11 解图

将解图中电流源断路，显然$R_{eq} = 10\Omega$，时间常数：$\tau = R_{eq}C = 10 \times 0.1 = 1s$

代入一阶电路全响应方程$f(t) = f(\infty) + [f(0_+) - f(\infty)]e^{-\frac{t}{\tau}}$，则：
$$u_C(t) = 12 + [-8 - 12]e^{-\frac{t}{1}} = 12 - 20e^{-t}$$

答案： A

12.解 由高斯定律$\oint_S E \cdot dS = \frac{q}{\varepsilon_0}$，当$r < a$时，有$4\pi\varepsilon_0|\vec{E}| = \frac{q}{\frac{4}{3}\pi a^3} \times \frac{4}{3}\pi r^3$，故$|\vec{E}| = \frac{qr}{4\pi\varepsilon_0 a^3}$。

答案： D

13.解 设球形电容器带电荷为τ，球内场强：$\vec{E} = \frac{\tau}{4\pi\varepsilon_0 r^2}\vec{e}_r$，则：
$$U = \int_a^b \frac{\tau}{4\pi\varepsilon_0 r^2}dr = \frac{\tau}{4\pi\varepsilon_0} \cdot \frac{b-a}{ab} \Rightarrow C = \frac{\tau}{U} = 4\pi\varepsilon_0\frac{ab}{b-a}$$

答案： A

14. 解 由 $M = \chi_m H$，$B = \mu H$，$\mu = \mu_0 \mu_r$，化简为：

$$H = \frac{B}{\mu_0} = \frac{I_0 \sin\theta}{4\pi r^2}, \quad \mu_r = \frac{\mu}{\mu_0}, \quad \chi_m = \mu_r - 1 = \frac{\mu - \mu_0}{\mu_0}, \quad \text{故} \vec{M} = \frac{(\mu - \mu_0) I_0 \sin\theta}{4\pi\mu_0 r^2} \vec{e}_a$$

答案： D

15. 解 工作匹配状态时，终端电阻应等于特性阻抗，即：

$$Z_c = Z_0 = \sqrt{\frac{L_0}{C_0}} = \sqrt{\frac{1.3 \times 10^{-3}}{8.6 \times 10^{-9}}} = 389\Omega$$

答案： B

16. 解 采用恒定电场的基本方程 $\oint_S J \cdot dS = 0$，$J = \gamma E$，设流出的电流为 I，
由球的表面积 $S = 4\pi R^2$，$J = \frac{I}{4\pi r^2}$，$E = \frac{I}{4\gamma r^2}$，则接地电阻为：

$$R_e = \frac{U}{I} = \int_1^\infty \frac{1}{4\pi\gamma r^2} dr = \frac{1}{4\pi\gamma R_0} = \frac{1}{4\pi \times 10^{-2} \times 1} = 7.96V$$

答案： B

17. 解 由高斯定律 $\oint_S E \cdot dS = \frac{\int_V \rho dV}{\varepsilon_0} = \frac{Q}{\varepsilon_0} \Rightarrow E = \frac{Q}{4\pi r^2 \varepsilon_0}$

由于电荷体密度为 $\rho = 0.5r$（密度与半径有关），因此半径为 r 的高斯面包围的电荷量为：

$$Q = \int_V \rho dV = \int_0^r 0.5r \times 4\pi r^2 dr = \frac{1}{2}\pi r^4$$

故 $E = \frac{\frac{1}{2}\pi r^4}{4\pi \varepsilon_0 r^2} = \frac{r^2}{8\varepsilon_0}$，$E_{max} = \frac{R^2}{8\varepsilon_0}$。

答案： A

18. 解 由安培环路定律 $\oint_l B \cdot dl = \mu_0 \sum_{k=1}^n I_k$ 可知，$2\pi r B = \mu I$，故 $B = \frac{\mu I}{2\pi r}$，磁场强度 $H = \frac{B}{\mu} = \frac{I}{2\pi r}$。

答案： A

19. 解 由 PN 结特性可知，三极管的基极与发射极之间的电压 U_{BE} 为一固定值，对于硅管，为 0.7V 左右；对于锗管，为 0.3V 左右（本题取 0.2V）。因此，由题意可确定 1、2 两端电压，即 $U_B = -2.6V$，$U_E = -2V$，即为硅管，则 $U_C = -6V$，因此电流方向为 e → c，为 PNP 型。

答案： D

20. 解 u_{o1} 输出时，为共射极放大电路，故 $A_{u1} = \frac{U_{o1}}{U_i}$ 为负数；u_{o2} 输出时，为共集电极放大电路，故 $A_{u2} = \frac{U_{o2}}{U_i} = 1$。

注：本题缺少相关参数，但不影响相关结果，共射极放大电路输出电压与输入电压反向，共集电极放大电路又称电压跟随器，即输出电压近似等于输入电压。

答案： C

21. 解 根据理想放大器"虚短，虚断"的概念可知，$U_B = u_{i1} = 4V$，$U_C = u_{i2} = 1V$，利用 KCL 得：

$\frac{U_A - U_B}{R} = \frac{U_B - U_C}{R} = \frac{U_C - U_D}{R}$，即 $U_A - U_B = U_B - U_C = U_C - U_D$，故 $U_A = 7V$，$U_D = -2V$。

答案： D

22. 解 根据运算放大器虚短特性可知：$U_- = U_+ = 0$，输入电阻 $R_i = \frac{U_i - U_-}{I_i} = R_1 = 50k\Omega$。

设电阻 R_4 两端电压为 U_4，如解图所示，根据节点 KCL 定律可得：

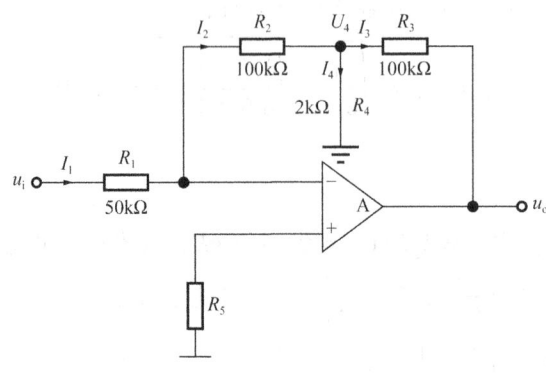

题 22 解图

$I_i = I_2 = I_4 + I_3 \Rightarrow$

$I_i = \frac{U_i - U_-}{R_1} = I_2 = \frac{U_- - U_4}{R_2} = I_4 + I_3 = \frac{U_4}{R_4} + \frac{U_4 - U_o}{R_3} \Rightarrow$

$A_u = \frac{U_o}{U_i} = -104$

答案： C

23. 解 该电路为 PC 桥式正弦波振荡电路，R_f 上电压峰值是稳压管的稳定电压 U_z，R_1 上电压峰值是 R_f 上电压峰值的 $\frac{1}{2}$，因而输出电压是稳压管稳定电压的 1.5 倍。

$$|u_o| = |u_{R_f}| + |u_{R_1}| = 1.5|u_{R_f}| = 1.5U_z$$

因此，输出电压不失真情况下的有效值为 $u_o = \frac{1.5U_z}{\sqrt{2}} \approx 6.36V$

振荡频率 $f = \frac{1}{2\pi RC} = \frac{1}{2\pi \times 16 \times 10^3 \times 10^{-6}} = 9.95Hz$

答案： D

24. 解 根据题目中输出最大不失真电压为 $U_{CPP} = U_{CC} - 6V = 18V$，输出功率 $P_{om} = \frac{U_{CPP}^2}{8R_L} = \frac{18^2}{8 \times 8} = 5.06W$，而输入功率为 $P_i = \frac{U_i^2}{8R_L} = \frac{24^2}{8 \times 8} = 9W$，故电路效率为 $\eta = \frac{5.06}{9} \times 100\% = 58.9\%$。

答案： D

25. 解 根据狄·摩根定律，$\overline{A + B + C} = \overline{A} \cdot \overline{B} \cdot \overline{C}$，故 $\overline{\overline{A}\,\overline{B}} = \overline{\overline{A}} + \overline{\overline{B}} = A + B$。

答案： A

26. 解 D 触发器的特征方程 $Q^{n+1} = D$，故电路的逻辑式为：

$$Q^{n+1}D = (A + \overline{Q}^n) \oplus B = \overline{(A + \overline{Q}^n)}B + (A + \overline{Q}^n)\overline{B} = ABQ^n + \overline{A}\,\overline{B} + \overline{Q}^n\overline{B}$$

故当A = 1，B = 0时，$Q^{n+1} = \overline{Q}^n$。

答案： B

27.解 列出逻辑表达式，根据狄·摩根定律，$\overline{A + B + C} = \overline{A} \cdot \overline{B} \cdot \overline{C}$，故

$$Y_1 = \overline{\overline{A} \, B \, \overline{BC} A \, \overline{C}} = \overline{A}B + \overline{B}C + A\overline{C}, \quad Y_2 = \overline{\overline{\overline{B} \, C \, A \, \overline{C}}} = \overline{B}C + A\overline{C}$$

对比可知，若$Y_1 \neq Y_2$，则$\overline{A}B = 1$。

答案： B

28.解 D触发器的特征方程为：$Q^{n+1} = D$，JK触发器的特征方程为：$Q^{n+1} = J\overline{Q}^n + \overline{K}Q^n$，故$Q_0 = D$，由A脉冲的上升沿触发；$Q_1^{n+1} = Q_0\overline{Q}_1^n + \overline{Q}_0 Q_1^n$，由B脉冲的下降沿触发。

答案： B

29.解 JK触发器的特征方程为：$Q^{n+1} = J\overline{Q}^n + \overline{K}Q^n$，可知：

$Q_0^{n+1} = J_0\overline{Q}_0^n + \overline{K}_0 Q_0^n = \overline{Q}_0^n \overline{Q}_2^n$（CP下降沿触发）

$Q_1^{n+1} = J_1\overline{Q}_1^n + \overline{K}_1 Q_1^n = Q_0^n \overline{Q}_1^n$（$Q_0$下降沿触发）

$Q_2^{n+1} = J_2\overline{Q}_2^n + \overline{K}_2 Q_2^n = Q_0^n Q_1^n \overline{Q}_2^n$（CP下降沿触发）

故可列真值表如下：

题 29 解表

Q_2^n	Q_1^n	Q_0^n	Q_2^{n+1}	Q_1^{n+1}	Q_0^{n+1}
0	0	0	0	0	1
0	0	1	0	1	0
0	1	0	0	1	1
0	1	1	1	0	0
1	0	0	0	0	0

由真值表可知，此电路完成了5种状态的循环转换，为5进制加法计数器。

答案： C

30.解 74161是4位二进制同步加法计数器，RD端为置零端，利用预置数可实现2^4位以下的加法计数，当逻辑式$Q_3Q_2Q_1Q_0 = 1001$时，计数器重新置零，$(1001)_2 = (9)_{10}$，故此为九进制加法计数器；74LS290是4位二进制异步加法计数器，RD端为置零端，当逻辑式$Q_3Q_2Q_1Q_0 = 0111$时，计数器重新置零，$(0111)_2 = (7)_{10}$，故此为七进制加法计数器。

答案： A

31.解 非故障相电压可以近似分析如下，其中正负序阻抗相等，即$X_{\Sigma 1} = X_{\Sigma 2}$：

$$\dot{U}_{fb} = a^2\dot{U}_{f1} + a\dot{U}_{f2} + \dot{U}_{f0} = \frac{\sqrt{3}}{2}\left[(2X_{\Sigma 1} + X_{0\Sigma}) - j\sqrt{3}X_{0\Sigma}\right] \times \frac{1}{j(2X_{\Sigma 1} + X_{0\Sigma})}$$

$$= -\frac{\sqrt{3}X_{0\Sigma}}{2X_{\Sigma 1} + X_{0\Sigma}} \cdot \frac{\sqrt{3}}{2} - j\frac{\sqrt{3}}{2} = -\frac{3}{2} \cdot \frac{\frac{X_{0\Sigma}}{X_{\Sigma 1}}}{2 + \frac{X_{0\Sigma}}{X_{\Sigma 1}}} - j\frac{\sqrt{3}}{2} = -\frac{3}{2} \times \frac{2K}{2 + K} - j\frac{\sqrt{3}}{2}$$

式中，$K = \frac{X_{\Sigma 0}}{X_{\Sigma 1}}$，中性点不接地电力系统，最严重情况$X_{\Sigma 0} = \infty$，则：

$$\dot{U}_{fb} = -\frac{3}{2} \times \frac{2K}{2 + K} - j\frac{\sqrt{3}}{2} = -\frac{3}{2} - j\frac{\sqrt{3}}{2} = \sqrt{3}\left(-\frac{\sqrt{3}}{2} - j\frac{1}{2}\right) = \sqrt{3}\angle 30°$$

$$\dot{U}_{fc} = -\frac{3}{2} \times \frac{2K}{2 + K} + j\frac{\sqrt{3}}{2} = -\frac{3}{2} + j\frac{\sqrt{3}}{2} = \sqrt{3}\left(-\frac{\sqrt{3}}{2} + j\frac{1}{2}\right) = \sqrt{3}\angle -30°$$

由此可见，中性点不接地电力系统中发生单相接地短路时，而非故障相电压升高到线电压，而中性点电压升高到相电压。

答案： C

32. 解 内桥与外桥接线的特点分析如解表所示。

题 32 解表

项目	内桥接线	外桥接线
接线图		
优点	高压断路器数量少，占地少，四个回路只需三台断路器	高压断路器数量少，占地少，四个回路只需三台断路器
缺点	①变压器的切除和投入较复杂，需动作两台断路器，影响一回线路的暂时停运；②桥连断路器检修时，两个回路需解列运行；③线路断路器检修时，需较长时间中断线路的供电	①线路的切除和投入较复杂，需动作两台断路器，并有一台变压器暂时停运；②桥连断路器检修时，两个回路需解列运行；③变压器侧断路器检修时，变压器需较长时期停运
适用范围	适用于较小容量的发电厂，对一、二级负荷供电，并且变压器不经常切换或线路较长、故障率较高的变电所	适用于较小容量的发电厂，对一、二级负荷供电，并且变压器的切换较频繁或线路较短，故障率较少的变电所。此外，线路有穿越功率时，也宜采用外桥接线

答案： D

33. 解 电压（电流）互感器的负载一般要求在额定负载容量的25%~100%范围内，故

负荷阻抗上限：$Z_{nmax} = \frac{S_{2r}}{I^2} = \frac{20}{5^2} = 0.8\Omega$

负荷阻抗下限：$Z_{nmin} = 25\% \times \frac{S_{2r}}{I^2} = 25\% \times \frac{20}{5^2} = 0.2\Omega$

答案： C

34. 解 电压互感器的额定电压选择如解表所示。

形式	一次电压（V）		二次电压（V）	第三绕组电压（V）	
单相	接于一次线电压上	U	100	—	
	接于一次相电压上	$U/\sqrt{3}$	$100/\sqrt{3}$	中性点非直接接地系统	100/3
				中性点直接接地系统	100
三相	U		100	100/3	

答案： D

35.解 基本概念。为了保证采用单母线分段或双母线分段的配电装置，在进出线断路器检修时（包括其保护装置的检修和调试），不中断对用户的供电，可增设旁路母线或旁路隔离开关。

答案： D

36.解 熔断器的选择和校验条件包括额定电压、额定电流和灵敏度。动稳定是指电路在故障或过载时的稳定性能，通常用于评估电气设备的可靠性和安全性，不属于熔断器选择和校验的条件。

答案： B

37.解 正（负）序网络图如解图所示。

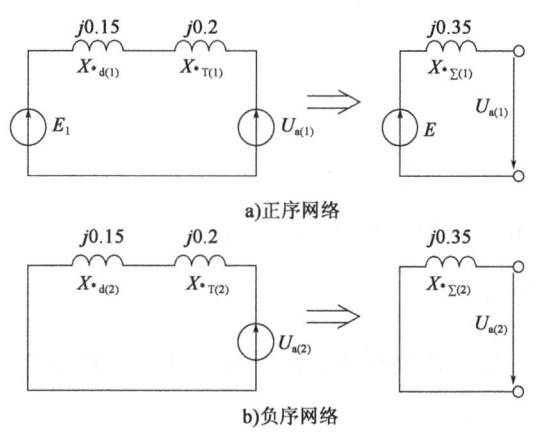

a)正序网络

b)负序网络

题 37 解图

则：$X_{*\Sigma(1)} = X_{*\Sigma(2)} = X_{*d}'' + X_{*T} = 0.15 + 0.2 = 0.35$

短路正序电流标幺值：$I_{*a1} = \dfrac{E_{\Sigma}}{X_{1\Sigma} + X_{2\Sigma}} = \dfrac{1}{0.35 + 0.35} = 1.43$

短路电流标幺值：$I_{*f}^{(2)} = \sqrt{3} I_{a1} = \sqrt{3} \times 1.43 = 2.48$

短路电流有名值：$I'' = I_{*f}^{2} \cdot I_{j} = 2.48 \times \dfrac{100}{\sqrt{3} \times 115} = 1.245\text{kA}$

注：计算短路电流时，基准电压应取各级的平均额定电压，即 $U_{j} = 1.05 U_{n}$，U_{n} 为各级标称电压。

答案： A

38.解 各元件的电抗标幺值为：

变压器：$X_{*T} = X_{*T1} /\!/ X_{*T2} = \dfrac{1}{2} \times \dfrac{U_{d}\%}{100} \cdot \dfrac{S_{j}}{S_{TN}} = \dfrac{1}{2} \times \dfrac{6}{100} \cdot \dfrac{100}{1} = 3$

线路 L：$X_{*L} = X_{L} \times \dfrac{S_{j}}{U_{N}^{2}} = 0.38 \times 8 \times \dfrac{100}{10.5^{2}} = 2.76$

无穷大电源，故系统阻抗为 0，则当 k2 点短路时：

短路点总电抗标幺值：$X_{\Sigma*} = X_{*T} + X_{*L} = 3 + 2.76 = 5.76$

三相短路电流标幺值：$I_{k*} = \frac{1}{X_{\Sigma*}} = \frac{1}{5.76} = 0.174$

答案：D

39.解 将设备由一种状态转变为另一种状态的过程叫倒闸，倒闸操作要先接通母线，才不至于中断供电。接通的操作要遵守隔离开关和断路器的操作原则，由于隔离开关无灭弧功能，故应先闭合隔离开关，再闭合断路器，或先断开断路器，再断开隔离开关。

答案：A

40.解 电力系统内部过电压主要分两大类，即因操作或故障引起的暂态电压升高，称操作过电压；在暂态电压后出现的稳态性质的工频电压升高或谐振现象，称暂时过电压。暂时过电压虽具有稳态性质，但只是短时存在或不允许其持久存在。暂时过电压包括工频过电压和谐振过电压。

答案：C

41.解 转速与极对数的公式为：$n = \frac{60f}{P}$，则 $n = \frac{60f}{P} = \frac{60 \times 50}{2} = 1500$r/min。

注：极数与极对数不能混淆。

答案：A

42.解 他励直流电动机的励磁方式接线图如解图所示。

$U = E_a + R_a I_a = C_e \varphi n$，由于开路时电枢电流 $I_a = 0$，

$C_e \Phi = \frac{U}{C_e \varphi} = \frac{125}{3000} = 0.0417$

因励磁电流不变，磁通不变，故电枢电压 E_a 不变，由 $U = E_a + R_a I_a$，则

$I_a = \frac{125 - 124}{0.02} = 50$A

题 42 解图

由转矩常数公式 $C_T \varphi = 9.55 C_e \varphi$ 可知，电磁转矩为：

$$T_{em} = 9.55 C_e \varphi I_a = 9.55 \times 0.0417 \times 50 = 19.9\text{N} \cdot \text{m}$$

答案：D

43.解 《3～110kV 高压配电装置设计规范》（GB 50060—2008）第 4.1.4 条规定，验算导体短路电流热效应的计算时间，宜采用主保护动作时间加相应的断路器全分闸时间。当主保护有死区时，应采用对该死区起作用的后备保护动作时间，并应采用相应的短路电流值。验算电器短路热效应的计算时间，宜采用后备保护动作时间加相应的断路器全分闸时间。

答案：B

44.解 由于定子旋转磁动势的同步转速应与额定转速相差不大，故 $n_1 = \frac{60f}{P} = \frac{60 \times 60}{1} = 3600$r/min。

额定转差率：$s_N = \frac{n_1 - n_N}{n_1} = \frac{3600 - 3506}{3600} = 0.0272$

忽略定子铁耗，电磁功率：$P_M = P_1 - P_{Cu1} = 15.7 \times 10^3 - 3 \times 22.6^2 \times 0.2 = 15393.5W$

转子铜耗：$P_{Cu2} = SP_M = 0.0272 \times 15393.5 = 419W$

注：感应电动机的功率流程可参考注图，应牢记。同时还应掌握电磁功率 P_M 与总机械功率 P_{Mec}、转子铜耗 P_{Cu2} 之间的关系，即 $P_{Mec} = P_M(1 - S)$ 和 $P_{Cu2} = SP_M$。

式中，P_{Cu1} 为定子绕组铜耗；P_{Fe} 为定子绕组铁耗；P_{Cu2} 为定子绕组铜耗；$P_{\Omega} = P_{Mec}$ 为机械损耗；P_{ad} 为附加损耗。

题 44 注图

答案： C

45. 解 最大负荷和最小负荷时变压器的电压损耗：

$$\Delta U_{Tmax} = \frac{PR + QX}{U_{1max}} = \frac{24 \times 2.95 + 18 \times 48.8}{110} = 8.629kV$$

$$\Delta U_{Tmin} = \frac{PR + QX}{U_{1min}} = \frac{12 \times 2.95 + 9 \times 48.8}{113} = 4.2kV$$

在最大和最小负荷时，变压器低压侧的电压均为 6.3kV，则：

$$U_{1Tmax} = \frac{U_{1max} - \Delta U_{Tmax}}{U_{1max}} U_{2N} = \frac{110 - 8.629}{6.3} \times 6.3 = 101.371kV$$

$$U_{1Tmin} = \frac{U_{1min} - \Delta U_{Tmin}}{U_{1min}} U_{2N} = \frac{113 - 4.2}{6.3} \times 6.3 = 108.8kV$$

$U_{1T \cdot av} = \frac{U_{1Tmax} + U_{1Tmin}}{2} = \frac{101.371 + 108.8}{2} = 105.09kV$，就近选取分接头 104.5kV。

答案： B

46. 解 电动机基本原理，电动机吸收的无功功率主要用于建立旋转磁场，而且在运行过程中还会产生热损耗，所以同时也进行能量转换。

答案： C

47. 解 电枢电流 I 和励磁电流 I_f 之间的关系为 V 形曲线，如解图所示。由图可见，升高滞后的功率因数，保持其输出的有功功率不变的前提下，减小其感性无功功率的输出，可以保持原动机输入不变。

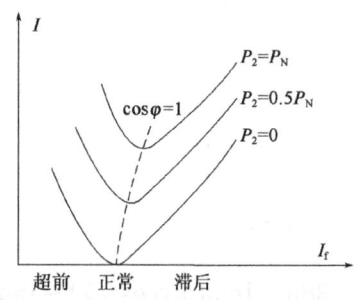

题 47 解图

注：若是同步电动机，超前与滞后的位置应调换。

答案： D

48. 解 基本概念。

答案： B

49. 解 基本概念。

答案： C

50. 解 基本概念。

答案： A

51. 解 发电机与电网电压相位不一致时，并网时将产生冲击电流，如果相位相反达到最大值，也就是180°。

答案： C

52. 解 变压器的联结组标号，就是根据变压器高、低压绕组对应的线电压或线电动势之间的相位差，把变压器的联结分成不同的组加以区别。

变压器的联结组标号通常采用时钟法表示，即把高压绕组的线电压或线电动势相量作为时钟的长针，且固定指向时钟表面的"12点"位置上，对应的低压绕组线电压或线电动势相量作为时钟的短针，其所指的钟点数就是变压器联结组标号。

答案： A

53. 解 设电流互感器二次电流为I，每相二次回路电阻为R，星接每相负载功率为I^2R，三角形接法每相负载功率为：$\left(\sqrt{3}I\right)^2R = 3I^2R$，故在三相对称故障时，电流互感器的二次计算负载，三角形接线是星形接线的3倍。

答案： C

54. 解 由于拖动恒转矩负载，故电磁转矩T_{em}不变，由电磁转矩$T_{em} = 9.55C_e\varphi I_a$可知，电枢电流$I_a$也不变。

答案： B

55. 解 基本概念。

答案： C

56. 解 根据补偿电容器容量的计算公式：

$$Q_k = P_{av}(\tan\varphi_1 - \tan\varphi_2) = 880 \times [\tan(\arccos 0.7) - \tan(\arccos 0.98)] = 719\text{kvar}$$

答案： C

57.解 变压器等值电阻公式：

$$R_T = \frac{P_k U_N^2}{S_N^2} \times 1000 = \frac{130 \times 220^2}{20000^2} \times 1000 = 15.73\Omega$$

答案：A

58.解 Y-△接法，Y 接时起动，△接法正常运行，故起动电流为：$I_{st} = \frac{1}{3} \times 8 \times 100 = 267A$

起动转矩为：$T_{st} = \frac{1}{3} \times 4 \times T_N = 1.33 T_N$

电动机额定电磁转矩：$T_N = \frac{9550}{n_N} = \frac{9550}{1450} = 286.5 N \cdot m$

负载时电磁转矩：$T_L = \frac{345}{286.5} T_N = 1.2 T_N < 1.33 T_N$

负载转矩小于起动转矩，故可直接起动，故供电变压器允许的起动电流最小为 267A。

答案：D

59.解 由于 $\dot{U}_a = \dot{U}_b = \dot{U}$，a、b 两点电压相量相等，故题干电路可以视作简单环网，在不计功率损耗的情况下，求支路的功率分布如下：

$$S_{a1} = \frac{S_1(Z_{12}^* + Z_{b2}^*) + S_2 Z_{b2}^*}{Z_{a1}^* + Z_{12}^* + Z_{b2}^*} = \frac{(2+j0)(2-j5+4-j10) + (2+j0)(4-j10)}{2-j5+2-j5+4-j10}$$
$$= 2.5$$

$$S_{a2} = \frac{S_2(Z_{a1}^* + Z_{12}^*) + S_1 Z_{a1}^*}{Z_{a1}^* + Z_{12}^* + Z_{b2}^*} = \frac{(2+j0)(2-j5+2-j5) + (2+j0)(2-j5)}{2-j5+2-j5+4-j10}$$
$$= 1.5$$

$$S_{12} = S_{a1} - S_1 = 2.5 - 2 = 0.5$$

故在不计网络功率损耗的情况下，各段电路状态只有有功功率。

答案：A

60.解 电压降落为两端电压的相量差，电压损耗为两端电压的幅值差。

答案：C

2019年度全国勘察设计注册电气工程师（供配电）执业资格考试基础考试（下）
试题解析及参考答案

1.解　$R = \dfrac{U}{I} = 6\Omega$，普通电阻的阻值属于自身特性，与外界条件无关。

注：也有特殊电阻，如压敏电压、频敏电阻等，其阻值随着电压与频率的变化而变化，应注意区分。

答案：C

2.解　基本概念。换路过程中，电容电压不突变，电感电流不突变。

答案：A

3.解　基本概念。根据三相电路的相量图可知，当负载由星形连接改为三角形连接时，负载等效电阻可通过三角—星换算公式求得，为星形接法时原等效电阻的1/3，线电流增至原来的3倍，负载电流（相电流）增至原来的$\sqrt{3}$倍。

答案：A

4.解　基本概念。叠加原理只适用于线性系统中，电阻与电流、电压均呈线性关系，而功率与电流的平方、电压的平方呈线性关系，故功率不可用叠加原理。

答案：C

5.解　由题图可知，$I = \dfrac{12}{6} = 2A$，故受控源功率$P = 12 \times 4I = 12 \times 4 \times 2 = 96W$。

答案：D

6.解　列网孔电流方程：
$$\begin{cases} I_1 + 3(I_1 - I_2) + 4 = 8 \\ 2I_1 + RI_2 + U_S - 4 + 3(I_2 - I_1) = 0 \end{cases} \Rightarrow \begin{cases} 4I_1 - 3I_2 = 4 \\ (5 + R)I_2 - 3I_1 + U_S = 4 \end{cases}$$

对照题干条件，显然有：
$$\begin{cases} 4 - U_S = 2 \\ 5 + R = 9 \end{cases} \Rightarrow \begin{cases} R = 4 \\ U_S = 2 \end{cases}$$

答案：A

7.解　最大功率传输条件为：当负载电阻等于去掉负载后的戴维南等效电路的内阻时，在负载中可获得最大功率，因此先求戴维南等效电路的内阻。

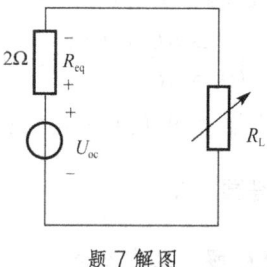

题7解图

（1）将题图中独立电源置零（电流源开路，电压源短路），得出从R_L两端看进去的等效电阻$R_{eq} = 1 + 2 \mathbin{/\mkern-5mu/} 2 = 1 + 1 = 2\Omega$。

（2）端口开路电压：$\dot{U}_{oc} = \dot{I}_L(R_{eq} + R_L) = 2 \times (2 + 4) = 12V$

（3）故等效电路如解图所示，则最大功率为：

$$P_{\max} = \frac{U_{oc}^2}{4R_{eq}} = \frac{12^2}{4 \times 2} = 18W$$

答案： B

8. 解　换路前，电容电压：$U_C(0_-) = U_C(0_+) = 0V$；

当 S 闭合时，电阻电压U_1发生跃变，由 KCL 得到电压源回路电流：$I_Z = \frac{U_1}{4} + 2U_1 = \frac{9U_1}{4}$

再由 KVL 得到：$10 = 4I_Z + U_1 = 9U_1 + U_1 = 10U_1 \Rightarrow U_1 = 1V$，则

$$U_C(\infty) = U_1 - 2 \times 2U_1 = -3U_1 = -3V$$

代入一阶电路全响应方程$f(t) = f(\infty) + [f(0_+) - f(\infty)]e^{-\frac{t}{\tau}}$，则：

$$u_C(t) = 3 + (0-3)e^{-\frac{t}{\tau}} = 3\left(1 - e^{-\frac{t}{\tau}}\right)V$$

注：时间常数τ不必确定，即可确定答案。

答案： D

9. 解　先求戴维南等效电路的内阻抗。将题图中独立电源置零（电流源开路，电压源短路），从电容两端应断开，从两端看进去的等效阻抗$R_{eq} = j6\Omega$。

由 KVL 可知，开路电压$U_{oc} = 6 - 2 \times j6 = (6 - j12)V$。

答案： C

10. 解　基本概念。$R = 2\sqrt{\frac{L}{C}}$的过渡过程为临界非振荡过程，这时的电阻为临界电阻，电阻小于此值时，为欠阻尼状态，振荡放电过程；大于此值时，为过阻尼状态，非振荡放电过程。另外，发生谐振时角频率和频率分别为：$\omega_0 = \frac{1}{\sqrt{LC}}$，$f_0 = \frac{1}{2\pi\sqrt{LC}}$，品质因数为：$Q = \frac{1}{R}\sqrt{\frac{L}{C}}$。

答案： C

11. 解　由电路的相量表达式，在 RC 串联电路，$Z_L = R + \frac{1}{j\omega c} = R - j\frac{1}{\omega c}$

当角频率为ω时，$Z = R - j\frac{1}{\omega c} = 4 - j3 \Rightarrow \begin{cases} R = 4 \\ \frac{1}{\omega c} = 3 \end{cases}$

当角频率为3ω时，$\begin{cases} R = 4 \\ \frac{1}{3\omega c} = 1 \end{cases} \Rightarrow Z = R - j\frac{1}{3\omega c} = 4 - j$

答案： D

12. 解　由 KVL 定律可知，$\begin{cases} U = 6I_2 + 6U_1 \\ U = 5I_1 \end{cases}$，其中$U_1 = 2I_1$

故$\begin{cases} U = 6I_2 + 12I_1 \\ U = 5I_1 \end{cases} \Rightarrow 6I_2 = -7I_1$

则端口 ab 的输入内阻：$R_{in} = \frac{U}{I_1 + I_2} = \frac{5I_1}{I_1 + I_2} = \frac{5I_1}{I_1 + I_2} = \frac{6 \times 5I_1}{6I_1 + 6I_2} = \frac{6 \times 5I_1}{6I_1 - 7I_1} = -30\Omega$

答案： A

13. 解　基本概念。

答案： B

14.解 基本概念。电路与磁路的物理量之间具有一定的对应关系，如解表所示。

题 14 解表

磁路	电路
磁通势 F	电动势 E
磁通 Φ	电流 I
磁感应强度 B	电流密度 J
磁阻 $R_m = \dfrac{l}{\mu S}$	电阻 $R = \dfrac{l}{\gamma S}$
$\Phi = \dfrac{F}{R_m} = \dfrac{NI}{\frac{l}{\mu S}}$	$I = \dfrac{E}{R} = \dfrac{E}{\frac{l}{\gamma S}}$

答案： A

15.解 基本概念。在国际单位中，磁感应强度的单位是特斯拉（T），磁通量的单位是韦伯（Wb），电荷量的单位是库仑（C），电流的单位是安培（A）。

答案： A

16.解 基本概念。麦克斯韦方程组将静态场、恒定场、时变场的电磁基本特性用统一的电磁场基本方程组高度概括，电磁场基本方程组是研究宏观电磁场现象的理论基础。

答案： A

17.解 基本概念。由电荷守恒定律，流入封闭面的电流总和等于流出该封闭面的电流总和。

答案： D

18.解 由高斯定律 $\oint_S E \cdot dS = \dfrac{q}{\varepsilon_0}$ 可知，电场强度 $E = \dfrac{q}{4\pi\varepsilon_0 r^2}$，即相同距离 r 时，电场强度 E 正比于电荷总量 q。

答案： A

19.解 假设 D_1、D_2 均截止，则 D_1 电位差为 $10 - 3 = 7V$，D_2 电位差为 $10 - 0 = 10V$，故 D_2 优先导通。导通后，阴极电位为 0，阳极为 $0.7V$。此时 VD_1 阳极为 $0.7V$，阴极为 $3V$，故 VD_1 不导通，因此 $U_0 = 0.7V$。

答案： C

20.解 由 PN 结特性可知，三极管的基极与发射极之间的电压 U_{BE} 为一固定值，对于硅管，约为 $0.7V$；对于锗管，约为 $0.3V$。因此，由题意可确定 1、2 两端电压，即 $U_B = 9.3V$，$U_E = 10V$，即为硅管，则 $U_C = 0V$，因此电流方向为 e→c，为 PNP 型。

注：硅管的门坎电压 $U_{th} \approx 0.5V$，正向压降 $U_D \approx 0.7V$；锗管的门坎电压 $U_{th} \approx 0.1V$，正向压降

$U_{\mathrm{D}} \approx 0.3\mathrm{V}$。

答案：C

21. 解　根据理想放大器"虚断"的概念，则：

$$U_+ = \frac{R_1}{R_1 + R_1}u_{\mathrm{i}} = \frac{1}{2}u_{\mathrm{i}}, \quad \frac{u_{\mathrm{i}} - U_-}{R_1} = \frac{U_- - u_{\mathrm{o}}}{R_2} \Rightarrow U_- = \frac{2u_{\mathrm{i}} + u_{\mathrm{o}}}{3}$$

根据理想放大器"虚短"的概念，$U_+ = U_-$，则：

$$\frac{u_{\mathrm{i}}}{2} = \frac{2u_{\mathrm{i}} + u_{\mathrm{o}}}{3} \Rightarrow u_{\mathrm{o}} = -0.5u_{\mathrm{i}}, \quad \text{故}\, u_{\mathrm{o}} = -0.5 \times 1 = 0.5\mathrm{V}$$

答案：C

22. 解　微变等效电路如解图所示。

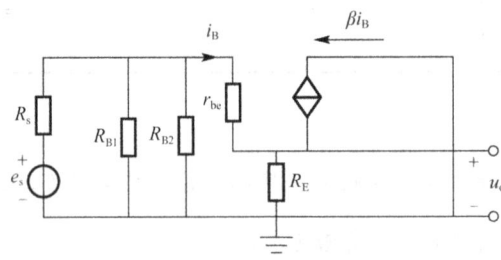

题 22 解图

放大倍数：$A_{\mathrm{u}} = \dfrac{u_{\mathrm{o}}}{u_{\mathrm{i}}} = \dfrac{(1+\beta)R_{\mathrm{E}}}{i_{\mathrm{B}}r_{\mathrm{be}} + (1+\beta)R_{\mathrm{E}}} = \dfrac{51}{1 + 51.1} = 0.98$

输入电阻：$r_{\mathrm{i}} = R_{\mathrm{B1}} /\!/ R_{\mathrm{B2}} /\!/ r_{\mathrm{be}} + (1+\beta)R_{\mathrm{E}} = 100 /\!/ 30 /\!/ 51 + 1 = 15.95\Omega$

输出电阻：$r_{\mathrm{o}} = R_{\mathrm{E}} /\!/ \dfrac{r_{\mathrm{be}} + R_{\mathrm{s}} /\!/ R_{\mathrm{B1}} /\!/ R_{\mathrm{B2}}}{1 + \beta} = 1 /\!/ \dfrac{1 + 0.05 /\!/ 100 /\!/ 30}{51} = 20.1\Omega$

答案：C

23. 解　根据理想放大器"虚断"的概念，则第一个理想放大器有：

$$\frac{u_{\mathrm{i}1} - u_{1-}}{R_1} = \frac{u_{1-} - u_{\mathrm{o}}'}{R_{\mathrm{F}1}}$$

其中，$R_1 = R_{\mathrm{F}1}$

再根据"虚短"的概念有，$u_{1+} = u_{1-} = 0$，故 $u_{\mathrm{o}}' = -u_{\mathrm{i}1}$。

同理，根据"虚短"的概念，第二个理想放大器有：$u_{2-} = u_{2+} = \dfrac{R_4}{R_3 + R_4}u_{\mathrm{i}2}$

再根据"虚断"的概念有，$\dfrac{u_{\mathrm{o}}' - u_{2-}}{R_2} = \dfrac{u_{2-} - u_{\mathrm{o}}}{R_{\mathrm{F}2}}$，其中 $R_2 = R_{\mathrm{F}2}$，则 $u_{\mathrm{o}}' - u_{2-} = u_{2-} - u_{\mathrm{o}}$

代入上式得到：

$$u_{\mathrm{o}}' - \frac{R_4}{R_3 + R_4}u_{\mathrm{i}2} = \frac{R_4}{R_3 + R_4}u_{\mathrm{i}2} - u_{\mathrm{o}} \Rightarrow u_{\mathrm{o}}' = u_{\mathrm{i}2} - u_{\mathrm{o}}$$

其中，$u_{\mathrm{o}}' = -u_{\mathrm{i}1}$，故 $u_{\mathrm{o}} = u_{\mathrm{i}2} + u_{\mathrm{i}1}$。

答案：A

24. 解　根据电容滤波电路（U_2 为有效值）的特性可知，

输出电压平均值：

$U_o = (1.1~1.2)U_2 = (1.1~1.2) \times 25 = (27.5~30)V$（无电容$C = 0$时，$U_o = 0.9U_2$）

输出电流平均值：$I_o = \dfrac{U_o}{R} = \dfrac{30}{200} = 150mA$

每个桥臂一周期通过电流：$I_D = \dfrac{I_o}{2} = 75mA$

最高反向电压：$U_{max} = U_{DRM} = 1.4 \times 25 = 35V$

答案：D

25. 解 根据波形图，列真值表如下：

题25解表

A	B	L
0	0	0
0	1	1
1	0	1
1	1	0

分析可知，$L = A\overline{B} + \overline{A}B = A \oplus B$，即异或关系。

注：异或关系表达式为$L = A\overline{B} + \overline{A}B = A \oplus B$，同或关系表达式为$L = \overline{A}\,\overline{B} + AB = A \odot B$。

答案：C

26. 解 对于共阴极数码管，当某个发光二极管的阳极为高电平时，发光二极管点亮，相应的段被显示。数码管对应的段位如解图所示，显然，数码管显示位为3。

答案：D

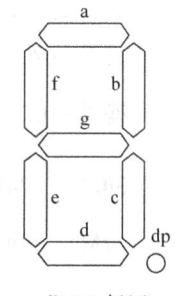

题26解图

27. 解 列出逻辑表达式如下：

题27解表

A	B	A > B	A = B	A < B
0	0	0	1	0
0	1	1	0	0
1	0	0	0	1
1	1	0	1	0

显然，为比较器。电路逻辑功能表达式如解图所示。

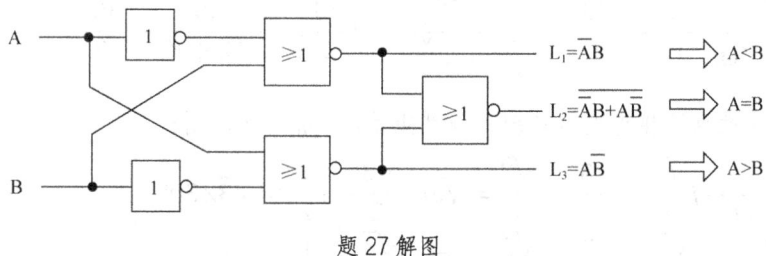

题27解图

答案：B

28. 解 D 触发器的特征方程 $Q^{n+1} = D = \overline{AB}$，JK 触发器的特征方程为：$Q^{n+1} = J\overline{Q}^n + \overline{K}Q^n$，故 $Q_0 = D$，由 CP 脉冲的上升沿触发；$Q_1^{n+1} = Q_0\overline{Q}_1^n + \overline{Q}_0Q_1^n$，由 CP 脉冲的下降沿触发。

答案：A

29. 解 JK 触发器的特征方程为：$Q^{n+1} = J\overline{Q}^n + \overline{K}Q^n$，可知：

$J_0 = K_0 = 1$，$Q_0^{n+1} = J_0\overline{Q}_0^n + \overline{K}_0Q_0^n = \overline{Q}_0^n$

$J_1 = K_1 = Q_0^n$，$Q_1^{n+1} = J_1\overline{Q}_1^n + \overline{K}_1Q_1^n = \overline{Q}_2^nQ_0^n\overline{Q}_1^n + \overline{Q}_0^nQ_1^n$

$J_2 = K_2 = Q_0^n$，$Q_2^{n+1} = J_2\overline{Q}_2^n + \overline{K}_2Q_2^n = Q_0^nQ_1^n\overline{Q}_2^n + \overline{Q}_0^nQ_2^n$，故可列真值表如下：

题 29 解表

Q_2^n	Q_1^n	Q_0^n	Q_2^{n+1}	Q_1^{n+1}	Q_0^{n+1}
0	0	0	0	0	1
0	0	1	0	1	0
0	1	0	0	1	1
0	1	1	1	0	0
1	0	0	1	0	1
1	0	1	0	0	0

由真值表可知，此电路完成了 6 种状态的循环转换，为 6 进制加法计数器。

答案：C

30. 解 74LS160 是 4 位十进制同步加法计数器，RD 端为置零端，利用预置数可实现加法计数。

当 $M = 1$ 时，逻辑式 $D_3D_2D_1D_0 = 0100$，而 $Q_3Q_2Q_1Q_0 = 1001$ 时，计数器重新置零，故 $(1001)_2 - (0100)_2 + 1 = (6)_{10}$，故此为六进制加法计数器。

当 $M = 1$ 时，逻辑式 $D_3D_2D_1D_0 = 0010$，而 $Q_3Q_2Q_1Q_0 = 1001$ 时，计数器重新置零，故 $(1001)_2 - (0010)_2 + 1 = (8)_{10}$，故此为八进制加法计数器。

答案：A

31. 解 非故障相电压，可以近似分析如下，其中正负序阻抗相等，即 $X_{\Sigma1} = X_{\Sigma2}$。

$$\dot{U}_{fb} = a^2\dot{U}_{f1} + a\dot{U}_{f2} + \dot{U}_{f0} = \frac{\sqrt{3}}{2}\left[(2X_{\Sigma1} + X_{0\Sigma}) - j\sqrt{3}X_{0\Sigma}\right] \times \frac{1}{j(2X_{\Sigma1} + X_{0\Sigma})}$$

$$= -\frac{\sqrt{3}X_{0\Sigma}}{2X_{\Sigma1} + X_{0\Sigma}} \cdot \frac{\sqrt{3}}{2} - j\frac{\sqrt{3}}{2} = -\frac{3}{2} \cdot \frac{\frac{X_{0\Sigma}}{X_{\Sigma1}}}{2 + \frac{X_{0\Sigma}}{X_{\Sigma1}}} - j\frac{\sqrt{3}}{2} = -\frac{3}{2}\frac{2K}{2 + K} - j\frac{\sqrt{3}}{2}$$

其中 $K = \frac{X_{\Sigma0}}{X_{\Sigma1}}$，中性点不接地电力系统，最严重情况 $X_{\Sigma0} = \infty$，则：

$$\dot{U}_{fb} = -\frac{3}{2}\frac{2K}{(2+K)} - j\frac{\sqrt{3}}{2} = -\frac{3}{2} - j\frac{\sqrt{3}}{2} = \sqrt{3}\left(-\frac{\sqrt{3}}{2} - j\frac{1}{2}\right) = \sqrt{3}\angle30°$$

$$\dot{U}_{fc} = -\frac{3}{2}\frac{2K}{(2+K)} + j\frac{\sqrt{3}}{2} = -\frac{3}{2} + j\frac{\sqrt{3}}{2} = \sqrt{3}\left(-\frac{\sqrt{3}}{2} + j\frac{1}{2}\right) = \sqrt{3}\angle-30°$$

由此可见，中性点不接地电力系统中发生单相接地短路时，而非故障相电压升高到线电压，而中性点电压升高到相电压。

答案：A

32. 解 内桥与外桥接线的特点见解表，内桥属于双回路备用型接线，显然只有一条线路故障，不需要断开桥断路器。

题 32 解表

项目	内桥接线	外桥接线
接线图		
优点	高压断路器数量少，占地少，四个回路只需三台断路器	高压断路器数量少，占地少，四个回路只需三台断路器
缺点	①变压器的切除和投入较复杂，需动作两台断路器，影响一回线路的暂时停运；②桥连断路器检修时，两个回路需解列运行；③线路断路器检修时，需较长时间中断线路的供电	①线路的切除和投入较复杂，需动作两台断路器，并有一台变压器暂时停运；②桥连断路器检修时，两个回路需解列运行；③变压器侧断路器检修时，变压器需较长时间停运
适用范围	适用于较小容量的发电厂，对一、二级负荷供电，并且变压器不经常切换或线路较长、故障率较高的变电所	适用于较小容量的发电厂，对一、二级负荷供电，并且变压器的切换较频繁或线路较短，故障率较低的变电所。此外，线路有穿越功率时，也宜采用外桥接线

答案：B

33. 解 电压（电流）互感器的负载一般要求在额定负载容量的25%~100%范围内，故负荷阻抗上限：$Z_{nmax} = \frac{S_{2r}}{I^2} = \frac{20}{5^2} = 0.8\Omega$

负荷阻抗下限：$Z_{nmax} = 25\% \times \frac{S_{2r}}{I^2} = 25\% \times \frac{20}{5^2} = 0.2\Omega$

答案：C

34. 解 电压互感器的额定电压选择见解表。

题 34 解表

形式	一次电压（V）		二次电压（V）	第三绕组电压（V）	
单相	接于一次线电压上	U	100	—	
	接于一次相电压上	$U/\sqrt{3}$	$100/\sqrt{3}$	中性点非直接接地系统	100/3
				中性点直接接地系统	100
三相		U	100	100/3	

答案：D

35. 解 基本概念。为了保证采用单母线分段或双母线分段的配电装置，在进出线断路器检修时（包括其保护装置的检修和调试），不中断对用户的供电，可增设旁路母线或旁路隔离开关。

答案： B

36. 解 电流互感器的选择和校验条件包括额定电压、额定电流和动稳定。电流互感器无开断能力。

答案： B

37. 解 当 K_1 点短路时，短路点总电抗标幺值：$X_{\Sigma *} = X_{*T} + X_{*L} + X_{*S} = 6 + 2.7 + 0.2 = 8.9$

三相短路电流有名值：$I_k = \frac{1}{X_{\Sigma *}} \cdot I_B = \frac{1}{8.9} \cdot \frac{100}{1.05 \times 0.38 \times \sqrt{3}} = 16.25\text{kA}$

注：短路电流计算时，基准电压应取平均电压，即 $U_B = 1.05 U_N$，U_N 为系统标称电压。

答案： B

38. 解 校验高压断路器的热稳定性时，一般取断路器的实际开断时间，这个时间是指继电保护装置时间与断路器固有分闸时间之和，故 $t = 1.5 + 0.2 = 1.7\text{s}$，$Q = I^2 t = 25^2 \times 1.7 = 1062.5$。

答案： B

39. 解 高压负荷开关是一种功能介于高压断路器和高压隔离开关之间的电器，高压负荷开关常与高压熔断器串联配合使用，用于保护和控制电气设备。高压负荷开关具有简单的灭弧装置，因此能通断一定的负荷电流和过负荷电流，但是它不能断开短路电流，所以它一般与高压熔断器串联使用，借助熔断器来进行短路保护。

答案： C

40. 解 基本概念。

答案： C

41. 解 转速与极对数的公式为：$n = \frac{60f}{P}$，则 $n = \frac{60f}{P} = \frac{60 \times 60}{2} = 1800\text{r/min}$。

注：极数与极对数不能混淆。

答案： C

42. 解 直流电动机的励磁方式接线图如解图所示。

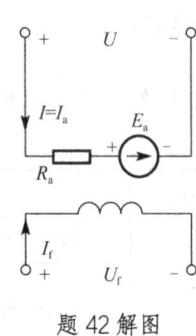

$$U = E_a + R_a I_a = C_e \varphi n$$

由于开路时电枢电流 $I_a = 0$，

$$C_e \Phi = \frac{U}{C_e \varphi} = \frac{125}{3000} = 0.0417$$

因励磁电流不变，磁通不变，故电枢电压 E_a 不变，由 $U = E_a + R_a I_a$，得：

$$I_a = \frac{125 - 124}{0.02} = 50\text{A}$$

题 42 解图

由转矩常数公式 $C_T \varphi = 9.55 C_e \varphi$ 可知，电磁转矩为：

$$T_{em} = 9.55 C_e \varphi I_a = 9.55 \times 0.0417 \times 50 = 19.9\text{N} \cdot \text{m}$$

答案：D

43. 解　《3~110kV 高压配电装置设计规范》（GB 50060—2008）的相关规定如下：

第 4.1.4 条：验算导体短路电流热效应的计算时间，宜采用主保护动作时间加相应的断路器全分闸时间。当主保护有死区时，应采用对该死区起作用的后备保护动作时间，并应采用相应的短路电流值。

验算电器短路热效应的计算时间，宜采用后备保护动作时间加相应的断路器全分闸时间。

答案：B

44. 解　三相异步电动机等效电路如解图所示。

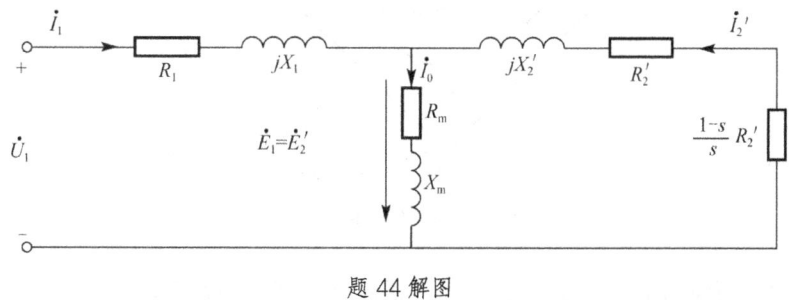

题 44 解图

转子电流为：

$$\dot{I}_2 = \frac{\dot{E}_2'}{R_2 + jX_2'} = \frac{s\dot{E}_2}{R_2 + jsX_2} = \frac{\dot{E}_2}{\frac{R_2}{s} + jX_2} = \frac{\dot{E}_2}{\left(R_2 + \frac{1-s}{s}R_2\right) + jX_2}$$

式中，$\frac{R_2}{s} = \left(R_2 + \frac{1-s}{s}R_2\right)$，$\frac{1-s}{s}R_2$ 为异步电动机的等效负载电阻，等效负载消耗的功率为 $I_2^2 R_2 \frac{1-s}{s}$，这部分损耗在实际电路中并不存在，实质上表征了异步电动机输出的总机械功率。

答案：D

45. 解　最大负荷和最小负荷时变压器的电压损耗分别为：

$$\Delta U_{T\max} = \frac{PR + QX}{U_{1\max}} = \frac{28 \times 2.44 + 14 \times 40}{110} = 5.712\text{kV}$$

$$\Delta U_{T\min} = \frac{PR + QX}{U_{1\min}} = \frac{10 \times 2.44 + 6 \times 40}{114} = 2.32\text{kV}$$

在最大和最小负荷时，变压器低压侧的电压均为 6.3kV，则：

$$U_{1T\max} = \frac{U_{1\max} - \Delta U_{T\max}}{U_{1\max}} U_{2N} = \frac{110 - 5.712}{10} \times 10 = 104.288\text{kV}$$

$$U_{1T\min} = \frac{U_{1\min} - \Delta U_{T\min}}{U_{1\min}} U_{2N} = \frac{114 - 2.32}{11} \times 10 = 101.527\text{kV}$$

$$U_{1T\cdot av} = \frac{U_{1T\max} + U_{1T\min}}{2} = \frac{104.288 + 101.527}{2} = 102.91\text{kV}$$

故就近选取分接头 $110 \times (1 - 5\%) = 104.5\text{kV}$。

答案：B

46.解 起动转矩是指电动机接入电网，而转子尚未转动瞬间，电动机轴上的电磁转矩，又称为堵转转矩。$T_{st} = \dfrac{3pU_1^2 r_2'}{2\pi f_1 \left[(r_1+r_2')^2+(x_1+x_2')^2\right]}$，故起动转矩与频率成反比。

答案：B

47.解 在有功功率保持不变时，表示电枢电流I和励磁电流I_f的关系曲线称为 U 形曲线，如解图所示。

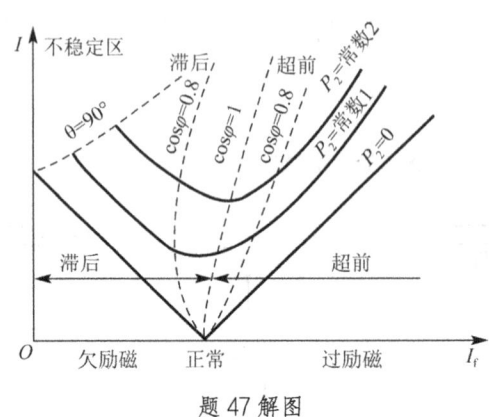

题 47 解图

显然，励磁电流小于正常励磁电流时，处于励磁状态，消耗感性无功。

注：若是同步发电机，超前与滞后的位置应调换。

答案：B

48.解 开断高压感应电动机时，应断路器的截流、三相同时开断和高频重复重击穿会产生过电压，后两种仅出现于真空断路器开断时。过电压幅值与断路器熄弧性能、电动机和回路元件参数有关。开断空载电动机的过电压不超过 2.5p.u.。开断启动过程中的电动机时，截流过电压和三相同时开断过电压可能超过 4.0p.u.，高频重复重击穿过电压可能超过 5.0p.u.。高压感应电动机合闸的操作过电压一般不超过 2.0p.u.。

故 $2.5\text{p.u.} = 2.5 \times \dfrac{\sqrt{2} \times 12}{\sqrt{3}} = 24.5\text{kV}$

注：参考《交流电气装置的过电压保护和绝缘配合设计规范》（GB/T 50064—2014）第 4.2.9 条，当系统最高电压有效值为 U_m 时，操作过电压的基准电压（1.0p.u.）应为 $\dfrac{\sqrt{2}U_m}{\sqrt{3}}$。最高电压有效值 U_m 可参考《标准电压》（GB/T 156—2017）。

答案：B

49.解 根据《低压配电设计规范》（GB 50054-2011）第 5.2.9 条，TN 系统中配电线路的间接接触防护电器切断故障回路的时间，应符合下列规定：

（1）配电线路或仅供给固定式电器设备用电的末端线路，不宜大于 5s。

（2）供给手持式电气设备和移动式电气设备用电的末端线路或插座回路，TN 系统的最长切断时间不应大于下表的规定。

相导体对地标称电压（V）	切断时间（s）
220	0.4
380	0.2
>380	0.1

答案：C

50.解 $I_{N2} = \frac{S_N}{\sqrt{3}U_{N2}} = \frac{3150}{\sqrt{3}\times 6.3} = 288.68A$。

答案：B

51.解 短路特性可由三相稳态短路试验测得。将被试同步发电机的电枢端点三相短路，用原动机拖动被试发电机到同步转速，调节励磁电流I_f，使电枢电流I_k从零起一直增加到$1.2I_N$左右，便可得到短路特性曲线$I_k = f(I_f)$，如解图所示。

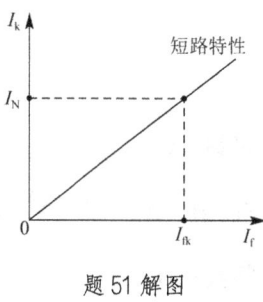

题 51 解图

答案：B

52.解 在变压器中，一、二次绕组电动势之比称为变压器的变比K，$K = \frac{E_1}{E_2} = \frac{4.44fN_1\Phi_m}{4.44fN_2\Phi_m} = \frac{N_1}{N_2}$，也可近似看作是变压器空载时的一、二次电压之比，即$K = \frac{N_1}{N_2} = \frac{E_1}{E_2} \approx \frac{U_1}{U_2} = \frac{35}{6.3} = 5.56$。

答案：C

53.解 基本概念。

答案：B

54.解 电磁转矩的表达式为$T_{em} = C_T\Phi_0 I'_2\cos\varphi_2$，式中，$C_T$为转矩常数，$C_T = \frac{4.44}{2\pi}\cdot 3pN_1K_{N1}$，对于已制成的电动机，$C_T$为一常数；$I'_{2a}$为转子绕组电流有功分量，$I'_{2a} = I'_2\cos\varphi_2$。

由此可见，异步电动机电磁转矩数值与主磁通Φ_0和转子绕组电流有功分量I'_{2a}成正比，这也说明异步电动机的电磁转矩是由电流有功分量相互作用产生的，故当拖动恒转矩负载运行时，转子电流不变。

答案：B

55.解 异步电动机的最大电磁转矩与转子回路电阻无关，但发生最大电磁转矩的临界转差率s_m却与转子回路电阻有关，故当转子回路电阻增加时，T_{max}虽然不变，但s_m增大，整个$T_{em}-s$曲线左移，如解图所示，转子电阻$r_{24} > r_{23} > r_{22} > r_{21}$，临界转差率$s_4 > s_3 > s_2 > s_1$，图中$s_4 = 1$，则$T_{st4} = T_{max}$，而起动转矩$T_{st4} > T_{st3} > T_{st2} > T_{st1}$，最大转矩$T_{max}$不变。这样，通过增大转子电阻，可增大起动转矩，从而改善电动机的起动性能，并实现异步电动机调速。

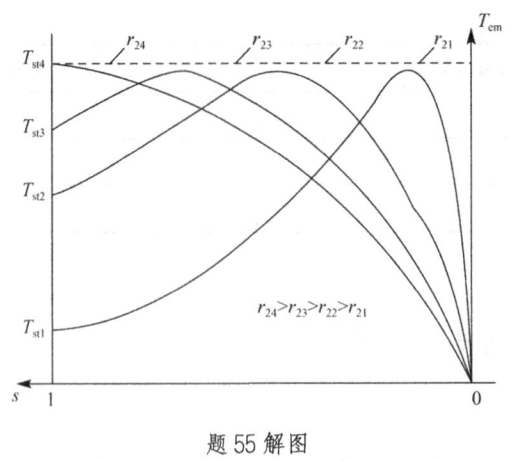

题 55 解图

答案： C

56. 解 $\Delta U = \frac{PR+QX}{U_1} \Rightarrow 38 - 36 = \frac{10 \times 6 + 8 \times (8 - X_c)}{38} \Rightarrow X_c = 6\Omega$。

答案： B

57. 解 变压器空载运行时，空载电流建立主磁通，所以空载电流即为励磁电流，等效电路如解图所示，其表明变压器空载运行时，可等效为一个电感线圈，其电抗值为$(x_1 + x_m)$，其电阻值为$(r_1 + r_m)$，可见空载电流表达式为$\dot{I}_0 = \frac{\dot{U}_1}{z_m + z_1}$。

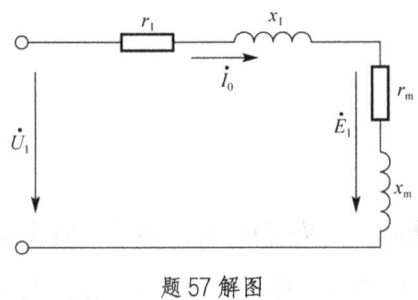

题 57 解图

注：r_m、x_m 都不是常数，随铁芯饱和程度而变化。

答案： C

58. 解 Y-△形接法，Y接时启动，△接法正常运行，故起动电流为：$I_{st} = \frac{1}{3} \times 7 \times 100 = 233A$。

答案： B

59. 解 $X_T = \frac{U_k\%}{100} \times \frac{U_N^2}{S_N} \times \frac{S_B}{U_B^2} = \frac{10.5}{100} \times \frac{[121 - (1 - 2.5\%)]^2}{63} \times \frac{100}{110^2} = 0.192A$

注：此题不严谨，短路电流计算时基准电压应取平均电压，即 $U_B = 1.05U_N$，U_N 为系统标称电压。

答案： A

60. 解 电压降落为两端电压的相量差，电压损耗（损失）为两端电压的幅值差。

答案： B

2020 年度全国勘察设计注册电气工程师（供配电）执业资格考试基础考试（下）
试题解析及参考答案

1. 解 根据 KCL 定律以及分压公式可知：$I = I_1 + 0.4 I_1$，$U_{AB} = \frac{20}{20+30} U_{AC} = 0.4 U_{AC}$，结合题意，$\beta I = 0.4 I_1$，$2 U_{AB} = \mu U_{AC}$，解得：$\mu = 0.8$，$\beta = \frac{2}{7}$。

答案： C

2. 解 将电路图进行等效化简如解图所示。

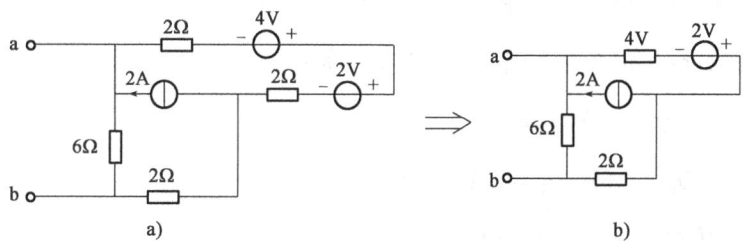

题 2 解图

针对解图 b）可采用叠加原理求解开口电压：$U_{ab} = \frac{4}{4+6+2} \times 2 \times 6 - \frac{6}{6+4+2} \times 2 = 4 - 1 = 3\text{V}$，然后将电压源短路、电流源开路求等效内阻，则内阻 $R_{ab} = 6 \mathbin{/\mkern-5mu/} (4+2) = 3\Omega$。

答案： A

3. 解 利用回路电流法得：$\left(-\frac{U}{2} + 2\right) \times 3 + 5U - U + 4 = 0$，解得：$U = -4\text{V}$。

答案： A

4. 解 含独立电源的 N_S 电阻网络可以用戴维南定理表示为一个开路电压 U_{OC} 和等效电阻 R_O 相串联。根据题意，$I_1 = \frac{U_{OC}}{R_O + R_1}$，代入已知参数得：$U_{OC} = 180\text{V}$，$R_O = 2\Omega$，故负载获得最大功率为：$P_{max} = \frac{U_{OC}^2}{4R_O} = 4050\text{W}$。

答案： C

5. 解 本题考查三要素法的基本概念。

答案： B

6. 解 （1）开关动作前，电感电流初始值 $I_{L(0_-)} = 10\text{A}$，根据换路定则可知，开关闭合时的电感电流 $I_{L(0_+)} = I_{L(0_-)} = 10\text{A}$。

（2）开关动作后，$I_{L(\infty)} = 3\text{A}$，时间常数 $\tau = \frac{L}{R} = \frac{0.4}{4 \mathbin{/\mkern-5mu/} 2} = 0.3$。

（3）根据三要素法得：
$$i_L(t) = i_L(\infty) + [i_L(0_+) - i_L(\infty)] e^{\frac{-t}{\tau}} = 3 + (10-3) e^{\frac{-t}{0.3}} = \left(3 + 7 e^{\frac{-t}{0.3}}\right)\text{A}$$

答案： D

7. 解 根据电压电流相位相同可知，LC 支路发生并联谐振，则：$\omega L = \frac{1}{\omega C} \Rightarrow X_C = \frac{1}{\omega C} = 2\Omega$，$R = \frac{U}{I} = \frac{8}{2} = 4\Omega$。

答案： B

8. 解 电压源发出有功功率即为电阻上消耗的功率，故

$$P = \left(\frac{U_S}{\sqrt{3^2 + 4^2}}\right)^2 \times 3 + \left[\frac{U_S}{\sqrt{3^2 + (-4)^2}}\right]^2 \times 3 = 24\text{W}$$

答案： C

9. 解 本题考查非正弦周期电路电压、电流的计算。

根据 $u = 10 + 5\sqrt{2}\cos 3\omega t$，分直流与交流分别计算：

（1）直流分量（电容相当于断路）：

电压电流分别为： $U_0 = 10\text{V}$，$I_0 = 0\text{A}$

（2）交流分量$\left(3\omega L = \frac{1}{3\omega C}\text{，发生谐振}\right)$：

$U_3 = 0\text{V}$，$I_3 = \frac{5}{5} = 1\text{A}$，故 $U = \sqrt{U_0^2 + U_3^2} = 10\text{V}$，$I = \sqrt{I_0^2 + I_3^2} = 1\text{A}$

答案： D

10. 答案： D

11. 解 $P = \sqrt{3}U_L I_L \cos\varphi = 3U_P I_P \cos\varphi$，$\varphi$ 为相电流和相电压间的夹角。

答案： B

12. 解 全电流包括传导电流、运流电流和位移电流。

（1）传导电流是自由电子（或空穴）或者电解液中的离子在导电媒质中定向移动形成的电流。

（2）运流电流是电子、离子或者其他带电粒子在真空或气体中定向移动运动形成的电流。

（3）位移电流密度是电通密度的时间变化率或电场的时间变化率。

答案： C

13. 解 本题考查电磁波的特点。

答案： B

14. 解 电磁波一般以速度、频率、波长衡量。

答案： B

15. 答案： C

16. 解 本题考查电流密度的定义。

答案： D

17. 答案：B

18. 答案：D

19. 解 本题考查二极管的单向导电性。当含有多个二极管时，阳极和阴极电位相差最大时，优先导通。当第一个二极管导通后，不计正向压降时，$U_A = 0V$，则剩下两个二极管因承受反向电压而截止。

答案： A

20. 解 根据 $U_{BE} = 0.3V$，$U_C > U_B > U_E$，即可判断为 NPN 型锗管。

答案： B

21. 解 根据运算放大器虚断和虚短特性：

（1）对于 A_1：$u_{o1} = -u_i$。

（2）对于 A_2：$u_- = u_+ = u_i$，$\frac{u_{o1} - u_-}{R} = \frac{u_- - u_o}{R} \Rightarrow u_o = 3u_i$。

答案： A

22. 解 图示电路为共发射极放大电路中典型稳定静态工作点电路，根据直流通路（电容开路）可知：$U_B = \frac{10}{10+20} \times V_{CC} = \frac{10}{10+20} \times 15 = 5V$，则发射极电流 $I_E = \frac{U_B - U_{BE}}{2} \approx \frac{5}{2} = 2.5mA$，根据电流确定电阻 $r_{be} = r'_{bb} + (1+\beta) \times \frac{26mV}{I_E} = 300 + (1 + 37.5) \times \frac{26mV}{2.5mA} = 0.79k\Omega$。

画出微变等效电路如解图所示。

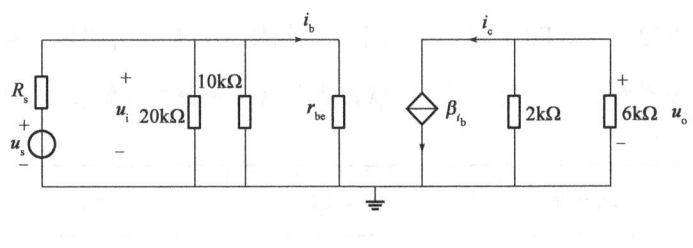

题 22 解图

由解图可知：输入阻抗 $r_i = 20 /\!/ 10 /\!/ 0.79 = 0.71k\Omega$，输出阻抗 $r_o = 2k\Omega$

输入电压 $\dot{U}_i = r_{be}\dot{I}_b$，输出电压 $\dot{U}_o = (1+\beta)R'_L\dot{I}_b$。

$$\dot{A}_u = \frac{\dot{U}_o}{\dot{U}_i} = -\frac{(1+\beta)R'_L\dot{I}_b}{r_{be}\dot{I}_b} = -\frac{(1+\beta)R'_L}{r_{be}} = -\frac{(1+37.5)(2 /\!/ 6)}{0.79} = -90.2$$

答案： B

23. 解 由运算放大器的虚短特性可知：$U_- = U_+ = 0$。

根据节点 KCL 定律可得：

$\frac{U_i - U_-}{R} = \frac{0 - U_1}{R}$，$\frac{U_1 - U_2}{R} + \frac{U_1}{R} = \frac{0 - U_1}{R}$，$\frac{U_1 - U_2}{R} = \frac{U_2}{R} + \frac{U_2 - U_o}{R} \Rightarrow A_u = \frac{U_o}{U_i} = -8$

答案： A

24. 解 三种情况分别对应 $0.9U_2$、$\sqrt{2}U_2$ 和 $0.45U_2$，其中 $U_2 = 20\text{V}$，则分别为 18V、28.28V 和 9V。

答案：B

25. 解 将选项逐个代入验算，即可得到正确答案 C。

答案：C

26. 解 74LS138 为 3 线-8 线译码器，在译码时，其输出端有效电平个数为 1。

答案：A

27. 解 $F = \overline{\overline{\overline{A}\,\overline{B}} \cdot \overline{AB}} = \overline{A}\,\overline{B} + AB$，即为同或门。

答案：C

28. 解 $Q^{n+1} = J\overline{Q}^n + \overline{K}Q^n = A\overline{Q}^n\,\overline{Q}^n = A\overline{Q}^n \xrightarrow{A=1} Q^{n+1} = \overline{Q}^n$，即实现的逻辑功能为计数。

答案：D

29. 解 根据时序逻辑电路的分析过程，首先列出电路的驱动方程和输出方程。

（1）驱动方程：$D = \overline{Q}_0^n$，$\begin{cases} J_1 = \overline{Q}_2^n \\ K_1 = 1 \end{cases}$，$\begin{cases} J_2 = Q_1^n \\ K_2 = 1 \end{cases}$

（2）输出方程：Q_2，Q_1，Q_0

（3）列状态方程：

$Q_2^{n+1} = J_2\overline{Q}_2^n + \overline{K}_2 Q_2^n = Q_1^n\overline{Q}_2^n$，$Q_1^{n+1} = J_1\overline{Q}_1^n + \overline{K}_1 Q_1^n = \overline{Q}_2^n\,\overline{Q}_1^n$，$Q_0^{n+1} = D = \overline{Q}_0^n$

由于触发器 FF1、FF2 是由 FF0 的输出 Q_0 的下降沿触发，只有当 Q_0 出现下降沿（即从 1→0）时触发器 FF1、FF2 才能触发开始计数，最终列出的状态表和状态图分别如解表和解图所示。

题 29 解表

$Q_2^n\, Q_1^n\, Q_0^n$	$CP_0 = CP$	$CP_1 = Q_0^n$	$CP_2 = Q_0^n$	$Q_2^{n+1}\, Q_1^{n+1}\, Q_0^{n+1}$
0 0 0	↗			0 0 1
0 0 1	↗	↘	↘	0 1 0
0 1 0	↗			0 1 1
0 1 1	↗	↘	↘	1 0 0
1 0 0	↗			1 0 1
1 0 1	↗	↘	↘	0 0 0
1 1 0	↗			1 1 1
1 1 1	↗	↘	↘	0 0 0

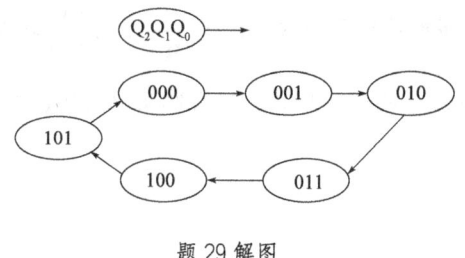

题29解图

由解表和解图可以看出，该电路实现的功能为异步六进制加法计数器。

答案： C

30. 解　74LS161为十六进制加法计数器，从图中161的接线可以看出，计数方式为反馈置数法（同步置数）。由图示逻辑关系可知，$Y = \overline{MQ_1Q_2Q_3 + \overline{M}Q_2}$。

（1）当M = 1时，进位信号$Y = \overline{Q_1Q_2Q_3}$，图中故计数有0000~1110共15个状态，最后一个状态为有效状态，为十五进制计数器。

（2）当M = 0时，进位信号$Y = \overline{Q_2}$，计数有0000~0100共5个状态，最后一个状态为有效状态，为五进制计数器。

答案： C

31. 解　正常时各相对地电容电流为U_p/X_c，发生单相接地故障后，故障点对地电容电流为非故障相之和，大小为$3U_p/X_c$，即故障点对地电流升高了2倍。

答案： B

32. 解　无论何种主接线形式，首先要保证供电的可靠性。

答案： B

33. 解　星形接线接入为线电压，接线系数为1；三角形接线接入电流为线电流之差，接线系数为$\sqrt{3}$。

答案： C

34. 解　两个电压互感器高压侧首尾相连，相连处接B相，A端接A相，X端接C相，二次侧相对应地引出二次电压，并在B相接地，用于测量U_{AB}、U_{CB}。

答案： C

35. 答案： D

36. 解　电流互感器动稳定校验条件主要包括两个：①校验冲击电流倍数应小于或等于制造部门给出的允许动稳定倍数；②相间电流的相互作用使互感器绝缘瓷套顶部受到外作用力，也称之为外部动稳定校验。热稳定是验算互感器承受短路电流发热的能力。

答案： D

37. 解 将题干数据代入正序等效定则公式：$I_f = \frac{1}{2x_{\Sigma(1)}} \times \frac{100}{\sqrt{3} \times 35} = 4.08\text{kA}$。

注：一般短路计算取定电压为平均额定电压，针对此题取定 $U_{av} = 37\text{kV}$，没有对应选项，因此取 35kV 计算。

答案： C

38. 解 取 $S_B = 1000\text{kVA}$，$U_B = U_{av}$，则线路及变压器标幺值为：

$$X_{T*} = \frac{U_k\%}{100} \times \frac{S_B}{S_N} = 0.06, \quad X_{L*} = x_l l \times \frac{S_B}{U_B^2} = 0.38 \times 8 \times \frac{1}{10.5^2} = 0.0275$$

根据三相短路电流全电流计算公式：

$$I_{ch} = I_k'' \sqrt{1 + 2(k_{ch} - 1)^2} = \frac{1}{X_\Sigma} \frac{S_B}{\sqrt{3} U_{av}} \sqrt{1 + 2(k_{ch} - 1)^2}$$

$$= \frac{1}{0.06 + 0.0275} \times \frac{1}{\sqrt{3} \times 0.4} \sqrt{1 + 2(1.8 - 1)^2} = 25.07\text{kA}$$

答案： C

39. 解 可见断点是隔离开关（刀闸）的特点。

答案： B

40. 答案： D

41. 解 $n = \frac{60f}{p} = \frac{60 \times 60}{4} = 900\text{r/min}$。

答案： B

42. 解 直流发电机电磁功率计算公式为：$P_m = E_a I_a$。由已知条件，输出电流 $I = 20000/230 = 86.96\text{A}$，励磁电流 $I_f = 230/73.3 = 3.14\text{A}$，因此，电枢电流 $I_a = 86.96 - 3.14 = 83.82\text{A}$。$E_a = 230 + 83.82 \times 0.156 = 243.08\text{V}$，代入功率计算公式，得：$P_m = E_a I_a = 83.82 \times 243.08 = 20.37\text{kW}$，就近选 C。

答案： C

43. 解 热稳定校验的概念：在规定的短时间内，开关设备和控制设备在合闸位能够承载电流的有效值。动稳定校验的概念：开关设备和控制设备在合闸位能够承载的额定短时耐受电流的第一个大半波的电流峰值（冲击电流）。

答案： A

44. 解 本题考查异步电动机功率流程图。

答案： C

45. 解 由已知条件，$P = 0.4\text{MW}$，$Q = 0.6\text{Mvar}$，电压降 $\Delta U = \frac{PR + QX}{U} = \frac{0.4 \times 1.72 + 0.3 \times 3.42}{10} = 0.171\text{kV}$，因此，$U_2' = 10000 - 171 = 9829\text{V}$。

答案： B

46.答案： D

47.解 此题未说明电动机励磁状态，严格来讲，选项 AC 均正确。

答案： AC

48.解 零序电流保护和剩余电流保护的基本原理都是基尔霍夫电流定律：流入电路中任一节点的复电流的代数和等于零，即 $\sum \dot{i} = 0$，并且都用零序 C.T 作为取样元件。在线路与电器设备正常情况下，各相电流的矢量和等于零（对零序电流保护假定不考虑不平衡电流），因此，零序 C.T 的二次侧绕组无信号输出（零序电流保护时躲过不平衡电流），执行元件不动作。当发生接地故障时，各相电流的矢量和不为零，故障电流的零序 C.T 的环形铁芯中产生磁通，零序 C.T 的二次侧感应电压使执行元件动作，带动脱扣装置，切换供电网络，达到接地故障保护的目的。

答案： C

49.解 《低压配电设计规范》（GB 50054—2011）第 4.4.7 条对切断接地故障回路的时间要求为：

（1）配电线路或仅供给固定式电气设备用电的末端线路，不宜大于 5s。

（2）供电给手握式电气设备和移动式电气设备的末端线路或插座回路不应大于 0.4s。

答案： A

50.解 $I_{2N} = \dfrac{S_N}{\sqrt{3}U_N} = \dfrac{800\text{kVA}}{\sqrt{3} \times 0.4\text{kV}} = 1156\text{A}$。

答案： D

51.解 本题考查同步发电机的有功功率公式 $P_M = \dfrac{3UE_0}{X_s}\sin\delta$。

答案： B

52.解 由已知条件，$U_{1p}/U_{2p} = a$，因此，$U_{1N}/U_{2N} = \sqrt{3}U_{1p}/U_{2p} = \sqrt{3}a$。

答案： D

53.答案： C

54.解 由转矩公式 $T = C_T\phi I_a$ 可知，转矩不变，电压上升，则 ϕ 变大，电流减小。

答案： C

55.解 由异步电机转子转速公式：

$$n = (1-s)\frac{60f}{p} = (1-0.02) \times \frac{60 \times 60}{3} = 1176\text{r/min} = 123.1\text{rad/s}$$

答案： B

56.解 $Q = P(\tan\varphi_1 - \tan\varphi_2) = 880 \times (0.620 - 0.329) = 256.08\text{Mvar}$。

答案： C

57. 解 本题考查变压器试验。短路试验所测的数据可用于计算变压器 T 型等值电路中的原、副边漏抗及电阻，空载试验所测的数据可用于计算变压器 T 型等值电路中的励磁电阻和励磁电抗。

答案： C

58. 解 最小电流为启动电流的 1/3，即 $I_{min} = 91 \times 6/3 = 182A$。

答案： A

59. 解 $R_T = \dfrac{P_k}{1000} \times \dfrac{U_N^2}{S_N^2} = \dfrac{128}{1000} \times \dfrac{110^2}{15^2} \times \dfrac{1}{2} = 3.44\Omega$。

答案： A

60. 答案： A

2021年度全国勘察设计注册电气工程师（供配电）执业资格考试基础考试（下）
试题解析及参考答案

1.解 由题可得，对有b条支路n个节点的电路，独立的KCL方程个数为$n-1$个，独立的KVL方程个数为$b-n+1$个。根据节点电压法可知，列写出的独立电压方程个数即为独立KCL方程个数，为$n-1$个。

答案：B

2.解 如解图所示，由KCL定律可得，3Ω上电流为$I'=I-2I=-I$，方向由上向下，外加电源后，列写KVL方程，有$U=5I+3I'=5I-3I=2I$，则端口的等效电阻$R_{ab}=\frac{U}{I}=2\Omega$。

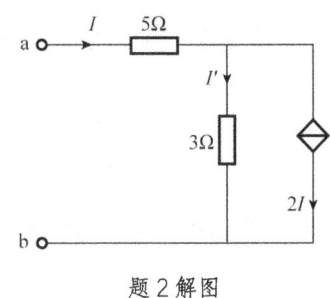

题2解图

答案：B

3.解 由题可得，网络N的电压和电流呈非关联参考方向，由功率计算公式可得：$P=UI=(-10)\times(-2)=20W$，则网络N发出20W。

答案：B

4.解 由题可知，电阻R_2与电流源串联，所以不计入自电导中，则节点1的节点电压方程为：$\frac{1}{R_1}U_1=I_s-I$。

答案：B

5.解 由题可得，当端口短路时，根据并联分流可得短路电流为：$I_{sc}=\frac{U_s}{R_1+R_2/\!\!/R_3}\times\frac{R_2}{R_2+R_3}=\frac{2}{5}$A，将电压源置零求解等效电阻，可得：$R_{eq}=R_3+R_1/\!\!/R_2=2\Omega$。

答案：C

6.解 换路后的瞬间即当$t=0_+$时，电容可等效为同电容电压初始值大小相等、方向相同的电压源，则当电容初始电压等于零时，电容元件等效为电压为零的电压源，相当于短路。

答案：B

7.解 （1）开关动作前，电感电流初始值$i_L(0_-)=2A$，根据换路定则可知，开关闭合时的电感电流$i_L(0_+)=i_L(0_-)=2A$。

（2）当换路后到达新的稳态时，电感视为短路，则电感电压为 0，受控电流源视为开路，则可得 $i_{L(\infty)} = 0$。

（3）求时间常数。采用外加电源法，假设所加电压为 u，流入电流为 i，根据 KCL 及 KVL 定律可得：$u = 3i + (i + 0.5u) \times 1 \Rightarrow R = \frac{u}{i} = 8\Omega$，故时间常数 $\tau = \frac{L}{R} = \frac{4}{8} = 0.5$。

根据三要素法可得：$i_L(t) = i_{L(\infty)} + [i_L(0_+) - i_{L(\infty)}]e^{\frac{-t}{\tau}} = 0 + (2 - 0)e^{-2t} = 2e^{-2t}$，则电感电压 $u_L(t) = L\frac{\mathrm{d}i_L(t)}{\mathrm{d}t} = -16e^{-2t}\mathrm{V}$。

答案：A

8. 解　由题可得，换路前电路已达稳态，此时开关处于闭合状态，电感视为短路，电容视为开路，则可得 $u_C(0_-) = 0\mathrm{V}$，$i_L(0_-) \neq 0\mathrm{A}$。根据换路定则，换路后的初始时刻有，$u_C(0_+) = 0\mathrm{V}$，$i_L(0_+) \neq 0\mathrm{A}$，则电流的初始储能在电感中。

答案：B

9. 解　由题可得，电压表的读数为电阻两端的电压，因回路中电流不变，故电阻两端电压不变。

答案：C

10. 解　图示电路中，由 LC 并联电路发生并联谐振可得，此时电路角频率为 $\omega = \frac{1}{\sqrt{LC}} = 1000\mathrm{rad/s}$，LC 并联部分对外视为开路，则当串联的 LC 电路发生串联谐振时，$L_1 = \frac{1}{\omega^2 C} = 4 \times 10^{-3}\,\mathrm{H} = 4\mathrm{mH}$。

答案：D

11. 解　由题可得，因故障 B 相断开即开关 S 打开后，B 相负载上无电流，则可得此时电压表读数为 C 相负载相电压大小，由 KVL 定律可得，$U = \frac{U_{CA}}{2} = 190\mathrm{V}$。

答案：B

12. 解　（1）当直流分量 $i_s = 10\mathrm{A}$，电感短路，此时电阻被短路，即电压 $U_{ab} = 0\mathrm{V}$。

（2）当基波分量 $i_s = 5\cos 10t\,\mathrm{A}$，根据并联关系可得：$i_s = 5\cos 10t\,\mathrm{A}$，电压 $\dot{U}_{ab} = \dot{I} \times (R /\!/ j\omega L) = \frac{5}{\sqrt{2}}\angle 0° \times \frac{j1}{1+j1} = \frac{5}{2}\angle 45°$。

故电压 $U_{ab}(t) = 2.5\sqrt{2}\cos(10t + 45°)\,\mathrm{V}$。

答案：D

13. 解　通电螺线管内部磁场强度正比于线圈匝数，且正比于通过螺线管的电流大小。有铁钉比无铁钉磁场更强（铁芯的磁导率大于空气）。正负极互换只能改变磁极极性，不影响磁力大小。

答案：A

14. 解　导电媒质中功率损耗计算公式为 $Q = i^2 Rt$，即焦耳定律。

答案：B

15.解 电位是相对概念，电场强度是绝对概念，两者的值无直接联系，但是电位变化快慢与电场强度密切相关（电位变化越快的地方，电场强度越大）。

答案： D

16.解 本题考查电磁感应定律，即闭合回路中的磁通或磁链的变化将产生电动势。由于磁通或磁链由磁感应强度(B)和闭合回路的有效截面积(S)决定，故选项 A 属于直接改变磁通；选项 B 属于改变有效面积，选项 D 属于改变磁感应强度，从而间接改变磁通。

答案： C

17.解 电磁波伴随的电场方向、磁场方向和传播方向三者互相垂直，因此电磁波是横波。电磁波实际上分为电波和磁波，是两者的总称，但由于电场和磁场总是同时出现、同时消失，并相互转换，所以通常将两者合称为电磁波，有时可直接简称为电波。

答案： A

18.解 该题涉及的模型为典型的直流电动机模型，左右两侧电流与磁场垂直时受力最大为ILB，即力矩最大为$ILB \times L/2$，左右两侧导体受力矩同为顺时针方向，两者叠加后为IL^2B。力矩计算公式为：$F(力) \times L(力臂)$。

答案： A

19.解 如果两只并联稳压管的稳压值不相等，稳压值较小的管子将首先击穿，稳压值较高的那只不起作用，故$U_O = U_{Z1} = 5V$。

答案： A

20.解 晶体管放大电路处于放大区满足发射结正偏，集电结反偏。NPN 型晶体管放大满足$U_C > U_B > U_E$，PNP 型晶体管放大满足$U_C < U_B < U_E$。根据发射结电压$|U_{BE}|$可以确定是硅管或锗管，其中硅管发射结导通电压为0.6~0.7V，锗管发射结导通电压为0.2~0.3V。

根据题目参数计算：$U_{BE} = U_B - U_E = -2.3 - (-3) = 0.7V$，$U_C > U_B > U_E$，即可判断为 NPN 型硅管。

答案： D

21.解 根据运算放大器虚断和虚短特性可知：

$$u_- = u_+ = u_i \times \frac{R}{R + 2R} = \frac{1}{3}u_i, \quad \frac{u_i - u_-}{R} = \frac{u_- - u_o}{2R} \Rightarrow u_o = -u_i$$

答案： B

22.解 图示电路中，$\dot{U}_{o1}$为共发射极放大电路的输出电压，$\dot{U}_{o2}$为共集电极放大电路的输出电压。

根据各自对应的微变等效电路可知：

（1）共发射极放大电路（解图 1）：

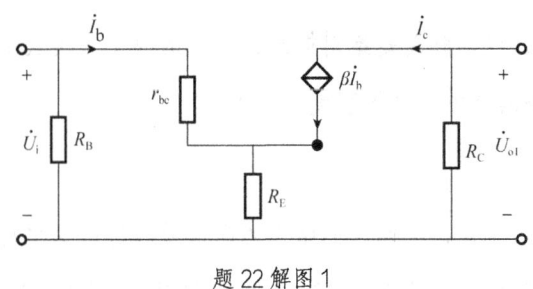

题 22 解图 1

输入阻抗 $r_i = [r_{be} + (1+\beta)R_E] /\!/ R_B = [1 + (1+50) \times 2] /\!/ 300 = 76.67 \, k\Omega$

输出阻抗 $r_{o1} = R_C = 2 \, k\Omega$

电压放大倍数：$\dot{A}_{u1} = \dfrac{\dot{U}_{o1}}{\dot{U}_i} = -\dfrac{(1+\beta)R'_L i_b}{[r_{be}+(1+\beta)R_E]i_b} = -\dfrac{(1+\beta)R_C}{r_{be}+(1+\beta)R_E} = -\dfrac{102}{103} = -0.99$

（2）共集电极放大电路（解图 2）:

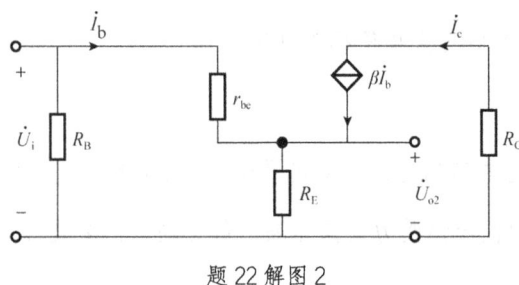

题 22 解图 2

输入阻抗：$r_i = [r_{be} + (1+\beta)R_E] /\!/ R_B = [1 + (1+50) \times 2] /\!/ 300 = 76.67 k\Omega$

输出阻抗（采用端口加电压方法）：$r_{o2} = R_E /\!/ \left(\dfrac{r_{be}}{1+\beta}\right) = 2 /\!/ \left(\dfrac{1}{1+50}\right) = 0.0194 k\Omega = 19.4\Omega$

电压放大倍数：$\dot{A}_{u2} = \dfrac{\dot{U}_{o2}}{\dot{U}_i} = \dfrac{(1+\beta)R'_L i_b}{[r_{be}+(1+\beta)R_E]i_b} = \dfrac{(1+\beta)R_E}{r_{be}+(1+\beta)R_E} = \dfrac{102}{103} = 0.99$

答案： C

23. 解 利用运算放大器虚断虚短特性可得：

$$u_{1+} = u_{i1} = u_{1-} \Rightarrow \frac{0 - u_{1-}}{R_1} = \frac{u_{1-} - u_{o1}}{R_1/K} \Rightarrow u_{o1} = \left(1 + \frac{1}{K}\right)u_{i1}$$

$$u_{2-} = u_{2+} = u_{i2}, \quad \frac{u_{o1} - u_{2-}}{R_2} = \frac{u_{2-} - u_o}{KR_2} \Rightarrow u_o = (1+K)u_{i2} - Ku_{o1} \Rightarrow u_o = (1+K)(u_{i2} - u_{i1})$$

答案： B

24. 解 根据带滤波电容且负载 $(R_L = 40k\Omega)$，未开路的整流桥输出电压 $U_O = 1.2U_2 = 1.2 \times 20 = 24V$，负载平均电流 $I_O = U_O/R_L = 24V/40k\Omega = 0.6A = 600mA$。二极管 D1、D3 为一组，D2、D4 为一组，每组轮流导通半周，故二极管的平均电流为流过负载平均电流的一半，即 $I_D = I_O/2 = 300mA$。

整流二极管承受的最高反向电压 $U_{RM} = \sqrt{2}U_2 = \sqrt{2} \times 20 \approx 28.28V$。

答案： A

25. 解 根据图示波形图，当输入 A = 1、B = 1 时，代入选项 A 和 D 表达式，F = 1，与图中 F = 0 结果相矛盾，故排除选项 A、D。选项 C 为异或电路，即 $F = A \oplus B = \overline{A}B + A\overline{B}$，当波形中输入 A = 0、

$B = 0$ 时，输出为 $F = 0$，与图中 $F = 1$ 结果相矛盾，故只能选择选项 B。

答案：B

26. 解 基本概念。n 位二进制可以编码 2^n 个字符，而 $2^8 = 256$。所以 250 个字符只需要 8 位二进制数即可编码。

答案：C

27. 解 根据逻辑电路可得：$Y = \overline{(A + B)} \cdot \overline{(\overline{A} + \overline{B})} = \overline{A}\,\overline{B} + A\overline{B} = AB + \overline{A}\,\overline{B}$，故为同或电路。

答案：C

28. 解 根据 D 触发器的特征方程：$Q^{n+1} = D = A + \left(\overline{Q}^n \oplus \overline{B}\right) = A + \overline{Q}^n B + Q^n \overline{B}$，当 $A = 0$、$B = 1$ 时，$Q^{n+1} = \overline{Q}^n$，表明具有计数功能。

答案：A

29. 解 JK 触发器的特征方程为：$Q^{n+1} = J\overline{Q}^n + \overline{K}Q^n$

根据时序逻辑电路的分析过程，列出电路的驱动方程和输出方程。

（1）驱动方程：$\begin{cases} J_0 = 1 \\ K_0 = 1 \end{cases}$, $\begin{cases} J_1 = \overline{Q}_0^n \\ K_1 = \overline{Q}_0^n \end{cases}$, $\begin{cases} J_2 = \overline{Q}_0^n \cdot \overline{Q}_1^n \\ K_2 = \overline{Q}_0^n \cdot \overline{Q}_1^n \end{cases}$

（2）输出方程为 Q_2，Q_1，Q_0。

（3）列出状态方程：

$Q_2^{n+1} = J_2\overline{Q}_2^n + \overline{K}_2Q_2^n = \overline{Q}_0^n \cdot \overline{Q}_1^n \cdot \overline{Q}_2^n + \overline{\overline{Q}_0^n \cdot \overline{Q}_1^n}Q_2^n = \overline{Q}_0^n + \overline{Q}_1^n + \overline{Q}_2^n + Q_0^nQ_2^n + Q_1^nQ_2^nQ_1^{n+1} = J_1\overline{Q}_1^n + \overline{K}_1Q_1^n = \overline{Q}_0^n \cdot \overline{Q}_1^n + Q_0^nQ_1^n$, $Q_0^{n+1} = \overline{Q}_0^n$

由于触发器 FF0、FF1、FF2 均为下降沿触发（即从 1 → 0 时才能触发开始计数），最终列出的状态表和状态图如下所示。

$Q_2^n\,Q_1^n\,Q_0^n$	CP	$Q_2^{n+1}\,Q_1^{n+1}\,Q_0^{n+1}$
0 0 0	↘	1 1 1
0 0 1	↘	0 0 0
0 1 0	↘	0 0 1
0 1 1	↘	0 1 0
1 0 0	↘	0 1 1
1 0 1	↘	1 0 0
1 1 0	↘	1 0 1
1 1 1	↘	1 1 0

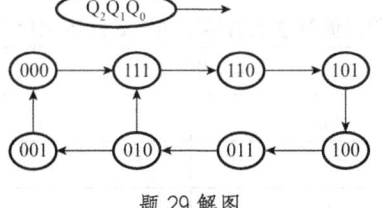

题 29 解图

由解图可以看出，该电路实现的功能为同步八进制减法计数器。

答案：B

30. 解 采用反馈置数法，预置数为0000，$Y = \overline{AQ_0Q_1Q_3 + \overline{A}Q_0Q_3}$。

当$A = 1$时，$Y = \overline{Q_0Q_1Q_3}$；当$Q_3Q_2Q_1Q_0 = 1011$，在下一个CP脉冲作用后，计数器就把预置输入端数据预置到计数器，返回状态0000，此时为十二进制计数器。

当$A = 0$时，$Y = \overline{Q_0Q_3}$；当$Q_3Q_2Q_1Q_0 = 1001$，在下一个CP脉冲作用后，计数器就把预置输入端数据预置到计数器，返回状态0000，此时为十进制计数器。

答案：A

31. 解 10kV系统正常运行时对地电压为$10/(\sqrt{3}$kV)，当单相接地时，非故障相对地电压升高为原来的$\sqrt{3}$倍，即为10kV。

答案：A

32. 解 在负荷计算中，单相负荷应均衡分配到三相上，当单相负荷的总容量小于计算范围内三相对称负荷总容量的15%时，全部按三相对称负荷计算。

答案：B

33. 解 根据《电流互感器和电压互感器选择及计算规程》(DL/T 866—2015)第4.4.1条规定，测量用电流互感器的二次负荷值不应超出解表规定的范围，因此负荷不应小于额定容量的25%。

测量用电流互感器二次负荷值范围　　　　　　　　　题33解表

仪表准确等级	二次负荷值范围
0.1、0.2、0.5、1	25%～100%额定负荷
0.2S、0.5S	25%～100%额定负荷
3、5	50%～100%额定负荷

答案：A

34. 解 Y_0/Y为三相星形接线，其中一次侧为中性点接地，因此互感器一次侧可测量三相对地电压，经过变压后，二次侧测量值仍为各相对地电压。

答案：D

35. 解 根据《电流互感器和电压互感器选择及计算规程》(DL/T 866—2015)第10.1条规定，测量用电流互感器各种接线方式的阻抗换算系数见解表。

测量用电流互感器各种接线方式的阻抗换算系数　　　　　题35解表

电流互感器接线方式	阻抗换算系数		备注
	K_{lc}	K_{mc}	
单相	2	1	
三相星形	1	1	

电流互感器接线方式		阻抗换算系数		备注
		K_{lc}	K_{mc}	
两相星形	$Z_{m0} = Z_m$	$\sqrt{3}$	$\sqrt{3}$	Z_{m0}为零线回路中的负荷电阻
	$Z_{m0} = 0$	$\sqrt{3}$	1	
两相差接		$2\sqrt{3}$	$\sqrt{3}$	
三角形		3	3	

由解表可知，两相星形接线方式中，连接线的阻抗换算系数$K_{lc} = \sqrt{3}$，故$L_c = \sqrt{3} \times 30 \approx 52m$。

答案：B

36.解 本题考查基本概念。根据《导体和电器选择设计技术规定》(DL/T 5222—2005)第11.0.6条规定，当安装的63kV及以下隔离开关的相间距离小于产品规定的最小相间距离时，应要求制造厂根据使用条件进行动稳定性和热稳定性试验。原则上应进行三相试验，当试验条件不具备时，允许进行单相试验。

答案：D

37.解 短路计算尤其是不对称短路计算，主要应用叠加定理和对称分量法。磁路不饱和意味着元件为线性元件，只有线性元件才可以应用叠加定理。

答案：D

38.解 当单相接地时，故障相正序等于负序等于零序电流，故正序分量为短路电流的1/3，即$30 \times 1/3 = 10A$。

答案：D

39.解 本题考查基本概念。高压隔离开关具有明显的可见断开点，无灭弧装置；断路器有灭弧装置，无明显的可见断开点。

答案：C

40.解 雷电过电压又称大气过电压，属于外部过电压。内部过电压的分类如下：

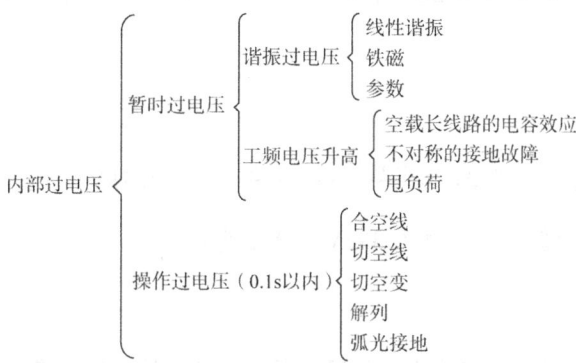

答案：C

41. 解 极数为6，即磁极对数$p=3$，根据同步转速计算公式可得：$n=60f/p=1000\text{r/min}$。

答案： C

42. 解 铜耗即为励磁绕组和电枢绕组上的功率损耗。

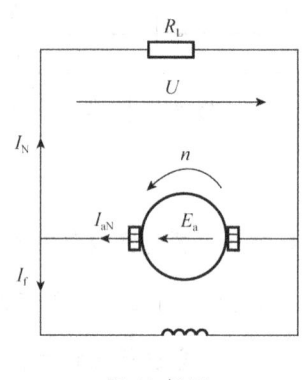

题 42 解图

励磁部分的功率损耗为$230^2/73.3=722\text{W}$。

额定输出电流$I_\text{N}=P_\text{N}/U_\text{N}=20000/230=86.96\text{A}$，由解图可知，额定电枢电流$I_\text{aN}$为额定输出电流$I_\text{N}$和额定励磁电流$I_\text{f}$之和，即$I_\text{aN}=I_\text{N}+I_\text{f}=86.96+230/73.3=90.09\text{A}$。

因此电枢部分损耗为：$90.09^2\times0.156=1266\text{W}$，铜耗共计为$722+1266=1988\text{W}$，就近选 C。

答案： C

43. 解 热稳定电流即为短时耐受电流或者短时热电流，指断路器处于合闸状态下，在一定的持续时间内，所允许通过电流的最大周期分量有效值，此时断路器不应因短时发热而损坏。故选项 B 三相短路稳定电流即为周期分量有效值。选项 A 三相短路冲击电流用来校验动稳定电流。

答案： B

44. 解 $P_\text{M}=P_1-P_\text{s}-P_\text{Cu1}=15700-300-3\times22.6^2\times0.2=15093.54\text{W}$（其中，$P_\text{s}$为定子铁耗，$P_\text{Cu1}$为定子铜耗），转差率$s=(n_1-n)/n_1=(3600-3502)/3600\approx0.027$（其中，$n_1$为电动机同步转速，取值只能为$60f/p=60\times60/1=3600$；$n$为电动机转速），所以转子铜耗$P_\text{Cu2}=sP_\text{M}=411\text{W}$，就近选 C。

答案： C

45. 解 归算到高压侧，电压降$\Delta U=\dfrac{0.3\times1.72+0.4\times3.42}{10}=0.1884\text{kV}$，因此归算到高压侧，副边电压为$10-0.1884=9.8116\text{kV}$，归算到低压侧为$392\text{V}$，就近选 C。

答案： C

46. 解 根据异步电动机典型$T\text{-}S$曲线，如解图所示，随着转差率的变化，在B点出现电磁转矩的最大值T_m，对应于T_m的转差率S_m称为临界转差率。正常运行点位于C点附近（对应额定运行转矩T_N），当负载增加时，电磁转矩必定增大，转速n下降，由于同步转速$n_1 = \frac{60f}{P}$不变，则转差率$s = \frac{n_1-n}{n_1}$必然增大。

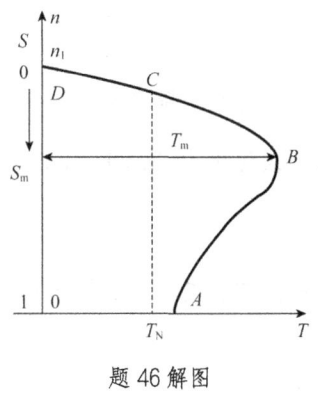

题 46 解图

答案： A

47.解 输出有功功率不变，则原动机输入不变；根据 V 形曲线（见解图）可知，若要增加感性无功功率（滞后性）输出，应该增大励磁电流。

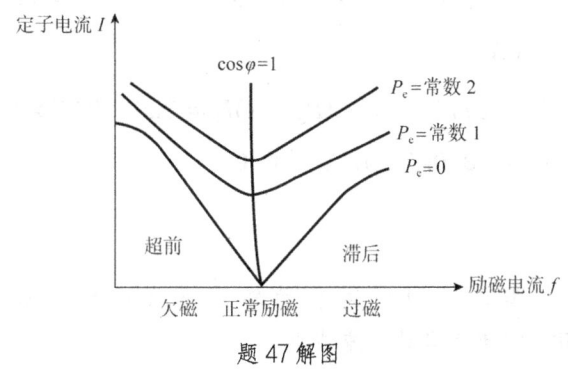

题 47 解图

答案： C

48.解 根据两相短路序网关系，当发生两相短路故障时，仅有正序和负序分量。

答案： B

49.解 对于 110kV 以上的系统，当电力系统稳定要求快速切除故障时，应选用分闸时间不大于 0.04s 的断路器；当采用单相重合闸或综合重合闸时，应选用能分相操作的断路器。故本题选 B。

答案： B

50.解 发电机必定要产生感应电动势；这里电磁转矩为阻力矩，需与原动机提供的动力矩平衡才能保证发电机匀速旋转。

答案： D

51.解 根据有功功率流动规律，由电压（或电动势）相位超前者向滞后者传递。当功角为正时说明发电机电动势相位超前外部电源电压，则有功功率由发电机流向外电源；当功角为负时，即外部电源电压相位超前于发电机电动势，则有功功率由外部电源流向发电机；当功角为零时，即外部电源电压与发电机电动势同相位，则有功率不会流动。这里显然仅选项 B 描述正确。

答案：B

52. 解 变压器高压侧与低压侧变比应为相电压之比，题中应给出变压器连接组别，但根据电压等级，可通过常识判断出连接组别为 Y,y，故变比为 $35/10 = 3.5$。

答案：B

53. 解 电流互感器二次侧不得开路，有且仅有一点接地；电压互感器二次侧不得短路，有且仅有一点接地。

答案：A

54. 解 题目中发电机应修正为电动机，否则与后面拖动恒转矩负载不符。

电枢回路串入电阻前：$E_a = C_e\phi n_N = U_N - R_a I_{aN} = 220 - 0.12 \times 88 = 209.44\text{V}$

已知拖动恒定转矩负载，即串入电阻前后，电磁转矩不变。由转矩计算公式 $T = C_T\phi I_a$，电枢电流在串入电阻前后不变，即 $I_a = 88\text{A}$。

电枢回路串入电阻后：$E'_a = C_e\phi n' = U_N - (R_a + R)I_a = 220 - 0.27 \times 88 = 196.24\text{V}$

故 $\dfrac{C_e\phi n'}{C_e\phi n_N} = \dfrac{n'}{n_N} = \dfrac{196.24\text{V}}{209.44\text{V}}$，$n' = 2810\text{r/min}$，就近选 C。

答案：C

55. 解 由解图所示，串入电阻使得启动转矩增大；而根据启动电流计算公式 $I_{st} = \dfrac{U_1}{\sqrt{(R_1+R'_2)^2+(X_1+X'_2)^2}}$，串入电阻必定使得启动电流减小。

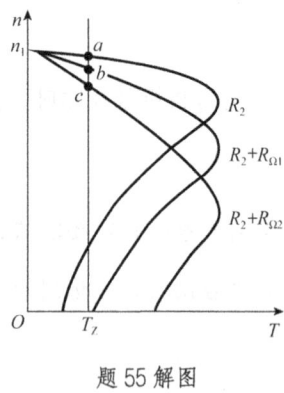

题 55 解图

注：$R_{\Omega1}$、$R_{\Omega2}$ 为转子回路传入不同的电阻。

答案：B

56. 解 本题考查三种调压方式的定义。

（1）逆调压方式：如果中枢点供电至各负荷点的线路较长，各负荷的变化规律大致相同，且各负荷的变动较大，则应采用"逆调压"方式。采用"逆调压"方式的中枢点，在最大负荷时保持电压比线路额定电压高 5%；在最小负荷时，电压则下降至线路的额定电压。因此在最大负荷时提高中枢点电压以抵偿线路上因最大负荷而增加的电压损耗；在最小负荷时，将中枢点的电压降低以防止负荷点的电压过高。故本题选 A。

（2）恒调压方式：如果负荷变动较小，线路上的电压损耗也较小，这时可把中枢点的电压保持在比线路额定电压高2%～5%的数值，而不必随负荷变化来调整中枢点的电压，仍可保证负荷点的电压质量，此方式称为"恒调压"，又叫"常调压"。

（3）顺调压方式：如果负荷变动甚小，线路电压损耗小，或用户处于允许电压偏移较大的农村电网，而无功调整手段又严重不足时，可以采用这种方式。但要注意，最大负荷时中枢点电压应保持比线路额定电压高2.5%，最小负荷时中枢点电压也不应比线路额定电压高7.5%。随着农村电网建设和改造的不断扩大，企业对电压质量要求也越来越高，因此这种调压方式应减少或避免采用。

答案：A

57. 解 $R_T = \dfrac{P_k}{1000} \times \dfrac{U_N^2}{S_N^2} = \dfrac{0.12}{1000} \times \dfrac{220^2}{1.2^2} = 4.03\Omega$。

答案：A

58. 解 由异步电动机最大转矩计算公式：

$$T_m = \frac{1}{\Omega_1} \frac{3U_1^2}{2\left[R_1 + \sqrt{R_1^2 + (X_1 + X_2')^2}\right]}$$

可知，转子回路串入电阻（即改变R_2）不影响电动机的最大转矩，故本题选 C。

答案：C

59. 解 $X_T = \dfrac{1}{2} \times \dfrac{U_k\%}{100} \times \dfrac{U_N^2}{S_N} = \dfrac{1}{2} \times \dfrac{10.5}{100} \times \dfrac{110^2}{15} = 42.4\Omega$。

答案：C

60. 解 电压损失为线路首末端电压的模值之差，即为代数之差。

答案：B

2022年度全国勘察设计注册电气工程师（供配电）执业资格考试基础考试（下）

试题解析及参考答案

1. 解　利用叠加定理，当6V电压源单独作用时，3A电流源两端电压$U' = 6V$。

当4V电压源单独作用时，3A电流源两端电压$U'' = 4V$。

当1A电流源单独作用时，3A电流源两端电压$U''' = 0V$。

当3A电流源单独作用时，3A电流源两端电压$U'''' = -3V$。

故3A电流源两端电压$U = 6 - 3 + 4 = 7V$。

答案：D

2. 解　独立电流源的特性是流过电流源的电流大小不变，两端电压与外电路相关。故开关S闭合前后，电流表的读数不变。

答案：C

3. 解　根据功率公式$P_{R_L} = \left(\frac{R_S}{R_S+R_L}\right)^2 R_L = \left(\frac{1}{1+R_L/R_S}\right)^2 R_L$，要使$P_{R_L}$最大，则$R_S = \infty$。

答案：D

4. 解　根据戴维南定理中等效电阻的定义，当独立电源置0，即独立电压源短路时，独立电流源开路。

答案：A

5. 解　以0点作为基准点，根据节点电压法可得：

$$\begin{cases} U_3\left(\frac{1}{20} + \frac{1}{8}\right) - \frac{1}{8}U_2 = -5 \\ U_1 = -6 \\ U_2 = 12 \end{cases} \Rightarrow U_3 = -20V \Rightarrow U = -U_3 = 20V$$

答案：B

6. 解　（1）开关S闭合前，电容C的电压初始值为：$U_C(0_+) = U_C(0_-) = 20V$，电感L的电流初始值为：$i_L(0_+) = i_L(0_-) = 2A$。

（2）开关S闭合后，画出0_+等效电路，电感相当于一个电流源，电容相当于一个电压源，即：

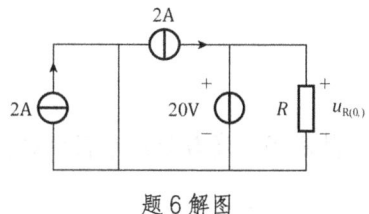

题6解图

由解图可知，$u_{R(0_+)} = 20V$。

答案：C

7. 解 （1）电容C的电压初始值和稳态值分别为：$U_C(0_+) = U_C(0_-) = 3V$，$U_C(\infty) = 3V$。

（2）计算时间常数：等效电阻为 $R_{eq} = R_1 = 2\Omega$，则时间常数为 $\tau = R_{eq}C = 2 \times 0.25 = 0.5s$。

（3）根据三要素法，电容电压为：$U_C(t) = U_C(\infty) + [U_C(0_+) - U_C(\infty)]e^{\frac{t}{\tau}} = 3V$。

答案：B

8. 解 由电压电流关系可知，$\varphi_i - \varphi_u = 100t + 90° - 100t = 90°$，电流超前电压 $90°$，故为电容性。

答案：B

9. 解 由图示电路，列出KVL方程：$\begin{cases} U = (10 + j10)i + 2U_1 \\ U_1 = 2U_1 + j10i \end{cases} \Rightarrow i = \frac{\sqrt{2}}{2}\angle 45° = (0.5 + j0.5)A$

复功率 $\tilde{S} = ui^* = 10\angle 0° \times \frac{\sqrt{2}}{2}\angle -45° = 5\sqrt{2}\angle -45° = (5 - j5)VA$

答案：C

10. 解 由图示电路，V_1 测量的是相电压，V_2 测量的是中性线上电压，由于电路结构对称，故 $U_1 = 220V$，$U_2 = 0V$。

答案：B

11. 解 根据谐振电路的基本定义，$\omega L = \frac{1}{\omega C}$。

答案：A

12. 解 根据有效值的定义：$U = \sqrt{(40/\sqrt{2})^2 + (20/\sqrt{2})^2} = \sqrt{1000}V$。

答案：D

13. 解 根据安培力计算公式，$\vec{f} = I(\vec{l} \times \vec{B})$，其中，$\vec{B}$ 为磁场方向，$\vec{l}$ 为电流流向。根据矢量叉乘的方向判断，用右手的四指先表示矢量 $\vec{l}$ 的方向，然后手指朝着手心的方向摆动到矢量 $\vec{B}$ 的方向，大拇指所指的方向就是矢量 $\vec{f} = I(\vec{l} \times \vec{B})$ 的方向，即垂直向上。

答案：B

14. 解 根据恒定电场中电流密度关于闭合面的积分 $\oint_S \vec{J} \cdot d\vec{S} = 0$，显然其结果为零。

答案：D

15. 解 根据波的频率与波速、波长的关系 $c = \lambda f$，其中 c 为光速，$c = 3 \times 10^8 m/s$，故 $f = c/\lambda = 3 \times 10^8/0.02 = 15GHz$。

答案：B

16. 解 首先，待求点在导线外，其磁场强度与导线半径无关，根据长直导线周围磁场强度计算公式可得 $H = \frac{I}{2\pi r} = \frac{10}{2\pi \times 3} = 0.53A/m$。

答案：A

17. 解 库仑定律计算电荷作用力的公式为 $F = \frac{q'q}{4\pi\varepsilon_0 R^2}$，显然电荷作用力正比于电荷量的乘积。

答案：A

18. 解　电介质是能够被电极化的绝缘体。

答案：D

19. 解　当两只并联稳压管的稳压值不相等时，稳压值较小的管子优先击穿，稳压值较高的那只不起作用，即D_{z1}先击穿，故$U_0 = 6V$。

答案：B

20. 解　晶体管工作于放大状态的外部条件是：发射结正偏，集电结反偏。三个电极的关系为：①NPN 管：$U_C > U_B > U_E$；②PNP 管：$U_C < U_B < U_E$。对比发现，只有选项 C 满足 NPN 三极管放大电路的特点，即$U_C > U_B > U_E$。

答案：C

21. 解　根据节点的 KCL 定律列写方程：$\frac{u_{i1}-0}{R_1} + \frac{u_{i2}-0}{R_2} = \frac{0-u_0}{R_F}$，并根据题目中已知条件$u_o = -(u_{i1} + u_{i2})$，对比方程式系数可知，应满足$R_1 = R_2 = R_F$。

答案：A

22. 解　图示电路结构为共集电极放大电路，其放大倍数$A_u \approx 1$，根据共集电极放大电路图可直接求出：

$$R_i = R_B \mathbin{/\mkern-5mu/} [r_{be} + (1 + \beta)R_E] = 100 \mathbin{/\mkern-5mu/} (0.95 + 101 \times 1.5) = 60.388\text{k}\Omega$$

$$R_0 = R_E \mathbin{/\mkern-5mu/} \frac{r_{be} + R_S \mathbin{/\mkern-5mu/} R_{B1}}{1 + \beta} = 1.5 \mathbin{/\mkern-5mu/} \frac{0.95 + 0.04 \mathbin{/\mkern-5mu/} 100}{51} = 0.0184\text{k}\Omega = 18.4\Omega$$

故选择最为接近的选项 A。

注：此前真题考过类似题目，记住输入电阻、输出电阻的数量级，即可快速选择答案。

答案：A

23. 解　A_1为电压跟随器，A_2为反向比例运算放大器。对于A_1，$u_{o1} = 2u_i = -4V$。

对于 A2，$u_{A2-} = u_{A2+} = 0$，则可推出$\frac{u_{o1}-u_{A2-}}{R_3} = \frac{u_{A2-}-u_o}{R_4} \Rightarrow u_o = 4V$。

答案：C

24. 解　开环电压增益为 70dB，则电压放大倍数是$20\lg A_u = 70 \Rightarrow A_u \approx 3$。

故输出最大不失真电压为$3 \times 6 = 18V$，输出功率$P_{om} = \frac{U_o^2}{8R_L} = \frac{18^2}{8\times 8} = 5.06W$。

而输入功率$P_1 = \frac{U_i^2}{8R_L} = \frac{24^2}{8\times 8} = 9W$，故电路效率为$\eta = \frac{5.06}{9} \times 100\% = 58.9\%$。

答案：D

25. 解　使用代入法，选项 B 符合题意。

答案：B

26. 解 $Y = \overline{\overline{AB} \cdot 0} = 1$。

答案： C

27. 解 $F = \overline{\overline{AB} \cdot \overline{\overline{AB}}} = AB + \overline{AB}$，即是同或电路。

答案： D

28. 解 $Q^{n+1} = \overline{\overline{\overline{AQ^n}} \cdot \overline{B\overline{Q}^n}} = \overline{A}Q^n + B\overline{Q}^n$，即满足 JK 触发器特性方程。

答案： B

29. 解   根据时序逻辑电路，首先列出电路的驱动方程和输出方程为：

（1）驱动方程：$\begin{cases} J_0 = \overline{Q}_2^n \\ K_0 = 1 \end{cases}$，$\begin{cases} J_1 = Q_0^n \\ K_1 = 1 \end{cases}$，$\begin{cases} J_2 = Q_1^n \cdot Q_0^n \\ K_2 = 1 \end{cases}$。

（2）输出方程为 Q_2，Q_1，Q_0。

（3）列状态方程：$Q^{n+1} = J\overline{Q}^n + \overline{K}Q^n$

$\begin{cases} Q_2^{n+1} = Q_1^n \cdot Q_0^n \cdot \overline{Q}_2^n \\ Q_1^{n+1} = Q_0^n \cdot \overline{Q}_1^n \\ Q_0^{n+1} = \overline{Q}_2^n \cdot \overline{Q}_0^n \end{cases}$

列出状态表和状态图，第二个触发器是由第一个 Q_0 输出触发脉冲，当 Q_0 脉冲出现下降沿（即从 1 →

0）时触发器才能触发开始计数，最终的状态图如解图所示。

$Q_2^n\ Q_1^n\ Q_0^n$	$CP_0 = CP_2 = CP$	$CP_1 = Q_0^n$	$Q_2^{n+1}\ Q_1^{n+1}\ Q_0^{n+1}$
0 0 0	⊻		0 0 1
0 0 1	⊻	⊻	0 1 0
0 1 0	⊻		0 1 1
0 1 1	⊻	⊻	1 0 0
1 0 0	⊻		0 0 0
1 0 1	⊻	⊻	0 1 0
1 1 0	⊻		0 1 0
1 1 1	⊻	⊻	0 0 0

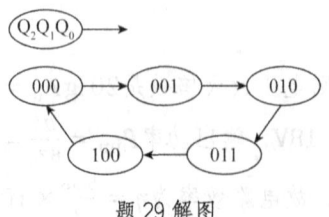

题 29 解图

由解图可以看出，该电路实现的功能为异步五进制加法计数器。

答案： C

30. 解   74LS161 为十六进制加法计数器，从题图中 161 的接线可以看出，计数方式为反馈清零法

（异步清 0）。74LS161 计数有 0000~1010 共 11 个状态，最后一个状态为无效状态，故为十进制计数器。

答案：B

31. 解 中性点不接地系统发生单相接地时，中性点电压升高为相电压，接地点电压为零，非故障相电压升高到线电压。然而，因为线电压仍为三相对称，故幅值和相位均不变。

答案：D

32. 解 如解图所示桥形接线示意图，对于内桥接线，QF3 正常断开，当线路 L1 发生故障时，QF1 跳闸后，QF3 可自动合闸，实现两台主变 T1、T2 并列运行；对于外桥接线，当线路发生故障时，其中一台主变会失电。因此，内桥接线适用于线路较长、主变不经常切换的场合；外桥接线适用于线路较短、主变经常切换的场合。

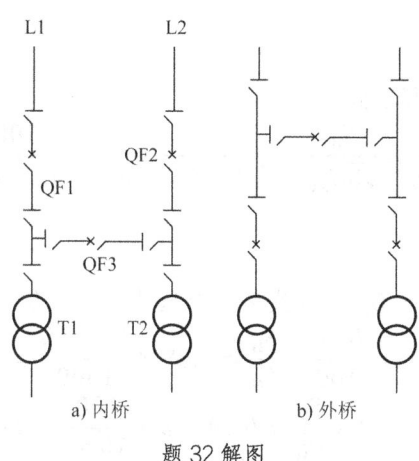

题 32 解图

答案：A

33. 解 根据《电流互感器和电压互感器选择及计算规程》（DL/T 866—2015）第 4.4.1 条规定，负荷不应小于额定容量的 25%，测量用电流互感器的二次负荷值不应超出解表规定的范围。

测量用电流互感器的二次负荷值范围　　　　　　　　　　题 33 解表

仪表准确等级	二次负荷值范围
0.1、0.2、0.5、1.0	25%~100%额定负荷
0.2S、0.5S	25%~100%额定负荷
3、5	50%~100%额定负荷

根据电流互感器准确等级为 0.5，确定二次侧负载容量变化范围为 $(0.25{\sim}1)S_N$；由 $(0.25{\sim}1)S_N = I_N^2 Z \Rightarrow Z = (0.2{\sim}0.8)\Omega$。

答案：C

34. 解 电压互感器的二次绕组不允许短路，电流互感器的二次绕组不允许开路。

答案：B

35. 解 油浸式变压器凡是需要放油吊芯（或吊开钟罩）进行检修的称为大修；如果不放油、不吊芯，只在外部检修或补油，进行油处理的称为小修。

当电气试验与油化验显示结果不合格时，需要进行大修，根据现场情况判断变压器是否有进行吊芯检查的条件，再进行相关检修操作。除这一项原因，在以下三种情况都需要进行吊罩检查：

（1）变压器一般在投入运行后 5 年内，建议进行吊罩检查。

（2）在电力系统中运行的主变压器当承受出口短路后，经综合诊断分析，可考虑提前大修。

（3）运行中的变压器，当发现异常状况或经试验判明有内部故障时，应提前进行大修。

答案：D

36. 解 有熔断器的电压互感器无需校验动稳定和热稳定。

答案：C

37. 解 根据三相短路电流计算公式：

$$I_k^{(3)} = I_k^* I_B = \frac{1}{X_\Sigma} \times \frac{S_B}{\sqrt{3} U_{av}} = \frac{1}{1.5+3.2+0.2} \times \frac{100}{\sqrt{3} \times 0.4} = 29.45 \text{kA}$$

答案：A

38. 解 取 $S_B = 100 \text{MVA}$，$U_B = U_{av}$，则线路及变压器标幺值如下：

$$X_{T*} = \frac{U_k\%}{100} \times \frac{S_B}{S_N} = 0.05 \times \frac{100000}{1000} = 5$$

$$X_{L*} = x_l l \times \frac{S_B}{U_B^2} = 0.38 \times 2 \times \frac{100}{10.5^2} = 0.689$$

故 k-1 处三相短路，电流标幺值为：$I_k^* = \frac{1}{X_\Sigma} = \frac{1}{0+0.689} = 1.451$。

故选择最接近的选项 D。

答案：D

39. 解 负荷开关既有开断点，也有灭弧功能（低电流）。

答案：A

40. 解 雷电过电压又称大气过电压，属于外部过电压，分为直击雷过电压和感应雷过电压两种。而内部过电压的分类如下：

题 40 解图

谐振过电压是系统内部参数，其产生和雷电无关。

答案： D

41. 解 根据发电机转速计算公式并代入数据可得，$n = \frac{60f}{p} = \frac{60 \times 60}{1} = 3600\text{r/min}$，式中，$p$ 为极对数，本题为 1。

答案： D

42. 解 并励直流发电机原理图如解图所示。

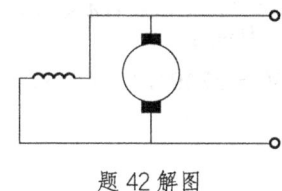

题 42 解图

已知输出功率为 20kW，输出电压为 230V，故输出电流为 $I = \frac{P}{U} = \frac{20000}{230} = 86.96\text{A}$。

励磁电流 $I_f = \frac{U}{R} = \frac{230}{73.3} = 3.14\text{A}$，故电枢电流为 $I_a = I + I_f = 86.96 + 3.14 = 90.1\text{A}$。

答案： A

43. 解 热稳定校验的定义为：在规定的短时间内，开关设备和控制设备在合闸位能够承载的电流的有效值。动稳定校验的定义为：开关设备和控制设备在合闸位能够承载的额定短时耐受电流的第一个大半波的电流峰值。故校验热稳电流为三相短路稳定电流（周期分量的有效值），校验动稳定电流为三相短路冲击电流。

答案： C

44. 解 根据如下异步电动机等效电路图以及功率流图，R_2' 上消耗的电功率为转子铜耗，$\frac{1-S}{S}R_2'$ 消耗的电功率为总机械功率，$\frac{1}{S}R_2'$ 消耗的电功率为电磁功率。

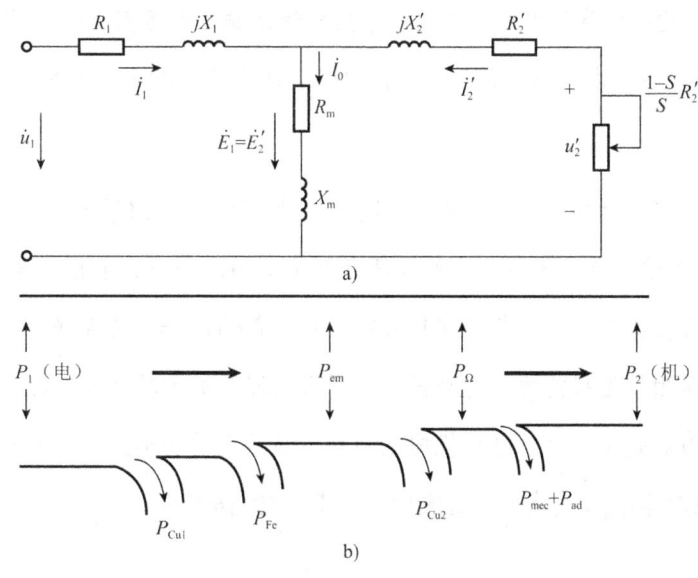

题 44 解图

答案：B

45. 解 不考虑变压器内部功率损耗，低压母线电压恒定在 0.4kV，最大负荷时低压侧电压为 0.4kV，则：

$$\frac{U_{1tmax}}{U_{2N}} = \frac{U_{1max} - \Delta U}{U_{2max}} \Rightarrow U_{1tmax} = U_{2N} \times \frac{U_{1max} - \Delta U}{U_{2max}} = 0.4 \times \frac{10 - \frac{0.64 \times 2.95 + 0.18 \times 4.8}{10}}{0.4} = 9.7248\text{kV}$$

最大负荷时低压侧电压为 0.4kV，则：

$$\frac{U_{1tmin}}{U_{2N}} = \frac{U_{1min} - \Delta U}{U_{2min}} \Rightarrow U_{1tmin} = U_{2N} \times \frac{U_{1min} - \Delta U}{U_{2min}} = 0.4 \times \frac{10 - \frac{0.47 \times 2.95 + 0.18 \times 4.8}{10}}{0.4} = 9.77495\text{kV}$$

因此，$U_{1t} = \frac{U_{1tmax} + U_{1tmin}}{2} = 9.7498\text{kV} = 9749.8\text{V}$，选择最接近该数值的分接头为 -2.5%，对应电压为 9750V。

答案：C

46. 解 本题考查三种调压方式的定义。

（1）逆调压方式：如中枢点供电至各负荷点的线路较长，各负荷的变化规律大致相同，且各负荷的变动较大，则应采用"逆调压"方式。采用"逆调压"方式的中枢点，在最大负荷时保持电压比线路额定电压高5%；在最小负荷时，电压则下降至线路的额定电压。因此在最大负荷时提高中枢点电压以抵偿线路上因最大负荷而增加的电压损耗；在最小负荷时，将中枢点的电压降低以防止负荷点的电压过高。

（2）恒调压方式：如果负荷变动较小，线路上的电压损耗也较小，这时可把中枢点的电压保持在较线路额定电压高2%~5%的数值，而不必随负荷变化来调整中枢点的电压，仍可保证负荷点的电压质量，此方式称"恒调压"，又称"常调压"。

（3）顺调压方式：如果负荷变动甚小，线路电压损耗小，或用户处于允许电压偏移较大的农村电网，而无功调整手段又严重不足时，可以采用这种方式。但要注意：最大负荷时中枢点电压应保持在比线路额定电压高2.5%，最小负荷时中枢点电压也不应比线路额定电压高7.5%。随着农网建设和改造的不断扩大，企业对电压质量要求也越来越高，因此这种调压方式应减少或避免采用。

答案：B

47. 解 同步电动机在有功功率恒定、励磁电流变化时，曲线 $I = f(I_f)$ 称为同步电动机的 V 形曲线，功率值越大，曲线位置越往上移。每条曲线的最低点对应于 $\cos\varphi = 1$，电枢电流最小，全为有功功率，励磁电流为"正常"。将各曲线的最低点连接起来就得到一条 $\cos\varphi = 1$ 的曲线，在这条曲线的右方，电动机处于"过励"，功率因数是超前的，电动机从电网吸收滞后的无功功率；在这条曲线的左方，电动机处于"欠励"，功率因数是滞后的，电动机向电网输出滞后无功功率。当过励磁时，减小励磁电流，空载电势 E_0 下降，电磁功率 $P_{em,max}$ 减小，过载能力降低，功角 θ 增大。

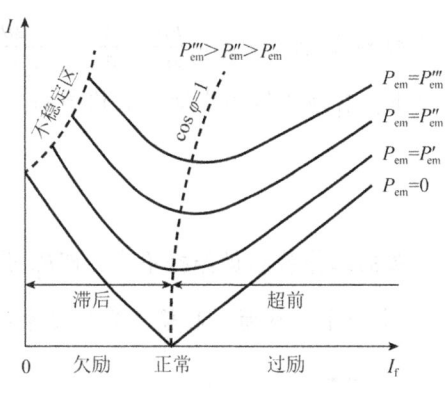

题 47 解图　同步电动机的 V 形曲线

答案：A

48.解　在大电流接地系统中，单相接地短路和两相接地短路均有正序、负序、零序分量，而两相短路只有正序、负序分量产生。

答案：D

49.解　基本概念。

答案：C

50.解　额定二次电流为：$I_{2N} = \dfrac{S_N}{\sqrt{3}u_{2N}} = \dfrac{3150}{\sqrt{3}\times10} = 181.9\text{A}$。

额定一次电流为：$I_{1N} = \dfrac{S_N}{\sqrt{3}u_{1N}} = \dfrac{3150}{\sqrt{3}\times35} = 51.96\text{A}$。

答案：D

51.解　运行中的电动机，转矩平衡关系为 $T = T_2 + T_0$，其中 T 为电磁转矩（动力），T_2 为负载转矩，T_0 为空载转矩（可视为定值）。若负载减小，意味着动力大于阻力，故转速必然上升，转差率减小。

答案：C

52.解　由已知条件，一次匝数与二次匝数之比，即相电压之比 $U_{1p}/U_{2p} = a$，因此，额定电压之比 $U_{1N}/U_{2N} = U_{1p}/\sqrt{3}U_{2p} = \dfrac{1}{\sqrt{3}}a$（Dy 绕组）。

答案：B

53.解　同步发电机同步转速计算公式为 $n_1 = \dfrac{60f}{p}$，则 $p = \dfrac{60f}{n_1} = \dfrac{60\times50}{200} = 15$，故极数为 30。

答案：C

54.解　根据《低压配电设计规范》（GB 50054—2011）第 4.4.7 条，对切断接地故障回路的时间要求为：

（1）配电线路或仅供给固定式电气设备用电的末端线路，不宜大于 5s。

（2）供电给手握式电气设备和移动式电气设备的末端线路或插座回路不应大于 0.4s。

答案：D

55.解 根据感应电动机启动转矩公式 $T_{st} = \frac{P_M}{\Omega_1} = \frac{1}{\Omega_1}\frac{3U_1^2 R_2'}{(R_1+R_2')^2+(X_1+X_2')^2}$ 及启动电流公式 $I_{st} = \frac{U_1}{\sqrt{(R_1+R_2')^2+(X_1+X_2')^2}}$ 可知，降低启动电压，启动转矩和启动电流均下降。

答案：D

56.解 负载两端并联电容，负载的工作状态仍保持不变，即 P_{js} 不变；由于电容的作用，从输入端流出的电流 I_{js} 减小，输入端无功功率也减小，从而提高输入端的功率因数。

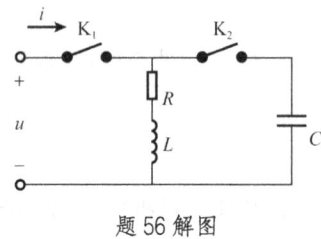

题 56 解图

答案：A

57.解 本题考查变压器试验。选项 A 为空载试验可测得的参数，原边、副边漏抗及电阻需要通过短路试验求得。

答案：A

58.解 感应电动机启动转矩公式为 $T_{st} = \frac{P_M}{\Omega_1}$，其中 P_M 为电磁功率，Ω_1 为同步转速，启动瞬间转差率 $s = 1$。

$$P_M = \frac{P_{Cu2}}{s} = \frac{3I_{st}^2 R_2'}{s} = \frac{3\times50^2\times1.44}{1} = 10800W$$
$$\Omega_1 = \frac{2\pi n_1}{60} = \frac{2\times3.14\times1500}{60} = 157rad/s$$

故启动转矩 $T_{st} = \frac{P_M}{\Omega_1} = \frac{10800}{157} = 68.8N\cdot m$，选择最接近的选项 D。

答案：D

59.解 n 台变压器并列运行，当单台变压器的额定容量为 S_N、总负荷功率为 S_2 时，n 台变压器并列运行的总有功、无功损耗分别为：

$$\Delta P_T = n\frac{\Delta P_s}{1000}\times\frac{S_2^2}{(nS_N)^2} + n\frac{\Delta P_0}{1000}, \quad \Delta Q_T = n\frac{U_s\% S_N}{100}\times\frac{S_2^2}{(nS_N)^2} + n\frac{I_0\% S_N}{100}$$

题干要求的励磁功率为 $\Delta S_0 = n\frac{\Delta P_0}{1000} + jn\frac{I_0\% S_N}{100}$，代入数据可得：

$$\Delta S_0 = 2\times\frac{40.5}{1000} + j2\times\frac{3.5\times15}{100} = (0.0805 + j1.05)MVA$$

答案：D

60.解 电压降落为 $d\dot{U} = \dot{U}_1 - \dot{U}_2$，电压损耗为 $\frac{U_1-U_2}{U_N}\times100\%$ 或者 $U_1 - U_2$，电压偏移始端为 $\frac{U_1-U_N}{U_N}\times100\%$ 或 $U_1 - U_N$，电压偏移末端为 $\frac{U_2-U_N}{U_N}\times100\%$ 或 $U_2 - U_N$。

答案：C

2023 年度全国勘察设计注册电气工程师（供配电）执业资格考试基础考试（下）

试题解析及参考答案

1. 解 根据 KVL 定律，流过 10V 电压源的电流为 1A（方向从左到右），根据功率公式 $P = -UI = -10 \times 1 = -10W < 0$，发出功率为 10W。

答案： C

2. 解 该一端口的等效电阻为零，利用外加电源法，求取等效电阻。现将独立源置零，外加独立电压源 U_0，流入系统的电流为 I_0，列写方程：

$$\begin{cases} U_0 = 10I_0 + u \\ I_0 = u/10 + (u - \alpha u)/10 \end{cases} \Rightarrow R_0 = \frac{U_0}{I_0} = \frac{30 - 10\alpha}{2 - \alpha} = 0，解得：\alpha = 3$$

答案： D

3. 解 将 3 个 5Ω 星形结构变成三角形结构，可求得等效电阻为：

$$R = (10 /\!/ 15 + 22.5 /\!/ 15) /\!/ 15 = 7.5\Omega$$

答案： B

4. 解 由题可算出总电阻为 $8 + 20 /\!/ (8 + 12) = 18\Omega$，则总电流为 $I = 36/18 = 2A$，根据并联分流可得 12Ω 电阻上的电流为 1A，因此 12Ω 电阻两端电压 $u = 12V$。

答案： C

5. 解 独立电源置零（电压源短路、电流源开路），利用戴维南等效定理求 R 端口看进去的等效电阻：$R_{eq} = 12 /\!/ 24 + 2 = 10\Omega$，根据最大功率传输定理，当 $R = R_{eq} = 10\Omega$ 时，负载获得最大功率。

答案： B

6. 解 由 $P = I^2R$，即 $40 = 5^2R$，得出：$R = 1.6\Omega$

根据阻抗公式定义 $|Z| = \frac{U}{I} = \sqrt{R^2 + X^2}$，代入数据得：$X = 1.2\Omega$

答案： C

7. 解 以电流作为参考相量，对应的相量图见解图，满足 $\vec{U} = \vec{U}_R + \vec{U}_C + \vec{U}_L$，则电路中电流有效值：

$$I = U_{RL} \cos 30\degree /R = 5\sqrt{3} = 8.66A$$

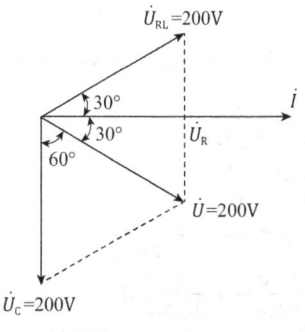

题 7 解图

答案： A

8. 解 以电流作为参考相量，满足 $\vec{U}_2 = \vec{U}_C + \vec{U}_1$，求出电容电压：$U_C = \sqrt{U_2{}^2 - U_1{}^2} = 60\text{V}$。

答案： B

9. 解 根据谐振电路定义，总导纳：

$$Y = \frac{1}{R + j\omega L} + j\omega C \xrightarrow{\text{Im}(Y)=0} \omega = \frac{\sqrt{L/C - R^2}}{L}$$

代入数据得：$f = \omega/2\pi = 4.6\text{kHz}$

答案： D

10. 解 利用节点电压法，选择星形中性点为参考 0 点，则：

$$U_a = \vec{U}_A, \quad \vec{U}_b\left(\frac{1}{Z} + \frac{1}{Z}\right) = \frac{\vec{U}_B}{Z} + \frac{\vec{U}_C}{Z}$$

因此：

$$U_a - U_b = \vec{U}_A - \frac{1}{2}\left(\vec{U}_B + \vec{U}_C\right) \xrightarrow{\vec{U}_B + \vec{U}_C + \vec{U}_A = 0} |U_a - U_b| = \left|\frac{3}{2}\vec{U}_A\right| = 330\text{V}$$

答案： D

11. 解 若要求 U_1 中不含基波，而将 U 中三次谐波全部取出，则基波作用时，右侧支路中 LC 发生串联谐振，三次谐波作用时两条支路整体发生并联谐振。根据串联谐振公式知：$\omega = \frac{1}{\sqrt{LC}}$，代入数据 $\omega = 1000\text{rad/s}$，$C = 100\mu\text{F}$，得 $L = 10\text{mH}$。

答案： C

12. 解 （1）电容 C 的电压初始值和稳态值分别为：$U_C(0_+) = U_C(0_-) = 50\text{V}$，$U_C(\infty) = 75\text{V}$。

（2）计算时间常数：等效电阻为 $R_{eq} = 5\Omega$，则时间常数为 $\tau = R_{eq}C = 5 \times 0.01 = 0.05\text{s}$。

（3）根据三要素法，电容电压为：$U_C(t) = U_C(\infty) + [U_C(0_+) - U_C(\infty)]e^{\frac{t}{\tau}} = 75 - 25e^{-20t}$。

答案： D

13. 解 在均匀电场中放置的平行板不会影响原电场分布，故平板之间的电场强度仅与极板沿电场方向的长度有关，因此，电场强度 $E = U/d = 10/0.2 = 50\text{V/m}$。

答案： A

14. 解 设 10cm² 极板为极板 1，其带正电荷 q；15cm² 极板为极板 2，其带负电荷 $-q$。

极板 1 周围的电场强度：$E_1 = \frac{\sigma_1}{2\xi_0} = \frac{q}{2\xi_0 S_1}$

极板 2 周围的电场强度：$E_2 = \frac{\sigma_2}{2\xi_0} = \frac{-q}{2\xi_0 S_2}$

故极板间的电场强度：$E = E_1 + E_2 = \frac{q}{2\xi_0 S_1} + \frac{q}{2\xi_0 S_2}$

则极板间电势差：$U = \int \vec{E} \cdot d\vec{l} = \left(\frac{q}{2\xi_0 S_1} + \frac{q}{2\xi_0 S_2}\right)d$

故电容器电容值：$C = \frac{q}{U} = \frac{q}{\left(\frac{q}{2\xi_0 S_1} + \frac{q}{2\xi_0 S_2}\right)d} = 5.31 \times 10^{-12}\text{F}$

选择最接近的答案 C。

答案: C

15.解 本题考查特殊接地极对地电阻求解的问题。此类问题常用思路是利用电阻计算公式 $R = U/I$,设 I 求 U,进而算得电阻。设经接地极流入大地的电流为 I,因为 $h \gg R_0$,可近似认为电流自球形接地机均匀流入大地。故距离球心 r 处的电流密度为 $J = I/(4\pi r^2)$,根据微分形式欧姆定律 $E = J/\gamma = I/(4\pi\gamma r^2)$,忽略导体内部电阻,自接地极表面至无穷远处对应土壤电阻即为接地电阻。该区域电压 $U = \int_{R_0}^{\infty} \vec{E} \cdot d\vec{l} = \int_{R_0}^{\infty} \frac{I}{4\pi\gamma r^2} \cdot d\vec{r} = -\frac{I}{4\pi\gamma r}\Big|_{R_0}^{\infty} = \frac{I}{4\pi\gamma R_0}$,故,电阻 $R = U/I = \frac{1}{4\pi\gamma R_0}$。

答案: C

16.解 电导的计算公式为 $G = \frac{I}{U} = \frac{I}{V}$。

答案: C

17.解 根据磁通量公式: $\Phi = \int_S \vec{B} \cdot d\vec{S}$,故 $B = \frac{d\Phi}{dS}$,即 B 是单位面积垂直于磁场方向的磁通量密度。

答案: D

18.解 电感电压公式: $u_L = L\frac{di}{dt}$

电感线圈储存的磁场能量计算公式为 $W = \int_0^t ui \, dt = \int_0^t L\frac{di}{dt}i \, dt = \frac{1}{2}LI^2$

注: 电容储存的电场能量为 $W = \int_0^t ui \, dt = \int_0^t uC\frac{du}{dt} dt = \frac{1}{2}CU^2$

答案: A

19.解 根据稳压管特性可知,第一个电路稳压管均处于反向击穿状态,故 $u_{o1} = 5 + 10 = 15\text{V}$。

第二个电路 VD_{Z1} 稳压管处于正向导通状态,VD_{Z2} 稳压管处于反向击穿状态,故 $u_{o2} = 0.7 + 10 = 10.7\text{V}$。

第三个电路中 VD_{Z1} 反向击穿电压小于 VD_{Z2},故 VD_{Z1} 处于反向击穿状态,VD_{Z2} 处于反向截止状态,故 $u_{o3} = 5\text{V}$。

第四个电路 VD_{Z1} 稳压管处于正向导通状态,当 VD_{Z1} 正向导通后,VD_{Z2} 稳压管承受反向电压为 0.7V,处于反向截止状态,故 $u_{o4} = 0.7\text{V}$。

答案: A

20.解 放大电路电压增益频率特性一般表达式为:

$$\dot{A}_U = \dot{A}_{VM}\frac{1}{\left(1 - j\frac{f_L}{f}\right)\left(1 + j\frac{f}{f_H}\right)} = \dot{A}_{VM}\frac{j\frac{f}{f_L}}{\left(1 + j\frac{f}{f_L}\right)\left(1 + j\frac{f}{f_H}\right)}$$

与已知放大电路的电压增益频率表达式相比较,可得:

$f_L = 20\text{Hz}$,$f_H = 10^5\text{Hz}$

故中频电压增益为：$20\lg|\dot{A}_{VM}| = 20\lg 100 = 40\mathrm{dB}$

答案：C

21.解 设电阻R_5两端的电压为U_5，如解图所示，根据节点 KCL 定律：$I_1 = I_3 = I_5 + I_4$

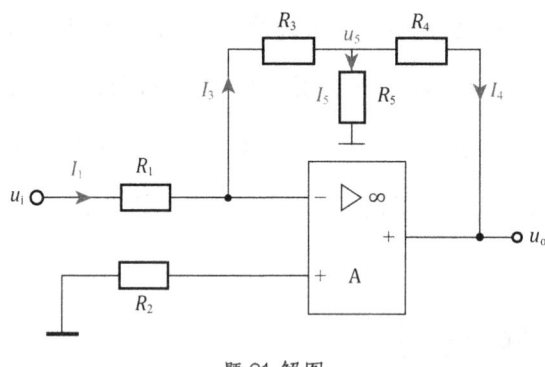

题 21 解图

得出：

$$I_1 = \frac{U_i - U_-}{R_1} = I_3 = \frac{U_- - U_5}{R_3} = I_5 + I_4 = \frac{U_5}{R_5} + \frac{U_5 - U_o}{R_4}$$

结合以上各式得：电压放大倍数$A_u = \frac{U_o}{U_i} = -104$

答案：B

22.解 此为二阶压控型低通滤波器，如解图 1 所示。

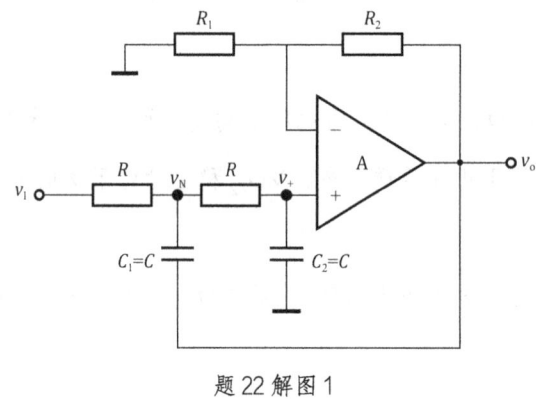

题 22 解图 1

（1）通带增益

当$f = 0$或频率很低时，各电容视为开路，通带内的增益为$A_{vp} = 1 + \frac{R_2}{R_1}$。

（2）传递函数

$$V_o(s) = A_{vp}V_{(+)}(s), \quad V_{(+)}(s) = V_N(s)\frac{1}{1 + sCR}$$

N 节点的电流方程：

$$\frac{V_i(s) - V_N(s)}{R} - [V_N(s) - V_o(s)]sC - \frac{V_N(s) - V_{(+)}(s)}{R} = 0$$

联立求解以上三式，可得传递函数：

$$A_v(s) = \frac{V_o(s)}{V_i(s)} = \frac{A_{vp}}{1 + (3 - A_{vp})sCR + (sCR)^2}$$

（3）频率响应

根据传递函数写出频率响应表达式，其中$s = j\omega$，$\omega_0 = 2\pi f_0 = \frac{1}{RC}$，$\dot{A}_v = \frac{A_{vp}}{1 - \left(\frac{f}{f_0}\right)^2 + j(3 - A_{vp})\frac{f}{f_0}}$，当$f = f_0$时，可化简为$\dot{A}_{(f=f_0)} = \frac{A_{vp}}{j(3 - A_{vp})}$。

定义有源滤波器的品质因数Q值为$f = f_0$时的电压放大倍数的模与通带增益之比：

$$Q = \frac{1}{3 - A_{vp}}，\quad |\dot{A}_v|_{(f=f_0)} = QA_{vp}$$

幅频特性如解图2所示。

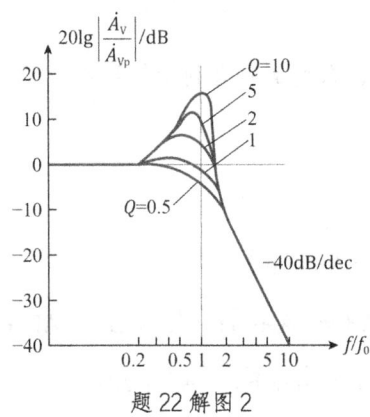

题22解图2

答案：A

23. 解 此为 RC 桥式振荡电路，其振荡频率为$f = f_0 = \frac{1}{2\pi RC}$，振荡条件为$R_f \geqslant 2R_1$，等幅振荡，则满足$R_f = 2R_1 \Rightarrow R_1 = 100\Omega$。

答案：A

24. 解 根据电容滤波电路（U_2为有效值）的特性可知，正常工作时输出电压平均值$U_o = (1.1\sim1.2)U_2 = (1.1\sim1.2) \times 10 = 11\sim12V$（无电容$C = 0$时，$U_o = 0.9U_2$），故排除选项 A、D；一个二极管开路时，平均电压减半，排除选项 B；当负载开路，即$R_L = \infty$，$U_o \approx 1.4U_2 = 14V$。

答案：C

25. 解 BCD 码为四位二进制码来表示一位十进制数。5 对应的 BCD 码为 0101，6 对应的 BCD 码为 0110，8 对应的 BCD 码为 1000，4 对应的 BCD 码为 0100。

答案：B

26. 解 静态功耗为：$P_S = U_{DD}I_{DD} = 10 \times 2.4 \times 10^{-6} = 0.024mW$

动态功耗为：$P_D = C_L f U_{DD}^2 = 200 \times 10^{-12} \times 10^5 \times 10^2 = 2mW$

总功耗为：$P_{TOT} = P_S + P_D = 0.024 + 2 = 2.024mW$

电源的平均电流为：$\bar{I}_{DD} = P_{TOT}/U_{DD} = 2.024/10 = 0.2024mA$

答案：B

27. 解 将 $L = \overline{A}\,\overline{B}C + A\overline{B}\,\overline{C}$ 用卡诺图表示，如解图 a）所示；将 $L = C + A$ 用卡诺图表示，如解图 b）所示，可见无关项至少有 4 项。

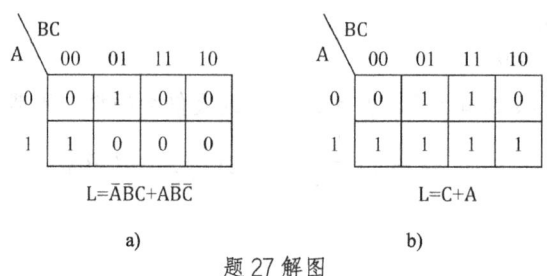

题 27 解图

注：无关项即取值可以为 1 或 0，原则是应有利于得到更为简化的逻辑函数式。卡诺图中相邻方格包括上下底相邻、左右边相邻和四角相邻。

答案：C

28. 解 图 A 的逻辑表达式：$F = \overline{A}B + A\overline{B}$

图 B 的逻辑表达式：$F = \overline{\overline{A}B + A\overline{B}} = (A + \overline{B}) \times (\overline{A} + B) = AB + \overline{A}\,\overline{B}$

图 C 的逻辑表达式：$F = (A + B) \times (\overline{A} + \overline{B}) = A\overline{B} + \overline{A}B$

图 D 的逻辑表达式：$F = \overline{\overline{AB}\,\overline{\overline{A}\,\overline{B}}} = \overline{A}B + A\overline{B}$

故只有图 B 能实现同或电路功能。

答案：B

29. 解 驱动方程：$D_1 = \overline{Q}_1^n$，$D_2 = \overline{Q}_2^n$

状态方程：$Q_1^{n+1} = D_1 = \overline{Q}_1^n$（CP 的上升沿），$Q_2^{n+1} = D_2 = \overline{Q}_2^n$（$Q_1^n$ 的上升沿）

根据状态方程画出波形图如解图所示，Q_2 波形的频率为 250Hz。该电路用两个 D 触发器构成四分频器。

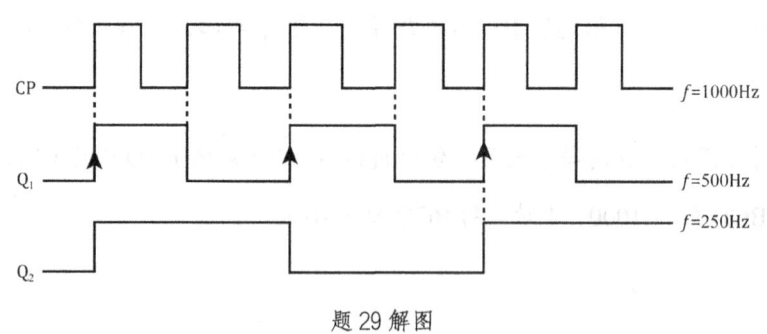

题 29 解图

答案：D

30. 解

驱动方程：$J_1 = K_1 = \overline{Q}_3$，   状态方程：$Q_1^{n+1} = \overline{Q}_3^n\,\overline{Q}_1^n + Q_3^n Q_1^n = \overline{Q_3^n \oplus Q_1^n}$；

          $J_2 = K_2 = Q_1$， $Q_2^{n+1} = Q_1^n \overline{Q}_2^n + \overline{Q}_1^n Q_2^n = Q_2^n \oplus Q_1^n$；

          $J_3 = Q_1 Q_2$，$K_3 = Q_3$， $Q_3^{n+1} = \overline{Q}_3^n Q_2^n Q_1^n$；

输出方程：$Y = Q_3$

Q_3^n	Q_2^n	Q_1^n	Q_3^{n+1}	Q_2^{n+1}	Q_1^{n+1}	Y	Q_3^n	Q_2^n	Q_1^n	Q_3^{n+1}	Q_2^{n+1}	Q_1^{n+1}	Y
0	0	0	0	0	1	0	1	0	0	0	0	0	1
0	0	1	0	1	0	0	1	0	1	0	1	1	1
0	1	0	0	1	1	0	1	1	0	0	1	0	1
0	1	1	1	0	0	0	1	1	1	0	0	1	1

如解图所示，电路的逻辑功能是一个五进制计数器，计数顺序是从 0 到 4 循环。

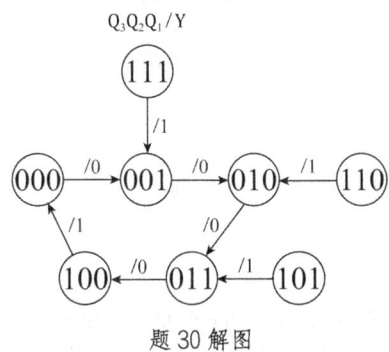

题 30 解图

答案：A

31. 解　（1）IT 系统就是电源中性点不接地，用电设备外露可导电部分直接接地的系统。

（2）TT 系统就是电源中性点直接接地，用电设备外露可导电部分也直接接地的系统。通常将电源中性点的接地叫做工作接地，而设备外露可导电部分的接地叫做保护接地。

（3）TN 系统通常是一个中性点接地的三相电网系统。其特点是电气设备的外露可导电部分直接与系统接地点相连，当发生碰壳短路时，短路电流即经金属导线构成闭合回路，形成金属性单相短路，从而产生足够大的短路电流，使保护装置能可靠动作，将故障切除。电源变压器中性点接地，设备外壳通过 PE 线（专用保护线）与中性点连接，根据连接位置又分为 TN-C、TN-S、TN-C-S 三种形式：

①TN-C 即三相四线制：设备外壳直接连接工作保护零线（PEN），三相负载平衡时，PEN 线无电流电压，但如果不平衡，则该线对地有电压，外壳带电较危险。

②TN-C-S 系统：靠近电源侧的部分，将保护线 PE 和中性线 N 聚在一起，实际上接成了 TN-C 制接地方式；而在靠近负荷侧的部分又将其保护线 PE 和零线 N 分开设置。

③TN-S 即三相五线制：PEN 线在电源变压器处永久分为工作零线 N 和专用保护线 PE，PE 线不得断开，主线路可安装漏电保护器，提高安全性能。此系统节约材料，布设简单，供电安全性高，是国家强制要求建筑工地必须采用的供电形式。

答案：B

32. 解　电能质量包括电压、频率及波形。

（1）《电能质量 电力系统频率偏差》（GB/T 15945—2008）规定，电力系统正常运行条件下频率偏差限值为（50±0.2）Hz，当系统容量较小时，偏差限值可放宽到（50±0.5）Hz。《全国供用电规则》规定供电局供电频率的允许偏差为：电网容量在 300 万 kW 及以上者为(50±0.2)Hz；电网容量在 300 万 kW 以下者为（50±0.5）Hz。

（2）《电能质量 供电电压偏差》（GB/T 12325—2008）规定，35kV 及以上供电电压正、负偏差的绝对值之和不超过标称电压的 10%；20kV 及以下三相供电电压偏差为标称电压的±7%；220V 单相供电电压偏差为标称电压的+7%，−10%。

（3）《电能质量 公用电网谐波》（GB/T 14549—1993）规定，6~220kV 各级公用电网电压（相电压）总谐波畸变率是：0.38kV 为 5.0%，6~10kV 为 4.0%，35~66kV 为 3.0%，110kV 为 2.0%。

答案：A

33. 解 平均额定电压主要用于短路电流近似计算时，其值相当于线路首、末端电压的平均值。

答案：D

34. 解 变压器为感性负载，其阻抗为 $Z_T = R_T + jX_T$，导纳为阻抗倒数，即：

$$Y_T = \frac{1}{R_T + jX_T} = \frac{R_T - jX_T}{(R_T + jX_T)(R_T - jX_T)} = \frac{R_T}{R_T^2 + X_T^2} - j\frac{X_T}{R_T^2 + X_T^2} = G_T - jB_T$$

答案：C

35. 解 标幺值中基准值常选电压和视在功率，电流和阻抗基准值可通过电压、功率基准值求出。

答案：B

36. 解 （1）自然分布：在没有采取任何调控措施时，电力网络的功率分布称为功率的自然分布。辐射形网络的功率分布由负荷分布决定，环形网络功率的自然分布按阻抗分布。

（2）经济分布：使电力网络有功功率损耗最小的功率分布，称为功率的经济分布。环网功率的经济分布按线路电阻分布。

（3）均一网功率的自然分布与经济分布：两者相等，均按线路长度分布。

答案：C

37. 解 根据无功功率公式 $Q = \frac{U^2}{X_C}$，并联电容器发出无功功率正比于其安装处电压的平方（即二次方）。

答案：B

38. 解 根据 $U_1 \approx E_1 = 4.44 f N_1 \Phi_m$，可知频率变为原来的 1.2 倍，而电压不变，故主磁通变为原来的 0.83 倍，又根据励磁阻抗 $Z_m \approx X_m = 2\pi f N_1^2 \Lambda_m$，磁路为线性，$\Lambda_m$ 前后不变，所以励磁阻抗变为原来的 1.2 倍；再根据空载电流 $I_0 = \frac{E_1}{z_m}$，E_1 不变，而励磁阻抗变为原来的 1.2 倍，所以空载电流为原来的 0.83 倍。

答案： C

39. 解 同步调相机为空载运行的同步发电机。当过励磁运行时，调相机的电流超前电压90°，此时吸收容性无功功率，即发出感性无功功率；当调相机欠励磁运行时，电流滞后电压90°，吸收感性无功功率，即发出容性无功功率。

答案： D

40. 解 无功的盈缺与电压的高低正相关，故电压偏高，应减少无功功率的输出。

答案： A

41. 解 短路冲击系数 $k_{im} = 1 + e^{-\frac{0.01\omega}{T_a}}$，其值在1~2之间。当短路点在发电机端，$k_{im}$ 取1.9；当短路点在发电厂高压侧母线及发电机电压电抗器后，k_{im} 取1.85；当短路点远离发电厂的地点，k_{im} 取1.8。

答案： B

42. 解 三相对称短路电流仅存在正序分量，两相短路电流含有正序、负序分量，单相接地短路电流、两相接地短路电流含有正序、负序、零序分量。

答案： A

43. 解 本题考查变压器参数计算公式。I_0 为空载电流（励磁电流），$I_0\%$ 为空载电流百分数。

注：$U_k\%$ 为阻抗电压百分数。

答案： C

44. 解 双绕组变压器调压分接头接于高压侧，三绕组调压分接头接于高、中压侧。

答案： A

45. 解 根据电压调整率公式：

$$\Delta U\% = \frac{\beta I_{1N}(R_k \cos\phi_2 + X_k \sin\phi_2)}{U_1}$$

代入数据得：

$$\frac{0.33 \times 100/1.73 \times (0.015 \times 0.51 + 0.053 \times 0.86)}{10000/1.73} = 0.0176\%$$

答案： B

46. 解 间隙增加，磁阻增加，磁导 Λ_m 减小，由励磁阻抗 $Z_m = 2\pi f N_1^2 \Lambda_m$ 知，励磁阻抗减小，再根据励磁电流公式 $I_0 = \frac{U}{Z_m}$，电压不变，励磁电流增加。

答案： B

47. 解 转差率 $s = \frac{n_1 - n}{n_1} = \frac{1000 - 960}{1000} = 0.04$

转子电流频率 $f_2 = sf_1 = 0.04 \times 50 = 2\text{Hz}$

答案： B

48. 解 星-三角形降压启动与直接启动相比，启动电流、启动转矩均降至1/3，即起动电流降至300/3 = 100A。

答案：A

49. 解 交流电机电动势与频率成正比，故三次谐波电动势与基波电动势之比为3∶1。

答案：A

50. 解 同步发电机每经过半个周波，定子转子相对位置（只需看气隙）保持一致，故其定子绕组互感系数变化周期为π。

注意结论：定子绕组的自感系数、互感系数变化周期均为π，定子绕组与转子绕组间的互感系数变化周期为2π。

答案：B

51. 解 同步发电机三相突然短路，定子次暂态分量短路电流衰减主要是因为阻尼绕组的电阻效应。

答案：A

52. 解 同步发电机时间常数 T_d'' 是阻尼绕组非周期性电流的时间常数。

答案：A

53. 解 《民用建筑电气设计标准》（GB 51348—2019）第 11.8.4 条规定，垂直接地体的长度宜为2.5m，垂直接地极间的距离及水平接地极间的距离均宜为 5m，减小相邻接地体的屏蔽效应。

《民用建筑电气设计标准》（GB 51348—2019）第 11.8.5 条规定，接地极埋设深度不宜小于 0.6m，并应敷设在当地冻土层以下，其距墙或基础不宜小于 1m。

答案：D

54. 解 RTO 系列低压有填料封闭管式熔断器适用于交流 50Hz、额定电压 380V 或直流 440V、额定电流 100~1000A 的线路中做配套电气设备短路或过载保护。具体型号及含义如解图所示。

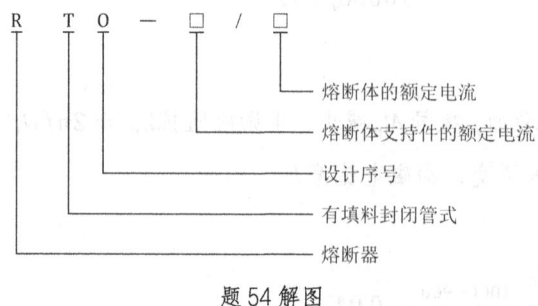

题 54 解图

常见型号有 RTO-100，RTO-200，RTO-400，RTO-600，RTO-1000，基本参数（熔断器额定电流应大于熔体额定电流）见解表。

熔断器的额定电流 （A）	熔断体的额定电流 （A）	额定分断能力（kA）			
		交流		直流	
		380V（有效值）	$\cos\phi$	440V	T（ms）
100	30、40、50、60、80、100	50	0.1~0.2	25	10
200	80、100、120、150、200				
400	150、200、250、300、350				
600	350、400、450、500、550、600				
1000	500、600、700、800、900、1000				

答案：B

55.解 一个三相五柱式三绕组电压互感器的$Y_0/Y_0/\Delta$（开口三角），其一次侧绕组和基本二次绕组接成星形，且中性点接地，可用于测量相电压、线电压，辅助二次绕组接成开口三角形，构成零序电压过滤器，当三相系统正常工作时，三相电压平衡，开口三角形两端电压为零。当某一相接地时，开口三角形两端出现零序电压为 100V，使绝缘监察电压继电器动作，发出信号。

答案：B

56.解 根据直流电动机方程式$E = U_N - I_N R_a = C_e n\varphi$（$C_e$为常数）

代入数据得：$220 - 0.1I = 1500C_e\varphi$

因电机为他励直流电机，磁通φ不变，拖动恒转矩负载，电枢电流I_N不变，则调速后有$220 - (0.1 + r)I = 1000C_e\varphi$

联立两式，得$r = 0.604\Omega$。

答案：B

57.解 并励直流发电机空载电压$U = E_1 = C_e n\varphi$，转速n增加，则U增加。题干告知为并励直流发电机，则励磁电流$I_f = \frac{U}{R_f}$增加，使得磁通φ增加，U进一步增加，故转速升高10%，空载电压上升幅度将大于10%。

答案：A

58.解 采用排除法分析。负荷开关需与熔断器配合使用，因此只能选择隔离开关＋断路器。

答案：C

59.解 消弧线圈有三种补偿方式：全补偿、欠补偿、过补偿。一般采用过补偿方式，原因如下：过补偿方式下电感电流大于电容电流，接地处有多余感性电流，接地点是感性电流刚好抵消电弧电流（容性），灭弧，不重燃。全补偿指补偿的电感电流等于电容电流，接地点电流为零，但是存在串联谐振过电压问题。欠补偿指电感电流小于电容电流，接地点尚有没有补偿的容性电流，一般不采用该方式，因为电网在故障时切除部分线路后，电网电容减小，可能使系统又发生串联谐振。

答案： B

60.解 在供电系统中，存在多种过电流保护装置，包括熔断器保护、低压断路器保护和继电保护。熔断器保护是当电流超过规定值一段时间后，将通过其自身产生的热量使熔体熔化，从而使电路断开。这种原理使得熔断器广泛应用于高低压配电系统和控制系统以及用电设备中，作为短路和过电流的保护器，是应用最普遍的保护器件之一。然而，在要求供电可靠性较高的场所，不宜采用熔断器保护。这是由于熔断器保护的反应时间较长，且一旦熔断后需要更换熔体，会造成供电中断的时间较长。在供电系统发生故障时，保护装置应尽快动作，切除故障，以提高系统的可靠性。

低压断路器则除了可过负荷和短路保护外，有的还可低压或失压保护，适用于要求供电可靠性较高和操作灵活方便的低压供配电系统中。

继电保护装置在过负荷时动作，一般只发出报警信号引起运行值班人员注意，以便及时处理；只有当过负荷危及人身或设备安全时，才动作于跳闸。而在发生短路故障时，则要求有选择性地动作于跳闸，将故障部分切除。它适用于要求供电可靠性高、操作灵活方便，特别是自动化程度较高的高压供配电系统中。

答案： A